W0275313

ENCYCLOPEDIA OF PHYSICS

EDITED BY

S. FLÜGGE

VOLUME II

MATHEMATICAL METHODS II

WITH 98 FIGURES

SPRINGER-VERLAG
BERLIN HEIDELBERG GMBH

1955

HANDBUCH DER PHYSIK

HERAUSGEGEBEN VON

S. FLÜGGE

BAND II

MATHEMATISCHE METHODEN II

MIT 98 FIGUREN

SPRINGER-VERLAG
BERLIN HEIDELBERG GMBH

1955

ISBN 978-3-642-45826-2 ISBN 978-3-642-45825-5 (eBook)
DOI 10.1007/978-3-642-45825-5

URSPRÜNGLICH ERSCHIENEN BEI SPRINGER-VERLAG OHG • BERLIN, GÖTTINGEN AND
HEIDELBERG 1955

SOFTCOVER REPRINT OF THE HARDCOVER 1ST EDITION 1955

Inhaltsverzeichnis.

Algebra.

Von

G. Falk.

Algebra und Physik haben erst in neuester Zeit engere Berührung gefunden. Jedoch erfolgt die Annäherung zögernd und nicht ohne eine gewisse Reserve von seiten der traditionellen Physik. Es lassen sich leicht Gründe dafür angeben, und zwei scheinen besonders einleuchtend: Die Grundaufgabe der Physik ist die Untersuchung *konkreter* natürlicher Sachverhalte, während es der Algebra um die Durchleuchtung der *formalen* inneren Struktur von Gegenstandsbereichen geht, deren konkrete Züge im allgemeinen gar nicht interessieren. Ein zweiter nicht unwesentlicher, wenn auch scheinbar oberflächlicher Grund ist der, daß die Algebra über keinen durchgängigen Kalkül im Sinne des rechnenden Physikers verfügt, sondern daß ihr methodischer Wesenskern aus einer ungewohnt abstrakten und begrifflichen Denkweise besteht.

Die beiden Gründe lassen Stärke und Schwäche der Algebra als Hilfsmittel für die Physik deutlich genug erkennen. Für konkrete Einzelprobleme, die sich mit dem Kalkül der Analysis behandeln lassen, wird man sie selten verwenden; ihre Methoden werden sich vielmehr erst da nützlich erweisen, wo ein Durchblick durch die Struktur einer Theorie ein besonders rationelles oder das einzige Mittel zur Gewinnung genereller Aussagen ist. Gerade die moderne Physik hat die Zweckmäßigkeit solcher Betrachtungen erwiesen und gezeigt, daß auch die in physikalischen Theorien beschriebenen *Beziehungen* zwischen den (physikalischen) Größen sich *formal* charakterisieren lassen und somit als Untersuchungs- und Anwendungsgebiet der axiomatischen Algebra gelten können. Unter diesem Gesichtswinkel wird auch der „utilitaristisch“ gesinnte Physiker ihre Hilfe nicht verschmähen.

1. Form und Inhalt. Die Algebra läßt sich weniger als die anderen in der Physik verwendeten mathematischen Disziplinen durch eine kompendiöse Sammlung von Einzeltatsachen oder gar Formeln so weit beschreiben, daß man genügend feste Anhaltspunkte zur selbständigen Verwendung finden würde. Da überdies die Begriffswelt der modernen Algebra nicht als bekannt vorausgesetzt werden kann, ist die Form der Darstellung insoweit vorgezeichnet, als sie eine Erläuterung der heutigen algebraischen Terminologie in hinreichend ausführlicher Weise enthalten muß. Nach bewährtem Vorbild ist diese in einem Kapitel vorweggenommen, das somit als Voraussetzung für alle übrigen anzusehen ist. Diese selbst sind dann weitgehend unabhängig voneinander lesbar. Im übrigen sind deduktive Abhängigkeiten angegeben. Die Ausführlichkeit des Textes ist in den einzelnen Kapiteln verschieden und nach dem Kenntnisstand bemessen, der nach der heutigen mathematischen Ausbildung im Durchschnitt vorausgesetzt werden kann. Hauptbestreben war es, durch Erklärungen einerseits und auf Übersichtlichkeit abzielende Kürze der Darstellung andererseits die Möglichkeit einer (relativ) schnellen Informierbarkeit zu schaffen, ein Ziel, das (wenn überhaupt) nicht immer ohne Opfer zu erreichen war.

Der Inhalt des vorliegenden Artikels muß sich notwendigerweise auf die Teile der Algebra beschränken, die mit der Physik in Berührung gekommen sind. Für den Mathematiker bedeutet dies eine Auswahl aus dem (für ihn) klassischen Bestand der Algebra. So folgt nach der Erklärung der ständig verwendeten Grundbegriffe ein kurzes Kapitel (B) über Polynomringe. Dabei wird besonderer Wert auf die Erklärung des algebraischen Polynombegriffes gelegt und dieser mit relativ breiter Ausführlichkeit behandelt, während die Teilbarkeitstheorie sowie die Theorie der algebraischen Körpererweiterungen und damit die Theorie der algebraischen Gleichungen völlig beiseite gelassen werden. Erfahrungsgemäß empfindet der Physiker diese Teile der Algebra ohnehin als Belastung. Kapitel C enthält die lineare Algebra, deren sachlicher Inhalt wohl als weitgehend bekannt angesehen werden kann und die deshalb in etwas strafferer Form gebracht werden konnte. Im Anschluß daran bringt Kapitel D, Abschnitt I die Darstellungstheorie der Gruppen (insbesondere der endlichen Gruppen), und zwar nach der Methode von I. SCHUR. Die Wahl dieser Methode erfolgte vor allem wegen ihrer Einfachheit und leichten Zugänglichkeit auch für denjenigen, der sich nicht erst mit dem umfangreichen Begriffsapparat der Algebren-Theorie beschäftigen will. Von den Darstellungen kontinuierlicher Gruppen werden (Abschnitt II) nur die der 3-dimensionalen Drehgruppe behandelt. Diese Beschränkung (die im Hinblick auf physikalische Zwecke gar nicht einmal so einschränkend wirkt) bedarf in Anbetracht des Umfanges einer systematischen Behandlung des Gebietes wohl kaum einer Erklärung. Kapitel E schließlich bringt eine Einführung in die Theorie der Algebren. Dieses Kapitel ist gegenüber den anderen (wohl merklich) breiter geschrieben, um dem Eindringen Verständnis-Hindernisse möglichst aus dem Wege zu räumen. Die Betonung, die das Kapitel dadurch erhält, findet ihre Erklärung einmal darin, daß die Algebren-Theorie wohl als ein besonders typisches Teilgebiet der Algebra anzusehen ist, zum anderen in einem Hinweis auf den Anhang.

Schließlich noch einige Hinweise: Der Begriff „Menge" (von irgendwelchen Gegenständen, wie Zahlen, Ring- oder Gruppen-Elementen usw.) wird in völlig naiver Weise gebraucht und alle damit verbundene mathematische Problematik vermieden. Das Wort „Bereich" bezeichnet im allgemeinen eine Menge, zwischen deren Elementen noch irgendwelche Relationen erklärt sind, kurz eine „Menge mit Struktureigenschaften". Zur Bezeichnung von *Mengen* werden *deutsche Buchstaben* verwendet. Mengen, die *Körper* im algebraischen Sinne sind (Ziff. 4), werden auch mit *großen griechischen* Lettern bezeichnet. *Kleine Buchstaben* (lateinische wie griechische) werden zur Bezeichnung von *Elementen* der Mengen verwendet.

Unter dem *Durchschnitt* zweier Mengen $\mathfrak{A}$ und $\mathfrak{B}$ versteht man die Gesamtheit derjenigen Elemente, die sowohl zu $\mathfrak{A}$ als auch zu $\mathfrak{B}$ gehören. Die Relation „a ist Element der Menge $\mathfrak{A}$" wird ausgedrückt durch das Symbol $a \in \mathfrak{A}$, und die Relation „die Menge $\mathfrak{A}$ ist in der Menge $\mathfrak{B}$ enthalten" (d.h. alle Elemente von $\mathfrak{A}$ gehören auch zu $\mathfrak{B}$) durch $\mathfrak{A} \leqq \mathfrak{B}$. Ist $\mathfrak{A}$ *echt* in $\mathfrak{B}$ enthalten, d.h. gibt es in $\mathfrak{B}$ Elemente, die nicht zu $\mathfrak{A}$ gehören, so schreibt man: $\mathfrak{A} < \mathfrak{B}$.

2. Der algebraische Zahlbegriff. Die Wurzel der Algebra ist der Begriff der Zahl, und zwar die Zahl als Element eines Bereiches, in dem man nach bestimmten, vorgegebenen Regeln rechnen kann. Die Regeln beziehen sich dabei auf Operationen, die als Addition, Subtraktion, Multiplikation und Division bekannt und so geläufig sind, daß ein besonderer Hinweis auf sie oft eher langweilig als belehrend wirkt. Wie geläufig das formale Operieren nach diesen Regeln eines vertrauten Kalküls ist, erhellt besonders durch eine häufig beobachtete Erfahrung: Bei

Einführung der komplexen Zahlen durch die Rechenregel $i^2 = -1$ hat der Anfänger fast nie nennenswerte Schwierigkeiten zu überwinden, obwohl i gar keine Zahl ist, die in den Bereich der ihm vertrauten Zahlen fällt. Es kostet im Gegenteil manchmal sogar Mühe klarzumachen, daß hier eine Begriffsschwierigkeit vorliegt. Analogen Situationen sieht sich der Lernende in der Algebra manchmal gegenüber. Dabei kann er sich nicht immer des Eindrucks erwehren, daß triviale Sachverhalte durch sorgfältige Formulierungen zu objektiver Bedeutung erhoben werden sollen. Es erfordert schon einige Erfahrung und einen gewissen Überblick, um die Reichweite mancher Aussagen richtig einzuschätzen.

Eine Zahl im gewöhnlichen Sinn ist ein Element des Bereiches aller reellen (oder auch aller komplexen) Zahlen. Diese Beschreibungsweise, die eine Zahlgesamtheit vor das Einzelexemplar setzt, soll darauf hinweisen, daß die Betrachtung solcher *Gesamtheiten* der Schlüssel zum Verständnis des algebraischen Zahlbegriffs und der „modernen" Algebra überhaupt ist. Genauer handelt es sich um die Kennzeichnung derjenigen (formalen) Eigenschaften solcher Bereiche, die für bestimmte mathematische Zwecke wesentlich sind. So entfaltete z.B. die Zahlentheorie ihre größte Wirksamkeit erst, als man den „konkreten" Inhalt des Zahlbegriffes (nämlich im vertrauten Sinn reell zu sein) zurückzudrängen gelernt hatte zugunsten der primären Eigenschaft der Zahl, Element eines (allgemeinen) „Körpers" oder „Ringes" zu sein.

Einige wesentliche Eigenschaften des reellen Zahlenbereiches lassen sich folgendermaßen beschreiben[1]:

1. Man kann in ihm unbeschränkt (d.h. *jede* Zahl zu *jeder*) addieren und ebenso subtrahieren.

2. Man kann jede Zahl mit jeder multiplizieren und (außer durch die Null) dividieren.

3. Die reellen Zahlen lassen sich anordnen, d.h. es gibt eine eindeutige Größer-Beziehung zwischen ihnen.

4. In dem Bereich der reellen Zahlen läßt sich ein Umgebungsbegriff (und mit ihm ein Stetigkeitsbegriff) erklären.

Fragen wir nach typischen Eigenschaften des Bereiches der *komplexen* Zahlen, so verliert 3. seinen Inhalt, läßt sich aber durch eine andere Eigenschaft ersetzen: Jeder komplexen Zahl läßt sich ihr Betrag, d.h. eine reelle Zahl zuordnen, und für diese Zuordnung gelten kennzeichnende Rechenregeln (als bekannteste die sog. Dreiecksungleichung).

Dem Bereich der rationalen Zahlen kommen nur die Eigenschaften 1., 2. und 3. zu, dagegen nicht 4. Vollziehen wir schließlich den Schritt zu den ganzen Zahlen, so bleiben 1. und 3. und von 2. die Möglichkeit unbeschränkter Multiplikation, dagegen nicht die der Division. Alle genannten Zahlbereiche haben, wie wir sehen, nur die Eigenschaften 1. und 2. (eventuell ohne die Möglichkeit unbeschränkter Division) gemeinsam. Es erscheint daher einleuchtend, daß man sich in der Algebra primär für diese Eigenschaften interessiert, wogegen die übrigen in ihrer Bedeutung zunächst zurücktreten. Man nennt übrigens die durch 1. und 2. ausgedrückten Eigenschaften „Verknüpfungen"[2], die durch 3. und 4. ausgedrückten Eigenschaften nennt man die der „Anordnung" und der „Umgebung".

[1] Man beachte, daß in Formulierungen, die auf die *Elemente* eines Bereiches Bezug nehmen, die *Bereichs*-Eigenschaft in Worten wie „jedes", „alle" usw. enthalten ist.

[2] Unter einer *Verknüpfung* versteht man eine Zuordnung von je zwei Elementen eines Bereiches zu einem dritten Element desselben Bereiches.

3. Die axiomatische Methode. Es wurde bereits gesagt, daß die Kennzeichnung der Zahlbereiche durch Postulierung formaler Eigenschaften erfolgt. Die Kennzeichnung der Struktur eines Bereiches durch seine inneren Eigenschaften ist aber Sinn und Aufgabe der Axiomatik; demnach handelt es sich darum, die unter 1. und 2. bezeichneten Verknüpfungseigenschaften axiomatisch zu formulieren. Dies geschieht folgendermaßen:

Mit $a, b, c, \ldots$ seien die Elemente eines Bereiches $\mathfrak{B}$ (in Zeichen: $a, b, c, \ldots \in \mathfrak{B}$) bezeichnet. In $\mathfrak{B}$ gibt es

(I) Eine Verknüpfung, *Addition* genannt, welche zwei beliebigen Elementen $a, b \in \mathfrak{B}$ eindeutig ein drittes Element $(a+b) \in \mathfrak{B}$ zuordnet. Für diese Verknüpfung gelten die Regeln

a) Assoziatives Gesetz: $a+(b+c)=(a+b)+c$
b) Lösbarkeit der Gleichung: $a+x=b$
c) Kommutatives Gesetz: $a+b=b+a$
} für alle $a, b, \ldots \in \mathfrak{B}$.

Die unter b) geforderte Lösbarkeit der Gleichung $a+x=b$ bedeutet natürlich, daß bei beliebiger Wahl von $a, b \in \mathfrak{B}$ stets ein $x \in \mathfrak{B}$ existiert, so daß die Gleichung besteht.

(II) Es gibt eine zweite Verknüpfung, *Multiplikation* genannt, welche zwei beliebigen Elementen $a, b \in \mathfrak{B}$ eindeutig ein drittes Element $a \cdot b \in \mathfrak{B}$ zuordnet. Dabei gelten für alle Elemente von $\mathfrak{B}$ die Regeln

a) Assoziatives Gesetz: $a(bc) = (ab)c$
b) Lösbarkeit der Gleichung: $ax = b$ (für $a \neq 0$).
c) Kommutatives Gesetz: $ab = ba$

Schließlich bestehen die beiden genannten Verknüpfungen nicht unabhängig nebeneinander, sondern werden verbunden durch

(III) Das *Distributivgesetz:* $a(b+c) = ab + ac$.

Diesem Axiomensystem genügen sicher die oben genannten Zahlbereiche außer dem der ganzen Zahlen [bei welchem man das Axiom (IIb) fortlassen müßte]. Damit sind also bestimmte, Verknüpfungs-Eigenschaften wiedergebende Strukturzüge der genannten Zahlbereiche axiomatisch gekennzeichnet.

Es gibt nun im Prinzip zwei verschiedene Möglichkeiten, das axiomatische Interesse weiter zu verfolgen: Entweder untersucht man die durch das angegebene Axiomensystem definierten Strukturen und vergewissert sich über ihre mathematische Reichhaltigkeit, oder man sucht das Axiomensystem so zu erweitern, daß man etwa einen bestimmten „konkreten" Zahlbereich axiomatisch „vollständig" kennzeichnen kann (d.h. derart, daß alle Realisierungen des axiomatisch definierten Bereiches untereinander isomorph sind). In der Algebra verfolgt man, wie bereits gesagt, vornehmlich den ersten dieser beiden Wege, während der zweite (überdies mit dem Problem der „Vollständigkeit" eines Axiomensystems belastete Weg) demgegenüber an Interesse zurücktritt.

A. Grundbegriffe und Definitionen.

Im vorliegenden Kapitel werden die in der Algebra verwendeten Grundbegriffe und Termini definiert und erläutert. Sie werden im weiteren Verlauf der Darstellung durchgehend benutzt.

Den Axiomen (I), (II), (III) gilt das weitere Interesse. Bei Vorweisung eines Axiomensystems erheben sich primär zwei Fragen: 1. Die nach der Widerspruchsfreiheit und 2. die nach der Unabhängigkeit der Axiome. Die Klärung dieser beiden Fragen erfolgt in bekannter Weise so, daß man

1. zum Nachweis der Widerspruchsfreiheit eine als widerspruchsfrei erkannte Realisierung (d.h. einen „konkreten" Größenbereich) angibt, welche die Axiome erfüllt;

2. zur Untersuchung der Abhängigkeit der Axiome weitere in sich widerspruchsfreie Realisierungen zu finden sucht, welche die Axiome bis auf eines erfüllen. Das nicht erfüllte Axiom ist dann sicher von den übrigen unabhängig, d.h. es kann nicht aus diesen hergeleitet werden[1].

Im vorliegenden Fall ist die Frage nach der Widerspruchsfreiheit praktisch bereits gelöst, denn wir sind überzeugt, daß das Rechnen in den angeführten Zahlbereichen (obwohl sie unendlich viele Elemente besitzen) niemals zu Widersprüchen führen wird. Wir werden jedoch weiter unten sehen, daß man sehr einfache Beispiele angeben kann, die nicht mit dieser ,,Unsicherheit des Unendlichen" behaftet sind. Die Frage nach der Abhängigkeit tritt gegenüber der der Widerspruchsfreiheit an Bedeutung zurück.

4. Körper. *Definition:* Jeder Bereich von Größen, zwischen denen zwei Verknüpfungen erklärt sind, welche den Axiomen (I), (II) und (III) genügen, heißt ein (kommutativer) *Körper*.

Wir beweisen zunächst einige einfache Folgerungen aus den Axiomen und beginnen mit den Axiomen (I) der Addition. Setzt man in (Ib) $b=a$, so folgt aus der postulierten Lösbarkeit der Gleichung $a+x=a$, daß es in jedem Körper ein Element geben muß, das sog. *Nullelement* 0, mit der Eigenschaft

$$a+0=a \quad \text{für jedes } a. \tag{4.1}$$

Setzt man nun in (Ib) $b=0$, so sieht man, daß es zu jedem Element a eines Körpers ein *entgegengesetztes* oder *additiv-inverses* Element $(-a)$ geben muß mit der Eigenschaft

$$a+(-a)=0. \tag{4.2}$$

Durch die Axiomengruppe (I) ist also die Existenz eines Nullelementes, sowie die eines additiv Inversen zu jedem Körperelement gesichert. Es fehlt noch der Nachweis, daß es nur *ein* Nullelement gibt und daß ebenso zu jedem Element ein *eindeutiges* additiv Inverses gehört. Angenommen, es gäbe zwei Nullelemente 0 und 0′, so würde wegen Gl. (4.1) sowohl

$$a+0=a \quad \text{als auch} \quad a+0'=a$$

für jedes Element a des Körpers gelten, also auch für 0′ und 0 selbst. Aus der ersten dieser beiden Gleichungen folgt damit aber $0'+0=0'$, aus der zweiten $0+0'=0$, und wegen des Kommutativitätsaxioms der Addition (Ic) folgt die Gleichheit der linken Seiten dieser beiden Gleichungen und somit $0'=0$. Die Eindeutigkeit des Additiv-Inversen ist ebenso einfach zu beweisen und schließlich auch die Eindeutigkeit der Lösung der Gleichung unter (Ib); ihre eindeutige Lösung ist $x=b+(-a)$, was man auch kürzer als Differenz $x=b-a$ schreibt. Für die so definierte Subtraktion gelten analoge Regeln wie für die Addition.

Das Assoziativgesetz (Ia) besagt, daß hinsichtlich der Addition eine Klammersetzung überflüssig ist, und daß ein Ausdruck der Form

$$\sum_{k=1}^{n} a_k = a_1+a_2+\cdots+a_n, \tag{4.3}$$

wo die a_k Elemente eines Körpers sind, einen eindeutig erklärten Sinn hat.

[1] Man beachte: Läßt sich eine widerspruchsfreie Realisierung angeben, in welcher nur ein Teil des Axiomensystems erfüllt ist, dagegen ein zweiter aus *mehreren* Axiomen bestehender Teil nicht, so läßt sich nur behaupten, daß sich jedes Axiom des zweiten Teiles (und jeder zugehörige Folgesatz) nicht aus dem ersten Teil des Axiomensystems folgern läßt. Dagegen kann es durchaus sein, daß *ein* Axiom des zweiten Teiles sich aus *allen* übrigen Axiomen des gesamten Axiomensystems folgern läßt, d.h. daß dieses Axiom nicht unabhängig ist.

Betrachten wir nun die Axiome (II) der Multiplikation, so springt sofort ihre formale Verwandtschaft mit den Axiomen (I) der Addition in die Augen; man braucht nur in (II) überall die multiplikative Verknüpfung durch die additive zu ersetzen, um die Axiome (I) zu erhalten. Hier ergibt sich bereits die Gelegenheit einer einfachen axiomatischen Schlußweise: Bei Nachweis der Existenz eines eindeutigen Nullelementes und eines eindeutigen additiv Inversen zu jedem Körperelement haben wir nur von den Axiomen (I) Gebrauch gemacht. Daß dabei das Verknüpfungszeichen ein Additionssymbol war, spielt für die Schlüsse keine Rolle. Wir können also (ebenso wie in den Axiomen) auch in den Schlüssen generell das Additionszeichen durch das Multiplikationszeichen ersetzen. Die fraglichen Elemente, deren Existenz und Eindeutigkeit damit bereits bewiesen ist, werden natürlich anders benannt. Dem Nullelement in Gl. (4.1) entspricht ein Element e mit der Eigenschaft

$$a e = a \tag{4.1'}$$

für alle Elemente a des Körpers. e heißt das *Einselement* des Körpers. Das Analogon zu Gl. (4.2) lautet

$$a(a^{-1}) = (a^{-1})\, a = e, \tag{4.2'}$$

wenn wir mit a^{-1} das *multiplikative Inverse* des Elementes a bezeichnen. Zu jedem Körperelement $a \neq 0$ gibt es genau ein multiplikativ Inverses. Das Analogon von (4.3) lautet

$$\prod_{k=1}^{n} a_k = a_1 a_2 \ldots a_n. \tag{4.3'}$$

Wir wollen uns hier mit diesem Beweis begnügen, da weiter unten (für Schiefkörper) ein analoger Beweis noch einmal explizite durchgeführt wird. Als erstes Ergebnis haben wir damit

Satz 1. *In einem Körper gibt es stets ein Null- und ein Einselement sowie zu jedem Element genau ein additiv und (außer zum Nullelement) ein multiplikativ Inverses.*

Aus dem Distributivgesetz (III) folgt durch Induktion

$$a(b_1 + b_2 + \cdots + b_n) = a b_1 + \cdots + a b_n.$$

Ist a selbst eine Summe, so folgt ebenso

$$(a_1 + \cdots + a_m)(b_1 + \cdots + b_n) = a_1 b_1 + \cdots + a_m b_n.$$

Die Subtraktion ist ebenfalls distributiv:

$$a(b - c) = a b - a c.$$

Dies folgt direkt aus

$$a b = a(b - c + c) = a(b - c) + a c.$$

In Körpern gilt weiter

Satz 2. *Ein Produkt zweier Elemente ist in einem Körper dann und nur dann Null, wenn eines der beiden Elemente gleich Null ist.*

Der Beweis ist evident, denn es gilt

$$a 0 = a(a - a) = a a - a a = 0. \tag{4.4}$$

Andererseits sei $ab = 0$. Falls a und b gleich Null sind, ist nichts zu beweisen, ist a ungleich Null, so existiert a^{-1}, und durch Multiplikation mit a^{-1} folgt mit (4.4)

$$b = (a^{-1} a)\, b = a^{-1}(a b) = a^{-1} 0 = 0.$$

Beispiele. Neben den schon genannten Zahlkörpern sei auf den Körper der rationalen Funktionen einer Variablen oder den der algebraischen Funktionen hingewiesen. Besonders einfach und bemerkenswert sind die endlichen Körper, d.h. Körper mit endlich vielen Elementen (auch GALOIS-Felder genannt). Der einfachste Fall dieser Art ist der aus zwei Elementen bestehende Körper. Nach Satz 1 müssen diese beiden Elemente das Null- und das Einselement sein, wir nennen sie wieder 0 und e. Da es nur zwei Elemente gibt, lassen sich die Lösungen der Gleichung unter (Ib) leicht angeben; die vier möglichen Fälle lauten

$$0+x=0, \quad e+x=e, \quad 0+x=e, \quad e+x=0,$$

wobei als Lösungen x nur wieder die Elemente 0 und e in Betracht kommen. Man sieht sofort, daß in den beiden ersten Fällen $x=0$ und in den letzten $x=e$ die (eindeutige) Lösung ist. Als auffällige Regel gilt also hier $e+e=0$. Allgemein sind Summen aus einer geraden Anzahl von Gliedern e gleich Null und von einer ungeraden Anzahl gleich e. Daraus ist bereits zu vermuten, daß hier ein Zahlbereich vorliegt, dessen innere Struktur vom Rechnen modulo 2 im Bereich der ganzen Zahlen nicht unbekannt sein dürfte. Hinsichtlich der Multiplikation verhalten sich 0 und e wie die Zahlen 0 und 1. Die Gleichung unter (IIb) liefert die Fälle

$$e x=0, \quad e x=e,$$

welche die Lösungen $x=0$ und $x=e$ besitzen. Das Distributivgesetz bestätigt man schließlich ebenfalls durch Aufweisung aller Möglichkeiten, von denen allerdings nur diejenige nicht-trivial ist, in der das Nullelement nicht vorkommt:

$$e(e+e)=ee+ee=e+e=0.$$

Dies ist tatsächlich eine richtige Beziehung, da auch die linke Seite nach Gl. (4.4) gleich Null ist.

Mit der Diskussion dieses Beispiels haben wir gleichzeitig die letzten (wegen der Unendlichkeit der anderen Beispiele) noch möglichen Zweifel an der Widerspruchslosigkeit des Axiomensystems (I), (II), (III) beseitigt, da wir nun einen Körper angegeben haben, bei dem sich die widerspruchslose Erfüllung der Axiome in endlich vielen Schritten nachweisen läßt.

Eine Menge K' von Elementen aus einem Körper aus K, die ihrerseits bereits die Axiome (I), (II), (III) erfüllt, nennt man einen *Unterkörper* von K. Der Unterkörper heißt *echt*, wenn es in K Elemente gibt, die nicht in K' enthalten sind, in Zeichen: $\mathsf{K}' < \mathsf{K}$. Man überzeugt sich schließlich, daß der Durchschnitt zweier Unterkörper wieder Unterkörper von K ist.

5. Schiefkörper. Mit dem Nachweis der Widerspruchsfreiheit des Axiomensystems (I), (II), (III) folgt auch die Widerspruchsfreiheit derjenigen Axiomensysteme, die daraus durch Weglassen von einzelnen Axiomen entstehen. Dabei könnte höchstens der Fall eintreten, daß das Weglassen eines Axioms gegenstandslos ist, nämlich dann, wenn dieses Axiom aus den übrigen gefolgert werden kann, also von diesen nicht unabhängig ist.

Im folgenden soll das Kommutativitätsgesetz der Multiplikation fallen gelassen werden. Dazu bedarf es noch einer Vorbemerkung. Die Kommutativität hatte bereits eine Folge in der Schreibweise der Axiome, nämlich in der Gleichung unter (IIb) sowie in dem Distributivgesetz (III). Man sieht sofort, daß durch das Axiom (III) bei Nichtberücksichtigung der Kommutativität von den zwei möglichen Distributivgesetzen

$$a(b+c)=ab+ac, \quad (b+c)a=ba+ca$$

eins willkürlich ausgezeichnet wird. Ebenso gibt es auch zwei Arten von Gleichungen

$$a x = b, \quad y a = b,$$

von denen durch (IIb) wiederum eine willkürlich ausgezeichnet wird. Abgesehen von der Möglichkeit, gerade derartigen Auszeichnungen das Interesse zuzuwenden, wird man jedoch in der Absicht, nur die Kommutativität der Multiplikation fallen zu lassen, die Regeln der Axiome (II) und (III) ersetzen durch:

(II′) a) Assoziativität der Multiplikation: $a(bc) = (ab)c$,

b) Lösbarkeit der Gleichungen: $ax = b$, $ya = b$ für jedes $a \neq 0$ und b.

(III′) Links- und rechtsseitige Distributivität:

a) $a(b + c) = ab + ac$,

b) $(b + c)a = ba + ca$.

Definition: Jeder Größenbereich, in dem zwei Verknüpfungen erklärt sind, welche den Axiomen (I), (II′) und (III′) genügen, heißt ein *Schiefkörper.*

Zunächst sieht man sofort, daß jeder (kommutative) Körper auch Schiefkörper ist, denn die genannten Axiome sind in ihm erfüllt. Damit erhebt sich die Frage, ob es echte (d.h. nicht-kommutative) Schiefkörper gibt; denn nur dann hat die obige Definition einen erwähnenswerten Inhalt. Überdies wäre mit der Existenz echter Schiefkörper die Unabhängigkeit des Kommutativitätsaxioms der Multiplikation von den übrigen Axiomen bewiesen. Die weiter unten erfolgende Angabe eines Beispiels erledigt diese Frage.

In Schiefkörpern gilt analog zu Satz 1.

Satz 1′. *In einem Schiefkörper gibt es stets ein Null und ein Einselement, sowie zu jedem Element ein eindeutiges additiv und (außer zum Nullelement) multiplikativ Inverses.*

Die behauptete Existenz eines Nullelementes und die des additiv Inversen wird ebenso bewiesen wie in Ziff. 4, dagegen sollen die Behauptungen aus den Multiplikationsgesetzen gesondert hergeleitet werden. Zunächst folgt aus $ax = b$ für $b = a$ die Existenz eines Rechts-Einselementes e mit der Eigenschaft

$$a e = a \quad \text{für jedes } a. \tag{5.1}$$

Entsprechend folgert man aus $ya = b$ mit $b = a$ die Existenz eines Links-Einselementes e':

$$e' a = a \quad \text{für jedes } a. \tag{5.2}$$

Setzt man in (5.1) $a = e'$ und in (5.2) $a = e$, so erhält man wegen der Gleichheit der linken Seiten $e = e'$. *Rechts- und Links-Einselement sind also identisch.* Man spricht deshalb einfach vom Einselement des Schiefkörpers. Ebenso folgt aus (II′b) mit $b = e$ die Existenz eines Rechts- und Links-Inversen (c und c') zu jedem Element $a \neq 0$

$$a c = e, \quad c' a = e.$$

Durch Multiplikation der ersten Gleichung mit c' von links und der zweiten mit c von rechts ergibt sich $c = c'$. Rechts- und Links-Inverses sind also identisch, weshalb man einfach vom Inversen a^{-1} eines jeden Elementes $a \neq 0$ spricht. Schließlich zeigt man ebenso einfach die Eindeutigkeit des Einselementes und des Inversen sowie die Eindeutigkeit der Lösungen $x = a^{-1}b$, $y = ba^{-1}$ der Gln. (II′b). *Für Schiefkörper gilt ebenfalls Satz 2,* wie man aus dem Beweis in Ziff. 4 ersehen kann.

Es ist häufig üblich, in dem Axiomensystem für Schiefkörper das Axiom (II′b) durch zwei andere Forderungen zu ersetzen:

(II'b') 1. Die Existenz eines rechtsseitigen Einselementes e mit der Eigenschaft $ae = a$ für alle a des betreffenden Bereiches. 2. Die Existenz eines Rechts-Inversen a^{-1} zu jedem Element $a \neq 0$ mit der Eigenschaft $aa^{-1} = e$.

Zunächst ist klar, daß diese beiden Sätze Konsequenzen von (II'b) sind. Andererseits läßt sich leicht zeigen, daß umgekehrt auch (II'b) eine Folge von (II'b') ist. Daraus folgt die Gleichwertigkeit von (II'b) und (II'b') (im Rahmen des übrigen Axiomensystems natürlich). Zum Beweis zeigt man zunächst, daß a^{-1} und e auch Links-Inverses bzw. Links-Einselement sind; aus $aa^{-1} = e$ folgt durch linksseitige Multiplikation mit a^{-1}

$$a^{-1} a a^{-1} = a^{-1} e = a^{-1}.$$

Wird diese Gleichung von rechts mit dem [nach (II'b') existierenden] rechtsseitigen Inversen von a^{-1} multipliziert, so folgt

$$a^{-1} a = e,$$

d.h. a^{-1} ist auch linksseitiges Inverses von a. Aus der letzten Gleichung ergibt sich schließlich durch rechtsseitige Multiplikation mit a^{-1}

$$a^{-1} = e a^{-1}.$$

Diese zeigt, daß e auch linksseitiges Einselement ist. Die somit nachgewiesene Existenz von Einselement und Inversen (die übrigens wieder eindeutig sind) läßt andererseits die Lösbarkeit der Gleichungen $ax = b$, $ya = b$ für $a \neq 0$ erkennen; ihre eindeutigen Lösungen sind

$$x = a^{-1} b, \quad y = b a^{-1}.$$

Beispiel. Das bekannteste Beispiel eines echten Schiefkörpers ist der Bereich der Quaternionen, das ist die Gesamtheit der Elemente der Form

$$\alpha + \beta j + \gamma k + \delta l,$$

wobei $\alpha, \beta, \gamma, \delta$ beliebige reelle Zahlen sind. Die Elemente j, k, l erfüllen die Multiplikationsregeln

$$j^2 = k^2 = l^2 = -1, \quad jk = -kj = l, \quad kl = -lk = j, \quad lj = -jl = k,$$

während die Koeffizienten $\alpha, \beta, \gamma, \delta$ mit ihnen vertauchbar sind. Das Nullelement ist die Quaternion mit den Koeffizienten $\alpha = \beta = \gamma = \delta = 0$, das Einselement die mit $\alpha = 1$, $\beta = \gamma = \delta = 0$. Die Multiplikation erfolgt unter Anwendung der Distributivgesetze und Berücksichtigung obiger Relationen. Daß diese Multiplikation assoziativ ist, läßt sich durch einfache Rechnung bestätigen. Da weiter

$$(\alpha + \beta j + \gamma k + \delta l)(\alpha - \beta j - \gamma k - \delta l) = \alpha^2 + \beta^2 + \gamma^2 + \delta^2 \tag{5.3}$$

für jede von Null verschiedene Quaterion ungleich Null ist, existiert zu jeder Quaternion $\alpha + \beta j + \gamma k + \delta l$ eine Rechts-Inverse

$$(\alpha^2 + \beta^2 + \gamma^2 + \delta^2)^{-1} (\alpha - \beta j - \gamma k - \delta l)$$

die übrigens auch Links-Inverse ist. Infolgedessen gilt auch Axiom (II'b') [bzw. (II'b), da alle übrigen Schiefkörper-Axiome erfüllt sind]. Die Quaternionen (mit reellen Zahlen als Koeffizienten) bilden also einen Schiefkörper, und zwar einen echten Schiefkörper, da die Multiplikation sicher nicht kommutativ ist.

Durch dieses Beispiel ist auch gezeigt, daß der Begriff des Schiefkörpers tatsächlich eine echte Erweiterung des (kommutativen) Körperbegriffes darstellt, oder anders ausgedrückt, daß das Kommutativitätsaxiom der Multiplikation von den übrigen Körperaxiomen unabhängig ist.

Wie man sieht, hängt die Schiefkörpereigenschaft des Bereiches der Quaternionen mit reellen Koeffizienten wesentlich daran, daß die rechte Seite von Gl. (5.3) stets von Null verschieden ist und überdies im Bereich der Koeffizienten (hier im Körper der reellen Zahlen) ein Inverses besitzt. Würde man z.B. die Koeffizienten aus dem Körper der komplexen Zahlen nehmen, so könnte die rechte Seite von Gl. (5.3) auch mit von Null verschiedenen Koeffizienten verschwinden, so z.B. für $\alpha=\beta=1, \gamma=\delta=i$. Dann ergibt sich

$$(1+j+ik+il)(1-j-ik-il)=0.$$

Das Produkt ist also gleich Null, ohne daß ein Faktor verschwindet. Im Bereich der Quaternionen mit komplexen Zahlen als Koeffizienten gilt also Satz 2 nicht. Da dieser Satz aber eine Folge der Schiefkörperaxiome ist und infolgedessen in jedem Schiefkörper gelten muß, kann der betrachtete Bereich kein Schiefkörper sein. Andererseits sind in ihm, wie man bestätigt, die Axiome (I), (II'a), (III') jedoch erfüllt.

Zu einem Bereich mit gleichen Eigenschaften [d.h. der Gültigkeit der Axiome (I), (II'a), (III'), während (II'b) nicht erfüllt ist] gelangt man bei dem Versuch, einen *endlichen* echten Schiefkörper zu konstruieren, indem man z.B. die Quaternionen mit Koeffizienten aus dem in Ziff. 4 angeführten Körper aus zwei Elementen betrachtet. Auch dann kann die rechte Seite von Gl. (5.3) verschwinden, ohne daß auf der linken Seite ein Faktor Null ist. Dieses Beispiel ist kein zufällig herausgegriffener Ausnahmefall, welcher die Konstruktion eines endlichen Schiefkörpers nicht zuläßt, vielmehr gilt, wie hier nicht bewiesen werden soll, der

Satz: *Jeder endliche Schiefkörper ist kommutativ.*

Liegen andererseits (wie im eben betrachteten Beispiel) endliche Bereiche mit nicht-kommutativer Multiplikation vor, so können diese keine Schiefkörper sein.

6. Ringe. *Definition:* Jeder Größenbereich, in dem zwei Verknüpfungen erklärt sind, welche den Axiomen (I), (II'a), (III') genügen, heißt ein *Ring*. Gilt überdies das Kommutativitätsaxiom der Multiplikation, so spricht man von einem *kommutativen Ring.*

Wir haben in Ziff. 5 bereits Beispiele von Ringen kennengelernt, nämlich den Ring der Quaternionen mit komplexen Koeffizienten und den der Quaternionen mit Koeffizienten aus dem Körper von zwei Elementen. Weitere Beispiele sind der Bereich der ganzen Zahlen, oder der der geraden Zahlen oder auch der der Quaternionen mit Koeffizienten aus einem Ring, z.B. dem Ring der ganzen Zahlen.

Gegenüber einem Schiefkörper braucht also in einem Ring das Axiom (II'b) nicht erfüllt zu sein. Der Ringbegriff ist damit wiederum eine Erweiterung des Begriffes des Schiefkörpers [denn jeder Schiefkörper ist selbstverständlich ein Ring, und zwar ein Ring, in dem überdies noch (II'b) gilt]. Daß andererseits die Ringdefinition eine *echte* Erweiterung der Schiefkörperdefinition ist, zeigen die angeführten Beispiele. Wir können das in gewohnter Weise auch so ausdrücken, daß die Beispiele die Unabhängigkeit des Axioms (II'b) beweisen.

Zunächst folgt aus den Axiomen (I) in bekannter Weise die Existenz eines Nullelementes sowie die eines additiv Inversen zu jedem Ringelement. Die Existenz eines Einselementes und eines multiplikativ Inversen zu jedem von Null verschiedenen Ringelement läßt sich dagegen nicht mehr folgern. Ein Ring braucht kein Einselement zu besitzen (Beispiel: Ring der geraden Zahlen). Aus der angenommenen Existenz eines rechtsseitigen Einselementes läßt sich nicht einmal die Existenz eines linksseitigen beweisen. Gibt es aber in einem Ring sowohl ein rechtsseitiges Einselement e als auch ein linksseitiges e', so muß

$e = e'$ sein. Nach Voraussetzung gilt nämlich:

$$a e = a, \quad e' a = a \quad \text{für alle } a,$$

woraus für $a = e'$ bzw. $a = e$ die Behauptung folgt. Ebenso zeigt man: Existiert in einem Ring mit Einselement zu einem Element a ein linksseitiges Inverses a' und ein rechtsseitiges Inverses a'', so ist $a' = a''$, es gibt also nur ein (rechts- und linksseitiges) Inverses a^{-1} (das auch einziges Inverses ist). Aus $a' a = e$ und $a a'' = e$ folgt nämlich durch Multiplikation der ersten Gleichung mit a'' von rechts und der zweiten Gleichung mit a' von links

$$a' a a'' = a'', \quad a' a a'' = a',$$

was unmittelbar die Behauptung liefert.

In einem Ring gilt auch Satz 2 nicht mehr; wir haben ja an den Beispielen der Quaternionenringe bereits gesehen, daß ein Produkt Null sein kann, ohne daß ein Faktor Null ist. Wenn also a und b Ringelemente bezeichnen, kann es vorkommen, daß

$$a b = 0, \quad a \neq 0, \quad b \neq 0.$$

In diesem Fall heißt a linker und b rechter *Nullteiler*. Allgemein nennt man ein Ringelement a einen rechten bzw. linken Nullteiler, wenn es ein Element b im Ring gibt, so daß $b a = 0$ bzw. $a b = 0$ ist. In kommutativen Ringen braucht man natürlich nicht zwischen rechten und linken Nullteilern zu unterscheiden. Man beachte: Die Existenz von Nullteilern in einem Ring, der nicht Schiefkörper ist, ist nicht notwendig, es gibt *Ringe ohne Nullteiler* (Beispiel: der Ring der ganzen Zahlen).

Eine Teilaussage des Satzes 2 bleibt auch in einem Ring gültig, nämlich: *ein Produkt ist stets Null, wenn mindestens ein Faktor Null ist.* Der Beweis ist trivial, denn mit Anwendung der (in Ringen gültigen) Distributivgesetze folgt

$$a 0 = a(a - a) = a a - a a = 0, \quad 0 a = (a - a) a = a a - a a = 0.$$

Ein *kommutativer Ring ohne Nullteiler* wird auch *Integritätsbereich* genannt. Der Ring der ganzen Zahlen ist also Integritätsbereich.

Schließlich nennt man eine Gesamtheit $\mathfrak{r}$ von Elementen aus einem Ring $\mathfrak{R}$, die ihrerseits bereits die Ring-Axiome erfüllt, einen *Unterring* von $\mathfrak{R}$. Der Unterring $\mathfrak{r}$ ist echt, wenn es in $\mathfrak{R}$ Elemente gibt, die nicht in $\mathfrak{r}$ enthalten sind. In Zeichen: $\mathfrak{r} \subset \mathfrak{R}$. Die Gesamtheit aller Elemente eines Ringes $\mathfrak{R}$, die mit allen Elementen von $\mathfrak{R}$ vertauschbar sind, bildet einen Unterring, das sog. *Zentrum* von $\mathfrak{R}$.

7. Homomorphismen. Es sei $\mathfrak{R}$ ein Ring und $\mathfrak{R}'$ ein Bereich, in dem ebenfalls zwei Verknüpfungen (Addition und Multiplikation) erklärt sind. Läßt sich nun $\mathfrak{R}$ auf $\mathfrak{R}'$ so abbilden, daß jedem Element $a \in \mathfrak{R}$ ein Element $a' \in \mathfrak{R}'$ zugeordnet wird und umgekehrt jedem $a' \in \mathfrak{R}'$ *mindestens* ein Element $a \in \mathfrak{R}$ entspricht und daß bei dieser Abbildung stets

$$(a + b)' = a' + b', \quad (a b)' = a' b', \tag{7.1}$$

gilt, so nennt man diese Abbildung einen *Homomorphismus* von $\mathfrak{R}$ auf $\mathfrak{R}'$. Ist die Abbildung umkehrbar eindeutig, so nennt man sie einen *Isomorphismus*. Es gilt

Satz 3: *Das homomorphe Bild eines Ringes ist wieder ein Ring.*

Die Beweisidee dieses Satzes beruht einfach darauf, daß jede (additive oder multiplikative) Relation im Ring $\mathfrak{R}$ gemäß (7.1) in eine Relation der gleichen Form in $\mathfrak{R}'$ übergeht, also auch die Ring-Axiome. Die genauere Durchführung bleibe dem Leser überlassen.

Ein bekanntes einfaches Beispiel eines Ring-Homomorphismus ist das Rechnen mit Kongruenzen modulo einer ganzen Zahl n; sind r, s ganze Zahlen und $r \equiv r'$, $s \equiv s'$ (mod n), so ist

$$r + s \equiv (r + s)' \equiv r' + s' \quad \text{und} \quad rs \equiv (rs)' \equiv r's' \quad (\text{mod}\, n).$$

Ist n keine Primzahl, so gibt es Nullteiler, wie das Beispiel

$$2 \cdot 2 \equiv 0 \ (\text{mod}\, 4)$$

zeigt, da $2 \not\equiv 0$ (mod 4) ist. Eine derartige Abbildung ist offenbar ein Homomorphismus des Ringes der ganzen Zahlen auf die Zahlen $0, 1, \ldots, n-1$.

Es ist unschwer zu erkennen, daß das Wesen des Homomorphiebegriffes durch eine Verallgemeinerung besser beleuchtet wird; denn es handelt sich bei ihm offenbar nicht nur um Abbildungen von Ringen aufeinander, sondern allgemein um Abbildungen von irgendwelchen Bereichen, bei denen gewisse Eigenschaften der Bereiche erhalten bleiben (während andere zerstört werden können). Man müßte somit eigentlich von Homomorphismen bezüglich bestimmter Eigenschaften der Bereiche sprechen. So ist das oben genannte Beispiel des Homomorphismus des Ringes der ganzen Zahlen eine homomorphe Abbildung bezüglich der beiden Verknüpfungen Addition und Multiplikation, während die Anordnungseigenschaft der ganzen Zahlen bei diesem Homomorphismus verloren geht. Indessen ist beim Gebrauch des Homomorphiebegriffes im allgemeinen keine Unklarheit zu befürchten, da durch die Angabe der Art der Bereiche gewöhnlich die fraglichen Eigenschaften, auf die sich der Homomorphismus bezieht, bereits festgelegt sind. Nach diesen Vorbemerkungen treffen wir die

Definition: $\mathfrak{B}$ und $\mathfrak{B}'$ seien zwei Bereiche, zwischen deren Elementen bestimmte Relationen bestehen. Wird jedes Element $a \in \mathfrak{B}$ auf ein Bildelement $a' \in \mathfrak{B}'$ abgebildet derart, daß alle Elemente von $\mathfrak{B}'$ mindestens einmal als Bildelement vorkommen und daß eine definierte Menge von Relationen zwischen den Elementen von $\mathfrak{B}$ auch zwischen ihren Bildelementen aus $\mathfrak{B}'$ besteht, so heißt diese Abbildung ein *Homomorphismus* von $\mathfrak{B}$ auf $\mathfrak{B}'$ bezüglich der definierten Menge von Relationen. Ist der Homomorphismus umkehrbar eindeutig, so heißt er ein *Isomorphismus* zwischen $\mathfrak{B}$ und $\mathfrak{B}'$.

Ein Homomorphismus von $\mathfrak{B}$ auf $\mathfrak{B}'$ erzeugt in $\mathfrak{B}$ eine *Klasseneinteilung* der Elemente, indem alle Elemente, welche in dasselbe Element von $\mathfrak{B}'$ abgebildet werden, zu einer Klasse zusammengefaßt werden[1]. Diese Klassen in $\mathfrak{B}$ sind den Elementen von $\mathfrak{B}'$ eineindeutig zugeordnet.

---

[1] Eine Einteilung einer Menge $\mathfrak{M}$ in *Klassen* ist eine Zerlegung von $\mathfrak{M}$ in elementfremde Teilmengen derart, daß *jedes* Element von $\mathfrak{M}$ genau einer Teilmenge angehört. In diesem Zusammenhang ist der Begriff der „Äquivalenzrelation" wichtig. Als *Äquivalenzrelation* bezeichnet man jede Beziehung zwischen den Elementen einer Menge $\mathfrak{M}$, von der erklärt ist, ob sie für ein beliebig herausgegriffenes geordnetes Elementpaar (a, b) gilt oder nicht gilt (der erste Fall wird mit $a \sim b$ bezeichnet) mit den Eigenschaften

1. wenn $a \sim b$, so $b \sim a$;

2. wenn $a \sim b$ und $b \sim c$, so $a \sim c$.

In Worten: „Wenn a äquivalent zu b ist, so ist auch b äquivalent zu a" usw. Aus 1. und 2. folgt unmittelbar $a \sim a$. Einfache Beispiele von Äquivalenzrelationen sind der Gleichheitsbegriff, Kongruenz oder Ähnlichkeit von geometrischen Figuren, Äquivalenz oder Ähnlichkeit von Matrizen (Ziff. 29). Es gilt: *Jede Äquivalenzrelation erzeugt eine Klasseneinteilung* (wobei in jeder Klasse die untereinander äquivalenten Elemente liegen).

Die Äquivalenzrelation im obigen Fall der homomorphen Abbildung ist ersichtlich die folgende: „Wenn a in dasselbe Element wie b abgebildet wird, so auch b in dasselbe wie a" und „wenn a in dasselbe Element wie b und b in dasselbe wie c abgebildet wird, so auch a in dasselbe wie c". Die Trivialität des Beispiels ist allerdings nicht dazu angetan, die Bedeutung des Zusammenhanges von Äquivalenzrelationen und Klasseneinteilungen wirkungsvoll zu beleuchten.

Homomorphe Abbildungen eines Bereiches auf sich selbst heißen *Endomorphismen*, isomorphe Abbildungen dieser Art *Automorphismen* des betreffenden Bereiches.

Schließlich werden Bereiche (mit Relationen), welche keine echten Homomorphismen, sondern nur Isomorphismen gestatten, *einfach* genannt. Wie man sieht, ist die Einfachheit eines Bereiches stets nur bezüglich bestimmter Eigenschaften, d.h. bezüglich bestimmter Relationen zwischen seinen Elementen definiert.

8. Ideale. Die Betrachtung der homomorphen Abbildungen eines Ringes $\mathfrak{R}$ läßt eine bestimmte Art von Unterringen von $\mathfrak{R}$ als ausgezeichnet erscheinen, die sog. Ideale von $\mathfrak{R}$ (oder genauer, die zweiseitigen Ideale, wenn $\mathfrak{R}$ nichtkommutativ ist). Es liege ein Homomorphismus von $\mathfrak{R}$ auf einen Ring $\mathfrak{R}'$ vor, dann erzeugt dieser eine Einteilung von $\mathfrak{R}$ in Klassen solcher Elemente, die jeweils in dasselbe Element von $\mathfrak{R}'$ abgebildet werden. Da $\mathfrak{R}'$ als Ring ein Nullelement besitzt, betrachten wir insbesondere die Klasse $\mathfrak{J}$ der Elemente, welche in die Null ($0'$ genannt) von $\mathfrak{R}'$ abgebildet werden. Zunächst ist $\mathfrak{J}$ ein Unterring von $\mathfrak{R}$. Denn sind $a, b \in \mathfrak{J}$, so auch $a+b$ und ab bzw. ba, da mit $a \to 0'$, $b \to 0'$ wegen der Homorphie-Eigenschaft der Abbildung auch

$$a+b \to 0'+0' = 0', \quad ab \to 0'0' = 0', \quad ba \to 0'0' = 0'.$$

$a+b, ab, ba$ gehören also zur Klasse der Elemente, welche auf die Null von $\mathfrak{R}'$ abgebildet werden, d.h. zu $\mathfrak{J}$. Es gilt jedoch noch mehr: Sei a ein beliebiges Element von $\mathfrak{R}$ und $b \in \mathfrak{J}$, so ist sowohl $ab \in \mathfrak{J}$ als auch $ba \in \mathfrak{J}$. Denn der Homomorphismus $a \to a'$, $b \to 0'$ ergibt

$$ab \to a'0' = 0', \quad ba \to 0'a' = 0'.$$

$\mathfrak{J}$ ist also ein Unterring mit der zusätzlichen Eigenschaft, daß er bei links- und rechtsseitiger Multiplikation mit beliebigen Elementen von $\mathfrak{R}$ in sich übergeht. $\mathfrak{J}$ ist ein sog. zweiseitiges Ideal. Verallgemeinernd trifft man die

Definition: Ist $\mathfrak{J}$ ein Unterring eines Ringes $\mathfrak{R}$ mit der zusätzlichen Eigenschaft, daß für jedes $a \in \mathfrak{R}$ und $b \in \mathfrak{J}$ auch $ab \in \mathfrak{J}$ (bzw. $ba \in \mathfrak{J}$) ist, so heißt $\mathfrak{J}$ ein *Links-Ideal* (bzw. *Rechts-Ideal*) in $\mathfrak{R}$. $\mathfrak{J}$ heißt *zweiseitiges Ideal* in $\mathfrak{R}$, wenn es sowohl Links- als auch Rechts-Ideal ist. Ist $\mathfrak{R}$ kommutativ, so braucht zwischen Links-, Rechts- und zweiseitigen Idealen nicht unterschieden zu werden.

Die in jedem Ring existierenden (trivialen) Ideale sind das allein aus dem Nullelement bestehende *Nullideal* und das aus allen Elementen des Ringes bestehende (also mit dem Ring identische) *Einheitsideal.* Wenn im folgenden von *echten* Idealen die Rede ist, so sind damit Ideale gemeint, die vom Null- und Einheitsideal verschieden sind. Oftmals sind die aus einer bestimmten Elementmenge eines Ringes *erzeugten* Ideale von Interesse. Ist $\mathfrak{m}$ eine beliebig herausgegriffene Menge von Elementen eines Ringes $\mathfrak{R}$, so läßt sich aus $\mathfrak{m}$ ein Rechts- (bzw. Links-) Ideal $\mathfrak{J}$ durch folgende iterativ anzuwendende Prozesse erzeugen:

1. Bildung des additiv Inversen,
2. Addition bzw. Subtraktion,
3. Rechtsseitige (bzw. linksseitige) Multiplikation mit allen Elementen von $\mathfrak{R}$.

Das Nullideal kann aus dem Nullelement des Ringes auf die angegebene Weise erzeugt werden, ebenso das Einheitsideal aus einem Einselement, falls der Ring ein Einselement besitzt. Es gibt natürlich für jedes Ideal $\mathfrak{J}$ stets eine Menge $\mathfrak{m}$ von erzeugenden Elementen, nämlich die Menge der Elemente von $\mathfrak{J}$ selbst. Von mathematischen Interesse können daher zur Erzeugung von Idealen höchstens bestimmte (etwa minimale) Untermengen sein.

Zweiseitige Ideale, die sich von *einem* Element erzeugen lassen, heißen *Hauptideale.* Ringe, in denen jedes Ideal Hauptideal ist, heißen *Hauptidealringe.* Beispiele sind der Ring der ganzen Zahlen sowie der Polynomring in einer Unbestimmten (Ziff. 15, 19).

Enthält ein Ideal das Einselement eines Ringes $\mathfrak{R}$, so ist es mit dem Einheitsideal identisch. Denn mit dem Einselement e enthält das Ideal auch alle Elemente $ae = a$ mit $a \in \mathfrak{R}$, d.h. alle Elemente des Ringes. Daraus folgt sofort: *Ein Schiefkörper besitzt nur die beiden trivialen Ideale, das Null- und das Einheitsideal.* Denn enthält das Ideal ein Element $a \neq 0$, so liegt da a^{-1} existiert, auch $a^{-1}a = e$ im Ideal.

Die Bedeutung der zweiseitigen Ideale liegt in folgendem

Satz 4. *Die möglichen Homomorphismen eines Ringes $\mathfrak{R}$ werden durch die zweiseitigen Ideale von $\mathfrak{R}$ vermittelt.*

Wir haben bereits gesehen, daß bei jedem Homomorphismus von $\mathfrak{R}$ ein zweiseitiges Ideal von $\mathfrak{R}$ auf die Null abgebildet wird. Die Behauptung des Satzes ist so zu verstehen, daß auch umgekehrt zu jedem zweiseitigen Ideal ein Homomorphismus von $\mathfrak{R}$ existiert, bei welchem dieses Ideal in die Null abgebildet wird. Dieser Teil des Satzes wird durch Konstruktion bewiesen.

Es sei $\mathfrak{J}$ ein zweiseitiges Ideal in $\mathfrak{R}$ und a ein Element aus $\mathfrak{R}$. Wir betrachten die Gesamtheit der Elemente der Form $a + m$, wobei m die Elemente von $\mathfrak{J}$ durchläuft, und schreiben diese

$$a + \mathfrak{J} = \mathfrak{K}_a. \tag{8.1}$$

Ist a speziell ein Element aus $\mathfrak{J}$ selbst, so ist $\mathfrak{K}_a = \mathfrak{J}$. Durch die Gl. (8.1) wird jedem Element a des Ringes $\mathfrak{R}$ eine Elementmenge $\mathfrak{K}_a$ zugeordnet (in der a selbst vorkommt, da das Nullelement von $\mathfrak{R}$ auch zu $\mathfrak{J}$ gehört). Man nennt $\mathfrak{K}_a$ die zu a gehörige *Restklasse modulo* $\mathfrak{J}$. Wir zeigen zunächst

Hilfssatz 1: Ist $a' \in \mathfrak{K}_a$, so ist $a' + \mathfrak{J} = \mathfrak{K}_{a'} = \mathfrak{K}_a$.

Da $a' \in \mathfrak{K}_a$ ist, läßt es nach (8.1) eine Darstellung der Form $a' = a + m$ mit $m \in \mathfrak{J}$ zu. Andererseits ist aber, wie bereits gesagt wurde, $m + \mathfrak{J} = \mathfrak{J}$, woraus folgt

$$\mathfrak{K}_{a'} = a' + \mathfrak{J} = a + m + \mathfrak{J} = a + \mathfrak{J} = \mathfrak{K}_a.$$

Es ergibt sich weiter

Hilfssatz 2: Zwei Restklassen $\mathfrak{K}_a$ und $\mathfrak{K}_b$ modulo $\mathfrak{J}$ haben entweder kein Element gemeinsam oder es ist $\mathfrak{K}_a = \mathfrak{K}_b$.

Der Beweis ist trivial; angenommen $\mathfrak{K}_a$ und $\mathfrak{K}_b$ haben ein Element f gemeinsam, so muß f nach (8.1) die beiden Darstellungen besitzen $f = a + m$ bzw. $f = b + m'$, wobei $m, m' \in \mathfrak{J}$. Daraus folgt $a + m = b + m'$ oder $b = a + (m - m') = a + m''$ mit $m'' \in \mathfrak{J}$ (da $\mathfrak{J}$ als Unterring von $\mathfrak{R}$ mit m und m' auch $m - m'$ enthält). b ist also Element von $\mathfrak{K}_a$. Anwendung von Hilfssatz 1 ergibt dann die Behauptung.

Daraus folgt weiter, daß jedes Element von $\mathfrak{R}$ einer und nur einer Restklasse modulo $\mathfrak{J}$ angehört. Hilfssatz 1 besagt, daß man jede Restklasse durch *irgendein* aus ihr herausgegriffenes Element nach (8.1) erzeugen kann. Ein derartig herausgegriffenes Element nennt man einen *Repräsentanten* der Restklasse. Wir betrachten nun die Restklassen modulo $\mathfrak{J}$ von $\mathfrak{R}$ als Elemente eines neuen Bereiches $\overline{\mathfrak{R}}$, indem wir als Verknüpfungen definieren

$$\mathfrak{K}_a + \mathfrak{K}_b = \mathfrak{K}_{a+b}, \quad \mathfrak{K}_a \cdot \mathfrak{K}_b = \mathfrak{K}_{ab}. \tag{8.2}$$

Die auftretenden Restklassen sind durch (8.1) definiert, wobei a bzw. b irgendein Repräsentant von $\mathfrak{K}_a$ bzw. $\mathfrak{K}_b$ ist. Um die Eindeutigkeit der durch (8.2) definierten Verknüpfung nachzuweisen, ist zu zeigen, daß die Gln. (8.2) unabhängig von der Auswahl der Repräsentanten der Restklassen $\mathfrak{K}_a$ bzw. $\mathfrak{K}_b$ sind. Sind also $a, a' \in \mathfrak{K}_a$ und $b, b' \in \mathfrak{K}_b$, so ist die Gültigkeit der Gleichungen

$$\mathfrak{K}_{a+b} = \mathfrak{K}_{a'+b'}, \qquad \mathfrak{K}_{ab} = \mathfrak{K}_{a'b'},$$

nachzuweisen. Dies leisten jedoch die Formeln

$$\mathfrak{K}_{a'+b'} = a' + b' + \mathfrak{J} = (a+m) + (b+m') + \mathfrak{J} = a + b + \mathfrak{J} = \mathfrak{K}_{a+b},$$

bzw.

$$\mathfrak{K}_{a'b'} = a'\,b' + \mathfrak{J} = ab + am' + mb + mm' + \mathfrak{J} = ab + \mathfrak{J} = \mathfrak{K}_{ab},$$

da wegen der zweiseitigen Idealeigenschaft von $\mathfrak{J}$ auch am' und mb wieder zu $\mathfrak{J}$ gehören. Die Abbildung $a \to \mathfrak{K}_a$ für alle $a \in \mathfrak{R}$ ist also nach (8.2) ein Homomorphismus von $\mathfrak{R}$ auf $\overline{\mathfrak{R}}$, und somit ist $\overline{\mathfrak{R}}$ ein Ring, der sog. *Restklassenring* oder *Faktorring nach dem zweiseitigen Ideal* $\mathfrak{J}$, in Zeichen: $\overline{\mathfrak{R}} = \mathfrak{R}/\mathfrak{J}$. Man sagt auch, der Homomorphismus $\mathfrak{R} \to \overline{\mathfrak{R}}$ wird durch das Ideal $\mathfrak{J}$ „vermittelt". Das Ideal $\mathfrak{J}$, als Restklasse aufgefaßt, hat in $\overline{\mathfrak{R}}$ die Eigenschaft des Nullelementes

$$\mathfrak{K}_a + \mathfrak{J} = \mathfrak{K}_a, \qquad \mathfrak{K}_a \cdot \mathfrak{J} = \mathfrak{J},$$

wie man aus (8.2) erkennt, wenn man das Nullelement von $\mathfrak{R}$ als Repräsentant von $\mathfrak{J}$ betrachtet und $\mathfrak{J} = \mathfrak{K}_0$ setzt.

Durch diese Konstruktion ist Satz 4 vollständig bewiesen. Er läßt sich nun ausführlicher in der Form aussprechen

Satz 4'. *Jedes homomorphe Bild $\mathfrak{R}'$ eines Ringes $\mathfrak{R}$ ist einem Restklassenring $\mathfrak{R}/\mathfrak{J}$ isomorph, wobei $\mathfrak{J}$ das zweiseitige Ideal der auf das Nullelement von $\mathfrak{R}'$ abgebildeten Elemente ist. Umgekehrt ist jeder Restklassenring von $\mathfrak{R}$ ein homomorphes Bild von $\mathfrak{R}$.*

Gemäß Ziff. 7 nennen wir einen Ring der nur isomorphe Abbildungen, dagegen keine echten Homomorphismen gestattet, *einfach*. Unter Anwendung von Satz 4' läßt sich diese Einfachheitseigenschaft auch charakterisieren durch

Satz 5. *Ein Ring ist dann und nur dann einfach, wenn er kein echtes zweiseitiges Ideal enthält. Insbesondere sind Schiefkörper stets einfach.*

Wir beweisen schließlich noch

Satz 6. *Ein kommutativer einfacher Ring mit Einselement ist ein Körper.*

Sei a ein von Null verschiedenes Element des Ringes. Dann bilden wir das von dem Element a erzeugte Ideal $\mathfrak{A}$. Die Elemente eines solchen Ideals sind stets darstellbar in der Form $ba + na$, wobei b ein Ringelement und na die n-fache Summe $a + a + \cdots + a$ bedeuten. Hat der Ring aber ein Einselement e, so liegt auch die n-fache Summe des Einselementes $e + e + \cdots + e = ne$ im Ring. Da $\mathfrak{R}$ ein derartiger Ring ist, läßt sich jedes Element von $\mathfrak{A}$ darstellen in der Form ba mit $b \in \mathfrak{R}$. Da $\mathfrak{R}$ überdies einfach ist, muß $\mathfrak{A} = \mathfrak{R}$ sein, d.h. jedes Element von $\mathfrak{R}$ läßt sich in der Form ba mit $b \in \mathfrak{R}$ schreiben, also auch das Einselement e. Es gibt also in $\mathfrak{R}$ zu jedem Element $a \neq 0$ ein Inverses. Die Existenz von Einselement und Inversem zu jedem Element $a \neq 0$ sind aber gerade die Forderungen welche einen Ring zum Körper machen.

Die mathematische Rolle der Rechts- bzw. Links-Ideale, die nicht gleichzeitig zweiseitige Ideale sind, wird später (Kapitel E) ersichtlich werden.

Auch für Ideale gilt: Der Durchschnitt zweier Links-Ideale ist wieder ein Links-Ideal. Für Rechts- und zweiseitige Ideale gilt entsprechendes.

9. Gruppen. Während bisher Bereiche mit zwei Verknüpfungen betrachtet wurden, handelt es sich bei *Gruppen* um Elementbereiche mit einer einzigen

Verknüpfung, deren definierendes Axiomensystem als Prototyp der bisher aufgetretenen Axiome angesehen werden kann.

Definition: Ein Bereich $\mathfrak{G}$ von Elementen, zwischen denen eine eindeutige Verknüpfung (die in der üblichen Multiplikationsschreibweise dargestellt wird) erklärt ist, heißt eine *Gruppe*, wenn folgende Axiome gelten:

1. Jedem geordneten Paar von Elementen $a, b \in \mathfrak{G}$ ist eindeutig ein drittes Element $c \in \mathfrak{G}$ zugeordnet: $ab = c$. (Kurz: Das Produkt ab zweier Gruppenelemente a, b ist wieder ein Gruppenelement.)

2. Für die Verknüpfung gilt das assoziative Gesetz: $a(bc) = (ab)c$.

3. In $\mathfrak{G}$ existiert ein rechtsseitiges (oder linksseitiges) Einheitselement e mit der Eigenschaft $ae = a$ für alle $a \in \mathfrak{G}$.

4. In $\mathfrak{G}$ gibt es zu jedem Element a ein rechtsseitiges (oder linksseitiges) Inverses a^{-1} mit der Eigenschaft $aa^{-1} = e$.

Man nennt die Gruppe $\mathfrak{G}$ *abelsch*, wenn überdies noch

5. das Kommutativitätsgesetz gilt: $ab = ba$ für alle $a, b \in \mathfrak{G}$.

Wir treffen noch eine weitere

Definition: Ein Bereich $\mathfrak{H}$ von Elementen, zwischen denen eine eindeutige Verknüpfung erklärt ist, welche nur den Axiomen 1. und 2. genügt, heißt eine *Halbgruppe*.

Die Axiome 1. bis 4. stimmen formal mit den Schiefkörperaxiomen der Multiplikation (Ziff. 5) überein. Infolgedessen gelten auch alle in Ziff. 5 angeführten Folgerungen dieser Axiome: Aus der Existenz eines rechtsseitigen Einheitselementes folgt die eines Einheitselementes überhaupt, ebenso aus der Existenz eines Rechts-Inversen die eines zweiseitigen Inversen. Schließlich lassen sich in vorliegendem Axiomsystem die Axiome 3. und 4. ersetzen durch das Axiom

3'. In $\mathfrak{G}$ gibt es zu jedem Elementenpaar a, b zwei Elemente x und y derart, daß die Gleichungen gelten: $ax = b$, $ya = b$.

Besitzt eine Gruppe endlich viele Elemente, so nennt man ihre Anzahl die *Ordnung* der Gruppe. Bei Gruppen mit unendlich vielen Elementen spricht man gewöhnlich von Gruppen unendlicher Ordnung, es ist jedoch auch die Terminologie gebräuchlich, diesen Gruppen die Ordnung Null zuzuschreiben.

Eine Gruppe ist vollständig bekannt, wenn sämtliche Gruppenelemente (durch eine Markierung) bezeichnet werden und das Produkt je zweier Elemente unter den bezeichneten angegeben wird. Ein Verfahren dieser Art ist bei Gruppen endlicher Ordnung die Aufweisung der Multiplikationstabelle (auch Gruppentafel genannt), bei welcher die Elemente der Gruppe so über jede Zeile und Spalte eines quadratischen Schemas verteilt werden, daß an der Kreuzungsstelle einer Zeile und Spalte jeweils das Element steht, welches das Produkt der Randelemente der betreffenden Zeile und Spalte darstellt. In der Abbildung ist die Multiplikationstabelle einer Gruppe von drei Elementen angegeben.

	e	a	b
e	e	a	b
a	a	b	e
b	b	e	a

Die Frage nach der Widerspruchslosigkeit des vorgelegten Axiomensystems kann in gewohnter Weise beantwortet werden. Es genügt die explizite Vorgabe einer Gruppe von endlicher Ordnung, z.B. der aus den beiden Zahlen $+1$ und -1 mit gewöhnlicher multiplikativer Verknüpfung bestehenden Gruppe, um die Widerspruchslosigkeit nachzuweisen. Der Unabhängigkeitsnachweis erfolgt ebenfalls durch Angabe von Beispielen endlicher Bereiche, in denen nur ein Teil der Axiome gültig ist. So ist mit der Vorweisung einer endlichen nicht-kommutativen Gruppe, z.B. der Gruppe aller Permutationen von drei Gegenständen, die Unabhängigkeit des Axioms 5. bewiesen. Die Konstruktion anderer Größenbereiche erlaubt dasselbe für die anderen Axiome:

A. Der aus den Zahlen 0 und 1 bestehende Bereich mit der gewöhnlichen Multiplikation als Verknüpfung genügt allen Axiomen außer dem Axiom 4. Dies zeigt die Unabhängigkeit des Axioms 4.

B. In dem aus zwei Elementen a, b bestehenden Bereich (Halbgruppe) mit den multiplikativen Verknüpfungen $aa = a$, $bb = b$, $ab = b$, $ba = a$ gelten, wie man sich überzeugt, die Axiome 1. und 2., dagegen nicht 3. und 4.

Bemerkung. Im vorliegenden Fall prüft man zweckmäßigerweise die Ungültigkeit des Axioms 3'. nach, welches ja (zusammen mit 1. und 2.) den Axiomen 3. und 4. äquivalent ist. Dies Beispiel zeigt deutlich den gelegentlichen Vorteil, zwei Axiome durch eines ersetzen zu können; dies ist hier deshalb wesentlich, weil in der Formulierung von Axiom 4. die Existenz des Einheitselementes, d.h. die Gültigkeit von Axiom 3. vorausgesetzt wird. Wenn also 3. ungültig ist, verliert 4. seinen Inhalt. In solchem Fall ist die Frage nach Gültigkeit oder Ungültigkeit des Axioms sinnlos. Der Rückgang auf 3'. läßt eine derartige Situation gar nicht entstehen. Das Beispiel B zeigt also, daß das Axiom 3'. unabhängig ist, und dies allein ist hier wesentlich.

C. Der Nachweis der Unabhängigkeit des Axioms 2. erfolgt durch Konstruktion eines nicht-assoziativen Bereiches. Es ist jedoch zu beachten, daß dieser Bereich im Prinzip zwei Möglichkeiten zur Erfüllung der übrigen Axiome bieten kann: a) Es gelten 1., 3. und 4. (eventuell auch 5.) aber nicht 3'. b) Es gelten 1. und 3'. (eventuell auch 5.). Dann gelten auch 3. und 4. Denn beim Äquivalenzbeweis von 3'. und 3., 4. wurde, wie eine Durchmusterung des Beweises in Ziff. 5 zeigt, das Assoziativgesetz derart benutzt, daß gerade die genannten Möglichkeiten resultieren. Allerdings wurde die Assoziativität nur für Ausdrücke einer bestimmten Gestalt gefordert, nämlich für Produkte eines jeden Elementes a mit seinem rechtsseitigen Inversen a^{-1} von der Form $a^{-1}(aa^{-1}) = (a^{-1}a)a^{-1}$. Sind in einem nicht-assoziativen Bereich Produkte dieser speziellen Gestalt assoziativ, so ist die obige Unterscheidung der beiden Fälle gegenstandslos. Tatsächlich hat das Beispiel mit der in der Abbildung angegebenen Multiplikationstabelle diese Eigenschaft. In ihm sind die Axiome 1., 3., 4. und 5. bzw. 1., 3'. und 5. erfüllt, dagegen nicht das Axiom 2. wie die beiden Produkte

	e	a	b	c	d	f
e	e	a	b	c	d	f
a	a	b	c	d	f	e
b	b	c	e	f	a	d
c	c	d	f	e	b	a
d	d	f	a	b	e	c
f	f	e	d	a	c	b

$$(ab)\,b = f, \quad a(bb) = a$$

zeigen.

D. Die Angabe von Bereichen, in denen alle Axiome außer 1. gelten, ist schließlich trivial. Man betrachte einfach eine endliche Menge von (rationalen oder reellen) Zahlen mit ihren Inversen und der gewöhnlichen Multiplikation als Verknüpfung.

Beispiele. Die wichtigsten Beispiele für Gruppen liefern die sog. Transformationsgruppen. Eine Transformationsgruppe ist die Gesamtheit der durch irgendeine Bedingung gekennzeichneten, umkehrbaren Transformationen einer Punktmenge auf sich. Die Transformationen bilden dabei die Gruppenelemente: Die Transformation, welche jeden Punkt auf sich selbst abbildet, ist das Einheitselement, diejenige, die eine vorgegebene Transformation rückgängig macht, das Inverse. Die Gruppenmultiplikation ist die Hintereinander-Ausführung von Transformationen. Der assoziative Charakter dieser Verknüpfung ist offensichtlich. Die Transformationen *endlicher* Punktmengen auf sich bezeichnet man als *Permutationen*, die zugehörigen Transformationsgruppen als Permutationsgruppen.

Insbesondere heißt die Gruppe *sämtlicher* Permutationen von n Punkten (bzw. Gegenständen) die *symmetrische Gruppe* $\mathfrak{S}_n$. Sie hat die Ordnung $n!$. Die in der physikalischen Anwendung geläufigsten Transformationsgruppen sind die Gruppen der Drehungen und Drehspiegelungen des Euklidischen Raumes, bestimmte endliche Untergruppen dieser (Decktransformationen von Kristallen und Molekülen), sowie die Galilei- und die Lorentz-Gruppe.

Gegenüber der Multiplikation bilden die von Null verschiedenen Elemente eines Schiefkörpers eine Gruppe. Das Einselement des Schiefkörpers ist das Einheitselement dieser Gruppe. Bei Körpern ist die multiplikative Gruppe abelsch. Hinsichtlich der Addition bilden die Elemente eines Ringes (und damit natürlich auch die eines Schiefkörpers) eine Gruppe, und zwar eine abelsche Gruppe, die sog. additive Gruppe des Ringes. Das Einheitselement dieser Gruppe ist das Nullelement des Ringes. Die von Null verschiedenen Elemente eines „echten" Ringes bilden dagegen gegenüber der Multiplikation nur eine Halbgruppe. Ein einfaches konkretes Beispiel dieser Art bilden die ganzen oder auch die geraden Zahlen.

Eine Teilmenge $\mathfrak{g}$ von Elementen aus einer Gruppe $\mathfrak{G}$, welche bereits für sich die Gruppenaxiome erfüllt, heißt eine *Untergruppe* von $\mathfrak{G}$. Gibt es in $\mathfrak{G}$ Elemente, die nicht in $\mathfrak{g}$ enthalten sind, so heißt $\mathfrak{g}$ echte Untergruppe. In Zeichen: $\mathfrak{g} \subset \mathfrak{G}$. Sind $\mathfrak{g}$ und $\mathfrak{g}'$ zwei Untergruppen von $\mathfrak{G}$, so ist auch der Durchschnitt von $\mathfrak{g}$ und $\mathfrak{g}'$ (d.h. die Gesamtheit der $\mathfrak{g}$ und $\mathfrak{g}'$ gemeinsamen Elemente) eine Untergruppe von $\mathfrak{G}$ sowohl als auch von $\mathfrak{g}$ und $\mathfrak{g}'$. Schließlich bilden die Potenzen eines Elementes $a \in \mathfrak{G}$ zusammen mit den Potenzen des Inversen a^{-1} und dem Einheitselement e also die Gesamtheit der Elemente

$$\ldots,\ a^{-2} = a^{-1} a^{-1},\quad a^{-1},\ e,\ a,\ a^2,\ \ldots$$

eine Untergruppe $\mathfrak{a}$ von $\mathfrak{G}$, die *von a erzeugte (cyclische) Untergruppe*. Die Ordnung von $\mathfrak{a}$ nennt man auch die Ordnung des Elementes a. Allgemein heißen Gruppen, deren Elemente sich als Potenzen eines einzigen darstellen lassen, *cyclische* Gruppen; sie sind stets abelsch.

Jede Untergruppe $\mathfrak{g}$ von $\mathfrak{G}$ erzeugt eine linksseitige Klasseneinteilung der Elemente von $\mathfrak{G}$ in folgendem Sinn: Ist $a \in \mathfrak{G}$, so betrachten wir die Gesamtheit $\mathfrak{L}_a$ der Elemente von der Form ag, wobei g die Elemente der Untergruppe $\mathfrak{g}$ durchläuft. Wir schreiben symbolisch $\mathfrak{L}_a = a\mathfrak{g}$. Das Element a ist selbst in $\mathfrak{L}_a$ enthalten, da jede Untergruppe das Einheitselement von $\mathfrak{G}$ enthält. Ist a selbst Element von $\mathfrak{g}$, so gilt $\mathfrak{L}_a = \mathfrak{g}$. Die $\mathfrak{L}_a$ sind elementfremd und bilden die Klassen der erwähnten linksseitigen Klasseneinteilungen von $\mathfrak{G}$. Zum Beweis dieser Behauptung zeigen wir zunächst

Hilfssatz 1: Ist a ein festes Element einer Gruppe $\mathfrak{G}$, so ist die Gesamtheit $\mathfrak{A}$ der Elemente ag, wobei g alle Elemente von $\mathfrak{G}$ durchläuft, mit der Gruppe $\mathfrak{G}$ identisch.

Zunächst läßt sich (durch $g \to ag$) die Gesamtheit $\mathfrak{A}$ eindeutig den Elementen der Gruppe $\mathfrak{G}$ zuordnen. Wenn also $\mathfrak{A}$ nicht alle Elemente von $\mathfrak{G}$ enthalten soll, müßte es mindestens zwei verschiedene Elemente $g_1, g_2 \in \mathfrak{G}$ geben, für die $ag_1 = ag_2$ ist. Da aber in $\mathfrak{G}$ zu jedem Element ein Inverses existiert, also auch zu a, folgt $g_1 = g_2$ im Widerspruch zur Annahme. Wir beweisen weiter

Hilfssatz 2: Ist $b \in \mathfrak{L}_a$, so ist $\mathfrak{L}_b = b\mathfrak{g}$ mit $\mathfrak{L}_a$ identisch.

Nach Voraussetzung besitzt b eine Darstellung der Form $b = ag$ mit $g \in \mathfrak{g}$. Für die Gesamtheit $\mathfrak{L}_b$ gilt also $\mathfrak{L}_b = b\mathfrak{g} = ag\,\mathfrak{g}$. Nach Hilfssatz 1 ist aber $g\mathfrak{g} = \mathfrak{g}$, und damit ist auch $ag\,\mathfrak{g} = a\mathfrak{g} = \mathfrak{L}_a$. Jedes $\mathfrak{L}_a$ läßt sich also durch irgendein in ihm liegendes Element durch rechtsseitige Multiplikation mit allen Elementen von $\mathfrak{g}$ erzeugen. Schließlich gilt

Hilfssatz 3: Zwei Gesamtheiten $\mathfrak{L}_a = a\mathfrak{g}$ und $\mathfrak{L}_b = b\mathfrak{g}$ sind entweder elementfremd (d.h. sie haben kein Element gemeinsam) oder es ist $\mathfrak{L}_a = \mathfrak{L}_b$.

Nehmen wir an, $\mathfrak{L}_a$ und $\mathfrak{L}_b$ besitzen ein Element f gemeinsam. Dann gilt sowohl $f = a g_1$ als auch $f = b g_2$ mit $g_1 g_2 \in \mathfrak{g}$. Daraus folgt $a g_1 = b g_2$ oder $b = a g_1 g_2^{-1} = a g'$ mit $g' \in \mathfrak{g}$ (denn es ist $g_1 g_2^{-1} = g' \in \mathfrak{g}$, da $\mathfrak{g}$ eine Gruppe ist). Damit folgt aber $b \in \mathfrak{L}_a$ und Hilfssatz 2 liefert die Behauptung.

Die Elementmengen $\mathfrak{L}_a$, linksseitige *Nebenklassen* oder *Nebengruppen* von $\mathfrak{g}$ in $\mathfrak{G}$ genannt, bilden nach Hilfssatz 3 eine Klasseneinteilung der Elemente von $\mathfrak{G}$. Die Untergruppe $\mathfrak{g}$ kommt unter den Nebenklassen ebenfalls vor, nämlich als diejenige Nebenklasse, welche das Einheitselement von $\mathfrak{G}$ enthält. Die übrigen Nebenklassen sind keine Untergruppen (sie enthalten z.B. das Einheitselement nicht). Die Anzahl der Nebenklassen heißt der *Index* der Untergruppe $\mathfrak{g}$. Die Elemente verschiedener Nebenklassen lassen sich eineindeutig einander zuordnen, d.h. alle Nebenklassen (einschließlich der Untergruppe $\mathfrak{g}$) haben dieselbe „Anzahl" von Elementen. Das ist wörtlich richtig, solange $\mathfrak{g}$ von endlicher Ordnung ist, sonst ist damit die Gleicheit der Mächtigkeiten gemeint. Für Gruppen endlicher Ordnung folgt daraus

Satz 7. *Ist n die Ordnung einer Gruppe $\mathfrak{G}$, so ist die Ordnung m jeder Untergruppe von $\mathfrak{G}$ Teiler von n. Es ist also $n = j m$, wobei j der Index der Untergruppe ist.*

Durch Anwendung dieses Satzes auf Gruppen von Primzahlordnung zeigt man sehr einfach, daß *jede Gruppe von Primzahlordnung cyclisch* (und damit auch abelsch) ist. Als einfachste nicht-cyclische Gruppe ergibt sich die sog. Vierer-Gruppe (nebenstehende Gruppentafel); denn man bestätigt sehr leicht, daß es außer der Vierer-Gruppe und der cyclischen Gruppe der Ordnung 4 keine Gruppe der Ordnung 4 mehr gibt, insbesondere also auch keine nicht-kommutative Gruppe. Die symmetrische Gruppe $\mathfrak{S}_3$ ist die kleinste nicht-kommutative Gruppe.

	e	a	b	c
e	e	a	b	c
a	a	e	c	b
b	b	c	e	a
c	c	b	a	e

10. Normalteiler, Faktorgruppen. Ebenso wie die linksseitigen Nebenklassen $\mathfrak{L}_a = a\mathfrak{g}$ von $\mathfrak{g}$ in $\mathfrak{G}$, lassen sich auch rechtsseitige $\mathfrak{R}_a = \mathfrak{g} a$ bilden. Auch diese erzeugen eine Klasseneinteilung der Elemente von $\mathfrak{G}$, die allerdings von der durch die linksseitigen Nebenklassen erzeugten im allgemeinen verschieden ist. Es gibt jedoch Untergruppen $\mathfrak{g}$, für die stets $\mathfrak{L}_a = \mathfrak{R}_a$, d.h.

$$a\mathfrak{g} = \mathfrak{g} a \qquad \text{für alle} \qquad a \in \mathfrak{G} \tag{10.1}$$

gilt. Derartige Untergruppen heißen *Normalteiler* oder *invariante Untergruppen* von $\mathfrak{G}$. In abelschen Gruppen ist jede Untergruppe Normalteiler.

Wir erklären als Produkt zweier (linksseitiger) Nebenklassen $\mathfrak{L}_a \cdot \mathfrak{L}_b$ einer beliebigen Untergruppe $\mathfrak{g}$ die Gesamtheit aller Elemente der Form $a\, b$, wobei a bzw. b sämtliche Elemente von $\mathfrak{L}_a$ bzw. $\mathfrak{L}_b$ durchlaufen. Diese Multiplikation der $\mathfrak{L}_a$ genügt einigen Gruppenaxiomen. Wie man sofort erkennt, gilt das Assoziativgesetz sowie das Axiom 3. in der speziellen Form der Existenz eines Rechts-Einheitselementes; dies ist hier $\mathfrak{L}_e = \mathfrak{g}$ (da $\mathfrak{L}_a\, \mathfrak{L}_e = \mathfrak{L}_a \mathfrak{g} = a\mathfrak{g}\mathfrak{g} = a\mathfrak{g} = \mathfrak{L}_a$). Dagegen sind die Axiome 1. und 4. im allgemeinen nicht erfüllt. Ist jedoch $\mathfrak{g}$ ein Normalteiler, so gelten, wie man aus (10.1) erkennt, die Beziehungen

$$\mathfrak{L}_a \cdot \mathfrak{L}_b = \mathfrak{L}_{a \cdot b} \qquad \text{bzw.} \qquad (a\mathfrak{g})\,(b\mathfrak{g}) = (a b)\,\mathfrak{g}, \tag{10.2}$$

welche auch die Erfüllung von 1. und 4. garantieren. Die Nebenklassen eines Normalteilers $\mathfrak{g}$ in einer Gruppe $\mathfrak{G}$ (zusammen mit der erklärten Produktbildung als Verknüpfung) bilden also ihrerseits die Elemente einer neuen Gruppe $\overline{\mathfrak{G}}$, der sog. *Faktorgruppe* von $\mathfrak{G}$ nach $\mathfrak{g}$, in Zeichen: $\overline{\mathfrak{G}} = \mathfrak{G}/\mathfrak{g}$.

Der in Ziff. 7 auseinandergesetze Begriff der homomorphen Abbildung gilt natürlich auch für Gruppen. Das homomorphe Bild einer Gruppe ist wieder eine Gruppe. Es gilt weiter

Satz 8. *Jedes homomorphe Bild $\mathfrak{G}'$ einer Gruppe $\mathfrak{G}$ ist isomorph einer Faktorgruppe $\overline{\mathfrak{G}}$ nach einem Normalteiler von $\mathfrak{G}$, dessen Elemente bei dem Homomorphismus auf das Einheitselement von $\mathfrak{G}'$ abgebildet werden. Umgekehrt ist jede Faktorgruppe $\overline{\mathfrak{G}}$ ein homomorphes Bild von $\mathfrak{G}$.*

Jeder Homomorphismus einer Gruppe $\mathfrak{G}$ auf eine Gruppe $\mathfrak{G}'$ erzeugt eine Einteilung der Elemente von $\mathfrak{G}$ in (den Elementen von $\mathfrak{G}'$ eineindeutig zugeordnete) Klassen solcher Elemente, welche jeweils auf ein bestimmtes Element von $\mathfrak{G}'$ abgebildet werden. Diejenige Klasse $\mathfrak{N}$, die bei dem Homomorphismus auf das Einheitselement e' von $\mathfrak{G}'$ abgebildet wird, ist ein Normalteiler in $\mathfrak{G}$. Zunächst ist klar, daß $\mathfrak{N}$ eine Untergruppe von $\mathfrak{G}$ sein muß; denn aus $a \to e'$, $b \to e'$ folgt auch $ab \to e'e' = e'$ und $a^{-1} \to e'^{-1} = e'$. Jedes Element der linksseitigen Nebenklasse $\mathfrak{L}_a = a\mathfrak{N}$ wird bei dem Homomorphismus abgebildet auf $a'e' = a'$. Ebenso wird auch jedes Element von $\mathfrak{R}_a = \mathfrak{N}a$ auf a' abgebildet. Sei andererseits b irgendein Element von $\mathfrak{G}$, das bei dem Homomorphismus in a' übergeht, dann folgt aus den in $\mathfrak{G}$ lösbaren Gleichungen $ax = b$, $ya = b$, daß $x, y \in \mathfrak{N}$ sind, und b somit (wegen $ax = b$) sowohl zu $\mathfrak{L}_a$ als auch (wegen $ya = b$) zu $\mathfrak{R}_a$ gehört. Andererseits liegen aber, wie wir gesehen haben, sowohl $\mathfrak{L}_a$ als auch $\mathfrak{R}_a$ in der Klasse derjenigen Elemente von $\mathfrak{G}$, welche in das Element $a' \in \mathfrak{G}'$ übergehen. Damit fällt die Klasse von $\mathfrak{G}$, welche vermöge des Homomorphismus dem Element $a' \in \mathfrak{G}'$ entspricht, sowohl mit der linksseitigen Nebenklasse $\mathfrak{L}_a$ als auch mit der rechtsseitigen $\mathfrak{R}_a$ zusammen. Es muß also $\mathfrak{L}_a = \mathfrak{R}_a$ sein. Daraus folgt, daß einerseits $\mathfrak{N}$ Normalteiler ist und andererseits die durch den Homomorphismus definierte Klasseneinteilung von $\mathfrak{G}$ identisch ist mit der durch die Nebenklassen von $\mathfrak{N}$, welche ihrerseits die Elemente der Faktorgruppe $\overline{\mathfrak{G}} = \mathfrak{G}/\mathfrak{N}$ bilden. Damit ist der erste Teil des Satzes 8 bewiesen. Der Beweis des zweiten Teiles erfolgt einfach durch die oben angegebene Konstruktion der Faktorgruppe $\overline{\mathfrak{G}}$ und ihrer durch Gl. (10.2) gesicherten Eigenschaft, ein homomorphes Bild von $\mathfrak{G}$ zu sein.

Eine Gruppe ohne echten Normalteiler heißt *einfach*.

Sämtliche Automorphismen einer Gruppe $\mathfrak{G}$, d.h. die isomorphen Abbildungen von $\mathfrak{G}$ auf sich selbst, bilden ihrerseits wieder eine Gruppe, die sog. *Automorphismengruppe* von $\mathfrak{G}$. Diese Automorphismengruppe besitzt einen Normalteiler von besonderem Interesse, den der sog. *inneren Automorphismen* von $\mathfrak{G}$. Man versteht unter einem inneren Automorphismus von $\mathfrak{G}$ eine Transformation aller Gruppenelemente x mit einem festen Element $a \in \mathfrak{G}$ gemäß:

$$x' = a x a^{-1}. \tag{10.3}$$

Diese Transformation ist ein Automorphismus, denn es gilt

$$(x y)' = a(xy)\, a^{-1} = a x\, (a^{-1} a)\, y a^{-1} = (a x a^{-1})\,(a y a^{-1}) = x' y'.$$

Durch (10.3) läßt sich also jedem Gruppenelement $a \in \mathfrak{G}$, ein innerer Automorphismus von $\mathfrak{G}$ zuordnen. Die Gesamtheit dieser inneren Automorphismen bildet eine Gruppe. Das Gruppenprodukt zweier Transformationen der Form (10.3) ist nämlich wieder von derselben Form:

$$x' = a x a^{-1}, \quad x'' = b x' b^{-1} \to x'' = b a x a^{-1} b^{-1} = (b a)\, x\, (b a)^{-1}.$$

Die inverse Transformation zu (10.3) ist der zu a^{-1} gehörige innere Automorphismus $x' = a^{-1} x a$. Das Einheitselement schließlich ist die Abbildung $x = a x a^{-1}$ für alle $x \in \mathfrak{G}$, d.h. das Einheitselement der Gruppe der inneren Automorphismen von $\mathfrak{G}$ ist denjenigen Elementen von $\mathfrak{G}$ zugeordnet, welche die Eigenschaft haben, mit allen Elementen von $\mathfrak{G}$ vertauschbar zu sein. Die Gesamtheit dieser Elemente bildet einen Normalteiler in $\mathfrak{G}$, das sog. *Zentrum* von $\mathfrak{G}$. Wir erhalten somit

Satz 9. *Die Gruppe der inneren Automorphismen einer Gruppe $\mathfrak{G}$ ist isomorph der Faktorgruppe von $\mathfrak{G}$ nach ihrem Zentrum.*

Mit $\mathfrak{K}_a$ sei die Gesamtheit derjenigen Elemente einer Gruppe bezeichnet, in welche das Element $a \in \mathfrak{G}$ durch Anwendung sämtlicher inneren Automorphismen von $\mathfrak{G}$ transformiert werden kann (a selbst gehört natürlich zu $\mathfrak{K}_a$). Zunächst ist klar, daß $\mathfrak{K}_a$ auf dieselbe Weise durch irgendein in ihm liegendes Element b erzeugt werden kann. Denn wenn $b \in \mathfrak{K}_a$, so gibt es eine Transformation, die a in b überführt, dann führt aber die (existierende) inverse Transformation b in a über; statt auf b können wir somit alle inneren Automorphismen wieder auf a anwenden, so daß sich wiederum $\mathfrak{K}_a$ ergibt. Dagegen kann ein nicht in $\mathfrak{K}_a$ liegendes Element niemals durch einen inneren Automorphismus in ein Element von $\mathfrak{K}_a$ transformiert werden. Die $\mathfrak{K}_a$ erzeugen also eine Klasseneinteilung von $\mathfrak{G}$ in sog. *Klassen konjugierter Elemente.* Die Elemente des Zentrums von $\mathfrak{G}$ bilden je eine Klasse für sich. Die Anzahl der Klassen konjugierter Elemente einer Gruppe nennt man auch ihre *Klassenzahl.* Für abelsche Gruppen ist die Klassenzahl gleich der Ordnung der Gruppe.

Schließlich ist klar, daß bei Automorphismen einer Gruppe ihre Untergruppen stets in Untergruppen abgebildet werden. Zwei Untergruppen $\mathfrak{g}$ und $\mathfrak{g}'$ von $\mathfrak{G}$, die durch einen inneren Automorphismus ineinander überführt werden können, heißen konjugiert. Wie man aus Gl. (10.1) erkennt, haben die Normalteiler die Eigenschaft, zu sich selbst konjugiert zu sein; sie werden durch innere Automorphismen stets auf sich abgebildet.

11. Moduln, Vektorräume. In abelschen Gruppen verwendet man oftmals als Verknüpfungszeichen das Additionssymbol. Eine additiv geschriebene abelsche Gruppe heißt ein *Modul.* Insbesondere interessieren Moduln mit Multiplikatorenbereichen $\mathfrak{R}$ (auch Operatorenbereiche genannt), die ihrerseits Ringe mit Einselement oder Körper sind.

Definition: Ein Modul $\mathfrak{M}$ heißt ein $\mathfrak{R}$-Links-Modul, wenn zwischen den Elementen $\alpha, \beta, \ldots$ eines Ringes $\mathfrak{R}$ (mit Einselement) und denen $u, v, \ldots$ des Moduls $\mathfrak{M}$ eine linksseitige Multiplikation erklärt ist derart, daß für alle $\alpha \in \mathfrak{R}$ und $u \in \mathfrak{M}$ gilt

1. $\alpha u \in \mathfrak{M}, \quad e u = u \quad (e =$ Einselement von $\mathfrak{R})$[1],
2. $\alpha(u + v) = \alpha u + \alpha v,$
3. $(\alpha + \beta) u = \alpha u + \beta u,$
4. $(\alpha \cdot \beta) u = \alpha(\beta u).$

Analog lassen sich rechtsseitige bzw. zweiseitige $\mathfrak{R}$-Moduln definieren.

Beispiele. Jeder Ring $\mathfrak{R}$ kann selbst als Modul aufgefaßt werden. Man betrachtet dazu die additive Gruppe des Ringes als Modul und denselben Ring noch einmal als linksseitigen und rechtsseitigen Multiplikatorenbereich. Dann sind trivialerweise alle Forderungen 1. bis 4. erfüllt. Die Links-Ideale eines Ringes $\mathfrak{R}$ sind ebenfalls $\mathfrak{R}$-Links-Moduln.

[1] Das Einselement von $\mathfrak{R}$ braucht in $\mathfrak{M}$ zwar nicht notwendig der „Einheitsoperator" $(e\,u = u)$ zu sein, aber die Ausnahmefälle sind ihrer Natur nach unwesentlich.

Der Modul $\mathfrak{M}$ heißt *endlich*, wenn er die Eigenschaft hat, daß sich jedes seiner Elemente in der Form

$$u = \alpha_1 u_1 + \alpha_2 u_2 + \cdots + \alpha_n u_n \tag{11.1}$$

mit $\alpha_i \in \mathfrak{R}$ darstellen läßt. Sind die $u_1, \ldots, u_n$ überdies *linear unabhängig*, d.h. folgt aus

$$\alpha_1 u_1 + \alpha_2 u_2 + \cdots + \alpha_n u_n = 0 \to \alpha_1 = \alpha_2 = \cdots = \alpha_n = 0, \tag{11.2}$$

so heißt $\mathfrak{M}$ ein *n-dimensionaler Vektorraum* über $\mathfrak{R}$. Seine Elemente heißen *Vektoren*. n ist die *Dimension* des Vektorraumes, in welchem die $u_1, \ldots, u_n$ eine sog. *Basis* bilden. Die Darstellung (11.1) der Elemente von $\mathfrak{M}$ ist *eindeutig*; denn aus $\sum_i \alpha_i u_i = \sum_i \beta_i u_i$ folgt $\sum_i (\alpha_i - \beta_i) u_i = 0$, und mit (11.2) ergibt sich daraus $\alpha_i - \beta_i = 0$ oder $\alpha_i = \beta_i$. Jeder Vektor $u \in \mathfrak{M}$ ist in bezug auf eine feste Basis also eindeutig bestimmt durch Angabe der Koeffizienten $\alpha_i \in \mathfrak{R}$, seiner *Komponenten*.

Ein Vektorraum $\mathfrak{M}'$ heißt zu $\mathfrak{M}$ homomorph, wenn $\mathfrak{M}'$ und $\mathfrak{M}$ denselben Multiplikatorenbereich $\mathfrak{R}$ haben und wenn jedem Element $u \in \mathfrak{M}$ eindeutig ein $u' \in \mathfrak{M}'$ zugeordnet ist derart, daß

$$(u + v)' = u' + v', \quad (\alpha u)' = \alpha u' \quad (\alpha \in \mathfrak{R})$$

gilt. Dabei müssen alle Elemente von $\mathfrak{M}'$ auch wirklich als Bilder vorkommen. Ist die Zuordnung eineindeutig, so heißen $\mathfrak{M}$ und $\mathfrak{M}'$ isomorph. Man beweist (durch einfache Zuordnung der Basen zweier Vektorräume mit gleichem Koeffizientenbereich und gleicher Dimension) den

Satz 10. *Zwei Vektorräume mit demselben Koeffizientenbereich und derselben Dimension sind isomorph.*

Eine Menge $\mathfrak{m}$ von Elementen aus $\mathfrak{M}$, die selbst wieder einen Vektorraum (über $\mathfrak{R}$) bildet, heißt *Unterraum* von $\mathfrak{M}$ ($\mathfrak{m} \subseteqq \mathfrak{M}$). Der Durchschnitt zweier Unterräume ist wieder Unterraum von $\mathfrak{M}$. Greift man aus einem Unterraum $\mathfrak{m} \subseteqq \mathfrak{M}$ Vektoren $a_1, a_2, \ldots, a_k$ derart heraus, daß sich alle Vektoren von $\mathfrak{m}$ darstellen lassen als Liniearkombinationen

$$\alpha_1 a_1 + \alpha_2 a_2 + \cdots + \alpha_k a_k, \quad (\alpha_i \in \mathfrak{R}),$$

so nennt man $\mathfrak{m}$ von den Vektoren $a_1, \ldots, a_k$ *aufgespannt*. Ist der Multiplikatorenbereich ein *Körper* K, so gilt

Satz 11. *Ist $\mathfrak{M}$ ein n-dimensionaler Vektorraum über* K, *so wird $\mathfrak{M}$ durch jede Auswahl von n linear unabhängigen Vektoren aufgespannt.*

Es sei $u_1, \ldots, u_n$ eine Basis von $\mathfrak{M}$, und $a_1, \ldots, a_n$ seien irgendwelche untereinander linear unabhängigen Vektoren aus $\mathfrak{M}$, so ist jedes a_i eindeutig darstellbar in der Form

$$a_i = \alpha_{i1} u_1 + \alpha_{i2} u_2 + \cdots + \alpha_{in} u_n, \quad (\alpha_{ij} \in \mathsf{K}). \tag{11.3}$$

Es sei $\alpha_{11} \neq 0$ (was durch Umnumerierung stets erreicht werden kann), dann folgt aus (11.3), da K ein Körper ist und demnach $1/\alpha_{11}$ in ihm existiert,

$$u_1 = \frac{1}{\alpha_{11}} a_1 - \frac{\alpha_{12}}{\alpha_{11}} u_2 - \cdots - \frac{\alpha_{1n}}{\alpha_{11}} u_n.$$

Somit läßt sich u_1 durch diesen Ausdruck ersetzen und jedes $b \in \mathfrak{M}$ in der Form

$$b = \beta_1 a_1 + \beta_2 u_2 + \cdots + \beta_n u_n$$

schreiben. Diese Darstellung ist aber wieder eindeutig, denn aus

$$0 = \beta_1 a_1 + \beta_2 u_2 + \cdots + \beta_n u_n \tag{11.4}$$

folgt für $\beta_1 \neq 0$

$$a_1 = -\frac{\beta_2}{\beta_1} u_2 + \cdots + \frac{\beta_n}{\beta_1} u_n$$

im Widerspruch zur Eindeutigkeit der Darstellung (11.3) von a_1, in der $\alpha_{11} \neq 0$ war. Also muß $\beta_1 = 0$ sein. Dann müssen in (11.4) aber auch $\beta_2 = \beta_3 = \cdots = \beta_n = 0$ sein, da die $u_2, \ldots, u_n$ nach Voraussetzung untereinander linear unabhängig sind. Die Vektoren $a_1, u_2, \ldots u_n$ bilden also wieder eine Basis von $\mathfrak{M}$. Fortsetzung der Schlußweise liefert den behaupteten Satz.

Sind $\mathfrak{m}_1$ und $\mathfrak{m}_2$ zwei *elementfremde* Unterräume von $\mathfrak{M}$ derart, daß sich jeder Vektor $a \in \mathfrak{M}$ als Summe

$$a = a_1 + a_2, \quad a_1 \in \mathfrak{m}_1, \quad a_2 \in \mathfrak{m}_2 \tag{11.5}$$

darstellen läßt, so heißt $\mathfrak{M}$ die *direkte Summe* von $\mathfrak{m}_1$ und $\mathfrak{m}_2$, in Zeichen: $\mathfrak{M} = \mathfrak{m}_1 + \mathfrak{m}_2$. Die Darstellung (11.5) ist *eindeutig*; denn aus $0 = a_1 + a_2$ folgt $a_1 = 0$, $a_2 = 0$, da $\mathfrak{m}_1$ und $\mathfrak{m}_2$ elementfremd sind und demnach nur den Nullvektor gemeinsam haben können. Existiert umgekehrt für jeden Vektor $a \in \mathfrak{M}$ eine *eindeutige* Zerlegung (11.5), so ist $\mathfrak{M}$ direkte Summe von $\mathfrak{m}_1$ und $\mathfrak{m}_2$.

Ein Vektorraum kann auch unendlich viele Basiselemente besitzen. Seine Dimension ist dann irgendeine Ordinalzahl. In der zu (11.1) analogen Darstellung seiner Elemente dürfen jedoch stets nur endlich viele Koeffizienten α_i von Null verschieden sein.

Bemerkung. So abstrakt die Einführung der Begriffe Modul und Vektorraum auch aussehen mag, steht sie doch in unmittelbarer Nähe elementarster physikalisch-geometrischer Anschauung, nach der ein Vektor ein im Raum fixierter „Pfeil" ist. Man sieht anschaulich die Eigenschaft der Addition solcher Pfeile, die sich durch Aneinanderfügen ergibt, und ebenso die Möglichkeit, sie in ihrer Länge zu verändern, was der Multiplikation mit Zahlen entspricht. Dieser elementare Anschauungsbereich der Gesamtheit aller Pfeile ist somit ein Modul. Durch Identifizierung von Pfeilen, die sich durch Verschieben in ihren Fluchtlinien oder durch Parallelverschiebung zur Deckung bringen lassen, wird dieser Modul zum Vektorraum. Die Auswahl einer Basis endlich ergibt dann die vertraute Koordinaten-Darstellung der Pfeile. Die gewohnte Definition der Vektoren, die vom *einzelnen* Vektor als „Zahlen-Tripel" ausgeht, kommt der (unverbildeten) Anschauung zunächst viel weniger entgegen als die über die *Gesamtheit* aller Vektoren, den Vektorraum.

Das angeführte Beispiel erlaubt überdies, sich Unterschied wie Zusammenhang zwischen einem Vektorraum und Punktraum deutlich zu machen (denn in der Gesamtheit aller Pfeile im Raum ist von Punkten keine Rede).

12. Algebren (hyperkomplexe Systeme). $\mathfrak{M}$ sei ein Vektorraum mit der Basis $u_1, \ldots, u_n$ und $\mathfrak{R}$ als (linksseitigem) Multiplikatorenbereich. Wir erklären zwischen den Elementen $u, v, w, \ldots$ von $\mathfrak{M}$ zusätzlich eine Multiplikation mit den Eigenschaften:

1. Assoziativgesetz: $(uv)\,w = u\,(vw)$.
2. Distributivgesetze: $(u + v)\,w = uw + vw, \quad w\,(u + v) = wu + wv$.
3. $u(\alpha v) = (\alpha u)\,v = \alpha(uv)$ für alle $\alpha \in \mathfrak{R}$.

Definition: Ein Vektorraum $\mathfrak{M}$ der Dimension n mit einem Ring $\mathfrak{R}$ als Multiplikatorenbereich heißt eine *Algebra* (oder ein *hyperkomplexes System*) vom Rang n über $\mathfrak{R}$, wenn $\mathfrak{M}$ durch Erklärung einer Multiplikation mit den Eigenschaften 1. bis 3. zu einem Ring ergänzt wird.

Da zwei Elemente u, v des Vektorraumes die (eindeutige) Darstellung

$$u = \sum_i \alpha_i u_i, \quad v = \sum_k \beta_k u_k, \quad \alpha_i, \beta_k \in \mathfrak{R}$$

gestatten, folgt unter Anwendung von 3. in einer Algebra

$$uv = \left(\sum_i \alpha_i u_i\right)\left(\sum_k \beta_k u_k\right) = \sum_{i,k} \alpha_i \beta_k (u_i u_k). \tag{12.1}$$

Da die u_i andererseits eine Basis bilden, muß

$$u_i u_k = \sum_j \gamma_{ik}^j u_j \tag{12.2}$$

sein, woraus sich, wenn die γ_{ik}^j, die sog. Strukturkonstanten der Algebra, bekannt sind, mit Hilfe von (12.1) jedes Produkt uv in $\mathfrak{M}$ im Prinzip explizite angeben läßt. Das Assoziativgesetz 1. muß natürlich für alle Tripel von Basiselementen gelten:

$$u_i (u_k u_l) = (u_i u_k)\, u_l. \tag{12.3}$$

Umgekehrt garantieren (12.3) und (12.1) die Assoziativität beliebiger Produktbildungen in $\mathfrak{M}$. Die Gln. (12.3) sind nach (12.2) den Bedingungen

$$\sum_j \gamma_{ik}^j \gamma_{jl}^m = \sum_j \gamma_{kl}^j \gamma_{ij}^m \qquad (i, k_{l,m} = 1, 2, \ldots, n)$$

für die Strukturkonstanten äquivalent. Umgekehrt läßt sich bei kommutativem $\mathfrak{R}$ mit Hilfe obiger Formeln und Gültigkeit von (12.3) eine Algebra konstruieren.

Bemerkung. Mit denselben Mitteln lassen sich auch Algebren unendlichen Ranges definieren, indem man von einem Vektorraum mit einer beliebigen Ordinalzahl als Dimension ausgeht, jeweils aber nur endliche Summen in den Basiselementen betrachtet bzw. in Relationen der Form (12.2) zuläßt.

Beispiele. Die in Ziff. 5 als Beispiel eines echten Schiefkörpers angeführten Quaternionen bilden eine Algebra mit den Basiselementen $1, j, k, l$, d.h. eine Algebra vom Rang 4 über dem Körper der reellen Zahlen. Die Multiplikationsregeln zwischen den Basiselementen genügen Gl. (12.3). Ebenso kann der komplexe Zahlkörper als Algebra vom Rang 2 über dem Körper der reellen Zahlen aufgefaßt werden. Die Basiselemente sind die Zahlen 1 und i mit den Multiplikationsregeln $1i = i1 = i$ und $11 = -ii = 1$. Die Gesamtheit der Matrizen n-ten Grades, deren Elemente einem Ring (oder Körper) $\mathfrak{R}$ angehören, bilden eine Algebra vom Rang n^2 über $\mathfrak{R}$. Als Basiselemente können diejenigen Matrizen benutzt werden, deren Elemente mit Ausnahme jeweils eines einzigen (das gleich 1 ist) verschwinden (vgl. Ziff. 27).

Die Gruppenalgebra einer endlichen Gruppe $\mathfrak{G}$ (auch *Gruppenring* genannt) ist das hyperkomplexe System, dessen Basiselemente die Elemente g_i der Gruppe $\mathfrak{G}$ mit der in $\mathfrak{G}$ definierten Multiplikation (die ja assoziativ ist) bilden. Die Elemente dieser Algebra sind dann die Summen $\sum_i \alpha_i g_i$, wobei die α_i Elemente aus einem Ring oder einem Körper sind (vgl. Ziff. 80).

13. Bereiche mit nicht-assoziativen Verknüpfungen. Ein Kennzeichen der in der HAMILTON-Mechanik bzw. in der Quantenmechanik auftretenden Größenbereiche ist neben Addition und Multiplikation die Existenz einer nicht-assoziativen Verknüpfung, der sog. POISSON-Klammern (PK).

Definition: $\mathfrak{R}$ heißt ein *Ring mit* POISSON-*Klammern*, wenn zwischen den Elementen des Ringes $\mathfrak{R}$ eine weitere Verknüpfung, die sog. PK-Bildung, erklärt ist mit den Eigenschaften:

1. Jedem geordneten Elementpaar $f, g \in \mathfrak{R}$ ist eindeutig ein Element $h \in \mathfrak{R}$ zugeordnet: $[f, g] = h$.

2. Es gilt $[f, f] = 0$ für alle $f \in \mathfrak{R}$.

3. Die PK-Bildung ist mit der Addition in $\mathfrak{R}$ verbunden durch die Distributivgesetze

$$[f, g+h] = [f, g] + [f, h],$$
$$[g+h, f] = [g, f] + [h, f].$$

4. PK-Bildung und Multiplikation in $\mathfrak{R}$ sind verbunden durch das Gesetz

$$[f, gh] = [f, g]\,h + g\,[f, h].$$

Ist $\mathfrak{R}$ eine Algebra über einem Ring oder Körper $\mathfrak{K}$, so tritt zu den Axiomen 1. bis 4. noch das weitere hinzu

5. $[\alpha f, g] = [f, \alpha g] = \alpha [f, g]$ für alle $\alpha \in \mathfrak{K}$.

Zur Frage der Widerspruchsfreiheit dieses Axiomensystems genügt es zwar, auf die aus der klassischen Mechanik bekannten Beispiele von Bereichen mit PK hinzuweisen, es gibt jedoch wesentlich einfachere: In einem beliebigen (kommutativen oder nicht-kommutativen) endlichen Ring $\mathfrak{R}$ definiert man die PK-Bildung durch $[f, g] = 0$ für alle $f, g \in \mathfrak{R}$. Diese Definition genügt ersichtlich den obigen Axiomen. Andere einfache Beispiele sind nicht-kommutative Ringe $\mathfrak{R}$ mit der Definition $[f, g] = fg - gf$ für alle $f, g \in \mathfrak{R}$. Man bestätigt, daß auch diese Definition alle Axiome erfüllt.

Die vom mathematischen Standpunkt aus sozusagen klassischen Bereiche mit nicht-assoziativer Verknüpfung sind die LIE-*Ringe.*

Definition: Ein $\mathfrak{R}$-Modul wird durch Einführung einer zweiten Verknüpfung (hier mit $\times$ bezeichnet) zu einem LIE-*Ring* $\mathfrak{L}$, wenn folgende Axiome gelten:

1. Jedem Elementpaar $f, g \in \mathfrak{L}$ wird eindeutig ein drittes Element $h \in \mathfrak{L}$ zugeordnet: $f \times g = h$.

2. Es gelten die Relationen

$$f \times f = 0 \quad \text{für alle} \quad f \in \mathfrak{L},$$
$$\big(f \times (g \times h)\big) + \big(g \times (h \times f)\big) + \big(h \times (f \times g)\big) = 0,$$

(sog. JACOBI-Identität).

3. Die Addition ist mit der $\times$-Multiplikation beiderseits distributiv verbunden:

$$f \times (g+h) = f \times g + f \times h,$$
$$(g+h) \times f = g \times f + h \times f.$$

4. $(\alpha f) \times g = f \times (\alpha g) = \alpha (f \times g)$ für alle $\alpha \in \mathfrak{R}$.

Man beachte die gegenüber Ringen mit PK andere Art des Bereiches (wenn auch die Axiome der PK-Bildung in vielen Fällen so umgeformt werden können, daß sie mit der LIE-Multiplikation auffallend ähnliche Züge haben): Ein LIE-Ring ist ein Bereich mit nur *zwei* Verknüpfungen (Addition und LIE-Multiplikation), ein Ring mit PK ein Bereich mit *drei* Verknüpfungen (Addition, assoziative Multiplikation und PK-Bildung).

Das geläufigste Beispiel eines LIE-Ringes liefert der dreidimensionale Vektorraum über dem reellen Zahlkörper (der Bereich der physikalischen Vektoren) mit der *Vektorproduktbildung* als Verknüpfung. Man bestätigt leicht, daß alle Axiome des LIE-Ringes in ihm gelten. Dieses Beispiel zeigt überdies die Widerspruchslosigkeit des Axiomensystems.

Schließlich werde eine dritte Art von Bereichen mit nicht-assoziativen Verknüpfungen angeführt, die sog. JORDAN-Algebren. Sie haben ihren Ursprung in einem Versuch, eine Erweiterung des quantenmechanischen Formalismus aufzufinden[1].

Definition: Ein Modul mit einem Körper K als Multiplikatorenbereich[2] wird durch Einführung einer zweiten Verknüpfung (hier mit $\circ$ bezeichnet) zu einer JORDAN-Algebra $\mathfrak{J}$, wenn folgende Axiome gelten:

1. Jedem Elementpaar $f, g \in \mathfrak{J}$ ist eindeutig ein drittes Element $h \in \mathfrak{J}$ zugeordnet: $(f \circ g) = h$.

2. Es gelten für alle $f, g \in \mathfrak{J}$ die Relationen

$$(f \circ g) = (g \circ f),$$

$$(f \circ f) \circ (g \circ f) = \big((f \circ f) \circ g\big) \circ f.$$

3. Die Addition ist mit der JORDAN-Multiplikation distributiv verbunden:

$$f \circ (g + h) = (f \circ g) + (f \circ h).$$

Ein Beispiel eines Bereiches, der diesen Axiomen genügt, läßt sich folgendermaßen konstruieren: Aus einer *assoziativen* Algebra $\mathfrak{A}$ betrachtet man irgendwelche, aber fest herausgegriffene Elemente $a, b, \ldots$ und erzeugt aus diesen durch sukzessive Anwendung von Additionen und der (speziellen) JORDAN-Multiplikation

$$(a \circ b) = \tfrac{1}{2}(a b + b a)$$

eine Gesamtheit von Elementen aus $\mathfrak{A}$, in der alle Axiome 1., 2., 3. erfüllt sind.

B. Polynomringe.

Voraussetzung Ziff. 4—8.

14. Vorbemerkung: Der algebraische Polynombegriff. Der Begriff der *Funktion* wird in der Analysis erklärt als eine Zuordnung der Elemente eines Bereiches (Funktionswerte) zu den Elementen eines anderen oder desselben Bereiches (Argumente). Ein Polynom oder eine ganzrationale Funktion (in der Analysis werden diese beiden Begriffe synonym gebraucht) wird insbesondere dadurch charakterisiert, daß man die ihm entsprechende Zuordnung *konstruktiv* durch eine aus endlich vielen Multiplikationen und Additionen bestehende Rechenvorschrift angibt, die für eine Variable in vertrauter Schreibweise und Bedeutung

$$f(x) = a_0 + a_1 x + \cdots + a_n x^n \tag{14.1}$$

lautet. Für den Physiker ist die Darstellbarkeit einer Funktion durch einen Rechenausdruck sogar das Wesentliche an ihr (während ihm die Erklärung der Analysis im Grunde etwas „akademisch“ erscheint). Aber selbst unter Hervorhebung dieses physikalischen Gesichtspunktes fungieren die Variablen in einem derartigen Rechenausdruck stets nur als Leerstellen für Zahlen — und insofern ordnet sich dieser „physikalische“ Funktionsbegriff methodisch doch wieder dem analytischen unter.

Es ist nun eine geläufige Tatsache, daß man beim Rechnen mit derartigen Ausdrücken wie (14.1) sich der Eigenschaft der Variablen als Leerstellen für Zahlen gar nicht bewußt zu sein braucht (und es in Praxi auch gar nicht ist), sondern daß man während der Rechnung die Variablen wie Dinge behandeln

[1] P. JORDAN: Z. Physik **80**, 285 (1933). — P. JORDAN, J. v. NEUMANN and E. WIGNER: Ann. of Math. **35**, 29 (1934).

[2] K soll stets von dem Körper mit zwei Elementen verschieden sein.

kann, die mit Zahlen außer den gemeinsamen Rechengesetzen nichts zu tun haben. Erst am Schluß einer Rechnung macht man dann von jener Ersetzbarkeit durch Zahlen wieder Gebrauch. Diese Betrachtung zerlegt den Vorgang der praktischen Konstruktion einer ganzrationalen Zuordnung von Zahlen zu Zahlen also in zwei Schritte: Einen, der sich nur der formalen Rechenregeln in ihrer Anwendung auf Summen und Produkte von Zahlen und den Potenzen bzw. Potenzprodukten gewisser „Symbole" $x, y, \ldots$ bedient, und in einen zweiten, in dem man diese Symbole zu „Variablen" mit ihrer Leerstellen-Eigenschaft für Zahlen deklariert. Die hier im ersten Schritt vorgenommene Bildung wird nun in der Algebra dadurch zu selbständiger Bedeutung erhoben, daß man konsequent von der Variablen-Eigenschaft dieser Symbole (d.h. ihrer Ersetzbarkeit durch Zahlen) absieht und sie zu den Zahlen des Koeffizientenbereiches als selbständige Gebilde, sog. *Unbestimmte* hinzufügt. Der zweite oben genannte Schritt entfällt damit, und man sieht, daß das so formal erklärte Polynom in einer (oder auch mehreren) Unbestimmten mit der ganzrationalen Funktion zunächst nichts zu tun hat.

15. Kommutative Polynomringe. Sind a_i die Elemente eines kommutativen Ringes $\mathfrak{R}$ (z.B. der ganzen, der rationalen oder der reellen Zahlen) und ist x ein nicht zu $\mathfrak{R}$ gehöriges Symbol, eine Unbestimmte, so heißen die Ausdrücke der Form

$$f(x) = \sum_{k=0}^{\infty} a_k x^k, \quad x^0 = 1, \; x^2 = x\,x, \ldots \tag{15.1}$$

mit jeweils nur endlich vielen von Null verschiedenen $a_k \in \mathfrak{R}$ *Polynome in der Unbestimmten x über dem Ring $\mathfrak{R}$*. Die Unbestimmte x wird als vertauschbar mit den Elementen von $\mathfrak{R}$ betrachtet. Der höchste auftretende Index k heißt der *Grad* des Polynoms, das zugehörige a_k der *höchste Koeffizient*. Zwei Polynome sind dann und nur dann gleich, wenn die entsprechenden Koeffizienten übereinstimmen. Summe und Produkt werden definiert durch

$$\sum_k a_k x^k + \sum_k b_k x^k = \sum_k (a_k + b_k)\, x^k, \tag{15.2}$$

$$\Big(\sum_k a_k x^k\Big) \cdot \Big(\sum_k b_k x^k\Big) = \sum_k \Big(\sum_{j=0}^{k} a_j b_{k-j}\Big)\, x^k. \tag{15.3}$$

Mit diesen geläufigen Regeln bestätigt man leicht die Gültigkeit der einzelnen Ringaxiome und somit

Satz 1. *Die Gesamtheit der Polynome in x über dem Ring $\mathfrak{R}$ bildet wieder einen Ring, den sog. Polynomring $\mathfrak{R}[x]$.*

Den Prozeß der Polynombildung in x über dem Ring $\mathfrak{R}$ bezeichnet man auch als *Adjunktion* der Unbestimmten x zum Ring $\mathfrak{R}$.

Da wir über $\mathfrak{R}$ lediglich die Voraussetzung gemacht haben, daß es ein kommutativer Ring sei, läßt sich der geschilderte Adjunktionprozeß bei mehreren Unbestimmten $x_1, x_2, \ldots, x_n$ sukzessive wiederholen: Zunächst bildet man $\mathfrak{R}[x_1]$, dann mit $\mathfrak{R}[x_1]$ als Koeffizientenbereich (der nach Satz 1 ja wieder ein Ring ist) $\mathfrak{R}[x_1][x_2]$, usw. Auf diese Weise erhält man den Polynomring

$$\mathfrak{R}[x_1][x_2] \ldots [x_n] = \mathfrak{R}[x_1, x_2, \ldots, x_n],$$

dessen Elemente eindeutig darstellbar sind in der Form

$$\sum_{k_1, \ldots, k_n} a_{k_1 k_2, \ldots, k_n} x_1^{k_1} x_2^{k_2} \ldots x_n^{k_n} \qquad (x_1^0 = x_2^0 = \cdots = x_n^0 = 1)$$

mit jeweils nur endlich vielen von Null verschiedenen Koeffizienten. Nach Konstruktion ist klar, daß Satz 1 sinngemäß auch für $\mathfrak{R}[x_1, x_2, \ldots, x_n]$ gilt. Wir zeigen noch

Satz 1a. *Ist $\mathfrak{R}$ ein Integritätsbereich, so ist auch $\mathfrak{R}[x_1, x_2, \ldots, x_n]$ ein Integritätsbereich.*

Im Falle einer Unbestimmten x_1 ist also lediglich zu beweisen, daß aus $f(x_1) \neq 0$ und $g(x_1) \neq 0$ stets $f(x_1) \cdot g(x_1) \neq 0$ folgt, wenn die Koeffizienten von $f(x_1)$ und $g(x_1)$ einem nullteilerfreien Ring angehören. Dies ist aber nach (15.3) klar, da der höchste Koeffizient auf der rechten Seite gerade gleich dem Produkt der beiden (nach Voraussetzung nicht verschwindenden) höchsten Koeffizienten von $f(x_1)$ und $g(x_1)$ ist und somit selbst nicht verschwinden kann. Durch Wiederholung dieses Beweisschrittes ergibt sich die Behauptung des Satzes.

Bemerkung. Eine andere Definition des Polynomringes $\mathfrak{R}[x_1, x_2, \ldots, x_n]$ läßt sich in Analogie zu den Konstruktionen in Ziff. 20 durchführen.

16. Ganzrationale Funktionen. Auch in der Algebra bezeichnet man als *Funktion* eine Zuordnung (oder Abbildung) der Elemente eines Bereiches zu denen (auf die) eines anderen oder desselben Bereiches. Hier interessieren insbesondere Abbildungen von $\mathfrak{R}$ auf sich, die zu den erklärten Polynomen in einer eindeutigen Beziehung stehen. Betrachten wir nämlich ein Polynom (15.1), in das man statt der Unbestimmten x ein Element $c \in \mathfrak{R}$ einsetzt, so liefert die Formel (15.1) wieder ein (eindeutiges) Element von $\mathfrak{R}$. Vermöge (15.2) und (15.3) gelten alle algebraischen Beziehungen zwischen Polynomen auch dann, wenn man statt der Unbestimmten x beliebige Elemente aus $\mathfrak{R}$ einsetzt (d.h. wenn man x nicht als Unbestimmte, sondern als *Variable* betrachtet). Versteht man nun unter einer *ganzrationalen Funktion* einer Variablen in $\mathfrak{R}$ eine Abbildung von $\mathfrak{R}$ auf sich, die durch einen Polynomausdruck (15.1) vermittelt wird, so erhält man unmittelbar

Satz 2. *Der Bereich der ganzrationalen Funktionen einer Variablen im Ring $\mathfrak{R}$ ist ein homomorphes Abbild des Polynomringes $\mathfrak{R}[x]$ (und damit auch ein Ring).*

Nun wäre es denkbar, daß dieser Homomorphismus gar nicht echt, sondern in Wirklichkeit stets ein Isomorphismus ist. Diesen Fall gesetzt, wäre die ganze Mühe der Bildung des algebraischen Polynombegriffes im Grunde illusorisch, da isomorphe Bereiche vom axiomatischen Standpunkt aus als identisch zu betrachten sind. Ihre Unterscheidung wäre dann für die abstrakte Algebra unwesentlich. Nun genügt aber die Angabe eines Beispiels, um diesen Zweifel als unberechtigt erscheinen zu lassen. Als solches wählen wir den aus Ziff. 4 bekannten Körper mit nur zwei Elementen, die wir mit 0 und 1 bezeichnen, und betrachten aus dem mit ihm als Koeffizientenbereich gebildeten Polynomring in x die beiden Polynome

$$f(x) = x^2 + x \quad \text{und} \quad g(x) = 0 \quad \text{(Null-Polynom!)}.$$

Diesen beiden verschiedenen Polynomen entspricht bei dem in Satz 2 genannten Homomorphismus aber *dieselbe* ganzrationale Funktion im Körper der beiden Elemente 0 und 1, nämlich diejenige, die alle (beide) Elemente des Körpers auf die Null abbildet.

Dieses Beispiel zeigt, daß sich Satz 2 ohne weitere Voraussetzungen über den Ring $\mathfrak{R}$ nicht verschärfen läßt. Nimmt man dagegen für $\mathfrak{R}$ Einschränkungen in Kauf, so läßt sich, wie wir weiter unten beweisen werden, Satz 2 verschärfen zu

Satz 3. *Ist $\mathfrak{R}$ ein Integritätsbereich mit unendlich vielen Elementen, so ist $\mathfrak{R}[x]$ isomorph zum Ring der ganzrationalen Funktionen einer Variablen in $\mathfrak{R}$.*

Dieser Satz weist übrigens auf eine Erklärung der Verständnisschwierigkeit hin, welche die Einführung des algebraischen Polynombegriffes bietet; denn die analytische Nicht-Unterscheidung der Begriffe Polynom und ganzrationale Funktion ist in Anbetracht der der Analysis zugrunde liegenden Zahlbereiche, nämlich dem Körper der reellen oder dem der komplexen Zahlen (beides Integritätsbereiche mit unendlich vielen Elementen) voll berechtigt.

Der Beweis von Satz 3 erfolgt schrittweise. Zunächst zeigen wir

Satz 4. *Ist $\mathfrak{R}$ ein Ring, so besitzt ein Polynom $f(x)$ aus $\mathfrak{R}[x]$ dann und nur dann eine Darstellung der Form $f(x)=(x-c)\,g(x)$ mit $c\in\mathfrak{R}$, wenn $f(c)=0$. Man nennt c eine Nullstelle (oder Wurzel) von $f(x)$.*

Der Beweis erhellt aus folgender Umformung

$$f(x)-f(c)=\sum_k a_k x^k-\sum_k a_k c^k=\sum_k a_k(x^k-c^k)$$
$$=\sum_k a_k(x-c)(x^{k-1}+x^{k-2}c+\cdots+c^{k-1})=(x-c)\,g(x),$$

wobei $g(x)$ den Grad $n-1$ hat. Gilt $f(c)=0$, so ergibt sich die geforderte Darstellung von $f(x)$. Gilt umgekehrt diese Darstellung, so folgt aus ihr unmittelbar $f(c)=0$. Ist $\mathfrak{R}$ sogar *Integritätsbereich*, so führt Satz 4 zu dem geläufigen

Satz 4a. *Ein Polynom $f(x)$ vom Grade n über einem Integritätsbereich $\mathfrak{R}$ hat in $\mathfrak{R}$ höchstens n Nullstellen*[1].

Ist nämlich c_1 eine Nullstelle von $f(x)$, so folgt nach Satz 4: $f(x)=(x-c_1)\cdot g(x)$, wobei $g(x)$ vom Grade $n-1$ ist. Da nach Satz 1a mit $\mathfrak{R}$ auch $\mathfrak{R}[x]$ Integritätsbereich ist, muß für eine zweite Nullstelle c_2 von $f(x)$ entweder $c_2=c_1$ oder $g(c_2)=0$ sein. Damit läßt sich dieselbe Schlußweise auf $g(x)$ anwenden, und durch Induktion nach dem Grad folgt schließlich die Behauptung.

Man beachte, daß zu Satz 4a eine schärfere Voraussetzung über $\mathfrak{R}$ (nämlich Integritätsbereich zu sein) nötig ist, als zu Satz 4, wo von $\mathfrak{R}$ nur die Ringeigenschaft verlangt wird. Tatsächlich ist Satz 4a auch falsch, wenn $\mathfrak{R}$ Nullteiler enthält, wie man an einfachen Beispielen einsehen kann: Das Polynom x^2 hat in den Restklassen-Ringen mod 2^{2m} die Nullstellen $0, 2^m, 2^{m+1}, \ldots, 2^{2m-1}$, also stets mehr als zwei, wenn $m>1$ ist.

Mit Satz 4a ergibt sich nun Satz 3 folgendermaßen: Es seien $f(x)$ und $g(x)$ zwei Polynome mit $f(c)=g(c)$ für alle $c\in\mathfrak{R}$ (Integritätsbereich), infolgedessen gilt für das Differenz-Polynom $h(x)=f(x)-g(x)$ die Beziehung $h(c)=0$ für alle $c\in\mathfrak{R}$. Ist n der Grad von $h(x)$, so folgt aus Satz 4a, daß $h(x)$ nur dann nicht identisch Null ist, wenn $\mathfrak{R}$ höchstens n Elemente enthält. Hat $\mathfrak{R}$ also unendlich viele Elemente, so folgt $h(x)=0$ für jeden Grad n, woraus sich wiederum $f(x)=g(x)$ ergibt. Das ist aber die Behauptung von Satz 3.

17. Differentiation. Die aus der Analysis bekannten Regeln der Differentiation lassen sich formal unmittelbar auf Polynomringe übertragen. Man definiert für alle $f, g, \ldots\in\mathfrak{R}[x_1, x_2, \ldots, x_n]$,

$$\frac{\partial}{\partial x_i}(f+g)=\frac{\partial f}{\partial x_i}+\frac{\partial g}{\partial x_i},\qquad \frac{\partial}{\partial x_i}(\alpha f)=\alpha\frac{\partial f}{\partial x_i},\qquad (\alpha\in\mathfrak{R})$$
$$\frac{\partial}{\partial x_i}(fg)=\frac{\partial f}{\partial x_i}g+f\frac{\partial g}{\partial x_i},\qquad \frac{\partial x_k}{\partial x_i}=\delta_{ik}=\begin{cases}1 & (i=k)\\ 0 & (i\neq k)\end{cases},\qquad (i,k=1,\ldots,n).$$

[1] Insbesondere: Verschwindet die das Polynom $f(x)$ darstellende ganzrationale Funktion für $n+1$ Argumentwerte aus $\mathfrak{R}$, so ist $f(x)$ das identisch verschwindende Polynom.

Hierdurch ist für jedes Polynom (15.1) die Ableitung in gewohnter Weise gegeben durch:

$$f'(x) = \sum_k k\, a_k\, x^{k-1}\,\dagger.$$

Die so erklärte Differentiation ist natürlich von Stetigkeitsbetrachtungen unabhängig; sie stellt zunächst nichts weiter dar als eine definierte Art einer Zuordnung in $\mathfrak{R}[x_1, x_2, \ldots, x_n]$, bei der jedes Element mit gewissen anderen, nämlich seinen Ableitungen, in Beziehung gesetzt wird.

18. Divisions-Algorithmus. Ist $\mathfrak{R}$ ein Ring mit Einselement, so gilt in $\mathfrak{R}[x]$ der bekannte Euklidische Divisions-Algorithmus. Bezeichnet $g(x)$ ein Polynom vom Grad n mit höchstem Koeffizienten $b_n = 1$ und ist $f(x)$ ein zweites Polynom vom Grad $m \geqq n$, so läßt sich der höchste Koeffizient a_m von $f(x)$ dadurch zum Verschwinden bringen, daß man das Produkt $a_m x^{m-n} g(x)$ von $f(x)$ subtrahiert. Ist dann der Grad des bleibenden Restpolynoms immer noch $\geqq n$, so läßt sich das Verfahren fortsetzen. Man erhält so schließlich

$$f(x) = q(x)\, g(x) + r(x), \tag{18.1}$$

wobei $r(x)$ entweder Null ist oder einen Grad $< n$ besitzt. Die Voraussetzung, daß der höchste Koeffizient von $g(x)$ gleich 1 ist, wird gegenstandslos, wenn $\mathfrak{R}$ ein Körper ist, da sich in diesem Fall durch Multiplikation mit einem geeigneten Element aus $\mathfrak{R}$ stets die geforderte Gestalt von $g(x)$ herstellen läßt.

19. Hinweis auf einige klassische Probleme der Algebra. Ist der Koeffizientenbereich des Polynomringes ein Körper K, so nennt man ein Polynom aus $\mathsf{K}[x]$ in Faktoren zerlegbar oder *reduzibel über* K, wenn es sich als Produkt zweier Polynome kleineren Grades mit Koeffizienten aus K darstellen läßt. Andernfalls heißt es *irreduzibel* (auch prim) über K. Von wesentlichem mathematischen Interesse sind nun Sätze über die Zerlegbarkeit von Polynomen in irreduzible Faktoren und insbesondere über die Eindeutigkeit solcher Zerlegungen. Hier soll dieses Interesse nicht weiter verfolgt werden. Es seien lediglich zwei mit diesen Fragen in Zusammenhang stehende Sätze angeführt, die später noch verwendet werden.

Satz 5. *Der Polynomring $\mathsf{K}[x]$ über einem Körper K ist Hauptidealring.*

Der Beweis läßt sich folgendermaßen führen: $\mathfrak{J}$ sei ein vom Nullideal verschiedenes Ideal (Ziff. 8) in $\mathsf{K}[x]$, dann enthält es ein nicht-verschwindendes Polynom $g(x)$ kleinsten Grades und mit ihm (Idealeigenschaft!) auch alle Polynome $h(x) \cdot g(x)$ mit $h(x) \in \mathsf{K}[x]$. Nun sei $f(x)$ ein beliebiges Polynom aus $\mathfrak{J}$, dann gibt es ein $q(x)$ derart, daß Gl. (18.1) gilt. Nun sind aber sowohl $f(x)$ also auch $q(x) \cdot g(x)$ Elemente von $\mathfrak{J}$ und infolgedessen (Idealeigenschaft!) auch $r(x)$. Andererseits ist aber entweder $r(x) = 0$ oder der Grad von $r(x)$ ist kleiner als der von $g(x)$. Die letzte Alternative verstößt aber gegen die Voraussetzung, wonach $g(x)$ ein nicht-verschwindendes Polynom kleinsten Grades in $\mathfrak{J}$ ist. Damit folgt $r(x) = 0$, d.h. jedes Element von $\mathfrak{J}$ läßt sich in der Form $h(x) \cdot g(x)$ schreiben mit $h(x) \in \mathsf{K}[x]$. Dies ist aber die Aussage von Satz 5. Es sei noch bemerkt, daß Polynomringe in mehreren Unbestimmten keine Hauptidealringe sind.

Diejenigen Ideale $\mathfrak{J}$ in $\mathsf{K}[x]$, die von einem irreduziblen Polynom über K erzeugt werden, spielen eine ausgezeichnete Rolle im Hinblick auf die Restklassenringe $\mathsf{K}[x]/\mathfrak{J}$ (vgl. Ziff. 8); es gilt nämlich, wie hier nicht bewiesen werden soll,

---

† Umgekehrt ließen sich durch diese und ähnliche Gleichungen die Ableitungen definieren und die obigen Differentiationsregeln herleiten.

Satz 6. *Der Restklassenring* $\mathsf{K}[x]/\mathfrak{J}$ *ist dann und nur dann ein Körper, wenn* $\mathfrak{J}$ *von einem irreduziblen Polynom erzeugt wird.*

Dieser Satz wiederum spielt eine Rolle in der Theorie der „algebraischen Körpererweiterungen" und über diese in der Theorie der algebraischen Gleichungen. Wir wollen hier zwar nicht auf die algebraische Gleichungstheorie eingehen, aber doch einen kurzen Hinweis geben, der eine gewisse inhaltliche Orientierung ermöglichen soll. Das Gleichungsproblem stellt sich zunächst etwa folgendermaßen: Für ein Polynom $f(x)$ über K ist ein Körper K' anzugeben, in dem die Nullstellen von $f(x)$ liegen (d.h. K' soll Elemente $\gamma_1, \gamma_2, \ldots$ enthalten, für die $f(\gamma_1) = 0, \ldots$ ist). Diese Formulierung reicht allerdings schon über die geläufige Frage hinaus, die einen Körper K mit der Eigenschaft verlangt, daß *jedes* Polynom in ihm mindestens eine Nullstelle besitzt, und die ihre Antwort findet im sog.

Fundamentalsatz der Algebra: *Im Körper* Γ *aller komplexen Zahlen besitzt jedes Polynom mindestens eine Nullstelle (und damit nach Satz 4a genau so viele Nullstellen wie der Grad angibt).*

Seit Galois hat sich allerdings die andere Fragestellung als die entschieden tiefer liegende durchgesetzt, die wir noch etwas schärfer formulieren wollen: Ist ein Polynom $f(x)$ aus $\mathsf{K}[x]$ gegeben, dessen Nullstellen nicht schon alle in K liegen, so bestimme man den kleinsten Oberkörper $\mathsf{K}' > \mathsf{K}$, der die Nullstellen von $f(x)$ enthält. (Es scheint plausibel, daß hierzu Satz 6 herangezogen werden kann.) Dann besitzt, und das ist der Gegenstand der sog. Galois-Theorie, der Körper K' eine Gruppe von Automorphismen (Ziff. 10), welche den Unterkörper K elementweise festlassen, und aus bestimmten Eigenschaften dieser Gruppe lassen sich dann Lösungsmethoden für die Gleichung $f(\xi) = 0$ angeben. Insbesondere läßt sich so das klassische Problem lösen, ob sich jede algebraische Gleichung auf eine Kette von Gleichungen der Form $\xi^n - \alpha = 0$ mit $\alpha \in \mathsf{K}$ zurückführen läßt oder nicht [in gewohnter Formulierung: ob $f(\xi) = 0$ sich durch „Wurzelziehen" lösen läßt oder nicht].

20. Nichtkommutative Polynomringe. Von nicht-kommutativen Polynomringen sollen hier nur solche betrachtet werden, die folgenden Bedingungen genügen:

I
1. Der Ring besitzt ein Einselement.
2. Er enthält einen kommutativen Körper K, wobei K entweder der Körper P der reellen oder Γ der komplexen Zahlen ist.
3. K gehört dem Zentrum des Ringes an (d.h. jedes Element von K ist mit jedem Ringelement vertauschbar).
4. Die Elemente von K und n weitere Elemente $x_1, x_2, \ldots, x_n$ bilden ein Erzeugendensystem des Ringes, d.h. der Ring läßt sich aus den genannten Elementen durch Anwendung der Ringoperationen Addition und Multiplikation aufbauen.

Alle Elemente eines derartigen Ringes lassen sich also darstellen in der Form

$$\alpha + \sum_i \alpha_i w_i(x_1, x_2, \ldots, x_n), \tag{20.1}$$

wobei α, α_i Elemente aus K und $w_i(x_1, x_2, \ldots, x_n)$ Potenzprodukte in den $x_1, x_2, \ldots, x_n$ sind. *Eindeutig* ist diese Darstellung jedoch nur im einfachsten Fall, im sog. *freien Polynomring* $\mathfrak{F}_n$, der sich folgendermaßen konstruieren läßt: Mit den Elementen $x_1, x_2, \ldots, x_n$ bildet man die nicht-kommutativen Potenzprodukte mit positiven Exponenten $x_{i_1}^{\varepsilon_1} x_{i_2}^{\varepsilon_2} \ldots x_{in}^{\varepsilon_n}$. Die Exponentensumme $\sum_i \varepsilon_i = d$ (eine positive Zahl) heiße die *Dimension* des Potenzproduktes. Die Dimension

$d=0$ werde dem Einheitselement 1 der von den Potenzprodukten gebildeten Halbgruppe (Ziff. 9) zugeordnet. Es gibt nur endlich viele Potenzprodukte einer festen Dimension. Nach Erklärung einer (kommutativen und assoziativen) Addition zwischen den Potenzprodukten, der gegenüber ihre Multiplikation distributiv ist, läßt sich ein *homogenes Polynom* f_d vom Grade d als eine Linearkombination der Potenzprodukte der Dimension d mit Koeffizienten aus dem Körper K definieren. Ein *Polynom* vom Grade N ist eine Summe $\sum_{d=0}^{N} f_d$ mit $f_N \neq 0$.

Die Gültigkeit der Ringaxiome für die so erklärte Gesamtheit von Polynomen läßt sich dann einfach bestätigen. Man sieht, daß im freien Ring $\mathfrak{F}_n$ Polynome dann und nur dann gleich sind, wenn sie koeffizientenweise übereinstimmen.

Ist die Darstellung (20.1) der Elemente eines Ringes $\mathfrak{R}$ mit den Bedingungen I jedoch *nicht eindeutig*, so liegt folgender Fall vor: Da $\mathfrak{R}$ ein Ring mit denselben Erzeugenden wie $\mathfrak{F}_n$ ist, lassen sich die Verknüpfungseigenschaften der Elemente von $\mathfrak{R}$ aus denen von $\mathfrak{F}_n$ ablesen[1], wenn man entscheiden kann, welche Elemente von $\mathfrak{F}_n$ ein und dasselbe Element in $\mathfrak{R}$ repräsentieren. Dies wiederum ist der Kenntnis derjenigen Elemente von $\mathfrak{F}_n$ äquivalent, die das Nullelement von $\mathfrak{R}$ darstellen. Jedes derartige Element heißt eine *Relation*. Ist $\mathfrak{I}$ die Gesamtheit der Relationen, so muß, wie man unmittelbar sieht,

$$\text{mit } r, r' \in \mathfrak{I} \to r + r' \in \mathfrak{I}, \quad f r \in \mathfrak{I}, \quad r f \in \mathfrak{I} \text{ für jedes } f \in \mathfrak{F}_n$$

gelten. $\mathfrak{I}$ ist also (vgl. Ziff. 8) ein zweiseitiges Ideal in $\mathfrak{F}_n$, und $\mathfrak{R}$ ist isomorph $\mathfrak{F}_n/\mathfrak{I}$. Wir haben somit

Satz 7. *Jeder Ring, der den Bedingungen I genügt, ist ein homomorphes Bild des freien Ringes* $\mathfrak{F}_n$.

Läßt sich das Ideal $\mathfrak{I}$ der Relationen in $\mathfrak{F}_n$ durch eine Anzahl von Elementen $r_1, r_2, \ldots, r_m$ erzeugen, so heißen diese ein System *definierender Relationen*. Als Beispiel eines derartigen Homomorphismus nennen wir

Satz 8. *Der Homomorphismus von* $\mathfrak{F}_n$ *auf den kommutativen Polynomring* $\mathsf{K}[x_1, x_2, \ldots, x_n]$ *wird durch das von den „Kommutatoren"*

$$(x_i, x_k) = x_i x_k - x_k x_i \qquad (i, k = 1, \ldots, n)$$

erzeugte Ideal vermittelt.

21. HEISENBERG-Ringe. Mit einer Umbenennung der Erzeugenden, deren Anzahl $n=2s$ gerade sei, durch die Festsetzung $x_{2i}=p_i$, $x_{2i-1}=q_i$ und unter Verwendung der Abkürzung $(f, g) = fg - gf$ treffen wir folgende

Definition: Der den Bedingungen I genügende Ring mit den definierenden Relationen

$$\left.\begin{array}{l} (q_i, q_l), \quad (p_i, p_l), \quad (p_i, q_l) \quad (i \neq l) \\ (p_i, q_i) - (p_l, q_l) \quad (i, l = 1, \ldots, s) \end{array}\right\} \qquad (21.1)$$

heiße der allgemeine HEISENBERG-Ring $\mathfrak{H}_s$.

Ist $\mathfrak{I}$ das von den Relationen (21.1) erzeugte Ideal in $\mathfrak{F}_{2s}$, so ist $\mathfrak{H}_s$ isomorph $\mathfrak{F}_{2s}/\mathfrak{I}$. Aus der letzten Relation in (21.1) folgt, daß in $\mathfrak{H}_s$ alle (p_i, q_i) $(i = 1, \ldots, s)$ durch dasselbe Element k dargestellt werden. Überdies ist k mit allen Elementen

[1] Denn $\mathfrak{F}_n$ enthält alle aus den in I 4. genannten Erzeugenden durch Addition und Multiplikation überhaupt aufbaubaren Elemente.

von $\mathfrak{H}_s$ vertauschbar; denn das Element $(i \neq l)$

$$(q_l, (p_i, q_i) - (p_l, q_l)) = (q_l, (p_i, q_i)) - (q_l, (p_l, q_l)) \tag{21.2}$$

liegt, da jedes seiner Glieder ein Element von $\mathfrak{J}$ als Faktor enthält, in $\mathfrak{J}$. Wegen der Identität

$$(q_l, (p_i, q_i)) = (p_i, (q_l, q_i)) + (q_i, (p_i, q_l)),$$

deren rechte Seite wieder zu $\mathfrak{J}$ gehört, liegt aber schon das erste Glied der rechten Seite von (21.2) in $\mathfrak{J}$, also auch $(q_l, (p_l, q_l))$. Somit ist k in $\mathfrak{H}_s$ mit allen q_i vertauschbar. Anwendung derselben Schlußweise auf p_i liefert die Vertauschbarkeit von k mit allen Erzeugenden und damit auch mit allen Elementen von $\mathfrak{H}_s$.

In $\mathfrak{H}_s$ lauten die Relationen (21.1)

$$\left.\begin{aligned} (q_i, q_l) = 0, \quad (p_i, p_l) = 0, \quad (p_i, q_l) = 0 \quad (i \neq l), \\ (p_i, q_i) = k \qquad (i, l = 1, \ldots, s). \end{aligned}\right\} \tag{21.3}$$

Aus ihnen ist unmittelbar zu ersehen, daß sich jedes Polynom in $\mathfrak{H}_s$ eindeutig in einer geordneten *Normalform* darstellen läßt, in der nur Potenzprodukte der Form $p_1^{\nu_1} \ldots p_s^{\nu_s} q_1^{\mu_1} \ldots q_s^{\mu_s}$ auftreten, versehen mit Koeffizienten, die dem (kommutativen) Polynomring $\mathsf{K}[k]$ angehören (d.h. mit Polynomen in k als Koeffizienten).

Sind die Relationen (21.1) nicht *definierende* Relationen, sondern treten noch weitere hinzu, so nennen wir die zugehörigen Ringe ebenfalls HEISENBERG-Ringe, wenn sie einem Faktorring $\mathfrak{H}_s/\mathfrak{J}'$ isomorph sind, dessen vermittelndes Ideal $\mathfrak{J}'$ *nur* von Elementen aus $\mathsf{K}[k]$ erzeugt wird. Es läßt sich leicht zeigen, daß $\mathfrak{J}'$ dann bereits von *einem* Element aus $\mathsf{K}[k]$ erzeugt werden kann. Bezeichnet $\mathfrak{m}$ nämlich die Elementmenge aus $\mathsf{K}[k]$ die $\mathfrak{J}'$ erzeugt, so erzeugt $\mathfrak{m}$ auch in $\mathsf{K}[k]$ ein Ideal; dieses aber läßt sich nach Satz 5 durch ein einziges Element aus $\mathsf{K}[k]$ erzeugen, und somit gilt dasselbe für $\mathfrak{J}'$. Jeder HEISENBERG-Ring hat also ein System *definierender* Relationen, das aus (21.3) und einer weiteren Relation der Form

$$\alpha_0 + \alpha_1 k + \alpha_2 k^2 + \cdots + \alpha_{n-1} k^{n-1} + k^n = 0 \tag{21.4}$$

besteht. Die letzte Relation ist allerdings nicht ganz beliebig, da der allgemeine HEISENBERG-Ring $\mathfrak{H}_s$ eine bemerkenswerte Eigenschaft hat, die sich hier einschränkend auswirkt; er besitzt einen sog. *Anti-Automorphismus* (das ist ein Automorphismus unter Umkehrung der Reihenfolge der Faktoren bei der Multiplikation). $\mathfrak{H}_s$ wird nämlich eineindeutig auf sich selbst abgebildet durch die Zuordnung $f \to f^+$ mit

$$(f + g)^+ = f^+ + g^+, \quad (fg)^+ = g^+ f^+,$$

während die Erzeugenden von $\mathfrak{H}_s$ (das sind also die Elemente von K und die p_i und q_i) elementweise festgelassen werden:

$$p_i^+ = p_i, \quad q_i^+ = q_i, \quad \alpha^+ = \alpha \quad (\alpha \in \mathsf{K}).$$

Wie man unmittelbar sieht, wird bei diesem Anti-Automorphismus das Element (p_i, q_i) in

$$(p_i, q_i)^+ = (q_i, p_i) = -(p_i, q_i),$$

d.h. nach (21.3) aber, k in $-k$ abgebildet. Jede Gleichung der Form (21.4) muß also zu jeder Nullstelle auch die negative als Nullstelle enthalten, somit müssen die Koeffizienten

$$\alpha_{n-1} = \alpha_{n-3} = \cdots = 0 \tag{21.5}$$

sein.

Fragt man schließlich nach Relationen (21.4), (21.5), deren linke Seite ein irreduzibles Polynom in k über K ist, oder was nach Satz 6 dasselbe ist, nach Idealen $\mathfrak{J}$ in $\mathsf{K}[k]$ derart, daß $\mathsf{K}[k]/\mathfrak{J}$ ein Körper ist, so gibt es:

1. Wenn $\mathsf{K}=\Gamma$ der komplexe Zahlkörper ist, nur die Möglichkeit $k=0$, da nach dem Fundamentalsatz der Algebra jedes irreduzible Polynom über Γ vom ersten Grad ist, nach (21.5) das konstante Glied aber verschwinden muß. Dieser Fall führt also nur auf den kommutativen Ring in den p_i und q_i.

2. Wenn $\mathsf{K}=\mathsf{P}$ der Körper der reellen Zahlen ist, die beiden Möglichkeiten

$$k=0 \quad \text{und} \quad k^2+\alpha_0=0 \qquad (\alpha_0>0),$$

da jedes irreduzible Polynom über P entweder vom ersten oder zweiten Grad ist, und diese Polynome ihrerseits wieder durch (21.5) eingeschränkt werden. Neben dem Fall des kommutativen Ringes ($k=0$) gibt es nun also noch den Fall, in dem k eine rein imaginäre Zahl ist. Dies ist der „eigentliche" HEISENBERG-Ring.

22. Differentiation in $\mathfrak{F}_n$. Im freien Polynomring $\mathfrak{F}_n$ lassen sich analog zu Ziff. 17 Differentiations-Prozesse erklären durch ($f, g\in\mathfrak{F}_n$, $\alpha\in\mathsf{K}$)

$$\left.\begin{aligned} &\frac{\partial}{\partial x_i}(f+g)=\frac{\partial f}{\partial x_i}+\frac{\partial g}{\partial x_i}, \qquad \frac{\partial}{\partial x_i}(\alpha f)=\alpha\frac{\partial f}{\partial x_i},\\ &\frac{\partial}{\partial x_i}(f\cdot g)=\frac{\partial f}{\partial x_i}g+f\frac{\partial g}{\partial x_i}, \qquad \frac{\partial x_k}{\partial x_i}=\delta_{ik}, \qquad (i,k=1,\ldots,n).\end{aligned}\right\} \tag{22.1}$$

Im nicht-kommutativen Fall ist natürlich genau auf die Reihenfolge der Faktoren zu achten.

Eine bemerkenswerte Besonderheit stellt die Existenz von Elementen in $\mathfrak{F}_n$ dar, deren sämtliche Ableitungen verschwinden. Wir nennen sie *Konstanzelemente*. (Die Elemente von K sind natürlich triviale Konstanzelemente.) Die Kommutatoren (x_i, x_k) sind Konstanzelemente, denn es gilt

$$\frac{\partial}{\partial x_i}(x_i, x_k)=\frac{\partial}{\partial x_i}x_i x_k-\frac{\partial}{\partial x_i}x_k x_i=x_k-x_k=0,\ldots.$$

Man bestätigt, daß mit f auch (x_i, f) wieder Konstanzelement ist. Es gilt schließlich

Satz 9. *Die Gesamtheit der Konstanzelemente bildet einen Unterring* $\mathfrak{K}$ in $\mathfrak{F}_n$, *der von* K *und den „iterierten Kommutatoren"* (x_i, x_k), $\big(x_i, (x_k, x_j)\big), \ldots$ *erzeugt wird.*

Der erste Teil dieses Satzes ist trivial, der zweite soll hier nicht bewiesen werden.

23. Differentiations-Homomorphismen. Bezeichnen wir bei einem Homomorphismus von $\mathfrak{F}_n$ die Bilder der Elemente von $\mathfrak{F}_n$ durch Überstreichen (der Homomorphismus wird also dargestellt durch $f\to\bar{f}$)[1], so interessieren hier insbesondere solche Homomorphismen, bei welchen die durch Differentiationen ausgedrückten Elementverknüpfungen erhalten bleiben, für die also gilt

$$\overline{\left(\frac{\partial f}{\partial x_i}\right)}=\frac{\partial \bar{f}}{\partial x_i} \qquad (i=1,\ldots,n). \tag{23.1}$$

Derartige homomorphe Abbildungen wollen wir *Differentiations-Homomorphismen* nennen. Die zugehörigen Ideale heißen *Differentiations-Ideale*. Es ist klar, daß

[1] Lediglich die Bilder der *Erzeugenden* von $\mathfrak{F}_n$, also die Zahlen aus K und die Bilder der x_i, werden mit demselben Symbol *ohne Überstreichung* bezeichnet.

diese Erklärung nicht nur im freien Ring $\mathfrak{F}_n$, sondern auch in jedem differentiations-homomorphen Bild des freien Ringes gültig ist. Wir zeigen zunächst

Satz 10. *Ein Ideal $\mathfrak{J}$ in $\mathfrak{F}_n$ (oder in einem differentiations-homomorphen Bild von $\mathfrak{F}_n$) ist dann und nur dann Differentiations-Ideal, wenn mit jedem $f \in \mathfrak{J}$ auch $\frac{\partial f}{\partial x_i} \in \mathfrak{J}$ $(i = 1, \ldots, n)$ ist.*

Zunächst sei $\mathfrak{J}$ Differentiations-Ideal und $f \in \mathfrak{J}$, dann ist $\bar{f} = 0$ und somit muß nach (23.1) auch $\overline{\left(\frac{\partial f}{\partial x_i}\right)} = 0$, d.h. aber $\frac{\partial f}{\partial x_i} \in \mathfrak{J}$ sein. Umgekehrt besagt Gl. (23.1), daß die Ableitung nach x_i sämtlicher Elemente der durch f repräsentierten Restklasse modulo $\mathfrak{J}$ einer und nur einer Restklasse angehören, nämlich derjenigen, in der die Ableitung des Repräsentanten f nach x_i liegt. Nun lassen sich die Elemente der durch f repräsentierten Restklasse alle in der Form $f + r$ mit $r \in \mathfrak{J}$ darstellen (Ziff. 8) und ihre Ableitungen (nach x_i) demgemäß durch $\frac{\partial f}{\partial x_i} + \frac{\partial r}{\partial x_i}$. Ist aber mit $r \in \mathfrak{J}$ auch $\frac{\partial r}{\partial x_i} \in \mathfrak{J}$, so liegen offenbar alle $\frac{\partial f}{\partial x_i} + \frac{\partial r}{\partial x_i}$ (wobei r ganz $\mathfrak{J}$ durchläuft) wieder in einer einzigen Restklasse, nämlich in derjenigen, die durch $\frac{\partial f}{\partial x_i}$ repräsentiert wird. Damit ist Satz 10 bewiesen.

Die Konstanzelemente stehen nun mit den Differentiations-Idealen in enger Beziehung; dies zeigt

Satz 11. *Jedes von Konstanzelementen erzeugte zweiseitige Ideal in $\mathfrak{F}_n$ (oder einem differentiations-homomorphen Bild von $\mathfrak{F}_n$) ist Differentiations-Ideal.*

Der Beweis ergibt sich direkt, denn ist $\mathfrak{J}$ ein derartiges Ideal, so läßt sich jedes seiner Elemente in der Form darstellen

$$\sum_j f_j k_j g_j \quad \text{mit} \quad f_j, g_j \in \mathfrak{F}_n, \quad k_j \in \mathfrak{K} \quad \text{(Ring der Konstanzelemente)}.$$

Aus

$$\frac{\partial}{\partial x_i}(f_j k_j g_j) = \frac{\partial f_j}{\partial x_i} k_j g_j + f_j k_j \frac{\partial g_j}{\partial x_i}$$

folgt aber (da jedes Element der rechten Seite einen Faktor k_j enthält, selbst also wieder zu $\mathfrak{J}$ gehört) durch Summation über j sofort die Behauptung.

Da, wie wir gesehen haben, die Kommutatoren (x_i, x_k) Konstanzelemente sind, liefert Satz 11 in Anwendung auf den allgemeinen HEISENBERG-Ring

Satz 12. *Der Homomorphismus von $\mathfrak{F}_{2s}$ auf den allgemeinen* HEISENBERG-*Ring $\mathfrak{H}_s$ ist ein Differentiations-Homomorphismus.*

Wir beweisen schließlich noch

Satz 13. *Ein zweiseitiges Ideal $\mathfrak{J}$ in $\mathfrak{H}_s$ ist dann und nur dann Differentiations-Ideal, wenn es von einem Element des Polynomringes $\mathsf{K}[k]$ erzeugt wird.*

Nach Ziff. 21 ist jedes Element von $\mathfrak{H}_s$ eindeutig in der Normalform darstellbar, deren Glieder die Gestalt

$$\alpha_{\nu_1 \ldots \nu_s \mu_1 \ldots \mu_s} p_1^{\nu_1} \cdots p_s^{\nu_s} q_1^{\mu_1} \cdots q_s^{\mu_s}$$

haben mit $\alpha_{\nu_1 \ldots \mu_s} \in \mathsf{K}[k]$. Man bemerkt eine wesentliche Eigenschaft dieser Normalform: Jede Ableitung einer Normalform ist wieder eine Normalform. Daraus folgt sofort, daß der Ring der Konstanzelemente in $\mathfrak{H}_s$ mit dem Polynomring $\mathsf{K}[k]$ identisch ist. Der hinreichende Teil des Satzes 13 ist somit bereits bewiesen, da nach Satz 11 jedes von einem Konstanzelement erzeugte Ideal ein Differentiations-Ideal ist.

Der Beweis des notwendigen Teiles von Satz 13 ist indessen etwas mühsamer. Wir zeigen zunächst den

Hilfssatz: Ist f Element eines Differentiations-Ideals $\mathfrak{J}$ in $\mathfrak{H}_s$, so liegen auch alle Koeffizienten $\alpha_{\nu_2 \ldots \mu_s}$ der Normalform von f in $\mathfrak{J}$.

f sei in seine Normalform gebracht, die wir uns nach homogenen Bestandteilen f_d geordnet denken:

$$f = \sum_{d=0}^{N} f_d.$$

Die f_d enthalten nur Glieder der Dimension d. Wendet man nun auf f eine N-fache Differentiation an,

$$\frac{\partial^{\varepsilon_1}}{\partial p_1^{\varepsilon_1}} \cdots \frac{\partial^{\varepsilon_s}}{\partial p_s^{\varepsilon_s}} \frac{\partial^{\eta_1}}{\partial q_1^{\eta_1}} \cdots \frac{\partial^{\eta_s}}{\partial q_s^{\eta_s}} \quad (\varepsilon_1 + \cdots + \varepsilon_s + \eta_1 + \cdots + \eta_s = N),$$

so bleibt nur der Koeffizient $\alpha_{\varepsilon_1 \ldots \eta_s}$ multipliziert mit $\varepsilon_1! \ldots \varepsilon_s! \, \eta_1! \ldots \eta_s!$ übrig. Da $\mathfrak{J}$ ein Differentiations-Ideal ist, folgt nach Satz 10 also auch

$$\varepsilon_1! \ldots \varepsilon_s! \, \eta_1! \ldots \eta_s! \, \alpha_{\varepsilon_1 \ldots \varepsilon_s \eta_1 \ldots r_s} \in \mathfrak{J},$$

und da das Inverse von $\varepsilon_1! \ldots \eta_s!$ in K existiert, gehört auch $\alpha_{\varepsilon_1 \ldots \varepsilon_s \eta_1 \ldots \eta_s}$ selbst zu $\mathfrak{J}$. Mit seinen Koeffizienten ist natürlich auch $f_N \in \mathfrak{J}$. Dieselbe Schlußweise wenden wir sodann auf $f - f_N$ (das ebenfalls in $\mathfrak{J}$ liegt) an und erhalten durch Induktion nach dem Grad die Aussage des Hilfssatzes.

Wir bilden den Durchschnitt $\mathfrak{J}'$ des Differentiations-Ideals $\mathfrak{J}$ in $\mathfrak{H}_s$ mit $\mathsf{K}[k]$, der also alle Konstanzelemente von $\mathfrak{J}$ enthält. $\mathfrak{J}'$ ist, wie man sich überzeugt, Ideal in $\mathsf{K}[k]$ und läßt sich somit nach Satz 5 aus einem Element $v \in \mathsf{K}[k]$ erzeugen. Bilden wir weiter das von v in $\mathfrak{H}_s$ erzeugte (zweiseitige) Ideal $\mathfrak{J}''$, so ist

$$\mathfrak{J}' < \mathfrak{J}'' \leqq \mathfrak{J}.$$

$\mathfrak{J}''$ ist auch Differentiations-Ideal in $\mathfrak{H}_s$, da es von einem Konstanzelement $v \in \mathsf{K}[k]$ erzeugt wird. Wir behaupten: $\mathfrak{J}'' = \mathfrak{J}$. Sei nämlich f ein beliebiges Element aus $\mathfrak{J}$, so liegen nach obigem Hilfssatz auch alle Koeffizienten der Normalform von f in $\mathfrak{J}$. Da diese Koeffizienten aber Elemente aus $\mathsf{K}[k]$ sind, gehören sie auch dem Durchschnitt $\mathfrak{J}'$ und somit auch $\mathfrak{J}''$ an. Dann liegt aber auch f in $\mathfrak{J}''$. Damit ist Satz 13 endgültig bewiesen.

Bemerkung: Die Existenz von Differentiations-Idealen in nichtkommutativen Ringen der betrachteten Art ist eine ungewohnte Besonderheit. Im gewöhnlichen Polynomring $\mathsf{K}[x]$, wobei K der reelle oder komplexe Zahlkörper ist, gibt es derartige Ideale z. B. nicht, wie man sich sehr einfach klar macht.

24. Ringe mit POISSON-Klammern. Wir betrachten Ringe $\mathfrak{R}$, die den Bedingungen I von Ziff. 20 genügen, mit einer geraden Anzahl von Erzeugenden und setzen wieder $x_{2i} = p_i$, $x_{2i-1} = q_i$ $(i = 1, \ldots, s)$. In $\mathfrak{R}$ sei sodann eine PK-Bildung erklärt, welche den Axiomen von Ziff. 13 genügt, die noch vermehrt werden um die Axiome

$$[p_i, p_k] = 0, \quad [q_i, q_k] = 0, \quad [p_i, q_k] = \delta_{ik} = \begin{cases} 1 & (i = k) \\ 0 & (i \neq k). \end{cases}$$

Es ist für das Folgende zweckmäßig, dieses Axiomensystem in eine andere Form zu bringen. Unter Übergehung des Gleichwertigkeitsbeweises (der im übrigen sehr einfach geführt werden kann) wollen wir es einfach angeben:

$$\text{II.}\left\{\begin{array}{ll}
1. & [p_i, p_k] = 0, \quad [p_i, q_k] = \delta_{ik}, \quad [q_i, q_k] = 0, \quad [q_i, p_k] = -\delta_{ik}. \\
2.\ \text{a)} & [f_1 + f_2, p_i] = [f_1, p_i] + [f_2, p_i], \\
 & [f_1 + f_2, q_i] = [f_1, q_i] + [f_2, q_i], \\
\text{b)} & [\alpha f, p_i] = \alpha [f, p_i], \\
 & [\alpha f, q_i] = \alpha [f, q_i] \quad (\alpha \in \mathsf{K}), \\
\text{c)} & [f_1 \cdot f_2, p_i] = [f_1, p_i] f_2 + f_1 [f_2, p_i], \\
 & [f_1 \cdot f_2, q_i] = [f_1, q_i] f_2 + f_1 [f_2, q_i]. \\
3.\ \text{a)} & [f, g_1 + g_2] = [f, g_1] + [f, g_2], \\
\text{b)} & [f, \alpha g] = \alpha [f, g] \quad \alpha \in \mathsf{K}, \\
\text{c)} & [f, g_1 g_2] = [f, g_1] g_2 + g_1 [f, g_2]. \\
4. & [f, f] = 0 \quad \text{für alle} \quad f \in \mathfrak{R}.
\end{array}\right.$$

Der Sinn dieser Anordnung ist offensichtlich: Um die PK zweier Elemente f, g zu bestimmen, verwandelt man sie zunächst durch Anwendung der Regeln II 3. in eine Summe von Ausdrücken, in denen nur PK-Bildungen der Form auftreten, die in den Axiomen II 2. erscheinen. Deren Anwendung wiederum liefert Summen, in deren Glieder nur noch PK der unter II 1. genannten Form auftreten, die dann gemäß II 1. jeweils durch 0 oder 1 ersetzt werden. Durch die Axiome II 1. bis 3. ist also der durch die PK-Bildung in $\mathfrak{R}$ definierte Zuordnungsprozeß *eindeutig* festgelegt. Damit erhebt sich sofort die Frage, ob das Axiom II 4. bereits eine Folge der übrigen ist oder nicht — im zweiten Fall muß es dann offensichtlich Relationen im Ring $\mathfrak{R}$ erzwingen.

Die Angabe eines Beispiels $\mathfrak{R}$, in dem alle Axiome außer II 4. erfüllt sind, genügt zur Beantwortung der aufgeworfenen Frage. Ein solches Beispiel ist folgendes: Die eben angegebene sukzessive Anwendung der Axiome II 1. bis 3. läßt sich auch im freien Ring $\mathfrak{F}_{2s}$ durchführen und ordnet jedem Elementpaar f, g eine Klammer $[f, g]$ zu. Für diese gilt aber das Axiom II 4. nicht, denn man bestätigt durch einfache Rechnung, daß die Anwendung der Axiome II 1. bis 3. in der Reihenfolge 3. → 2. → 1

$$[q_i^2 p_i^3, q_i^2 p_i^3] = q_i^2 p_i^2 q_i p_i^3 + q_i^3 p_i^5 - 2 q_i^2 p_i q_i p_i^4$$

liefert, und dies ist in $\mathfrak{F}_{2s}$ keinesfalls gleich Null. In der Ausdrucksweise der Axiomatik beweist das Beispiel also die Unabhängigkeit des Axioms II 4.

Die durch II 1. bis 3. festgelegte Reihenfolge der Anwendung der Axiome beim Ausrechnen einer PK zeigt aber bereits die Stelle, an der man zur Gewinnung der in $\mathfrak{R}$ notwendigen Relationen anknüpfen kann. Die beiden „Faktoren" f, g in der PK $[f, g]$ werden nämlich nach II 1. bis 3. nicht gleichartig behandelt (da zunächst nur der rechte und dann erst der linke zerlegt wird), während II 4. gerade die Gleichartigkeit der beiden Seiten der PK ausdrückt. Nach II 2., 3. folgt nämlich (durch Zerlegen und Wieder-Zusammenfügen des rechten Faktors)

$$[f + g, f + g] = [f, f] + [f, g] + [g, f] + [g, g],$$

woraus nach II 4.

$$[f, g] = -[g, f] \tag{24.1}$$

folgt. Da andererseits II 4. aber eine Folge von (24.1) ist, erweist sich die Hinzunahme von II 4. oder (24.1) zu den übrigen Axiomen als gleichwertig. Gl. (24.1) zeigt die formale Gleichwertigkeit der beiden Seiten in der PK sehr deutlich.

Berechnet man also $[f \cdot r, g \cdot t]$ mit $f, g, r, t \in \mathfrak{R}$ unter Anwendung von II 3. c) und (24.1) einmal in der Reihenfolge: II 3. c)$\to$(24.1)$\to$II 3. c)$\to$(24.1), und zum anderen in der Reihenfolge (24.1)$\to$II 3. c)$\to$(24.1)$\to$II 3. c), so ergibt sich

$$[fr, gt] = [f, g] \cdot rt + f[r, g]\, t + g[f, t]\, r + gf[r, t],$$
$$[fr, gt] = [f, g]\, tr + f[r, g]\, t + g[f, t]\, r + fg[r, t]$$

und nach Subtraktion unter Verwendung der Abkürzung $(f, g) = fg - gf$ die Identität

$$[f, g](r, t) = (f, g)\,[r, t] \quad \text{für alle} \quad f, g, r, t \in \mathfrak{R}. \tag{24.2}$$

Nun gibt es in $\mathfrak{R}$ *kanonische Elementpaare*, das sind solche, deren PK gleich 1 ist, z.B. p_i und q_i. Setzt man daher in (24.2) $r = p_i$, $t = q_i$, so folgt nach II 1.

$$(f, g) = [f, g]\,(p_i, q_i), \tag{24.3}$$

bzw. durch Umbenennung der Faktoren

$$(f, g) = (p_i, q_i)\,[f, g]. \tag{24.3'}$$

Aus diesen Gleichungen wiederum ergibt sich nach II 1. unmittelbar

$$(p_i, p_l) = 0, \quad (q_i, q_l) = 0, \quad (p_i, q_l) = 0, \quad (p_i, q_i) - (p_l, q_l) = 0, \quad (i \neq l). \tag{24.4}$$

Alle Kommutatoren (p_i, q_i) $(i = 1, \ldots, s)$ sind also in $\mathfrak{R}$ ein und dasselbe Element k, und es gilt

$$(f, g) = k\,[f, g]. \tag{24.5}$$

k ist aber, wie (24.3) und (24.3') zeigen, nicht nur mit allen PK in $\mathfrak{R}$ vertauschbar, sondern überhaupt mit allen Elementen von $\mathfrak{R}$, da sich nach II 1. bis 3. die Erzeugenden p_i, q_i selbst als PK schreiben lassen (z.B. $q_i = \frac{1}{2}\,[p_i, q_i^2]$). Wir beweisen schließlich noch

Satz 14. *Die* HEISENBERG-*Ringe werden durch die Bedingungen I und II eindeutig gekennzeichnet.*

Zunächst zeigen die Gln. (24.4), daß jeder Ring $\mathfrak{R}$ mit PK mindestens die definierenden Relationen des allgemeinen HEISENBERG-Ringes $\mathfrak{H}_s$ enthält. Somit ist jeder derartige Ring ein homomorphes Bild von $\mathfrak{H}_s$. Es ist zu zeigen, daß alle diesen Homomorphismen entsprechenden Ideale von einem Element aus $\mathsf{K}[k]$ erzeugt werden. Nach Satz 13 sind dies aber gerade die Differentiations-Ideale in $\mathfrak{H}_s$. Satz 14 ist also bewiesen, wenn wir nachweisen, daß jeder der fraglichen Homomorphismen von $\mathfrak{H}_s$ ein Differentiations-Homomorphismus ist. Dies ist folgendermaßen einzusehen: Die Axiome II 1. und 2. (die, wie wir gesehen haben, auch im freien Ring $\mathfrak{F}_{2s}$ erfüllbar sind) ordnen jedem Element von $\mathfrak{F}_{2s}$ bestimmte andere Elemente zu. Diese Zuordnung ist nun, wie man durch Vergleich unmittelbar sieht, genau diejenige, die durch die Differentiation (22.1) gegeben ist. In $\mathfrak{F}_{2s}$ gilt somit identisch

$$[f, p_i] = -\frac{\partial f}{\partial q_i}, \quad [f, q_i] = \frac{\partial f}{\partial p_i}. \tag{24.6}$$

Nach Satz 12 ist aber die Abbildung von $\mathfrak{F}_{2s}$ auf $\mathfrak{H}_s$ ein Differentiations-Homomorphismus, und somit gelten die Gln. (24.6) auch in $\mathfrak{H}_s$ identisch. Da andererseits aber in dem fraglichen homomorphen Abbild von $\mathfrak{H}_s$ sogar alle Axiome II 1. bis 4. gelten sollen, gelten natürlich auch II 1. und 2., und somit ist nach (24.6) der zugehörige Homomorphismus ein Differentiations-Homomorphismus.

Bemerkung. Fordert man von dem Ring $\mathfrak{R}$ neben den Axiomen I und II noch die *Kommutativität* der Multiplikation, so ergibt sich II 4. als Folge aller übrigen Axiome. Aus II 3. folgt dann für ein Potenzprodukt

$$[f, p_1^{\nu_1} \dots p_s^{\nu_s} q_1^{\mu_1} \dots q_s^{\mu_s}] = \nu_1 [f, p_1] p_1^{\nu_1 - 1} \dots p_s^{\nu_s} q_1^{\mu_1} \dots q_s^{\mu_s} + \\ + \nu_2 [f, p_2] p_1^{\nu_1} p_2^{\nu_2 - 1} \dots p_s^{\nu_s} q_1^{\mu_1} \dots q_s^{\mu_s} + \dots + \mu_s [f, q_s] p_1^{\nu_1} \dots p_s^{\nu_s} q_1^{\mu_1} \dots q_s^{\mu_s - 1},$$

und dies ist offensichtlich gleich

$$\sum_{i=1}^{s} \left\{ [f, p_i] \frac{\partial}{\partial p_i} + [f, q_i] \frac{\partial}{\partial q_i} \right\} p_1^{\nu_1} \dots p_s^{\nu_s} q_1^{\mu_1} \dots q_s^{\mu_s}.$$

Da aber die unter dem Summenzeichen stehende Operation linear ist, gilt eine analoge Formel für beliebige Linearkombinationen von Potenzprodukten. Für jedes f und g gilt also im kommutativen Ring mit PK

$$[f, g] = \sum_{i=1}^{s} \left\{ [f, p_i] \frac{\partial g}{\partial p_i} + [f, q_i] \frac{\partial g}{\partial q_i} \right\}$$

oder nach (24.6) unter Vertauschung der Reihenfolge der Summanden endgültig

$$[f, g] = \sum_{i=1}^{s} \left\{ \frac{\partial f}{\partial p_i} \frac{\partial g}{\partial q_i} - \frac{\partial f}{\partial q_i} \frac{\partial g}{\partial p_i} \right\}. \qquad (24.7)$$

Daraus folgt aber $[f, f] = 0$ für jedes f, womit II 4. im Fall eines kommutativen Ringes mit PK als Folge der übrigen Axiome nachgewiesen ist.

C. Lineare Algebra.

Voraussetzung: Ziff. 4 bis 7 und 11.

25. Vektoren. Nach Ziff. 11 ist ein Vektor ein Element eines *Vektorraumes* $\mathfrak{M}_n$. Mit Vorgabe einer Basis $u_1, u_2, \dots, u_n$ von $\mathfrak{M}_n$ ist jeder Vektor a eindeutig bestimmt durch Angabe seiner Komponenten $\alpha_1, \alpha_2, \dots, \alpha_n$, die Elemente (Zahlen) eines Multiplikatorenringes $\mathfrak{R}$ sind. Unter Bezugnahme auf eine feste Basis läßt sich jeder Vektor a also *darstellen* durch ein Zahl-n-Tupel

$$\boldsymbol{a} = \begin{pmatrix} \alpha_1 \\ \alpha_2 \\ \vdots \\ \alpha_n \end{pmatrix} \qquad \alpha_1, \dots, \alpha_n \in \mathfrak{R}.$$

Wir nennen $\boldsymbol{a}$ eine *Darstellung* (oder einen Repräsentanten) des Vektors a und bezeichnen sie durch Fettdruck. Die Basisvektoren selbst werden dargestellt durch

$$\boldsymbol{u}_1 = \begin{pmatrix} 1 \\ 0 \\ 0 \\ \vdots \\ 0 \end{pmatrix}, \quad \boldsymbol{u}_2 = \begin{pmatrix} 0 \\ 1 \\ 0 \\ \vdots \\ 0 \end{pmatrix}, \dots, \boldsymbol{u}_n = \begin{pmatrix} 0 \\ 0 \\ \vdots \\ 0 \\ 1 \end{pmatrix}.$$

Addition von Vektoren sowie die Multiplikation mit Elementen $\gamma \in \mathfrak{R}$ werden dann durch die Formeln gegeben

$$\boldsymbol{a} + \boldsymbol{b} = \begin{pmatrix} \alpha_1 + \beta_1 \\ \alpha_2 + \beta_2 \\ \vdots \quad \vdots \\ \alpha_n + \beta_n \end{pmatrix}, \qquad \gamma \boldsymbol{a} = \begin{pmatrix} \gamma \alpha_1 \\ \gamma \alpha_2 \\ \vdots \\ \gamma \alpha_n \end{pmatrix}.$$

Man beachte, daß die Gesamtheit der durch eine feste Basis von $\mathfrak{M}_n$ vermittelten Darstellungen der Vektoren von $\mathfrak{M}_n$ selbst wieder einen (zu $\mathfrak{M}_n$ isomorphen) Vektorraum bildet. Deshalb werden auch die Repräsentanten von Vektoren wieder Vektoren genannt, es sind sozusagen „konkrete" Vektoren.

In diesem Kapitel ist der Multiplikatorenring $\mathfrak{R}$ stets der Körper Γ aller komplexen Zahlen oder eventuell noch der Körper P aller reellen Zahlen. Die zu einer Zahl α Konjugiert-Komplexe wird mit α^* bezeichnet.

26. Unitäre und euklidische Vektorräume. *Definition:* Ein $\left\{\begin{matrix}\text{unitärer}\\ \text{euklidischer}\end{matrix}\right\}$ Vektorraum ist ein Vektorraum über dem Körper $\left\{\begin{matrix}\Gamma \text{ der komplexen}\\ \mathsf{P} \text{ der reellen}\end{matrix}\right\}$ Zahlen, in dem jedem Vektorpaar a, b eine $\left\{\begin{matrix}\text{komplexe}\\ \text{reelle}\end{matrix}\right\}$ Zahl $\langle a, b\rangle$ zugeordnet wird, das sog. „innere Produkt", das folgenden Bedingungen genügt:

1. $\langle a+b, c\rangle = \langle a, c\rangle + \langle b, c\rangle$.
2. $\langle \alpha a, b\rangle = \alpha\langle a, b\rangle$. $\quad \alpha \in \Gamma$ bzw. P
3. $\langle a, b\rangle = \langle b, a\rangle^*$, im Fall des Körpers Γ.
   $\langle a, b\rangle = \langle b, a\rangle$, im Fall des Körpers P.
4. $\langle a, a\rangle \geqq 0$, für $a \neq 0$ stets $\langle a, a\rangle > 0$.

Die reelle Zahl $+\sqrt{\langle a, a\rangle} = \|a\|$ wird der *Betrag* des Vektors a genannt. Vektoren vom Betrag 1 heißen *normiert*, Vektoren $a, b \neq 0$ mit der Eigenschaft $\langle a, b\rangle = 0$ *orthogonal* (zueinander). Schließlich heißt ein System von Vektoren $a_1, a_2, \ldots, a_r$ ein *orthonormales* Vektorensystem, wenn $\langle a_i, a_k\rangle = \delta_{ik}$ ist, wobei δ_{ik} das KRONECKER-Symbol bezeichnet.

Folgen der Axiome 1. bis 4. sind die SCHWARZsche und die Dreiecks-Ungleichung

$$|\langle a, b\rangle| \leqq \|a\| \cdot \|b\|, \tag{26.1}$$

$$\|a+b\| \leqq \|a\| + \|b\|. \tag{26.2}$$

Die in (26.1) enthaltene Behauptung ist für a oder $b = 0$ trivial, für $a, b \neq 0$ folgt sie aus

$$0 \leqq \langle \alpha a + b, \alpha a + b\rangle = \alpha\alpha^*\langle a, a\rangle + \alpha\langle a, b\rangle + \alpha^*\langle b, a\rangle + \langle b, b\rangle,$$

wenn man darin $\alpha = -\dfrac{\langle b, a\rangle}{\langle a, a\rangle}$ setzt. Die Ungleichung (26.2) ergibt sich dann mit Hilfe von (26.1) aus der Umformung:

$$\begin{aligned}\|a+b\|^2 &= \langle a+b, a\rangle + \langle a+b, b\rangle \leqq \|a+b\| \cdot \|a\| + \|a+b\| \cdot \|b\| \\ &= \|a+b\| \{\|a\| + \|b\|\}.\end{aligned}$$

Es gilt weiter

Satz 1. *Jeder endlich-dimensionale unitäre (bzw. euklidische) Vektorraum $\mathfrak{U}_n$ besitzt eine orthonormale Basis.*

Ist nämlich $a_1, a_2, \ldots, a_n$ eine Basis des n-dimensionalen Vektorraumes $\mathfrak{U}_n$, so bestätigt man, daß die durch

$$e_k = \frac{1}{\|b_k\|} b_k, \quad b_k = a_k - \sum_{j=1}^{k-1} \langle a_k, e_j\rangle e_j, \quad b_1 = a_1 \quad (k = 1, \ldots, n) \tag{26.3}$$

sukzessive definierten Vektoren $e_1, e_2, \ldots, e_n$ eine orthonormale Basis von $\mathfrak{U}_n$ bilden. Zunächst ist klar, daß für $b_k \neq 0$ die e_k normierte Vektoren sind. Ihre Orthogonalität bzw. die Orthogonalität der b_k ergibt sich durch Induktion:

Für $i, j < m$ gelte bereits $\langle e_i, e_j\rangle = \delta_{ij}$, dann ist

$$\langle b_m, e_i\rangle = \langle a_m, e_i\rangle - \sum_{j=1}^{m-1} \langle a_m, e_j\rangle \langle e_j, e_i\rangle = \langle a_m, e_i\rangle - \langle a_m, e_i\rangle = 0, \qquad (i < m).$$

Andererseits kann aber b_m nicht verschwinden; dann folgte nämlich aus (26.3), daß sich a_m als Linearkombination von $a_1, \ldots, a_{m-1}$ darstellen ließe im Widerspruch zur Voraussetzung, daß die a_i eine Basis von $\mathfrak{U}_n$ bilden. Schließlich sind die e_i auch linear unabhängig, denn aus einer Relation der Form

$$\alpha_1 e_1 + \alpha_2 e_2 + \cdots \alpha_n e_n = 0$$

folgt durch innere Produktbildung mit e_i

$$0 = \langle 0, e_i\rangle = \langle \alpha_1 e_1 + \cdots + \alpha_n e_n, e_i\rangle = \alpha_i.$$

Mit Hilfe von Satz 11 in Kapitel A ist damit bereits bewiesen, daß die $e_1, e_2, \ldots, e_n$ eine Basis von $\mathfrak{U}_n$ bilden. Ohne Bezugnahme auf diesen Satz läßt sich dies auch so zeigen, daß man nach (26.3) die a_k durch die e_i ausdrückt:

$$a_k = \|b_k\| e_k + \sum_{j=1}^{k-1} \langle a_k, e_j\rangle e_j = \sum_{j=1}^{n} \langle a_k, e_j\rangle e_j.$$

Schließlich läßt sich wegen der Linearitäts-Eigenschaften des inneren Produktes jeder Vektor c eindeutig (denn nach Voraussetzung ist er als eindeutige Kombination in den a_k darstellbar) schreiben

$$c = \sum_{j=1}^{n} \langle c, e_j\rangle e_j, \tag{26.4}$$

wobei $\langle c, e_j\rangle$ die Komponenten von c in bezug auf die orthonormale Basis $e_1, e_2, \ldots, e_n$ sind. Für zwei Vektoren b, c mit $\beta_j = \langle b, e_j\rangle$, $\gamma_j = \langle c, e_j\rangle$ läßt sich nach (26.4) das innere Produkt von b und c also darstellen in der Form

$$\langle b, c\rangle = \langle \sum_j \beta_j e_j, \sum_i \gamma_i e_i\rangle = \sum_j \sum_i \beta_j \gamma_i^* \langle e_j, e_i\rangle = \sum_i \beta_i \gamma_i^* \tag{26.5}$$

bzw. im euklidischen Raum durch die Bilinearform $\sum_i \beta_i \gamma_i$.

27. Lineare Transformationen, Matrizen. Mit der in Ziff. 7 und 11 eingeführten Terminologie definieren wir: Homomorphe Abbildungen eines Vektorraumes $\mathfrak{M}_n$ auf einen Vektorraum $\mathfrak{M}_m$ (mit demselben Multiplikatorenbereich) sowie homomorphe Abbildungen von $\mathfrak{M}_n$ auf sich selbst (sog. Endomorphismen von $\mathfrak{M}_n$) heißen *lineare Transformationen*. Wählt man in $\mathfrak{M}_n$ eine feste Basis $u_1, u_2, \ldots, u_n$, so ist jede lineare Transformation A von $\mathfrak{M}_n$ auf $\mathfrak{M}_m$ durch Angabe derjenigen Elemente $a_1, a_2, \ldots, a_n \in \mathfrak{M}_m$ festgelegt, in welche die Basiselemente von $\mathfrak{M}_n$ abgebildet werden, in Formeln

$$A u_1 = a_1, \ldots, A u_n = a_n. \tag{27.1}$$

Wählt man auch in $\mathfrak{M}_m$ eine feste Basis $v_1, v_2, \ldots, v_m$, so läßt sich die lineare Transformation A eindeutig charakterisieren durch die Repräsentanten der Vektoren a_i

$$\boldsymbol{a}_1 = \begin{pmatrix} \alpha_{11} \\ \alpha_{21} \\ \vdots \\ \alpha_{m1} \end{pmatrix}, \quad \boldsymbol{a}_2 = \begin{pmatrix} \alpha_{12} \\ \alpha_{22} \\ \vdots \\ \alpha_{m2} \end{pmatrix}, \quad \ldots, \quad \boldsymbol{a}_n = \begin{pmatrix} \alpha_{1n} \\ \alpha_{2n} \\ \vdots \\ \alpha_{mn} \end{pmatrix}, \quad \alpha_{ik} \in \Gamma \tag{27.2}$$

oder, indem man die die Vektoren a_i darstellenden „Spalten" (27.2) einfach nebeneinander schreibt, durch ein Schema von $n \cdot m$ Zahlen

$$\boldsymbol{A} = \begin{pmatrix} \alpha_{11} & \alpha_{12} & \cdots & \alpha_{1n} \\ \alpha_{21} & \alpha_{22} & \cdots & \alpha_{2n} \\ \vdots & \vdots & & \vdots \\ \alpha_{m1} & \alpha_{m2} & \cdots & \alpha_{mn} \end{pmatrix} \quad \text{abgekürzt } \boldsymbol{A} = (\alpha_{ik}) \tag{27.3}$$

eine sog. *Matrix*, genauer $n \times m$-Matrix. Wir konstatieren also: Durch Wahl einer festen Basis in $\mathfrak{M}_n$ wie in $\mathfrak{M}_m$ ist jeder linearen Transformation A umkehrbar eindeutig eine Matrix $\boldsymbol{A}$ als *Darstellung* (Repräsentant) dieser Transformation zugeordnet. Matrizen mit verschiedener Zeilen- und Spalten-Anzahl heißen *Rechteck*-Matrizen, solche mit gleicher Zeilen- und Spalten-Anzahl *quadratische* Matrizen. Im letzten Fall heißt die Anzahl der Zeilen der *Grad* der Matrix. Die quadratischen Matrizen entsprechen linearen Transformationen von Räumen gleicher Dimension aufeinander oder den Transformationen eines Raumes auf sich. Nicht-umkehrbare lineare Transformationen sowie die sie darstellenden Matrizen heißen *singulär*. Diejenige Transformation, die jeden Vektor von $\mathfrak{M}_n$ in den Null-Vektor transformiert, wird durch die *Null-Matrix* $\boldsymbol{0}$ dargestellt, deren sämtliche Elemente verschwinden.

Unter Einführung der *Summe* zweier Matrizen $\boldsymbol{A} = (\alpha_{ik})$, $\boldsymbol{B} = (\beta_{ik})$

$$\boldsymbol{A} + \boldsymbol{B} = (\alpha_{ik} + \beta_{ik}) \tag{27.4}$$

läßt sich die Matrix (27.3) in der Form schreiben

$$\boldsymbol{A} = \begin{pmatrix} \alpha_{11} & 0 & \cdots \\ \alpha_{21} & 0 & \cdots \\ \vdots & \vdots & \\ \alpha_{m1} & 0 & \cdots \end{pmatrix} + \begin{pmatrix} 0 & \alpha_{12} & 0 & \cdots \\ 0 & \alpha_{22} & 0 & \cdots \\ \vdots & \vdots & \vdots & \\ 0 & \alpha_{m2} & 0 & \cdots \end{pmatrix} + \cdots + \begin{pmatrix} 0 & \cdots & 0 & \alpha_{1n} \\ 0 & \cdots & 0 & \alpha_{2n} \\ \vdots & & \vdots & \vdots \\ 0 & \cdots & 0 & \alpha_{mn} \end{pmatrix}, \tag{27.5}$$

die in ihren Summanden die Vektoren (27.2) erkennen läßt. Setzt man überdies noch fest, daß die *Multiplikation von* $\boldsymbol{A}$ *mit einer Zahl* γ nach der Regel

$$\gamma \boldsymbol{A} = \begin{pmatrix} \gamma\alpha_{11} & \gamma\alpha_{12} & \cdots & \gamma\alpha_{1n} \\ \gamma\alpha_{21} & \gamma\alpha_{22} & \cdots & \gamma\alpha_{2n} \\ \vdots & \vdots & & \\ \gamma\alpha_{m1} & \gamma\alpha_{m2} & \cdots & \gamma\alpha_{mn} \end{pmatrix} \tag{27.6}$$

erfolgt, so ist unmittelbar zu erkennen, daß die Summanden in (27.5) genau alle Eigenschaften von Vektoren haben. Es gilt somit

Satz 2. *Hinsichtlich der Addition* (27.4) *und der Multiplikation* (27.6) *bildet die Gesamtheit aller* $n \times m$-*Matrizen einen Vektorraum der Dimension* $n \cdot m$.

Der Hintereinander-Ausführung zweier linearer Transformationen A und B von $\mathfrak{M}_n$ auf $\mathfrak{M}_m$ und von $\mathfrak{M}_m$ auf $\mathfrak{M}_r$ (deren Resultat wieder eine lineare Transformation $C = AB$ ist) entspricht eine (im allgemeinen nicht-kommutative) *Multiplikation* der darstellenden Matrizen $\boldsymbol{A} = (\alpha_{ik})$ und $\boldsymbol{B} = (\beta_{ik})$ nach der Regel

$$\boldsymbol{A} \cdot \boldsymbol{B} = \boldsymbol{C}, \quad \boldsymbol{C} = \left(\gamma_{ik} = \sum_{j=1}^{m} \alpha_{ij}\beta_{jk}\right). \tag{27.7}$$

Es ist klar, daß Matrizen nur dann miteinander multipliziert werden können, wenn die Zeilenlänge der vorderen mit der Spaltenlänge der hinteren Matrix übereinstimmt. Man bestätigt, daß die durch (27.7) definierte Multiplikation *assoziativ* ist. Schließlich überzeugt man sich, daß die Regeln (27.4), (27.6) und (27.7) bestehen bleiben, wenn man Matrizen betrachtet, deren Elemente selbst wieder Matrizen sind, wie sie z. B. aus (27.3) durch Einteilung der Elemente in „Kästchen" entstehen:

$$\boldsymbol{A} = \left(\begin{array}{ccc|ccc} \alpha_{11} & \cdots & & \alpha_{1r} & \cdots & \alpha_{1n} \\ \vdots & & & \vdots & & \vdots \\ \hline \alpha_{s1} & \cdots & & \alpha_{sr} & \cdots & \alpha_{sn} \\ \vdots & & & \vdots & & \vdots \\ \alpha_{m1} & \cdots & & \alpha_{mr} & \cdots & \alpha_{mn} \end{array}\right) = \begin{pmatrix} \boldsymbol{A}_{11} & \boldsymbol{A}_{12} \\ \boldsymbol{A}_{21} & \boldsymbol{A}_{22} \end{pmatrix}.$$

Faßt man die Darstellungen von Vektoren als Matrizen auf, in denen [wie in (27.5)] nur jeweils eine Spalte von Null verschieden ist, so werden die Gln. (27.1) unter Verwendung der Multiplikation (27.7) dargestellt durch die Gleichungen

$$\boldsymbol{A}\boldsymbol{u}_1 = \boldsymbol{a}_1, \quad \boldsymbol{A}\boldsymbol{u}_2 = \boldsymbol{a}_2, \ldots, \boldsymbol{A}\boldsymbol{u}_n = \boldsymbol{a}_n. \tag{27.8}$$

Den umkehrbaren (nicht-singulären) linearen Transformationen A entsprechen Matrizen $\boldsymbol{A}$, zu denen eine Rechts- und eine Linksinverse, nach Ziff. 6 also genau eine Inverse $\boldsymbol{A}^{-1}$ existiert. Nicht-singuläre Matrizen sind damit solche, die eine Inverse besitzen. Es ist $(\boldsymbol{A}\boldsymbol{B})^{-1} = \boldsymbol{B}^{-1} \cdot \boldsymbol{A}^{-1}$.

28. Volle Matrix-Algebren. Im Gegensatz zu den Rechteck-Matrizen einer festen Zeilen- und Spaltenanzahl (die sich zwar addieren, aber nicht multiplizieren lassen), erlauben quadratische Matrizen neben der Addition (27.4) auch die (assoziative) Multiplikation (27.7), wobei die *Einheitsmatrix*

$$\mathbf{1} = \begin{pmatrix} 1 & 0 & 0 & \ldots & 0 \\ 0 & 1 & 0 & \ldots & 0 \\ . & . & . & \ldots & . \\ . & . & . & \ldots & . \\ 0 & 0 & 0 & \ldots & 1 \end{pmatrix}$$

die Rolle eines Eins-Elementes (Ziff. 4) spielt. Nach Ziff. 12 und Satz 2 ist also der Vektorraum der quadratischen Matrizen n-ten Grades eine Algebra mit n^2 Basiselementen. Wir sprechen dies aus als

Satz 3. *Die Gesamtheit aller quadratischen Matrizen n-ten Grades (mit Elementen aus Γ) bildet mit den durch* (27.4), (27.6), (27.7) *erklärten Verknüpfungen eine Algebra mit n^2 Basiselementen, die sog. volle Matrix-Algebra (oder den vollen Matrix-Ring) n-ten Grades über Γ.*

Als Basiselemente dieser Algebra können die Matrizen $\boldsymbol{E}_{ij}$ dienen, in denen das Element $\varepsilon_{ij} = 1$ ist, während alle übrigen Elemente verschwinden. Für die $\boldsymbol{E}_{ij}$ gelten die Regeln

$$\boldsymbol{E}_{ij}\boldsymbol{E}_{kl} = \boldsymbol{E}_{il}\,\delta_{jk}.$$

Unter Verwendung dieser Basis läßt sich z. B. ein beliebiges Element der vollen Matrix-Algebra zweiten Grades in der Form schreiben:

$$\begin{pmatrix} \alpha & \beta \\ \gamma & \delta \end{pmatrix} = \alpha\begin{pmatrix} 1 & 0 \\ 0 & 0 \end{pmatrix} + \beta\begin{pmatrix} 0 & 1 \\ 0 & 0 \end{pmatrix} + \gamma\begin{pmatrix} 0 & 0 \\ 1 & 0 \end{pmatrix} + \delta\begin{pmatrix} 0 & 0 \\ 0 & 1 \end{pmatrix}.$$

Wir zeigen weiter

Satz 4. *Die volle Matrix-Algebra n-ten Grades ist einfach.*

Ein vom Null-Ideal verschiedenes zweiseitiges Ideal der Matrix-Algebra enthält mindestens ein Element $\boldsymbol{B}$, in dessen Basis-Darstellung

$$\boldsymbol{B} = \sum_{i,j} \beta_{ij} \boldsymbol{E}_{ij}$$

nicht alle β_{ij} verschwinden. Es sei z.B. $\beta_{12} \neq 0$, dann gehören auch alle Elemente

$$\beta_{12}^{-1} \boldsymbol{E}_{r1} \boldsymbol{B} \boldsymbol{E}_{2s} = \beta_{12}^{-1} \sum_{i,j} \beta_{ij} \boldsymbol{E}_{r1} \boldsymbol{E}_{ij} \boldsymbol{E}_{2s} = \boldsymbol{E}_{rs}$$

zum Ideal, d.h. aber alle Basiselemente $\boldsymbol{E}_{ij}$ und damit jedes Element der Algebra.

Man beachte, daß die volle Matrix-Algebra n-ten Grades nach Satz 4 zwar kein zweiseitiges Ideal enthält, wohl aber *einseitige* Ideale. So ist z.B. das von den Elementen $\boldsymbol{E}_{11}, \boldsymbol{E}_{21}, \ldots, \boldsymbol{E}_{n1}$ erzeugte Links-Ideal $\mathfrak{L}_1$ echtes Links-Ideal; denn für jede Matrix $\boldsymbol{B}$ ist ($\boldsymbol{L} \in \mathfrak{L}_1$)

$$\boldsymbol{B}\boldsymbol{L} = \Big(\sum_{i,j} \beta_{ij} \boldsymbol{E}_{ij}\Big)\Big(\sum_{k} \lambda_k \boldsymbol{E}_{k1}\Big) = \sum_{i} \Big(\sum_{k} \beta_{ik} \lambda_k\Big) \boldsymbol{E}_{i1}$$

offensichtlich wieder Element von $\mathfrak{L}_1$. Überdies ist $\mathfrak{L}_1$ ein minimales Links-Ideal (d.h. es enthält kein kleineres Links-Ideal mehr), da wegen $\boldsymbol{E}_{ik} \boldsymbol{E}_{k1} = \boldsymbol{E}_{i1}$ mit einem $\boldsymbol{E}_{k1}$ auch alle $\boldsymbol{E}_{i1}$ $(i = 1, \ldots, n)$ zum Ideal gehören. Unter Beachtung, daß die $\mathfrak{L}_i$ elementfremd sind, erhält man somit

Satz 5. *Die volle Matrix-Algebra n-ten Grades ist eine direkte Summe n minimaler Links-Ideale* $\mathfrak{L}_i = \{\boldsymbol{E}_{1i}, \ldots, \boldsymbol{E}_{ni}\}$.

29. Äquivalente und ähnliche Matrizen. Jeder linearen Transformation A eines Vektorraumes $\mathfrak{M}_n$ auf einen Vektorraum $\mathfrak{M}_m$ wird dadurch umkehrbar eindeutig eine darstellende Matrix $\boldsymbol{A}$ zugeordnet, daß in $\mathfrak{M}_n$ wie in $\mathfrak{M}_m$ je eine feste Basis ausgewählt wird. Jede Änderung in der Basiswahl hat natürlich eine Änderung der die Transformation A darstellenden Matrix zur Folge.

Definition: Eine Matrix $\boldsymbol{A}_1$ heißt zu einer Matrix $\boldsymbol{A}_2$ *äquivalent*, wenn $\boldsymbol{A}_1$ und $\boldsymbol{A}_2$ dieselbe lineare Transformation A von $\mathfrak{M}_n$ auf $\mathfrak{M}_m$ darstellen und durch Basiswechsel in $\mathfrak{M}_n$ und $\mathfrak{M}_m$ auseinander hervorgehen.

Jeder Basiswechsel in einem Vektorraum ist eine umkehrbare lineare Transformation des Vektorraumes auf sich (Automorphismus) und wird somit selbst durch eine nicht-singuläre Matrix dargestellt. Sind also P und Q derartige Automorphismen von $\mathfrak{M}_n$ und $\mathfrak{M}_m$ mit den darstellenden Matrizen $\boldsymbol{P}$ und $\boldsymbol{Q}$:

$$\boldsymbol{P}\boldsymbol{u}_i = \boldsymbol{u}_i' \quad (i = 1, \ldots, n), \qquad \boldsymbol{Q}\boldsymbol{v}_k = \boldsymbol{v}_k' \quad (k = 1, \ldots, m),$$

so gehen die Gln. (27.8) über in

$$\boldsymbol{Q}\boldsymbol{A}\boldsymbol{P}^{-1}\boldsymbol{u}_i' = \boldsymbol{a}_i' \quad (i = 1, \ldots, n). \tag{29.1}$$

Stehen umgekehrt zwei Matrizen $\boldsymbol{A}_1$ und $\boldsymbol{A}_2$ in der Beziehung $\boldsymbol{A}_1 = \boldsymbol{Q}\boldsymbol{A}_2\boldsymbol{P}^{-1}$ mit nicht-singulären Matrizen $\boldsymbol{Q}$ und $\boldsymbol{P}^{-1}$, so lassen sich $\boldsymbol{A}_1$ und $\boldsymbol{A}_2$ stets als verschiedene Darstellungen ein und derselben linearen Transformation A auffassen. Wir haben somit

Satz 6. *Zwei Matrizen $\boldsymbol{A}_1$ und $\boldsymbol{A}_2$ sind dann und nur dann äquivalent, wenn es zwei nicht-singuläre Matrizen $\boldsymbol{Q}$ und $\boldsymbol{P}$ gibt derart, daß $\boldsymbol{A}_1 = \boldsymbol{Q}\boldsymbol{A}_2\boldsymbol{P}^{-1}$ ist.*

Der Begriff der Matrizen-Äquivalenz erzeugt, wie man unmittelbar sieht, eine Einteilung aller Matrizen in Äquivalenz-Klassen (Ziff. 7, Fußnote).

Ebenso wie die Spalten einer Matrix $\boldsymbol{A}$ Vektoren in $\mathfrak{M}_m$ darstellen (vgl. Ziff. 27), repräsentieren die Zeilen Vektoren in $\mathfrak{M}_n$. Betrachtet man nun die von diesen Vektoren aufgespannten Unterräume $\mathfrak{N}_A \subseteq \mathfrak{M}_n$ und $\mathfrak{N}_A' \subseteq \mathfrak{M}_m$, so sind diese durch die Matrix $\boldsymbol{A}$ offenbar eindeutig bestimmt. $\mathfrak{N}_A$ und $\mathfrak{N}'_A$ sind aber ebenso durch alle Matrizen bestimmt, durch deren Zeilen- und Spaltenvektoren sie sich aufspannen lassen. $\mathfrak{N}_A$ sowohl als auch $\mathfrak{N}'_A$ definieren auf diese Weise eine Klasse von Matrizen (zu der auch $\boldsymbol{A}$ gehört), und man überzeugt sich, daß diese Klasse mit der durch Satz 6 bestimmten Klasse der zu $\boldsymbol{A}$ äquivalenten Matrizen identisch ist. Aus dieser Betrachtung folgt, daß Matrizen, die auseinander hervorgehen durch die Prozesse:

1. Vertauschung zweier Zeilen oder Spalten,
2. Multiplikation einer Zeile oder Spalte mit einer Zahl $\gamma \neq 0$,
3. Addition einer mit einer Zahl multiplizierten Zeile (bzw. Spalte) zu einer anderen Zeile (bzw. Spalte)

zueinander äquivalent sind. Es läßt sich umgekehrt zeigen, daß jede zu $\boldsymbol{A}$ äquivalente Matrix $\boldsymbol{B}$ durch sukzessive Anwendung der Prozesse 1., 2., 3. in $\boldsymbol{A}$ übergeführt werden kann. Die Äquivalenz läßt sich also auch mit Hilfe der genannten Prozesse definieren. Schließlich erwähnen wir noch die

Definition: Die Dimension des von den Spaltenvektoren einer Matrix $\boldsymbol{A}$ aufgespannten Raumes $\mathfrak{N}'_A$ („Bildraum" von $\boldsymbol{A}$) heißt der *Rang* der Matrix $\boldsymbol{A}$.

Der Rang ist also eine Invariante gegenüber Äquivalenz-Transformationen von Matrizen ($\boldsymbol{A} \to \boldsymbol{Q}\,\boldsymbol{A}\,\boldsymbol{P}^{-1}$), d.h. *äquivalente Matrizen haben denselben Rang.* Es gilt aber, wie hier nicht gezeigt werden soll, sogar die Umkehrung dieses Satzes, so daß der Rang eine *kennzeichnende* Invariante hinsichtlich der Äquivalenz ist. Schließlich gilt der unmittelbar einleuchtende

Satz 7. *Eine quadratische Matrix n-ten Grades ist dann und nur dann nichtsingulär, wenn sie den Rang n hat.*

Betrachtet man statt linearer Transformationen eines Vektorraumes $\mathfrak{M}_n$ auf einen anderen $\mathfrak{M}_m$ nur die von $\mathfrak{M}_n$ auf sich selbst, so stellt sich das Äquivalenzproblem sichtlich eingeschränkter, da nun Original- und Bild-Raum dieselbe Basis besitzen. Demgemäß sind hier die in (29.1) auftretenden Matrizen $\boldsymbol{P}$ und $\boldsymbol{Q}$ identisch. Durch diese Bedingungsverschärfung werden die Äquivalenz-Klassen der Matrizen weiter zerlegt in sog. *Ähnlichkeits-Klassen.*

Definition: Zwei Matrizen $\boldsymbol{A}_1$ und $\boldsymbol{A}_2$ heißen *ähnlich,* wenn es eine nichtsinguläre Matrix $\boldsymbol{P}$ gibt derart, daß $\boldsymbol{A}_1 = \boldsymbol{P}\,\boldsymbol{A}_2\,\boldsymbol{P}^{-1}$ ist.

Jede Ähnlichkeits-Transformation ($\boldsymbol{A} \to \boldsymbol{P}\,\boldsymbol{A}\,\boldsymbol{P}^{-1}$) ist ein innerer Automorphismus der vollen Matrix-Algebra.

Mit der Erzeugung von Klasseneinteilungen in der Gesamtheit aller Matrizen durch die Begriffe Äquivalenz und Ähnlichkeit erhebt sich das Problem, jede dieser Klassen durch Angabe einer geeigneten Matrix (der betreffenden Klasse) zu kennzeichnen. Als „geeignet" sind dabei solche Matrizen zu betrachten, die einem bestimmten *Typus* angehören, von dem in jeder Klasse genau eine Matrix vorhanden ist. Eine derartige Matrizenauswahl pflegt man *kanonisch* zu nennen. In den *Äquivalenz-Klassen* einen solchen Matrizentyp zu finden, ist sehr einfach, denn jede Matrix läßt sich durch Äquivalenz-Transformation in eine Matrix der Form

$$\left(\begin{array}{ccc|cc} 1 & 0 & \cdots & \cdots & 0 \\ 0 & 1 & \cdots & \cdots & . \\ . & . & \cdots & \cdots & . \\ 0 & 0 & \cdots 1 & 0 \cdots & 0 \\ \hline 0 & 0 & \cdots & 0 \cdots & 0 \\ . & . & \cdots & \cdots & . \\ 0 & 0 & \cdots & \cdots & 0 \end{array}\right) \tag{29.2}$$

überführen. (Dies ist anschaulich leicht verständlich, wenn man berücksichtigt, daß man in $\mathfrak{M}_n$ wie $\mathfrak{M}_m$ die Basen unabhängig voneinander wählen kann; der Beweis kann entweder unter Benutzung der kennzeichnenden Invarianzeigenschaften des Ranges oder durch Anwendung der Operationen 1., 2., 3. geführt werden.) In jeder $n\times m$-Äquivalenz-Klasse liegt sicher nur *eine* Matrix des Typs (29.2), da verschiedene Matrizen (29.2) offenbar verschiedenen Rang haben.

Schwieriger ist das Problem, die *Ähnlichkeits-Klassen* durch kanonische Matrizen-Typen zu kennzeichnen (Elementarteiler-Theorie). Eine Lösung dieses Problems stellen, wie hier ohne Beweis mitgeteilt sei, die Matrizen der sog. JORDANschen Normalform dar

$$\begin{pmatrix} \boldsymbol{R}_1 & 0 & 0 & \ldots & 0 \\ 0 & \boldsymbol{R}_2 & 0 & \ldots & . \\ 0 & 0 & \boldsymbol{R}_3 & 0\ldots & . \\ . & \ldots & \ldots & \ldots & . \\ 0 & \ldots & \ldots & \ldots & \boldsymbol{R}_k \end{pmatrix},$$

wobei alle $\boldsymbol{R}_i$ quadratische Matrizen der Gestalt

$$\boldsymbol{R}_i = \begin{pmatrix} \lambda_i & 1 & 0 & \ldots & 0 \\ 0 & \lambda_i & 1 & \ldots & 0 \\ . & . & . & \ldots & . \\ 0 & . & . & \lambda_i & 1 \\ 0 & . & . & \ldots & \lambda_i \end{pmatrix}$$

mit komplexen Zahlen λ_i sind.

30. Definitionen. Bezeichnet $\boldsymbol{A}$ die Matrix (27.1), so heißt

$$\tilde{\boldsymbol{A}} = \begin{pmatrix} \alpha_{11} & \alpha_{21} & \cdots & \alpha_{m1} \\ \alpha_{12} & \alpha_{22} & \cdots & \alpha_{m2} \\ \vdots & \vdots & & \vdots \\ \alpha_{1n} & \alpha_{2n} & \cdots & \alpha_{mn} \end{pmatrix}$$

die zu $\boldsymbol{A}$ *transponierte* Matrix. Es gelten die Regeln

$$\widetilde{(\boldsymbol{A}+\boldsymbol{B})} = \tilde{\boldsymbol{A}} + \tilde{\boldsymbol{B}}, \quad \widetilde{(\boldsymbol{A}\boldsymbol{B})} = \tilde{\boldsymbol{B}}\tilde{\boldsymbol{A}}, \quad \tilde{\tilde{\boldsymbol{A}}} = \boldsymbol{A}.$$

Sind die Elemente von $\boldsymbol{A}$ komplexe Zahlen, so läßt sich der Transponierungs-Prozeß mit der Überführung jedes α_{ik} in α_{ik}^* verbinden. Die so entstehende Matrix

$$\boldsymbol{A}^+ = \begin{pmatrix} \alpha_{11}^* & \alpha_{21}^* & \cdots & \alpha_{m1}^* \\ \alpha_{12}^* & \alpha_{22}^* & \cdots & \alpha_{m2}^* \\ \vdots & & & \vdots \\ \alpha_{1n}^* & \alpha_{2n}^* & \cdots & \alpha_{mn}^* \end{pmatrix}$$

heißt die zu $\boldsymbol{A}$ *adjungierte* Matrix. Auch für die Adjungierung gelten die Regeln

$$(\boldsymbol{A}+\boldsymbol{B})^+ = \boldsymbol{A}^+ + \boldsymbol{B}^+, \quad (\boldsymbol{A}\boldsymbol{B})^+ = \boldsymbol{B}^+\boldsymbol{A}^+, \quad (\boldsymbol{A}^+)^+ = \boldsymbol{A}.$$

Während der Begriff der Transponierung und Adjungierung einer Matrix auch auf Rechteck-Matrizen anwendbar ist, sind die folgenden Definitionen auf quadratische Matrizen beschränkt.

Eine Matrix $\boldsymbol{A}$ heißt:

Diagonalmatrix, wenn $\alpha_{ik}=0$ für $i \neq k$,
idempotent oder *Einzelmatrix*, wenn $\boldsymbol{A}^2=\boldsymbol{A}$ $(\boldsymbol{A}\neq \boldsymbol{0})$,
nilpotent, wenn es ein $n>1$ gibt, für das $\boldsymbol{A}^n=\boldsymbol{0}$,
hermitesch (oder *selbstadjungiert*), wenn $\boldsymbol{A}^+=\boldsymbol{A}$,
schief-hermitesch, wenn $\boldsymbol{A}^+=-\boldsymbol{A}$,
unitär, wenn $\boldsymbol{A}^+\boldsymbol{A}=\boldsymbol{A}\boldsymbol{A}^+=\boldsymbol{1}$ $(\boldsymbol{A}^+=\boldsymbol{A}^{-1})$,
normal, wenn $\boldsymbol{A}^+\boldsymbol{A}=\boldsymbol{A}\boldsymbol{A}^+$.

Jede unitäre, hermitesche oder Diagonalmatrix ist also normal. Bei Beschränkung der Matrixelemente auf den Körper der reellen Zahlen heißt eine Matrix $\boldsymbol{A}$ mit der Eigenschaft $\tilde{\boldsymbol{A}}=\boldsymbol{A}$ *reell symmetrisch* und mit $\tilde{\boldsymbol{A}}=\boldsymbol{A}^{-1}$ *orthogonal*. Beispiele für idempotente Matrizen werden geliefert durch Diagonalmatrizen, deren Diagonalelemente teilweise verschwinden, während die übrigen gleich 1 sind; so ist

$$\begin{pmatrix}1 & 0\\ 0 & 0\end{pmatrix}^2=\begin{pmatrix}1 & 0\\ 0 & 0\end{pmatrix}.$$

Als Beispiel einer nilpotenten Matrix sei

$$\begin{pmatrix}0 & 1\\ 0 & 0\end{pmatrix}^2=\begin{pmatrix}0 & 0\\ 0 & 0\end{pmatrix}$$

angeführt. Man bestätigt leicht folgende Sätze:

1. Diagonalmatrizen sind vertauschbar, und Summe und Produkt zweier Diagonalmatrizen sind wieder diagonal.

2. Die Summe zweier hermiteschen Matrizen ist hermitesch.

3. Das Produkt zweier hermitescher Matrizen ist dann und nur dann hermitesch, wenn die Matrizen vertauschbar sind.

4. Das Produkt zweier unitärer Matrizen ist unitär.

5. Gibt es in einer Ähnlichkeitsklasse eine nilpotente Matrix, so enthält die Klasse nur nilpotente Matrizen (insbesondere gibt es in einer solchen Klasse also keine Diagonal-Matrix).

Man beachte, daß die Eigenschaften der Hermitizität, Unitarität usw. nach obiger Definition nicht den linearen Transformationen, sondern nur den sie darstellenden Matrizen zukommen — wenigstens solange über den Vektorraum, in dem sich die Transformationen abspielen, keine weiteren Voraussetzungen gemacht werden. Wird jedoch von dem Vektorraum vorausgesetzt, daß er ein unitärer Raum $\mathfrak{U}_n$ (Ziff. 26) ist, so lassen sich die Begriffe auf die Transformationen selbst ausdehnen, und zwar folgendermaßen: Die zu einer linearen Transformation A adjungierte A^+ ist diejenige lineare Transformation, für die

$$\langle A\,b, c\rangle=\langle b, A^+c\rangle \quad \text{für alle} \quad b, c\in\mathfrak{U}_n \tag{30.1}$$

gilt. Daß A^+ hierdurch eindeutig definiert ist, läßt sich sehr einfach zeigen; denn aus $\langle b, A_1^+c\rangle=\langle b, A_2^+c\rangle$ folgt

$$\langle b, (A^+-A_2^+)\,c\rangle=0 \quad \text{für alle } b, c, \in\mathfrak{U}_n,$$

insbesondere also auch für $b=(A_1^+-A_2^+)\,c$, woraus nach Ziff. 26 Axiom 4.

$$A_1^+c=A_2^+c \quad \text{für alle} \quad c\in\mathfrak{U}_n$$

folgt, d.h. $A_1^+ = A_2^+$. Werden in bezug auf eine orthonormale Basis von $\mathfrak{U}_n$ die Vektoren b, c sowie die Transformationen A, A^+ dargestellt durch

$$\boldsymbol{b} = \begin{pmatrix} \beta_1 \\ \beta_2 \\ \vdots \\ \beta_n \end{pmatrix}, \quad \boldsymbol{c} = \begin{pmatrix} \gamma_1 \\ \gamma_2 \\ \vdots \\ \gamma_n \end{pmatrix} \quad \boldsymbol{A} = (\alpha_{ik}), \quad \boldsymbol{A}^+ = (\varrho_{ik}), \tag{30.2}$$

so erhält man unter Beachtung von Gl. (26.5) aus (30.1)

$$\sum_{i,k} \alpha_{ik} \beta_k \gamma_i^* = \sum_{i,k} \varrho_{ki}^* \beta_k \gamma_i^*,$$

woraus man, da diese Beziehung für alle $\beta_k, \gamma_i^* \in \Gamma$ gelten soll, sofort

$$\varrho_{ik} = \alpha_{ki}^*, \quad \text{d.h.} \; \boldsymbol{A}^+ = (\alpha_{ki}^*)$$

erhält, in Übereinstimmung mit der Definition der Adjungiertheit von Matrizen[1]. Entsprechend heißt nun eine lineare Transformation A hermitesch (oder selbstadjungiert), wenn $A^+ = A$, unitär, wenn $A^+ A = A A^+ = 1$, und normal, wenn $A^+ A = A A^+$ ist. Die unitären Transformationen haben laut Definition die Eigenschaft

$$\langle A b, A c\rangle = \langle b, A^+ A c\rangle = \langle b, c\rangle,$$

d.h. sie lassen das innere Produkt zweier Vektoren, insbesondere also auch den Betrag (die Länge) der Vektoren invariant. Umgekehrt lassen sich in endlich-dimensionalen unitären Räumen die unitären Transformationen als die „längentreuen" charakterisieren.

Definition: Ein Vektor $a \neq 0$ heißt *Eigenvektor* einer linearen Transformation A, wenn $A a = \lambda a$ mit $\lambda \in \Gamma$ gilt; λ heißt dann ein *Eigenwert* (oder eine *charakteristische Zahl*) der linearen Transformation A. Dieselben Termini werden auch für die (darstellenden) Vektoren $\boldsymbol{a}$ der Matrix $\boldsymbol{A}$ gebraucht, wenn $\boldsymbol{A}\,\boldsymbol{a} = \lambda\,\boldsymbol{a}$ ist.

Es ist klar, daß ähnliche Matrizen dieselben Eigenwerte haben, denn ist λ Eigenwert von $\boldsymbol{A}$, so auch von $\boldsymbol{B} = \boldsymbol{P}\boldsymbol{A}\boldsymbol{P}^{-1}$, da aus

$$\boldsymbol{A}\,\boldsymbol{a} = \lambda\,\boldsymbol{a}, \qquad \boldsymbol{B}(\boldsymbol{P}\,\boldsymbol{a}) = \lambda(\boldsymbol{P}\,\boldsymbol{a})$$

folgt. Die Eigenwerte sind also nicht nur einer Matrix, sondern der ganzen Ähnlichkeitsklasse der Matrix zugeordnet, so daß sie wirklich charakteristische Zahlen der linearen Transformation selbst sind. Da aus $\boldsymbol{A}\,\boldsymbol{a} = \lambda\,\boldsymbol{a}$

$$\boldsymbol{A}^2\boldsymbol{a} = \lambda(\boldsymbol{A}\,\boldsymbol{a}) = \lambda^2\boldsymbol{a}, \ldots, \boldsymbol{A}^n\boldsymbol{a} = \lambda^n\boldsymbol{a}$$

folgt, erhält man durch Bildung von Polynomen $F(\boldsymbol{A})$, d.h. durch Bildung beliebiger Linearkombinationen der Potenzen von $\boldsymbol{A}$ mit Zahlen als Koeffizienten:

$$F(\boldsymbol{A}) = \gamma_0\boldsymbol{1} + \gamma_1\boldsymbol{A} + \gamma_2\boldsymbol{A}^2 + \cdots + \gamma_m\boldsymbol{A}^m$$

unmittelbar

Satz 8. *Hat die Matrix $\boldsymbol{A}$ die Eigenwerte λ_i, so hat jedes Polynom $F(\boldsymbol{A})$ die Eigenwerte $F(\lambda_i)$.*

Das sog. *Eigenwertproblem* (oder Hauptachsenproblem) linearer Transformationen A in $\mathfrak{M}_n$ umfaßt folgende zwei Aufgaben:

[1] Bei Wahl einer *nicht-orthogonalen* Basis von $\mathfrak{U}_n$ wird die zu A adjungierte Transformation A^+ allerdings nicht einfach durch die adjungierte der die Transformation A darstellenden Matrix $\boldsymbol{A}$ dargestellt. Man überzeugt sich, daß vielmehr noch eine Ähnlichkeits-Transformation dazwischengeschaltet wird.

1. Es ist von einer linearen Transformation oder einer definierten Klasse linearer Transformationen nachzuweisen, ob sie ein *vollständiges System von Eigenvektoren* besitzen oder nicht. Ein System von Eigenvektoren heißt dabei *vollständig*, wenn es ganz $\mathfrak{M}_n$ aufspannt.

2. Es sind Klassen von linearen Transformationen zu charakterisieren, für die das Eigenwertproblem lösbar ist, die also ein vollständiges System von Eigenvektoren besitzen.

Die Lösung des Eigenwertproblems ist äquivalent mit dem Nachweis, ob eine Matrix (bzw. welche Klasse von Matrizen) sich durch eine Ähnlichkeitstransformation in Diagonalgestalt bringen läßt. Sei nämlich $\boldsymbol{A}$ eine Matrix n-ten Grades und $\boldsymbol{B} = \boldsymbol{P}\,\boldsymbol{A}\,\boldsymbol{P}^{-1}$ eine Diagonal-Matrix, so sieht man unmittelbar, daß die Spalten von $\boldsymbol{P}^{-1}$ ein System von Eigenvektoren von $\boldsymbol{A}$ bilden, und da $\boldsymbol{P}$ als nichtsinguläre Matrix den Rang n hat, wird von diesen Vektoren der ganze Vektorraum $\mathfrak{M}_n$ aufgespannt. Ebenso leicht läßt sich die Umkehrung einsehen. Die Gesamtheit der Eigenwerte einer durch Ähnlichkeits-Transformationen diagonalisierbaren Matrix heißt ihr *Spektrum*. Analog spricht man auch vom Spektrum einer linearen Transformation.

Man beachte: Eine Matrix hat stets Eigenwerte und Eigenvektoren, auch dann, wenn sie nicht durch Ähnlichkeits-Transformationen auf Diagonalgestalt gebracht werden kann. In diesem Fall ist die Gesamtheit ihrer Eigenvektoren nur kein *vollständiges* System.

31. Determinanten. Die Determinante $|\boldsymbol{A}|$ einer quadratischen Matrix $\boldsymbol{A} = (\alpha_{ik})$ ist der Ausdruck

$$|\boldsymbol{A}| = \begin{vmatrix} \alpha_{11} & \alpha_{12} & \cdots & \alpha_{1n} \\ \alpha_{21} & \alpha_{22} & \cdots & \alpha_{2n} \\ \vdots & \vdots & & \vdots \\ \alpha_{n1} & \alpha_{n2} & \cdots & \alpha_{nn} \end{vmatrix} = \sum_P (\operatorname{sgn} P)\, \alpha_{1i_1}\alpha_{2i_2}\cdots\alpha_{ni_n},$$

wobei die Summation über alle Permutationen P der Spaltenindices erstreckt wird und $(\operatorname{sgn} P) = \pm 1$ ist je nachdem, ob P eine gerade oder eine ungerade Permutation[1] darstellt. Ist $\boldsymbol{B}$ eine Matrix, die aus $\boldsymbol{A}$ durch Streichung von s Zeilen und s Spalten entsteht, so heißt die Determinante $|\boldsymbol{B}|$ ein *Minor* s-ten Grades von $|\boldsymbol{A}|$. Geht $\boldsymbol{B}$ aus $\boldsymbol{A}$ durch Streichung von Zeilen und Spalten gleicher Indices hervor, so heißt der Minor $|\boldsymbol{B}|$ ein *Hauptminor* von $|\boldsymbol{A}|$. Es gelten folgende Sätze:

1. Es ist $|\boldsymbol{A}| = |\tilde{\boldsymbol{A}}|$.

2. Ist in $\boldsymbol{A}$ eine Zeile ein Vielfaches (einschließlich des nullfachen) einer anderen, so ist $|\boldsymbol{A}| = 0$.

3. Entsteht die Matrix $\boldsymbol{B}$ aus $\boldsymbol{A}$ durch eine Permutation P der Zeilen oder Spalten, so ist $|\boldsymbol{B}| = (\operatorname{sgn} P)\,|\boldsymbol{A}|$.

4. Es ist $|\boldsymbol{A}| = \sum_{k=1}^{n} A_{ik}\alpha_{ik}$, wobei $A_{ik} = \frac{\partial}{\partial \alpha_{ik}}|\boldsymbol{A}|$ das sog. Komplement des Elementes α_{ik} ist, das ist das $(-1)^{i+k}$-fache desjenigen Minors, der durch Streichung der i-ten Zeile und k-ten Spalte aus $\boldsymbol{A}$ hervorgeht.

5. Die Determinante eines Matrix-Produktes ist gleich dem Produkt der Determinanten der Faktoren: $|\boldsymbol{A}\boldsymbol{B}| = |\boldsymbol{A}|\,|\boldsymbol{B}|$.

---

[1] Eine Permutation $\begin{pmatrix} 1 & 2 & \cdots & n \\ i_1 & i_2 & \cdots & i_n \end{pmatrix}$ heißt gerade, wenn sie durch eine gerade Anzahl von Transpositionen (das sind Vertauschungen von nur zwei Ziffern) hergestellt werden kann.

6. Die Matrix A ist dann und nur dann nicht-singulär, wenn $|A| \neq 0$ ist.

7. Die Determinante von A ist eine Invariante gegenüber Ähnlichkeitstransformationen: $|PAP^{-1}| = |A|$. Infolgedessen ist die Determinante eindeutig einer *Transformation* (der ja eine ganze Ähnlichkeitsklasse von Matrizen entspricht) zugeordnet.

8. Die Determinante einer rellen orthogonalen Matrix ist gleich ± 1, die einer unitären Matrix vom Betrage 1.

9. Der Rang einer Matrix A (Ziff. 29) ist gleich der Zeilenanzahl des „größten" von Null verschiedenen Minors von $|A|$ („Größe" eines Minors = Zeilenanzahl). Dieser Satz gilt auch für Rechteck-Matrizen, wenn sie durch Hinzufügen von Zeilen oder Spalten aus lauter Nullen zu quadratischen ergänzt werden.

32. Lineare Gleichungen. In einem linearen Gleichungssystem

$$\left.\begin{aligned} \alpha_{11}\xi_1 + \alpha_{12}\xi_2 + \cdots + \alpha_{1n}\xi_n &= \beta_1 \\ \alpha_{21}\xi_1 + \alpha_{22}\xi_2 + \cdots + \alpha_{2n}\xi_n &= \beta_2 \\ \vdots \qquad\qquad & \quad \vdots \\ \alpha_{m1}\xi_1 + \alpha_{m2}\xi_2 + \cdots + \alpha_{mn}\xi_n &= \beta_m \end{aligned}\right\} \tag{32.1}$$

läßt sich die linke Seite auffassen als das Produkt der Matrix $A = (\alpha_{ik})$ mit einem Vektor x (mit den Komponenten $\xi_1, \xi_2, \ldots, \xi_n$), die rechte Seite als Vektor b (mit den Komponenten $\beta_1, \beta_2, \ldots, \beta_m$):

$$Ax = b. \tag{32.2}$$

Das Lösungsproblem besteht darin, die Gesamtheit der Vektoren x anzugeben, welche Gl. (32.2) befriedigen. Gleichzeitig mit dem *inhomogenen* ($b \neq 0$) Gleichungs-System (32.1) bzw. (32.2) betrachtet man das zugeordnete *homogene*

$$Ax = 0 \tag{32.3}$$

mit derselben Matrix A. Dessen Lösungsgesamtheit bildet, wie man unmittelbar sieht, einen Vektorraum, da mit jeder Lösung auch deren Vielfaches und mit zwei Lösungen auch deren Summe wieder Lösung ist. Die Gln. (32.2) bzw. (32.3) lassen sich auch als die Aufgabe interpretieren, den Vektor b aus den Spalten-Vektoren von A auf alle möglichen Weisen linear zusammenzusetzen bzw. in (32.3) alle linearen Abhängigkeiten zwischen den Spalten-Vektoren von A zu finden. Aus der Theorie der linearen Gleichungen beschränken wir uns hier auf folgenden, nach Ziff. 29 und dem Determinantensatz 9. unmittelbar einleuchtenden

Satz 9. *Die Lösungsgesamtheit eines homogenen Gleichungs-Systems in n Unbekannten bildet einen $(n-r)$-dimensionalen Vektorraum, wenn r den Rang der Koeffizienten-Matrix bezeichnet.*

Insbesondere hat (32.3) also nur die identisch verschwindende Lösung $x = 0$, wenn $r = n$ ist, wenn also $|A| \neq 0$. Das Gleichungs-System (32.1) schließlich besitzt dann und nur dann eine Lösung, wenn die Matrix A und die Matrix

$$\begin{pmatrix} \alpha_{11} & \alpha_{12} & \cdots & \alpha_{1n} & \beta_1 \\ \alpha_{21} & \alpha_{22} & \cdots & \alpha_{2n} & \beta_2 \\ \vdots & \vdots & & \vdots & \vdots \\ \alpha_{m1} & \alpha_{m2} & \cdots & \alpha_{mn} & \beta_m \end{pmatrix}$$

denselben Rang haben. Für $n=m$ und $|\boldsymbol{A}|\neq 0$ liefert die CRAMERsche Regel bekanntlich

$$\xi_i = \frac{\begin{vmatrix} \alpha_{11} & \cdots & \alpha_{1,i-1} & \beta_1 & \alpha_{1,i+1} & \cdots & \alpha_{1n} \\ \vdots & & \vdots & \vdots & \vdots & & \vdots \\ \alpha_{n1} & \cdots & \alpha_{n,i-1} & \beta_n & \alpha_{n,i+1} & \cdots & \alpha_{nn} \end{vmatrix}}{|\boldsymbol{A}|}.$$

Zur praktischen Lösung verwendet man indessen meist sukzessive Eliminationsverfahren.

33. Das charakteristische Polynom einer Matrix. Ist λ ein Eigenwert der Matrix $\boldsymbol{A}$, so ist die Matrix $(\lambda\mathbf{1}-\boldsymbol{A})$ singulär; denn nach Voraussetzung gibt es einen Vektor $\boldsymbol{a}\neq\mathbf{0}$ derart, daß

$$(\lambda\,\mathbf{1}-\boldsymbol{A})\,\boldsymbol{a}=\mathbf{0} \tag{33.1}$$

ist, woraus nach Satz 9 unmittelbar die Behauptung folgt. Es ist also

$$|\lambda\,\mathbf{1}-\boldsymbol{A}|=0. \tag{33.2}$$

Umgekehrt folgt aus Satz 9 auch, daß für jedes λ, das Gl. (33.2) genügt, ein $\boldsymbol{a}\neq\mathbf{0}$ existiert derart, daß Gl. (33.1) befriedigt wird. Unter Einführung des Polynoms [in dem λ als Unbestimmte (Ziff. 14) betrachtet wird]:

$$|\lambda\mathbf{1}-\boldsymbol{A}|=\lambda^n-\sigma_{n-1}\lambda^{n-1}+\cdots+(-1)^{n-1}\sigma_1\lambda+(-1)^n\sigma_0, \tag{33.3}$$

des sog. *charakteristischen Polynoms* der Matrix $\boldsymbol{A}$, läßt sich das Ergebnis formulieren als

Satz 10. *Die Nullstellen des charakteristischen Polynoms einer Matrix sind ihre Eigenwerte.*

Weiter folgt aus

$$|\lambda\mathbf{1}-\boldsymbol{P}\boldsymbol{A}\boldsymbol{P}^{-1}|=|\boldsymbol{P}(\lambda\mathbf{1}-\boldsymbol{A})\boldsymbol{P}^{-1}|=|\boldsymbol{P}|\cdot|\lambda\mathbf{1}-\boldsymbol{A}|\cdot|\boldsymbol{P}^{-1}|=|\lambda\mathbf{1}-\boldsymbol{A}|,$$

daß *ähnliche Matrizen dasselbe charakteristische Polynom* haben. Somit sind die Koeffizienten des charakteristischen Polynoms Invarianten gegenüber Ähnlichkeits-Transformationen. *σ_{n-i} ist gleich der Summe aller i-reihigen Hauptminoren* der Matrix $\boldsymbol{A}$, der wichtigste unter diesen Koeffizienten ist die

Spur von $\boldsymbol{A}$*:* $\mathrm{Sp}(\boldsymbol{A})=\sigma_{n-1}=\alpha_{11}+\alpha_{22}+\cdots+\alpha_{nn}$.

Für die Operation der Spurbildung bestätigt man die Rechenregeln

$$\mathrm{Sp}(\boldsymbol{A}+\boldsymbol{B})=\mathrm{Sp}(\boldsymbol{A})+\mathrm{Sp}(\boldsymbol{B}),\quad \mathrm{Sp}(\boldsymbol{A}\boldsymbol{B})=\mathrm{Sp}(\boldsymbol{B}\boldsymbol{A})$$

für beliebige Matrizen $\boldsymbol{A}, \boldsymbol{B}$.

34. Invariante Unterräume, Reduzibilität, Zerfall. α) *Definitionen.* Ein Unterraum $\mathfrak{m}$ eines Vektorraumes $\mathfrak{M}_n$ heißt *invariant* in bezug auf eine lineare Transformation A (von $\mathfrak{M}_n$ in sich) wenn für jedes $a\in\mathfrak{m}$ auch $A\,a\in\mathfrak{m}$ ist.

Von besonderem Interesse sind natürlich Unterräume, die nicht nur gegenüber einer einzigen, sondern einer definierten Menge $\mathfrak{G}$ von linearen Transformationen invariant sind. (Beispiel: $\mathfrak{G}$ sei eine *Gruppe* von Transformationen.) Gibt es in $\mathfrak{M}_n$ einen solchen gegenüber allen linearen Transformationen der Menge $\mathfrak{G}$ invarianten Unterraum $\mathfrak{m}$, so heißt $\mathfrak{M}_n$ in bezug auf $\mathfrak{G}$ *reduzibel.* Andernfalls heißt $\mathfrak{M}_n$ *irreduzibel.*

Wird in $\mathfrak{M}_n$ eine Basis $u_1, u_2, \ldots, u_n$ so gewählt, daß die ersten $u_1, \ldots, u_k$ den Unterraum $\mathfrak{m}$ aufspannen, so wird jede lineare Transformation $A \in \mathfrak{G}$ in bezug auf diese Basis dargestellt durch eine Matrix der Form

$$A = \left(\begin{array}{ccc|ccc} \alpha_{11} & \cdots & \alpha_{1k} & \alpha_{1,k+1} & \cdots & \alpha_{1n} \\ \vdots & & \vdots & \vdots & & \vdots \\ \alpha_{k1} & \cdots & \alpha_{kk} & \alpha_{k,k+1} & \cdots & \alpha_{kn} \\ \hline 0 & \cdots & 0 & \alpha_{k+1,k+1} & \cdots & \alpha_{k+1,n} \\ \vdots & & \vdots & \vdots & & \vdots \\ 0 & \cdots & 0 & \alpha_{n,k+1} & \cdots & \alpha_{nn} \end{array}\right) = \begin{pmatrix} R_1 & S \\ 0 & R_2 \end{pmatrix}. \tag{34.1}$$

Unter Beachtung der durch eine Basis von $\mathfrak{M}_n$ vermittelten Zuordnung zwischen linearen Transformationen und Matrizen übertragen wir die obigen Definitionen sinngemäß auf die Matrizen, welche die Transformationen $A \in \mathfrak{G}$ darstellen, durch die

Definition: Lassen sich alle Matrizen einer Menge $\{A_1, A_2, \ldots\}$ gleichzeitig durch eine Ähnlichkeits-Transformation $A_i \to P A_i P^{-1}$ mit einer *einzigen* nichtsingulären Matrix P auf die Form (34.1) bringen, so heißt diese Menge von Matrizen *reduzibel*. Andernfalls heißt sie *irreduzibel*.

Bezeichnen wir den Unterraum von $\mathfrak{M}_n$, der von $u_{k+1}, \ldots, u_n$ aufgespannt wird, mit $\mathfrak{m}'$, so ist $\mathfrak{M}_n$ direkte Summe: $\mathfrak{M}_n = \mathfrak{m} + \mathfrak{m}'$, d.h. $\mathfrak{m}$ und $\mathfrak{m}'$ haben (außer dem Null-Vektor) kein Element gemeinsam. Wenn nun $\mathfrak{m}$ invarianter Unterraum ist, so braucht $\mathfrak{m}'$ es durchaus nicht zu sein, wie in (34.1) durch den Anteil S ausgedrückt wird. Es gibt aber ausgedehnte Klassen von Transformationen von $\mathfrak{M}_n$ in sich, bei denen mit $\mathfrak{m}$ auch stets $\mathfrak{m}'$ invarianter Unterraum ist. In den darstellenden Matrizen dieser Transformationen wird dann (bei geeigneter Basiswahl) $S = 0$. Wir treffen die

Definition: Hat ein Vektorraum $\mathfrak{M}_n$ gegenüber einer Menge $\mathfrak{G}$ von linearen Transformationen die Eigenschaft, daß $\mathfrak{M}_n$ direkte Summe von invarianten Unterräumen ist, so heißt $\mathfrak{M}_n$ *zerfällbar* in bezug auf $\mathfrak{G}$. Sind die invarianten Unterräume ihrerseits irreduzibel, so heißt $\mathfrak{M}_n$ *vollreduzibel*. Entsprechend heißt eine Menge von Matrizen zerfällbar, wenn alle Matrizen der Menge durch eine einzige Ähnlichkeits-Transformation auf die Form (34.1) mit $S = 0$ gebracht werden können, und vollreduzibel (oder auch vollständig reduzibel), wenn dieser Zerfällungsprozeß nur durch die Irreduzibilität der „Diagonalkästchen" R_i (nicht dagegen durch das Auftreten von Null verschiedener nicht-diagonaler Kästchen) beendet wird.

Wir zeigen späterer Anwendung wegen noch

Satz 11. *Ist $\mathfrak{m}$ ein invarianter Unterraum eines unitären Vektorraumes $\mathfrak{U}_n$ in bezug auf eine Menge $\mathfrak{G}$ hermitescher Transformationen, so ist auch der zu $\mathfrak{m}$ total senkrechte Unterraum von $\mathfrak{U}_n$ invariant gegenüber $\mathfrak{G}$ (oder: ein beliebiges System von hermiteschen Matrizen ist stets entweder vollreduzibel oder irreduzibel).*

Der zu einem Unterraum $\mathfrak{m}$ von $\mathfrak{U}_n$ total senkrechte $\mathfrak{m}'$ besteht aus allen Vektoren von $\mathfrak{U}_n$, die zu jedem Vektor aus $\mathfrak{m}$ orthogonal sind. Dann ist $\mathfrak{U}_n = \mathfrak{m} + \mathfrak{m}'$ (direkte Summe). Der Beweis des Satzes 11 ist trivial: Ist $a \in \mathfrak{m}$ und $b \in \mathfrak{m}'$, so daß also $\langle a, b\rangle = 0$, so folgt aus $A a \in \mathfrak{m}$ (und $A^+ = A$)

$$0 = \langle A a, b\rangle = \langle a, A^+ b\rangle = \langle a, A b\rangle,$$

so daß also auch $A b \in \mathfrak{m}'$ ist. *Satz 11 gilt auch wörtlich für unitäre Transformationen U,* wie man unmittelbar aus $\langle U a, U b\rangle = \langle a, b\rangle$ ersieht.

Zwei Mengen $\mathfrak{N}$ und $\mathfrak{N}'$ von Matrizen heißen *ähnlich*, wenn es eine (einzige) nicht-singuläre Matrix $\boldsymbol{P}$ gibt, die durch eine Ähnlichkeits-Transformatioe ($\boldsymbol{A}'=\boldsymbol{P}\boldsymbol{A}\boldsymbol{P}^{-1}$) $\mathfrak{N}$ und $\mathfrak{N}'$ umkehrbar eindeutig aufeinander abbildet.

Bemerkung: Es wäre der Fall denkbar, daß es einzelne Matrizen gibt, die für sich schon irreduzibel sind. Dies ist indessen nicht der Fall, da, wie hier nicht bewiesen werden soll, sich jede Matrix durch eine Ähnlichkeits-Transformation (sogar schon durch eine unitäre) in eine Form bringen läßt, in der unterhalb der Diagonalen nur Nullen stehen. Dagegen gibt es *einzelne* Matrizen, die nicht vollreduzibel sind[1].

β) Das SCHURsche *Lemma.* Wir beweisen noch einen Satz über irreduzible Matrizen-Systeme, der in der Theorie der Gruppendarstellungen eine fundamentale Rolle spielt.

Satz 12. *Sind $\mathfrak{N}$ und $\mathfrak{L}$ irreduzible Systeme von Matrizen n-ten bzw. l-ten Grades, und gibt es eine $n\times l$-Matrix $\boldsymbol{P}$ derart, daß für jede Matrix $\boldsymbol{A}\in\mathfrak{N}$ eine Matrix $\boldsymbol{B}\in\mathfrak{L}$ und umgekehrt mit*

$$\boldsymbol{P}\boldsymbol{A}=\boldsymbol{B}\boldsymbol{P} \tag{34.2}$$

existiert, so ist entweder $\boldsymbol{P}=0$ oder ($n=l$ und) $\boldsymbol{P}$ nicht-singulär (d. h. $\mathfrak{N}$ und $\mathfrak{L}$ ähnlich).

Es sei p der Rang von $\boldsymbol{P}$, dann gibt es nach Ziff. 29 und Gl. (29.2) zwei nichtsinguläre Matrizen $\boldsymbol{M}$ und $\boldsymbol{N}$ derart, daß

$$\boldsymbol{P}'=\boldsymbol{M}\boldsymbol{P}\boldsymbol{N}=\left(\begin{array}{cccc|c} 1 & 0 & \ldots & 0 & \\ 0 & 1 & \ldots & 0 & \\ \vdots & & & \vdots & \boldsymbol{0} \\ 0 & 0 & \ldots & 1 & \\ \hline & & \boldsymbol{0} & & \boldsymbol{0} \end{array}\right), \tag{34.3}$$

wobei das linke obere Kästchen die Einheitsmatrix p-ten Grades darstellt. Nun läßt sich Gl. (34.2) umformen in

$$(\boldsymbol{M}\boldsymbol{P}\boldsymbol{N})\,(\boldsymbol{N}^{-1}\boldsymbol{A}\,\boldsymbol{N})=(\boldsymbol{M}\boldsymbol{B}\,\boldsymbol{M}^{-1})\,(\boldsymbol{M}\boldsymbol{P}\boldsymbol{N}), \tag{34.4}$$

worin $\boldsymbol{A}'=\boldsymbol{N}^{-1}\boldsymbol{A}\boldsymbol{N}$ bzw. $\boldsymbol{B}'=\boldsymbol{M}\boldsymbol{B}\,\boldsymbol{M}^{-1}$ zu $\boldsymbol{A}$ bzw. $\boldsymbol{B}$ ähnlich sind. Eine Einteilung von $\boldsymbol{A}'$ und $\boldsymbol{B}'$ in Kästchen von p und $n-p$ Zeilen bzw. Spalten

$$\boldsymbol{A}'=\begin{pmatrix}\boldsymbol{A}_{11} & \boldsymbol{A}_{12}\\ \boldsymbol{A}_{21} & \boldsymbol{A}_{22}\end{pmatrix},\qquad \boldsymbol{B}'=\begin{pmatrix}\boldsymbol{B}_{11} & \boldsymbol{B}_{12}\\ \boldsymbol{B}_{21} & \boldsymbol{B}_{22}\end{pmatrix}$$

führt (34.4) unter Benutzung von (34.3) über in

$$\boldsymbol{P}'\boldsymbol{A}'=\begin{pmatrix}\boldsymbol{A}_{11} & \boldsymbol{A}_{12}\\ \boldsymbol{0} & \boldsymbol{0}\end{pmatrix}=\boldsymbol{B}'\boldsymbol{P}'=\begin{pmatrix}\boldsymbol{B}_{11} & \boldsymbol{0}\\ \boldsymbol{B}_{21} & \boldsymbol{0}\end{pmatrix},$$

liefert also die Aussagen

$$\boldsymbol{A}_{11}=\boldsymbol{B}_{11},\quad \boldsymbol{A}_{12}=\boldsymbol{0},\quad \boldsymbol{B}_{21}=\boldsymbol{0}.$$

Alle Matrizen $\boldsymbol{A}'$ des zu $\mathfrak{N}$ ähnlichen Systems $\boldsymbol{N}^{-1}\mathfrak{N}\boldsymbol{N}$ bzw. alle Matrizen $\boldsymbol{B}'$ des zu $\mathfrak{L}$ ähnlichen Systems $\boldsymbol{M}\mathfrak{L}\boldsymbol{M}^{-1}$ haben also die Form

$$\boldsymbol{A}'=\begin{pmatrix}\boldsymbol{A}_{11} & \boldsymbol{0}\\ \boldsymbol{A}_{21} & \boldsymbol{A}_{22}\end{pmatrix},\qquad \boldsymbol{B}'=\begin{pmatrix}\boldsymbol{B}_{11} & \boldsymbol{B}_{12}\\ \boldsymbol{0} & \boldsymbol{B}_{22}\end{pmatrix}$$

---

[1] Die Matrix $\begin{pmatrix}1 & \alpha\\ 0 & 1\end{pmatrix}$ mit $\alpha\neq 0$ liefert ein derartiges Beispiel, wie man sich an der durch sie dargestellten Transformation eines 2-dimensionalen Vektorraumes sehr anschaulich klarmacht.

im Widerspruch zur Voraussetzung, daß $\mathfrak{N}$ und $\mathfrak{L}$ irreduzibel sind. Daher muß der Rang p von $\boldsymbol{P}$ bzw. $\boldsymbol{P}'$ entweder gleich Null oder gleich n sein. Damit ist Satz 12 bewiesen. Eine unmittelbare Folge dieses Satzes ist noch

Satz 13. *Ist $\boldsymbol{P}$ eine Matrix n-ten Grades, die mit allen Matrizen eines irreduziblen Systems $\mathfrak{N}$ vertauschbar ist, so ist $\boldsymbol{P}=\lambda\boldsymbol{1}\,(\lambda\in\Gamma)$, d.h. ein Vielfaches der Einheitsmatrix.*

Ist nämlich $\boldsymbol{P}\neq\boldsymbol{0}$ mit allen $\boldsymbol{A}\in\mathfrak{N}$ vertauschbar ($\boldsymbol{AP}=\boldsymbol{PA}$), so ist nach Satz 12 die Determinante $|\boldsymbol{P}|\neq 0$. Ist nun λ ein Eigenwert von $\boldsymbol{P}$, so bildet man die Matrix $\boldsymbol{P}_1=\boldsymbol{P}-\lambda\boldsymbol{1}$, die ebenfalls mit allen $\boldsymbol{A}\in\mathfrak{N}$ vertauschbar ist. Andererseits ist aber nach Konstruktion $|\boldsymbol{P}_1|=0$, woraus nach Satz 12 $\boldsymbol{P}_1=\boldsymbol{0}$ folgt. Das ist bereits die Behauptung $\boldsymbol{P}=\lambda\boldsymbol{1}$.

35. Das Minimalpolynom einer Matrix. Ist $\boldsymbol{A}$ eine quadratische Matrix n-ten Grades, so ist auch jedes Polynom

$$f(\boldsymbol{A})=\alpha_0\boldsymbol{1}+\alpha_1\boldsymbol{A}+\alpha_2\boldsymbol{A}^2+\cdots+\alpha_k\boldsymbol{A}^k \tag{35.1}$$

eine quadratische Matrix n-ten Grades. Das Rechnen mit derartigen Polynomen erfolgt ebenso wie das Rechnen mit den Polynomen $f(x)$ in einer Unbestimmten x (Ziff. 14, 15), da die Potenzen von $\boldsymbol{A}$ miteinander vertauschbar sind. Nun gehört aber $\boldsymbol{A}$ zur vollen Matrix-Algebra n-ten Grades über Γ (Ziff. 28), und da diese nach Satz 3 nur n^2 Basiselemente hat, muß zwischen den Elementen $\boldsymbol{1},\boldsymbol{A},\boldsymbol{A}^2,\ldots,\boldsymbol{A}^{n^2}$ eine lineare Abhängigkeit bestehen. Es gibt also Polynome $f(x)$ mit der Eigenschaft $f(\boldsymbol{A})=\boldsymbol{0}$. Das Polynom $m(x)$ niedrigsten Grades und mit höchstem Koeffizienten 1, für das $m(\boldsymbol{A})=\boldsymbol{0}$ ist, nennt man das *Minimalpolynom* der Matrix $\boldsymbol{A}$ †.

Sind $\boldsymbol{A}$ und $\boldsymbol{B}$ ähnliche Matrixen, so sind auch die Potenzen ähnlich:

$$\boldsymbol{A}=\boldsymbol{P}\boldsymbol{B}\boldsymbol{P}^{-1},\quad \boldsymbol{A}^2=\boldsymbol{P}\boldsymbol{B}\boldsymbol{P}^{-1}\boldsymbol{P}\boldsymbol{B}\boldsymbol{P}^{-1}=\boldsymbol{P}\boldsymbol{B}^2\boldsymbol{P}^{-1},\ldots$$

und infolgedessen ist auch

$$f(\boldsymbol{A})=\boldsymbol{P}f(\boldsymbol{B})\boldsymbol{P}^{-1}.$$

Daraus folgt unmittelbar

Satz 14. *Ähnliche Matrizen haben dasselbe Minimalpolynom.*

Man beachte, daß die Umkehrung dieses Satzes keineswegs gilt, was schon daraus zu erkennen ist, daß Matrizen verschiedenen Grades dasselbe Minimalpolynom haben können[1].

Jede Matrix n-ten Grades kann (nach Wahl einer Basis) als Darstellung einer linearen Transformation eines n-dimensionalen Vektorraumes $\mathfrak{M}_n$ in sich aufgefaßt werden. Dem Produkt $\boldsymbol{AB}$ zweier Matrizen $\boldsymbol{A},\boldsymbol{B}$ entspricht dann das Produkt AB (die Hintereinander-Ausführung) der zugehörigen Transformationen A, B. Neben diesem Produkt läßt sich auch die *Summe* $A+B$ zweier Transformationen A, B erklären als diejenige Transformation, welche die Matrix $\boldsymbol{A}+\boldsymbol{B}$ als Darstellung besitzt. Die Beziehungen

$$\boldsymbol{P}(\boldsymbol{A}+\boldsymbol{B})\boldsymbol{P}^{-1}=\boldsymbol{P}\boldsymbol{A}\boldsymbol{P}^{-1}+\boldsymbol{P}\boldsymbol{B}\boldsymbol{P}^{-1},\quad \boldsymbol{P}(\boldsymbol{AB})\boldsymbol{P}^{-1}=(\boldsymbol{P}\boldsymbol{A}\boldsymbol{P}^{-1})(\boldsymbol{P}\boldsymbol{B}\boldsymbol{P}^{-1})$$

versichern dann, daß diese Definitionen von Summe und Produkt zweier linearer Transformationen von der Basiswahl und damit von den darstellenden Matrizen

† Daß die genannten Bedingungen (kleinster Grad und höchster Koeffizient 1) ausreichen, um $m(x)$ eindeutig festzulegen, versichert Satz 5 in Kapitel B; denn die Gesamtheit aller Polynome $f(x)$ mit $f(\boldsymbol{A})=\boldsymbol{0}$ bildet offensichtlich ein Ideal in $\Gamma[x]$.

[1] Ein triviales Beispiel bilden die Matrizen $\boldsymbol{A}$ und $\begin{pmatrix}\boldsymbol{A} & \boldsymbol{0}\\ \boldsymbol{0} & \boldsymbol{A}\end{pmatrix}$.

unabhängig sind. Die linearen Transformationen von $\mathfrak{M}_n$ in sich (Endomorphismen, Ziff. 7) lassen sich also sowohl multiplizieren als auch addieren, bilden in ihrer Gesamtheit also einen Ring (den sog. Endomorphismen-Ring des Vektorraumes $\mathfrak{M}_n$), der offenbar zur vollen Matrix-Algebra n-ten Grades isomorph ist. Damit hat auch der Begriff eines Polynoms

$$f(A) = \alpha_1 I + \alpha_1 A + \alpha_2 A^2 + \cdots + \alpha_k A^k$$

einer linearen Transformation A einen eindeutigen Sinn[1], und wenn die A darstellende Matrix $\boldsymbol{A}$ das Minimalpolynom $m(x)$ hat, so hat auch A das Minimalpolynom $m(x)$; denn Satz 14 besagt gerade, daß das Minimalpolynom nicht nur einer Matrix, sondern ihrer ganzen Ähnlichkeitsklasse zugeordnet ist — andererseits ist diese Ähnlichkeitsklasse aber der Transformation A zugeordnet (Ziff. 29). In dem erklärten Sinn sprechen wir also vom Minimalpolynom der Transformation A.

Von der Möglichkeit, von Matrizen zu den durch sie dargestellten linearen Transformationen überzugehen oder umgekehrt von den linearen Transformationen zu Matrizen, machen wir im folgenden häufig Gebrauch, vor allem dann, wenn sich dadurch Beweise vereinfachen lassen. Wir zeigen zunächst

Satz 15. *Die Zahl $\lambda(\in\Gamma)$ ist dann und nur dann Eigenwert einer linearen Transformation A (bzw. ihrer darstellenden Matrix $\boldsymbol{A}$), wenn sie Wurzel des Minimalpolynoms von A ist.*

Ist $a \neq 0$ ein Eigenvektor von A zum Eigenwert λ, so folgt aus

$$A a = \lambda a$$

unmittelbar

$$o = m(A)\, a = m(\lambda)\, a \to m(\lambda) = 0,$$

d.h. der erste Teil der Behauptung. Ist umgekehrt λ eine Nullstelle von $m(x)$, so ist nach Satz 4, Kapitel B

$$m(x) = (x - \lambda)\, g(x)$$

und somit

$$A\, g(A) = \lambda\, g(A),$$

wobei $g(A)$ wegen der Minimaleigenschaft von $m(x)$ sicher von Null (d.h. von der Transformation, die jeden Vektor in den Null-Vektor transformiert) verschieden ist. In Matrix-Schreibweise lautet diese Gleichung

$$\boldsymbol{A}\, g(\boldsymbol{A}) = \lambda\, g(\boldsymbol{A}),$$

die ihrerseits unmittelbar den zweiten Teil der Behauptung erweist, da jeder Spalten-Vektor von $g(\boldsymbol{A})$ Eigenvektor von $\boldsymbol{A}$ zum Eigenwert λ ist.

Ist $\boldsymbol{A}$ eine nilpotente Matrix, so gibt es eine kleinste natürliche Zahl $s \geq 2$ derart, daß $\boldsymbol{A}^s = \boldsymbol{0}$ ist. Das Polynom $m(x) = x^s$ ist dann das Minimalpolynom von $\boldsymbol{A}$, und aus Satz 15 folgt

Satz 16. *Eine nilpotente Matrix besitzt nur verschwindende Eigenwerte.*

Bemerkung: Die Aussage von Satz 15 betrifft die Eigenwerte einer Transformation bzw. einer Matrix ohne Rücksicht auf ihre *Vielfachheiten*, mit der sie z.B. im charakteristischen Polynom $f(x)$ (33.3) der Matrix auftreten. An dieser Stelle erhebt sich die Frage, in welchem Verhältnis die beiden einer Matrix zugeordneten Polynome $m(x)$ und $f(x)$ zueinander stehen. Beide haben dieselben Wurzeln (nämlich die Eigenwerte der Matrix), und damit müssen sie

---

[1] I ist die identische *Transformation*. Die Null O ist diejenige Transformation, die jeden Vektor von $\mathfrak{M}_n$ in den Null-Vektor transformiert.

mindestens einen gemeinsamen Teiler besitzen. Wie ohne Beweis mitgeteilt wird, gilt jedoch der schärfere

Satz 17. *Das Minimalpolynom einer Matrix ist Teiler ihres charakteristischen Polynoms.*

Der Satz ist (da die Gesamtheit der durch $\boldsymbol{A}$ annulierten Polynome ein von $m(x)$ erzeugtes Ideal bildet) offenbar gleichbedeutend mit der Aussage, daß das charakteristische Polynom $f(x)$ die Eigenschaft $f(\boldsymbol{A}) = \boldsymbol{0}$ hat. In dieser Form ist der Satz unter dem Namen CAYLEY-HAMILTON-Theorem bekannt.

36. Kennzeichnung der den Diagonalmatrizen ähnlichen Matrizen. Zu wesentlichem Aufschluß über Eigenschaften der Transformationen bzw. der Matrizen führt die Unterscheidung der Fälle, ob das Minimalpolynom der Transformation mehrfache Nullstellen besitzt oder nicht. In diesem Zusammenhang beweisen wir zunächst

Satz 18. *Eine Matrix, deren Minimalpolynom mehrfache Nullstellen besitzt, läßt sich durch Ähnlichkeits-Transformationen nicht in Diagonalgestalt bringen.*

Besitzt die Transformation A von $\mathfrak{M}_n$ auf sich das Minimalpolynom

$$m(x) = (x - \lambda)^r g(x) \quad \text{mit} \quad r \geqq 2, \tag{36.1}$$

so ist

$$h(A) = (A - \lambda\, I)\, g(A)$$

eine nilpotente Transformation, da

$$h(A)^r = (A - \lambda\, I)^r g(A)\, g^{r-1}(A) = 0$$

ist. Nach Satz 16 hat $h(A)$ also nur die Eigenwerte Null. Daraus folgt wiederum daß alle Eigenwerte λ_i von A die Gleichung

$$h(\lambda_i) = 0$$

erfüllen, und somit gilt für *jeden* Eigenvektor a_i von A zum Eigenwert λ_i:

$$h(A)\, a_i = h(\lambda_i)\, a_i = 0. \tag{36.2}$$

Wäre nun für A das Eigenwertproblem lösbar, d.h. spannten die Eigenvektoren von A ganz $\mathfrak{M}_n$ auf, so folgte aus (36.2), daß $h(A)$ jeden Vektor von $\mathfrak{M}_n$ in den Null-Vektor transformierte. Damit wäre aber $h(A) = 0$ im Widerspruch zur Voraussetzung, daß (36.1) das Minimalpolynom von A ist.

Aus Satz 18 ergibt sich die bemerkenswerte Folgerung, daß jede zu einer Diagonalmatrix ähnliche Matrix ein Minimalpolynom ohne mehrfache Nullstellen besitzen muß. Es gilt aber sogar die Umkehrung und somit

Satz 19. *Eine Matrix ist dann und nur dann einer Diagonalmatrix ähnlich, wenn ihr Minimalpolynom keine mehrfachen Nullstellen besitzt.*

Zur Vervollständigung des Beweises sei das Minimalpolynom der Transformation A:

$$m(x) = (x - \lambda_1)(x - \lambda_2) \dots (x - \lambda_k), \quad (\lambda_i \neq \lambda_j).$$

Setzt man

$$m(x) = (x - \lambda_i)\, g_i(x), \quad \text{so ist} \quad \begin{cases} g_i(\lambda_j) = 0 & (i \neq j) \\ g_i(\lambda_i) \neq 0. \end{cases}$$

Das Polynom

$$\sum_{i=1}^{k} \frac{g_i(x)}{g_i(\lambda_i)} - 1 \tag{36.3}$$

hat den Grad $k-1$, aber k Nullstellen, nämlich $\lambda_1, \ldots, \lambda_k$. Nach Satz 4a, Kapitel B verschwindet (36.3) also identisch, und daraus folgt

$$1 = \sum_{i=1}^{k} \frac{g_i(x)}{g_i(\lambda_i)}.$$

Entsprechend gilt für A:

$$I = \sum_{i=1}^{k} \frac{1}{g_i(\lambda_i)} g_i(A). \tag{36.4}$$

Die in dieser Gleichung als Summanden auftretenden Transformationen wenden wir auf $\mathfrak{M}_n$ an:

$$\frac{1}{g_i(\lambda_i)} g_i(A)\,\mathfrak{M}_n = \mathfrak{m}_i \quad (i = 1, \ldots, k), \tag{36.5}$$

und erhalten so Vektormengen $\mathfrak{m}_i$, die gegenüber allen aus A durch Polynom-Bildung erzeugten Transformationen *invariante Unterräume* von $\mathfrak{M}_n$ sind; denn man sieht unmittelbar, daß mit $a, b \in \mathfrak{m}_i$ auch $a \pm b, \gamma a$ (mit $\gamma \in \Gamma$) und $A a$ wieder zu $\mathfrak{m}_i$ gehören. Die Unterräume $\mathfrak{m}_i$ sind überdies elementfremd. Aus (36.5) folgt nämlich wegen $(A - \lambda_i I)\, g_i(A) = 0$

$$(A - \lambda_i I)\, \mathfrak{m}_i = 0 \quad (i = 1, \ldots, k), \tag{36.6}$$

so daß jeder Vektor a, der sowohl zu $\mathfrak{m}_j$ als auch zu $\mathfrak{m}_i$ $(i \neq j)$ gehört, wegen

$$(\lambda_j - \lambda_i)\, a = \{(A - \lambda_i I) - (A - \lambda_j I)\}\, a = (A - \lambda_i I)\, a - (A - \lambda_j I)\, a = 0$$

und $(\lambda_j - \lambda_i) \neq 0$ der Null-Vektor sein muß. Nach (36.4) ist somit

$$\mathfrak{M}_n = \sum_{i=1}^{k} \mathfrak{m}_i \quad \text{(direkte Summe)},$$

d.h. die $\mathfrak{m}_i$ spannen ganz $\mathfrak{M}_n$ auf. Andererseits gilt aber für *jedes* $a_i \in \mathfrak{m}_i$ nach (36.6)

$$A a_i = \lambda_i a_i \quad (i = 1, \ldots, k),$$

so daß also das Eigenwertproblem für A lösbar ist.

37. Unitär-Ähnlichkeit, Eigenwertproblem normaler Matrizen. *Definition:* Zwei Matrizen $\boldsymbol{A}_1, \boldsymbol{A}_2$ heißen *unitär-ähnlich*, wenn es eine *unitäre* Matrix $\boldsymbol{U}$ gibt derart, daß $\boldsymbol{A}_1 = \boldsymbol{U}\boldsymbol{A}_2\boldsymbol{U}^{-1}$ †.

Nach Ziff. 30 sind die linearen Transformationen U eines unitären Vektorraumes $\mathfrak{U}_n$, welche die inneren Produkte der Vektoren von $\mathfrak{U}_n$ invariant lassen, unitär und damit (bei orthonormaler Basiswahl) auch die darstellenden Matrizen $\boldsymbol{U}$. Die Unitär-Ähnlichkeit von Matrizen läßt sich also als Darstellung der Unitär-Ähnlichkeit von linearen Transformationen eines unitären Vektorraumes auffassen. Diesen Übergang von Matrizen zu linearen Transformationen (jetzt eines unitären Vektorraumes) werden wir bei den folgenden Beweisen wieder ausnutzen. Wir zeigen zunächst

Satz 20. *Jede hermitesche Matrix ist einer (reellen) Diagonalmatrix unitär-ähnlich. (Oder: Für hermitesche Transformationen ist das Eigenwertproblem stets lösbar.)*

Zunächst gibt es nach Satz 10 für *jede* Matrix $\boldsymbol{A}$ mindestens einen Eigenvektor, da das charakteristische Polynom mindestens eine Nullstelle λ hat und

† In der Literatur ist es vielfach üblich, solche Matrizen als „unitär-äquivalent" zu bezeichnen. Aus terminologischem Fanatismus wird hier obige Definition vorgezogen.

das lineare Gleichungssystem $(\lambda\mathbf{1}-\boldsymbol{A})\,\boldsymbol{x}=\mathbf{0}$ dann nach (33.3) und Satz 9 mindestens eine Lösung $\boldsymbol{x}\neq\mathbf{0}$ besitzt. Dies besagt in Übertragung auf die durch $\boldsymbol{A}$ dargestellte Transformation, daß *jede* lineare Transformation, die einen Unterraum eines Vektorraumes in sich transformiert, in diesem Unterraum mindestens einen Eigenvektor besitzt[1]. Nun sei A eine hermitesche Transformation eines unitären Vektorraumes $\mathfrak{U}_n$. A besitzt also mindestens einen Eigenvektor x_1:

$$A\,x_1=\lambda_1\,x_1.$$

Nach Satz 11 wird dann auch der zu x_1 totalsenkrechte (natürlich ebenfalls unitäre) Unterraum $\mathfrak{U}_{n-1}$ durch A in sich transformiert. Somit läßt sich dieselbe Schlußweise auf $\mathfrak{U}_{n-1}$ anwenden: Es existiert also auch in $\mathfrak{U}_{n-1}$ ein Vektor x_2, für den $A\,x_2=\lambda_2 x_2$ ist. Betrachtet man nun den zu x_2 totalsenkrechten Unterraum $\mathfrak{U}_{n-2}$ von $\mathfrak{U}_{n-1}$, so wird auch dieser durch A wieder in sich transformiert. Durch Fortsetzung dieses Verfahrens erhält man also n Eigenvektoren $x_1, x_2, \ldots, x_n$ zu den Eigenwerten $\lambda_1, \lambda_2, \ldots, \lambda_n$ von A. Nach Konstruktion sind diese Eigenvektoren *orthogonal* zueinander $\langle x_i, x_k\rangle=0$ $(i\neq k)$ und damit linear unabhängig, so daß sie ganz $\mathfrak{U}_n$ aufspannen. Die Eigenwerte λ_i sind überdies reell, was sich sofort aus $(A^+=A)$

$$\langle x_i, A\,x_i\rangle=\begin{cases}\lambda_i^*\,\langle x_i, x_i\rangle\\ \langle A\,x_i, x_i\rangle=\lambda_i\langle x_i, x_i\rangle\end{cases}$$

ergibt. Weiter gilt

Satz 21. *Zwei hermitesche Matrizen sind dann und nur dann durch eine einzige unitäre Matrix auf Diagonalform transformierbar, wenn sie vertauschbar sind.*

Der notwendige Teil der Aussage ist unmittelbar klar, da Diagonalmatrizen stets vertauschbar sind. Es sei also $x_1, x_2, \ldots, x_n$ ein vollständiges System von Eigenvektoren der hermiteschen Transformation A. Dann folgt aus $A\,x_i=\lambda_i x_i$ durch Multiplikation mit der mit A vertauschbaren Transformation B:

$$B\,A\,x_i=A\,(B\,x_i)=\lambda_i\,(B\,x_i), \tag{37.1}$$

daß die Vektoren $(B\,x_i)$ wieder Eigenvektoren von A zum Eigenwert λ_i sind. Sind nun alle λ_i voneinander verschieden (so daß es zu jedem genau einen Eigenvektor x_i gibt), so muß $B\,x_i=\mu_i x_i$ sein, was bereits die Behauptung des Satzes darstellt. Treten indessen gleiche λ_i auf, so fassen wir alle k Eigenvektoren x_i eines k-fach vorkommenden Eigenwertes λ_i zu einem Raum $\mathfrak{U}_k$ (der Unterraum von $\mathfrak{U}_n$ und damit selbst unitär ist) zusammen. Dann wird nach (37.1) $\mathfrak{U}_k$ durch B in sich transformiert, und demnach läßt sich, da B auch in $\mathfrak{U}_k$ hermitesch ist, wieder Satz 20 (eingeklammerter Teil) auf B in $\mathfrak{U}_k$ anwenden. Fortsetzung des Verfahrens liefert die Behauptung. Der Beweis zeigt überdies, daß man Satz 21 erweitern kann zu

Satz 21a. *Alle Matrizen einer beliebigen Menge hermitescher, untereinander vertauschbarer Matrizen lassen sich durch eine einzige unitäre Matrix gleichzeitig auf Diagonalform transformieren.*

Nun ergibt sich sehr einfach der fundamentale

Satz 22. *Eine Matrix* $\boldsymbol{A}$ *ist dann und nur dann einer Diagonalmatrix unitärähnlich, wenn sie normal ist* $(\boldsymbol{A}\boldsymbol{A}^+=\boldsymbol{A}^+\boldsymbol{A})$.

[1] In diesem Zusammenhang sei nochmals auf einen Tatbestand hingewiesen, der erfahrungsgemäß zu Irrtümern Anlaß gibt. *Jede* Matrix n-ten Grades (mit komplexen Elementen) besitzt: 1. Genau n Eigenwerte unter *Einschluß* ihrer Vielfachheiten, 2. zu jedem Eigenwert mindestens einen Eigenvektor unter *Ausschluß* der Vielfachheiten der Eigenwerte.
Für *diagonalisierbare* Matrizen gilt 2. unter *Einschluß* der Vielfachheiten der Eigenwerte.

Da eine Diagonalmatrix stets normal ist, muß auch eine zu ihr unitär-ähnliche Matrix normal sein, da die Normal-Eigenschaft gegenüber unitären Ähnlichkeits-Transformationen invariant ist:

$$\begin{aligned}(\boldsymbol{U}\boldsymbol{A}\,\boldsymbol{U}^{-1})(\boldsymbol{U}\boldsymbol{A}\,\boldsymbol{U}^{-1})^{+} &= \boldsymbol{U}\boldsymbol{A}\,\boldsymbol{U}^{-1}\,(\boldsymbol{U}^{-1})^{+}\boldsymbol{A}^{+}\,\boldsymbol{U}^{+} = \boldsymbol{U}\boldsymbol{A}\,\boldsymbol{U}^{-1}\,\boldsymbol{U}\boldsymbol{A}^{+}\,\boldsymbol{U}^{-1}\\ &= \boldsymbol{U}\boldsymbol{A}\boldsymbol{A}^{+}\,\boldsymbol{U}^{-1} = \boldsymbol{U}\boldsymbol{A}^{+}\boldsymbol{A}\,\boldsymbol{U}^{-1} = \cdots = (\boldsymbol{U}\boldsymbol{A}\,\boldsymbol{U}^{-1})^{+}\,(\boldsymbol{U}\boldsymbol{A}\,\boldsymbol{U}^{-1}).\end{aligned}$$

Um den hinreichenden Teil des Satzes zu beweisen, bilden wir

$$\boldsymbol{B} = \frac{1}{2}(\boldsymbol{A} + \boldsymbol{A}^{+}), \qquad \boldsymbol{C} = \frac{1}{2i}(\boldsymbol{A} - \boldsymbol{A}^{+}), \qquad (i = \sqrt{-1}).$$

$\boldsymbol{B}$ und $\boldsymbol{C}$ sind hermitesch und wegen $\boldsymbol{A}\boldsymbol{A}^{+} = \boldsymbol{A}^{+}\boldsymbol{A}$ vertauschbar. Somit lassen sich $\boldsymbol{B}$ und $\boldsymbol{C}$ nach Satz 21 gleichzeitig unitär auf Diagonalform bringen und damit auch $\boldsymbol{A} = \boldsymbol{B} + i\boldsymbol{C}$.

Da schließlich Diagonalmatrizen dann und nur dann unitär-ähnlich sind, wenn sie bis auf die Reihenfolge in ihren (Diagonal-) Elementen übereinstimmen, folgt aus Satz 22

Satz 23. *Das Spektrum einer normalen Matrix bildet ein vollständiges Invarianten-System gegenüber unitären Ähnlichkeits-Transformationen.*

Zwei normale Matrizen sind also dann und nur dann unitär-ähnlich, wenn sie (bis auf die Reihenfolge) dieselben Eigenwerte haben.

38. Quadratische und hermitesche Formen. Eine quadratische Form in n Variablen $\xi_1, \xi_2, \ldots, \xi_n$ ist definiert durch

$$F(\xi_1, \ldots, \xi_n) = \sum_{i=1}^{n} \sum_{k=1}^{n} \alpha_{ik}\,\xi_i\,\xi_k. \tag{38.1}$$

Faßt man die Variablen ξ_i als Komponenten einer Vektor-Matrix

$$\boldsymbol{x} = \begin{pmatrix}\xi_1\\ \xi_2\\ \vdots\\ \xi_n\end{pmatrix}, \qquad \tilde{\boldsymbol{x}} = (\xi_1, \xi_2, \ldots, \xi_n) \tag{38.2}$$

sowie die α_{ik} als Elemente einer Matrix $\boldsymbol{A}$ auf, so läßt sich (38.1) schreiben:

$$F(\boldsymbol{x}) = \tilde{\boldsymbol{x}}\,\boldsymbol{A}\,\boldsymbol{x}. \tag{38.3}$$

Die Matrix $\boldsymbol{A}$ ist *symmetrisch*, da ein schiefsymmetrischer Anteil[1] in (38.1) einen identisch verschwindenden Beitrag liefern würde. Bei umkehrbaren linearen Substitutionen der Variablen $(\xi_i \to \eta_i)$

$$\xi_i = \sum_{k=1}^{n} \pi_{ik}\,\eta_k \quad (i = 1, \ldots, n); \quad \boldsymbol{P} = (\pi_{ik}), \quad \boldsymbol{y} = \begin{pmatrix}\eta_1\\ \eta_2\\ \vdots\\ \eta_n\end{pmatrix},$$

d.h. bei Basiswechsel des Raumes der Vektoren (38.2) $(\boldsymbol{x} = \boldsymbol{P}\boldsymbol{y})$ wird (38.1) bzw. (38.3) transformiert in

$$\tilde{\boldsymbol{x}}\,\boldsymbol{A}\,\boldsymbol{x} = \widetilde{(\boldsymbol{P}\,\boldsymbol{y})}\,\boldsymbol{A}\,(\boldsymbol{P}\,\boldsymbol{y}) = \tilde{\boldsymbol{y}}\,(\tilde{\boldsymbol{P}}\,\boldsymbol{A}\,\boldsymbol{P})\,\boldsymbol{y}.$$

Eine lineare Variablen-Substitution in (38.1) induziert also eine Transformation der Matrix $\boldsymbol{A}$ in eine zu $\boldsymbol{A}$ *kongruente* Matrix $\tilde{\boldsymbol{P}}\boldsymbol{A}\boldsymbol{P}$. Allgemein nennt man zwei

[1] Jede Matrix $\boldsymbol{A}$ läßt sich eindeutig als Summe einer symmetrischen und einer schiefsymmetrischen Matrix darstellen: $\boldsymbol{A} = \frac{1}{2}(\boldsymbol{A} + \tilde{\boldsymbol{A}}) + \frac{1}{2}(\boldsymbol{A} - \tilde{\boldsymbol{A}})$.

Matrizen $\boldsymbol{A}, \boldsymbol{B}$ kongruent, wenn es eine nicht-singuläre Matrix $\boldsymbol{P}$ gibt derart, daß $\boldsymbol{A} = \tilde{\boldsymbol{P}}\boldsymbol{B}\boldsymbol{P}$ ist. Offensichtlich bleibt die Eigenschaft der Symmetrie einer Matrix unter Kongruenz-Transformationen erhalten. Die Determinante $|\boldsymbol{A}|$ der Matrix $\boldsymbol{A}$ aus (38.1) heißt die *Diskriminante* der quadratischen Form. Mit jeder quadratischen Form (38.1) ist eine symmetrische *Bilinearform*

$$\sum_{i=1}^{n} \sum_{k=1}^{n} \alpha_{ik} \xi_i \zeta_k = \tilde{\boldsymbol{x}} \boldsymbol{A} \boldsymbol{z} = F(\boldsymbol{x}, \boldsymbol{z}), \tag{38.4}$$

die sog. *Polarform* von (38.1), invariant verknüpft, d.h.: werden ξ_i und ζ_i durch dieselbe lineare Substitution („kogredient") transformiert, so geht die Bilinearform (38.4) wieder in die Polarform der durch dieselbe Substitution transformierten quadratischen Form (38.1) über.

Die Koeffizienten α_{ik} sowie die Variablen können komplexe wie reelle Zahlen sein, von besonderem Interesse ist jedoch der Fall, wo nur reelle Zahlen auftreten, und auch die Koeffizienten der Variablensubstitutionen reell sind. Man spricht dann von reellen Substitutionen reeller quadratischer Formen. Es gilt

Satz 24. *Jede quadratische Form in n Variablen (mit der Matrix* $\boldsymbol{A}$*) läßt sich durch eine nicht-singuläre reelle Variablensubstitution in eine Summe von Quadraten*

$$\varrho_1 \eta_1^2 + \varrho_2 \eta_2^2 + \cdots + \varrho_r \eta_r^2 \quad (r \leq n)$$

transformieren, wobei die $\varrho_i = \pm 1$ *sind. Die Invariante r, der Rang der Form, ist gleich dem Rang der Matrix* $\boldsymbol{A}$.

Der Beweis läßt sich folgendermaßen führen: In der Schreibweise von Gl. (38.4) werde die quadratische Form mit $F(\boldsymbol{x}, \boldsymbol{x})$ bezeichnet. Man bestimmt zunächst einen Vektor $\boldsymbol{w}_1$, so daß $F(\boldsymbol{w}_1, \boldsymbol{w}_1) \neq 0$ ist. Dies ist für eine nicht identisch verschwindende Form stets möglich. Die durch die Gleichung $F(\boldsymbol{w}_1, \boldsymbol{x}) = 0$ definierte Gesamtheit von Vektoren $\boldsymbol{x}$ bildet einen Vektorraum $\mathfrak{M}_{n-1}$, in dem man wieder einen Vektor $\boldsymbol{w}_2$ mit $F(\boldsymbol{w}_2, \boldsymbol{w}_2) \neq 0$ bestimmt. Falls kein solcher existiert, ist man bereits fertig, da dann aus $F(\boldsymbol{x}, \boldsymbol{x}) = 0$ auch $F(\boldsymbol{x}, \boldsymbol{y}) = 0$ für alle $\boldsymbol{x}, \boldsymbol{y} \in \mathfrak{M}_{n-1}$ folgt[1]; sonst fährt man fort, indem man in der durch die beiden Gleichungen $F(\boldsymbol{w}_1, \boldsymbol{x}) = 0$ und $F(\boldsymbol{w}_2, \boldsymbol{x}) = 0$ bestimmte Vektor-Mannigfaltigkeit $\mathfrak{M}_{n-2}$ dieselben Schritte vornimmt. Das Verfahren bricht nach $r \leq n$ Schritten ab. Nötigenfalls (wenn nämlich $r < n$ ist) werden noch $n - r$ linear unabhängige Vektoren $\boldsymbol{w}_{r+1}, \ldots, \boldsymbol{w}_n$ hinzugefügt. Dann ist also

$$F(\boldsymbol{w}_i, \boldsymbol{w}_k) = 0 \quad (i \neq k), \qquad F(\boldsymbol{w}_i, \boldsymbol{w}_i) = \gamma_i \neq 0 \quad (i = 1, \ldots, r)$$
$$F(\boldsymbol{w}_i, \boldsymbol{w}_i) = 0 \quad (i = r + 1, \ldots, n).$$

Benutzt man $\boldsymbol{w}_1, \boldsymbol{w}_2, \ldots, \boldsymbol{w}_n$ als Basisvektoren $\left(\boldsymbol{x} = \sum_{i=1}^{n} \xi_i' \boldsymbol{w}_i\right)$, so geht die quadratische Form also über in

$$F(\boldsymbol{x}, \boldsymbol{x}) = \sum_{i,k}^{n} \xi_i' \xi_k' F(\boldsymbol{w}_i, \boldsymbol{w}_k) = \sum_{i=1}^{r} \gamma_i \xi_i'^2.$$

Durch die weitere Substitution $\xi_i'' = \frac{1}{\sqrt{|\gamma_i|}} \xi_i'$ hat man dann die erste Behauptung des Satzes 24. Die zweite ergibt sich unmittelbar daraus, daß der Rang der Matrix in der transformierten quadratischen Form (in „Diagonalgestalt") offensichtlich gleich r ist. Andererseits aber ist der Rang einer Matrix nach Ziff. 29 eine Invariante gegenüber Äquivalenz-Transformationen, unter welche auch die Kongruenz-Transformationen fallen.

---

[1] Da $F(\boldsymbol{x} + \lambda \boldsymbol{y}, \boldsymbol{x} + \lambda \boldsymbol{y}) = F(\boldsymbol{x}, \boldsymbol{x}) + 2\lambda F(\boldsymbol{x}, \boldsymbol{y}) + \lambda^2 F(\boldsymbol{y}, \boldsymbol{y})$ ist.

Zusätzlich zu Satz 24 gilt noch, daß auch die Anzahl der negativen ϱ_i, der sog. *Trägheitsindex* s der quadratischen Form, eine Invariante ist, und daß r und s ein *vollständiges Invarianten-System* der quadratischen Form gegenüber reellen Substitutionen bilden.

Eine reelle quadratische Form mit $s=0$ heißt *positiv-definit*, wenn $r=n$, *semidefinit*, wenn $r<n$ ist. Aus Satz 24 folgt dann ohne Mühe

Satz 25. *Eine reelle quadratische Form $F(\boldsymbol{x})$ ist dann und nur dann positiv-definit, wenn $F(\boldsymbol{x})>0$ für alle $\boldsymbol{x}\neq\boldsymbol{0}$ ($\boldsymbol{x}$ mit reellen Komponenten).*

Entsprechend nennt man eine reelle symmetrische Matrix $\boldsymbol{A}$ positiv-definit, wenn die zugehörige quadratische Form positiv-definit ist. Nach Satz 24 ist eine solche Form reell in die „Einheitsform" transformierbar, das ist die Form, deren Matrix die Einheitsmatrix ist. Dann gilt also $\boldsymbol{A}=\tilde{\boldsymbol{P}}\boldsymbol{1}\boldsymbol{P}=\tilde{\boldsymbol{P}}\boldsymbol{P}$, d.h.

Satz 26. *Zu jeder positiv-definiten, reell symmetrischen Matrix $\boldsymbol{A}$ gibt es eine nicht-singuläre reelle Matrix $\boldsymbol{P}$ derart, daß $\boldsymbol{A}=\tilde{\boldsymbol{P}}\boldsymbol{P}$ ist.*

Bei den bisherigen Sätzen wurden stets alle nicht-singulären reellen Variablen-Substitutionen zugelassen. Diese bilden, wie man sich leicht überzeugt, eine Gruppe (Ziff. 9), die sog. *volle lineare Gruppe* über P (dem Körper der reellen Zahlen). Diese Gruppe ist isomorph der Gruppe aller Automorphismen eines Vektorraumes über dem Körper P. Man kann nun auch einschränkendere Bedingungen für die zugelassenen Variablen-Substitutionen stellen. Von besonderer Bedeutung ist dabei die Bedingung, daß die Matrizen der Variablen-Substitutionen *orthogonale* Matrizen sein sollen. Die zugehörigen Transformationen sind dann die Automorphismen eines *euklidischen* Vektorraumes (über P). Sie bilden wieder eine Gruppe, die sog. reelle *orthogonale Gruppe*.

Das komplexe Analogon der quadratischen Formen bilden die *hermiteschen Formen*, welche definiert werden durch

$$\sum_{i=1}^{n}\sum_{k=1}^{n}\alpha_{ik}\xi_i^*\xi_k=\boldsymbol{x}^+\boldsymbol{A}\boldsymbol{x}. \tag{38.5}$$

Es ist $\boldsymbol{A}^+=\boldsymbol{A}$. Bei einer nicht-singulären Variablen-Substitution ($\boldsymbol{x}=\boldsymbol{P}\boldsymbol{z}$) geht (38.5) über in $\boldsymbol{z}^+\boldsymbol{A}_1\boldsymbol{z}$ mit $\boldsymbol{A}_1=\boldsymbol{P}^+\boldsymbol{A}\boldsymbol{P}$. Allgemein nennt man zwei Matrizen, die in dieser Beziehung zueinander stehen, *hermitesch kongruent*. Es gilt auch jetzt wieder ein Analogon zu Satz 24. Man nennt eine hermitesche Form (und im übertragenen Sinn auch eine hermitesche Matrix) *positiv-definit*, wenn sie für beliebige komplexe „Argumente" $\xi_i\neq 0$ nur positive (reelle) Werte annimmt.

Das Analogon zu den orthogonalen Transformationen bilden jetzt die unitären Transformationen ($U^+=U^{-1}$). Auch diese bilden eine Gruppe, die sog. *unitäre Gruppe*. Wie aus Satz 20 unmittelbar folgt, gilt

Satz 27. *Jede hermitesche Form* (38.5) *läßt sich unitär in eine Summe von „Quadraten"*

$$\lambda_1\eta_1^*\eta_1+\lambda_2\eta_2^*\eta_2+\cdots+\lambda_r\eta_r^*\eta_r \qquad (r\leq n)$$

transformieren, wobei $\lambda_1, \lambda_2, \ldots, \lambda_r$ die von Null verschiedenen (reellen) Eigenwerte der hermiteschen Matrix $\boldsymbol{A}$ sind. (Sog. Hauptachsen-Transformation hermitescher Formen.)

Ebenso liefert Satz 21a, daß sich alle Formen einer beliebigen Menge von hermiteschen Formen genau dann durch eine einzige unitäre Variablen-Substitution auf Summen von Absolut-Quadraten transformieren lassen, wenn die Matrizen der Formen untereinander vertauschbar sind. Aus Satz 27 sieht man, daß eine hermitesche Form dann und nur dann positiv-definit ist, wenn $r=n$

ist und alle ihre Eigenwerte positiv sind. Man zeigt, daß dies der Bedingung äquivalent ist, daß die Reihe der sich „umfassenden" Hauptminoren von $|\boldsymbol{A}|$

$$|\alpha_{11}|, \quad \begin{vmatrix} \alpha_{11} & \alpha_{12} \\ \alpha_{21} & \alpha_{22} \end{vmatrix}, \quad \begin{vmatrix} \alpha_{11} & \alpha_{12} & \alpha_{13} \\ \alpha_{21} & \alpha_{22} & \alpha_{23} \\ \alpha_{31} & \alpha_{23} & \alpha_{33} \end{vmatrix}, \ldots, |\boldsymbol{A}| \tag{38.6}$$

nur positive Glieder enthält. Es gilt somit

Satz 28. *Eine hermitesche Matrix $\boldsymbol{A}$ ist genau dann positiv-definit, wenn alle ihre Hauptminoren* (38.6) *positiv sind.*

Ist die hermitesche Form (38.5) positiv-definit, so besitzt die ihr invariant zugeordnete hermitesche Bilinearform (Polarform)

$$\boldsymbol{x}^+ \boldsymbol{A}\, \boldsymbol{z} = \sum_{i,k}^{n} \alpha_{ik}\, \xi_i^*\, \zeta_k$$

alle Eigenschaften des in Ziff. 26 eingeführten inneren Produktes der Vektoren eines unitären Raumes, wenn man

$$\langle \boldsymbol{z}, \boldsymbol{x} \rangle = \boldsymbol{x}^+ \boldsymbol{A}\, \boldsymbol{z}$$

setzt. Die Linearität ist trivial, die Beziehung

$$\langle \boldsymbol{z}, \boldsymbol{x} \rangle = \langle \boldsymbol{x}, \boldsymbol{z} \rangle^*$$

folgt unmittelbar aus

$$\Big(\sum_{i,k} \alpha_{ik}\, \xi_i^*\, \zeta_k\Big)^* = \sum_{i,k} \alpha_{ik}^*\, \xi_i\, \zeta_k^* = \sum_{i,k} \alpha_{ki}\, \zeta_k^*\, \xi_i,$$

und $\langle \boldsymbol{x}, \boldsymbol{x} \rangle > 0$ für $\boldsymbol{x} \neq \boldsymbol{0}$ schließlich aus der positiven Definitheit der Form.

D. Gruppendarstellungen.

Voraussetzung: Ziff. 9 bis 11, 25 bis 31, 34, 38.

I. Allgemeine Darstellungstheorie (insbesondere endlicher Gruppen).

39. Das Darstellungsproblem. Das Produkt zweier nicht-singulärer Matrizen n-ten Grades (das sind nach Ziff. 31 solche mit nicht-verschwindender Determinante) ist wieder eine nicht-singuläre Matrix n-ten Grades[1]. Die Gesamtheit dieser Matrizen bildet (da sie invertierbar sind) also eine Gruppe $\mathfrak{L}_n$, die zur vollen linearen Gruppe über Γ (vgl. Ziff. 38) und damit zur Gruppe aller umkehrbaren linearen Transformationen eines n-dimensionalen Vektorraumes auf sich (der Automorphismengruppe des Vektorraumes) isomorph ist. Es sei nun irgendeine Gruppe $\mathfrak{G}$ vorgelegt, dann besteht das Grundproblem der Darstellungstheorie in der Aufgabe, jedem Element $g \in \mathfrak{G}$ eine Matrix [sie werde mit $\boldsymbol{A}(g)$ bezeichnet] aus $\mathfrak{L}_n$ zuzuordnen derart, daß die *Darstellungsbedingung*

$$\boldsymbol{A}(g_1) \cdot \boldsymbol{A}(g_2) = \boldsymbol{A}(g_1 \cdot g_2) \quad \text{für alle} \quad g_1, g_2 \in \mathfrak{G} \tag{39.1}$$

gilt, wenn $g_1 \cdot g_2$ das in der Gruppe $\mathfrak{G}$ erklärte Produkt der Elemente g_1 und g_2 bezeichnet. Die Verwendung der in Ziff. 7 und 9 eingeführten Terminologie gestattet also die

Definition: Eine Darstellung n-ten Grades $\mathfrak{D}$ einer Gruppe $\mathfrak{G}$ ist ein homomorphes Abbild von $\mathfrak{G}$, bestehend aus einer Untergruppe von Matrizen aus $\mathfrak{L}_n$.

---

[1] Wir betrachten in diesem Kapitel nur Matrizen, deren Elemente dem komplexen Zahlkörper Γ angehören.

Das eigentliche *Darstellungsproblem* besteht darin, *alle* Darstellungen einer gegebenen Gruppe aufzufinden oder hinreichend zu charakterisieren.

Schließlich noch einige termini technici: Eine zu $\mathfrak{G}$ *isomorphe* Darstellung heißt *treu*, die triviale Darstellung, die jedem Element von $\mathfrak{G}$ die Eins zuordnet, nennt man die *identische Darstellung* von $\mathfrak{G}$. Jede Gruppe besitzt mindestens eine Darstellung, nämlich die identische.

40. Ähnliche, reduzible, irreduzible Darstellungen. Nach Ziff. 29 heißen zwei Matrizen $\boldsymbol{A}$, $\boldsymbol{B}$ ähnlich, wenn es eine nicht-singuläre Matrix $\boldsymbol{P}$ gibt derart, daß $\boldsymbol{A} = \boldsymbol{P}\boldsymbol{B}\boldsymbol{P}^{-1}$ ist. Entsprechend trifft man die

Definition: Zwei Darstellungen $\mathfrak{D}_1$ und $\mathfrak{D}_2$ einer Gruppe $\mathfrak{G}$ heißen *ähnlich*[1], wenn es eine (einzige) nicht-singuläre Matrix $\boldsymbol{P}$ gibt derart, daß [mit $\boldsymbol{A}_1(g) \in \mathfrak{D}_1$ und $\boldsymbol{A}_2(g) \in \mathfrak{D}_2$] gilt

$$\boldsymbol{A}_1(g) = \boldsymbol{P}\boldsymbol{A}_2(g)\,\boldsymbol{P}^{-1} \quad \text{für alle} \quad g \in \mathfrak{G}.$$

Ähnliche Darstellungen bieten im Hinblick auf das Darstellungsproblem keine wesentlichen Unterschiede und werden deshalb als „nicht verschieden" bezeichnet.

Da eine Darstellung eine Menge von Matrizen ist, lassen sich die Begriffe der Reduzibilität und Irreduzibilität (Ziff. 34α) auf Darstellungen übertragen.

Definition: Eine Darstellung $\mathfrak{D}$ einer Gruppe $\mathfrak{G}$ heißt *reduzibel*, wenn sich alle Matrizen $\boldsymbol{A}(g) \in \mathfrak{D}$ durch Ähnlichkeits-Transformation mit einer einzigen nicht-singulären Matrix $\boldsymbol{P}$ gleichzeitig auf die Form

$$\boldsymbol{A}'(g) = \begin{pmatrix} \boldsymbol{R}_1(g) & \boldsymbol{S}(g) \\ \boldsymbol{0} & \boldsymbol{R}_2(g) \end{pmatrix} \tag{40.1}$$

bringen lassen. Andernfalls heißt $\mathfrak{D}$ *irreduzibel*. Haben alle Matrizen von $\mathfrak{D}$ bereits die Gestalt (40.1) ,so nennt man $\mathfrak{D}$ *reduziert*. Schließlich heißt $\mathfrak{D}$ *zerfällbar*, wenn in der reduzierten Form (40.1) $\boldsymbol{S}(g) = \boldsymbol{0}$ für alle $g \in \mathfrak{G}$ ist.

Man erkennt aus (40.1), daß jede reduzible Darstellung $\mathfrak{D}$ von $\mathfrak{G}$ in ihrer reduzierten Form zwei neue Darstellungen $\mathfrak{D}_1$ und $\mathfrak{D}_2$ von $\mathfrak{G}$ liefert, die aus den Matrizen $\boldsymbol{R}_1(g)$ und $\boldsymbol{R}_2(g)$ bestehen. Aus (40.1) folgt nämlich

$$\begin{aligned} \boldsymbol{A}'(g_1)\,\boldsymbol{A}'(g_2) &= \begin{pmatrix} \boldsymbol{R}_1(g_1) & \boldsymbol{S}(g_1) \\ \boldsymbol{0} & \boldsymbol{R}_2(g_1) \end{pmatrix} \begin{pmatrix} \boldsymbol{R}_1(g_2) & \boldsymbol{S}(g_2) \\ \boldsymbol{0} & \boldsymbol{R}_2(g_2) \end{pmatrix} \\ &= \left(\begin{array}{c:c} \boldsymbol{R}_1(g_1)\,\boldsymbol{R}_1(g_2) & \boldsymbol{R}_1(g_1)\,\boldsymbol{S}(g_2) + \boldsymbol{S}(g_1)\,\boldsymbol{R}_2(g_2) \\ \hdashline \boldsymbol{0} & \boldsymbol{R}_2(g_1)\,\boldsymbol{R}_2(g_2) \end{array}\right). \end{aligned}$$

Umgekehrt läßt sich aus $\mathfrak{D}_1$ und $\mathfrak{D}_2$ durch einfaches Aneinanderreihen eine neue Darstellung von $\mathfrak{G}$ gewinnen, die allerdings mit der Ausgangsdarstellung $\mathfrak{D}$ identisch ist, wenn in dieser $\boldsymbol{S}(g) = \boldsymbol{0}$ ist, d.h. wenn diese zerfällbar ist.

Der Prozeß der Reduktion läßt sich solange fortsetzen, bis jede Matrix $\boldsymbol{A}(g) \in \mathfrak{D}$ die Gestalt

$$\boldsymbol{A}(g) = \begin{pmatrix} \boldsymbol{R}_1(g) & \boldsymbol{S}_{12}(g) & \cdots & \boldsymbol{S}_{1k}(g) \\ \boldsymbol{0} & \boldsymbol{R}_2(g) & \cdots & \vdots \\ \vdots & & \ddots & \vdots \\ \boldsymbol{0} & \cdots & \boldsymbol{0} & \boldsymbol{R}_k(g) \end{pmatrix} \tag{40.2}$$

[1] In der Literatur ist auch der Terminus „äquivalent" gebräuchlich.

hat, wobei die aus den Matrizen $\boldsymbol{R}_i(g)$ gebildeten Darstellungen $\mathfrak{D}_i$ irreduzibel sind. Dann heißt $\mathfrak{D}$ *ausreduziert* und k die *Länge* der Ausreduzierung. Die $\mathfrak{D}_i$ nennt man die *irreduziblen Bestandteile* von $\mathfrak{D}$. Es gilt

Satz 1. *Zwei Ausreduzierungen einer Darstellung haben dieselbe Länge und bis auf Reihenfolge und Ähnlichkeit dieselben irreduziblen Bestandteile.*

Der Beweis dieses Satzes erfolgt für den Fall endlicher Gruppen in Ziff. 44. Sind in der *ausreduzierten* Form (40.2) alle $\boldsymbol{S}_{ik}(g) = \boldsymbol{0}$, so heißt die Darstellung $\mathfrak{D}$ *vollreduzibel.* (Jede vollreduzible Darstellung ist natürlich zerfällbar.) Für vollreduzible Darstellungen folgt aus Satz 1 ohne Mühe

Satz 2. *Jede vollreduzible Darstellung einer Gruppe ist durch ihre irreduziblen Bestandteile bis auf Ähnlichkeit festgelegt.*

Im Fall nicht vollreduzibler Darstellungen gilt dieser Satz nicht, da die Matrizen $\boldsymbol{S}_{ik}(g)$ in (40.2) durch die $\boldsymbol{R}_i(g)$ keineswegs mitbestimmt werden. Gibt es Gruppen, die *nur* vollreduzible Darstellungen besitzen, so ist nach Satz 2 für diese das Darstellungsproblem mit der Bestimmung aller irreduziblen Darstellungen gelöst.

41. Unitäre und normale Darstellungen. Eine Darstellung $\mathfrak{D}$ einer Gruppe $\mathfrak{G}$ heißt *unitär,* wenn alle Matrizen von $\mathfrak{D}$ unitär sind. Eine Darstellung (n-ten Grades) $\mathfrak{D}$ heißt *normal*[1], wenn es eine positiv definite hermitesche Form $F(\xi_1, \ldots, \xi_n)$ in n Variablen $\xi_1, \ldots, \xi_n$ (vgl. Ziff. 38) gibt derart, daß F gegenüber allen durch die Matrizen $\boldsymbol{A}(g)$ vermittelten Substitutionen der $\xi_1, \ldots, \xi_n$ invariant ist. Wir zeigen zunächst

Satz 3. *Jede normale Darstellung ist einer unitären ähnlich.*

Nach Ziff. 38 läßt sich jeder Vektorraum durch Hinzunahme einer positiv-definiten hermiteschen Form zu einem *unitären Vektorraum* $\mathfrak{U}_n$ (Ziff. 26) machen, indem man das innere Produkt zwischen Vektoren durch die Polarform der hermiteschen Form definiert. Angewendet auf den vorliegenden Fall werden in dem so konstruierten unitären Vektorraum $\mathfrak{U}_n$ durch die Matrizen $\boldsymbol{A}(g) \in \mathfrak{D}$ dann unitäre *Transformationen* (Ziff. 30) induziert[2]. Andererseits läßt sich in $\mathfrak{U}_n$ aber stets eine orthonormale Basis wählen (Ziff. 26), und in bezug auf diese werden die unitären Transformationen durch unitäre Matrizen dargestellt (Ziff. 30). Das ist aber die Behauptung des Satzes 3.

Schließlich gilt für unitäre Transformationen auch Satz 11 Ziff. 34 (der Satz ist zwar nur für hermitesche Transformationen ausgesprochen, gilt aber wie in Ziff. 34 Schluß bemerkt, auch für unitäre), und daraus folgt unmittelbar

Satz 4. *Jede normale Darstellung ist vollreduzibel.*

Schließlich zeigen wir noch

Satz 5. *Jede Darstellung einer endlichen Gruppe ist normal.*

$\mathfrak{G}$ habe die Ordnung h, und $\mathfrak{D}$ sei eine Darstellung n-ten Grades von $\mathfrak{G}$. Dann wähle man eine beliebige positiv-definite hermitesche Form in n Variablen (wegen der Symbolik vgl. Ziff. 38)

$$\sum_{i,k}^{n} \varphi_{ik}\, \xi_i^* \xi_k = \boldsymbol{x}^+ \boldsymbol{F} \boldsymbol{x},$$

[1] In der älteren Literatur findet man auch die Bezeichnung „hermitesch“.

[2] Man beachte, daß diese unitären *Transformationen* im allgemeinen keineswegs durch unitäre Matrizen dargestellt werden, sondern nur in bezug auf eine orthonormale Basis (vgl. Ziff. 30).

und bilde ihre „Transformierten" mit den $\boldsymbol{A}(g) \in \mathfrak{D}$

$$\boldsymbol{x}^+ \left(\boldsymbol{A}^+(g)\, \boldsymbol{F}\, \boldsymbol{A}(g)\right) \boldsymbol{x} = \boldsymbol{x}^+ \boldsymbol{F}(g)\, \boldsymbol{x}.$$

Dann ist

$$F = \sum_{g \in \mathfrak{G}} \boldsymbol{x}^+ \boldsymbol{F}(g)\, \boldsymbol{x}$$

offenbar eine gegenüber allen $\boldsymbol{A}(g) \in \mathfrak{D}$ invariante positiv-definite hermitesche Form[1]. Damit ist Satz 5 bereits bewiesen.

Man bezeichnet eine Darstellung einer Gruppe $\mathfrak{G}$ als *beschränkt*, wenn es eine positive reelle Zahl μ gibt derart, daß der Betrag jedes Matrixelementes $\alpha_{ik}(g)$ jeder Darstellungsmatrix $\boldsymbol{A}(g)$ kleiner als μ ist unabhängig von $g \in \mathfrak{G}$. Die Darstellungen einer endlichen Gruppe sind also stets beschränkt. Wie ohne Beweis mitgeteilt sei, gilt

Satz 6. *Eine Darstellung einer Gruppe ist dann und nur dann normal (und damit vollreduzibel), wenn sie beschränkt ist*[2].

Bemerkung: Die in der Quantenmechanik interessierenden Gruppendarstellungen sind stets normal, da die Transformationen der physikalischen Gruppen Automorphismen (unter Erhaltung der inneren Produktbildung) des quantenmechanischen Zustandsraumes (Hilbert-Raum) und somit, da dieser ein unitärer Raum ist, unitäre Transformationen sind. Es bedeutet daher keine Beschränkung der Allgemeinheit, wenn man nur unitäre Darstellungen betrachtet.

42. Charakter einer Darstellung. Eine Darstellung $\mathfrak{D}$ einer Gruppe $\mathfrak{G}$ ordnet durch [$\mathrm{Sp}(\boldsymbol{A}) =$ Spur der Matrix $\boldsymbol{A}$, Ziff. 33]

$$\mathrm{Sp}\left(\boldsymbol{A}(g)\right) = \chi(g)$$

jedem Gruppenelement g eine komplexe Zahl $\chi(g)$ zu. In Abhängigkeit von $g \in \mathfrak{G}$ ist $\chi(g)$ also eine *Funktion auf der Gruppe* $\mathfrak{G}$, man nennt diese Funktion den *Charakter* der Darstellung $\mathfrak{D}$. Da die Spur einer Matrix eine Invariante gegenüber Ähnlichkeits-Transformationen ist (Ziff. 33), haben *ähnliche Darstellungen denselben Charakter.* Die Umkehrung dieses Satzes gilt nun keineswegs allgemein, sondern nur für vollreduzible Darstellungen:

Satz 7. *Zwei vollreduzible Darstellungen einer Gruppe sind dann und nur dann ähnlich, wenn sie denselben Charakter haben.*

Der Beweis dieses Satzes erfolgt für den Fall endlicher Gruppen in Ziff. 44.

Nach Satz 7 sind die Charaktere bei vollreduziblen (einschließlich der irreduziblen) Darstellungen also Mittel zur Kennzeichnung der Darstellungen. Die Charaktere der irreduziblen Darstellungen werden *einfache* oder *primitive,* die der reduziblen *zusammengesetzte* Charaktere genannt.

Die Charaktere sind *Klassenfunktionen* auf der Gruppe $\mathfrak{G}$. Sind nämlich g_1 und $g_2 \in \mathfrak{G}$ zueinander konjugierte Elemente (d.h. gibt es ein $g \in \mathfrak{G}$, so daß $g_1 = g g_2 g^{-1}$ ist), so sind die Matrizen $\boldsymbol{A}(g_1)$ und $\boldsymbol{A}(g_2)$ derselben Darstellung offenbar zueinander ähnlich, und somit haben sie dieselben Spuren. Zur Kennzeichnung

[1] Das Zeichen $\sum\limits_{g \in \mathfrak{G}}$ bedeutet Summation über alle Elemente g von $\mathfrak{G}$.

[2] Ein einfaches Beispiel einer nicht vollreduziblen und damit nicht beschränkten Darstellung ist folgendes: Eine unendliche cyclische Gruppe mit nur einer Erzeugenden g: $\mathfrak{G} = \{\ldots, g^{-2}, g^{-1}, e = g^0, g, g^2, \ldots\}$ werde dargestellt durch die Matrizen $\boldsymbol{A}(g^n) = \begin{pmatrix} 1 & n\alpha \\ 0 & 1 \end{pmatrix}$ mit $\alpha \neq 0$ $(n = \cdots, -1, 0, 1, \ldots)$. Daß diese Darstellung nicht vollreduzibel ist, folgt bereits daraus, daß die Matrix $\boldsymbol{A}(g)$ für sich schon nicht vollreduzibel ist (vgl. Ziff. 34 Fußnote). Die Unbeschränktheit der Darstellung ist unmittelbar zu erkennen.

eines Charakters $\chi(g)$ genügt es also, die Werte von $\chi(g)$ für ein Repräsentantensystem der Klassen konjugierter Elemente von $\mathfrak{G}$ zu kennen.

Für die Charaktere von unitären (und somit auch für die der normalen) Darstellungen gilt die bemerkenswerte Beziehung

$$\chi(g^{-1}) = \chi^*(g), \tag{42.1}$$

wobei $\chi^*(g)$ die zu $\chi(g)$ konjugiert-komplexe Zahl bezeichnet. Gl. (42.1) folgt unmittelbar aus der Bemerkung, daß alle Eigenwerte einer unitären Matrix vom Betrage 1 sind. Die Spur der Matrix ist also eine Summe von komplexen Zahlen vom Betrage 1. Andererseits sind die Eigenwerte der reziproken Matrix einfach die konjugiert-komplexen der ursprünglichen Eigenwerte.

43. Die Orthogonalitätsrelationen erster Art. Es seien $\mathfrak{D}_1$ und $\mathfrak{D}_2$ zwei nicht-ähnliche irreduzible Darstellungen der Grade n_1 und n_2 einer Gruppe $\mathfrak{G}$. Sind $\boldsymbol{A}_1(g)$ die Matrizen von $\mathfrak{D}_1$ und $\boldsymbol{A}_2(g)$ die von $\mathfrak{D}_2$, so bilden wir mit einer beliebigen $n_2 \times n_1$-Matrix $\boldsymbol{R}$

$$\boldsymbol{S} = \sum_{g \in \mathfrak{G}} \boldsymbol{A}_1(g)\, \boldsymbol{R} \boldsymbol{A}_2(g^{-1}). \tag{43.1}$$

Für ein beliebiges $g' \in \mathfrak{G}$ gilt dann

$$\boldsymbol{A}_1(g')\, \boldsymbol{S} \boldsymbol{A}_2(g'^{-1}) = \sum_{g \in \mathfrak{G}} \boldsymbol{A}_1(g'g)\, \boldsymbol{R} \boldsymbol{A}_2\big((g'g)^{-1}\big) = \boldsymbol{S},$$

da mit g auch $g'g$ ganz $\mathfrak{G}$ durchläuft (vgl. Ziff. 9). $\boldsymbol{S}$ ist also eine Matrix mit der Eigenschaft

$$\boldsymbol{A}_1(g)\, \boldsymbol{S} = \boldsymbol{S} \boldsymbol{A}_2(g) \qquad \text{für alle } g \in \mathfrak{G}.$$

Da die Darstellungen $\mathfrak{D}_1$ und $\mathfrak{D}_2$ aber als irreduzibel und nicht-ähnlich vorausgesetzt sind, folgt nach dem Schurschen Lemma [Satz 12, Ziff. 34 β)] $\boldsymbol{S} = \boldsymbol{0}$. Somit liefert also Gl. (43.1) ausgeschrieben

$$\sum_{g \in \mathfrak{G}} \sum_{j,k} \alpha_{ij}^{(1)}(g)\, \varrho_{jk}\, \alpha_{kl}^{(2)}(g^{-1}) = 0,$$

wenn $\boldsymbol{A}_1(g) = \big(\alpha_{ik}^{(1)}(g)\big)$, $\boldsymbol{A}_2(g) = \big(\alpha_{ik}^{(2)}(g)\big)$ und $\boldsymbol{R} = (\varrho_{ik})$ ist. Da die Matrix $\boldsymbol{R}$ beliebig war, gilt also auch

$$\sum_{g \in \mathfrak{G}} \alpha_{ij}^{(1)}(g)\, \alpha_{kl}^{(2)}(g^{-1}) = 0 \tag{43.2}$$

und schließlich, wenn man $i = j$ und $k = l$ setzt und aufsummiert:

$$\sum_{g \in \mathfrak{G}} \chi_1(g) \cdot \chi_2(g^{-1}) = 0. \tag{43.3}$$

Wir betrachten nun den Fall ähnlicher irreduzibler Darstellungen und setzen (was keine Beschränkung der Allgemeinheit bedeutet) $\mathfrak{D}_1 = \mathfrak{D}_2$. Die obige Schlußweise läßt sich wörtlich wiederholen, wenn man überall $\boldsymbol{A}_2(g^{-1})$ durch $\boldsymbol{A}_1(g^{-1})$ ersetzt. Das Schursche Lemma ist dann in der Form von Satz 13, Ziff. 34 β) anzuwenden und liefert, da $\boldsymbol{S}$ mit allen $\boldsymbol{A}_1(g) \in \mathfrak{D}_1$ vertauschbar ist, $\boldsymbol{S} = \sigma\, \boldsymbol{1}$ (Einheitsmatrix n_1-ten Grades). Um die Zahl σ zu bestimmen, bildet man (h = Ordnung der Gruppe $\mathfrak{G}$)

$$\mathrm{Sp}(\boldsymbol{S}) = \sum_{g \in \mathfrak{G}} \mathrm{Sp}\,\{\boldsymbol{A}_1(g)\, \boldsymbol{R} \boldsymbol{A}_1(g^{-1})\} = h\, \mathrm{Sp}(\boldsymbol{R}).$$

Andererseits ist aber $\mathrm{Sp}(\boldsymbol{S}) = \sigma n_1$, woraus endgültig

$$\sum_{g \in \mathfrak{G}} \boldsymbol{A}_1(g)\, \boldsymbol{R} \boldsymbol{A}_1(g^{-1}) = \frac{h}{n_1}\, \mathrm{Sp}(\boldsymbol{R})\, \boldsymbol{1}$$

folgt. In den Matrix-Elementen ausgeschrieben lautet diese Formel

$$\sum_{g\in\mathfrak{G}} \sum_{j,k} \alpha_{ij}^{(1)}(g)\, \varrho_{jk}\, \alpha_{kl}^{(1)}(g^{-1}) = \frac{h}{n_1}(\varrho_{11}+\varrho_{22}+\cdots+\varrho_{n_1 n_1})\, \delta_{il},$$

woraus sich durch Koeffizientenvergleich (ϱ_{ik} beliebig!)

$$\sum_{g\in\mathfrak{G}} \alpha_{ij}^{(1)}(g)\, \alpha_{kl}^{(1)}(g^{-1}) = \frac{h}{n_1}\, \delta_{il}\, \delta_{jk} \tag{43.4}$$

ergibt. Durch Spurbildung erhält man daraus schließlich

$$\sum_{g\in\mathfrak{G}} \chi_1(g)\cdot\chi_1(g^{-1}) = h. \tag{43.5}$$

Die Formeln (43.3) und (43.5) lassen sich zusammenfassen zu

$$\sum_{g\in\mathfrak{G}} \chi_l(g)\cdot\chi_m(g^{-1}) = \left\{\begin{matrix} 0, & \text{wenn } \mathfrak{D}_l \text{ und } \mathfrak{D}_m \text{ nicht-ähnlich} \\ h, & \text{wenn } \mathfrak{D}_l \text{ und } \mathfrak{D}_m \text{ ähnlich.} \end{matrix}\right\} \tag{43.6}$$

Dies sind die sog. Orthogonalitätsrelationen erster Art für einfache Charaktere. Nach Gl. (42.1) und Satz 5 lassen sich diese Relationen auch in der Form schreiben

$$\sum_{g\in\mathfrak{G}} \chi_l(g)\cdot\chi_m^*(g) = \left\{\begin{matrix} 0, & \text{wenn } \mathfrak{D}_l \text{ und } \mathfrak{D}_m \text{ nicht-ähnlich} \\ h, & \text{wenn } \mathfrak{D}_l \text{ und } \mathfrak{D}_m \text{ ähnlich} \end{matrix}\right\} \tag{43.6'}$$

Bezeichnet $\{g_i\}$ diejenige Klasse konjugierter Elemente von $\mathfrak{G}$, in der g_i liegt, so ist die Matrix

$$\boldsymbol{B}_i = \sum_{g\in\{g_i\}} \boldsymbol{A}_1(g) \tag{43.7}$$

mit allen Matrizen $\boldsymbol{A}_1(g)\in\mathfrak{D}_1$ vertauschbar; denn es ist

$$\boldsymbol{A}_1(g')\,\boldsymbol{B}_i\,\boldsymbol{A}_1(g'^{-1}) = \sum_{g\in\{g_i\}} \boldsymbol{A}_1(g' g g'^{-1}) = \sum_{g\in\{g_i\}} \boldsymbol{A}_1(g) = \boldsymbol{B}_i.$$

Da $\mathfrak{D}_1$ irreduzibel ist, folgt nach Satz 13, Ziff. 34 β): $\boldsymbol{B}_i = \beta_i\,\mathbf{1}$. Die Zahl β_i kann wieder durch Spurbildung bestimmt werden, und unter Berücksichtigung der Tatsache, daß die Charaktere Klassenfunktionen auf der Gruppe sind, erhält man

$$\beta_i\, n_1 = \mathrm{Sp}(\boldsymbol{B}_i) = \sum_{g\in\{g_i\}} \mathrm{Sp}\left(\boldsymbol{A}_1(g)\right) = h_i\,\chi_1(g_i),$$

wobei h_i die Anzahl der Elemente der Klasse $\{g_i\}$ bezeichnet. Aus (43.7) ergibt sich somit die Formel

$$\sum_{g\in\{g_i\}} \alpha_{ij}^{(1)}(g) = \frac{h_i}{n_1}\,\chi_1(g_i)\,\delta_{ij} \tag{43.8}$$

für eine irreduzible Darstellung $\mathfrak{D}_1$.

44. Beweis der Sätze 1 und 7. Wir zeigen zunächst

Satz 8. *Zwei irreduzible Darstellungen einer Gruppe $\mathfrak{G}$ sind dann und nur dann ähnlich, wenn sie denselben Charakter haben.*

Zunächst ist klar, daß ähnliche irreduzible Darstellungen denselben Charakter besitzen, zu beweisen ist also lediglich die Umkehrung. Es sei also $\chi_1(g) = \chi_2(g)$ für alle $g\in\mathfrak{G}$, während die zugehörigen irreduziblen Darstellungen $\mathfrak{D}_1$ und $\mathfrak{D}_2$ nicht-ähnlich sind. Dann folgt nach Gl. (43.6) einmal

$$\sum_{g\in\mathfrak{G}} \chi_1(g)\,\chi_2(g^{-1}) = \sum_{g\in\mathfrak{G}} \chi_1(g)\cdot\chi_1(g^{-1}) = 0$$

und zum anderen

$$\sum_{g\in\mathfrak{G}} \chi_1(g)\cdot\chi_1(g^{-1}) = \sum_{g\in\mathfrak{G}} \chi_1(g)\cdot\chi_2(g^{-1}) = h,$$

was offensichtlich einen Widerspruch darstellt.

Ist $\mathfrak{D}$ eine beliebige Darstellung von $\mathfrak{G}$ und bezeichnen $\chi_1, \ldots, \chi_k$ die Charaktere der paarweise nicht-ähnlichen irreduziblen Bestandteile, die in zwei Ausreduzierungen von $\mathfrak{D}$ mit den Häufigkeiten ε_j und η_j $(j=1, \ldots, k)$ vorkommen, so ist der Charakter von $\mathfrak{D}$ gegeben durch

$$\chi(g) = \sum_{j=1}^{k} \varepsilon_j \chi_j(g) = \sum_{j=1}^{k} \eta_j \chi_j(g).$$

Durch Multiplikation mit $\chi_l(g^{-1})$ und Summation über alle Elemente von $\mathfrak{G}$ folgt daraus nach (43.6)

$$\sum_{g\in\mathfrak{G}} \chi(g)\,\chi_l(g^{-1}) = h\,\varepsilon_l = h\,\eta_l \qquad (l=1, \ldots, k). \tag{44.1}$$

Dies ist aber genau die Aussage von Satz 1, daß jede Ausreduzierung dieselbe Länge und (da die Charaktere nach Satz 8 die irreduziblen Darstellungen bis auf Ähnlichkeit eindeutig kennzeichnen) bis auf Reihenfolge und Ähnlichkeit dieselben irreduziblen Bestandteile hat. Überdies liefert Gl. (44.1) ein Mittel, um die irreduziblen Bestandteile einer Darstellung von $\mathfrak{G}$ anzugeben, wenn der Charakter der Darstellung sowie die Charaktere der irreduziblen Bestandteile bekannt sind.

Satz 7 ergibt sich schließlich als unmittelbare Folge der bewiesenen Sätze: Ähnliche Darstellungen haben trivialerweise den gleichen Charakter, umgekehrt sind, wie eben gezeigt, durch den Charakter einer Darstellung deren irreduzible Bestandteile (bis auf Ähnlichkeit) festgelegt; *vollreduzible* Darstellungen sind aber ähnlich, wenn sie ähnliche irreduzible Bestandteile besitzen.

45. Hauptsatz über die Darstellungen endlicher Gruppen. Sind $\alpha_{ij}^{(1)}(g)$ die Matrix-Elemente der Matrix $\boldsymbol{A}_1(g)$ einer irreduziblen Darstellung n_1-ten Grades $\mathfrak{D}_1$ einer Gruppe $\mathfrak{G}$ von der Ordnung h, so lassen sich die Zahlen-h-Tupel

$$\left\{\sqrt{\frac{n_1}{h}}\,\alpha_{ij}^{(1)}(g_1),\ \sqrt{\frac{n_1}{h}}\,\alpha_{ij}^{(1)}(g_2),\ \ldots,\ \sqrt{\frac{n_1}{h}}\,\alpha_{ij}^{(1)}(g_h)\right\} \tag{45.1}$$

als Vektoren in einem Raum $\mathfrak{M}_h$ von der Dimension der Gruppenordnung auffassen. $\mathfrak{D}_1$ liefert so n_1^2 Vektoren. Die Relationen (43.4) können dann als Orthogonalitätsrelationen zwischen diesen Vektoren gedeutet werden und garantieren demgemäß die lineare Unabhängigkeit der n_1^2 Vektoren (45.1). Ist $\mathfrak{D}_2$ eine zweite zu $\mathfrak{D}_1$ nicht-ähnliche irreduzible Darstellung, so liefert diese auf dieselbe Weise n_2^2 weitere Vektoren, die nicht nur untereinander, sondern nach Gl. (43.2) auch zu denen der Darstellung $\mathfrak{D}_1$ orthogonal sind, so daß man also insgesamt $n_1^2+n_2^2$ linear unabhängige Vektoren in $\mathfrak{M}_h$ hat. Fortsetzung dieses Verfahrens liefert $n_1^2+n_2^2+\cdots+n_k^2$ linear unabhängige Vektoren in $\mathfrak{M}_h$, und da einerseits diese Summe die Dimension von $\mathfrak{M}_h$ (also die Gruppenordnung h) nicht übertreffen darf, andererseits aber die Hinzunahme weiterer (zu den bereits verwendeten nicht ähnlichen) irreduziblen Darstellungen die Summe beliebig vergrößern würde, gilt der

Hauptsatz. *Eine endliche Gruppe besitzt (bis auf Ähnlichkeit) nur endlich viele verschiedene irreduzible Darstellungen.*

Ihre Anzahl ist trivialerweise stets $\leqq h$. Der Fall des Gleichheitszeichens kommt bei abelschen Gruppen vor [Ziff. 51α)].

Bezeichnet man als den *Rang r einer Darstellung* $\mathfrak{D}$ (die nicht irreduzibel sein muß) die Maximalzahl der linear unabhängigen Matrizen $\boldsymbol{A}(g) \in \mathfrak{D}$, so gilt folgender

Hilfssatz: Ist r der Rang einer Darstellung $\mathfrak{D}$, so ist

$$r = n_1^2 + n_2^2 + \cdots + n_k^2,$$

wenn $\mathfrak{D}_1, \ldots, \mathfrak{D}_k$ mit den Graden $n_1, \ldots, n_k$ die verschiedenen irreduziblen Bestandteile von $\mathfrak{D}$ sind.

Nach den Sätzen 4 und 5 ist die Darstellung $\mathfrak{D}$ vollreduzibel, man kann sie also als ausreduziert betrachten, wobei überdies alle ähnlichen Bestandteile noch elementweise gleich sein mögen (was stets durch eine Ähnlichkeits-Transformation erreicht werden kann). Dann ist klar, daß der Rang von $\mathfrak{D}$ gleich der Rangsumme der *verschiedenen* irreduziblen Bestandteile ist. Der Rang von $\mathfrak{D}_i$ ist aber n_i^2, da einerseits jede lineare Relation zwischen den Matrizen von $\mathfrak{D}_i$ eine lineare Abhängigkeit in den durch $\mathfrak{D}_i$ definierten Vektoren (45.1) bedingen würde, andererseits in der vollen Matrix-Algebra n_i-ten Grades (Ziff. 28) aber überhaupt nur n_i^2 linear unabhängige Matrizen vorkommen.

46. Die reguläre Darstellung einer endlichen Gruppe. Sind $g_1, \ldots, g_h$ die Elemente der Gruppe $\mathfrak{G}$ (von der Ordnung h), so betrachten wir diese als Basisvektoren eines h-dimensionalen Vektorraumes. Jedes $g_i \in \mathfrak{G}$ transformiert (bzw. permutiert) dann die Basisvektoren durch die in $\mathfrak{G}$ erklärte Multiplikation gemäß

$$g_i g_1 = g_{i_1}, \quad g_i g_2 = g_{i_2}, \quad \ldots, \quad g_i g_h = g_{i_h}, \tag{46.1}$$

wobei die $g_{i_1}, \ldots, g_{i_h}$ wieder alle Elemente der Gruppe $\mathfrak{G}$ in einer anderen Anordnung sein müssen (falls g_i nicht gerade das Einheitselement ist). Jedem $g_i \in \mathfrak{G}$ ist durch (46.1) also eindeutig eine Transformation zugeordnet, die durch eine nicht-singuläre Matrix h-ten Grades dargestellt wird, und man erkennt, daß die Darstellungsbedingung (39.1) erfüllt ist. Die so definierte treue Darstellung heißt die *reguläre Darstellung* von $\mathfrak{G}$.

Wir zeigen, daß die *reguläre Darstellung von* $\mathfrak{G}$ *den Rang h* hat. Wie man aus (46.1) ersieht, bestehen die Matrizen $\boldsymbol{A}(g_i) = (\alpha_{jl}(g_i))$ der regulären Darstellung aus Spalten, in denen jeweils nur eine 1 vorkommt (und zwar in der l-ten Spalte an i_l-ter Stelle) während alle übrigen Elemente verschwinden. Setzt man

$$\varepsilon(g) = \begin{cases} 1 & \text{wenn } g = e \text{ (Einheitselement von } \mathfrak{G}) \\ 0 & \text{sonst,} \end{cases}$$

so ist also

$$\alpha_{jl}(g_i) = \varepsilon(g_j^{-1} g_i g_l).$$

Aus einer linearen Abhängigkeit zwischen den $\boldsymbol{A}(g_i)$, d.h. aus

$$\sum_{i=1}^{h} \beta_i \alpha_{jl}(g_i) = \sum_{i=1}^{h} \beta_i \varepsilon(g_j^{-1} g_i g_l) = 0,$$

folgt dann für $g_j = e$ aber $\beta_l = 0$. Alle h Matrizen der regulären Darstellung sind somit untereinander linear unabhängig.

47. Ergänzungen zum Hauptsatz. Nach dem Hilfssatz in Ziff. 45 enthält die reguläre Darstellung ein System von verschiedenen irreduziblen Darstellungen $\mathfrak{D}_1, \ldots, \mathfrak{D}_k$, für das $r = h$ ist. Da andererseits r aber niemals größer sein kann als h, folgt also

Satz 9. *In der regulären Darstellung einer endlichen Gruppe $\mathfrak{G}$ der Ordnung h sind alle verschiedenen irreduziblen Darstellungen $\mathfrak{D}_1, \ldots, \mathfrak{D}_k$ (mit den Graden $n_1, \ldots, n_k$) enthalten, die $\mathfrak{G}$ besitzt, und es gilt*

$$h = n_1^2 + n_2^2 + \cdots + n_k^2.$$

Durch Ausreduzieren der regulären Darstellung einer Gruppe $\mathfrak{G}$ kann man also alle irreduziblen Darstellungen von $\mathfrak{G}$ erhalten, mit deren Hilfe man andererseits wieder alle Darstellungen von $\mathfrak{G}$ übersieht. Man beachte übrigens, daß sich unter allen irreduziblen Darstellungen einer Gruppe $\mathfrak{G}$ natürlich stets auch die identische Darstellung befindet. Ohne Beweis seien noch angeführt:

Satz 10. *Die reguläre Darstellung von $\mathfrak{G}$ enthält jede irreduzible Darstellung $\mathfrak{D}_i$ von $\mathfrak{G}$ so oft, wie ihr Grad n_i angibt.*

Satz 11. *Der Grad n_i jeder irreduziblen Darstellung $\mathfrak{D}_i$ von $\mathfrak{G}$ ist ein Teiler der Gruppenordnung h.*

48. Die Orthogonalitätsrelationen zweiter Art. Sind $\mathfrak{D}_1, \ldots, \mathfrak{D}_k$ *alle* verschiedenen irreduziblen Darstellungen einer Gruppe $\mathfrak{G}$, so bilden wir aus den durch sie definierten Vektoren (45.1) zwei Matrizen

$$\boldsymbol{D} = \begin{bmatrix} \sqrt{\frac{n_1}{h}}\,\alpha_{11}^{(1)}(g_1), & \sqrt{\frac{n_1}{h}}\,\alpha_{11}^{(1)}(g_2), & \ldots & \sqrt{\frac{n_1}{h}}\,\alpha_{11}^{(1)}(g_h) \\ \sqrt{\frac{n_1}{h}}\,\alpha_{12}^{(1)}(g_1), & \ldots & & \vdots \\ \vdots & & & \\ \sqrt{\frac{n_1}{h}}\,\alpha_{n_1 n_1}^{(1)}(g_1), & \ldots & & \\ \sqrt{\frac{n_2}{h}}\,\alpha_{11}^{(2)}(g_1), & \ldots & & \\ \vdots & & & \\ \sqrt{\frac{n_k}{h}}\,\alpha_{n_k n_k}^{(k)}(g_1), & \ldots & & \sqrt{\frac{n_k}{h}}\,\alpha_{n_k n_k}^{(k)}(g_h) \end{bmatrix}$$

$$\boldsymbol{F} = \begin{bmatrix} \sqrt{\frac{n_1}{h}}\,\alpha_{11}^{(1)}(g_1^{-1}), & \sqrt{\frac{n_1}{h}}\,\alpha_{21}^{(1)}(g_1^{-1}), & \ldots & \sqrt{\frac{n_k}{h}}\,\alpha_{n_k n_k}^{(k)}(g_1^{-1}) \\ \sqrt{\frac{n_1}{h}}\,\alpha_{11}^{(1)}(g_2^{-1}), & \ldots & & \vdots \\ \vdots & & & \\ \sqrt{\frac{n_1}{h}}\,\alpha_{11}^{(1)}(g_h^{-1}), & \ldots & & \sqrt{\frac{n_k}{h}}\,\alpha_{n_k n_k}^{(k)}(g_h^{-1}) \end{bmatrix}$$

derart, daß die Relationen (43.2) und (43.4) in der Matrixgleichung

$$\boldsymbol{D}\boldsymbol{F} = \boldsymbol{1} \quad \text{(Einheitsmatrix } h\text{-ten Grades)}$$

zusammengefaßt werden. Daraus folgt $\boldsymbol{F} = \boldsymbol{D}^{-1}$, und somit gilt auch

$$\boldsymbol{F}\boldsymbol{D} = \boldsymbol{1},$$

was in Element-Schreibweise die Relationen

$$\sum_{l=1}^{k} \sum_{i,j} n_l\, \alpha_{ij}^{(l)}(g_r^{-1})\, \alpha_{ji}^{(l)}(g_s) = h\, \delta_{rs}$$

zur Folge hat. Summiert man diese Gleichungen über alle g_s einer Klasse $\{g_t\}$, so ergeben sich unter Verwendung von (43.8) die sog. Orthogonalitätsrelationen zweiter Art:

$$\sum_{l=1}^{k} \chi_l(g_t)\cdot\chi_l(g_r^{-1}) = \begin{cases} \dfrac{h}{h_t}, & \text{wenn } g_r^{-1}\in\{g_t\} \\ 0 & \text{sonst.}\end{cases} \tag{48.1}$$

(Die Summation ist über *alle* irreduziblen Darstellungen von $\mathfrak{G}$ zu erstrecken.)

49. Die Anzahl der verschiedenen irreduziblen Darstellungen einer endlichen Gruppe. Setzt man in (48.1) $g_r = g_t$, so ergibt sich durch Summation über alle Elemente von $\mathfrak{G}$:

$$\sum_{l=1}^{k}\sum_{g_t\in\mathfrak{G}} \chi_l(g_t)\cdot\chi_l(g_t^{-1}) = h\sum_{g_t\in\mathfrak{G}}\frac{1}{h_t}.$$

Die auf der rechten Seite stehende Summe ist aber gerade die Anzahl der Klassen konjugierter Elemente von $\mathfrak{G}$. Andererseits liefern die Orthogonalitätsrelationen erster Art (43.6) durch Summation über alle k irreduziblen Darstellungen von $\mathfrak{G}$:

$$\sum_{l=1}^{k}\sum_{g\in\mathfrak{G}} \chi_l(g)\cdot\chi_l(g^{-1}) = h\,k.$$

Der Vergleich der beiden Formeln liefert also

Satz 12. *Die Anzahl k der verschiedenen irreduziblen Darstellungen einer Gruppe $\mathfrak{G}$ ist gleich der Klassenzahl von $\mathfrak{G}$.*

50. Die KRONECKERsche Produktdarstellung. Bilden die Größen $u_1, \ldots, u_n$ eine Basis eines Vektorraumes $\mathfrak{M}_n$ und $v_1, \ldots, v_m$ eine Basis eines zweiten Vektorraumes $\mathfrak{M}_m$, so kann man die formalen (kommutativen) Produkte $u_i \cdot v_k$ als Basis eines neuen Vektorraumes $\mathfrak{M}'$ betrachten, der zu dem Raumpaar $\mathfrak{M}_n$ und $\mathfrak{M}_m$ in der Beziehung steht, daß jedem Vektorpaar $a\in\mathfrak{M}_n$, $b\in\mathfrak{M}_m$ eindeutig ein Vektor $(a\times b)$ aus $\mathfrak{M}'$ zugeordnet wird gemäß

$$a = \sum_{i=1}^{n}\alpha_i u_i,\qquad b = \sum_{k=1}^{m}\beta_k v_k \rightarrow (a\times b) = \sum_{i,k}\alpha_i\beta_k(u_i v_k). \tag{50.1}$$

Man nennt $\mathfrak{M}'$ den *Produktraum*† von $\mathfrak{M}_n$ und $\mathfrak{M}_m$, in Zeichen

$$\mathfrak{M}' = \mathfrak{M}_n\times\mathfrak{M}_m.$$

Die Vektoren (50.1) bilden zwar nicht alle Vektoren von $\mathfrak{M}'$, aber sie spannen $\mathfrak{M}'$ auf. Sind nun A und B lineare Transformationen in $\mathfrak{M}_n$ und $\mathfrak{M}_m (a' = A a$, $b' = B b)$, so induzieren diese eine lineare Transformation in $\mathfrak{M}'$, die sog. *Produkttransformation* $A\times B$ gemäß:

$$(a'\times b') = (A a)\times(B b) = (A\times B)\,(a\times b).$$

Nach (50.1) hat diese in den darstellenden Matrizen die Form

$$\boldsymbol{A}\times\boldsymbol{B} = (\alpha_{ij}\beta_{kl}),$$

wenn $\boldsymbol{A} = (\alpha_{ij})$ und $\boldsymbol{B} = (\beta_{kl})$ ist. Man bestätigt die Formeln

$$(\boldsymbol{A}\times\boldsymbol{B})\,(\boldsymbol{A}'\times\boldsymbol{B}') = (\boldsymbol{A}\boldsymbol{A}')\times(\boldsymbol{B}\boldsymbol{B}') \tag{50.2}$$

† Ein geläufiges Beispiel einer derartigen Produktbildung ist die in der Quantenmechanik verwendete Zusammensetzung des Zustandsraumes eines Mehrkörpersystems aus den Zustandsräumen der einzelnen Teilchen des Systems.

und
$$\mathrm{Sp}\,(\boldsymbol{A}\times\boldsymbol{B}) = \mathrm{Sp}\,(\boldsymbol{A})\cdot\mathrm{Sp}\,(\boldsymbol{B}).$$

Sind $\mathfrak{M}_n$ und $\mathfrak{M}_m$ unitäre Vektorräume (Ziff. 26), so ist auch $\mathfrak{M}'$ ein unitärer Raum; denn sind $a, a' \in \mathfrak{M}_n$ und $b, b' \in \mathfrak{M}_m$, so ist durch

$$\langle a\times b, a'\times b'\rangle = \langle a, a'\rangle\cdot\langle b, b'\rangle$$

in $\mathfrak{M}'$ ein inneres Produkt erklärt, das alle in Ziff. 26 geforderten Eigenschaften hat. Man erkennt weiter, daß die Produkttransformation zweier unitärer Transformationen wieder unitär ist. Bilden die u_i und v_k in $\mathfrak{M}_n$ und $\mathfrak{M}_m$ je eine orthonormale Basis, so auch die Produkte $u_i v_k$ in $\mathfrak{M}'$. Daraus folgt, daß auch die Produktmatrix $\boldsymbol{A}\times\boldsymbol{B}$ zweier unitärer Matrizen ebenfalls unitär ist.

Sind $\mathfrak{D}_1$ und $\mathfrak{D}_2$ zwei Darstellungen einer Gruppe $\mathfrak{G}$, so bildet die Gesamtheit $\mathfrak{D}$ der Matrizen

$$\boldsymbol{A}_1(g)\times\boldsymbol{A}_2(g) \quad \text{mit} \quad \boldsymbol{A}_1(g)\in\mathfrak{D}_1, \quad \boldsymbol{A}_2(g)\in\mathfrak{D}_2$$

wegen (50.2) wieder einer Darstellung von $\mathfrak{G}$, die sog. KRONECKERsche Produktdarstellung, in Zeichen: $\mathfrak{D}=\mathfrak{D}_1\times\mathfrak{D}_2$. Sind $\mathfrak{D}_1$ und $\mathfrak{D}_2$ irreduzibel, so wird $\mathfrak{D}$ im allgemeinen nicht irreduzibel sein; oftmals liegt im Gegenteil der Wert der Produktdarstellung gerade darin, daß ihre Ausreduzierung neue, d.h. von $\mathfrak{D}_1$ und $\mathfrak{D}_2$ verschiedene, irreduzible Darstellungen von $\mathfrak{G}$ liefert.

51. Beispiele. *α) Abelsche Gruppen.*

Satz 13. *Eine abelsche Gruppe besitzt nur irreduzible Darstellungen ersten Grades.*

Ein Beweis dieses Satzes ergibt sich unmittelbar aus den Sätzen 12 und 9. Einen allgemeineren Beweis liefert das SCHURsche Lemma in der Form von Satz 13 Ziff. 34 β): Denn ist $\mathfrak{D}$ eine irreduzible Darstellung einer abelschen Gruppe, so ist jedes $\boldsymbol{A}(g)\in\mathfrak{D}$ mit allen Matrizen von $\mathfrak{D}$ vertauschbar und somit ein Vielfaches der Einheitsmatrix, d.h. im vorliegenden Fall vom ersten Grade.

Man sieht, daß bei irreduziblen Darstellungen endlicher abelscher Gruppen jedes Element der Ordnung m durch eine m-te Einheitswurzel dargestellt wird, und daß die Darstellungen durch primitive Einheitswurzeln treu sind.

β) Permutationsgruppen. Die Gesamtheit aller Permutationen von n Gegenständen bildet eine Gruppe, die sog. *symmetrische Gruppe* $\mathfrak{S}_n$. Jede Untergruppe von $\mathfrak{S}_n$ heißt eine *Permutationsgruppe*, insbesondere heißt die aus *allen geraden* Permutationen (vgl. Ziff. 31, Fußnote) bestehende Untergruppe die *alternierende Gruppe* $\mathfrak{A}_n$. Jede Permutation, welche die „Gegenstände" $1, 2, \ldots, n$ überführt in $i_1, \ldots, i_n$ (wobei jedes i_k wieder eine der Zahlen $1, \ldots, n$ ist) läßt sich kennzeichnen durch das Symbol $\begin{pmatrix}1 & 2 & \ldots & n\\ i_1 & i_2 & \ldots & i_n\end{pmatrix}$. Oftmals zweckmäßig ist die Zerlegung einer Permutation in *Cyclen*, was am übersichtlichsten an einem Beispiel erläutert wird:

$$\begin{pmatrix}1 & 2 & 3 & 4\\ 3 & 2 & 4 & 1\end{pmatrix} = (134)\,(2);$$

man beginnt mit irgendeiner Zahl (hier 1) und schreibt diejenige, in die sie permutiert wird (3), daneben, dann sucht man deren Permutationsnachfolger (4) und schreibt diesen wiederum daneben usw. so lange, bis die erste Zahl wieder erscheint, dann schließt man die hingeschriebene Zahlenreihe, den Cyclus, in eine Klammer ein und beginnt auf dieselbe Weise mit dem Aufbau des nächsten Cyclus. Man fährt so lange fort, bis die ganze Permutation auf diese Weise in

Cyclen aufgelöst ist. Jede Permutation ist somit als ein Produkt von Cyclen darstellbar, und diese Produktbildung ist ersichtlich kommutativ.

Die Anzahl der Zahlen in einem Cyclus heißt seine Länge. Nennt man schließlich zwei Cyclenprodukte ähnlich, wenn sie dieselbe Anzahl von Cyclen besitzen und diese paarweise gleiche Länge haben, so beweist man leicht folgende Sätze:

1. Jede Permutation läßt sich (bis auf die Reihenfolge der Faktoren) eindeutig als Produkt von Cyclen schreiben.

2. Die Klassen konjugierter Elemente in $\mathfrak{S}_n$ bestehen aus Permutationen mit ähnlichen Cyclenprodukten.

Der zweite Satz besagt also, daß die Klassenzahl von $\mathfrak{S}_n$ gleich der Anzahl der Partitionen[1] der Zahl n ist. Nach Satz 12 ist dies gleichzeitig die Anzahl der verschiedenen irreduziblen Darstellungen der symmetrischen Gruppe $\mathfrak{S}_n$.

Als Beispiel betrachten wir $\mathfrak{S}_3$. In Cyclen-Schreibweise lauten ihre Elemente

$$g_1 = (1)(2)(3), \quad g_2 = (12)(3), \quad g_3 = (13)(2),$$
$$g_4 = (23)(1), \quad g_5 = (123), \quad g_6 = (132).$$

g_1 ist das Einheitselement e. Die Klassen konjugierte Elemente sind

$$\{g_1 = e\}, \quad \{g_2, g_3, g_4\}, \quad \{g_5, g_6\}.$$

Es gibt also drei Klassen, ebensoviele wie es Partitionen der Zahl 3 gibt. Man bestätigt ferner, daß die Permutationen $\{g_1, g_5, g_6\}$ die alternierende Gruppe $\mathfrak{A}_3$ bilden. Die beiden einfachsten Darstellungen, welche die Gruppe $\mathfrak{S}_3$ besitzt, sind:

die identische Darstellung: $\boldsymbol{A}(g_k) = 1 \quad (k = 1, \ldots, 6)$

und die alternierende Darstellung:

$$\boldsymbol{A}(g_1) = \boldsymbol{A}(g_5) = \boldsymbol{A}(g_6) = +1, \quad \boldsymbol{A}(g_2) = \boldsymbol{A}(g_3) = \boldsymbol{A}(g_4) = -1.$$

Da nach Satz 12 $\mathfrak{S}_3$ aber nur drei verschiedene irreduzible Darstellungen besitzt, kann (da die Gleichung $6 = 1 + 1 + n_3^2$ die eindeutige Lösung $n_3 = 2$ hat) nach Satz 9 $\mathfrak{S}_3$ nur noch eine weitere irreduzible Darstellung, und zwar vom zweiten Grade haben. Eine solche ist

$$\left.\begin{aligned} \boldsymbol{A}(g_1) &= \begin{pmatrix} 1 & 0 \\ 0 & 1 \end{pmatrix}, \quad \boldsymbol{A}(g_2) = \begin{pmatrix} -1 & 1 \\ 0 & 1 \end{pmatrix}, \quad \boldsymbol{A}(g_3) = \begin{pmatrix} 0 & -1 \\ -1 & 0 \end{pmatrix}, \\ \boldsymbol{A}(g_4) &= \begin{pmatrix} 1 & 0 \\ 1 & -1 \end{pmatrix}, \quad \boldsymbol{A}(g_5) = \begin{pmatrix} 0 & -1 \\ 1 & -1 \end{pmatrix}, \quad \boldsymbol{A}(g_6) = \begin{pmatrix} -1 & 1 \\ -1 & 0 \end{pmatrix}. \end{aligned}\right\} \tag{51.1}$$

Man bestätigt die Klassenfunktions-Eigenschaft des Charakters. Die Darstellung (51.1) ist nicht unitär, andererseits muß es aber nach Satz 5 und Satz 3 eine zu (51.1) ähnliche Darstellung geben, die nur aus unitären Matrizen besteht. Tatsächlich führt die Matrix

$$\boldsymbol{P} = \begin{pmatrix} 1 & -\frac{1}{2} \\ 0 & \frac{1}{2}\sqrt{3} \end{pmatrix}.$$

[1] Eine Partition der Zahl n nennt man eine Zerlegung von n in ganze Zahlen m_i:

$$n = m_1 + m_2 + \cdots + m_n \quad \text{mit} \quad m_1 \geq m_2 \geq \cdots \geq m_n \geq 0.$$

die Darstellung (51.1) durch die Ähnlichkeits-Transformation $\boldsymbol{A}'(g_k) = \boldsymbol{P}\boldsymbol{A}(g_k)\boldsymbol{P}^{-1}$ über in

$$\boldsymbol{A}'(g_1) = \begin{pmatrix} 1 & 0 \\ 0 & 1 \end{pmatrix}, \qquad \boldsymbol{A}'(g_2) = \begin{pmatrix} -1 & 0 \\ 0 & 1 \end{pmatrix}, \qquad \boldsymbol{A}'(g_3) = \tfrac{1}{2}\begin{pmatrix} 1 & -\sqrt{3} \\ -\sqrt{3} & -1 \end{pmatrix},$$

$$\boldsymbol{A}'(g_4) = \tfrac{1}{2}\begin{pmatrix} 1 & \sqrt{3} \\ \sqrt{3} & -1 \end{pmatrix}, \qquad \boldsymbol{A}'(g_5) = \tfrac{1}{2}\begin{pmatrix} -1 & -\sqrt{3} \\ \sqrt{3} & -1 \end{pmatrix}, \qquad \boldsymbol{A}'(g_6) = \tfrac{1}{2}\begin{pmatrix} -1 & \sqrt{3} \\ -\sqrt{3} & -1 \end{pmatrix},$$

und dies ist, wie man sich überzeugt, eine unitäre Darstellung.

Die im Beispiel der $\mathfrak{S}_3$ auftretende Erscheinung, daß es nur zwei irreduzible Darstellungen ersten Grades (nämlich die identische und die alternierende) gibt, trifft für alle $\mathfrak{S}_n$ zu; die irreduziblen Darstellungen der $\mathfrak{S}_n$ sind, bis auf die identische und die alternierende, stets von höherem als ersten Grad.

52. Hinweis auf die Darstellungstheorie unendlicher Gruppen. Bei den Sätzen der vorhergehenden Ziffern dieses Kapitels wurde die Endlichkeit der Gruppen im wesentlichen in der Verwendung einer über alle Gruppenelemente $g \in \mathfrak{G}$ erstreckten Summation der Form

$$\sum_{g \in \mathfrak{G}} f(g) \tag{52.1}$$

benutzt, wobei $f(g)$ eine komplexwertige Funktion auf der Gruppe bedeutete. Eine etwas genauere Durchmusterung der Beweismethoden zeigt, daß man statt der Summation (52.1) „schon" mit der Bildung

$$M_g(f(g)) = \frac{1}{h} \sum_{g \in \mathfrak{G}} f(g) \tag{52.2}$$

auskommt, was offenbar eine *Mittelwert-Bildung* auf der Gruppe bedeutet. So lassen sich z.B. die Orthogonalitätsrelationen (43.2) und (43.4) der Matrixelemente irreduzibler Darstellungen in der Form

$$M_g\left(\alpha_{ij}^{(\nu)}(g)\, \alpha_{kl}^{(\mu)}(g^{-1})\right) = \frac{1}{n_\nu}\, \delta_{il}\, \delta_{jk}\, \delta_{\nu\mu}$$

schreiben, bzw. bei unitären Darstellungen in der Form

$$M_g\left(\alpha_{ij}^{(\nu)}(g)\, \alpha_{kl}^{(\mu)*}(g)\right) = \frac{1}{n_\nu}\, \delta_{il}\, \delta_{jk}\, \delta_{\nu\mu}.$$

Die Charakteren-Relation (43.6') lautet

$$M_g\left(\chi_l(g)\, \chi_m^*(g)\right) = \delta_{lm}.$$

Es scheint daher plausibel, daß sich die hier benutzte Methode der Darstellungstheorie sinngemäß auf die Darstellung unendlicher Gruppen ausdehnen läßt, wenn es gelingt, auf solchen Gruppen eine Mittelwertbildung zu definieren. Eine solche (durch bestimmte Eigenschaften axiomatisch gekennzeichnete) Mittelwertbildung liefert die Theorie der „fastperiodischen Funktionen auf Gruppen", die somit als Darstellungstheorie (der beschränkten Darstellungen) unendlicher Gruppen anzusehen ist. Man kann aber auch so vorgehen, daß man Klassen unendlicher Gruppen charakterisiert, in denen sich ein Analogon zu (52.1), ein sog. „Integral auf der Gruppe" erklären läßt. Dies ist der historische Weg, auf dem das Darstellungsproblem (immer umfassenderer Klassen) von unendlichen Gruppen in Angriff genommen wurde.

Hier kann auf diese Fragen nicht eingegangen werden. Von den unendlichen Gruppen betrachten wir nur die 3-dimensionale Drehgruppe, deren irreduzible Darstellungen sich mit sehr elementaren Mitteln gewinnen lassen.

II. Die Darstellungen der 3-dimensionalen Drehgruppe $\mathfrak{d}_3$.

53. Die homogenen Polynome als Darstellungsräume. Die 3-dimensionale Drehgruppe $\mathfrak{d}_3$ besteht aus allen linearen Transformationen (Automorphismen, Ziff. 27) eines 3-dimensionalen euklidischen Raumes (Ziff. 26), welche die Länge der Vektoren dieses Raumes invariant lassen, und die sich überdies stetig[1] in die identische Transformation überführen lassen. Unter Vorgabe einer orthonormalen Basis wird jede Transformation $A \in \mathfrak{d}_3$ dargestellt durch eine orthogonale Matrix $\boldsymbol{A} = (\alpha_{ik})$ $(\boldsymbol{A}\tilde{\boldsymbol{A}} = \boldsymbol{1})$ mit der Determinante $|\boldsymbol{A}| = +1$, bzw. durch eine lineare Substitution

$$x'_i = \sum_{k=1}^{3} \alpha_{ik} x_k, \quad \sum_{i=1}^{3} \alpha_{ik} \alpha_{ij} = \delta_{kj} \quad \Big(\sum_i x_i'^2 = \sum_i x_i^2\Big) \tag{53.1}$$

mit der Determinante $+1$. Die Drehgruppe $\mathfrak{d}_3$ ist eine Untergruppe (vom Index 2) der orthogonalen Gruppe $\mathfrak{o}_3$. Diese wiederum ist isomorph der Gruppe aller orthogonalen Matrizen dritten Grades; sie enthält neben den Drehungen noch die Drehspiegelungen.

Wir betrachten von nun ab die x_1, x_2, x_3 in (53.1) als *Unbestimmte* (Ziff. 14)[2] und bilden mit ihnen die Monome n-ten Grades

$$x_1^{n_1} x_2^{n_2} x_3^{n_3} \quad (n_1 + n_2 + n_3 = n).$$

Von diesen gibt es $r_n = \frac{1}{2}(n+2)(n+1)$ linear unabhängige, und die Gesamtheit ihrer Linearkombinationen mit *komplexen* Zahlen als Koeffizienten, d.h. die Gesamtheit der homogenen Polynome n-ten Grades, bildet einen r_n-dimensionalen Vektorraum $\mathfrak{M}_{r_n}$ (über dem Körper Γ der komplexen Zahlen). Jeder Vektor von $\mathfrak{M}_{r_n}$ hat also die Form

$$c = \sum_{n_1+n_2+n_3=n} \gamma_{n_1 n_2 n_3} x_1^{n_1} x_2^{n_2} x_3^{n_3}, \quad (\gamma_{n_1 n_2 n_3} \in \Gamma). \tag{53.2}$$

Die Transformationen (53.1) führen nun jedes homogene Polynom in x_1, x_2, x_3 wieder in ein homogenes Polynom desselben Grades über und induzieren somit lineare Transformationen in $\mathfrak{M}_{r_n}$: Der Vektor (53.2) geht dabei über in

$$c' = \sum \gamma_{n_1 n_2 n_3} \Big(\sum_k \alpha_{1k} x_k\Big)^{n_1} \Big(\sum_j \alpha_{2j} x_j\Big)^{n_2} \Big(\sum_l \alpha_{3l} x_l\Big)^{n_3} = \sum \gamma'_{n_1 n_2 n_3} x_1^{n_1} x_2^{n_2} x_3^{n_3}.$$

Auf diese Weise vermittelt jeder Raum $\mathfrak{M}_{r_n}$ also eine Darstellung von $\mathfrak{d}_3$ von r_n-tem Grade. Diese Darstellungen sind jedoch im allgemeinen reduzibel, und es entsteht die Aufgabe, sie auszureduzieren und ihre irreduziblen Bestandteile zu bestimmen.

54. Zerlegung der Räume $\mathfrak{M}_{r_n}$ (orientierende Betrachtungen). Der einfachste Raum $\mathfrak{M}_{r_n}$ ist der die identische Darstellung $\mathfrak{D}_0$ von $\mathfrak{d}_3$ vermittelnde (eindimensionale) $\mathfrak{M}_{r_0}$. Der nächste $\mathfrak{M}_{r_1}$, der aus den Vektoren

$$\gamma_1 x_1 + \gamma_2 x_2 + \gamma_3 x_3 \quad (\gamma_k \in \Gamma)$$

[1] Der Begriff der Stetigkeit läßt sich in einen euklidischen Raum definieren. Wir wollen hier indessen nicht näher darauf eingehen.

[2] Man kann sie auch als *Variable* betrachten, was nach Satz 3 Ziff. 16 wegen des hier verwendeten Koeffizientenbereiches Γ keinen wesentlichen Unterschied macht.

besteht, vermittelt eine Darstellung dritten Grades, die mit der Darstellung (53.1) in übersichtlicher Weise zusammenhängt. Sie wird mit $\mathfrak{D}_1$ bezeichnet. Man beachte, daß $\mathfrak{M}_{r_1}$ kein euklidischer, sondern ein unitärer Raum ist; so gibt es in $\mathfrak{M}_{r_1}$ z.B. Vektoren, die bei der abelschen Untergruppe (von $\mathfrak{d}_3$) der Drehungen um die x_3-Achse in sich transformiert werden, nämlich

$$x_1 + i\,x_2,\quad x_1 - i\,x_2,\quad x_3\quad \left(i = \sqrt{-1}\right).$$

$\mathfrak{M}_{r_1}$ zerfällt also gegenüber dieser abelschen Gruppe in drei 1-dimensionale invariante Unterräume. (Ein euklidischer Raum hat keineswegs diese Eigenschaft, wie man bereits aus der Anschauung entnehmen kann!) $\mathfrak{D}_1$ ist irreduzibel, was man daraus erkennt, daß es Transformationen (53.1) gibt, die z.B. x_1 in x_2 und x_3 überführen, so daß man, von einem Vektor (x_1) ausgehend, durch Anwendung der Transformationen (53.1) den ganzen $\mathfrak{M}_{r_1}$ aufspannen kann.

Der 6-dimensionale $\mathfrak{M}_{r_2}$ mit der Basis

$$x_1^2,\quad x_2^2,\quad x_3^2,\quad x_1 x_2,\quad x_1 x_3,\quad x_2 x_3$$

ist dagegen nicht mehr irreduzibel gegenüber $\mathfrak{d}_3$. Denn es gibt einen Vektor in ihm, nämlich $x_1^2 + x_2^2 + x_3^2$, der bei allen Transformationen (53.1) fest bleibt. Somit zerfällt $\mathfrak{M}_{r_2}$ in einen 5-dimensionalen und einen 1-dimensionalen Unterraum

$$\mathfrak{M}_{r_2} = \mathfrak{M}_5 + \mathfrak{M}_1.$$

Diese Zerlegung ist aber sogar invariant gegenüber $\mathfrak{d}_3$, und demgemäß ist auch $\mathfrak{M}_5$ ein invarianter Unterraum[1]. $\mathfrak{M}_1$ ist natürlich irreduzibel und vermittelt wieder die identische Darstellung $\mathfrak{D}_0$, aber auch der Unterraum $\mathfrak{M}_5$ ist irreduzibel, und die von ihm vermittelte Darstellung von $\mathfrak{d}_3$ nennt man $\mathfrak{D}_2$. Unter Voraussetzung der Invarianz von $\mathfrak{M}_5$ läßt sich die behauptete Irreduzibilität noch leicht direkt nachweisen: Der Vektor $x_1 x_2$ geht nämlich durch Anwendung geeigneter „90°- und 45°-Drehungen" über in

$$x_1 x_3,\quad x_2 x_3,\quad x_1^2 - x_2^2,\quad x_1^2 - x_3^2,$$

und diese bilden zusammen mit $x_1 x_2$ bereits 5 linear unabhängige Vektoren. Da $\mathfrak{M}_5$ andererseits nicht mehr als 5 linear unabhängige Vektoren enthalten kann, ist damit der Beweis erbracht.

Eine analoge Zerfallseigenschaft wie $\mathfrak{M}_{r_2}$ hat auch der 10-dimensionale $\mathfrak{M}_{r_3}$; denn die Polynome

$$(x_1^2 + x_2^2 + x_3^2)\,x_1,\quad (x_1^2 + x_2^2 + x_3^2)\,x_2,\quad (x_1^2 + x_2^2 + x_3^2)\,x_3 \tag{54.1}$$

spannen offensichtlich einen zu $\mathfrak{M}_{r_1}$ (bezüglich der Transformationen von $\mathfrak{d}_3$) isomorphen invarianten Unterraum auf, und somit ist:

$$\mathfrak{M}_{r_3} = \mathfrak{M}_7 + (x_1^2 + x_2^2 + x_3^2)\,\mathfrak{M}_{r_1}.$$

Die Elemente des Raumes $(x_1^2 + x_2^2 + x_3^2)\,\mathfrak{M}_{r_1}$ sind also die Linearkombinationen der Vektoren (54.1). Er vermittelt die schon bekannte Darstellung $\mathfrak{D}_1$. Tatsächlich ist auch $\mathfrak{M}_7$ irreduzibel, und man erhält so eine weitere Darstellung $\mathfrak{D}_3$ von $\mathfrak{d}_3$ vom 7-ten Grad.

Das Verfahren zeigt, daß jeder $\mathfrak{M}_{r_n}$ mit $n > 1$ reduzibel ist, denn er enthält als invarianten Unterraum stets den Raum der Polynome

$$(x_1^2 + x_2^2 + x_3^2)\,f_{n-2}\quad \text{mit}\quad f_{n-2} \in \mathfrak{M}_{r_{n-2}},$$

[1] Dies läßt sich z.B. unter Benutzung von Satz 6 einsehen. Die späteren Entwicklungen liefern jedoch eine davon unabhängige Rechtfertigung der Behauptung.

den wir mit $(x_1^2+x_2^2+x_3^2)\,\mathfrak{M}_{r_{n-2}}$ bezeichnen. Da

$$r_n - r_{n-2} = \tfrac{1}{2}\{(n+2)(n+1) - n(n-1)\} = 2n+1$$

ist, besitzt $\mathfrak{M}_{r_n}$ also die Zerlegung

$$\mathfrak{M}_{r_n} = \mathfrak{M}_{2n+1} + (x_1^2+x_2^2+x_3^2)\,\mathfrak{M}_{r_{n-2}}.$$

Durch iterierte Anwendung dieser Formel erhält man

$$\left.\begin{aligned} \mathfrak{M}_{r_n} &= \mathfrak{M}_{2n+1} + (x_1^2+x_2^2+x_3^2)\,\mathfrak{M}_{2n-3} + (x_1^2+x_2^2+x_3^2)^2\,\mathfrak{M}_{2n-7} + \\ &+ \cdots + \begin{cases} (x_1^2+x_2^2+x_3^2)^{\frac{n}{2}}\,\mathfrak{M}_1 & \text{(wenn } n \text{ gerade)} \\ (x_1^2+x_2^2+x_3^2)^{\frac{n-1}{2}}\,\mathfrak{M}_3 & \text{(wenn } n \text{ ungerade).} \end{cases} \end{aligned}\right\} \tag{54.2}$$

Der Raum $\mathfrak{M}_{r_n}$ liefert, da alle Summanden in (54.2), wie noch gezeigt wird, invariante Unterräume sind, die Darstellungen $\mathfrak{D}_l$ von $\mathfrak{d}_3$, wobei $\mathfrak{D}_l$ von $\mathfrak{M}_{2l+1}$ vermittelt wird. Wir werden zeigen, daß alle diese $\mathfrak{D}_l$ *irreduzible* Darstellungen sind.

55. Zusammenhang mit Kugelfunktionen. Wir zeigen folgenden

Satz 14. *Die in* (54.2) *auftretenden Räume* $\mathfrak{M}_{2l+1}$ *sind identisch mit den* $(2l+1)$-*dimensionalen Räumen* $\mathfrak{K}_{2l+1}$ *der mit* $(x_1^2+x_2^2+x_3^2)^{l/2}$ *multiplizierten Kugelfunktionen l-ter Ordnung.*

Anwendung des linearen Differentialoperators

$$\Delta = \frac{\partial^2}{\partial x_1^2} + \frac{\partial^2}{\partial x_2^2} + \frac{\partial^2}{\partial x_3^2}$$

zerlegt den Raum $\mathfrak{M}_{r_l}$ aller homogenen Polynome l-ten Grades in

$$\mathfrak{M}_{r_l} = \mathfrak{K}_{t_l} + \mathfrak{N}_{s_l}, \tag{55.1}$$

wobei $\mathfrak{K}_{t_l}$ alle homogenen Polynome l-ten Grades f_l enthält, für die

$$\Delta f_l = 0 \tag{55.2}$$

ist und $\mathfrak{N}_{s_l}$ alle übrigen g_l (für die also $\Delta g_l \neq 0$). Die Lösungsgesamtheit von (55.2) bildet offensichtlich einen Raum, da mit

$$\Delta f_l = 0, \quad \Delta f_l' = 0 \to \Delta(f_l \pm f_l') = 0, \quad \Delta(\alpha f_l) = 0 \quad (\alpha \in \Gamma).$$

$\mathfrak{K}_{t_l}$ ist aber sogar invariant gegen $\mathfrak{d}_3$; denn da der Δ-Operator gegenüber den Transformationen (53.1) invariant ist, ist mit f_l auch jedes f_l' Lösung von (55.2), das aus f_l durch Anwendung der Transformationen (53.1) hervorgeht. Analog schließt man auch auf die Invarianz von $\mathfrak{N}_{s_l}$. Die Zerlegung (55.1) ist also eine Zerlegung von $\mathfrak{M}_{r_l}$ in gegenüber $\mathfrak{d}_3$ invariante Teilräume. $\mathfrak{K}_{t_l}$ hat nun die Dimension $t_l = 2l+1$. Diese Behauptung läßt sich entweder durch Hinweis auf die Theorie der Kugelfunktionen oder unabhängig davon folgendermaßen rechtfertigen: Der Δ-Operator liefert in Anwendung auf $\mathfrak{M}_{r_l}$ (wegen seiner Linearität) eine homomorphe Abbildung von $\mathfrak{M}_{r_l}$ auf $\mathfrak{M}_{r_{l-2}}$, bei welcher der Raum $\mathfrak{K}_{t_l}$ in den „Null-Raum" abgebildet wird. Zwischen den Dimensionen der Räume $\mathfrak{M}_{r_l}$, $\mathfrak{K}_{t_l}$ und $\mathfrak{M}_{r_{l-2}}$ besteht also die Beziehung

$$t_l = r_l - r_{l-2} = 2l+1.$$

Demnach ist $s_l = r_{l-2}$. Unter Berücksichtigung der Dimensions-Aussagen läßt sich (55.1) also schreiben

$$\mathfrak{M}_{r_l} = \mathfrak{K}_{2l+1} + \mathfrak{N}_{r_{l-2}}, \tag{55.3}$$

wobei $\mathfrak{K}_{2l+1}$ als Raum aller homogenen Polynome l-ten Grades f_l, die (55.2) genügen, mit dem Raum der mit $(x_1^2+x_2^2+x_3^2)^{l/2}$ multiplizierten Kugelfunktionen l-ter Ordnung übereinstimmt[1]. Wir beweisen nun folgenden

Hilfssatz: Alle Räume $(x_1^2+x_2^2+x_3^2)^j\,\mathfrak{K}_{2l+1}$ mit $2j+l=n$ (fest) sind elementfremd.

Zunächst zeigen wir: Ist $\mathfrak{K}_{2l+1}$ der Raum aller homogenen Polynome l-ten Grades mit $\Delta f_l=0$, so gilt für Polynome der Form $g_{j,l}=(x_1^2+x_2^2+x_3^2)^j f_l$

$$\Delta g_{j,l}\neq 0 \quad \text{für alle } j\neq 0. \tag{55.4}$$

Diese Behauptung ergibt sich durch einfache Rechnung; denn ist h_m irgendein homogenes Polynom m-ten Grades, so gilt

$$\Delta(x_1^2+x_2^2+x_3^2)\,h_m=2(2m+3)\,h_m+(x_1^2+x_2^2+x_3^2)\,\Delta h_m.$$

Sukzessive Anwendung dieser Formel liefert

$$\begin{aligned}\Delta g_{j,l}&=\Delta(x_1^2+x_2^2+x_3^2)\,g_{j-1,l}=2(2l+4j-1)\,g_{j-1,l}+(x_1^2+x_2^2+x_3^2)\,\Delta g_{j-1\,l}\\&=2\{(2l+4j-1)+(2l+4j-5)\}\,g_{j-1,l}+(x_1^2+x_2^2+x_3^2)^2\,\Delta g_{j-2,l}=\cdots\\&=2j(2l+2j+1)\,g_{j-1,l}+(x_1^2+x_2^2+x_3^2)^j\,\Delta f_l=2j(2l+2j+1)\,g_{j-1,l}.\end{aligned}$$

Mit dieser Formel läßt sich nun auch die Behauptung des Hilfssatzes sehr einfach einsehen; für festes n enthält:

1. $\mathfrak{K}_{2n+1}$: alle f_n mit $\Delta f_n=0$.
2. $(x_1^2+x_2^2+x_3^2)\,\mathfrak{K}_{2n-3}$: alle $g_{1,n-2}$, d.h. alle homogenen Polynome n-ten Grades h_n mit $\Delta h_n\neq 0$, $\Delta(\Delta h_n)=\Delta^2 h_n=0$.
3. $(x_1^2+x_2^2+x_3^2)^2\,\mathfrak{K}_{2n-7}$: alle $g_{2,n-4}$, d.h. alle homogenen Polynome n-ten Grades k_n mit $\Delta k_n\neq 0$, $\Delta^2 k_n\neq 0$, $\Delta^3 k_n=0$.

usw. Die Elementfremdheit der $(x_1^2+x_2^2+x_3^2)^j\,\mathfrak{K}_{2l+1}$ ist damit evident. Wegen der Dimensionssumme

$$(2n+1)+(2n-3)+\cdots+\begin{Bmatrix}1, & \text{wenn } n \text{ gerade}\\ 3, & \text{wenn } n \text{ ungerade}\end{Bmatrix}=\tfrac{1}{2}(n+2)(n+1)=r_n$$

besitzt $\mathfrak{M}_{r_n}$ also die Zerlegung

$$\left.\begin{aligned}\mathfrak{M}_{r_n}=\mathfrak{K}_{2n+1}+(x_1^2+x_2^2+x_3^2)\,\mathfrak{K}_{2n-3}+(x_1^2+x_2^2+x_3^2)^2\,\mathfrak{K}_{2n-7}+\\+\cdots+\begin{cases}(x_1^2+x_2^2+x_3^2)^{\frac{n}{2}}\,\mathfrak{K}_1 & (n \text{ gerade})\\(x_1^2+x_2^2+x_3^2)^{\frac{n-1}{2}}\,\mathfrak{K}_3 & (n \text{ ungerade})\end{cases}\end{aligned}\right\} \tag{55.5}$$

in lauter gegenüber $\mathfrak{d}_3$ invariante Unterräume. Die „Faktoren" $\mathfrak{K}_{2l+1}$ in dieser Reihe sind aber nach Konstruktion unabhängig von n, und damit folgt durch Induktion unmittelbar die Gleichheit der Zerlegungen (54.2) und (55.5), da trivialerweise $\mathfrak{K}_1=\mathfrak{M}_1$ und $\mathfrak{K}_3=\mathfrak{M}_3$ ist. Damit ist Satz 14 bewiesen.

56. Die Irreduzibilität der $\mathfrak{D}_l$. Der Raum aller Kugelfunktionen l-ter Ordnung $\mathfrak{K}'_{2l+1}$ [die Multiplikation mit $(x_1^2+x_2^2+x_3^2)^{l/2}$ lassen wir von nun ab als uninteressant beiseite] ist ein zu $\mathfrak{K}_{2l+1}$ isomorpher unitärer Raum; denn wählt man die (auf 1) normierten

$$Y_l^{-l}(\vartheta,\varphi),\ Y_l^{-l+1}(\vartheta,\varphi),\ \ldots,\ Y_l^{l-1}(\vartheta,\varphi),\ Y_l^{l}(\vartheta,\varphi)$$

[1] In Kugelkoordinaten r, ϑ, φ folgt durch Separation der Gleichung $\Delta(r^l Y_l)=0$ für $Y_l(\vartheta,\varphi)$ die Differentialgleichung der Kugelfunktionen l-ter Ordnung:

$$\left\{\frac{1}{\sin\vartheta}\frac{\partial}{\partial\vartheta}\left(\sin\vartheta\frac{\partial}{\partial\vartheta}\right)+\frac{1}{\sin^2\vartheta}\frac{\partial^2}{\partial\varphi^2}\right\}Y_l+l(l+1)\,Y_l=0.$$

als Basis[1], so ist das innere Produkt der Basiselemente erklärt durch

$$\langle Y_l^m, Y_l^{m'}\rangle = \int Y_l^m Y_l^{*m'}\, d\Omega = \delta_{m m'}, \tag{56.1}$$

wobei über den vollen Raumwinkel integriert wird. Durch (56.1) ist natürlich auch für jedes Paar von Vektoren aus $\mathfrak{R}'_{2l+1}$ das innere Produkt festgelegt[2].

Wir suchen in $\mathfrak{R}'_{2l+1}$ zunächst ein System von Vektoren u_j, die bei den Drehungen um eine feste Achse (und zwar um die x_3-Achse) in sich transformiert werden:

$$u_j(\vartheta, \varphi + \varphi') = \varrho_j(\varphi')\, u_j(\vartheta, \varphi).$$

Die TAYLOR-Entwicklung dieser Gleichung liefert

$$\frac{\varphi'}{1!}\frac{\partial u_j}{\partial\varphi} + \frac{\varphi'^2}{2!}\frac{\partial^2 u_j}{\partial\varphi^2} + \cdots = (\varrho_i - 1)\, u_j,$$

und da dies identisch in φ' gilt, muß

$$\frac{\partial u_j}{\partial\varphi} = \sigma_j u_j \quad (\sigma_j \in \Gamma) \tag{56.2}$$

sein. Andererseits ist aber

$$u_j = \sum_{m=-l}^{+l} \beta_{jm} Y_l^m,$$

und daraus folgt

$$\frac{\partial u_j}{\partial\varphi} = i \sum_{m=-l}^{+l} m\, \beta_{jm} Y_l^m.$$

Dies ist mit (56.2) nur vereinbar, wenn alle β_{jm} bis auf ein einziges verschwinden. Damit folgt

Satz 15. *Gegenüber der abelschen Gruppe der Drehungen um die x_3-Achse zerfällt $\mathfrak{R}'_{2l+1}$ in $2l+1$ eindimensionale Unterräume, die von den Y_l^m $(m = -l, \ldots, +l)$ aufgespannt werden. Die Y_l^m werden durch die Forderung der Invarianz gegenüber der genannten Gruppe bis auf die Reihenfolge eindeutig bestimmt.*

Nun sei $\mathfrak{P}$ ein gegenüber $\mathfrak{d}_3$ invarianter Unterraum von $\mathfrak{R}'_{2l+1}$, dann zerfällt $\mathfrak{R}'_{2l+1}$ gemäß

$$\mathfrak{R}'_{2l+1} = \mathfrak{P} + \mathfrak{P}', \tag{56.3}$$

wobei auch $\mathfrak{P}'$ invarianter Unterraum ist. Letzteres folgt [nach Ziff. 34α) Satz 11 und Schluß] daraus, daß $\mathfrak{R}'_{2l+1}$ ein unitärer Raum ist und die Transformationen der $\mathfrak{d}_3$ in $\mathfrak{R}'_{2l+1}$ unitäre Transformationen induzieren. Weiter sind $\mathfrak{P}$ und $\mathfrak{P}'$ als Unterräume eines unitären Raumes natürlich auch unitär, und infolgedessen müssen sowohl $\mathfrak{P}$ als auch $\mathfrak{P}'$ gegenüber der Gruppe der Drehungen um die x_3-Achse in lauter eindimensionale Unterräume zerfallen, die nach Satz 15 von den Y_l^m aufgespannt werden. Daraus folgt

---

[1] Es ist $Y_l^m(\vartheta, \varphi) = \sqrt{\frac{2l+1}{4\pi}\frac{(l-m)!}{(l+m)!}}\, e^{im\varphi} P_l^m(\cos\vartheta)$, wobei $P_l^m(\cos\vartheta)$ die „zugeordneten LEGENDREschen Polynome" (auch zugeordnete Kugelfunktionen genannt) sind:

$$P_l^m(\cos\vartheta) = \frac{(-1)^l}{2^l l!}\sin^m\vartheta\, \frac{d^{l+m}(\sin^{2l}\vartheta)}{d(\cos\vartheta)^{l+m}}.$$

[2] $\mathfrak{R}_{2l+1}$ ist natürlich auch ein unitärer Raum, das innere Produkt kann in ihm in Anlehnung an (56.1) durch Integration über ein geeignetes Volumen, etwa die volle Einheitskugel, definiert werden.

Hilfssatz 1: Jeder invariante Unterraum von $\mathfrak{R}'_{2l+1}$ besitzt eine Auswahl der Y_l^m als Basis.

Daneben gilt aber auch

Hilfssatz 2: Jeder invariante Unterraum von $\mathfrak{R}'_{2l+1}$ enthält Y_l^0.

Nehmen wir an, $\mathfrak{P}$ sei ein invarianter Unterraum von $\mathfrak{R}'_{2l+1}$, der Y_l^0 nicht enthält. Nach Hilfssatz 1 wird $\mathfrak{P}$ von einer Auswahl der Y_l^m aufgespannt:

$$\mathfrak{P} = \{Y_l^{m_1}, Y_l^{m_2}, \ldots, Y_l^{m_k}\} \qquad (m_j \neq 0),$$

und es gilt somit

$$Y_l^{m_j}(\vartheta + \vartheta', \varphi + \varphi') = \sum_{\nu=1}^{k} \alpha_{m_\nu}(\vartheta', \varphi')\, Y_l^{m_\nu}(\vartheta, \varphi), \quad (j = 1, \ldots, k).$$

Da nun für $m \neq 0$ alle $Y_l^m(0, \varphi) = 0$ sind, folgt für $\vartheta = \varphi = 0$

$$Y_l^{m_j}(\vartheta', \varphi') = 0 \qquad (j = 1, \ldots, k),$$

was einen offensichtlichen Widerspruch darstellt.

Nach Hilfssatz 2 müßte Y_l^0 also sowohl zu $\mathfrak{P}$ als auch zu $\mathfrak{P}'$ der Zerlegung (56.3) gehören, was jedoch ihrer Elementfremdheit widerspricht. Also kann $\mathfrak{R}'_{2l+1}$ keinen gegenüber $\mathfrak{d}_3$ invarianten Unterraum enthalten. Wir haben somit

Satz 16. *Die durch $\mathfrak{R}_{2l+1}$ (bzw. $\mathfrak{M}_{2l+1}$) vermittelten Darstellungen $(2l+1)$-ten Grades $\mathfrak{D}_l$ der Drehgruppe $\mathfrak{d}_3$ sind irreduzibel.*

Das System der irreduziblen Darstellungen $\mathfrak{D}_l$ der Drehgruppe $\mathfrak{d}_3$ ist, wie hier nicht bewiesen werden soll, in dem Sinne „vollständig", daß jede beschränkte Darstellung der Drehgruppe in ihrer ausreduzierten Form nur Darstellungen $\mathfrak{D}_l$ als irreduzible Bestandteile enthält.

57. Drehspiegelungen. Die gesamte orthogonale Gruppe $\mathfrak{o}_3$ erhält man aus der Drehgruppe $\mathfrak{d}_3$ durch Hinzunahme einer einzigen Spiegelung s (etwa der am Koordinaten-Nullpunkt). Die Faktorgruppe $\mathfrak{o}_3/\mathfrak{d}_3$ ist von der Ordnung 2 und besteht aus den Elementen s und $s^2 = 1$. Es gibt also nur zwei Darstellungen von $\mathfrak{o}_3/\mathfrak{d}_3$: 1. die identische $\mathfrak{A}_0$: $\{\boldsymbol{A}_0(1) = 1,\ \boldsymbol{A}_0(s) = +1\}$ und 2. $\mathfrak{A}_1$: $\{\boldsymbol{A}_1(1) = 1$ $\boldsymbol{A}_1(s) = -1\}$.

Nun ist jede Darstellung $\mathfrak{D}_l$ von $\mathfrak{d}_3$, wie die obige Konstruktion zeigt, auch eine Darstellung von $\mathfrak{o}_3$. Durch $\mathfrak{D}_l$ wird der Spiegelung s entweder die $(2l+1)$-dimensionale Einheitsmatrix zugeordnet, und zwar dann, wenn l gerade ist, oder bei ungeradem l die mit -1 multiplizierte Einheitsmatrix. Überdies erhält man aber aus $\mathfrak{D}_l$ noch weitere Darstellungen von $\mathfrak{o}_3$, wenn man die Matrizen von $\mathfrak{D}_l$ mit dem „Matrizen" der Darstellung $\mathfrak{A}_1$ der reinen Spiegelungsgruppe multipliziert. Wir bezeichnen die entstehende Menge von Matrizen mit $\mathfrak{A}_1 \times \mathfrak{D}_l$; in ihr wird die Spiegelung s durch die $(2l+1)$-dimensionale Einheitsmatrix dargestellt, wenn l ungerade, und durch die mit -1 multiplizierte Einheitsmatrix, wenn l gerade ist. Die *orthogonale* Gruppe hat somit jeweils *zwei verschiedene* irreduzible Darstellungen vom Grade $2l+1$, nämlich $\mathfrak{D}_l^+ = \mathfrak{A}_0 \times \mathfrak{D}_l$ und $\mathfrak{D}_l^- = \mathfrak{A}_1 \times \mathfrak{D}_l$.

58. Die spezielle unitäre Gruppe $\mathfrak{u}_2$. Die Gruppe aller unitären Transformationen (Automorphismen) mit der *Determinante* $+1$ eines 2-dimensionalen unitären Vektorraumes $\mathfrak{U}_2$ werde mit $\mathfrak{u}_2$ bezeichnet. Bilden u_1, u_2 eine orthonormale Basis von $\mathfrak{U}_2$, so wird in bezug auf diese jeder Vektor $a \in \mathfrak{U}_2$ durch

$$a = \alpha_1 u_1 + \alpha_2 u_2, \qquad \text{bzw. } \boldsymbol{a} = \begin{pmatrix} \alpha_1 \\ \alpha_2 \end{pmatrix}$$

und jede Transformation $S \in \mathfrak{u}_2$:

$$a' = S\,a = \alpha_1'\,u_1 + \alpha_2'\,u_2 \quad \text{bzw.} \quad \boldsymbol{a}' = \begin{pmatrix}\alpha_1'\\ \alpha_2'\end{pmatrix} = \boldsymbol{S}\,\boldsymbol{a} \tag{58.1}$$

durch die unitäre Matrix zweiten Grades:

$$\boldsymbol{S} = \begin{pmatrix}\sigma_{11} & \sigma_{12}\\ -\sigma_{12}^* & \sigma_{11}^*\end{pmatrix} \quad \text{mit} \quad |\boldsymbol{S}| = |\sigma_{11}|^2 + |\sigma_{12}|^2 = 1 \tag{58.2}$$

dargestellt. Die Gruppe $\mathfrak{u}_2$ ist also isomorph zur Gruppe aller Matrizen der Form (58.2), eine Tatsache, die ebenfalls zur Definition von $\mathfrak{u}_2$ ausgenutzt werden kann.

Nach dem Vorgang von Ziff. 53 betrachten wir die u_1, u_2 wieder als Unbestimmte und bilden die Monome n-ten Grades

$$u_1^{n_1}\,u_2^{n_2} \quad (n_1 + n_2 = n).$$

Von ihnen gibt es $n+1$ linear unabhängige, und ihre Linearkombinationen

$$b = \sum_{n_1+n_2=n} \beta_{n_1 n_2}\,u_1^{n_1}\,u_2^{n_2} \quad (\beta_{n_1 n_2} \in \Gamma) \tag{58.3}$$

bilden den $(n+1)$-dimensionalen Raum $\mathfrak{U}_{n+1}$ der homogenen Polynome n-ten Grades in u_1 und u_2. Jede Transformation (58.1) bzw. (58.2) induziert auch in $\mathfrak{U}_{n+1}$ eine lineare Transformation, die nach (58.1) den Vektor (58.3) überführt in

$$b' = \sum \beta_{n_1 n_2}(\sigma_{11}\,u_1 - \sigma_{12}^*\,u_2)^{n_1}\,(\sigma_{12}\,u_1 + \sigma_{11}^*\,u_2)^{n_2} = \sum \beta'_{n_1 n_2}\,u_1^{n_1}\,u_2^{n_2}. \tag{58.4}$$

Somit vermittelt jeder Raum $\mathfrak{U}_{n+1}$ eine Darstellung von $\mathfrak{u}_2$ vom Grad $n+1$. Diese Darstellungen werden mit $\mathfrak{D}_{\frac{n}{2}}$ bezeichnet. Sie hängen, wie schon die Bezeichnung ausdrückt, mit den Darstellungen $\mathfrak{D}_l$ der Drehgruppe $\mathfrak{d}_3$ zusammen, und zwar in einer Weise, die im folgenden näher auseinandergesetzt wird.

59. Zusammenhang der Gruppe $\mathfrak{u}_2$ mit der Gruppe $\mathfrak{d}_3$. Die aufgeworfene Frage findet ihre Antwort in

Satz 17. *Die Drehgruppe $\mathfrak{d}_3$ ist ein homomorphes Abbild der speziellen unitären Gruppe $\mathfrak{u}_2$, wobei der den Homomorphismus vermittelnde Normalteiler von $\mathfrak{u}_2$ zwei Elemente besitzt, welche durch die Matrizen*

$$\boldsymbol{S}_1 = \begin{pmatrix}1 & 0\\ 0 & 1\end{pmatrix} \quad \text{und} \quad \boldsymbol{S}_{-1} = -\begin{pmatrix}1 & 0\\ 0 & 1\end{pmatrix}$$

dargestellt werden.

Wir betrachten zunächst den Raum $\mathfrak{U}_3$ der Vektoren

$$b = \beta_{20}\,u_1^2 + \beta_{11}\,u_1\,u_2 + \beta_{02}\,u_2^2,$$

die wir auch auffassen können als quadratische Formen mit den Matrizen

$$\boldsymbol{B} = \begin{pmatrix}\beta_{20} & \frac{1}{2}\beta_{11}\\ \frac{1}{2}\beta_{11} & \beta_{02}\end{pmatrix}. \tag{59.1}$$

Die Transformation (58.4) führt dann die Matrix (59.1) über in (vgl. Ziff. 38)

$$\boldsymbol{B}' = \begin{pmatrix}\beta'_{20} & \frac{1}{2}\beta'_{11}\\ \frac{1}{2}\beta'_{11} & \beta'_{02}\end{pmatrix} = \boldsymbol{S}\boldsymbol{B}\widetilde{\boldsymbol{S}}, \tag{59.2}$$

wenn $\tilde{S}$ die zu S transponierte Matrix bezeichnet. Da nach (58.2) S aber die Determinante 1 hat, ist

$$|B'| = |B| \quad \text{oder} \quad \beta_{20}\beta_{02} - \tfrac{1}{4}\beta_{11}^2 = \beta'_{20}\beta'_{02} - \tfrac{1}{4}\beta'^2_{11}. \tag{59.3}$$

Setzt man

$$\beta_{20} = \tfrac{1}{2}(\xi_1 - i\,\xi_2), \quad \beta_{02} = \tfrac{1}{2}(\xi_1 + i\,\xi_2), \quad \beta_{11} = \xi_3 \tag{59.4}$$

sowie entsprechende Beziehungen für die gestrichenen Größen, so geht (59.3) über in

$$\xi_1^2 + \xi_2^2 + \xi_3^2 = \xi_1'^2 + \xi_2'^2 + \xi_3'^2. \tag{59.5}$$

Die durch (58.1) in $\mathfrak{U}_3$ induzierten Substitutionen

$$\xi'_i = \sum_{k=1}^{3} \gamma_{ik}\,\xi_k \tag{59.6}$$

lassen also die quadratische Form (59.5) invariant, d.h. sie sind (reelle) Drehungen, wenn wir nachweisen, daß die γ_{ik} in (59.6) reell sind. Dieser Nachweis kann durch einfache Rechnung erbracht werden[1]; man findet aus obigen Formeln

$$\left.\begin{aligned}
\gamma_{11} &= \frac{1}{2}(\sigma_{11}^2 + \sigma_{11}^{*2} - \sigma_{12}^2 - \sigma_{12}^{*2}), & \gamma_{12} &= \frac{i}{2}(\sigma_{11}^{*2} - \sigma_{11}^2 + \sigma_{12}^{*2} - \sigma_{12}^2),\\
& & \gamma_{13} &= -(\sigma_{11}\sigma_{12} + \sigma_{11}^*\sigma_{12}^*),\\
\gamma_{21} &= \frac{i}{2}(\sigma_{11}^2 - \sigma_{11}^{*2} + \sigma_{12}^{*2} - \sigma_{12}^2), & \gamma_{22} &= \frac{1}{2}(\sigma_{11}^2 + \sigma_{11}^{*2} + \sigma_{12}^2 + \sigma_{12}^{*2}),\\
& & \gamma_{23} &= -i(\sigma_{11}\sigma_{12} - \sigma_{11}^*\sigma_{12}^*),\\
\gamma_{31} &= (\sigma_{11}\sigma_{12}^* + \sigma_{11}^*\sigma_{12}), & \gamma_{32} &= -i(\sigma_{11}\sigma_{12}^* - \sigma_{11}^*\sigma_{12}),\\
& & \gamma_{33} &= (\sigma_{11}\sigma_{11}^* - \sigma_{12}\sigma_{12}^*).
\end{aligned}\right\} \tag{59.7}$$

Die Realität der γ_{ik} ist evident, so daß also die durch (58.1) in $\mathfrak{U}_3$ induzierten Transformationen tatsächlich Drehungen sind. Es bleibt noch die Frage, ob *alle* 3-dimensionalen Drehungen darunter vorkommen. Daß dies der Fall ist, sieht man folgendermaßen ein:

Für $\sigma_{11} = \sigma_{11}^*$ und $\sigma_{12} = \sigma_{12}^*$ ist S orthogonal und damit in der Form

$$S = \begin{pmatrix} \cos\alpha & -\sin\alpha \\ \sin\alpha & \cos\alpha \end{pmatrix}$$

darstellbar. Andererseits folgt dann aus (59.7)

$$\xi'_1 = \xi_1\cos 2\alpha - \xi_3\sin 2\alpha, \quad \xi'_2 = \xi_2, \quad \xi'_3 = \xi_1\sin 2\alpha + \xi_3\cos 2\alpha.$$

In $\mathfrak{U}_3$ sind dies also Drehungen um die ξ_2-Achse, wobei eine volle Drehung erfolgt, wenn α den Bereich $0 \leq \alpha \leq \pi$ durchläuft.

[1] Ein Nachweis, der mit weniger expliziter Rechenarbeit verbunden ist, läßt sich folgendermaßen führen: Durch Multiplikation der Gl. (59.2) mit der Matrix $\begin{pmatrix} 0 & -1 \\ 1 & 0 \end{pmatrix}$ von rechts erhält man

$$C' = S\,C\,S^+ \quad \text{mit} \quad C = \begin{pmatrix} \frac{1}{2}\beta_{11} & -\beta_{20} \\ \beta_{02} & -\frac{1}{2}\beta_{11} \end{pmatrix} = \frac{1}{2}\begin{pmatrix} -\xi_3 & \xi_1 - i\,\xi_2 \\ \xi_1 + i\,\xi_2 & \xi_3 \end{pmatrix}.$$

Sind ξ_1, ξ_2, ξ_3 reell, so ist C hermitisch und somit auch C', so daß also auch ξ'_1, ξ'_2, ξ'_3 reell sind. Daraus schließt man auf die Realität der γ_{ik} in (59.6). Auch die weiteren Rechnungen können unter Verfolgung dieser Methode vereinfacht werden.

Der Fall, in dem $\boldsymbol{S}$ eine (unitäre) Diagonalmatrix

$$\boldsymbol{S} = \begin{pmatrix} e^{-i\beta} & 0 \\ 0 & e^{+i\beta} \end{pmatrix} \tag{59.8}$$

ist, hat nach (59.7) in $\mathfrak{U}_3$ die Transformation

$$\xi_1' = \xi_1 \cos 2\beta - \xi_2 \sin 2\beta, \quad \xi_2' = \xi_1 \sin 2\beta + \xi_2 \cos 2\beta, \quad \xi_3' = \xi_3, \tag{59.9}$$

d.h. eine Drehung um die ξ_3-Achse zur Folge. Es erfolgt wiederum eine volle Drehung, wenn β den Bereich $0 \leqq \beta \leqq \pi$ durchläuft.

Aus den Drehungen um zwei zueinander senkrechte Achsen lassen sich aber alle Drehungen zusammensetzen, und somit kommen unter den Transformationen (59.6) tatsächlich alle Drehungen vor. (Spiegelungen können, da ihre Determinante -1 ist, aus Stetigkeitsgründen nicht dabei sein.) Damit ist der Nachweis erbracht, daß die Drehgruppe $\mathfrak{d}_3$ ein homomorphes Bild der Gruppe $\mathfrak{u}_2$ ist. Es bleibt noch die Frage nach dem Normalteiler von $\mathfrak{u}_2$, der bei diesem Homomorphismus in das Einheitselement von $\mathfrak{d}_3$, d.h. in die identische Drehung $(\gamma_{ik} = \delta_{ik})$ übergeführt wird. Die Gln. (59. 7) liefern mit $\gamma_{ik} = \delta_{ik}$ die Lösungen $\sigma_{12} = 0$, $\sigma_{11} = \pm 1$; somit bleiben für $\boldsymbol{S}$ nur die beiden in Satz 17 genannten Möglichkeiten.

60. Die zweideutigen Darstellungen der Drehgruppe $\mathfrak{d}_3$. Der in Ziff. 59 geführte Beweis enthält gleichzeitig die Aussage, daß die Darstellungen $\mathfrak{D}_{\frac{2}{2}}$ von $\mathfrak{u}_2$ und $\mathfrak{D}_1$ von $\mathfrak{d}_3$ ähnlich sind, so daß man sie als nicht-verschieden betrachten kann. Da sich andererseits die Darstellungen $\mathfrak{D}_{\frac{2l}{2}}$ von $\mathfrak{u}_2$ auch aus $\mathfrak{D}_{\frac{2}{2}}$ aufbauen lassen, folgt, daß sie: 1. entweder irreduzibel sind und dann (wegen des Grades $2l+1$) mit $\mathfrak{D}_l$ übereinstimmen oder 2. reduzibel sind [dann müssen sie sich nach den $\mathfrak{D}_{l'}$ $(l' < l)$ ausreduzieren lassen]. Tatsächlich trifft der erste Fall zu, was man folgendermaßen einsieht: In dem die Darstellung $\mathfrak{D}_{\frac{2l}{2}}$ vermittelnden Raum $\mathfrak{U}_{2l+1}$ gibt es einen Vektor, nämlich u_1^{2l}, der bei den Transformationen (59.8) mit dem Faktor $e^{il(2\beta)}$ multipliziert wird. Unter Berücksichtigung von (59.9) gibt es aber nach Ziff. 56 einen solchen Vektor nur im Raum $\mathfrak{M}_{2l+1}$, der die Darstellung $\mathfrak{D}_l$ vermittelt, dagegen in keinem $\mathfrak{M}_{2l'+1}$ mit $l' < l$. Wegen der Dimensionsgleichheit von $\mathfrak{U}_{2l+1}$ und $\mathfrak{M}_{2l+1}$ folgt daraus die Behauptung.

Die übrigen $\mathfrak{D}_{\frac{2l+1}{2}}$ sind zwar Darstellungen von $\mathfrak{u}_2$, aber keine Darstellungen von $\mathfrak{d}_3$, wenn man an der Darstellungsbedingung (39.1) festhält. Erweitert man dagegen den Begriff der Darstellung einer Gruppe $\mathfrak{G}$ dadurch, daß man statt (39.1)

$$\boldsymbol{A}(g_1) \cdot \boldsymbol{A}(g_2) = \varepsilon(g_1, g_2)\, \boldsymbol{A}(g_1 \cdot g_2) \qquad g_1, g_2 \in \mathfrak{G} \tag{60.1}$$

fordert, wobei $\varepsilon(g_1, g_2)$ ein Zahlfaktor vom Betrag 1 ist, so lassen sich auch die $\mathfrak{D}_{\frac{2l+1}{2}}$ als Darstellungen von $\mathfrak{d}_3$ ansehen. Sie unterscheiden sich von den $\mathfrak{D}_l$ (abgesehen vom Grad natürlich) dadurch, daß jeder Drehung nicht eine Matrix, sondern *zwei* Matrizen entsprechen, die sich im Vorzeichen unterscheiden. Man nennt daher die $\mathfrak{D}_{\frac{2l+1}{2}}$ *zweideutige* Darstellungen der Drehgruppe $\mathfrak{d}_3$.

In der Quantenmechanik des Spins spielen die zweideutigen Darstellungen von $\mathfrak{d}_3$ eine fundamentale Rolle. Man muß daraus schließen, daß sich die Darstellungsprobleme der Quantenmechanik eigentlich in der Form (60.1) und nicht in der Form (39.1) stellen. Dies ist tatsächlich der Fall, da die Zustandsvektoren der Quantenmechanik nur bis auf einen Faktor vom Betrag 1 festzulegen sind;

demnach ist eine Transformation A in ihren Auswirkungen von einer Transformation εA mit $|\varepsilon|=1$ nicht zu unterscheiden. Wenn trotzdem die „engeren“ Darstellungen, die der Bedingung (39.1) genügen, für die meisten quantenmechanischen Probleme ausreichen, so liegt das an der (vom mathematischen Gesichtspunkt) sehr speziellen Art der physikalischen Gruppen. Es läßt sich zeigen, daß die Erweiterung (60.1) des Darstellungsbegriffes außer den zweideutigen keine weiteren Darstellungen der Drehgruppe $\mathfrak{d}_3$ mehr liefert[1]; andererseits lassen sich diese, wie wir gesehen haben, wieder auf die *engeren* Darstellungen (39.1) der speziellen unitären Gruppe $\mathfrak{u}_2$ zurückführen.

61. Ausreduzierung der Produktdarstellung $\mathfrak{D}_l \times \mathfrak{D}_{l'}$. $\mathfrak{D}_l$ und $\mathfrak{D}_{l'}$ seien beliebige Darstellungen von $\mathfrak{u}_2$ und somit ein- oder zweideutige Darstellungen der Drehgruppe $\mathfrak{d}_3$ (so daß l und l' sowohl ganz- als auch halbzahlige Werte annehmen können). Nach Ziff. 50 wird die Darstellung $\mathfrak{D}_l \times \mathfrak{D}_{l'}$ durch den Produktraum der Räume $\mathfrak{U}_{2l+1}$ und $\mathfrak{U}_{2l'+1}$ vermittelt. Dabei ist jedoch zu beachten, daß man, um wirklich den ganzen Produktraum zu erhalten, die Vektoren (d.h. die homogenen Polynome) der Räume $\mathfrak{U}_{2l+1}$ und $\mathfrak{U}_{2l'+1}$ bezeichnungstechnisch unterscheiden muß: Die Basisvektoren von $\mathfrak{U}_{2l+1}$ bezeichnen wir weiterhin mit $u_1^{n_1} \cdot u_2^{n_2}$ (mit $n_1+n_2=2l$), diejenigen von $\mathfrak{U}_{2l'+1}$ dagegen mit $v_1^{m_1} \cdot v_2^{m_2}$ (mit $m_1+m_2=2l'$). Der Produktraum

$$\mathfrak{U} = \mathfrak{U}_{2l+1}(u) \times \mathfrak{U}_{2l'+1}(v) \tag{61.1}$$

hat also die Basis $u_1^{n_1} u_2^{n_2} v_1^{m_1} v_2^{m_2}$. Bei Anwendung der Transformation (58.1) bzw. (58.2) transformieren sich die Vektoren $\alpha_1 v_1 + \alpha_2 v_2$ ebenso wie die Vektoren $\alpha_1 u_1 + \alpha_2 u_2$ (man sagt auch: kogredient zueinander). Nun multipliziert sich der Ausdruck

$$w = u_1 v_2 - u_2 v_1 \tag{61.2}$$

bei kogredienter Transformation der Variablen einfach mit der Determinante der Transformation, im vorliegenden Fall der speziellen unitären Gruppe also mit $+1$, d.h. (61.2) ist eine Invariante gegenüber $\mathfrak{u}_2$. Infolgedessen ist der Raum

$$\mathfrak{W} = w \times \mathfrak{U}_{2l}(u) \times \mathfrak{U}_{2l'}(v) \tag{61.3}$$

ein gegenüber $\mathfrak{u}_2$ invarianter Unterraum von $\mathfrak{U}$. Die Differenz der Dimensionen von $\mathfrak{U}$ und $\mathfrak{W}$ ist $(2l+1)(2l'+1)-(2l)(2l') = 2(l+l')+1$. Andererseits führt die Identifizierung $u_i = v_i$ den Raum (61.1) über in

$$\mathfrak{U}_{2(l+l')+1} = \mathfrak{U}_{2l+1}(u) \times \mathfrak{U}_{2l'+1}(u),$$

während $\mathfrak{W}$ wegen des Faktors w in (61.3) in den Null-Raum übergeht. Es ist daher anzunehmen, daß (61.1) als direkte Summe

$$\mathfrak{U} = \mathfrak{U}' + \mathfrak{W} \tag{61.4}$$

dargestellt werden kann, in der $\mathfrak{U}'$ ein $\{2(l+l')+1\}$-dimensionaler invarianter Unterraum ist, der sich hinsichtlich der Transformationen von $\mathfrak{u}_2$ ebenso verhält wie $\mathfrak{U}_{2(l+l')+1}$, d.h. die Darstellung $\mathfrak{D}_{l+l'}$ vermittelt.

Diese Vermutung findet ihre Bestätigung durch folgende Bemerkung: Der Ausdruck (Vektor in $\mathfrak{U}$)

$$(\alpha_1 u_1 + \alpha_2 u_2)^{2l} (\alpha_1 v_1 + \alpha_2 v_2)^{2l'} = \sum_{\nu=0}^{2(l+l')} \alpha_1^{2(l+l')-\nu} \alpha_2^{\nu} F_\nu(u, v) \tag{61.5}$$

[1] H. WEYL: Gruppentheorie und Quantenmechanik, 2. Aufl. Leipzig 1931.

[in dem $F_\nu(u, v)$ explizite bestimmbare Polynome bezeichnen, die in u_1, u_2 homogen vom Grad $2l$ und in v_1, v_2 homogen vom Grad $2l'$ sind] liefert bei freier Veränderlichkeit von α_1 und α_2 eine Vektorgesamtheit, die wegen der eineindeutigen Zuordnung

$$F_\nu(u, v) \leftrightarrow \binom{2(l+l')}{\nu} u_1^{2(l+l')-\nu} u_2^\nu$$

einen $\{2(l+l')+1\}$-dimensionalen Vektorraum $\mathfrak{U}'$ bildet, der invarianter und gegenüber $\mathfrak{u}_2$ irreduzibler Unterraum von $\mathfrak{U}$ ist. Überdies zeigt (61.5), daß $\mathfrak{U}'$ tatsächlich die Eigenschaft hat, bei der Identifizierung $u_i = v_i$ in $\mathfrak{U}_{2(l+l')+1}$ überzugehen, eine Eigenschaft, die gleichzeitig die Elementfremdheit von $\mathfrak{U}'$ und $\mathfrak{W}$ beweist.

Der Zerlegung (61.4) entspricht in den Darstellungen geschrieben die Gleichung

$$\mathfrak{D}_l \times \mathfrak{D}_{l'} = \mathfrak{D}_{l+l'} + \mathfrak{D}_{l-\frac{1}{2}} \times \mathfrak{D}_{l'-\frac{1}{2}},$$

deren iterative Anwendung zusammen mit der selbstverständlichen Beziehung $\mathfrak{D}_l \times \mathfrak{D}_0 = \mathfrak{D}_l$ schließlich zu

$$\mathfrak{D}_l \times \mathfrak{D}_{l'} = \mathfrak{D}_{l+l'} + \mathfrak{D}_{l+l'-1} + \cdots + \mathfrak{D}_{|l-l'|}$$

führt. Diese Formel gibt die quantenmechanische Beschreibung des Vektormodells (Zusammensetzung von Drehimpulsen) wieder.

E. Algebren und ihre Darstellung.

Voraussetzung: Ziff. 4 bis 8, 11, 12.

62. Vorbemerkungen. Nach Ziff. 12 ist eine Algebra vom Rang n über K ein n-dimensionaler Vektorraum über K, in dem überdies eine assoziative Multiplikation erklärt ist. Der Multiplikatorenbereich K (Koeffizientenbereich des Vektorraumes) sei im folgenden stets ein *Körper*. Besonderes Interesse besitzt im Hinblick auf die Anwendungen der Fall, in dem $\mathsf{K} = \Gamma$ der Körper der komplexen Zahlen ist.

Besitzt eine Algebra $\mathfrak{A}$ ein *Einselement* e (das also die Eigenschaft $ea = ae = a$ für *jedes* $a \in \mathfrak{A}$ hat), so enthält $\mathfrak{A}$ auch die Gesamtheit $\mathsf{K}e$ der mit e multiplizierten Elemente von K. Diese Gesamtheit ist isomorph zu K und wirkt wegen der Eigenschaft von e, Einselement zu sein, in ihrer Anwendung auf alle übrigen Elemente der Algebra wie die Multiplikation mit K. Die Algebra $\mathfrak{A}$ (mit Einselement) ist also ein Ring, der einen zu K isomorphen Körper $\mathsf{K}e$ enthält und eine endliche Basis besitzt. (Den Multiplikatorenbereich K kann man dann also als überflüssig beiseite lassen.) In diesem Fall sind natürlich sämtliche für Ringe definierten Begriffe wie Unterringe, Homomorphismen, Ideale, usw. auch für Algebren erklärt; zu beachten ist lediglich die Sonderstellung des Körpers $\mathsf{K}e$, die sich z.B. darin äußert, daß nicht jeder Unterring auch Unteralgebra ist, sondern nur ein solcher, der $\mathsf{K}e$ enthält.

Aber auch in dem Fall, daß die Algebra $\mathfrak{A}$ kein Einselement enthält, sind die genannten Begriffe sinngemäß übertragbar, wenn man berücksichtigt, daß jede Algebra ein Ring ist, der zusätzlich einen Multiplikatorenbereich K besitzt. Homomorphismen (bzw. Isomorphismen) zwischen Algebren werden dann erklärt als Homomorphismen zwischen Ringen mit demselben K. Ein Ideal einer Algebra ist also ein Ideal des sie darstellenden Ringes mit der zusätzlichen Eigenschaft, daß auch alle mit Elementen aus K multiplizierten Ideal-Elemente wieder zum

Ideal gehören. Man überzeugt sich leicht, daß durch diese zusätzliche Ideal-Bedingung keine der wesentlichen Ideal-Eigenschaften berührt wird. Eine Algebra, die kein echtes zweiseitiges Ideal enthält, heißt *einfach*.

63. Ein Beispiel: $\mathfrak{C}_n$. Eine aus der DIRACschen Theorie des Elektrons vertraute Algebra ist die von den vier Größen $\gamma_1, \gamma_2, \gamma_3, \gamma_4$ mit den Relationen

$$\gamma_i \gamma_k + \gamma_k \gamma_i = 2\delta_{ik} e \tag{63.1}$$

erzeugte Algebra $\mathfrak{C}_4$ (mit Einselement e und Multiplikatorenbereich Γ). Allgemein nennt man eine von n Größen $\gamma_1, \ldots, \gamma_n$ nach (63.1) erzeugte Algebra mit Einselement e eine CLIFFORD-Algebra $\mathfrak{C}_n$. Wir betrachten nur CLIFFORD-Algebren über dem Körper Γ der komplexen Zahlen. $\mathfrak{C}_n$ besitzt 2^n Basiselemente; als solche können die 2^n Größen $(\gamma_{ik\ldots m} = \gamma_i \gamma_k \ldots \gamma_m)$

$$e, \gamma_1, \gamma_2, \ldots, \gamma_n, \gamma_{12}, \gamma_{13}, \ldots, \gamma_{n-1,n}, \ldots, \gamma_{23\ldots n}, \gamma_{12\ldots n}$$

benutzt werden. Physikalisches Interesse besitzt neben $\mathfrak{C}_4$ noch die Algebra $\mathfrak{C}_3$, die aufs engste mit der Algebra der PAULI-Matrizen zusammenhängt.

Wir werden im folgenden die Algebren $\mathfrak{C}_n$ einerseits als Beispiele zur Demonstration allgemeiner Einsichten benutzen (soweit dies möglich ist) und zum anderen die Strukturaufklärung der Algebren dazu heranziehen, um die $\mathfrak{C}_n$ selbst zu untersuchen.

64. Divisionsalgebren. Eine Algebra (mit Einselement), die nicht nur Ring, sondern sogar Schiefkörper (Ziff. 5) ist, nennt man eine *Divisionsalgebra*. Wir zeigen zunächst

Satz 1. *Jede Divisionsalgebra über Γ ist isomorph zu Γ.*

Betrachtet man isomorphe Algebren als nicht-verschieden, so kann man den Satz auch so aussprechen, daß es keine Divisionsalgebren über Γ gibt, die von Γ verschieden sind.

Der Beweis des Satzes ergibt sich folgendermaßen: Es sei $\mathfrak{A}$ eine Divisionsalgebra vom Rang n über Γ und a ein von Null verschiedenes Element aus $\mathfrak{A}$. Ist e das Einselement von $\mathfrak{A}$, so sind die $n+1$ Elemente $e, a, a^2, \ldots, a^n$ sicher linear abhängig. Es gibt also ein Polynom $g(x)$ kleinsten Grades $m \leq n$ mit der Eigenschaft $g(a) = 0$. Nach dem Fundamentalsatz der Algebra ist $g(x)$ aber als Produkt aus Linearfaktoren darstellbar: $g(x) = (x - \alpha_1) \ldots (x - \alpha_m)$, und somit ist

$$g(a) = (a - \alpha_1 e) \ldots (a - \alpha_m e) = 0.$$

Da $\mathfrak{A}$ als Divisionsalgebra aber keinen Nullteiler enthält (Ziff. 5 sowie Ziff. 4, Satz 2), muß mindestens einer der Faktoren verschwinden. Daraus folgt aber $a = \alpha_i e$ mit $\alpha_i \in \Gamma$. Da dieselbe Schlußweise auf jedes $a \in \mathfrak{A}$ angewendet werden kann, folgt, daß alle $a \in \mathfrak{A}$ in der Form αe mit $\alpha \in \Gamma$ darstellbar sind. Andererseits kommen natürlich alle αe mit $\alpha \in \Gamma$ in $\mathfrak{A}$ vor. Die behauptete Isomorphie ist damit evident.

Es ist klar, daß Divisionsalgebren keine Nullteiler besitzen, aber es gilt sogar die Umkehrung (die für Ringe keineswegs richtig ist!)

Satz 2. *Eine Algebra ohne Nullteiler ist Divisionsalgebra.*

Wir beweisen den Satz zunächst nur für den Fall, daß die Algebra $\mathfrak{A}$ ein Einselement e besitzt. Der allgemeine Fall kann dann durch den späteren Satz 7 auf den behandelten Spezialfall zurückgeführt werden. Wir zeigen, daß in $\mathfrak{A}$ jedes Element, das nicht Nullteiler ist, ein Inverses besitzt. Es sei $u_1, \ldots, u_n$ eine Basis von $\mathfrak{A}$ und $c \in \mathfrak{A}$ ein Nicht-Nullteiler in $\mathfrak{A}$. Dann bilden die Elemente

$c u_i = w_i$ $(i=1, \ldots, n)$ wieder eine Basis von $\mathfrak{A}$; bestünde nämlich zwischen den w_i eine lineare Abhängigkeit $\sum\limits_i \alpha_i w_i = 0$ mit $\alpha_i \neq 0$, so müßte wegen

$$\sum_i \alpha_i w_i = \sum_i \alpha_i (c u_i) = c \Bigl(\sum_i \alpha_i u_i\Bigr) = 0$$

und der Tatsache, daß c kein Nullteiler ist, auch $\sum\limits_i \alpha_i u_i = 0$ sein, was der Basis-Eigenschaft der u_i widerspricht. Die w_i bilden (nach Ziff. 11, Satz 11) also auch eine Basis von $\mathfrak{A}$, und somit läßt sich das Einselement in der Form $e = \sum\limits_i \varepsilon_i w_i$ darstellen. Dann ist aber wegen

$$c \Bigl(\sum_i \varepsilon_i u_i\Bigr) = \sum_i \varepsilon_i w_i = e$$

das Element $\sum\limits_i \varepsilon_i u_i$ Rechts-Inverses von c (und zwar das einzige). Ebenso zeigt man die Existenz eines Links-Inversen. Nach Ziff. 6 müssen diese beiden dann übereinstimmen.

Aus den genannten Sätzen folgt also, daß jede „echte" Algebra über Γ Nullteiler besitzen muß. Tatsächlich zeigen die Beispiele $\mathfrak{C}_n$ dieses Verhalten, wie die Gleichung

$$(\gamma_1 + e)(\gamma_1 - e) = 0$$

erweist, deren linke Seite keinen verschwindenden Faktor enthält.

65. Nilpotente Elemente, Radikal einer Algebra. Ein Element a einer Algebra $\mathfrak{A}$, von dem irgendeine Potenz verschwindet $(a^n = 0)$, heißt *nilpotent*. Als Beispiel aus $\mathfrak{C}_n$ sei das Element $a = (\gamma_1 + i\gamma_2)$ angeführt, für das $a^2 = 0$ gilt.

Ist a ein nilpotentes Element von $\mathfrak{A}$, so betrachten wir die Gesamtheit $\mathfrak{N}$ der Elemente ca, wobei c alle Elemente von $\mathfrak{A}$ durchläuft. Im allgemeinen werden diese Elemente (von $\mathfrak{N}$) keineswegs *alle* wieder nilpotent sein [so ist es im obigen Beispiel, da bereits $\gamma_1(\gamma_1 + i\gamma_2)$ nicht mehr nilpotent ist]; sind sie es aber, so nennt man a *eigentlich nilpotent* (oder eine „Wurzelgröße"). In diesem Fall ist natürlich *jedes* Element von $\mathfrak{N}$ eigentlich nilpotent, da die aus einem beliebigen Element $c'a \in \mathfrak{N}$ durch linksseitige Multiplikation mit allen $c \in \mathfrak{A}$ hervorgehenden Elemente bereits alle in $\mathfrak{N}$ enthalten sind. Da auch Summe und Differenz zweier Elemente von $\mathfrak{N}$ wieder zu $\mathfrak{N}$ gehören $[ca \pm c'a = (c \pm c')a]$, ist $\mathfrak{N}$ also ein Links-Ideal in $\mathfrak{A}$, und zwar das von dem eigentlich nilpotenten Element a erzeugte Links-Ideal.

Wir überzeugen uns weiter, daß mit a auch alle Elemente der Form cac' mit $c, c' \in \mathfrak{A}$ eigentlich nilpotent sind; denn in

$$(cac')^m = ca(c'ca)^{m-1} \cdot c' \tag{65.1}$$

ist der eingeklammerte Teil der rechten Seite Element von $\mathfrak{N}$. Es gibt also ein m derart, daß $(c'ca)^{m-1} = 0$ ist, womit auch die linke Seite von (65.1) verschwindet. Schließlich ist auch die Summe bzw. Differenz zweier eigentlich nilpotenter Elemente a, b wieder eigentlich nilpotent. Man braucht, um dies einzusehen, in $(c \in \mathfrak{A})$

$$[c(a+b)]^n = (ca + cb)^n = (ca)^n + (ca)^{n-1} \cdot (cb) + (ca)^{n-2}(cb)(ca) + \cdots$$

n nur so groß zu wählen, daß jedes Glied eine verschwindende Potenz von (ca), (cb), $(cacb)$ oder $(cbca)$ als Faktor enthält. Aus dem Bewiesenen folgen unmittelbar

Satz 3. *Jedes von eigentlich nilpotenten Elementen erzeugte (Links-, Rechts- und zweiseitige) Ideal in $\mathfrak{A}$ enthält nur eigentlich nilpotente Elemente.*

Satz 4. *Die Gesamtheit aller eigentlich nilpotenten Elemente einer Algebra $\mathfrak{A}$ bildet ein (eindeutig bestimmtes) zweiseitiges Ideal in $\mathfrak{A}$, das sog. Radikal $\mathfrak{R}$ von $\mathfrak{A}$.*

Die Beispiele $\mathfrak{C}_n$ besitzen, wie noch gezeigt wird, keine Radikale und somit auch keine eigentlich nilpotenten Elemente (Ziff. 75, Satz 21 und 22).

66. Nilpotente Ideale. Die Tatsache, daß eine Elementmenge $\mathfrak{L}$ aus $\mathfrak{A}$ ein Links-Ideal in $\mathfrak{A}$ ist, kann man symbolisch durch die Gleichung $\mathfrak{A}\mathfrak{L} = \mathfrak{L}$ ausdrücken, wobei unter dem Produkt $\mathfrak{A}\mathfrak{L}$ die Gesamtheit der Elemente ac mit $a \in \mathfrak{A}$ (oder K) und $c \in \mathfrak{L}$ gemeint ist[1].

Ist $\mathfrak{L}$ also ein Links-Ideal in $\mathfrak{A}$, so ist $\mathfrak{L}^2 = \mathfrak{L}\mathfrak{L} \subseteqq \mathfrak{A}\mathfrak{L} = \mathfrak{L}$, da $\mathfrak{L}$ in $\mathfrak{A}$ enthalten ist. Fortsetzung der Potenzbildung führt somit zu

$$\mathfrak{L} \supseteqq \mathfrak{L}^2 \supseteqq \mathfrak{L}^3 \supseteqq \dots \supseteqq \mathfrak{L}^k \supseteqq \mathfrak{L}^{k+1} \supseteqq \dots.$$

Diese Reihe von Elementmengen, von denen jede alle folgenden umfaßt, muß nun nach endlich vielen Schritten abbrechen, d.h. es muß ein $k = m$ geben derart, daß

$$\mathfrak{L}^m = \mathfrak{L}^{m+1} = \cdots$$

gilt. Der Beweis dieser Behauptung ergibt sich einfach aus der Bemerkung, daß alle diese Elementmengen $\mathfrak{L}^k$ wegen

$$\mathfrak{A}\,\mathfrak{L}^k = (\mathfrak{A}\,\mathfrak{L})\,\mathfrak{L}^{k-1} = \mathfrak{L}\,\mathfrak{L}^{k-1} = \mathfrak{L}^k$$

Links-Ideale in $\mathfrak{A}$ und damit auch Unterräume des „Vektorraumes“ $\mathfrak{A}$ sind, deren Dimensionen bei den Potenzbildungen ständig abnehmen. Nach endlich vielen Schritten müssen also entweder die Dimensionen sich reproduzieren (und damit auch die Unterräume) oder, was eigentlich darunter fällt, Null sein. Im letzten Fall, in dem es also eine natürliche Zahl m gibt derart, daß $\mathfrak{L}^m = (0)$ (Nullideal) ist, heißt $\mathfrak{L}$ ein *nilpotentes Links-Ideal.* Analog werden nilpotente Rechts- und zweiseitige Ideale definiert.

Man sieht unmittelbar, daß alle Elemente eines nilpotenten Ideals eigentlich nilpotente Elemente in $\mathfrak{A}$ sind, aber es gilt sogar

Satz 5. *Jedes von eigentlich nilpotenten Elementen in $\mathfrak{A}$ erzeugte Ideal ist nilpotent. Insbesondere ist also auch das Radikal ein nilpotentes Ideal, und zwar dasjenige, das alle anderen nilpotenten Ideale von $\mathfrak{A}$ umfaßt.*

Der Beweis dieses Satzes ergibt sich ohne Mühe aus Satz 6. Wir zeigen noch den

Hilfssatz: Ist $\mathfrak{L}$ ein nilpotentes Links-Ideal in $\mathfrak{A}$, so ist das von $\mathfrak{L}$ erzeugte zweiseitige Ideal nilpotent.

Mit $\mathfrak{L}^n = (0)$ ist auch die Elementmenge $\mathfrak{L}\mathfrak{A}$ nilpotent, da

$$(\mathfrak{L}\,\mathfrak{A})^n = \mathfrak{L}\,(\mathfrak{A}\,\mathfrak{L})^{n-1}\,\mathfrak{A} = \mathfrak{L}\,\mathfrak{L}^{n-1}\,\mathfrak{A} = \mathfrak{L}^n\,\mathfrak{A} = (0)$$

ist. Damit ist also auch jedes Produkt von irgend n Elementen aus $\mathfrak{L}\mathfrak{A}$ gleich Null. Die aus diesen Elementen durch Summenbildung entstehenden Elemente haben somit dieselbe Eigenschaft. Dies ist aber bereits die Behauptung des Hilfssatzes.

---

[1] Da ein Ideal $\mathfrak{L}$ in einer Algebra $\mathfrak{A}$ nicht nur Ideal in bezug auf den Ring, den $\mathfrak{A}$ bildet, sondern auch in bezug auf den Multiplikatorenkörper K ist, ist mit $\mathfrak{A}\mathfrak{L}$ die Gesamtheit aller Elemente gemeint, die sich durch linksseitige Multiplikation eines Elementes von $\mathfrak{A}$ oder von K mit einem Element von $\mathfrak{L}$ bilden lassen. Da K als Körper stets ein Einselement besitzt, kommen darunter auch alle Elemente von $\mathfrak{L}$ selbst vor — auch dann, wenn $\mathfrak{A}$ kein Einselement hat. Unter $\mathfrak{L}^2 = \mathfrak{L}\mathfrak{L}$ ist dagegen nur die Gesamtheit der Produkte je zweier Elemente aus $\mathfrak{L}$ verstanden.

Man nennt allgemein eine Algebra $\mathfrak{B}$ nilpotent, wenn es eine natürliche Zahl n gibt derart, daß $\mathfrak{B}^n = (0)$ ist. Ist $\mathfrak{B}$ z.B. Unteralgebra von $\mathfrak{A}$ (aber kein Ideal in $\mathfrak{A}$), so besteht $\mathfrak{B}$ zwar aus lauter nilpotenten, jedoch nicht notwendig eigentlich nilpotenten Elementen von $\mathfrak{A}$. Eine nilpotente Algebra kann natürlich kein Einselement besitzen, da dieses nicht nilpotent ist.

Da die Algebren $\mathfrak{C}_n$ keine eigentlich nilpotenten Elemente besitzen, enthalten sie auch keine nilpotenten Ideale, wohl aber (für $n \geqq 2$) nilpotente Unteralgebren; so ist z.B. die von $(\gamma_1 + i\gamma_2)$ erzeugte Algebra $\mathfrak{B}$, die aus allen Elementen der Form $\alpha(\gamma_1 + i\gamma_2)$ mit $\alpha \in \Gamma$ besteht, offenbar nilpotent, und zwar ist $\mathfrak{B}^2 = (0)$.

67. Idempotente Elemente. Ein von Null verschiedenes Element $a \in \mathfrak{A}$ heißt *idempotent*, wenn $a^2 = a$ ist. Ein idempotentes Element (oder kurz ein Idempotent) a kann niemals nilpotent sein, so daß die beiden Begriffe sich ausschließen. Ein Einselement ist trivialerweise idempotent. In $\mathfrak{C}_n$ ist z.B. außer dem Einselement e auch das Element $e_1 = \frac{1}{2}(e + \gamma_1)$ idempotent, denn man bestätigt $e_1^2 = e_1$. Wir beweisen nun

Satz 6. *Jede nicht-nilpotente Algebra enthält (mindestens) ein idempotentes Element.*

Jede Algebra, die kein idempotentes Element enthält, ist somit nilpotent. Die Umkehrung, daß eine Algebra, die ein idempotentes Element enthält, nicht nilpotent ist, ist trivial. Es sei also $\mathfrak{A}$ eine nicht-nilpotente Algebra, dann unterscheiden wir die Fälle:

I. Es gibt in $\mathfrak{A}$ *einen Nicht-Nullteiler* a (der dann natürlich auch nicht nilpotent ist). Bildet man die Elementmenge $\mathfrak{B} = \mathfrak{A}a$, so muß $\mathfrak{B} = \mathfrak{A}$ sein; denn wäre $\mathfrak{B} < \mathfrak{A}$, müßte es (mindestens) ein Element $b \in \mathfrak{B}$ geben, für das $b = ca$ und $b = c'a$ mit $c \neq c'$ gilt, daraus folgte aber $(c - c')a = 0$ im Widerspruch dazu, daß a kein Nullteiler in $\mathfrak{A}$ ist. Es lassen sich somit alle Elemente von $\mathfrak{A}$ in der Form ca mit $c \in \mathfrak{A}$ darstellen, also auch a selbst. Es gibt also ein Element $e' \in \mathfrak{A}$, für das $e'a = a$ gilt. Daraus folgt aber $e'^2 a = e'a$ oder $(e'^2 - e')a = 0$ und somit, da a kein Nullteiler ist, $e'^2 = e'$.

II. Es gibt in $\mathfrak{A}$ *nur Nullteiler*, aber

a) Elemente, die *nicht nilpotent* sind. a sei ein solches. Dann ist $\mathfrak{B} = \mathfrak{A}a$ *echtes* Links-Ideal in $\mathfrak{A}$; denn wäre $\mathfrak{B}$ identisch mit $\mathfrak{A}$, so müßte, wie man aus dem Beweisgang von I. sieht, a Nicht-Nullteiler sein. Es ist $\mathfrak{B}^2 = \mathfrak{B}$, oder es gibt ein $m \geqq 2$ derart, daß

$$\mathfrak{B} > \cdots > \mathfrak{B}^m = \mathfrak{B}^{m+1} = \cdots$$

ist. Für $\mathfrak{A}_1 = \mathfrak{B}^{k_1}$ mit $k_1 = 1$ oder m (je nachdem welcher Fall vorliegt) gilt also $\mathfrak{A}_1^2 = \mathfrak{A}_1$. Nun gibt es wieder zwei Fälle:

1. $\mathfrak{A}_1 = (0)$. Dann ist $\mathfrak{B}$ nilpotent und damit auch das Element a im Widerspruch zur Voraussetzung. Dieser Fall ist also nicht möglich.

2. $\mathfrak{A}_1 \neq (0)$. $\mathfrak{A}_1$ enthält das Element $a_1 = a^{k_1}$, und dieses ist nach Voraussetzung nicht nilpotent. Man bildet wieder $\mathfrak{B}_1 = \mathfrak{A}_1 a_1$, dann ist entweder $\mathfrak{B}_1 = \mathfrak{A}_1$, d.h. a_1 in $\mathfrak{A}_1$ (jedoch nicht in $\mathfrak{A}$!) Nicht-Nullteiler[1]. Nach der Schlußweise I. gibt es dann in $\mathfrak{A}_1$ und somit auch in $\mathfrak{A}$ ein idempotentes Element. Oder $\mathfrak{B}_1$ ist *echtes* Links-Ideal in $\mathfrak{A}_1$, dann ist wieder $\mathfrak{B}_1^2 = \mathfrak{B}_1$, oder es gibt ein $m_1 \geqq 2$ derart, daß

$$\mathfrak{B}_1 > \cdots > \mathfrak{B}_1^{m_1} = \mathfrak{B}_1^{m_1+1} = \cdots$$

ist. Für $\mathfrak{A}_2 = \mathfrak{B}_1^{k_2}$ mit $k_2 = 1$ oder m_1 gilt also $\mathfrak{A}_2^2 = \mathfrak{A}_2$, und es gibt wieder die beiden Fälle 1. und 2., von denen 1. wieder fortfällt, da sonst a_1 und damit a nilpotent sein müßte.

[1] Man beachte, daß es in $\mathfrak{A}_1$ Elemente geben kann, die zwar in $\mathfrak{A}$, aber nicht in $\mathfrak{A}_1$ Nullteiler sind, nämlich diejenigen, deren annullierende Partner nicht in $\mathfrak{A}_1$ liegen.

Fortsetzung des Verfahrens liefert also eine Reihe sich echt umfassender Algebren

$$\mathfrak{A} \supset \mathfrak{A}_1 \supset \mathfrak{A}_2 \supset \cdots,$$

die wegen der Abnahme der Rangzahlen (Dimensionen) abbrechen muß. Nach Konstruktion kann dies jedoch nur mit dem Schritt I. erfolgen, so daß es also stets ein idempotentes Element in $\mathfrak{A}$ gibt.

b) Es gibt in $\mathfrak{A}$ *nur nilpotente Elemente*. Es sei $a \in \mathfrak{A}$, dann ist $\mathfrak{L}_1 = \mathfrak{A} a$ ein *echtes* Links-Ideal in $\mathfrak{A}$; denn andernfalls müßte a Nicht-Nullteiler in $\mathfrak{A}$ sein im Widerspruch zur Voraussetzung, daß $\mathfrak{A}$ nur nilpotente Elemente enthält. Wir wählen in $\mathfrak{L}_1$ ein Element $a_1 \neq 0$ und bilden $\mathfrak{L}_2 = \mathfrak{L}_1 a_1$. Auch $\mathfrak{L}_2$ ist *echtes* Links-Ideal in $\mathfrak{L}_1$ sowohl als auch in $\mathfrak{A}$. So fortfahrend erhält man eine Kette

$$\mathfrak{A} \supset \mathfrak{L}_1 \supset \mathfrak{L}_2 \supset \cdots, \tag{67.1}$$

die nach endlich vielen Gliedern abbrechen muß. Dies kann aber nach Konstruktion nur dadurch geschehen, daß ein $\mathfrak{L}_{k+1} = \mathfrak{L}_k a_k = (0)$ für jedes $a_k \in \mathfrak{L}_k$ ist. Daraus folgt $\mathfrak{L}_k^2 = (0)$, d.h. das letzte von Null verschiedene Links-Ideal $\mathfrak{L}_k$ in der Kette (67.1) ist nilpotent. Nach dem Hilfssatz in Ziff. 66 erzeugt $\mathfrak{L}_k$ aber ein zweiseitiges nilpotentes Ideal $\mathfrak{J}_1$ in $\mathfrak{A}$. In der Restklassen-Algebra $\mathfrak{A}_1 = \mathfrak{A}/\mathfrak{J}_1$ (die wiederum nur nilpotente Elemente enthält) wiederholt man nun den beschriebenen Prozeß der Erzeugung einer zu (67.1) analogen Kette

$$\mathfrak{A}_1 \supset \mathfrak{L}_1^{(1)} \supset \mathfrak{L}_2^{(1)} \supset \cdots \supset \mathfrak{L}_{k'}^{(1)},$$

in der $\mathfrak{L}_{k'}^{(1)}$ wieder nilpotent ist. Andererseits ist $\mathfrak{L}_{k'}^{(1)}$ aber das homorphe Bild eines $\mathfrak{J}_1$ umfassenden Links-Ideals $\mathfrak{L}$ in $\mathfrak{A}$. Aus der Nilpotenz von $\mathfrak{L}_{k'}^{(1)} = \mathfrak{L}/\mathfrak{J}_1$ und $\mathfrak{J}_1$ folgt aber auch die von $\mathfrak{L}$. Somit erzeugt $\mathfrak{L}$ nach dem Hilfssatz in Ziff. 66 wieder ein nilpotentes zweiseitiges Ideal $\mathfrak{J}_2$ in $\mathfrak{A}$, das $\mathfrak{J}_1$ echt umfaßt. Durch Iterierung dieser Schritte erhält man eine aufsteigende Kette sich echt umfassender nilpotenter Ideale

$$\mathfrak{J}_1 \subset \mathfrak{J}_2 \subset \mathfrak{J}_3 \subset \cdots,$$

die nach endlich vielen Schritten abbrechen muß, was nur mit der Algebra $\mathfrak{A}$ selbst geschehen kann. Also ist auch $\mathfrak{A}$ nilpotent, so daß der Fall II b) der Voraussetzung des Satzes 6 widerspricht.

68. Halbeinfache Algebren. Eine Algebra ohne Radikal heißt *halbeinfach*. (Die Bezeichnung wird aus der in den folgenden Ziffern vorgenommenen Strukturaufklärung verständlich werden.) Es gilt

Satz 7. *Eine halbeinfache Algebra besitzt ein Einselement.*

Eine Algebra *ohne* Einselement besitzt also stets ein Radikal (dagegen *kann* eine Algebra mit Einselement natürlich auch ein Radikal besitzen[1]). Der Beweis von Satz 7 erfolgt durch Konstruktion des Einselementes. Da die halbeinfache Algebra $\mathfrak{A}$ nicht nilpotent ist, existiert nach Satz 6 ein idempotentes Element $e_1 \in \mathfrak{A}$. Nun gilt der

Hilfssatz: Ist e_1 ein Idempotent in $\mathfrak{A}$, so ist $\mathfrak{A}$ direkte Summe zweier Links-Ideale: $\mathfrak{A} = \mathfrak{L}_1 + \mathfrak{L}_1'$, wobei $\mathfrak{L}_1 = \mathfrak{A} e_1$ ist und $\mathfrak{L}_1'$ aus der Gesamtheit der Elemente $(a - a e_1)$ mit $a \in \mathfrak{A}$ besteht.

Zunächst zerlegen wir mit e_1 jedes $a \in \mathfrak{A}$ gemäß

$$a = a e_1 + (a - a e_1) \tag{68.1}$$

[1] So hat z.B. die aus dem Einselement e und dem nilpotenten Element $(\gamma_1 + i\,\gamma_2)$ als Basiselementen bestehende Unteralgebra von $\mathfrak{C}_n$ ein Radikal, nämlich die Gesamtheit der Elemente $\alpha(\gamma_1 + i\,\gamma_2)$ mit $\alpha \in \Gamma$.

(sog. linksseitige PEIRCEsche Zerlegung). Durchläuft nun a ganz $\mathfrak{A}$, so bildet die Gesamtheit der ersten Summanden $a e_1$ offensichtlich das Links-Ideal $\mathfrak{L}_1 = \mathfrak{A} e_1$. Aber auch die Gesamtheit der zweiten Summanden bildet ein Links-Ideal $\mathfrak{L}_1'$ in $\mathfrak{A}$; denn mit $(a - a e_1)$ und $(b - b e_1)$ sind auch Summe und Differenz von derselben Form

$$(a - a e_1) \pm (b - b e_1) = (a \pm b) - (a \pm b) e_1,$$

und ebenso ist mit $c \in \mathfrak{A}$ auch $c(a - a e_1) = (ca) - (ca) e_1$ von derselben Form. Die Links-Ideale $\mathfrak{L}_1$ und $\mathfrak{L}_1'$ sind überdies elementfremd. Wegen

$$(a - a e_1) e_1 = a e_1 - a e_1^2 = a e_1 - a e_1 = 0$$

gilt nämlich $\mathfrak{L}_1' e_1 = (0)$, dagegen ist $\mathfrak{L}_1 e_1 = \mathfrak{L}_1$, und zwar elementweise (d.h. e_1 ist in bezug auf $\mathfrak{L}_1$ rechtsseitiges Einselement). Somit ist die Null das einzige gemeinsame Element von $\mathfrak{L}_1$ und $\mathfrak{L}_1'$. Nach Gl. (68.1) ist $\mathfrak{A}$ also die direkte Summe von $\mathfrak{L}_1$ und $\mathfrak{L}_1'$.

Da $\mathfrak{L}_1'$ Links-Ideal in $\mathfrak{A}$ ist, kann es nach Voraussetzung nicht nilpotent sein. Also gibt es (da $\mathfrak{L}_1'$ selbstverständlich auch Algebra ist) nach Satz 6 in $\mathfrak{L}_1'$ ein idempotentes Element e_2. Wir zerlegen nun wieder jedes $a' \in \mathfrak{L}_1'$ gemäß $a' = a' e_2 + (a' - a' e_2)$ und erhalten auf dieselbe Weise $(\mathfrak{L}_1' e_2 = \mathfrak{L}_2)$ die Zerlegung von $\mathfrak{L}_1'$ in die direkte Summe

$$\mathfrak{L}_1' = \mathfrak{L}_2 + \mathfrak{L}_2' \quad \text{mit} \quad \mathfrak{L}_2 e_2 = \mathfrak{L}_2 \text{ (elementweise!)}, \qquad \mathfrak{L}_2' e_2 = (0),$$

so daß für $\mathfrak{A}$ die Zerlegung

$$\mathfrak{A} = \mathfrak{L}_1 + \mathfrak{L}_2 + \mathfrak{L}_2'$$

resultiert. Nach Konstruktion gelten zwischen den zugehörigen Idempotenten die Relationen

$$e_1^2 = e_1^2, \quad e_2^2 = e_2^2, \quad e_2 e_1 = 0$$

(über $e_1 e_2$ ist nichts bekannt). Bildet man nun das Element

$$e_{12} = e_1 + e_2 - e_1 e_2,$$

so ist

$$\left.\begin{aligned} \mathfrak{L}_1 e_{12} &= \mathfrak{L}_1 + \mathfrak{L}_1 e_2 - \mathfrak{L}_1 e_2 = \mathfrak{L}_1 \\ \mathfrak{L}_2 e_{12} &= (0) + \mathfrak{L}_2 \quad - \quad (0) \quad = \mathfrak{L}_2 \end{aligned}\right\} \quad \text{(elementweise!)},$$

d.h. e_{12} verhält sich sowohl gegen $\mathfrak{L}_1$ wie auch gegen $\mathfrak{L}_2$ und damit gegen $\mathfrak{L}_1 + \mathfrak{L}_2$ als rechtsseitiges Einselement. Fortsetzung des Verfahrens bietet keine Schwierigkeit, da auch $\mathfrak{L}_2'$ nicht nilpotent sein kann; denn $\mathfrak{L}_2'$ ist nicht nur Links-Ideal in $\mathfrak{L}_1'$, sondern auch in $\mathfrak{A}$, und wird somit von der Voraussetzung der Radikalfreiheit von $\mathfrak{A}$ betroffen. Wegen der Senkung des Ranges der so entstehenden $\mathfrak{L}_k'$ muß eine Fortsetzung nach endlich vielen Schritten abbrechen, und die Konstruktion liefert somit ein rechtsseitiges Einselement von $\mathfrak{A}$. Ebenso zeigt man [Zerlegung: $a = ea + (a - ea)$] die Existenz eines linksseitigen Einselementes und damit nach Ziff. 6 die eines Einselementes überhaupt.

Eine *einfache* Algebra $\mathfrak{A}$ (Ziff. 62) ist entweder halbeinfach, oder es gilt $\mathfrak{A}^2 = (0)$. Denn nach Definition enthält eine einfache Algebra kein echtes zweiseitiges Ideal. Da das Radikal einer Algebra aber ein zweiseitiges Ideal ist, muß es also entweder das Null-Ideal oder das Einheits-Ideal (Ziff. 8) sein. Im ersten Fall ist $\mathfrak{A}$ also halbeinfach, im zweiten gibt es eine kleinste Zahl m derart, daß $\mathfrak{A}^m = (0)$ ist; da wegen der Einfachheit von $\mathfrak{A}$:

$$\mathfrak{A} = \mathfrak{A}^2 = \cdots = \mathfrak{A}^{m-1}$$

gilt, folgt aus $(\mathfrak{A}^{m-1})^2=(0)$ die Behauptung. Die beiden Fälle unterscheiden sich nach Satz 6 und 7 also dadurch, daß im ersten Fall $\mathfrak{A}$ ein Einselement besitzt, im zweiten nicht. Im folgenden interessieren nur einfache Algebren mit Einselement. Wir zitieren noch

Satz 8. *Ist $\mathfrak{R}$ das Radikal einer Algebra $\mathfrak{A}$, so ist die Restklassenalgebra $\mathfrak{A}/\mathfrak{R}$ halbeinfach.*

69. Minimale Ideale. Ein Links-, Rechts-, oder zweiseitiges Ideal heißt *minimal* in $\mathfrak{A}$, wenn es kein Ideal derselben Art echt umfaßt. Wir beweisen

Satz 9. *Eine halbeinfache Algebra ist direkte Summe minimaler Links-Ideale, deren jedes von einem idempotenten Element erzeugt wird.*

Der Beweis ergibt sich mit den Hilfsmitteln von Ziff. 68. Gibt es in der halbeinfachen Algebra $\mathfrak{A}$ überhaupt ein echtes Links-Ideal, so gibt es auch ein minimales. Denn in jeder Folge sich enthaltender Links-Ideale von $\mathfrak{A}$ gibt es stets ein kleinstes vom Nullideal verschiedenes Links-Ideal, da die Links-Ideale selbst Unteralgebren von $\mathfrak{A}$ mit ständig fallendem Rang sind[1]. Es sei $\mathfrak{L}_1$ also ein minimales Links-Ideal in $\mathfrak{A}$, dann gibt es, da $\mathfrak{L}_1$ nach Voraussetzung nicht nilpotent sein kann, nach Satz 6 in $\mathfrak{L}_1$ ein idempotentes Element e_1. $\mathfrak{L}_1$ wird aber sogar von e_1 erzeugt, denn $\mathfrak{A}e_1=\mathfrak{B}$ ist ein in $\mathfrak{L}_1$ enthaltenes Links-Ideal in $\mathfrak{A}$ $\big(\mathfrak{A}\mathfrak{B}=(\mathfrak{A}\mathfrak{A})e_1=\mathfrak{A}e_1=\mathfrak{B}\big)$, und wegen der Minimaleigenschaft von $\mathfrak{L}_1$ muß also $\mathfrak{B}=\mathfrak{L}_1$ sein. Also läßt sich jedes Element von $\mathfrak{L}_1$ in der Form ae_1 mit $a\in\mathfrak{A}$ darstellen. Anwendung des Hilfssatzes aus Ziff. 68 liefert dann aber die direkte Summendarstellung $\mathfrak{A}=\mathfrak{L}_1+\mathfrak{L}_1'$. Durch Fortsetzung des Verfahrens ist der Beweis erbracht. Ein entsprechender Satz gilt natürlich auch für Rechts-Ideale.

Wir wollen Satz 9 am Beispiel $\mathfrak{C}_2$ konstruktiv demonstrieren. Die Basiselemente von $\mathfrak{C}_2$ sind $e, \gamma_1, \gamma_2, \gamma_{12}$. Wir betrachten die idempotenten Elemente

$$e_1=\tfrac{1}{2}(e+\gamma_1),\quad e_2=\tfrac{1}{2}(e-\gamma_1), \tag{69.1}$$

deren Summe das Einselement ist: $e=e_1+e_2$. Man bestätigt die Gleichungen

$$e_1^2=e_1,\quad e_2^2=e_2,\quad e_1e_2=e_2e_1=0.$$

Wir bilden nun das von e_1 erzeugte Links-Ideal $\mathfrak{L}_1$ und betrachten dazu erst einmal die linksseitigen Produkte der Basiselemente von $\mathfrak{C}_2$ mit e_1. Es ergibt sich

$$ee_1=e_1,\quad \gamma_1e_1=e_1,\quad \gamma_2e_1=\tfrac{1}{2}(\gamma_2-\gamma_{12})=a_1,\quad \gamma_{12}e_1=-a_1. \tag{69.2}$$

Durch linksseitige Multiplikation mit den Basiselementen ergibt sich also nur *ein* neues Element, nämlich a_1. Nun bildet man die entsprechenden Produkte mit a_1 und findet

$$ea_1=a_1,\quad \gamma_1a_1=\gamma_1\gamma_2e_1=-a_1,\quad \gamma_2a_1=\gamma_2\gamma_2e_1=e_1,\quad \gamma_{12}a_1=\gamma_1e_1=e_1. \tag{69.3}$$

Es ergeben sich somit überhaupt keine neuen Elemente mehr. Die Gesamtheit der Elemente der Form

$$\alpha e_1+\beta a_1 \quad\text{mit}\quad \alpha,\beta\in\Gamma \tag{69.4}$$

bildet also ein Links-Ideal $\mathfrak{L}_1$ (das von e_1 erzeugt wird), da sich bei linksseitiger Multiplikation mit einem beliebigen $a\in\mathfrak{C}_2$ (das ja eine Linearkombination der Basiselemente von $\mathfrak{C}_2$ ist) stets wieder ein Element der Form (69.4) ergibt und

[1] Die Eigenschaft der Algebren, daß es in jeder Menge von Idealen stets ein minimales (und ebenso ein maximales) gibt, erweist sich als ganz fundamental für eine Erweiterung der Algebrentheorie auf allgemeinere Ringe. Die meisten Resultate dieses Kapitels gelten nämlich auch für Ringe mit einer derartigen „Minimal- und Maximalbedingung für Ideale".

die Summe bzw. Differenz solcher Elemente ebenfalls wieder ein Element dieser Form liefert. Aus den Formeln (69.2) und (69.3) ist überdies ersichtlich, daß $\mathfrak{L}_1$ minimal ist: denn greift man ein beliebiges Element (69.4) aus $\mathfrak{L}_1$ heraus, so gilt für jedes $a \in \mathfrak{C}_2$:

$$\begin{aligned} a(\alpha e_1 + \beta a_1) &= (\alpha_0 e + \alpha_1 \gamma_1 + \alpha_2 \gamma_2 + \alpha_3 \gamma_{12})(\alpha e_1 + \beta a_1) \\ &= \{(\alpha_0 + \alpha_1)\alpha + (\alpha_2 + \alpha_3)\beta\} e_1 + \{(\alpha_0 - \alpha_1)\beta + (\alpha_2 - \alpha_3)\alpha\} a_1, \end{aligned}$$

und man braucht nur $\alpha_0 = \alpha_1$ und $\alpha_2 = \alpha_3$ zu wählen, um zu erkennen, daß auch e_1 in dem von dem Element (69.4) erzeugten Ideal liegt. Damit enthält es aber ganz $\mathfrak{L}_1$.

Entsprechend bildet man mit e_2 das Links-Ideal $\mathfrak{L}_2$, dessen Basiselemente man aus

$$\left.\begin{aligned} &e e_2 = e_2, \quad \gamma_1 e_2 = -e_2, \quad \gamma_2 e_2 = \tfrac{1}{2}(\gamma_2 + \gamma_{12}) = a_2, \quad \gamma_{12} e_2 = a_2 \\ &e a_2 = a_2, \quad \gamma_1 a_2 = \gamma_1 \gamma_2 e_2 = a_2, \quad \gamma_2 a_2 = \gamma_2 \gamma_2 e_2 = e_2, \quad \gamma_{12} a_2 = \gamma_1 e_2 = -e_2 \end{aligned}\right\} \quad (69.5)$$

erhält. Aus $e = e_1 + e_2$ ist übrigens unmittelbar ersichtlich, daß $\mathfrak{C}_2 = \mathfrak{L}_1 + \mathfrak{L}_2$ ist. Überdies sieht man aus den Formeln (69.2), (69.3) und (69.5) noch, daß $\mathfrak{L}_1$ und $\mathfrak{L}_2$ isomorph sind. (Letzteres gilt übrigens stets für die minimalen Links-Ideale einer *einfachen* Algebra mit Einselement.) Man überzeugt sich schließlich noch, daß die von $\mathfrak{L}_1$ oder $\mathfrak{L}_2$ erzeugten zweiseitigen Ideale stets mit $\mathfrak{C}_2$ zusammenfallen. $\mathfrak{C}_2$ ist also eine einfache Algebra.

70. Zerlegung des Einselementes. Jede Zerlegung einer halbeinfachen Algebra $\mathfrak{A}$ in eine direkte Summe minimaler Links-Ideale

$$\mathfrak{A} = \mathfrak{L}_1 + \mathfrak{L}_2 + \cdots + \mathfrak{L}_m$$

bedingt natürlich für jedes $a \in \mathfrak{A}$ eine Darstellung der Form

$$a = a e_1 + a e_2 + \cdots + a e_m,$$

wobei für die Idempotenten nach Konstruktion (Ziff. 68)

$$e_i^2 = e_i, \quad e_i e_j = 0 \quad (i > j) \quad (i, j = 1, \ldots, m) \tag{70.1}$$

gilt. Da $\mathfrak{A}$ nach Satz 7 ein Einselement e besitzt, ist (da $e e_i = e_i$)

$$e = e_1 + e_2 + \cdots + e_m. \tag{70.2}$$

Aus dieser Gleichung folgt durch rechtsseitige und linksseitige Multiplikation mit e_i unter Berücksichtigung von (70.1)

$$\begin{aligned} e_i &= e_1 e_i + \cdots + e_m e_i = e_1 e_i + \cdots + e_{i-1} e_i + e_i + 0 + \cdots + 0 \\ e_i &= e_i e_1 + \cdots + e_i e_m = 0 + \cdots + 0 + e_i + e_i e_{i+1} + \cdots + e_i e_m, \end{aligned}$$

woraus sich die Gleichungen

$$e_1 e_i + \cdots + e_{i-1} e_i = 0 \quad \text{bzw.} \quad e_i e_{i+1} + \cdots + e_i e_m = 0$$

ergeben. In der ersten dieser Gleichungen fallen aber bei linksseitiger Multiplikation mit e_{i-1} nach (70.1) alle Glieder fort bis auf das letzte, so daß $e_{i-1}^2 e_i = e_{i-1} e_i = 0$ folgt. Fortsetzung dieses Verfahrens liefert die (70.1) ergänzenden Relationen

$$e_i e_j = 0 \quad (i < j). \tag{70.3}$$

Eine Darstellung des Einselementes in der Form (70.2) ,wobei die Summanden die Relationen (70.1), (70.3) erfüllen, wollen wir eine *Zerlegung des Einselementes* nennen. Faßt man in (70.2) einen Teil der Summe als einen Summanden auf,

z. B. $e' = e_2 + \cdots + e_m$, so ist auch $e = e_1 + e'$ eine Zerlegung von e, da nach (70.1) und (70.3) $e'^2 = e'$ und $e_1 e' = e' e_1 = 0$ gilt. Wie direkt einzusehen ist, gilt

Satz 10. *Jeder Zerlegung des Einselementes einer Algebra $\mathfrak{A}$ entspricht eine Zerlegung von $\mathfrak{A}$ in eine direkte Summe von Links-Idealen (oder auch Rechts-Idealen).*

Die Zerlegung (70.2), der eine Zerlegung von $\mathfrak{A}$ in eine direkte Summe *minimaler* Links-Ideale entspricht, nennt man eine Zerlegung des Einselementes in *primitive* Idempotente e_i. Ein *primitives Idempotent* e_i von $\mathfrak{A}$ kann (neben der Minimaleigenschaft des von ihm erzeugten Links-Ideals) auch durch die Forderung gekennzeichnet werden, daß es in $\mathfrak{A}$ kein von e_i verschiedenes idempotentes Element e' gibt, für das $e' e_i = e_i e' = e'$ gilt. Man beweist leicht die Gleichwertigkeit der beiden Definitionen. Für eine spätere Anwendung zeigen wir noch

Satz 11. *Ein Idempotent $e_1 \in \mathfrak{A}$ ist dann und nur dann primitiv, wenn $e_1 \mathfrak{A} e_1$ kein von e_1 verschiedenes idempotentes Element enthält.*

Wäre nämlich $e' = e_1 a e_1$ mit $a \in \mathfrak{A}$ ein von e_1 verschiedenes Idempotent, so folgte $e_1 e' = e' e_1 = e'$, so daß e_1 nicht primitiv in $\mathfrak{A}$ wäre. Ist umgekehrt e_1 nicht primitiv, so enthält $\mathfrak{A}$ ein idempotentes Element $e' \neq e_1$, für das $e_1 e' = e' e_1 = e'$ ist; dann ist e' aber in $e_1 \mathfrak{A} e_1$ enthalten, da $e_1 e' e_1 = e_1 e' = e'$ ist.

Die in Ziff. 69 angegebene Zerlegung des Einselementes von $\mathfrak{C}_2$ mit den Summanden (69.1) ist, da die Links-Ideale $\mathfrak{L}_1$ und $\mathfrak{L}_2$ minimal sind, eine Zerlegung nach primitiven Idempotenten. Man überzeugt sich, daß in diesem Beispiel die Elementmenge $e_1 \mathfrak{C}_2 e_1$ nur aus den Elementen αe_1 mit $\alpha \in \Gamma$ besteht: sie ist also isomorph zum Körper Γ. Andererseits kann ein Körper nur ein einziges Idempotent besitzen, nämlich sein Einselement e; denn da es in ihm zu jedem von Null verschiedenen Element ein Inverses gibt, folgte aus $e e_i = e_i = e_i^2$ sofort $e = e_i$. Dies als Beispiel zu Satz 11.

71. Zerlegung halbeinfacher Algebren in einfache. Die nach Satz 9 gesicherte Zerlegbarkeit einer halbeinfachen Algebra $\mathfrak{A}$ in eine direkte Summe minimaler Links-Ideale ist keineswegs in dem Sinn eindeutig, daß jede Zerlegung von $\mathfrak{A}$ in minimale Links-Ideale bis auf die Reihenfolge dieselben Links-Ideale lieferte. Eine derartige Eindeutigkeit ergibt jedoch

Satz 12. *Eine halbeinfache Algebra $\mathfrak{A}$ ist entweder selbst schon einfach oder eine direkte Summe einfacher Algebren, die durch $\mathfrak{A}$ eindeutig bestimmt sind und die sich gegenseitig annullieren.*

Wenn $\mathfrak{A}$ nicht selbst einfach ist, besitzt es ein minimales zweiseitiges Ideal $\mathfrak{J}_1$, das nach Voraussetzung nicht nilpotent sein kann. $\mathfrak{J}_1$ ist aber sogar als *Algebra* einfach; denn wäre $\mathfrak{B}$ ein echtes zweiseitiges Ideal in $\mathfrak{J}_1$ (!), so wäre es auch echtes Ideal in $\mathfrak{A}$, da wegen $\mathfrak{B} = \mathfrak{J}_1 \mathfrak{B} \mathfrak{J}_1$ auch

$$\mathfrak{A}\mathfrak{B}\mathfrak{A} = (\mathfrak{A}\mathfrak{J}_1)\,\mathfrak{B}\,(\mathfrak{J}_1\mathfrak{A}) = \mathfrak{J}_1\mathfrak{B}\mathfrak{J}_1 = \mathfrak{B}$$

gilt. Da $\mathfrak{B}$ aber in $\mathfrak{J}_1$ echt enthalten ist, widerspricht dies der Minimaleigenschaft von $\mathfrak{J}_1$. Da $\mathfrak{J}_1$ einfach und $\mathfrak{J}_1^2 \neq (0)$ ist, ist es nach Ziff. 68 auch halbeinfach, und somit ist Satz 9 anwendbar, nach dem $\mathfrak{J}_1$ also direkte Summe minimaler Links-Ideale $\mathfrak{L}_{11}, \mathfrak{L}_{12}, \ldots, \mathfrak{L}_{1n_1}$ ist, die jeweils von einem primitiven Idempotent $e_{11}, e_{12}, \ldots, e_{1n_1}$ mit

$$e_{1i}^2 = e_{1i} \quad \text{und} \quad e_{1i} e_{1j} = 0 \quad (i \neq j) \quad (i, j = 1, \ldots, n_1)$$

erzeugt werden. Das Idempotent $e_1 = e_{11} + \cdots + e_{1n_1}$ spielt dann in $\mathfrak{J}_1$ die Rolle des Einselementes. (Zunächst nur die des Rechts-Einselementes, da $\mathfrak{J}_1$ aber nach Satz 7 ein Einselement besitzt, muß dieses mit e_1 identisch sein.) Durch wiederholte Anwendung des Hilfssatzes in Ziff. 68 folgt dann die Zerlegbarkeit von $\mathfrak{A}$ in die direkte Summe

$$\mathfrak{A} = \mathfrak{L}_{11} + \cdots + \mathfrak{L}_{1n_1} + \mathfrak{J}' = \mathfrak{J}_1 + \mathfrak{J}',$$

worin $\mathfrak{J}'$ Links-Ideal in $\mathfrak{A}$ ist. Eine entsprechende Zerlegung von $\mathfrak{J}_1$ in minimale Rechts-Ideale (diese werden zwar im allgemeinen andere Idempotente, aber dasselbe e_1 liefern) zeigt ebenso, daß $\mathfrak{J}'$ Rechts-Ideal ist. Also ist $\mathfrak{J}'$ zweiseitiges Ideal in $\mathfrak{A}$. Ist nun $\mathfrak{J}'$ nicht bereits minimal bzw. als Algebra einfach, so kann das Verfahren fortgesetzt werden. Man erhält auf diese Weise eine Zerlegung von $\mathfrak{A}$

$$\mathfrak{A} = \mathfrak{J}_1 + \mathfrak{J}_2 + \cdots + \mathfrak{J}_k \tag{71.1}$$

in eine direkte Summe minimaler zweiseitiger Ideale oder, da jedes $\mathfrak{J}_j$ sogar als Algebra einfach ist, in eine direkte Summe einfacher Algebren. Die Eindeutigkeit einer solchen Zerlegung sieht man so ein: Es sei

$$\mathfrak{A} = \mathfrak{J}_1' + \mathfrak{J}_2' + \cdots + \mathfrak{J}_l' \tag{71.2}$$

eine zweite derartige Zerlegung, dann ist

$$\mathfrak{J}_1' = \mathfrak{A}\mathfrak{J}_1' = \mathfrak{J}_1\mathfrak{J}_1' + \mathfrak{J}_2\mathfrak{J}_1' + \cdots + \mathfrak{J}_k\mathfrak{J}_1',$$

wobei die rechte Summe wegen $\mathfrak{J}_j\mathfrak{J}_1' \subseteqq \mathfrak{J}_j$ wieder direkt ist. Die Glieder der rechten Seite sind aber selbst wieder zweiseitige Ideale in $\mathfrak{A}$ wie in $\mathfrak{J}_1'$, da $\mathfrak{A}(\mathfrak{J}_j\mathfrak{J}_1') = \mathfrak{J}_j\mathfrak{J}_1' = (\mathfrak{J}_j\mathfrak{J}_1')\mathfrak{A}$ und somit auch $\mathfrak{J}_1'(\mathfrak{J}_j\mathfrak{J}_1')$ und $(\mathfrak{J}_j\mathfrak{J}_1')\mathfrak{J}_1' \subset \mathfrak{J}_j\mathfrak{J}_1'$ sind. Da $\mathfrak{J}_1'$ aber einfach ist, müssen alle diese Glieder bis auf eins, etwa $\mathfrak{J}_1\mathfrak{J}_1'$, verschwinden. Das heißt aber: $\mathfrak{J}_1' = \mathfrak{J}_1\mathfrak{J}_1' \subseteqq \mathfrak{J}_1$. Ebenso schließt man $\mathfrak{J}_1 \subseteqq \mathfrak{J}_1'$, woraus $\mathfrak{J}_1 = \mathfrak{J}_1'$ folgt. Fortsetzung der Schlußweise liefert dann die Eindeutigkeitsaussage von Satz 12.

Die letzte in Satz 12 enthaltene Behauptung folgt schließlich daraus, daß die Elementmenge $\mathfrak{J}_i\mathfrak{J}_j$ sowohl in $\mathfrak{J}_i$ als auch in $\mathfrak{J}_j$ enthalten ist (Idealeigenschaft), andererseits aber $\mathfrak{J}_i$ und $\mathfrak{J}_j$ für $i \neq j$ nur die Null gemeinsam haben[1]. Es ist also $\mathfrak{J}_i\mathfrak{J}_j = (0)$ $(i \neq j)$, d.h. das Produkt eines Elementes von $\mathfrak{J}_i$ mit irgendeinem Element von $\mathfrak{J}_j$ ist Null (insbesondere also auch vertauschbar).

Die CLIFFORD-Algebra $\mathfrak{C}_3$ mit der Basis

$$e,\ \gamma_1,\ \gamma_2,\ \gamma_3,\ \gamma_{12},\ \gamma_{13},\ \gamma_{23},\ \gamma_{123}$$

bietet (im Gegensatz zu $\mathfrak{C}_2$, die in Ziff. 69 als einfach erkannt wurde) ein Beispiel einer Zerlegung in einfache Algebren. Wir bilden zunächst die Zerlegung des Einselementes [man beachte, daß $(\gamma_{123})^2 = -e$ ist]

$$e = e_1 + e_2 \quad \text{mit} \quad e_1 = \tfrac{1}{2}(e + i\gamma_{123}), \quad e_2 = \tfrac{1}{2}(e - i\gamma_{123}) \quad (i = \sqrt{-1})$$

und die durch e_1 und e_2 erzeugten Links-Ideale $\mathfrak{L}_1 = \mathfrak{C}_3 e_1$ und $\mathfrak{L}_2 = \mathfrak{C}_3 e_2$. Da γ_{123}, wie man bestätigt, aber mit allen Basiselementen und damit mit allen Elementen von $\mathfrak{C}_3$ vertauschbar ist, sind $\mathfrak{L}_1$ und $\mathfrak{L}_2$ sogar zweiseitige Ideale:

$$\mathfrak{L}_1 = \mathfrak{C}_3\mathfrak{L}_1 = \mathfrak{C}_3\mathfrak{C}_3 e_1 = \mathfrak{C}_3 e_1 \mathfrak{C}_3 = \mathfrak{L}_1\mathfrak{C}_3,$$

und wegen $e_1 e_2 = 0$ verschwindet jedes Produkt eines Elementes aus $\mathfrak{L}_1$ mit einem Element aus $\mathfrak{L}_2$. $\mathfrak{C}_3$ ist also direkte Summe

$$\mathfrak{C}_3 = \mathfrak{L}_1 + \mathfrak{L}_2$$

der sich gegenseitig annullierenden zweiseitigen Ideale $\mathfrak{L}_1$ und $\mathfrak{L}_2$. Diese Ideale sind aber sogar einfache Algebren, denn es gilt

[1] Da der Durchschnitt von $\mathfrak{J}_i$ und $\mathfrak{J}_j$ wieder zweiseitiges (von $\mathfrak{J}_i$ und $\mathfrak{J}_j$ umfaßtes) Ideal in $\mathfrak{A}$ ist.

Satz 13. $\mathfrak{L}_1$ *und* $\mathfrak{L}_2$ *sind isomorph zu* $\mathfrak{C}_2$ *(und damit einfach).*

Zum Beweise bilden wir die Größen

$$x_1 = \gamma_1 e_1 = \tfrac{1}{2}(\gamma_1 + i\gamma_{23}), \quad x_2 = \gamma_2 e_1 = \tfrac{1}{2}(\gamma_2 - i\gamma_{13}), \quad x_3 = \gamma_3 e_1 = \tfrac{1}{2}(\gamma_3 + i\gamma_{12}),$$

zwischen denen die Relationen

$$x_i x_k + x_k x_i = (\gamma_i \gamma_k + \gamma_k \gamma_i) e_1 = 2\delta_{ik} e_1 \quad (i, k = 1, 2, 3) \qquad (71.3)$$

gelten. Diese werden allerdings noch vermehrt um die Relation

$$x_1 x_2 x_3 = \gamma_{123} e_1 = \tfrac{1}{2}(\gamma_{123} - i e) = -i e_1,$$

so daß z.B. x_3 durch x_1 und x_2 ausgedrückt werden kann $(x_3 e_1 = x_3)$

$$x_3 = i x_1 x_2.$$

Man kann also in den Relationen (71.3) x_3 einfach weglassen und sich auf

$$x_i x_k + x_k x_i = 2\delta_{ik} e_1 \quad (i, k = 1, 2) \qquad (71.4)$$

beschränken; denn aus ihnen folgt für $i x_1 x_2$:

$$x_1(i x_1 x_2) + (i x_1 x_2) x_1 = i(x_2 - x_2) e_1 = 0,$$

$$x_2(i x_1 x_2) + (i x_1 x_2) x_2 = i(-x_1 + x_1) e_1 = 0, \qquad (i x_1 x_2)^2 = e_1,$$

d.h. die zu (71.3) fehlenden Relationen. Ebenso wie man durch $\gamma_1, \gamma_2, \gamma_3$ unter Berücksichtigung der Relationen (63.1) $\mathfrak{C}_3$ erzeugen kann, läßt sich $\mathfrak{L}_1$ aus x_1 und x_2 unter Berücksichtigung der Relationen (71.4) erzeugen; dies sind aber gerade die definierenden Relationen von $\mathfrak{C}_2$. Da schließlich für $\mathfrak{L}_2$ analog geschlossen werden kann, ist Satz 13 bewiesen.

72. Einfache Algebren mit nur einem idempotenten Element. Wir zeigen

Satz 14. *Jede einfache Algebra über* K, *die nur ein einziges idempotentes Element besitzt, ist eine Divisionsalgebra über* K.

Da eine einfache Algebra $\mathfrak{A}$, die ein Idempotent besitzt, auch halbeinfach ist, muß $\mathfrak{A}$ nach Satz 7 ein Einselement e besitzen, und da dieses trivialerweise idempotent ist, ist es also das einzige Idempotent von $\mathfrak{A}$. Nach Satz 6 besitzt dann $\mathfrak{A}$ auch kein echtes (Links-, Rechts- oder zweiseitiges) Ideal, da dieses (wegen der Halbeinfachheit von $\mathfrak{A}$) ein idempotentes Element, d.h. e enthalten muß, andererseits aber e kein Element eines *echten* Ideals sein kann. Ein beliebiges $a(\neq 0) \in \mathfrak{A}$ erzeugt also schon ganz $\mathfrak{A}$, so daß sich jedes Element von $\mathfrak{A}$ in der Form ca (wobei c ganz $\mathfrak{A}$ durchläuft) darstellen läßt, also auch $e = ca$. Zu jedem $a \neq 0$ existiert also ein linksseitiges Inverses. Ebenso zeigt man die Existenz eines rechtsseitigen Inversen und damit die eines Inversen schlechthin. Das ist aber die Behauptung von Satz 13.

Ist e_1 ein *primitives* Idempotent einer einfachen Algebra $\mathfrak{A}$, so ist die Elementmenge $e_1 \mathfrak{A} e_1$ eine einfache Algebra mit nur einem idempotenten Element, nämlich e_1 selbst. Die letzte Behauptung ist die Aussage von Satz 11. Zu beweisen ist lediglich die *Einfachheit* der Algebra $e_1 \mathfrak{A} e_1$. Wegen $e_1(e_1 a e_1) = (e_1 a e_1) e_1 = e_1 a e_1$ ist e_1 offenbar das Einselement dieser Algebra. Gäbe es nun ein echtes zweiseitiges Ideal $\mathfrak{J}$ in $e_1 \mathfrak{A} e_1$, so wäre $\mathfrak{A}\mathfrak{J}\mathfrak{A}$ echtes zweiseitiges Ideal in $\mathfrak{A}$, was der Einfachheit von $\mathfrak{A}$ widerspricht; aus $e_1 \mathfrak{J} = \mathfrak{J}$ und $\mathfrak{J} < e_1 \mathfrak{A} e_1$ folgte nämlich

$$e_1(\mathfrak{A}\mathfrak{J}\mathfrak{A}) e_1 = (e_1 \mathfrak{A} e_1)\mathfrak{J}(e_1 \mathfrak{A} e_1) = \mathfrak{J} < e_1 \mathfrak{A} e_1 \to \mathfrak{A}\mathfrak{J}\mathfrak{A} < \mathfrak{A}.$$

Mit Satz 14 gilt also

Satz 15. *Ist e_1 ein primitives Idempotent einer einfachen Algebra $\mathfrak{A}$ über* K, *so ist $e_1\mathfrak{A}e_1$ eine Divisionsalgebra über* K.

Ist $\mathfrak{A}$ speziell eine Algebra über Γ, dem Körper aller komplexen Zahlen, so können Satz 14 und 15 nach Satz 1 dahingehend verschärft werden, daß die genannten Divisionsalgebren stets zu Γ isomorphe Körper sind.

Da in einer kommutativen Algebra $\mathfrak{A}$ jedes Links- bzw. Rechts-Ideal auch zweiseitiges Ideal ist, liefert die Einfachheitsforderung für $\mathfrak{A}$ zusammen mit Satz 6 und 7, daß $\mathfrak{A}$ nur ein einziges Idempotent besitzen kann (das gleichzeitig Einselement ist). Aus Satz 14 folgt somit

Satz 16. *Jede einfache kommutative Algebra über* K *ist Divisionsalgebra über* K *(d.h. Erweiterungskörper von* K*). Insbesondere ist jede einfache kommutative Algebra über Γ ein zu Γ isomorpher Körper.*

Zusammen mit Satz 12 erhält man noch

Satz 16a. *Jede halbeinfache kommutative Algebra ist direkte Summe sich gegenseitig annullierender Körper.*

Ein Beispiel zu Satz 15 ist in Ziff. 70 Schluß angegeben. Satz 16a kann an $\mathfrak{C}_1$ demonstriert werden: Statt der Basiselemente e, γ_1 braucht man nur

$$e_1 = \tfrac{1}{2}(e + \gamma_1), \qquad e_2 = \tfrac{1}{2}(e - \gamma_1)$$

als Basis zu wählen, um zu erkennen, daß

$$\mathfrak{C}_1 = \Gamma e_1 + \Gamma e_2,$$

d.h. direkte Summe zweier (zu Γ isomorpher) Körper ist, die sich wegen $e_1 e_2 = 0$ gegenseitig annullieren.

73. Die Struktur einfacher Algebren mit Einselement. α) *Zweiseitige Zerlegung nach primitiven Idempotenten.* Ist $\mathfrak{A}$ eine einfache Algebra über K mit Einselement e, so ist $\mathfrak{A}$ nach Satz 9 direkte Summe minimaler Links-Ideale $\mathfrak{L}_1, \ldots, \mathfrak{L}_n$, deren jedes von einem primitiven Idempotent e_i erzeugt wird ($\mathfrak{L}_i = \mathfrak{A}e_i$). Das Einselement e besitzt die Zerlegung

$$e = e_1 + \cdots + e_n, \quad e_i^2 = e_i, \quad e_i e_j = 0 \quad (i \neq j), \quad (i, j = 1, \ldots, n). \tag{73.1}$$

Führt man die Elementmengen

$$\mathfrak{A}_{ij} = e_i \mathfrak{A} e_j$$

ein, so ist

$$\mathfrak{A} = \sum_{i,j} \mathfrak{A}_{ij}. \tag{73.2}$$

Es gelten (da $\mathfrak{A}e_i\mathfrak{A}$ das von e_i erzeuge zweiseitige Ideal in $\mathfrak{A}$ also wegen der Einfachheit von $\mathfrak{A}$ mit $\mathfrak{A}$ identisch ist) für die $\mathfrak{A}_{ij}$ die Rechenregeln

$$\mathfrak{A}_{ij}\mathfrak{A}_{lk} = e_\iota \mathfrak{A} e_j e_l \mathfrak{A} e_k = \left\{\begin{matrix} (0) & (j \neq l) \\ e_i(\mathfrak{A} e_j \mathfrak{A})\, e_k = e_\iota \mathfrak{A} e_k = \mathfrak{A}_{ik} & (j = l). \end{matrix}\right\} \tag{73.3}$$

Die $\mathfrak{A}_{ij}$ sind *elementfremd*, denn aus

$$e_i \mathfrak{A}_{ij} = \mathfrak{A}_{ij} \text{ (elementweise!)} \qquad e_i \mathfrak{A}_{kj} = (0) \qquad (k \neq i)$$

folgt, daß $\mathfrak{A}_{ij}$ und $\mathfrak{A}_{kj}$ nur die Null gemeinsam haben. Der Fall daß ein $\mathfrak{A}_{ij}$ selbst nur aus der Null besteht [etwa $\mathfrak{A}_{12} = (0)$], hätte wegen

$$\mathfrak{A}_{i1}\mathfrak{A}_{12} = \mathfrak{A}_{i2}, \qquad \mathfrak{A}_{i2}\mathfrak{A}_{2j} = \mathfrak{A}_{ij}$$

das Verschwinden aller $\mathfrak{A}_{ij}$ zur Folge, was offensichtlich unmöglich ist. Die Summe (73.2) ist also direkt.

Die $\mathfrak{A}_{ij}$ mit $i \neq j$ sind *nilpotente* Algebren, die $\mathfrak{A}_{ii}$ *Divisionsalgebren* (über K). Die erste Behauptung ergibt sich nach (73.3) aus

$$(\mathfrak{A}_{ij})^2 = \mathfrak{A}_{ij}\mathfrak{A}_{ij} = (0) \qquad (i \neq j),$$

die zweite aus Satz 15. Im Fall $\mathsf{K} = \Gamma$ sind die $\mathfrak{A}_{ii}$ zu Γ isomorphe Körper.

β) Ein Hilfssatz. Ist a_{ij} ein von Null verschiedenes Element aus $\mathfrak{A}_{ij}$, so ist $a_{ij}\mathfrak{A}_{jj} \neq (0)$. Es ist nämlich $a_{ij} = a_{ij} e_j$ selbst Element von $a_{ij}\mathfrak{A}_{jj}$, da $e_j \in \mathfrak{A}_{jj}$ ist. Somit ist auch $a_{ij}\mathfrak{A}_{jk} \neq (0)$, denn wäre dies Null, so folgte

$$(0) = a_{ij}\mathfrak{A}_{jk}\mathfrak{A}_{kj} = a_{ij}\mathfrak{A}_{jj}$$

im Widerspruch zu eben getroffenen Feststellung. Sodann gilt für jedes $a_{ij} \neq 0$

$$a_{ij}\mathfrak{A}_{ji} = a_{ij}\mathfrak{A}_{ji}\mathfrak{A}_{ii} = \mathfrak{A}_{ii}, \tag{73.4}$$

da jedes Element aus $a_{ij}\mathfrak{A}_{ji}$ auch Element von $\mathfrak{A}_{ii}$ ist. Andererseits ist $\mathfrak{A}_{ii}$ aber eine Divisionsalgebra, so daß mit festem $a \in \mathfrak{A}_{ii}$ die Gesamtheit aller Elemente ac mit $\mathfrak{A}_{ii}$ identisch ist, wenn c alle Elemente von $\mathfrak{A}_{ii}$ durchläuft. Aus (73.4) folgt direkt

$$a_{ij}\mathfrak{A}_{jk} = \mathfrak{A}_{ik}, \tag{73.5}$$

d.h. der

Hilfssatz 1: Für beliebig vorgegebene (von Null verschiedene) $a_{ij} \in \mathfrak{A}_{ij}$, $b_{ik} \in \mathfrak{A}_{ik}$ hat die Gleichung

$$a_{ij}x_{jk} = b_{ik}$$

stets eine Lösung $x_{jk} \in \mathfrak{A}_{jk}$.

γ) Konstruktion der Basis einer Matrix-Algebra. Wir konstruieren ein System von n^2 Elementen e_{ij}, deren jedes dem gleichindizierten $\mathfrak{A}_{ij}$ angehört, mit den Eigenschaften

$$e_{ij}e_{lk} = \delta_{jl}e_{ik}, \qquad \sum_{i=1}^{n} e_{ii} = e, \tag{73.6}$$

wobei e das Einselement von $\mathfrak{A}$ bezeichnet. Die e_{ik} bilden offensichtlich ein zu der Basis $\boldsymbol{E}_{ik}$ einer vollen Matrix-Algebra (Ziff. 28) isomorphes Größensystem.

Zunächst setzt man

$$e_{ii} = e_i \qquad (i = 1, \ldots, n) \tag{73.7}$$

mit den primitiven e_i aus (73.1). Sodann wählt man aus jedem $\mathfrak{A}_{i1}$ $(i = 2, \ldots, n)$ je ein beliebiges von Null verschiedenes Element e_{i1} aus. Nach Hilfssatz 1 existiert dann in jedem $\mathfrak{A}_{1i}$ $(i = 2, \ldots, n)$ ein Element e_{1i} derart, daß

$$e_{i1}e_{1i} = e_{ii} \qquad (i = 2, \ldots, n)$$

mit e_{ii} aus (73.7) gilt. Die so bestimmten e_{1i} haben aber auch die Eigenschaft

$$e_{1i}e_{i1} = e_{11}, \qquad e_{1i}e_{k1} = 0 \qquad (i \neq k). \tag{73.8}$$

Die letzte Gleichung ist als Folge von (73.3) klar. Die erste folgt so: Zunächst ist $e_{1i}e_{i1} \in \mathfrak{A}_{11}$, und zwar ein idempotentes Element, da e_{ii} für $\mathfrak{A}_{1i}$ rechtsseitiges Einselement ist und somit

$$(e_{1i}e_{i1})(e_{1i}e_{i1}) = e_{1i}(e_{i1}e_{1i})e_{i1} = (e_{1i}e_{ii})e_{i1} = e_{1i}e_{i1}$$

ist. Die Möglichkeit, daß $e_{1i}e_{i1}$ verschwindet, wird aber wegen

$$e_{1i}e_{i1}\mathfrak{A}_{11} = e_{1i}\mathfrak{A}_{i1} = \mathfrak{A}_{11}$$

[dabei ist (73.5) benutzt worden] ausgeschlossen. Nach Satz 11 gibt es in $\mathfrak{A}_{11}$ aber nur ein einziges Idempotent, nämlich e_{11}. Damit ist (73.8) bewiesen.

Die übrigen e_{ij} werden nun *definiert* durch

$$e_{ij} = e_{i1} e_{1j}.$$

Man bestätigt, daß die so gebildeten e_{ij} tatsächlich alle Relationen (73.6) erfüllen. Ihre lineare Unabhängigkeit kann aus (73.6) bewiesen werden [vgl. δ)], kann aber bereits aus der Tatsache geschlossen werden, daß sie den elementfremden Räumen $\mathfrak{A}_{ij}$ angehören.

δ) Ringe als Matrix-Algebren. Wir zeigen folgenden

Hilfssatz 2: Ein Ring $\mathfrak{R}$ läßt sich dann und nur dann als Matrix-Algebra über einem Ring $\mathfrak{B}$ schreiben, wenn es in $\mathfrak{R}$ ein Einselement e und n^2 Elemente e_{ik} mit der Eigenschaft (73.6) gibt.

Sämtliche Elemente von $\mathfrak{R}$ lassen sich in dem behaupteten Fall also eindeutig in der Form $\sum_{i,k} b_{ik} e_{ik} = \sum_{i,k} e_{ik} b_{ik}$ mit $b_{ik} \in \mathfrak{B}$ bzw. als Matrizen

$$\begin{pmatrix} b_{11}, & \ldots, & b_{1n} \\ \vdots & & \vdots \\ b_{n1}, & \ldots, & b_{nn} \end{pmatrix}$$

schreiben, und Addition und Multiplikation in $\mathfrak{R}$ sind dann (allerdings unter Beachtung der eventuell nicht-kommutativen Multiplikation der Elemente von $\mathfrak{B}$ untereinander) durch die Regeln der Matrix-Addition bzw. -Multiplikation bestimmt.

Der notwendige Teil des Satzes ist klar, der Beweis des hinreichenden erfolgt durch Kennzeichnung des Ringes $\mathfrak{B}$. Wir behaupten, daß $\mathfrak{B}$ aus allen Elementen $b \in \mathfrak{R}$ besteht, die mit allen e_{ij} vertauschbar sind, und daß jedes solche Element sich in der Form

$$b = \sum_{i=1}^{n} e_{i1}\, a\, e_{1i} \tag{73.9}$$

darstellen läßt, wobei a beliebig aus $\mathfrak{R}$ ist.

Zunächst ist klar, daß ein mit allen e_{ij} vertauschbares Element b sich stets in der Form (73.9) schreiben läßt: Man setzt $a = b$ und beachtet (73.6). Andererseits ist jedes b der Form (73.9) mit allen e_{ij} vertauschbar, denn es ist

$$e_{ij}\, b = e_{ij}\, e_{j1}\, a\, e_{1j} = e_{i1}\, a\, e_{1j} \quad \text{und} \quad b\, e_{ij} = e_{i1}\, a\, e_{1i}\, e_{ij} = e_{i1}\, a\, e_{1j}.$$

Die Gesamtheit der Elemente b bildet, wie man sich überzeugt, einen Ring. Es bleibt die Aufgabe nachzuweisen, daß dieser Ring identisch ist mit dem Ring $\mathfrak{B}$, d.h. wir müssen zeigen, daß sich jedes $a \in \mathfrak{R}$ darstellen läßt in der Form

$$a = \sum_{i,k} b_{ik}\, e_{ik} = \sum_{i,k} e_{ik}\, b_{ik}, \tag{73.10}$$

wobei die b_{ik} nur Elemente der Form (73.9) sind. Nun ist aber

$$a = \Big(\sum_i e_{ii}\Big)\, a \Big(\sum_k e_{kk}\Big) = \sum_{i,k} e_{ii}\, a\, e_{kk} = \sum_{i,k} e_{ik} \Big\{\sum_j e_{j1} (e_{1i}\, a\, e_{k1})\, e_{1j}\Big\}, \tag{73.11}$$

und dies ist bereits die behauptete Form, da der in der Klammer stehende Ausdruck die Gestalt (73.9) hat. Schließlich ist die Darstellung (73.10) bzw. (73.11) auch *eindeutig*, da aus

$$\sum_{i,k} b_{ik}\, e_{ik} = 0$$

durch Multiplikation mit e_{rs} von links und e_{tr} von rechts und Summation über r folgt

$$0 = \sum_r e_{rs} \Big(\sum_{i,k} b_{ik}\, e_{ik}\Big)\, e_{tr} = \sum_r b_{st}\, e_{rr} = b_{st} \sum_r e_{rr} = b_{st}.$$

ε) Hauptsatz. Nach Abschnitt γ) und Hilfssatz 2 ist jede einfache Algebra $\mathfrak{A}$ mit Einselement also eine Matrix-Algebra über einen Ring, d.h. jedes $a \in \mathfrak{A}$ läßt sich eindeutig in der Form

$$a = \sum_{i,k} b_{ik}\, e_{ik}$$

darstellen, wobei die b_{ik} nach (73.11) sich in der Form

$$b_{ik} = \sum_{j=1}^{n} e_{j1} (e_{1i}\, a\, e_{k1})\, e_{1j} = \sum_{j=1}^{n} e_{j1}\, a_{ik}^{(1)}\, e_{1j} \qquad (73.12)$$

schreiben lassen. Nun ist aber, wie man sieht, $a_{ik}^{(1)} \in \mathfrak{A}_{11}$, und somit ist der Ring aller b_{ik} isomorph zu $\mathfrak{A}_{11}$†; denn einerseits bestätigt man (c_{ik} und $d_{ik}^{(1)}$ stehen dabei in derselben Relation zueinander wie b_{ik} und $a_{ik}^{(1)}$)

$$b_{ik} + c_{ik} = \sum_{j=1}^{n} e_{j1} (a_{ik}^{(1)} + d_{ik}^{(1)})\, e_{1j},$$

$$b_{ik}\, c_{rs} = \Big(\sum_j e_{j1}\, a_{ik}^{(1)}\, e_{1j}\Big) \Big(\sum_p e_{p1}\, d_{rs}^{(1)}\, e_{1p}\Big) = \sum_{j=1}^{n} e_{j1}\, a_{ik}^{(1)}\, e_{11}\, d_{rs}^{(1)}\, e_{1j} = \sum_{j=1}^{n} e_{j1} (a_{ik}^{(1)}\, d_{rs}^{(1)})\, e_{1j},$$

andererseits ist b_{ik} nicht nur durch $a_{ik}^{(1)}$ eindeutig bestimmt, sondern umgekehrt $a_{ik}^{(1)}$ auch eindeutig durch b_{ik}, da aus (73.12)

$$a_{ik}^{(1)} = e_{11}\, b_{ik}\, e_{11}$$

folgt. Da $\mathfrak{A}_{11}$ eine Divisionsalgebra ist, haben wir den

Hauptsatz. *Jede einfache Algebra ist isomorph einer vollen Matrix-Algebra über einer Divisionsalgebra.*

Mit dem Hauptsatz ist die Frage nach der Charakterisierung der einfachen Algebren auf die der Divisionsalgebren zurückgeführt. Diese wiederum ist in dem hier interessierenden Fall der Algebren über dem komplexen Zahlkörper Γ durch Satz 1 bereits erledigt. Es gilt somit

Satz 17. *Jede einfache Algebra über Γ ist einer vollen Matrix-Algebra über Γ isomorph.*

Die Umkehrung dieses Satzes haben wir bereits in Ziff. 28 bewiesen. Insbesondere ist also der *Rang einer einfachen Algebra über Γ stets eine Quadratzahl*[1].

74. Hauptsatz über halbeinfache Algebren. Nach Satz 12 und dem Hauptsatz (bzw. Satz 17) gilt also für halbeinfache Algebren, bei denen wir uns auf den Fall $\mathsf{K} = \Gamma$ beschränken,

Satz 18. *Jede halbeinfache Algebra über Γ ist isomorph einer direkten Summe (sich annullierender) voller Matrix-Algebren über Γ.*

---

† Statt $\mathfrak{A}_{11}$ hätte man natürlich auch ein beliebiges $\mathfrak{A}_{ii}$ nehmen können (denn diese sind alle untereinander isomorph).

[1] Die Beweiskonstruktionen von Ziff. 73 sowie der Hauptsatz bzw. Satz 17 bilden den mathematischen Hintergrund der Behandlung der Diracschen Theorie in A. Sommerfeld: Atombau und Spektrallinien, 2. Aufl., Bd. II, Kap. 4, § 5 (Braunschweig 1939). Wegen der Einfachheit der Algebra $\mathfrak{C}_4$ (Satz 21) besagt Satz 17 ja gerade, daß die Behandlung der abstrakten $\mathfrak{C}_4$ und ihrer Matrixdarstellung (vgl. auch Ziff. 76—79) inhaltlich völlig gleichwertig sind. Wie andererseits die Matrixelemente *unmittelbar* aus der abstrakten Formulierung gewonnen werden können, zeigen die Formeln in Ziff. 73.

Ist r der Rang einer halbeinfachen Algebra $\mathfrak{A}$ über Γ, so gilt also

$$r = \sum_{i=1}^{m} n_i^2, \tag{74.1}$$

wenn m die Anzahl der einfachen Unteralgebren von $\mathfrak{A}$ und n_i^2 jeweils deren Rang bezeichnen.

75. Zentrumszerlegungen. Das Zentrum einer Algebra $\mathfrak{A}$ (d.h. die Gesamtheit derjenigen Elemente aus $\mathfrak{A}$, die mit allen Elementen von $\mathfrak{A}$ vertauschbar sind) ist eine Unteralgebra von $\mathfrak{A}$; denn sind z_1 und z_2 Elemente von $\mathfrak{A}$, die mit allen Elementen von $\mathfrak{A}$ vertauschbar sind, so gilt dasselbe für $z_1 \pm z_2$, $z_1 z_2$, $z_2 z_1$ und αz_1 bzw. αz_2 mit $\alpha \in \mathsf{K}$.

Das Zentrum $\mathfrak{Z}$ einer Algebra $\mathfrak{A}$ hat die bemerkenswerte Eigenschaft, daß die Halbeinfachheit von $\mathfrak{A}$ die von $\mathfrak{Z}$ zur Folge hat und daß sich jede Zerlegung von $\mathfrak{A}$ in einfache Algebren in einer Zerlegung von $\mathfrak{Z}$ in einfache kommutative Algebren fortsetzt und *umgekehrt* (diese Eigenschaften besitzen die Unteralgebren von $\mathfrak{A}$ im allgemeinen nicht!). Wir zeigen zunächst

Satz 19. *Das Zentrum $\mathfrak{Z}$ einer halbeinfachen Algebra $\mathfrak{A}$ über K mit der Zerlegung*

$$\mathfrak{A} = \mathfrak{A}_1 + \cdots + \mathfrak{A}_m$$

in einfache Algebren $\mathfrak{A}_i$ ist selbst halbeinfach und direkte Summe der Zentren $\mathfrak{Z}_i$ der Algebren $\mathfrak{A}_i$:

$$\mathfrak{Z} = \mathfrak{Z}_1 + \cdots + \mathfrak{Z}_m.$$

Die $\mathfrak{Z}_i$ sind sich gegenseitig annullierende einfache kommutative Algebren (Körper) über K.

Die erste Behauptung des Satzes folgt unmittelbar aus der Bemerkung, daß jedes nilpotente Element des Zentrums *eigentlich nilpotentes* Element in $\mathfrak{A}$ ist; denn ist $z \in \mathfrak{Z}$ mit $z^n = 0$, so ist für jedes $a \in \mathfrak{A}$ $(az)^n = a^n z^n = 0$, d.h. az für alle $a \in \mathfrak{A}$ ebenfalls nilpotent. Enthielte $\mathfrak{Z}$ also ein nilpotentes Element, so besäße $\mathfrak{A}$ ein Radikal. Der zweite Teil der Behauptung folgt so: Zunächst sind die $\mathfrak{Z}_i$ in $\mathfrak{Z}$ enthalten, da sich die $\mathfrak{A}_i$ gegenseitig annullieren (Ziff. 71), und somit jedes $z_i \in \mathfrak{Z}_i$ mit allen $a \in \mathfrak{A}$ vertauschbar ist. Jedes $z \in \mathfrak{Z}$ besitzt wegen der Zerlegung von $\mathfrak{A}$ die eindeutige Zerlegung

$$z = z_1 + \cdots + z_m, \qquad z_i \in \mathfrak{A}_i.$$

Da aber wegen

$$a = a_1 + \cdots + a_m, \qquad a_\iota a_k = 0 \quad (i \neq k), \qquad a_j \in \mathfrak{A}_j$$

für jedes a_i:

$$a_i z_i = a z_\iota = z_i a = z_i a_i$$

gilt, ist jedes z_i mit jedem a_i vertauschbar, so daß also $z_i \in \mathfrak{Z}_i$ ist. Damit ist auch die zweite Behauptung bewiesen.

Den Beweis des letzten Teiles von Satz 19 führen wir im Anschluß an den Beweis von

Satz 20. *Besitzt das Zentrum einer Algebra $\mathfrak{A}$ mit Einselement eine Zerlegung*

$$\mathfrak{Z} = \mathfrak{Z}_1 + \cdots + \mathfrak{Z}_m$$

in einfache Algebren (Körper), die sich gegenseitig annullieren, so sind die Elementmengen $\mathfrak{A}_i = \mathfrak{A}\mathfrak{Z}_i$ minimale zweiseitige (sich annullierende) Ideale in $\mathfrak{A}$. $\mathfrak{A}$ besitzt also die Zerlegung

$$\mathfrak{A} = \mathfrak{A}_1 + \cdots + \mathfrak{A}_m$$

in einfache Algebren $\mathfrak{A}_i$ (d.h. $\mathfrak{A}$ ist halbeinfach).

Zunächst sind nach Voraussetzung die $\mathfrak{Z}_i$ nicht nur einfache Unteralgebren, sondern auch minimale Ideale in $\mathfrak{Z}$. Dann ist auch das von $\mathfrak{Z}_i$ in $\mathfrak{A}$ erzeugte zweiseitige Ideal $\mathfrak{A}_i = \mathfrak{A}\mathfrak{Z}_i$ minimal; denn gäbe es ein zweiseitiges Ideal $\mathfrak{B}$ in $\mathfrak{A}$, das von $\mathfrak{A}_i$ echt umfaßt wird ($\mathfrak{B} \subset \mathfrak{A}_i$), so wäre der Durchschnitt von $\mathfrak{B}$ mit $\mathfrak{Z}_i$ ein Ideal $\mathfrak{Z}'_i$ in $\mathfrak{Z}_i$, das sicher nicht mit $\mathfrak{Z}_i$ identisch ist (sonst folgte $\mathfrak{Z}_i \subseteqq \mathfrak{B}$ und damit $\mathfrak{A}_i = \mathfrak{A}\mathfrak{Z}_i \subseteqq \mathfrak{A}\mathfrak{B} = \mathfrak{B}$ im Widerspruch zur Annahme). Dies widerspricht aber der vorausgesetzten Einfachheit von $\mathfrak{Z}_i$. Die Elementfremdheit der $\mathfrak{A}_i$ folgt daraus, daß jeder von Null verschiedene Durchschnitt von $\mathfrak{A}_j$ und $\mathfrak{A}_k$ $(j \neq k)$ zweiseitiges Ideal in $\mathfrak{A}$ wäre, das von $\mathfrak{A}_j$ und $\mathfrak{A}_k$ umfaßt wird, im Widerspruch zur eben bewiesenen Minimaleigenschaft der $\mathfrak{A}_i$. Schließlich ist $\mathfrak{A}$ die (direkte) Summe der $\mathfrak{A}_i$, da das Einselement von $\mathfrak{A}$ in $\mathfrak{Z}$ enthalten ist und somit

$$\mathfrak{A} = \mathfrak{A}\,\mathfrak{Z} = \mathfrak{A}\,\mathfrak{Z}_1 + \cdots + \mathfrak{A}\,\mathfrak{Z}_m = \mathfrak{A}_1 + \cdots + \mathfrak{A}_m$$

ist. Man beachte, daß von $\mathfrak{A}$ nur die Existenz des Einselementes nicht dagegen die Halbeinfachheit gefordert wurde, so daß Satz 20 als Mittel zum Nachweis der Halbeinfachheit einer Algebra benutzt werden kann.

Nun zum Beweis der letzten Behauptung von Satz 19: Wäre die im Satz angegebene Zerlegung von $\mathfrak{Z}$ keine direkte Summe von *einfachen* Algebren $\mathfrak{Z}_i$, so ließe sich jedes nicht-einfache $\mathfrak{Z}_i$ nach Satz 12 in einfache zerlegen und nach Satz 20 ergäbe sich also eine Verfeinerung der Zerlegung von $\mathfrak{A}$, was aber der vorausgesetzten Einfachheit der $\mathfrak{A}_i$ widerspricht.

Das Zentrum $\mathfrak{Z}_n$ des Beispiels $\mathfrak{C}_n$ ist, wie man sich leicht überzeugt, eine Algebra vom Rang 1 oder 2, je nachdem, ob n gerade oder ungerade ist:

$$\left.\begin{array}{lll} \text{A.} & n = 2r & : \mathfrak{Z}_n = \text{Gesamtheit aller } \alpha e, \\ \text{B.} & n = 2r+1 & : \mathfrak{Z}_n = \text{Gesamtheit aller } \alpha e + \beta\gamma_{12\ldots n} \end{array}\right\} \quad (\alpha, \beta \in \Gamma).$$

Im Fall A. ist das Zentrum also eine zu Γ isomorphe Algebra, d.h. ein Körper (und damit einfach). Anwendung von Satz 20 liefert also

Satz 21. *$\mathfrak{C}_{2r}$ ist einfach.*

Im Fall B. dagegen ist $\mathfrak{Z}_n$ nicht einfach. Wir unterscheiden zwei Fälle:

1. $n = 4r' + 1 : (\gamma_{12\ldots n})^2 = +e$,
2. $n = 4r' - 1 : (\gamma_{12\ldots n})^2 = -e$.

Im ersten Fall ist

$$e = e_1 + e_2, \qquad e_1 = \tfrac{1}{2}(e + \gamma_{12\ldots n}), \qquad e_2 = \tfrac{1}{2}(e - \gamma_{12\ldots n}) \tag{75.1}$$

eine Zerlegung des Einselementes im Sinn von Ziff. 70 und im zweiten

$$e = e'_1 + e'_2, \qquad e'_1 = \tfrac{1}{2}(e + i\gamma_{12\ldots n}), \qquad e'_2 = \tfrac{1}{2}(e - i\gamma_{12\ldots n}). \tag{75.2}$$

Entsprechend ist das Zentrum $\mathfrak{Z}_n$ (da es vom Rang 2 ist) nach Satz 10 und Satz 16

1. $\mathfrak{Z}_n = \Gamma e_1 + \Gamma e_2$ mit e_1, e_2 aus (75.1),
2. $\mathfrak{Z}_n = \Gamma e'_1 + \Gamma e'_2$ mit e'_1, e'_2 aus (75.2).

Bildet man schließlich noch die Größen $x_i = \gamma_i e_1$, so kann man nach der in Ziff. 71 angewendeten Methode in den Relationen

$$\text{wegen} \quad \begin{array}{c} x_i x_k + x_k x_i = (\gamma_i\gamma_k + \gamma_k\gamma_i)\, e_1 = 2\delta_{ik}\, e_1 \\ x_1 x_2 \ldots x_n = \gamma_{12\ldots n}\, e_1 = e_1 \end{array} \tag{75.3}$$

eines der x_i, z.B. $x_n = x_{n-1}x_{n-2}\ldots x_2 x_1$ weglassen. Dann sind aber die Relationen (75.3) die der Algebra $\mathfrak{C}_{n-1}$. Da die Verwendung von e_2, e'_1, e'_2 analoge Resultate liefert, gilt nach Satz 20:

Satz 22. *$\mathfrak{C}_{2r+1}$ ist direkte Summe zweier einfacher Algebren, die jeweils $\mathfrak{C}_{2r}$ isomorph sind.*

Man beachte, daß die beiden direkten Summanden von $\mathfrak{C}_{2r+1}$ nur als *Algebren* (zu $\mathfrak{C}_{2r}$ und damit untereinander) isomorph sind, *nicht* dagegen als *Ideale* in $\mathfrak{C}_{2r+1}$. Die Isomorphie von Idealen einer Algebra $\mathfrak{A}$ (sog. Operator-Isomorphie) verlangt nämlich statt der Ring-Isomorphie zwischen ihnen eine Isomorphie hinsichtlich der Addition (Modul-Isomorphie) und des Verhaltens gegenüber der Multiplikation mit Elementen von $\mathfrak{A}$, genauer: Zwei Links-Ideale $\mathfrak{L}_1$ und $\mathfrak{L}_2$ in $\mathfrak{A}$ heißen *operator-isomorph,* wenn jedem Element $a_1 \in \mathfrak{L}_1$ eineindeutig ein $a_2 \in \mathfrak{L}_2$ zugeordnet ist mit der Eigenschaft

$$a_1 + b_1 \leftrightarrow a_2 + b_2, \qquad c a_1 \leftrightarrow c a_2 \quad \text{für alle} \quad c \in \mathfrak{A}.$$

Entsprechendes gilt natürlich für Rechts- und zweiseitige Ideale. Man sieht nun, daß die beiden einfachen Teilalgebren von $\mathfrak{C}_{2r+1}$ sicher nicht operator-isomorph sind; denn ist e' z.B. das Einselement der einen von ihnen, so werden alle ihre Elemente durch Multiplikation mit e' reproduziert, während e' jedes Element der zweiten Teilalgebra bei Multiplikation annulliert.

Das Zentrum der vollen Matrix-Algebra über Γ besteht aus den Vielfachen $\alpha\mathbf{1}$ $(\alpha \in \Gamma)$ der Einheitsmatrix; denn da die volle Matrix-Algebra einfach ist, ist ihr Zentrum eine kommutative Divisionsalgebra (Körper) über Γ, nach Satz 16 also zu Γ isomorph, andererseits besitzt aber die im Zentrum enthaltene Algebra $\Gamma\mathbf{1}$ bereits diese Eigenschaft, womit ihre Identität mit dem Zentrum bewiesen ist.

76. Darstellungen. Ist $\mathfrak{A}$ eine Algebra über K, so nennt man eine homomorphe Abbildung von $\mathfrak{A}$ auf eine Gesamtheit von Matrizen (festen Grades), deren Elemente einem Ring $\mathfrak{R}$ mit Einselement angehören, der K in seinem Zentrum enthält, eine *Darstellung von $\mathfrak{A}$ in $\mathfrak{R}$.* Bezeichnet $\boldsymbol{M}(a)$ die dem Element $a \in \mathfrak{A}$ bei einem derartigen Homomorphismus zugeordnete Matrix, so muß also gelten

$$\boldsymbol{M}(a+b) = \boldsymbol{M}(a) + \boldsymbol{M}(b), \ \boldsymbol{M}(a \cdot b) = \boldsymbol{M}(a) \cdot \boldsymbol{M}(b), \ \boldsymbol{M}(\gamma a) = \gamma \boldsymbol{M}(a) \quad (\gamma \in \mathsf{K}). \quad (76.1)$$

Man betrachtet auch die *reziproken Darstellungen,* die dadurch definiert sind, daß in (76.1) die mittlere Beziehung durch $\boldsymbol{M}(a \cdot b) = \boldsymbol{M}(b) \cdot \boldsymbol{M}(a)$ ersetzt wird. In Anbetracht der Tatsache, daß jede Matrix-Algebra einen Anti-Automorphismus besitzt, der durch Transponierung der Matrizen bewirkt wird, hat der Übergang von einer Darstellung zur reziproken trivialen Charakter.

Da sich jede Matrix n-ten Grades als lineare Transformation eines n-dimensionalen Vektorraumes in sich (Endomorphismus) auffassen läßt (Ziff. 27), kann man unter einer Darstellung einer Algebra $\mathfrak{A}$ auch eine homomorphe Abbildung von $\mathfrak{A}$ auf einen Endomorphismenring (Ziff. 35) eines Vektorraumes (über $\mathfrak{R}$) verstehen. Jeden solchen Raum bezeichnet man als *Darstellungsraum* (oder als *Darstellungsmodul*). Das Darstellungsproblem besteht darin, alle Darstellungsräume einer gegebenen Algebra zu bestimmen.

Da einer linearen Transformation nicht nur eine Matrix, sondern eine ganze Ähnlichkeitsklasse von Matrizen entspricht (Ziff. 29), liefert die Formulierung des Darstellungsproblems mittels des Darstellungsraumes auch einen Äquivalenz-Begriff für Darstellungen: Zwei Darstellungen heißen *ähnlich* (auch äquivalent), wenn sie durch einen Basiswechsel im Darstellungsraum auseinander hervorgehen. Für die Darstellungsmatrizen bedeutet dies (Ziff. 29) die Existenz einer nichtsingulären Matrix $\boldsymbol{P}$ derart, daß es zu jeder Matrix $\boldsymbol{M}_1(a)$ der einen Darstellung eine Matrix $\boldsymbol{M}_2(a)$ der zweiten Darstellung gibt mit $\boldsymbol{M}_2(a) = \boldsymbol{P}\boldsymbol{M}_1(a)\,\boldsymbol{P}^{-1}$ für alle $a \in \mathfrak{A}$. Ähnliche Darstellungen werden als nicht-verschieden betrachtet.

Eine Darstellung heißt *reduzibel*, wenn es eine zu ihr ähnliche Darstellung gibt, deren sämtliche Matrizen die Form

$$\boldsymbol{M}(a) = \begin{pmatrix} \boldsymbol{M}_1(a) & \boldsymbol{S}(a) \\ \boldsymbol{0} & \boldsymbol{M}_2(a) \end{pmatrix} \qquad a \in \mathfrak{A} \tag{76.2}$$

haben. Ist in (76.2) überdies noch $\boldsymbol{S}(a) = \boldsymbol{0}$, so heißt die Darstellung *zerfällbar*. Im Darstellungsraum drückt sich die Eigenschaft der Reduzibilität durch die Existenz eines gegenüber $\mathfrak{A}$ invarianten Unterraumes aus, die der Zerfällbarkeit dadurch, daß der Darstellungsraum direkte Summe invarianter Unterräume ist. Besitzt der Darstellungsraum keinen gegenüber $\mathfrak{A}$ invarianten Unterraum, so heißt er (und ebenso jede durch ihn vermittelte Darstellung) *irreduzibel*. Schließlich heißt eine Darstellung *vollreduzibel*, wenn sie in irreduzible Bestandteile zerfällt werden kann, bzw. wenn der Darstellungsraum direkte Summe irreduzibler Unterräume ist.

Ohne Interesse sind die *Null-Darstellungen*, bei denen jedem Element der Algebra die Null-Matrix zugeordnet wird. Es werden nur solche Darstellungen betrachtet, bei denen das Einselement einer Algebra durch die Einheitsmatrix dargestellt wird.

77. Die reguläre Darstellung einer Algebra. Es ist naheliegend, die Algebra $\mathfrak{A}$ selbst als Darstellungsraum zu benutzen. Bezeichnen $u_1, \ldots, u_m$ eine Basis von $\mathfrak{A}$ (über K), und ist a ein beliebiges Element aus $\mathfrak{A}$, so sind die Produkte $u_i a$ als Linearkombinationen der u_i mit Koeffizienten aus K ausdrückbar:

$$u_i a = \sum_{k=1}^{m} \alpha_{ik} u_k \qquad (i = 1, \ldots, m).$$

Jedem $a \in \mathfrak{A}$ wird auf diese Weise eindeutig eine Matrix $\boldsymbol{R}(a) = (\alpha_{ik})$ zugeordnet, und die Gesamtheit der so erhaltenen Matrizen bildet wegen

$$\begin{aligned} u_i(a+b) &= \sum_k (\alpha_{ik} + \beta_{ik}) u_k, \\ u_i(\gamma a) &= \gamma(u_i a) = \sum_k \gamma \alpha_{ik} u_k, \qquad (\gamma \in \mathsf{K}) \\ u_i(a \cdot b) &= (u_i a) b = \Big(\sum_k \alpha_{ik} u_k\Big) b = \sum_k \alpha_{ik} (u_k b) = \sum_l \Big(\sum_k \alpha_{ik} \beta_{kl}\Big) u_l \end{aligned}$$

eine Darstellung vom Grad m (= Rang von $\mathfrak{A}$), die sog. *reguläre Darstellung* von $\mathfrak{A}$.

Die Zuordnung $a \to \boldsymbol{R}(a)$ ist nur dann eineindeutig, wenn es in $\mathfrak{A}$ keine Elemente b gibt, für die $ab = 0$ für alle $a \in \mathfrak{A}$ gilt. $\mathfrak{A}$ hat dann sicher kein Einselement e, da andernfalls (wegen $eb = b$) $b = 0$ folgte. Besitzt $\mathfrak{A}$ ein Einselement, so ist die reguläre Darstellung treu (d.h. ein *isomorphes* Bild von $\mathfrak{A}$). Ist das Element a nilpotent, so auch die Matrix $\boldsymbol{R}(a)$. Es gilt aber auch die Umkehrung; denn gibt es eine natürliche Zahl n, für die $\boldsymbol{R}(a)^n = \boldsymbol{0}$ ist, so hat a^n die Eigenschaft $ca^n = 0$ für alle $c \in \mathfrak{A}$, also ist auch $a a^n = a^{n+1} = 0$.

Die reguläre (wie überhaupt jede) Darstellung erlaubt es, durch Spurbildung jedem Element der Algebra $\mathfrak{A}$ unabhängig von der Basiswahl eine Zahl aus K zuzuordnen, die sog. *reguläre Spur*: $\mathrm{Sp}(a) = \mathrm{Sp}(\boldsymbol{R}(a))$ mit der Eigenschaft

$$\mathrm{Sp}(a+b) = \mathrm{Sp}(a) + \mathrm{Sp}(b), \qquad \mathrm{Sp}(\gamma a) = \gamma\, \mathrm{Sp}(a) \qquad \gamma \in \mathsf{K}. \tag{77.1}$$

Da mit a auch $\boldsymbol{R}(a)$ nilpotent ist, folgt aus Satz 16 Ziff. 35 für nilpotente a: $\mathrm{Sp}(a) = 0$. Ein *eigentlich nilpotentes* Element $a \in \mathfrak{A}$ hat also die Eigenschaft

$\mathrm{Sp}(ca) = 0$ für alle $c \in \mathfrak{A}$. Dies ist der Bedingung

$$\mathrm{Sp}(u_i a) = 0 \quad (i = 1, \ldots, m) \tag{77.2}$$

gleichwertig. Bezieht man auch noch a auf eine Basis $v_1, \ldots, v_m$ von $\mathfrak{A}$, die von der Basis $u_1, \ldots, u_m$ durchaus verschieden sein kann, so folgt mit $a = \sum_{k=1}^{m} \alpha'_k v_k$ aus (77.1) und (77.2)

$$\sum_{k=1}^{m} \alpha'_k \, \mathrm{Sp}(u_i v_k) = 0 \qquad (i = 1, \ldots, m)\,.$$

Dieses Gleichungssystem besitzt sicher dann keine von Null verschiedene Lösung, wenn die Determinante

$$\begin{vmatrix} \mathrm{Sp}(u_1 v_1) & \mathrm{Sp}(u_1 v_2) & \ldots & \mathrm{Sp}(u_1 v_m) \\ \vdots & & & \vdots \\ \mathrm{Sp}(u_m v_1) & & \ldots & \mathrm{Sp}(u_m v_m) \end{vmatrix}, \tag{77.3}$$

die sog. *Diskriminante* der Algebra $\mathfrak{A}$, von Null verschieden ist. Dann gibt es in $\mathfrak{A}$ also kein eigentlich nilpotentes Element und damit auch kein Radikal. Wir haben somit

Satz 23. *Ist die Diskriminante (77.3) der Algebra $\mathfrak{A}$ von Null verschieden, so ist $\mathfrak{A}$ halbeinfach.*

Besitzt umgekehrt $\mathfrak{A}$ ein Radikal, so braucht man die Basis $v_1, \ldots, v_m$ nur so zu wählen, daß v_1 dem Radikal angehört, um die weitere Aussage zu erhalten:

Satz 23a. *Die Diskriminante einer Algebra mit Radikal ist stets Null.*

Es gilt schließlich sogar die Umkehrung von Satz 23a, wenn K kein Körper ist, in dem die m-fache Summe des Einselementes verschwindet [wie z.B. im Körper von zwei Elementen (Ziff. 4) alle Summen aus einer geraden Anzahl von Gliedern verschwinden].

78. Ideale als Darstellungsräume. Ebenso wie $\mathfrak{A}$ vermittelt auch jeder Unterraum von $\mathfrak{A}$ eine Darstellung, der bei (beispielsweise) rechtsseitiger Multiplikation mit allen Elementen von $\mathfrak{A}$ in sich transformiert wird, d.h. jedes Rechts-Ideal in $\mathfrak{A}$. Von besonderem Interesse sind darunter die *minimalen* Rechts-Ideale, welche *irreduzible* Darstellungen von $\mathfrak{A}$ liefern.

Ist $\mathfrak{A}$ halbeinfach, so ist es nach Satz 9 direkte Summe minimaler Rechts-Ideale:

$$\mathfrak{A} = \mathfrak{R}_1 + \mathfrak{R}_2 + \cdots + \mathfrak{R}_s. \tag{78.1}$$

Diese bilden irreduzible Darstellungsräume, da jeder gegenüber $\mathfrak{A}$ invariante Unterraum von $\mathfrak{R}_i$ ein in $\mathfrak{R}_i$ enthaltenes Rechts-Ideal in $\mathfrak{A}$ wäre, was der Minimal-Eigenschaft der $\mathfrak{R}_i$ widerspricht. Unter Beachtung der Tatsache, daß $\mathfrak{A}$ die reguläre Darstellung vermittelt, liefert Gl. (78.1) also

Satz 24. *Die reguläre Darstellung einer halbeinfachen Algebra ist vollreduzibel.*

Es erhebt sich nun die Frage, ob die durch die minimalen Rechts-Ideale $\mathfrak{R}_i$ in (78.1) vermittelten irreduziblen Darstellungen von $\mathfrak{A}$ alle verschieden sind oder nicht. Nach Satz 12 ist $\mathfrak{A}$ direkte Summe sich annullierender einfacher Algebren $\mathfrak{A}_i$:

$$\mathfrak{A} = \mathfrak{A}_1 + \mathfrak{A}_2 + \cdots + \mathfrak{A}_r, \tag{78.2}$$

und jedes $\mathfrak{R}_i$ gehört genau einem $\mathfrak{A}_k$ an (da auch jedes $\mathfrak{A}_k$ direkte Summe einer Auswahl unter den $\mathfrak{R}_i$ ist). Wir zeigen

Satz 25. *Minimale Rechts-Ideale sind dann und nur dann operator-isomorph, wenn sie derselben einfachen Teilalgebra $\mathfrak{A}_i$ der direkten Summenzerlegung* (78.2) *von $\mathfrak{A}$ angehören.*

Zunächst sind zwei Rechts-Ideale $\mathfrak{R}_i$ und $\mathfrak{R}_j$ sicher nicht operator-isomorph, wenn sie verschiedenen Teilalgebren, etwa $\mathfrak{A}_1$ und $\mathfrak{A}_2$, angehören; denn in $\mathfrak{A}_1$ gibt es ein Idempotent e_i, das gegenüber $\mathfrak{R}_i$ als Einselement wirkt: $\mathfrak{R}_i e_i = \mathfrak{R}_i$ (elementweise), während $\mathfrak{R}_j e_i = (0)$ ist, da sich $\mathfrak{A}_1$ und $\mathfrak{A}_2$ gegenseitig annullieren. Gehören $\mathfrak{R}_i$ und $\mathfrak{R}_j$ derselben Teilalgebra $\mathfrak{A}_1$ an, so gibt es in $\mathfrak{A}_1$ für $\mathfrak{R}_i$ sowohl als für $\mathfrak{R}_j$ ein erzeugendes Idempotent e_i bzw. e_j mit $\mathfrak{R}_i = e_i \mathfrak{A}_1$, $\mathfrak{R}_j = e_j \mathfrak{A}_1$. Ist dann c_{ij} ein von Null verschiedenes Element aus $e_i \mathfrak{A}_1 e_j$, so ist nach Gl. (73.5)

$$c_{ij} e_j \mathfrak{A}_1 e_j = e_i \mathfrak{A}_1 e_j.$$

Aus dieser Gleichung folgt aber unter Beachtung der Beziehung $\mathfrak{A}_1 e_j \mathfrak{A}_1 = \mathfrak{A}_1$ [Ziff. 73α)]

$$c_{ij} e_j \mathfrak{A}_1 e_j \mathfrak{A}_1 = \begin{cases} (c_{ij} e_j \mathfrak{A}_1 e_j)\, \mathfrak{A}_1 = (e_i \mathfrak{A}_1 e_j)\, \mathfrak{A}_1 = e_i (\mathfrak{A}_1 e_j \mathfrak{A}_1) = e_i \mathfrak{A}_1 = \mathfrak{R}_i \\ c_{ij} e_j (\mathfrak{A}_1 e_j \mathfrak{A}_1) = c_{ij} e_j \mathfrak{A}_1 = c_{ij} \mathfrak{R}_j, \end{cases}$$

woraus $\mathfrak{R}_i = c_{ij} \mathfrak{R}_j$ folgt. Zu jedem $a_i \in \mathfrak{R}_i$ gibt es also ein $b_j \in \mathfrak{R}_j$ derart, daß $a_i = c_{ij} b_j$ ist. Dadurch ist eine operator-homomorphe Abbildung von $\mathfrak{R}_j$ auf $\mathfrak{R}_i$ definiert, die aber sogar ein Operator-Isomorphismus ist, da c_{ij} kein Element von $\mathfrak{R}_j$ annulliert [Ziff. 73β)]. Da operator-isomorphe Darstellungsräume ähnliche Darstellungen liefern, erhalten wir somit neben Satz 25 noch

Satz 26. *Die Anzahl der verschiedenen irreduziblen Bestandteile der regulären Darstellung einer halbeinfachen Algebra $\mathfrak{A}$ ist gleich der Anzahl der einfachen Teilalgebren $\mathfrak{A}_k$ der direkten Summenzerlegung* (78.2).

79. Verallgemeinerung. Die bisherigen darstellungstheoretischen Sätze handeln nur von der *regulären* Darstellung *halbeinfacher* Algebren. In doppelter Hinsicht erhebt sich damit die Frage nach einer Verallgemeinerung, nämlich nach: 1. *allen* Darstellungen halbeinfacher Algebren und 2. Darstellungen von Algebren mit Radikal. Die erste Frage wird beantwortet durch

Satz 27. *Jede Darstellung einer halbeinfachen Algebra $\mathfrak{A}$ ist vollreduzibel, und alle irreduziblen Darstellungen von $\mathfrak{A}$ sind bereits in der regulären Darstellung von $\mathfrak{A}$ enthalten.*

Der Beweis dieses Satzes soll nur skizziert werden: $\mathfrak{M}$ sei ein beliebiger Darstellungsraum mit der Basis $w_1, w_2, \ldots, w_p$. Rechtsseitige Multiplikation mit einem Element von $\mathfrak{A}$ soll einen Endomorphismus von $\mathfrak{M}$ bewirken, das Einselement von $\mathfrak{A}$ insbesondere die identische Abbildung von $\mathfrak{M}$ auf sich. Dann ist $\mathfrak{M} = \mathfrak{M}\mathfrak{A}$, und die Zerlegung (78.1) besagt, daß $\mathfrak{M}$ als Summe der Teilräume $w_i \mathfrak{R}_k$ aufgefaßt werden kann. Nun sind die Elementmengen $w_i \mathfrak{R}_k$ entweder Null oder zu den minimalen Rechtsidealen $\mathfrak{R}_k$ operator-isomorphe Darstellungsräume; denn annulliert w_i *ein* Element $r_k \in \mathfrak{R}_k$, so muß es alle annullieren, da die von w_i annullierten Elemente ein Rechts-Ideal bilden, das wegen der Minimaleigenschaft von $\mathfrak{R}_k$ mit $\mathfrak{R}_k$ übereinstimmen muß. Andererseits liefert $r_k \to w_i r_k$ den behaupteten Operator-Isomorphismus. Entsprechend schließt man, daß die $w_i \mathfrak{R}_k$ entweder elementfremd sind oder zusammenfallen. Läßt man nun die mehrfach vorkommenden $w_i \mathfrak{R}_k$ fort und bildet die verbleibende Summe, so ist diese direkt, und somit ist $\mathfrak{M}$ direkte Summe von Darstellungsräumen, von denen jeder einem minimalen Rechts-Ideal von $\mathfrak{A}$ operator-isomorph ist. Das ist aber die Aussage von Satz 27.

Wesentlich ist, daß man wegen der vollen Reduzibilität mit den irreduziblen Darstellungen bereits alle Darstellungen einer halbeinfachen Algebra übersieht. Satz 26 läßt sich nach Satz 27 noch verschärfen zu

Satz 26a. *Die Anzahl der irreduziblen Darstellungen einer halbeinfachen Algebra $\mathfrak{A}$ ist gleich der Anzahl der einfachen Teilalgebren der direkten Summenzerlegung von $\mathfrak{A}$.*

Die Frage nach den Darstellungen der Algebren mit Radikal gestattet keine Antwort von entsprechender Allgemeinheit, da nicht jede Darstellung einer derartigen Algebra vollreduzibel ist. Demgemäß ist mit der Kenntnis aller irreduziblen Darstellungen das Darstellungsproblem auch nicht völlig gelöst — obwohl sich die *irreduziblen* Darstellungen einer Algebra $\mathfrak{A}$ mit Radikal $\mathfrak{S}$ alle angeben lassen: Es sind die irreduziblen Darstellungen der (halbeinfachen) Restklassenalgebra $\mathfrak{A}/\mathfrak{S}$.

In Anwendung auf die CLIFFORD-Algebren liefert Satz 26 zusammen mit den Sätzen 21 und 22: $\mathfrak{C}_{2r}$ besitzt nur *eine*, $\mathfrak{C}_{2r+1}$ *zwei* irreduzible Darstellungen (und zwar alle vom Grad 2^r).

80. Die Gruppen-Algebra einer endlichen Gruppe. Ist $\mathfrak{G}$ eine Gruppe der Ordnung h mit den Elementen $g_1, \ldots, g_h$, so heißt die Algebra über K, die $g_1, \ldots, g_h$ als Basiselemente besitzt (deren Multiplikation untereinander durch die Multiplikationstabelle der Gruppe $\mathfrak{G}$ erklärt ist), die *Gruppen-Algebra* (oder der *Gruppen-Ring*) der Gruppe $\mathfrak{G}$. Die Elemente der Gruppen-Algebra haben also die Form $a = \sum_{i=1}^{h} \alpha_i g_i$ mit $\alpha_i \in \mathsf{K}$. Wir beschränken uns hier auf den Fall $\mathsf{K} = \Gamma$ und zeigen

Satz 28. *Jede Gruppen-Algebra über Γ ist halbeinfach.*

Um Satz 23 heranziehen zu können, zeigt man zunächst, daß die regulären Spuren der vom Einselement (es sei $g_1 = e$) verschiedenen Basiselemente verschwinden: $\mathrm{Sp}(g_i) = 0$ $(i = 2, \ldots, h)$, während $\mathrm{Sp}(g_1) = h$ ist. Benutzt man nämlich $g_1, \ldots, g_h$ als Basis für die reguläre Darstellung, so ist für $g_i \neq e$ stets $g_i g_k \neq g_k$, und somit sind alle Diagonalelemente der Matrizen $\boldsymbol{R}(g_i \neq e)$ gleich Null, während $g_1 = e$ durch die Einheitsmatrix h-ten Grades dargestellt wird. Als zweite Basis (in Ziff. 77 v_i genannt) benutzt man zweckmäßig $g_1^{-1}, \ldots, g_h^{-1}$. Dann ist also $\mathrm{Sp}(g_i g_k^{-1}) = h\delta_{ik}$, und damit ist die Diskriminante (77.3) sicher von Null verschieden[1].

Das Zentrum der Gruppen-Algebra besteht aus allen Elementen z mit der Eigenschaft $za = az$ für alle a der Algebra. Schreibt man $z = \sum_{g \in \mathfrak{G}} \zeta_g g$, wobei $\zeta_g \in \Gamma$ ist und das Summenzeichen die Summation über alle Elemente der Gruppe $\mathfrak{G}$ bezeichnet, so muß also für die Zentrumselemente

$$\sum_{g \in \mathfrak{G}} \zeta_g g\, a = \sum_{g \in \mathfrak{G}} \zeta_g a\, g \qquad \text{oder} \qquad \sum_{g \in \mathfrak{G}} \zeta_g g = \sum_{g \in \mathfrak{G}} \zeta_g a\, g\, a^{-1}$$

gelten, wenn man a auf die Basiselemente (= Gruppenelemente) beschränkt, von denen ja jedes ein Inverses besitzt. Die letzte Gleichung läßt sich aber, da mit g auch aga^{-1} die ganze Gruppe $\mathfrak{G}$ durchläuft, auch schreiben

$$\sum_{g \in \mathfrak{G}} \zeta_g g = \sum_{g \in \mathfrak{G}} \zeta_{a^{-1} g a} g.$$

Da die $g \in \mathfrak{G}$ aber als Basis der Gruppen-Algebra linear unabhängig sind, muß also $\zeta_g = \zeta_{a^{-1} g a}$ für alle $a \in \mathfrak{G}$ gelten. Das Zentrum der Gruppen-Algebra besteht also aus allen Summen der Form $\sum_{i=1}^{k} \zeta_i s_i$, wobei $s_1, \ldots, s_k$ die „Klassensummen" (Klassensumme = Summe aller Elemente von $\mathfrak{G}$, die in einer Klasse konjugierter Elemente liegen) bezeichnen und k gleich der Anzahl der Klassen konjugierter

[1] Dabei wird die selbstverständliche Eigenschaft von Γ benutzt, daß die h-fache Summe des Einselementes nicht verschwindet. Satz 28 gilt auch für alle Gruppen-Algebren über Körpern, in denen die h-fache Summe des Einselementes von Null verschieden ist.

Elemente, die sog. Klassenzahl von $\mathfrak{G}$ ist. Somit ist das Zentrum eine Algebra (über Γ) vom Rang k, nach Satz 19 und Satz 16 also direkte Summe von k zu Γ isomorphen (sich annullierenden) Körpern. Nach Satz 20 folgt also in Verbindung mit Satz 26a

Satz 29. *Die Anzahl der verschiedenen irreduziblen Darstellungen der Gruppen-Algebra einer endlichen Gruppe $\mathfrak{G}$ (über Γ) ist gleich der Klassenzahl k von $\mathfrak{G}$.*

Und Satz 18 zusammen mit Gl. (74.1) liefert den ergänzenden

Satz 29a. *Die Gerade n_i der verschiedenen irreduziblen Darstellungen erfüllen die Beziehungen $h=\sum_{i=1}^{k} n_i^2$, wenn h die Ordnung der Gruppe $\mathfrak{G}$ bezeichnet.*

Nun liefert jede Darstellung der Gruppen-Algebra eine *Darstellung der Gruppe* (Ziff. 39), d.h. eine homomorphe Abbildung der Gruppenelemente g_i auf eine *Gruppe* von nicht-singulären Matrizen $\boldsymbol{A}(g_i)$, und umgekehrt liefert jede Darstellung der Gruppe $\mathfrak{G}$ durch Matrizen: $g_i \to \boldsymbol{M}(g_i)$ eine Darstellung der Gruppen-Algebra durch die Zuordnung $\sum_i \alpha_i g_i \to \sum_i \alpha_i \boldsymbol{M}(g_i)$. Dieses gegenseitige Entsprechen von Gruppendarstellungen und Gruppen-Algebren-Darstellungen betrifft auch die Begriffe Ähnlichkeit, Reduzibilität, Irreduzibilität usw. (vgl. Ziff. 40), und somit liefern Satz 29 und 29a

Satz 30. *Die Anzahl der verschiedenen irreduziblen Darstellungen (in Γ) einer Gruppe $\mathfrak{G}$ der Ordnung h ist gleich der Klassenzahl k von $\mathfrak{G}$, und für die Gerade n_i der verschiedenen irreduziblen Darstellungen gilt $h=\sum_{i=1}^{k} n^2$.*

Auf ähnliche Weise lassen sich alle Sätze des Kapitels DI aus den entsprechenden Sätzen über Algebren gewinnen.

Anhang: Algebra und Mechanik.

81. Skizze der Hamiltonschen Mechanik. Unter durchgehender Verwendung des Begriffs der Poisson-Klammer (PK) läßt sich die klassische Hamiltonsche Mechanik folgendermaßen beschreiben:

A. *Der kinematische Grundbereich,* in dem sich die gesamte mathematische Formulierung abspielt, ist die Gesamtheit $\mathfrak{B}$ aller durch irgendwelche (aber nicht näher bezeichnete) Regularitäts- oder Differentiierbarkeits-Bedingungen gekennzeichneten (reellen) Funktionen von $2n$-Variablen $p_1, \ldots, p_n, q_1, \ldots, q_n$. In $\mathfrak{B}$ ist die Operation „PK-Bildung“ erklärt, die jedem Paar von Funktionen $f, g \in \mathfrak{B}$ eine weitere Funktion aus $\mathfrak{B}$, die PK

$$[f, g] = \sum_{i=1}^{n} \left\{ \frac{\partial f}{\partial p_i} \frac{\partial g}{\partial q_i} - \frac{\partial f}{\partial q_i} \frac{\partial g}{\partial p_i} \right\} \tag{81.1}$$

zuordnet.

B. *Das spezielle dynamische System*[1] wird gekennzeichnet durch (explizite) Angabe einer bestimmten Funktion aus $\mathfrak{B}$, der sog. Hamilton-Funktion $H = H(p_i, q_i)$, und zwar in folgendem Sinn:

1. Durch Festlegung der *Bewegungsgleichungen*

$$\frac{dq_i}{dt} = \frac{\partial H}{\partial p_i} = [H, q_i], \quad \frac{dp_i}{dt} = -\frac{\partial H}{\partial q_i} = [H, p_i], \tag{81.2}$$

[1] Der Einfachheit halber betrachten wir nur abgeschlossene Systeme.

welche mit der Beziehung

$$\frac{dF}{dt} = [H, F] \quad \text{für alle} \quad F \in \mathfrak{B} \tag{81.3}$$

gleichbedeutend sind. Durch diese Gleichungen wird der Begriff des *physikalischen Systems* als eine (eindeutig durch H bestimmte) Einteilung von $\mathfrak{B}$ in einparametrig zusammenhängende Scharen von Elementen definiert. In Anlehnung an eine etwas vertrautere Ausdrucksweise kann man diesen Sachverhalt auch folgendermaßen beschreiben: Bezeichnet man jede Funktion $F \in \mathfrak{B}$ als „physikalische Größe", so bestimmen die Gln. (81.3) zu jeder physikalischen Größe F eine (durch den Zeitparameter t gekennzeichnete) Schar von physikalischen Größen (zu der F selbst gehört), die man auch das „zeitliche Verhalten der Größe F" nennt. Ein physikalisches System ist dann definiert durch das zeitliche Verhalten aller physikalischer Größen. Funktionen F, für die (81.3) verschwindet, d.h. für die $[H, F] = 0$ ist, heißen *Integrale der Bewegung*. (Für sie bricht die eben definierte Schar des „zeitlichen Verhaltens" in *ein* Element zusammen.)

2. Durch eine *Zuordnung von reellen Zahlen zu den Funktionen von* $\mathfrak{B}$, den physikalischen Größen. Diese erfolgt durch Integration des Gleichungssystems (81.2), eine Aufgabe, die bekanntlich durch die HAMILTON-JACOBI-Theorie gelöst wird. Der Inhalt dieser Theorie läßt sich in folgende Anweisungen übersetzen (die in ihrer Gesamtheit die Bewegungsgleichungen im Prinzip überflüssig machen):

a) Man bestimme ein „maximales Involutionssystem" $\mathfrak{M}$ von Integralen der Bewegung, d.h. eine in $\mathfrak{B}$ maximale Menge von Funktionen, deren PK mit H sowohl als auch untereinander verschwinden. Es läßt sich zeigen, daß jedes solche maximale Involutionssystem seinerseits dargestellt werden kann als Gesamtheit der Funktionen von n Funktionen $F_1, \ldots, F_n$ aus $\mathfrak{B}$, für die

$$[H, F_i] = 0, \quad [F_i, F_k] = 0 \quad (i, k = 1, \ldots, n) \tag{81.4}$$

gilt. Wir schreiben: $\mathfrak{M} = \{F_1, F_2, \ldots, F_n\}$.

b) Man erteile den F_k irgendwelche Werte f_k (reelle Zahlen) durch die Gleichungen

$$F_k(p_i, q_i) = f_k \quad (k = 1, \ldots, n), \tag{81.5}$$

wobei für die f_k aus Realitätsgründen eventuell Größenbeziehungen einzuhalten sind. [Aus (81.5) lassen sich die p_i als Funktionen der q_i und f_k ausdrücken derart, daß sie als Ableitungen $\partial S/\partial q_i$ einer Funktion $S = S(q_i, f_k)$, der Wirkungsfunktion, dargestellt werden können.]

c) Man bestimme ein maximales Involutionssystem $\overline{\mathfrak{M}}$, das aus n Funktionen $G_1, \ldots, G_n$ von $\mathfrak{B}$ seinerseits durch Funktionsbildung erzeugt werden kann: $\overline{\mathfrak{M}} = \{G_1, G_2, \ldots, G_n\}$ mit

$$[G_i, G_k] = 0, \quad [F_i, G_k] = \delta_{ik}.$$

d) Man erteile den G_k Werte durch die Gleichungen

$$G_k(p_i, q_i) = \left\langle \frac{\partial H}{\partial F_k} \right\rangle t + g_k \quad (k = 1, \ldots, n), \tag{81.6}$$

wobei $\langle \partial H/\partial F_k \rangle$ die Zahl bezeichnet, die aus $\partial H/\partial F_k$ (das nur von den F_i abhängt) durch Ersetzung aller F_i durch f_i hervorgeht. Die g_k sind ebenfalls reelle Zahlen.

e) Aus den Gln. (81.5) und (81.6) bestimme man die p_i und q_i (und damit jedes $F \in \mathfrak{B}$) durch Elimination als Funktionen von t, f_k, g_k. Damit ist das gesamte Bewegungsproblem gelöst.

82. Der algebraische Inhalt der Mechanik. Unter dem algebraischen Inhalt der Mechanik verstehen wir ihre allein durch Verknüpfungsrelationen beschreibbaren Beziehungen, die, wie Ziff. 81 erkennen läßt, einen recht erheblichen Teil der Theorie ausmachen. Es ist jedoch zweckmäßig, den algebraischen Inhalt weiter einzuschränken und sich zunächst mit der Behandlung von Teilfragen zu begnügen, die durch die Gliederung in Ziff. 81 deutlich hervortreten: Man bemerkt, daß kinematischer Grundbereich (Abschnitt A) und Bewegungsgleichungen (Abschnitt B) sich weitgehend unabhängig behandeln lassen.

α) Das mit A verbundene algebraische Problem. Als das mit dem Abschnitt A verbundene algebraische Problem bezeichnen wir die Bestimmung aller Bereiche mit Erzeugenden p_i, q_i und einer (axiomatisch zu definierenden) PK-Bildung. Dieses Problem ist in Ziff. 20 bis 24 behandelt, und seine Lösung läßt sich folgendermaßen beschreiben: Bei Einschränkung des kinematischen Grundbereiches auf einen nicht-kommutativen Polynomring über dem Körper P der reellen Zahlen und $p_1, \ldots, p_n, q_1, \ldots, q_n$ als Erzeugenden legt die Existenz einer PK-Bildung den Ring bereits soweit fest, daß es im wesentlichen nur den kommutativen und den eigentlichen HEISENBERG-Ring gibt. Da andererseits jeder umfassendere kinematische Grundbereich den Polynomring (mit p_i, q_i als Erzeugenden) enthalten muß, ist auch für jenen, durch Fortsetzung die Struktur weitgehend festgelegt. Es gibt also zwei Typen von kinematischen Grundbereichen: Einmal den (kommutativen) Bereich $\mathfrak{B}$ der klassischen Mechanik, in dem die PK-Bildung durch (24.7) bzw. (81.1) definiert ist, und zum anderen eine geeignete Erweiterung des HEISENBERG-Ringes, in welcher die PK-Bildung durch (24.5), d.h. durch

$$[f, g] = \gamma\,(f g - g f) \qquad \gamma = i/\hbar \tag{82.1}$$

erklärt ist, wobei $\hbar$ eine reelle Zahl ist (die durch Rückgriff auf die physikalische Erfahrung den Wert $\frac{1}{2\pi} \times$ PLANCKsches Wirkungsquantum erhält).

β) Übertragung der Bewegungsgleichungen in nicht-kommutative Ringe. So wichtig die strukturelle Festlegung des kinematischen Grundbereiches für die praktische Verwertbarkeit der Theorie auch ist, kann doch die Untersuchung des Abschnittes B in Ziff. 81 unabhängig davon durchgeführt werden. Wesentlich ist zunächst nur die Existenz eines Bereiches mit PK-Bildung, wozu im Prinzip jeder nicht-kommutative Ring $\mathfrak{R}$ mit Einselement (der den komplexen Zahlkörper Γ enthält) benutzt werden kann, wenn die PK in ihm durch (82.1) erklärt wird.

Die Bewegungsgleichung (81.3), die wir nun zweckmäßigerweise in formalintegrierter Form schreiben

$$\left.\begin{array}{l} F(t) = F + \frac{t}{1!}[H, F] + \frac{t}{2!}[H, [H, F]] + \cdots \\ (t = \text{Element eines Intervalles in } \mathsf{P}) \end{array}\right\}, \tag{82.2}$$

ist dann allerdings im allgemeinen nicht mehr für beliebige Elemente $H \in \mathfrak{R}$ sinnvoll, sondern nur für solche, für die die rechte Seite von (82.2) unabhängig von F und für t-Werte innerhalb eines Intervalles im reellen Zahlkörper P wieder Ringelemente liefert. Unter Voraussetzung „regulären" Verhaltens der Reihe (82.2), worunter wir die Möglichkeit einer Gliederumordnung verstehen, liefert (82.2) unter Verwendung von (82.1) die Gleichung

$$F(t) = e^{\gamma t H} F e^{-\gamma t H} \quad \text{mit} \quad e^{\gamma t H} = 1 + \frac{\gamma t}{1!} H + \frac{(\gamma t)^2}{2!} H^2 + \cdots, \tag{82.3}$$

welche besagt, daß eine „Bewegung" eine einparametrige innere Automorphismenschar des Ringes $\mathfrak{R}$ ist. Integrale der Bewegung sind Elemente, die bei diesem Automorphismen fest bleiben, d.h. die mit H vertauschbaren Elemente von $\mathfrak{R}$.

Bemerkenswert ist nun, daß die in B 2. charakterisierte HAMILTON-JACOBI-Theorie Teile enthält, die sich direkt und ohne Bezugnahme auf die Bewegungsgleichungen in $\mathfrak{R}$ übertragen lassen, nämlich die Anweisungen a) und b), deren Inhalt sich formulieren läßt als die

Anweisung: Man bestimme alle homomorphen Abbildungen eines das Element H enthaltenden maximalen kommutativen Unterringes $\mathfrak{U} < \mathfrak{R}$ auf den komplexen Zahlkörper.

Einer direkten Übertragung der Anweisungen c) bis e) stehen dagegen Schwierigkeiten entgegen, die mit der in c) enthaltenen Existenzaussage beginnen; denn es kann durchaus sein, daß ein Analogon zu $\overline{\mathfrak{M}}$ in $\mathfrak{R}$ gar nicht existiert — ein Fall, der z.B. stets eintritt, wenn $\mathfrak{R}$ eine *Algebra* ist. Wir wollen hier auf eine Diskussion des Inhaltes dieser Anweisungen verzichten.

Als zweite algebraische Aufgabe betrachten wir den Beweis der Äquivalenz der in obiger Anweisung geforderten Abbildungsaufgabe mit bestimmten Zerlegungen des Einselementes (Ziff. 70) von $\mathfrak{U}$ bzw. mit bestimmten Eigenwertproblemen in $\mathfrak{U}$ (bzw. in $\mathfrak{R}$).

83. Analyse der Abbildungsaufgabe. Von nun ab sei $\mathfrak{R}$ und damit $\mathfrak{U}$ eine *Algebra* über Γ. Das genannte Abbildungs-Problem ist dann identisch mit der Aufgabe, alle irreduziblen Darstellungen (Ziff. 76) der Algebra $\mathfrak{U}$ zu bestimmen, da die irreduziblen Darstellungen kommutativer Algebren vom Grad 1 und damit homomorphe Abbildungen auf Γ sind. Diese Behauptung folgt unmittelbar aus dem SCHURschen Lemma in der Form von Satz 13 Ziff. 34 (denn eine Matrix-Algebra ist natürlich eine Gesamtheit von Matrizen). Der Zusammenhang der Abbildungsaufgabe mit der Bestimmung aller irreduziblen Darstellungen von $\mathfrak{U}$ zeigt sich auch in

Satz 1. *Bei jedem Homomorphismus von $\mathfrak{U}$ auf Γ wird das Radikal $\mathfrak{Q}$ von $\mathfrak{U}$ auf Null abgebildet.*

Dieser Satz ist nämlich gleichbedeutend mit dem in Ziff. 79 erwähnten Sachverhalt, daß alle *irreduziblen* Darstellungen einer Algebra mit Radikal bereits durch die irreduziblen Darstellungen der Restklassen-Algebra nach dem Radikal geliefert werden. Der Beweis von Satz 1 ist trivial; denn ist $c \in \mathfrak{Q}$, so ist c nilpotent, d.h. es gibt eine Zahl n mit $c^n = 0$. Im komplexen Zahlkörper gibt es aber keine von Null verschiedene Zahl mit dieser Eigenschaft. Infolgedessen muß bei einem Homomorphismus von $\mathfrak{U}$ auf Γ jedes Element von $\mathfrak{Q}$ in die Null abgebildet werden.

Im Hinblick auf die Abbildungsaufgabe besagt Satz 1, daß man sich auf die Untersuchung kommutativer *halbeinfacher* Algebren beschränken kann, und demgemäß fragen wir nach sämtlichen Homomorphismen einer kommutativen halbeinfachen Algebra $\mathfrak{K}$ auf Γ. Unter Benutzung von Satz 16 und 16a, Ziff. 72, wonach $\mathfrak{K}$ direkte Summe

$$\mathfrak{K} = \sum_{i=1}^{n} \mathsf{K}_i$$

sich gegenseitig annullierender, zu Γ isomorpher Körper K_i ist, hat man die Lösung der Aufgabe eigentlich schon in der Hand; denn die Homomorphismen $\mathfrak{K} \rightarrow \mathsf{K}_i$ $(i = 1, \ldots, n)$ sind bereits die gewünschten Abbildungen, und unter Benutzung der Darstellungstheorie schließt man daraus, daß diese (im Sinne der

Ähnlichkeit von Darstellungen) verschieden und überdies *alle* Abbildungen der geforderten Art sind. Wir wollen jedoch den geschilderten Sachverhalt (ohne derartige Rückverweise) durch elementare Konstruktion beweisen, um dabei überdies einen näheren Einblick in die Abbildungen zu gewinnen.

84. Zu einem Element gehörige Zerlegungen des Einselementes. a sei ein beliebiges Element einer halbeinfachen kommutativen Algebra $\mathfrak{K}$ vom Rang n über Γ. Nach Satz 7, Ziff. 68 besitzt $\mathfrak{K}$ ein Einselement e. Betrachtet man nun die Elemente $e, a, a^2, \ldots, a^n$, so muß zwischen ihnen (da $\mathfrak{K}$ den Rang n hat und somit $n+1$ beliebig herausgegriffene Elemente stets linear abhängig sind) eine Gleichung *kleinsten* Grades $s \leqq n$ bestehen

$$a^s + \beta_1 a^{s-1} + \cdots + \beta_s e = 0 \qquad (\beta_i \in \Gamma).$$

Das zugehörige Polynom (in einer Unbestimmten x)

$$m(x) = x^s + \beta_1 x^{s-1} + \cdots + \beta_s \tag{84.1}$$

heiße das *Minimalpolynom des Elementes* $a \in \mathfrak{K}$. Nun gilt

Satz 2. *Jedes Element von* $\mathfrak{K}$ *hat ein Minimalpolynom mit lauter einfachen Nullstellen.*

Hätte nämlich das zu a gehörige Minimalpolynom $m(x)$ eine mehrfache Nullstelle α:

$$m(x) = (x-\alpha)^r g(x) \qquad (r > 1),$$

so wäre das Polynom (in a)

$$h(a) = (a - \alpha e)^{r-1} g(a)$$

ein von Null verschiedenes nilpotentes Element in $\mathfrak{K}$, da wegen $m(a) = 0$

$$h^2(a) = m(a)\,(a - \alpha e)^{r-2} g(a) = 0$$

ist. Andererseits kann $\mathfrak{K}$ aber keine nilpotenten Elemente enthalten, da wegen der Kommutativität jedes nilpotente Element auch eigentlich nilpotent in $\mathfrak{K}$ wäre und somit Anlaß zu einem Radikal gäbe.

Nach Satz 2 besitzt $m(x)$ also die Zerlegung $m(x) = (x-\alpha_1)\ldots(x-\alpha_s)$ mit lauter verschiedenen α_i. Setzt man

$$m(x) = (x-\alpha_i)\, g_i(x) \qquad (i = 1, \ldots, s),$$

so ist $g_i(\alpha_i) \neq 0$, $g_i(\alpha_j) = 0$ $(i \neq j)$ und

$$1 - \sum_{i=1}^{s} \frac{g_i(x)}{g_i(\alpha_i)} \equiv 0, \tag{84.2}$$

da auf der linken Seite von (84.2) ein Polynom $(s-1)$-ten Grades mit s Nullstellen $(\alpha_1, \ldots, \alpha_s)$ steht. Bildet man entsprechend

$$\frac{1}{g_i(\alpha_i)}\, g_i(a) = e_i,$$

so ist nach (84.2)

$$e = \sum_{i=1}^{s} e_i, \qquad \text{mit} \qquad e_i^2 = e_i, \qquad e_i e_j = 0 \qquad (i \neq j). \tag{84.3}$$

Die letzten Relationen ergeben sich mit Hilfe der aus $m(a) = (a - \alpha_i e)\, g_i(a) = 0$ folgenden Gleichungen

$$a\, g_i(a) = \alpha_i\, g_i(a) \quad \text{bzw.} \quad f(a)\, g_i(a) = f(\alpha_i)\, g_i(a) \tag{84.4}$$

[wobei $f(a)$ ein beliebiges Polynom in a ist] durch direkte Rechnung:

$$e_i^2 = \left(\frac{1}{g_i(\alpha_i)}\right)^2 g_i(a)\, g_i(a) = \left(\frac{1}{g_i(\alpha_i)}\right)^2 g_i(\alpha_i)\, g_i(a) = \frac{1}{g_i(\alpha_i)}\, g_i(a) = e_i,$$

$$e_i\, e_j = \frac{1}{g_i(\alpha_i)\, g_j(\alpha_j)}\, g_i(a)\, g_j(a) = \frac{1}{g_i(\alpha_i)\, g_j(\alpha_j)}\, g_i(\alpha_j)\, g_j(a) = 0.$$

Gl. (84.3) liefert also eine Zerlegung des Einselementes von $\mathfrak{K}$ (Ziff. 70) in sich gegenseitig annullierende *idempotente* Elemente e_i. Wir nennen sie eine *zu a gehörige Zerlegung des Einselementes*, eine Bezeichnung, die ausdrücken soll, daß sich a in der Form

$$a = \sum_{i=1}^{s} \alpha_i\, e_i \quad \text{bzw.} \quad f(a) = \sum_{i=1}^{s} f(\alpha_i)\, e_i \quad (\alpha_i \in \Gamma) \tag{84.5}$$

darstellen läßt. Gl. (84.5) ergibt sich unmittelbar durch Multiplikation von (84.3) mit a und Berücksichtigung der aus (84.4) folgenden Beziehung: $a e_i = \alpha_i e_i$. Diese kann wiederum als Eigenwertgleichung von a zum Eigenwert α_i gelesen werden, und somit sind $\alpha_1, \ldots, \alpha_s$ *Eigenwerte* von a. Es sind aber sogar alle Eigenwerte von a, da aus einer beliebigen Eigenwertbeziehung $a b = \alpha b$ mit $\alpha \in \Gamma$ folgt $m(a)\, b = m(\alpha)\, b$. Die linke Seite dieser Gleichung verschwindet aber, woraus $m(\alpha) = 0$ folgt, d.h. α ist eine Nullstelle des Minimalpolynoms von a. Wir haben somit

Satz 3. *Zu jedem $a \in \mathfrak{K}$ gibt es eine Zerlegung des Einselementes, mit deren Hilfe a sich als Funktion* (84.5) *seiner Eigenwerte darstellen läßt.*

Bemerkung: Man kann (84.5) benutzen, um z.B. Erweiterungen der Algebra $\mathfrak{K}$ zu erklären, in denen Funktionen von a existieren, die sich nicht als Polynome darstellen lassen.

85. Zerlegung halbeinfacher kommutativer Algebren. Betrachtet man die von a (und e) erzeugte Unteralgebra $\mathfrak{A} \subset \mathfrak{K}$, so ist (84.3) auch eine Zerlegung des Einselementes in $\mathfrak{A}$, da alle $e_i \subset \mathfrak{A}$ sind. Die Gln. (84.5) lassen sich dann in der *symbolischen* Form

$$\mathfrak{A} = \sum_i \mathfrak{A}\, e_i = \sum_i \mathfrak{A}_i = \sum_i \Gamma\, e_i$$

schreiben, wobei die $\mathfrak{A}_i = \Gamma e_i$ offensichtlich zu Γ isomorphe Körper bilden, die sich wegen $(\Gamma e_i)(\Gamma e_j) = \Gamma(e_i\, e_j) = (0)$ gegenseitig annullieren. $\mathfrak{A}$ ist somit direkte Summe von Körpern Γe_i.

Wir bilden nun mit (84.3) die Zerlegung

$$\mathfrak{K} = \sum_{i=1}^{s} \mathfrak{K}\, e_i = \sum_{i=1}^{s} \mathfrak{K}_i. \tag{85.1}$$

Dies ist eine Zerlegung von $\mathfrak{K}$ in eine *direkte* Summe sich annullierender *Algebren* $\mathfrak{K}_i$, die aus allen Elementen der Form $b e_i$ mit $b \in \mathfrak{K}$ bestehen. Die Algebren-Eigenschaft von $\mathfrak{K}_i$ folgt unmittelbar aus:

$$b\, e_i + c\, e_i = (b + c)\, e_i, \qquad (b e_i)\,(c e_i) = (b\, c)\, e_i^2 = (b\, c)\, e_i.$$

Die Direktheit der Summe (85.1) sieht man so ein: k sei ein Element, das zwei verschiedenen $\mathfrak{K}_i$ und $\mathfrak{K}_j$ angehört, so daß $k = b\, e_i$ und $k = c e_j$ $(b, c \in \mathfrak{K})$ gilt; dies liefert aber $k^2 = (bc)(e_i e_j) = 0$, woraus $k = 0$ folgt, da $\mathfrak{K}$ kein nilpotentes Element enthält. Somit ist das Nullelement das einzige Element, das $\mathfrak{K}_i$ und $\mathfrak{K}_j$ gemeinsam haben.

Die $\mathfrak{K}_i$ sind natürlich wieder halbeinfache Algebren, da (wegen der Kommutativität) die Halbeinfachheit von $\mathfrak{K}$ die aller Unteralgebren zur Folge hat.

Somit läßt sich das Zerlegungsverfahren von Ziff. 84 auf die $\mathfrak{R}_i$ anwenden, wobei lediglich zu beachten ist, daß in $\mathfrak{R}_i$ nicht e, sondern e_i als Einselement fungiert. Jedes $a_i (\neq \alpha e_i) \in \mathfrak{R}_i$ führt also zu einer Zerlegung

$$e_i = \sum_{k=1}^{t_i} e_{ik} \quad \text{mit} \quad (e_{ik})^2 = e_{ik}, \quad e_{ik} e_{il} = 0 \quad (k \neq l)$$

und diese wiederum zu einer „Verfeinerung" der Zerlegung (84.3):

$$e = \sum_{i=1}^{s} e_i = \sum_{i=1}^{s} \sum_{k=1}^{t_i} e_{ik} = \sum_{\nu=1}^{s'} e'_\nu .$$

Das Element a [zu dem die Zerlegung (84.3) gehört] besitzt nun die Darstellung

$$a = \sum_{i=1}^{s} \alpha_i e_i = \sum_{i=1}^{s} \sum_{k=1}^{t_i} \alpha_i e_{ik} = \sum_{\nu=1}^{s'} \alpha_\nu e'_\nu , \tag{85.2}$$

wobei die α_ν nur die Werte $\alpha_1, \ldots, \alpha_s$ annehmen. Es gilt die *Regel*: Die Anzahl der verschiedenen Koeffizienten $(\alpha_\nu \in \Gamma)$ einer Darstellung (85.2) eines Elementes a ist gleich dem Grad des Minimalpolynoms von a.

Fortsetzung des Zerlegungsverfahrens muß (wegen des Ranges n von $\mathfrak{R}$) nach endlich vielen Schritten abbrechen, und zwar dann, wenn man in $\mathfrak{R}$ kein Element mehr findet, das sich nicht schon in seiner zerlegten Form (85.2) darstellen läßt. Wir haben somit

Satz 4. *Es gibt eine allen Elementen von $\mathfrak{R}$ gemeinsame Zerlegung des Einselementes (mit n Idempotenten).*

Ist $e = \sum_{\nu=1}^{n} e_\nu$ diese Zerlegung, so besagt Satz 4 in symbolischer Schreibweise

$$\mathfrak{R} = \sum_\nu \mathfrak{R} e_\nu = \sum_\nu \Gamma e_\nu . \tag{85.3}$$

Damit ergibt sich

Satz 5. *$\mathfrak{R}$ ist direkte Summe sich annullierender, zu Γ isomorpher Körper.*

Da sich weiter alle Elemente von $\mathfrak{R}$ in der Form $x = \sum_{\nu=1}^{n} \zeta_\nu e_\nu$ mit $\zeta_\nu \in \Gamma$ darstellen lassen, wird dadurch, daß man alle ζ_ν voneinander *verschieden* wählt (was trivialerweise sogar bei Beschränkung auf reelle Zahlen ζ_ν möglich ist), ein Element x definiert, das nach obiger Regel ein Minimalpolynom n-ten Grades besitzt. Wir haben somit

Satz 6. *Jede halbeinfache kommutative Algebra $\mathfrak{R}$ kann von einem einzigen Element $x \in \mathfrak{R}$ erzeugt werden (sogar von einem x mit nur reellen Eigenwerten).*

86. Die Homomorphismen halbeinfacher kommutativer Algebren. Jeder Homomorphismus einer Algebra wird durch ein zweiseitiges Ideal vermittelt (in kommutativen Algebren sind alle Ideale zweiseitig). Somit ist die Kenntnis aller Ideale von $\mathfrak{R}$ der Kenntnis aller homomorphen Abbildungen von $\mathfrak{R}$ äquivalent. Auf Grund von Satz 5 lassen sich sämtliche Ideale von $\mathfrak{R}$ aber leicht übersehen: Da jedes Ideal $\mathfrak{J}$ in $\mathfrak{R}$ als Unteralgebra halbeinfach ist, läßt sich auch $\mathfrak{J}$ als Summe sich annullierender, zu Γ isomorpher Körper, d.h. als eine Teilsumme der Zerlegung (85.3) darstellen. Damit ist aber die Restklassen-Algebra $\mathfrak{R}/\mathfrak{J}$ die verbleibende Teilsumme. Wir haben also

Satz 7. *Jedes homomorphe Bild von $\mathfrak{R}$ besteht aus einer Teilsumme der direkten Summenzerlegung (85.3) von $\mathfrak{R}$ in die Körper Γe_ν. Insbesondere sind diese Körper selbst alle homomorphe Abbildungen von $\mathfrak{R}$ auf Γ.*

Da schließlich (85.3) für ein beliebiges Element $a \in \mathfrak{K}$ die Zerlegung $a = \sum_{\nu=1}^{n} \alpha_\nu e_\nu$ impliziert, in der α_ν die Eigenwerte von a sind, läßt sich die letzte Aussage von Satz 7 genauer aussprechen als

Satz 8. *Jeder Homomorphismus einer halbeinfachen kommutativen Algebra $\mathfrak{K}$ auf den komplexen Zahlkörper Γ bildet die Elemente von $\mathfrak{K}$ auf ihre Eigenwerte ab. Umgekehrt läßt sich jeder Homomorphismus von $\mathfrak{K}$ auf Γ gewinnen, wenn man eine (nach Satz 6 existierende) Erzeugende x von $\mathfrak{K}$ durch einen ihrer Eigenwerte ζ_ν ersetzt.*

Statt der *einen* Erzeugenden x kann man auch ein *Erzeugenden-System* von $\mathfrak{K}$ benutzen (das ist eine Anzahl von Elementen aus $\mathfrak{K}$, von denen sich keines als Polynom der übrigen darstellen läßt), und die Homomorphismen von $\mathfrak{K}$ auf Γ erhält man dann durch Ersetzung jeder Erzeugenden durch einen ihrer Eigenwerte.

Die Bestimmung aller homomorphen Abbildungen einer halbeinfachen kommutativen Algebra $\mathfrak{K}$ ist also der Lösung aller Eigenwertprobleme eines Erzeugenden-Systems, oder speziell einer Erzeugenden von $\mathfrak{K}$ äquivalent. Die Eigenwerte der Elemente von $\mathfrak{K}$ sind dann die Zahl-Werte, welche die Elemente von $\mathfrak{K}$ „annehmen" können. Man erkennt so unmittelbar die Äquivalenz der in Ziff. 82β) gestellten Abbildungsaufgabe mit dem quantenmechanischen Eigenwertproblem. In Fortsetzung des hier beschrittenen Weges lassen sich alle wesentlichen Strukturaussagen der Quantenmechanik gewinnen. Überdies kann man die Aufgabenstellung der Mechanik als Zugang zu der Theorie der Algebren benutzen. In diesem Sinne ist die Algebren-Theorie als ein *Struktur-Modell* des quantenmechanischen Formalismus anzusehen. Die Konstruktionen in Ziff. 84 und 85 erscheinen in diesem Zusammenhang als elementares algebraisches Analogon der Spektraldarstellung (hypermaximal-) hermitescher Operatoren im HILBERTschen Raum[1].

Literatur.

A. Mathematisch-physikalische Werke.

DIRAC, P. A. M.: The Principles of Quantum Mechanics, 3. Aufl. Oxford 1947.

WAERDEN, B. L. VAN DER: Die gruppentheoretische Methode in der Quantenmechanik. In Grundlehren der mathematischen Wissenschaften, Bd. XXXVI. Berlin 1932.

WEYL, H.: Gruppentheorie und Quantenmechanik, 2. Aufl. Leipzig 1931.

WIGNER, E.: Gruppentheorie und ihre Anwendung auf die Quantenmechanik der Atomspektren. Braunschweig 1931.

B. Mathematische Monographien und Lehrbücher.

ALBERT, A. A.: Structure of algebras (Amer. Math. Soc. Coll. Publications 24). New York 1939.

BIRKHOFF, G., and S. MACLANE: A survey of modern Algebra. Rev. Edition. New York 1953.

BOERNER, H.: Darstellungen von Gruppen mit Berücksichtigung der Bedürfnisse der modernen Physik. In Grundlehren der mathematischen Wissenschaften, Bd. LXXIV. Berlin-Göttingen-Heidelberg 1955.

BOURBAKI, N.: Eléments de Mathematique, I. Partie, Livre II: Algèbre. Paris 1942—1952.

CHEVALLEY, C.: Theorie of Lie groups. Princeton 1946.

DEURING, M.: Algebren. In Ergebnisse der Mathematik, Bd. IV/1. Berlin 1935.

DICKSON, L. E.: Linear algebras. Cambridge Tracts No. 16. Cambridge 1914.

— Algebras and their arithmetics. Chicago 1923. Deutsch: Algebren und ihre Zahlentheorie. Zürich u. Leipzig 1927.

[1] J. v. NEUMANN: Mathematische Grundlagen der Quantenmechanik. Berlin 1932. — B. v. Sz. NAGY: Spektraldarstellung linearer Transformationen des HILBERTschen Raumes, in Ergebnisse der Mathematik, Bd. V/5. Berlin 1942. — M. H. STONE: Linear transformations in HILBERT space. New York 1932.

Dickson, L. E.: Modern algebraic Theories. Chicago 1926. Deutsch: Höhere Algebra. Leipzig u. Berlin 1929.

Eichler, M.: Quadratische Formen und orthogonale Gruppen. In Grundlehren der mathematischen Wissenschaften, Bd. LXIII. Berlin-Göttingen-Heidelberg 1952.

Hasse, H.: Höhere Algebra I, II (und Aufgabensammlung), Sammlung Göschen. Berlin 1933—1937.

Haupt, O.: Einführung in die Algebra I, II. Leipzig 1929.

Jacobson, N.: Theory of rings, (Amer. Math. Soc. Mathematical Surveys 2). New York 1943.

Kowalewski, G.: Einführung in die Determinantentheorie, 3. Aufl. Berlin 1942.

Maak, W.: Fastperiodische Funktionen. In Grundlehren der mathematischen Wissenschaften, Bd. LXI. Berlin-Göttingen-Heidelberg 1950.

MacDuffee, C. C.: The theory of matrices. In Ergebnisse der Mathematik, Bd. II/5. Berlin 1933.

Perron, O.: Algebra I, II, 2. Aufl. Berlin 1932/33.

Pontrjagin, L.: Topological Groups. Princeton 1946.

Schmeidler, W.: Vorträge über Determinanten und Matrizen mit Anwendungen in Physik und Technik. Berlin 1949.

Schreier, O., u. E. Sperner: Vorlesungen über Matrizen. Leipzig 1932.

Schur, I.: Die algebraischen Grundlagen der Darstellungstheorie der Gruppen, Vorlesungs-Autographie. Zürich 1936.

Speiser, A.: Theorie der Gruppen von endlicher Ordnung. In Grundlehren der mathematischen Wissenschaften, Bd. V, 3. Aufl. Berlin 1937.

Sperner, E.: Einführung in die analytische Geometrie und Algebra I, II. Göttingen 1948 bis 1951.

Waerden, B. L. van der: Moderne Algebra, I, II. In Grundlehren der mathematischen Wissenschaften, Bd. XXXIII u. XXXIV. I. Teil 3. Aufl. Berlin-Göttingen-Heidelberg 1950, II. Teil 2. Aufl. Berlin 1940.

— Gruppen von linearen Transformationen. In Ergebnisse der Mathematik, Bd. IV/2. Berlin 1935.

Weil, A.: L'integration dans les grups topologiques et ses applications. Paris 1940.

Weyl, H.: The classical groups, their invariants and representations. Princeton 1939.

Zassenhaus, H.: Lehrbuch der Gruppentheorie, Bd. 1. Leipzig u. Berlin 1937. (Hamburger math. Einzelschriften 21. Heft.)

Zurmühl, R.: Matrizen. Berlin-Göttingen-Heidelberg 1950.

Geometrie.

Von

H. TIETZ.

Mit 15 Figuren.

A. Analytische Geometrie.

I. Der Anschauungsraum.

1. Vektoren. Geometrische Eigenschaften räumlicher Objekte sind von den Zufälligkeiten der Beschreibungsweise des Raumes unabhängig. Beispielsweise sind Grundriß und Aufriß zufällige Aspekte eines Körpers, die aus der speziellen Lage der Projektionsebenen entspringen. Einzeln vermitteln sie also keine geometrischen Eigenschaften; dagegen lehrt die darstellende Geometrie, daß sie gemeinsam die wahre Form von Körpern und deren Lage zueinander angeben.

Für die hier darzustellende rechnende Geometrie bieten sich zwei Behandlungsweisen an. Entweder man beschreibt die räumlichen Objekte relativ zu einem speziellen Koordinatensystem und hat dann zu prüfen, ob eine Eigenschaft erhalten bleibt beim Übergang zu anderen zulässigen Koordinatensystemen, oder aber man verwendet eine Beschreibungsweise, die von vornherein keinen Bezug auf Koordinatensysteme nimmt, so daß die Invarianzforderung von selbst erfüllt ist. So ansprechend der letztgenannte Weg auch zu sein scheint, so hat sich die ihm entsprechende „symbolische" Methode doch nur als Vektorkalkül durchgesetzt, der auf die elementare Geometrie zugeschnitten ist. Zu tieferen Untersuchungen — allein schon zur Festlegung dessen, was unter einem „geometrischen Objekt" zu verstehen ist — werden wir den erstgenannten Weg gehen, der im Tensorkalkül seinen Niederschlag gefunden hat.

Die elementare Geometrie ist die Lehre vom Anschauungsraum: der Raum und seine Objekte sind Gegebenheiten, die also nicht zu definieren sondern lediglich zu beschreiben sind. Wir wissen, daß der Raum drei Dimensionen besitzt, daß Punkte, Gerade und Ebenen seine Grundobjekte sind, daß zwei Geraden parallel sind, wenn sie einer Ebene angehören und sich nicht schneiden, daß eine Gerade eine Richtung besitzt, die auch ihren Parallelen zukommt, daß je zwei Punkte eine Strecke bestimmen und damit eine Zahl als deren Länge.

Der Parallelenbegriff ist elementarer als die Länge: man kann jede Translation (Parallelverschiebung) durch Drehungen erzeugen aber nicht umgekehrt: durch Translationen lassen sich nur Längen paralleler Strecken vergleichen. Es ist daher zweckmäßig, geometrische Aussagen danach zu unterscheiden, ob sie nur auf dem Parallelismus oder wesentlich auf dem Längenbegriff beruhen; erstere heißen *affin*, letztere *euklidisch*: eine affine Eigenschaft ist euklidisch, aber nicht notwendig umgekehrt.

Der Vektorbegriff erfaßt in erster Linie die auf dem Parallelismus beruhenden (affinen) Eigenschaften des Raumes: ein *Vektor* ist die Gesamtheit aller gleich gerichteten Strecken gleicher Länge; es hat also einen Sinn, von der Länge und Richtung eines Vektors zu sprechen. Vektoren werden mit fettgedruckten

Buchstaben bezeichnet, die Länge eines Vektors $\boldsymbol{a}$ mit dem entsprechenden gewöhnlichen Buchstaben a oder durch $|\boldsymbol{a}|$, seine Richtung wird durch den gleichgerichteten *Einheitsvektor* $\boldsymbol{a}^0$ (Vektor der Länge 1) charakterisiert.

Einen Vektor „in einem Punkte Q abtragen" heißt, ihn durch diejenige seiner Strecken zu repräsentieren, die den Anfangspunkt Q besitzt. Ist speziell im Raum ein fester Bezugspunkt O gegeben, so sind alle Punkte P des Raumes eineindeutig als Endpunkte aller in O abgetragenen Vektoren $\boldsymbol{x}$ anzusehen; in diesem Sinne spricht man von dem Ortsvektor $\boldsymbol{x}$ des Punktes P oder kurz vom Punkte $\boldsymbol{x}$.

2. Affine Operationen. Das Rechnen mit Vektoren ist geometrisch erklärt. Sei $\boldsymbol{a}$ ein Vektor und λ eine Zahl, so bedeutet $\lambda\boldsymbol{a}$ einen zu $\boldsymbol{a}$ parallelen Vektor mit der Länge $|\lambda|\,|\boldsymbol{a}|$ und gleichem bzw. entgegengesetztem Durchlaufungssinn (Orientierung) wie $\boldsymbol{a}$, je nachdem λ positiv oder negativ ist; $0\boldsymbol{a} = 0$ ist der *Nullvektor*, der als parallel zu allen Vektoren anzusehen ist; statt $(-1)\,\boldsymbol{a}$ schreibt man $-\boldsymbol{a}$. Der Einheitsvektor in Richtung von $\boldsymbol{a}$ ist gegeben durch

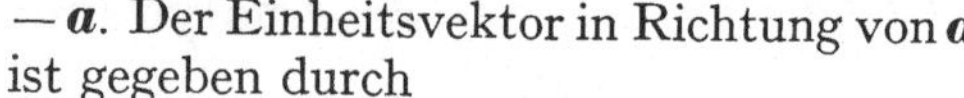

$$\boldsymbol{a}^0 = \frac{\boldsymbol{a}}{|\boldsymbol{a}|}\,.$$

$\boldsymbol{a} + \boldsymbol{b}$ und $\boldsymbol{a} - \boldsymbol{b}$ sind definiert als diejenigen Vektoren, die repräsentiert werden durch die Diagonalen der zum Parallelogramm ergänzten Figur aus den in einem Punkte abgetragenen Vektoren $\boldsymbol{a}$ und $\boldsymbol{b}$; es ist $\boldsymbol{a} - \boldsymbol{b} = \boldsymbol{a} + (-\boldsymbol{b})$ (Fig. 1).

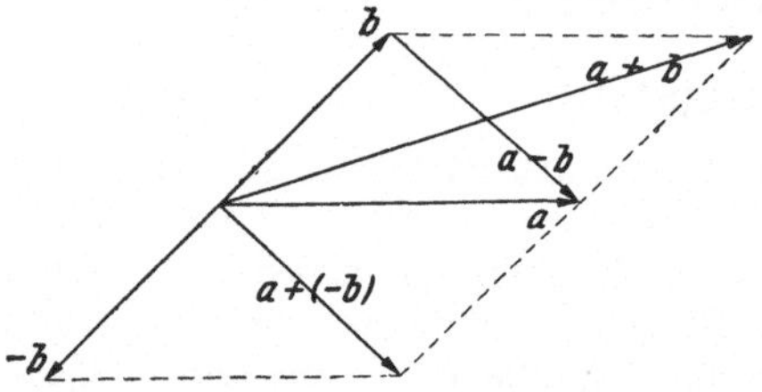

Fig. 1. Vektoraddition.

Diese affinen Operationen haben folgende Eigenschaften; sie sind

assoziativ:
$$(\nu\lambda)\,\boldsymbol{a} = \nu\,(\lambda\boldsymbol{a}),$$
$$\boldsymbol{a} + (\boldsymbol{b} + \boldsymbol{c}) = (\boldsymbol{a} + \boldsymbol{b}) + \boldsymbol{c},$$

kommutativ:
$$(\nu\lambda)\,\boldsymbol{a} = (\lambda\,\nu)\,\boldsymbol{a},$$
$$\boldsymbol{a} + \boldsymbol{b} = \boldsymbol{b} + \boldsymbol{a},$$

distributiv:
$$(\lambda + \nu)\,\boldsymbol{a} = \lambda\boldsymbol{a} + \nu\boldsymbol{a},$$
$$\lambda\,(\boldsymbol{a} + \boldsymbol{b}) = \lambda\boldsymbol{a} + \lambda\boldsymbol{b}.$$

Vektoren $\boldsymbol{a}_1, \boldsymbol{a}_2, \ldots, \boldsymbol{a}_n$ heißen *linear unabhängig*, wenn zwischen ihnen eine lineare Relation

$$\lambda_1\boldsymbol{a}_1 + \lambda_2\boldsymbol{a}_2 + \cdots + \lambda_n\boldsymbol{a}_n = 0$$

nur in dem trivialen Falle besteht, daß alle λ_i verschwinden. Demnach ist ein Vektor $\boldsymbol{a} \neq 0$ stets linear unabhängig, zwei Vektoren sind es, wenn sie nicht parallel sind, drei Vektoren, wenn sie nicht einer Ebene parallel sind; mehr als drei Vektoren sind dagegen — wegen der Dreidimensionalität des Raumes — stets linear abhängig. Die Gesamtheiten

$$\lambda\boldsymbol{a}; \quad \lambda_1\boldsymbol{a}_1 + \lambda_2\boldsymbol{a}_2; \quad \lambda_1\boldsymbol{a}_1 + \lambda_2\boldsymbol{a}_2 + \lambda_3\boldsymbol{a}_3$$

mit festen $\boldsymbol{a}_i$ und variablen λ_i sind *lineare Vektorgebilde* von einer, zwei bzw. drei Dimensionen, falls die *Basisvektoren* $\boldsymbol{a}_i$ jeweils linear-unabhängig sind.

Trägt man — nach Vorgabe eines Bezugspunktes — in einem Punkte $\boldsymbol{x}_0$ ein lineares Vektorgebilde von einer bzw. zwei Dimensionen ab, so erhält man in

$$\boldsymbol{x} = \boldsymbol{x}_0 + \lambda\boldsymbol{a} \tag{2.1}$$

und

$$\boldsymbol{x} = \boldsymbol{x}_0 + \lambda_1\boldsymbol{a}_1 + \lambda_2\boldsymbol{a}_2 \tag{2.2}$$

die *Parameterdarstellungen* einer Geraden bzw. einer Ebene; (2.2) ist diejenige Ebene, die aufgespannt wird von den beiden Geraden $\boldsymbol{x} = \boldsymbol{x}_0 + \lambda_1 \boldsymbol{a}_1$ und $\boldsymbol{x} = \boldsymbol{x}_0 + \lambda_2 \boldsymbol{a}_2$.

Die Gerade durch die Punkte $\boldsymbol{x}_0$ und $\boldsymbol{x}_1$ enthält den Vektor $\boldsymbol{a} = \boldsymbol{x}_1 - \boldsymbol{x}_0$; nach (2.1) wird sie daher dargestellt durch $\boldsymbol{x} = \boldsymbol{x}_0 + \lambda(\boldsymbol{x}_1 - \boldsymbol{x}_0)$ oder durch

$$\boldsymbol{x} = \alpha \boldsymbol{x}_0 + \beta \boldsymbol{x}_1, \qquad \alpha + \beta = 1; \tag{2.3}$$

je nachdem $0 \leqq \alpha \leqq 1$, $\alpha < 0$, $\alpha > 1$ ist, ergibt (2.3) die Punkte der Strecke zwischen $\boldsymbol{x}_0$ und $\boldsymbol{x}_1$, die Punkte, die außerhalb dieser Strecke auf der Seite von $\boldsymbol{x}_1$ oder auf der Seite von $\boldsymbol{x}_0$ liegen.

Die Ebene durch die Punkte $\boldsymbol{x}_0$, $\boldsymbol{x}_1$, $\boldsymbol{x}_2$ ergibt sich entsprechend aus (2.2) zu

$$\boldsymbol{x} = \alpha \boldsymbol{x}_0 + \beta \boldsymbol{x}_1 + \gamma \boldsymbol{x}_2, \qquad \alpha + \beta + \gamma = 1; \tag{2.4}$$

die Punkte des Dreiecks, das durch die Punkte $\boldsymbol{x}_i$ gegeben ist, erhält man in (2.4) für $0 \leqq \alpha, \beta, \gamma \leqq 1$.

Drei linear-unabhängige Vektoren $\boldsymbol{e}_1$, $\boldsymbol{e}_2$, $\boldsymbol{e}_3$ spannen den ganzen dreidimensionalen Raum auf; denn jeder Vektor $\boldsymbol{x}$ läßt sich — und zwar auf genau eine Weise — aus ihnen linear kombinieren:

$$\boldsymbol{x} = x_1 \boldsymbol{e}_1 + x_2 \boldsymbol{e}_2 + x_3 \boldsymbol{e}_3.$$

Das ist die Zerlegung von $\boldsymbol{x}$ nach dem *Koordinatensystem* der $\boldsymbol{e}_i$, die Summanden $x_i \boldsymbol{e}_i$ sind die *Komponenten*, die Zahlen x_i die *Koordinaten* von $\boldsymbol{x}$; letztere sind gleichzeitig die Koordinaten des Endpunktes von $\boldsymbol{x}$, wenn $\boldsymbol{x}$ als Ortsvektor aufgefaßt wird.

Jede Gleichung zwischen Vektoren kann relativ zu einem festen Koordinatensystem als Beziehung zwischen den Koordinaten geschrieben werden. Haben z. B. in (2.4) die $\boldsymbol{x}_i$ die Koordinaten x_{ik} und $\boldsymbol{x}$ die Koordinaten x_k, so ist (2.4) äquivalent mit dem Gleichungssystem

$$\begin{aligned} -x_k + \alpha x_{0k} + \beta x_{1k} + \gamma x_{2k} &= 0, \qquad k = 1, 2, 3, \\ -1 + \alpha \quad + \beta \quad + \gamma \quad &= 0. \end{aligned}$$

Faßt man hierin die Größen -1, α, β, γ als Unbekannte auf, so ist die Forderung, daß es nicht-triviale Lösungen geben soll (sonst wäre das System sinnlos), gleichbedeutend mit dem Verschwinden der Determinante:

$$\begin{vmatrix} x_1 & x_{01} & x_{11} & x_{21} \\ x_2 & x_{02} & x_{12} & x_{22} \\ x_3 & x_{03} & x_{13} & x_{23} \\ 1 & 1 & 1 & 1 \end{vmatrix} = 0. \tag{2.5}$$

Entwickelt man diese Determinante nach der ersten Spalte, so ergibt sich eine lineare Gleichung

$$a_1 x_1 + a_2 x_2 + a_3 x_3 = a,$$

die *koordinatenmäßige Darstellung* der Ebene.

3. Metrische Operationen. Da die affine Geometrie lediglich auf der Feststellbarkeit der Gleichheit von Richtungen und dem Längenvergleich paralleler Strecken beruht, ist noch die Berücksichtigung der *Metrik* erforderlich, um zur euklidischen Geometrie zu gelangen. Das findet seinen Ausdruck in zwei metrischen Vektoroperationen, die multiplikative Eigenschaften besitzen.

Bezeichnet man mit b_a die senkrechte Projektion des Vektors $\boldsymbol{b}$ auf den Vektor $\boldsymbol{a}$, die positiv bzw. negativ ist, wenn die Orientierung von b_a derjenigen von $\boldsymbol{a}$ gleich oder entgegengesetzt ist, so ist der Winkel ϑ zwischen $\boldsymbol{a}$ und $\boldsymbol{b}$ bestimmt durch

$$\cos\vartheta = \frac{b_a}{|\boldsymbol{b}|} = \frac{a_b}{|\boldsymbol{a}|}, \qquad 0 \leqq \vartheta \leqq \pi.$$

Beseitigung der Nenner ergibt den in $\boldsymbol{a}$ und $\boldsymbol{b}$ symmetrischen Ausdruck

$$\boldsymbol{a}\cdot\boldsymbol{b} = |\boldsymbol{a}|\,|\boldsymbol{b}|\cos\vartheta = |\boldsymbol{a}|\,b_a = |\boldsymbol{b}|\,a_b, \tag{3.1}$$

den man als das *innere* oder *skalare Produkt* von $\boldsymbol{a}$ und $\boldsymbol{b}$ bezeichnet; es ist definitionsgemäß

$$\cos\vartheta = \frac{\boldsymbol{a}\cdot\boldsymbol{b}}{|\boldsymbol{a}|\,|\boldsymbol{b}|}. \tag{3.2}$$

Zwei in einem Punkte abgetragene Vektoren $\boldsymbol{a}$ und $\boldsymbol{b}$ bestimmen ein Parallelogramm. Die Festlegung einer Reihenfolge dieser Vektoren (etwa: „$\boldsymbol{a}$ vor $\boldsymbol{b}$") bewirkt eine *Orientierung* des Parallelogrammes und damit seiner Normalenrichtung[1]; durch den Flächeninhalt des Parallelogrammes ist den Vektoren $\boldsymbol{a}$ und $\boldsymbol{b}$ noch eine Maßzahl zugeordnet. Diese beiden Bestimmungen des orientierten Parallelogrammes werden durch einen Vektor repräsentiert, der zur Normalen parallel ist, und dessen Längenzahl gleich der Maßzahl der Parallelogrammfläche ist. Dieser Vektor ist das *äußere* oder *vektorielle Produkt* von $\boldsymbol{a}$ mit $\boldsymbol{b}$ und wird durch $\boldsymbol{a}\times\boldsymbol{b}$ bezeichnet. Definitionsgemäß steht $\boldsymbol{a}\times\boldsymbol{b}$ senkrecht auf $\boldsymbol{a}$ und $\boldsymbol{b}$,

$$(\boldsymbol{a}\times\boldsymbol{b})\cdot\boldsymbol{a} = (\boldsymbol{a}\times\boldsymbol{b})\cdot\boldsymbol{b} = 0,$$

und seine Länge ist

$$|\boldsymbol{a}\times\boldsymbol{b}| = |\boldsymbol{a}|\,|\boldsymbol{b}|\sin\vartheta, \qquad 0 \leqq \vartheta \leqq \pi,$$

wenn ϑ wieder den von a und b eingeschlossenen Winkel bedeutet.

Das gemischte Produkt $\boldsymbol{a}\cdot(\boldsymbol{b}\times\boldsymbol{c})$ ist das orientierte Volumen des durch $\boldsymbol{a}$, $\boldsymbol{b}$, $\boldsymbol{c}$ aufgespannten Parallelepipeds (Spat); es ist positiv, wenn diese Vektoren in der angeschriebenen Reihenfolge ein rechtshändiges System bilden. Wegen dieser Bedeutung wird das gemischte Produkt als *Spatprodukt* bezeichnet und oft kurz

$$\boldsymbol{a}\,\boldsymbol{b}\,\boldsymbol{c} = \boldsymbol{a}\cdot(\boldsymbol{b}\times\boldsymbol{c}) = (\boldsymbol{a}\times\boldsymbol{b})\cdot\boldsymbol{c}$$

geschrieben.

---

[1] Gerade, Ebene und Raum sind *orientierbar*: die Orientierung der Geraden ist durch ihren Durchlaufungssinn gegeben, diejenige der Ebene durch ihren Drehsinn und diejenige des Raumes durch seinen Schraubungssinn. Im Raum wird diejenige Orientierung als positiv definiert, die einer Rechtsschraube entspricht oder — was dasselbe ist — der Reihenfolge dreier Achsen in einem rechtshändigen Koordinatensystem. Durch diesen positiven Schraubungssinn wird weder in einer Ebene noch auf einer Geraden eine Orientierung induziert. Legt man jedoch in einer Ebene einen Drehsinn als positiv fest, so ist derjenige Halbraum als positiv anzusehen, in den eine Rechtsschraube vorrückt, wenn auf sie diese Drehung ausgeübt wird. Dadurch wird aber jede Gerade, die nicht zur Ebene parallel ist, orientiert: diejenige Durchlaufung ist positiv, bei der die Ebene von der negativen zur positiven Seite durchschritten wird. Ebenso induziert die Orientierung einer Geraden in jeder nicht zu ihr parallelen Ebene einen Drehsinn, der den Durchlaufungssinn der Geraden zum positiven räumlichen Schraubungssinn ergänzt. Insbesondere ist also einem orientierten Flächenstück eine orientierte Normale zugeordnet und umgekehrt.

4. Rechenregeln. Für diese Produktbildungen gelten folgende Rechenregeln und Bemerkungen:

$$(\lambda \boldsymbol{a}) \cdot \boldsymbol{b} = \boldsymbol{a} \cdot (\lambda \boldsymbol{b}) = \lambda \boldsymbol{a} \cdot \boldsymbol{b},$$
$$(\lambda \boldsymbol{a}) \times \boldsymbol{b} = \boldsymbol{a} \times (\lambda \boldsymbol{b}) = \lambda \boldsymbol{a} \times \boldsymbol{b};$$
$$\boldsymbol{a} \cdot (\boldsymbol{b} + \boldsymbol{c}) = \boldsymbol{a} \cdot \boldsymbol{b} + \boldsymbol{a} \cdot \boldsymbol{c},$$
$$\boldsymbol{a} \times (\boldsymbol{b} + \boldsymbol{c}) = \boldsymbol{a} \times \boldsymbol{b} + \boldsymbol{a} \times \boldsymbol{c};$$
$$\boldsymbol{b} \cdot \boldsymbol{a} = \boldsymbol{a} \cdot \boldsymbol{b},$$
$$\boldsymbol{b} \times \boldsymbol{a} = -\boldsymbol{a} \times \boldsymbol{b};$$
$$\boldsymbol{a}^2 = |\boldsymbol{a}|^2 = \boldsymbol{a} \cdot \boldsymbol{a},$$
$$\boldsymbol{a} \times \boldsymbol{a} = 0;$$
$$\boldsymbol{a}\,\boldsymbol{b}\,\boldsymbol{c} = \boldsymbol{c}\,\boldsymbol{a}\,\boldsymbol{b} = \boldsymbol{b}\,\boldsymbol{c}\,\boldsymbol{a} = -\boldsymbol{a}\,\boldsymbol{c}\,\boldsymbol{b} = -\boldsymbol{c}\,\boldsymbol{b}\,\boldsymbol{a} = -\boldsymbol{b}\,\boldsymbol{a}\,\boldsymbol{c};$$

$\boldsymbol{a} \cdot \boldsymbol{b} = 0$ bedeutet: $\boldsymbol{a}$ und $\boldsymbol{b}$ stehen aufeinander senkrecht,

$\boldsymbol{a} \times \boldsymbol{b} = 0$ bedeutet: $\boldsymbol{a}$ und $\boldsymbol{b}$ sind parallel,

$\boldsymbol{a}\,\boldsymbol{b}\,\boldsymbol{c} = 0$ bedeutet: $\boldsymbol{a}, \boldsymbol{b}, \boldsymbol{c}$ liegen in einer Ebene;

$$\left.\begin{aligned} \boldsymbol{a} \times (\boldsymbol{b} \times \boldsymbol{c}) &= \boldsymbol{b}\,(\boldsymbol{a} \cdot \boldsymbol{c}) - \boldsymbol{c}\,(\boldsymbol{a} \cdot \boldsymbol{b}),\\ (\boldsymbol{a} \times \boldsymbol{b}) \times \boldsymbol{c} &= \boldsymbol{b}\,(\boldsymbol{a} \cdot \boldsymbol{c}) - \boldsymbol{a}\,(\boldsymbol{b} \cdot \boldsymbol{c}),\\ \boldsymbol{a} \times (\boldsymbol{b} \times \boldsymbol{c}) + \boldsymbol{c} \times (\boldsymbol{a} \times \boldsymbol{b}) &+ \boldsymbol{b} \times (\boldsymbol{c} \times \boldsymbol{a}) = 0; \end{aligned}\right\} \tag{4.1}$$

aus $\boldsymbol{a} \times \boldsymbol{x} = b$, $\boldsymbol{a} \neq 0$ folgt $\boldsymbol{x} = \lambda \boldsymbol{a} - \frac{\boldsymbol{a} \times \boldsymbol{b}}{a^2}$ mit beliebigem λ;

$$(\boldsymbol{a} \times \boldsymbol{b})\,(\boldsymbol{c} \times \boldsymbol{d}) = (\boldsymbol{a} \cdot \boldsymbol{c})\,(\boldsymbol{b} \cdot \boldsymbol{d}) - (\boldsymbol{a} \cdot \boldsymbol{d})\,(\boldsymbol{b} \cdot \boldsymbol{c}), \tag{4.2}$$

$$(\boldsymbol{a} \times \boldsymbol{b}) \times (\boldsymbol{c} \times \boldsymbol{d}) = \boldsymbol{c}\,(\boldsymbol{a}\,\boldsymbol{b}\,\boldsymbol{d}) - \boldsymbol{d}\,(\boldsymbol{a}\,\boldsymbol{b}\,\boldsymbol{c}) = \boldsymbol{b}\,(\boldsymbol{a}\,\boldsymbol{c}\,\boldsymbol{d}) - \boldsymbol{a}\,(\boldsymbol{b}\,\boldsymbol{c}\,\boldsymbol{d}); \tag{4.3}$$

zwischen je vier Vektoren $\boldsymbol{a}, \boldsymbol{b}, \boldsymbol{c}, \boldsymbol{x}$ bestehen die Identitäten

$$\boldsymbol{a}\,(\boldsymbol{x}\,\boldsymbol{b}\,\boldsymbol{c}) + \boldsymbol{b}\,(\boldsymbol{a}\,\boldsymbol{x}\,\boldsymbol{c}) + \boldsymbol{c}\,(\boldsymbol{a}\,\boldsymbol{b}\,\boldsymbol{x}) = \boldsymbol{x}\,(\boldsymbol{a}\,\boldsymbol{b}\,\boldsymbol{c}); \tag{4.4}$$

$$((\boldsymbol{a} \times \boldsymbol{b}) \times \boldsymbol{x}) \times \boldsymbol{c} = (\boldsymbol{b} \times \boldsymbol{c})\,(\boldsymbol{a} \cdot \boldsymbol{x}) - (\boldsymbol{a} \times \boldsymbol{c})\,(\boldsymbol{b} \cdot \boldsymbol{x}) = \boldsymbol{x}\,(\boldsymbol{a}\,\boldsymbol{b}\,\boldsymbol{c}) - (\boldsymbol{a} \times \boldsymbol{b})\,(\boldsymbol{c} \cdot \boldsymbol{x}),$$

$$\boldsymbol{x}\,(\boldsymbol{a}\,\boldsymbol{b}\,\boldsymbol{c}) = (\boldsymbol{a} \cdot \boldsymbol{x})\,(\boldsymbol{b} \times \boldsymbol{c}) + (\boldsymbol{b} \cdot \boldsymbol{x})\,(\boldsymbol{c} \times \boldsymbol{a}) + (\boldsymbol{c} \cdot \boldsymbol{x})\,(\boldsymbol{a} \times \boldsymbol{b}); \tag{4.5}$$

$$(\boldsymbol{a} \times \boldsymbol{b})\,(\boldsymbol{b} \times \boldsymbol{c})\,(\boldsymbol{c} \times \boldsymbol{a}) = (\boldsymbol{a}\,\boldsymbol{b}\,\boldsymbol{c})^2. \tag{4.6}$$

5. Koordinatensysteme. Es sei ein Koordinatensystem durch die *Basisvektoren* $\boldsymbol{e}_1, \boldsymbol{e}_2, \boldsymbol{e}_3$ gegeben. Die Produkte von Vektoren

$$\boldsymbol{a}_k = a_{k1}\,\boldsymbol{e}_1 + a_{k2}\,\boldsymbol{e}_2 + a_{k3}\,\boldsymbol{e}_3$$

lassen sich auf die Produkte der Basisvektoren zurückführen:

$$\boldsymbol{a}_1 \cdot \boldsymbol{a}_2 = \sum_{i,j=1}^{3} a_{1i}\,a_{2j}\,\boldsymbol{e}_i \cdot \boldsymbol{e}_j,$$

$$\boldsymbol{a}_1 \times \boldsymbol{a}_2 = (a_{11}\,a_{22} - a_{12}\,a_{21})\,\boldsymbol{e}_1 \times \boldsymbol{e}_2 + (a_{12}\,a_{23} - a_{13}\,a_{22})\,\boldsymbol{e}_2 \times \boldsymbol{e}_3 + (a_{13}\,a_{21} - a_{11}\,a_{23})\,\boldsymbol{e}_3 \times \boldsymbol{e}_1,$$

$$\boldsymbol{a}_1 \boldsymbol{a}_2 \boldsymbol{a}_3 = \operatorname{Det}(a_{ki})\,\boldsymbol{e}_1 \boldsymbol{e}_2 \boldsymbol{e}_3.$$

Diese Formeln werden besonders einfach im Falle eines *cartesischen Koordinatensystems*, dessen Basisvektoren — sie werden mit $\boldsymbol{i}, \boldsymbol{j}, \boldsymbol{k}$ bezeichnet — Einheitsvektoren sind, paarweise aufeinander senkrecht stehen und ein Rechtssystem bilden; dann ist nämlich

$$\boldsymbol{i}\cdot\boldsymbol{i} = \boldsymbol{j}\cdot\boldsymbol{j} = \boldsymbol{k}\cdot\boldsymbol{k} = 1, \quad \boldsymbol{i}\cdot\boldsymbol{j} = \boldsymbol{j}\cdot\boldsymbol{k} = \boldsymbol{k}\cdot\boldsymbol{i} = 0;$$
$$\boldsymbol{i}\times\boldsymbol{j} = \boldsymbol{k}, \quad \boldsymbol{j}\times\boldsymbol{k} = \boldsymbol{i}, \quad \boldsymbol{k}\times\boldsymbol{i} = \boldsymbol{j};$$
$$\boldsymbol{i}\boldsymbol{j}\boldsymbol{k} = 1,$$

und obige Formeln für die Produkte vereinfachen sich zu:

$$\boldsymbol{a}_1\cdot\boldsymbol{a}_2 = a_{11}a_{21} + a_{12}a_{22} + a_{13}a_{23},$$
$$\boldsymbol{a}_1\times\boldsymbol{a}_2 = (a_{12}a_{23} - a_{13}a_{22})\,\boldsymbol{i} + (a_{13}a_{21} - a_{11}a_{23})\,\boldsymbol{j} + (a_{11}a_{22} - a_{12}a_{21})\,\boldsymbol{k}$$
$$= \begin{vmatrix} \boldsymbol{i} & a_{11} & a_{21} \\ \boldsymbol{j} & a_{12} & a_{22} \\ \boldsymbol{k} & a_{13} & a_{23} \end{vmatrix},$$
$$\boldsymbol{a}_1\boldsymbol{a}_2\boldsymbol{a}_3 = \operatorname{Det}(a_{ik}).$$

Die Komponentenzerlegung eines Vektors $\boldsymbol{a}$ nach einer Basis $\boldsymbol{e}_1, \boldsymbol{e}_2, \boldsymbol{e}_3$ ergibt sich aus (4.4):

$$\boldsymbol{a} = a_1\boldsymbol{e}_1 + a_2\boldsymbol{e}_2 + a_3\boldsymbol{e}_3 = \frac{\boldsymbol{a}\,\boldsymbol{e}_2\,\boldsymbol{e}_3}{\boldsymbol{e}_1\,\boldsymbol{e}_2\,\boldsymbol{e}_3}\boldsymbol{e}_1 + \frac{\boldsymbol{e}_1\,\boldsymbol{a}\,\boldsymbol{e}_3}{\boldsymbol{e}_1\,\boldsymbol{e}_2\,\boldsymbol{e}_3}\boldsymbol{e}_2 + \frac{\boldsymbol{e}_1\,\boldsymbol{e}_2\,\boldsymbol{a}}{\boldsymbol{e}_1\,\boldsymbol{e}_2\,\boldsymbol{e}_3}\boldsymbol{e}_3; \tag{5.1}$$

in einem cartesischen $\boldsymbol{i}, \boldsymbol{j}, \boldsymbol{k}$-System wird hieraus

$$\boldsymbol{a} = a_1\boldsymbol{i} + a_2\boldsymbol{j} + a_3\boldsymbol{k} = (\boldsymbol{a}\cdot\boldsymbol{i})\,\boldsymbol{i} + (\boldsymbol{a}\cdot\boldsymbol{j})\,\boldsymbol{j} + (\boldsymbol{a}\cdot\boldsymbol{k})\,\boldsymbol{k}. \tag{5.2}$$

Durch gleichzeitiges Arbeiten in zwei Koordinatensystemen können im nicht-cartesischen Falle anstatt (5.1) ebenso einfache Formeln wie (5.2) erhalten werden; hierzu weist (4.5) den Weg. Sei $\boldsymbol{e}_1, \boldsymbol{e}_2, \boldsymbol{e}_3$ eine beliebige Basis; ihr wird als *reziproke Basis* zugeordnet

$$\boldsymbol{e}^1 = \frac{\boldsymbol{e}_2\times\boldsymbol{e}_3}{\boldsymbol{e}_1\,\boldsymbol{e}_2\,\boldsymbol{e}_3}, \quad \boldsymbol{e}^2 = \frac{\boldsymbol{e}_3\times\boldsymbol{e}_1}{\boldsymbol{e}_1\,\boldsymbol{e}_2\,\boldsymbol{e}_3}, \quad \boldsymbol{e}^3 = \frac{\boldsymbol{e}_1\times\boldsymbol{e}_2}{\boldsymbol{e}_1\,\boldsymbol{e}_2\,\boldsymbol{e}_3}. \tag{5.3}$$

Es gilt

$$\boldsymbol{e}^i\cdot\boldsymbol{e}_k = \delta^i_k = \begin{cases} 1 & \text{für} \quad i = k \\ 0 & \text{für} \quad i \neq k \end{cases} \tag{5.4}$$

und nach (4.6)

$$(\boldsymbol{e}^1\,\boldsymbol{e}^2\,\boldsymbol{e}^3)\cdot(\boldsymbol{e}_1\,\boldsymbol{e}_2\,\boldsymbol{e}_3) = 1. \tag{5.5}$$

Aus (5.4), (5.5) folgt, daß umgekehrt $\boldsymbol{e}_1, \boldsymbol{e}_2, \boldsymbol{e}_3$ reziprok ist zu $\boldsymbol{e}^1, \boldsymbol{e}^2, \boldsymbol{e}^3$:

$$\boldsymbol{e}_1 = \frac{\boldsymbol{e}^2\times\boldsymbol{e}^3}{\boldsymbol{e}^1\,\boldsymbol{e}^2\,\boldsymbol{e}^3}, \quad \boldsymbol{e}_2 = \frac{\boldsymbol{e}^3\times\boldsymbol{e}^1}{\boldsymbol{e}^1\,\boldsymbol{e}^2\,\boldsymbol{e}^3}, \quad \boldsymbol{e}_3 = \frac{\boldsymbol{e}^1\times\boldsymbol{e}^2}{\boldsymbol{e}^1\,\boldsymbol{e}^2\,\boldsymbol{e}^3};$$

die Reziprozität ist also eine symmetrische Eigenschaft, die eine Unterscheidung reziproker Basen einfach durch verschiedene Stellung[1] der Indices rechtfertigt; die Koordinaten eines Vektors werden mit entgegengesetzter Indexstellung wie die Basisvektoren geschrieben:

$$\boldsymbol{a} = a^1\boldsymbol{e}_1 + a^2\boldsymbol{e}_2 + a^3\boldsymbol{e}_3 = a_1\boldsymbol{e}^1 + a_2\boldsymbol{e}^2 + a_3\boldsymbol{e}^3;$$

---

[1] Um einen oberen Index nicht mit einem — in diesem Kalkül selten auftretenden — Exponenten zu verwechseln, ist es zweckmäßig, einen Exponenten einzuklammern: z.B. $\boldsymbol{x}^{(2)} = \boldsymbol{x}\cdot\boldsymbol{x}$.

dann besteht die angekündigte Vereinfachung von (5.1) in

$$a^i = \boldsymbol{a} \cdot \boldsymbol{e}^i, \qquad a_i = \boldsymbol{a} \cdot \boldsymbol{e}_i. \tag{5.6}$$

Die a^i sind die *kontravarianten*, die a_i *kovarianten* Koordinaten des Vektors $\boldsymbol{a}$ bezüglich der Basis der $\boldsymbol{e}_i$; die a^i und a_i heißen zueinander *kontragredient*.

Nur cartesische Basen sind selbstreziprok, so daß man sich in diesem Falle auf untere Indices beschränken kann.

6. Grundaufgaben. Im folgenden sollen die wichtigsten Darstellungen von Geraden und Ebenen aufgeführt werden; soweit die Gleichungen in Koordinaten geschrieben sind, seien sie auf ein cartesisches $(\boldsymbol{i}, \boldsymbol{j}, \boldsymbol{k})$-System bezogen.

Ebene durch drei Punkte (x_i, y_i, z_i):

$$\begin{vmatrix} x & y & z & 1 \\ x_1 & y_1 & z_1 & 1 \\ x_2 & y_2 & z_2 & 1 \\ x_3 & y_3 & z_3 & 1 \end{vmatrix} = 0, \tag{6.1}$$

speziell Achsenabschnittsgleichung

$$\frac{x}{a} + \frac{y}{b} + \frac{z}{c} = 1, \tag{6.2}$$

wobei a, b, c die Strecken sind, die die Ebene auf den Koordinatenachsen abschneidet.

Die allgemeine Ebenengleichung ist eine lineare Beziehung zwischen den Koordinaten:

$$n_1 x + n_2 y + n_3 z = \boldsymbol{n} \cdot \boldsymbol{x} = a; \tag{6.3}$$

dabei sind die Koeffizienten n_i die Koordinaten eines Normalenvektors $\boldsymbol{n}$ zur Ebene. Der in (6.3) willkürliche Faktor wird nun seinem Betrage nach dadurch festgelegt, daß $\boldsymbol{n} = \boldsymbol{n}^0$ ein Einheitsvektor ist; man hat (6.3) also durch $|\boldsymbol{n}| = \sqrt{n_1^2 + n_2^2 + n_3^2}$ zu dividieren. Setzt man in den so erhaltenen Ausdruck

$$\boldsymbol{n}^0 \cdot \boldsymbol{x} - d = D(\boldsymbol{x}) \qquad \left(d = \frac{a}{|\boldsymbol{n}|}\right) \tag{6.4}$$

irgendeinen Punkt $\boldsymbol{x}$ ein, so ergibt sich der mit einem Vorzeichen versehene *Abstand des Punktes $\boldsymbol{x}$ von der Ebene*; die Punkte, für die $D(\boldsymbol{x})$ negativ bzw. positiv wird, bilden die beiden Halbräume, in die der Raum durch die Ebene zerlegt wird. Die Nomierung von (6.3) kann noch um einen Schritt weitergetrieben werden: das noch verfügbare Vorzeichen des willkürlichen Faktors wird so bestimmt, daß ein geeigneter Punkt $\boldsymbol{x}_0$ (meistens der Nullpunkt) in (6.4) einen negativen Abstand erhält; $\boldsymbol{n}^0$ in $\boldsymbol{x}_0$ abgetragen, weist dann zur Ebene hin; (6.4) stellt die HESSE*sche Normalform* der Ebene dar.

Die Parameterform (2.2) einer Ebene wird durch skalare Multiplikation mit $\boldsymbol{n} = \boldsymbol{a}_1 \times \boldsymbol{a}_2$ in (6.3) übergeführt. Umgekehrt gelangt man von (6.3) zu (2.2), wenn man drei Punkte (etwa die Achsenschnittpunkte) $\boldsymbol{x}_1$, $\boldsymbol{x}_2$, $\boldsymbol{x}_3$ der Ebene bestimmt und $\boldsymbol{a}_1 = \boldsymbol{x}_2 - \boldsymbol{x}_1$, $\boldsymbol{a}_2 = \boldsymbol{x}_3 - \boldsymbol{x}_1$ setzt.

Eine Gerade wird dargestellt durch die Parametergleichung (2.1) oder als Schnitt zweier Ebenen

$$\boldsymbol{n}_1 \cdot \boldsymbol{x} = d_1, \qquad \boldsymbol{n}_2 \cdot \boldsymbol{x} = d_2. \tag{6.5}$$

Man gelangt von (6.5) nach (2.1), wenn man $\boldsymbol{a}=\boldsymbol{n}_1\times\boldsymbol{n}_2$ setzt und für $\boldsymbol{x}_0$ irgendeinen Geradenpunkt wählt. Umgekehrt wird der Übergang von (2.1) nach (6.5) durch die PLÜCKERsche *Normalform* vermittelt:

$$(\boldsymbol{x}-\boldsymbol{x}_0)\times\boldsymbol{a}=0, \tag{6.6}$$

deren Komponentenzerlegung die Gerade als Schnitt derjenigen Ebenen liefert, die jeweils zu einer Koordinatenachse parallel sind. Ist $\boldsymbol{a}=\boldsymbol{a}^0$ in (6.6) als Einheitsvektor gewählt, so ergibt $|(\boldsymbol{x}-\boldsymbol{x}_0)\times\boldsymbol{a}^0|$ den *Abstand des beliebigen Punktes* $\boldsymbol{x}$ *von der Geraden.*

Hat man in (6.5) zwei Ebenen, die eine Gerade enthalten, so gibt

$$\boldsymbol{x}\cdot(\boldsymbol{n}_1+\lambda\,\boldsymbol{n}_2)=d_1+\lambda\,d_2$$

für jeden Wert von λ eine Ebene des *Ebenenbüschels* durch die Gerade; speziell sind

$$\boldsymbol{x}\cdot\left(\frac{\boldsymbol{n}_1}{|\boldsymbol{n}_1|}\pm\frac{\boldsymbol{n}_2}{|\boldsymbol{n}_2|}\right)=\frac{d_1}{|\boldsymbol{n}_1|}\pm\frac{d_2}{|\boldsymbol{n}_2|}$$

die Ebenen, welche die Winkel zwischen den gegebenen Ebenen halbieren. Ebenso ist das (ebene) *Geradenbüschel* zweier sich schneidender Geraden

$$\boldsymbol{x}=\boldsymbol{x}_0+\nu_1\,\boldsymbol{s}_1,\qquad \boldsymbol{x}=\boldsymbol{x}_0+\nu_2\,\boldsymbol{s}_2$$

gegeben durch

$$\boldsymbol{x}=\boldsymbol{x}_0+\nu\,(\boldsymbol{s}_1+\lambda\,\boldsymbol{s}_2);$$

die Winkelhalbierenden speziell durch

$$\boldsymbol{x}=\boldsymbol{x}_0+\nu\left(\frac{\boldsymbol{s}_1}{|\boldsymbol{s}_1|}\pm\frac{\boldsymbol{s}_2}{|\boldsymbol{s}_2|}\right).$$

Das Lot vom Punkte $\boldsymbol{x}_1$ auf die Ebene $\boldsymbol{x}\cdot\boldsymbol{n}=d$ ist

$$\boldsymbol{x}=\boldsymbol{x}_1+\lambda\,\boldsymbol{n};$$

der Fußpunkt des Lotes hat den Ortsvektor

$$\boldsymbol{x}_1+\frac{d-\boldsymbol{x}_1\cdot\boldsymbol{n}}{n^2}\,\boldsymbol{n},$$

und der Spiegelpunkt von $\boldsymbol{x}_1$ an der Ebene ist

$$\boldsymbol{x}_1+2\,\frac{d-\boldsymbol{x}_1\cdot\boldsymbol{n}}{n^2}\,\boldsymbol{n};$$

dagegen ist

$$\boldsymbol{a}-2\,\frac{\boldsymbol{a}\cdot\boldsymbol{n}}{n^2}\,\boldsymbol{n}$$

das Spiegelbild des Vektors $\boldsymbol{a}$ an der Ebene.

Das Lot vom Punkte $\boldsymbol{x}_1$ auf die Gerade $\boldsymbol{x}=\boldsymbol{x}_0+\lambda\boldsymbol{s}$ ist

$$\boldsymbol{x}=\boldsymbol{x}_1+\nu\boldsymbol{s}\times\big(\boldsymbol{s}\times(\boldsymbol{x}_1-\boldsymbol{x}_0)\big),$$

der Fußpunkt des Lotes:

$$\boldsymbol{x}_0+\frac{(\boldsymbol{x}_1-\boldsymbol{x}_0)\cdot\boldsymbol{s}}{s^2}\,\boldsymbol{s}=\boldsymbol{x}_1+\frac{1}{s^2}\,\boldsymbol{s}\times\big(\boldsymbol{s}\times(\boldsymbol{x}_1-\boldsymbol{x}_0)\big),$$

der Spiegelpunkt von $\boldsymbol{x}_1$ an der Geraden:

$$\boldsymbol{x}_1+\frac{2}{s^2}\,\boldsymbol{s}\times\big(\boldsymbol{s}\times(\boldsymbol{x}_1-\boldsymbol{x}_0)\big)$$

und das Spiegelbild des Vektors $\boldsymbol{a}$:

$$2\,\frac{\boldsymbol{a}\cdot\boldsymbol{s}}{s^2}\,\boldsymbol{s}-\boldsymbol{a}.$$

Die Aufgabe, zwei windschiefe (d.h. nicht in einer Ebene gelegene) Geraden durch eine dritte Gerade zu schneiden, die einer gegebenen Richtung s parallel ist (Fig. 2), führt zur Bestimmung der Schnittpunkte auf die Gleichung

$$\boldsymbol{x}_2-\boldsymbol{x}_1-\nu\,\boldsymbol{s}_1+\mu\,\boldsymbol{s}_2=\lambda\,\boldsymbol{s},$$

aus der

$$\nu=\frac{(\boldsymbol{x}_2-\boldsymbol{x}_1)\,\boldsymbol{s}_2\,\boldsymbol{s}}{\boldsymbol{s}_1\,\boldsymbol{s}_2\,\boldsymbol{s}}$$

folgt; daher ist

$$\boldsymbol{x}=\boldsymbol{x}_1+\frac{(\boldsymbol{x}_2-\boldsymbol{x}_1)\,\boldsymbol{s}_2\,\boldsymbol{s}}{\boldsymbol{s}_1\,\boldsymbol{s}_2\,\boldsymbol{s}}\,\boldsymbol{s}_1+\lambda\,\boldsymbol{s}$$

die gesuchte Gerade. Speziell erhält man für $\boldsymbol{s}=\boldsymbol{s}_1\times\boldsymbol{s}_2$ das gemeinsame Lot zweier windschiefer Geraden und ihren senkrechten Abstand

$$\frac{(\boldsymbol{x}_2-\boldsymbol{x}_1)\,\boldsymbol{s}_1\,\boldsymbol{s}_2}{|\boldsymbol{s}_1\times\boldsymbol{s}_2|}.$$

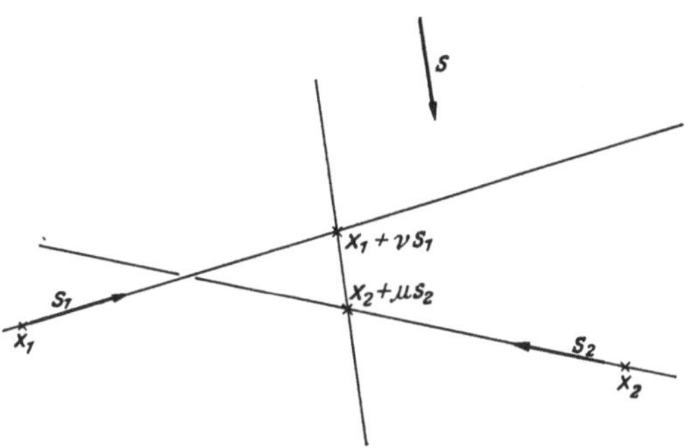

Fig. 2. Das Verbinden windschiefer Geraden.

II. n-dimensionale Geometrie und Matrizenrechnung.

a) Der affine Raum.

7. Lineare Gleichungssysteme. Die Gl. (4.4) in anderer Bezeichnung lautet

$$\boldsymbol{a}_1\,(\boldsymbol{d}\,\boldsymbol{a}_2\boldsymbol{a}_3)+\boldsymbol{a}_2\,(\boldsymbol{a}_1\,\boldsymbol{d}\,\boldsymbol{a}_3)+\boldsymbol{a}_3\,(\boldsymbol{a}_1\,\boldsymbol{a}_2\,\boldsymbol{d})=\boldsymbol{d}\,(\boldsymbol{a}_1\,\boldsymbol{a}_2\,\boldsymbol{a}_3) \tag{7.1}$$

und kann folgendermaßen interpretiert werden: Sei $\boldsymbol{e}_i$ $(i=1,2,3)$ eine Vektorbasis und

$$\boldsymbol{a}_i=\sum_{j=1}^{3}a_i^j\,\boldsymbol{e}_j,\qquad \boldsymbol{d}=\sum_{j=1}^{3}d^j\,\boldsymbol{e}_j$$

die Komponentenzerlegung der in (7.1) auftretenden Vektoren, dann sind (CRAMERsche Regel), falls $\boldsymbol{a}_1\boldsymbol{a}_2\boldsymbol{a}_3\neq 0$ ist,

$$x^1=\frac{\boldsymbol{d}\,\boldsymbol{a}_2\,\boldsymbol{a}_3}{\boldsymbol{a}_1\,\boldsymbol{a}_2\,\boldsymbol{a}_3},\qquad x^2=\frac{\boldsymbol{a}_1\,\boldsymbol{d}\,\boldsymbol{a}_3}{\boldsymbol{a}_1\,\boldsymbol{a}_2\,\boldsymbol{a}_3},\qquad x^3=\frac{\boldsymbol{a}_1\,\boldsymbol{a}_2\,\boldsymbol{d}}{\boldsymbol{a}_1\,\boldsymbol{a}_2\,\boldsymbol{a}_3}$$

die Lösungen des linearen Gleichungssystems

$$a_1^j\,x^1+a_2^j\,x^2+a_3^j\,x^3=d^j\qquad (j=1,2,3).$$

Die Theorie linearer Gleichungen ordnet sich also im Falle dreier Unbekannter in geometrische Fragen ein (was hier für eindeutig lösbare Systeme gezeigt ist). Da aber die Gleichungstheorie nicht auf drei Unbekannte beschränkt ist, läßt sich von ihr aus durch Umkehrung des Zusammenhanges ein Zugang zur n-dimensionalen Geometrie gewinnen.

Es sei ein eindeutig lösbares lineares Gleichungssystem in n Unbekannten vorgegeben:

$$a_1^j\,x^2+a_2^j\,x^2+\cdots+a_n^j\,x^n=d^j\qquad (j=1,2,\ldots,n). \tag{7.2}$$

Die „Spalten“

$$\boldsymbol{a}_i=\begin{pmatrix}a_i^1\\ \vdots\\ a_i^n\end{pmatrix},\qquad \boldsymbol{d}=\begin{pmatrix}d^1\\ \vdots\\ d^n\end{pmatrix} \tag{7.3}$$

des Koeffizientenschemas werden als Vektoren bezeichnet; Addition von Vektoren und Multiplikation mit Zahlen werden erklärt durch

$$\lambda\begin{pmatrix} b^1 \\ \vdots \\ b^n \end{pmatrix} + \mu\begin{pmatrix} c^1 \\ \vdots \\ c^n \end{pmatrix} = \begin{pmatrix} \lambda b^1 + \mu c^1 \\ \vdots \\ \lambda b^n + \mu c^n \end{pmatrix}.$$

Mit Hilfe der „Basisvektoren"

$$\boldsymbol{e}_1 = \begin{pmatrix} 1 \\ 0 \\ \vdots \\ 0 \end{pmatrix}, \quad \boldsymbol{e}_2 = \begin{pmatrix} 0 \\ 1 \\ \vdots \\ 0 \end{pmatrix}, \ldots, \quad \boldsymbol{e}_n = \begin{pmatrix} 0 \\ 0 \\ \vdots \\ 1 \end{pmatrix}$$

schreibt sich dann ein Vektor

$$\boldsymbol{d} = \begin{pmatrix} d^1 \\ \vdots \\ d^n \end{pmatrix},$$

als

$$\boldsymbol{d} = \sum_{i=1}^{n} d^i \boldsymbol{e}_i; \tag{7.4}$$

wieder heißen d^i die Koordinaten und $d^i \boldsymbol{e}_i$ die Komponenten von $\boldsymbol{d}$ im System der $\boldsymbol{e}_i$. Nun ist (7.3) gleichwertig mit

$$\boldsymbol{a}_i = \sum_{j=1}^{n} a_i^j \boldsymbol{e}_j, \quad \boldsymbol{d} = \sum_{j=1}^{n} d^j \boldsymbol{e}_j \tag{7.5}$$

und (7.2) mit der Vektorgleichung

$$\sum_{i=1}^{n} x^i \boldsymbol{a}_i = \boldsymbol{d}. \tag{7.6}$$

Es liegt daher nahe, die Definition eines Vektors von der speziellen Basis der $\boldsymbol{e}_i$ zu lösen und so zu erweitern, daß man je *beliebige* n linear-unabhängige Vektoren $\bar{\boldsymbol{e}}_i$ als Basis zuläßt und einem Vektoı $\boldsymbol{d}$ bezüglich jeder solchen Basis ein n-Tupel von Zahlen $\bar{d}^i$ zuordnet gemäß

$$\boldsymbol{d} = \sum \bar{d}^i \bar{\boldsymbol{e}}_i\,\dagger. \tag{7.7}$$

Diese Zerlegungen eines Vektors nach verschiedenen Basen sollen so zusammenhängen, daß (7.7) in (7.4) übergeht, wenn in (7.7) die Zerlegung der $\bar{\boldsymbol{e}}_i$ nach den $\boldsymbol{e}_i$ eingesetzt wird.

Hiermit ist der Begriff des Vektors in dem Sinne unabhängig von einer Basis definiert, als ein Vektor bezüglich jeder Basis bekannt ist, wenn seine Zerlegung nach einer Basis gegeben ist. Diese Unabhängigkeit erlaubt es, die Vektoren als Vektoren des „n-dimensionalen Raumes" zu bezeichnen, und es ist die Grundlage gewonnen, die Geometrie dieses Raumes in voller Analogie zu der des dreidimensionalen Raumes zu entwickeln. Wir verzichten auf diese Durchführung, die begrifflich und methodisch nichts Neues bietet, und kehren statt dessen zur Diskussion des Gleichungssystems (7.2) und der äquivalenten Vektorgleichung (7.6) zurück.

† Die Schreibweise (7.3) darf also nur dann angewandt werden, wenn eine feste Basis vorgegeben ist.

8. Lineare Transformationen, Matrizen. In (7.2) bedeuten die x^i die Koordinaten des Vektors $\boldsymbol{d}$, der im System der $\boldsymbol{e}_i$ gegeben ist, bezüglich der Basis $\boldsymbol{a}_i$. Einen solchen Übergang von einer Basis zu einer anderen nennt man eine *lineare Transformation*. Sie wird vermittelt durch die Koeffizienten a_i^j aus (7.2, 5), deren Inbegriff eine „Matrix", d.h. das (quadratische) Zahlenschema

$$A = \begin{pmatrix} a_1^1 & a_2^1 & \dots & a_n^1 \\ a_1^2 & a_2^2 & \dots & a_n^2 \\ \vdots & \vdots & & \vdots \\ a_1^n & a_2^n & \dots & a_n^n \end{pmatrix}$$

ist. Man schreibt kürzer $A = (a_i^j)_{i=1,\dots,n}^{j=1,\dots,n}$ oder auch nur $A = (a_i^j)$ und nennt den oberen Index den Zeilenindex und den unteren den Spaltenindex.

Das Produkt zweier Matrizen (a_i^j) und $b_k^l)$ wird definiert als Matrix (c_r^s). deren Elemente gegeben sind durch

$$c_r^s = \sum_{i=1}^n a_i^s b_r^i \,\dagger.$$

Die Multiplikation ist assoziativ

$$A(B\,C) = (A\,B)\,C$$

aber nicht kommutativ, d. h. im allgemeinen ist

$$A\,B \neq B\,A.$$

Das Einselement dieser Multiplikation ist für quadratische Matrizen die Matrix

$$E = (\delta_i^j) \text{ mit } \delta_i^j = \begin{cases} 0 & \text{für } i \neq j \\ 1 & \text{für } i = j; \end{cases}$$

besitzt die Gleichung $A\,X = E$ eine Lösung[1], so heißt A invertierbar oder nichtausgeartet, und es darf $X = A^{-1}$ geschrieben werden, da diese Lösung eindeutig ist und auch $A^{-1} A = E$ gilt. Es ist $(A^{-1})^{-1} = A$ und $(A\,B)^{-1} = B^{-1} A^{-1}$, falls diese Matrizen existieren.

Durch Spiegelung an der Hauptdiagonalen, d.h. durch Vertauschen von Zeilen und Spalten, entsteht aus A ihre „Transponierte"

$$A^T = \begin{pmatrix} a_1^1 & a_1^2 & \dots & a_1^n \\ a_2^1 & a_2^2 & \dots & a_2^n \\ \vdots & \vdots & & \vdots \\ a_n^1 & a_n^2 & \dots & a_n^n \end{pmatrix};$$

für diese Operation gilt

$$A^{T\,T} = A, \qquad (A^T)^{-1} = (A^{-1})^T, \qquad (A\,B)^T = B^T A^T.$$

Der Matrizenkalkül gestattet, lineare Transformationen einfach zu schreiben. Der Übergang von der Basis $\boldsymbol{e}_i$ zur Basis $\bar{\boldsymbol{e}}_i$ werde vermittelt durch

$$\bar{\boldsymbol{e}}_i = \sum_j \boldsymbol{e}_j a_i^j; \tag{8.1}$$

† Diese Multiplikation ist sinnvoll auch für nicht-quadratische Matrizen, wenn die Spaltenanzahl des ersten Faktors übereinstimmt mit der Zeilenanzahl des zweiten.

[1] Das ist genau dann der Fall, wenn Det $A \neq 0$ ist.

dann hängen die Koordinaten x^i bzw. $\bar{x}^i$ eines Vektors $\boldsymbol{x}$ in seinen Zerlegungen nach den $\boldsymbol{e}_i$ bzw. $\bar{\boldsymbol{e}}_i$ zusammen durch

$$x^i = \sum_j a^i_j \bar{x}^j; \tag{8.2}$$

nach Einführung der Matrix $A = (a^i_i)$ und von *Zeilen-* und *Spaltenmatrizen* schreiben sich diese Gleichungen

$$(\bar{\boldsymbol{e}}_1, \ldots, \bar{\boldsymbol{e}}_n) = (\boldsymbol{e}_1, \ldots, \boldsymbol{e}_n)\, A \tag{8.1a}$$

$$\boldsymbol{x}(\boldsymbol{e}_i) = A\boldsymbol{x}(\bar{\boldsymbol{e}}_i); \tag{8.2a}$$

dabei bedeuten $\boldsymbol{x}(\boldsymbol{e}_i)$ bzw. $\boldsymbol{x}(\bar{\boldsymbol{e}}_i)$ die Spalten

$$\boldsymbol{x}(\boldsymbol{e}_i) = \begin{pmatrix} x^1 \\ \vdots \\ x^n \end{pmatrix}, \quad \boldsymbol{x}(\bar{\boldsymbol{e}}_i) = \begin{pmatrix} \bar{x}^1 \\ \vdots \\ \bar{x}^n \end{pmatrix},$$

die den Vektor $\boldsymbol{x}$ in der Basis $\boldsymbol{e}_i$ bzw. $\bar{\boldsymbol{e}}_i$ darstellen.

Sei

$$(\bar{\bar{\boldsymbol{e}}}_1, \ldots, \bar{\bar{\boldsymbol{e}}}_n) = (\bar{\boldsymbol{e}}_1, \ldots, \bar{\boldsymbol{e}}_n)\, B$$

eine zweite lineare Transformation, durch welche die Basis $\bar{\boldsymbol{e}}_i$ in die Basis $\bar{\bar{\boldsymbol{e}}}_i$ übergeführt wird, so stellt

$$(\bar{\bar{\boldsymbol{e}}}_1, \ldots, \bar{\bar{\boldsymbol{e}}}_n) = (\boldsymbol{e}_1, \ldots, \boldsymbol{e}_n)\, A\, B$$

den Übergang von $\boldsymbol{e}_i$ zu $\bar{\bar{\boldsymbol{e}}}_i$ dar. Nun kann speziell für $\bar{\bar{\boldsymbol{e}}}_i$ die Ausgangsbasis $\boldsymbol{e}_i$ gewählt werden; für das entsprechende B muß dann $AB = E$ sein; d. h. die Matrix einer linearen Transformation ist stets invertierbar, und die Gleichungen (8.1a, 2a) lassen sich daher mit $B = A^{-1}$ umkehren zu

$$(\boldsymbol{e}_1, \ldots, \boldsymbol{e}_n) = (\bar{\boldsymbol{e}}_1, \ldots, \bar{\boldsymbol{e}}_n)\, A^{-1}, \tag{8.1b}$$

$$\boldsymbol{x}(\bar{\boldsymbol{e}}_i) = A^{-1}\boldsymbol{x}(\boldsymbol{e}_i). \tag{8.2b}$$

Es seien noch die Gln. (8.1a) und (8.2b) gegenübergestellt

$$(\bar{\boldsymbol{e}}_1, \ldots, \bar{\boldsymbol{e}}_n) = (\boldsymbol{e}_1, \ldots, \boldsymbol{e}_n)\, A, \tag{8.3}$$

$$\boldsymbol{x}(\bar{\boldsymbol{e}}_i) = A^{-1}\boldsymbol{x}(\boldsymbol{e}_i), \tag{8.4}$$

deren dualer Charakter durch die Sprechweise erfaßt wird, daß sich Koordinaten und Basisvektoren zueinander *kontragredient* transformieren. Nach (8.3, 4) ist

$$\sum \bar{x}^i \bar{\boldsymbol{e}}_i = (\bar{\boldsymbol{e}}_1, \ldots, \bar{\boldsymbol{e}}_n) \begin{pmatrix} \bar{x}^1 \\ \vdots \\ \bar{x}^n \end{pmatrix} = (\boldsymbol{e}_1, \ldots, \boldsymbol{e}_n)\, A\, A^{-1} \begin{pmatrix} x^1 \\ \vdots \\ x^n \end{pmatrix} = (\boldsymbol{e}_1, \ldots, \boldsymbol{e}_n) \begin{pmatrix} x_1 \\ \vdots \\ x^n \end{pmatrix} = \sum x^i \boldsymbol{e}_i.$$

Es ist also

$$\sum \bar{x}^i \bar{\boldsymbol{e}}_i = \sum x^i \boldsymbol{e}_i, \tag{8.5}$$

und diese Invarianz von $\sum x^i \boldsymbol{e}_i$ unter linearen Transformationen ist ja nichts anderes als die Tatsache, daß ein Vektor unabhängig von der Basis definiert ist.

9. Lineare Abbildungen. Eine weitere geometrische Deutung linearer Gleichungssysteme sind die *linearen Abbildungen*[1] des Raumes in sich. Eine Abbildung des Raumes in sich ordnet jedem Vektor $\boldsymbol{x}$ einen Bildvektor $\bar{\boldsymbol{x}}$ zu; die Abbildung ist linear, wenn stets

$$\overline{(\lambda \boldsymbol{x} + \mu \boldsymbol{y})} = \lambda \bar{\boldsymbol{x}} + \mu \bar{\boldsymbol{y}} \tag{9.1}$$

[1] Auch Affinoren oder gemischte Tensoren zweiter Stufe genannt.

gilt. Geht also der Basisvektor $\boldsymbol{e}_i$ unter einer linearen Abbildung über in

$$\bar{\boldsymbol{e}}_i = \sum a_i^j \boldsymbol{e}_j, \tag{9.2}$$

so hat

$$\boldsymbol{x} = \sum x^i \boldsymbol{e}_i$$

den Bildvektor

$$\bar{\boldsymbol{x}} = \sum x^i \bar{\boldsymbol{e}}_i = \sum \bar{x}^i \boldsymbol{e}_i{}^\dagger; \tag{9.3}$$

nach (9.1) gilt hierfür

$$\sum \bar{x}^j \boldsymbol{e}_j = \sum\sum x^i a_i^j \boldsymbol{e}_j,$$

also

$$\bar{x}^j = \sum_i x^i a_i^j; \tag{9.4}$$

es sind dies die Koordinaten des Bildvektors $\bar{\boldsymbol{x}}$ in *demselben* Koordinatensystem, in dem die x^i die Koordinaten des Urbildes $\boldsymbol{x}$ bedeuten. Führt man wieder die Matrix $A = (a_i^j)$ ein und schreibt man sinngemäß

$$\boldsymbol{x}(\boldsymbol{e}_i) = \begin{pmatrix} x^1 \\ \vdots \\ x^n \end{pmatrix}, \quad \bar{\boldsymbol{x}}(\boldsymbol{e}_i) = \begin{pmatrix} \bar{x}^1 \\ \vdots \\ \bar{x}^n \end{pmatrix},$$

so lauten die Gl. (9.2, 4)

$$(\bar{\boldsymbol{e}}_1, \ldots, \bar{\boldsymbol{e}}_n) = (\boldsymbol{e}_1, \ldots, \boldsymbol{e}_n)\, A, \tag{9.2a}$$

$$\bar{\boldsymbol{x}}(\boldsymbol{e}_i) = A\, \boldsymbol{x}(\boldsymbol{e}_i)^{\dagger\dagger}. \tag{9.4a}$$

Eine lineare Abbildung ist also bekannt, wenn das Bild einer Basis gegeben ist; es entsteht die Frage nach der Darstellung derselben linearen Abbildung relativ zu einer anderen Basis. Die neue Basis sei $\boldsymbol{e}_i^*$ und hänge mit der alten $\boldsymbol{e}_i$ zusammen durch die lineare Transformation

$$(\boldsymbol{e}_1^*, \ldots, \boldsymbol{e}_n^*) = (\boldsymbol{e}_1, \ldots, \boldsymbol{e}_n)\, T; \tag{9.5}$$

wegen der Linearitätseigenschaft (9.1) erhält man das Bild $\bar{\boldsymbol{e}}_i^*$ von $\boldsymbol{e}_i^*$ unter der linearen Abbildung (9.2a), indem man auf den ersten Faktor rechts von (9.5) die Matrix A anwendet:

$$(\bar{\boldsymbol{e}}_1^*, \ldots, \bar{\boldsymbol{e}}_n^*) = (\boldsymbol{e}_1, \ldots, \boldsymbol{e}_n)\, A\, T = (\boldsymbol{e}_1^*, \ldots, \boldsymbol{e}_n^*)\, T^{-1} A\, T;$$

entsprechend ist

$$\bar{\boldsymbol{x}}(\boldsymbol{e}_i^*) = T^{-1} A\, T\, \boldsymbol{x}(\boldsymbol{e}_i^*).$$

Bedeutet also

$$(\bar{\boldsymbol{e}}_1^*, \ldots, \bar{\boldsymbol{e}}_n^*) = (\boldsymbol{e}_1^*, \ldots, \boldsymbol{e}_n^*)\, A^*$$

dieselbe lineare Abbildung wie (9.2a) in einer Basis, die nach (9.5) mit der ersten Basis verbunden ist, so gilt

$$A^* = T^{-1} A\, T. \tag{9.6}$$

Umgekehrt können zwei *ähnliche* Matrizen, das sind solche, die durch eine invertierbare Matrix T nach (9.6) verknüpft sind, stets aufgefaßt werden als Darstellung einer linearen Abbildung in verschiedenen Basen.

† Gegenüberstellung von (9.3) mit (8.5) zeigt deutlich den analytischen Unterschied zwischen linearen Abbildungen und Transformationen.

†† Es ist auch z. B. $\bar{\boldsymbol{e}}_i(\boldsymbol{e}_j) = A\boldsymbol{e}_i$; im Gegensatz zu (9.2a) steht jedoch $\boldsymbol{e}_i$ hier als Spalte, dort als Element einer Matrix.

Nun seien zwei lineare Abbildungen gegeben:

$$(\bar{e}_1, \ldots, \bar{e}_n) = (e_1, \ldots, e_n)\, A\,, \tag{I}$$

$$(e_1^*, \ldots, e_n^*) = (e_1, \ldots, e_n)\, B. \tag{II}$$

Übt man auf den Raum zuerst (I) und dann (II) aus, so geht die Basis e_i offenbar über in das Bild $\bar{e}_i^*$ von $\bar{e}_i$ unter (II); dafür gilt wieder nach (9.1)

$$(\bar{e}_1^*, \ldots, \bar{e}_n^*) = (e_1, \ldots, e_n)\, B A\,; \tag{9.7}$$

das Produkt linearer Abbildungen wird also dargestellt durch das Produkt der entsprechenden Matrizen, jedoch mit der Maßgabe, daß in diesem Produkt die Faktoren *von rechts nach links* anzuordnen sind[1]. — Die Matrix einer linearen Abbildung braucht nicht invertierbar zu sein: z. B. ist die Projektion des Raumes auf einen Unterraum eine nicht umkehrbare lineare Abbildung; existiert jedoch die Umkehrung, so wird sie nach (9.7) durch die inverse Matrix vermittelt. Die Frage, ob es zu einer vorgegebenen linearen Abbildung *invariante Richtungen* gibt, ob es also einen Vektor x gibt, dessen Bildvektor $\bar{x}$ zu x parallel ist, läuft hinaus auf die Lösung von

$$\bar{x} = A x = \lambda x$$

oder

$$(A - \lambda E)\, x = 0^{\dagger}. \tag{9.8}$$

Dies homogene Gleichungssystem in den Koordinaten von x ist genau dann nichttrivial lösbar, wenn die *charakteristische* oder *Säkulargleichung*

$$\operatorname{Det}(A - \lambda E) = 0 \tag{9.9}$$

besteht. Die Lösungen λ dieser algebraischen Gleichung n-ten Grades heißen „Eigenwerte" der linearen Abbildung; sie sind dieser tatsächlich unabhängig von der Basis zugeordnet, da ähnliche Matrizen dieselbe charakteristische Gleichung haben. Zu jedem Eigenwert λ gehört mindestens ein „Eigenvektor", das ist ein Lösungsvektor x von (9.8).

Hat z. B. (9.9) lauter verschiedene Eigenwerte λ_i, so gibt es n linearunabhängige Eigenvektoren x_i. Wählt man letztere als Basis des Raumes, so hat wegen

$$A x_i = \lambda_i x_i$$

die zugehörige zu A ähnliche Matrix *Diagonalgestalt*

$$A^* = \begin{pmatrix} \lambda_1 & & 0 \\ & \ddots & \\ 0 & & \lambda_n \end{pmatrix}. \tag{9.10}$$

Es ist dies der einfachste Fall, in dem sich die Frage nach besonders einfachen unter allen ähnlichen Matrizen beantworten läßt. Diese Bestimmung sog. „Normalformen" von Matrizen ist im allgemeinen ein algebraisches Problem und wird durch die Elementarteilertheorie gelöst[2].

Es wurde schon erwähnt, daß ähnliche Matrizen dasselbe charakteristische Polynom besitzen; seine Koeffizienten hängen also nur von der linearen Abbildung

---

[1] Ist dagegen (II) auf die Basis $\bar{e}_i$ bezogen,

$$(\bar{e}_1^*, \ldots, \bar{e}_n^*) = (\bar{e}_1, \ldots, \bar{e}_n)\, \bar{B},$$

so wird

$$(\bar{e}_1^*, \ldots, \bar{e}_n^*) = (e_1, \ldots, e_n)\, A\, \bar{B}\,.$$

† Die Summe von Matrizen wird durch Addition entsprechender Elemente erklärt:

$$(a_i^j) + (b_i^j) = (a_i^j + b_i^j).$$

[2] Siehe z. B. B. L. VAN DER WAERDEN: Moderne Algebra, 2. Teil, § 111. Berlin 1940.

und nicht von der Basis ab: sie sind *Invarianten* der linearen Abbildung. Das gilt insbesondere außer für die *Determinante* auch für die *Spur*

$$\operatorname{Sp} A = \sum_i a_i^i,$$

die Summe der Elemente in der Hauptdiagonalen der Matrix A.

b) Der euklidische Raum.

10. Metrik. Bisher hatte der n-dimensionale Raum nur affine Eigenschaften. Für die Aufstellung einer *Metrik* gibt es zwei Möglichkeiten: entweder trägt der betrachtete Raum schon eine Metrik, die dann analytisch zu fassen ist, oder man hat die Freiheit, dem Raum eine Metrik aufzuprägen.

Im zweiten Falle wird man zweckmäßig ein geeignet erscheinendes System von Basisvektoren $\boldsymbol{e}_i$ als „cartesische Basis" definieren, indem man die Skalarprodukte durch

$$\boldsymbol{e}_i \cdot \boldsymbol{e}_k = \delta_{ik} = \begin{cases} 0 & \text{für} \quad i \neq k \\ 1 & \text{für} \quad i = k \end{cases}$$

erklärt und das Skalarprodukt der Vektoren $\boldsymbol{x} = \sum x^i \boldsymbol{e}_i$, $\boldsymbol{y} = \sum y^i \boldsymbol{e}_i$ durch

$$\boldsymbol{x} \cdot \boldsymbol{y} = \sum_{i,j} x^i y^i \boldsymbol{e}_i \cdot \boldsymbol{e}_j = \sum_i x^i y^i.$$

Die völlige Analogie dieses Skalarproduktes zu demjenigen im dreidimensionalen Raum gestattet, die *Längen* von Vektoren und die *Winkelmessung* entsprechend zu definieren.

Interessanter ist der erste Fall, daß eine bestehende Metrik durch die Einführung eines Skalarproduktes analytisch zu fassen ist. Wir stellen an die Metrik die beiden folgenden Forderungen: das zugehörige skalare Produkt soll *bilinear* sein

$$\boldsymbol{x} \cdot (\alpha \boldsymbol{y} + \beta \boldsymbol{z}) = \alpha \boldsymbol{x} \cdot \boldsymbol{y} + \beta \boldsymbol{x} \cdot \boldsymbol{z} \tag{10.1}$$

und *symmetrisch*

$$\boldsymbol{y} \cdot \boldsymbol{x} = \boldsymbol{x} \cdot \boldsymbol{y}. \tag{10.2}$$

Hieraus folgt für $\boldsymbol{x} = \sum x^i \boldsymbol{e}_i$, $\boldsymbol{y} = \sum y^i \boldsymbol{e}_i$

$$\boldsymbol{x} \cdot \boldsymbol{y} = \sum_{i,k} g_{ik} \, x^i y^k, \tag{10.3}$$

wobei

$$g_{ik} = g_{ki} = \boldsymbol{e}_i \cdot \boldsymbol{e}_k \tag{10.4}$$

ist. Die Bilinearform (10.3) geht für $\boldsymbol{y} = \boldsymbol{x}$ über in eine quadratische Form, die „metrische Fundamentalform"

$$\boldsymbol{x} \cdot \boldsymbol{x} = \boldsymbol{x}^2 = \sum_{i,k} g_{ik} \, x^i x^k; \tag{10.5}$$

ist umgekehrt nur diese vorgegeben, so erhält man wegen (10.4) sofort auch (10.3), die „Polarform" von (10.5); $\boldsymbol{x}^2$ gibt definitionsgemäß das Quadrat der Länge von $\boldsymbol{x}$ an, und $\boldsymbol{x} \cdot \boldsymbol{y} = 0$ bedeutet, daß $\boldsymbol{x}$ und $\boldsymbol{y}$ aufeinander senkrecht stehen.

Zur Anwendung des Matrizenkalküls führen wir die symmetrische Matrix

$$G = (g_{ik}) \quad \begin{matrix} \text{erster Index} = \text{Zeilenindex} \\ \text{zweiter Index} = \text{Spaltenindex} \end{matrix} \tag{10.6}$$

ein und setzen wieder

$$\boldsymbol{x}(\boldsymbol{e}_i) = \begin{pmatrix} x^1 \\ \vdots \\ x_n \end{pmatrix} \quad \text{oder} \quad \boldsymbol{x}^T(\boldsymbol{e}_i) = (x^1, \ldots, x^n);$$

die Symmetrie von (10.6) bedeutet

$$G^T = G. \tag{10.7}$$

Dann ist statt (10.3) zu schreiben

$$\boldsymbol{x} \cdot \boldsymbol{y} = \boldsymbol{x}^T(\boldsymbol{e}_i)\, G\, \boldsymbol{y}(\boldsymbol{e}_i). \tag{10.8}$$

Sei jetzt $\boldsymbol{e}_i^*$ eine andere Basis, die mit der ersten $\boldsymbol{e}_i$ durch die lineare Transformation

$$(\boldsymbol{e}_1^*, \ldots, \boldsymbol{e}_n^*) = (\boldsymbol{e}_1, \ldots, \boldsymbol{e}_n)\, T$$

zusammenhängt. Wird die Metrik in dieser Basis durch die Matrix G^* dargestellt,

$$\boldsymbol{x} \cdot \boldsymbol{y} = \boldsymbol{x}^T(\boldsymbol{e}_i^*)\, G^*\, \boldsymbol{y}(\boldsymbol{e}_i^*), \tag{10.9}$$

so gilt wegen (8.2a) und (10.8)

$$\boldsymbol{x} \cdot \boldsymbol{y} = \left(T\boldsymbol{x}(\boldsymbol{e}_i^*)\right)^T G\, T\, \boldsymbol{y}(\boldsymbol{e}_i^*) = \boldsymbol{x}_i^T(\boldsymbol{e}_i^*)\, T^T G\, T\, \boldsymbol{y}(\boldsymbol{e}_i^*). \tag{10.10}$$

Vergleichung von (10.9) und (10.10) gibt in

$$G^* = T^T G\, T \tag{10.11}$$

das Transformationsgesetz quadratischer Formen unter linearen Transformationen. Dasselbe Ergebnis erhält man bei folgender Betrachtung: $\bar{\boldsymbol{x}}(\boldsymbol{e}_i) = A\boldsymbol{x}(\boldsymbol{e}_i)$ sei eine lineare Abbildung; dann ist $\bar{\boldsymbol{x}} \cdot \bar{\boldsymbol{y}} = \bar{\boldsymbol{x}}^T(\boldsymbol{e}_i)\, G\bar{\boldsymbol{y}}(\boldsymbol{e}_i) = \boldsymbol{x}^T(\boldsymbol{e}_i)\, A^T G A\, \boldsymbol{y}(\boldsymbol{e}_i)$ das Skalarprodukt der Bildvektoren $\bar{\boldsymbol{x}}$, $\bar{\boldsymbol{y}}$ ausgedrückt durch die Urbilder $\boldsymbol{x}$, $\boldsymbol{y}$. Zwei symmetrische Matrizen, die mit einer invertierbaren Matrix nach (10.11) verknüpft sind, heißen „konjugiert"; sie können stets aufgefaßt werden als Darstellungen derselben quadratischen Form in verschiedenen Basen.

Jede quadratische Form im n-dimensionalen Raum kann durch geeignete Wahl der Basis auf die *Normalform*[1]

$$x^{1(2)} + \cdots + x^{r(2)} - x^{r+1(2)} - \cdots - x^{s(2)} \qquad (s \leq n) \tag{10.12}$$

gebracht werden. Der folgende *Beweis* für diese Behauptung gibt gleichzeitig den Weg zur Herstellung der Normalform an.

Die quadratische Form laute bezüglich einer vorgegebenen Basis $\boldsymbol{e}_i$

$$Q(\boldsymbol{x}, \boldsymbol{x}) = \sum g_{ik}\, x^i x^k \quad \text{mit} \quad g_{ki} = g_{ik},$$

bzw. ihre Polarform

$$Q(\boldsymbol{x}, \boldsymbol{y}) = \sum g_{ik}\, x^i y^k.$$

a) Für Q identisch Null ist nichts zu beweisen.

b) Sei dies nicht der Fall, aber alle Diagonalglieder g_{ii} verschwinden. Es gibt dann ein $g_{ik} \neq 0$; durch Umnumerierung erreicht man

$$g_{12} \neq 0.$$

Als neue Basis wird gewählt

$$\bar{\boldsymbol{e}}_1 = \boldsymbol{e}_1 + \boldsymbol{e}_2, \quad \bar{\boldsymbol{e}}_i = \boldsymbol{e}_i \quad \text{für} \quad 2 \leq i \leq n.$$

[1] Eingeklammerte Zahlen bedeuten hier Exponenten.

Dann ist nach Annahme

$$\begin{aligned}\bar{g}_{11} = Q(\bar{e}_1, \bar{e}_1) &= Q(e_1, e_1) + 2Q(e_1, e_2) + Q(e_2, e_2)\\ &= g_{11} \quad + 2g_{12} \quad + g_{22}\\ &= 2g_{12} \neq 0.\end{aligned}$$

Dieser Fall ist damit zurückgeführt auf

c) Mindestens ein g_{ii} ist von Null verschieden, dieses sei

$$g_{11} \neq 0.$$

Hier wird gesetzt

$$\bar{e}_1 = e_1, \quad \bar{e}_i = g_{11} e_i - g_{1i} e_1 \quad \text{für} \quad 2 \leq i \leq n.$$

Dann ist

$$\bar{g}_{11} = Q(\bar{e}_1, \bar{e}_1) = g_{11}$$

und für $i \geq 2$

$$\begin{aligned}\bar{g}_{1i} = Q(\bar{e}_1, \bar{e}_i) &= g_{11} Q(e_1, e_i) - g_{1i} Q(e_1, e_1)\\ &= g_{11} g_{1i} \quad - g_{1i} g_{11} = 0.\end{aligned}$$

In der Basis $\bar{e}_i$ hat also Q die Gestalt

$$Q(x, x) = g_{11} \bar{x}^{1(2)} + \sum_{i,k=2}^{n} \bar{g}_{ik} \bar{x}^i \bar{x}^k;$$

dabei ist

$$\bar{g}_{ik} = g_{11}(g_{11} g_{ii} - g_{1i}^{(2)}).$$

Mit der Restform von $n-1$ Variablen wird so weiter verfahren, bis ein identisch verschwindender Rest verbleibt. So erhält man — eventuell nach Umnumerierung — schließlich

$$Q(x, x) = \sum_{1}^{r} \gamma_i x^{i(2)} - \sum_{r+1}^{s} \gamma_i x^{i(2)} \quad \text{mit} \quad \gamma_i > 0, \quad s \leq n. \tag{10.13}$$

Über die Vorzeichen bei den Koeffizienten γ_i gilt das sog. *Trägheitsgesetz*, nach dem r und s Invarianten von Q sind: wird also Q auf verschiedene Weisen reell auf die Gestalt (10.13) transformiert, so erhält man stets dieselben Anzahlen positiver (r), negativer ($s-r$) und verschwindender ($n-s$) Koeffizienten. r bzw. $s-r$ heißen *positive* bzw. *negative Dimension* von Q; s bzw. $2r-s$ werden als *Dimension* bzw. *Signatur* von Q bezeichnet.

Setzt man noch

$$e_i^* = \frac{1}{\sqrt{\gamma_i}} e_i \quad \text{für} \quad 1 \leq i \leq s, \qquad e_i^* = e_i \quad \text{für} \quad s+1 \leq i \leq n,$$

so geht (10.13) in die Normalform (10.12) über.

Dieser Satz gilt für jede quadratische Form unabhängig davon, ob sie als metrische Fundamentalform des Raumes interpretiert wird. Ist dies jedoch der Fall, so ist die Dimension s der Form Q gleich der Dimension n des Raumes, da es andernfalls Vektoren gäbe, die auf allen Vektoren senkrecht stehen. Falls auch $r = n$ ist, (dann treten also keine negativen Koeffizienten in der Normalform auf), liegt die *euklidische* Metrik vor; falls $r < s = n$, ist die Metrik *pseudoeuklidisch*; dies ist der Fall im MINKOWSKI-*Raum* der Relativitätstheorie; in Analogie hierzu heißen Vektoren mit $Q(x, x) > 0$ *raumartig*, solche mit $Q(x, x) < 0$ *zeitartig*, während Vektoren mit $Q(x, x) = 0$ *isotrop* genannt werden.

11. Orthogonale Abbildungen. Lineare Abbildungen

$$\bar{\boldsymbol{x}} = A\boldsymbol{x}, \tag{11.1}$$

welche die metrische Fundamentalform G invariant lassen, für welche also das Skalarprodukt zweier Vektoren stets gleich demjenigen der Bildvektoren ist, heißen *orthogonal*; für sie gilt nach der auf (10.11) folgenden Bemerkung

$$A^T G A = G^\dagger. \tag{11.2}$$

Hieraus folgt, daß die orthogonalen Abbildungen eine Gruppe bilden, und daß

$$\operatorname{Det} A = \pm 1 \tag{11.3}$$

sein muß; falls $\operatorname{Det} A = +1$ ist, spricht man von einer *Drehung* oder *eigentlichen* orthogonalen Abbildung, falls $\operatorname{Det} A = -1$, von einer *Drehspiegelung* oder *uneigentlichen* orthogonalen Abbildung. Zu den letzteren gehören die *Spiegelungen* oder *Symmetrieen*; eine solche führt einen nicht-isotropen Vektor $\boldsymbol{x}$ in $(-\boldsymbol{x})$ über und läßt die zu $\boldsymbol{x}$ orthogonalen Vektoren unverändert. Jede orthogonale Abbildung läßt sich also zusammensetzen aus einer Drehung und eventuell einer Spiegelung. Tiefer liegt dagegen der Satz, daß jede orthogonale Abbildung des n-dimensionalen Raumes aus höchstens n Spiegelungen erhalten werden kann. Die Eigenvektoren einer orthogonalen Abbildung sind wieder gegeben durch

$$A\boldsymbol{x} = \lambda \boldsymbol{x}, \tag{11.4}$$

die Eigenwerte durch die charakteristische Gleichung

$$\operatorname{Det}(A - \lambda E) = 0. \tag{11.5}$$

Da $\boldsymbol{x}$ unter A seine Länge nicht ändert, folgt für alle Eigenwerte $|\lambda| = 1$. Ist die Dimension n ungerade, so hat (11.5) eine reelle Lösung; in diesem Falle gibt es also einen Eigenwert $\lambda = \pm 1$ und daher einen *reellen* Eigenvektor.

Für den Rest dieses Paragraphen sei $n = 3$, die Metrik euklidisch, und es sei eine cartesische Basis zugrunde gelegt; dann ist $G = E$ und die Orthogonalitätsbedingungen (11.2) lauten einfach

$$A^T A = A A^T = E \quad \text{oder} \quad A^T = A^{-1}, \tag{11.6}$$

mit $A = (a_i^k)$; ausgeschrieben ist das

$$\left.\begin{aligned} \sum_j a_j^i a_j^k &= \delta^{ik} \\ \sum_j a_i^j a_k^j &= \delta_{ik} \end{aligned}\right\} = \begin{cases} 0 & \text{für} \quad i \neq k \\ 1 & \text{für} \quad i = k. \end{cases}$$

Ist A speziell eine Drehung, also $\operatorname{Det} A = +1$, so gilt für die Eigenwerte

$$\operatorname{Det} A = \lambda_1 \lambda_2 \lambda_3 = +1; \tag{11.7}$$

entweder sind alle λ_i reell, also $\lambda_i = \pm 1$, dann muß mindestens ein $\lambda_i = +1$ sein, oder nur ein λ_i ist reell, die beiden anderen konjugiert-komplex; wieder folgt (aus 11.7), daß ein $\lambda_i = +1$ ist. Es gibt also zu jeder Drehung einen *invarianten Vektor* $\boldsymbol{d}$, den *Vektor der Drehachse*. Die cartesische Basis $\boldsymbol{e}_i$ sei so

† Nach (10.10) ist dies auch die Bedingung dafür, daß die Metrik bezüglich einer neuen Basiswahl, die durch die lineare Transformation A vermittelt wird, (nicht nur dem Werte nach, was trivial ist, sondern auch) *formal* erhalten bleibt; hier redet man von einer orthogonalen *Transformation*.

gewählt, daß $\boldsymbol{e}_1 = \boldsymbol{d}^0$ in Richtung der Drehachse liegt; die zu $\boldsymbol{e}_1$ senkrechte Ebene wird in sich gedreht, und A hat in dieser Basis die Gestalt

$$A = \begin{pmatrix} 1 & 0 & 0 \\ 0 & \cos\varphi & -\sin\varphi \\ 0 & \sin\varphi & \cos\varphi \end{pmatrix}. \tag{11.8}$$

Es ist also

$$\cos\varphi = \tfrac{1}{2}(\operatorname{Sp} A - 1),$$

eine Gleichung, die den *Drehwinkel* φ (wegen der Invarianz der Spur) aus der Darstellung der Drehung bezüglich einer beliebigen Basis zu berechnen gestattet; weiter ergeben sich aus der Drehungsmatrix $A = (a_i^k)$ relativ zu einer cartesischen Basis die Koordinaten (Richtungscosinus) d^i des Vektors $\boldsymbol{d}^0$ zu

$$d^i = \pm \sqrt{\frac{a_i^i - \cos\varphi}{1 - \sin\varphi}}.$$

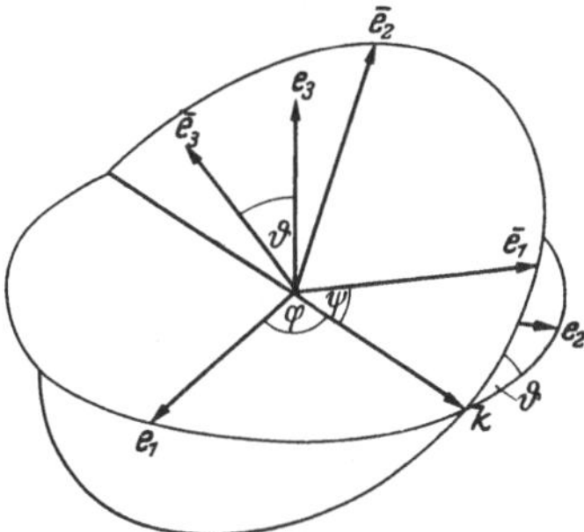

Fig. 3. Die EULERschen Winkel.

Während (11.8) die Normalform darstellt für eine Drehung relativ zu einer geeignet gewählten Basis, gestattet die Methode der EULERschen Winkel, eine Drehung bei vorgegebener Basis aus einfachen Drehungen zusammenzusetzen. Es sei (Fig. 3) $\boldsymbol{e}_i$ die rechtshändige cartesische Basis, die unter der Drehung in die Basis $\bar{\boldsymbol{e}}_i$ übergeht. Die durch $\boldsymbol{e}_1, \boldsymbol{e}_2$ und $\bar{\boldsymbol{e}}_1, \bar{\boldsymbol{e}}_2$ bestimmten Ebenen schneiden sich in der „Knotenlinie" die den Einheitsvektor $\boldsymbol{k}$ trage; $\boldsymbol{t}$ und $\bar{\boldsymbol{t}}$ seien als Einheitsvektoren in der $\boldsymbol{e}_1, \boldsymbol{e}_2$- bzw. $\bar{\boldsymbol{e}}_1, \bar{\boldsymbol{e}}_2$-Ebene so gewählt, daß $\boldsymbol{k}, \boldsymbol{t}, \boldsymbol{e}_3$ und $\boldsymbol{k}, \bar{\boldsymbol{t}}, \bar{\boldsymbol{e}}_3$ cartesische Rechtssysteme bilden. Die Drehung, die $\boldsymbol{e}_i$ in $\bar{\boldsymbol{e}}_i$ überführt, kann zusammengesetzt werden aus den Drehungen

$$\begin{array}{ll} \boldsymbol{e}_1, \boldsymbol{e}_2, \boldsymbol{e}_3 \to \boldsymbol{k}, \boldsymbol{t}, \boldsymbol{e}_3 & (\text{Drehung um } \boldsymbol{e}_3 \text{ mit } \varphi = \sphericalangle(\boldsymbol{e}_1, \boldsymbol{k})), \\ \boldsymbol{k}, \boldsymbol{t}, \boldsymbol{e}_3 \to \boldsymbol{k}, \bar{\boldsymbol{t}}, \bar{\boldsymbol{e}}_3 & (\text{Drehung um } \boldsymbol{k} \text{ mit } \vartheta = \sphericalangle(\boldsymbol{e}_3, \bar{\boldsymbol{e}}_3)), \\ \boldsymbol{k}, \bar{\boldsymbol{t}}, \bar{\boldsymbol{e}}_3 \to \bar{\boldsymbol{e}}_1, \bar{\boldsymbol{e}}_2, \bar{\boldsymbol{e}}_3 & (\text{Drehung um } \bar{\boldsymbol{e}}_3 \text{ mit } \psi = \sphericalangle(\boldsymbol{k}, \bar{\boldsymbol{e}}_1)). \end{array}$$

Nach (11.8) und Fußnote 1 auf S. 130 ist also

$$(\bar{\boldsymbol{e}}_1, \bar{\boldsymbol{e}}_2, \bar{\boldsymbol{e}}_3) = (\boldsymbol{e}_1, \boldsymbol{e}_2, \boldsymbol{e}_3) \begin{pmatrix} \cos\varphi & -\sin\varphi & 0 \\ \sin\varphi & \cos\varphi & 0 \\ 0 & 0 & 1 \end{pmatrix} \begin{pmatrix} 1 & 0 & 0 \\ 0 & \cos\vartheta & -\sin\vartheta \\ 0 & \sin\vartheta & \cos\vartheta \end{pmatrix} \begin{pmatrix} \cos\psi & -\sin\psi & 0 \\ \sin\psi & \cos\psi & 0 \\ 0 & 0 & 1 \end{pmatrix}^{\dagger}$$

$$(\boldsymbol{e}_1, \boldsymbol{e}_2, \boldsymbol{e}_3) \begin{pmatrix} \cos\varphi\cos\psi - \sin\varphi\cos\vartheta\sin\psi & -\cos\varphi\sin\psi - \sin\varphi\cos\vartheta\cos\psi & \sin\varphi\sin\vartheta \\ \sin\varphi\cos\psi + \cos\varphi\cos\vartheta\sin\psi & -\sin\varphi\sin\psi + \cos\varphi\cos\vartheta\cos\psi & -\cos\varphi\sin\vartheta \\ \sin\vartheta\,\sin\psi & \sin\vartheta\,\cos\psi & \cos\vartheta \end{pmatrix}$$

Schließlich soll die Drehung relativ zu einer vorgegebenen Basis aus der Kenntnis des Drehvektors $\boldsymbol{d}^0 = \begin{pmatrix} d_1 \\ d_2 \\ d_3 \end{pmatrix}$ und des Drehwinkels α angeschrieben werden. Aus

† Hieraus geht hervor, daß dieselbe Drehung auch zusammengesetzt werden kann aus den Drehungen mit ψ um $\boldsymbol{e}_3$, mit ϑ um $\boldsymbol{e}_1$ und mit φ wieder um $\boldsymbol{e}_3$.

Fig. 4 geht hervor, daß

$$\bar{\boldsymbol{x}} = (\boldsymbol{d}^0 \cdot \boldsymbol{x})\, \boldsymbol{d}^0 + (\boldsymbol{d}^0 \times \boldsymbol{x}) \times \boldsymbol{d}^0 \cos\alpha + \boldsymbol{d}^0 \times \boldsymbol{x} \sin\alpha$$

das Bild ist von

$$\boldsymbol{x} = (\boldsymbol{d}^0 \cdot \boldsymbol{x})\, \boldsymbol{d}^0 + (\boldsymbol{d}^0 \times \boldsymbol{x}) \times \boldsymbol{d}^0;$$

es folgt

$$\left.\begin{aligned} \bar{\boldsymbol{x}} &= \boldsymbol{x} + (\boldsymbol{d}^0 \times \boldsymbol{x}) \times \boldsymbol{d}^0 (\cos\alpha - 1) + \boldsymbol{d}^0 \times \boldsymbol{x} \sin\alpha \\ &= \boldsymbol{x} \cos\alpha + \boldsymbol{d}^0 (\boldsymbol{x} \cdot \boldsymbol{d}^0)(1 - \cos\alpha) + \boldsymbol{d}^0 \times \boldsymbol{x} \sin\alpha; \end{aligned}\right\} \tag{11.9}$$

die zugehörige Matrix A in $\bar{\boldsymbol{x}} = A\boldsymbol{x}$ ergibt sich hieraus zu

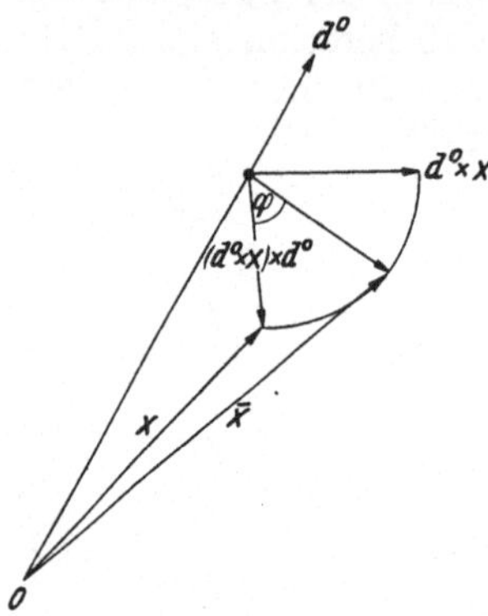

Fig. 4. Zur vektoriellen Darstellung einer Drehung.

$$\left.\begin{aligned} A = \cos\alpha\, E + (1 - \cos\alpha) \begin{pmatrix} d_1^2 & d_1 d_2 & d_1 d_3 \\ d_2 d_1 & d_2^2 & d_2 d_3 \\ d_3 d_1 & d_3 d_2 & d_3^2 \end{pmatrix} \\ + \sin\alpha \begin{pmatrix} 0 & -d_3 & d_2 \\ d_3 & 0 & -d_1 \\ -d_2 & d_1 & 0 \end{pmatrix}. \end{aligned}\right\} \tag{11.10}$$

12. Infinitesimale Abbildungen. Eine lineare Abbildung hänge differenzierbar von einem Parameter t ab und möge sich aus der Identität (für $t = 0$) entwickeln; bezüglich einer festen Basis wird diese Abbildung durch eine von t abhängige Matrix dargestellt

$$\bar{\boldsymbol{x}}(t) = A(t)\,\boldsymbol{x} \quad \text{mit} \quad A(0) = E.$$

Für kleine Werte von t ist dann näherungsweise

$$\bar{\boldsymbol{x}}(t) = \left(E + t\left(\frac{dA}{dt}\right)_{t=0}\right)\boldsymbol{x} = \big(E + t\, I(A)\big)\,\boldsymbol{x},$$

oder genauer

$$\dot{\boldsymbol{x}} = \frac{d\bar{\boldsymbol{x}}}{dt} = \lim_{t\to 0} \frac{\bar{\boldsymbol{x}}(t) - \boldsymbol{x}}{t} = I(A)\,\boldsymbol{x};$$

hierin ist

$$I(A) = \left(\frac{dA}{dt}\right)_{t=0}$$

die zu A gehörige *infinitesimale Abbildung*, die durch elementweise Differentiation von $A(t)$ erhalten wird. Aus dieser Definition folgt

$$\begin{aligned} I(AB) &= I(A) + I(B) \\ I(A^{-1}) &= -I(A) \\ I(A^T) &= I^T(A) \\ I(E) &= 0. \end{aligned}$$

Im euklidischen Raum, bezogen auf eine cartesische Basis, sind die orthogonalen und symmetrischen[1] Abbildungen von besonderer Bedeutung.

Die Infinitesimale einer symmetrischen Abbildung $A^T(t) = A(t)$ ist wieder symmetrisch

$$I^T(A) = I(A^T) = I(A),$$

[1] Die Symmetrieeigenschaft $A^T = A$ ist tatsächlich unabhängig von der Basis, wenn nur cartesische Basen zugelassen werden; sei nämlich T die Matrix einer orthogonalen Transformation, also $T^T = T^{-1}$, so gilt für die transformierte Matrix

$$A^{*T} = (T^{-1} A T)^T = T^{-1} A T = A^*;$$

symmetrische Abbildungen heißen auch *selbstadjungiert* oder *Tensoren*.

und umgekehrt zeigt

$$A(t) = E + t\,S,$$

daß jede (konstante) symmetrische Abbildung S als Infinitesimale einer symmetrischen Abbildung $A(t)$ aufgefaßt werden kann.

Für eine orthogonale Abbildung $A^T(t) = A^{-1}(t)$ ist

$$I^T(A) = -\,I(A);$$

solche Matrizen heißen *schiefsymmetrisch* oder *alternierend*. Im dreidimensionalen euklidischen Raum gilt für (11.10) genauer

$$\left(\frac{dA}{d\alpha}\right)_{\alpha=0} = I_\alpha(A) = \begin{pmatrix} 0 & -d_3 & d_2 \\ d_3 & 0 & -d_1 \\ -d_2 & d_1 & 0 \end{pmatrix}.$$

Ist nun umgekehrt

$$\Sigma = \begin{pmatrix} 0 & -\sigma_3 & \sigma_2 \\ \sigma_3 & 0 & -\sigma_1 \\ -\sigma_2 & \sigma_1 & 0 \end{pmatrix} \tag{12.1}$$

eine beliebige schiefsymmetrische Abbildung und $s = \sqrt{\sigma_1^2 + \sigma_2^2 + \sigma_3^2}$, so setze man $\sigma_i = s\,d_i$ und $\alpha = s\,t$; mit dieser Bestimmung von d und α ergibt (11.10) gerade

$$\left(\frac{dA}{dt}\right)_{t=0} = I_t(A) = \Sigma;$$

jede schiefsymmetrische Abbildung ist also Infinitesimale einer Drehung. — Ordnet man der schiefsymmetrischen Abbildung Σ den Vektor

$$\mathbf{s} = \begin{pmatrix} \sigma_1 \\ \sigma_2 \\ \sigma_3 \end{pmatrix} \tag{12.2}$$

zu, so ist

$$\Sigma\,\boldsymbol{x} = \mathbf{s} \times \boldsymbol{x}.$$

13. Flächen zweiter Ordnung. Im n-dimensionalen Raum seien zwei quadratische Formen gegeben, von denen die eine positiv-definit sei; sie ordnet also jedem Vektor $\boldsymbol{x} \neq 0$ einen positiven Wert zu. Diese Form werde als Fundamentalform gewählt; die Metrik ist dann euklidisch, es gibt cartesische Basen, und die Metrik wird in diesen durch die „Einheitsform" mit der Matrix $E = (\delta_{ik})$ dargestellt. Wir betrachten nur cartesische Basen und fragen nach solchen, in denen die zweite gegebene Form Diagonalgestalt erhält. Es handelt sich hier also um das Problem, zwei Formen *gleichzeitig* auf Diagonalgestalt zu transformieren.

Da wir uns auf orthogonale Transformationen beschränken, transformieren sich nach (8.3, 4) Basisvektoren und Vektorkoordinaten gleichermaßen wie auch nach (9.6), (10.11) lineare Abbildungen und quadratische Formen. Eine Unterscheidung durch verschiedene Indexstellungen ist also unnötig; alle Indices werden daher unten geschrieben.

In der cartesischen Basis $\boldsymbol{e}_i$ werde die zweite Form durch die symmetrische Matrix $H = (h_{ik})$ dargestellt. Es wird gefragt nach einer orthogonalen Transformation A, mit der

$$A^T H A = A^{-1} H A = \begin{pmatrix} \lambda_1 & & 0 \\ & \ddots & \\ 0 & & \lambda_n \end{pmatrix} \tag{13.1}$$

wird. H kann auch als Matrix einer selbstadjungierten Abbildung angesehen werden; dann ist (13.1) gleichwertig mit der Existenz von n paarweise orthogonalen Einheitsvektoren $\bar{e}_i$, die Eigenvektoren von H sind:

$$H\bar{e}_i = \lambda_i \bar{e}_i; \tag{13.2}$$

die Bestimmung der Eigenwerte λ_i erfolgt wieder aus der charakteristischen Gleichung

$$\operatorname{Det}(H - \lambda E) = 0. \tag{13.3}$$

Wegen der Symmetrie von H läßt sich zeigen, daß (13.3) *nur reelle Eigenwerte* besitzt; $\lambda_1 \neq 0$ sei einer von ihnen; dann liefert (13.2) einen zugehörigen Eigenvektor $\bar{e}_1$, der gleich als Einheitsvektor angenommen werden darf. Der zu $\bar{e}_1$ senkrechte Unterraum von $(n-1)$ Dimensionen wird durch H in sich transformiert; denn aus $\bar{e}_1^T \cdot \boldsymbol{x} = 0$ folgt

$$\bar{e}_1^T \cdot H\boldsymbol{x} = \bar{e}_1^T \cdot H^T \boldsymbol{x} = (H\bar{e}_1)^T \cdot \boldsymbol{x} = \lambda_1 \bar{e}_1^T \cdot \boldsymbol{x} = 0.$$

In diesem Unterraum wird H wieder durch eine symmetrische Matrix dargestellt; das Verfahren kann also solange fortgesetzt werden, bis alle Eigenwerte $\lambda_i \neq 0$ von H aufgebraucht sind; die so gefundenen Eigenvektoren der Länge Eins werden noch irgendwie — falls gewisse $\lambda_i = 0$ sind — zu einer vollen cartesischen Basis ergänzt, und die quadratische Form hat in dieser Basis die Diagonalgestalt (13.1), sie ist „auf Hauptachsen" transformiert. Diese Ausdrucksweise erklärt sich aus folgender Anwendung:

Der Vektor $\boldsymbol{x} = \sum x_i \boldsymbol{e}_i$ sei der Ortsvektor eines variablen Punktes. Die Gleichung

$$\sum_{i,k} h_{ik} x_i x_k + \sum_i l_i x_i + c = 0 \quad \text{mit} \quad h_{ki} = h_{ik} \tag{13.4}$$

stellt die allgemeinste „Hyperfläche 2. Ordnung" dar. Nach obigem Resultat gibt es eine cartesische Basis, bezüglich der in (13.4) die „gemischten" Glieder fehlen:

$$\sum_{i=1}^{r} \lambda_i x_i^2 - \sum_{i=r+1}^{s} \lambda_i x_i^2 + \sum_{i=1}^{n} l_i x_i + c = 0^{\dagger}, \qquad \lambda_i > 0. \tag{13.5}$$

Durch eine Verschiebung des Nullpunktes, bei der x_i übergeht in

$$x_i - \frac{l_i}{2\lambda_i} \quad \text{für} \quad 1 \leq i \leq r,$$

$$x_i + \frac{l_i}{2\lambda_i} \quad \text{für} \quad r+1 \leq i \leq s,$$

$$x_i \quad \text{für} \quad s+1 \leq i \leq n,$$

wird aus (13.5)

$$\sum_{i=1}^{r} \lambda_i x_i^2 - \sum_{i=r+1}^{s} \lambda_i x_i^2 + \sum_{i=s+1}^{n} l_i x_i = d; \tag{13.6}$$

schließlich wählt man in dem $(n-s)$-dimensionalen Unterraum, der von $\boldsymbol{e}_{s+1}, \ldots, \boldsymbol{e}_n$ aufgespannt wird, eine neue cartesische Basis, deren erster Vektor zu $\sum_{s+1}^{n} l_i \boldsymbol{e}_i$ parallel ist; dann erhält man aus (13.6) die *Normalgleichung*

$$\sum_{1}^{r} \lambda_i x_i^2 - \sum_{r+1}^{s} \lambda_i x_i^2 + b\, x_{s+1} = d; \tag{13.7}$$

es kann noch angenommen werden, daß von b und d mindestens eines verschwindet und das andere 0 oder 1 ist; für $s = n$ ist jedenfalls $b = 0$.

† Die neuen Variablen sind der Einfachheit halber gleich bezeichnet wie die alten.

Für $n=3$ ergibt sich hieraus die folgende (euklidische) Klassifikation der Flächen 2. Ordnung[1]:

$$\frac{x^2}{\alpha^2}+\frac{y^2}{\beta^2}+\frac{z^2}{\gamma^2}=\begin{cases}1 & \text{Ellipsoid}\\ 0 & \text{Punkt}\end{cases}$$

$$\frac{x^2}{\alpha^2}+\frac{y^2}{\beta^2}-\frac{z^2}{\gamma^2}=\begin{cases}1 & \text{einschaliges Hyperboloid}\\ 0 & \text{Kegel}\end{cases}$$

$$\frac{x^2}{\alpha^2}-\frac{y^2}{\beta^2}-\frac{z^2}{\gamma^2}=1 \quad \text{zweischaliges Hyperboloid}$$

$$\frac{x^2}{\alpha^2}+\frac{y^2}{\beta^2}+z=0 \quad \text{elliptisches Paraboloid}$$

$$\frac{x^2}{\alpha^2}+\frac{y^2}{\beta^2}=\begin{cases}1 & \text{elliptischer Zylinder}\\ 0 & \text{Gerade}\end{cases}$$

$$\frac{x^2}{\alpha^2}-\frac{y^2}{\beta^2}=\begin{cases}1 & \text{hyperbolischer Zylinder}\\ 0 & \text{Ebenenpaar}\end{cases}$$

$$\frac{x^2}{\alpha^2}+z=0 \quad \text{parabolischer Zylinder}$$

$$\frac{x^2}{\alpha^2}=\begin{cases}1 & \text{Paar paralleler Ebenen}\\ 0 & \text{Ebene.}\end{cases}$$

III. Projektive Geometrie.

14. Modell der projektiven Ebene. Projiziert man im Anschauungsraum eine Ebene E_1 *parallel* auf eine Ebene E_2, so erhält man, nachdem man beide Ebenen aufeinander gelegt und identifiziert hat, eine affine Abbildung der Ebene auf sich. Affinitäten sind gekennzeichnet als eindeutige *Kollineationen*, d.h. umkehrbar eindeutige Zuordnungen der Punkte, wobei Geraden in Gerade übergeführt werden; daß Parallele in Parallele übergehen, ist eine Konsequenz.

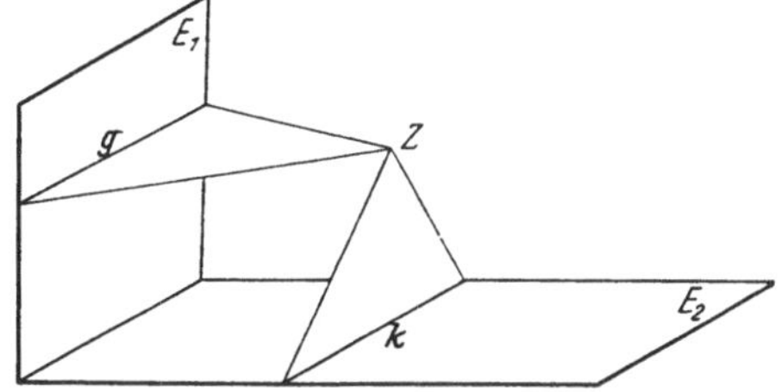

Fig. 5. Zur Einführung uneigentlicher Elemente.

Es entsteht die Frage, ob sich die Abbildungen der Ebene, die man auf analoge Weise durch *Zentral*projektion erhält, ähnlich deuten lassen. Zwar ist eine solche *Projektivität* wieder eine Kollineation, jedoch ist die Zuordnung der Punkte nicht mehr eineindeutig: wenn die Ebenen E_1 und E_2 nicht parallel sind, (Fig. 5) gibt es in E_1 eine Gerade g ohne Bild und in E_2 eine Gerade k ohne Urbild. Die Eineindeutigkeit wird wieder hergestellt, wenn man der Ebene eine *uneigentliche Gerade* g_∞ adjungiert und festsetzt, daß g_∞ in E_2 das Bild von g und in E_1 das Urbild von k sein soll. Es ist noch zu klären, was unter den Punkten der uneigentlichen Geraden zu verstehen ist und wie sie sich bei der Abbildung verhalten. Jede Schar unter einander, aber nicht zu g paralleler Geraden geht unter der Zentralprojektion über in ein Geradenbüschel mit dem Trägerpunkt auf k, und umgekehrt entspricht jedem Punkt von k eine solche Parallelenschar. Man hat also jede Parallelenschar durch einen Schnittpunkt auf g_∞ zu repräsentieren,

[1] Hierbei ist statt der positiven λ_i geschrieben $1/\alpha^2$, $1/\beta^2$, $1/\gamma^2$, und die Variablen sind mit x, y, z bezeichnet; α, β, γ sind die halben Längen der *Hauptachsen*.

dem unter einer Projektivität der eigentliche oder (falls g der Schar angehört) uneigentliche Trägerpunkt des Bildbüschels zuzuordnen ist.

Die skizzierte Erweiterung der affinen zur *projektiven Ebene* hat, wenn man nicht mehr zwischen den eigentlichen und uneigentlichen Elementen unterscheidet, die Konsequenz, daß zwei verschiedene Geraden sich in genau einem Punkte schneiden; der Parallelenbegriff ist also in der projektiven Geometrie sinnlos, er bekommt einen Sinn erst relativ zu einer willkürlich ausgezeichneten uneigentlichen Geraden. Die allgemeine Definition der Projektivitäten als eineindeutige Kollineationen der projektiven Ebene läßt die Affinitäten als Sonderfall erscheinen: es sind diejenigen Projektivitäten, die eine als uneigentlich vorgegebene Gerade fest lassen[1].

Die Einführung der uneigentlichen Elemente und die Annahme eines Projektionszentrums Z außerhalb der Ebene bewirkt, daß die Projektionsgeraden *topologisch*, d. h. eineindeutig und stetig, den Punkten der projektiven Ebene entsprechen. Daraus folgt, daß die projektive Ebene (im Gegensatz zur affinen)

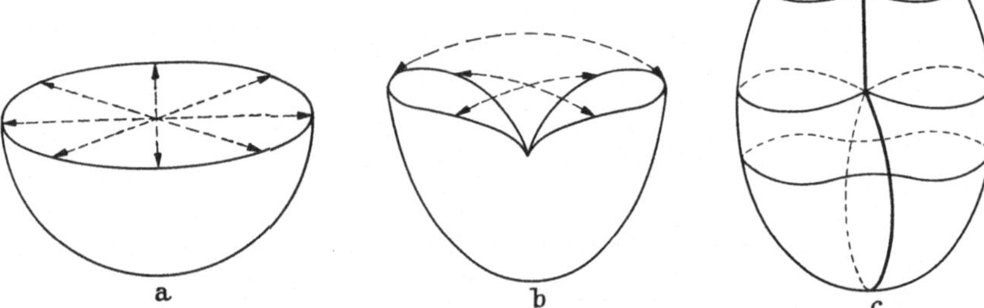

Fig. 6a—c. Topologisches Modell der projektiven Ebene.

kompakt ist: jede Punktfolge besitzt einen Häufungspunkt. Legt man um Z eine Kugel, so werden die Projektionsgeraden durch die Paare von Gegenpunkten auf der Kugelfäche repräsentiert; die projektive Ebene besitzt also keine Randpunkte, und da sie kompakt ist, ist sie eine *geschlossene Fläche,* auf der die Geraden geschlossene Kurven sind. Man erkennt weiter an diesem Modell, daß je zwei Punkte der projektiven Ebene durch eine stetige Kurve verbunden werden können, ohne eine beliebig vorgegebene Gerade zu überschreiten; es gibt also (wieder im Gegensatz zur affinen Ebene) geschlossene Kurven, welche die Fläche nicht zerlegen: die projektive Ebene ist eine *einseitige* oder *nicht-orientierbare Fläche.* Das anschaulichste *topologische Modell der projektiven Ebene* erhält man folgendermaßen: führt man die vorgeschriebene Identifizierung der Gegenpunkte auf der Kugelfäche wirklich durch, zunächst für die inneren Punkte zweier komplementärer Halbkugeln, so erhält man eine Halbkugel, deren Randkreis noch in allen Gegenpunkten mit sich selbst zu verheften ist (Fig. 6a); nun deformiert man die Halbkugel so, daß zwei Gegenpunkte zusammenfallen (Fig. 6b); schließlich werden die Bögen der Randkurve gegeneinander geführt und in der Grenzlage über Kreuz verheftet (Fig. 6c). Diese Fläche ist das gesuchte topologische Abbild der projektiven Ebene; ihre störende Selbstdurchdringung ist unvermeidlich, da im euklidischen Raum jede geschlossene singularitätenfreie Fläche zweiseitig ist.

[1] Es ist nicht a priori klar, daß alle Geraden der projektiven Ebene gleichberechtigt sind; diese Tatsache, auf der die Harmonie der projektiven Geometrie beruht, ist gleichbedeutend mit der Isomorphie aller „affinen“ Gruppen, die man gemäß obigem Satz als Untergruppen der projektiven Gruppe erhält.

15. Projektive Koordinaten. Wir greifen zurück auf die Entsprechung zwischen den Punkten einer projektiven Ebene und den Geraden durch ein Projektionszentrum Z: dadurch wird es nahe gelegt, jedem Punkt P der Ebene die von Z nach P weisenden Vektoren $\boldsymbol{x} \neq 0$ zuzuordnen; $\boldsymbol{x}$ und $\lambda \boldsymbol{x}$ mit $\lambda \neq 0$ stellen also stets denselben Punkt dar. Die linear unabhängigen Vektoren $\boldsymbol{x}$ und $\boldsymbol{y}$ erzeugen durch $\alpha \boldsymbol{x} + \beta \boldsymbol{y}$ die Gerade durch die Punkte $\boldsymbol{x}$ und $\boldsymbol{y}$; man nennt daher zwei bzw. drei Punkte linear unabhängig, wenn sie verschieden sind, bzw. wenn sie nicht auf einer Geraden liegen. Gibt man drei linear-unabhängige Punkte $\boldsymbol{x}_0, \boldsymbol{x}_1, \boldsymbol{x}_2$ vor, so erhält man in

$$\boldsymbol{x} = x_0 \boldsymbol{x}_0 + x_1 \boldsymbol{x}_1 + x_2 \boldsymbol{x}_2$$

eine Darstellung aller Punkte der projektiven Ebene durch die Zahlentripel $(x_0, x_1, x_2) \neq (0, 0, 0)$, und zwei Tripel (x_0, x_1, x_2) und (y_1, y_2, y_3) geben genau dann denselben Punkt, wenn $y_i = \lambda x_i$. In diesem Sinne bestimmen drei unabhängige Vektoren ein *projektives Koordinatensystem*. Die Punkte A_0, A_1, A_2, die zu den Vektoren $\boldsymbol{x}_0, \boldsymbol{x}_1, \boldsymbol{x}_2$ gehören — ihre Koordinatentripel sind: $(1, 0, 0)$, $(0, 1, 0)$, $(0, 0, 1)$ —, heißen *Grundpunkte* des Koordinatensystems. Zwei Koordinatensysteme sind nicht notwendig äquivalent, wenn sie dieselben Grundpunkte besitzen; die Äquivalenz liegt vielmehr genau dann vor, wenn die Parallelepipede, die von den beiden Systemen von Grundvektoren aufgespannt werden, ähnlich sind, oder — was dasselbe ist — wenn ihre Raumdiagonalen zusammenfallen. Die Raumdiagonale trägt den Vektor $\boldsymbol{x}_0 + \boldsymbol{x}_1 + \boldsymbol{x}_2$ und bestimmt den *Einheitspunkt* $E = (1, 1, 1)$. Dies Ergebnis gestattet eine Festlegung der projektiven Koordinatensysteme unabhängig von einer Einbettung der Ebene in den dreidimensionalen Raum: vier Punkte $(A_0, A_1, A_2; E)$, die zu je dreien unabhängig sind, bestimmen ein projektives Koordinatensystem der projektiven Ebene; bis auf einen Proportionalitätsfaktor eindeutig ist jeder Punkt P eine Linearkombination

$$P = x_0 A_0 + x_1 A_1 + x_2 A_2 \tag{15.1}$$

der Grundpunkte, wobei speziell der Einheitspunkt E die Darstellung

$$E = A_0 + A_1 + A_2 \tag{15.2}$$

besitzt. Kurz gesagt, die projektive Auffassung der Geometrie ermöglicht ein Rechnen mit Punkten.

Zeichnet man in einem projektiven Koordinatensystem $(A_0, A_1, A_2; E)$ die durch A_1, A_2 führende Gerade $x_0 = 0$ als uneigentliche Gerade g_∞ aus, so erhält man eine affine Ebene, in der

$$a_0 x_0 + a_2 x_2 = 0 \quad \text{bzw.} \quad b_0 x_0 + b_1 x_1 = 0 \tag{15.3}$$

die Parallelenscharen durch die uneigentlichen Punkte A_1 bzw. A_2 bedeuten. Die Gleichungen (15.3) lauten einfach

$$y_2 = \text{const} \quad \text{bzw.} \quad y_1 = \text{const},$$

wenn man

$$y_1 = \frac{x_1}{x_0} \quad \text{und} \quad y_2 = \frac{x_2}{x_0} \tag{15.4}$$

setzt; speziell sind

$$y_2 = 0 \quad \text{bzw.} \quad y_1 = 0$$

diejenigen Geraden aus diesen Parallelenscharen, die durch A_0 gehen. Die Größen (15.4) sind also gewöhnliche affine Parallelkoordinaten mit A_0 als Nullpunkt und den Basisvektoren $\overrightarrow{A_0 E_1}$ und $\overrightarrow{A_0 E_2}$ (Fig. 7). Man nennt die projektiven Koordinaten x_0, x_1, x_2 die zu y_1, y_2 gehörigen *homogenen Koordinaten*, weil jedem Polynom in den y vermöge (15.4) ein homogenes Polynom in den x entspricht; umgekehrt heißen die y die zu den x *normierten Koordinaten*, weil sie formal dadurch erhalten werden, daß für jeden eigentlichen Punkt der freie Proportionalitätsfaktor durch $x_0 = 1$ festgelegt wird.

Ein weiteres projektives Koordinatensystem im Affinen ist dadurch ausgezeichnet, daß als Einheitspunkt $E = A_0 + A_1 + A_2$ der Schwerpunkt des Grunddreiecks gewählt wird. Der Punkt $P = x_0 A_0 + x_1 A_1 + x_2 A_2$ ist dann der Schwerpunkt der in den Ecken A_i angebrachten Massen x_i; eine zweckmäßige Normierung ist hier

$$x_0 + x_1 + x_2 = 1;$$

es sind dies die *baryzentrischen Koordinatensysteme* von MÖBIUS.

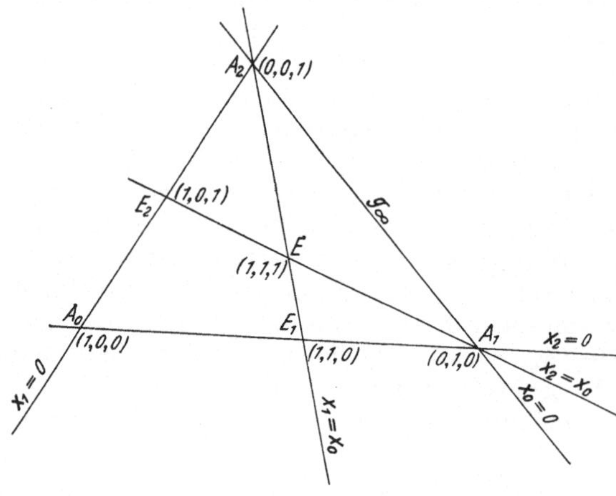

Fig. 7. Projektive Koordinaten.

Projektivitäten sind Kollineationen; als solche sind sie identisch mit den linearen Abbildungen

$$\lambda y_i = \sum a_{ik} x_k, \quad \operatorname{Det}(a_{ik}) \neq 0.$$

Eine Projektivität ist bestimmt durch Vorgabe des Bildes von vier, zu je dreiunabhängigen Punkten.

Die projektive Geometrie ist eine reine Inzidenzgeometrie, ihre Aussagen betreffen das Verbinden von Punkten durch Geraden und das Schneiden von Geraden. Ist nun eine inzidenztreue Zuordnung der Punkte zu den Geraden gegeben, bei der den Punkten einer Geraden Bildgeraden durch einen Punkt entsprechen, — man spricht von einer *Korrelation*, — so geht eine richtige projektive Aussage in eine ebensolche über, wenn man sie mittels der Korrelation dualisiert, d.h. wenn man in ihr die Punkte bzw. Geraden ersetzt durch die Geraden bzw. Punkte, die ihnen bei der Korrelation entsprechen. Diese Dualität spiegelt sich in der geometrischen Deutung einer bilinearen Relation

$$u_0 x_0 + u_1 x_1 + u_2 x_2 = 0; \tag{15.5}$$

sind die u gegeben, so stellt (15.5) eine Geradengleichung für den laufenden Punkt x dar; ist umgekehrt der Punkt x gegeben, so sind die u *Linienkoordinaten* der durch x laufenden Geraden, und (15.5) ist die Gleichung des Punktes x; wegen der Symmetrie von (15.5) können aber die Deutungen von x und u als Punkt- bzw. Linienkoordinaten vertauscht werden. Daraus geht das *Dualitätsprinzip* hervor, nach dem jedem projektiven Satz ein weiterer, der duale Satz entspricht.

Eine Korrelation erhält man durch eine homogene bilineare Relation zwischen zwei Tripeln von Punktkoordinaten

$$Q(x, y) = \sum_{i,k=0}^{2} a_{ik} x_y y_k = 0, \quad \operatorname{Det}(a_{ik}) \neq 0; \tag{15.6}$$

dem Punkt $P=(x_0, x_1, x_2)$ entspricht die Gerade $\sum\limits_k \big(\sum\limits_i a_{ik} x_i\big) y_k = 0$, die *Polare* zum *Pol* P. Ist speziell Q symmetrisch, $a_{ki}=a_{ik}$, so stellt die zugehörige quadratische Relation

$$Q(x, x) \equiv \sum_{ik} a_{ik} x_i x_k = 0$$

einen *Kegelschnitt* dar; liegt der Pol P auf dieser Kurve, so ist seine Polare die durch P gehende Tangente an diesen Kegelschnitt.

Eine bedeutsame Größe ist das *Doppelverhältnis*: auf einer Geraden g seien vier Punkte P_1, P_2, P_3, P_4 gegeben; es bestehen Relationen

$$P_3 = a_1 P_1 + a_2 P_2, \qquad P_4 = b_1 P_1 + b_2 P_2; \tag{15.7}$$

das Doppelverhältnis dieses (geordneten) Quadrupels ist

$$D(P_1 P_2 P_3 P_4) = \frac{b_1}{a_1} : \frac{b_2}{a_2}. \tag{15.8}$$

Diese Definition ist sinnvoll, da sie unabhängig ist von den Proportionalitätsfaktoren, die in (15.7) bei allen P_i willkürlich sind; weiterhin ist das Doppelverhältnis offenbar vom Koordinatensystem unabhängig und invariant gegenüber Projektivitäten, da die linearen Relationen (15.7) unter ihnen erhalten bleiben. Gegenüber den 24 Permutationen der vier Punkte nimmt das Doppelverhältnis σ nur die sechs Werte

$$\sigma, \quad \frac{1}{\sigma}, \quad 1-\sigma, \quad \frac{\sigma-1}{\sigma}, \quad \frac{1}{1-\sigma}, \quad \frac{\sigma}{\sigma-1}$$

an, während die Gleichheiten

$$D(P_1 P_2 P_3 P_4) = D(P_2 P_1 P_4 P_3) = D(P_3 P_4 P_1 P_2) = D(P_4 P_3 P_2 P_1) \tag{15.9}$$

bestehen.

Eine weitere wichtige Eigenschaft des Doppelverhältnisses ist das *Multiplikationstheorem*

$$D(P_1 P_2 P_3 P_4) \cdot D(P_1 P_2 P_4 P_5) = D(P_1 P_2 P_3 P_5). \tag{15.10}$$

Sei $(A_0, A_1; E)$ ein Koordinatensystem auf g und die Punkte P_i normiert dargestellt

$$P_i = A_0 + \alpha_i A_1;$$

es folgt für (15.7)

$$a_1 = \alpha_2 - \alpha_3, \quad a_2 = \alpha_3 - \alpha_1, \quad b_1 = \alpha_2 - \alpha_4, \quad b_2 = \alpha_4 - \alpha_1,$$

und damit nach (15.8):

$$D(P_1 P_2 P_3 P_4) = D(\alpha_1 \alpha_2 \alpha_3 \alpha_4) = \frac{\alpha_3 - \alpha_1}{\alpha_3 - \alpha_2} : \frac{\alpha_4 - \alpha_1}{\alpha_4 - \alpha_2}.$$

Speziell ist

$$D(A_0 A_1 P E) = D(0 \infty \alpha 1) = \alpha$$

die normierte Koordinate von P und damit nach obigem die gewöhnliche affine Koordinate, wenn A_1 auf g_∞ liegt und A_0 der Nullpunkt ist. Die Punktepaare P_1, P_2 und P_3, P_4 trennen sich *harmonisch*, wenn $D(P_1 P_2 P_3 P_4) = -1$ ist. Die Definition des Doppelverhältnisses von vier Punkten einer linearen Punktreihe läßt sich durch Dualisierung erweitern zum Doppelverhältnis von vier Geraden eines Büschels; dann gilt, daß dieses Doppelverhältnis übereinstimmt mit dem Doppelverhältnis von vier Punkten, in denen eine beliebige Gerade von den betrachteten Geraden geschnitten wird.

Die Darlegungen dieser Ziffer beziehen sich auf die projektive Ebene; sie gelten in fast selbstverständlicher Übertragung in projektiven Räumen beliebiger Dimensionen. Eine Besonderheit in Räumen ungerader Dimensionen ist jedoch die Existenz von schiefsymmetrischen Korrelationen (15.6) mit $a_{ik} = -a_{ki}$, die als *Nullsysteme* bezeichnet werden.

16. Projektive Maßbestimmung. In der vorigen Ziffer sahen wir, daß die affine Geometrie derjenige Teil der projektiven Geometrie ist, in dem eine lineare Relation als uneigentliches Gebilde ausgezeichnet ist. Es entsteht die Frage, ob sich auch die metrische Geometrie als Teil der projektiven begreifen läßt.

Zu einer projektiven Maßbestimmung kommt man nach CAYLEY folgendermaßen. In einem projektiven Raum sei eine nicht-ausgeartete Hyperfläche 2. Ordnung

$$Q(x, x) \equiv \sum_{jk} a_{jk} x_j x_k = 0, \qquad \operatorname{Det}(a_{jk}) \neq 0$$

vorgegeben. Zu zwei Punkten P_1, P_2 mit den projektiven Koordinaten (x) und (y) erhält man die Schnittpunkte A_1, A_2 ihrer Verbindungsgeraden $P_1 + t P_2$ mit der Hyperfläche durch die Lösungen t der Gleichung

$$Q(x + ty, x + ty) \equiv Q(x, x) + 2t Q(x, y) + t^2 Q(y, y) = 0,$$

also durch

$$t_{1,2} = \frac{1}{Q(y, y)} \left(-Q(x, y) \pm \sqrt{Q(x, y)^2 - Q(x, x)\, Q(y, y)}\right). \tag{16.1}$$

Nach (15.8) ist daher

$$D(P_1 P_2 A_1 A_2) = \frac{t_1}{t_2} = \frac{-Q(x, y) + \sqrt{Q(x, y)^2 - Q(x, x)\, Q(y, y)}}{-Q(x, y) - \sqrt{Q(x, y)^2 - Q(x, x)\, Q(y, y)}}. \tag{16.2}$$

Mit irgend einer Konstanten c gilt nach (15.9) und (15.10)

$$c \log D(A_1 A_2 P_1 P_2) + c \log D(A_1 A_2 P_2 P_3) = c \log D(A_1 A_2 P_1 P_3);$$

setzt man also

$$\overline{P_1 P_2} = c \log D(A_1 A_2 P_1 P_2), \tag{16.3}$$

so kann man dieser Größe wegen

$$\overline{P_1 P_2} + \overline{P_2 P_3} = \overline{P_1 P_3}$$

die sinnvolle Deutung der (orientierten) *Länge* der durch P_1 und P_2 bestimmten Strecke geben. Da sich das Doppelverhältnis unter projektiven Abbildungen nicht ändert, geht jede Strecke in eine gleich lange über unter derjenigen Untergruppe aller Kollineationen, durch welche die zugrunde gelegte Hyperfläche in sich übergeführt wird; diese Hyperfläche wird deshalb als *absolutes Gebilde* der Metrik bezeichnet und die erwähnte Gruppe als die zugehörige *Bewegungsgruppe*.

Bei der Diskussion dieser Metrik, die wir für die Ebene skizzieren wollen, ist zu unterscheiden, ob der absolute (oder Maß-) Kegelschnitt *einteilig* oder *nullteilig* ist, d.h. reelle Punkte besitzt oder nicht. Im zweiten Falle bestimmen P_1 und P_2 keine reellen Punkte A_1, A_2, im ersten Falle sind A_1, A_2 jedenfalls dann reell, wenn P_1 und P_2 im (eindeutig bestimmten) Inneren des Maßkegelschnittes liegen.

Zunächst sei der Maßkegelschnitt nullteilig (z.B. $x_0^2 + x_1^2 + x_2^2 = 0$): t_1 und t_2 aus (16.1) sind konjugiert komplex, t_1/t_2 hat also den Betrag 1 und der Logarithmus ist rein imaginär; man hat daher in (16.3) die Konstante c rein imaginär zu wählen, damit die Metrik für reelle Punkte reell ausfällt. Diese Geometrie ist äquivalent mit der gewöhnlichen Geometrie auf der Kugelfläche, bei der jedes Paar von Gegenpunkten als ein Punkt zu zählen ist; damit gewinnt dieser in Ziff. 14 heuristisch benutzte Zusammenhang eine wesentliche Vertiefung. Die Geometrie heißt *elliptisch* und ihre Bewegungsgruppe entspricht bei der Abbildung auf die Kugel der Gruppe der Kugeldrehungen und -spiegelungen. Da die elliptische Geometrie sich in der vollen (reellen) projektiven Ebene abspielt — nur die Gruppe der „zulässigen" Selbstabbildungen der Ebene ist eingeschränkt —, gibt es in ihr keine Parallelen, denn zwei Geraden schneiden sich immer. Die übrigen Axiome der euklidischen Geometrie sind alle erfüllt mit Ausnahme der Trennungsaxiome: Da die Geraden der elliptischen Geometrie geschlossen sind, liegt von drei Punkten einer Geraden nicht genau einer zwischen den beiden anderen.

Die Geometrie, die zu einem einteiligen Maßkegelschnitt (z. B. $x_0^2 - (x_1^2 + x_2^2) = 0$), gehört, heißt *hyperbolisch*; sie ist interessanter als die elliptische. Als *hyperbolische Ebene* haben wir nur das Innere des Maßkegelschnittes anzusehen. Für innere Punkte hat $Q(x, x)$ dasselbe Vorzeichen, daher ist t_1/t_2 positiv, der Logarithmus reell und die Metrik reell für reelles c. Auf einer Geraden der projektiven Ebene ist der im Innern des Maßkegelschnittes verlaufende Teil als „Gerade" der hyperbolischen Ebene anzusehen. In dem Modell (Fig. 8) der hyperbolischen Ebene als Kreisinnerem werden die Längen selbstverständlich nicht euklidisch sondern nach (16.3) gemessen. Im Gegensatz zum euklidischen Aspekt dieses Modelles ist daher die hyperbolische Ebene nicht endlich, da jeder Punkt des Maßkegelschnittes von jedem inneren Punkt unendliche Entfernung besitzt. In der hyperbolischen Geometrie gibt es zu einer Geraden durch einen Punkt P unendlich viele Parallele, d.h. Geraden, welche die gegebene nicht schneiden[1]. Der Parallelensatz der euklidischen Geometrie besitzt hier also eine andere Negation als in der elliptischen Geometrie. Die übrigen Axiome der euklidischen Geometrie sind hier sämtlich erfüllt, auch die Anordnung dreier Punkte auf einer Geraden hat hier, im Gegensatz zur elliptischen Geometrie, einen Sinn und genügt denselben Gesetzen wie in der euklidischen Geometrie.

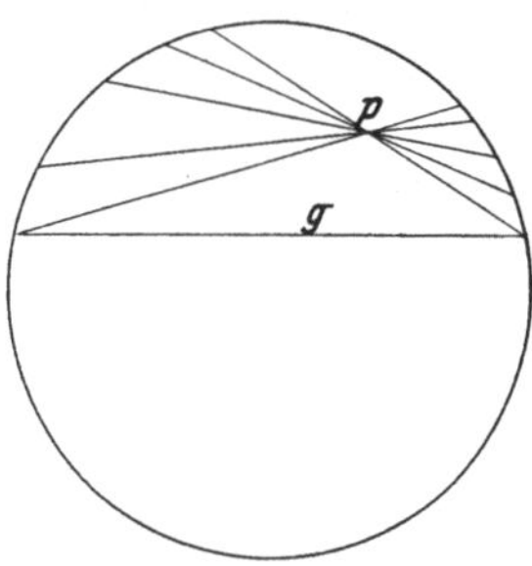

Fig. 8. Die hyperbolische Ebene.

Die Existenz der hyperbolischen Geometrie beweist die Unabhängigkeit des Parallelenaxioms von den übrigen Axiomen der euklidischen Geometrie; denn diese sind in der hyperbolischen Geometrie erfüllt, jenes aber nicht. Dagegen folgt aus der Existenz der elliptischen Geometrie nur, daß sich jeder mögliche Beweis des euklidischen Parallelensatzes wesentlich auf die Anordnungsgesetze stützen müßte. Wegen dieses Sachverhaltes wird speziell die hyperbolische als „nicht-euklidische" Geometrie bezeichnet; im weiteren Sinne versteht man darunter die mit irgendeiner projektiven Metrik ausgestattete Geometrie.

Der Grenzfall zwischen hyperbolischer und elliptischer Geometrie, in dem der Maßkegelschnitt zu einem Punktepaar, z.B. $(0, 1, i)$ und $(0, 1, -i)$, ausartet, ist die *parabolische Geometrie*; die parabolische Bewegungsgruppe besteht für das angegebene Punktepaar aus den Kollineationen

$$\left.\begin{aligned} \lambda x_0' &= x_0, \\ \lambda x_1' &= \alpha x_0 + a x_1 \mp b x_2, \\ \lambda x_2' &= \beta x_0 + b x_1 \pm a x_2; \end{aligned}\right\} \tag{16.4}$$

[1] Oft nennt man zwei Geraden nur dann parallel, wenn sie sich „im Unendlichen schneiden"; in diesem Sinne sind nur die beiden „asymptotischen" Geraden g_1, g_2 in Fig. 8 Parallele zu g durch P.

dabei bleiben die absoluten Punkte einzeln fest oder werden vertauscht, je nachdem das obere oder untere Vorzeichen gilt. Führt man in (16.4) gemäß (15.4) normierte Koordinaten

$$y_i = \frac{x_i}{x_0}, \quad y'_i = \frac{x'_i}{x_0} \qquad (i = 1, 2)$$

ein, so lautet (16.4)

$$y'_1 = \alpha + a y_1 \mp b y_2,$$
$$y'_2 = \beta + b y_1 \pm a y_2;$$

das sind in cartesischen Koordinaten genau alle Ähnlichkeitsabbildungen mit Spiegelungen, sie bilden die sog. *Hauptgruppe*. Die parabolische Geometrie ist also identisch mit der euklidischen Ähnlichkeitsgeometrie.

Die Darlegungen dieser Ziffer bilden ein Beispiel für den engen Zusammenhang zwischen Geometrie und Gruppenbegriff. Dieser Zusammenhang wurde von FELIX KLEIN in seinem „Erlanger Programm" allgemein formuliert: zu jeder Geometrie gehört eine Gruppe von Abbildungen des betrachteten Raumes, und umgekehrt gehört zu jeder solchen Gruppe eine Geometrie; sie handelt von denjenigen Eigenschaften des Raumes und seiner Objekte, welche gegenüber allen Abbildungen der Gruppe invariant bleiben. Ist eine Gruppe g Untergruppe einer Gruppe G, so ist ihre Geometrie spezieller, d.h. reicher an Aussagen, als die zu G gehörige. Betrachten wir nur Punktabbildungen des Raumes, so ist die Gruppe aller Abbildungen die umfassendste; die zugehörige Geometrie ist die *Mengenlehre*, ihre Aussagen betreffen die Mächtigkeit von Punktmengen. Eine Untergruppe dieser allgemeinen Gruppe bilden die stetigen Abbildungen; ihre Geometrie ist die *Topologie*. Spezialisieren wir weiter, indem wir fordern, daß lineare Beziehungen erhalten bleiben, so gelangen wir im Falle des projektiven Raumes zur projektiven Geometrie. Die Forderung der Invarianz eines vorgegebenen Gebildes führt von hier aus zur affinen bzw. zu den nicht-euklidischen Geometrien, je nachdem das absolute Gebilde durch eine lineare oder quadratische Relation gegeben ist.

B. Elementare Differentialgeometrie.

I. Kurventheorie.

17. Kurventheorie. Im dreidimensionalen euklidischen Raum mit der festen Vektorbasis $\boldsymbol{e}_i$ stellt eine einparametrige Schar von Ortsvektoren

$$\boldsymbol{x} = \boldsymbol{x}(t) = x^1(t)\,\boldsymbol{e}_1 + x^2(t)\,\boldsymbol{e}_2 + x^3(t)\,\boldsymbol{e}_3 \tag{17.1}$$

eine *Raumkurve* dar; umgekehrt kann jede Raumkurve so erhalten werden. Differentiation nach dem Parameter t gibt in

$$\dot{\boldsymbol{x}}(t) = \frac{d\boldsymbol{x}}{dt} = \dot{x}^1(t)\,\boldsymbol{e}_1 + \dot{x}^2(t)\,\boldsymbol{e}_2 + \dot{x}^3(t)\,\boldsymbol{e}_3, \qquad \dot{x}^i(t) = \frac{dx^i}{dt}, \tag{17.2}$$

einen *Tangentenvektor* der Kurve im Punkte $\boldsymbol{x}(t)$; das Längenquadrat von $\dot{\boldsymbol{x}}$ ist

$$\dot{\boldsymbol{x}}^2 = \sum_{ik} g_{ik}\,\dot{x}^i\,\dot{x}^k \quad \text{mit} \quad g_{ik} = g_{ki} = \boldsymbol{e}_i \cdot \boldsymbol{e}_k. \tag{17.3}$$

Unter den unendlich vielen Parametern t, durch die die Kurve nach (17.1) dargestellt werden kann, zeichnet sich die *Bogenlänge* aus durch die Eigenschaft, daß der auf sie bezogene Tangentenvektor in jedem Kurvenpunkt Einheitsvektor ist. Wird die Differentiation nach diesem ausgezeichneten Parameter s durch

Striche bezeichnet, so ergibt diese Forderung

$$\boldsymbol{x}'^2 = \left(\frac{d\boldsymbol{x}}{ds}\right)^2 = \dot{\boldsymbol{x}}^2 \left(\frac{dt}{ds}\right)^2 = 1,$$

und man erhält die Bogenlänge der Kurve als Funktion des willkürlichen Parameters t nach (17.3) aus

$$s = \int |\dot{\boldsymbol{x}}|\, dt = \int \sqrt{\sum g_{ik} \dot{x}^i \dot{x}^k}\, dt; \tag{17.4}$$

s ist bis auf eine additive Konstante bestimmt, die festgelegt werden kann durch Wahl eines Kurvenpunktes $s = 0$ als Anfangspunkt für die Messung der Bogenlänge.

Der Einheitsvektor, der die Kurve tangiert und in ihre Durchlaufungsrichtung weist, wird als *Tangentenvektor* $\boldsymbol{t}$ schlechthin bezeichnet; es ist also

$$\boldsymbol{t} = \boldsymbol{x}' = \frac{d\boldsymbol{x}}{ds} \quad \text{und} \quad \boldsymbol{t}^2 = 1. \tag{17.5}$$

Daraus folgt

$$\boldsymbol{t} \cdot \boldsymbol{t}' = 0;$$

der Vektor $\boldsymbol{x}'' = \boldsymbol{t}'$ steht also auf $\boldsymbol{t}$ senkrecht. Der Einheitsvektor in Richtung von $\boldsymbol{t}'$ ist der *Hauptnormalenvektor* $\boldsymbol{h}$, und in

$$\boldsymbol{x}'' = \boldsymbol{t}' = \varkappa \boldsymbol{h} \tag{17.6}$$

gibt

$$\varkappa = |\boldsymbol{t}'| = \frac{|d\boldsymbol{t}|}{ds} \tag{17.7}$$

die *Krümmung* der Kurve an; sie stellt ein Maß dar für die Richtungsänderung der Tangente in Abhängigkeit von der Bogenlänge. Führt man noch den *Binormalenvektor*

$$\boldsymbol{b} = \boldsymbol{t} \times \boldsymbol{h} \tag{17.8}$$

ein, so ist jedem Kurvenpunkt durch die Einheitsvektoren $\boldsymbol{t}, \boldsymbol{h}, \boldsymbol{b}$ auf natürliche Weise ein Koordinatensystem zugeordnet, das sich von Punkt zu Punkt ändert und daher als *begleitendes Dreibein* bezeichnet wird. Die von je zweien dieser Koordinatenvektoren aufgespannten Koordinatenebenen tragen folgende Benennungen: es bestimmen in jedem Kurvenpunkt

$\boldsymbol{t}$ und $\boldsymbol{h}$ die Schmiegebene,
$\boldsymbol{h}$ und $\boldsymbol{b}$ die Normalebene,
$\boldsymbol{b}$ und $\boldsymbol{t}$ die Streckebene.

Das begleitende Dreibein erleidet beim Übergang von s zu $s + ds$ eine infinitesimale Drehung; nach Ziff. 12 muß es daher eine schiefsymmetrische Matrix geben, durch die die Vektoren $\boldsymbol{t}', \boldsymbol{h}', \boldsymbol{b}'$ mit den Vektoren $\boldsymbol{t}, \boldsymbol{h}, \boldsymbol{b}$ zusammenhängen. Das ist der Inhalt der Frenet*schen Formeln*

$$\left.\begin{aligned} \boldsymbol{t}' &= \qquad\quad \varkappa \boldsymbol{h} \\ \boldsymbol{h}' &= -\varkappa \boldsymbol{t} \qquad\qquad + \tau \boldsymbol{b} \\ \boldsymbol{b}' &= \qquad\quad -\tau \boldsymbol{h}; \end{aligned}\right\} \tag{17.9}$$

die Größe $\tau(s)$ ist infolge der letzten Frenetschen Formel ein Maß für die Änderung der Schmiegebenenlage; sie wird daher als *Windung* der Kurve $\boldsymbol{x}(s)$ bezeichnet. Der Drehvektor, der nach (12.2) zu der durch (17.9) dargestellten infinitesimalen Drehung gehört, ist der Darboux*sche Vektor*

$$\boldsymbol{d} = \tau \boldsymbol{t} + \varkappa \boldsymbol{b}. \tag{17.10}$$

Beschreibt man die Kurve $\boldsymbol{x}(s)$ in der Nähe des Punktes $\boldsymbol{x}(s_0)$ durch das Dreibein, das zu $\boldsymbol{x}(s_0)$ gehört, so erhält man nach (17.9) und der TAYLORschen Formel in erster Näherung

$$\left.\begin{aligned} x &= s - s_0 \\ y &= \frac{\varkappa_0}{2}(s-s_0)^2 \\ z &= \frac{\varkappa_0\tau_0}{6}(s-s_0)^3, \end{aligned}\right\} \tag{17.11}$$

wobei $\varkappa_0 = \varkappa(s_0)$, $\tau_0 = \tau(s_0)$ gesetzt ist. Die Projektionen der Kurve auf die Koordinatenebenen haben also in der Umgebung des (beliebigen) Kurvenpunktes

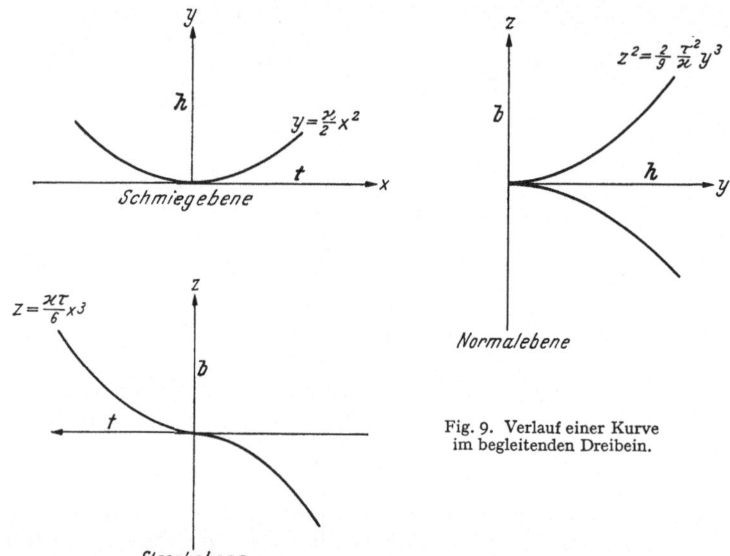

Fig. 9. Verlauf einer Kurve im begleitenden Dreibein.

$x(s_0)$ die durch Fig. 9 angegebene Gestalt. Durch Vorgabe der Funktionen $\varkappa(s)$ und $\tau(s)$, die als *natürliche Koordinaten* der Kurve bezeichnet werden, ist diese in ihrer Gestalt (d.h. bis auf Bewegungen) völlig bestimmt. Insbesondere sind ebene Kurven durch $\tau \equiv 0$ ausgezeichnet.

II. Flächentheorie.

a) Erste Fundamentalform.

18. Messung auf der Fläche. Eine Parameterdarstellung der betrachteten Fläche sei

$$\boldsymbol{x} = \boldsymbol{x}(u, v) = x(u, v)\,\boldsymbol{i} + y(u, v)\,\boldsymbol{j} + z(u, v)\,\boldsymbol{k}. \tag{18.1}$$

Auf ihr werden durch $u = \text{const}$ bzw. $v = \text{const}$ zwei Kurvenscharen bestimmt, die *Parameterlinien*. Die Tangentenvektoren an die Parameterlinien sind

$$\boldsymbol{x}_v = \frac{\partial \boldsymbol{x}}{\partial v} \quad \text{und} \quad \boldsymbol{x}_u = \frac{\partial \boldsymbol{x}}{\partial u}.$$

Diese beiden Richtungen bestimmen eine Ebene, welche die Tangenten an alle Flächenkurven durch den betrachteten Kurvenpunkt enthält. Denn sei $\boldsymbol{x}(u(t), v(t))$ eine solche Kurve, so ist ihr Tangentenvektor

$$\frac{d\boldsymbol{x}}{dt} = \dot{\boldsymbol{x}} = \boldsymbol{x}_u \dot{u} + \boldsymbol{x}_v \dot{v}.$$

Die von $\boldsymbol{x}_v$ und $\boldsymbol{x}_u$ aufgespannte Ebene ist also die *Tangentialebene* der Fläche und

$$\boldsymbol{N} = \boldsymbol{x}_u \times \boldsymbol{x}_v \tag{18.2}$$

ihr Normalenvektor, der auch *Flächennormale* ist[1]. Der Einheitsvektor der Flächennormalen ist daher bis auf die Orientierung festgelegt durch

$$\boldsymbol{n} = \frac{\boldsymbol{x}_u \times \boldsymbol{x}_v}{|\boldsymbol{x}_u \times \boldsymbol{x}_v|} = \frac{\boldsymbol{x}_u \times \boldsymbol{x}_v}{W} \tag{18.3}$$

mit

$$W = \sqrt{EG - F^2} \tag{18.4}$$

und

$$E = \boldsymbol{x}_u^2, \qquad F = \boldsymbol{x}_u \cdot \boldsymbol{x}_v, \qquad G = \boldsymbol{x}_v^2. \tag{18.5}$$

Ein Flächenelement, das von den Parameterlinien $u, v, u + du, v + dv$ begrenzt wird, hat die Kantenvektoren $\boldsymbol{x}_u\, du$ und $\boldsymbol{x}_v\, dv$; sein Flächeninhalt ist daher

$$d\omega = W\, du\, dv; \tag{18.6}$$

demnach ist

$$\Omega = \iint_{(B)} W\, du\, dv \tag{18.7}$$

der Flächeninhalt eines Flächenteiles, der durch (18.1) umkehrbar eindeutig einem Bereich B der u, v-Parameterebene entspricht.

Das Bogenelement ds einer Flächenkurve $\boldsymbol{x}(t) = \boldsymbol{x}(u(t), v(t))$ ist gegeben durch

$$ds^2 = (E\dot{u}^2 + 2F\dot{u}\dot{v} + G\dot{v}^2)\, dt^2 \tag{18.8}$$

und bestimmt die *Längenmessung* auf der Fläche.

Man nennt

$$\Phi(\dot{u}, \dot{v}) = E\dot{u}^2 + 2F\dot{u}\dot{v} + G\dot{v}^2 \tag{18.9}$$

die *erste Fundamentalform* der Fläche; sie ist nach (18.8) positiv-definit und daher ist $EG - F^2 > 0$ in Übereinstimmung mit (18.4). Auch die *Winkelmessung* wird durch die Fundamentalkoeffizienten E, F, G geleistet. Es seien

$$d\boldsymbol{x} = \boldsymbol{x}_u\, du + \boldsymbol{x}_v\, dv, \qquad \delta\boldsymbol{x} = \boldsymbol{x}_u\, \delta u + \boldsymbol{x}_v\, \delta v$$

zwei Linienelemente, die auf der Fläche liegen und von einem Punkte ausgehen; dann ist

$$\left.\begin{aligned} &\cos(d\boldsymbol{x}, \delta\boldsymbol{x}) \\ &= \frac{d\boldsymbol{x} \cdot \delta\boldsymbol{x}}{|d\boldsymbol{x}|\,|\delta\boldsymbol{x}|} = \frac{E\, du\, \delta u + F(du\, \delta v + \delta u\, dv) + G\, dv\, \delta v}{\sqrt{E\, du^2 + 2F\, du\, dv + G\, dv^2}\sqrt{E\, \delta u^2 + 2F\, \delta u\, \delta v + G\, \delta v^2}}\,. \end{aligned}\right\} \tag{18.10}$$

Speziell gibt

$$\cos(u, v) = \frac{F}{\sqrt{EG}} \tag{18.11}$$

den Winkel zwischen den Parameterlinien.

An die erste Fundamentalform schließen sich die als BELTRAMIsche *Differentiatoren* bezeichneten Bildungen an: ist $f = f(u, v)$ eine Funktion auf der Fläche, so ist der erste, bzw. zweite BELTRAMIsche Differentiator erklärt durch

$$\nabla f = \frac{1}{W^2}(E f_v^2 - 2F f_u f_v + G f_u^2),$$

$$\Delta f = \frac{1}{W}\left[\frac{\partial}{\partial v}\frac{E f_v - F f_u}{W} + \frac{\partial}{\partial u}\frac{G f_u - F f_v}{W}\right].$$

[1] Es sei stets $\boldsymbol{x}_u \times \boldsymbol{x}_v \neq 0$ vorausgesetzt.

19. Abbildung von Flächen. Bezieht man zwei Flächen auf dieselben Parameter u, v, so werden die Flächen dadurch punktweise aufeinander abgebildet. Die Abbildung ist *längentreu*[1], wenn die Fundamentalgrößen übereinstimmen; sie ist *konform* oder *winkeltreu*, wenn die Fundamentalgrößen bis auf einen (im allgemeinen ortsabhängigen) Proportionalitätsfaktor gleich sind; sie ist *flächentreu*, wenn die Diskriminanten W^2 aus (18.4) dieselben sind.

Die konforme Abbildung zweier Flächen ist geleistet, wenn beide konform auf die Ebene bezogen sind. Zur Lösung dieser Aufgabe bedient man sich des Hilfsmittels komplexer Flächenkurven, die *isotrope Kurven* oder *Minimalkurven* genannt werden; sie sind definiert durch $ds=0$, d.h. durch die Differentialgleichung

$$\frac{dv}{du}=\frac{1}{G}(-F\pm i\,W). \qquad (19.1)$$

Da W reell ist, gehen durch jeden Flächenpunkt genau zwei konjugiert-komplexe isotrope „Richtungen“ dv/du. Die Lösungen von (19.1) seien

$$\bar{u}=\bar{u}(u,v)=\text{const}, \qquad \bar{v}=\bar{v}(u,v)=\text{const}.$$

Wählt man diese isotropen Kurvenscharen als Parameterlinien, bezieht man also die Fläche auf die isotropen Parameter $\bar{u}, \bar{v}$, so erhält das Bogenelement die isotrope Gestalt

$$ds^2=2\bar{F}\,d\bar{u}\,d\bar{v}.$$

Die Substitution

$$\bar{u}=U+i\,V, \qquad \bar{v}=U-i\,V$$

setzt die isotropen Parameter $\bar{u}, \bar{v}$ in Beziehung zu den *isometrischen* Parametern U, V, in denen das Bogenelement in reeller *isothermer* Gestalt

$$ds^2=2\bar{F}(dU^2+dV^2)$$

erscheint; sie besagt, daß die Fläche konform auf die U, V-Parameterebene bezogen ist. Aus einer solchen konformen Abbildung der Fläche auf die Ebene erhält man jede mögliche, wenn man noch alle konformen Abbildungen des ebenen Parametergebietes auf andere ebene Gebiete hinzunimmt; mit diesen beschäftigt sich die Funktionentheorie.

Während also die Frage nach der konformen Abbildbarkeit zweier Flächen (wenigstens im Kleinen) positiv beantwortet ist, sind zwei Flächen keineswegs immer ineinander verbiegbar.

b) Die zweite Fundamentalform.

20. Kurven- und Flächenkrümmung. Eine Flächenkurve sei auf ihre Bogenlänge als Parameter bezogen

$$\boldsymbol{x}=\boldsymbol{x}(s)=\boldsymbol{x}(u(s), v(s));$$

ihre Hauptnormale $\boldsymbol{h}$ bilde im betrachteten Punkte mit der Flächennormalen $\boldsymbol{n}$ den Winkel α. Es ist

$$\boldsymbol{x}'\boldsymbol{n}=0,$$

woraus durch Differentiation nach (17.6) folgt

$$\varkappa\,\boldsymbol{h}\,\boldsymbol{n}=\varkappa\cos\alpha=-\boldsymbol{x}'\boldsymbol{n}'=L\,u'^2+2M\,u'\,v'+N\,v'^2; \qquad (20.1)$$

[1] Die Flächen sind dann aufeinander *abwickelbar* oder *verbiegbar*.

wegen

$$\boldsymbol{n} = \frac{1}{W} \boldsymbol{x}_u \times \boldsymbol{x}_v$$

ist hierin

$$\left.\begin{aligned} L &= -\boldsymbol{x}_u \cdot \boldsymbol{n}_u = \frac{1}{W}\,(\boldsymbol{x}_{uu}\boldsymbol{x}_u\boldsymbol{x}_v)\,,\\ M &= -\frac{1}{2}\,(\boldsymbol{x}_u \cdot \boldsymbol{n}_v + \boldsymbol{x}_v \cdot \boldsymbol{n}_u) = \frac{1}{W}\,(\boldsymbol{x}_{uv}\boldsymbol{x}_u\boldsymbol{x}_v)\,,\\ N &= -\boldsymbol{x}_v \cdot \boldsymbol{n}_v = \frac{1}{W}\,(\boldsymbol{x}_{vv}\boldsymbol{x}_u\boldsymbol{x}_v)\,. \end{aligned}\right\} \tag{20.2}$$

(20.1) ist die *zweite Fundamentalform* der Flächentheorie; während die erste die Metrik in der Fläche bestimmt, spiegelt die zweite die *Krümmungseigenschaften* der Fläche relativ zum umgebenden Raum wieder.

Aus (20.1) ergeben sich die Folgerungen:

Alle Flächenkurven mit derselben Schmiegebene — also denselben u', v', α — haben dieselbe Krümmung wie die ebene Kurve, die als Schnitt der gegebenen Schmiegebene mit der Fläche erhalten wird.

Wird jetzt die Schar der Schmiegebenen zu einer festen Tangentenrichtung betrachtet, so ergibt sich

$$\varkappa = \frac{k}{\cos\alpha} \qquad \text{(Satz von Meusnier)}; \tag{20.3}$$

dabei gibt k die Krümmung des zugehörigen *Normalschnittes* an, dessen Hauptnormale in die Flächennormale fällt. Wegen

$$k = L\,u'^2 + 2M\,u'\,v' + N v'^2 \tag{20.4}$$

gibt es, falls $LN - M^2 \neq 0$, zwei Richtungen auf der Fläche, in denen k extremal wird. Diese *Hauptkrümmungsrichtungen* erhält man durch eine Hauptachsentransformation von (20.4); sie stehen stets aufeinander senkrecht. Die zugehörigen *Hauptkrümmungen* (der Normalschnitte) seien k_1, k_2; ist φ der Winkel, den die in (20.4) betrachtete Flächenrichtung mit der ersten Hauptkrümmungsrichtung bildet, so gilt (Satz von Euler)

$$k = k_1 \cos^2\varphi + k_2 \sin^2\varphi\,. \tag{20.5}$$

Die Hauptkrümmungsrichtungen ergeben sich aus

$$(EM - FL)\,du^2 + (EN - GL)\,du\,dv + (FN - GM)\,dv^2 = 0; \tag{20.6}$$

die Hauptkrümmungen sind bestimmt durch ihre symmetrischen Funktionen

$$K = k_1 k_2 = \frac{LN - M^2}{EG - F^2}\,, \tag{20.7}$$

$$2H = k_1 + k_2 = \frac{EN - 2FM + GL}{EG - F^2}\,; \tag{20.8}$$

K heißt die Gausssche, H die *mittlere Flächenkrümmung*. Je nachdem $K > 0$, < 0 oder $= 0$ ist, spricht man von einem *elliptischen, hyperbolischen* (Sattelpunkt) oder *parabolischen Punkt (Nabelpunkt)* der Fläche; in elliptischen Punkten liegt die Fläche auf einer Seite der Tangentialebene, in Sattelpunkten wird diese von ihr durchsetzt, während in Nabelpunkten wegen des höheren Grades der Berührung verschiedene Grenzfälle möglich sind.

Die Lösungen der Differentialgleichung (20.6) sind die *Krümmungslinien* der Fläche; sie bilden zwei ausgezeichnete orthogonale Kurvenscharen, deren Singularitäten die Nabelpunkte sind. Wählt man diese Linien als Parameterlinien, so folgt aus (20.6)

$$F = M \equiv 0$$

und aus (20.7), (20.8)

$$k_1 = \frac{L}{E}, \qquad k_2 = \frac{N}{G}.$$

Andere Deutungen von K und H, den sinngemäßen Analoga zur Deutung der Kurvenkrümmung, erhält man folgendermaßen:

Markiert man auf jeder Flächennormalen einen Punkt im konstanten Abstand ε von der Fläche, so bilden diese Punkte eine Parallelfläche. Seien ω und ω_ε die Flächeninhalte entsprechender Flächenelemente auf der Grundfläche ($\varepsilon = 0$) und ihrer ε-Parallelfläche. Dann ist

$$H = -\left(\frac{1}{\omega}\frac{d\omega_\varepsilon}{d\varepsilon}\right)_{(\varepsilon=0)},$$

also die *relative Änderung der Oberfläche beim Übergang zu einer Parallelfläche.*

Betrachtet man andererseits die *sphärische Abbildung* der Fläche, die dadurch entsteht, daß die (Einheits-)Normalvektoren der Fläche von einem festen Punkte aus abgetragen werden, so entspricht einem Flächenelement $d\omega$ der Fläche ein solches $d\Omega$ auf dem sphärischen Bild, und es ist

$$K = \frac{d\Omega}{d\omega}.$$

Für die Krümmung K besteht das GAUSSsche *Theorema egregium*; es besagt, daß K trotz (20.7) allein von der inneren Metrik der Fläche abhängt, also bei längentreuen Abbildungen erhalten bleibt. Diese Aussage ist enthalten in der Formel

$$K = -\frac{1}{4W^4}\begin{vmatrix} E & E_u & E_v \\ F & F_u & F_v \\ G & G_u & G_v \end{vmatrix} - \frac{1}{2W}\left\{\frac{\partial}{\partial v}\frac{E_v - F_u}{W} - \frac{\partial}{\partial u}\frac{F_v - G_u}{W}\right\}. \tag{20.9}$$

21. Ableitungsgleichungen, Integrabilitätsbedingungen. Die Vektoren $\boldsymbol{x}_u$, $\boldsymbol{x}_v$, $\boldsymbol{n}$ bilden in jedem Flächenpunkte ein Koordinatensystem. In ihnen müssen sich insbesondere $\boldsymbol{x}_{uu}$, $\boldsymbol{x}_{uv}$, $\boldsymbol{x}_{vv}$, $\boldsymbol{n}_u$, $\boldsymbol{n}_v$ darstellen lassen. Die betreffenden Gleichungen sind die flächentheoretischen Analoga zu den FRENETschen Formeln (17.9) der Kurventheorie und sind nach GAUSS und WEINGARTEN benannt; sie lauten für die zweiten Ableitungen von $\boldsymbol{x}(u, v)$:

$$\boldsymbol{x}_{uu} = \left\{\begin{matrix}1 & 1\\ & 1\end{matrix}\right\}\boldsymbol{x}_u + \left\{\begin{matrix}1 & 1\\ & 2\end{matrix}\right\}\boldsymbol{x}_v + L\boldsymbol{n},$$

$$\boldsymbol{x}_{uv} = \left\{\begin{matrix}1 & 2\\ & 1\end{matrix}\right\}\boldsymbol{x}_u + \left\{\begin{matrix}1 & 2\\ & 2\end{matrix}\right\}\boldsymbol{x}_v + M\boldsymbol{n},$$

$$\boldsymbol{x}_{vv} = \left\{\begin{matrix}2 & 2\\ & 1\end{matrix}\right\}\boldsymbol{x}_u + \left\{\begin{matrix}2 & 2\\ & 2\end{matrix}\right\}\boldsymbol{x}_v + N\boldsymbol{n},$$

wobei die Koeffizienten — die CHRISTOFFEL-*Symbole II. Art* — definiert sind durch

$$\begin{Bmatrix} 1 & 1 \\ & 1 \end{Bmatrix} = \frac{1}{2W^2}(GE_u - 2FF_u + FE_v),$$

$$\begin{Bmatrix} 1 & 1 \\ & 2 \end{Bmatrix} = \frac{1}{2W^2}(-FE_u + 2EF_u - EE_v),$$

$$\begin{Bmatrix} 1 & 2 \\ & 1 \end{Bmatrix} = \frac{1}{2W^2}(GE_v - FG_u),$$

$$\begin{Bmatrix} 1 & 2 \\ & 2 \end{Bmatrix} = \frac{1}{2W^2}(EG_u - FE_v),$$

$$\begin{Bmatrix} 2 & 2 \\ & 1 \end{Bmatrix} = \frac{1}{2W^2}(-FG_v + 2GF_v - GG_u),$$

$$\begin{Bmatrix} 2 & 2 \\ & 2 \end{Bmatrix} = \frac{1}{2W^2}(EG_v - 2FF_v - FG_u).$$

Die Gleichungen für die Ableitungen von $\boldsymbol{n}(u, v)$ sind

$$\boldsymbol{n}_u = \frac{1}{W^2}[(FM - GL)\boldsymbol{x}_u + (FL - EM)\boldsymbol{x}_v],$$

$$\boldsymbol{n}_v = \frac{1}{W^2}[(FN - GM)\boldsymbol{x}_u + (FM - EN)\boldsymbol{x}_v].$$

Aus diesen Formeln folgt (BONNET), daß durch die Fundamentalgrößen E, F, G, L, M, N als Funktionen von u und v die Fläche bis auf ihre Lage im Raum bestimmt ist. In diesem Sinne ist die Flächentheorie des dreidimensionalen euklidischen Raumes identisch mit der Theorie der beiden Fundamentalformen. Jedoch gibt es zu beliebigen Funktionen E, F, G, L, M, N nicht immer eine Fläche mit diesen Fundamentalgrößen. Sie müssen vielmehr noch gewisse *Integrabilitätsbedingungen* (GAUSS, MAINARDI, CODAZZI) erfüllen. Diese bestehen in der Auswertung der Forderung, daß die gemischten Ableitungen der Basisvektoren $\boldsymbol{x}_u, \boldsymbol{x}_v, \boldsymbol{n}$ den Relationen

$$\boldsymbol{x}_{uuv} = \boldsymbol{x}_{uvu}, \qquad \boldsymbol{x}_{uvv} = \boldsymbol{x}_{vvu}, \qquad \boldsymbol{n}_{uv} = \boldsymbol{n}_{uv}$$

genügen. Unter den so erhaltenen neun Gleichungen sind nur drei unabhängige; die eine von diesen ist das Theorema egregium von GAUSS (20.9), die beiden anderen lauten

$$L_v - M_u - H(E_v - F_u) + \frac{1}{2W^2}\begin{vmatrix} E & E_u & L \\ F & F_u & M \\ G & G_u & N \end{vmatrix} = 0,$$

$$M_v - N_u - H(F_v - G_u) + \frac{1}{2W^2}\begin{vmatrix} E & E_v & L \\ F & F_v & M \\ G & G_v & N \end{vmatrix} = 0.$$

c) Geodätische Größen.

22. Geodätische und Gesamtkrümmung. Eine Flächenkurve, deren Hauptnormale in jedem Punkt in die Flächennormale fällt, heißt *geodätische Linie.* Die Lösungen des Variationsproblems, zwischen zwei Flächenpunkten die Flächenkurve kürzester Länge zu ziehen, sind Geodätische; in diesem Sinne sind die geodätischen Linien einer Fläche — es gibt durch jeden Flächenpunkt in jeder Flächenrichtung genau eine — als Analoga der Geraden in der Ebene anzusehen. Die definierende Eigenschaft der Geodätischen führt auf die Differentialgleichung zweiter Ordnung

$$\boldsymbol{n}\boldsymbol{x}'\boldsymbol{x}'' = 0, \tag{22.1}$$

der $\boldsymbol{x} = \boldsymbol{x}(s)$ als Funktion der Bogenlänge zu genügen hat. Für eine beliebige Flächenkurve ist nach (17.9)

$$\varkappa_g = \boldsymbol{n}\boldsymbol{x}'\boldsymbol{x}'' = \varkappa\,\boldsymbol{h}\,\boldsymbol{m}, \tag{22.2}$$

wobei $\boldsymbol{m} = \boldsymbol{n} \times \boldsymbol{t}$ der in der Tangentialebene gelegene Einheitsnormalenvektor der Kurve ist. Denkt man sich die Krümmung $\varkappa$ einer Kurve als Strecke auf der Hauptnormalen $\boldsymbol{h}$ abgetragen, so stellt die in (22.2) definierte Größe $\varkappa_g$ die Projektion der gewöhnlichen Krümmung auf die Tangentialebene dar. Da nach (22.1) das Verschwinden von $\varkappa_g$ charakteristisch ist für Geodätische, während Gerade durch das Verschwinden der gewöhnlichen Krümmung gekennzeichnet sind, heißt $\varkappa_g$ die *geodätische Krümmung* der Flächenkurve.

Man spricht von einem *Feld,* wenn eine einparametrige Schar geodätischer Linien vorliegt, die durch jeden Punkt eines Flächenteiles genau eine Geodätische hindurchschickt. Wählt man die Kurven eines Feldes als die u-Parameterlinien ($v = \text{const}$) und ihre orthogonalen Trajektorien als v-Linien ($u = \text{const}$), so kann man statt u die Bogenlänge

$$\int \sqrt{E}\, du \tag{22.3}$$

der Geodätischen als Parameter einführen, da sich E als unabhängig von v erweist. Wird die Bogenlänge (22.3) wieder mit u bezeichnet, so schreibt sich die erste Fundamentalform

$$ds^2 = du^2 + G\,dv^2. \tag{22.4}$$

Hieraus folgt, daß auf allen Geodätischen des Feldes von zwei festen v-Kurven $u = u_1$ und $u = u_2$ Stücke derselben Länge $u_2 - u_1$ abgeschnitten werden; daher heißen die v-Linien *geodätisch parallel.*

Speziell bilden alle Geodätischen, die durch einen Flächenpunkt P hindurchgehen, in einer Umgebung von P (mit Ausnahme von P selbst) ein Feld. Nimmt man wieder deren orthogonale Trajektorien als v-Kurven hinzu, so erhält man die *geodätischen Polarkoordinaten zum Pol P.* Die v-Kurven heißen *geodätische Entfernungskreise*[1] zum Mittelpunkt P; sie sind nach obigem geschlossene Kurven; der zu einem Entfernungskreis gehörige Wert $u = \text{const}$ (P gehöre zu $u = 0$) ist sein geodätischer Radius. In (22.4) soll nun der (noch in hohem Maße willkürliche Parameter v identifiziert werden mit dem Winkel, unter dem die jeweilige Geodätische in P gegen eine feste Richtung einmündet. Die Entwicklung von $G(u, v)$ aus (22.4) beginnt dann mit den Gliedern

$$G(u, v) = u^2 - \tfrac{1}{3} K_0 u^4 + u\,Q(u, v), \tag{22.5}$$

[1] Diese sind nicht zu verwechseln mit den (meistens nicht geschlossenen) *geodätischen Krümmungskreisen,* die durch $\varkappa_g = \text{const}$ definiert sind.

wobei K_0 die GAUSSsche Krümmung in P, und Q eine beschränkte Funktion ist. In diesen Koordinaten ergibt sich die GAUSSsche Krümmung nach dem Theorema egregium zu

$$K = -\frac{1}{\sqrt{G}}\,\frac{\partial^2 \sqrt{G}}{\partial u^2}. \tag{22.6}$$

Sei L eine geschlossene Kurve, die sich auf der Fläche stetig auf einen Punkt zusammenziehen läßt; sie berandet ein einfach-zusammenhängendes Flächenstück F. Dann gilt die GAUSS-BONNETsche Formel

$$\int_L \varkappa_g\, ds + \int_F K\, d\omega = 2\pi; \tag{22.7}$$

dabei ist die Kurve L so zu durchlaufen, daß das Flächenstück F zur Linken liegt.

Die Anwendung von (22.7) auf ein geodätisches Dreieck mit der Winkelsumme Σ ergibt

$$\int_F K\, d\omega = \Sigma - \pi. \tag{22.8}$$

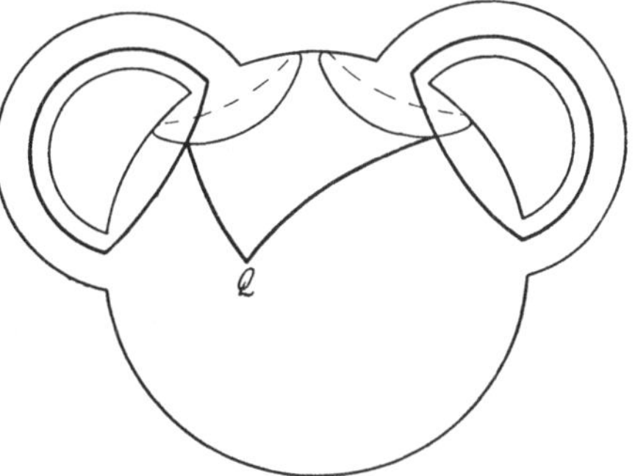

Fig. 10. Kanonische Zerschneidung ($p = 2$).

Auf Flächen verschwindender Krümmung K — sie heißen *Torsen* und sind auf die Ebene abwickelbar — ist also die Winkelsumme eines geodätischen Dreiecks stets gleich π während sie auf Flächen positiver bzw. negativer Krümmung größer bzw. kleiner als π ist.

Jetzt soll (22.7) angewandt werden auf eine beliebige geschlossene orientierbare Fläche. Dabei heißt eine Fläche *orientierbar* oder *zweiseitig*, wenn es möglich ist, die Orientierung der Flächennormalen stetig und eindeutig vorzunehmen; verfolgt man also irgendeine geschlossene Flächenkurve, so soll die Flächennormale bei Durchlaufung der Kurve stetig in ihre Ausgangslage zurückkehren. In der Topologie wird gezeigt, daß eine solche Fläche stets durch Deformation aus einer Kugel mit einer gewissen Anzahl von Henkeln erhalten werden kann. Die Anzahl p der Henkel (Fig. 10) heißt das *Geschlecht* der Fläche; z. B. haben Kugel und Torus das Geschlecht Null bzw. Eins. Eine Fläche von positivem Geschlecht ist nicht einfach-zusammenhängend, wie es der GAUSS-BONNETsche Satz (22.7) voraussetzt; die folgende „kanonische Zerschneidung" stellt diese Voraussetzung her. Man kann auf der Fläche p Paare geschlossener Kurven ziehen, welche die Fläche nicht zerlegen, d. h. die Fläche zerfällt nicht, wenn man sie längs dieser Kurven aufschneidet. Dabei kann angenommen werden, daß verschiedene Paare von diesen *Rückkehrschnitten* sich nicht schneiden, und daß die Kurven je eines Paares genau einen Schnittpunkt haben. Schließlich verbindet man noch dieses „Gespann" von Schnittpaaren durch „Zügel", indem man von einem beliebigen Punkt Q aus Kurven zu den Schnittpunkten der einzelnen Schnittpaare zieht. Jede weitere geschlossene Kurve auf der Fläche, die keine dieser insgesamt $3p$ Kurven schneidet, läßt sich nun stetig auf einen Punkt zusammenziehen. Schneidet man also die Fläche längs der Schnittpaare und der Zügel auf, so erhält man ein einfach-zusammenhängendes Flächenstück. Auf dieses ist (22.7) anwendbar. Die Linienintegrale heben sich dabei auf, da wegen der Orientierbarkeit der Fläche jede Kurve zweimal und zwar in verschiedenen Richtungen durchlaufen wird. Es ist aber noch der Beitrag der

Ecken des Integrationsweges zu berücksichtigen, an denen sich die Tangentenrichtung unstetig ändert. Als Beitrag einer Ecke zum Integral der geodätischen Krümmung ist — wie schon in (22.8) — sinngemäß die Änderung der Tangentenrichtung anzusetzen, die $\pi - \alpha$ beträgt, wenn α der Eckenwinkel ist. Es kann angenommen werden, daß die Reihenfolge in der Durchlaufung der einzelnen Kurven so gewählt ist, daß die Kurven in jedem der $p+1$ Flächenpunkte, an denen sich die Ecken befinden, einen *einfachen Stern* bilden; d.h. der Weg soll nach Einmündung längs eines Strahles im Eckpunkt in den gemäß dem positiven Drehsinn des Sternes benachbarten Strahl einmünden (Fig. 11). Der Beitrag der k Ecken eines Sternes zum Integral der geodätischen Krümmung ist dann

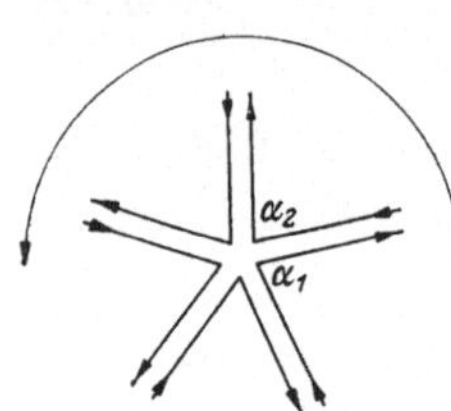

Fig. 11. Der Beitrag eines Eckensternes zum Integral der geodätischen Krümmung.

$$\sum_{1}^{k} (\pi - \alpha_i) = k\pi - 2\pi = (k-2)\pi.$$

Für den Stern der Zügel (bei Q) ist $k = p$, und für die übrigen p Sterne je $k = 5$ so daß sich schließlich ergibt:

$$\int \varkappa_g \, ds = p \cdot 3\pi + (p-2)\pi = (4p-2)\pi.$$

Daher ergibt sich aus (22.7) die *Gesamtkrümmung* der geschlossenen Fläche zu

$$\int K \, d\omega = 4\pi(1-p). \tag{22.9}$$

Während die GAUSSsche Krümmung K nach dem Theorema egregium eine Biegungsinvariante ist, ist nach (22.9) das Integral der GAUSSschen Krümmung, die Gesamtkrümmung der (geschlossenen) Fläche, sogar eine *topologische Invariante*; sie wird von beliebigen Deformationen der Fläche nicht verändert, weil dabei das Geschlecht erhalten bleibt.

23. Flächen mit konstanter GAUSSscher Krümmung. Auf einer Fläche von konstanter GAUSSscher Krümmung K seien nach Ziff. 22 geodätische Polarkoordinaten eingeführt; das Bogenelement hat die Form (22.4), wobei die Funktion $G(u,v)$ mit K durch (22.6) verbunden ist. Die letztgenannte Gleichung ergibt unter Berücksichtigung von (22.5)

$$\left.\begin{aligned} G &= \frac{1}{K}\sin^2(\sqrt{K}\,u) && \text{falls } K > 0,\\ G &= u^2 && \text{falls } K = 0,\\ G &= -\frac{1}{K}\operatorname{Sin}^2(\sqrt{-K}\,u) && \text{falls } K < 0. \end{aligned}\right\} \tag{23.1}$$

Hiernach haben alle Flächen mit gleicher Krümmungskonstanten dasselbe Bogenelement, sie sind also (im Kleinen) aufeinander abwickelbar. Insbesondere gilt diese Aussage für zwei beliebige Teile derselben Fläche; beachtet man noch, daß die Länge des Bogenelementes (22.4) nach (23.1) von dessen Richtung v unabhängig ist, so kann man sagen, daß man einen (hinreichend kleinen) Flächenteil auf der Fläche konstanter Krümmung längentreu verschieben und drehen kann.

Die Fälle $K > 0$ und $K = 0$ werden verwirklicht durch die Kugel vom Radius $1/\sqrt{K}$ und durch die Ebene; für $K < 0$ ist die *Pseudosphäre* eine einfache Realisierung; das ist die Fläche, die durch Rotation der sog. *Traktrix*

$$x = \frac{1}{\sqrt{-K}}\sin t, \qquad y = \frac{1}{\sqrt{-K}}\left(\log\tan\frac{t}{2} + \cos t\right)$$

um die y-Achse entsteht.

Zu einer ganz anderen — und als Vorbereitung für die später zu behandelnde höhere Geometrie wesentlichen — Auffassung der Flächen konstanter Krümmung führen die *nicht-euklidischen* Geometrien.

Für die elliptische Geometrie ist der herzustellende Zusammenhang offenkundig. Nach Ziff. 14 ist die ebene projektive Geometrie identisch mit derjenigen Geometrie, die auf einer Kugelfläche zur Gruppe der Selbstabbildungen dieser Fläche gehört, unter denen Großkreise in Großkreise übergehen; nach Ziff. 16 erhalten wir daraus die elliptische Geometrie, indem wir diese Gruppe zur Gruppe der Kugeldrehungen einschränken; das ist also die gewöhnliche euklidische Geometrie der Kugelfläche und daher nach obigem eine Realisierung der Flächen konstanter positiver Krümmung.

Aufschlußreicher sind die entsprechenden Beziehungen für die hyperbolische Geometrie. Hier fehlt nämlich ein analoges räumliches Modell, wie es die Kugelfläche für die elliptische Geometrie darstellt. Wir nehmen als hyperbolische Ebene das Innere des Einheitskreises $x^2+y^2=1$ in cartesischen Koordinaten. Nach (16.3) ist

$$\overline{PP_1} = c\log\frac{1-x x_1-y y_1+\sqrt{(x_1-x)^2+(y_1-y)^2-(x y_1-y x_1)^2}}{1-x x_1-y y_1-\sqrt{(x_1-x)^2+(y_1-y)^2-(x y_1-y x_1)^2}}$$

der hyperbolische Abstand der Punkte

$$P=(x,y) \quad \text{und} \quad P_1=(x_1,y_1).$$

Sind P und P_1 benachbarte Punkte, so erhält man hieraus das Bogenelement ds, indem man $x_1=x+dx$; $y_1=y+dy$ setzt und Größen höherer Ordnung vernachlässigt; so ergibt sich

$$ds^2 = 4c^2\frac{dx^2+dy^2-(x\,dy-y\,dx)^2}{(1-x^2-y^2)^2}. \tag{23.2}$$

Diese Formel stimmt in Bedeutung und Gestalt überein mit der Formel (18.8) für das Bogenelement einer auf die Parameter x und y bezogenen Fläche im Raum. Ohne Rücksicht darauf, ob eine Fläche im euklidischen Raum mit diesem Bogenelement überhaupt existiert (nach obigem z. B. die Rotationsfläche der Traktrix), können wir aus (23.2) die Fundamentalgrößen E, F, G ablesen und aus diesen nach dem Theorema egregium (20.9) die Gaussche Krümmung der hyperbolischen Ebene berechnen; diese (umständliche) Rechnung ergibt

$$K=-\frac{1}{4c^2}.$$

In diesem Sinne ist die hyperbolische Ebene eine „Fläche" konstanter negativer Krümmung.

C. Elementare Feldtheorie.

24. Niveauflächen und Feldlinien. Man spricht von einem *Feld*, wenn in jedem Punkt des Raumes eine Größe erklärt ist. In den einfachsten Fällen ist diese Feldgröße eine Zahl oder ein Vektor; es liegt dann ein *Skalarfeld* bzw. ein *Vektorfeld* vor.

Führt man in dem dreidimensionalen euklidischen Raum ein beliebiges (geradliniges) Koordinatensystem x^1, x^2, x^3 ein, so ist ein Skalarfeld eine gewöhnliche Funktion $\varphi(\boldsymbol{x})=\varphi(x^1,x^2,x^3)$ des Ortsvektors $\boldsymbol{x}=\sum x^i\boldsymbol{e}_i$, während ein Vektorfeld durch eine Vektorfunktion $\boldsymbol{v}(\boldsymbol{x})$, das sind drei gewöhnliche Funktionen $v^j(x^1,x^2,x^3)$ — $j=1,2,3$ —, dargestellt wird. Es ist angemessen, die Zuordnung dieser Feldgrößen zu den Raumpunkten dadurch auszudrücken, daß man sie sich in dem jeweiligen Punkte abgetragen denkt; in diesem Sinne spricht man oft von *gebundenen* Vektoren.

Eine gewisse Veranschaulichung erhält man im Falle eines Skalarfeldes durch die *Niveauflächen*, bei den Vektorfeldern durch die *Feldlinien*. Die Niveauflächen sind gegeben durch die Punkte $\boldsymbol{x}$, in denen $\varphi(\boldsymbol{x})$ einen vorgegebenen Wert c besitzt; sie bilden demnach eine Flächenschar mit dem Scharparameter c. Die Feldlinien eines Vektorfeldes sind diejenigen Kurven $\boldsymbol{x}(t)$, deren Tangentenrichtung in jedem ihrer Punkte von dem jeweiligen Feldvektor $\boldsymbol{v}(\boldsymbol{x})$ gegeben wird; sie genügen also der Differentialgleichung

$$\dot{\boldsymbol{x}} \times \boldsymbol{v}(\boldsymbol{x}) = 0. \tag{24.1}$$

25. Differentiation. Das totale Differential

$$d\varphi = \sum \partial_i \varphi \, d x^i \quad \left(\text{mit der Abkürzung } \partial_i \varphi = \frac{\partial \varphi}{\partial x^i}\right)$$

ist ein Skalar. $d\varphi$ ist also aufzufassen als skalares Produkt des (kontravariant geschriebenen) Verschiebungsvektors

$$d\boldsymbol{x} = \sum d x^i \boldsymbol{e}_i$$

mit dem (kovariant geschriebenen) Vektor

$$\mathbf{grad}\,\varphi = \sum \partial_i \varphi \, \boldsymbol{e}^i, \tag{25.1}$$

wobei die $\boldsymbol{e}^i$ das reziproke Dreibein zu den $\boldsymbol{e}_i$ darstellen. Der Vektor (25.1), den man durch Differentitation eines Skalarfeldes nach den Koordinaten erhält, ist der *Gradient* des Skalarfeldes, und es gilt

$$d\varphi = \mathbf{grad}\,\varphi \cdot d\boldsymbol{x}. \tag{25.2}$$

Die Taylorentwicklung eines Vektorfeldes $\boldsymbol{v}(\boldsymbol{x})$ zeigt, daß das Koeffizientenschema der linearen Glieder in

$$\boldsymbol{v}(\boldsymbol{x} + d\boldsymbol{x}) - \boldsymbol{v}(\boldsymbol{x}) = \sum_{i,k} \partial_k v_i \, d x^k \boldsymbol{e}^i = \sum_{i,k} \partial_k v^i \, d x^k \boldsymbol{e}_i \tag{25.3}$$

einen Tensor darstellt; dabei ist gesetzt

$$\partial_k v_i = \frac{\partial v_i}{\partial x^k}, \qquad \partial_k v^i = \frac{\partial v^i}{\partial x^k},$$

je nachdem $\boldsymbol{v} = \sum v_i \boldsymbol{e}^i$ oder $\boldsymbol{v} = \sum v^i \boldsymbol{e}_i$ ko- oder kontravariant dargestellt ist. Dieser Tensor, welcher nach (25.3) der Verschiebung $d\boldsymbol{x}$ den Vektor

$$d\boldsymbol{v} = \boldsymbol{v}(\boldsymbol{x} + d\boldsymbol{x}) - \boldsymbol{v}(\boldsymbol{x})$$

zuordnet, heißt *Vektorgradient*, und Gl. (25.3) schreibt sich symbolisch als

$$d\boldsymbol{v} = (d\boldsymbol{x}\,\mathbf{grad})\,\boldsymbol{v}. \tag{25.4}$$

Ist $\boldsymbol{v}$ kontravariant geschrieben, so ist $\mathbf{grad}\,\boldsymbol{v}$ ein gemischter[1] Tensor, und die Spur hat invariante Bedeutung; sie ist die *Divergenz* des Vektorfeldes:

$$\operatorname{div} \boldsymbol{v} = \sum \partial_i v^i. \tag{25.5}$$

Ist $\boldsymbol{v}$ dagegen kovariant geschrieben, so kann man $\mathbf{grad}\,\boldsymbol{v}$ als reinen Tensor invariant in einen symmetrischen und einen alternierenden Anteil zerlegen. Der symmetrische Anteil

$$\tfrac{1}{2}(\partial_k v_i + \partial_i v_k) \tag{25.6}$$

[1] Das heißt ein Affinor, vgl. Fußnote 1 auf S. 128.

heißt *Verzerrungstensor*[1]. Der alternierende Anteil kann in einem cartesischen $\boldsymbol{i}, \boldsymbol{j}, \boldsymbol{k}$-Rechtssystem durch einen Vektor dargestellt werden. Verdoppelt wird er als *Rotation* des Feldes bezeichnet

$$\mathbf{rot}\,\boldsymbol{v}\ (\text{oder } \mathbf{curl}\,\boldsymbol{v}) = \begin{vmatrix} \boldsymbol{i} & \partial_1 & v_1 \\ \boldsymbol{j} & \partial_2 & v_2 \\ \boldsymbol{k} & \partial_3 & v_3 \end{vmatrix}. \tag{25.7}$$

Felder, deren Divergenz bzw. Rotation verschwindet, heißen *quellenfrei* bzw. *wirbelfrei*.

Im folgenden sei stets ein cartesisches Rechtssystem angenommen, so daß Ko- und Kontravarianz zusammenfallen; folglich werden die Indices — wie schon in (25.7) — sämtlich tiefgestellt.

Zur geometrischen Deutung der eingeführten Größen dienen die Definitionsgleichungen. Nach (25.2) steht $\mathbf{grad}\,\varphi$ senkrecht auf den Niveauflächen von φ, er weist damit in die Richtung stärksten Anstieges der Feldfunktion. Die *Richtungsdifferentiation* von φ nach einer Richtung $\boldsymbol{e}^0$ wird dadurch erklärt, daß man in (25.2)

$$d\boldsymbol{x} = ds\,\boldsymbol{e}^0$$

setzt und bei festem Richtungsvektor $\boldsymbol{e}^0$ den Grenzübergang $ds \to 0$ vornimmt. Der Grenzwert, der Differentialquotient von φ nach der Richtung $\boldsymbol{e}^0$, ist daher

$$\frac{\partial\varphi}{\partial\boldsymbol{e}^0} = \boldsymbol{e}^0\,\mathbf{grad}\,\varphi. \tag{25.8}$$

Ist speziell $\boldsymbol{e}^0 = \boldsymbol{N}$ der Normalenvektor einer Niveaufläche von φ, so folgt

$$|\mathbf{grad}\,\varphi| = \frac{\partial\varphi}{\partial\boldsymbol{N}};$$

die Länge des Gradienten ist also durch den maximalen Anstieg von φ gegeben.

Während die Feldlinien des Gradienten die orthogonalen Trajektorien der Niveauflächen sind, braucht es umgekehrt[2] zu den Feldlinien eines Vektorfeldes $\boldsymbol{v}$ keine Orthogonalflächen zu geben. Das ist nur der Fall, wenn

$$\boldsymbol{v}\cdot\mathbf{rot}\,\boldsymbol{v} = 0$$

ist, speziell also für wirbelfreie Felder.

Für ein wirbelfreies Feld $\boldsymbol{v}$ ist $\mathbf{grad}\,\boldsymbol{v}$ ein symmetrischer Tensor, besitzt also drei reelle Eigenrichtungen. Wird $d\boldsymbol{x}$ in (25.4) jeweils in eine Eigenrichtung gelegt, so ist $d\boldsymbol{v}$ parallel zu $d\boldsymbol{x}$ gerichtet.

Zur Deutung der Rotation betrachten wir ein Feld $\boldsymbol{v}$, dessen Verzerrungstensor verschwindet. In diesem Spezialfall eines quellenfreien Feldes ist in (25.4)

$$d\boldsymbol{v} = \tfrac{1}{2}\,\mathbf{rot}\,\boldsymbol{v} \times d\boldsymbol{x};$$

$d\boldsymbol{v}$ steht also auf $\mathbf{rot}\,\boldsymbol{v}$ und dem jeweiligen $d\boldsymbol{x}$ senkrecht, was der Vorstellung einer Drehung entspricht.

Es sei noch der LAPLACE-*Operator* Δ eingeführt: per definitionem ist[3]

$$\Delta\varphi = \sum \partial_i^2\varphi \quad \text{mit} \quad \partial_i^2\varphi = \frac{\partial^2\varphi}{\partial x_i^2}$$

und

$$\Delta\boldsymbol{v} = \boldsymbol{i}\,\Delta v_1 + \boldsymbol{j}\,\Delta v_2 + \boldsymbol{k}\,\Delta v_3.$$

---

[1] Der Verzerrungstensor verschwindet für das Geschwindigkeitsfeld eines starren Körpers.

[2] Im Gegensatz zum Zweidimensionalen.

[3] Hochgestellte Ziffern bedeuten hier (symbolische) Exponenten.

Zwischen den Differentialoperatoren bestehen die folgenden Identitäten:

$$\left.\begin{aligned} \mathbf{rot}\,\mathbf{grad}\,\varphi &= 0, \\ \mathrm{div}\,\mathbf{rot}\,\boldsymbol{v} &= 0, \\ \mathrm{div}\,\mathbf{grad}\,\varphi &= \Delta\varphi, \\ \Delta\boldsymbol{v} &= \mathbf{grad}\,\mathrm{div}\,\boldsymbol{v} - \mathbf{rot}\,\mathbf{rot}\,\boldsymbol{v}, \end{aligned}\right\} \qquad (25.9)$$

und die folgenden Formen der Produktdifferentiation:

$$\begin{aligned} \mathrm{div}\,(\varphi\boldsymbol{v}) &= \varphi\,\mathrm{div}\,\boldsymbol{v} + \boldsymbol{v}\,\mathbf{grad}\,\varphi, \\ \mathrm{div}\,(\boldsymbol{u}\times\boldsymbol{v}) &= \boldsymbol{v}\cdot\mathbf{rot}\,\boldsymbol{u} - \boldsymbol{u}\cdot\mathbf{rot}\,\boldsymbol{v}, \\ \mathbf{rot}\,(\varphi\boldsymbol{v}) &= \varphi\,\mathbf{rot}\,\boldsymbol{v} - \boldsymbol{v}\times\mathbf{grad}\,\varphi, \\ \mathbf{rot}\,(\boldsymbol{u}\times\boldsymbol{v}) &= (\boldsymbol{v}\,\mathbf{grad})\,\boldsymbol{u} - (\boldsymbol{u}\,\mathbf{grad})\,\boldsymbol{v} + \boldsymbol{u}\,\mathrm{div}\,\boldsymbol{v} - \boldsymbol{v}\,\mathrm{div}\,\boldsymbol{u}, \\ \mathbf{grad}\,(\varphi\psi) &= \varphi\,\mathbf{grad}\,\psi + \psi\,\mathbf{grad}\,\varphi, \\ \mathbf{grad}\,(\boldsymbol{u}\cdot\boldsymbol{v}) &= (\boldsymbol{u}\,\mathbf{grad})\,\boldsymbol{v} + (\boldsymbol{v}\,\mathbf{grad})\,\boldsymbol{u} + \boldsymbol{u}\,\mathbf{rot}\,\boldsymbol{v} + \boldsymbol{v}\times\mathbf{rot}\,\boldsymbol{u}. \end{aligned}$$

Die Ausdrücke der Differentialoperatoren für krummlinige Koordinaten enthält Ziff. 39.

26. Integralsätze. Es werden Kurven-, Flächen- und Raumintegrale betrachtet. Das Volumelement wird mit dV bezeichnet, das vektorielle Flächenelement mit $d\boldsymbol{F}$, das vektorielle Linienelement mit $d\boldsymbol{x}$. Dabei ist $d\boldsymbol{F}$ ein Vektor, dessen Längenmaßzahl gleich der Maßzahl des Inhaltes des betrachteten Flächenelementes und dessen Richtung die positive Normalenrichtung der Fläche ist. Diejenige Normalenrichtung heißt positiv, die eine vorgegebene Orientierung[1] der Fläche zum positiven Schraubungssinn ergänzt; bei einer geschlossenen Fläche sei diese Orientierung so gewählt, daß die positive Normale nach außen weist. Hat die Fläche eine Randkurve, so weise deren Linienelement in den Durchlaufungssinn, welcher der vorgegebenen Orientierung der Fläche entspricht.

Die Integralsätze von STOKES und GAUSS (bzw. GREEN) geben die Möglichkeit, gewisse Flächenintegrale durch Kurvenintegrale bzw. Raumintegrale auszudrücken.

Die wichtigsten Integralsätze lauten:

STOKES:
$$\left.\begin{aligned} -\int \mathbf{grad}\,\varphi\times d\boldsymbol{F} &= \oint \varphi\,d\boldsymbol{x}, \\ \int \mathbf{rot}\,\boldsymbol{v}\cdot d\boldsymbol{F} &= \oint \boldsymbol{v}\cdot d\boldsymbol{x}; \end{aligned}\right\} \qquad (26.1)$$

GAUSS:
$$\left.\begin{aligned} \int \mathbf{grad}\,\varphi\,dV &= \oint \varphi\,d\boldsymbol{F}, \\ \int \mathrm{div}\,\boldsymbol{v}\,dV &= \oint \boldsymbol{v}\cdot d\boldsymbol{F}, \\ \int \mathbf{rot}\,\boldsymbol{v}\,dV &= -\oint \boldsymbol{v}\times d\boldsymbol{F}; \end{aligned}\right\} \qquad (26.2)$$

GREEN:
$$\left.\begin{aligned} \int (\varphi\,\mathbf{grad}\,\psi + \psi\,\mathbf{grad}\,\varphi)\,dV &= \oint \varphi\psi\,d\boldsymbol{F}, \\ \int (\varphi\Delta\psi + \mathbf{grad}\,\varphi\cdot\mathbf{grad}\,\psi)\,dV &= \oint \varphi\,\mathbf{grad}\,\psi\cdot d\boldsymbol{F}, \\ \int (\varphi\Delta\psi - \psi\Delta\varphi)\,dV &= \oint (\varphi\,\mathbf{grad}\,\psi - \psi\,\mathbf{grad}\,\varphi)\cdot d\boldsymbol{F}. \end{aligned}\right\} \qquad (26.3)$$

$\oint \boldsymbol{v}\cdot d\boldsymbol{x}$ ist die *Zirkulation* des Vektors $\boldsymbol{v}$ längs der Integrationskurve; sie ist nach der zweiten STOKESschen Formel gleich dem Integral der Rotation, erstreckt

[1] Es werden nur orientierbare Flächen betrachtet.

über eine beliebige von der Kurve berandeten Fläche; demnach ist über einer geschlossenen Fläche stets

$$\oint \mathbf{rot}\,\boldsymbol{v} \cdot d\boldsymbol{F} = 0. \qquad (26.4)$$

$\int \boldsymbol{v} \cdot d\boldsymbol{F}$ ist der *Fluß* des Vektors $\boldsymbol{v}$ durch die Integrationsfläche; er ist nach der zweiten GAUSSschen Formel für eine geschlossene Fläche gleich dem Integral der Divergenz, genommen über das umschlossene Volumen.

Die GAUSSschen Formeln ergeben:

$$\left.\begin{aligned} \mathbf{grad}\,\varphi &= \lim_{V\to 0} \frac{1}{V} \oint d\boldsymbol{F}\,\varphi, \\ \mathrm{div}\,\boldsymbol{v} &= \lim_{V\to 0} \frac{1}{V} \oint d\boldsymbol{F} \cdot v, \\ \mathbf{rot}\,\boldsymbol{v} &= \lim_{V\to 0} \frac{1}{V} \oint d\boldsymbol{F} \times \boldsymbol{v}. \end{aligned}\right\} \qquad (26.5)$$

Diese Formeln eignen sich zur Definition der Differentialoperatoren, da sie unabhängig vom Koordinatensystem sind. Der Prozeß

$$\nabla \cdots = \lim_{V\to 0} \frac{1}{V} \oint dF \ldots$$

wird *räumliche Differentiation* genannt und durch das ∇-(Nabla-) Symbol bezeichnet; damit ist also

$$\mathbf{grad}\,\varphi = \nabla\varphi, \qquad \mathrm{div}\,\boldsymbol{v} = \nabla \cdot \boldsymbol{v}, \qquad \mathbf{rot}\,\boldsymbol{v} = \nabla \times \boldsymbol{v}.$$

Die GREENschen Formeln sind die Analoga der gewöhnlichen partiellen Integration.

Die Sätze von STOKES und GAUSS führen im Falle, daß die Feldgrößen Unstetigkeitsflächen besitzen, zu folgenden Definitionen:

$\boldsymbol{n}$ sei der positive Normaleneinheitsvektor der Sprungfläche, an deren negativer bzw. positiver Seite die Werte der Feldgröße durch $-$ bzw. $+$ gekennzeichnet werden. Es wird definiert

der Flächengradient durch $(\varphi^+ - \varphi^-)\,\boldsymbol{n}$,
die Flächendivergenz durch $(\boldsymbol{v}^+ - \boldsymbol{v}^-) \cdot \boldsymbol{n}$,
der Flächenrotor durch $(\boldsymbol{v}^+ - \boldsymbol{v}^-) \times \boldsymbol{n}$.

27. Potentialtheorie. Reine Quellenfelder — d. h. wirbelfreie Felder — und nur diese lassen sich als Gradient eines Skalars auffassen, der als Potential bezeichnet wird. Aus $\mathbf{rot}\,\boldsymbol{v} = 0$ folgt nämlich aus dem STOKESschen Satz, daß

$$\varphi(x) = \int_{\boldsymbol{x}_0}^{\boldsymbol{x}} \boldsymbol{v} \cdot d\boldsymbol{x} \qquad (27.1)$$

nur von den Grenzen $\boldsymbol{x}_0$ und $\boldsymbol{x}$ aber nicht vom Integrationsweg abhängt[1]. Aus (27.1) folgt

$$\boldsymbol{v} = \mathbf{grad}\,\varphi;$$

[1] Dabei ist nur vorausgesetzt, daß die konkurrierenden Wege sich im Gültigkeitsbereich von $\mathbf{rot}\,\boldsymbol{v} = 0$ stetig ineinander deformieren lassen müssen; der genannte Bereich muß also *einfach-zusammenhängend* sein.

φ ist das (bis auf eine additive Konstante bestimmte) *Potential*[1] von $\boldsymbol{v}$. Die Aussagen

$$\boldsymbol{v} = \mathbf{grad}\,\varphi,$$

$$\mathbf{rot}\,\boldsymbol{v} = 0,$$

$$\text{„}\int \boldsymbol{v}\cdot d\boldsymbol{x} \text{ ist unabhängig vom Wege“}$$

sind also gleichwertig. Gibt $\gamma = \operatorname{div}\boldsymbol{v}$ die Quellendichte des wirbelfreien Feldes $\boldsymbol{v}$ an, so genügt das Potential φ der POISSON*schen Differentialgleichung*

$$\Delta\varphi = \gamma, \tag{27.2}$$

deren Lösungen sich aus[2]

$$\varphi(x) = -\frac{1}{4\pi}\int \frac{\gamma(\boldsymbol{y})}{|\boldsymbol{x}-\boldsymbol{y}|}\, dV_{\boldsymbol{y}} \tag{27.3}$$

und der allgemeinen Lösung der LAPLACEschen oder *Potentialgleichung*

$$\Delta\varphi = 0 \tag{27.4}$$

additiv zusammensetzen.

Entsprechendes gilt für die reinen Wirbelfelder, für die also $\operatorname{div}\boldsymbol{v} = 0$ ist. Ein solches Feld kann stets dargestellt werden durch

$$\boldsymbol{v} = \mathbf{rot}\,\boldsymbol{V}; \tag{27.5}$$

$\boldsymbol{V}$ heißt das *Vektorpotential* von $\boldsymbol{v}$, es ist bestimmt bis auf einen willkürlichen Gradienten. Speziell kann $\boldsymbol{V}$ so gewählt werden, daß es auf einem beliebigen Vektorfeld senkrecht steht, oder daß es quellenfrei ist. Ist

$$\mathbf{rot}\,\boldsymbol{v} = \boldsymbol{w},$$

so genügt das Vektorpotential $\boldsymbol{V}$ der Differentialgleichung

$$\Delta\boldsymbol{V} = -\boldsymbol{w}, \tag{27.6}$$

falls zusätzlich

$$\operatorname{div}\boldsymbol{V} = 0 \tag{27.7}$$

gefordert wird. Eine Lösung von (27.6) ist

$$\boldsymbol{V}(\boldsymbol{x}) = \frac{1}{4\pi}\int \frac{\boldsymbol{w}(\boldsymbol{y})}{|\boldsymbol{x}-\boldsymbol{y}|}\, dV_{\boldsymbol{y}};$$

sie genügt auch (27.7), falls $\boldsymbol{w}$ im Unendlichen hinreichend rasch verschwindet[3]; man erhält alle Lösungen von (27.6) und (27.7), wenn man die angegebene mit der allgemeinen Lösung des Systems

$$\Delta\boldsymbol{v} = 0, \quad \operatorname{div}\boldsymbol{V} = 0$$

kombiniert.

Nach Obigem läßt sich das allgemeine Feld im wesentlichen[4] eindeutig durch Superposition eines reinen Quellenfeldes und eines reinen Wirbelfeldes erzeugen:

$$\boldsymbol{v}(\boldsymbol{x}) = -\frac{1}{4\pi}\,\mathbf{grad}\int \frac{\operatorname{div}\boldsymbol{v}(\boldsymbol{y})}{|\boldsymbol{x}-\boldsymbol{y}|}\, dV_{\boldsymbol{y}} + \frac{1}{4\pi}\,\mathbf{rot}\int \frac{\mathbf{rot}\,\boldsymbol{v}(\boldsymbol{y})}{|\boldsymbol{x}-\boldsymbol{y}|}\, dV_{\boldsymbol{y}}. \tag{27.8}$$

---

[1] Aus physikalischen Gründen wird oft $-\varphi$ als Potential bezeichnet.

[2] Für die Konvergenz dieses Integrals muß γ im Unendlichen hinreichend schnell gegen Null gehen.

[3] Diese Forderung ist ohnehin für die Existenz des Integrals notwendig.

[4] Das heißt bis auf ein LAPLACE-Feld; dieses wird durch zusätzliche Forderungen festgelegt, z. B. durch sein Verhalten im Unendlichen.

D. Höhere Geometrie.

I. Ricci-Kalkül.

a) Der allgemeine Raum X_n.

28. Problemstellung. In Abschnitt A hatten wir den Vektorbegriff so eingeführt, daß parallel-verschobene Vektoren als gleich anzusehen waren. Das hat folgenden Sinn. Überträgt man die Vektoren, die in einem Punkt P abgetragen sind — wir sprechen kurz von dem Vektorkörper in P —, parallel nach einem zweiten Punkt Q, so ist das eine kongruente Abbildung des Vektorkörpers von P auf den von Q. Dabei ändern sich aber auch nicht die Koordinaten der Vektoren, wenn man wie bisher nur geradlinige Koordinatensysteme betrachtet. Die beiden Vektorkörper werden also durch die parallele Übertragung so aufeinander bezogen, daß sie weder geometrisch noch algebraisch unterscheidbar sind.

Bezieht man jedoch, was oft zweckmäßig ist, den Raum auf krummlinige Koordinaten, so trägt jeder Punkt in den Tangentenvektoren (mit gewissen Längen) an die Koordinatenlinien seine eigene Vektorbasis für seinen Vektorkörper. Die Basen in zwei verschiedenen Punkten hängen im allgemeinen keineswegs durch Parallelverschiebung zusammen; die Komponenten[1] eines Vektors werden daher bei paralleler Übertragung geändert. Während also zwar ohne weiteres geometrisch feststeht, wann zwei Vektoren parallel sind, so sind doch die krummlinigen Koordinatensysteme diesem Parallelismus nicht angepaßt. Dadurch wird es erforderlich, die Vektoren als „gebunden" zu betrachten, d.h. gemeinsam mit den Punkten, in denen sie abgetragen sind.

Zu weiteren Konsequenzen führt die Gauss-Riemannsche Auffassung der Flächentheorie. Es sei eine Fläche im gewöhnlichen Raum gegeben. Die erste Fundamentalform regelt die „innere" Geometrie der Fläche, das ist die Gesamtheit der Eigenschaften, die bei längentreuen Abbildungen der Fläche erhalten bleiben. Zu einer gleichwertigen Formulierung dieser Auffassung kommt man dadurch, daß man die Fläche zusammen mit ihrer, durch die Einbettung im euklidischen Raum induzierten Maßbestimmung aus dem umgebenden Raum herauslöst und als selbstständiges zweidimensionales Gebilde behandelt. Hierzu braucht man die Fläche, die auf die Parameter u und v bezogen sei, nur einfach mit ihrer u, v-Parameterebene zu identifizieren und in diese die Maßbestimmung der Fläche hinüberzunehmen. Es ist dies die gleiche Situation wie in Ziff. 16, wo wir ein euklidisches Modell der nicht-euklidischen Geometrie dadurch erhielten, daß wir in die Ebene eine von der euklidischen abweichende Metrik einführten; dabei ist es ein unwesentlicher Unterschied, daß die Metrik in „integrierter" Form (16.3) auftrat; in (23.2) ist ja die äquivalente Differentialform angegeben worden. — Wir sagen, daß wir die Fläche als zweidimensionalen Riemannschen Raum auffassen, und bezeichnen diesen kurz mit V_2.

Es ist klar, was unter Vektoren dieses V_2 zu verstehen ist: der Vektorkörper in einem Punkt $\boldsymbol{x}$ der ursprünglichen Fläche wird gebildet von den Vektoren seiner Tangentialebene; die beiden Komponenten, die ein solcher Vektor in seiner Zerlegung nach den Vektoren $\boldsymbol{x}_u$ und $\boldsymbol{x}_v$ besitzt, sind seine Komponenten im entsprechenden Punkt P der Parameterebene.

Offenbar hat es zunächst keinen Sinn, von Vektoren in verschiedenen Punkten zu sagen, sie seien parallel. Jedoch erklärt man nach Levi-Civita die parallele Übertragung so: $\boldsymbol{x}$ und $\boldsymbol{y}$ seien zwei infinitesimal benachbarte Punkte der Fläche

[1] Im Gegensatz zu der in Ziff. 2 vereinbarten Benennung sprechen wir hier und im folgenden besser von den Komponenten (statt Koordinaten) eines Vektors und anderer Größen, um Verwechslungen mit den als Koordinaten bezeichneten Variablen zu vermeiden.

und $\mathfrak{a}$ ein Vektor in der Tangentialebene von $\mathfrak{x}$; nun wird $\mathfrak{a}$ im gewöhnlichen Sinne, d.h. relativ zum umgebenden euklidischen Raum, parallel nach $\mathfrak{y}$ verpflanzt, wo er im allgemeinen kein Flächenvektor mehr sein wird; projiziert man aber diesen Vektor senkrecht auf die Tangentialebene von y, so erhält man einen Flächenvektor in $\mathfrak{y}$, der per definitionem aus $\mathfrak{a}$ durch *parallele Übertragung auf der Fläche* von $\mathfrak{x}$ nach $\mathfrak{y}$ hervorgeht.

Dieser keineswegs triviale *Parallelismus* läßt sich analytisch allein durch die ersten Fundamentalgrößen der Fläche ausdrücken: er ist also durch die Maßbestimmung der Fläche bestimmt, und die bei seiner Erklärung benutzte Einbettung der Fläche im euklidischen Raum fällt daher heraus. Der Parallelismus gehört also in Wahrheit zur inneren Geometrie der Fläche: er läßt sich im zugehörigen V_2 verfolgen.

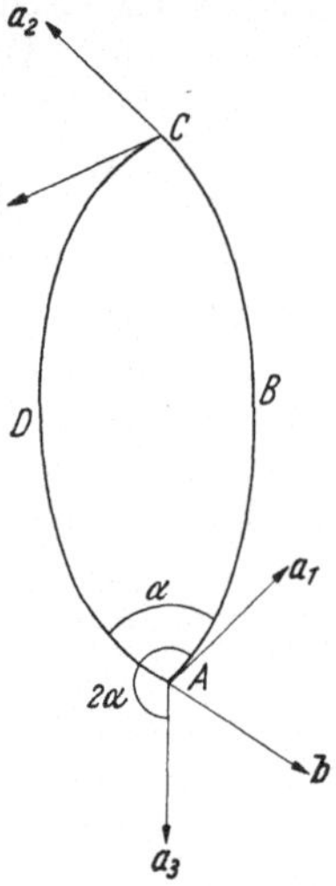

Fig. 12. Die Abhängigkeit der Parallelverschiebung vom Wege.

Mit der gewöhnlichen Parallelverschiebung hat die hier erklärte die Eigenschaft gemein, daß sie eine kongruente Abbildung ist: sie verändert nicht die Längen von Vektoren. Dagegen ist sie im allgemeinen abhängig vom Wege: verschiebt man einen Vektor längs einer geschlossenen Kurve parallel, so wird seine Endlage im allgemeinen von der Anfangslage verschieden sein. Das einfachste Beispiel hierfür ist die Übertragung längs eines Zweiecks aus Großkreisbögen auf der Kugel. Zuvor sei erwähnt, daß die Geodätischen einer Fläche sich gegenüber dem Parallelismus von Levi-Civita wie gerade Linien verhalten: sie haben in allen Punkten gleiche Richtung, weil sich ihre Tangentenvektoren aus einem von ihnen durch Übertragung längs der Kurve ergeben. Denn für jede Kurve liegt die Änderung des Tangenteneinheitsvektors in der Hauptnormalen (Ziff. 17), die für Geodätische mit der Flächennormalen zusammenfällt (Ziff. 22); daher erleidet der Tangentenvektor beim Fortschreiten längs der Geodätischen dieselbe Änderung wie unter der parallelen Übertragung in Richtung dieser Kurve. Nun sind Großkreise geodätische Linien auf der Kugel, und die Anwendung des erwähnten Satzes zeigt (Fig. 12), daß der Tangentenvektor $\mathfrak{a}$ im Punkte A des Großkreisbogens ABC bei Parallelverschiebung längs dieses Bogens in C als Tangentenvektor $\mathfrak{a}_2$ ankommt; bezüglich Übertragung längs des Großkreisbogens CDA besteht dieselbe Aussage für den Vektor $\mathfrak{b}$, der in C diesen Bogen tangiert, und da unser Parallelismus eine kongruente Abbildung der Flächenvektoren vermittelt, bleibt bei dieser Übertragung der Winkel zwischen $\mathfrak{a}_2$ und $\mathfrak{b}$ fest; in seiner Endlage $\mathfrak{a}_3$ ist also der Vektor $\mathfrak{a}$ gegen seine Ausgangslage $\mathfrak{a}_1$ um den Winkel 2α gedreht, wobei α den (kleineren) Winkel des Zweiecks bezeichnet.

Diese Eigenschaft, daß die Übertragung nicht integrabel sondern wegabhängig ist, spiegelt die Krümmung der Fläche wieder; sie ist aber eine Eigenschaft des Parallelismus und gehört daher — wie dieser — zur inneren Geometrie der Fläche, d.h. zur Geometrie des zugeordneten Riemannschen Raumes: Ein Beleg für das Theorema egregium von Gauss (20.9), nach welchem die Krümmung einer Fläche eine von der Einbettung unabhängige Bedeutung hat.

Weiter zeigt das Beispiel einer gekrümmten Fläche als V_2, daß die Vorstellung eines Vektors als „gerichtete Strecke" fallen gelassen werden muß; denn da ein Flächenvektor nicht in der Fläche liegt sondern mit ihr nur seinen Angriffspunkt gemein hat, ist er eine Größe, die lediglich einem Punkte des V_2 zugeordnet ist, *ohne im V_2 eine Punktmenge zu repräsentieren.*

Zur eigentlichen RIEMANNschen Geometrie führen jetzt zwei naheliegende Verallgemeinerungen: einmal wird die Beschränkung unseres Beispiels auf die Dimension 2 beseitigt, zum anderen werden RIEMANNsche Räume für sich, d.h. unabhängig von einer etwa möglichen Realisierung in einem höherdimensionalen euklidischen Raum, betrachtet. Der anfangs erwähnte, auf krummlinige Koordinaten bezogene euklidische Raum ordnet sich jetzt ein als „ebener", d.h. ungekrümmter, dreidimensionaler V_3.

Wir werden die Definition des Raumes noch allgemeiner fassen, als es in der RIEMANNschen Geometrie geschieht, und schrittweise durch zusätzliche Forderungen die Raumstruktur näher festlegen. Grundlage der Untersuchungen ist dabei der gewöhnliche Raum, insofern als wir nur „lokal-ebene" Räume behandeln, die sich „im Kleinen" wie jener verhalten.

Die obigen Bemerkungen über Vektoren zeigen, daß wir uns in der höheren Geometrie nicht auf die Anschauung stützen können; wir müssen also überhaupt klären, was unter einem *geometrischen Objekt* zu verstehen ist. Die Einsicht, daß ein Vektor nichts anderes ist, als ein System von Zahlen (Komponenten), die hinsichtlich der Wahl der verschiedenen Parameter, durch welche der Raum beschrieben werden kann, gewisse Transformationseigenschaften besitzen, legt es nahe, in analoger Weise auch Objekte „höherer Stufe" — Tensoren — zu definieren, die uns wegen ihres Mangels an Anschaulichkeit in der elementaren Geometrie entgangen sind; so zieht auch diese ihren Nutzen aus der kritischen Beleuchtung ihrer Begriffe.

29. Tensoren. Wir behandeln zunächst den allgemeinen n-dimensionalen lokalebenen Raum X_n. Er ist eine Menge von Objekten, die Punkte genannt werden, und die sich eineindeutig auf die Wertesysteme von n Koordinaten $x_1, x_2, \ldots, x_n$ beziehen lassen; das ist die *Dimensionsforderung*. Die weitere Forderung, daß der Raum *lokal-eben* sein soll, findet ihren Ausdruck in der Beschränkung der zulässigen Koordinatensysteme: neben dem System von Urvariablen x_i sind als Koordinaten zugelassen nur die stetig differenzierbaren Funktionen

$$\bar{x}_i = \bar{x}_i(x_1, \ldots, x_n) \qquad (i = 1, 2, \ldots, n),$$

deren Funktionaldeterminante nicht verschwindet. Setzt man nämlich

$$P_\lambda^\nu = \frac{\partial \bar{x}_\nu}{\partial x_\lambda}, \qquad Q_\lambda^\nu = \frac{\partial x_\nu}{\partial \bar{x}_\lambda}, \tag{29.1}$$

so bestehen zwischen den Koordinatendifferentialen die Relationen

$$d\bar{x}^\nu = P_i^\nu dx^i, \qquad dx^\nu = Q_i^\nu d\bar{x}^i; \tag{29.2}$$

hier sind (aus später ersichtlichen Gründen) die Indices der Koordinatendifferentiale oben geschrieben worden, und zur Vereinfachung der Schreibweise wurde — wie auch im folgenden stets — der EINSTEIN-*Konvention* gefolgt, gemäß welcher immer über jeden in einem Produkt doppelt vorkommenden Index von 1 bis n zu summieren ist; um die Formeln übersichtlicher zu machen, wollen wir *freie Indices mit griechischen, Summationsindices dagegen mit lateinischen Buchstaben* bezeichnen. Aus (29.2) folgt als Ausdruck dafür, daß die Funktionaldeterminanten invers zueinander sind:

$$P_i^\nu Q_\mu^i = P_\mu^i Q_i^\nu = \delta_\mu^\nu = \begin{cases} 0 & \text{für} \quad \nu \neq \mu \\ 1 & \text{für} \quad \nu = \mu. \end{cases} \tag{29.3}$$

Die Transformation des X_n auf andere zulässige Koordinaten induziert nach (29.2) eine *lineare* Transformation im Raum $E_n(P)$ der Koordinatendifferentiale jedes einzelnen Punktes P: das ist der Sinn der Forderung, daß der X_n in jedem Punkte lokal-eben sein soll.

Wir fassen nun ein System von n Koordinatendifferentialen als (in P abgetragenes) Linienelement auf und nehmen es als Modell für *kontravariante Vektoren*: ein kontravarianter Vektor in P ordnet jedem zulässigen Koordinatensystem n Zahlen v^λ, die Komponenten des Vektors, zu, und der Zusammenhang zweier Darstellungen v^λ und $\bar{v}^\lambda$, die zu den Koordinaten x bzw. $\bar{x}$ gehören, ist gegeben durch

$$\bar{v}^\nu = P_i^\nu v^i, \qquad v^\nu = Q_i^\nu \bar{v}^i. \tag{29.4}$$

Wenn nicht einzelne Komponenten, sondern Vektoren als Ganzes betrachtet werden, und wenn nicht Bezug auf spezielle Koordinaten genommen wird, ist es ohne Mißverständnis möglich, den Vektor, dessen Komponenten in einem bestimmten Koordinatensystem durch die Zahlen v^ν gegeben werden, selbst durch v^ν zu bezeichnen; entsprechendes gilt für alle im folgenden vorkommenden Größen.

Ist dem Punkt P unabhängig von der Koordinatenwahl eine Zahl f zugeordnet, so heißt f *Skalar* oder *Invariante*; eine Funktion auf X_n ist ein Skalarfeld. Sei f ein solches; das totale Differential

$$d f = \partial_i f \, dx^i, \tag{29.5}$$

wobei wir zur Abkürzung

$$\partial_\nu f = \frac{\partial f}{\partial x_\nu} \tag{29.6}$$

gesetzt haben, ist eine Invariante; mit

$$\overline{\partial_\nu f} = \frac{d f}{d \bar{x}_\nu}$$

gilt also

$$\partial_i f \, d x^i = \overline{\partial_j f} \, d \bar{x}^j,$$

mithin nach (29.2)

$$(\overline{\partial_j f} - Q_j^i \partial_i f) \, d \bar{x}^j = 0$$

und

$$(\partial_i f - P_i^j \overline{\partial_j f}) \, d x^i = 0;$$

da die Koordinatendifferentiale beliebig sind, bedingen diese Relationen

$$\overline{\partial_\lambda f} = Q_\lambda^i \partial_i f, \qquad \partial_\lambda f = P_\lambda^i \overline{\partial_i f}.$$

Wir nehmen den Inbegriff der Zahlen $\partial_\nu f$, den *Gradienten* von f, als Modell für *kovariante Vektoren*: ein kovarianter Vektor v_ν ordnet jedem Koordinatensystem n Komponenten v_ν zu, die sich nach

$$\bar{v}_\lambda = Q_\lambda^i v_i, \qquad v_\lambda = P_\lambda^i \bar{v}_i \tag{29.7}$$

transformieren. — Zwischen ko- und kontravarianten Vektoren besteht im allgemeinen Raum kein Zusammenhang; erst nach Einführung einer Maßbestimmung wird es sinnvoll, wie in Ziff. 5 von den ko- bzw. kontravarianten Komponenten *eines* Vektors zu sprechen.

Nachdem wir Skalare, die wir als Größen nullter Stufe ansehen, und die beiden Arten von Vektoren, Größen erster Stufe, zur Verfügung haben, können wir Größen höherer Stufe dadurch erklären, daß gewisse aus ihnen gebildete Linearformen von Vektoren invariant, d. h. Skalare sind. Zum Beispiel bestimmt die Forderung, daß die Linearform

$$a_i{}^{jk} u^i v_j w_k,$$

die aus den beliebigen Vektoren u^λ, v_μ, w_ν gebildet ist, einen vom Koordinatensystem unabhängigen Wert haben soll, einen *Tensor 3. Stufe*, dessen Komponenten in einem bestimmten Koordinatensystem die Zahlen $a_r^{\mu\nu}$ sind; es handelt sich, genau gesprochen, um einen „gemischten" Tensor 3. Stufe, der im ersten Index kovariant, in den beiden letzten dagegen kontravariant ist. Die Invarianzforderung

$$\bar{a}_i^{\,jk}\,\bar{u}^i\,\bar{v}_j\,\bar{w}_k = a_r^{\,st}\,u^r\,v_s\,w_t$$

bedingt nämlich nach (29.4) und (29.7) die Transformationsformeln der Tensorkomponenten

$$\bar{a}_\lambda^{\,\mu\nu} = a_i^{\,jk}\,Q^i_\lambda\,P^\mu_j\,P^\nu_k, \tag{29.8}$$

durch welche der Tensor völlig bestimmt ist, wenn seine Koordinaten in *einem* Koordinatensystem bekannt sind.

Bevor wir näher auf das Rechnen mit Tensoren eingehen, mögen einige Bemerkungen angebracht sein. Bei der Bezeichnung eines Tensors ist nicht nur die Stellung der Indices (oben oder unten) zu beachten, sondern auch deren Reihenfolge (erster, zweiter usw.); zwar hat diese im allgemeinen Raum X_n noch keine Bedeutung, sie wird jedoch wesentlich, wenn nach Einführung eines Fundamentaltensors (durch den in der Geometrie eine Maßbestimmung festgelegt wird) die Operation des „Herauf- und Herunterziehens" der Indices möglich wird.

Daß Tensoren nicht, wie es naheliegt, und wie wir es früher mit Vektoren taten, durch Symbole sondern durch „Komponentensymbole" bezeichnet werden, hat seinen Grund darin, daß sich verschiedene Typen von Tensoren durch verschiedene Stellung und Reihenfolge der Indices unterscheiden lassen, und daß sich die noch zu erklärenden Operationen, die mit Tensoren vorgenommen werden können, in einfacher Weise durch die Indices ausdrücken lassen, während die symbolische Schreibweise für eine solche Operation zahlreiche verschiedene Zeichen beibringen muß, je nachdem auf welche Indices sie angewandt wird[1].

In die Sprechweise der Gruppentheorie übersetzt, vermittelt ein Tensor eine Darstellung der zentrierten affinen Gruppe, worunter diejenige Untergruppe der affinen Gruppe zu verstehen ist, unter der ein vorgegebener Punkt fest bleibt. Genauer: die Komponenten des Tensors bilden die Komponenten eines „Vektors" in einem Darstellungsmodul vom Grade n^p, wenn p die Stufe des Tensors ist; denn ein solcher Tensor besitzt n^p Komponenten, die sich nach (29.8) linear transformieren, wenn die Koordinatendifferentiale einer Transformation der zentrierten affinen Gruppe unterworfen werden. Die von dem Tensor $a_\lambda^{\mu\nu}$ vermittelte Darstellung ist das Kronecker-Produkt aus drei Gruppen, von denen eine die kovariant geschriebene, die beiden anderen die kontravariant geschriebene zentrierte affine n-dimensionale Gruppe ist. — Die Darstellungstheorie der Gruppen behandelt das Problem, einen Tensor additiv in nicht weiter zerlegbare Tensoren zu zerlegen. Von invarianten Zerlegungen eines Tensors werden wir hier nur elementaren Beispielen begegnen, die aus den im folgenden darzulegenden allgemeinen Tensoroperationen entspringen.

Die Tensoren sind Beispiele „geometrischer Größen", worunter wir Komponentensysteme verstehen, die unter Koordinatentransformationen eine Darstellung der affin-zentrierten Gruppe vermitteln.

Nicht aus dem Tensorbegriff herleitbar sind die *Pseudotensoren*: Sie sind geometrische Größen, in deren zu (29.8) sonst völlig analogem Transformationsgesetz als Faktor das Vorzeichen der Determinante aus den P^μ_λ erscheint.

[1] Eine noch konsequentere Ausnutzung der Indices für den Kalkül ist die sog. Kernindexmethode; vgl. z.B. SCHOUTEN, J. A.: Tensor analysis for physicists, Oxford 1954.

Allgemeiner ist der Begriff des „geometrischen Objektes“: das ist ein System von Komponenten, deren Transformationen sich durch die Komponenten des Objektes in bezug auf die Urvariablen und die P^{ν}_{λ}, Q^{ν}_{λ} sowie deren Ableitungen (beliebiger Ordnung) nach den Koordinaten ausdrücken lassen. Unter diesen Begriff fallen z. B. die Punkte und Kurven des X_n.

30. Tensoralgebra. Es soll dargelegt werden, welche Rechenoperationen mit Tensoren möglich sind. Darunter ist folgendes zu verstehen: übt man die Operation auf die Komponenten eines oder mehrerer Tensoren aus, so sollen die resultierenden Zahlen, die man in zwei verschiedenen Koordinatensystemen erhält, so zusammenhängen, wie die Komponenten eines geeigneten Tensors; algebraisch gesprochen soll die Operation *vertauschbar* sein mit dem Wechsel des Koordinatensystems; kurz: *die Operation ist invariant.*

Multiplikation eines Tensors mit einem Skalar ergibt einen gleichartigen Tensor; d. h. einen Tensor gleicher Stufe und mit derselben Anordnung der Indices.

Dasselbe gilt für die Addition gleichartiger Tensoren; z. B. ist

$$c_{\lambda}^{\mu\nu} = a_{\lambda}^{\mu\nu} + b_{\lambda}^{\mu\nu}$$

eine invariante Gleichung.

Eine Permutation gleichgestellter Indices ordnet einem Tensor einen gleichartigen, ein *Isomer*, zu. Die allgemeine Operation dieser Art wird erzeugt von der Vertauschung zweier Indices, d. h. einer Zuordnung der Gestalt

$$a_{\varkappa}^{\lambda\mu\nu} \to b_{\varkappa}^{\lambda\mu\nu} = a_{\varkappa}^{\nu\mu\lambda}.$$

Aus einem *gemischten* Tensor, d. h. einem Tensor mit oberen und unteren Indices, erhält man nach (29.3) einen neuen Tensor, dessen Stufe um Zwei niedriger ist, durch *Verjüngung*, d. h. durch Summation über zwei gleichgesetzte Indices in verschiedenen Stellungen; z. B.

$$c^{\lambda\nu} = a_i^{\lambda i\nu}.$$

Hat ein Tensor insbesondere ebenso viele obere wie untere Indices, so kann man aus ihm durch (gegebenenfalls mehrfache) Verjüngung einen Skalar ableiten; das ist aber bei Tensoren von höherer als zweiter Stufe auf verschiedene Weisen möglich; z. B.

$$c = a_{ij}^{\;\;ij}, \quad d = a_{ij}^{\;\;ji}.$$

Für einen gemischten Tensor zweiter Stufe h_{λ}^{ν} ist die Spur h_i^i ein Skalar.

Beliebige Tensoren können *multipliziert* werden, wobei die Stufen der Faktoren sich addieren; z. B.

$$c_{\lambda\;\nu}^{\;\mu} = a_{\lambda} b^{\mu}_{\;\nu}.$$

Aus diesen Grundoperationen lassen sich andere erzeugen.

Die *Überschiebung* von Tensoren entsteht durch Multiplikation der Tensoren und Verjüngung des Produktes nach gewissen Indices; z. B. ist

$$c^{\nu} = a_i^{\nu j} b_j^{\;i}$$

die Überschiebung von $a_i^{\nu j}$ und $b_j^{\;i}$ nach i und j; insbesondere erhält man durch Überschiebung eines ko- und eines kontravarianten Vektors den Skalar $u^i v_i$.

Indem man von den zu gewissen Indices gebildeten Isomeren eines Tensors das arithmetische Mittel bildet, erhält man den zu diesen Indices *symmetrischen Teil* des Tensors, der durch runde Klammern um die betreffenden Indices bezeichnet wird; Indices, die hiervon nicht berührt werden, aber in der Klammer stehen, sind besonders zu kennzeichnen. Zum Beispiel ist

$$a_{(\varkappa}{}^{\lambda}{}_{\underline{\nu})} = \tfrac{1}{2}(a_{\varkappa}{}^{\lambda}{}_{\nu\mu} + a_{\mu}{}^{\lambda}{}_{\nu\varkappa})$$

und

$$b_{(\lambda\nu\mu)} = \tfrac{1}{6}(b_{\lambda\nu\mu} + b_{\lambda\mu\nu} + b_{\nu\lambda\mu} + b_{\nu\mu\lambda} + b_{\mu\lambda\nu} + b_{\mu\nu\lambda}).$$

Den zu gewissen Indices gehörigen *alternierenden Teil* eines Tensors erhält man auf analoge Weise, wenn man die Isomere negativ nimmt, falls die Permutation der Indices ungerade ist; die Bezeichnung des alternierenden Teiles eines Tensors geschieht durch eckige Klammern. Zum Beispiel ist

$$b_{[\lambda\nu\mu]} = \tfrac{1}{6}(b_{\lambda\nu\mu} - b_{\lambda\mu\nu} - b_{\nu\lambda\mu} + b_{\nu\mu\lambda} + b_{\mu\lambda\nu} - b_{\mu\nu\lambda})$$

der alternierende Teil von $b_{\lambda\nu\mu}$.

Ein Tensor heißt *symmetrisch* bzw. *alternierend, antisymmetrisch* oder *schiefsymmetrisch* in gewissen Indices, wenn er mit seinem zu diesen Indices gebildeten symmetrischen bzw. alternierenden Teil übereinstimmt. Es sei ausdrücklich betont, daß diese Operationen und Aussagen nur für gleichgestellte Indices einen Sinn haben.

Die Determinante aus den Komponenten von n gleichartigen Vektoren ist eine invariante Bildung, da sie sich durch den alternierenden Teil des Produktes ausdrückt[1]:

$$\begin{vmatrix} \overset{1}{a}_1 & \overset{2}{a}_1 & \dots & \overset{n}{a}_1 \\ \overset{1}{a}_2 & \overset{2}{a}_2 & \dots & \overset{n}{a}_2 \\ \vdots & \vdots & & \vdots \\ \overset{1}{a}_n & \overset{2}{a}_n & \dots & \overset{n}{a}_n \end{vmatrix} = n!\ \overset{1}{a}_{[\lambda}\overset{2}{a}_{\mu}\dots\overset{n}{a}_{\omega]}. \tag{30.1}$$

Ein reiner Tensor zweiter Stufe gestattet eindeutig eine invariante Zerlegung in einen symmetrischen und einen alternierenden Teil

$$a_{\mu\nu} = a_{(\mu\nu)} + a_{[\mu\nu]}.$$

31. Besondere Tensoren. Ein gemischter Tensor zweiter Stufe vermittelt je eine lineare Abbildung der ko- und der kontravarianten Vektoren gemäß

$$v_\lambda = a_\lambda{}^i u_i, \qquad v^\lambda = a_i{}^\lambda u^i.$$

Ein reiner kovarianter Tensor zweiter Stufe vermittelt zwei lineare Abbildungen der kontravarianten auf kovariante Vektoren gemäß

$$v_\lambda = a_{\lambda i} u^i, \qquad w_\lambda = a_{i\lambda} u^i;$$

diese Abbildungen sind identisch, wenn $a_{\lambda\nu}$ symmetrisch ist. Entsprechendes gilt für kontravariante Tensoren.

Ist speziell, z.B. in der Geometrie durch Einführung einer Maßbestimmung, ein Fundamentaltensor ausgezeichnet, das ist ein symmetrischer Tensor

$$g_{\nu\mu} = g_{\mu\nu},$$

dessen Determinante in einem Koordinatensystem nicht verschwindet (sie ist dann in jedem Koordinatensystem von Null verschieden), so stiftet dieser Tensor zwischen den ko- und kontravarianten Vektoren eine feste, eineindeutige Zuordnung

$$v_\nu = g_{\nu i} u^i, \qquad u^\lambda = g^{\lambda i} v_i; \tag{31.1}$$

[1] Indices, die zur Numerierung von Größen (nicht von Komponenten) dienen, dürfen nicht rechts oben oder unten an das Größensymbol geschrieben werden.

dabei ist der inverse Tensor $g^{\lambda\nu}$ aus dem invarianten Gleichungssystem

$$g_{\nu i} g^{i\mu} = \delta_\nu^\mu \dagger \tag{31.2}$$

zu ermitteln. Dieser Zusammenhang zwischen den beiden, vorher fremden, Arten von Vektoren, erlaubt es, entsprechende Vektoren mit den gleichen Buchstaben zu bezeichnen, so daß statt (31.1) geschrieben werden kann

$$u_\nu = g_{\nu i} u^i, \qquad u^\lambda = g^{\lambda i} u_i; \tag{31.3}$$

in der Geometrie ist es sogar üblich, u_ν und u^ν als die ko- bzw. kontravarianten Komponenten eines einzigen Vektors anzusehen. Trifft man entsprechende Festsetzungen auch für andere Tensoren, so braucht man nicht mehr zwischen reinen und gemischten Tensoren zu unterscheiden, sondern nur noch zwischen verschiedenen Schreibweisen *eines* Tensors; der Übergang zwischen diesen Schreibweisen geschieht durch die Methode des „Herauf- oder Herunterziehens" der Indices analog zu (31.3); z.B. ist

$$a_{\lambda\mu\nu} = a_\lambda{}^{ij} g_{i\mu} g_{j\nu}$$

die rein kovariante Schreibweise des Tensor $a_\lambda{}^{\mu\nu}$. Es ist dies die einzige Operation, die zu den in Ziff. 30 angeführten hinzukommt, wenn ein Fundamentaltensor eingeführt wird. Jede Tensorgleichung bleibt richtig, wenn diese Operation auf beiden Seiten der Gleichung auf dieselben Indices angewandt wird; z. B. folgen die Gleichungen

$$v^\lambda = a^{\lambda i} u_i, \qquad v_\lambda = a_{\lambda i} u^i, \qquad v_\lambda = a_\lambda{}^i u_i$$

aus

$$v^\lambda = a^\lambda{}_i u^i.$$

Von besonderer Bedeutung sind die in allen Indices alternierenden kontravarianten Tensoren; sie werden als *Multivektoren* bezeichnet, weil sie in der gleichen Weise Raumelemente repräsentieren, wie ein kontravarianter Vektor als Linienelement gedeutet werden kann. Ein Bivektor ist z.B.

$$c^{\lambda\nu} = 2 a^{[\lambda} b^{\nu]}, \tag{31.4}$$

er stellt das von den Vektoren a^λ und b^ν aufgespannte Flächenelement dar. Für $n = 3$ hat dieser alternierende Tensor die Komponenten

$$c^{11} = c^{22} = c^{33} = 0,$$

$$c^{12} = a^1 b^2 - a^2 b^1, \qquad c^{13} = a^1 b^3 - a^3 b^1, \qquad c^{23} = a^2 b^3 - a^3 b^2;$$

setzt man

$$\overset{*}{c}_1 = c^{23}, \qquad \overset{*}{c}_2 = c^{31}, \qquad \overset{*}{c}_3 = c^{12}, \tag{31.5}$$

so erhält man nach Ziff. 5 in den $\overset{*}{c}_\mu$ die Komponenten des gewöhnlichen Vektorproduktes; sie bilden jedoch keinen Vektor, sondern die Gln. (31.5) sind invariant nur dann, wenn

$$g_{\lambda\nu} = \begin{cases} 0 & \text{für } \lambda \neq \nu \\ 1 & \text{für } \lambda = \nu \end{cases}$$

als Fundamentaltensor vorliegt, und nur unter eigentlichen orthogonalen Transformationen (Drehungen), das sind solche Transformationen (mit positiver Deter-

† $\delta_\nu^\mu = \begin{cases} 0 & \text{für } \nu \neq \mu \\ 1 & \text{für } \nu = \mu \end{cases}$ ist der *Einheitstensor*; für ihn ist das Übereinanderschreiben der Indices zulässig und üblich.

minante) welche diese Darstellung des Fundamentaltensors unverändert lassen. Es ist also ratsam, das Vektorprodukt nicht als Vektor sondern als alternierenden Tensor zweiter Stufe anzusehen.

Spezielle Multivektoren sind die n-Vektoren; einen solchen erhält man z. B. aus dem alternierenden Teil von n Vektoren

$$v^{\lambda\mu\ldots\omega} = n!\,\underset{1}{a}^{[\lambda}\,\underset{2}{a}^{\mu}\ldots\underset{n}{a}^{\omega]}; \tag{31.6}$$

sämtliche Komponenten einer solchen Größe sind entweder gleich 0 oder gleich $\pm v^{12\ldots n}$; von einem Skalar unterscheidet sich ein n-Vektor dadurch, daß er sich bei Koordinatenwechsel wegen (30.1) mit der Determinante aus den Transformationskoeffizienten multipliziert. Der n-Vektor (31.6) ist für $n=3$ das Spatprodukt (Ziff. 4) von drei Vektoren; dieses ist also ein Skalar nur mit denselben Einschränkungen, mit denen der Bivektor (31.4), das Vektorprodukt von zwei Vektoren, als Vektor anzusehen ist.

Das Gegenstück zu den kontravarianten sind die kovarianten Multivektoren, die durch Überschiebung mit jenen die Skalarbildung gestatten; sie werden nach H. WEYL[1] besonders als *lineare Tensoren* bezeichnet.

Eine besondere Rolle spielen hier die linearen n-Vektoren; da ihr Produkt mit einem n-dimensionalen Raumelement, d. h. einem kontravarianten n-Vektor, invariant ist, werden sie als *skalare Dichten* bezeichnet. Aus einem gewöhnlichen Tensor erhält man durch Multiplikation mit einer skalaren Dichte eine *Tensordichte*; man vereinfacht die Schreibweise der Tensordichten, indem man die zur skalaren Dichte gehörigen Indices unterdrückt und die Tensordichte durch einen deutschen Buchstaben schreibt. Als *lineare Tensordichten* werden die kontravarianten alternierenden Tensordichten bezeichnet.

Die Determinante g des Fundamentaltensors $g_{\lambda\nu}$ multipliziert sich bei einer Koordinatentransformation mit dem Quadrat der Transformationsdeterminante. Aus dem über ko- und kontravariante n-Vektoren Gesagten folgt daher, daß

$$\frac{n!}{\sqrt{g}}\,\overset{1}{a}_{[\lambda}\,\overset{2}{a}_{\mu}\ldots\overset{n}{a}_{\omega]} \quad \text{und} \quad n!\,\sqrt{g}\,\underset{1}{a}^{[\lambda}\,\underset{2}{a}^{\mu}\ldots\underset{n}{a}^{\omega]}$$

Skalare sind; die Koeffizienten dieser Multilinearformen in den $\overset{\nu}{a}_{\lambda}$ bzw. $\underset{\nu}{a}^{\lambda}$ sind daher reine kontra- bzw. kovariante Tensoren n-ter Stufe. Es sind dies die sog. *ε-Tensoren*

$$\varepsilon^{\lambda\mu\ldots\omega} = \begin{cases} \dfrac{1}{\sqrt{g}}, & \text{wenn } \lambda,\mu\ldots\omega \text{ eine gerade Permutation der Ziffern } 1, 2, \ldots, n \text{ darstellen} \\ -\dfrac{1}{\sqrt{g}}, & \text{wenn eine ungerade Permutation vorliegt} \\ 0 & \text{sonst,} \end{cases}$$

$$\varepsilon_{\lambda\mu\ldots\omega} = \begin{cases} \sqrt{g} & \text{bei einer geraden Permutation} \\ -\sqrt{g} & \text{bei einer ungeraden Permutation} \\ 0 & \text{sonst.} \end{cases}$$

Diese Schreibweise ist berechtigt, da beide Tensoren durch Herauf- und Herunterziehen der Indices ineinander übergehen.

[1] H. WEYL: Raum, Zeit, Materie. Berlin 1923.

Durch Überschiebung mit dem kontragredienten ε-Tensor erhält man aus einem reinen Tensor höchstens n-ter Stufe einen zu ihm *dualen Tensor*; z. B. ist für $n = 3$ der Vektor

$$v^{\lambda} = \varepsilon^{\lambda i j} a_{ij}$$

dual zum Tensor $a_{\mu\nu}$.

32. Tensoranalysis. Wir sprechen von einem *Tensorfeld*, wenn in jedem Punkt des X_n (oder eines Raumteiles) ein Tensor gegeben ist. Die Differentiation eines Tensors ist im allgemeinen nicht möglich, weil sie erfordern würde, daß man den Tensor in benachbarten Punkten des X_n vergleichen kann. Für ein Skalarfeld ist das trivialerweise möglich; so erhielten wir ja in (29.6) den Gradienten $\partial_\nu f$ als Ausdruck für die Differentiation des Skalarfeldes. Aber schon für Vektoren scheitert der nächstliegende Versuch, die Feldwerte des Vektors in zwei Punkten einfach durch die Differenzen der Komponenten zu vergleichen, da sich diese keineswegs wie Vektoren verhalten; das liegt an der Ortsabhängigkeit der P^{ν}_{λ}. Für den genannten Vergleich ist ein Übertragungsprinzip erforderlich, welches festlegt, wann zwei Vektoren in zwei Nachbarpunkten als gleich (parallel) anzusehen sind; mit solchen Übertragungen, die im allgemeinen Raum X_n nicht erklärt sind, beschäftigt sich der folgende Abschnitt.

Hier existieren außer der Gradientenbildung

$$\partial_\nu f = \frac{\partial f}{\partial x_\nu}$$

als invariante Differentiationsprozesse nur die Analoga der Rotationsbildung für lineare Tensoren und der Divergenzbildung für lineare Tensorschichten; ihr invarianter Charakter beruht außer auf den Symmetrie- und Transformationseigenschaften der differenzierten Größen lediglich auf der Vertauschbarkeit der Differentiationsreihenfolge bei den Funktionen $\bar{x}_\nu(x_\mu)$, die den Übergang von einem Koordinatensystem zu einem anderen vermitteln. Für lineare Tensoren

$$u_\lambda,\ v_{\lambda\nu} = v_{[\lambda\nu]} \quad \text{usw.}$$

lautet die *Rotation*

$$2\,\partial_{[\varkappa} u_{\lambda]} = \partial_\varkappa u_\lambda - \partial_\lambda u_\varkappa,$$

$$3\,\partial_{[\varkappa} v_{\lambda\nu]} = \partial_\varkappa v_{\lambda\nu} + \partial_\lambda v_{\nu\varkappa} + \partial_\nu v_{\varkappa\lambda} \quad \text{usw.,}$$

und für lineare Tensordichten

$$\mathfrak{v}^\lambda, \quad \mathfrak{w}^{\lambda\nu} = \mathfrak{w}^{[\lambda\nu]} \quad \text{usw.}$$

die *Divergenz*

$$\partial_i \mathfrak{v}^i, \quad \partial_i \mathfrak{w}^{i\nu} \quad \text{usw.}$$

b) Der affin-zusammenhängende Raum A_n.

33. Übertragungen. In Ziff. 32 wurde betont, daß in einem X_n der Vergleich der Größen eines Feldes in zwei verschiedenen Punkten nur für Skalarfelder möglich ist. Für eine Größe höherer Stufe erfordert ein solcher Vergleich die Kenntnis darüber, wann zwei Größen in zwei Punkten als gleich anzusehen sind; es muß also ein *Übertragungsprinzip* angegeben werden, durch das die Größen des einen Punktes auf die des anderen bezogen werden, so daß die geforderte Gleichheitsdefinition durch die Identifikation zugeordneter Größen gegeben wird; in Analogie zu den Verhältnissen im gewöhnlichen Raum nennt man zwei gleiche Größen auch (pseudo-)*parallel*. Die Darlegungen aus Ziff. 28 über den Parallelismus von LEVI-CIVITA zeigen, daß eine Übertragung die Gleichheit von Größen eindeutig nur in benachbarten Punkten festlegen kann, während sie für Punkte endlicher

Entfernung im allgemeinen vom Wege abhängen wird, auf dem die Größe von dem einen Punkt zum anderen übertragen wird. Es sei also im Punkt (x_i) eine Größe Φ gegeben, die wir, um allgemein zu bleiben, nicht indicieren; die im Punkte $(x_i + d x^i)$ dazu parallele Größe sei $\Phi + \overset{*}{d}\Phi$. Ist Φ insbesondere eine Feldgröße, so ist $\Phi + d\Phi$ ihr Feldwert in $(x_i + d x^i)$; die Differenz

$$\delta \Phi = (\Phi + d\Phi) - (\Phi + \overset{*}{d}\Phi) = d\Phi - \overset{*}{d}\Phi \tag{33.1}$$

hat invariante Bedeutung (was für $d\Phi$ und $\overset{*}{d}\Phi$ einzeln nicht der Fall ist) und wird als *absolutes Differential* von Φ bezeichnet; diese Benennung ist sinnvoll, da $\delta\Phi = 0$ der Ausdruck dafür ist, daß die Feldwerte von Φ in den betrachteten Punkten zueinander parallel (gleich) sind.

Die erste Forderung, die an die Übertragung zu stellen ist, besagt, daß $\delta\Phi$ — ebenso wie $d\Phi$ — linear und homogen von den Verschiebungskomponenten $d x_\lambda$ abhängen soll:

$$\delta \Phi = \nabla_i \Phi\, d x^i; \tag{33.2}$$

setzen wir

$$\overset{*}{d}\Phi = \overset{*}{\partial}_i \Phi\, d x^i, \tag{33.3}$$

so ist wegen

$$d\Phi = \partial_i \Phi\, d x^i$$

und wegen (33.1)

$$\nabla_\nu \Phi = \partial_\nu \Phi - \overset{*}{\partial}_\nu \Phi. \tag{33.4}$$

Die Zahlen $\nabla_\nu \Phi$ (aber weder $\partial_\nu \Phi$ noch $\overset{*}{\partial}_\nu \Phi$) sind die Komponenten einer Größe, die einen kovarianten Index mehr trägt als Φ; sie heißen daher *kovariante Differentialquotienten* von Φ.

Wir führen die Übertragung zunächst für Vektoren ein und werden dann zeigen, daß die Übertragung für höhere Größen sich aus der Vektorübertragung ergibt.

Die Übertragung soll den Vektorkörper von (x_i) affin auf den Vektorkörper von $(x_i + d x^i)$ abbilden. Durch diese Forderung, die sich sowohl auf die ko- wie die kontravarianten Vektoren bezieht, ist die analytische Gestalt der Übertragung festgelegt: für kontravariante Vektoren lautet sie

$$\overset{*}{d} v^\nu = - \Gamma_{i\,j}^{\,\nu}\, v^i\, d x^j \tag{33.5}$$

und für kovariante Vektoren

$$\overset{*}{d} u_\lambda = \Gamma'^{\,i}_{\lambda\,j}\, u_i\, d x^j; \tag{33.6}$$

die $\Gamma_{\lambda\mu}^{\nu}$ und $\Gamma'^{\nu}_{\lambda\mu}$ sind keine Tensoren (wohl aber geometrische Objekte), dagegen ist das der Fall für

$$C_{\mu\lambda}{}^{\nu} = \Gamma_{\lambda\mu}^{\nu} - \Gamma'^{\nu}_{\lambda\mu} \tag{33.7}$$

und

$$S_{\lambda\mu}{}^{\nu} = \Gamma_{[\lambda\mu]}^{\nu} = \tfrac{1}{2}\left(\Gamma_{\lambda\mu}^{\nu} - \Gamma_{\mu\lambda}^{\nu}\right). \tag{33.8}$$

Es ist möglich, die Theorie der allgemeinsten linearen Übertragung, die durch (33.5) und (33.6) definiert ist, zu entwickeln[1]. Wir wollen jedoch zeigen, daß sinnvolle geometrische Einschränkungen mit dem Verschwinden der Felder $C_{\mu\lambda}{}^{\nu}$ und $S_{\lambda\mu}{}^{\nu}$ äquivalent sind.

Zunächst bedeuten (33.5) und (33.6), daß ko- und kontravariante Vektoren völlig getrennt übertragen werden. Wird die selbstverständliche Bedingung

[1] Zum Beispiel J. A. Schouten: Der Ricci-Kalkül. Berlin 1924.

gestellt, daß für einen Skalar f das absolute Differential mit dem gewöhnlichen übereinstimmt, d.h. daß sich der Skalar bei Übertragung nicht ändert,

$$\delta f = d f, \quad \overset{*}{d} f = 0, \quad \nabla_\nu f = \partial_\nu f,$$

so erhält man für die Überschiebung eines ko- und eines kontravarianten Vektors bei Parallelverschiebung dieser Vektoren nach (33.5), (33.6) und (33.7)

$$\delta(u_i v^i) = d(u_i v^i) = v^i \overset{*}{d} u_i + u_i \overset{*}{d} v^i = -C_{ji}{}^k u_k v^i d x^j;$$

bei Parallelverschiebung eines solchen Vektorpaares bleibt der aus ihnen gebildete Skalar also nur dann stets unverändert — die Übertragung heißt dann *überschiebungsinvariant* — wenn

$$C_{\mu\lambda}{}^\nu \equiv 0;$$

durch diese Forderung, die wir für das folgende stellen wollen, werden also die Übertragungen für ko- und kontravariante Vektoren in naheliegender Weise gekoppelt; dies bewirkt, daß für die kovariante Differentiation von (reinen oder verjüngten) Produkten die gewöhnliche Produktregel

$$\nabla_\varkappa(\Phi\Psi) = \Psi\nabla_\varkappa\Phi + \Phi\nabla_\varkappa\Psi$$

gilt.

Es sei nun ein Skalarfeld f gegeben und in einem Punkte zwei Linienelemente $\underset{1}{d}x^\lambda$ und $\underset{2}{d}x^\lambda$. Das Differential von f in Richtung von $\underset{1}{d}x^\lambda$,

$$\underset{1}{d} f = \partial_i f \underset{1}{d} x^i$$

ist ein Skalar; bildet man dessen Differential in Richtung von $\underset{2}{d}x^\lambda$, wobei $\underset{1}{d}x^\lambda$ längs $\underset{2}{d}x^\lambda$ parallel zu übertragen ist, so erhält man

$$\underset{2}{d}\underset{1}{d} f = \underset{2}{d}(\partial_i f \underset{1}{d} x^i) = \underset{1}{d}x^i \underset{2}{d}\partial_i f + \partial_i f \underset{2}{\overset{*}{d}}\underset{1}{d} x^i = \partial_i\partial_j f \underset{1}{d}x^i \underset{2}{d}x^j - \partial_i f \Gamma_k{}^i{}_j \underset{1}{d}x^k \underset{2}{d}x^j;$$

bildet man nun den analogen Ausdruck, wenn die Linienelemente $\underset{1}{d}x^\lambda$ und $\underset{2}{d}x^\lambda$ ihre Rollen vertauschen, und subtrahiert die beiden Ausdrücke voneinander, so erhält man nach (33.8)

$$(\underset{2}{d}\underset{1}{d} - \underset{1}{d}\underset{2}{d}) f = 2 S_{jk}{}^i \partial_i f \underset{1}{d}x^k \underset{2}{d}x^j;$$

die Forderung, daß die Differentiationen von Skalaren stets vertauschbar sein sollen, bedingt daher die *Symmetrie* der Übertragung

$$S_{\lambda\mu}{}^\nu \equiv 0;$$

diese Forderung läßt sich geometrisch so formulieren: verschiebt man jedes von zwei Linienelementen parallel längs dem anderen, so erhält man ein geschlossenes Parallelogramm.

Ist in einem Raum eine überschiebungsinvariante und symmetrische Übertragung gegeben — wir sprechen dann kurz von einer *affinen Übertragung* —, so wird der Raum mit A_n bezeichnet und heißt *affin zusammenhängend.* In einem A_n ist also ein symmetrisches Übertragungsfeld

$$\Gamma^\nu_{\lambda\mu} = \Gamma^\nu_{\mu\lambda}$$

gegeben, und die kovariante Differentiation von Vektoren lautet

$$\nabla_\varkappa v^\lambda = \partial_\varkappa v^\lambda + \Gamma^\lambda_{i\varkappa} v^i, \tag{33.9}$$

$$\nabla_\varkappa u_\lambda = \partial_\varkappa u_\lambda - \Gamma^i_{\lambda\varkappa} u_i. \tag{33.10}$$

Die Übertragung für höhere Größen ergibt sich nun aus der Überschiebungsinvarianz; z. B. ist

$$\nabla_\varkappa a^{\varrho\sigma}{}_\tau = \partial_\varkappa a^{\varrho\sigma}{}_\tau + \Gamma^{\varrho}_{i\varkappa} a^{i\sigma}{}_\tau + \Gamma^{\sigma}_{i\varkappa} a^{\varrho i}{}_\tau - \Gamma^{i}_{\tau\varkappa} a^{\varrho\sigma}{}_i,$$

und für eine skalare Dichte (Ziff. 31)

$$\nabla_\varkappa \mathfrak{w} = \partial_\varkappa \mathfrak{w} - \Gamma^{i}_{\varkappa i} \mathfrak{w}.$$

Für die Umgebung eines beliebigen Punktes in einem affin zusammenhängenden Raum kann immer ein *geodätisches Koordinatensystem* gefunden werden, das ist ein solches, in dem das absolute Differential jeder Größe mit dem gewöhnlichen Differential übereinstimmt, in dem also sämtliche Übertragungskoeffizienten $\Gamma^{\nu}_{\lambda\mu}$ lokal verschwinden; dies ist eine weitere Interpretation für die Symmetrie der Übertragung. Aus einem beliebigen Koordinatensystem x_i mit den Übertragungskoeffizienten $\Gamma^{\nu}_{\lambda\mu}$ erhält man im Punkte $\mathring{x}_i$ ein geodätisches $\bar{x}_i$ z. B. aus den Gleichungen

$$x_i - \mathring{x}_i = \bar{x}_i - \tfrac{1}{2} \Gamma^{i}_{kj} \bar{x}_j \bar{x}_k.$$

Die Änderung, die der Tangentenvektor $d x^\lambda/dt$ bei Mitführung längs der Kurve $x_i(t)$ erleidet, ist

$$\frac{\delta d x^\lambda}{d t^2} = \frac{d^2 x^\lambda}{d t^2} + \Gamma^{\lambda}_{ij} \frac{d x^i}{d t} \frac{d x^j}{d t}.$$

Liegt diese Änderung stets in Richtung von $d x^\lambda/dt$, verändert also die Mitführung längs der Kurve den Vektor $d x^\lambda/dt$ nur parallel zu sich,

$$\frac{d^2 x^\lambda}{d t^2} + \Gamma^{\lambda}_{ij} \frac{d x^i}{d t} \frac{d x^j}{d t} = \alpha(t) \frac{d x^\lambda}{d t},$$

so ist die Kurve eine *geodätische Linie*; es gibt dann stets einen solchen Parameter t, für den die rechte Seite dieser Gleichung identisch verschwindet.

34. Krümmung. In einem Punkt P des A_n seien zwei Linienelemente $\underset{1}{d}x^\lambda$ und $\underset{2}{d}x^\lambda$ gegeben mit den Endpunkten Q und S; überträgt man $\underset{2}{d}x^\lambda$ parallel längs $\underset{1}{d}x^\lambda$, so erhält man in Q das Linienelement $\underset{2}{d}x^\lambda - \Gamma^{\lambda}_{ij} \underset{1}{d}x^i \underset{2}{d}x^j$ mit dem Endpunkt R; führt man umgekehrt $\underset{1}{d}x^\lambda$ längs $\underset{2}{d}x^\lambda$ nach S, so erhält man wegen der Symmetrie der Übertragung dort ein Linienelement, das ebenfalls den Endpunkt R besitzt. Um zu untersuchen, welche Änderung eine Größe erleidet, wenn sie auf dem geschlossenen Weg $PQRSP$ nach P zurückgeführt wird, hat man ihre Änderung längs PQR zu bilden und davon den Ausdruck zu subtrahieren, den man durch Vertauschen der Indices 1 und 2 erhält.

Sei v^λ ein kontravarianter Vektor in P. Durch Übertragung längs $\underset{1}{d}x^\lambda$ erhält man aus ihm in Q den Vektor $v^\lambda - \Gamma^{\lambda}_{ij} v^i \underset{1}{d}x^j$. Die weitere Übertragung von Q nach R ergibt in R den Vektor

$$v^\lambda - \Gamma^{\lambda}_{ij} v^i \underset{1}{d}x^j - \Gamma^{\lambda}_{mn}(Q) \left(v^m - \Gamma^{m}_{ij} v^i \underset{1}{d}x^j\right) \left(\underset{2}{d}x^n - \Gamma^{n}_{ij} \underset{1}{d}x^i \underset{2}{d}x^j\right);$$

hierin bedeutet $\Gamma^{\lambda}_{\mu\nu}(Q)$, daß die in Q herrschenden Werte der Übertragungskoeffizienten zu nehmen sind; wegen

$$\Gamma^{\lambda}_{\mu\nu}(Q) = \Gamma^{\lambda}_{\mu\nu} + \partial_i \Gamma^{\lambda}_{\mu\nu} \underset{1}{d}x^i$$

ist der längs PQR übertragene Vektor v^λ bis auf Größen dritter Ordnung gegeben durch

$$v^\lambda - \Gamma^{\lambda}_{ij} v^i \left(\underset{1}{d}x^j + \underset{2}{d}x^j\right) + v^m \underset{1}{d}x^i \underset{2}{d}x^j \left(\Gamma^{\lambda}_{mn} \Gamma^{n}_{ij} + \Gamma^{\lambda}_{nj} \Gamma^{n}_{mi} - \partial_i \Gamma^{\lambda}_{mj}\right).$$

Hieraus erhält man als Änderung von v^λ längs des geschlossenen Weges $PQRSP$ schließlich

$$v^m \underset{1}{d}x^i \underset{2}{d}x^j (\Gamma^\lambda_{nj}\Gamma^n_{mi} - \Gamma^\lambda_{ni}\Gamma^n_{mj} - \partial_i \Gamma^\lambda_{mj} + \partial_j \Gamma^\lambda_{mi});$$

dieser Ausdruck schreibt sich

$$R_{ijm}{}^\lambda v^m \underset{1}{d}x^i \underset{2}{d}x^j \tag{34.1}$$

nach Einführung des *Krümmungstensors*

$$R_{\varrho\sigma\tau}{}^\lambda = \Gamma^\lambda_{i\sigma}\Gamma^i_{\tau\varrho} - \Gamma^\lambda_{i\varrho}\Gamma^i_{\tau\sigma} - \partial_\varrho \Gamma^\lambda_{\tau\sigma} + \partial_\sigma \Gamma^\lambda_{\tau\varrho}. \tag{34.2}$$

Eine nicht im Infinitesimalen operierende Deutung für den Krümmungstensor besteht darin, daß die kovarianten Differentiationen im allgemeinen nicht vertauschbar sind. So erhält man z.B.

$$(\nabla_\lambda \nabla_\nu - \nabla_\nu \nabla_\lambda)\, v^\mu = R_{\nu\lambda i}{}^\mu v^i. \tag{34.3}$$

Man überzeugt sich leicht, daß für den Operator

$$\nabla_{\lambda\nu} = \nabla_\lambda \nabla_\nu - \nabla_\nu \nabla_\lambda,$$

angewandt auf ein (allgemeines oder verjüngtes) Produkt, die gewöhnliche Produktregel

$$\nabla_{\lambda\nu}(\Phi\Psi) = \Phi\nabla_{\lambda\nu}\Psi + \Psi\nabla_{\lambda\nu}\Phi$$

gilt; daraus und aus der Tatsache, daß ein Skalar wegen der Symmetrie der Übertragung von diesem Operator annulliert wird, folgt zunächst für kovariante Vektoren die zu (34.3) analoge Formel

$$\nabla_{\lambda\nu} u_\mu = -R_{\nu\lambda\mu}{}^i u_i, \tag{34.4}$$

und dann z.B.

$$\nabla_{\lambda\nu} a^{\varrho\sigma}{}_\tau = R_{\nu\lambda i}{}^\varrho a^{i\sigma}{}_\tau + R_{\nu\lambda i}{}^\sigma a^{\varrho i}{}_\tau - R_{\nu\lambda\tau}{}^i a^{\varrho\sigma}{}_i.$$

Im ebenen Raum E_n, den wir *euklidisch-affin* nennen, ist die Übertragung wegunabhängig, d.h. der Krümmungstensor verschwindet identisch; umgekehrt: ist dies der Fall, so kann man aus jedem beliebigen Vektor durch Übertragung nach allen Punkten des Raumes ein kovariant-konstantes Vektorfeld erzeugen; daraus folgt, daß ein Raum mit verschwindendem Krümmungstensor auch ein E_n ist; diese Aussage ist jedoch nur in differentialgeometrischem Sinne zu verstehen, nach dem z.B. eine Zylinderfläche als E_2 anzusehen ist.

Der Krümmungstensor eines A_n genügt einer Reihe von Relationen. Zunächst folgt aus (34.1) oder (34.3)

$$R_{\nu\lambda\mu}{}^\varrho = -R_{\lambda\nu\mu}{}^\varrho. \tag{34.5}$$

Aus (34.2) folgt weiter

$$R_{[\lambda\nu\mu]}{}^\varrho = 0,$$

d.h. wegen (34.5)

$$R_{\lambda\nu\mu}{}^\varrho + R_{\nu\mu\lambda}{}^\varrho + R_{\mu\lambda\nu}{}^\varrho = 0. \tag{34.6}$$

Aus der Existenz eines geodätischen Koordinatensystems leitet sich die Identität von BIANCHI ab

$$\nabla_{[\varkappa} R_{\lambda\nu]\mu}{}^\varrho = 0,$$

d.h. wegen (34.5)

$$\nabla_\varkappa R_{\lambda\nu\mu}{}^\varrho + \nabla_\lambda R_{\nu\varkappa\mu}{}^\varrho + \nabla_\nu R_{\varkappa\lambda\mu}{}^\varrho = 0. \tag{34.7}$$

Für den „RICCI-Tensor“

$$R_{\lambda\mu} = R_{i\lambda\mu}{}^i \tag{34.8}$$

erhält man aus (34.7)

$$\nabla_i R_{\nu\lambda\mu}{}^i = \nabla_\nu R_{\lambda\mu} - \nabla_\lambda R_{\nu\mu}. \tag{34.9}$$

c) Metrische Räume.

35. Der Längenbegriff. Im gewöhnlichen euklidisch-metrischen Raum R_n wird die Bewegungsgruppe von den Translationen und Drehungen erzeugt. Die affinen Übertragungen in allgemeinen Räumen haben wir als Analoga der Translationen aufzufassen; dagegen haben wir für die Drehungen noch keine Entsprechungen eingeführt. Im R_n sind die Drehungen um einen Punkt P diejenigen affinen Abbildungen mit dem Fixpunkt P, durch welche die Länge jedes in P abgetragenen Vektors sich nicht ändert. Unter „Länge" ist der Inbegriff von Maßstab und Maßzahl l zu verstehen. Hat man in einem Punkt des R_n den Maßstab festgelegt durch Aufweisung eines Vektors mit $l = 1$, so ermöglicht die Integrabilität der euklidisch-affinen Übertragung den eindeutigen Transport dieses Maßvektors in jeden beliebigen Punkt des Raumes: es existiert also ein für alle Punkte des R_n gemeinsamer Maßstab, und die Längen von Vektoren in verschiedenen Punkten sind daher ohne weiteres vergleichbar durch Vergleich ihrer Maßzahlen. Im allgemeinen affinen Raum A_n besteht diese Möglichkeit nicht, da die Übertragung nicht integrabel ist: ein in einem Punkt angenommener Maßvektor wird bei Übertragung längs eines geschlossenen Weges geändert, und die Annahme, daß ein Maßvektor bei Übertragung längs geschlossener Wege stets wenigstens wieder als Maßvektor ankommt — es ist dies der Standpunkt der RIEMANNschen Geometrie, daß nämlich für alle Punkte des Raumes ein *gemeinsamer* Längenmaßstab zur Verfügung steht —, ist eine offensichtliche Spezialisierung des folgenden allgemeinen Sachverhaltes: in jedem Punkt des Raumes ist ein Maßstab vorgegeben, diese Maßstäbe sind nur für benachbarte Punkte direkt vergleichbar, und es wird die Möglichkeit zugestanden, daß der sich hieraus ergebende Fernvergleich wegabhängig ist, daß also ein Vektor bei Übertragung längs eines geschlossenen Weges mit einer, von seiner ursprünglichen verschiedenen Länge in seinem Ausgangspunkt ankommt.

Um diese allgemeinere — WEYLsche — Theorie zu entwickeln, lassen wir für später die Wahl einer geeigneten affinen Übertragung offen, und gehen daher von einem allgemeinen Raum X_n aus, den wir mit einer Maßbestimmung ausstatten: in jedem Punkt ist ein nicht-ausgearteter symmetrischer Tensor

$$g_{\nu\lambda} = g_{\lambda\nu}$$

gegeben, und

$$l^2 = g_{ik} u^i u^k \tag{35,1}$$

ist per definitionem das Quadrat der Maßzahl l eines in dem betrachteten Punkte aufsitzenden Vektors u^λ; die quadratische Form (35.1) ist vorzugsweise positiv definit, damit sich reelle Längen und Winkel ergeben; letztere aus

$$\cos(u, v) = \frac{g_{ik} u^i v^k}{\sqrt{g_{ik} u^i u^k}\sqrt{g_{ik} v^i v^k}};$$

jedoch bleibt der formale Sinn der Folgerungen erhalten, auch wenn die Form indefinit ist.

36. Drehungen. Wir unterbrechen den Gedankengang zugunsten einiger Bemerkungen, die sich an die Einführung einer Metrik anschließen. Zunächst tritt die in Ziff. 31 angedeutete Erweiterung des Tensorkalküls in Kraft: da $g_{\lambda\nu}$ nichtausgeartet ist, existiert der inverse Tensor $g^{\lambda\nu}$ (vgl. 31.2), und die Indices beliebiger Tensoren können mit Hilfe von $g_{\lambda\nu}$ und $g^{\lambda\nu}$ herauf und herunter gezogen werden. Mit Vorgabe des Fundamentaltensors im Punkt P ist auch festgelegt, was unter einer *Drehung* um P zu verstehen ist: jeder in P erklärte gemischte

Tensor $a_\lambda^{\ \nu}$ vermittelt eine affine Abbildung der Vektoren von P vermöge

$$v^\nu = a_i^{\ \nu} u^i;$$

diese ist eine Drehung, wenn stets die Länge von v^ν gleich der Länge von u^ν ist:

$$g_{ij} v^i v^j = g_{ij} a_k^{\ i} a_l^{\ j} u^k u^l = g_{kl} u^k u^l;$$

es folgt

$$g_{ij} a_\lambda^{\ i} a_\nu^{\ j} = g_{\lambda\nu}; \tag{36.1}$$

dies ist die tensorielle Schreibweise von (11.2).

Eine infinitesimale Abbildung

$$a_\lambda^{\ \nu} = \delta_\lambda^\nu + t I_\lambda^{\ \nu}$$

ist nach (36.1) eine Drehung, wenn

$$g_{ij}(\delta_\lambda^i + t I_\lambda^{\ i})(\delta_\nu^j + t I_\nu^{\ j}) = g_{\lambda\nu};$$

hieraus folgt für die Glieder, die in t von erster Ordnung sind,

$$g_{ij} \delta_\lambda^i I_\nu^{\ j} + g_{ij} \delta_\nu^j I_\lambda^{\ i} = 0,$$

also

$$g_{\lambda j} I_\nu^{\ j} + g_{i\nu} I_\lambda^{\ i} = 0$$

oder

$$I_{\nu\lambda} + I_{\lambda\nu} = 0;$$

damit haben wir ein Resultat aus Ziff. 12 wieder gewonnen, nach welchem jede infinitesimale Drehung durch einen Bivektor repräsentiert wird.

37. Der WEYLsche Raum W_n. Wir nehmen jetzt die allgemeine Theorie wieder auf, indem wir dem Raum außer der Maßbestimmung in jedem seiner Punkte noch einen *metrischen Zusammenhang* auferlegen: es soll bekannt sein, wann Längen gleich sind, die in benachbarten Punkten gemessen werden. Da wir nicht annehmen wollen, daß die Maßvektoren so gewählt werden können, daß sie in allen Punkten denselben Maßstab repräsentieren, müssen wir sie irgendwie vorgeschrieben denken und den metrischen Zusammenhang an den Maßzahlen erklären, die durch (35.1) die Längen von Vektoren relativ zu diesen festen Maßvektoren bestimmen. $P = (x_\lambda)$ und $Q = (x_\lambda + d x^\lambda)$ seien also benachbarte Punkte, und zwei Längen seien in beiden Punkten gleich, wenn l bzw. $l + \tilde{d} l$ ihre Maßzahlen in P bzw. Q sind. Diese Festsetzung ist nur dann sinnvoll, wenn die Verhältnisse von Maßzahlen erhalten bleiben: $\tilde{d} l / l$ hängt nur vom Ort P und vom Linienelement $d x^\lambda$ ab; wir nehmen an, daß letztere Abhängigkeit linear und homogen ist:

$$\frac{\tilde{d} l}{l} = -\varphi_i \, d x^i, \tag{37.1}$$

wobei φ_i ein, keiner zusätzlichen Forderung unterworfenes, kovariantes Vektorfeld ist. Ein Raum X_n, der auf solche Weise mit einer Metrik und mit einem metrischen Zusammenhang ausgestattet ist, ist ein WEYL*scher Raum* W_n.

Die Gegebenheiten eines WEYLschen Raumes bedingen, daß man außer (wie bisher) in der Koordinatenwahl noch frei ist in der Verfügung über die Längeneinheit in jedem Punkte; ihre Festlegung wird als *Eichung* bezeichnet. Ändert man die Eichung ab, so bedeutet dies die Einführung eines Skalars λ, mit dem die Maßzahlen zu multiplizieren sind: an Stelle von l, $g_{\lambda\nu}$, φ_μ steht dann[1]

$$\lambda l, \quad \lambda^2 g_{\lambda\nu}, \quad \varphi_\mu - \partial_\mu \log \lambda;$$

[1] Wenn Umeichungen vorgenommen werden, darf die Methode des Herauf- und Herunterziehens von Indices nicht angewandt werden, da der Fundamentaltensor nicht fest ist.

der letzte Ausdruck, die Koeffizienten des metrischen Zusammenhanges, verschwindet im Punkte $P = (\overset{\circ}{x}_\nu)$, wenn man

$$\lambda = e^{\Sigma \varphi_i(\overset{\circ}{x})(x_i - \overset{\circ}{x})}$$

setzt: die Eichung kann also so gewählt werden, daß gleich lange Vektoren wenigstens in der Umgebung eines Punktes gleiche Maßzahlen bekommen.

Bis jetzt ist der W_n noch mit keiner affinen Übertragung ausgestattet; eine solche ist nun durch die Forderung völlig bestimmt, daß *jeder Vektor bei der Übertragung seine Länge behält.* Seien nämlich u^λ ein beliebiger Vektor und $\Gamma_{\lambda\mu}^{\nu}$ die Koeffizienten des gesuchten affinen Zusammenhanges in einem Punkt P; obige Forderung lautet dann

$$\tilde{d} l^2 = u^i u^j d g_{ij} + 2 g_{ij} u^i \overset{*}{d} u^j,$$

und dies ist nach (33.5), (35.1), (37.1) gleichbedeutend mit dem Verschwinden des in λ und ν symmetrischen Teiles von

$$2 g_{\lambda\nu} \varphi_\varkappa + \partial_\varkappa g_{\lambda\nu} - 2 g_{i\lambda} \Gamma_{\nu\varkappa}^{i},$$

d.h.

$$g_{i\lambda} \Gamma_{\nu\varkappa}^{i} + g_{i\nu} \Gamma_{\lambda\varkappa}^{i} = 2 g_{\lambda\nu} \varphi_\varkappa + \partial_\varkappa g_{\lambda\nu}. \tag{37.2}$$

Diese Gleichung kann auch so geschrieben werden:

$$\nabla_\varkappa g_{\lambda\nu} = -2 \varphi_\varkappa g_{\lambda\nu}, \tag{37.3}$$

woraus sich für die kovariante Differentiation des inversen Tensors

$$\nabla_\varkappa g^{\lambda\nu} = 2 g^{\lambda\nu} \varphi_\varkappa \tag{37.4}$$

ergibt.

Vertauscht man in (37.2) die Indices $\varkappa$, λ, ν zyklisch, so erhält man zwei weitere gleichwertige Relationen; aus ihnen und aus (37.2) ergibt sich

$$g_{i\lambda} \Gamma_{\nu\varkappa}^{i} = g_{\lambda\nu} \varphi_\varkappa + g_{\varkappa\lambda} \varphi_\nu - g_{\nu\varkappa} \varphi_\lambda + \tfrac{1}{2} (\partial_\varkappa g_{\lambda\nu} + \partial_\nu g_{\varkappa\lambda} - \partial_\lambda g_{\nu\varkappa}); \tag{37.5}$$

hieraus und aus (31.2) folgt schließlich

$$\Gamma_{\nu\varkappa}^{\mu} = \delta_\nu^\mu \varphi_\varkappa + \delta_\varkappa^\mu \varphi_\nu - g^{i\mu} g_{\nu\varkappa} \varphi^i + \tfrac{1}{2} g^{i\mu} (\partial_\varkappa g_{i\nu} + \partial_\nu g_{i\varkappa} - \partial_i g_{\nu\varkappa}) \tag{37.6}$$

und damit die Behauptung. Im W_n induziert die Metrik also diesen Parallelismus, nach welchem Vektoren, die durch diese Übertragung auseinander hervorgehen, gleiche Längen haben. Wir meinen stets diesen natürlichen Parallelismus, wenn wir in einem W_n von einer Übertragung reden.

Die in (37.5) bzw. (37.6) auftretenden letzten Glieder sind die CHRISTOFFEL*schen Symbole*[1]

erster Art $$[\lambda, \nu\varkappa] = \tfrac{1}{2} (\partial_\varkappa g_{\lambda\nu} + \partial_\nu g_{\varkappa\lambda} - \partial_\lambda g_{\nu\varkappa}), \tag{37.7}$$

zweiter Art $$\left\{ {\mu \atop \nu\varkappa} \right\} = \tfrac{1}{2} g^{i\mu} (\partial_\varkappa g_{i\nu} + \partial_\nu g_{i\varkappa} - \partial_i g_{\nu\varkappa}). \tag{37.8}$$

[1] Diese neuerdings übliche, die Indexstellung berücksichtigende Schreibweise der CHRISTOFFEL-Klammern weicht von der ursprünglichen ab, nach welcher

$$\left[{\nu\varkappa \atop \lambda} \right] \quad \text{und} \quad \left\{ {\nu\varkappa \atop \mu} \right\} \quad \text{statt} \quad [\lambda, \nu\varkappa] \quad \text{und} \quad \left\{ {\mu \atop \nu\varkappa} \right\}$$

geschrieben wurde. Dieser älteren Schreibweise bedienten wir uns in Ziff. 21; man erkennt übrigens leicht, daß die damals definierten CHRISTOFFEL-Klammern zweiter Art mit der obigen Definition übereinstimmen: man hat nur mit $n = 2$, $x_1 = u$, $x_2 = v$ zu setzen:

$$g_{11} = E, \quad g_{12} = g_{21} = F, \quad g_{22} = G,$$

$$g^{11} = \frac{G}{W^2}, \quad g^{12} = g^{21} = -\frac{F}{W^2}, \quad g^{22} = \frac{E}{W^2}.$$

Führt man einen im Punkt P gegebenen Vektor mit der Maßzahl l um ein infinitesimales Parallelogramm $PQRSP$ parallel herum, wie es in Ziff. 34 für den nicht metrisierten Raum durchgeführt wurde, so erhält man — unter Berücksichtigung der eben bewiesenen Tatsache, daß (37.1) die Änderung der Maßzahl unter Parallelverschiebungen angibt — eine Änderung der Maßzahl um

$$\Delta l = -l\,(\partial_i \varphi_j - \partial_j \varphi_i)\, \underset{1}{dx^i}\, \underset{2}{dx^j}.$$

Andererseits ist die Änderung des Vektors nach (34.1)

$$\Delta v^\lambda = R_{ijm}{}^\lambda\, v^m\, \underset{1}{dx^i}\, \underset{2}{dx^j}.$$

Die Zerlegung dieses Vektors in Richtung von v^λ und senkrecht dazu wird durch

$$\Delta v^\lambda = \frac{\Delta l}{l} v^\lambda + \left(\Delta v^\lambda - \frac{\Delta l}{l} v^\lambda\right) \tag{37.9}$$

gegeben. Führt man daher den alternierenden Tensor

$$f_{\nu\mu} = \partial_\mu \varphi_\nu - \partial_\nu \varphi_\mu \tag{37.10}$$

und den Tensor

$$K_{\varrho\sigma\tau}{}^\lambda = R_{\varrho\sigma\tau}{}^\lambda - f_{\varrho\sigma}\,\delta_\tau^\lambda \tag{37.11}$$

ein, so erhält man in

$$R_{\varrho\sigma\tau}{}^\lambda = f_{\varrho\sigma}\,\delta_\tau^\lambda + K_{\varrho\sigma\tau}{}^\lambda \tag{37.12}$$

die (37.9) entsprechende Zerlegung des Krümmungstensors; der erste Summand ist der Tensor der *Streckenkrümmung*, der zweite der Tensor der *Richtungskrümmung*. Die Tatsache, daß der Vektor

$$K_{ijm}{}^\lambda\, v^m\, \underset{1}{dx^i}\, \underset{2}{dx^j}$$

stets auf v^λ senkrecht steht, bedingt, daß

$$K_{\varrho\sigma\tau\lambda} = K_{\varrho\sigma\iota}{}^k\, g_{k\lambda}$$

in den Indices τ und λ alterniert:

$$K_{\varrho\sigma(\tau\lambda)} = 0. \tag{37.13}$$

Daraus folgt wegen

$$K_{\varrho\sigma\tau}{}^\lambda = K_{\varrho\sigma\tau\iota}\, g^{i\lambda}$$

noch

$$K_{\varrho\sigma i}{}^i = 0, \tag{37.14}$$

also nach (37.13)

$$f_{\varrho\sigma} = \frac{1}{n} R_{\varrho\sigma i}{}^i. \tag{37.15}$$

38. Der RIEMANNsche Raum V_n. Verschwindet in einem WEYLschen Raum W_n die Streckenkrümmung, so liegt der Spezialfall eines RIEMANN*schen Raumes* V_n vor: in ihm ist die Längenübertragung integrabel; es können also in verschiedenen Punkten Vektoren eindeutig der Länge nach verglichen werden; anders ausgedrückt: es existiert ein allen Punkten gemeinsamer Maßstab. Analytisch spiegelt sich dieser Sachverhalt darin, daß nach (37.10) ein W_n genau dann ein V_n ist, wenn φ_ν ein Gradient ist:

$$\varphi_\nu = \partial_\nu f.$$

Mit diesem Skalarfeld f kann man nun die Metrik umeichen, indem man die Maßzahlen l der kontravarianten Vektoren mit e^f multipliziert; nach den in der vorigen Ziffer angeführten Formeln für das Umeichen verschwindet dann der metrische

Zusammenhang identisch, und der Maßtensor nimmt den Faktor e^{2f} auf. Diese *Normaleichung* wird im V_n stets angenommen.

Wir stellen im folgenden noch die Formeln zusammen, die sich aus dem bisherigen für die Größen eines V_n ergeben.

Zunächst lautet die Übertragung

$$\Gamma^{\mu}_{\nu\varkappa} = \left\{{\mu \atop \nu\,\varkappa}\right\} \equiv \tfrac{1}{2}\, g^{i\mu}\,(\partial_\varkappa g_{i\nu} + \partial_\nu g_{i\varkappa} - \partial_i g_{\nu\varkappa}). \tag{38.1}$$

Der Fundamentaltensor und sein Inverses ist „kovariant konstant":

$$\nabla_\varkappa g_{\lambda\nu} = 0; \qquad \nabla_\varkappa g^{\lambda\nu} = 0; \tag{38.2}$$

diese als „Satz von Ricci" bekannte Aussage bewirkt, daß die *Operation des Herauf- und Herunterziehens von Indices mit der kovarianten Differentiation vertauschbar* ist.

Da im V_n die Streckenkrümmung fehlt, erleidet ein Vektorkörper bei Übertragung längs einer geschlossenen Kurve nur eine Drehung; diese wird reguliert von dem Krümmungstensor

$$R_{\varrho\sigma\tau}{}^{\lambda} = K_{\varrho\sigma\tau}{}^{\lambda} = \Gamma^{\lambda}_{i\sigma}\Gamma^{i}_{\tau\varrho} - \Gamma^{\lambda}_{i\varrho}\Gamma^{i}_{\tau\sigma} - \partial_\varrho \Gamma^{\lambda}_{\tau\sigma} + \partial_\sigma \Gamma^{\lambda}_{\tau\varrho};$$

er genügt den folgenden Identitäten:

$$\begin{aligned}
&K_{\sigma\varrho\tau}{}^{\lambda} = -K_{\varrho\sigma\tau}{}^{\lambda},\\
&K_{\varrho\sigma\tau}{}^{\lambda} + K_{\sigma\tau\varrho}{}^{\lambda} + K_{\tau\varrho\sigma}{}^{\lambda} = 0,\\
&K_{\varrho\sigma\lambda\tau} = -K_{\varrho\sigma\tau\lambda},\\
&K_{\tau\lambda\varrho\sigma} = K_{\varrho\sigma\tau\lambda},\\
&K_{\varrho\sigma i}{}^{i} = 0,\\
&\nabla_\varkappa K_{\varrho\sigma\tau}{}^{\lambda} + \nabla_\varrho K_{\sigma\varkappa\tau}{}^{\lambda} + \nabla_\sigma K_{\varkappa\varrho\tau}{}^{\lambda} = 0.
\end{aligned}$$

Mit dem symmetrischen Ricci-Tensor

$$K_{\sigma\tau} = K_{i\sigma\tau}{}^{i}$$

gilt die Beziehung

$$\nabla_i K_{\varrho\sigma\tau}{}^{i} = \nabla_\varrho K_{\sigma\tau} - \nabla_\sigma K_{\varrho\tau}.$$

Aus dem Ricci-Tensor und dem Maßtensor läßt sich die *skalare Krümmung*

$$K = g^{ij} K_{ij}$$

bilden. Definiert man die *kontravariante Differentiation* aus der „natürlichen" kovarianten durch Heraufziehen des Differentiationsindex:

$$\nabla^\varkappa = g^{\varkappa i}\,\nabla_i,$$

so schreibt sich eine weitere wichtige Relation

$$\nabla^i\,(K_{i\lambda} - \tfrac{1}{2} K\, g_{i\lambda}) = 0.$$

39. Einordnung des Anschauungsraumes R_3. Da wir von „euklidisch-affinen" Räumen sprechen, um unter den affin-zusammenhängenden die im Großen ebenen — das sind die im gewöhnlichen Sinne affinen — Räume E_n auszuzeichnen, nennen wir die im gewöhnlichen Sinne euklidischen Räume R_n „euklidisch-metrisch". Ein R_n ist also sowohl ein E_n als auch ein V_n mit positiv-definiter Metrik.

In dieser Ziffer wird der Formalismus der Riemannschen Geometrie angewandt, um die Lücke aus Ziff. 25 auszufüllen: es werden die Formeln der Vektoranalysis aufgestellt für den auf krummlinige Koordinaten bezogenen Anschauungsraum R_3.

Es ist klar, wie die Definitionen der Differentiationsprozesse, die in Ziff. 25 für geradlinige Koordinaten gegeben wurden, für allgemeine Koordinaten zu erweitern sind: es ist überall der Operator $\partial_\varkappa$ — soweit er nicht schon, wie etwa im Gradienten einer Skalarfunktion, selbst invarianten Charakter besitzt — durch das invariante $\nabla_\varkappa$ zu ersetzen, das in geradlinigen Koordinaten mit $\partial_\varkappa$ übereinstimmt. Schreiben wir alle Vektoren kontravariant, und berücksichtigen wir (33.9, 10), (38.2) so ist also zunächst

$$\mathbf{grad}\, f = g^{i\lambda}\,\partial_i f, \tag{39.1}$$

$$\operatorname{div} \boldsymbol{v} = \nabla_i v^i = \partial_i v^i + \Gamma^j_{ij} v^i, \tag{39.2}$$

$$\Delta f \equiv \operatorname{div} \mathbf{grad}\, f = g^{ji}\,(\partial_{ij} f - \Gamma^l_{ji}\,\partial_l f), \tag{39.3}$$

wobei zur Abkürzung gesetzt ist

$$\partial_{ij} f = \partial_{ji} f = \frac{\partial_2 f}{\partial x_i\,\partial x_j},$$

und die Rotation des Vektors $\boldsymbol{v}$ wird gegeben von dem alternierenden Tensor

$$w_{\mu\nu} = \nabla_\mu v_\nu - \nabla_\nu v_\mu = g_{\nu i} \nabla_\mu v^i - g_{\mu i} \nabla_\nu v^i. \tag{39.4}$$

Wir geben jetzt feste krummlinige Koordinaten x_λ vor. Die Basisvektoren für kontravariant bzw. kovariant dargestellte Vektoren seien $\boldsymbol{e}_\lambda$ bzw. $\boldsymbol{e}^\lambda$; sie haben die folgende Bedeutung: aus der Integrabilität des Bogenelementes

$$d\boldsymbol{x} = \boldsymbol{e}_i\, d x^i$$

in einem E_n folgt

$$\boldsymbol{e}_\lambda = \frac{\partial x}{\partial x_\lambda} = \partial_\lambda \boldsymbol{x},$$

wenn $\boldsymbol{x}$ den Ortsvektor bedeutet; und aus

$$\mathbf{grad}\, f = \partial_i f\, \boldsymbol{e}^i$$

ergibt sich

$$\boldsymbol{e}^\lambda = \mathbf{grad}\, x_\lambda.$$

Diese Basisvektoren sind im allgemeinen keineswegs Einheitsvektoren; vielmehr bestimmen ihre Skalarprodukte die Komponenten des Fundamentaltensors:

$$g_{\mu\nu} = \boldsymbol{e}_\mu \cdot \boldsymbol{e}_\nu, \qquad g^{\mu\nu} = \boldsymbol{e}^\mu \cdot \boldsymbol{e}^\nu. \tag{39.5}$$

Für die folgenden Berechnungen seien noch geeignete cartesische Koordinaten $\bar{x}_\lambda$ eingeführt mit der orthonormalen Basis $\bar{\boldsymbol{e}}_\lambda = \bar{\boldsymbol{e}}^\lambda$ † und es sei wie in (29.1)

$$P^\nu_\lambda = \frac{\partial \bar{x}_\nu}{\partial x_\lambda}, \qquad Q^\nu_\lambda = \frac{\partial x_\nu}{\partial \bar{x}_\lambda}. \tag{39.6}$$

Gemäß (29.4) gibt

$$\bar{v}^\nu = P^\nu_i v^i, \qquad v^\nu = Q^\nu_i \bar{v}^i \tag{39.7}$$

den Zusammenhang zwischen den Zerlegungen eines Vektors $\boldsymbol{v}$ nach den $\boldsymbol{e}_\lambda$ bzw. $\bar{\boldsymbol{e}}_\lambda$.

Wir setzen jetzt die Summationsvereinbarung außer Kraft; über einen Index ist also nur dann zu summieren, wenn ein Summenzeichen es vorschreibt. Wir haben es hier nur mit *orthogonalen* Koordinaten zu tun; es ist also

$$g_{\mu\nu} = g^{\mu\nu} = 0 \quad \text{für} \quad \mu \neq \nu, \qquad g^{\lambda\lambda} = \frac{1}{g_{\lambda\lambda}}, \tag{39.8}$$

† Es ist also etwa $\bar{\boldsymbol{e}}_1 = \boldsymbol{i}$, $\bar{\boldsymbol{e}}_2 = \boldsymbol{j}$, $\bar{\boldsymbol{e}}_3 = \boldsymbol{k}$.

und
$$g = g_{11}\, g_{22}\, g_{33} \tag{39.9}$$

ist die Determinante des Fundamentaltensors. Die Vektoren $\boldsymbol{e}_\lambda$ und $\boldsymbol{e}^\lambda$ sind parallel, ihre Einheitsvektoren $\bar{\boldsymbol{e}}_\lambda$ bilden eine cartesische Basis, und es ist

$$\boldsymbol{e}_\lambda = \sqrt{g_{\lambda\lambda}}\, \bar{\boldsymbol{e}}_\lambda, \qquad \boldsymbol{e}^\lambda = \sqrt{g^{\lambda\lambda}}\, \bar{\boldsymbol{e}}_\lambda.$$

In der Basis $\bar{\boldsymbol{e}}_\lambda$ stellt sich die Rotation (39.4) so dar:

$$\bar{w}_{\mu\nu} = \frac{w_{\mu\nu}}{\sqrt{g_{\mu\mu}\, g_{\nu\nu}}};$$

sie kann aber im R_3 relativ zu einer cartesischen Basis durch einen Vektor repräsentiert werden, der durch

$$\bar{w}^\lambda = \bar{w}_{\mu\nu}, \qquad (\lambda\,\mu\,\nu) \overset{\text{zykl.}}{=\!=} (1\;\;2\;\;3)$$

gegeben ist. Es hat also einen gewissen Sinn, wenn man in unseren orthogonalen Koordinaten x_λ unter **rot** $\boldsymbol{v}$ den Vektor

$$w^\lambda = \frac{1}{\sqrt{g_{\lambda\lambda}}}\, \bar{w}^\lambda$$

versteht. Unter Berücksichtigung von (38.2), (39.4), (39.9) folgt daher nach (33.9)

$$w^\lambda = \frac{1}{\sqrt{g}} \Big[g_{\nu\nu}\Big(\partial_\mu v^\nu + \sum_i \Gamma^{\,\nu}_{i\,\mu} v^i\Big) - g_{\mu\mu}\Big(\partial_\lambda v^\mu + \sum_i \Gamma^{\,\mu}_{i\,\nu} v^i\Big)\Big], \quad (\lambda\,\mu\,\nu) \overset{\text{zykl.}}{=\!=} (1\,2\,3). \tag{39.10}$$

In orthogonalen Koordinaten verschwinden nach (39.1) die CHRISTOFFEL-Symbole $\Gamma^\mu_{\nu\varkappa}$, wenn alle Indices verschieden sind; es bleiben nur

$$\Gamma^\mu_{\nu\mu} = \Gamma^\mu_{\mu\nu} = \frac{\partial_\nu g_{\mu\mu}}{2\, g_{\mu\mu}} \qquad \text{für beliebiges } \nu,$$

$$\Gamma^\mu_{\nu\nu} = -\frac{\partial_\mu g_{\nu\nu}}{2\, g_{\mu\mu}} \qquad \text{für } \nu \neq \mu.$$

Daher wird mit

$$\boldsymbol{e}_\lambda = \partial_\lambda \boldsymbol{x}, \qquad g_{\lambda\lambda} = \boldsymbol{e}_\lambda \cdot \boldsymbol{e}_\lambda, \qquad g = g_{11}\, g_{22}\, g_{33} \tag{39.11}$$

statt (39.1, 2, 3, 10) schließlich:

$$\left.\begin{aligned}
\textbf{grad}\, f &= \sum \frac{\boldsymbol{e}_\lambda}{g_{\lambda\lambda}}\, \partial_\lambda f,\\
\operatorname{div} \boldsymbol{v} &= \sum \Big(\partial_i v^i + \frac{1}{2} v^i\, \partial_i \log g\Big),\\
\Delta f &= \sum \Big[\partial_i \Big(\frac{\partial_i f}{g_{\,i}}\Big) + \partial_i f \cdot \frac{\partial_i \log g}{2\, g_{ii}}\Big],\\
\textbf{rot}\, \boldsymbol{v} &= \frac{1}{\sqrt{g}} \begin{vmatrix} \boldsymbol{e}_1 & \partial_1 & g_{11} v^1 \\ \boldsymbol{e}_2 & \partial_2 & g_{22} v^2 \\ \boldsymbol{e}_3 & \partial_3 & g_{33} v^3 \end{vmatrix}.
\end{aligned}\right\} \tag{39.12}$$

Kugelkoordinaten. Diese auch als *räumliche Polarkoordinaten* bezeichneten Parameter

$$r \equiv x_1, \qquad \vartheta \equiv x_2, \qquad \varphi \equiv x_3$$

sind definiert durch (Fig. 13)

$$x \equiv \bar{x}_1 = r \sin\vartheta \cos\varphi, \qquad y \equiv \bar{x}_2 = r \sin\vartheta \sin\varphi, \qquad z \equiv \bar{x}_3 = r \cos\vartheta.$$

Es ist dann[1] nach (39.7) und (39.11)

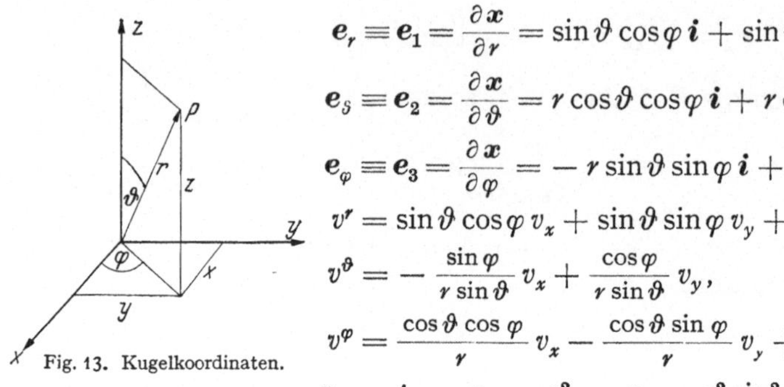

Fig. 13. Kugelkoordinaten.

$$\boldsymbol{e}_r \equiv \boldsymbol{e}_1 = \frac{\partial \boldsymbol{x}}{\partial r} = \sin\vartheta \cos\varphi\, \boldsymbol{i} + \sin\vartheta \sin\varphi\, \boldsymbol{j} + \cos\vartheta\, \boldsymbol{k},$$

$$\boldsymbol{e}_\vartheta \equiv \boldsymbol{e}_2 = \frac{\partial \boldsymbol{x}}{\partial \vartheta} = r \cos\vartheta \cos\varphi\, \boldsymbol{i} + r \cos\vartheta \sin\varphi\, \boldsymbol{j} - r \sin\vartheta\, \boldsymbol{k},$$

$$\boldsymbol{e}_\varphi \equiv \boldsymbol{e}_3 = \frac{\partial \boldsymbol{x}}{\partial \varphi} = -r \sin\vartheta \sin\varphi\, \boldsymbol{i} + r \sin\vartheta \cos\varphi\, \boldsymbol{j};$$

$$v^r = \sin\vartheta \cos\varphi\, v_x + \sin\vartheta \sin\varphi\, v_y + \cos\vartheta\, v_z,$$

$$v^\vartheta = -\frac{\sin\varphi}{r \sin\vartheta} v_x + \frac{\cos\varphi}{r \sin\vartheta} v_y,$$

$$v^\varphi = \frac{\cos\vartheta \cos\varphi}{r} v_x - \frac{\cos\vartheta \sin\varphi}{r} v_y + \frac{\sin\vartheta}{r} v_z;$$

$$g_{11} = 1, \qquad g_{22} = r^2, \qquad g_{33} = r^2 \sin^2\vartheta, \qquad g = r^4 \sin^2\vartheta.$$

Also ist gemäß (39.12)

$$\mathbf{grad}\, f = \frac{\partial f}{\partial r} \boldsymbol{e}_r + \frac{1}{r^2} \frac{\partial f}{\partial \vartheta} \boldsymbol{e}_\vartheta + \frac{1}{r^2 \sin^2\vartheta} \frac{\partial f}{\partial \varphi} \boldsymbol{e}_\varphi,$$

$$\operatorname{div} \boldsymbol{v} = \frac{\partial v^r}{\partial r} + \frac{\partial v^\vartheta}{\partial \vartheta} + \frac{\partial v^\varphi}{\partial \varphi} + \frac{2}{r} v^r + \cot\vartheta\, v^\vartheta,$$

$$\Delta f = \frac{1}{r^2} \frac{\partial}{\partial r}\left(r^2 \frac{\partial f}{\partial r}\right) + \frac{1}{r^2 \sin\vartheta} \frac{\partial}{\partial \vartheta}\left(\sin\vartheta \frac{\partial f}{\partial \vartheta}\right) + \frac{1}{r^2 \sin^2\vartheta} \frac{\partial^2 f}{\partial \varphi^2},$$

$$\mathbf{rot}\, \boldsymbol{v} = \frac{\boldsymbol{e}_r}{\sin\vartheta}\left[\frac{\partial}{\partial \vartheta}(\sin^2\vartheta\, v^\varphi) - \frac{\partial v^\vartheta}{\partial \varphi}\right] + \frac{\boldsymbol{e}_\vartheta}{r^2}\left[\frac{1}{\sin\vartheta} \frac{\partial v^r}{\partial \varphi} - \sin\vartheta \frac{\partial (r^2 v^\varphi)}{\partial r}\right] + \\ + \frac{\boldsymbol{e}_\varphi}{r^2 \sin\vartheta}\left[\frac{\partial (r^2 v^\vartheta)}{\partial r} - \frac{\partial v^r}{\partial \vartheta}\right].$$

Zylinderkoordinaten. Nach Fig. 14 ist

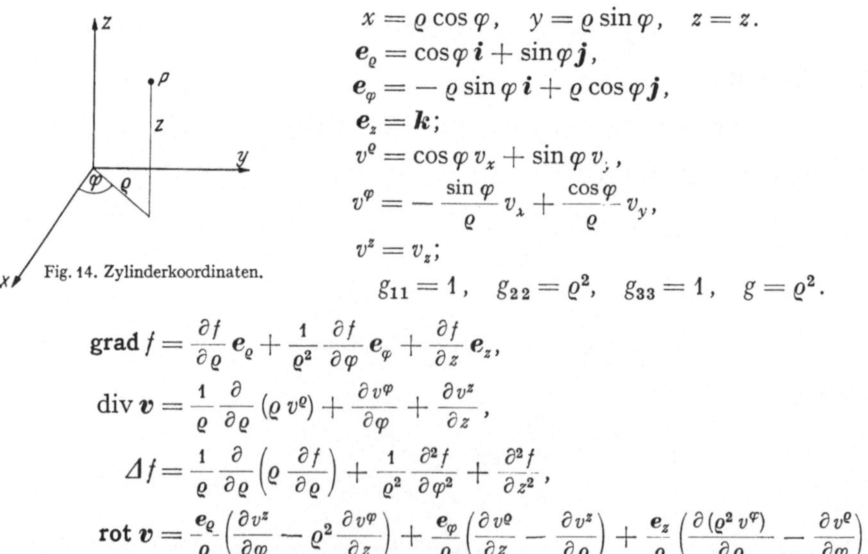

Fig. 14. Zylinderkoordinaten.

$$x = \varrho \cos\varphi, \quad y = \varrho \sin\varphi, \quad z = z.$$

$$\boldsymbol{e}_\varrho = \cos\varphi\, \boldsymbol{i} + \sin\varphi\, \boldsymbol{j},$$

$$\boldsymbol{e}_\varphi = -\varrho \sin\varphi\, \boldsymbol{i} + \varrho \cos\varphi\, \boldsymbol{j},$$

$$\boldsymbol{e}_z = \boldsymbol{k};$$

$$v^\varrho = \cos\varphi\, v_x + \sin\varphi\, v_y,$$

$$v^\varphi = -\frac{\sin\varphi}{\varrho} v_x + \frac{\cos\varphi}{\varrho} v_y,$$

$$v^z = v_z;$$

$$g_{11} = 1, \quad g_{22} = \varrho^2, \quad g_{33} = 1, \quad g = \varrho^2.$$

$$\mathbf{grad}\, f = \frac{\partial f}{\partial \varrho} \boldsymbol{e}_\varrho + \frac{1}{\varrho^2} \frac{\partial f}{\partial \varphi} \boldsymbol{e}_\varphi + \frac{\partial f}{\partial z} \boldsymbol{e}_z,$$

$$\operatorname{div} \boldsymbol{v} = \frac{1}{\varrho} \frac{\partial}{\partial \varrho}(\varrho\, v^\varrho) + \frac{\partial v^\varphi}{\partial \varphi} + \frac{\partial v^z}{\partial z},$$

$$\Delta f = \frac{1}{\varrho} \frac{\partial}{\partial \varrho}\left(\varrho \frac{\partial f}{\partial \varrho}\right) + \frac{1}{\varrho^2} \frac{\partial^2 f}{\partial \varphi^2} + \frac{\partial^2 f}{\partial z^2},$$

$$\mathbf{rot}\, \boldsymbol{v} = \frac{\boldsymbol{e}_\varrho}{\varrho}\left(\frac{\partial v^z}{\partial \varphi} - \varrho^2 \frac{\partial v^\varphi}{\partial z}\right) + \frac{\boldsymbol{e}_\varphi}{\varrho}\left(\frac{\partial v^\varrho}{\partial z} - \frac{\partial v^z}{\partial \varrho}\right) + \frac{\boldsymbol{e}_z}{\varrho}\left(\frac{\partial (\varrho^2 v^\varphi)}{\partial \varrho} - \frac{\partial v^\varrho}{\partial \varphi}\right).$$

---

[1] In speziellen Koordinaten wird oft für einen Index statt einer Ziffer die zugehörige Variable selbst gewählt; hochgestellte Zahlen bedeuten im folgenden wieder Exponenten.

Parabolische Koordinaten.

$$x = s\,t\cos\varphi\,,\quad y = s\,t\sin\varphi\,,\quad z = \tfrac{1}{2}(s^2 - t^2)\,;$$

die Flächen $s = \text{const}$, $t = \text{const}$ sind die Rotationsparaboloide um die negative bzw. positive z-Achse mit dem Nullpunkt als Brennpunkt.

$$\begin{aligned} \boldsymbol{e}_s &= t\cos\varphi\,\boldsymbol{i} + t\sin\varphi\,\boldsymbol{j} + s\,\boldsymbol{k} \\ \boldsymbol{e}_t &= s\cos\varphi\,\boldsymbol{i} + s\sin\varphi\,\boldsymbol{j} - t\,\boldsymbol{k} \\ \boldsymbol{e}_\varphi &= -\,s\,t\sin\varphi\,\boldsymbol{i} + s\,t\cos\varphi\,\boldsymbol{j}\,; \end{aligned}$$

$$\begin{aligned} v^s &= \frac{t\cos\varphi}{s^2+t^2}\,v_x + \frac{t\sin\varphi}{s^2+t^2}\,v_y + \frac{s}{s^2+t^2}\,v_z\,, \\ v^t &= \frac{s\cos\varphi}{s^2+t^2}\,v_x + \frac{s\sin\varphi}{s^2+t^2}\,v_y - \frac{t}{s^2+t^2}\,v_z\,, \\ v^\varphi &= -\,\frac{\sin\varphi}{s\,t}\,v_x + \frac{\cos\varphi}{s\,t}\,v_y\,; \end{aligned}$$

$$g_{11} = s^2 + t^2,\quad g_{22} = s^2 + t^2,\quad g_{33} = s^2 t^2,\quad g = s^2 t^2 (s^2 + t^2)^2.$$

$$\operatorname{grad} f = \frac{1}{s^2+t^2}\left(\frac{\partial f}{\partial s}\,\boldsymbol{e}_s + \frac{\partial f}{\partial t}\,\boldsymbol{e}_t\right) + \frac{\partial f}{\partial\varphi}\,\frac{\boldsymbol{e}_\varphi}{s^2 t^2}\,,$$

$$\operatorname{div}\boldsymbol{v} = \frac{\partial v^s}{\partial s} + \frac{\partial v^t}{\partial t} + \frac{\partial v^\varphi}{\partial\varphi} + \frac{3s^2+t^2}{s(s^2+t^2)}\,v^s + \frac{s^2+3t^2}{t(s^2+t^2)}\,v^t\,,$$

$$\Delta f = \frac{1}{s^2+t^2}\left\{\frac{1}{s}\,\frac{\partial}{\partial s}\left(s\,\frac{\partial f}{\partial s}\right) + \frac{1}{t}\,\frac{\partial}{\partial t}\left(t\,\frac{\partial f}{\partial t}\right) + \left(\frac{1}{s^2} + \frac{1}{t^2}\right)\frac{\partial^2 f}{\partial\varphi^2}\right\},$$

$$\begin{aligned} \operatorname{rot}\boldsymbol{v} = {} & \frac{\boldsymbol{e}_s}{t}\left[\frac{s}{s^2+t^2}\,\frac{\partial(t^2 v^\varphi)}{\partial t} - \frac{1}{s}\,\frac{\partial v^t}{\partial\varphi}\right] + \frac{\boldsymbol{e}_t}{s}\left[\frac{1}{t}\,\frac{\partial v^s}{\partial\varphi} - \frac{t}{s^2+t^2}\,\frac{\partial(s^2 v^\varphi)}{\partial s}\right] + \\ & + \frac{\boldsymbol{e}_\varrho}{s\,t(s^2+t^2)}\left[\frac{\partial}{\partial s}\big((s^2+t^2)\,v^t\big) - \frac{\partial}{\partial t}\big((s^2+t^2)\,v^s\big)\right]. \end{aligned}$$

Elliptische (LAMÉ*sche*) *Koordinaten.* Die Flächenschar

$$\frac{x^2}{\lambda^2 - a_1^2} + \frac{y^2}{\lambda^2 - a_2^2} + \frac{z^2}{\lambda^2 - a_3^2} = 1\,,\qquad a_3 > a_2 > a_1 > 0\,, \tag{39.13}$$

besteht aus zweischaligen und einschaligen Hyperboloiden bzw. Ellipsoiden, je nachdem

$$a_1 < \lambda < a_2\,,\qquad a_2 < \lambda < a_3\,,\qquad a_3 < \lambda < +\infty\,. \tag{39.14}$$

Für feste, von Null verschiedene Werte von x, y, z ist die linke Seite von (39.13) in jedem einzelnen der drei Intervalle (39.14) eine stetige, stark monoton fallende Funktion des Parameters λ, die alle Werte zwischen $+\infty$ und $-\infty$ bzw. zwischen $+\infty$ und 0 durchläuft; insbesondere wird der Wert Eins in jedem dieser Intervalle genau einmal angenommen; durch jeden Raumpunkt, der nicht auf den Koordinatenebenen liegt, geht also genau eine Fläche jeder der drei genannten Arten, und die zugehörigen Parameterwerte liegen in den Intervallen

$$\lambda_3 > a_3 > \lambda_2 > a_2 > \lambda_1 > a_1 > 0\,.$$

Diese *elliptischen* oder LAMÉ*schen Koordinaten* sind wieder orthogonal.

Mit

$$N^2 = (a_2^2 - a_1^2)\,(a_3^2 - a_1^2)\,(a_3^2 - a_2^2)$$

folgt aus (39.13)

$$x^2 = \frac{a_3^2 - a_2^2}{N^2} (\lambda_1^2 - a_1^2)(\lambda_2^2 - a_1^2)(\lambda_3^2 - a_1^2),$$

$$y^2 = \frac{a_3^2 - a_1^2}{N^2} (a_2^2 - \lambda_1^2)(\lambda_2^2 - a_2^2)(\lambda_3^2 - a_2^2),$$

$$z^2 = \frac{a_2^2 - a_1^2}{N^2} (a_3^2 - \lambda_1^2)(a_3^2 - \lambda_2^2)(\lambda_3^2 - a_3^2).$$

Daher ist nach (39.11)

$$\boldsymbol{e}_1 = \frac{\lambda_1}{N} \left\{ \sqrt{a_3^2 - a_2^2} \sqrt{\frac{(\lambda_2^2 - a_1^2)(\lambda_3^2 - a_1^2)}{\lambda_1^2 - a_1^2}}\, \boldsymbol{i} - \right.$$
$$\left. - \sqrt{a_3^2 - a_1^2} \sqrt{\frac{(\lambda_2^2 - a_2^2)(\lambda_3^2 - a_2^2)}{a_2^2 - \lambda_1^2}}\, \boldsymbol{j} - \sqrt{a_2^2 - a_1^2} \sqrt{\frac{(a_3^2 - \lambda_2^2)(\lambda_3^2 - a_3^2)}{a_3^2 - \lambda_1^2}}\, \boldsymbol{k} \right\},$$

$$\boldsymbol{e}_2 = \frac{\lambda_2}{N} \left\{ \sqrt{a_3^2 - a_2^2} \sqrt{\frac{(\lambda_1^2 - a_1^2)(\lambda_3^2 - a_1^2)}{\lambda_2^2 - a_1^2}}\, \boldsymbol{i} + \right.$$
$$\left. + \sqrt{a_3^2 - a_1^2} \sqrt{\frac{(a_2^2 - \lambda_1^2)(\lambda_3^2 - a_2^2)}{\lambda_2^2 - a_2^2}}\, \boldsymbol{j} - \sqrt{a_2^2 - a_1^2} \sqrt{\frac{(a_3^2 - \lambda_1^2)(\lambda_3^2 - a_3^2)}{a_3^2 - \lambda_2^2}}\, \boldsymbol{k} \right\},$$

$$\boldsymbol{e}_3 = \frac{\lambda_3}{N} \left\{ \sqrt{a_3^2 - a_2^2} \sqrt{\frac{(\lambda_1^2 - a_1^2)(\lambda_2^2 - a_1^2)}{\lambda_3^2 - a_1^2}}\, \boldsymbol{i} + \right.$$
$$\left. + \sqrt{a_3^2 - a_1^2} \sqrt{\frac{(a_2^2 - \lambda_1^2)(\lambda_2^2 - a_2^2)}{\lambda_3^2 - a_2^2}}\, \boldsymbol{j} + \sqrt{a_2^2 - a_1^2} \sqrt{\frac{(a_3^2 - \lambda_1^2)(a_3^2 - \lambda_2^2)}{\lambda_3^2 - a_3^2}}\, \boldsymbol{k} \right\};$$

$$g_{11} = \frac{1}{A_1^2} (\lambda_2^2 - \lambda_1^2)(\lambda_3^2 - \lambda_1^2),$$

$$g_{22} = \frac{1}{A_2^2} (\lambda_2^2 - \lambda_1^2)(\lambda_3^2 - \lambda_2^2),$$

$$g_{33} = \frac{1}{A_3^2} (\lambda_3^2 - \lambda_1^2)(\lambda_3^2 - \lambda_2^2),$$

$$g = \left[\frac{(\lambda_2^2 - \lambda_1^2)(\lambda_3^2 - \lambda_1^2)(\lambda_3^2 - \lambda_2^2)}{A_1 A_2 A_3} \right]^2,$$

mit den Abkürzungen

$$A_1^2 = \frac{1}{\lambda_1^2} (\lambda_1^2 - a_1^2)(a_2^2 - \lambda_1^2)(a_3^2 - \lambda_1^2),$$

$$A_2^2 = \frac{1}{\lambda_2^2} (\lambda_2^2 - a_1^2)(\lambda_2^2 - a_2^2)(a_3^2 - \lambda_2^2),$$

$$A_3^2 = \frac{1}{\lambda_3^2} (\lambda_3^2 - a_1^2)(\lambda_3^2 - a_2^2)(\lambda_3^2 - a_3^2);$$

schließlich ist

$$\Delta f = \frac{A_1 \frac{\partial}{\partial \lambda_1}\left(A_1 \frac{\partial f}{\partial \lambda_1}\right)}{(\lambda_2^2 - \lambda_1^2)(\lambda_3^2 - \lambda_1^2)} + \frac{A_2 \frac{\partial}{\partial \lambda_2}\left(A_2 \frac{\partial f}{\partial \lambda_2}\right)}{(\lambda_2^2 - \lambda_1^2)(\lambda_3^2 - \lambda_2^2)} + \frac{A_3 \frac{\partial}{\partial \lambda_3}\left(A_3 \frac{\partial f}{\partial \lambda_3}\right)}{(\lambda_3^2 - \lambda_1^2)(\lambda_3^2 - \lambda_2^2)}. \text{ —}$$

Es sei schließlich noch das folgende von DUPIN und DARBOUX stammende Ergebnis zitiert: während sich in der Ebene jede Kurvenschar durch ihre orthogonalen Trajektionen zu einem Orthogonalsystem ergänzen läßt, gibt es im R_3 zu zwei Flächenscharen dann und nur dann eine dritte, durch die sie zu einem Orthogonalsystem ergänzt werden, wenn sich die Flächen der beiden ersten Scharen in den Krümmungslinien schneiden.

II. Spinoren.

40. Stereographische Projektion und Raumdrehungen. Im dreidimensionalen Raum R_3 sei ein cartesisches x, y, z-Koordinatensystem fest vorgegeben. Die Einheitskugel um den Nullpunkt wird *stereographisch* auf die x, y-Ebene projiziert, d.h. dem Punkt x, y, z der Kugel wird der Durchstoßpunkt derjenigen Geraden mit der x, y-Ebene zugeordnet, die durch den Nordpol der Kugel und den betrachteten Kurvenpunkt geht (Fig. 15). Beschreibt man die x, y-Ebene durch eine komplexe Veränderliche u, deren reelle bzw. imaginäre Achse mit der x- bzw. y-Achse des räumlichen Koordinatensystems zusammenfällt, so wird die stereographische Projektion durch folgende, an der Figur ersichtliche, Beziehungen beschrieben:

$$\left.\begin{aligned} x &= \frac{u+\bar{u}}{u\bar{u}+1}, \\ y &= \frac{1}{i}\,\frac{u-\bar{u}}{u\bar{u}+1}, \\ z &= \frac{u\bar{u}-1}{u\bar{u}+1}, \end{aligned}\right\} \tag{40.1}$$

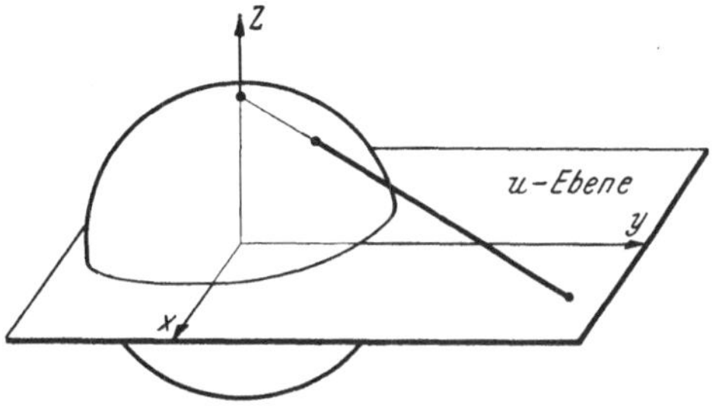

wobei $\bar{u}$ die zu u konjugiert-komplexe Zahl bedeutet.

Fig. 15. Die stereographische Projektion.

Jeder umkehrbar konformen und orientierungstreuen Abbildung der Kugel auf sich entspricht vermöge der stereographischen Projektion eine linear gebrochene Abbildung

$$u \to \frac{a u + b}{c u + d}. \tag{40.2}$$

Hierin sind die Konstanten a, b, c, d bis auf einen Proportionalfaktor bestimmt; die Forderung, daß die Abbildung (40.2) *unimodular* sei, d.h. daß sie die Determinante Eins haben soll,

$$a d - b c = 1, \tag{40.3}$$

legt diesen Proportionalitätsfaktor bis aufs Vorzeichen fest.

Bei einer *Kugeldrehung* geht jedes diametrale Punktepaar wieder in ein solches über. Entspricht aber einem Kugelpunkt stereographisch der Punkt u der Ebene, so entspricht $-\frac{1}{\bar{u}}$ dem Gegenpunkt. Den Kugeldrehungen sind also diejenigen linearen Abbildungen (40.2) zugeordnet, für die

$$\frac{a\left(-\frac{1}{\bar{u}}\right)+b}{c\left(-\frac{1}{\bar{u}}\right)+d} = -\overline{\left(\frac{a u + b}{c u + d}\right)}^{-1}$$

identisch in u gilt. Das gibt, wenn man noch (40.3) berücksichtigt, $c = -\bar{b}$, $d = \bar{a}$; d.h. die Kugeldrehungen werden durch diejenige Untergruppe der Abbildungen (40.2) dargestellt, die aus den Abbildungen

$$u \to \frac{a u + b}{\bar{b} u + \bar{a}}, \quad a\bar{a} + b\bar{b} = 1, \tag{40.4}$$

besteht.

Nach der letzten Fußnote aus Ziff. 11 kann jede Drehung erzeugt werden aus Drehungen um die Koordinatenachsen. Der Drehung mit φ um die z-Achse entspricht die Abbildung

$$Z(\varphi): u \to u\, e^{i\varphi} = \frac{e^{i\frac{\varphi}{2}} u + 0}{0 \cdot u + e^{-i\frac{\varphi}{2}}},$$

mit φ um die x-Achse

$$X(\varphi): u \to \frac{\cos\frac{\varphi}{2}\, u + i \sin\frac{\varphi}{2}}{i \sin\frac{\varphi}{2}\, u + \cos\frac{\varphi}{2}},$$

mit φ um die y-Achse

$$Y(\varphi): u \to \frac{\cos\frac{\varphi}{2}\, u - \sin\frac{\varphi}{2}}{\sin\frac{\varphi}{2}\, u + \cos\frac{\varphi}{2}}.$$

Will man noch die *Spiegelung am Nullpunkt* darstellen, so kommt man nicht mit analytischen Abbildungen der u-Ebene aus. Die Spiegelung

$$x \to -x, \quad y \to -y, \quad z \to -z$$

wird vielmehr wiedergegeben durch die indirekt konforme Abbildung

$$u \to -\frac{1}{\bar{u}}. \tag{40.5}$$

41. Der Minkowski-Raum. Führt man im R_3 und in der u-Ebene homogene Koordinaten ein, indem man setzt

$$u = \frac{u_1}{u_2}, \quad x = \frac{x_1}{x_0}, \quad y = \frac{x_2}{x_0}, \quad z = \frac{x_3}{x_0},$$

so kann man die stereographische Projektion (40.1) in homogen linearer Form schreiben:

$$\left.\begin{aligned} x_1 &= u_1 \bar{u}_2 + \bar{u}_1 u_2, & x_2 &= \frac{1}{i}(u_1 \bar{u}_2 - \bar{u}_1 u_2), \\ x_3 &= u_1 \bar{u}_1 - u_2 \bar{u}_2, & x_0 &= u_1 \bar{u}_1 + u_2 \bar{u}_2. \end{aligned}\right\} \tag{41.1}$$

Auch die Abbildungen (40.2) werden nun ganz linear:

$$u_1 \to u_1' = a\, u_1 + b\, u_2, \quad u_2 \to u_2' = c\, u_1 + d\, u_2; \tag{41.2}$$

jeder Abbildung (40.2), die nach (40.3) normiert ist, entsprechen aber zwei Abbildungen (41.2), denn die Abbildungen

$$u_1 \to u_1', \quad u_2 \to u_2' \quad \text{und} \quad u_1 \to -u_1', \quad u_2 \to -u_2' \tag{41.3}$$

bestimmen dieselbe gebrochene Abbildung (40.2). Die Ersetzung der u_i durch die u_i' in (41.1) induziert *in den x_i eine reelle homogene Abbildung.* Faßt man (41.1) als Parameterdarstellung der Einheitskugel

$$x_0^2 - x_1^2 - x_2^2 - x_3^2 = 0 \tag{41.4}$$

auf, so erkennt man, daß die Kugel unter diesen Abbildungen in sich übergeht; wieder ergeben die beiden Abbildungen (41.3) dieselbe Abbildung der Kugel auf sich.

Sind jetzt die x_i freie Veränderliche — sie repräsentieren dann den vollen R_3 und sind nicht mehr durch (41.1) auf die Kugelpunkte beschränkt —, und übt man auf sie dieselben linearen Abbildungen aus, die eben für die Kugelpunkte angegeben worden sind, so erhält man eine Gruppe von projektiven Abbildungen des R_3 auf sich unter denen die Kugel (41.4) fest bleibt; das ist aber nichts anderes als *die zur Kugel als absolutem Gebilde gehörige nicht-euklidische Bewegungsgruppe* (Ziff. 16); sie enthält als Untergruppe die *euklidischen Kugeldrehungen*, die nach (40.4) durch die Abbildungen

$$u_1 \to u_1' = a\,u_1 + b\,u_2, \quad u_2 \to u_2' = -\bar{b}\,u_1 + \bar{a}\,u_2 \tag{41.5}$$

mit

$$a\bar{a} + b\bar{b} = 1 \tag{41.6}$$

dargestellt werden, und zwar zweideutig. Zur Darstellung der Spiegelung muß nach (40.5) die Abbildung[1]

$$u_1 \to u^{\dot{1}} = -\bar{u}_2, \quad u_2 \to u^{\dot{2}} = \bar{u}_1 \tag{41.7}$$

hinzugenommen werden.

Die Abbildungen der Variablen x_i, die durch (41.1) induziert werden, lassen noch eine andere Deutung zu. Sind nämlich u_λ, v_λ ($\lambda = 1,2$) zwei Variablenpaare, die einer Abbildung (41.2) unterworfen werden, und bedeuten $c_{\lambda\dot{\nu}}$ die vier Komponenten einer Größe, die sich wie die Produkte $u_\lambda \bar{v}_\nu$ transformieren, so bleibt deren Determinante

$$c_{1\dot{1}}\,c_{2\dot{2}} - c_{1\dot{2}}\,c_{2\dot{1}} \tag{41.8}$$

wegen (10.11)[2] und (40.3) invariant. Solche $c_{\lambda\dot{\nu}}$ werden z.B. nach (41.1) durch

$$c_{1\dot{1}} = x_0 + x_3, \quad c_{1\dot{2}} = x_1 + i\,x_2, \quad c_{2\dot{1}} = x_1 - i\,x_2, \quad c_{2\dot{2}} = x_0 - x_3 \tag{41.9}$$

gegeben, und deren Determinante (41.8) ist gerade

$$Q(x) \equiv x_0^2 - x_1^2 - x_2^2 - x_3^2. \tag{41.10}$$

Es bleibt also nicht nur die Relation (41.4), d.h.

$$Q(x) = 0,$$

sondern sogar $Q(x)$ *für beliebige* x_i *invariant*. Faßt man also die x_i *nicht als homogene Koordinaten des dreidimensionalen sondern als affine Koordinaten des vierdimensionalen Raumes* auf, so sind die betrachteten Abbildungen der x_i diejenigen affinen Abbildungen dieses Raumes, die den Nullpunkt und die Form (41.10) invariant lassen. Nimmt man diese Form als metrische Fundamentalform des vierdimensionalen Raumes, so wird er zum MINKOWSKI-*Raum* und die fragliche Gruppe ist seine zentrierte Bewegungsgruppe, die als *eigentliche* LORENTZ-*Gruppe* bezeichnet wird.

Aber auch die Deutung der speziellen, durch (41.5) induzierten Untergruppe als Gruppe der Drehungen des dreidimensionalen Unterraumes der x_1, x_2, x_3 bleibt sinnvoll, weil nach (41.9) die vierte Koordinate

$$x_0 = \tfrac{1}{2}\,(c_{1\dot{1}} + x_{2\dot{2}})$$

wegen (41.6) fest bleibt.

---

[1] Diese Schreibweise erklärt sich daraus, daß die $u^{\dot{\lambda}}$ sich unter (41.2) konjugiert-komplex verhalten zu Variablen u^λ, die kontragredient sind zu den u_λ.

[2] Dieses Transformationsgesetz gilt auch für nicht-symmetrische Matrizen.

Eine spezielle LORENTZ-Abbildung erhält man aus

$$u_1 \to u_1' = a\,u_1, \quad u_2 \to u_2' = a^{-1} u_2 \quad (a \text{ reell});$$

mit

$$\alpha = \frac{a^4 - 1}{a^4 + 1}$$

lautet die induzierte LORENTZ-Abbildung

$$x_1 \to x_1, \quad x_2 \to x_2, \quad x_3 \to \frac{x_3 - \alpha\,x_0}{\sqrt{1 - \alpha^2}}, \quad x_0 \to \frac{-\alpha\,x_3 + x_0}{\sqrt{1 - \alpha^2}};$$

aus dieser und aus den dreidimensionalen Drehungen läßt sich die ganze *eigentliche* LORENTZ-Gruppe aufbauen.

Zur *vollen* LORENTZ-*Gruppe,* die außer den Abbildungen der eigentlichen LORENTZ-*Gruppe* noch die „Raumspiegelung"

$$x_0 \to x_0, \quad x_1 \to -x_1, \quad x_2 \to -x_2, \quad x_3 \to -x_3$$

enthält, gelangt man, wenn man die Gruppe der Abbildungen (41.2) durch die Abbildung (41.7) erweitert.

Zusammenfassend stellen wir fest: die unimodularen Abbildungen (41.2) im Raum der komplexen Variablen u_1, u_2 bilden eine zweideutige Darstellung der eigentlichen LORENTZ-Gruppe, wobei die räumliche Drehungsgruppe durch die *unitären* Abbildungen (41.5) dargestellt wird. Um diese Darstellung zu einer Darstellung der vollen LORENTZ-Gruppe zu erweitern, hat man einen zweiten zweidimensionalen Raum mit den Variablen $u^{\dot\lambda}$, die sich konjugiert-komplex und kontragredient zu den u_λ verhalten, heranzuziehen; *beide Räume werden unter der eigentlichen* LORENTZ-*Gruppe einzeln auf sich abgebildet, während sie bei der Spiegelung nach* (41.7) *vertauscht werden.*

Die Vektoren und Tensoren dieser Darstellungsräume werden in der physikalischen Anwendung nicht als Größen dieser Räume angesehen, sondern als *Größen des* MINKOWSKI-*Raumes,* zusätzlich zu dessen „Vierervektoren" und Tensoren. Da sie aber selbst keine Tensoren dieses Raumes sind, werden sie anders benannt, und zwar als *Spinoren*; insbesondere sind also u_λ und $u^{\dot\lambda}$ Spinoren erster Stufe. Im gleichen Sinne spricht man von einem *Spinorfeld,* wenn in jedem Punkt des MINKOWSKI-Raumes ein Spinor sitzt.

42. Spinorrechnung. Man kann den Tensorkalkül (vgl. Ziff. 30) auf die Spinoren anwenden, die ja Tensoren im zweidimensionalen Spinorraum sind. Dabei treten jedoch zwei Besonderheiten auf.

Zunächst gibt es vier Arten von Spinoren erster Stufe; nämlich die ko- und kontravarianten Spinoren u_λ, u^λ und die zu diesen konjugiert-komplexen transformierten $u_{\dot\lambda}$, $u^{\dot\lambda}$.

Sodann bleibt für zwei Spinoren u_λ, v_λ der Ausdruck

$$u_1 v_2 - u_2 v_1 \tag{42.1}$$

wegen (40.3) unter allen Spinortransformationen fest. Dieselbe Eigenschaft hat aber das gewöhnliche skalare Produkt

$$u_1 v^1 + u_2 v^2.$$

Der Vergleich mit (42.1) ergibt als Methode des Herauf- und Herunterziehens der Indices

$$v^1 = v_2, \quad v^2 = -v_1;$$

sie genügt aber nicht den in Ziff. 31 aufgeführten Regeln, weil die definierende invariante Form (42.1) nicht symmetrisch ist. Es ist

$$v^\nu = \varepsilon^{\nu i} v_i, \qquad v_\nu = \varepsilon_{\nu i} v^i$$

mit den beiden Spinoren zweiter Stufe

$$\varepsilon^{11} = 0, \quad \varepsilon^{12} = 1, \quad \varepsilon^{21} = -1, \quad \varepsilon^{22} = 0;$$
$$\varepsilon_{11} = 0, \quad \varepsilon_{12} = -1, \quad \varepsilon_{21} = 1, \quad \varepsilon_{22} = 0.$$

Damit ist z.B.

$$u_i v^i = - u^i v_i.$$

Dieselben Aussagen bestehen für „punktierte" Spinoren.

Es gibt vier konstante invariante Spinoren zweiter Stufe $\overset{k}{\sigma}_{\lambda\nu} (k = 0, 1, 2, 3)$, die „PAULI-Matrizen"[1]

$$\overset{0}{\sigma} = \begin{Vmatrix} 1 & 0 \\ 0 & 1 \end{Vmatrix}, \quad \overset{1}{\sigma} = \begin{Vmatrix} 0 & 1 \\ 1 & 0 \end{Vmatrix}, \quad \overset{2}{\sigma} = \begin{Vmatrix} 0 & +i \\ -i & 0 \end{Vmatrix}, \quad \overset{3}{\sigma} = \begin{Vmatrix} 1 & 0 \\ 0 & -1 \end{Vmatrix}.$$

Der Zusammenhang, der nach (41.9) zwischen jedem Vierervektor und einem Spinor zweiter Stufe besteht, läßt sich mit Hilfe dieser PAULI-Matrizen schreiben als

$$c_{\lambda\dot{\nu}} = \sum_{k=0}^{3} x_k \overset{k}{\sigma}_{\lambda\dot{\nu}}.$$

Diese Gleichungen lassen sich umkehren zu

$$x_\alpha = \tfrac{1}{2} \underset{\alpha}{\tau}^{m\dot{n}} c_{m\dot{n}},$$

wobei die vier Spinoren $\underset{\alpha}{\tau}^{\lambda\dot{\nu}} (\alpha = 0, 1, 2, 3)$ repräsentiert werden von den Matrizen

$$\underset{0}{\tau} = \begin{Vmatrix} 1 & 0 \\ 0 & 1 \end{Vmatrix}, \quad \underset{1}{\tau} = \begin{Vmatrix} 0 & 1 \\ 1 & 0 \end{Vmatrix}, \quad \underset{2}{\tau} = \begin{Vmatrix} 0 & -i \\ i & 0 \end{Vmatrix}, \quad \underset{3}{\tau} = \begin{Vmatrix} 1 & 0 \\ 0 & -1 \end{Vmatrix}.$$

Mit den $\overset{\alpha}{\sigma}$ bzw. den $\underset{\alpha}{\tau}$ läßt sich jeder Tensor als Spinor schreiben und umgekehrt jeder Spinor gerader Stufe mit der gleichen Anzahl punktierter und unpunktierter Indices als Tensor. Beispielsweise ist

$$v_{\varkappa\lambda\dot{\mu}\dot{\nu}} = \sum_{k,l=0}^{3} V_{kl} \overset{k}{\sigma}_{\varkappa\dot{\mu}} \overset{l}{\sigma}_{\lambda\dot{\nu}}$$

die spinorielle Darstellung des Tensors V_{kl} und

$$V_{\alpha\beta} = \tfrac{1}{4} \underset{\alpha}{\tau}^{a\dot{c}} \underset{\beta}{\tau}^{b\dot{d}} v_{ab\dot{c}\dot{d}}$$

der Tensor zweiter Stufe, der aus $v_{\varkappa\lambda\dot{\mu}\dot{\nu}}$, einem Spinor vierter Stufe, entspringt. Als Beispiel für die spinorielle Schreibweise der Verjüngung eines Tensors sei das skalare Produkt zweier Vektoren angeführt: mit

$$c_{\lambda\dot{\nu}} = x_k \overset{k}{\sigma}_{\lambda\dot{\nu}}, \qquad d_{\lambda\dot{\nu}} = y_k \overset{k}{\sigma}_{\lambda\dot{\nu}}$$

erhält man

$$x_0 y_0 - x_1 y_1 - x_2 y_2 - x_3 y_3 = \tfrac{1}{2} (c_{1\dot{1}} d_{2\dot{2}} + c_{2\dot{2}} d_{1\dot{1}} - c_{1\dot{2}} d_{2\dot{1}} - c_{2\dot{1}} d_{1\dot{2}})$$
$$= \tfrac{1}{2} c_{a\dot{b}} d^{a\dot{b}};$$

[1] λ ist Zeilenindex, $\dot{\nu}$ ist Spaltenindex.

letzteres, weil

$$d_{1\dot{1}} = d^{1\dot{1}}, \quad d_{2\dot{2}} = d^{2\dot{2}}, \quad d_{1\dot{2}} = -d^{2\dot{1}}, \quad d_{2\dot{1}} = -d^{1\dot{2}}$$

aus

$$d_{\lambda\dot{\nu}} = \varepsilon_{\lambda a}\,\varepsilon_{\dot{\nu}\dot{b}}\,d^{a\dot{b}}$$

folgt.

Die PAULI-Matrizen $\overset{\alpha}{\sigma}$ genügen den folgenden Multiplikationsregeln

$$\overset{\alpha}{\sigma}\overset{\alpha}{\sigma} = \overset{0}{\sigma}, \quad \overset{0}{\sigma}\overset{\alpha}{\sigma} = \overset{\alpha}{\sigma}\overset{0}{\sigma} = \overset{\alpha}{\sigma}$$

$$\overset{1}{\sigma}\overset{2}{\sigma} = -\overset{2}{\sigma}\overset{1}{\sigma} = -i\overset{3}{\sigma},$$

$$\overset{1}{\sigma}\overset{3}{\sigma} = -\overset{3}{\sigma}\overset{1}{\sigma} = i\overset{2}{\sigma},$$

$$\overset{2}{\sigma}\overset{3}{\sigma} = -\overset{3}{\sigma}\overset{2}{\sigma} = -i\overset{1}{\sigma}.$$

Daraus folgt, daß sich

$$Q(x) = x_0^2 - x_1^2 - x_2^2 - x_3^2$$

„in Faktoren zerlegen" läßt; es ist nämlich

$$\overset{0}{\sigma}\,Q(x) = \left(\overset{0}{\sigma}x_0 - \overset{1}{\sigma}x_1 - \overset{2}{\sigma}x_2 - \overset{3}{\sigma}x_3\right)\left(\overset{0}{\sigma}x_0 + \overset{1}{\sigma}x_1 + \overset{2}{\sigma}x_2 + \overset{3}{\sigma}x_3\right).$$

III. Geometrie der Berührungstransformationen.

43. Berührungstransformationen. R_{n+1} sei ein $(n+1)$-dimensionaler euklidischer Raum mit den festen cartesischen Koordinaten $x_1, \ldots, x_n, z$. Grundobjekte sollen jetzt nicht Punkte sondern *Flächenelemente* sein: ein Flächenelement ist der Inbegriff einer n-dimensionalen Hyperebene und eines auf dieser gelegenen Punktes, ihres Trägerpunktes. Es wird also durch $2n+1$ Zahlen repräsentiert: durch den Trägerpunkt $(x_1, \ldots, x_n, z)$ und den Normalenvektor $(-v_1, \ldots, -v_n, 1)$; diese Normierung entspricht der Auszeichnung der Koordinate z, da sich an der Hyperebenengleichung

$$-\sum v_i x_i + z = 0$$

ein Normalenvektor obiger Form ablesen läßt.

Ein geometrisches Gebilde — Punkt, Kurve, Fläche usw. — ist zunächst aufzufassen als geometrischer Ort der Trägerpunkte von unendlich vielen Flächenelementen, die dieses Gebilde berühren. Dabei können verschiedene Scharen von Flächenelementen dasselbe Gebilde darstellen: z. B. kann eine Kurve im R_3 durch ∞^1 und durch ∞^2 Flächenelemente eingehüllt werden: im ersten Falle kann die Gesamtheit der Schmieg- oder Streckebenen (vgl. Ziff. 17), im zweiten Falle die Gesamtheit aller Tangentialebenen genommen werden. Wir gehen der Schwierigkeit aus dem Wege, die diese Mehrdeutigkeit hervorruft, indem wir als geometrische Gebilde nicht die Orte von Punkten ansehen sondern die Scharen von Flächenelementen, die den Ort der Trägerpunkte einhüllen. Eine solche Schar, die von gewissen Parametern t abhängt,

$$x_i = x_i(t_1, \ldots, t_d), \quad z = z(t_1, \ldots, t_d), \quad v_i = v_i(t_1, \ldots, t_d)$$

heißt (d-dimensionaler) *Elementverein*; für einen solchen lautet die Einhüllbedingung

$$\frac{\partial z}{\partial t_j} - \sum_i v_i \frac{\partial x_i}{\partial t_j} = 0 \qquad (j = 1, \ldots, d),$$

oder einfacher geschrieben

$$dz - \sum v_i dx_i = 0. \tag{43.1}$$

Wir betrachten jetzt umkehrbare Transformationen[1] von Flächenelementen

$$X_k = X_k(x_i, v_i, z), \quad Z = Z(x_i, v_i, z), \quad V_k = V_k(x_i, v_i, z), \tag{43.2}$$

durch die jeder Elementverein wieder in einen Elementverein übergeht. Solche Transformationen heißen *Berührungstransformationen*, weil offenbar zwei sich berührende Elementvereine — das sind solche, die mindestens ein Flächenelement gemein haben, — wieder in sich berührende abgebildet werden. Eine Berührungstransformation liegt dann vor, wenn aus der Gültigkeit von (43.1)

$$dZ - \sum V_i dX_i = 0$$

folgt. Aus (43.2) ergibt sich aber die Identität

$$dZ - \sum V_i dX_i = \varrho\, dz + \sum (\alpha_i dx_i + \beta_i dv_i); \tag{43.3}$$

von den Koeffizientenfunktionen ϱ, α_i, β_i benötigen wir nur explizit

$$\varrho = \frac{\partial Z}{\partial z} - \sum_i V_i \frac{\partial X_i}{dz}. \tag{43.4}$$

Gilt also (43.1), so soll (43.3) oder, was dasselbe ist,

$$\sum (\varrho v_i + \alpha_i)\, dx_i + \sum \beta_i dv_i$$

identisch verschwinden; d.h. es muß sein

$$\beta_i \equiv 0, \quad \alpha_i = -\varrho v_i.$$

Für eine Berührungstransformation (43.2) ist also die Existenz einer Funktion $\varrho(x_i, v_i, z)$, mit welcher

$$dZ - \sum V_i dX_i = \varrho (dz - \sum v_i dx_i) \tag{43.5}$$

gilt, charakteristisch.

44. Kanonische Transformationen. Spezielle Berührungstransformationen sind diejenigen, unter denen sich x und v unabhängig von z transformieren:

$$X_j = X_j(x_i, v_i), \quad V_j = V_j(x_i, v_i). \tag{44.1}$$

Für solche *Berührungstransformationen in* (x, v) ergibt sich das ϱ aus (43.5) als konstant; die weitere Spezialisierung auf $\varrho = 1$ ist also eine naheliegende Normierung: sie führt auf die *kanonischen Transformationen.*

Für eine kanonische Transformation gilt nach (43.4)

$$\frac{\partial Z}{\partial z} = 1,$$

oder

$$Z = z + T(x_i, v_i), \tag{44.2}$$

und daher nach (43.5)

$$\sum (V_i dX_i - v_i dx_i) = dT(x_j, v_j). \tag{44.3}$$

Eine Transformation (44.1) ist also kanonisch, wenn es ein totales Differential dT gibt, mit welchem (44.2) gilt; sie ist dann von selbst umkehrbar.

[1] Diese Bezeichnung steht im Gegensatz zu Ziff. 8, 9: was dort als Abbildung (bzw. Transformation) bezeichnet wurde, müssen wir hier Transformation (bzw. Substitution) nennen.

Eine kanonische Transformation gestattet eine Einteilung der Flächenelemente (x, z, v) des R_{n+1} in Klassen, wobei diejenigen Elemente derselben Klasse angehören, deren Koordinate z sich von der Koordinate Z des Bildelementes um denselben Wert W unterscheiden, für die also nach (44.2)

$$T(x, v) = W$$

ist; jedem W entspricht also eine solche Klasse.

Eine kanonische Transformation ist eine spezielle Berührungstransformation des R_{n+1}; da sie aber auch eine Transformation des Unterraumes R_n der x_i auf sich bewirkt, soll jetzt ihre geometrische Bedeutung in diesem R_n dargelegt werden.

Im R_n bedeutet (x_i, v_i) ein Flächenelement mit dem Trägerpunkt (x_i) und dem Normalenvektor (v_i). Eine Schar von Flächenelementen ist hier ein Elementverein, wenn

$$\Sigma v_i \, dx_i = 0$$

ist. Unter der kanonischen Transformation gehen nach (44.3) nur diejenigen Elementvereine wieder in Elementvereine über, für die

$$dT = 0, \quad \text{d.h.} \quad T(x, v) = \text{const}$$

ist, die also ganz in einer der obigen Klassen liegen. *Eine kanonische Transformation ordnet jedem Wert W von $T(x, v)$ eine Berührungstransformation im Raum R_n der x_i zu.*

Besonders wichtig sind solche kanonischen Transformationen, die eine *erzeugende Funktion* $S(x, X)$ besitzen. Das ist dann der Fall, wenn in (44.1) die Gleichungen

$$X_j = X_j(x_i, v_i)$$

nach den v_i auflösbar sind und daher

$$v_i = v_i(x_j, X_j)$$

sowie

$$T(x, v) = S(x, X) \tag{44.4}$$

geschrieben werden kann. Dann folgt aus (44.3)

$$V_i = \frac{\partial S}{\partial X_i}, \qquad v_i = -\frac{\partial S}{\partial x_i}. \tag{44.5}$$

Durch $S(x, X) = W = \text{const}$ wird jedem Punkt (x) eine Fläche zugeordnet; es handelt sich daher um eine *Punkt-Flächentransformation*, die eine Berührungstransformation ist.

Für eine kanonische Transformation ist

$$\sum (V_i \, dX_i - v_i \, dx_i) = \sum_i \Big(\sum_j V_j \frac{\partial X_j}{\partial x_i} - v_i\Big) dx_i + \sum_i \Big(\sum_j V_j \frac{\partial X_j}{\partial v_i}\Big) dv_i$$

ein totales Differential. Die bekannten Integrabilitätsbedingungen formen dieses Postulat um in die äquivalenten LAGRANGE*schen Klammerrelationen*

$$\left.\begin{aligned} [x_i, x_k] &\equiv \sum_j \Big(\frac{\partial X_j}{\partial x_i}\frac{\partial V_j}{\partial x_k} - \frac{\partial X_j}{\partial x_k}\frac{\partial V_j}{\partial x_i}\Big) = 0, \\ [x_i, v_k] &\equiv \sum_j \Big(\frac{\partial X_j}{\partial x_i}\frac{\partial V_j}{\partial v_k} - \frac{\partial X_j}{\partial v_k}\frac{\partial V_j}{\partial x_i}\Big) = \delta_{ik}, \\ [v_i, v_k] &\equiv \sum_j \Big(\frac{\partial X_j}{\partial v_i}\frac{\partial V_j}{\partial v_k} - \frac{\partial X_j}{\partial v_k}\frac{\partial V_j}{\partial v_i}\Big) = 0. \end{aligned}\right\} \tag{44.6}$$

Führt man die folgenden n-reihigen Matrizen ein, in denen i den Zeilen- und k den Spaltenindex bedeutet,

$$X_x = \left\| \frac{\partial X_i}{\partial x_k} \right\|, \quad X_v = \left\| \frac{\partial X_i}{\partial v_k} \right\|, \quad V_x = \left\| \frac{\partial V_i}{\partial x_k} \right\|, \quad V_v = \left\| \frac{\partial V_i}{\partial v_k} \right\|,$$

und deren Transponierte X_x^T usw. durch Vertauschung von i und k, und bildet aus ihnen die $2n$-reihigen Matrizen

$$A = \left\| \begin{matrix} X_x \, X_v \\ V_x \;\, V_v \end{matrix} \right\|, \quad B = \left\| \begin{matrix} V_v^T & -X_v^T \\ -V_x^T & X_x^T \end{matrix} \right\|,$$

so sind die Gleichungen (44.6) äquivalent mit

$$BA = E \quad \text{oder} \quad B = A^{-1}.$$

Zur Deutung dieser Beziehung ziehen wir vorübergehend den $2n$-dimensionalen Raum P_{2n} heran, in dem (x_i, v_i) einen Punkt darstellt, und dessen Geometrie durch die kanonische Gruppe bestimmt wird.

Das totale Differential

$$dF = \sum \frac{\partial F}{\partial x_i} dx_i + \sum \frac{\partial F}{\partial v_i} dv_i$$

einer Funktion $F(x,v)$ ist eine Invariante unter jeder Transformation; es ist das Skalarprodukt der ko- bzw. kontravarianten Vektoren

$$\left(\frac{\partial F}{\partial x_i}, \frac{\partial F}{\partial v_i}\right) \quad \text{und} \quad (dx_i, dv_i).$$

Letzterer transformiert sich nach A, ersterer also nach A^{-T} †. Für kanonische Transformationen ist aber

$$A^{-T} = B^T = \left\| \begin{matrix} V_v & -V_x \\ -X_v & X_x \end{matrix} \right\|,$$

und der Vergleich dieser Matrix mit A zeigt, daß sich der Vektor $\left(\frac{\partial F}{d v_i}, -\frac{\partial F}{\partial x_i}\right)$ wieder nach A transformiert. Die zu beliebigen Funktionen $F(x, v)$ und $G(x, v)$ gebildete POISSON-*Klammer*

$$(F, G) \equiv \sum \left(\frac{\partial F}{\partial v_i} \frac{\partial G}{\partial x_i} - \frac{\partial F}{\partial x_i} \frac{\partial G}{\partial v_i} \right),$$

ist daher invariant unter jeder kanonischen Transformation.

45. Scharen kanonischer Transformationen. Den Werten eines Parameters t seien differenzierbar kanonische Transformationen zugeordnet. Man spricht von einer *Entfaltung* der kanonischen Transformation mit t. Dem entspricht die Schreibweise

$$x_j = x_j(\alpha_i, \beta_i, t), \qquad v_j = v_j(\alpha_i, \beta_i, t),$$

wobei wir statt der früheren x, v, X, V beziehentlich α, β, x, v schreiben. Aus (44.3) wird[1]

$$\sum v_i d_t x_i = \sum \beta_i d\alpha_i + d_t T(\alpha_j, \beta_j, t). \tag{45.1}$$

Differentiation von (45.1) nach t ergibt (durch Punkte bezeichnet):

$$\sum (\dot{v}_i d_t x_i + v_i d_t \dot{x}_i) = d_t \dot{T}.$$

† Dabei ist gesetzt: $A^{-T} = (A^{-1})^T = (A^T)^{-1}$.

[1] Der Index t gibt an, daß die Differentiale mit konstantem t zu nehmen sind.

Subtrahiert man dies von der Identität

$$\sum (\dot{x}_i d_t v_i + v_i d_t \dot{x}_i) = d_t(\sum v_i \dot{x}_i),$$

so erhält man

$$\sum (\dot{x}_i d_t v_i - \dot{v}_i d_t x_i) = d_t(\sum v_i \dot{x}_i - \dot{T}).$$

Die Funktion $\sum v_i \dot{x}_i - \dot{T}$ ist Funktion von α, β, t; da die kanonische Transformation umkehrbar ist, kann man die α, β durch x, v ausdrücken; man kann also setzen

$$\sum v_i \dot{x}_i - \dot{T} = H(x_j, v_i, t). \tag{45.2}$$

H ist die HAMILTON-*Funktion* der kanonischen Schar und *erzeugende Funktion der infinitesimalen Transformation*; denn aus

$$\sum (\dot{x}_i d v_i - \dot{v}_i d x_i) = d_t H(x_j, v_j, t)$$

folgen die *gewöhnlichen* HAMILTON*schen Differentialgleichungen*

$$\dot{x}_i = \frac{\partial H}{\partial v_i}, \quad \dot{v}_i = -\frac{\partial H}{\partial x_i}, \tag{45.3}$$

durch welche die Transformation vom Parameterwert t zum Wert $t + dt$ beschrieben wird.

Nun sei umgekehrt eine HAMILTON-Funktion $H(x, v, t)$ und durch (45.3) eine infinitesimale kanonische Transformation gegeben. Es entsteht die Frage nach einer endlichen kanonischen Transformation, deren Infinitesimale die gegebene ist; diese ist gefunden, wenn eine Funktion $S(\alpha, x, t)$ bestimmt ist, welche nach (44.5) — oder in unserer jetzigen Schreibweise durch

$$v_i = \frac{\partial S}{\partial x_i}, \quad \beta_i = -\frac{\partial S}{\partial \alpha_i} \tag{45.4}$$

diese Transformation erzeugt. Für sie besteht die Beziehung

$$\frac{d}{dt} S(\alpha_j, x_j, t) = \sum \frac{\partial S}{\partial x_i} \dot{x}_i + \frac{\partial S}{dt},$$

andererseits nach (44.4), (45.2), (45.4)

$$\frac{d}{dt} S(\alpha_j, x_j, t) = \dot{T}(\alpha_j, \beta_j, t) = \sum v_i \dot{x}_i - H(x_j, v_j, t) = \sum \frac{\partial S}{\partial x_i} \dot{x}_i - H\left(x_j, \frac{\partial S}{\partial x_j}, t\right);$$

also muß sie der *partiellen* HAMILTON-JACOBI*schen Differentialgleichung*

$$\frac{\partial S}{\partial t} + H\left(x_i, \frac{\partial S}{\partial x_i}, t\right) = 0$$

genügen.

Literatur.

[1] BEHNKE, H.: Infinitesminal-Rechnung, Bd. II. Münster 1954.
[2] BLASCHKE, W.: Einführung in die Differentialgeometrie. Berlin 1950.
[3] CARATHÉODORY, C.: Variationsrechnung. Leipzig 1935.
[4, 5] CARTAN, E.: Leçons sur la théorie des spineurs, Bd. I, II. Paris 1938.
[6, 7] DUSCHEK, A., u. A. HOCHRAINER: Grundzüge der Tensorrechnung in analytischer Darstellung, Bd. I, II. Berlin 1948, 1950.
[8] EISENHART, L. P.: Non-Riemannian Geometry. New York 1927.
[9] EISENHART, L. P.: An Entroduction to Differential Geometry. Princeton 1947.
[10] EISENHART, L. P.: Riemannian Geometry. Princeton 1949.
[11] HAACK, W.: Differential-Geometrie, Bd. I. Wolfenbüttel 1948.
[12] KLEIN, F.: Vorlesungen über nicht-euklidische Geometrie. Berlin 1928.

[13] Laporte, O., and G. Uhlenbeck: Application of spinor-analysis to the Maxwell and Dirac equations. Phys. Rev. **37**, 1380—1397 (1931).
[14] Liebmann, H.: Lehrbuch der Differentialgleichungen. Leipzig 1901.
[15] Madelung, E.: Die mathematischen Hilfsmittel des Physikers. Berlin 1950.
[16] Magnus, W., u. F. Oberhettinger: Formeln und Sätze für die speziellen Funktionen der Mathematischen Physik. Berlin 1948.
[17] Morse, P., and H. Feshbach: Methods of theoretical Physics, Bd. II. New York 1953.
[18] Rumer, G.: Der gegenwärtige Stand der Diracschen Theorie des Elektrons. Phys. Z **32**, 601—622 (1931).
[19] Schouten, J. A.: Der Ricci-Kalkül. Berlin 1924.
[20] Schouten, J. A.: Tensor analysis for Physicists. Oxford 1954.
[21] Schouten, J. A.: Ricci Calculus. Berlin 1954.
[22, 23] Sperner, E.: Einführung in die analytische Geometrie und Algebra, Bd. I, II. Göttingen 1948, 1951.
[24] Tietz, H.: Die klassische Mechanik als Transformationstheorie. Z. Naturforsch. 6a, 417—420 (1951).
[25] Weyl, H.: Raum, Zeit, Materie. Berlin 1923.
[26] Waerden, B. L. van der: Die gruppentheoretische Methode in der Quantenmechanik. Berlin 1932.

Hinweise.

Die analytische Geometrie (A) ist ausführlich in [22, 23] dargestellt; in tensorieller Form findet sie sich in [6]; zur projektiven (A III), insbesondere nicht-euklidischen, Geometrie ist [12] das Standardwerk.

Die klassische Differentialgeometrie (B) steht z. B. in [11]; tensoriell wird sie dargestellt in [7], [9]; die Darstellung von [2] beruht auf dem Kalkül der „alternierenden Differentialformen" von E. Cartan.

Die Feldtheorie (C) ist enthalten in [15] und in tensorieller Form in [7]; die Integralsätze werden in [1] mittels der alternierenden Differentiale (von E. Cartan) gewonnen; die Darstellung der Größen des R_3 in speziellen Koordinaten (Ziff. 39) geben [15], [16], [17].

Mit dem Ricci-Kalkül (D I) beschäftigen sich die Werke [8], [19], [20], [21], [25] und speziell mit der Riemannschen Geometrie: [10].

Die Spinoren (D II), die von E. Cartan zuerst gefunden wurden, erhielten nach ihrer physikalischen Wiederentdeckung in [26] die entsprechende mathematische Theorie; diese wurde wieder von E. Cartan in [4, 5] zur Darstellung von Drehungsgruppen allgemeinerer Räume erweitert; der elementare Spinorkalkül findet sich in [13], [18].

Die in D III gegebene Darstellung der Berührungstransformationen ist [24] entnommen; eine elementare Entwicklung findet sich in [14], eine umfassende Theorie gibt [3].

Functional Analysis.

By

I. N. Sneddon.

With 6 Figures.

A. Integration and Abstract Spaces.

I. Introduction.

a) Introductory Remarks.

1. The Scope of the Article. The study of functional analysis, that is, that of numerically valued functions on an abstract space, has developed so rapidly and so extensively in the last twenty years that no textbook, however comprehensive, could hope to cover the entire subject at all adequately. The aim of the present article is a very modest one. It is to provide a brief survey of certain parts of the subject which are likely to be of most interest to, or to be used most frequently by, theoretical physicists, or others whose main interest lies in *applying* the theory. Even then, there are obvious omissions; for example, very little has been said about integral equations or the calculus of variations.

The main part of the article, (Division ***B***), is concerned with the theory of integral transforms, which has proved to be a powerful tool in the solution of boundary value problems in mathematical physics. It is designed to be self-contained. A physicist, or engineer, desiring only to learn the bare essentials of the subject should study Sections ***a***, ***b***, ***c***, ***d***, ***h*** of Subdivision I, and Subdivisions II, III and IV.

The introductory division is provided to give a brief review of the basic concepts of the theory of measure, and of abstract spaces, which form the foundations of the subsequent development. The topic of abstract spaces is returned to in Division ***C***, where a short account is given of the theory of Hilbert space. The results of this division are important, not only because they enable the theory of Fourier transforms to be put in a particularly elegant form, but also because of their application in the study of the foundations of quantum mechanics, as developed, for instance, by Hermann Weyl and John von Neumann.

The article ends with two brief divisions on Schwartz's theory of distributions and on variational methods in functional analysis. Schwartz's theory is of great interest since it provides, for the first time, a rigorous calculus of generalized functions (such as, for example, the Dirac delta function). The account given here is necessarily very incomplete but it is hoped that it will induce readers to study Schwartz's own treatise. Division ***E*** provides the main analytical tool required in the quantum theory of wave fields.

Throughout the article an attempt has been made to present the basic techniques of functional analysis in a form readily accessible to physicists. It is hoped that most of it will be intelligible to anyone who has completed a normal course in advanced calculus. The theory is illustrated by applications to physical problems, but the physical situations to which they refer have been kept as simple as possible so that the basic principles will not be obscured by the inclusion of too much detail.

Though no knowledge of topology is assumed it has been found advantageous to employ some of the *notation* of point-set topology. If an entity x belongs to a set A we write $x \in A$, and if a set A is contained in a set B (i.e. if $x \in A$ implies $x \in B$) we write $A \subset B$. By the union $A \cup B$ of two sets we mean the set of all entities which belong *either* to A *or* to B, and by the intersection, $A \cap B$, of two sets we mean the set of all entities which belong to both A *and* to B. In a similar way we write $\bigcup_i A_i$ and $\bigcap_i A_i$ for the union and intersection of an enumerably infinite sequence of sets. The set which contains no members at all, i.e. the *empty set*, will be denoted by ϑ.

b) Integration.

Much of the theory of functional analysis is intelligible only in terms of the theory of LEBESGUE integration. For that reason, we give here a very brief summary of those properties of the integral which are of most frequent use in functional analysis. In an article the size of this one it is obviously impossible to treat a vast subject such as the theory of integration in general spaces. The object of the following notes is mainly to state clearly the conventions and notations which we shall adopt in the remainder of the article. For a full account of the theory of the integral the reader is referred to the treatises by SAKS, HALMOS, ZAANEN, LOOMIS and MUNROE, listed in the bibliography. Simpler accounts, suitable to the needs of physicists and others whose main requirement is a brief outline of the theory and properties of the LEBESQUE integral, are contained in the smaller works by BURKHILL and ROGOSINSKI and in Chapters X to XX of TITCHMARSH's "Theory of Functions". An excellent review article (of a dozen pages) is given by ROGOSINSKI in his lecture "Measure and Integration", contained in the Edinburgh Mathematical Notes, No. **36**, p. 1 (1947), published by the Edinburgh Mathematical Society. A reader unacquainted with the subject would do well to read this lecture before embarking on a detailed study of the specialized textbooks.

2. Measure and Integral. Modern theories of integration rest upon the concept of the *measure* of a set of points. This idea was first introduced into analysis by BOREL and LEBESGUE, who tried to assign to a set of points on a line a number, called the measure of the set, which was a generalization of the concept of length. In the special case in which the set of points formed an interval, the measure was defined to be identical with the length of the interval. Furthermore, the measure was assumed to be an additive function of sets of points, i.e. it was defined in such a way that the measure of the union of two non-intersecting sets of points was equal to the sum of the measures of the sets. The foundation stone of the whole theory is the open set. Once the theory of measure of open and closed sets has been developed, we define the outer measure of an arbitrary set of points Δ to be the lower bound of the measures of open sets containing Δ, and the inner measure to be the upper bound of the measures of closed sets contained in Δ. When these two numbers are equal we say that the set Δ is *measurable* and that its *measure* is the common value of the two

The theory of measure can be extended to space of higher dimensions. In the plane, for instance, the basic concept is again that of the open set. The measure of a rectangle is its area, and the measure of an open set is then defined to be the sum of the measures of the meshes of a network of which it is composed.

These elementary ideas can then be readily extended to provide a theory of measure on more general spaces.

A collection Γ of sets of points contained in a space X is called a *semi-ring* if the empty set ϑ belongs to Γ, if $A \in \Gamma$, and $B \in \Gamma$ implies that $A \cap B \in \Gamma$, and, finally, if the relation $B \subset A$ implies that $A - B$ can be expressed as the finite union of sets C_i all belonging to Γ and such that the intersection of C_i and C_j is empty when $i \neq j$. We now suppose that, associated with every set E of such a semi-ring Γ, there is a real number $\mu(E)$ which has the following properties:

(i) $\mu(\vartheta) = 0$, and $0 < \mu(E) < \infty$ for every $E \in \Gamma$.

(ii) If $A \in \Gamma$, and $A \subset \bigcup_1^\infty A_n$, where each of the sets $A_n \in \Gamma$, then $\mu(A) \leq \sum_1^\infty \mu(A_n)$.

(iii) If $A \in \Gamma$, and $A \supset \bigcup_1^p A_n$, where each A_n belongs to Γ and $A_i \cap A_j = \vartheta$, $i \neq j$, $\mu(A) \geq \sum_1^p \mu(A_n)$.

This function $\mu(A)$ of a set A is called a measure on the semi-ring Γ. If, now, S is an arbitrary set of points in the space X, then the *outer measure*, $\mu^*(S)$, of S is defined to be the lower bound of the sum $\sum_1^\infty \mu(A_n)$ over all sets $\bigcup_1^\infty A_n \supset S$, each A_n belonging to the semi-ring Γ. We say that the set E is μ-measurable if the relation

$$\mu^*(S) = \mu^*(S \cap E) + \mu^*(S \cap E') \tag{2.1}$$

holds for every set S. In this equation E' denotes the complement, $X - E$, of the set E with respect to the space X. If the space has the property that $X = \bigcup P_n$, where $P_n \in \Gamma$ and $\mu(P_n)$ is finite for all values of n, we say that the measure μ is σ-finite. We shall denote the collection of measurable sets by Λ.

It may be shown that in R_n, the Euclidean space of n-dimensions, the collection of all cells (i.e. left open intervals) is a semi-ring Γ. If we define a set function $m(A)$ by the conditions that $m(\vartheta) = 0$, and $m(A) = \prod_{i=1}^n (b_i - a_i)$ when A is the cell $(a_1, b_1; \ldots; a_n, b_n)$, it can be shown that $m(A)$ is a σ-finite measure on Γ, and this measure may be extended as a completely additive measure on to the collection of all measurable sets. The measure $m(E)$ of set E belonging to this collection Λ is called the LEBESGUE *measure* of E, and the sets themselves are said to be LEBESGUE measurable. It is obvious from this definition that for R_1 the LEBESGUE measure is an immediate extension of the idea of length, and for R_2 it is a generalization of the idea of area.

If $f(x)$ is a real function defined at all points x of a measurable set E, we denote by $E(f > a)$ the subset on E on which $f(x) > a$, and we say that the function $f(x)$ is *measurable on* E if the set $E(f > a)$ is measurable for each finite value of a.

Suppose now that μ is a σ-finite measure on the space X, and that m is the LEBESGUE measure on the line R_1. Then it can be shown that $\mu \times m$ is a measure on the product space $X \times R_1$; we denote this measure by $\bar{\mu}$. If $f(x)$ is a positive real-valued function defined on a set $S \subset X$, then by the *positive ordinate set*, E_0, of $f(x)$ we mean the set of all points (x, y) of the product space $X \times R_1$, such that $x \in S$ and $0 \leq y \leq f(x)$. With these definitions we are in a position to define what we mean by the integral of a positive function $f(x)$ over a set of points E: If $E \subset X$ is a μ-measurable set, and $f(x)$ is a positive function which is defined on and is measurable on the set E, the *integral of* $f(x)$ *over* E is defined to be the

$\bar{\mu}$-measure of the positive ordinate set F_0. We denote this by writing

$$\int_E f(x)\, d\mu = \bar{\mu}(F_0).$$

If the measure $\bar{\mu}(F_0)$ is finite, we say that the function is μ-summable over the set E. When the space X is R_n, and μ is the LEBESGUE measure in this space, we write the integral simply as

$$\int_E f(x)\, dx$$

unless it is desirable to indicate the dimension of the space in which E is contained in which case we write

$$\int \cdots \int_E f(x_1, \ldots, x_n)\, dx_1 \ldots dx_n.$$

This integral is called the LEBESGUE *integral* of $f(x)$ over the set E.

If we define a measure $\mu(A)$ by the relations: $\mu(\vartheta) = 0$, and $\mu(A) = g(b) - g(a)$ when A is the cell $(a, b]$, then $\mu(A)$ is called a STELTJES *measure* and the corresponding integral is called a STIELTJES *integral*, and is denoted by

$$\int_E f(x)\, dg(x).$$

When $g(x) = x$ the STIELTJES measure is identical with the LEBESGUE measure.

The above definition is valid only for positive functions of x. If $f(x)$ is a non-positive function on the measurable set E, we define

$$\int_E f\, d\mu = -\int_E (-f)\, d\mu.$$

In the general case in which the function $f(x)$ may assume either positive or negative values on the set E we define two new functions $f^+(x)$ and $f^-(x)$ by the equations

$$f^+(x) = \begin{cases} f(x) & \text{on } E(f \geq 0) \\ 0 & \text{on } E(f < 0), \end{cases} \qquad f^-(x) = \begin{cases} 0 & \text{on } E(f \geq 0) \\ f(x) & \text{on } E(f < 0). \end{cases}$$

These functions are obviously of constant sign so that their integrals over E can be defined uniquely by means of the procedures outlined above, and we may define

$$\int_E f\, d\mu = \int_E f^+\, d\mu + \int_E f^-\, d\mu.$$

Similarly

$$\int_E |f|\, d\mu = \int_E f^+\, d\mu - \int_E f^-\, d\mu.$$

3. Properties of the Integral. Certain properties of the integral of a real summable function follow immediately from the definition of the integral given in Sect. 2. For instance it is readily seen that if $f(x)$ is summable over a set E, then $f(x)$ must be finite at all points of E with the exception, at most, of a set of points of measure zero. We say, in those circumstances, that $f(x)$ is finite "almost everywhere" on E (p.p. on E).

The mean value theorem, which states that, if $f(x)$ is measurable on E, and $\mu(E)$ is finite, and $a \leq f(x) \leq A$ for all $x \in E$, then

$$a\,\mu(E) \leq \int_E f(x)\, d\mu \leq A\,\mu(E), \tag{3.1}$$

is also an immediate consequence of the definition. Similarly we may infer that the inequality $f(x) \geq g(x)$ for all $x \in E$ implies that

$$\int_E f\, d\mu \geq \int_E g\, d\mu. \tag{3.2}$$

It is obvious that the measurable function $f(x)$ on E is summable over E if and only if $|f(x)|$ is summable over E, and we have

$$\left|\int_E f\,d\mu\right| \leq \int_E |f|\,d\mu. \tag{3.3}$$

It can also be shown that, if the functions $f(x)$ and $g(x)$ are summable over E, and a and b are real constants, then the function $af(x)+bg(x)$ is also summable over E and

$$\int_E (af+bg)\,d\mu = a\int_E f\,d\mu + b\int_E g\,d\mu. \tag{3.4}$$

The most important property of the integral is the one which is expressed by LEBESGUE'S *Theorem* which states that if $\{f_n(x)\}$ is a sequence of functions, measurable on the set E, and if $|f_n(x)|\leq g(x)$, for all n, where the function $g(x)$ is summable over E, then the functions $\underline{\lim}\, f_n(x)$ and $\overline{\lim}\, f_n(x)$ are summable over E, and

$$\int_E \underline{\lim}\, f_n\,d\mu \leq \underline{\lim}\int_E f_n\,d\mu \leq \overline{\lim}\int_E f_n\,d\mu \leq \int_E \overline{\lim}\, f_n\,d\mu. \tag{3.5}$$

In particular if $\lim f_n(x)$ exists, and is equal to $f(x)$,

$$\int_E f\,d\mu = \lim \int_E f_n\,d\mu. \tag{3.6}$$

We see therefore that the integral, as defined in Sect. 2, possesses most of the properties of the integral of "ordinary" calculus. In addition, it is readily shown that, in the case of integration over linear intervals, the theorem of integration by parts takes the usual form. Furthermore it can be proved that if the bounded function $f(x)$ is integrable in the RIEMANN sense over an interval Δ of the n-dimensional Euclidean space R_n, then $f(x)$ is integrable in the LEBESGUE sense over Δ, and the two integrals have the same value. Any function we are likely to encounter in analysis will be measurable, for a function is measurable if it is the limit function of a sequence of continuous functions, or of a sequence of functions which are limits of sequences of continuous functions, etc. There is practically no function which can be written down which is not measurable. In contrast, the imposition of LEBESGUE integrability — especially over the whole real line — is a strongly restrictive condition. For example, a RIEMANN integral which is only conditionally convergent, such as

$$\int_0^\infty \frac{\sin(ax)}{x}\,dx$$

is not LEBESGUE-integrable, since, as we have noted, the condition implies absolute convergence.

In the proof of theorems which are of interest in physics, it is sometimes desirable to prove results which are true when the integrals involved are RIEMANN integrals. In these instances the functions considered are often restricted to a certain class; we say that a function $f(x)$ satisfies DIRICHLET'S *conditions* in the linear interval (a, b) if:

(1) $f(x)$ has only a finite number of finite discontinuities in (a, b) — and no infinite discontinuities.

(2) $f(x)$ has only a finite number of maxima and minima in (a, b).

4. Successive Integrations. It has been known since the time of CAUCHY that, if Δ_1 and Δ_2 are two intervals in the spaces R_m and R_n respectively, then integration of any continous function over the interval $\Delta_1 \times \Delta_2$ in $R_{m+n} = R_m \times R_n$ may be reduced to two successive integrations over the intervals Δ_1 and Δ_2. By a repetition of this process we can reduce any integral over an interval in R_m to m successive integrations over linear intervals. The extension of this theorem to functions which are L-summable was effected by FUBINI in 1907[1]. In terms of our notation FUBINI's theorem states that, if μ_1 and μ_2 are σ-finite measures in the spaces X_1 and X_2 and if $\mu = \mu_1 \times \mu_2$ is the product measure in $X_1 \times X_2$, and if $f(x, y)$ is a real μ-measurable function on $X = X_1 \times X_2$, then the following statements are true:

(i) $f(x, y)$ is summable over X_1 for almost every $y \in X_2$, and the integral $\int\limits_{X_1} f(x, y)\, d\mu_1$ is a summable function of y over X_2.

(ii) $f(x, y)$ is summable over X_2 for almost every $x \in X_1$, and the integral $\int\limits_{X_2} f(x, y)\, d\mu_2$ is a summable function of x over X_1.

(iii) $$\int\limits_X f(x, y)\, d\mu = \int\limits_{X_2} \Big\{ \int\limits_{X_1} f(x, y)\, d\mu_1 \Big\}\, d\mu_2 = \int\limits_{X_1} \Big\{ \int\limits_{X_2} f(x, y)\, d\mu_2 \Big\}\, d\mu_1 . \tag{4.1}$$

For a proof of FUBINI's theorem in this general form the reader is refered to pp. 52—55 of ZAANEN'S "Linear Analysis".

A particular type of result of this kind which is of frequent use in FOURIER analysis is due to WIENER[2]. It states: If $f(x, y)$ is measurable as a function of x and y taken together, if $|f(x, y)| \leq F(x, y)$ for almost all x and y, and if any one of the three integrals

$$\int\limits_{R_2} F(x, y)\, dx\, dy, \qquad \int\limits_{-\infty}^{\infty} dy \int\limits_{-\infty}^{\infty} F(x, y)\, dx, \qquad \int\limits_{-\infty}^{\infty} dx \int\limits_{-\infty}^{\infty} F(x, y)\, dy$$

exists, then all the following integrals exist, and are identical:

$$\int\limits_{R_2} f(x, y)\, dx\, dy, \qquad \int\limits_{-\infty}^{\infty} dy \int\limits_{-\infty}^{\infty} f(x, y)\, dx, \qquad \int\limits_{-\infty}^{\infty} dx \int\limits_{-\infty}^{\infty} f(x, y)\, dy .$$

We shall refer to this as WIENER's form of FUBINI's theorem.

c) The LEBESGUE Spaces L_p.

5. Definition of the LEBESGUE Space L_p. Suppose that we have a space X on which we have established a σ-finite measure μ. If the function $f(x)$ is a μ-measurable function on the measurable set $\Delta \subset X$, then we say that the function $f(x)$ belongs to the LEBESGUE space $L_p(\Delta, \mu)$, where $1 \leq p < \infty$, if $|f(x)|^p$ is μ-summable over the set Δ. If $f(x) \in L_p(\Delta, \mu)$ we introduce the number

$$\|f\|_p = \Big(\int\limits_{\Delta} |f|^p\, d\mu \Big)^{1/p} \tag{5.1}$$

called the *norm* of $f(x)$. When the interval is the entire real line and μ is ordinary LEBESGUE measure we write $L_p(-\infty, \infty)$ or simply L_p, and, similarly $L_p(0, \infty)$ and $L_p(a, b)$ for the positive real line, and a finite interval.

In the definition of the class $L_p(\Delta, \mu)$ the case $p = \infty$ was excluded. We now adopt the convention that a μ-measurable function $f(x)$, defined on the set

[1] By L-summable we mean summable in the LEBESGUE sense.

[2] NORBERT WIENER: "The FOURIER Integral and Certain of its Applications", p. 18. Cambridge 1933.

Δ, belongs to the class $L_\infty(\Delta, \mu)$ if there exists a positive number M such that $|f(x)| < M$, if $x \in \Delta$.

We say that the LEBESGUE spaces $L_p(\Delta, \mu)$ and $L_q(\Delta, \mu)$ are *complementary* if

$$\frac{1}{p} + \frac{1}{q} = 1. \tag{5.2}$$

The space L_2 is self-complementary.

It should be observed that if $f(x), g(x)$ both belong to the space $L_p(\Delta, \mu)$, then $\alpha f(x) + \beta g(x)$ also belongs to $L_p(\Delta, \mu)$, for any complex numbers α and β. In other words the L_p-spaces are closed under the operations of addition and multiplication by complex numbers.

The basic theorem in the theory of L_p-spaces states that, if $f(x) \in L_p(\Delta, \mu)$ and $g(x) \in L_q$, where p and q are related by equation (5.2), then the product $f(x) g(x) \in L_1(\Delta, \mu)$ and

$$\left|\int_\Delta f g \, d\mu\right| \leq \int_\Delta |f g| \, d\mu \leq \|f\|_p \cdot \|g\|_q. \tag{5.3}$$

The inequality (5.3) is known as HÖLDER's *inequality*. As an immediate consequence of this result we find that if $f(x) \in L_p$ and L_q is the complementary space, then $\|f\|_p$ is the maximum value of $\int_\Delta |f g| \, d\mu$ for all $g \in L_q$ and satisfying $\|g\|_q \leq 1$. When $p = q = 2$ HÖLDER's inequality becomes

$$\left|\int f g \, d\mu\right| \leq \int_\Delta |f g| \, d\mu \leq \|f\|_2 \cdot \|g\|_2. \tag{5.4}$$

where $f(x), g(x) \in L_2$. This result is known in the literature as SCHWARZ's *inequality*. Another inequality which is used frequently is that due to MINKOWSKI, which asserts that if $f(x)$ and $g(x)$ both belong to $L_p(\Delta, \mu)$ $(1 \leq p \leq \infty)$, then

$$\|f + g\|_p \leq \|f\|_p + \|g\|_p. \tag{5.5}$$

6. The RIESZ-FISCHER Theorem. We now come to one of the most important theorems in the theory of integration. This result, which is called the RIESZ-FISCHER theorem because it is a generalization of a theorem established by F. RIESZ and E. FISCHER in the theory of FOURIER series, establishes for L_p-spaces a result analogous to CAUCHY's principle of convergence for real numbers. It will be recalled that CAUCHY's principle states that any sequence $\{a_n\}$ of real numbers satisfying the condition

$$\lim_{m, n \to \infty} |a_n - a_m| = 0$$

converges to a unique limit a.

In its general form the RIESZ-FISCHER theorem asserts that if $f_n(x) \in L_p(\Delta, \mu)$ for $n = 1, 2, \ldots$, and if

$$\lim_{m, n \to \infty} \|f_n - f_m\|_p = 0 \tag{6.1}$$

then there exists a function $f(x) \in L_p(\Delta, \mu)$ such that

$$\lim_{n \to \infty} \|f_n - f\|_p = 0. \tag{6.2}$$

Furthermore, the function $f(x)$ is uniquely determined apart from sets of measure zero. For a proof of the theorem in this form the reader is referred to p. 73 of ZAANEN's "Linear Analysis". For a proof in the case in which $p = 2$ and μ is the LEBESGUE measure, see pp. 29—33 of WIENER's "The FOURIER Integral".

Equations of the type (6.2) occur frequently in functional analysis. We shall say that the sequence $\{f_n(x)\}$ *converges on Δ in mean with index p* to the limit $f(x)$ if there exists a function $f(x)$ such that

$$\lim_{n\to\infty} \| f_n - f \|_p = 0. \tag{6.3}$$

The case in which $p=2$ is the commonest. When a function $f(x)$ is approached by a sequence $f_n(x)$ in the sense that

$$\lim_{n\to\infty} \int_\Delta |f(x) - f_n(x)|^2 \, d\mu = 0 \tag{6.4}$$

we say that it is the *limit in mean* of the sequence $f_n(x)$, and we write

$$f(x) = \operatorname*{l.i.m.}_{n\to\infty} f_n(x). \tag{6.5}$$

In this language the RIESZ-FISCHER theorem states if the condition (6.1) is satisfied, then the sequence $\{f_n(x)\}$ converges on Δ in mean with index p to a function $f(x)$ which belongs to the class $L_p(\Delta, \mu)$.

It is important to observe that convergence in mean does not imply that the sequence $\{f_n(x)\}$ converges at any point, and is not implied by the convergence of $f_n(x)$ at every point. For simple examples which illustrate this point in the case $p=2$, the reader is referred to p. 29 of WIENER's "The FOURIER Integral".

A result of a similar kind which is of great value in FOURIER analysis is the theorem that the set $\{g\}$ of step functions is an everywhere dense linear subspace of $L_2(0,\infty)$, i.e. given any function $f(x) \in L_2(0,\infty)$ and an arbitrary positive number ε there exists a step function $S_\varepsilon(x)$ with the property that

$$\int_0^\infty |f(x) - S_\varepsilon(x)|^2 \, dx < \varepsilon. \tag{6.6}$$

A similar result, which is used in the theory of the approximation of functions, is that the continuous functions are everywhere dense in the space $L_p(0,\infty)$.

II. BANACH Space.

In order to develop the abstract theory of functional analysis we consider in this subdivision certain properties of abstract spaces, more particularly BANACH spaces.

a) The Theory of BANACH Space.

7. Abstract Spaces. In the theory of abstract spaces we deal with sets (or classes or aggregates) which should be thought of, not as a heap of objects distinguished by enumerating them one after another, but as something determined by a property, which can be used as the criterion for deciding whether or not a certain object belongs to the set.

A set X of elements $f, g, \ldots,$ is called a *linear space* if it satisfies:

Axiom A: (i) *X forms an Abelian group with respect to an addition operation, i.e. there exists a commutative, associative operation $(+)$, applicable to every pair f, g of X, with the property that $f+g \in X$. There exists a null element ϑ with the property that $f+\vartheta = f$ for all $f \in X$. In addition to every element f there corresponds an element $-f$ such that $f+(-f)=\vartheta$.*

(ii) *X admits multiplication by numbers a, b, ... from a given field* $\mathfrak{F}$, *this multiplication being associative, commutative and distributive with respect to addition, i.e.*

$$a(f+g) = af + ag,$$
$$(a+b)f = af + bf.$$

In what follows we shall assume that the number field $\mathfrak{F}$ is the field of complex numbers. We assume that $1f = f$ for every $f \in X$. For any complex number a, $a\vartheta = \vartheta$, and $0f = \vartheta$. A linear space is sometimes called a *vector space*. In the special case in which $\mathfrak{F}$ is the field of complex numbers, X is called a *complex vector space*.

A linear space X is said to be *normed* if, to every element f of X, there corresponds a real, non-negative number $\|f\|$, called the *norm* of f satisfying:

Axiom B: (i) $\|af\| = |a| \cdot \|f\|$, where $f \in X$, and a is complex,
(ii) $\|f+g\| \leq \|f\| + \|g\|$, for $f, g \in X$.
(iii) $\|f\| > 0$, for $f \neq \vartheta$.

We note that the condition (i) of Axiom B implies that $\|-f\| = \|f\|$, and that $\|\vartheta\| = 0$, so that, by (iii) $\|f\| = 0$, if and only if $f = \vartheta$.

A normed linear space is said to be *complete* if, *to every sequence* $\{f_n\}$ *of elements of the space which satisfies the* CAUCHY *condition*

$$\lim_{m,n\to\infty} \|f_m - f_n\| = 0,$$

there exists an element f *of the space with the property*

$$\lim_{n\to\infty} \|f - f_n\| = 0.$$

A space satisfying this axiom will be said to satisfy *Axiom C*. If, in addition, a normed linear space, X, satisfies:

Axiom D: *There exists an enumerable sequence of elements* $f_n \in X$ *such that if* ε *is an arbitrary positive number, and* f *is an arbitrary element of* X, *at least one of the elements satisfies the inequality* $\|f - f_n\| < \varepsilon$,

it is said to be *separable*.

A space X with elements $f, g, \ldots$ is called a *metric space*, and its elements are called *points*, if for each pair of elements $f, g \in X$ there is defined a real non-negative function $d(f, g)$, called the distance between f and g, satisfying the two postulates of LINDENBAUM:

(i) $d(f, g) = 0$, if and only if $f = g$.
(ii) $d(f, g) \leq d(h, f) + d(h, g)$, if $f, g, h \in X$.

These properties imply that

(iii) $d(f, g) = d(g, f)$.
(iv) $d(f, g) \geq 0$.

It will be observed that a normed linear space can be metrised by taking

$$d(f, g) = \|f - g\|.$$

8. BANACH Space. A complete, normed, linear space is called a BANACH *space*. In other words a set X of elements $f, g, \ldots$ is a BANACH space if it satisfies Axioms A, B, C of Sect. 7. If, in addition, the set X satisfies Axiom D it is called a *separable* BANACH *space*. In certain circumstances it is desirable to discuss the properties of a set of elements which satisfy Axioms A and B, but not Axiom C; such a space is referred to as an *incomplete* BANACH *space*[1].

By a *linear subspace* $[L]$ of a BANACH space E we mean a subset of E, with the property that, if f and g belong to $[L]$ and a and b are complex numbers $af+bg$ belongs to $[L]$. In addition $[L]$ is closed, i.e. if $f_n \in [L]$ and $\lim \|f-f_n\|=0$, then the element $f \in [L]$. It is obvious, from this definition, that a linear subspace of a BANACH space is itself a BANACH-space.

If F is a subset of the BANACH space E, the set of all linear combinations $\sum a_i f_i$, where the a_is are complex numbers and $f_i \in F$, is called the *linear manifold* determined by F. It is denoted by $L(F)$. If we add to the set $L(F)$ all its points of accumulation we obtain a set $[L(F)]$ which is readily seen to be a linear subspace of the BANACH space E; it is called the *linear subspace determined by F*. A set is called complete if the linear subspace determined by it is identical with the whole space; i.e. F is complete in E if $[L(F)]=E$.

If, in a BANACH space E, there exists a complete set consisting of n elements but no complete set containing less than n elements, the space E is said to have the *finite dimension n*. In some cases there may exist an enumerable complete set but no finite complete set; when this happens we say that the space is of *enumerably infinite dimension*. If neither of these situations arise the space is said to have a *more than enumerably infinite dimension*. It is obvious that in the first two cases the BANACH space is separable, but that, in the third, it is not separable.

We shall now consider some examples of BANACH spaces.

(a) The Field of Complex Numbers ($\mathfrak{C}$).

The set of complex numbers obviously satisfies Axiom A. Axiom B is satisfied if we take the modulus of the number f, i.e. $|f|$, to be the norm f. Axiom C then merely becomes CAUCHY's general principle of convergence which is known to be valid.

(b) The Sequence Spaces l_p, $(1 \leq p \leq \infty)$.

The sequence $f=\{f_1, f_2, \ldots\}$ is said to belong to the sequence space l_p if the infinite series

$$\sum_{i=1}^{\infty} |f_i|^p \qquad (1 \leq p < \infty)$$

is convergent.

If we define af and $f+g$ by the equations

$$af = \{af_1, af_2, \ldots\}, \qquad f+g = \{f_1+g_1, f_2+g_2, \ldots\}$$

and take as $\|f\|$ the real positive number

$$\|f\|_p = \left\{\sum_{i=1}^{\infty} (|f_i|^p)\right\}^{1/p}$$

it can readily be shown that Axioms A and B of the BANACH space axioms are satisfied. It can also be proved that the space l_p satisfies Axiom C (see, for example p. 102 of ZAANEN's "Linear Analysis").

For the sake of completeness we define the sequence space l_∞ to be the set of all bounded sequences. If we take $\|f\|$ to be the upper bound of $|f_i|$ in this case it is easily seen that the BANACH space axioms are satisfied.

[1] It is, however, easily shown that if E is an incomplete BANACH space, there exists a complete BANACH space $\bar{E}$, containing E as a subset, and such that E is dense in $\bar{E}$.

(c) The LEBESGUE *Spaces* $L_p (1 \leq p \leq \infty)$.

We have already introduced the function spaces $L_p(\Delta, \mu)$ in Sect. 5. If p is fixed, we may divide the functions $f(x)$ of the space L_p into classes such that f and g belong to the same class if $f = g$ p.p. on Δ. If we denote by f the class which contains $f(x)$, by $f+g$ the class which contains $f(x) + g(x)$, and by af the class which contains $af(x)$, Axiom A is obviously satisfied. Axiom B is satisfied if we take $\|f\|$ to be $\|f\|_p$ — defined by equation (5.1) — if we make use of MINKOWSKI's inequality (5.5). The fact that Axiom C is satisfied then follows at once from the RIESZ-FISCHER theorem (Sect. 6).

To cover the case $p = \infty$, we say that the μ-measurable function $f(x)$ belongs to $L_\infty(\Delta, \mu)$ if there exists a positive number M such that $|f(x)| < M$ for almost every $x \in \Delta$. If we define $\|f\|$ to be the lower bound of all numbers having this property it can then be shown that $L_\infty(\Delta, \mu)$ is a BANACH space.

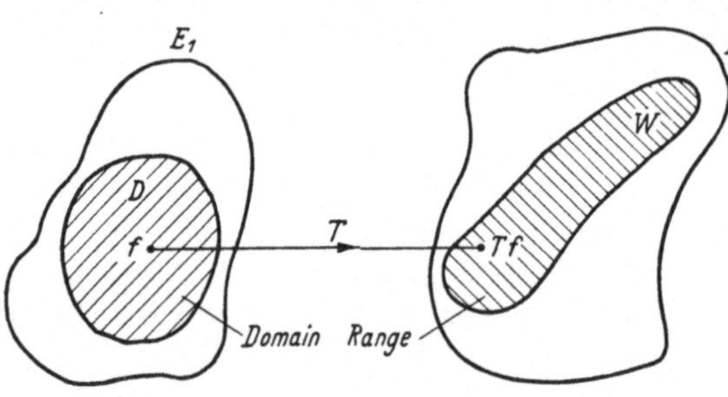

Fig. 1.

We end this section by noting that if the field $\mathfrak{F}$ occurring in the definition of a BANACH space is the field of real numbers, the set X is called a *real* BANACH *space*.

9. Bounded Linear Transformations in BANACH Space.

Suppose that E_1 and E_2 are two Banach spaces which may be distinct, or not, and that D is a subspace of E_1. If with every element $f \in D$ there corresponds a uniquely determined element $g \in E_2$, we call the correspondence a *functional transformation* or *mapping* and write $g = Tf$. T is called a mapping of D on W, where $W \subset E_2$ is the set of all elements $g \in E_2$ such that $g = Tf$ for at least one $f \in D$. The set D in the space E_1 is called the *domain* of the transformation T and W is called the *range* (or *counter-domain*) of T (cf. Fig. 1).

The set of elements $\{f, Tf\}$ $(f \in D)$ in the product space $E_1 \times E_2$ is called the *graph* of the transformation T.

If F is a subset of D, then $T(F)$ is the set of all points, g, of W such that $g = Tf$, for $f \in D$; it is called the *image* of the subset F.

Addition and multiplication by complex numbers for a transformation are defined through the equations

$$(aT)f = aTf, \quad f \in D; \tag{9.1}$$

if T_1 and T_2 have the same domain D,

$$(T_1 + T_2)f = T_1 f + T_2 f, \tag{9.2}$$

for every $f \in D$.

We say that the transformation T is *continuous at* $f = f_0$ if $\lim f_n = f_0$ implies that $\lim Tf_n = Tf_0$; the transformation T is *continuous* if it is continuous at every point of its domain.

T is called *homogeneous* if $T(af) = aTf$ for all complex numbers a and all f belonging to the BANACH space E on which T is defined. It is called *additive* if $T(f_1 + f_2) = Tf_1 + Tf_2$ for all pairs of elements f_1, f_2 of the space upon which T is defined. If a transformation is both homogeneous and additive it is said to be *linear*. A linear transformation T is therefore characterised by the property

$$T(a_1 f_1 + a_2 f_2) = a_1 Tf_1 + a_2 Tf_2. \tag{9.3}$$

An important concept in functional analysis is that of a bounded transformation. We say that the transformation T, defined on a BANACH space E, is *bounded* if there is a fixed positive number M such that $\|Tf\| \leq M \|f\|$ for all $f \in E$. The *proper bound*, or *norm*, of such a transformation is defined to be the smallest number satisfying this inequality. It may also be defined as

$$\|T\| = \underset{f \in E}{\text{l.u.b.}} \frac{\|Tf\|}{\|f\|}, \tag{9.4}$$

where the symbol "l.u.b." stands for "least upper bound".

It is readily proved that an additive transformation which is continuous at one point of a BANACH space is continuous throughout the space, and that an additive transformation is continuous if and only if it is bounded. Another important result is the BANACH-STEINHAUS theorem which states that if $\{T\}$ is a set of linear bounded transformations defined on a complete BANACH space E, and if $\|Tf\|$ is bounded for each $f \in E$ separately when T runs through $\{T\}$, then the transformations T are *uniformly* bounded, i.e. there exists a positive number M such that $\|Tf\| \leq M \|f\|$ for all $T \in \{T\}$. and all $f \in E$.

We shall end this section by stating another theorem which is of frequent application in functional analysis.

If $\{T_n\}$ is a sequence of continuous transformations on a space E_1 into a space E_2 and if:

(i) the sequence $\{\|T_n\|\}$ is uniformly bounded, i.e. there exists a positive number M, independent of n, such that $\|T_n\| \leq M$ for all n,

(ii) the transformations $T_n g$ converge to a transformation Tg on a linear subset G which is everywhere dense[1] in E_1,

then for every $f \in E_1$, the sequence $T_n f$ converges to a transformation Tf, where T is coutinuous with norm $\|T\| \leq M$.

The usefulness of this theorem in FOURIER analysis arises from the fact that the set of step functions is everywhere dense in $L(0, \infty)$, and it is easier to establish a theorem for a step function that for a general L-summable function. An example of the use of this theorem arises in the proof of the RIEMANN-LEBESGUE Theorem. (See Sect. 15 below.)

10. Bounded Linear Functionals. Any transformation T on a BANACH space E which has its range in the space of complex numbers is called a *functional*. In agreement with the definitions of the last section we say that a functional f^* is *linear* if

$$f^*(af + bg) = af^*(f) + bf^*(g) \tag{10.1}$$

for all complex numbers a and b and any pair of elements f, g of the BANACH space E. Such a functional is *bounded* if there exists a positive number M with the property that $|f^*(f)| \leq M \|f\|$, for all $f \in E$, and its norm $\|f^*\|$ has the value of the smallest number M satisfying this inequality.

A *real linear bounded functional* is a linear bounded transformation on a real BANACH space into the space of all real numbers.

We saw in Sect. 8 that the LEBESGUE spaces L_p were BANACH spaces. A central theorem in these spaces states that, if $1 \leq p < \infty$, and $p^{-1} + q^{-1} = 1$, and if $f^*(f)$ is a bounded linear functional on $L_p(\Delta, \mu)$, then there exists a uniquely determined function $g(x)$ belonging to the complementary space $L_q(\Delta, \mu)$ with the property that

$$f^*(f) = \int_{\Delta} f(x)\, g(x)\, d\mu \tag{10.2}$$

[1] G is said to be everywhere dense in E_1 if every point of E_1 is either a point of G or a limit of points of G.

for every function $f(x)$ belonging to the space $L_p(\Delta, \mu)$. Furthermore, it can be shown that the norm of the functional f^* is the norm $\|g\|_q$. For proofs of these assertions the reader is referred to pp. 138—141 of ZAANEN's "Linear Analysis". The corresponding theorem for sequence spaces states that if f^* is a bounded linear functional on l_p there exists a uniquely determined element g of the sequence space $l_q (p^{-1}+q^{-1}=1)$ with the property that

$$f^*(f) = \sum f_i g_i \tag{10.3}$$

for every $f=\{f_1, f_2, \ldots\} \varepsilon l_p$; in this equation $g=\{g_1, g_2, \ldots\}$. Also the norm of $f^*(f)$ is $\|g\|_q$.

It can be shown, conversely, that the following statements are true:

(1) Every functional $f^*(f) = \int\limits_{\Delta} f g \, d\mu$ with $g \in L_q$ is linear and bounded in L_p with $\|f^*\| = \|g\|_q$.

(2) Every functional $f^*(f) = \sum f_i g_i$ with $g = \{g_i\} \in l_p$ is linear and bounded in l_p with $\|f^*\| = \|g\|_q$.

It is natural to ask the following question: Given a bounded linear functional on a linear subspace $[L]$ of the BANACH space E, is it possible to extend this functional on to the whole space E in such a way that it remains linear and bounded with the same norm? Closely related to this question is another: Are there any bounded linear functionals which vanish on a prescribed linear subspace of a BANACH space, but which do not vanish identically throughout the entire space. The answer to the former question is contained in the HAHN-BANACH *Extension Theorem* which asserts that if $[L]$ is a proper linear subspace of the seperable BANACH space E, and if F is a bounded linear functional on $[L]$ with norm $\|F\|$, then there exists a bounded linear functional f^* on the whole space E with the properties that $f^*(f) = F(f)$ if $f \in [L]$, and $\|f^*\| = \|F\|$. We call this result the HAHN-BANACH theorem for convenience; it was proved by HAHN[1] and BANACH[2] only for real bounded linear functionals on real BANACH spaces, the complete proof being given later by BOHNENBLUST and SOBCZYK[3]. Situations of this kind arise so frequently that we say that any BANACH space in which the HAHN-BANACH Extension Theorem holds *possesses the property* (*Ext.*).

Spaces which possess the property (Ext.) have some other special properties. For instance if E is a BANACH space possessing the property (Ext.), then to each element f_0 of E, there exists a bounded linear functional $f^*(f)$ on E such that $f^*(f_0) = \|f_0\|$ and $\|f^*\| = 1$. Similarly, if E has the property (Ext.) the set $S \subset E$ is complete in E if and only if every bounded linear functional which vanishes on S vanishes identically.

11. The Adjoint Space. If we consider a BANACH space E, then it is possible to construct the set E^*, consisting of all bounded linear functionals $f^*(f)$ on E. In the set E^* addition and multiplication by complex numbers a may be defined by the relations

$$(f_1^* + f_2^*) f = f_1^*(f) + f_2^*(f), \quad \text{for all } f \in E, \tag{11.1}$$

$$(a f^*) f = a f^*(f), \quad \text{for all } f \in E, \tag{11.2}$$

and the null-element may be taken to be the functional which vanishes for every element of the space. If, in addition, a norm $\|f^*\|$ is defined to be the smallest number M for which $|f^*(f)| \leq M \|f\|$ for all $f \in E$, it is readily shown that the set

[1] H. HAHN: J. reine u. angew. Math. **157**, 214 (1927).

[2] S. BANACH: Studia Math. **1**, 211, 223 (1929).

[3] H. F. BOHNENBLUST and A. SOBCZYK: Bull. Amer. Math. Soc. **44**, 91 (1938).

E^* is itself a BANACH space. This space E^* is called the *adjoint space* of the BANACH space E. It is readily established that if the BANACH space is of finite dimension n then so is the adjoint space E.

In the case of L_p-spaces the adjoint space has a simple interpretation. If E is the LEBESGUE space $L_p(\Delta, \mu)$, $(1 \leq p < \infty)$, there is a one-one correspondence $f^* \leftrightarrow f$ between $(L_p)^*$ and the complementary space $L_q(\Delta, \mu)$, which preserves norm, addition and multiplication by complex numbers. The proof of this follows from the fact that if $f^*(g)$ is a bounded linear functional on L_p, we know that there is a function $f(x) \in L_q(\Delta, \mu)$ with the properties that $f^*(g) = \int_\Delta g f d\mu$ for all $g \in L_p$ and $\|f^*\| = \|f\|_q$. It is then readily shown that the one-one correspondence $f^* \leftrightarrow f$ has the properties stated. In this way the spaces $(L_p)^*$ and L_q may be identified. There is a similar result through which we may identify the sequence spaces $(l_p)^*$ and l_q.

Since the adjoint space E^* is a BANACH space it follows that it possesses an adjoint space which may be denoted by E^{**} and may be called the *second adjoint* space of E. We define the elements f^{**} of this space through the equation

$$f^{**}(f^*) = f^*(f), \quad \text{for all } f \in E \tag{11.3}$$

The bounded linear functional f^{**} so defined satisfies the inequality $\|f^{**}\| \leq \|f\|$. If, however, the BANACH space E has the property (Ext.) then $\|f^{**}\| = \|f\|$, and, furthermore, if f and g are different elements of E there is at least one functional f^* such that $f^*(f) \neq f^*(g)$, so that we can set up a one-one correspondence between the elements of E and a subset E_2 of E^{**}, which is identical with E^{**} if E has the property (Ext.).

When a BANACH space and its second adjoint are identical, the space is said to be *reflexive*; thus, the BANACH space E is reflexive if

$$E = E^{**}. \tag{11.4}$$

A BANACH space of a finite number of dimensions is reflexive, as are the LEBESGUE spaces L_p and the sequence spaces l_p.

12. Closed Linear Transformations on BANACH Spaces. A linear transformation T with domain D contained in a BANACH space E_1 and range W in a BANACH space E_2 (which may be identical with or distinct from E_1) is said to be *closed* if the relations

$$\lim f_n = f_0, \quad \lim T f_n = g_0, \tag{12.1}$$

where $f_n \in D$, imply the relations

$$f_0 \in D, \quad T f_0 = g_0. \tag{12.2}$$

Since $\lim f_n = f_0$ implies that $\lim T f_n = T f_0$, it follows immetiately that, if the linear transformation T is defined on the whole space E_1 and is bounded, then T is closed.

If the transformation $g = Tf$ with domain $D \subset E_1$ and range $W \subset E_2$ has the property that there is a one-one correspondence between D and W, then the *inverse transformation* $f = T^{-1} g$ with domain W and range D is defined by the relation

$$f = T^{-1}(Tf), \quad \text{for all } Tf \in W. \tag{12.3}$$

From this definition it follows immediately that a linear transformation is closed if and only if its graph is a closed set in the product space $E_1 \times E_2$, so that if a closed linear transformation T has an inverse T^{-1}, then T^{-1} is also a closed transformation.

It can also be proved that, if T is linear, then its inverse T^{-1} exists if and only if the equation $Tf=\vartheta$ has the unique solution $f=\vartheta$, and T^{-1} will be linear and bounded if and only if there exists a positive number m such that $\|Tf\| \geq m\|f\|$ for all $f \in D$. The largest admissible value of m is $1/\|T\|$.

13. The Adjoint Transformation. Suppose that T is a bounded linear transformation with domain in a BANACH space E_1 and range in a BANACH space E_2, and that the adjoints of these spaces are E_1^* and E_2^* respectively. Then, for any $g \in E_2$, we write $f^*(f) = g^*(Tf)$ and define the BANACH-*adjoint transformation* T^* by the identity

$$f^* = T^* g^*. \tag{13.1}$$

The domain of T^* is E_2^* and its range lies in the adjoint space E_1^*. In other words the transformation T^* is such that

$$(T^* g^*)(f) = g^*(Tf) \tag{13.2}$$

for all $f \in E_1$ and $g^* \in E_2^*$.

It can be proved that T^* is a bounded linear transformation and that $\|T^*\| \leq \|T\|$, the equality sign arising only when E_2 has the property (Ext.). It is obvious that

$$(T_1 + T_2)^* = T_1^* + T_2^*, \tag{13.3}$$

$$(aT)^* = aT^*. \tag{13.4}$$

If the spaces E_1 and E_2 are identical then the adjoint transformation of the unit transformation I is again I, and if we define the product of two transformations by the relation $(T_1 T_2) f = T_1 (T_2 f)$, we have

$$(T_1 T_2)^* = T_2^* T_1^*. \tag{13.5}$$

Finally, if T has a bounded linear inverse T^{-1} on the whole space E_2, then T^* has an inverse and

$$(T^*)^{-1} = (T^{-1})^*. \tag{13.6}$$

b) Integral Transforms.

14. Integral Transformations of Finite Double Norm. Suppose that the function $K(x, y)$ is a $\mu \times \mu$-measurable function on the product set $\Delta \times \Delta$ where Δ is a μ-measurable set. Then, if $K(x, y)$ considered as a function of y belongs to the LEBESGUE space $L_q(\Delta, \mu)$ for almost every $x \in \Delta$ and if $k(x) = \|K(x, y)\|_q$ belongs to $L_p(\Delta, \mu)$, the transformation T defined by the equation

$$g(x) = Tf = \int_\Delta K(x, y) f(y)\, dy \tag{14.1}$$

is a linear transformation on $L_p(\Delta, \mu)$ into $L_p(\Delta, \mu)$. The transformation $g = Tf$, defined in this way, is called an *integral transformation* with *kernel* $K(x, y)$. The function g is called the *integral transform* of f with respect to this kernel. The positive number

$$\|k(x)\|_p = \| \|K(x, y)\|_q \|_p \tag{14.2}$$

is called the *double-norm* of the kernel $K(x, y)$, and it is sometimes denoted by the symbol $|||T|||$. The double-norm is therefore given by the formula

$$\|T\| = \left\{ \int_\Delta \left(\int_\Delta |K(x, y)|^q d\mu \right)^{p/q} d\mu \right\}^{1/p}. \tag{14.3}$$

It may simply be shown that the transformation T is bounded[1] if the corresponding double-norm is finite. Indeed it can be proved that

$$\|T\| \leqq |||T|||. \tag{14.4}$$

Now it is obvious that $K(x, y)=0$ almost everywhere on $\Delta\times\Delta$ implies $|||T|||=0$, so that $\|T\|=0$, and T is the null transformation. If, conversely, we have $g(x)=0$ almost everywhere on Δ for every $f(y)$ belonging to the LEBESGUE space L_p, then $K(x, y)=0$ almost everywhere on $\Delta\times\Delta$. If T is not the null transformation then it follows from what we have said at the end of Sect. 12 it is obious that an inverse transformation T^{-1} exists which is both linear and bounded.

For $1\leqq p<\infty$ the BANACH-adjoint $T^* g^*$ may be identified with the transformation

$$\int_{\Delta} K(y, x)\, g^*(y)\, d\mu \tag{14.5}$$

on $L_q(\Delta, \mu)$ into $L_q(\Delta, \mu)$.

15. The RIEMANN-LEBESGUE Theorem. In this section we shall consider the behaviour of the function

$$g(x) = Tf = \int_0^\infty K(x, y)\, f(y)\, dy \tag{15.1}$$

when x tends to a limiting value. We shall suppose that the integral is a LEBESGUE integral in the "ordinary" sense and that the function $f(x)\in L(0,\infty)$. We shall now show that, if the kernel $K(x, y)$ satisfies the conditions:

(i) $|K(x, y)|\leqq M$, for $0\leqq y<\infty$, and all x belonging to a set X;

(ii) there exists a number x_0, such that, for every $a>0$,

$$\int_0^a K(x, y)\, dy \to 0, \quad \text{as} \quad x\to x_0 \tag{15.2}$$

then

$$\lim_{x\to x_0} g(x) = 0. \tag{15.3}$$

If $f(y)=1$ in the range $c\leqq y\leqq d$, and is zero elsewhere $(d>c>0)$ then

$$g(x) = \int_0^d K(x, y)\, dy - \int_0^c K(x, y)\, dy,$$

where $d>c>0$, and it follows from equation (15.2) that $g(x)\to 0$ as $x\to x_0$. It is an immediate consequence of this result that the theorem is valid if $f(y)$ is a step-function $s(y)$. If we write $g(x)=T_x f(y)$ then it follows that the sequence $T_x s(y)$ converges everywhere on an everywhere dense linear subset and, by the theorem cited at the end of Sect. 9, it follows that $T_x f(y)$ converges everywhere on L. In addition, however, $T_x f$ is a linear continuous transformation and $T_x s\to 0$, so that $T_x f\to 0$, as $x\to x_0$. This result will be called the *Generalized* RIEMANN-LEBESGUE *Theorem.*

It is easily verified that $K(x, y) = {\sin \atop \cos}(xy)$ satisfies the conditions (i) and (ii) above if we take $x_0=\infty$. We therefore have as a special case result: If $f(y)\in L(0,\infty)$, then

$$\int_0^\infty f(y) {\cos \atop \sin}(xy)\, dy \to 0, \text{ as } x\to\infty, \tag{15.4}$$

a result which is known in the theory of FOURIER series as the RIEMANN-LEBESGUE *lemma.*

Closely related to the generalized RIEMANN-LEBESGUE theorem is the following result: If the function $f(y)$ is such that $|f(y)|\leqq M$ for all y, and $f(+0)$

[1] For details of the proof see p. 178 of ZAANEN's "Linear Analysis".

exists, and if $K(x, y)$ satisfies the conditions:

(i) $\int_0^\infty |K(x, y)|\, dy \leq A$, where A is independent of x,

(ii) $\int_0^\infty K(x, y)\, dy = 1$,

(iii) For each $\delta > 0$,

$$\lim_{x \to x_0} \int_\delta^\infty |K(x, y)|\, dy = 0$$

then

$$\lim_{x \to x_0} \int_0^\infty f(y)\, K(x, y)\, dy = f(+0). \tag{15.5}$$

This result is most useful when $K(x, y)$ is of the form $x K(x y)$. For instance, the function $K(x, y) = 2 \sin(x y)/\pi y$ satisfies these conditions and gives the Dirichlet integral theorem:

$$\lim_{x \to \infty} \int_0^\infty f(y) \frac{\sin(x y)}{y}\, dy = \frac{1}{2} \pi f(+0). \tag{15.6}$$

16. Fourier Kernels. The fact that an integral transformation has an inverse suggests that, in certain circumstances, that inverse transformation may be of a kind similar to the original one. In other words it may be possible that the equation

$$g(x) = \int_0^\infty K(x, y)\, f(y)\, dy, \tag{16.1}$$

regarded as an integral equation for the determination of $f(y)$ may have a solution of the form

$$f(x) = T^{-1} g = \int_a^b H(x, y)\, g(y)\, dy. \tag{16.2}$$

A result of this kind, which expresses the function $f(x)$ in terms of its integral transform $g(x)$, will be called an *inversion theorem*. In the special case in which $b = \infty$, $a = 0$, and $K(x, y) = H(x, y) = K(x y)$, a function of $x y$ alone, the relationship between the function and its transform is expressed by the equations

$$g(x) = \int_0^\infty K(x y)\, f(y)\, dy, \tag{16.3}$$

$$f(x) = \int_0^\infty K(x y)\, g(y)\, dy, \tag{16.4}$$

so that the relationship is completely symmetrical. A kernel $K(x y)$ which possesses this property is called a Fourier *Kernel*.

Before proceeding to a discussion of the inversion theorems appropriate to special kinds of kernel $K(x y)$ we shall establish *heuristically* a necessary condition for a given function to be a Fourier kernel.

If we multiply both sides of equation (16.3) by x^{s-1} and integrate with respect to x from 0 to ∞, we obtain the relation

$$\int_0^\infty g(x)\, x^{s-1}\, dx = \int_0^\infty x^{s-1}\, dx \int_0^\infty f(y)\, K(x y)\, dy = \int_0^\infty f(y)\, dy \int_0^\infty K(x y)\, x^{s-1}\, dx, \tag{16.5}$$

the change in the order of integration being justified by Fubini's theorem under very wide conditions on the functions f and K. Changing the variable in the inner integral to $u = xy$ we have

$$\int_0^\infty K(xy)\, x^{s-1}\, dx = y^{-s} \int_0^\infty K(u)\, u^{s-1}\, du = y^{-s}\, \mathfrak{K}(s), \tag{16.6}$$

where

$$\mathfrak{K}(s) = \int_0^\infty K(u)\, u^{s-1}\, du. \tag{16.7}$$

The function $\mathfrak{K}(s)$ defined in this way is called the MELLIN *transform* of the function $K(x)$. If we substitute from equation (16.6) into equation (16.5) we find that

$$\mathfrak{G}(s) = \mathfrak{K}(s)\, \mathfrak{F}(1-s) \tag{16.8}$$

where

$$\mathfrak{G}(s) = \int_0^\infty g(x)\, x^{s-1}\, dx, \qquad \mathfrak{F}(s) = \int_0^\infty f(x)\, x^{s-1}\, dx$$

are the MELLIN transforms of the functions $g(x)$ and $f(x)$ respectively.

On the other hand if we multiply both sides of equation (16.4) by x^{s-1} and integrate with respect to x from 0 to ∞ we obtain the relation

$$\mathfrak{F}(s) = \mathfrak{K}(s)\, \mathfrak{G}(1-s).$$

Replacing s by $1-s$ in this equation, we have

$$\mathfrak{F}(1-s) = \mathfrak{G}(s)\, \mathfrak{K}(1-s). \tag{16.9}$$

Eliminating the ratio $\mathfrak{F}(1-s)/\mathfrak{G}(s)$ between the equations (16.8) and (16.9) we find that

$$\mathfrak{K}(s)\, \mathfrak{K}(1-s) = 1, \tag{16.10}$$

showing that a necessary condition for the function $K(xy)$ to be a FOURIER kernel is that the MELLIN transform $\mathfrak{K}(s)$ of the function $K(x)$ should satisfy the functional equation (16.10).

It may be conjectured that the condition (16.10) is also in some sense a sufficient condition for the function to be a FOURIER kernel, but the further investigation of this problem would involve the use of convolution theorems for the MELLIN transform which are not yet at our disposal.

Unsymmetrical inversion formulae can be treated in a similar fashion. By a method almost identical with that employed above we can show that a necessary condition for the integral equation

$$g(x) = \int_0^\infty K(xy)\, f(y)\, dy$$

to have a solution of the form

$$f(x) = \int_0^\infty H(xy)\, g(y)\, dy$$

is that the MELLIN transforms $\mathfrak{K}(s)$, $\mathfrak{H}(s)$ of the functions $K(x)$, $H(x)$, should satisfy the functional equation

$$\mathfrak{K}(s)\, \mathfrak{H}(1-s) = 1, \tag{16.11}$$

which reduces to (16.10) in the case $H \equiv K$.

We shall now consider some special cases of functions which satisfy the functional equation (16.10). When p is real and positive we know that

$$\int_0^\infty x^{s-1}\, e^{-px}\, dx = \frac{\Gamma(s)}{p^s}$$

so that *formally* we may write

$$\int_0^\infty e^{\pm i x} x^{s-1} dx = e^{\pm \frac{1}{2}\pi i s} \Gamma(s)$$

so that if we take

$$K(x) = \left(\frac{2}{\pi}\right)^{\frac{1}{2}} \cos(x) \tag{16.12}$$

we have $\mathfrak{K}(s) = (2/\pi)^{\frac{1}{2}} \cos(\frac{1}{2} s\pi) \Gamma(s)$. If we recall the relation $\Gamma(s)\Gamma(1-s) = \pi \operatorname{cosec}(s\pi)$ we see that this function satisfies the functional equation (16.10) so that $K(x)$ is a FOURIER kernel, i.e. in some sense the solution of the integral equation

$$g(x) = \sqrt{\frac{2}{\pi}} \int_0^\infty \cos(xy) f(y)\, dy \tag{16.13}$$

is

$$f(x) = \sqrt{\frac{2}{\pi}} \int_0^\infty \cos(xy) g(y)\, dy. \tag{16.14}$$

It should be emphasised that the calculations of this section are purely formal. They provide us with an indication that the formulae (16.13) and (16.14) are, in some sense, valid. They do not give a proof of that validity. This has to be investigated independently and we do that later (in Subdivision II of Division B below).

Calculations similar to those we have just outlined indicate that the function

$$K(x) = \left(\frac{2}{\pi}\right)^{\frac{1}{2}} \sin(x) \tag{16.15}$$

is also a FOURIER kernel. The kernels (16.12) and (16.15) give rise to the FOURIER-cosine and the FOURIER-sine transforms respectively.

Similarly if

$$K(x) = x^{\frac{1}{2}} J_n(x) \tag{16.16}$$

where $J_n(x)$ is a BESSEL function of the first kind of order n, it is readily calculated that

$$\mathfrak{K}(s) = \frac{\Gamma(\frac{1}{2}n + \frac{1}{2}s + \frac{1}{4})}{\Gamma(\frac{1}{2}n - \frac{1}{2}s + \frac{3}{4})} 2^{s-\frac{1}{2}}$$

and it is immediately obvious that $\mathfrak{K}(s)$ satisfies the functional equation (16.10).

B. Integral Transforms.

In the above sections we have sketched some general properties of integral transforms. In this division we shall describe in greater detail the properties of the more important of these integral transforms. This discussion will be centred mainly upon those properties of the integral transforms which are of most frequent use in the resolution and solution of boundary value problems in mathematical physics.

I. The LAPLACE Transform.

We begin our discussion of the special transforms of mathematical physics with the LAPLACE transform. The first sections deal with the definition and criteria for the existence of the LAPLACE and the STIELTJES-LAPLACE transform. Rules are then given for the manipulation of LAPLACE transforms in formal calculations. In subdivision c the DIRAC delta function is introduced and its formal properties developed, the rigorous mathematical treatment being postponed until after discussion of SCHWARZ's theory of distributions. The various rules by which a function may be calculated when its LAPLACE transform is known are then described and various associated transforms treated. The application of the theory to physical problems and its relation with the Operational Calculus of HEAVISIDE is then illustrated.

a) The LAPLACE-STIELTJES Transform and the LAPLACE Transform.

17. The LAPLACE-STIELTJES Transform. If $F(x)$ is a complex function of the real variable x defined on the positive real axis $0 \leqq x \leqq \infty$, and if $F(x)$ is of bounded variation in any closed interval $(0, R)$ of the positive real axis, then the STIELTJES integral

$$\int_0^R e^{-sx}\, dF(x) \tag{17.1}$$

exists for all complex values of s and all real positive values of R. If the limit

$$\int_0^\infty e^{-sx}\, dF(x) = \lim_{R\to\infty} \int_0^R e^{-sx}\, dF(x) \tag{17.2}$$

exists for a certain value of s we say that the integral (17.1) *converges* for that value of s, or we say that the right hand side of equation (17.2) is the CAUCHY *Principal value* of the integral at its upper limit. In certain circumstances it is necessary to consider the CAUCHY value of the integral at its lower limit also. Thus, if $F(x)$ is of bounded variation in the closed interval (ε, R) for every positive ε and R then we use the notation

$$\int_{0+}^\infty e^{-sx}\, dF(x) = \lim_{\substack{R\to\infty \\ \varepsilon\to\infty}} \int_\varepsilon^R e^{-sx}\, dF(x) \tag{17.3}$$

whenever the limit on the right hand side of this equation exists. As a matter of convention, when we write a STIELTJES integral in the form (17.2) we assume that the function $F(x)$ is of bounded variation in every interval $(0, R)$ of the positive real axis, and when we write it in the form (17.3) we assume that $F(x)$ is of bounded variation in every closed interval of the type (ε, R).

If the least upper bound of the numbers

$$\left| \int_0^X e^{-s_0 x}\, dF(x) \right|$$

$0 < X < \infty$, exists and is finite then it can be shown[1] that the integral (17.2) converges for every value of the complex parameter s for which $\Re(s) > \Re(s_0)$. It can also be shown that there exists an *abscissa of convergence* σ_c with the property that the integral (17.2) converges if $\Re(s) > \sigma_c$, and diverges if $\Re(s) < \sigma_c$. When the integral (17.2) converges it defines a function of s, which we shall denote by $\bar{f}(s)$, called the LAPLACE-STIELTJES *Transform* of the function $F(x)$. The function $\bar{f}(s)$ is called the *generating function*; the function $F(x)$ is occasionally referred to as the *determining function* though this term is usually reserved for the function $f(x)$ defined in equation (18.1) below.

Corresponding to the formula

$$\frac{1}{\varrho} = \overline{\lim_{n\to\infty}} (|a_n|)^{1/n} \tag{17.4}$$

[1] D. V. WIDDER: Trans. Amer. Math. Soc. **31**, 694 (1929).

which, in the theory of infinite series, determines the radius of convergence of the power series $\sum a_n z^n$ we have the formula[1]

$$\sigma_c = \overline{\lim_{x\to\infty}} \frac{\log|F(x)|}{x} \tag{17.5}$$

for the abscissa of convergence of the STIELTJES integral (17.2), whenever the limit on the right hand side of that equation exists, and is non-zero. If the limit is zero and if $F(x)$ approaches no limit as $x\to\infty$ then the abscissa of convergence can be shown to be zero.

There are also simple criteria for establishing the convergence of integrals of the type (17.2). For instance, if $F(x) = O(e^{\gamma x})$ as $x\to\infty$, for some real number γ then the integral (17.2) converges if $\Re(s) > \gamma$, and, conversely, if the integral converges for $s=\gamma+i\delta$, $(\gamma>0)$, then $F(x)=o(e^{\gamma x})$ as $x\to\infty$. Similarly if the integral (17.2) converges for $s=\gamma+i\delta$, $(\gamma<0)$, then $F(\infty)$ exists and $F(x)-F(\infty)=o(e^{\gamma x})$ as $x\to\infty$. For proofs of these statements, the reader is referred to pp. 38—46 of the treatise by WIDDER cited above.

The absolute convergence of STIELTJES-LAPLACE integrals can be dealt with in a similar way. If the total variation of $F(x)$ in the interval $(0, x)$ is denoted by $V(x)$, we say that the integral (17.2) is *absolutely convergent* at the point $s=\sigma+i\tau$ if the integral

$$\int_0^\infty e^{-\sigma x}|dF(x)| = \int_0^\infty e^{-\sigma x}\,dV(x) \tag{17.6}$$

is convergent. It is then readily established that, if the integral (17.2) converges absolutely for $s=\sigma_0+i\tau_0$, it converges uniformly and absolutely in the half-plane $\Re(s) > \sigma_0$.

It is also easily shown that a LAPLACE-STIELTJES integral represents an analytic function in its region of convergence. If $0\leqq a<b$, the function

$$\bar{f}_{ab}(s) = \int_a^b e^{-sx}\,dF(x)$$

can, on account of the uniform convergence of the exponential seris, be written in the form

$$\sum_{n=0}^\infty \frac{(-s)^n}{n!}\int_a^b x^n\,dF(x).$$

This series obviously converges uniformly for s in any bounded region, so that its sum, $\bar{f}_{ab}(s)$, is entire and

$$\bar{f}^{(k)}(s) = \sum_{n=k}^\infty \frac{s^{n-k}}{(n-k)!}\int_a^b (-x)^n\,dF(x) = \int_a^b e^{-sx}(-x)^k\,dF(x).$$

If now s_0 is an arbitrary point in the half-plane $\Re(s)>\sigma_c$, we can surround it by a circle C which also lies in that half-plane. The series

$$\bar{f}(s) = \sum_{n=0}^\infty \int_n^{n+1} e^{-sx}\,dF(x)$$

converges uniformly in C. Since, by the above discussion, each term of this series is entire, we may apply WEIERSTRASS' theorem on the term-by-term differentiation of series, to show that if the integral (17.2) converges for $\Re(s)>\sigma_0$, then

[1] D. V. WIDDER: "The LAPLACE Transform", pp. 42—45. Princeton 1941.

$f(s)$ is analytic for $\Re(s) > \sigma_c$. Furthermore

$$\bar{f}^{(k)}(s) = \int_0^\infty e^{-sx}(-x)^k dF(x). \tag{17.7}$$

18. The LAPLACE Transform. If, in the definition (17.2) of the LAPLACE-STIELTJES transform, we can write, for $x > 0$,

$$F(x) = \int_a^x f(x)\,dx,$$

where a is an arbitrary positive constant, then that equation reduces to the form

$$\bar{f}(s) = \int_0^\infty e^{-sx} f(x)\,dx. \tag{18.1}$$

We then say that $\bar{f}(s)$ is the LAPLACE *transform* of the function $\bar{f}(x)$. The function $f(x)$ is called the *determining function* and $\bar{f}(s)$ the *generating function*. The results of the last section are true also for the LAPLACE transform. For example, if $f(x)$ is continuous in any closed interval of the positive real axis, and if $f(x) = O(e^{\gamma x})$ as $x \to \infty$, then the LAPLACE transform $\bar{f}(s)$ exists for $\Re(s) > \gamma$.

When the parameter s, defining the LAPLACE transform, has complex values, the function $\bar{f}(s)$ has some interesting properties. For example, if the function $f(x)$ is sectionally continuous in each finite interval and is $O(e^{\gamma x})$ for $x \geqq 0$, then its LAPLACE transform $\bar{f}(s)$, $s = \sigma + i\tau$, is an analytic function of s in the half-plane $\sigma > \gamma$. The LAPLACE integral $\mathfrak{L}\{f(x)\}$ converges absolutely and uniformly in that half-plane. The derivatives of $\bar{f}(s)$ are given by the formula

$$\frac{d^n}{ds^n}\bar{f}(s) = \mathfrak{L}\{(-x)^n f(x)\}, \qquad \sigma > \gamma. \tag{18.2}$$

Further, it can be shown that, under these conditions, $\bar{f}(s)$ is $O(s^{-1})$ in the half-plane $\sigma \geqq \sigma_0$ where $\sigma_0 > \gamma$; that is, there exists a constant M such that, for all s in $\sigma \geqq \sigma_0$,

$$|\sigma \bar{f}(s)| < M. \tag{18.3}$$

It follows, as a special case of this result, that the analytic function $\bar{f}(s)$ satisfies the condition

$$\lim_{\sigma \to \infty} \bar{f}(s) = 0. \tag{18.4}$$

If, in addition to the above conditions, we assume that $f(x)$ is contiuous (not sectionally continuous, as above) and that $f'(x)$ is sectionally continuous, and is $O(e^{\gamma x})$, then equation (18.4) may be generalized to

$$|s\bar{f}(s)| < M. \tag{18.5}$$

This is a result which may readily be extended to higher derivatives. For instance, if $f(x)$ and its first two derivatives are all $O(e^{\gamma x})$, if $f'(x)$ is continuous and $f''(x)$ is sectionally continuous, then

$$|s^2 f(s) - s f(0)| < M. \tag{18.6}$$

In particular, if $f(+0) = 0$, then $\bar{f}(s) = O(s^{-2})$.

It is left as an exercise to the reader to verify these results for the functions $f_1(x) = \cos(\alpha x)$, $f_2(x) = \sin(\alpha x)$, which have the LAPLACE transforms

$$\bar{f}_1(s) = \frac{s}{s^2 + \alpha^2}, \qquad \bar{f}_2(s) = \frac{\alpha}{s^2 + \alpha^2}.$$

19. Uniqueness of the Determining Function. In what we have said about LAPLACE-STIELTJES and LAPLACE transforms there has been nothing to suggest that the determining function is uniquely determined by the generating function. In the case of the LAPLACE transform, for instance, we do not know if there is only one determining function $f(x)$ satisfying the equation

$$\bar{f}(s) = \int_0^\infty e^{-sx} f(x)\, dx \tag{19.1}$$

when the generating function $\bar{f}(s)$ is prescribed.

Suppose that the equation (19.1) is satisfied by a continuous function $f(x)$ for $\Re(s) > \sigma_c$. If possible, let there be another continuous function $g(x)$ satisfying the equation, for $\Re(s) > \sigma'_c$. Let c be the greater of σ_c and σ'_c and form the function $h(x) = f(x) - g(x)$. Then for $\Re(s) > c$, we will have

$$\int_0^\infty e^{-cx} h(x)\, dx = 0 \tag{19.2}$$

and the function $h(x)$ is continuous on the positive real axis. If we write $s = c + n$ where n is a positive integer and make use of the result

$$n \int_0^\infty e^{-nx} dx \int_0^x e^{-ct} h(t)\, dt = \int_0^\infty e^{-sx} h(x)\, dx,$$

obtained by an integration by parts, we see that equation (19.2) is equivalent to the relation

$$\int_0^\infty e^{-nx} H(x)\, dx = 0 \tag{19.3}$$

where

$$H(x) = \int_0^x e^{-ct} h(t)\, dt.$$

If in equation (19.3) we put $u = e^{-x}$, $\psi(u) = H\{\log(1/u)\}$, then ψ is a continuous function of u in the closed interval $0 \leq u \leq 1$, since we may take

$$\psi(0) = \lim_{x\to\infty} H(x) \quad \text{and} \quad \psi(1) = H(0) = 0,$$

and equation (19.3) takes the form

$$\int_0^1 u^{n-1} \psi(u)\, du = 0. \tag{19.4}$$

Since n is an arbitrary positive integer this relation will hold for $n = 1, 2, \ldots$. Now there is a theorem in elementary analysis which states if the equation (19.4) holds for all positive integral values of n then the function $\psi(u)$ must be identically zero in the closed interval $0 \leq u \leq 1$, and therefore

$$H(x) = \int_0^x e^{-ct} h(t)\, dt = 0 \quad \text{for} \quad x > 0.$$

Since $e^{-ct} h(t)$ is a continuous function of t for positive values of t, it follows, from another theorem of elementary analysis, that $e^{-ct} h(t)$ must vanish identically for all positive values of t, i.e. $f(t)$ must be identically equal to $g(t)$ for all positive values of the variable t. In other words we have proved that *if* $\bar{f}(s) = \int_0^\infty e^{-sx} f(x)\, dx$,

$\Re(s) > \sigma_c$, is satisfied by a continuous function $f(x)$, there is no other continuous function which satisfies the equation.

We have, therefore, demonstrated the uniqueness of the determining function in the simplest possible case — that in which the determining function is continuous. To understand the general theorem we must introduce the concept of a normalized function of bounded variation. If $F(x)$ is of bounded variation in the closed interval $a \leq x \leq b$, it is said to be *normalized* there if $F(a) = 0$ and $F(x) = \frac{1}{2}\{F(x+) + F(x-)\}$ for $a < x < b$. The general theorem for the LAPLACE-STIELTJES transform then states that *there cannot exist two different normalized determining functions corresponding to the same generating function.* For a proof of this theorem in the general case the reader is referred to pp. 59—63 of WIDDER's treatise.

Since the first theorem of this kind was first established by LERCH[1] the assertion of the uniqueness of the determining function of LAPLACE-STIELTJES and LAPLACE transforms is usually known as LERCH's *Theorem.*

20. The Convolution Integrals. If $F(x)$ and $G(x)$ are two functions defined for all positive real values of x we define the STIELTJES *Convolution* of $F(x)$ and $G(x)$ to be the function

$$H(x) = \int_0^x F(x-t)\, dG(t) = \int_0^x G(x-t)\, dF(t) \qquad (x > 0) \tag{20.1}$$

when these two STIELTJES integrals exist and are equal. Both integrals will obviously exist and be equal for all positive values of x if one of the functions is continuous and the other is of bounded variation, both vanishing at $x = 0$.

In a similar way, if the functions $f(x)$ and $g(x)$ are defined at all points on the positive real axis of x we define the *Classical Convolution* of $f(x)$ and $g(x)$ to be the function

$$h(x) = \int_0^x f(x-t)\, g(t)\, dt = \int_0^x g(x-t)\, f(t)\, dt \qquad (x \geq 0), \tag{20.2}$$

when these two integrals exist and are equal. It is readily shown that if the functions $f(x)$ and $g(x)$ belong to the class $L(0, R)$ for a positive number R, then their classical convolution $h(x)$ exists for almost all x of $(0, R)$.

Furthermore, if $\bar{f}(s)$ and $\bar{g}(s)$ are the LAPLACE transforms of $f(x)$ and $g(x)$, we have

$$\bar{f}(s)\,\bar{g}(s) = \int_0^\infty e^{-sx} f(x)\, dx \,.\, \int_0^\infty e^{-sy} g(y)\, dy$$

$$= \int_0^\infty \int_0^\infty e^{-s(x+y)} f(x)\, g(y)\, dx\, dy.$$

If we change the variables of integration to ξ and η where $\xi = x + y$ and $\eta = y$ we find that

$$\bar{f}(s)\,\bar{g}(s) = \int_0^\infty e^{-s\xi}\, d\xi \int_0^\xi f(\xi - \eta)\, g(\eta)\, d\eta = \int_0^\infty e^{-s\xi}\, h(\xi)\, d\xi$$

showing that if $h(x)$ is the classical convolution of two functions $f(x)$ and $g(x)$ then their LAPLACE transforms are connected by the simple relation

$$\bar{f}(s)\,\bar{g}(s) = \bar{h}(s)\,. \tag{20.3}$$

A similar relation is readily established for the STIELTJES convolution of two functions.

[1] M. LERCH: Acta math. (Stockh.) **27**, 339 (1903).

As a special case of equation (20.3) we have the formula

$$\{\bar{f}(s)\}^2 = \bar{h}_0(s) \tag{20.4}$$

where

$$h_0(x) = \int_0^x f(x-t)\, f(t)\, dt. \tag{20.5}$$

To illustrate the use of this equation consider the case in which $f(x) = J_0(x)$. Then it is readily shown — cf. entry 16 of Table I below — that $\bar{f}(s) = (s^2+1)^{-\frac{1}{2}}$. Hence the integral

$$h_0(x) = \int_0^x J_0(x-t)\, J_0(t)\, dt$$

has LAPLACE transform $(s^2+1)^{-1}$. Now the LAPLACE transform of $\sin x$ is easily show to be $(s^2+1)^{-1}$. In other words

$$\int_0^x J_0(x-t)\, J_0(t)\, dt = \sin x.$$

b) Elementary Rules of Manipulation of the LAPLACE Transform.

In this subdivision we shall study formal properties of LAPLACE transforms which are of most frequent use in the solution of boundary value and initial value problems in mathematical physics. Heuristic derivations will be given of the main results, without any attempt being made to reproduce the most rigorous or the best available proofs. It is, however, a simple matter to construct a rigorous proof of the theorems stated below, and, in order that we might save space, we shall leave the construction of such proofs to the reader.

21. Fundamental Properties of the LAPLACE Transform. If we adopt the notation

$$\bar{f}_i(s) = \mathfrak{L}\{f_i(x); s\} = \int_0^\infty e^{-sx} f_i(x)\, dx \tag{21.1}$$

for the LAPLACE transforms of a sequence of functions $f_i(x)$ $(i = 1, 2, \ldots, n)$ then it follows immediately from the definition that, for each function of the sequence,

$$\mathfrak{L}\{c f_i(x)\} = c\,\mathfrak{L}\{f_i(x)\} = c \bar{f}_i(s) \tag{21.2}$$

where c is any complex constant, and that

$$\mathfrak{L}\left\{\sum_{i=1}^n f_i(x)\right\} = \sum_{i=1}^n [\mathfrak{L}\{f_i(x)\}] = \sum_{i=1}^n \bar{f}_i(s). \tag{21.3}$$

In other words, the operator $\mathfrak{L}$ is a linear operator.

The extension of equation (21.3) to infinite series

$$\mathfrak{L}\left\{\sum_{i=1}^\infty f_i(x)\right\} = \sum_{i=1}^\infty [\mathfrak{L}\{f_i(x)\}] \tag{21.4}$$

is valid if either (i) the infinite series $\sum_{i=1}^\infty f_i(x)$ is absolutely and uniformly convergent for $0 \leq x \leq \infty$, or (ii) $\sum_{i=1}^\infty f_i(x)$ is absolutely and uniformly convergent in the closed interval $0 \leq x \leq X$, for every positive real number X, and either of the integrals

$$\int_0^\infty e^{-px} \sum_{i=1}^\infty |f_i(x)|\, dx, \quad \sum_{i=1}^\infty \int_0^\infty |e^{-px} f_i(x)|\, dx$$

is convergent.

From the definition of the LAPLACE transform we see that the LAPLACE transform of the function $f(ax)$ is given by the formula

$$\mathfrak{L}\{f(ax); s\} = \int_0^\infty e^{-sx} f(ax)\, dx = \int_0^\infty e^{-(s/a)u} f(u)\, du/a \qquad (a > 0)$$

showing that

$$\mathfrak{L}\{f(ax); s\} = \frac{1}{a} \mathfrak{L}\{f(x); s/a\} \qquad (a > 0). \tag{21.5}$$

In a similar way it is readily established that

$$\mathfrak{L}\{e^{-cx} f(x); s\} = \mathfrak{L}\{f(x); s + c\} \tag{21.6}$$

where c is a complex constant whose real part is such that both integrals exist.

The corresponding result involving the LAPLACE transform $e^{-cs} \bar{f}(s)$ is derived as follows: Let

$$g(x) = \begin{cases} 0 & \text{if } x \leq c, \\ f(x - c), & \text{if } x > c, \end{cases} \tag{21.7a}$$

where c is a positive real constant. Then

$$\mathfrak{L}\{g(x); s\} = \int_0^\infty f(x - c)\, e^{-sx}\, dx = e^{-cs} \int_0^\infty f(u)\, e^{-su}\, du$$

showing that

$$\mathfrak{L}\{g(x); s\} = e^{-cs} \bar{f}(s) \tag{21.7b}$$

whenever $f(x)$ and $g(x)$ are connected by the relations (21.7a).

If we differentiate both sides of equation (18.1) with respect to s we obtain the simple relation

$$\mathfrak{L}\{x^n f(x); s\} = (-1)^n \frac{d^n}{ds^n} \bar{f}(s) \tag{21.8}$$

from which it follows that, if $p_n(x)$ is a polynomial of degree n in x then

$$\mathfrak{L}\{p_n(x) f(x); s\} = p_n(-D) \bar{f}(s) \tag{21.9}$$

where D denotes the operator d/ds. Similarly we can show that

$$\mathfrak{L}\{x^{-n} f(x); s\} = \int_s^\infty \int_s^\infty \cdots \int_s^\infty \bar{f}(s)\, (ds)^n. \tag{21.10}$$

22. LAPLACE Transforms of Elementary Functions. We can make use of the above results to construct a table of LAPLACE transforms of the more elementary functions occurring in mathematical physics. It is obvious from the definition that

$$\mathfrak{L}(1) = \frac{1}{s} \tag{22.1}$$

so that, if n is a positive integer, it follows from equation (21.8) that

$$\mathfrak{L}(x^n) = n!\, s^{-n-1} \tag{22.2}$$

and hence, from equation (21.6) that

$$\mathfrak{L}(e^{-cx} x^n) = n!\, (s + c)^{-n-1}. \tag{22.3}$$

Table 1. LAPLACE *transforms of some commonly occurring functions.*

	$f(x)$	$\bar{f}(s)$	
1.	$x^n e^{-ax}$ $\mathfrak{R}(n) > -1$	$\Gamma(n+1)(s+a)^{-n-1}$	$\mathfrak{R}(s) > \mathfrak{R}(a)$
2.	$\cos(ax)$	$\frac{s}{(s^2+a^2)}$	$\mathfrak{R}(s) > \mathfrak{J}(a)$
3.	$\sin(ax)$	$\frac{a}{(s^2+a^2)}$	$\mathfrak{R}(s) > \mathfrak{J}(a)$
4.	$x\cos(ax)$	$\frac{(s^2-a^2)}{(s^2+a^2)^2}$	$\mathfrak{R}(s) > \mathfrak{J}(a)$
5.	$x\sin(ax)$	$\frac{2as}{(s^2+a^2)^2}$	$\mathfrak{R}(s) > \mathfrak{J}(a)$
6.	$x^{-\frac{1}{2}}\cos(2ax^{\frac{1}{2}})$	$\left(\frac{\pi}{s}\right)^{\frac{1}{2}} e^{-\frac{a^2}{s}}$	$\mathfrak{R}(s) > 0$
7.	$\sin(2ax^{\frac{1}{2}})$	$a\left(\frac{\pi}{s^3}\right)^{\frac{1}{2}} e^{-\frac{a^2}{s}}$	$\mathfrak{R}(s) > 0$
8.	$\cosh(ax)$	$\frac{s}{(s^2-a^2)}$	$\mathfrak{R}(s) > \mathfrak{R}(a)$
9.	$\sinh(ax)$	$\frac{a}{(s^2-a^2)}$	$\mathfrak{R}(s) > \mathfrak{R}(a)$
10.	$x\,\mathrm{Cos}(ax)$	$\frac{(s^2+a^2)}{(s^2-a^2)^2}$	$\mathfrak{R}(s) > \mathfrak{R}(a)$
11.	$x\,\mathrm{Sin}(ax)$	$\frac{2as}{(s^2-a^2)^2}$	$\mathfrak{R}(s) > \mathfrak{R}(a)$
12.	$x^{-\frac{1}{2}}\,\mathrm{Cos}(2ax^{\frac{1}{2}})$	$\left(\frac{\pi}{s}\right)^{\frac{1}{2}} e^{\frac{a^2}{s}}$	$\mathfrak{R}(s) > 0$
13.	$\mathrm{Sin}(2ax^{\frac{1}{2}})$	$a\left(\frac{\pi}{s^3}\right)^{\frac{1}{2}} e^{\frac{a^2}{s}}$	$\mathfrak{R}(s) > 0$
14.	$x^{-\frac{1}{2}} e^{-\frac{a}{x}}$, $\vert\arg a\vert < \frac{1}{2}\pi$	$\left(\frac{\pi}{s}\right)^{\frac{1}{2}} e^{-2\sqrt{(as)}}$	$\vert\arg s\vert < \frac{1}{2}\pi$
15.	$x^{-\frac{3}{2}} e^{-\frac{a}{x}}$, $\vert\arg a\vert < \frac{1}{2}\pi$	$\left(\frac{\pi}{a}\right)^{\frac{1}{2}} e^{-2\sqrt{(as)}}$	$\vert\arg s\vert < \frac{1}{2}\pi$
16.	$J_n(ax)$, $\mathfrak{R}(n) > -1$	$(s^2+a^2)^{-\frac{1}{2}}\left(\frac{a}{s+r}\right)^{n}$ *	$\mathfrak{R}(s) > \mathfrak{J}(a)$
17.	$x^{-1}J_n(ax)$, $\mathfrak{R}(n) > 0$.	$\frac{1}{n}\left(\frac{a}{s+r}\right)^n$	$\mathfrak{R}(s) > \mathfrak{J}(a)$
18.	$x^n J_n(ax)$, $\mathfrak{R}(n) > -\frac{1}{2}$	$\pi^{-\frac{1}{2}}\Gamma(n+\frac{1}{2})(2a)^n(s^2+a^2)^{-n-\frac{1}{2}}$	$\mathfrak{R}(s) > \mathfrak{J}(a)$
19.	$x^{\frac{1}{2}n} J_n(2ax^{\frac{1}{2}})$, $\mathfrak{R}(n) > -1$	$a^n s^{-n-1} e^{-\frac{a^2}{s}}$	$\mathfrak{R}(s) > 0$
20.	$H(x-c)$, $c > 0$	$\frac{1}{s} e^{-cs}$	$\mathfrak{R}(s) > 0$

* Note that $r^2 = s^2 + a^2$.

It can, of course, easily be verified from a consideration of EULER's integral for the gamma function that this result holds even if n is not a positive integer provided we write $\Gamma(n+1)$ in place of $n!$ and n is such that the LAPLACE transform of $e^{-cx}x^n$ exists. In this way we have constructed the first entry in Table 1 which shows the LAPLACE transforms of some elementary functions[1].

It is a useful exercise in the results of the last section to derive some of these results from others in the table. For example, from equation (21.8) and entry 8 of Table 1 we see that

$$\mathfrak{L}\{x \operatorname{Cos}(a x)\} = -\frac{d}{ds}\{s(s^2-a^2)^{-1}\}$$

provided that $\Re(s) > \Re(a)$. If we perform the differentiation we find that we get the same result as entry 10 in the table.

In entry 20 we have introduced HEAVISIDE's *Unit Function* $H(x)$ which is defined by the relations

$$H(x) = \left\{\begin{array}{ll} 0 & x<0, \\ \frac{1}{2} & x=0, \\ 1 & x>0 \end{array}\right\} \tag{22.4}$$

so that its LAPLACE transform is obviously $1/s$. Using the definition of this function and the equations (21.7) we see that

$$\mathfrak{L}\{H(x-c)\} = \frac{e^{-cs}}{s}. \tag{22.5}$$

More generally, we have that

$$\left.\begin{aligned} \mathfrak{L}\{H(x-c)\, f(x-c)\} &= \int_0^\infty H(x-c)\, f(x-c)\, e^{-sx}\, dx \\ &= e^{-cs}\int_0^\infty f(u)\, e^{-su}\, du \\ &= e^{-cs}\bar{f}(s), \end{aligned}\right\} \tag{22.6}$$

provided that $\Re(s) > 0$.

23. LAPLACE Transforms of Derivatives and Integrals. In the solution of differential and integral equations by means of the LAPLACE transform it is often desirable to express the LAPLACE transform of a multiple derivative or integral of a function in terms of the LAPLACE transform of the function itself. In this section we shall derive the formulae by means of which this may most readily be done.

As a result of integrating by parts we have the formula

$$\int_0^\infty \frac{df}{dx} e^{-sx}\, dx = \left[f(x)\, e^{-sx}\right]_0^\infty + s\int_0^\infty f(x)\, e^{-sx}\, dx$$

so that if $f(x)$ is such that $f(x)e^{-sx}$ tends to zero as $x\to\infty$ we see that

$$\mathfrak{L}\{f'(x); s\} = s\bar{f}(s) - f(0). \tag{23.1}$$

If we repeat this process an integral number of times we arrive at the formula

$$\mathfrak{L}\{f^{(n)}(x); s\} = s^n\bar{f}(s) - \sum_{r=0}^{n-1} s^{n-r-1} f^{(r)}(0) \tag{23.2}$$

[1] For extensive tables of LAPLACE transforms the reader is referred to A. ERDÉLYI et al. Tables of Integral Transforms, Vol. 1, pp. 125—301. New York: McGraw-Hill 1954.

for the LAPLACE transform of the n-th. derivative of a function in terms of the LAPLACE transform of the function itself. Similarly we can establish the formula

$$\mathfrak{L}\left\{\int_0^x \dots \int_0^x f(x)\,(dx)^n\right\} = s^{-n}\bar{f}(s) \tag{23.3}$$

for the LAPLACE transform of the n-th. order integral of a function.

The results can be generalised by combining them with the theorems of Sect. 21. By equation (21.8) we find that

$$\mathfrak{L}\{x^m f^{(n)}(x); s\} = (-1)^m \frac{d^m}{d s^m} \mathfrak{L}\{f^{(n)}(x); s\}.$$

Evaluating the expression on the right hand side of this equation by means of equation (23.2) we find that

$$\mathfrak{L}\{x^m f^{(n)}(x); s\} = \begin{cases} (-1)^m \dfrac{d^m}{d s^m} s^n \bar{f}(s), & \text{if } m \geq n \\ (-1)^m \dfrac{d^m}{d s^m} [s^n \bar{f}(s)] + (-1)^{m-1} \displaystyle\sum_{r=m}^{n-1} \frac{r!\, s^{r-m}}{(r-m)!} f^{(n-r-1)}(0) & \text{if } m < n, \end{cases} \tag{23.4}$$

and, in particular that

$$\mathfrak{L}\left\{\left(x \frac{d}{dx}\right)^n f(x); s\right\} = \left(-\frac{d}{ds} s\right)^n \bar{f}(s). \tag{23.5}$$

Similarly, from equation (23.2), we have

$$\mathfrak{L}\left\{\frac{d^n}{dx^n}[x^m f(x)]; s\right\} = s^n \mathfrak{L}\{x^m f(x); s\} - \sum_{r=0}^{n-1} s^{n-r-1} \left[\frac{d^r}{dx^r}\{x^m f(x)\}\right]_{x=0}$$

so that, using equation (21.8), we see that

$$\mathfrak{L}\left\{\frac{d^n}{dx^n}[x^m f(x)]; s\right\} = \begin{cases} (-1)^m s^n \dfrac{d^m}{d s^m} \bar{f}(s) - \displaystyle\sum_{r=m}^{n-1} s^{n-r-1} \frac{r!}{(r-m)!} f^{(r-m)}(0), & \text{if } m < n; \\ (-1)^m s^n \dfrac{d^m}{d s^m} \bar{f}(s), & \text{if } m \geq n. \end{cases} \tag{23.6}$$

In particular,

$$\mathfrak{L}\left\{\left(\frac{d}{dx} x\right)^n f(x); s\right\} = \left(-s \frac{d}{ds}\right)^n f(s) \tag{23.7}$$

Similar results exist in the case of integrals. For example, it follows from equation (23.3), that

$$\mathfrak{L}\left\{\int_0^x f(x) \frac{dx}{x}\right\} = \frac{1}{s} \mathfrak{L}\left\{\frac{f(x)}{x}; s\right\}.$$

Applying equation (21.10) to the right hand side of this last equation we find that

$$\mathfrak{L}\left\{\int_0^x f(x) \frac{dx}{x}\right\} = \frac{1}{s} \int_s^\infty \bar{f}(s)\, ds. \tag{23.8}$$

Now, if we interchange the orders in which we perform the integrations,

$$\int_0^\infty \bar{f}(s)\, ds = \int_0^\infty f(x)\, dx \int_0^\infty e^{-sx}\, ds = \int_0^\infty f(x) \frac{dx}{x} \tag{23.9}$$

and this is a constant. Hence

$$\mathfrak{L}\left\{\int_0^\infty f(x)\,\frac{dx}{x}\right\} = \frac{1}{s}\int_0^\infty f(s)\,ds. \tag{23.10}$$

Finally, from equations (23.8) and (23.10) we obtain the relation

$$\mathfrak{L}\left\{\int_x^\infty f(x)\,\frac{dx}{x}\right\} = \frac{1}{s}\int_0^s f(s)\,ds. \tag{23.11}$$

24. Integral Formulae. In this section we shall derive formulae by means of which it will be possible to evaluate the LAPLACE transforms of definite integrals involving certain functions in terms of the LAPLACE transforms of the functions themselves. Suppose that

$$\mathfrak{L}\{K(x,\xi);\,s\} = \lambda(s)\,e^{-\xi\mu(s)}.$$

Then, multiplying both sides of this equation by $f(\xi)$, integrating with respect to ξ from 0 to ∞, and interchanging the order in which the integrations are performed, we find that

$$\mathfrak{L}\left\{\int_0^\infty K(x,\xi)\,f(\xi)\,d\xi\right\} = \lambda(s)\int_0^\infty f(\xi)\,e^{-\xi\mu(s)}\,d\xi.$$

Now the integral on the right hand side of this equation is merely the LAPLACE transform of f with argument $\mu(s)$. We therefore have

$$\mathfrak{L}\left\{\int_0^\infty K(x,\xi)\,f(\xi)\,d\xi\right\} = \lambda(s)\bar{f}\{\mu(s)\}. \tag{24.1}$$

For example, if we take

$$K(x,\xi) = \frac{1}{\sqrt{(\pi,\,x)}}\,e^{-\xi^2/4x}$$

we find from entry 14 of Table 1 that

$$\mathfrak{L}\{K(x,\xi)\} = \frac{1}{\sqrt{s}}\,e^{-\xi\sqrt{s}}$$

so that, in the notation of equation (24.1) $\lambda(s) = s^{-\frac{1}{2}}$, $\mu(s) = s^{\frac{1}{2}}$. Substituting these expressions into equation (24.1) we obtain the integral formula

$$\mathfrak{L}\left\{\frac{1}{\sqrt{(\pi x)}}\int_0^\infty e^{-\xi^2/4x} f(\xi)\,d\xi\right\} = s^{-\frac{1}{2}}\bar{f}(s^{\frac{1}{2}}). \tag{24.2}$$

Similarly if we choose $K(x,\xi)$ to be $x^{\xi-1}/\Gamma(\xi)$ we have, from entry 1 of Table 1, that

$$\mathfrak{L}\{K(x,\xi);\,s\} = s^{-\xi} = e^{-\xi\log s}.$$

Hence $\lambda(s) = 1$ and $\mu(s) = \log s$, and equation (24.1) gives the relation

$$\mathfrak{L}\left\{\int_0^\infty \frac{x^{\xi-1}}{\Gamma(\xi)}\,f(\xi)\,d\xi\right\} = \bar{f}(\log s). \tag{24.3}$$

Finally, if we take $K(x,\xi)=(x/\xi)^{\frac{1}{2}}J_\nu(2\sqrt{x\xi})$, we find, from entry 19 of Table 1, that $\lambda(s)=s^{-\nu-1}$, $\mu(s)=1/s$, so that

$$\mathfrak{L}\left\{x^{\frac{1}{2}}\int_0^\infty J_\nu(2\sqrt{x\xi})\xi^{-\frac{1}{2}\nu}f(\xi)\,d\xi\right\}=s^{-\nu-1}\bar{f}(s^{-1}). \tag{24.4}$$

Other formulae of this type are

$$\mathfrak{L}\left\{\int_0^x\left(\frac{x-\xi}{a\xi}\right)^{\frac{1}{2}\nu}J_\nu\{2\sqrt{a\xi(x-\xi)}\}f(\xi)\,d\xi\right\}=s^{-\nu-1}\bar{f}\left(s+\frac{a}{s}\right), \tag{24.5}$$

$$\mathfrak{L}\left\{\int_0^x\left(\frac{x-\xi}{x+\xi}\right)^{\frac{1}{2}\nu}J_\nu\{\sqrt{(x^2-\xi^2)}\}f(\xi)\,d\xi\right\}=\frac{\bar{f}\{\sqrt{(s^2+1)}\}}{\sqrt{(s^2+1)}\,\{s+\sqrt{(s^2+1)}\}^\nu}, \tag{24.6}$$

$$\mathfrak{L}\left\{f(x)-\int_0^x J_1(\xi)\,f\{\sqrt{(x^2-\xi^2)}\}\,d\xi\right\}=\bar{f}\{\sqrt{(s^2+1)}\}. \tag{24.7}$$

These formulae are commonly used in two ways. In the first case, they may be employed to determine the function $g(x)$ when its LAPLACE transform $\bar{g}(s)$ is known. For instance, suppose that, in the course of solving certain equations for an unknown function $g(x)$, we determine that its LAPLACE transform is

$$\bar{g}(s)=\frac{1}{s^{\frac{1}{2}}(s^{\frac{1}{2}}+a)}.$$

We note that

$$g(s)=s^{-\frac{1}{2}}\bar{f}(s^{\frac{1}{2}})$$

where $\bar{f}(s)=(s+a)^{-1}$ so that, by entry 1 of Table 1, $f(x)=e^{-ax}$. Substituting this value for the function f in equation (24.2) we see that

$$g(x)=\frac{1}{\sqrt{(\pi x)}}\int_0^\infty e^{-\xi^2/4x-a\xi}\,d\xi.$$

Secondly, the formulae may be used for the determination of certain definite integrals. For example, if we substitute the values $f(x)=H(x)$, $\nu=0$ in equation (24.5) and make use of the fact that in this instance $\bar{f}(s)=s^{-1}$ we find that

$$\mathfrak{L}\left[\int_0^x J_0\{2\sqrt{\xi(x-\xi)}\}\,d\xi\right]=\frac{1}{s^2+1}.$$

Now we known, from entry 3 of Table 1, that $(s^2+1)^{-1}$ is the LAPLACE transform of $\sin x$. Hence we have the result

$$\int_0^x J_0\{2\sqrt{\xi(x-\xi)}\}\,d\xi=\sin x.$$

25. Periodic Determining Functions. If the function $F(x)$ is a normalized function of bounded variation in the closed interval $(0,2\pi)$ and is of period 2π it has a FOURIER expansion

$$F(x)=\sum_{n=0}^\infty\{a_n\cos(nx)+b_n\sin(nx)\},\qquad(x>0), \tag{25.1}$$

which is boundedly convergent[1]. It is therefore permissible to multiply both sides of the equation by e^{-sx} (with $\Re(s)>0$) and integrate term by term between

[1] E. C. TITCHMARSH: The Theory of Functions, p. 408. Oxford: University Press 1932.

the limits 0 and ∞. In this way we find that

$$\int_0^\infty e^{-sx} F(x)\,dx = \sum_{n=0}^\infty \frac{a_n s + b_n n}{s^2 + n^2}. \tag{25.2}$$

Now the LAPLACE-STIELTJES transform corresponding to this determining function $F(x)$ is readily seen to be

$$\bar{f}(s) = s \int_0^\infty e^{-sx} F(x)\,dx,$$

so that the LAPLACE-STIELTJES generating function corresponding to the periodic determining function (25.1) is

$$\bar{f}(s) = \sum_{n=0}^\infty \frac{a_n s^2 + b_n n s}{s^2 + n^2}. \tag{25.3}$$

Furthermore, it can be shown that this infinite series represents an analytic function in any finite region of the s-plane not including an integral point on the τ-axis.

Similarly if

$$f(x) = \sum_{n=0}^\infty \{a_n \cos(nx) + b_n \sin(nx)\} \tag{25.4}$$

its LAPLACE transform is given by the series

$$\bar{f}(s) = \sum_{n=0}^\infty \frac{a_n s + b_n n}{s^2 + n^2}. \tag{25.5}$$

To illustrate the use of the result (25.3) let us consider the function

$$F(x) = \begin{cases} 0, & \text{if } 0 \leq x < \pi; \\ 1, & \text{if } \pi \leq x < 2\pi; \end{cases}$$

with FOURIER expansion

$$\frac{1}{2} - \frac{2}{\pi} \sum_{n=0}^\infty \frac{\sin(2n+1)x}{2n+1}.$$

The series (25.3) therefore takes the form

$$\frac{1}{2} - \frac{2s}{\pi} \sum_{n=0}^\infty \frac{1}{s^2 + (2n+1)^2}.$$

By evaluating the STIELTJES-LAPLACE integral directly we find that

$$\bar{f}(s) = \sum_{n=0}^\infty e^{-ns\pi} (-1)^n = \frac{1}{1 + e^{-\pi s}}.$$

Identifying the two expressions for $\bar{f}(s)$ we obtain the MITTAG-LEFFLER identity

$$\frac{1}{1 + e^{-\pi s}} = \frac{1}{2} - \frac{2s}{\pi} \sum_{n=0}^\infty \frac{1}{s^2 + (2n+1)^2}.$$

c) The DIRAC Delta Function.

26. Definition of the DIRAC Delta Function as a Limit. A problem which arises frequently in the application of the theory of the LAPLACE transform to specific problems is that of determining a function whose LAPLACE transform is unity. It is found that such a function is identical with the delta function introduced by DIRAC[1] to get a precise notation for dealing with certain infinities which arise in quantum mechanisc.

We shall consider first the set of functions

$$\delta_n(x) = \frac{1}{2} n \left\{ H\left(x + \frac{1}{n}\right) - H\left(x - \frac{1}{n}\right) \right\} \tag{26.1}$$

where $H(x)$ denotes HEAVISIDE's unit function of argument x, defined by equations (22.4) above. The graphs of these functions are shown in Fig. 2. From these

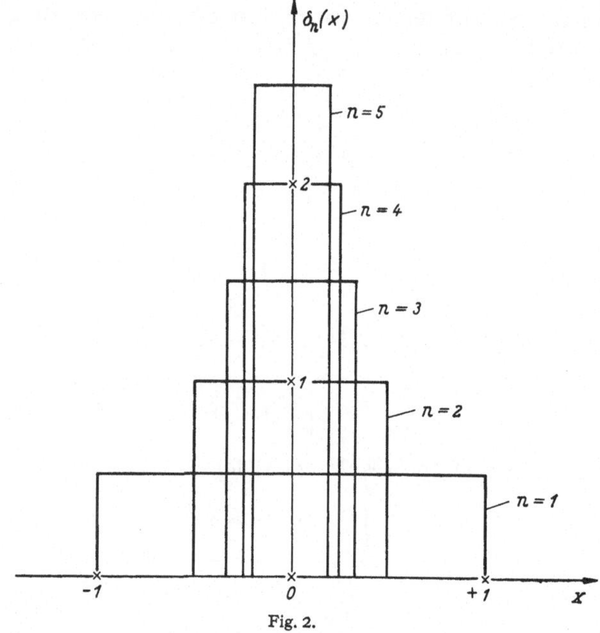

Fig. 2.

graphs we see that the function $\delta_n(x)$ is zero except when the point x lies in the closed interval $\left(-\frac{1}{n}, +\frac{1}{n}\right)$ and that

$$\int_{-\infty}^{\infty} \delta_n(x)\, dx = 1. \tag{26.2}$$

Furthermore, if $f(x)$ is any integrable function, we have

$$\int_{-\infty}^{\infty} f(x)\, \delta_n(x)\, dx = \tfrac{1}{2} n \int_{-\frac{1}{n}}^{\frac{1}{n}} f(x)\, dx = f(\vartheta/n), \qquad -1 \leq \vartheta \leq 1, \tag{26.3}$$

by an application of the mean value theorem of the integral calculus.

The LAPLACE transform of the function $\delta_n(x)$ is, by definition,

$$\mathfrak{L}\{\delta_n(x)\} = \frac{1}{2} n \left[\mathfrak{L}\left\{ H\left(x + \frac{1}{n}\right)\right\} - \mathfrak{L}\left\{ H\left(x - \frac{1}{n}\right)\right\}\right].$$

If n is positive, we see, from entry 20 of Table 1, that

$$\mathfrak{L}\{\delta_n(x)\} = \frac{n}{2s}\left(1 - e^{-s/n}\right).$$

[1] P. A. M. DIRAC: Proc. Roy. Soc. Lond. **113**, 621 (1926). See also P. A. M. DIRAC: The Principles of Quantum Mechanics, 3rd. edit., pp. 58–61. Oxford: University Press 1947.

The function on the right hand side of this equation tends to $\frac{1}{2}$ as n tends to infinity. This suggests that the function we are seeking is related to the function defined by the limit

$$\lim_{n\to\infty} \delta_n(x) = \delta(x). \tag{26.4}$$

The "function" $\delta(x)$, so defined, is known as the DIRAC *Delta Function*. From the remarks we have made above it will be seen that the function whose LAPLACE transform is unity is $2\delta(x)$ [1].

The "function" $\delta(x)$ defined in this way is not like the functions we encounter in the ordinary way in mathematical analysis. The latter are defined to have a definite value (or values) at each point of a certain domain. For this reason DIRAC has called the Delta function an "improper function" and has emphasised that it may be used in analysis only when no inconsistency can possibly arise from its use. It has been suggested by DIRAC himself that the delta function could be dispensed with by using instead a limiting procedure involving ordinary functions. But the "function" and its "derivatives" play such a useful role in the formulation and solution of boundary value problems in classical mathematical physics as well as in quantum mechanics that it is important to derive the formal properties of the DIRAC delta function. It should be emphasized, however, that these properties are formal.

It should be observed that the precise variation of $\delta(x)$ in the neighbourhood of the origin is not important provided that its oscillations, if it has any, are not too violent. For instance, the function

$$S_n(x) = \frac{\sin(2\pi n x)}{\pi x}$$

has the property that

$$\int_{-\infty}^{\infty} S_n(x)\,dx = 1$$

and is such that it has for its LAPLACE transform

$$\bar{S}_n(s) = \int_0^{\infty} e^{-sx} \frac{\sin(2\pi n x)}{\pi x}\,dx = \frac{1}{\pi} \operatorname{arc\,tan}\left(\frac{2n\pi}{s}\right),$$

so that as $n\to\infty$, $S_n(x)$ tends to a function whose LAPLACE transform is $\frac{1}{2}$. Furthermore, by DIRICHLET's integral theorem

$$\int_{-\infty}^{\infty} S_n(x) f(x)\,dx \to f(0) \tag{26.5}$$

as $n\to\infty$. It follows from these relations that we could have taken, for our definition of $\delta(x)$, the equation

$$\delta(x) = \lim_{n\to\infty} S_n(x).$$

---

[1] In some textbooks, e.g. I. N. SNEDDON, FOURIER Transforms, pp. 32–34, (New York: McGraw-Hill 1951), another definition is given of the DIRAC Delta Function. There a function $\Delta(x)$ is defined to be the limit as ε tends to zero of the function

$$\Delta_\varepsilon(x) = \begin{cases} 0 & x < 0, \\ \varepsilon^{-1} & 0 < x < \varepsilon, \\ 0 & x > \varepsilon. \end{cases}$$

The Delta function so defined has the same properties as $\delta(x)$ except that its LAPLACE transform is 1, whereas $L\{\delta(x)\} = \frac{1}{2}$. To avoid confusion we shall refer to $\Delta(x)$ as the *Unsymmetrical* DIRAC *Delta Function*.

27. The Formal Properties of $\delta(x)$. In this section we shall derive the formal properties of the DIRAC delta function, postponing until Division D an accurate account in terms of SCHWARZ's theory of distributions.

It is obvious from our definition that $\delta(x)$ is zero everywhere except at the point $x=0$, that is,

$$\delta(x)=0, \qquad x\neq 0, \tag{27.1}$$

but is such that

$$\int_{-\infty}^{\infty}\delta(x)\,dx=1. \tag{27.2}$$

Also, by letting $n\to\infty$ in equation (26.3), we find that

$$\int_{-\infty}^{\infty} f(x)\,\delta(x)\,dx=f(0). \tag{27.3}$$

[It should be noted that this is verified by equation (26.5) above.] A simple change of variable shows that this equation is equivalent to the relation

$$\int_{-\infty}^{\infty} f(x)\,\delta(x-a)\,dx=f(a). \tag{27.4}$$

In other words the operation of multiplying a function of the real variable x by the DIRAC delta function $\delta(x-a)$ and integrating with respect to x along the whole real line is merely equivalent to substituting a for x in the original function. Symbolically we may write equation (27.4) in the form

$$f(x)\,\delta(x-a)=f(a)\,\delta(x-a) \tag{27.5}$$

it being remembered that this equation only has a meaning in the sense that its two sides give equivalent results as factors in an integrand. For example, as a special case, we may write

$$x\,\delta(x)=0. \tag{27.6}$$

In a similar way we can prove the relations:

$$\delta(-x)=\delta(x), \tag{27.7}$$

$$\delta(a\,x)=\frac{1}{a}\,\delta(x) \qquad (a>0), \tag{27.8}$$

$$\delta(a^2-x^2)=\frac{1}{2a}\{\delta(x-a)+\delta(x+a)\} \qquad (a>0), \tag{27.9}$$

$$\int_{-\infty}^{\infty}\delta(a-x)\,\delta(x-b)\,dx=\delta(a-b) \tag{27.10}$$

the sense of this latter equation being that

$$\int_{-\infty}^{\infty} f(a)\,da\int_{-\infty}^{\infty}\delta(a-x)\,\delta(x-b)\,dx=\int_{-\infty}^{\infty} f(a)\,\delta(a-b)\,da=f(b).$$

Let us now consider the interpretation which must be put upon the derivative of the DIRAC delta function. If we assume that $\delta'(x)$ exists and that both it and $\delta(x)$ can be regarded as ordinary mathematical functions, then, applying the rule for integration by parts, we see that

$$\begin{aligned}\int_{-\infty}^{\infty} f(x)\,\delta'(x)\,dx&=\left[f(x)\,\delta(x)\right]_{-\infty}^{\infty}-\int_{-\infty}^{\infty} f'(x)\,\delta(x)\,dx\\&=-f'(0).\end{aligned}$$

Repeating this process we find that

$$\int_{-\infty}^{\infty} f(x)\,\delta^{(n)}(x)\,dx = (-1)^n f^{(n)}(0). \tag{27.11}$$

28. The Relation of DIRAC's Delta Function to HEAVISIDE's Unit Function. If in the definition of the STIELTJES integral

$$\int_{-\infty}^{\infty} f(x)\,dF(x)$$

we take $F(x)$ to be the HEAVISIDE unit function $H(x)$ defined by equation (22.4) above, we find immediately that, for any continuous function $f(x)$,

$$\int_{-\infty}^{\infty} f(x)\,dH(x) = f(0). \tag{28.1}$$

Comparing equations (27.3) and (28.1) we see the relation between the DIRAC delta function $\delta(x)$ and the HEAVISIDE unit function $H(x)$. It is obvious from these equations that $\delta(x)$ is not a function but a STIELTJES measure, and that the use of the DIRAC delta function can be avoided entirely by a systematic use of STIELTJES integration instead of (as is commonly assumed in physical problems) RIEMANN integration. Symbolically we may write the relationship between $\delta(x)$ and $H(x)$ by the equation

$$\delta(x) = H'(x). \tag{28.2}$$

29. The Use of $\delta(x)$ in Physical Problems. We shall not discuss the use of the DIRAC delta function in quantum mechanics—that is explained in detail in DIRAC's treatise.

In classical theoretical physics the DIRAC delta function is used most frequently in problems in which a certain disturbance is concentrated at a point. The simplest possible example by which we may illustrate this point is afforded by a consideration of the problem of an elastic string which is set in motion from the equilibrium position by the application of a point impulse at the point $x=a$, it being assumed that the string, in its equilibrium position, occupies the stretch $(0, L)$ of the x-axis and that $a<L$. To find the displacement of the string at any subsequent time it is necessary to know the displacement $f(x)$ and the velocity $g(x)$ of the point with abscissa x at the time $t=0$. Since the string is initially in the equilibrium position $f(x)=0$ for all x in $(0, L)$. If an impulse I is applied to the point $x=a$ then we may assume that that point moves initially but that none other does. We may therefore take $g(x)=k\delta(x-a)$ where k is a constant. To determine the constant of proportionality k we make use of the principle of the conservation of momentum. If ϱ is the linear density of the string then its initial momentum is

$$\int_0^L \varrho\, g(x)\,dx.$$

Putting $g(x)=k\delta(x-a)$ and making use of equation (27.4) we see that the momentum imparted to the string is $k\varrho$. This must be equal to the applied impulse I so that $k=I/\varrho$ and we find that $g(x)=(I/\varrho)\,\delta(x-a)$.

In two-dimensional and three-dimensional problems we have to use products of DIRAC delta functions. In two-dimensions we have

$$\delta(\boldsymbol{r}) = \delta(x)\,\delta(y) \tag{29.1}$$

where $\boldsymbol{r}$ denotes the two-dimensional vector (x, y). This function has the property that it is zero everywhere except at the point $(0, 0)$ and the property that

$$\int \delta(\boldsymbol{r})\,dx\,dy = 1, \tag{29.2}$$

where the integral is taken over any region of the plane which contains the origin. In problems in which it is convenient to use plane polar coordinates r and ϑ, we may therefore take

$$\delta(\boldsymbol{r}) = \frac{1}{2\pi r}\,\delta(r). \tag{29.3}$$

In three dimensions

$$\delta(\boldsymbol{r}) = \delta(x)\,\delta(y)\,\delta(z) \tag{29.4}$$

which has the properties that $\delta(\boldsymbol{r})$ is zero everywhere except at the origin and that

$$\int \delta(\boldsymbol{r})\,d\tau = 1$$

where $d\tau$ denotes the element of volume and the integral is taken over any region of space which includes the origin. In problems in which it is convenient to use spherical polar coordinates (r, ϑ, φ) we may therefore take

$$\delta(\boldsymbol{r}) = \frac{1}{4\pi r^2}\,\delta(r). \tag{29.5}$$

On the other hand, if we are using cylindrical coordinates (ϱ, φ, z) we may take

$$\delta(\boldsymbol{r}) = \frac{1}{2\pi\varrho}\,\delta(\varrho)\,\delta(z). \tag{29.6}$$

30. The Use of $\delta'(x)$ in Physical Problems. The derivative of the DIRAC delta function arises mainly in problems in the mathematical theory of electricity. A point charge of magnitude $+q$ situated at the point (a, b, c) may obviously be described by means of a charge density $\varrho = q\,\delta(x-a)\,\delta(y-b)\delta(z-c)$. To find the charge density corresponding to a dipole of moment μ situated at the point (a, b, c) and pointing in the direction whose direction cosines are (l, m, n) we consider the charge density due to a point charge $+q$ at $(a+l\varepsilon, b+m\varepsilon, c+n\varepsilon)$ and a point charge $-q$ at (a, b, c) in the limit as $\varepsilon\to 0$ with $q\varepsilon\to\mu$. We then have for the charge density

$$\left.\begin{aligned} \varrho = q\,\delta(x-a-l\,\varepsilon)\,\delta(y-b-m\,\varepsilon)\,\delta(z-c-n\,\varepsilon) - \\ - q\,\delta(x-a)\,\delta(y-b)\,\delta(z-c). \end{aligned}\right\} \tag{30.1}$$

Applying TAYLOR's theorem (purely symbolically) we have

$$\delta(x-a-l\,\varepsilon) = \delta(x-a) - l\,\varepsilon\,\delta'(x-a)$$

etc., so that substituting in (30.1) and letting $\varepsilon\to 0$ with $q\varepsilon=\mu$, we find, for the chrage density due to such a dipole

$$\left.\begin{aligned} \varrho = -\mu\,\{l\delta'(x-a)\,\delta(y-b)\,\delta(z-c) + m\,\delta(x-a)\,\delta'(y-b)\,\delta(z-c) + \\ + n\,\delta(x-a)\,\delta(y-b)\,\delta'(z-c)\}. \end{aligned}\right\} \tag{30.2}$$

In some problems it is easier to use cylindrical coordinates with the z-axis lying along the direction of the dipole and the origin of coordinates situated at the dipole itself. It follows from equation (29.6) that, in these circumstances the dipole makes a contribution to the charge density of amount

$$\varrho = \lim_{a\to 0}\left\{\frac{q}{2\pi\varrho}\,\delta(\varrho)\,\delta(z-a) - \frac{q}{2\pi\varrho}\,\delta(\varrho)\,\delta(z)\right\}$$

with $q a = \mu$. We therefore have

$$\varrho = -\frac{\mu}{2\pi\varrho}\,\delta(\varrho)\,\delta'(z). \tag{30.3}$$

d) Inversion Formulae for the Laplace Transform.

In the preceding sections we have derived certain results concerning the Laplace transform $\bar{f}(s)$ of a function $f(x)$. Most of these results give information about the function $\bar{f}(s)$ when the function $f(x)$ is prescribed. In this section we shall consider the converse problem—that of deriving information about $f(x)$ when we have some knowledge of $\bar{f}(s)$. When $\bar{f}(s)$ is prescribed any formula which enables us to calculate the function $f(x)$ of which it is the Laplace transform is called an *inversion formula* for the Laplace transform.

31. The Simplest Type of Inversion Formula. Suppose that $\bar{f}(s)$ is the Laplace transform of the function $f(x)$ and consider the integral

$$\frac{1}{2\pi i}\int_{\gamma-i\omega}^{\gamma+i\omega} e^{\lambda x}\bar{f}(\lambda)\,d\lambda. \tag{31.1}$$

If the function $f(x)$ has a continuous derivative, and if $f(x)=0(e^{cx})$ for positive values of x where c is a positive constant, then $\bar{f}(s)$ is an analytic function of s in the half-plane $\Re(s)>c$. The Laplace integral for $\bar{f}(s)$ converges absolutely and uniformly with respect to σ and τ in that half-plane $(s=\sigma+i\tau)$. Substituting the Laplace integral expression for $\bar{f}(\lambda)$ inro the integral (31.1) we find that the integral has the value

$$\frac{1}{2\pi i}\int_{\gamma-i\omega}^{\gamma+i\omega} e^{\lambda x}\,dy\int_{0}^{\infty} e^{-\lambda u}f(u)\,du.$$

Because of the conditions on $f(x)$ we may invert the order of the two integrations to obtain the expression

$$\frac{1}{2\pi i}\int_{0}^{\infty} f(u)\,du\int_{\gamma-i\omega}^{\gamma+i\omega} e^{\lambda(x-u)}\,d\lambda.$$

Performing the inner integration we have the expression

$$\frac{1}{\pi}\int_{0}^{\infty} f(u)\,e^{\gamma(x-u)}\,\frac{\sin\omega(x-u)}{x-u}\,du$$

for the integral (31.1). By a simple change of variable, we may reduce this integral to the form

$$\frac{1}{\pi}\int_{-x}^{\infty} g(t)\,\frac{\sin\omega t}{t}\,dt=\frac{1}{\pi}\int_{0}^{\infty} g(t)\,\frac{\sin\omega t}{t}\,dt+\frac{1}{\pi}\int_{0}^{x} g(-t)\,\frac{\sin\omega t}{t}\,dt$$

where $g(t)$ denotes the function $e^{-\gamma t}f(t+x)$. By the use of Dirichlet's integral formula—equation (15.6) above—we see, that provided $\gamma>c$, the integrals on the right hand side of this equation reduce to $\frac{1}{2}f(x+0)$ and $\frac{1}{2}f(x-0)$ as $\omega\to\infty$. Since $f(x)$ is a continuous function of x each of these terms is equal to $\frac{1}{2}f(x)$ and their sum is consequently equal to $f(x)$. We therefore have the inversion formula

$$f(x)=\frac{1}{2\pi i}\lim_{\omega\to\infty}\int_{\gamma-i\omega}^{\gamma+i\omega} e^{sx}\bar{f}(s)\,ds,\qquad(\gamma>c). \tag{31.2}$$

This is the simplest type of inversion theorem for the LAPLACE transform, but it is of frequent use in applications to mathematical physics. The line integral on the right hand side of equation (31.2) can usually be evaluated by transforming it into an integral round a closed contour and making use of the calculus of residues. If L, M are the points $\gamma + i\omega$, $\gamma - i\omega$, respectively (cf. Fig. 3) and if the curve $MM'NL'L$ is the arc of a circle (denoted by C) then, by the calculus of residues, the integral of $e^{sx}\bar{f}(s)$ along LM plus its integral along the arc C is equal to the sum of the residues of the function $e^{sx}\bar{f}(s)$ inside the closed contour. It is a well-known result in the calculus of residues that if $|\bar{f}(s)| < K\omega^{-k}$, when $s = \omega e^{i\vartheta}$, $-\pi \leq \vartheta \leq \pi$, $\omega > \omega_0$, where ω_0, K, and k are constants, k being positive then the integral

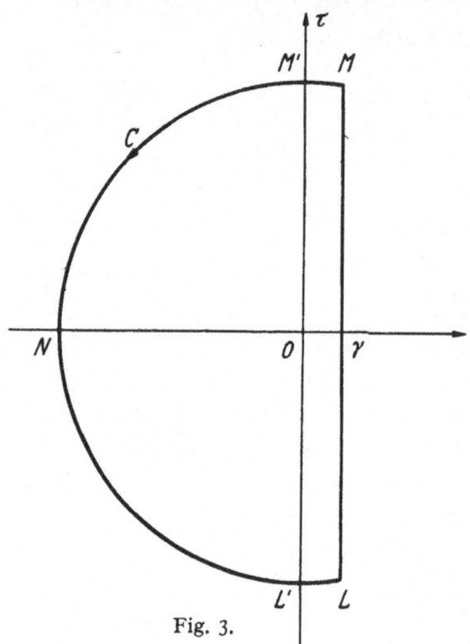

Fig. 3.

$$\int_C e^{sx}\bar{f}(s)\,ds$$

tends to zero as $\omega \to \infty$ provided that x is positive. In these circumstances, therefore, the inversion theorem states that $f(x)$ is equal to the sum of the residues of the function $e^{sx}\bar{f}(s)$ in the half-plane $\Re(s) < \gamma$.

In terms of this inversion theorem the convolution theorem (20.3) assumes the form

$$\frac{1}{2\pi i}\int_{\gamma-i\infty}^{\gamma+i\infty} \bar{f}(s)\,\bar{g}(s)\,e^{sx}\,ds = \int_0^x f(x-t)\,g(t)\,dt. \qquad (31.3)$$

Similarly we can write

$$\frac{1}{2\pi i}\int_{\gamma-i\infty}^{\gamma+i\infty} \bar{f}(s)\,\bar{g}(-s)\,e^{sx}\,ds = \frac{1}{2\pi i}\int_0^\infty f(t)\,dt\int_{\gamma-i\infty}^{\gamma+i\infty} g(-s)\,e^{s(x-t)}\,ds = \int_m^\infty f(t)\,g(t-x)\,dt,$$

where m is the greater of the numbers x and 0. Therefore, if x is positive or zero, we have the convolution theorem

$$\frac{1}{2\pi i}\int_{\gamma-i\infty}^{\gamma+i\infty} f(s)\,g(-s)\,e^{sx}\,ds = \int_x^\infty f(t)\,g(t-x)\,dt. \qquad (31.4)$$

In a similar way we can determine integrals of the determining function. If we set

$$f_1(x) = \int_0^x f(t)\,dt, \qquad f_n(x) = \int_0^x f_{n-1}(x)\,dx = \int_0^x \frac{(x-t)^{n-1}}{(n-1)!}\,f(t)\,dt,$$

then it follows immediately from the inversion formula (31.2) that

$$\lim_{\omega\to\infty}\frac{1}{2\pi i}\int_{\gamma-i\omega}^{\gamma+i\omega} \frac{\bar{f}(s)}{s}\,e^{sx}\,ds = \left\{\begin{matrix} f_n(x), & x \geq 0; \\ 0, & x \leq 0, \end{matrix}\right\} \qquad (31.5)$$

where γ has the same interpretation as previously.

32. More General Form of the Inversion Theorem. As we stated at the beginning of the last section, the inversion theorem stated there is the simplest possible. It is valid only if the function $f(x)$ satisfies very narrow conditions—

although these conditions are very often fulfilled in practical applications. The proof of the inversion theorem when the conditions on the determining function $f(x)$ are less restrictive is much more difficult. We shall not prove such a theorem; we shall merely state it and refer the reader to pp. 63—70 of WIDDER's treatise for proof. The theorem proved by WIDDER asserts *that if $f(x)$ belongs to L in $(0, R)$ for every positive R and if the integral*

$$\bar{f}(s) = \int_0^\infty e^{-sx} f(x)\, dx$$

converges absolutely on the line $s = c$, then for any negative value of x,

$$\lim_{\omega\to\infty} \frac{1}{2\pi i} \int_{c-i\omega}^{c+i\omega} \bar{f}(s)\, e^{sx}\, ds = 0. \tag{32.1}$$

If for some fixed non-negative x the limits $f(x+0)$ and $f(x-0)$ and for some positive δ the integrals

$$\int_0^\delta \frac{|f(x+t) - f(x+0)|}{t}\, dt, \qquad \int_0^\delta \frac{|f(x-t) - f(x-0)|}{t}\, dt$$

are finite then

$$\lim_{\omega\to\infty} \frac{1}{2\pi i} \int_{\gamma-i\omega}^{\gamma+i\omega} \bar{f}(s)\, e^{sx}\, ds = \frac{1}{2}\{f(x+0) + f(x-0)\}. \tag{32.2}$$

The corresponding theorem for the LAPLACE-STIELTJES transform states: *If $F(x)$ is a normalised function of bounded variation in $(0, R)$ for every positive R, and if the integral*

$$\bar{f}(s) = \int_0^\infty e^{-sx}\, dF(x)$$

has an abscissa of convergence σ_c, then for $c > 0$, $c > \sigma_c$,

$$\lim_{\omega\to\infty} \frac{1}{2\pi i} \int_{\gamma-i\omega}^{\gamma+i\omega} \frac{\bar{f}(s)}{s}\, e^{sx}\, ds = \begin{cases} F(x), & x > 0; \\ \frac{1}{2} F(x+0), & x = 0; \\ 0, & x < 0. \end{cases}$$

33. TRICOMI's Method. A useful inversion formula has been derived by TRICOMI[1] for the special case in which the generating function can be expanded in the form

$$\bar{f}(s) = \frac{1}{s+b} \sum_{n=0}^{\infty} a_n \left(\frac{s-b}{s+b}\right)^n \tag{33.1}$$

where b is a positive constant, and the a_n s are constants depending on the integer n.

If we define the LAGUERRE polynomial $L_n(x)$ † by the equation

$$L_n(x) = \sum_{r=0}^{n} \binom{n}{r} \frac{(-x)^r}{r!} \tag{33.2}$$

where $\binom{n}{r}$ denotes the binomial coefficient then, by entry 1 of Table 1,

$$\mathfrak{L}\{L_n(x)\} = \sum_{r=0}^{n} \binom{n}{r} \frac{(-1)^r}{s^{r+1}} = \frac{1}{s}\left(\frac{s-1}{s}\right)^n. \tag{33.3}$$

[1] F. TRICOMI: R. C. Accad. Lincei, Ser. (6) **21**, 235 (1935). — E. E. WARD: Proc. Cambridge Phil. Soc. **50**, 49 (1954).

† For the properties of these functions see I. N. SNEDDON: The Special Functions of Physics and Chemistry, Chapter V. Edinburgh: Oliver & Boyd 1955.

Using the rules of manipulation (21.5) and (21.6) we see that

$$\mathfrak{L}\{e^{-bx} L_n(2bx)\} = \frac{1}{s+b}\left(\frac{s-b}{s+b}\right)^n. \tag{33.4}$$

Comparing equations (33.1) and (33.4) we see that, if the generating function is given by an expansion of the type (33.1), the determining function may be expressed by an expansion

$$f(x) = \sum_{n=0}^{\infty} a_n B_n(bx) \tag{33.5}$$

where

$$B_n(bx) = e^{-bx} L_n(2bx). \tag{33.6}$$

TRICOMI's method of inversion is then as follows:

(a) Given the generating function $\bar{f}(s)$, substitute $s = b\,\frac{1+\sigma}{1-\sigma}$.

(b) Manipulate the resulting function of σ to give the expansion

$$\bar{f}(s) = \left(\frac{1-\sigma}{2b}\right) \sum_{n=0}^{\infty} a_n \sigma^n.$$

(c) Then the determining function is

$$f(x) = \sum_{n=0}^{\infty} a_n B_n(bx).$$

For example, let us consider a special case considered by WARD in the paper cited above. If

$$\bar{f}(s) = \frac{1}{(s+1)(s+2)}$$

then making the substitution for s in the form

$$s = \frac{1+\sigma}{1-\sigma}$$

we find that

$$\bar{f}(s) = \frac{1}{\left(\frac{1+\sigma}{1-\sigma}\right)^2 + 3\left(\frac{1+\sigma}{1-\sigma}\right) + 2} = \frac{1}{3}\left(\frac{1-\sigma}{2}\right)\left\{1 - \frac{2\sigma}{3} - \frac{2\sigma^2}{9} - \cdots\right\}$$

so that

$$f(x) = \tfrac{1}{3} B_0(x) - \tfrac{2}{3}\{\tfrac{1}{3} B_1(x) + \tfrac{1}{9} B_2(x) + \tfrac{1}{27} B_3(x) + \cdots\}. \tag{33.7}$$

The determining function $f(x)$ is known exactly in this case. It is readily shown to be

$$f(x) = e^{-x} - e^{-2x}. \tag{33.8}$$

An estimate of the accuracy of TRICOMI's method in numerical calculations can be made by means of Table 2, which is extracted by Dr. WARD's permission from the paper by him cited above. This table compares the exact value of $f(x)$ with the approximate value obtained by finding the sum of the first seven terms of the series (33.7). It will be seen from this that TRICOMI's method gives a surprising degree of accuracy without much labour, provided, of course, that numerical tables of the LAGUERRE functions are readily available. The conclusion derived from Table 2 is confirmed by a consideration of other numerical examples; for details of these the reader is refered to WARD's paper.

34. Other Forms of Inversion Theorem. There are obviously other inversion formulae of the type of TRICOMI's. From entry 1 of Table 1, it is easily shown that if the generating function is of the form

$$\bar{f}(s) = \sum_{n} a_n s^{-\lambda_n - 1} \tag{34.1}$$

then the determining function can be expanded in the form

$$f(x)=\sum_n \frac{a_n x^{\lambda_n}}{\Gamma(\lambda_n+1)}. \tag{34.2}$$

Similarly, if $\bar{f}(s)$ is a rational function of s which can be decomposed into partial fractions in the form

$$\bar{f}(s)=\sum_n\left\{\frac{a_{1n}}{s-s_n}+\frac{a_{2n}}{(s-s_n)^2}+\cdots+\frac{a_{mn}}{(s-s_n)^m}\right\} \tag{34.3}$$

then

$$f(x)=\sum_n\left\{a_{1n}+\frac{1}{1!}a_{2n}x+\cdots+\frac{a_{mn}}{(m-1)!}x^{m-1}\right\}e^{s_n x}. \tag{34.4}$$

An inversion formula for the LAPLACE transform of an entirely different type has been established by POST[1]. If we define an operator $L_{k,x}[\bar{f}(s)]$ by the equation

$$L_{k,x}\bar{f}(s) = (-1)^k \bar{f}^{(k)}\left(\frac{k}{x}\right)\left(\frac{k}{x}\right)^{k+1} \tag{34.5}$$

for all positive x and all positive integers k, then POST's theorem states that, if $f(u)$ belongs to L in $0 \leq u \leq R$ for every positive R, and if the integral

$$\bar{f}(s)=\int_0^\infty e^{-su}f(u)\,du$$

converges for some s, then

$$\lim_{k\to\infty} L_{k,x}[\bar{f}(s)]=f(x) \tag{34.6}$$

Table 2. *The Accuracy of* TRICOMI'S *Method for the Generating Function* $\frac{1}{(s+1)(s+2)}$.

x	$f(x)$	First seven terms of Series (33.7)	Difference $\times 10^{-5}$
0.0	+0.00000	+0.00112	+112
0.05	+0.04639	+0.04655	−16
0.1	+0.08611	+0.08608	+3
0.2	+0.14841	+0.14824	+17
0.3	+0.19201	+0.19185	+16
0.5	+0.23865	+0.23866	−1
0.6	+0.24762	+0.24770	−8
0.75	+0.24924	+0.24936	−12
0.85	+0.24473	+0.24486	−13
1.0	+0.23254	+0.23263	−9
1.5	+0.17334	+0.17326	+8
2.0	+0.11702	+0.11695	+7
2.5	+0.07535	+0.07538	−3
3.0	+0.04731	+0.04739	−8
4.0	+0.01798	+0.01797	+1

for all positive x in the LEBESGUE set for $f(x)$. For the proof of this theorem the reader is referred to POST's original memoir or to Chapter VII of WIDDER'S treatise.

The corresponding theorem for the LAPLACE-STIELTJES transform states that, if $F(x)$ is a normalized function of bounded variation in $0 \leq x \leq R$ for every positive R, and if the integral

$$\bar{f}(s)=\int_0^\infty e^{-sx}\,dF(x)$$

converges for some s, then

$$\lim_{k\to\infty}\int_0^x L_{k,u}[\bar{f}(s)]\,du=F(x)-F(0+).$$

POST's theorem is of great significance in theoretical investigations on the LAPLACE transform, but it is only suitable for application to practical problems if an explicit expression is known for $\bar{f}^{(k)}(s)$. It is analogous to the MACLAURIN formula

$$a_n=\frac{f^{(n)}(0)}{n!}$$

for the coefficients of the power series expansion $\sum a_n x^n$ of the function $f(x)$.

[1] E. L. POST: Trans. Amer. Math. Soc. **32**, 723 (1930).

A similar result may be obtained by considering the series

$$\sum_{n=1}^{\infty} \frac{(-1)^{n+1}}{n!} \bar{f}(sn)\, e^{nsx}$$

where $\bar{f}(s)$ denotes the LAPLACE transform of $f(x)$. Substituting the integral expression for $\bar{f}(s)$ and interchanging the orders of integration and summation we see that this sum is equivalent to the expression

$$\int_0^{\infty} f(u)\, du \sum_{n=1}^{\infty} \frac{(-1)^{n+1}}{n!} e^{ns(x-u)} = \int_0^{\infty} f(u)\, du \{1 - e^{-e^{s(x-u)}}\}.$$

Now as $s \to \infty$,

$$1 - e^{-e^{s(x-u)}} \to \begin{cases} 1 & \text{if} \quad u < x; \\ 0 & \text{if} \quad u > x. \end{cases}$$

Therefore if we let s tend to ∞ in the above expression we obtain the inversion formula

$$\int_0^{x} f(u)\, du = \lim_{s\to\infty} \sum_{n=1}^{\infty} \frac{(-1)^{n+1}}{n!} \bar{f}(sn)\, e^{nsx} \tag{34.7}$$

due to PHRAGMÉN[1]. This formula has the advantage that it requires the knowledge of the LAPLACE transform $\bar{f}(s)$ only for large real values of s. Against this, difficulties arise in its application from the necessity of finding the limit of an infinite series.

An inversion theorem, which is useful if numerical values of the generating function $\bar{f}(s)$ are known at a discrete (not necessarily very dense) set of points, may be derived from classical properties of the LEGENDRE polynomial $P_n(x)$. If $f(x)$ is defined at every positive real point x then the function $e^{-(h-1)x} f(x)$, $(h > 1)$, may be expanded as series of LEGENDRE polynomials with argument $\mu = 1 - 2e^{-x}$. In other words we may write

$$f(x) = e^{(h-1)x} \sum_{n=0}^{\infty} a_n P_n(\mu), \qquad \mu = 1 - 2e^{-x} \tag{34.8}$$

where the coefficients a_n are given by the formula

$$a_n = \tfrac{1}{2}(2n+1) \int_{-1}^{1} f(x)\, e^{-(h-1)x} P_n(\mu)\, d\mu = (2n+1) \int_0^{\infty} f(x)\, e^{-hx} P_n(\mu)\, dx.$$

Making use of MURPHY's formula[2]

$$P_n(\mu) = \sum_{r=0}^{n} \frac{(-n)_r (n+1)_r}{r!\, r!} \left(\frac{1-\mu}{2}\right)^r$$

for the LEGENDRE polynomial, we see that

$$a_n = (2n+1) \sum_{r=0}^{n} \frac{(-n)_r (n+1)_r}{(r!)} \int_0^{\infty} f(x)\, e^{-(h+r)x}\, dx$$

---

[1] E. PHRAGMÉN: Acta math., Stockh. **28**, 360 (1904).

[2] I. N. SNEDDON: The Special Functions of Physics and Chemistry, § 15. Edinburgh: Oliver & Boyd 1955.

so that, if the generating function $\bar{f}(s)$ is known, the determining function $f(x)$ is given by equation (34.8) with

$$a_n = (2n+1)\sum_{r=0}^{n} \frac{(-n)_r\,(n+1)_r}{(r!)^2}\,\bar{f}(h+r). \tag{34.9}$$

Another inversion theorem of the same type, but derived from classical theorems on FOURIER series, states that

$$f(x) = e^{hx}\tan\left(\tfrac{1}{2}\vartheta\right)\left\{\tfrac{1}{2}a_0 + \sum_{n=1}^{\infty} a_n \cos(n\vartheta)\right\} \tag{34.10}$$

where $\sin\left(\frac{1}{2}\vartheta\right) = e^{-\frac{1}{2}x}$ and

$$a_n = \frac{2}{\pi}\sum_{r=0}^{n}\frac{(-n)_r\,(n)_r}{\left(\frac{1}{2}\right)_r r!}\,\bar{f}(h+r). \tag{34.11}$$

e) Asymptotic Properties.

35. ABELian and TAUBERian Theorems. If the series

$$f(x) = \sum_{n=0}^{\infty} a_n x^n \tag{35.1}$$

is uniformly convergent for $|x| < 1$, then it is a well-known result of the theory of infinite series that

$$\lim_{x\to 1-0} f(x) = \sum_{n=0}^{\infty} a_n \tag{35.2}$$

whenever the series on the right is convergent. This theorem is known in analysis as ABEL's theorem. For that reason any theorem in analysis, which is a generalization of the result expressed by equations (35.1) and (35.2), is called an Abelian theorem.

The converse of ABEL's theorem is not true, i.e. it is possible for the series (35.1) to converge for $|x| < 1$, and for $f(x)$ to tend to a limit as $x \to 1$ without the series

$$\sum_{n=0}^{\infty} a_n$$

being convergent. The truth of this assertion is readily seen by a consideration of the series

$$\frac{1}{1+x} = \sum_{n=0}^{\infty} (-1)^n x^n.$$

The first proof a conditional converse of ABEL's theorem was given, in 1897, by TAUBER, who showed that, if the series (35.1) converges for $|x| < 1$, if $a_n = o(n^{-1})$ as $n \to \infty$. and if $f(1-0) = A$, then

$$A = \sum_{n=0}^{\infty} a_n. \tag{35.3}$$

A theorem which is a generalization of this result is often referred to as a TAUBER*ian theorem.*

In the following sections we shall give a brief description of ABELian and TAUBERian theorems for the LAPLACE transform. For proofs of these results the reader is referred to Chapter V of WIDDER's The "LAPLACE Transform".

36. ABELian Theorems for the LAPLACE Transform. The simplest example of an ABELian theorem for the LAPLACE transform is the integral analogue of ABEL'S theorem, which states that, if $\bar{f}(s)$ is defined for positive real values of s by the convergent integral

$$\bar{f}(s) = \int_0^\infty e^{-sx} f(x)\, dx \tag{36.1}$$

then

$$\lim_{s\to 0+} \bar{f}(s) = \int_0^\infty f(x)\, dx \tag{36.2}$$

provided that the integral on the right-hand sied of this equation is convergent. The corresponding form of this result for the LAPLACE STIELTJES integral is that, if

$$\bar{f}(s) = \int_0^\infty e^{-sx}\, dF(x), \tag{36.3}$$

then

$$\lim_{s\to 0} \bar{f}(s) = \lim_{x\to\infty} F(x)\,. \tag{36.4}$$

A similar result is that, if, for some non-negative number α.

$$f(x) \sim A\, x^\alpha \qquad \begin{pmatrix} x\to\infty \\ x\to 0+ \end{pmatrix} \tag{36.5}$$

then

$$\bar{f}(s) \sim \frac{A\,\Gamma(\alpha+1)}{s^{\alpha+1}} \qquad \begin{pmatrix} s\to 0+ \\ s\to\infty \end{pmatrix}. \tag{36.6}$$

37. TAUBERian Theorems for the LAPLACE Transform. The direct analogue of TAUBER'S theorem is the theorem that, if $f(x) \in L(0, R)$ for every R, and if the integral

$$\bar{f}(s) = \int_0^\infty f(x)\, e^{-sx}\, dx \tag{37.1}$$

converges for $s > 0$, then the conditions

$$\lim_{s\to 0+} \bar{f}(s) = A\,, \qquad f(x) = o(x^{-1}) \tag{37.2}$$

together imply that

$$A = \int_0^\infty f(x)\, dx \tag{37.3}$$

The condition $f(x) = o(x^{-1})$ is stronger than necessary. For instance, it can be shown that if

$$\bar{f}(s) = \int_0^\infty e^{-sx}\, dF(x) \tag{37.4}$$

converges for $s > 0$, if $\bar{f}(s) \to A$ as $s \to 0+$, and if there exists a constant k such that the function

$$g(x) = kx + \int_0^x \xi\, dF(\xi)$$

is a non-decreasing function of x in $(0, \infty)$, then $F(x) \to A$ as $x \to \infty$.

Another TAUBERian theorem of some importance is due to KARAMATA. It states that, if the function $F(x)$ is non-decreasing and such that its LAPLACE-

STIELTJES integral (37.4) converges for $s > 0$, and if for some non-negative number γ

$$\bar{f}(s) \sim \frac{A}{s^{\gamma}} \qquad \begin{pmatrix} s \to 0+ \\ s \to \infty \end{pmatrix} \tag{37.5}$$

then

$$F(x) \sim \frac{A\, x^{\gamma}}{\Gamma(\gamma+1)} \qquad \begin{pmatrix} x \to \infty \\ x \to 0+ \end{pmatrix}. \tag{37.6}$$

A complex variable TAUBERian theorem, due to IKEHARA, is of value in that it provides a method of proving the prime number theorem. It states: If $f(x)$ is a non-negative, non-decreasing function of x on $x \geqq 0$ such that its LAPLACE transform $\bar{f}(s)$, $(s = \sigma + i\tau)$, converges for $\sigma < 1$, and if for some constant A and some function $g(\tau)$,

$$\lim_{\sigma \to 1+} \left\{ \bar{f}(s) - \frac{A}{s-1} \right\} = g(\tau),$$

uniformly in every finite interval $-a \leqq \tau \leqq a$, then

$$\lim_{x \to \infty} e^{-x} f(x) = A.$$

f) The Bilateral LAPLACE Transform.

The LAPLACE transform we have been considering so far is useful for transforming a function, $f(x)$, defined for positive real values of the independent variable x. We shall now discuss, briefly, a transform which is applicable to functions which are defined over the entire real axis.

38. The Bilateral LAPLACE Transform. If the function $f(x)$ is defined for all real values of x, its *bilateral* LAPLACE *transform* is defined by the equation

$$\bar{f}_2(s) = \mathfrak{L}_2\{f(x); s\} = \int_{-\infty}^{\infty} f(x)\, e^{-sx}\, dx \tag{38.1}$$

provided that $f(x)$ and s are such that the integral exists. Such a transform is also sometimes called the *two-sided* LAPLACE *transform* of $f(x)$.

The bilateral transform may be considered as the sum of two simple LAPLACE transforms, since the result

$$\int_{-\infty}^{\infty} f(x)\, e^{-sx} = \int_{0}^{\infty} f(x)\, e^{-sx}\, dx + \int_{0}^{\infty} f(-x)\, e^{sx}\, dx$$

may be written in the form

$$\mathfrak{L}_2\{f(x); s\} = \mathfrak{L}\{f(x); s\} + \mathfrak{L}\{f(-x); -s\}. \tag{38.2}$$

The first term is a LAPLACE integral with abscissa of convergence α, say; i.e. the first term exists if, and only if, $\Re(s) > \alpha$. The second term is a LAPLACE integral with exponential parameter $(-s)$; if its abscissa of convergence is $-\beta$ then this integral will exist if, and only if, $\Re(-s) > -\beta$, i.e. if $\Re(s) < \beta$. If, therefore, the bilateral LAPLACE transform is to exist these two regions of convergence must overlap. In the case where $\beta > \alpha$ the bilateral transform converges only in the strip

$$\alpha < \Re(s) < \beta$$

of the complex s-plane; if $\alpha = \beta$ then this strip reduces to the vertical line $\Re(s) = \alpha$; if $\beta < \alpha$ the LAPLACE integrals on the right-hand side of equation (38.2) have no common region of convergence and, in such a case, the function $f(x)$ does not possess a bilateral LAPLACE transform.

As a simple example, we shall discuss the strip of convergence of the bilateral transform of the function

$$f(x) = e^{-c|x|},$$

where $\Re(c) > 0$. In this case the bilateral transform is

$$\int_0^\infty e^{-(c+s)x}\,dx + \int_0^\infty e^{-(c-s)x}\,dx.$$

The first of these integrals is convergent if $\Re(s) > -c$, and the second is convergent if $\Re(s) < c$. Hence the bilateral transform of $f(x)$ is convergent if, and only if, s lies in the strip $-c < \Re(s) < c$.

The inversion theorem for the bilateral LAPLACE transform may be derived by a method similar to that employed in the proof of the inversion theorem for the one-sided transform. It can be shown that, if the integral

$$\bar{f}_2(s) = \int_{-\infty}^{\infty} f(x)\, e^{-sx}\,dx \tag{38.3}$$

is absolutely convergent in the strip $\alpha < \Re(s) < \beta$ of the s-plane, if the function $f(x)$ has limited total fluctuation in any finite interval, if $f(x)$ is everywhere equal to its mean value, then

$$f(x) = \frac{1}{2\pi i} \int_{c-i\infty}^{c+i\infty} \bar{f}_2(s)\, e^{sx}\,ds, \tag{38.4}$$

where $\alpha < c < \beta$.

39. Operational Calculus Based on the Bilateral LAPLACE Transform. An operational calculus has been based on the bilateral LAPLACE transform[1]. The transform pair defined by VAN DER POL and BREMMER

$$f(p) = p \int_{-\infty}^{\infty} e^{-pt}\, h(t)\,dt \qquad \alpha < \Re(p) < \beta, \tag{39.1}$$

$$h(t) = \frac{1}{2\pi i} \int_{c-i\infty}^{c+i\infty} \frac{f(p)}{p}\, e^{pt}\,dp, \quad \alpha < c < \beta \tag{39.2}$$

bear an obvious relation to the bilateral LAPLACE transform defined in the last section. The relationship between $f(p)$ and $h(t)$ is written symbolically as

$$f(p) \doteqdot h(t), \quad \alpha < \Re(p) < \beta, \tag{39.3}$$

or alternatively

$$h(t) \risingdotseq f(p), \quad \alpha < \Re(p) < \beta. \tag{39.4}$$

In words, we say that $f(p)$ is the *image* of $h(t)$, or that $h(t)$ is the *original* of $f(p)$. It should be observed that the region of convergence must always be specified, since two originals may well give rise to the same image. For instance

$$\frac{1}{p} \doteqdot \begin{cases} t, & t > 0 \\ 0, & t < 0 \end{cases} \qquad \Re(p) < 0$$

whereas

$$\frac{1}{p} \doteqdot \begin{cases} 0, & t > 0 \\ -t, & t < 0 \end{cases} \qquad \Re(p) < 0.$$

[1] B. VAN DER POL and H. BREMMER: Operational Calculus Based on the Two-Sided LAPLACE Integral. Cambridge: University Press 1950.

The operational properties of these pairs are readily established. If

$$f_1(p) \doteqdot h_1(t), \quad \alpha_1 < \Re(p) < \beta_1,$$
$$f_2(p) \doteqdot h_2(t), \quad \alpha_2 < \Re(p) < \beta_2,$$

then

$$f_1(p) \pm f_2(p) \doteqdot h_1(t) \pm h_2(t), \quad \max(\alpha_1, \alpha_2) < \Re(p) < \min(\beta_1, \beta_2), \tag{39.5}$$

provided that such a strip of common convergence does, in fact, exist.

If (39.4) holds and $\lambda > 0$, then

$$h(\lambda t) \risingdotseq f\left(\frac{p}{\lambda}\right), \quad \lambda\alpha < \Re(p) < \lambda\beta, \tag{39.6}$$

while if $\lambda < 0$,

$$h(\lambda t) \risingdotseq -f\left(\frac{p}{\lambda}\right), \quad \lambda\beta < \Re(p) < \lambda\alpha. \tag{39.7}$$

The convolution theorem for such transforms may be put in the form

$$\frac{1}{p} f_1(p) f_2(p) \doteqdot \int_{-\infty}^{\infty} h_1(\tau) h_2(t-\tau)\, d\tau, \tag{39.8}$$

provided that $\max(\alpha_1, \alpha_2) < \Re(p) < \min(\beta_1, \beta_2)$. This may be extended to a product of three terms:

$$\frac{1}{p} f_1(p) f_2(p) f_3(p) \doteqdot \int_{-\infty}^{\infty} \int_{-\infty}^{\infty} h_1(t-\sigma-\tau) h_2(\sigma) h_3(\tau)\, d\sigma\, d\tau, \tag{39.9}$$

provided that the bilateral transforms have a common region of convergence

$$\max(\alpha_1, \alpha_2, \alpha_3) < \Re(p) < \min(\beta_1, \beta_2, \beta_3).$$

Similarly, it can be shown that

$$h_1(t)\, h_2(t) \risingdotseq \frac{p}{2\pi i} \int_{c-i\infty}^{c+i\infty} \frac{f_1(q) f_2(p-q)}{q(p-q)}\, dq$$

if $\alpha_1 < c < \beta_1$, and $\alpha_2 + c < \Re(p) < \beta_2 + c$.

For the proofs of these results and their application to the development of an operational calculus the reader is referred to the book by VAN DER POL and BREMMER cited above. A more theoretical discussion of the bilateral LAPLACE transform is given in Chapter VI of WIDDER'S treatise on the LAPLACE transform.

g) Double LAPLACE Transforms.

40. The Double LAPLACE Transform. If $f(x, y)$ is a function (real or complex) of the pair of real variables x and y, defined over the positive quadrant of the xy-plane and if the integral

$$\bar{f}(s, t) = \int_0^{\infty} \int_0^{\infty} f(x, y)\, e^{-sx-ty}\, dx\, dy \tag{40.1}$$

is convergent for some values of s and t we say that $\bar{f}(s, t)$ is the double LAPLACE transform of the function $f(x, y)$ and write

$$\bar{f}(s, t) = \mathfrak{L}\{f(x, y); s, t\}. \tag{40.2}$$

It is obvious that we might write

$$\bar{f}(s, t) = \mathfrak{L}\{\mathfrak{L}\{f(x, y); s\}; t\}. \tag{40.3}$$

To derive the expression for the function $f(x, y)$ when its double LAPLACE transform $\bar{f}(s, t)$ is known, we assume an inversion theorem which may be derived formally from the LAPLACE transform inversion theorem:

$$f(x, y) = \frac{-1}{4\pi^2} \int\limits_{c-i\infty}^{c+i\infty} ds \int\limits_{d-i\infty}^{d+i\infty} \bar{f}(s, t)\, e^{sx+ty}\, dt \tag{40.4}$$

where $\arg(s)$ and $\arg(t)$ lie between $-\pi$ and $+\pi$, and $\bar{f}(s, t)$ is bounded in some region $\Re(s) > c'$, $\Re(t) > d'$; c and d are chosen so that $c > c'$, $d > d'$. There will be, in addition, other conditions necessary for the validity of the inversion theorem (40.3) but these need not be discussed here since the whole processe of determining the function $f(x, y)$ as a double integral of this type is regarded as purely formal. The way in which such a theorem should be used is to derive expressions which are subsequently verified to be the true solutions of the problems under consideration.

41. Properties of the Double LAPLACE Transform. Most of the properties of the double LAPLACE transform are anologous to those of the single transform and may be derived from the corresponding formulae of Sect. 21. The simplest among such formulae are:

$$\mathfrak{L}\{f(ax, by);\, s, t\} = \frac{1}{ab}\, \bar{f}\left(\frac{s}{a}, \frac{t}{b}\right), \qquad a > 0,\; b > 0, \tag{41.1}$$

$$\mathfrak{L}\{e^{-ax-by} f(x, y);\, s, t\} = \bar{f}(s + a, t + b), \qquad a > 0,\; b > 0. \tag{41.2}$$

If a and b denote positive constants and if we define

$$F(x, y) = \begin{cases} 0, & \text{if } x < a \text{ or } y < b, \\ f(x - a, y - b), & \text{if } x \geq a \text{ and } y \geq b, \end{cases}$$

then

$$\mathfrak{L}\{F(x, y);\; s, t\} = e^{-as-bt}\, \bar{f}(s, t). \tag{41.3}$$

Also if we use the notation

$$f_{m,n} = \frac{\partial^{m+n} f}{\partial x^{m+n}}$$

then

$$\mathfrak{L}\{f_{m,0}(x, y);\, s, t\} = s^m \bar{f}(s, t) - \sum_{r=0}^{m-1} s^{m-r-1}\, \mathfrak{L}\{f_{r,0}(0, y);\, t\} \tag{41.4}$$

and

$$\left.\begin{aligned} \mathfrak{L}\{f_{m,n}(x, y);\, s, t\} = s^m t^n \bar{f}(s, t) &- s^m \sum_{r=0}^{n-1} t^{n-r-1}\, \mathfrak{L}\{f_{0,r}(x, 0);\, s\} \\ &- t^n \sum_{r=0}^{m-1} s^{m-r-1}\, \mathfrak{L}\{f_{r,0}(0, y);\, t\} \\ &+ \sum_{r=0}^{m-1} \sum_{q=0}^{n-1} s^{m-r-1}\, t^{n-q-1}\, f_{r,q}(0, 0). \end{aligned}\right\} \tag{41.5}$$

In addition to formulae of this kind there are a few formulae which have no analogue in the theory of (single) LAPLACE transforms.

For instance, if $f(x, y)$ is a function of two variables x and y and $g(x)$ is a function of a single variable, and if we denote by $\max(x, y)$ the greater of

x and y, then

$$\begin{aligned}
&\mathfrak{L}\{g[\max(x,y)];\, s,t\} \\
&= \int_0^\infty\int_0^\infty e^{-sx-ty} g[\max(x,y)]\,dx\,dy \\
&= \int_0^\infty e^{-ty} g(y)\,dy \int_0^y e^{-sx}\,dx + \int_0^\infty e^{-sx} g(x)\,dx \int_0^x e^{-ty}\,dy \\
&= s^{-1}\int_0^\infty g(y)\,e^{-ty}(1-e^{-sy})\,dy + t^{-1}\int_0^\infty g(x)\,e^{-sx}(1-e^{-tx})\,dx
\end{aligned}$$

showing that

$$\mathfrak{L}\{g[\max(x,y)];\, s,t\} = \frac{1}{s}\,\bar{g}(s) + \frac{1}{t}\,\bar{g}(t) - \left(\frac{1}{s}+\frac{1}{t}\right)\bar{g}(s+t) \tag{41.6}$$

where $\bar{g}(s)$ denotes the LAPLACE transform $\mathfrak{L}\{g(x);\, s\}$.

Similar results of the same kind are:

$$\mathfrak{L}\{g[\min(x,y)];\, s,t\} = \left(\frac{1}{s}+\frac{1}{t}\right)\bar{g}(s+t) \tag{41.7}$$

where $\min(x, y)$ denotes the lesser of x and y,

$$\mathfrak{L}\left\{\int_0^{\max(x,y)} g(x)\,dx;\, s,t\right\} = \frac{1}{st}\{\bar{g}(s)+\bar{g}(t)-\bar{g}(s+t)\}, \tag{41.8}$$

$$\mathfrak{L}\left\{\int_0^{\min(x,y)} g(x)\,dx;\, s,t\right\} = \frac{1}{st}\,\bar{g}(s+t), \tag{41.9}$$

$$\mathfrak{L}\left\{\int_0^{\min(x,y)} f(x-u,\, y-u)\, g(u)\,du\right\} = \bar{f}(s,t)\,\bar{g}(s+t). \tag{41.10}$$

42. The Iterated LAPLACE Transform. The special case of the double LAPLACE transform when the parameters s and t are equal has been studied in some detail by BARTELS and CHURCHILL[1] who call such a double transform an *iterated* LAPLACE *transform*[2]. Thus the iterated transform of the function $f(x, y)$ is

$$I\{f(x,y);\, s\} = \mathfrak{L}\{f(x,y);\, s,s\} \tag{42.1}$$

$$= \int_0^\infty\int_0^\infty f(x,y)\, e^{-s(x+y)}\,dx\,dy. \tag{42.2}$$

The properties of such a transform can be derived from those established in the last section by writing $t=s$. There is, however, one rather striking result, due to BARTELS and CHURCHILL, which has no analogue in that theory. If we write

$$f^*(x) = \int_0^x f(x-u,\, u)\,du \tag{42.3}$$

then it can readily be shown that

$$I\{f(x,y);\, s\} = \mathfrak{L}\{f^*(x);\, s\}, \tag{42.4}$$

that is, that the LAPLACE transform of the generalized convolution $f^*(x)$ of the function $f(x, y)$ is the iterated LAPLACE transform of the function $f(x, y)$.

[1] R. C. F. BARTELS and R. V. CHURCHILL: Bull. Amer. Math. Soc. **48**, 276 (1942).

[2] It should be noted that the term "iterated transform" is sometimes applied to the transform $R\{f(x);\, s\} = \mathfrak{L}[\mathfrak{L}\{f(x);\, t\};\, s] = \int_0^\infty f(x)\,(x+s)^{-1}\,dx$; to avoid confusion we should refer to this second type as a "repeated" LAPLACE transform.

43. The HILBERT Transform. There are other transforms which are closely related to the LAPLACE transform for instance, the repeated LAPLACE transform

$$\mathfrak{L}\{\mathfrak{L}\{f(t); s\}; x\}$$

which is readily seen to be equal to

$$\int_0^\infty \frac{f(t)}{x+t}\, dt \tag{43.1}$$

is called the STIELTJES *transform* of the function $f(t)$.

Similarly the transform

$$\frac{1}{\pi}\mathfrak{L}\{\mathfrak{L}\{f(t); s\}; -x\} + \frac{1}{\pi}\mathfrak{L}\{\mathfrak{L}\{f(-t); s\}; x\} = g(x),$$

where

$$g(x) = \frac{1}{\pi}\int_{-\infty}^{\infty} \frac{f(t)}{t-x}\, dt \tag{43.2}$$

is called the HILBERT *transform* of the function $f(t)$. This transform occurs occasionally in mathematical physics so it may be profitable to quote here the inversion theorem appropriate to it. (For proof of the theorem the reader is referred to p. 121 of TITCHMARSH's "FOURIER Integrals".) The inversion theorem for HILBERT transforms states that if $f(x)\,\varepsilon\, L^2(-\infty, \infty)$ then the formula

$$g(x) = -\frac{1}{\pi}\frac{d}{dx}\int_{-\infty}^{\infty} f(t)\log|1-x/t|\, dt \tag{43.3}$$

defines almost everywhere a function $g(x)$, also belonging to $L^2(-\infty, \infty)$. The reciprocal formula

$$f(x) = \frac{1}{\pi}\frac{d}{dx}\int_{-\infty}^{\infty} g(t)\log|1-x/t|\, dt \tag{43.4}$$

holds almost everywhere and

$$\int_{-\infty}^{\infty}\{f(x)\}^2\, dx = \int_{-\infty}^{\infty}\{g(x)\}^2\, dx. \tag{43.5}$$

As an illustration of the occurence of HILBERT transforms in mathematical physics, consider a plane potential problem in the half-space $-\infty < x < \infty$, $0 \leqq y < \infty$ with no sources in $y > 0$. It is readily shown that the partial derivatives $(\partial\varphi/\partial x)_{y=0}$, $(\partial\varphi/\partial y)_{y=0}$ are HILBERT transforms. If we assume that $(\partial\varphi/\partial x)_{y=0} = f(x)$ then, by using the methods outlined in Sect. 68 below we can prove that

$$\frac{\partial\varphi}{\partial y} = \frac{1}{\pi}\int_{-\infty}^{\infty}\frac{f(t)\,(t-x)}{(t-x)^2+y^2}\, dt,$$

so that

$$\left(\frac{\partial\varphi}{\partial y}\right)_{y=0} = \frac{1}{\pi}\int_{-\infty}^{\infty}\frac{f(t)}{t-x}\, dt, \tag{43.6}$$

showing that $(\partial\varphi/\partial y)_{y=0}$ is the HILBERT tranform of $f(x)$ i.e. of $(\partial\varphi/\partial x)_{y=0}$.

This result can be used to solve a mixed boundary value problem of the type:

$$\varphi = F(x), \quad (-1 < x < 1), \qquad \frac{\partial\varphi}{\partial y} = 0, \quad |x| < 1, \quad \text{on } y = 0.$$

If we put $f(t) = F'(t)$ in equation (43.6), write $(\partial\varphi/\partial y)_{y=0} = g(x)$ $(|x| < 1)$, and invert the result we obtain the integral equation

$$F'(x) = -\frac{1}{\pi}\int_{-1}^{+1}\frac{g(t)}{t-x}\,dt$$

which is known[1] to have the solution

$$g(t) = \frac{C}{\pi\sqrt{(1-t^2)}} + \frac{1}{\pi\sqrt{(1-t^2)}}\int_{-1}^{+1}\frac{F'(x)\sqrt{(1-x^2)}}{t-x}\,dx$$

where C is an arbitrary constant.

h) Applications of the Laplace Transform.

We shall conclude this sub-division on the Laplace transform by considering its application to some basic problems of applied mathematics. We shall begin by considering its use in the discussion of the behaviour of a very simple dynamical system and then extend that to the theory of ordinary differential equations before considering the solution of partial differential equations and other problems by means of the Laplace transform.

44. The Forced Oscillations of a Simple Pendulum. The equation of motion of the bob of a simple pendulum moving in a viscous medium under the action of an applied force $F(t)$ may be written in the form

$$m\frac{d^2x}{dt^2} + k\frac{dx}{dt} + \frac{mg}{l}x = F(t). \tag{44.1}$$

If we assume that initially $x = a$, $dx/dt = 0$ then we have the relations

$$\int_0^\infty \frac{dx}{dt}e^{-st}\,dt = s\bar{x}(s) - a,$$

$$\int_0^\infty \frac{d^2x}{dt^2}e^{-st}\,dt = s^2\bar{x}(s) - sa,$$

where $\bar{x}(s)$ denotes the Laplace transform

$$\int_0^\infty x(t)\,e^{-st}\,dt$$

of the displacement x.

Therefore if we multiply both sides of equation (44.1) by e^{-st} and integrate with respect to t from 0 to ∞ we find that

$$\left\{ms^2 + ks + \left(\frac{mg}{l}\right)\right\}\bar{x}(s) = \bar{F}(s) + msa + ka \tag{44.2}$$

where $\bar{F}(s)$ is the Laplace transform of the function $F(t)$.

Solving this expression for $\bar{x}(s)$ we find that

$$\bar{x}(s) = \frac{\bar{F}(s)}{m[(s+\lambda)^2+\omega^2]} + \frac{(ms+k)a}{m[(s+\lambda)^2+\omega^2]} \tag{44.3}$$

where

$$\lambda = \frac{k}{(2m)}, \quad \omega^2 = \frac{g}{l} - \frac{k^2}{4m^2}. \tag{44.4}$$

[1] H. Solingen: Math. Z. **45**, 245 (1939).

We may write the second term of the right hand side of equation (44.3) in the form

$$\frac{(s+\lambda)\,a}{(s+\lambda)^2+\omega^2}+\frac{(k-m\lambda)\,a}{(s+\lambda)^2+\omega^2}\,.$$

By entries 2 and 3 of Table 1 and the rule of manipulation (21.6) it follows that these two terms are the LAPLACE transforms of the pair of terms

$$a\,e^{-\lambda t}\cos(\omega t)+\frac{a}{\omega}\left(\frac{k}{m}-\lambda\right)e^{-\lambda t}\sin(\omega t)\,.$$

Similarly since $\overline{F}(s)$ is the LAPLACE transform of $F(t)$ and $m^{-1}[(s+\lambda)^2+\omega^2]^{-1}$ is the LAPLACE transform of the function

$$\frac{1}{m\,\omega}\,e^{-\lambda t}\sin(\omega\,t)$$

we see that the first term of the right hand side of equation (44.3) is the LAPLACE transform of

$$\frac{1}{m\,\omega}\int_0^t F(\tau)\,e^{-\lambda(t-\tau)}\sin\{\omega(t-\tau)\}\,d\tau$$

[by the convolution theorem (20.3)]. Hence the complete solution of the equation of motion for the initial conditions stated is

$$x(t)=\frac{1}{m\omega}\int_0^t F(\tau)\,e^{-\lambda(t-\tau)}\sin\{\omega(t-\tau)\}\,d\tau+a\,e^{-\lambda t}\left\{\cos(\omega t)+\frac{k}{2m\omega}\sin(\omega t)\right\} \qquad (44.5)$$

where λ and ω are given by the equations (44.4).

It should be observed that, in this instance, it has been possible to derive the solution of the problem wirhout making use of the complex form of the inversion theorem. This was because we made use of our table of LAPLACE transforms of the more commonly occurring functions, and the elementary rules of manipulation. This procedure can be adopted in a great many cases especially if we have at our disposal elaborate tables of LAPLACE transforms.

45. Oscillations in Coupled Circuits. To illustrate the use of the same method in a more complicated situation we shall consider the circuits shown diagrammatically in Fig. 4. Here we have two circuits coupled magnetically through a mutual inductance M. Applying KIRCHHOFF'S laws to the two loops of the figure we find that the currents i_1 and i_2 are governed by the pair of equations

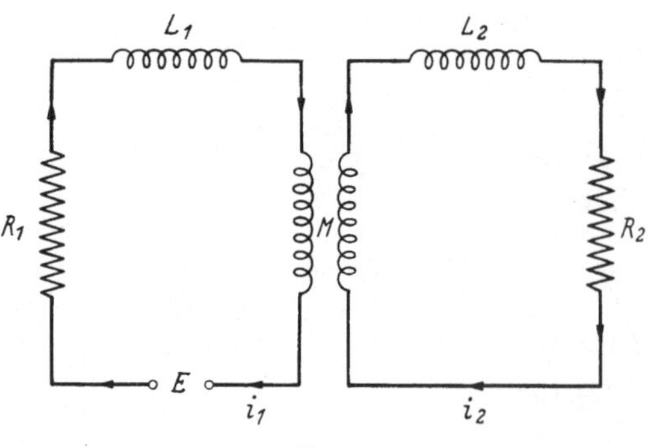

Fig. 4.

$$L_1\frac{di_1}{dt}+M\frac{di_2}{dt}+R_1 i_1=E(t)\,, \qquad (45.1)$$

$$M\frac{di_1}{dt}+L_2\frac{di_2}{dt}+R_2 i_2=0 \qquad (45.2)$$

where the applied electromotive force $E(t)$ is assumed to be a known function of the time t. We shall suppose that we wish to determine the current in each loop if these currents are initially zero, i.e. we shall derive the solution of equations (45.1) and (45.2) subject to the conditions $i_1=i_2=0$ when $t=0$. If we multiply both sides of equations (45.1) and (45.2) by e^{-st} and integrate with respect to

t from 0 to ∞, we find that

$$(L_1 s + R_1)\,\bar{i}_1 + M\,\bar{i}_2 s = \bar{E},$$
$$M\,\bar{i}_1 s + (L_2 s + R_2)\,\bar{i}_2 = 0$$

where

$$(\bar{i}_1, \bar{i}_2, \bar{E}) = \int_0^\infty (i_1, i_2, E)\, e^{-st}\, dt$$

are the LAPLACE transforms of i_1, i_2, and $E(t)$.

Solving these algebraic equations for the transforms $\bar{i}_1$, $\bar{i}_2$ we find that

$$\bar{i}_1 = \frac{(L_2 s + R_2)\,\bar{E}(s)}{(L_1 s + R_1)(L_2 s + R_2) - M^2 s^2},$$

$$\bar{i}_2 = -\frac{M s\,\bar{E}(s)}{(L_1 s + R_1)(L_2 s + R_2) - M^2 s^2}.$$

If we put

$$a = \frac{R_1 L_2 + R_2 L_1}{2(L_1 L_2 - M^2)}, \qquad \omega^2 = -\frac{R_1 R_2}{L_1 L_2 - M^2} + a^2$$

we see that we may write

$$\bar{i}_1 = \frac{L_2(s+a) + (R_2 - L_2 a)}{(L_1 L_2 - M)^2\,[(s+a)^2 - \omega^2]}\,\bar{E}(s), \quad \bar{i}_2 = -\frac{M\,[(s+a) - a]}{(L_1 L_2 - M^2)\,[(s+a)^2 - \omega^2]}\,\bar{E}(s).$$

Now, by entries 8 and 9 of Table 1 and equation (21.6) we see that

$$\frac{s+a}{(s+a)^2 - \omega^2}, \qquad \frac{1}{(s+a)^2 - \omega^2}$$

are the LAPLACE transforms of the functions

$$e^{-at}\operatorname{Cos}(\omega t), \qquad \frac{1}{\omega}\, e^{-at}\operatorname{Sin}(\omega t)$$

respectively. Using the convolution theroem (20.3) we therefore have

$$i_1 = \frac{L_2}{L_1 L_2 - M^2}\int_0 E(\tau)\, e^{-a(t-\tau)}\operatorname{Cos}[\omega(t-\tau)]\, d\tau$$
$$\qquad + \frac{(R_2 - L_2 a)}{\omega\,(L_1 L_2 - M^2)}\int_0 E(\tau)\, e^{-a(t-\tau)}\operatorname{Sin}[\omega(t-\tau)]\, d\tau$$

$$i_2 = -\frac{M}{\omega\,(L_1 L_2 - M^2)}\int_0^t E(\tau)\, e^{-a(t-\tau)}\left\{\operatorname{Cos}[\omega(t-\tau)] - \frac{a}{\omega}\operatorname{Sin}[\omega(t-\tau)]\right\} d\tau$$

for the determination of the currents i_1 and i_2 in terms of the applied electromotive force $E(t)$.

46. The Operator Calculus. The D-method, or symbolic method, of solving ordinary linear differential equations with constant coefficients is well-known[1]. Suppose, for instance, that we wish to solve the differential equation

$$f(D)\, y = g(x) \tag{46.1}$$

where $f(D)$ denotes the differential operator

$$f(D) = a_n \frac{d^n}{dx^n} + a_{n-1}\frac{d^{n-1}}{dx^{n-1}} + \cdots + a_1 \frac{d}{dx} + a_0 \tag{46.2}$$

---

[1] See, for instance, H. T. H. PIAGGIO: An Elementary Treatise on Differential Equations, pp. 30—48. London: G. Bell & Co. 1940.

and $g(x)$ is a prescribed function of x. The $a_n, a_{n-1}, \ldots, a_1, a_0$ are assumed to be constant. In the case in which the equation $f(D)=0$ has no repreated roots we may write

$$f(D) = a_n \prod_{i=1}^{n} (D - b_i) \tag{46.3}$$

where the b_is are all different, and the solution of equation (46.1) may be written symbolically as

$$f(x) = \sum_{i=1}^{n} B_i e^{b_i x} + \frac{1}{f(D)} g(x) \tag{46.4}$$

where the constants $B_1, B_2, \ldots, B_n$ are arbitrary and rules are given for the interpretation of the particular integral $f^{-1}(D)$. For example, if $g(x)=e^{kx}$, and k is *not* a root of the equation $f(D)=0$, then $f^{-1}(D)g(x)=e^{kx}/f(k)$, and, similarly

$$f^{-1}(D)\, e^{kx} g(x) = e^{kx} f^{-1}(D+k)\, g(x). \tag{46.5}$$

Similar results are available when the equation $f(D)=0$ has multiple roots.

In this section we shall demonstrate how these results may be established by means of the theory of the LAPLACE transform. If we multiply both sides of equation (46.1) by e^{-sx}, integrate with respect to x from 0 to ∞, and make use of the result (23.2), we find that $\bar{y}(s)$, the LAPLACE transform of $y(x)$, satisfies the equation

$$\sum_{i=1}^{n} a_i \left[s^i \bar{y}(s) - \sum_{j=1}^{i} s^{j-1} y_0^{(i-j)} \right] = \bar{g}(s)$$

where $\bar{g}(s)$ denotes the LAPLACE transform of $g(x)$, and $y_0^{(i-j)}$ denotes the value of the derivative $d^{i-j}y/dx^{i-j}$ at the point $x=0$, it being assumed that $j \leq i$. Now

$$\sum_{i=1}^{n} a_i s^i = f(s)$$

so that

$$\bar{y}(s) = \frac{\bar{g}(s) + \sum_{i=1}^{n} \sum_{j=1}^{i} a_i y_0^{(i-j)} s^{j-1}}{f(s)}.$$

Inverting this result by means of the LAPLACE inversion theorem we see that the solution of equation (46.1) can be written in the form

$$y(x) = y_1(x) + y_2(x)$$

where

$$y_1(x) = \frac{1}{2\pi i} \int_{c-i\infty}^{c+i\infty} e^{sx} \sum_{i=1}^{n} \sum_{j=1}^{i} a_i y_0^{(i-j)} s^{j-1} \frac{ds}{f(s)} \tag{46.6}$$

is the *complementary function*, and

$$y_2(x) = \frac{1}{2\pi i} \int_{c-i\infty}^{c+i\infty} \frac{\bar{g}(s)}{f(s)} e^{sx}\, ds \tag{46.7}$$

is the *particular integral* of the equation.

In the simple case in which the equation $f(D)=0$, has n simple roots $b_1, b_2, \ldots, b_n$, it is readily shown that $y_1(x)$ can be expressed in the form

$$y_1(x) = \sum_{i=1}^{n} B_i e^{b_i x}. \tag{46.8}$$

If we write

$$\frac{1}{f(s)} = \sum_{i=1}^{n} \frac{A_i}{s - b_i}$$

then

$$y_2(x) = \sum_{i=1}^{n} A_i \frac{1}{2\pi i} \int_{c-i\infty}^{c+i\infty} \frac{\bar{g}(s)}{s - b_i} e^{sx} ds$$

and, by means of the convolution theorem for LAPLACE transforms, we may write this result in the form

$$y_2(x) = \sum_{i=1}^{n} A_i \int_0^x g(u)\, e^{b_i(x-u)} du\,. \tag{46.9}$$

For any given function $g(x)$, the corresponding particular integral may be evaluated by the use of equation (46.9). We shall use this result now to establish some well-known properties of the operator $f^{-1}(D)$. If $g(x) = e^{kx}$ then, by equation (46.9),

$$f^{-1}(D)\, e^{kx} = \sum_{i=1}^{n} A_i \int_0^x e^{ku} \cdot e^{b_i(x-u)} du$$
$$= \sum_{i=1}^{n} A_i \frac{e^{kx}}{k - b_i} - \sum_{i=1}^{n} A_i \frac{e^{b_i x}}{k - b_i}.$$

Of these two terms the second is included in the expression for the complementary function and hence can be omitted from the particular integral; the second is obviously $e^{kx}/f(k)$ so that we have shown that, in the case where the roots of $f(D) = 0$ are simple (and all different from k),

$$f^{-1}(D)\, e^{kx} = f^{-1}(k)\, e^{kx}. \tag{46.10}$$

Similarly, from the expression (46.9), we have

$$\frac{1}{f(D)} \{e^{kx} g(x)\} = \sum_{i=1}^{n} A_i \int_0^x g(u)\, e^{b_i(x-u)+ku} du$$
$$= e^{kx} \sum_{i=1}^{n} A_i \int_0^x g(u)\, e^{(b_i-k)(x-u)} du$$

which may be interpreted in the form

$$\frac{1}{f(D)} \{e^{kx} g(x)\} = e^{kx} \frac{1}{f(D+k)} g(x). \tag{46.11}$$

Two other results which can be derived directly from the expression (46.7) for the particular integral are:

$$D^{-r}(k) = \frac{k x^r}{r!} \tag{46.12}$$

where k is a constant, and, if $f(D) = (D-a)^r h(D)$, where $h(a) \neq 0$, then

$$f^{-1}(D)\, e^{ax} = \frac{x^r e^{ax}}{r!\, h(a)}. \tag{46.13}$$

The theory of the LAPLACE transform may therefore be used to justify the procedure adopted in the solution of ordinary linear differential equations, with constant coefficients, by the D-method or operator calculus. For examples of the use of the D-method in the solution of particular differential equations the reader should consult the book by PIAGGIO referred to above. In any actual physical problem, however, it is much simpler to take the expressions (46.6) and (46.7) as the solutions of the problem. This is what is done in most modern textbooks on operational calculus, e.g. those by CARSLAW and JAEGER, and by CHURCHILL.

47. HEAVISIDE's Operational Calculus. HEAVISIDE (1850—1925) devised an operational calculus for the solution of ordinary linear differential equations with constant coefficients, which is closely related to the LAPLACE transform. The kind of problem investigated by HEAVISIDE is the solution of the ordinary linear equation

$$f(D)\,y = H(x) \tag{47.1}$$

where $H(x)$ is the HEAVISIDE unit function which is equal to unity when $x \geq 0$, and is zero when $x < 0$. $f(D)$ is given by equation (47.2) and it is assumed that

$$y = y' = y'' = \cdots = y^{(n-1)} = 0, \quad \text{when } x = 0. \tag{47.2}$$

HEAVISIDE replaced the operator d/dx by the parameter p and so obtained the algebraic equation

$$y(x) = \frac{1}{f(p)} H(x). \tag{47.3}$$

The "operational solution" (47.3) is then interpreted by certain rules, the foremost among which is HEAVISIDE's *Expansion Theorem* which states that, if the function $f^{-1}(p)$ can be expanded in the form

$$\frac{1}{f(p)} = \sum_{r=n}^{\infty} b_r\, p \tag{47.4}$$

then the solution (47.3) is equivalent to

$$y(x) = \sum_{r=n}^{\infty} \frac{b_r\, x^r}{r!}. \tag{47.5}$$

Another such rule is HEAVISIDE's *Partial Fraction Rule* which states that if $p_1, p_2, \ldots, p_n$ are the zeros (assumed distinct and non-zero) of the polynomial $f(p)$, then the solution (47.3) may be written in the form

$$y(x) = \frac{1}{f(0)} + \sum_{i=1}^{n} \frac{e^{p_i x}}{p_i f'(p_i)}. \tag{47.6}$$

HEAVISIDE made no attempt to justify these operational procedures; their validity, for him, was established by the fact that they gave the correct results. The procedure was not however so straight forward in the case of partial differential equations. The first attempt to prove HEAVISIDE's rules was made by BROMWICH who established that the solution (47.3) is given by the equation

$$y(x) = \frac{1}{2\pi i} \int_{c-i\infty}^{c+i\infty} \frac{e^{p x}}{p \cdot f(p)}\, dp \tag{47.7}$$

where c is a real, positive, constant such that all the zeros of the polynomial $f(p)$ lie to the left of the line $\Re(p) = c$. The next important step was taken by

CARSON, who succeeded in showing that the relation between $f(p)$ and the function $y(x)$ of equation (47.3) is that

$$f^{-1}(p) = p\int_0^\infty e^{-px}\, y(x)\, dx. \tag{47.8}$$

It is obvious from these remarks that HEAVISIDE'S results had, as their basis, the theory of the transform

$$Y(p) = L\{y(x)\} = p\int_0^\infty y(x)\, e^{-px}\, dx \tag{47.9}$$

which is simply the LAPLACE transform of the function multiplied by p. For instance,

$$L\{H(x)\} = 1 \tag{47.10}$$

and, if the first $n-1$ derivatives of $y(x)$ vanish when $x=0$,

$$L\{D^n y(x)\} = p^n\, Y(p) \tag{47.11}$$

and the inverse operation is given by the equation

$$y(x) = L^{-1}\{Y(p)\} = \frac{1}{2\pi i}\int_{c-i\infty}^{c+i\infty} Y(p)\, e^{px}\, \frac{dp}{p}. \tag{47.12}$$

From the table of LAPLACE transforms it follows that

$$L^{-1}(p^r) = \frac{x^r}{r!} \tag{47.13}$$

and the proof of HEAVISIDE'S expansion theorem is immediate.

To solve equation (47.1) we multiply both sides of the equation by $p e^{-px}$, integrate with respect to x from 0 to ∞, and make use of equations (47.10) and (47.11). We then have that

$$f(p)\, Y(p) = 1$$

so that

$$y(x) = \frac{1}{2\pi i}\int_{c-i\infty}^{c+i\infty} \frac{e^{px}}{p\, f(p)}\, dp, \tag{47.14}$$

which demonstrates the validity of HEAVISIDE'S methods.

For an account of the developments of HEAVISIDE'S operational calculus, the reader is referred to H. JEFFREYS, "Operational Methods in Mathematical Physics" (Cambridge, University Press. 1927), and J. R. CARSON "Electric Circuit Theory and Operational Calculus", New York, McGraw Hill 1926.

48. Ordinary Linear Differential Equations with Variable Coefficients. The method, outlined above, of solving ordinary linear differential equations with constant coefficient by means of the LAPLACE transform, may be extended to such equations in the case where the coefficients are, themselves, functions of the independent variable. We shall illustrate the procedure by solving an equation of this type.

The solution of the ordinary differential equation

$$x\frac{d^2 y}{dx^2} - \frac{dy}{dx} - xy = 0 \tag{48.1}$$

contains two arbitrary constants. We can assume that one of these constants determines the value of the dependent variable y when $x=0$, i.e., we may suppose that $y=C_1$ when $x=0$. To solve the equation (48.1) we multiply both sides of it by e^{-sx}, integrate with respect to x from 0 to ∞, and make use of equation (23.4), to show that the LAPLACE transform, $\bar{y}(s)$, of the function $f(x)$, satisfies the equation

$$-\frac{d}{ds}\{s^2\bar{y}(s)\} + C_1 - \{s\bar{y}(s) - C_1\} + \frac{d\bar{y}}{ds} = 0,$$

i.e.,

$$(s^2-1)\frac{d\bar{y}}{ds} + 3s\bar{y}(s) = 2C_1.$$

This first order linear equation has solution

$$\bar{y}(s) = \frac{C_2}{(s^2-1)^{\frac{3}{2}}} + C_1\left\{\frac{s}{s^2-1} - \frac{\cosh^{-1}(s)}{(s^2-1)^{\frac{3}{2}}}\right\}$$

where C_2 is an arbitrary constant.

From tables of the LAPLACE transform[1] it follows that the solution of equation (48.1) is

$$y = C_2\,x\,I_1(x) + C_1\,x\,K_1(x) \tag{48.2}$$

where $I_1(x)$ and $K_1(x)$ denote modified BESSEL functions.

This method may be described as the *direct method* of using the LAPLACE transform. Equations of the type (48.1) can be solved by another method—which may be called the *inverse method*—which makes use of the inverse LAPLACE transformation. If we let the operator $\mathfrak{L}^{-1}$ act on both sides of the equation

$$x\frac{d^2y}{dx^2} + (1+2x)\frac{dy}{dx} + y = 0 \tag{48.3}$$

and, if we write

$$\mathfrak{L}^{-1}y(x) = f(u),$$

so that

$$y(x) = \int_0^\infty f(u)\,e^{-xu}\,du, \tag{48.4}$$

we find, on making use of the relations

$$\mathfrak{L}^{-1}\left\{x\frac{d^2y}{dx^2}\right\} = u^2\frac{df}{du} + 2u\,f(u),$$

$$\mathfrak{L}^{-1}\left\{x\frac{dy}{dx}\right\} = -u\frac{df}{du} - f(u),$$

$$\mathfrak{L}^{-1}\left\{\frac{dy}{dx}\right\} = -u\,f(u)$$

that,

$$(u^2-2u)\frac{df}{du} + (u-1)f(u) = 0.$$

The general solution of this equation is easily shown to be

$$f(u) = C_1 f_1(u) + C_2 f_2(u),$$

where C_1 and C_2 are arbitrary constants and

$$f_1(u) = \begin{cases} (2u-u^2)^{-\frac{1}{2}} & 0 < u < 2, \\ 0 & u > 2; \end{cases}$$

$$f_2(u) = \begin{cases} 0 & 0 < u < 2; \\ (u^2-2u)^{-\frac{1}{2}} & u > 2. \end{cases}$$

[1] See, for example, entries (6), p. 195 and (26), p. 198, of "Tables of Integral Transforms" by ERDELYI and others.

Now, from entries (13) and (14) on p. 138 of ERDELYI's Tables, we find that

$$\mathfrak{L}\{f_1(u); x\} = e^{-x} I_0(x), \qquad \mathfrak{L}\{f_2(u); x\} = e^{-x} K_0(x),$$

so that if we write $C_1 = A/\pi$, $C_2 = B$ we see that the general solution of equation (48.3) is

$$y(x) = e^{-x}\{A I_0(x) + B K_0(x)\}.$$

49. Two-Point Boundary Value Problems for Ordinary Differential Equations. In the previous sections we have been concerned with the solution of ordinary linear differential equations when the values of the dependent variable and its derivatives are assumed to be known at the point $x=0$, x being the independent variable. In this section we shall consider a situation of a different kind—where some of the boundary conditions refer to the point $x=0$ and the others refer to the point $x=a$. This is a situation which arises frequently in physical problems. For instance, in the discussion of the motion of a vibrating string we assume not that we know the displacement and the velocity of the string at one end, but that we know its displacement at each end. To illustrate the principles involved in the solution of problems of this kind we shall consider the equation determining the deflection of an elastic beam when it is subjected to static loading.

If $w(x)$ is the load per unit length of the beam, E is its YOUNG's modulus, and I is the moment of inertia of the cross-section of the beam, then it is well known that the deflection of the beam from its equilibrium position, $y(x)$, is determined by the differential equation

$$E I \frac{d^4 y}{d x^4} = w(x). \tag{49.1}$$

If the beam is of length a and is built in at the end $x=0$ and freely hinged at the end $x=a$ then the appropriate boundary conditions are:

$$y = y' = 0, \quad \text{at } x = 0 \tag{49.2}$$

and

$$y = y'' = 0, \quad \text{at } x = a. \tag{49.3}$$

To solve the equation (49.1) for these boundary conditions we multiply both sides of the equation by e^{-sx} and integrate from 0 to ∞ to obtain the relation

$$E I \mathfrak{L}\left\{\frac{d^4 y}{d x^4}\right\} = \bar{w}(s), \tag{49.4}$$

where $w(s)$ denotes the LAPLACE transform of $\bar{w}(x)$.

Now

$$\mathfrak{L}\left\{\frac{d^4 y}{d x^4}\right\} = s^4 \bar{y}(s) - s^3 y(0) - s^2 y'(0) - s y''(0) - y'''(0).$$

Now the values of $y(0)$ and $y'(0)$ are given by equations (49.2), but we do not know the values of $y''(0)$, $y'''(0)$; we therefore assume that they have the values A and B respectively. Substituting these values in equation (49.4) we see that this equation reduces to

$$\bar{y}(s) = \frac{A}{s^3} + \frac{B}{s^4} + \frac{\bar{w}(s)}{s^4}.$$

Using the fact that $\mathfrak{L}(s^{-n-1}) = x^n/n!$ we see that the solution of equation (49.1) which satisfies the conditions (49.2) is

$$y(x) = \tfrac{1}{2} A x^2 + \tfrac{1}{6} B x^3 + \tfrac{1}{6}\int_0^x (x-u)^3 w(u)\, du \tag{49.5}$$

where A and B are constants. In order that the conditions (49.3) should be satisfied we must choose these constants so that

$$0 = 3A + Ba + a^{-2}\int_0^a (a-u)^3 w(u)\,du, \quad 0 = A + Ba + \int_0^a (a-u)\,w(u)\,du. \tag{49.6}$$

The solution of our two-point boundary value problem is then found by solving these equations for A and B and substituting in equation (49.5).

50. The Conduction of Heat in Slabs. To illustrate the use of LAPLACE transforms in the solution of partial differential equations we shall discuss certain boundary value problems relating to the linear flow of heat in solids. The variation of the temperature ϑ in such a diffusion process is governed by the partial differential equation

$$\frac{\partial^2 \vartheta}{\partial x^2} = \frac{1}{\varkappa}\frac{\partial \vartheta}{\partial t}, \tag{50.1}$$

where, as is usual, x denotes a space coordinate and t a time coordinate.

Suppose, for instance, the solid is in the form of a slab bounded by $x=0$ and $x=a$, and that the temperature on the face $x=0$ is a prescribed function of time, while the temperature on the face $x=a$ is maintained at zero; further, suppose that, initially, the whole of the slab is at zero temperature. Then the temperature ϑ will satisfy the differential equation (50.1), subject to the boundary conditions

$$\vartheta = f(t), \quad \text{on} \quad x = 0, \tag{50.2}$$

$$\vartheta = 0, \quad \text{on} \quad x = a, \tag{50.3}$$

and the initial condition

$$\vartheta = 0, \quad \text{when} \quad t = 0. \tag{50.4}$$

If we multiply equation (50.1) by e^{-st} and integrate with respect to t from 0 to ∞, we find, on making use of equations (23.1) and (50.4) that the LAPLACE transform, $\bar{\vartheta}(s)$, of the temperature satisfies the ordinary differential equation

$$\frac{d^2\bar{\vartheta}}{dx^2} = \frac{s}{\varkappa}\bar{\vartheta} \tag{50.5}$$

and the boundary conditions

$$\bar{\vartheta} = \bar{f}(s), \quad \text{on} \quad x = 0, \qquad \bar{\vartheta} = 0, \quad \text{on} \quad x = a, \tag{50.6}$$

where $\bar{f}(s)$ is the LAPLACE transform of the function $f(t)$. The function satisfying equations (50.5) and (50.6) is

$$\bar{\vartheta} = \bar{f}(s)\,\frac{\operatorname{Sin}\sqrt{\frac{s}{\varkappa}}\,(a-x)}{\operatorname{Sin}\sqrt{\frac{s}{\varkappa}}\,a} \qquad 0 \leq x \leq a.$$

Inverting this result, by means of the LAPLACE inversion formula, we have

$$\bar{\vartheta}(x,t) = \frac{1}{2\pi i}\int_{c-i\infty}^{c+i\infty} \bar{f}(s)\,\frac{\operatorname{Sin}\sqrt{\frac{s}{\varkappa}}\,(a-x)}{\operatorname{Sin}\sqrt{\frac{s}{\varkappa}}\,a}\,e^{st}\,ds.$$

Therefore, if

$$g(t) = \mathfrak{L}^{-1}\left\{\frac{\operatorname{Sin}\sqrt{\frac{s}{\varkappa}}\,(a-x)}{\operatorname{Sin}\sqrt{\frac{s}{\varkappa}}\,a}\right\}$$

the temperature ϑ is given by the equation

$$\vartheta = \int_0^t f(u)\, g(t-u)\, du. \tag{50.7}$$

For the evaluation of the function $g(t)$ we have the formula

$$g(t) = \frac{1}{2\pi i} \int_{c-i\infty}^{c+i\infty} e^{st} \frac{\operatorname{Sin} \sqrt{\frac{s}{\varkappa}}\,(a-x)}{\operatorname{Sin} \sqrt{\frac{s}{\varkappa}}\, a}\, ds. \tag{50.8}$$

The integrand is a single-valued function of s and has poles at $s=0$ and at

$$s = s_n = -\frac{\varkappa n^2 \pi^2}{a^2} \qquad (n = 1, 2, \ldots).$$

If we consider the closed contour of Fig. 3, where LM is parallel to the imaginary axis of s at a distance c from it, and the radius of the circle MNL is equal to $\varkappa(n+\frac{1}{2})^2\pi^2/a^2$, then we see that we can replace the integral on the right hand side of equation (50.8) by $2\pi i$ times the sum of the residues of the integrand at its poles. Now the residue at the point $s=0$ is zero, and the residue at the pole $s=s_n$ is

$$\frac{e^{-n^2\pi^2\varkappa t/a^2} \operatorname{Sin}\{i n\pi(1-x/a)\}}{\left[\frac{d}{ds} \operatorname{Sin} \sqrt{\frac{s}{\varkappa}}\, a\right]_{s=s_n}}$$

and it is readily shown that this is equal to

$$\frac{2n\varkappa\pi}{a^2} \sin\left(\frac{n\pi x}{a}\right) e^{-n^2\pi^2\varkappa t/a^2}.$$

We therefore find that

$$g(t) = \frac{2\varkappa\pi}{a^2} \sum_{n=0}^{\infty} n \sin\frac{n\pi x}{a}\, e^{-n^2\pi^2\varkappa t/a^2}. \tag{50.9}$$

Substituting from equation (50.9) into equation (50.7) we find, as the solution of our problem, the expression

$$\vartheta(x,t) = \frac{2\varkappa\pi}{a^2} \sum_{n=0}^{\infty} n \sin\left(\frac{n\pi x}{a}\right) \int_0^t f(u)\, e^{-n^2\pi^2\varkappa(t-u)}\, du. \tag{50.10}$$

For instance, if the surface $x=0$ is maintained at a constant temperature ϑ_0 the distribution of temperature throughout the solid is given by

$$\vartheta = \frac{2\vartheta_0}{\pi} \sum_{n=1}^{\infty} \frac{1}{n} \left(1 - e^{-n^2\pi^2\varkappa t/a^2}\right) \sin\left(\frac{n\pi x}{a}\right).$$

In the case where a is infinite, i.e. when the solid is semi-infinite, the appropriate solution of equation (50.5) is

$$\bar{\vartheta} = \bar{f}(s)\, e^{-(s/\varkappa)^{\frac{1}{2}} x}$$

and the temperature is again given by the formula (50.7) with the difference that, now,

$$g(t) = \mathfrak{L}^{-1}\{e^{-(s/\varkappa)^{\frac{1}{2}} x}\} = \frac{1}{2\pi i} \int_{c-i\infty}^{c+i\infty} e^{st-(s/\varkappa)^{\frac{1}{2}} x}\, ds. \tag{50.11}$$

The integrand of (50.11) has a branch point at the origin, so in evaluating the integral by means of the calculus of residues we have to make use of a contour which does not contain the origin. If we integrate the function $\exp\{st-(s/\varkappa)^{\frac{1}{2}}x\}$ round the contour shown in Fig. 5, where LM is parallel to the imaginary axis and is distant c from it, then, since the integrand contains no singularities within the contour

$$\frac{1}{2\pi i}\oint e^{st-(s/\varkappa)^{\frac{1}{2}}x}\,ds=0.$$

It is readily shown that the integrals over the circular arcs MN and RL each tend to zero as the radius of the circle tends to infinity. Hence

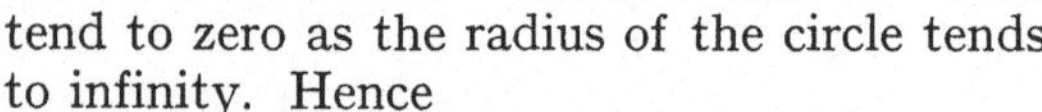

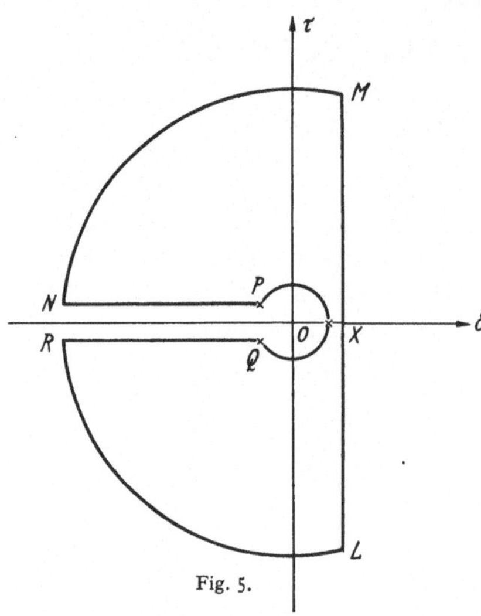

Fig. 5.

$$\frac{1}{2\pi i}\int\limits_{c-i\infty}^{c+i\infty} e^{st-(s/\varkappa)^{\frac{1}{2}}x}\,ds$$

$$=-\lim_{\substack{OP\to 0\\ ON\to\infty}}\frac{1}{2\pi i}\left(\int\limits_{NP}+\int\limits_{PXQ}+\int\limits_{QR}\right)e^{st-(s/\varkappa)^{\frac{1}{2}}x}\,ds.$$

Now it is readily shown that as OP tends to zero the integral round the circle PXQ tends to zero, so that

$$\frac{1}{2\pi i}\int\limits_{c-i\infty}^{c+i\infty} e^{st-(s/\varkappa)^{\frac{1}{2}}x}\,ds$$

$$=\frac{1}{\pi}\int\limits_{0}^{\infty}e^{-\sigma t}\sin\left\{\left(\frac{\sigma}{\pi}\right)^{\frac{1}{2}}x\right\}d\sigma=\frac{x t^{-\frac{3}{2}}}{\sqrt{4\pi\varkappa}}\,e^{-x^2/4\varkappa t}.$$

Substituting this value for $g(t)$ in the formula (50.7) we find that

$$\vartheta(x,t)=\frac{x}{\sqrt{4\pi\varkappa}}\int\limits_{0}^{t}\frac{f(u)}{(t-u)^{\frac{3}{2}}}\exp\left\{-\frac{x^2}{4\varkappa(t-u)}\right\}du, \tag{50.12}$$

which, by a simple change of variable, may be written in the form

$$\vartheta(x,t)=\frac{2}{\sqrt{\pi}}\int\limits_{x^2/4\varkappa t}^{\infty}f\left(t-\frac{x^2}{4\varkappa v^2}\right)e^{-v^2}\,dv. \tag{50.13}$$

In particular if $f(t)=\vartheta_0$, a constant, we have

$$\vartheta(x,t)=\vartheta_0\,\mathrm{Erfc}\,(x^2/4\varkappa t)$$

where

$$\mathrm{Erfc}\,(x)=\frac{2}{\sqrt{\pi}}\int\limits_{x}^{\infty}e^{-v^2}\,dv.$$

51. Conduction of Heat in Cylinders. We shall conclude our account of the application of LAPLACE transforms to the solution of partial differential equations by considering a very simple problem on the diffusion of heat in a cylinder. The method of solution is similar to that already discussed in the case of conduction in a finite slab, but is included here to afford a comparison with the solution of the same problem derived by means of the theory of finite HANKEL transforms (see Sect. 99 below).

If ϑ is the temperature at a point distant r from the axis of the cylinder, at a time t, and if $\varkappa$ is the diffusivity of the material of the cylinder, then we have to solve the partial differential equation

$$\frac{\partial^2 \vartheta}{\partial r^2} + \frac{1}{r}\frac{\partial \vartheta}{\partial r} = \frac{1}{\varkappa}\frac{\partial \vartheta}{\partial t}, \qquad t > 0. \tag{51.1}$$

We shall assume that the temperature of every point of the cylinder is zero initially, i.e. we take

$$\vartheta = 0, \quad \text{when} \quad t = 0. \tag{51.2}$$

The surface temperature of the cylinder will be supposed to prescribed; i.e. we shall assume that

$$\vartheta = g(t), \quad \text{on} \quad r = a \tag{51.3}$$

where a is the radius of the cylinder.

To solve equation (51.1), we multiply both sides of the equation by e^{-st} and integrate with respect to t from 0 to ∞. Making use of the condition (51.2) we then find that

$$\frac{d^2 \bar{\vartheta}}{d r^2} + \frac{1}{r}\frac{d \bar{\vartheta}}{d r} - \frac{s\bar{\vartheta}}{\varkappa} = 0 \tag{51.4}$$

where $\bar{\vartheta}(r, s)$ is the LAPLACE transform of the temperature $\vartheta(r, t)$. Further, if $\vartheta(r, t)$ satisfies the boundary condition (51.3) its LAPLACE transform must satisfy the condition

$$\bar{\vartheta} = \bar{g}(s), \quad \text{on } r = a, \tag{51.5}$$

where $\bar{g}(s)$ is the LAPLACE transform of the function $g(t)$. If we make use of the physical condition that $\vartheta(r, t)$—and, hence, $\bar{\vartheta}(r, s)$—cannot be infinite along the axis, $r=0$, of the cylinder, we see that the solution of equation (51.4) appropriate to the boundary condition (51.5) is

$$\bar{\vartheta}(r, s) = \bar{g}(s)\,\frac{I_0\left(r\sqrt{\frac{s}{\varkappa}}\right)}{I_0\left(a\sqrt{\frac{s}{\varkappa}}\right)}$$

so that, by the inversion theorem for LAPLACE transforms,

$$\vartheta(r, t) = \frac{1}{2\pi i}\int_{c-i\infty}^{c+i\infty} \bar{g}(s)\,\frac{I_0\left(r\sqrt{\frac{s}{\varkappa}}\right)}{I_0\left(a\sqrt{\frac{s}{\varkappa}}\right)}\, e^{st}\, ds. \tag{51.6}$$

Making use of the convolution theorem for LAPLACE transforms we see that we can write this result in the form

$$\vartheta(r, t) = \int_0^t g(u)\, h(r, t-u)\, du \tag{51.7}$$

where

$$h(r, t) = \mathfrak{L}^{-1}\left\{\frac{I_0\left(r\sqrt{\frac{s}{\varkappa}}\right)}{I_0\left(a\sqrt{\frac{s}{\varkappa}}\right)}\right\}$$

$$= \frac{1}{2\pi i}\int_{c-i\infty}^{c+i\infty} \frac{I_0\left(r\sqrt{\frac{s}{\varkappa}}\right)}{I_0\left(a\sqrt{\frac{s}{\varkappa}}\right)}\, e^{st}\, ds.$$

To evaluate the contour integral for $h(r, t)$ we note that the integrand is a single-valued function of s so that we may make use of the contour of Fig. 3. The poles of the integrand are at the points $s = S_n = -\varkappa \xi_n^2$ $(n = 1, 2, \ldots)$, where the quantities ξ_n are the roots of the transcendental equation

$$J_0(a\xi) = 0. \tag{51.8}$$

From the theory of BESSEL functions we know that the roots of equation (51.8) are all real and simple. If we take the radius of the circle MNL to be $\varkappa(n+\frac{1}{2})^2\pi^2/a^2$, there will be no poles of the integrand on the circumference of the circle, and, from the asymptotic expansions of the modified BESSEL functions $I_0\{r\sqrt{s/\varkappa}\}$, $I_0\{a\sqrt{s/\varkappa}\}$, it is readily shown that the integral round the circular arc MNL tends to the value zero as $n\to\infty$. We may therefore replace the line integral for $h(r, t)$ by the integral of the same function taken round the complete contour of Fig. 3, and hence we may replace it by the sum of the residues of the function

$$\frac{I_0\left\{r\sqrt{\frac{s}{\varkappa}}\right\}}{I_0\left\{a\sqrt{\frac{s}{\varkappa}}\right\}}\, e^{st}$$

in the plane $\Re(s) < c$. Now the residue of this function at the pole $s = S_n$ is

$$\frac{I_0\left\{r\sqrt{\frac{S_n}{\varkappa}}\right\}}{\left[\frac{d}{ds} I_0\left\{a\sqrt{\frac{s}{\varkappa}}\right\}\right]_{s=S_n}}\, e^{S_n t} = \frac{I_0(i r\xi_n)}{\frac{a}{2i\varkappa\xi_n} I_1(i a\xi_n)}\, e^{-\varkappa\xi_n^2 t}$$

since $I_0'(x) = I_1(x)$. Using the relation between the modified BESSEL functions of imaginary argument and the ordinary BESSEL functions with real argument, we find that this residue can be expressed in the form

$$\frac{2\varkappa\xi_n J_0(r\xi_n)}{a J_1(a\xi_n)}\, e^{-\varkappa\xi_n^2 t}.$$

Hence we have finally

$$h(r, t) = \sum_{n=1}^{\infty} \frac{2\varkappa\xi_n}{a} \frac{J_0(r\xi_n)}{J_1(a\xi_n)}\, e^{-\varkappa\xi_n^2 t}.$$

Substituting this expression into equation (51.7) we obtain the solution

$$\vartheta(r, t) = \frac{2\varkappa}{a} \sum_{n=1}^{\infty} \frac{\xi_n J_0(r\xi_n)}{J_1(a\xi_n)} \int_0^t g(u)\, e^{-\varkappa\xi_n^2(t-u)}\, du \tag{51.9}$$

where the sum is taken over the positive roots of equation (51.8).

52. The Solution of Integral Equations. We shall illustrate the application of the theory of LAPLACE transforms to the solution of integral equations by considering one or two simple integral equations which arise in theoretical physics.

As a first example, we shall consider the equation

$$f(x) = \int_0^x k(x-\xi)\, u(\xi)\, d\xi \tag{52.1}$$

in which the functions $f(x)$ and $k(x)$ are known and we are required to find the function $u(x)$. Equations of the kind (52.1) are said to be of ABEL type. To solve this equation we multiply both sides of the equation by e^{-sx} and integrate with respect to x from 0 to ∞; using equation (20.3) we see that the LAPLACE transforms $\bar{f}(s)$, $\bar{k}(s)$, $\bar{u}(s)$ of the functions $f(x)$, $k(x)$, $u(x)$ respectively are connected through the equation

$$\bar{f}(s) = \bar{k}(s)\,\bar{u}(s). \tag{52.2}$$

If we let

$$u(x) = \frac{d}{dx}\,v(x) \tag{52.3}$$

then $u(s) = s\,\bar{v}(s)$ and it follows from equation (52.2) that

$$\bar{v}(s) = \frac{\bar{f}(s)}{s\,\bar{k}(s)}.$$

Hence if

$$\mathfrak{L}^{-1}\left\{\frac{1}{s\,\bar{k}(s)}\right\} = g(x), \tag{52.4}$$

it follows that

$$v(x) = \int_0^x f(\xi)\,g(x-\xi)\,d\xi$$

and so the solution of equation (52.1) is

$$u(x) = \frac{d}{dx}\int_0^x f(\xi)\,g(x-\xi)\,d\xi \tag{52.5}$$

where $g(x)$ is defined by equation (52.4).

As an example of this technique consider the integral equation

$$f(x) = \int_0^x \frac{u(\xi)}{(x-\xi)^{\lambda}}\,d\xi \tag{52.6}$$

where $0<\lambda<1$. In this case $k(x) = x^{-\lambda}$ so that

$$\bar{k}(s) = \frac{\Gamma(1-\lambda)}{s^{1-\lambda}}$$

so that

$$g(x) = \frac{1}{\Gamma(1-\lambda)}\,\mathfrak{L}^{-1}(s^{-\lambda}) = \frac{x^{\lambda-1}}{\Gamma(1-\lambda)\,\Gamma(\lambda)}.$$

Using the fact that $\Gamma(1-\lambda)\Gamma(\lambda) = \pi\operatorname{cosec}(\pi)$ we see that the solution of equation (52.6) is

$$u(x) = \frac{\sin(\pi\lambda)}{\pi}\,\frac{d}{dx}\int_0^x \frac{f(\xi)\,d\xi}{(x-\xi)^{1-\lambda}}. \tag{52.7}$$

Secondly, let us consider the VOLTERRA integral equation

$$f(x) = g(x) + \int_0^x k(x-u)\,f(u)\,du \tag{52.8}$$

in which the functions $g(x)$ and $k(x)$ are assumed to be known and we wish to determine the function $f(x)$. If we multiply both sides of the equation by e^{-sx} and integrate with respect to x from 0 to ∞ we obtain the relation

$$\bar{f}(s) = \bar{g}(s) + \bar{h}(s)\,\bar{f}(s)$$

which may be solved to give

$$\bar{f}(s) = \frac{g(s)}{1-\bar{k}(s)}.$$

Inverting this result by the LAPLACE inversion theorem we find that

$$f(x) = \frac{1}{2\pi i}\int_{c-i\infty}^{c+i\infty} \frac{\bar{g}(s)\, e^{sx}\, ds}{1-\bar{k}(s)}. \tag{52.9}$$

For instance, if we have to solve the equation

$$f(x) = a x + \int_0^x f(u)\sin(x-u)\, du \tag{52.10}$$

we note that $g(x) = ax$, $k(x) = \sin(x)$ so that

$$\bar{k}(s) = \frac{1}{1+s^2}, \qquad \bar{g}(s) = \frac{a}{s^2}.$$

Hence

$$\bar{f}(s) = a\left(\frac{1}{s^2} + \frac{1}{s^4}\right)$$

which, on inversion, gives

$$f(x) = a\left(x + \frac{1}{6}x^3\right) \tag{52.11}$$

as the solution of equation (52.10).

The two types of integral equation we have just considered are both linear. To conclude this section we shall consider the solution of a non-linear integral equation by means of LAPLACE transforms. The equation we shall solve is the integral equation

$$f(x) = g(x) + \lambda\int_0^x f(x-u)\, f(u)\, du, \tag{52.12}$$

in which the function $g(x)$ is known and the function $f(x)$ has to be found. If we take the LAPLACE transform of both sides of this equation we find that

$$\bar{f}(s) = \bar{g}(s) + \lambda \bar{f}^2(s).$$

Solving this quadratic for equation $\bar{f}(s)$ we find that

$$\bar{f}(s) = \frac{2\bar{g}(s)}{1+\sqrt{1-4\lambda\bar{g}(s)}}$$

from which the unknown function $f(x)$ may be obtained by using the inversion formula for LAPLACE transforms.

For instance, in the equation

$$f(x) = \tfrac{1}{2}\sin x + \tfrac{1}{2}\int_0^x f(x-u)\, f(u)\, du \tag{52.13}$$

$\lambda = \frac{1}{2}$, $\bar{g}(s) = \frac{1}{2}(1+s^2)^{-\frac{1}{2}}$, so that

$$\bar{f}(s) = 1 - \frac{s}{\sqrt{1+s^2}}$$

and, hence, the solution of equation (52.13) is

$$f(x) = J_1(x). \tag{52.14}$$

53. The Summation of Series. A direct approach to the problem of summing infinite series in closed form has been given recently by WHEELON[1], using the theory of the LAPLACE transform. If $\bar{f}(s)$ is the LAPLACE transform of the function $f(x)$, then

$$\sum_{n=1}^{\infty} a_n \bar{f}(n) = \sum_{n=1}^{\infty} a_n \int_0^{\infty} f(x)\, e^{-nx}\, dx.$$

In cases in which it is possible to interchange the order of summation and integration we therefore have

$$\sum_{n=1}^{\infty} a_n \bar{f}(n) = \int_0^{\infty} f(u)\, \alpha(u)\, du \tag{53.1}$$

where

$$\alpha(u) = \sum_{n=1}^{\infty} a_n e^{-nu}. \tag{53.2}$$

For example, if we take

$$f(u) = \frac{u^{\lambda-1}}{\Gamma(\lambda)} e^{-xu}, \qquad \bar{f}(n) = (n+x)^{-\lambda}$$

we obtain the relation

$$\sum_{n=1}^{\infty} \frac{a_n}{(n+x)^{\lambda}} = \frac{1}{\Gamma(\lambda)} \int_0^{\infty} \alpha(u)\, u^{\lambda-1} e^{-xu}\, du \tag{53.3}$$

Two simple examples of this formula will illustrate the general procedure. If we put $x=0$, $\lambda=2$, $a_n=1$, so that

$$\alpha(u) = \sum_{n=1}^{\infty} e^{-nu} = \frac{1}{e^u - 1},$$

it follows, from equation (53.3) that

$$\sum_{n=1}^{\infty} \frac{1}{n^2} = \int_0^{\infty} \frac{u\, du}{e^u - 1} = \frac{\pi^2}{6}. \tag{53.4}$$

Similarly, if we put $x=0$, $\lambda=1$, $a_n = e^{-an}$, so that

$$\alpha(u) = \sum_{n=1}^{\infty} e^{-n(a+u)} = (e^{a+u} - 1)^{-1},$$

we find that

$$\sum_{n=1}^{\infty} \frac{e^{-an}}{n} = \int_0^{\infty} \frac{du}{e^{a+u} - 1} = \int_0^{1} \frac{dv}{e^a - v}$$

that is,

$$\sum_{n=1}^{\infty} \frac{e^{-an}}{n} = -\log(1 - e^{-a}) \tag{53.5}$$

Again, if, in equation (53.2), we take

$$f(u) = \frac{\sin(xu)}{x}, \qquad \bar{f}(n) = \frac{1}{n^2 + x^2}$$

we obtain the formula

$$\sum_{n=1}^{\infty} \frac{a_n}{n^2 + x^2} = \frac{1}{x} \int_0^{\infty} \alpha(u) \sin(xu)\, du \tag{53.6}$$

[1] A. D. WHEELON: J. Appl. Phys. **25**, 113 (1954).

a special case of which is

$$\sum_{n=0}^{\infty} \frac{1}{n^2 + x^2} = \frac{1}{x} \int_0^{\infty} \frac{\sin(xu)}{1 - e^{-u}}\, du$$

and it can be shown[1] that the integral on the right-hand side of this equation can be evaluated to yield

$$\sum_{n=1}^{\infty} \frac{1}{n^2 + x^2} = \frac{1}{2x^2} \{1 + \pi x \cdot \operatorname{Cot}(\pi x)\}. \tag{53.7}$$

Finally, we observe that the LAPLACE pair $f(u) = J_0(xu)$, $(x > 0)$, $\bar{f}(n) = (n^2 + x^2)^{-\frac{1}{2}}$, gives the summation formula

$$\sum_{n=0}^{\infty} \frac{a_n}{\sqrt{n^2 + x^2}} = \int_0^{\infty} \alpha(u)\, J_0(xu)\, du \tag{53.8}$$

where $\alpha(u)$ is given by equation (53.2).

II. The FOURIER Transforms.

The plan adopted in the discussion of the LAPLACE transform will be followed in the case of the FOURIER transform also. After a discussion of the proofs of FOURIER's integral theorem an account will be given of the properties of FOURIER transforms required for the analysis of boundary value problems. The theory will then be illustrated by the solution of certain partial differential and integral equations of mathematical physics.

a) FOURIER Transforms.

54. Exponential FOURIER Transforms. The FOURIER *transform*, $F(\xi)$, of the function $f(x)$, is defined to be the functional

$$T\{f(x)\} = F(\xi) = \frac{1}{\sqrt{2\pi}} \int_{-\infty}^{\infty} f(x)\, e^{i\xi x}\, dx \tag{54.1}$$

where ξ is a real number. To distinguish this type of FOURIER transform from the types defined in sub-division ***b*** below, it is sometimes referred to as the exponential FOURIER transform. The simplest class of functions $f(x)$ for which the FOURIER transform can be introduced is the LEBESGUE class $L(-\infty, \infty)$, for, when $f(x) \varepsilon L(-\infty, \infty)$, the function $F(\xi)$ exists for all real values of ξ. Moreover

$$|F(\xi)| \leq \frac{1}{\sqrt{2\pi}} \int_{-\infty}^{\infty} |f(x)|\, dx$$

showing that the function $F(\xi)$ is bounded. It is also readily shown that $F(\xi)$ is a uniformly continuous function of ξ in $(-\infty, \infty)$.

A more difficult result to prove is the uniqueness of the FOURIER transform. It can, however, be shown that, if $f(x) \varepsilon L(-\infty, \infty)$ and if its FOURIER transform $F(\xi)$ vanishes for every real ξ, then $f(x) = 0$ for almost all x; that is, $f(x)$ is the null-function of the class $L(-\infty, \infty)$ or, more correctly, the null-element of

[1] T. M. MACROBERT: Functions of a Complex Variable, 2nd. Edit., p. 113. London: Macmillan 1938.

the BANACH space $L(-\infty, \infty)$[1]. It is an immediate consequence of this result that, if the functions $f(x)$ and $g(x)$ have the same FOURIER transform then $f(x) = g(x)$, almost everywhere.

55. The Convolution Theorem for FOURIER Transforms. If the functions $f(x)$ and $g(x)$ both belong to the class $L(-\infty, \infty)$, it is easily shown that the convolution

$$h(x) = \int_{-\infty}^{\infty} f(x-y)\, g(y)\, dy \tag{55.1}$$

exists for almost all x and belongs to the class $L(-\infty, \infty)$. Furthermore, if $H(\xi)$ is the FOURIER transform of $h(x)$, then

$$\begin{aligned} H(\xi) &= \frac{1}{\sqrt{2\pi}} \int_{-\infty}^{\infty} h(x)\, e^{i\xi x}\, dx \\ &= \frac{1}{\sqrt{2\pi}} \int_{-\infty}^{\infty} dx\, e^{i\xi x} \int_{-\infty}^{\infty} f(x-y)\, g(y)\, dy \\ &= \frac{1}{\sqrt{2\pi}} \int_{-\infty}^{\infty} g(y)\, e^{i\xi y}\, dy \int_{-\infty}^{\infty} f(x)\, e^{i\xi x}\, dx, \end{aligned}$$

the justification of changes in the order of integration following from FUBINI's theorem. Therefore if we denote by $F(\xi)$ and $G(\xi)$ the FOURIER transforms of $f(x)$ and $g(x)$ respectively we have that

$$H(\xi) = \sqrt{2\pi}\, F(\xi)\, G(\xi) \tag{55.2}$$

i.e., the FOURIER transform of the convolution of two functions is equal to the product of the FOURIER transforms of the functions, and the numerical factor $\sqrt{2\pi}$.

56. The Inversion Theorem for FOURIER Transforms. We shall now consider the integral

$$I_N(x) = \frac{1}{\sqrt{2\pi}} \int_{-N}^{N} F(\xi)\, e^{i\xi x}\, d\xi. \tag{56.1}$$

Substituting the definition of the FOURIER transform $F(\xi)$, we see that this integral becomes

$$I_N(x) = \frac{1}{2\pi} \int_{-N}^{N} e^{-i\xi x}\, d\xi \left\{ \int_{-\infty}^{\infty} f(y)\, e^{i\xi y}\, dy \right\}$$

and that, interchanging the order in which the integrations are performed, leads to the result

$$\begin{aligned} I_N(x) &= \frac{1}{2\pi} \int_{-\infty}^{\infty} f(y)\, dy \left\{ \int_{-N}^{N} e^{-i\xi(x-y)}\, d\xi \right\} \\ &= \frac{1}{\pi} \int_{-\infty}^{\infty} f(y)\, \frac{\sin N(x-y)}{x-y}\, dy. \end{aligned}$$

[1] S. BOCHNER and K. CHANDRASEKHARAN: FOURIER Transform. Annals of Mathematics Studies, No. 19, pp. 11—13. Princeton 1949.

A simple change of variable shows that this equation is equivalent to

$$I_N(x) = \frac{1}{\pi}\int_0^\infty \{f(x+u) + f(x-u)\}\frac{\sin(Nu)}{u}\,du. \tag{56.2}$$

Remembering that, since $N > 0$,

$$\frac{2}{\pi}\int_0^\infty \frac{\sin(Nu)}{u}\,du = 1,$$

we see that equation (56.2) is equivalent to the relation

$$I_N(x) - f(x) = \frac{2}{\pi}\int_0^\infty g(u,x)\frac{\sin(Nu)}{u}\,du, \tag{56.3}$$

where

$$g(u,x) = \tfrac{1}{2}\{f(x+u) + f(x-u)\} - f(x). \tag{56.4}$$

If $\delta > 0$, we may write equation (56.3) in the form

$$I_N(x) - f(x) = S_N(x) + T_N(x),$$

where

$$S_N(x) = \frac{2}{\pi}\int_0^\delta \frac{g(u,x)}{u}\sin(Nu)\,du$$

and

$$T_N(x) = \frac{2}{\pi}\int_\delta^\infty \frac{g(u,x)}{u}\sin(Nu)\,du.$$

By the RIEMANN-LEBESGUE theorem, we see that $T_N(x) = o(1)$ as $N\to\infty$. If the function $g(u,x)/u$ is absolutely integrable in $(0,\delta)$, that is, if

$$\int_0^\delta \frac{|g(u,x)|}{u}\,du < \infty \tag{56.5}$$

it follows that $S_N(x) = o(\delta)\to 0$ as $\delta\to 0$. Hence, provided the condition (56.5) is satisfied, we have that

$$\lim_{N\to\infty} I_N(x) = f(x).$$

In other words,

$$f(x) = \frac{1}{\sqrt{2\pi}}\int_{-\infty}^\infty F(\xi)\,e^{-i\xi x}\,d\xi. \tag{56.6}$$

We have therefore shown that, if $f(x)\,\varepsilon\,L(-\infty,\infty)$, the convergence of the integral $I_N(x)$ to the function $f(x)$ *at a point* depends only upon the behaviour of the function in a neighbourhood of that point. For that reason, this result is often known as RIEMANN'S *localization theorem*. In the following pages we shall refer to the formula (56.6), which gives the function $f(x)$ as an integral involving the FOURIER transform $F(\xi)$ of $f(x)$, as FOURIER'S *inversion formula*.

By a method similar to that employed in establishing the convolution theorem for FOURIER transforms we can readily show that

$$\int_{-\infty}^{\infty} F(\xi)\, G(\xi)\, d\xi = \int_{-\infty}^{\infty} f(x)\, g(-x)\, dx, \tag{56.7}$$

from which it follows, that

$$\int_{-\infty}^{\infty} |F(\xi)|^2\, d\xi = \int_{-\infty}^{\infty} |f(x)|^2\, dx \tag{56.8}$$

a result which is the analogue of PARSEVAL's theorem in the theory of FOURIER series.

The proof we have given above for the FOURIER inversion formula is valid if $f(x) \in L(-\infty, \infty)$ and if the condition (56.5) is satisfied. Proofs, not depending upon the theory of the LEBESGUE integral, can be established, provided that the function $f(x)$ satisfies more restrictive conditions than those considered above. For instance, it can be shown that, if the function $f(x)$ satisfies DIRICHLET's conditions for $-\infty < x < \infty$, and if the integral

$$\int_{-\infty}^{\infty} f(x)\, dx$$

is absolutely convergent, then

$$\frac{1}{\sqrt{2\pi}} \int_{-\infty}^{\infty} F(\xi)\, e^{-i\xi x}\, d\xi = \frac{1}{2}\{f(x+0) + f(x-0)\},$$

so that, at a point of continuity of $f(x)$, we obtain the formula (56.6)[1]. This form of the inversion theorem is usually sufficient to cover all the cases encountered in a physical problem. An ingenious proof of the FOURIER inversion theorem, by means of the theory of contour integration, has been given by MACROBERT[2]. The functions involved must be analytic so that this proof does not sanction the application of the theorem to such wide classes of functions as the proofs by means of DIRICHLET integrals, or the theory of LEBESGUE integration, but the proof is so simple and direct that the reader is recommended to consult the references given, the more so since a similar method gives other inversion theorems.

The theory of FOURIER transforms can be extended to transforms of functions of the class L^p, where the exponent p is general[3]. It can be shown, for instance, that, if $f(x) \in L^p(-\infty, \infty)$, where $1 < p \leq 2$, then, as $a \to \infty$,

$$F(\xi, a) = \frac{1}{\sqrt{2\pi}} \int_{-a}^{a} f(x)\, e^{i\xi x}\, dx, \tag{56.9}$$

converges in mean with exponent q, where

$$\frac{1}{p} + \frac{1}{q} = 1. \tag{56.10}$$

[1] For a proof of the FOURIER inversion theorem in this form see p. 15 of SNEDDON's "FOURIER Transforms".

[2] T. M. MACROBERT: Proc. Roy. Soc. Edinburgh **51**, 116 (1931); see also SNEDDON's "FOURIER Transforms", pp. 21–23.

[3] E. C. TITCHMARSH: Introduction to the Theory of FOURIER Integrals, Chapter IV. Oxford 1937.

The mean limit, $F(\xi)$, is called the FOURIER transform of $f(x)$. The FOURIER reciprocity holds in the sense that

$$F(\xi) = \frac{1}{\sqrt{2\pi}} \frac{d}{d\xi} \int_{-\infty}^{\infty} f(x) \frac{e^{i\xi x} - 1}{ix} dx, \tag{56.11}$$

$$f(x) = \frac{1}{\sqrt{2\pi}} \frac{d}{dx} \int_{-\infty}^{\infty} F(\xi) \frac{e^{-i\xi x} - 1}{-i\xi} d\xi \tag{56.12}$$

almost everywhere. Analogous to equation (56.8) we have, in the general theory, the inequality

$$\int_{-\infty}^{\infty} |F(\xi)|^q d\xi \leq (2\pi)^{1-\frac{1}{2}q} \int_{-\infty}^{\infty} |f(x)|^p dx. \tag{56.13}$$

In the case $p = 2$, we obtain a theory of reciprocity which is completely symmetrical ($q = 2$). For a complete discussion of this symmetrical theory, the reader is fererred to Chapter III of TITCHMARSH's treatise. In this case the inequality (56.13) reduces to the equality (56.8).

57. TITCHMARSH's Complex Form of FOURIER's Inversion Theorem. The existence of the integral defining the FOURIER transform $F(\xi)$ implies a certain restriction on the behaviour of the function $f(x)$ as $x \to \pm\infty$. If we write $\zeta = \xi + i\eta$ then, even if $F(\xi)$ does not exist, the functions

$$F_+(\zeta) = \frac{1}{\sqrt{2\pi}} \int_0^{\infty} f(x)\, e^{i\zeta x} dx, \quad F_-(\zeta) = \frac{1}{\sqrt{2\pi}} \int_{-\infty}^{0} f(x)\, e^{i\zeta x} dx \tag{57.1}$$

may exist for sufficently large positive η in the case of $F_+(\zeta)$,and for sufficiently large negative η in the case of $F_-(\zeta)$.

The function $f(x)$ is now supposed to be a complex function of a real variable x; it is said to be integrable, of bounded variation etc. if its real and imaginary parts separately possess those properties.

If $e^{-c|x|} f(x) \in L(-\infty, \infty)$ for some positive value of c, the functions $F_+(\zeta)$, $F_-(\zeta)$ exist for $\eta \geq c$, $\eta \leq -c$ respectively. It can then be shown[1] that if the function $f(u)$ is of bounded variation in the neighbourhood of the point $u = x$, then

$$\left.\begin{aligned} \frac{1}{2}\{f(x+0) + f(x-0)\} &= \frac{1}{\sqrt{2\pi}} \lim_{\lambda\to\infty} \int_{ia-\lambda}^{ia+\lambda} F_+(\zeta)\, e^{-ix\zeta} d\zeta \\ &+ \frac{1}{\sqrt{2\pi}} \lim_{\lambda\to\infty} \int_{ib-\lambda}^{ib+\lambda} F_-(\zeta)\, e^{-ix\zeta} d\zeta \end{aligned}\right\} \tag{57.2}$$

where $a \geq c$, $b \leq -c$.

In applications of this theorem to the solution of integral equations (see Sect. 70 below) we make use of the following theorem[2]:

If the functions $F(\zeta)$ and $G(\zeta)$ satisfy the conditions:

(i) $F(\zeta)$ is analytic in the strip $a_1 \leq \eta \leq a_2$,

(ii) $G(\zeta)$ is analytic in the strip $b_1 \leq \eta \leq b_2$,

(iii) $b_2 < a_1$,

[1] E. C. TITCHMARSH: loc. cit. p. 43.

[2] For a proof of this theorem see P. M. MORSE and H. FESHBACH: Methods of Theoretical Physics, Vol. 1, p. 463. New York: McGraw-Hill 1953.

(iv) $F(\zeta)$ and $G(\zeta)$ both belong to the class $L(-\infty, \infty)$,

(v) $F(\zeta)$ and $G(\zeta)$ both tend to zero as $|\xi| \to \infty$ in the region in which they are analytic,

(vi)
$$\int_{ia-\infty}^{ia+\infty} F(\zeta)\, e^{-i\zeta x}\, d\zeta + \int_{ib-\infty}^{ib+\infty} G(\zeta)\, e^{-i\zeta x}\, d\zeta = 0 \tag{57.3}$$

where $a_1 < a < a_2$, $b < b_1 < b_2$, then

(1) The functions $F(\zeta)$ and $G(\zeta)$ are both analytic in the strip $b_1 \leqq \eta \leqq a_2$;

(2) $F(\zeta) + G(\zeta) = 0$ in the strip $b_1 \leqq \eta \leqq a_2$.

This theorem is illustrated graphically in Fig. 6; the assumed strips in which the functions are analytic are shown on the left, the theorem on the right.

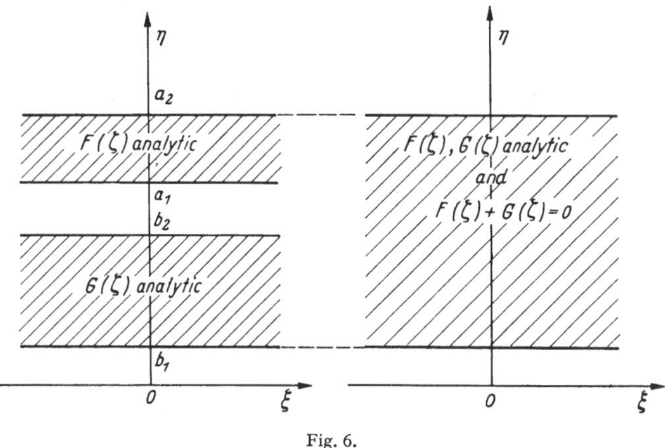

Fig. 6.

b) FOURIER Sine and Cosine Transforms.

58. FOURIER Cosine Transforms. The inversion formula we have derived in the previous sections refer to a function $f(x)$ which is defined over the entire x-axis $-\infty < x < \infty$. The use of such an inversion theorem is of great use in physical problems in which one of the independent variables is capable of taking all real values. In certain physical problems one of the variables, x say, can take only *positive* real values. Suppose that, in these circumstances, we are interested in the behaviour of a function, $f(x)$, of the variable x. This function is therefore defined only if $x \leqq 0$. From this function $f(x)$ we can, however, construct a new function $f_1(x)$, defined by the relations

$$f_1(x) = \begin{cases} f(x), & x \geqq 0, \\ f(-x), & x \leqq 0, \end{cases}$$

which is uniquely prescribed for all values of x. The FOURIER transform of $f_1(x)$ is, by definition,

$$F_1(\xi) = \frac{1}{\sqrt{2\pi}} \int_{-\infty}^{\infty} f_1(x)\, e^{i\xi x}\, dx$$

and it is seen that this is equal to the equation

$$F_1(\xi) = \sqrt{\frac{2}{\pi}} \int_0^{\infty} f(x) \cos(\xi x)\, dx. \tag{58.1}$$

It is obvious from equation (58.1) that $F_1(\xi)$ is an even function of ξ, and we know, from equation (56.6), that we may express $f_1(x)$ in terms of its FOURIER transform $F_1(\xi)$ by the equation

$$f_1(x) = \frac{1}{\sqrt{2\pi}} \int_{-\infty}^{\infty} F_1(\xi)\, e^{-i\xi x}\, d\xi$$

so that

$$f_1(x) = \sqrt{\frac{2}{\pi}} \int_0^{\infty} F_1(\xi) \cos(x\xi)\, d\xi,$$

or, since we are interested only in positive values of x,

$$f(x) = \sqrt{\frac{2}{\pi}} \int_0^{\infty} F_1(\xi) \cos(x\xi)\, d\xi. \tag{58.2}$$

We may write equations (58.1) and (58.2) in a slightly different form by the introduction of a FOURIER *cosine transform*, defined by the equation

$$F_c(\xi) = \sqrt{\frac{2}{\pi}} \int_0^{\infty} f(x) \cos(x\xi)\, dx. \tag{58.3}$$

It follows from equation (58.2) that the inversion theorem for such transforms is

$$f(x) = \sqrt{\frac{2}{\pi}} \int_0^{\infty} F_c(\xi) \cos(x\xi)\, d\xi. \tag{58.4}$$

Since the derivation of this theorem depended on the use of FOURIER's inversion theorem, it will be necessary for the function $f(x)$, occurring in these formulae, to satisfy the conditions laid down in the exponential case. In the sequel we shall refer to the formula (58.4), which gives the function $f(x)$ as an integral involving the FOURIER cosine transform $F_c(\xi)$ of $f(x)$, as FOURIER's *cosine formula.* It should be observed that the relation between $f(x)$ and $F_c(\xi)$ is completely symmetrical so that the FOURIER cosine transform of the function $F_c(x)$ is $f(\xi)$.

59. FOURIER Sine Transforms. Instead of constructing an even function $f_1(x)$ as the "extension" of the function $f(x)$ to the range $-\infty \leq x \leq \infty$, we could have constructed an odd function by means of the equations:

$$f_2(x) = \begin{cases} f(x), & x \geq 0, \\ -f(-x), & x > 0. \end{cases}$$

The FOURIER transform of this function is therefore

$$\left.\begin{aligned} F_2(\xi) &= \frac{1}{\sqrt{2\pi}} \int_{-\infty}^{\infty} f_2(x)\, e^{i\xi x}\, dx \\ &= i\sqrt{\frac{2}{\pi}} \int_0^{\infty} f(x) \sin(\xi x)\, dx \end{aligned}\right\} \tag{59.1}$$

and it is readily seen that this is an odd function of ξ. From equation (56.6) we then have

$$\left.\begin{aligned} f_2(x) &= \frac{1}{\sqrt{2\pi}} \int_{-\infty}^{\infty} F_2(\xi)\, e^{-i\xi x}\, d\xi \\ &= -i\sqrt{\frac{2}{\pi}} \int_0^{\infty} F_2(\xi) \sin(x\xi)\, d\xi. \end{aligned}\right\} \tag{59.2}$$

If, therefore, we define a FOURIER *sine transform* by the equation

$$F_s(\xi) = \sqrt{\frac{2}{\pi}} \int_0^\infty f(x) \sin(x\xi)\, dx, \tag{59.3}$$

it follows, from equations (59.1) and (59.2) that the corresponding inversion theorem is

$$f(x) = \sqrt{\frac{2}{\pi}} \int_0^\infty F_s(\xi) \sin(x\xi)\, d\xi. \tag{59.4}$$

We shall call equation (59.4) FOURIER's *sine formula*. It is, of course, only valid if the function $f(x)$ satisfies conditions sufficient for the validity of FOURIER's inversion formula. In this case, too, it will be observed that the relationship between $f(x)$ and $F_s(\xi)$ is completely symmetrical.

60. An Inversion Formula of CHURCHILL's. CHURCHILL has devised an inversion theorem applicable to transforms which are suitable for the suitable for the solution of diffusion problems in which there is a radiation condition at a plane surface (see, for instance, Sect. 67 below). If we define an integral transform by the relation

$$F_r(\xi) = \int_0^\infty f(x)\, \varphi(\xi, x)\, dx \tag{60.1}$$

where

$$\varphi(\xi, x) = \sqrt{\frac{2}{\pi(h^2+\xi^2)}} \{h \sin(\xi x) + \xi \cos(\xi x)\} \tag{60.2}$$

then it can be shown that the appropriate inversion theorem is

$$f(x) = \int_0^\infty F_r(\xi)\, \varphi(\xi, x)\, d\xi. \tag{60.3}$$

For a proof of this theorem the reader is referred to Sect. 71 of CHURCHILL's "Modern Operational Mathematics in Engineering".

c) Formal properties of FOURIER Transforms.

In this section we shall develop the formal properties of FOURIER transforms which are most frequently used in physics.

61. Exponential FOURIER Transforms. It follows from the definition (54.1) that

$$T\{c_1 f_1(x) + c_2 f_2(x)\} = c_1 T\{f_1(x)\} + c_2 T\{f_2(x)\} \tag{61.1}$$

where c_1 and c_2 are constants, and that

$$T\{f(cx)\} = \frac{1}{c} F\left(\frac{\xi}{c}\right), \tag{61.2}$$

$$T\{f^*(x)\} = F^*(-\xi) \tag{61.3}$$

where f^* denotes the complex conjugate of f, and $F(\xi)$ the FOURIER transform of $f(x)$. Further,

$$T\{f(x)\, e^{iax}\} = F(\xi + a), \tag{61.4}$$

$$T\{f(x+a)\} = F(\xi)\, e^{-i\xi a}. \tag{61.5}$$

Combining (61.2) and (61.5) we have

$$T\{f(cx+a)\} = \frac{1}{c} e^{-ia\xi/c} F\left(\frac{\xi}{c}\right). \tag{61.6}$$

Similarly from equations (61.2) and (61.4) we have

$$T\{f(c\,x)\,e^{i\,a\,x}\} = \frac{1}{c}\,F\left(\frac{\xi + a}{c}\right) \tag{61.7}$$

and from this we have, in turn

$$T\{\sin(a\,x)\,f(c\,x)\} = \frac{1}{2ci}\left\{F\left(\frac{\xi + a}{c}\right) - F\left(\frac{\xi - a}{c}\right)\right\}, \tag{61.8}$$

$$T\{\cos(a\,x)\,f(c\,x)\} = \frac{1}{2c}\left\{F\left(\frac{\xi + a}{c}\right) + F\left(\frac{\xi - a}{c}\right)\right\}. \tag{61.9}$$

With the aid of these simple rules and certain elementary integrations it is possible to construct a great many FOURIER transforms. A brief selection of such results is given in Table 3. For a more extensive selection of FOURIER

Table 3. *Exponential* FOURIER *transforms of some commonly occurring functions.*

	$f(x)$	$F(\xi)$
1.	$\lvert x\rvert^{-s}$ $\quad 0 < (s) < 1$	$\left(\frac{2}{\pi}\right)^{\frac{1}{2}} \frac{\Gamma(1-s)}{\lvert\xi\rvert^{1-s}} \quad \sin\left(\frac{1}{2} s\,\pi\right)$
2.	$\frac{1}{\lvert x\rvert}$	$\frac{1}{\lvert\xi\rvert}$
3.	$(a^2 - x^2)^{-\frac{1}{2}}$ $\quad \lvert x\rvert < a,$ 0 $\quad \lvert x\rvert < a$	$\left(\frac{1}{2}\pi\right)^{\frac{1}{2}} J_0(a\,\xi)$
4.	$\frac{1}{1 + x^2}$	$\left(\frac{1}{2}\pi\right)^{\frac{1}{2}} e^{-\lvert\xi\rvert}$
5.	$\sin(a\,x^2)$	$(2a)^{-\frac{1}{2}} \sin\left(\frac{\xi^2}{4a} + \frac{\pi}{4}\right)$
6.	$\cos(a\,x^2)$	$(2a)^{-\frac{1}{2}} \cos\left(\frac{\xi^2}{4a} - \frac{\pi}{4}\right)$
7.	$e^{-a\,x^2}$ $\quad \Re(a) > 0$	$(2a)^{-\frac{1}{2}} e^{-\xi^2/4a}$
8.	$\frac{e^{-a\lvert x\rvert}}{\lvert x\rvert^{\frac{1}{2}}}$ $\quad \Re(a) > 0$	$\frac{\{(\xi^2 + a^2)^{\frac{1}{2}} + a\}^{\frac{1}{2}}}{(\xi^2 + a^2)^{\frac{1}{2}}}$
9.	$\frac{\sin\{b(a^2 + x^2)^{\frac{1}{2}}\}}{(a^2 + x^2)^{\frac{1}{2}}}$	$0 \quad \lvert\xi\rvert > b$ $(\frac{1}{2}\pi)^{\frac{1}{2}} J_0(a\sqrt{b^2 - \xi^2}) \quad \lvert\xi\rvert > b$
10.	$J_0(a\sqrt{x^2 + b^2})$ $\quad \Re(a) > 0$	$\left(\frac{2}{\pi}\right)^{\frac{1}{2}} \frac{\cos\{b\sqrt{(a^2 - x^2)}\}}{(a^2 - x^2)} \quad \lvert x\rvert < a$ $0 \quad \lvert x\rvert > a$

transforms the reader is referred to pp. 117—124 of Vol. I of the tables of integral transforms by ERDELYI et al. and to: G. A. CAMPBELL and R. M. FOSTER, "FOURIER integrals for Practical Applications", (New York, Van Nostrand 1948).

Table 4. FOURIER *cosine transforms of some commonly occurring functions.*

	$f(x)$	$F_c(\xi)$
1.	$x^{-\frac{1}{2}}$	$\xi^{-\frac{1}{2}}$
2.	$(x^2+a^2)^{-1} \qquad \Re(a)>0$	$\sqrt{\frac{\pi}{2}}\,\frac{e^{-a\xi}}{a}$
3.	$(x^2+a^2)^{-\frac{1}{2}} \qquad \Re(a)>0$	$\sqrt{\frac{2}{\pi}}\,K_0(\xi a)$
4.	$(x^4+a^4)^{-1} \qquad \lvert\arg a\rvert<\frac{1}{4}\pi$	$\sqrt{\frac{\pi}{2}}\,\frac{1}{a^3}\exp\left(-\frac{a\xi}{2}\right)\sin\left(\frac{a\xi}{2}+\frac{1}{4}\pi\right)$
5.	$e^{-ax^2} \qquad \Re(a)>0$	$\frac{1}{\sqrt{(2a)}}\,e^{-\xi^2/4a}$
6.	$e^{-ax^2}/(x^2+b^2) \qquad \Re(a)>0,\ \Re(b)>0$	$\sqrt{\frac{\pi}{8}}\,\frac{e^{ab^2}}{b}\left[e^{-b\xi}\,\mathrm{Erfc}\left(b\sqrt{a}-\frac{\xi}{2\sqrt{a}}\right)+ + e^{b\xi}\,\mathrm{Erfc}\left(b\sqrt{a}+\frac{\xi}{2\sqrt{a}}\right)\right]^{\dagger}$
7.	$e^{-ax-bx^2} \qquad \Re(b)>0$	$\frac{1}{\sqrt{(8b)}}\left[e^{(a-i\xi)^2/4b}\,\mathrm{Erfc}\left(\frac{a-i\xi}{2b}\right)+ + e^{(a+i\xi)^2/4b}\,\mathrm{Erfc}\left(\frac{a+i\xi}{2b}\right)\right]$
8.	$\frac{\exp\left[-b(a^2+x^2)\right]}{\sqrt{(a^2+x^2)}} \qquad \Re(a)>0,\ \Re(b)>0$	$\sqrt{\frac{2}{\pi}}\,K_0\left[a\sqrt{(b^2+\xi^2)}\right]$
9.	$J_0(ax) \qquad a>0$	$\left[\frac{1}{2}\pi(a^2-\xi^2)\right]^{-\frac{1}{2}} \quad 0<\xi<a$; $\infty \quad \xi=a$; $0 \quad \xi<a$
10.	$\cos\left(\frac{1}{2}x^2\right)$	$\frac{1}{\sqrt{2}}\left[\cos\left(\frac{1}{2}\xi^2\right)+\sin\left(\frac{1}{2}\xi^2\right)\right]$
11.	$\sin\left(\frac{1}{2}x^2\right)$	$\frac{1}{\sqrt{2}}\left[\cos\left(\frac{1}{2}\xi^2\right)-\sin\left(\frac{1}{2}\xi^2\right)\right]$

† Note that

$$\mathrm{Erfc}\,(x)=\frac{2}{\sqrt{\pi}}\int_x^{\infty} e^{-u^2}\,du.$$

Table 5. FOURIER *sine transforms of some commonly occurring functions.*

	$f(x)$	$F_s(\xi)$
1.	$\frac{1}{x}$	$\sqrt{\frac{\pi}{2}} \quad (\xi > 0)$
2.	$\frac{1}{\sqrt{x}}$	$\frac{1}{\sqrt{\xi}}$
3.	$\frac{x}{x^2+a^2} \quad \Re(a) > 0$	$\sqrt{\frac{\pi}{2}}\, e^{-a\xi}$
4.	$x(x^2+a^2)^{-\frac{3}{2}} \quad \Re(a) > 0$	$\sqrt{\frac{2}{\pi}}\, \xi K_0(\xi a)$
5.	$x^{-s} \quad 0 < \Re(s) < 2$	$\sqrt{\frac{2}{\pi}}\, \xi^{s-1}\Gamma(1-s)\cos\left(\frac{1}{2}s\pi\right)$
6.	$x^{-1}e^{-ax^2} \quad \lvert\arg a\rvert < \frac{1}{2}\pi$	$\sqrt{\frac{\pi}{2}}\, \mathrm{Erf}\left(\frac{\xi}{2\sqrt{a}}\right)$
7.	$\frac{x e^{-ax^2}}{x^2+b^2} \quad \Re(a) > 0,\ \Re(b) > 0$	$\sqrt{\frac{\pi}{8}}\, e^{ab^2}\left[e^{-b\xi}\,\mathrm{Erfc}\left(b\sqrt{a}-\frac{\xi}{2\sqrt{a}}\right) - e^{b\xi}\,\mathrm{Erfc}\left(b\sqrt{a}+\frac{\xi}{2\sqrt{a}}\right)\right]$
8.	$J_0(ax) \quad a > 0$	$0 \quad 0<\xi<a$; $\left(\frac{2}{\pi}\right)^{\frac{1}{2}}(\xi^2-a^2)^{-\frac{1}{2}} \quad \xi > a$
9.	$x^{-1}J_0(ax) \quad a > 0$	$\sqrt{\frac{\pi}{2}}\,\sin^{-1}\left(\frac{\xi}{a}\right) \quad 0<\xi<a$; $\sqrt{\frac{\pi}{2}} \quad \xi > a$

$$\mathrm{Erf}(x) = 1 - \mathrm{Erfc}(x) = \frac{2}{\sqrt{\pi}} \int_0^x e^{-u^2}\, du.$$

62. FOURIER Cosine and Sine Transforms. Similar results can readily be derived for the FOURIER cosine and sine transforms. We have the formulae

$$T_c\{f(ax)\} = \frac{1}{a} F_c\left(\frac{\xi}{a}\right), \tag{62.1}$$

$$T_c\{f(ax)\cos bx\} = \frac{1}{2a}\left\{F_c\left(\frac{\xi+b}{a}\right) + F_c\left(\frac{\xi-b}{a}\right)\right\}, \tag{62.2}$$

$$T_c\{f(ax)\sin bx\} = \frac{1}{2a}\left\{F_s\left(\frac{\xi+b}{a}\right) - F_s\left(\frac{\xi-b}{a}\right)\right\} \tag{62.3}$$

for the cosine transforms, and

$$T_s\{f(a x)\} = \frac{1}{a} F_s\left(\frac{\xi}{a}\right), \tag{62.4}$$

$$T_s\{f(a x) \cos b x\} = \frac{1}{2a}\left\{F_s\left(\frac{\xi+b}{a}\right) + F_s\left(\frac{\xi-b}{a}\right)\right\}, \tag{62.5}$$

$$T_s\{f(a x) \sin b x\} = \frac{1}{2a}\left\{F_c\left(\frac{\xi-b}{a}\right) - F_c\left(\frac{\xi+b}{a}\right)\right\}. \tag{62.6}$$

The cosine and sine transforms of some of the elementary functions occurring most frequently in physical problems are listed in Tables 4, 5 respectively. For more complete tables the reader should consult pp. 7—116 of Vol. I of the tables by ERDELYI et al.

63. Relations between the FOURIER Transforms of the Derivatives of a Function. In the application of the theory of FOURIER transforms to boundary value problems in theoretical physics, it is useful to be able to express the FOURIER transforms of the n-th derivative, $d^n f/dx^n$, of the function $f(x)$ in terms of the FOURIER transforms of $f(x)$. The FOURIER transform of this derivative is, by definition

$$T\left\{\frac{d^n f}{d x^n}\right\} = \frac{1}{\sqrt{2\pi}} \int_{-\infty}^{\infty} \frac{d^n f}{d x^n} \cdot e^{i \xi x} dx = \frac{1}{\sqrt{2\pi}} \left[\frac{d^{n-1} f}{d x^{n-1}} e^{i \xi x}\right]_{-\infty}^{\infty} - \frac{i \xi}{\sqrt{2\pi}} \int_{-\infty}^{\infty} \frac{d^{n-1} f}{d x^{n-1}} e^{i \xi x} dx,$$

as the result of an integrations by parts. If we assume that $d^{n-1}f/dx^{n-1} \to 0$ as $|x| \to \infty$, we find, therefore, that

$$T\left\{\frac{d^n f}{d x^n}\right\} = -i \xi T\left\{\frac{d^{n-1} f}{d x^{n-1}}\right\}. \tag{63.1}$$

If we repeat this process n times and if we assume that

$$\lim_{|x| \to \infty} \left(\frac{d^i f}{d x^i}\right) = 0, \qquad i = 1, 2, \ldots, n-1$$

we find that

$$T\left\{\frac{d^n f}{d x^n}\right\} = (-i \xi)^n T\{f\} \tag{63.2}$$

showing that the FOURIER transform of the function $d^n f/dx^n$ is $(-i\xi)^n$ times the FOURIER transform of the function $f(x)$ provided that the first $(n-1)$ derivatives vanish as $|x| \to \infty$.

The corresponding results for the FOURIER cosine and sine transforms are more complicated. By integrating by parts we see that

$$T_c\left\{\frac{d^n f}{d x^n}\right\} = \sqrt{\frac{2}{\pi}} \left[\frac{d^{n-1} f}{d x^{n-1}} \cos(\xi x)\right]_0^{\infty} + \sqrt{\frac{2}{\pi}}\, \xi \int_{-\infty}^{\infty} \frac{d^{n-1} f}{d x^{n-1}} \sin(\xi x)\, dx.$$

If, therefore, we assume that

$$\lim_{x \to \infty} \left(\frac{d^{n-1} f}{d x^{n-1}}\right) = 0, \qquad \lim_{x \to 0} \sqrt{\frac{2}{\pi}} \frac{d^{n-1} f}{d x^{n-1}} = a_{n-1} \tag{63.3}$$

we find that

$$T_c\left\{\frac{d^n f}{d x^n}\right\} = -a_{n-1} + \xi T_s\left\{\frac{d^{n-1} f}{d x^{n-1}}\right\}. \tag{63.4}$$

The corresponding equation for FOURIER sine transforms is

$$T_s\left\{\frac{d^n f}{d x^n}\right\} = -\xi T_c\left\{\frac{d^{n-1} f}{d x^{n-1}}\right\} \tag{63.5}$$

provided the first of equations (63.3) is satisfied. If we assume that the equations (63.3) are valid for the values $1, 2, \ldots, 2n$ of the integer n, it follows, by the repeated application of the equations (63.4) and (63.5) that

$$T_s\left\{\frac{d^{2n} f}{d x^{2n}}\right\} = -\sum_{r=1}^{n} (-1)^r \xi^{2r-1} a_{2n-2r} + (-1)\, \xi^{2n} F_s(\xi), \tag{63.6}$$

$$T_s\left\{\frac{d^{2n+1} f}{d x^{2n}}\right\} = -\sum_{r=1}^{n} (-1)^r \xi^{2r-1} a_{2n-2r+1} + (-1)^{n+1} \xi^{2n+1} F_c(\xi), \tag{63.7}$$

$$T_c\left\{\frac{d^{2n} f}{d x^{2n}}\right\} = -\sum_{r=0}^{n-1} (-1)^r a_{2n-2r-1} \xi^{2r} + (-1)^n \xi^{2n} F_c(\xi), \tag{63.8}$$

$$T_c\left\{\frac{d^{2n+1} f}{d x^{2n+1}}\right\} = -\sum_{r=0}^{n} (-1)^r \xi^{2r} a_{2n-2r} + (-1)^n \xi^{2n+1} F_s(\xi), \tag{63.9}$$

where $F_s(\xi)$, $F_c(\xi)$ denote respectively the FOURIER sine and cosine transforms of $f(x)$.

These formulae reduce to certain very simple forms of the function $f(x)$ and its derivatives satisfy certain special conditions when $x=0$. For instance, a pair which occur frequently in mathematical physics arises if the function $f(x)$ and all even derivatives vanish on $x=0$. We then have

$$T_s\left\{\frac{d^{2n} f}{d x^{2n}}\right\} = (-1)^n \xi^{2n} F_s(\xi), \qquad T_c\left\{\frac{d^{2n} f}{d x^{2n}}\right\} = (-1)^n \xi^{2n} F_c(\xi). \tag{63.10}$$

These last two results can be written in slightly different forms as a consequence of the symmetry between $f(x)$ and its FOURIER transforms. They are:

$$T_s\{x^{2n} f(x)\} = (-1)^n \frac{d^{2n} F_s}{d\xi^{2n}}, \tag{63.11}$$

$$T_c\{x^{2n} f(x)\} = (-1)^n \frac{d^{2n} F_c}{d\xi^{2n}}. \tag{63.12}$$

d) Multiple FOURIER Transforms.

64. FOURIER Transforms in Several Variables. The theory of FOURIER transforms of functions of a single variable can be extended to functions of several variables[1]. Suppose that $f(x_1, x_2, \ldots, x_n)$ is a function of n independent variables $x_1, x_2, \ldots, x_n$ which is of class L over the whole space E_n defined by $-\infty < x_i < \infty$, and that

$$F(\xi_1, \xi_2, \ldots, \xi_n) = (2\pi)^{-\frac{1}{2}n} \int_{E_n} f(x_1, \ldots, x_n)\, e^{i\xi\cdot x}\, dx \tag{64.1}$$

where

$$\xi \cdot x = \xi_1 x_1 + \xi_2 x_2 + \cdots + \xi_n x_n \tag{64.2}$$

is the inner product of the vectors

$$\boldsymbol{\xi} = (\xi_1, \xi_2, \ldots, \xi_n), \qquad \boldsymbol{x} = (x_1, x_2, \ldots, x_n) \tag{64.3}$$

[1] For a full account of this theory see S. BOCHNER and K. CHANDRASEKHARAN: FOURIER Transforms. Annals of Mathematics Studies, No. 19, Chapter II and 4, 5 of Chapter IV. Princeton 1949.

and dx denotes the volume element $dx_1, dx_2, \ldots, dx_n$. It is readily shown that, in these circumstances, the function $F(\xi_1, \xi_2, \ldots, \xi_n)$ exists, and is bounded, for all vectors ξ, and that

$$\lim_{|\xi|\to\infty} F(\xi_1, \xi_2, \ldots, \xi_n) = 0 \tag{64.4}$$

where $|\boldsymbol{\xi}| = \sqrt{(\xi_1^2 + \xi_2^2 + \cdots + \xi_n^2)}$. The function $F(\xi_1, \xi_2, \ldots, \xi_n)$ is called the n-dimensional FOURIER transform of $f(x_1, x_2, \ldots, x_n)$. For convenience, we sometimes denote the function and its FOURIER transform by $f(\boldsymbol{x})$ and $F(\boldsymbol{\xi})$ respectively, and write

$$F(\boldsymbol{\xi}) = T\{f(\boldsymbol{x})\}. \tag{64.5}$$

The function $F(\boldsymbol{\xi})$ is uniquely determined by the function $f(\boldsymbol{x})$. In other words, it can be proved that if $f(\boldsymbol{x}) \in L$ and $F(\boldsymbol{\xi}) = 0$, then $f(\boldsymbol{x}) = 0$, almost everywhere.

If the function $f(\boldsymbol{x}) \in L$ and $F(\boldsymbol{\xi}) \in L$ in E_n then we obtain the inversion formula[1]

$$f(\boldsymbol{x}) = (2\pi)^{-\frac{1}{2}n} \int_{E_n} F(\boldsymbol{\xi})\, e^{-i(\xi\cdot x)}\, d\boldsymbol{\xi}. \tag{64.6}$$

It can also be shown that, if the function $f(x)$ is a bounded function of class L in E_n

$$\int_{E_n} |f(\boldsymbol{x})|^2\, d\boldsymbol{x} = \int_{E_n} |F(\boldsymbol{\xi})|^2\, d\boldsymbol{\xi} \tag{64.7}$$

the integrals being finite.

65. The Convolution Theorem. If the functions $f(\boldsymbol{x})$, $g(\boldsymbol{x})$ belong to the class L over the whole space E_n, their convolution is defined by the equation

$$h(\boldsymbol{x}) = \int_{E_n} f(\boldsymbol{x} - \boldsymbol{y})\, g(\boldsymbol{y})\, d\boldsymbol{y}. \tag{65.1}$$

It is readily shown that this integral exists for almost all vectors $\boldsymbol{x}$ and that $h(\boldsymbol{x}) \in L(E_n)$.

By a method similar to that of the one-dimensional case, but now using FUBINI's theorem in n-variables, we can show that, if $h(\boldsymbol{x})$ is the convolution of the functions $f(\boldsymbol{x})$, $g(\boldsymbol{x})$ then

$$H(\boldsymbol{\xi}) = (2\pi)^{\frac{1}{2}n} F(\boldsymbol{\xi})\, G(\boldsymbol{\xi}) \tag{65.2}$$

where F, G, H are the n-dimensional FOURIER transforms of f, g, h. In other words

$$\int_{E_n} F(\boldsymbol{\xi})\, G(\boldsymbol{\xi})\, e^{-i(\xi\cdot x)}\, d\boldsymbol{\xi} = \int_{E_n} f(\boldsymbol{x} - \boldsymbol{y})\, g(\boldsymbol{y})\, d\boldsymbol{y}. \tag{65.3}$$

66. Multiple FOURIER Transforms of Derivatives. Results similar to those of Sect. 63 hold for multiple FOURIER transforms. If

$$F(\xi_1, \ldots, \xi_n) = (2\pi)^{-\frac{1}{2}n} \int_{-\infty}^{\infty} \cdots \int_{-\infty}^{\infty} f(x_1, \ldots, x_n)\, e^{i\boldsymbol{\xi}\cdot\boldsymbol{x}}\, d\boldsymbol{x} \tag{66.1}$$

then it is readily established that, provided $f \to 0$ as $|x_r| \to \infty$ that

$$(2\pi)^{-\frac{1}{2}n} \int_{-\infty}^{\infty} \cdots \int_{-\infty}^{\infty} \left(\frac{\partial f}{\partial x_r}\right) e^{i\boldsymbol{\xi}\cdot\boldsymbol{x}}\, d\boldsymbol{x} = -i\,\xi_r F. \tag{66.2}$$

In general, if f and its first $(m-1)$ partial derivatives with respect to x_r all tend to zero as $|x_r| \to \infty$, then

$$(2\pi)^{-\frac{1}{2}n} \int_{-\infty}^{\infty} \cdots \int_{-\infty}^{\infty} \left(\frac{\partial^m f}{\partial x_r^m}\right) e^{i\boldsymbol{\xi}\cdot\boldsymbol{x}}\, d\boldsymbol{x} = (-i\,\xi_r)^m F. \tag{66.3}$$

---

[1] For proof see BOCHNER and CHANDRASEKHARAN: loc. cit. p. 65.

The special cases corresponding to $n=2, 3$ are of particular importance on account of the frequency with which they arise in practical applications. If we write

$$\nabla_1^2 = \frac{\partial^2}{\partial x^2} + \frac{\partial^2}{\partial y^2}, \quad \nabla^2 = \frac{\partial^2}{\partial x^2} + \frac{\partial^2}{\partial y^2} + \frac{\partial^2}{\partial z^2} \tag{66.4}$$

then, provided f and its derivatives satisfy the appropriate conditions as

$$|x^2+y^2| \to 0 \quad \text{or} \quad |x^2+y^2+z^2| \to 0,$$

we find that $$\frac{1}{2\pi} \int_{-\infty}^{\infty} \int_{-\infty}^{\infty} (\nabla_1^2 f)\, e^{i(\xi x + \eta y)}\, dx\, dy = -(\xi^2+\eta^2)\, F(\xi,\eta), \tag{66.5}$$

$$\frac{1}{(2\pi)^{\frac{3}{2}}} \int_{-\infty}^{\infty} \int_{-\infty}^{\infty} \int_{-\infty}^{\infty} (\nabla^2 f)\, e^{i(\xi x + \eta y + \zeta z)}\, dx\, dy\, dz = -(\xi^2+\eta^2+\zeta^2)\, F(\xi,\eta,\zeta) \tag{66.6}$$

where $F(\xi, \eta)$, $F(\xi, \eta, \zeta)$ are the 2-dimensional and 3-dimensional FOURIER transforms of the functions $f(x, y)$, $f(x, y, z)$ respectively.

e) Applications of FOURIER Transforms.

In this sub-division we shall give a brief account of the application of the various kinds of FOURIER transforms, introduced in the preceeding sections, to the solution of various problems in mathematical physics. We shall begin by considering the solution of certain partial differential equations by means of these transforms, and then consider the solution of certain integral equations by similar methods.

67. Conduction of Heat in a Semi-Infinite Solid. To illustrate the use of FOURIER sine and cosine transforms in the solution of boundary value problems in mathematical physics we shall consider some problems on the linear diffusion of heat in a semi-infinite solid, when the plane surface of the solid is subjected to certain prescribed conditions. Of the bounding plane of the solid is taken to be the plane $x=0$ we may take the solid to be $x \geq 0$. The temperature at the point with coordinate x at time t may be denoted by $\vartheta(x, t)$. Its variation throughout the solid is governed by the partial differential equation

$$\frac{\partial^2 \vartheta}{\partial x^2} = \frac{1}{\varkappa} \frac{\partial \vartheta}{\partial t}. \tag{67.1}$$

It may also be assumed that the temperature tends to zero at great distances from the boundary surface; that is,

$$\vartheta(x, t) \to 0 \quad \text{as} \quad x \to \infty. \tag{67.2}$$

In the first problem we shall suppose that the temperature of the surface $x=0$ is prescribed, i.e. that we assume that

$$\vartheta(0, t) = f(t) \qquad t \geq 0. \tag{67.3}$$

We shall assume that the initial temperature of the solid is known, i.e. we suppose that

$$\vartheta(x, 0) = g(x) \qquad x \geq 0 \tag{67.4}$$

where the function $g(x)$ is prescribed.

If we multiply both sides of equation (67.1) by $\sqrt{(2/\pi)}\sin(\xi x)$ and integrate with respect to x from 0 to ∞ we find that

$$T_s\left\{\frac{\partial^2\vartheta}{\partial x^2}\right\} = \frac{1}{\varkappa}\frac{d\Theta_s}{dt} \tag{67.5}$$

where Θ_s denotes the FOURIER sine transform of (x, t) with respect to the variable x. If we make use of the formula (63.6), taking into account the value (67.3) when $x=0$, we find that

$$\frac{1}{\varkappa}\frac{d\Theta_s}{dt} + \xi^2\Theta_s = \sqrt{\frac{2}{\pi}}\,\xi f(t). \tag{67.6}$$

From equation (67.4), we see that the initial value of Θ_s is given by

$$\Theta_s = G_s(\xi), \qquad t=0 \tag{67.7}$$

where $G_s(\xi)$ is the FOURIER sine transform of the function $g(x)$. The solution of the ordinary differential equation (67.6) subject to the initial condition (67.7) is

$$\Theta_s(\xi) = G_s(\xi)\,e^{-\varkappa\xi^2 t} + \sqrt{\frac{2}{\pi}}\,\varkappa\xi\int_0^t f(\tau)\,e^{-\varkappa\xi^2(t-\tau)}\,d\tau. \tag{67.8}$$

Inverting this result by means of FOURIER's sine formula we have

$$\left.\begin{aligned}\vartheta(x,t) &= \sqrt{\frac{2}{\pi}}\int_0^\infty G_s(\xi)\sin(\xi x)\,e^{-\varkappa\xi^2 t}\,d\xi + \\ &\quad + \frac{2\varkappa}{\pi}\int_0^\infty \xi\sin(\xi x)\,d\xi\int_0 f(\tau)\,e^{-\varkappa\xi^2(t-\tau)}\,d\tau.\end{aligned}\right\} \tag{67.9}$$

If, for instance, the initial temperature of the solid is zero and the surface temperature is kept at a constant value ϑ_0, we may take

$$g(x)=0, \qquad f(\tau)=\vartheta_0.$$

This means that $G_s(\xi)=0$ and that

$$\vartheta(x,t) = \frac{2\varkappa\vartheta_0}{\pi}\int_0^\infty \xi\sin(\xi x)\,d\xi\int_0^t e^{-\varkappa\xi^2(t-\tau)}\,d\tau = \frac{2\vartheta_0}{\pi}\int_0^\infty (1-e^{-\varkappa\xi^2 t})\,\frac{\sin(\xi x)}{\xi}\,d\xi.$$

Since $x>0$ it follows from entries 1 and 6 of Table 5 that

$$\vartheta = \vartheta_0\left\{1-\operatorname{Erf}\left(\frac{x}{2\sqrt{(\varkappa t)}}\right)\right\} \qquad x>0,\ t>0. \tag{67.10}$$

In the second type of problem we suppose that the initial temperature $g(x)$ of the solid is prescribed but that, instead of the surface temperature being given, we suppose there is zero flux of heart across the surface $x=0$. We then have to solve equation (67.1) subject to the conditions (67.2), (67.4), and

$$\left(\frac{\partial\vartheta}{\partial x}\right)_{x=0} = 0, \qquad t\geq 0. \tag{67.11}$$

If we multiply both sides of equation (67.1) by $\sqrt{(2/\pi)}\cos(\xi x)$, integrate with respect to x from 0 to ∞, and make use of the boundary condition (67.11) in the result (63.8) we find that

$$\frac{1}{\varkappa}\frac{d\Theta_c}{dt} + \xi^2\,\Theta_c = 0 \tag{67.12}$$

and that

$$\Theta_c(\xi, 0) = G_c(\xi)\,. \tag{67.13}$$

where $\Theta_c(\xi, t)$ is the cosine transform of $\vartheta(x, t)$ and $G_c(\xi)$ is the cosine transform of the prescribed function $g(x)$. Solving equation (67.12), subject to the condition (67.13), we find that

$$\Theta_c(\xi, t) = G_c(\xi)\, e^{-\varkappa\xi^2 t}.$$

Hence, if we invert this result by means of FOURIER's cosine formula, we find that

$$\vartheta(x, t) = \sqrt{\frac{2}{\pi}}\int_0^\infty G_c(\xi)\, e^{-\varkappa\xi^2 t}\cos(\xi x)\, d\xi\,. \tag{67.14}$$

For example, if the initial distribution of temperature in the solid is given by

$$\vartheta(x, 0) = g(x) = \begin{cases}\vartheta_0 & 0 < x < a\\ 0 & x > a\end{cases}$$

then

$$G_c(\xi) = \sqrt{\frac{2}{\pi}}\,\vartheta_0\,\frac{\sin(\xi a)}{\xi}$$

and it follows, from equation (67.14) that

$$\begin{aligned}\vartheta(x, t) &= \frac{2\vartheta_0}{\pi}\int_0^\infty \frac{\sin(\xi a)\cos(\xi x)}{\xi}\, e^{-\varkappa\xi^2 t}\, d\xi\\ &= \frac{\vartheta_0}{\pi}\int_0^\infty \frac{1}{\xi}\left\{\sin\left[\frac{1}{2}\xi(a+x)\right] + \sin\left[\frac{1}{2}\xi(a-x)\right]\right\} e^{-\varkappa\xi^2 t}\, d\xi\,.\end{aligned}$$

Hence

$$\vartheta(x, t) = \begin{cases}\frac{1}{2}\vartheta_0\left[\operatorname{Erf}\left(\frac{a+x}{2\sqrt{\varkappa t}}\right) + \operatorname{Erf}\left(\frac{a-x}{2\sqrt{\varkappa t}}\right)\right] & 0 < x < a\\ \frac{1}{2}\vartheta_0\left[\operatorname{Erf}\left(\frac{x+a}{2\sqrt{\varkappa t}}\right) - \operatorname{Erf}\left(\frac{x-a}{2\sqrt{\varkappa t}}\right)\right] & x > a\,.\end{cases}$$

The third kind of boundary value problem consists in determining the distribution of temperature in a semi-infinite solid when its initial temperature is prescribed and there is radiation from the surface $x=0$ into a medium at zero temperature. In this problem we have to solve the partial differential equation (67.1) subject to the conditions (67.2), (67.4) and the radiation condition

$$\frac{\partial\vartheta}{\partial x} = h\vartheta \tag{67.15}$$

where h is a constant. To solve this boundary value problem we introduce the transform

$$\Theta_r(\xi) = \int_0^\infty \vartheta(x)\,\varphi(\xi, x)\, dx$$

where

$$\varphi(\xi, x) = \sqrt{\frac{2}{\pi}}\,\frac{h\sin(\xi x) + \xi\cos(\xi x)}{\sqrt{h^2+\xi^2}} \tag{67.16}$$

h being the constant occuring in equation (67.15) and ξ being a parameter.

Multiplying both sides of equation (67.1) by $\varphi(\xi, x)$, integrating with respect to x from 0 to ∞, and making use of the result

$$\int_0^\infty \frac{\partial^2 \vartheta}{\partial x^2} \varphi(\xi, x)\, dx = \xi \sqrt{\frac{2}{\pi(h^2+\xi^2)}} \left[\frac{\partial \vartheta}{\partial x} - h\vartheta\right]_{x=0} - \xi^2 \Theta_r(\xi)$$

we see that, if the radiation condition (67.15) is satisfied, then

$$\frac{1}{\varkappa}\frac{d\Theta_r}{dt} + \xi^2 \Theta_r = 0$$

with $\Theta_r = G_r(\xi)$ when $t = 0$. We therefore have

$$\Theta_r = G_r(\xi)\, e^{-\varkappa \xi^2 t}.$$

Inverting this result by means of the formula (60.3) we have

$$\vartheta(x, t) = \int_0^\infty G_r(\xi)\, e^{-\varkappa t \xi^2} \varphi(\xi, x)\, d\xi. \tag{67.17}$$

To take a special case, suppose that

$$g(x) = \vartheta_0\, e^{-\lambda x}$$

where λ and ϑ_0 are constants. As a result of simple integrations we have that

$$G_r(\xi) = \frac{\xi \vartheta_0 (h+\lambda)}{\xi^2+\lambda^2} \sqrt{\frac{2}{\pi(h^2+\xi^2)}}.$$

Substituting this expression for $G_r(\xi)$ into equation (67.17) and making use of equation (67.16) we see that

$$\vartheta(x, t) = \frac{2\vartheta_0(\lambda+h)}{\pi} \int_0^\infty \frac{\xi\, e^{-\varkappa \xi^2 t}}{(h^2+\xi^2)(\lambda^2+\xi^2)} \{h \sin(\xi x) + \xi \cos(\xi x)\}\, d\xi.$$

If $\lambda \neq h$ we may express the integrand in partial fractions to obtain

$$\vartheta(x, t) = \frac{2\vartheta_0}{\pi(h-\lambda)} \int_0^\infty e^{-\varkappa t \xi^2} \times$$
$$\times \left\{\frac{h\xi \sin(\xi x)}{\lambda^2+\xi^2} - \frac{h\xi \sin(\xi x)}{h^2+\xi^2} + \frac{h^2 \cos(\xi x)}{h^2+\xi^2} - \frac{\lambda^2 \cos(\xi x)}{\lambda^2+\xi^2}\right\} d\xi.$$

Making use of entry 3 of Table 4 and entry 3 of Table 5 we see that

$$\vartheta(x, t) = \frac{\vartheta_0}{h-\lambda}\Big[h\, e^{hx+\varkappa t h^2} \operatorname{Erfc}\left(h\sqrt{\varkappa t} + \frac{x}{2\sqrt{\varkappa t}}\right) +$$
$$+ \frac{1}{2}(h-\lambda)\, e^{-\lambda x+\varkappa t \lambda^2} \operatorname{Erfc}\left(\lambda\sqrt{\varkappa t} - \frac{x}{2\sqrt{\varkappa t}}\right) -$$
$$- \frac{1}{2}(h+\lambda)\, e^{\lambda x+\varkappa t \lambda} \operatorname{Erfc}\left(\lambda\sqrt{\varkappa t} + \frac{x}{2\sqrt{\varkappa t}}\right)\Big].$$

68. Distribution of Potential in a Half-Space. The distribution of a potential function, $\psi(x, y)$, in the interior of the semi-infinite solid $x \geq 0$, when its surface values are prescribed, can be effected easily by means of the exponential form of the FOURIER transform. The problem is to determine the solution of the LAPLACE equation

$$\frac{\partial^2 \psi}{\partial x^2} + \frac{\partial^2 \psi}{\partial y^2} = 0, \tag{68.1}$$

subject to the conditions:

$$\psi = f(y), \quad \text{on} \quad x = 0; \tag{68.2}$$

$$\psi \to 0 \quad \text{as} \quad |y| \to \infty, \quad \text{or} \quad x \to \infty. \tag{68.3}$$

To solve equation (68.1) we multiply both sides by $(2\pi)^{-\frac{1}{2}} e^{i\xi y}$ and integrate with respect to y from $-\infty$ to $+\infty$. We then find that the FOURIER transform $\Psi(x, \xi)$ of the function $\psi(x, y)$ satisfies the differential equation

$$\frac{d^2 \Psi}{dx^2} = \xi^2 \Psi \tag{68.4}$$

and the boundary conditions

$$\Psi = F(\xi), \quad \text{on} \quad x = 0; \tag{68.5}$$

$$\Psi \to 0 \quad \text{as} \quad x \to \infty. \tag{68.6}$$

We must therefore take

$$\Psi(x, \xi) = F(\xi)\, e^{-|\xi| x}.$$

Inverting this result, by means of the FOURIER inversion theorem, we find that

$$\psi(x, y) = \frac{1}{\sqrt{(2\pi)}} \int_{-\infty}^{\infty} F(\xi) e^{-|\xi| x - i\xi y}\, d\xi. \tag{68.7}$$

Now $e^{-|\xi| x}$ is the FOURIER transform of the function

$$\sqrt{\frac{2}{\pi}} \cdot \frac{x}{x^2 + y^2}$$

and $F(\xi)$ is the FOURIER transform of the function $f(y)$, so that, by the *Faltung* theorem (55.2), we have

$$\psi(x, y) = \frac{x}{\pi} \int_{-\infty}^{\infty} \frac{f(u)\, du}{x^2 + (y-u)^2}. \tag{68.8}$$

For example, if

$$f(y) = \begin{cases} \psi_0, & |y| \leq a, \\ 0, & |y| > a, \end{cases}$$

we find that

$$\psi(x, y) = \frac{x \psi_0}{\pi} \int_{-a}^{a} \frac{du}{x^2 + (y-u)^2} = \frac{\psi_0}{\pi} \arctan\left(\frac{2ax}{x^2 + y^2 - a^2}\right). \tag{68.9}$$

69. The Generation of Elastic Waves by Body Forces. To illustrate the application of multiple FOURIER transforms to the solution of a problem of mathematical physics we shall consider the problem of determining the distribution of stress in an infinite elastic solid when time-dependent body forces act in its interior. If we describe the position of a point in the interior of the solid by three rectangular cartesian coordinates (x, y, z), the equations of motion are of the form

$$\frac{\partial \sigma_x}{\partial x} + \frac{\partial \tau_{xy}}{\partial y} + \frac{\partial \tau_{xz}}{\partial z} + \varrho X = (\lambda + 2\mu) \frac{\partial^2 u}{\partial \tau^2}, \tag{69.1}$$

$$\frac{\partial \tau_{xy}}{\partial x} + \frac{\partial \sigma_y}{\partial y} + \frac{\partial \tau_{yz}}{\partial z} + \varrho Y = (\lambda + 2\mu) \frac{\partial^2 v}{\partial \tau^2}, \tag{69.2}$$

$$\frac{\partial \tau_{xz}}{\partial x} + \frac{\partial \tau_{yz}}{\partial y} + \frac{\partial \sigma_z}{\partial z} + \varrho Z = (\lambda + 2\mu) \frac{\partial^2 w}{\partial \tau^2}, \tag{69.3}$$

where we have replaced the time t by the space-like coordinate $\tau = c_1 t$ where $c_1 = [(\lambda + 2\mu)/\varrho]^{\frac{1}{2}}$ is the velocity of the P-waves in the solid. (u, v, w) are the components of the displacement vector, the stress tensor is

$$\begin{pmatrix} \sigma_x & \tau_{xy} & \tau_{xz} \\ \tau_{xy} & \sigma_y & \tau_{yz} \\ \tau_{yz} & \tau_{yz} & \sigma_z \end{pmatrix}$$

and (X, Y, Z) are the components of the body force in the solid. The stress-strain relations satisfy the simple forms

$$(\sigma_x, \sigma_y, \sigma_z) = \lambda \Delta + 2\mu \left(\frac{\partial u}{\partial x}, \frac{\partial v}{\partial y}, \frac{\partial w}{\partial z} \right), \tag{69.4}$$

$$\frac{1}{\mu} (\tau_{yz}, \tau_{zx}, \tau_{xy}) = \left(\frac{\partial v}{\partial z} + \frac{\partial w}{\partial y}, \frac{\partial w}{\partial x} + \frac{\partial u}{\partial z}, \frac{\partial u}{\partial y} + \frac{\partial v}{\partial x} \right) \tag{69.5}$$

where Δ denotes the dilatation $\partial u/\partial x + \partial v/\partial y + \partial w/\partial z$.

To solve the equations of motion we introduce the four-dimensional FOURIER transform of each of the components of stress and displacement. To simplify writing down the resulting equations we shall denote the FOURIER transform of a function by placing a bar above it, so that

$$\bar{f}(\xi, \eta, \zeta, \omega) = \frac{1}{(2\pi)^2} \int_{-\infty}^{\infty} \int_{-\infty}^{\infty} \int_{-\infty}^{\infty} \int_{-\infty}^{\infty} f(x, y, z, \tau)\, e^{i(\xi x + \eta y + \zeta z + \omega \tau)}\, dx\, dx\, dz\, d\tau \tag{69.6}$$

denotes the four-dimensional FOURIER transform of the function $f(x, y, z, \tau)$. Multiplying both sides of the equations (69.1), (69.2) and (69.3) by $\exp\{i(\xi x + \eta y + \zeta z + \omega \tau)\}$ integrating throughout the whole $xyz\tau$-space and making use of the results

$$\bar{f}_x, \bar{f}_y, \bar{f}_z, \bar{f}_{\tau\tau} = -i(\xi, \eta, \zeta, -i\omega^2)\bar{f} \tag{69.7}$$

we find that the equations of motion are equivalent to the set of algebraic equations

$$-i(\xi \bar{\sigma}_x + \eta \bar{\tau}_{xy} + \zeta \bar{\tau}_{xz}) + \varrho \bar{X} = -(\lambda + 2\mu)\omega^2 \bar{u}, \tag{69.8}$$

$$-i(\xi \bar{\tau}_{xy} + \eta \bar{\sigma}_y + \zeta \bar{\tau}_{xz}) + \varrho \bar{Y} = -(\lambda + 2\mu)\omega^2 \bar{v}, \tag{69.9}$$

$$-i(\xi \bar{\tau}_{xz} + \eta \bar{\tau}_{xz} + \zeta \bar{\sigma}_z) + \varrho \bar{Z} = -(\lambda + 2\mu)\omega^2 \bar{w}, \tag{69.10}$$

connecting the FOURIER transforms $\bar{\sigma}_x, \bar{\sigma}_y, \bar{\sigma}_z, \bar{\tau}_{yz}, \bar{\tau}_{zx}, \bar{\tau}_{xy}$, of the components of the stress tensor with those $\bar{u}, \bar{v}, \bar{w}$, of the components of the displacement vector. $\bar{X}, \bar{Y}, \bar{Z}$ denote the FOURIER transforms of the components of the body force. Similarly it can be shown that the stress-strain relations (69.4) and (69.5) are equivalent to the algebraic equations

$$(\bar{\sigma}_x, \bar{\sigma}_y, \bar{\sigma}_z) = -i\lambda(\xi u + \eta v + \zeta w) - 2i\mu(\xi \bar{u}, \eta \bar{v}, \zeta \bar{w}), \tag{69.11}$$

$$\frac{i}{\mu}(\bar{\tau}_{yz}, \bar{\tau}_{zx}, \bar{\tau}_{xy}) = (\zeta \bar{v} + \eta \bar{w}, \zeta \bar{u} + \xi \bar{w}, \xi \bar{v} + \eta \bar{u}). \tag{69.12}$$

The nine equations of the set (69.8—12) are sufficient to determine the nine unknown quantities $\bar{\sigma}_x, \bar{\sigma}_y, \bar{\sigma}_z, \bar{\tau}_{yz}, \bar{\tau}_{zx}, \bar{\tau}_{xy}, \bar{u}, \bar{v}, \bar{w}$, in terms of the three quantities $\bar{X}, \bar{Y}, \bar{Z}$ which are assumed to be known. For example we obtain the expression

$$\bar{u} = \frac{\{\beta^2(\eta^2 + \zeta^2 - \omega^2) + \xi^2\}\bar{X} - (\beta^2 - 1)\xi(\eta \bar{Y} + \zeta \bar{Z})}{c_1^2(\gamma^2 - \omega^2)(\gamma^2 - \beta^2\omega^2)} \tag{69.13}$$

for the FOURIER transform of the x-component of the displacement vector in terms of X, Y, Z, and the parameter $\beta^2 = (\lambda + 2\mu)/\mu$ which depends only on the elastic properties of the solid. In this equation we have written $\gamma^2 = \xi^2 + \eta^2 + \zeta^2$.

To obtain the expression for the displacement component itself we make use of FOURIER's integral theorem for four-dimensional transforms. If we write

$$(\boldsymbol{\xi}\cdot\boldsymbol{x}) = \xi x + \eta y + \zeta z + \omega\tau; \quad \boldsymbol{d\xi} = d\xi\, d\eta\, d\zeta\, d\tau,$$

we therefore have

$$u = \frac{1}{4\pi^2 c_1^2} \int_{-\infty}^{\infty}\int_{-\infty}^{\infty}\int_{-\infty}^{\infty}\int_{-\infty}^{\infty} \frac{[\{\beta^2(\eta^2+\zeta^2-\omega^2)+\xi^2\}\overline{X}-(\beta^2-1)\xi(\eta\overline{Y}+\zeta\overline{Z})]\, e^{-i(\boldsymbol{\xi}\cdot\boldsymbol{x})}\, \boldsymbol{d\xi}}{(\gamma^2-\omega^2)(\gamma^2-\beta^2\omega^2)} \tag{69.14}$$

with similar expressions for the y- and z-components of the displacement vector.

Similarly by solving the equations for $\bar{\sigma}_x, \bar{\sigma}_y, \bar{\sigma}_z, \bar{\tau}_{yz}, \bar{\tau}_{zx}, \bar{\tau}_{xy}$, and inverting by means of FOURIER's integral formula for four-dimensional transforms we can derive integral expressions for the components of the stress tensor in terms of the transforms $\overline{X}(\xi,\eta,\zeta,\omega)$, $\overline{Y}(\xi,\eta,\zeta,\omega)$, $\overline{Z}(\xi,\eta,\zeta,\omega)$ of the components of the body force. The solution of the problem is thus reduced to a series of integrations.

70. FREDHOLM's Equation of the Second Kind. An excellent illustration of the use of the Complex Form of FOURIER's inversion theorem, discussed in Sect. 57 above, is provided by the application of FOURIER transform methods to the solution of the integral equation

$$f(x) = g(x) + \lambda \int_{-\infty}^{\infty} k(x-u)\, f(u)\, du \tag{70.1}$$

in which the functions $g(x)$ and $k(x)$ are assumed to be known, λ is a parameter, and $f(x)$ is the unknown function which is to be determined. The equation (70.1) is called FREDHOLM's equation of the second kind.

By equation (57.2) we may represent the given function $g(x)$ by a formula of the type

$$g(x) = \frac{1}{\sqrt{2\pi}}\left\{\int_{ia'-\infty}^{ia'+\infty} G_+(\zeta)\, d\zeta\, e^{-i\zeta x} + \int_{ib'-\infty}^{ib'+\infty} G_-(\zeta)\, e^{-i\zeta x}\, d\zeta\right\} \tag{70.2}$$

where the function $G_+(\zeta)$ is analytic throughout the strip $\eta > a'$, and the function $G_-(\zeta)$ is analytic throughout the strip $\eta < b'$. In order that the method of FOURIER transforms shall be applicable we must be able to represent the kernel $k(x)$ in a similar way, such that the FOURIER transform $V(\zeta)$ is analytic throughout a strip $b''' < \eta < a'''$ which overlaps the region in which the functions $G_+(\zeta)$ and $G_-(\zeta)$ are analytic. Similarly the unknown function may be assumed to be represented by a formula similar to (57.2) in which the function $F_+(\zeta)$ is analytic in the region $\eta > a''$, and $F_+(\zeta)$ is analytic if $\eta < b''$. For the method of FOURIER transforms to be applicable we must have $a''' > \max(a', a'')$, and $b''' < \min(b', b'')$. With these assumptions we may write equation (70.1) in the form

$$\begin{aligned}\int_{a-\infty}^{ia+\infty} F_+(\zeta)\, e^{-i\zeta x}\, d\zeta + \int_{ib-\infty}^{ib+\infty} F_-(\zeta)\, e^{-i\zeta x}\, d\zeta = \int_{ia-\infty}^{ia+\infty} G_+(\zeta)\, e^{-i\zeta x}\, d\zeta + \int_{ib-\infty}^{ib+\infty} G_-(\zeta)\, e^{-i\zeta x}\, d\zeta + \\ + \lambda\sqrt{2\pi}\int_{ia-\infty}^{ia+\infty} F_+(\zeta)\, K(\zeta)\, e^{-i\zeta x}\, d\zeta + \lambda\sqrt{2\pi}\int_{ib-\infty}^{ib+\infty} F_-(\zeta)\, K(\zeta)\, e^{-i\zeta x}\, d\zeta\end{aligned}$$

where $a''' > a > \max(a', a'')$, and $b''' < b < \min(b', b'')$.

If we apply the theorem contained in the second half of Sect. 57, we see that the functions $\{1-\lambda\sqrt{2\pi}\,K(\zeta)\}\,F_+(\zeta)-G_+(\zeta)$, $\{1-\lambda\sqrt{2\pi}\,K(\zeta)\}\,F_-(\zeta)-G_-(\zeta)$ are both analytic in the strip $a<\eta<b$. Furthermore, throughout that strip of the ζ-plane their sum is zero. We may therefore write

$$\{1-\lambda\sqrt{2\pi}\,K(\zeta)\}\,F_+(\zeta)-G_+(\zeta)=H(\zeta),$$
$$\{1-\lambda\sqrt{2\pi}\,K(\zeta)\}\,F_-(\zeta)-G_-(\zeta)=-H(\zeta),$$

where the function $H(\zeta)$ is analytic in the region $a<\eta<b$.

Solving these equations, we find that

$$F_+(\zeta)=\frac{G_+(\zeta)+H(\zeta)}{1-\lambda\sqrt{2\pi}\,K(\zeta)},$$
$$F_-(\zeta)=\frac{G_-(\zeta)-H(\zeta)}{1-\lambda\sqrt{2\pi}\,K(\zeta)}.$$

Inserting these expressions into equation (57.2) we find that

$$\left.\begin{aligned} f(x)=\frac{1}{\sqrt{2\pi}}\int_{ia-\infty}^{ia+\infty}\frac{G_+(\zeta)\,e^{-i\zeta x}}{1-\lambda\sqrt{2\pi}\,K(\zeta)}\,d\zeta+\frac{1}{\sqrt{2\pi}}\int_{ib-\infty}^{ib+\infty}\frac{G_-(\zeta)\,e^{-i\zeta x}}{1-\lambda\sqrt{2\pi}\,K(\zeta)}\,d\zeta+{}\\ +\frac{1}{\sqrt{2\pi}}\int_{\Gamma}\frac{H(\zeta)\,e^{-i\zeta x}}{1-\lambda\sqrt{2\pi}\,K(\zeta)}\,d\zeta\end{aligned}\right\}\tag{70.3}$$

where the contour Γ is the boundary of the infinite strip $a<\eta<b$.

The third term on the right-hand side of equation (57.3) represents the solution of the homogeneous integral equation

$$f(x)=\lambda\int_{-\infty}^{\infty}k(x-u)\,f(u)\,du.\tag{70.4}$$

Since the function $H(\zeta)$ is analytic in the strip $a<\eta<b$, $f(x)$ will be zero unless the function $1-\lambda\sqrt{2\pi}\,K(\zeta)$ has zeros, or branch points, within the strip. If, for instance, $\zeta_1,\zeta_2,\ldots,\zeta_n$ are the zeros (assumed simple) of this function within the strip, and if the function has no branch points, then it follows from the calculus of residues that

$$f(x)=\sum_{r=1}^{n}A_r\,e^{-i\zeta_r x}\tag{70.5}$$

where the constants A_r are given by the expressions

$$\lim_{\zeta\to\zeta_r}\frac{(\zeta-\zeta_r)\,H(\zeta)}{1-\lambda\sqrt{2\pi}\,K(\zeta)}=\frac{A_r}{i\,(2\pi)^{\frac{3}{2}}}.$$

For instance, for the equation

$$f(x)=e^{\alpha|x|}+\lambda\int_{-\infty}^{\infty}e^{-|x-u|}f(u)\,du$$

we have

$$K(\zeta)=\sqrt{\frac{2}{\pi}}\,\frac{1}{1+\zeta^2}$$

so that $K(\zeta)$ is analytic within the strip $\eta<1$ and

$$1-\lambda\sqrt{2\pi}\,K(\zeta)=\frac{\zeta^2-\zeta_0^2}{\zeta^2+1}$$

where $\zeta_0^2 = (2\lambda - 1)$. Also

$$G_+(\zeta) = -\frac{1}{i\sqrt{2\pi}\,(\zeta - i\alpha)}, \qquad \eta > \alpha,$$

$$G_-(\zeta) = \frac{1}{i\sqrt{2\pi}\,(\zeta + i\alpha)}, \qquad \eta < \alpha,$$

so that the solution (70.3) is valid if, and only if, $\alpha < 1$, in which case it assumes the form

$$f(x) = -\frac{1}{2\pi i}\int_{a-\infty}^{ia+\infty} \frac{(\zeta^2+1)\,e^{-i\zeta x}}{(\zeta^2-\zeta_0^2)(\zeta-i\alpha)}\,d\zeta +$$

$$+\frac{1}{2\pi i}\int_{ib-\infty}^{ib+\infty} \frac{(\zeta^2+1)^{-i\zeta x}}{(\zeta^2-\zeta_0^2)(\zeta+i\alpha)}\,d\zeta + A\,e^{i\zeta_0 x} + B\,e^{-i\zeta_0 x}$$

where $a < 1$, $b > -1$ and A and B are arbitrary constants. The contour integrations may be performed by means of the calculus of residues. If $x > 0$, we can add a semi-circle in the lower half-plane to the contour of each integral and, in that way, obtain a closed contour over which to carry out the integration. When $x < 0$ we similarly add a semi-circle in the upper half-plane. In this way we find that the solution reduces to the form

$$f(x) = \frac{\alpha^2-1}{\alpha^2+\zeta_0^2}\,e^{\alpha|x|} + \frac{\zeta_0^2+1}{\zeta_0\sqrt{\alpha^2+\zeta_0^2}}\cos\left\{\zeta_0|x| - \arctan\left(\frac{\alpha}{\zeta_0}\right)\right\} + A\,e^{i\zeta_0 x} + B\,e^{-i\zeta_0 x},$$

where the constants A and B are arbitrary.

f) FOURIER Transforms in Quantum Mechanics.

71. Momentum Wave Functions. For a system containing a single electron it is well known[1] that the propability that the electron is to be found in the volume element $dx\,dy\,dz$ centred at the point with coordinates (x, y, z) is $|\psi(x, y, z)|^2$ $dx\,dy\,dz$ where $\psi(x, y, z)$ is the appropriate solution of the SCHRÖDINGER equation

$$\nabla^2\psi + 2(W - V)\,\psi = 0. \tag{71.1}$$

In this equation $V(x, y, z)$ is the potential energy of the field in which the electron moves and W is its total energy; atomic units are employed, i.e. the charge of the electron, the mass of the electron and the length $h^2/4\pi^2 m e^2$ are taken as the units of charge, mass and length respectively.

Several physical problems, such as the determination of the profile of the modified COMPTON line, depend for their solution upon the knowledge of the momentum density function $I(p)$ which denotes the probability that the momentum of the electron has magnitude between p and $p + dp$. We may write

$$I(p) = \int |\chi(p_x, p_y, p_z)|^2\, p^2\, d\omega \tag{71.2}$$

where $d\omega$ is the element of solid angle for $\boldsymbol{p}$, and the function $\chi(p_x, p_y, p_z)$ is such that $|\chi(p_x, p_y, p_z)|^2\, dp_x\, dp_y\, dp_z$ is the probability of finding the electron with its momentum in the band $(p_x, p_y, p_z) \leq \boldsymbol{p} \leq (p_x + dp_x, p_y + dp_y, p_z + dp_z)$.

The importance of FOURIER transforms in quantum theory arises from the fact that, on the basis of the DIRAC transformation theory, $\chi(p_x, p_y, p_z)$ is

[1] N. F. MOTT and I. N. SNEDDON: Wave Mechanics and its Applications, Chapter I. Oxford: University Press 1948.

merely the three-dimensional FOURIER transform of the SCHRÖDINGER wave function $\psi(x, y, z)$, i.e., in atomic units,

$$\chi(p_x, p_y, p_z) = (2\pi)^{-\frac{3}{2}} \int_{E_3} \psi(x, y, z)\, e^{-i(\boldsymbol{p}\cdot\boldsymbol{r})}\, dx\, dy\, dz. \tag{71.3}$$

The study of the momentum distribution function, $I(p)$, is, therefore, based upon that of the FOURIER transforms of the spatial wave functions of the system. If the spatial wave function is normalized to unity, i.e. if

$$\int_{E_3} |\psi(\boldsymbol{r})|^2\, dx\, dy\, dz = 1 \tag{71.4}$$

it follows from the convolution theorem (55.2) that

$$\int_{-\infty}^{\infty}\int_{-\infty}^{\infty}\int_{-\infty}^{\infty} |\chi(\boldsymbol{p})|^2\, dp_x\, dp_y\, dp_z = 1 \tag{71.5}$$

so that the momentum wave function $\chi(\boldsymbol{p})$ is automatically normalized to unity. An alternative way of writing equation (71.5) is

$$\int_0^\infty I(p)\, dp = 1,$$

a result we should have expected on probability grounds.

In the SCHRÖDINGER interpretation, the momentum p is represented by the operator $-i.\operatorname{grad}\psi$ so that, with the probability interpretation of the spatial wave function $\psi(r)$, the mean value, $\bar{p}_x$, of the x-component of the momentum is given by

$$\bar{p}_x = -i\int_{E_3} \psi^* \frac{\partial}{\partial x}\psi\, dx\, dy\, dz.$$

Now $-i\,\partial\psi/\partial x$ is the FOURIER transform of $p_x\chi(\boldsymbol{p})$, so that, by the convolution theorem

$$\bar{p}_x = \int_{-\infty}^{\infty}\int_{-\infty}^{\infty}\int_{-\infty}^{\infty} p_x\chi(\boldsymbol{p})\,\chi^*(\boldsymbol{p})\, dp_x\, dp_y\, dp_z,$$

which is consistent with the probability interpretation of the momentum wave function $\chi(\boldsymbol{p})$. Similarly it can be shown that

$$\bar{p} = \int_0^\infty p\, I(p)\, dp \tag{71.6}$$

by means of which the mean momentum of the electron can be calculated.

The method may obviously be extended to more complicated atomic systems. If we have an atomic (or molecular) system containing n electrons whose space vectors with respect to a fixed origin are assumed to be $\boldsymbol{r}_1, \boldsymbol{r}_2, \ldots, \boldsymbol{r}_n$, then the spatial wave function $\psi(\boldsymbol{r}_1, \boldsymbol{r}_2, \ldots, \boldsymbol{r}_n)$ is a solution of the SCHRÖDINGER equation

$$(\nabla_1^2 + \nabla_2^2 + \cdots + \nabla_n^2)\,\psi + 2(W - V)\,\psi = 0 \tag{71.7}$$

where

$$\nabla_i^2 = \frac{\partial^2}{\partial x_i^2} + \frac{\partial^2}{\partial y_i^2} + \frac{\partial^2}{\partial z_i^2} \qquad (i = 1, 2, \ldots, n).$$

The corresponding momentum wave function $\chi(\boldsymbol{p}_1, \boldsymbol{p}_2, \ldots, \boldsymbol{p}_n)$ is then the $3n$-dimensional FOURIER transform of the spatial wave function:

$$\chi(\boldsymbol{p}_1, \boldsymbol{p}_2, \ldots, \boldsymbol{p}_3) = (2\pi)^{-\frac{3}{2}n} \int_{E_{3n}} \psi(\boldsymbol{r}_1, \boldsymbol{r}_2, \ldots, \boldsymbol{r}_n)\, e^{-i(\boldsymbol{p}_1\cdot\boldsymbol{r}_1 + \cdots + \boldsymbol{p}_n\cdot\boldsymbol{r}_n)}\, d\boldsymbol{r}_1 \ldots d\boldsymbol{r}_n. \tag{71.8}$$

For the application of these formulae to the discussion of distribution of electronic momenta in atomic and molecular systems the reader is referred to pp. 365—379 of SNEDDON'S "FOURIER Transforms".

72. The One-Body Problem in Momentum Space. Another use which may be found for the theory of FOURIER transforms in quantum theory arises in the solution of SCHRÖDINGER'S equation for the manybody problem in nuclear theory. Instead of considering the many-body problems which are encountered in nuclear theory, we shall illustrate the principles involved by applying them to the one-body problem. If we take the mass of the nuclear particle considered to be the unit of mass then the motion of the nucleon is described by the SCHRÖDINGER equation (71.1). If we multiply both sides of this equation by $\exp\{-i(\boldsymbol{p}\cdot\boldsymbol{r})\}$ and integrate over the whole of the space E_3 we find, using the equations (65.1) and (66. 6), that the momentum wave function of the nucleon, $\chi(\boldsymbol{p})$, satisfies the equation

$$\{\tfrac{1}{2}\boldsymbol{p}^2 - W\}\chi(\boldsymbol{p}) + (2\pi)^{-\frac{3}{2}}\int\limits_{P_3} v(\boldsymbol{p}-\boldsymbol{p}')\,\chi(\boldsymbol{p}')\,d\boldsymbol{p}' = 0. \tag{72.1}$$

In problems concerning binding energies we may assume that the energy parameter W is negative, in which case we may write

$$\varphi(\boldsymbol{p}) = (\boldsymbol{p}^2 - 2W)^{\frac{1}{2}}\chi(\boldsymbol{p}), \qquad K(\boldsymbol{p},\boldsymbol{p}') = \frac{-v(\boldsymbol{p}-\boldsymbol{p}')}{\pi\,[2\pi(p^2-2W)(p'^2-2W)]^{\frac{1}{2}}}$$

to transform equation (71.1) to the homogeneous linear integral equation

$$\varphi(\boldsymbol{p}) = \int\limits_{P_3} K(\boldsymbol{p},\boldsymbol{p}')\,\varphi(\boldsymbol{p}')\,d\boldsymbol{p}' \tag{72.2}$$

where P_3 denotes the three-dimensional momentum space. The kernel $K(\boldsymbol{p},\boldsymbol{p}')$ which occurs in this equation corresponds to the nuclear interaction.

Once the solution $\varphi(\boldsymbol{p})$ of this equation has been found, $\chi(\boldsymbol{p})$ can be obtained by a simple algebraic operation, and the spatial wave function $\psi(\boldsymbol{r})$ obtained from FOURIER'S inversion theorem for multiple transforms. Furthermore the eigen-values of the integral equation (72.2) will lead to the allowed values of the energy W of the system.

Integral equations of the type (72.2) are not readily solved for the forms of the function $v(\boldsymbol{p}-\boldsymbol{p}')$ which occur in nuclear physics. Because of this SVARTHOLM[1] has devised an approximate method of solving such equations, which is based upon two well established methods in the theory of integral equations, the GAUSS-HILBERT variational principle and the method of iterated functions due to KELLOGG. For a description of SVARTHOLM'S method and its application to various one- and many-body problems of nuclear physics, the reader is referred to the paper by SVARTHOLM cited above, or to pp. 379—394 of SNEDDON'S "FOURIER Transforms".

III. The MELLIN Transform.

a) Definition and Elementary Properties of the MELLIN Transform.

73. Definition of the MELLIN Transform. Closely related to the transforms of FOURIER and LAPLACE is the MELLIN *transform* which is defined by the equation

$$\bar{f}(s) = \mathfrak{M}\{f(x);s\} = \int\limits_0^\infty f(x)\,x^{s-1}\,dx \tag{73.1}$$

[1] N. SVARTHOLM: The Binding Energies of the Lightest Atomic Nuclei (Thesis, Lund 1945); see also Ark. Mat. Astron. Fysik, Ser. A **35** Nos. 7 a. 8 (1947).

whenever the integral on the right exists[1]. In a similar way, we say that the function $f(x)$, whose MELLIN transform is $\bar{f}(s)$, is the *inverse* MELLIN *transform* of $\bar{f}(s)$ and write

$$f(x) = \mathfrak{M}^{-1}\{\bar{f}(s); x\}. \tag{73.2}$$

The MELLIN transform may be obtained by an exponential transformation from the bilateral LAPLACE transform, or from the exponential FOURIER transform in the complex plane, so that it requires no special treatment here. It is obvious that

$$\mathfrak{M}\{f(x); s\} = T\{f(e^x); is\} \tag{73.3}$$

where T denotes the FOURIER transformation. Similarly, we can write

$$\mathfrak{M}\{f(x); s\} = \mathfrak{L}_2\{f(e^{-x}); s\} \tag{73.4}$$

$$= \mathfrak{L}\{f(e^{-x}); s\} + \mathfrak{L}\{f(e^x); -s\} \tag{73.5}$$

where $\mathfrak{L}_2$ denotes the bilateral LAPLACE transformation and $\mathfrak{L}$ denotes the one-sided LAPLACE transformation.

74. Elementary Properties of the MELLIN Transform. It is readily seen, by effecting a simple change of variable in the defining integral, that

$$\mathfrak{M}\{f(ux); s\} = u^{-s}\bar{f}(s), \qquad u > 0, \tag{74.1}$$

and that

$$\mathfrak{M}\{x^\lambda f(x); s\} = \bar{f}(s+\lambda). \tag{74.2}$$

Combining these two results we find that

$$\mathfrak{M}\{x^\lambda f(ux); s\} = \mathfrak{M}\{f(xu); s+\lambda\} = u^{-s-\lambda}\bar{f}(s+\lambda), \qquad u > 0. \tag{74.3}$$

Similarly it is readily shown that

$$\mathfrak{M}\{f(x^\mu); s\} = \frac{1}{\mu}\bar{f}\left(\frac{s}{\mu}\right), \qquad \mu > 0, \tag{74.4}$$

$$\mathfrak{M}\{f(x^{-\mu}); s\} = \frac{1}{\mu}\bar{f}\left(\frac{-s}{\mu}\right), \quad \mu > 0. \tag{74.5}$$

As a result of inetgrations by parts we can establish the results:

$$\mathfrak{M}\left\{\frac{d^n f}{dx^n}; s\right\} = (-1)^n \frac{\Gamma(s)}{\Gamma(s-n)}\bar{f}(s-n), \tag{74.6}$$

$$\mathfrak{M}\left\{\left(x\frac{d}{dx}\right)^n f; s\right\} = (-1)^n s^n \bar{f}(s), \tag{74.7}$$

$$\mathfrak{M}\left\{\left(\frac{d}{dx}x\right)^n f(x); s\right\} = (-1)^n s^n \bar{f}(s). \tag{74.8}$$

In particular,

$$\mathfrak{M}\{xf'(x); s\} = -s\bar{f}(s), \tag{74.9}$$

$$\mathfrak{M}\{x^2 f''(x); s\} = s(s+1)\bar{f}(s). \tag{74.10}$$

[1] It is hoped that no confusion will arise because the same symbol, $\bar{f}(s)$, is used for both the LAPLACE and the MELLIN transform of the function $f(x)$. The same symbol is chosen to avoid profusion in the notation. In any given application it will always be obvious which transform is being employed.

Similar results exist for certain integral expressions. For instance,

$$\left.\begin{aligned}\mathfrak{M}\left\{x^\lambda \int_0^\infty u^\mu f(x u)\, g(u)\, du\right\} &= \int_0^\infty u^\mu g(u)\, du \int_0^\infty f(x u)\, x^{\lambda+s-1}\, dx \\ &= \int_0^\infty u^\mu g(u)\, du\, \mathfrak{M}\{x^\lambda f(x u)\} \\ &= \bar{f}(s+\lambda) \int_0^\infty u^{\mu-s-\lambda} g(u)\, du \\ &= \bar{f}(s+\lambda)\, \bar{g}(1-s-\lambda+\mu).\end{aligned}\right\} \tag{74.11}$$

Table 6. MELLIN *transforms of the more commonly occurring elementary functions*[1].

	$f(x)$	$\bar{f}(s)$
1.	$x^n \quad 0 < x < 1$ $0 \quad x > 1$	$(n+s)^{-1} \quad \Re(s) > -\Re(n)$
2.	$(1+a x)^{-n} \quad \lvert\arg a\rvert < \pi$	$a^{-s} B(s, n-s) \quad 0 < \Re(s) < \Re(n)$
3.	$e^{-a x} \quad \Re(a) > 0$	$a^{-s}\Gamma(s) \quad \Re(s) > 0$
4.	$(x+b)^{-1} e^{-a x} \quad \Re(a) > 0$ $\lvert\arg b\rvert < \pi$	$\Gamma(s)\,\Gamma(1-s, a b)\, b^{s-1} e^{a b} \quad \Re(s) > 0$[2]
5.	$\sin(a x) \quad a > 0$	$a^{-s}\Gamma(s)\sin(\frac{1}{2}\pi s) \quad -1 < \Re(s) < 1$
6.	$\cos(a x) \quad a > 0$	$a^{-s}\Gamma(s)\cos(\frac{1}{2}\pi s) \quad -1 < \Re(s) < 1$
7.	$(1-a x)^{b-1} \quad 0 \leq x < 1,\ \Re(b) > 0$ $0 \quad x > 1$	$a^{-s} B(s, b-s)$
8.	$x^{2b}(1-x^2)^{a-1} \quad 0 \leq x \leq 1,\ \Re(a) > 0$ $0 \quad x > 1$	$\frac{1}{2} B(a, b+\frac{1}{2}s)$
9.	$x^b J_\nu(a x)$	$\dfrac{2^{b+s+1}\Gamma(\frac{1}{2}a+\frac{1}{2}\nu+\frac{1}{2}s)}{a^{b+s}\Gamma(1-\frac{1}{2}b-\frac{1}{2}s+\frac{1}{2}\nu)}$
10.	$e^{-b^2 x^2} J_\nu(a x)$	$\dfrac{\Gamma(\frac{1}{2}\nu+\frac{1}{2}s)}{2b^s\Gamma(1+s)}\left(\dfrac{a}{2b}\right)^\nu \times$ $\times\, {}_1F_1\left(\dfrac{1}{2}s+\dfrac{1}{2}\nu, \nu+1; -\dfrac{a^2}{b^2}\right)$
11.	$e^{-b x} J_\nu(a x)$	$\dfrac{\Gamma(s+\nu)}{b^s\Gamma(1+\nu)}\left(\dfrac{a}{2b}\right)^\nu \times$ $\times\, {}_2F_1\left(\dfrac{1}{2}s+\dfrac{1}{2}\nu, \dfrac{1}{2}s+\dfrac{1}{2}\nu+\dfrac{1}{2}; \nu+1; -\dfrac{a^2}{b^2}\right)$
12.	$\log_e(1+a x) \quad (a > 0)$	$\dfrac{\pi a^{-s}}{s}\operatorname{cosec}(\pi s)$

[1] For fuller tables of MELLIN transforms see pp. 303–366 of the tables by ERDELYI and others.

[2] $\Gamma(a, b)$ denotes the incomplete gamma function

$$\int^\infty e^{-u} u^{a-1}\, du.$$

Similarly,

$$\left.\begin{aligned}\mathfrak{M}\left\{x^{\lambda}\int_{0}^{\infty}u^{\mu}f\left(\frac{x}{u}\right)g(u)\,du;\,s\right\} &= \int_{0}^{\infty}u^{\mu}g(u)\,\mathfrak{M}\left\{x^{\lambda}f\left(\frac{x}{u}\right);\,s\right\}\\ &= \bar{f}(s+\lambda)\int_{0}^{\infty}u^{s+\lambda+\mu}g(u)\,du\\ &= \bar{f}(s+\lambda)\,\bar{g}(s+\lambda+\mu+1).\end{aligned}\right\} \tag{74.12}$$

We obtain an important special case of this result by taking $\lambda=0$, $\mu=-1$, namely

$$\int_{0}^{\infty}f\left(\frac{x}{u}\right)g(u)\frac{du}{n} = \mathfrak{M}^{-1}\{\bar{f}(s)\,\bar{g}(s)\}. \tag{74.13}$$

By means of these theorems and several elementary integrations it is a simple matter to construct a table of the MELLIN transforms of the more commonly occuring functions of mathematical physics. Such a collection of transforms is shown in Table 6.

b) The Inversion Theorem for the MELLIN Transform.

75. MELLIN's Inversion Integral. If we let $\xi=e^{x}$, $s=c+i\alpha$ in the definition of the FOURIER transform

$$G(\alpha) = \frac{1}{\sqrt{2\pi}}\int_{-\infty}^{\infty}g(x)\,e^{i\alpha x}\,dx$$

we find that it becomes

$$G\left(\frac{s-c}{i}\right) = \frac{1}{\sqrt{2\pi}}\int_{-\infty}^{\infty}\xi^{-c}g(\log\xi)\,\xi^{s-1}\,d\xi \tag{75.1}$$

and the same substitutions in the formula

$$g(x) = \frac{1}{\sqrt{2\pi}}\int_{-\infty}^{\infty}G(\alpha)\,e^{-i\alpha x}\,d\alpha$$

yield the relation

$$g(\log\xi) = \frac{1}{i\sqrt{2\pi}}\int_{c-i\infty}^{c+i\infty}G\left(\frac{s-c}{i}\right)\xi^{c-s}\,ds. \tag{75.2}$$

If, therefore, we write

$$f(\xi) = (2\pi)^{-\frac{1}{2}}\,\xi^{-c}g(\log\xi),$$

$$\bar{f}(s) = G\left(\frac{s-c}{i}\right)$$

we find that equations (75.1) and (75.2) yield the pair:

$$\bar{f}(s) = \int_{0}^{\infty}\xi^{s-1}f(\xi)\,d\xi, \tag{75.3}$$

$$f(\xi) = \frac{1}{2\pi i}\int_{c-i\infty}^{c+i\infty}\bar{f}(s)\,\xi^{-s}\,ds. \tag{75.4}$$

Now equation (75.3) is merely the definition of the MELLIN transform of the function $f(x)$, so that equation (75.4) is the inversion theorem for the MELLIN transform. We have therefore shown that the MELLIN transform may be obtained by a simple transformation from the exponential FOURIER transform and therefore need not be treated separately from that transform. It is, however, instructive to have the main theorem recorded in MELLIN's form.

MELLIN showed that if the integral

$$\bar{f}(s) = \int_0^\infty f(x)\, x^{s-1}\, dx$$

converges absolutely on the line $\mathfrak{R}(s) = c$, and if $f(x)$ is of bounded variation in a neighbourhood of the point with abscissa $x\,(x > 0)$, then

$$\lim_{T\to\infty} \frac{1}{2\pi i} \int_{c-iT}^{c+iT} \bar{f}(s)\, x^{-s}\, ds = \frac{1}{2}\{f(x+0) + f(x-0)\}.$$

76. Convolution Theorems for the MELLIN Transform. If $\bar{f}(s)$ and $\bar{g}(s)$ are the MELLIN transforms of the functions $f(x)$ and $g(x)$ then

$$\begin{aligned}\int_0^\infty f(x)\, g(x)\, x^{s-1}\, dx &= \int_0^\infty g(x)\, dx \cdot x^{s-1} \frac{1}{2\pi i} \int_{c-i\infty}^{c+i\infty} \bar{f}(\sigma)\, x^{-\sigma}\, d\sigma \\ &= \frac{1}{2\pi i} \int_{c-i\infty}^{c+i\infty} \bar{f}(\sigma)\, d\sigma \int_0^\infty g(x)\, x^{s-1-\sigma}\, dx\end{aligned}$$

showing that

$$\mathfrak{M}\{f(x)\, g(x);\, s\} = \frac{1}{2\pi i} \int_{c-i\infty}^{c+i\infty} \bar{f}(\sigma)\, \bar{g}(s-\sigma)\, d\sigma. \tag{76.1}$$

A special case of this result is:

$$\int_0^\infty f(x)\, g(x)\, dx = \frac{1}{2\pi i} \int_{c-i\infty}^{c+i\infty} \bar{f}(s)\, \bar{g}(1-s)\, ds. \tag{76.2}$$

By a similar process we can show that

$$\left.\begin{aligned}\mathfrak{M}^{-1}\{\bar{f}(s)\, \bar{g}(s);\, x\} &= \frac{1}{2\pi i} \int_{c-i\infty}^{c+i\infty} \bar{f}(s)\, x^{-s}\, ds \int_0^\infty g(u)\, u^{s-1}\, du \\ &= \int_0^\infty g(u)\, \frac{du}{u}\, \frac{1}{2\pi i} \int_{c-i\infty}^{c+i\infty} \bar{f}(s) \left(\frac{x}{u}\right)^{-s} ds = \int_0^\infty f\left(\frac{x}{u}\right) g(u)\, \frac{du}{u}\end{aligned}\right\} \tag{76.3}$$

in agreement with (74.13).

c) Applications of the MELLIN Transform.

The usefulness of the MELLIN transform will be illustrated by a brief description of its use in two different sets of circumstances—the solution of a partial differential equation, and the solution of a pair of "dual" integral equations.

77. The Distribution of Potential in a Wedge. The use of the MELLIN transform in the solution of boundary value problems in the theory of partial differential equations will be illustrated by considering the problem of the determination of the variation of a potential function $\psi(r, \vartheta)$ in the wedge $r > 0$, $-\alpha < \vartheta < \alpha$, when its value is prescribed along the faces, $\vartheta = \pm\alpha$, of the wedge. The problem, then, is to determine a function $\psi(r, \vartheta)$ satisfying the conditions

$$\frac{\partial^2 \psi}{\partial r^2} + \frac{1}{r}\frac{\partial \psi}{\partial r} + \frac{1}{r^2}\frac{\partial^2 \psi}{\partial \vartheta^2} = 0, \tag{77.1}$$

$$\psi(r, \alpha) = f(r), \tag{77.2}$$

$$\psi(r, -\alpha) = g(r), \tag{77.3}$$

$$\psi(r, \vartheta) \to 0, \quad \text{as} \quad r \to \infty. \tag{77.4}$$

If we multiply both sides of equation (77.1) by r^{s+1} we find that, on account of equations (74.9), (74.10) and (77.4), the MELLIN transform

$$\overline{\psi}(s, \vartheta) = \int_0^\infty r^{s-1}\psi(r, \vartheta)\, dr \tag{77.5}$$

of the potential function $\psi(r, \vartheta)$ satisfies the ordinary differential equation

$$\frac{d^2 \overline{\psi}}{d\vartheta^2} + s^2 \overline{\psi} = 0. \tag{77.6}$$

Also, the boundary conditions (77.2) and (77.3) are equivalent to the conditions

$$\overline{\psi}(s, \alpha) = \overline{f}(s), \qquad \overline{\psi}(s, -\alpha) = \overline{g}(s) \tag{77.7}$$

where $\overline{f}(s)$, $\overline{g}(s)$ are the MELLIN transforms of the functions $f(r)$, $g(r)$ respectively.

The solution of equation (77.6), subject to the boundary conditions (77.7), is readily seen to be

$$\overline{\psi}(s, \vartheta) = \overline{f}(s)\frac{\sin s(\alpha + \vartheta)}{\sin 2s\alpha} + \overline{g}(s)\frac{\sin s(\alpha - \vartheta)}{\sin 2s\alpha}. \tag{77.8}$$

In the particular case in which the problem is symmetrical, i.e. in which the functions $f(r)$ and $g(r)$ are identical, we have the solution

$$\overline{\psi}(s, \vartheta) = \overline{f}(s)\frac{\cos(s\vartheta)}{\cos(s\alpha)}. \tag{77.9}$$

Inverting the formula (77.8), by means of the MELLIN inversion theorem, we find that

$$\psi(r, \vartheta) = \frac{1}{2\pi i}\int_{\gamma - i\infty}^{\gamma + i\infty} r^{-s}\left\{\overline{f}(s)\frac{\sin s(\alpha + \vartheta)}{\sin(2s\alpha)} + \overline{g}(s)\frac{\sin s(\alpha - \vartheta)}{\sin(2s\alpha)}\right\} ds. \tag{77.10}$$

To illustrate the procedure to be adopted in a specific problem we shall consider the symmetrical formula

$$\psi(r, \vartheta) = \frac{1}{2\pi i}\int_{\gamma - i\infty}^{\gamma + i\infty} \overline{f}(s)\frac{\cos(s\vartheta)}{\cos(s\alpha)}\, ds, \tag{77.11}$$

obtained by inverting equation (77.9). For example, if

$$\psi(r, +\alpha) = \begin{cases} \psi_0, & |r| \leq a, \\ 0, & |r| > a, \end{cases}$$

then

$$\overline{f}(s) = \frac{1}{s}\psi_0 a^s,$$

and

$$\psi(r, \vartheta) = \frac{\psi_0}{2\pi i}\int_{\gamma - i\infty}^{\gamma + i\infty} \left(\frac{a}{r}\right)^s \frac{\cos(s\vartheta)}{s\cos(s\alpha)}\, ds.$$

The integrand has a pole at the point $s=0$, so that the integral on the right is equal to the limiting value, as $\varepsilon\to 0$, of the integral along the contour L, made up of three parts:

(i) L_1 — the imaginary axis from $-i\infty$ to $-i\varepsilon$;
(ii) S_1 — the semi-circle $|s|=\varepsilon$, $|\arg(s)|\leq\frac{1}{2}\pi$;
(iii) L_2 — the imaginary axis from $+i\varepsilon$ to $+i\infty$.

As $\varepsilon\to 0$ the contribution from S_1 tends to the value $\frac{1}{2}\psi_0$, while the contributions from L_1 and L_2, taken together, tend to the value

$$\frac{\psi_0}{2\pi i}\int_0^\infty\left\{\left(\frac{a}{r}\right)^{i\tau}-\left(\frac{a}{r}\right)^{-i\tau}\right\}\frac{\operatorname{Cos}(\tau\vartheta)}{\tau\operatorname{Cos}(\tau\alpha)}\,d\tau.$$

Using the fact that

$$\frac{1}{2i}\left\{\left(\frac{a}{r}\right)^{i\tau}-\left(\frac{a}{r}\right)^{-i\tau}\right\}=\sin\left(\tau\log\frac{a}{r}\right),$$

we therefore find that

$$\psi(r,\vartheta)=\frac{1}{2}\psi_0+\frac{\psi_0}{\pi}\int_0^\infty\sin\left(\tau\log\frac{a}{r}\right)\frac{\operatorname{Cos}(\tau\vartheta)}{\tau\operatorname{Cos}(\tau\alpha)}\,d\tau. \tag{77.12}$$

If $\alpha=\frac{1}{2}\pi$, the wedge becomes a semi-infinite solid and we obtain the result

$$\psi(r,\vartheta)=\frac{1}{2}\psi_0+\frac{\psi_0}{\pi}\int_0^\infty\sin\left(\tau\log\frac{a}{r}\right)\frac{\operatorname{Cos}(\tau\vartheta)}{\tau\operatorname{Cos}(\frac{1}{2}\pi\tau)}\,d\tau. \tag{77.13}$$

Now it can be shown[1] that:

$$\int_0^\infty\cos(m\tau)\frac{\operatorname{Cos}(\vartheta\tau)}{\operatorname{Cos}(\frac{1}{2}\pi\tau)}\,d\tau=\frac{\cos\vartheta\operatorname{Cos}m}{\cos^2\vartheta+\sinh^2 m}.$$

Integrating both sides of this equation with respect to m from 0 to m, and putting $m=\log(a/r)$, we find that

$$\begin{aligned}\int_0^\infty\sin\left(\tau\log\frac{a}{r}\right)\frac{\operatorname{Cos}(\vartheta\tau)}{\tau\operatorname{Cos}(\frac{1}{2}\pi\tau)}\,d\tau&=\arctan\left(\frac{a^2-r^2}{2\operatorname{arc}\cos\vartheta}\right)\\&=\arctan\left(\frac{2\operatorname{arc}\cos\vartheta}{r^2-a^2}\right)-\frac{1}{2}\pi.\end{aligned}$$

Substituting this result in equation (77.13), we obtain the result previously obtained by means of the exponential FOURIER transform—equation (68.9) above.

78. The Solution of Dual Integral Equations. The solution of certain boundary value problems in mathematical physics may be reduced to the solution of the pair of simultaneous equations

$$\left.\begin{aligned}\int_0^\infty u^n f(u)\,J_\nu(xu)\,du&=g(x),\quad 0\leq x<1;\\ \int_0^\infty f(u)\,J_\nu(xu)\,du&=0,\quad x>1,\end{aligned}\right\} \tag{78.1}$$

in which the number n (which need not be an integer) and the function $g(x)$ are prescribed and we wish to determine the function $f(x)$[2]. We shall illustrate the

[1] J. EDWARDS: The Integral Calculus, Vol. 2, p. 276. London: Macmillan 1922.
[2] See, for instance, Sect. 89 below.

use of MELLIN transforms by solving these equations formally. Such a pair of equations are known as *dual integral equations*.

By entry 9 of Table 6 we see that the MELLIN transform of $u^n J_\nu(xu)$ is

$$\frac{2^{n+s-1}\Gamma(\frac{1}{2}n+\frac{1}{2}\nu+\frac{1}{2}s)}{x^{n+s}\Gamma(1-\frac{1}{2}n-\frac{1}{2}s+\frac{1}{2}\nu)}. \tag{78.2}$$

Hence by the FALTUNG theorem for MELLIN transforms—equation (76.2) above-we see that the pair of equations (78.1) is equivalent to the pair:

$$\frac{1}{2\pi i}\int_{c-i\infty}^{c+i\infty}\frac{\Gamma(\frac{1}{2}+\frac{1}{2}\nu+\frac{1}{2}s)\,F(s)}{\Gamma(\frac{1}{2}+\frac{1}{2}\nu-\frac{1}{2}n+\frac{1}{2}s)}\,x^{s-1-n}\,ds = g(x), \qquad 0\leq x<1, \tag{78.3}$$

$$\frac{1}{2\pi i}\int_{c-i\infty}^{c+i\infty}\frac{\Gamma(\frac{1}{2}+\frac{1}{2}\nu-\frac{1}{2}s)\,F(s)}{\Gamma(\frac{1}{2}+\frac{1}{2}\nu+\frac{1}{2}n-\frac{1}{2}s)}\,x^{s-1}\,ds = 0, \qquad x>1, \tag{78.4}$$

where

$$\bar{f}(s) = 2^{s-n}\frac{\Gamma(\frac{1}{2}+\frac{1}{2}\nu+\frac{1}{2}s)}{\Gamma(\frac{1}{2}+\frac{1}{2}\nu+\frac{1}{2}n-\frac{1}{2}s)}\,F(s) \tag{78.5}$$

is the MELLIN transform of the unknown function $f(x)$.

Multiplying both sides of equation (78.3) by x^{n-w}, $\Re(w)<\Re(s)$, and integrating with respect to x from 0 to 1, we find that

$$\frac{1}{2\pi i}\int_{c-i\infty}^{c+i\infty}\frac{\Gamma(\frac{1}{2}+\frac{1}{2}\nu+\frac{1}{2}s)\,F(s)}{\Gamma(\frac{1}{2}+\frac{1}{2}\nu-\frac{1}{2}n+\frac{1}{2}s)}\,\frac{ds}{s-w} = \bar{g}(n-w+1) \tag{78.6}$$

where

$$\bar{g}(s) = \int_0^1 g(x)\,x^{s-1}\,dx. \tag{78.7}$$

If we choose c' so that $c'<\Re(w)<c$, then it is readily shown that equation (78.6) is equivalent to

$$\frac{1}{2\pi i}\int_{c'-i\infty}^{c'+i\infty}\frac{\Gamma(\frac{1}{2}+\frac{1}{2}\nu+\frac{1}{2}s)\,F(s)}{\Gamma(\frac{1}{2}+\frac{1}{2}\nu-\frac{1}{2}n+\frac{1}{2}s)}\,\frac{ds}{s-w} + \frac{\Gamma(\frac{1}{2}+\frac{1}{2}\nu+\frac{1}{2}w)\,F(w)}{\Gamma(\frac{1}{2}+\frac{1}{2}\nu-\frac{1}{2}n+\frac{1}{2}w)} = \bar{g}(n-w+1).$$

Now, since the integral occuring on the left-hand side of this equation is an analytic function of w for $\Re(w)>c'$, it follows that

$$F(w) - \frac{\Gamma(\frac{1}{2}+\frac{1}{2}\nu-\frac{1}{2}n+\frac{1}{2}w)}{\Gamma(\frac{1}{2}+\frac{1}{2}\nu+\frac{1}{2}w)}\,\bar{g}(n-w+1)$$

is an analytic function of w for $\Re(w)>c'$. Hence

$$\frac{1}{2\pi i}\int_{c-i\infty}^{c+i\infty}\left\{F(s) - \frac{\Gamma(\frac{1}{2}+\frac{1}{2}\nu-\frac{1}{2}n+\frac{1}{2}s)}{\Gamma(\frac{1}{2}+\frac{1}{2}\nu+\frac{1}{2}s)}\,\bar{g}(n-s+1)\right\}\frac{ds}{s-w} = 0,$$

with $\Re(w)<c$. By a similar procedure we can show that equation (78.4) is equivalent to

$$\frac{1}{2\pi i}\int_{c-i\infty}^{c+i\infty}F(s)\,\frac{ds}{s-w} = F(w), \qquad \Re(w)<c,$$

so that

$$F(w) = \frac{1}{2\pi i} \int_{c-i\infty}^{c+i\infty} \frac{\Gamma(\frac{1}{2}+\frac{1}{2}\nu-\frac{1}{2}n+\frac{1}{2}s)}{\Gamma(\frac{1}{2}+\frac{1}{2}\nu+\frac{1}{2}s)} \bar{g}(n-s+1) \frac{ds}{s-w}$$

$$= \int_0^1 g(u)\, u^n\, du \int_0^1 v^{-w-1}\, dv\, \mathfrak{M}^{-1}\left\{\frac{\Gamma(\frac{1}{2}+\frac{1}{2}\nu+\frac{1}{2}s-\frac{1}{2}n)}{\Gamma(\frac{1}{2}+\frac{1}{2}\nu+\frac{1}{2}s)}; \frac{u}{v}\right\}.$$

We can evaluate the inverse MELLIN transform by entry 8 of Table 6 to give

$$F(w) = \frac{2}{\Gamma(\frac{1}{2}n)} \int_0^1 g(u)\, u^{1+\nu}\, du \int_u^1 v^{-w-\nu}(v^2-u^2)^{\frac{1}{2}n-1}\, dv$$

$$= \frac{2}{\Gamma(\frac{1}{2}n)} \int_0^1 v^{n-w}\, dv \int_0^1 g(vy)\, y^{\nu+1}(1-y^2)^{\frac{1}{2}n-1}\, dy.$$

Combining this result with the definition (78.5) we find that

$$\left.\begin{aligned} f(x) &= \frac{2}{\Gamma(\frac{1}{2}n)} \int_0^1 v^n\, dv \int_0^1 g(vy)\, y^{\nu+1}(1-y^2)^{\frac{1}{2}n-1}\, dy\, \mathfrak{M}^{-1}\left\{\frac{2^{s-n}\Gamma(\frac{1}{2}+\frac{1}{2}\nu+\frac{1}{2}s)}{\Gamma(\frac{1}{2}+\frac{1}{2}\nu+\frac{1}{2}n-\frac{1}{2}s)}; xv\right\} \\ &= \frac{(2x)^{1-\frac{1}{2}n}}{\Gamma(\frac{1}{2}n)} \int_0^1 v^{1+\frac{1}{2}n} J_{\nu+\frac{1}{2}n}(vx)\, dv \int_0^1 g(vy)\, y^{\nu+1}(1-y^2)^{\frac{1}{2}n-1}\, dy \end{aligned}\right\} \quad (78.8)$$

by entry 9 of Table 6. This solution, which is due to TITCHMARSH, is valid for $n>0$. It breaks down when $n \leq 0$, but another form of solution, which is valid for $n>-2$ and is equivalent to (78.8) when $n>0$ has been derived by BUSBRIDGE[1].

IV. The HANKEL Transform.

a) The HANKEL Inversion Theorem.

79. Defination of the HANKEL Transform. From the considerations of Sect. 16 we see that there is reason to believe that $x^{\frac{1}{2}} J_\nu(x)$ is a FOURIER kernel, i.e. that in some sense the formula

$$G(\xi) = \int_0^\infty (\xi x)^{\frac{1}{2}} J_\nu(\xi x)\, g(x)\, dx \quad (79.1)$$

implies the formula

$$g(x) = \int_0^\infty (\xi x)^{\frac{1}{2}} J_\nu(\xi x)\, G(\xi)\, d\xi. \quad (79.2)$$

If in these formulae we replace $g(x)$ by $x^{\frac{1}{2}} f(x)$, $G(\xi)$ by $\xi^{\frac{1}{2}}\bar{f}(\xi)$, we see that they are equivalent to the pair

$$\bar{f}(\xi) = \int_0^\infty x f(x)\, J_\nu(\xi x)\, dx, \quad (79.3)$$

$$f(x) = \int_0^\infty \xi \bar{f}(\xi)\, J_\nu(x\xi)\, d\xi. \quad (79.4)$$

[1] I. W. BUSBRIDGE: Proc. Lond. Math. Soc. **44**, 115 (1938).

The equation (79.3) is said to define the HANKEL *transform* of order ν of the function $f(x)$; equation (79.4) which expresses the function $f(x)$ in terms of its HANKEL transform of order ν is called the HANKEL *inversion theorem*. We denote the HANKEL transform of $f(x)$ also by the symbols

$$\bar{f}_\nu(\xi)$$

or

$$\mathfrak{H}_\nu\{f(x);\xi\}.$$

80. The HANKEL Inversion Theorem. If we substitute for $G(\xi)$ from equation (79.1) into equation (79.2) we see that if the speculations of the last section are justified, then, in some sense, it must be true that

$$\int_0^\infty (x\xi)^{\frac{1}{2}} J_\nu(x\xi)\,d\xi \int_0^\infty (\xi\eta)^{\frac{1}{2}} J_\nu(\xi\eta)\,g(\eta)\,d\eta = g(x). \tag{80.1}$$

It is, in fact, readily shown, that if $f(x)$ belongs to $L(0,\infty)$, and is of bounded variation near the point x, then for $\nu \geq -\frac{1}{2}$

$$\int_0^\infty (x\xi)^{\frac{1}{2}} J_\nu(x\xi)\,d\xi \int_0^\infty (\xi\eta)^{\frac{1}{2}} J_\nu(\xi\eta)\,f(\eta)\,d\eta = \tfrac{1}{2}\{f(x+0)+f(x-0)\}. \tag{80.2}$$

If we put

$$H(a,b) = \int_0^\lambda J_\nu(x\xi)\,(x\xi)^{\frac{1}{2}}\,d\xi \int_b^a J_\nu(\xi\eta)\,(\xi\eta)^{\frac{1}{2}} f(\eta)\,d\eta \tag{80.3}$$

then

$$\left.\begin{aligned} &\int_0^\lambda J_\nu(x\xi)\,(x\xi)^{\frac{1}{2}}\,d\xi \int_0^\infty J_\nu(\xi\eta)\,(\xi\eta)^{\frac{1}{2}} f(\eta)\,d\eta \\ &\quad = H(\infty, x+\delta) + H(x+\delta, x) + H(x, x-\delta) + H(x-\delta, 0)\end{aligned}\right\} \tag{80.4}$$

and we obtain the theorem by observing the behaviour of the right-hand side of equation (80.4) as λ tends to infinity.

If δ is chosen to be so small that $f(\eta)$ is of bounded variation over $(x-\delta, x+\delta)$ then $\eta^{-\nu-\frac{1}{2}} f(\eta)$ is of bounded variation in the same interval and we may write

$$\eta^{-\nu-\frac{1}{2}} f(\eta) = x^{-\nu-\frac{1}{2}} f(x+0) + f_1(\eta) - f_2(\eta)$$

in the interval $(x, x+\delta)$ where f_1, f_2 are positive, increasing and less than ε. As a result of this it is easily shown that[1]

$$H(x+\delta, x) = \tfrac{1}{2} f(x+0) + 0(\varepsilon).$$

Similarly it can be shown that

$$H(x, x-\delta) = \tfrac{1}{2} f(x-0) + 0(\varepsilon),$$

and that $H(\infty, x+\delta)$ and $H(x-\delta, 0)$ are both $o(\lambda^{-\frac{1}{2}})$. Hence if we let λ tend to infinity and δ (and hence ε) tend to zero we obtain the result (80.2).

It will be observed that if the function $f(x)$ is continuous at the point x

$$f(x+0) = f(x-0) = f(x)$$

and we get the result (80.1) from which the HANKEL inversion theorem (79.4) follows immediately.

---

[1] For details of the proof the reader is referred to pp. 240—242 of TITCHMARSH's "Introduction to the Theory fo FOURIER Integrals".

b) Other Forms of FOURIER-BESSEL Integral Theorem.

81. MACROBERT's Proof of the HANKEL Inversion Theorem. By considering the integral

$$I(r) = \int_0^\infty u f(u) J_n(ur)\, du$$

where

$$f(u) = \int_p^q \varrho\, \varphi(\varrho)\, J_n(u\varrho)\, d\varrho, \quad 0 \leq p < q < \infty.$$

MACROBERT[1] proved that, provided the function $\varphi(\varrho)$ is analytical in the strip $p < \varrho < q$,

$$I(r) = \begin{cases} \varphi(r), & \text{if } p \leq r \leq q, \\ 0, & \text{if } 0 \leq r < p, \text{ or } r > q. \end{cases}$$

For details of MACROBERT's proof, the reader is referred to his original paper or to Sect. 8.2 of SNEDDON's "FOURIER Transforms". Since the functions involved must be analytical, MAC ROBERT's proof does not justify the application of the theorem to such wide classes of functions as the proof cited above for functions which are integrable in the LEBESGUE sense, but it is so simple that it is worth the reader's attention, especially since a similar method yields other inversion theorems of the kind described in the next section.

82. Other Forms of FOURIER-BESSEL Integral Theorem. By a simple application of CAUCHY's theorem, MACROBERT, in the paper cited above, proved that, if

$$f(u) = \int_p^q r g(r)\, T_n(r, u)\, dr \tag{82.1}$$

where[2]

$$T_n(r, u) = J_n(ru)\, G_n(ra) - G_n(ru)\, J_n(ra) \tag{82.2}$$

then

$$\int_a^\infty u f(u)\, T_n(r, u)\, du = \begin{cases} \tfrac{1}{2} B_n(ra)\{g(r+0) + g(r-0)\}, & p \leq r \leq q, \\ 0, & 0 \leq r < p, \text{ or } r > q, \end{cases} \tag{82.3}$$

where the function $B_n(z)$ is defined to be

$$B_n(z) = (\tfrac{1}{2}\pi \operatorname{cosec} n\pi)^2 \{J_n^2(z) - 2J_n(z)\, J_{-n}(z) \cos(n\pi) + J_{-n}^2(z)\}. \tag{82.4}$$

Another theorem due to MACROBERT states that if

$$f(u) = \int_p^q r g(r)\, J_r(ru)\, dr, \quad 0 \leq p < q,$$

then

$$\int_0^\infty \left(u - \frac{1}{u}\right) f(u)\, J_m(mu)\, du = \begin{cases} \tfrac{1}{2}\{g(m+0) + g(m-0)\}, & \text{if } p < m < q, \\ 0, & \text{if } 0 \leq m < p, \text{ or } m > q. \end{cases}$$

c) Properties of the HANKEL Transform.

83. Elementary Properties of the HANKEL Transform. By a simple change of variable in the defining integral it is readily shown that if a is non-zero,

$$\mathfrak{H}_\nu\{f(ax); \xi\} = \frac{1}{a^2}\, \mathfrak{H}_\nu\left\{f(x); \frac{\xi}{a}\right\}. \tag{83.1}$$

[1] T. M. MACROBERT: Proc. Roy. Soc. Edinburgh **51**, 116 (1931).

[2] $G_n(z)$ is a BESSEL function of the second kind defined by the equation

$$G_n(z) = \tfrac{1}{2}\pi \operatorname{cosec}(n\pi)\{J_{-n}(z) - e^{-in\pi} J_n(z)\}.$$

Another simple result is obtained by making use of the recurrence relation

$$J_{\nu-1}(x) - \frac{2\nu}{x} J_\nu(x) + J_{\nu+1}(x) = 0; \tag{83.2}$$

we then obtain

$$\mathfrak{H}_\nu\left\{\frac{1}{x} f(x); \nu\right\} = \frac{\xi}{2\nu}\left[\mathfrak{H}_{\nu-1}\{f(x); \xi\} + \mathfrak{H}_{\nu+1}\{f(x); \xi\}\right]. \tag{83.3}$$

The "shift" formula—giving the transform of $f(x-a)$ in terms of that of $f(x)$—is not so simple in the case of the HANKEL transform as it is in the case of the LAPLACE transform. This arises from the complicated form

$$J_\nu(x+y) = \sum_{r=-\infty}^{\infty} J_r(x)\, J_{\nu-r}(y) \tag{83.4}$$

of the addition formula for the BESSEL function (ν being assumed to be an integer). By definition,

$$\mathfrak{H}_\nu\{f(x-a); \xi\} = \int_0^\infty x f(x-a)\, J_\nu(x\xi)\, dx = \int_0^\infty (u+a)\, f(u)\, J_\nu(\xi u + \xi a)\, du. \tag{83.5}$$

Making use of the addition formula (83.4) we see that

$$\int_0^\infty u f(u)\, J_\nu(\xi u + \xi a)\, du = \sum_{r=-\infty}^{\infty} J_{\nu-r}(\xi a)\, \mathfrak{H}_r\{f(x); \xi\}. \tag{83.6}$$

Similarly, by making use of the formulae (83.2) and (83.4), we may show that

$$\int_0^\infty f(u)\, J_\nu(\xi u + \xi a)\, du = \sum_{r=-\infty}^{\infty} \frac{1}{2}\xi\left\{\frac{1}{r+1} J_{\nu-r-1}(\xi a) + \frac{1}{r-1} J_{\nu-r+1}(\xi a)\right\} \mathfrak{H}_r\{f(x); \xi\}.$$

Substituting from this result, and from equation (83.6), into equation (83.5) we find that

$$\mathfrak{H}_\nu\{f(x-a); \xi\} = \sum_{r=-\infty}^{\infty} \alpha_r\, \mathfrak{H}_r\{f(x); \xi\} \tag{83.7}$$

where

$$\alpha_r = \frac{1}{2}\xi a\left[\frac{\nu+1}{(r+1)(\nu-r)} J_{\nu-r-1}(\xi a) + \frac{\nu-1}{(r-1)(\nu-r)} J_{\nu-r-1}(\xi a)\right]. \tag{83.8}$$

84. HANKEL Transforms of the Derivatives of a Function. By an integration by parts we have that

$$\mathfrak{H}_\nu\left\{\frac{\partial f}{\partial x}; \xi\right\} = -\int_0^\infty f(x)\, \frac{\partial}{\partial x}\{x J_\nu(\xi x)\}\, dx.$$

Making use of the recurrence relation

$$\frac{d}{dx}\{x J_\nu(\xi x)\} = (1-\nu)\, J_\nu(\xi x) + \xi x\, J_{\nu-1}(\xi x)$$

we therefore have that

$$\mathfrak{H}_\nu\left\{\frac{\partial f}{\partial x}; \xi\right\} = (\nu-1)\, \mathfrak{H}_\nu\left\{\frac{1}{x} f(x); \xi\right\} - \xi\, \mathfrak{H}_{\nu-1}\{f(x); \xi\}$$

and subsituting for the first term on the right from eqiuation (83.3) we find finally that

$$\mathfrak{H}_\nu\left\{\frac{\partial f}{\partial x};\xi\right\} = \frac{\xi}{2\nu}\left[(\nu-1)\,\mathfrak{H}_{\nu+1}\{f(x);\xi\} - (\nu+1)\,\mathfrak{H}_{\nu-1}\{f(x);\xi\}\right]. \qquad (84.1)$$

In a similar way, we can show that

$$\mathfrak{H}_\nu\left\{\frac{\partial^2 f}{\partial x^2} + \frac{1}{x}\frac{\partial f}{\partial x} - \frac{\nu^2 f}{x^2};\xi\right\} = -\xi^2\,\mathfrak{H}_\nu\{f(x);\xi\}. \qquad (84.2)$$

In problems in which there is axial symmetry about the z-axis the Laplacian operator assumes the form

$$\nabla^2 = \frac{\partial^2}{\partial r^2} + \frac{1}{r}\frac{\partial}{\partial r} + \frac{\partial}{\partial z^2}.$$

In such problems the result

$$\int_0^\infty r\,\nabla^2 f\,.\,J_0(\xi r)\,dr = \left(\frac{d^2}{dz^2} - \xi^2\right)\bar{f}(\xi, z), \qquad (84.3)$$

in which

$$\bar{f}(\xi, z) = \int_0^\infty r f(r, z)\,J_0(\xi r)\,dr, \qquad (84.4)$$

is often useful.

85. PARSEVAL's Theorem for HANKEL Transforms. Because there is no simple expression for the product of two BESSEL functions in the sense that there is a simple expression $\exp(iax+iay)$ for the product $\exp(iax).\exp(iay)$ means that there is no simple FALTUNG theorem for the HANKEL transform corresponding to the theorem for FOURIER transforms. A simple theorem of the PARSEVAL type can, however, be derived. Heuristically, we may write

$$\int_0^\infty u\bar{f}(u)\,\bar{g}(u)\,du = \int_0^\infty u f(u)\,du \int_0^\infty x g(x)\,J_\nu(ux)\,dx$$

where $\bar{f}(u)$ and $\bar{g}(u)$ are the HANKEL transforms of the functions $f(x)$ and $g(x)$, and, interchanging the order of integrations, we find that

$$\int_0^\infty u\bar{f}(u)\,\bar{g}(u)\,du = \int_0^\infty x g(x)\,dx \int_0^\infty u\bar{f}(u)\,J_\nu(ux)\,du = \int_0^\infty x f(x)\,g(x)\,dx. \qquad (85.1)$$

That this argument is correct for a wide class of functions has been established by MACAULEY-OWEN[1] who showed that if the functions $f(x)$ and $g(x)$ both belong to the class $L(0,\infty)$ and if $\bar{f}(u)$, $\bar{g}(u)$ denote their HANKEL transforms of order $\nu \geqq -\frac{1}{2}$, then equation (85.1) is valid.

d) The Relation between HANKEL Transforms and FOURIER Transforms.

86. The Double FOURIER Transform of a Symmetrical Function. If the function $f(x, y)$ is a function of the variable $(x^2+y^2)^{\frac{1}{2}} = r$, only, then its double FOURIER transform is, by definition,

$$F(\xi,\eta) = \frac{1}{2\pi}\int_{-\infty}^{\infty}\int_{-\infty}^{\infty} f\{(x^2+y^2)^{\frac{1}{2}}\}\,e^{i(\xi x+\eta y)}\,dx\,dy.$$

[1] P. MACAULEY-OWEN: Proc. Lond. Math. Soc. **45**, 458 (1939).

Making the substitutions $x=r\cos\vartheta$, $y=r\sin\vartheta$, $\xi=\varrho\cos\varphi$, $\eta=\varrho\sin\varphi$ in this equation we find that

$$F(\xi,\eta)=\int_0^\infty r f(r)\,dr\,\frac{1}{2\pi}\int_0^{2\pi} e^{i\varrho r\cos(\vartheta-\varphi)}\,d\vartheta=\int_0^\infty r f(r)\,J_0(\varrho r)\,dr \qquad (86.1)$$

showing that the double FOURIER transform of the symmetrical function $f(r)$ is the zero-order HANKEL transform of $f(r)$ with parameter $\varrho=(\xi^2+\eta^2)^{\frac{1}{2}}$.

By assuming the inversion theorem for double FOURIER transforms we can readily establish the inversion theorem for zero-order HANKEL transforms. For, by the FOURIER theorem, we know that

$$f(x,y)=\int_{-\infty}^{\infty}\int_{-\infty}^{\infty} F(\xi,\eta)\,e^{-i(\xi x+\eta y)}\,d\xi\,d\eta$$

so that, for the functions we are considering,

$$f(r)=\frac{1}{2\pi}\int_0^\infty \varrho F(\varrho)\,d\varrho\int_0^{2\pi} e^{-ir\varrho\cos(\vartheta-\varphi)}\,d\vartheta=\int_0^\infty \varrho\,F(\varrho)\,J_0(\varrho r)\,d\varrho. \qquad (86.2)$$

The pair of equations (86.1) and (86.2) together constitute the HANKEL inversion theorem for zero-order transforms. In other words, it is possible to derive the theory of zero-order HANKEL transforms from that of two-dimensional FOURIER transforms.

87. The n-Dimensional FOURIER Transform of a Symmetrical Function. The ideas expressed in the last section may readily be generalised to the case of n-dimensional FOURIER transforms. If the function $f(x_1, x_2, \ldots, x_n)$ is a function only of the distance r where $r^2=x_1^2+x_2^2+\cdots+x_n^2$, then its n-dimensional FOURIER transform is, by definition

$$F(\xi_1,\xi_2,\ldots,\xi_n)=(2\pi)^{-\frac{1}{2}n}\int_{E_n} f(r)\,e^{i(\xi\cdot x)}\,dx.$$

By means of an orthogonal transformation we can reduce the integral on the right hand side to the form[1]

$$F(\xi_1,\xi_2,\ldots,\xi_n)=\frac{2^{1-\frac{1}{2}n}}{\Gamma(\frac{1}{2})\,\Gamma(\frac{1}{2}n-\frac{1}{2})}\int_{-\infty}^{\infty} du\int_0^\infty f\{(u^2+v^2)^{\frac{1}{2}}\}\,e^{i\varrho u}\,v^{n-2}\,dv,$$

where $\varrho=(\xi_1^2+\xi_2^2+\cdots+\xi_n^2)^{\frac{1}{2}}$. If in this integral we make the substitution $u=r\cos\varphi$, $v=r\sin\varphi$ and use the result

$$\int_0^\pi \sin^{n-2}\varphi\,e^{i\varrho r\cos\varphi}\,d\varphi=(2/\varrho r)^{\frac{1}{2}n-1}\,\Gamma(\tfrac{1}{2})\,\Gamma(\tfrac{1}{2}n-\tfrac{1}{2})\,J_{\frac{1}{2}n-1}(\varrho r),$$

we obtain the equation

$$\varrho^{\frac{1}{2}n-1}F(\varrho)=\int_0^\infty r\,\{r^{\frac{1}{2}n-1}f(r)\}\,J_{\frac{1}{2}n-1}(\varrho r)\,dr$$

showing that if $F\{(\xi_1^2+\xi_2^2+\cdots+\xi_n^2)^{\frac{1}{2}}\}$ is the n-dimensional FOURIER transform of the function $f\{(x_1^2+x_2^2+\cdots+x_n^2)^{\frac{1}{2}}\}$, then $\varrho^{\frac{1}{2}n-1}F(\varrho)$ is the HANKEL transform of order $\frac{1}{2}n-1$ of $r^{\frac{1}{2}n-1}f(r)$. A FOURIER transform in n-dimensional space can, therefore, in certain circumstances, be reduced to a HANKEL transform in one-dimensional space. This fact can be used to prove HANKEL's inversion theorem for HANKEL transforms of order $\frac{1}{2}n-1$, where n is an integer.

[1] For details see pp. 63—65 of SNEDDON's "FOURIER Transforms".

e) The Application of HANKEL Transforms to the Solution of Partial Differential Equations.

We shall illustrate the application of HANKEL transforms to the solution of partial differential equations by considering the solution of one of the classic problems of the mathematical theory of elasticity. This is the "problem of the plane", or "BOUSSINESQ's problem" in which it is desired to find the distribution of stress in the semi-infinite elastic solid $z \geqq 0$ when the bounding surface $z=0$ is deformed in a prescribed manner. In the first form of the problem the surface is deformed by the application to it of a prescribed normal pressure; in the second form the surface is deformed by the pressure against it of a perfectly rigid body producing an indentation of prescribed shape.

88. BOUSSINESQ's First Problem. We shall consider the special case in which the deformation of the elastic solid is symmetrical about a line which is normal to the surface. If we take $z=0$ to be the bounding surface and the z-axis to be the axis of symmetry, then the displacement of a typical point of the solid with cylindrical coordinates (r, ϑ, z) will be $(u_r, 0, u_z)$ and the state of stress at the point will be described uniquely by four stress components $\sigma_r, \sigma_\vartheta, \sigma_z, \tau_{rz}$. In a state of equilibrium these components satisfy the equations

$$\frac{\partial \sigma_r}{\partial r} + \frac{\partial \tau_{rz}}{\partial z} + \frac{\sigma_r - \sigma_z}{r} = 0, \tag{88.1}$$

$$\frac{\partial \tau_{rz}}{\partial r} + \frac{\partial \sigma_z}{\partial z} + \frac{\tau_{rz}}{r} = 0, \tag{88.2}$$

and are related to the components of the displacement vector through the stress-strain relations

$$\sigma_r = \lambda \Delta + 2\mu \frac{\partial u_r}{\partial r}, \tag{88.3}$$

$$\sigma_\vartheta = \lambda \Delta + 2\mu \frac{u_r}{r}, \tag{88.4}$$

$$\sigma_z = \lambda \Delta + 2\mu \frac{\partial u_z}{\partial z}, \tag{88.5}$$

$$\tau_{rz} = \mu \left(\frac{\partial u_r}{\partial z} + \frac{\partial u_z}{\partial r} \right) \tag{88.6}$$

where Δ denotes the dilatation

$$\Delta = \frac{\partial u_r}{\partial r} + \frac{u_r}{r} + \frac{\partial u_z}{\partial z}. \tag{88.7}$$

BOUSSINESQ's first problem consists in solving these equations on the assumption that the components of the displacement vector and those of the stress tensor tend to zero as r and z tend to ∞, and that, on the boundary $z=0$,

$$\sigma_z = -p(r), \qquad \tau_{rz} = 0 \tag{88.8}$$

where the function $p(r)$ is a prescribed function of r.

When we substitute from equations (88.3)—(88.7) into equations (88.1) and (88.2) we find that the components of the displacement vector satisfy the pair of partial differential equations

$$\beta^2 \left(\frac{\partial^2 u_r}{\partial r^2} + \frac{1}{r} \frac{\partial u_r}{\partial r} - \frac{u_r}{r^2} \right) + (\beta^2 - 1) \frac{\partial^2 u_z}{\partial r \, \partial z} + \frac{\partial^2 u_r}{\partial z^2} = 0, \tag{88.9}$$

$$\left(\frac{\partial^2 u_z}{\partial r^2} + \frac{1}{r} \frac{\partial u_z}{\partial z} \right) + (\beta^2 - 1) \frac{\partial}{\partial z} \left(\frac{\partial u_r}{\partial r} + \frac{u_r}{r} \right) + \beta^2 \frac{\partial^2 u_z}{\partial z^2} = 0 \tag{88.10}$$

where $\beta^2 = (\lambda + 2\mu)/\mu$. If we multiply both sides of equation (88.9) by $r J_1(\xi r)$ and both sides of equation (88.10) by $r J_0(\xi r)$ and, in both cases, integrate with respect to r from 0 to ∞ we find that these equations are equivalent to the pair of ordinary differential equations

$$(\beta^2 \xi^2 - D^2)\,\bar{u}_r + \xi(\beta^2 - 1)\,D\,\bar{u}_z = 0, \tag{88.11}$$

$$-\xi(\beta^2 - 1)\,D\,\bar{u}_r + (\xi^2 - \beta^2 D^2)\,\bar{u}_z = 0 \tag{88.12}$$

between the Hankel transforms

$$\bar{u}_r = \int_0^\infty r u_r J_1(\xi r)\,dr, \tag{88.13}$$

$$\bar{u}_z = \int_0^\infty r u_z J_0(\xi r)\,dr \tag{88.14}$$

of the components of the displacement vector. In the equations (88.11) and (88.12) the symbol D denotes the operator d/dz.

Equations (88.11) and (88.12) may now be combined to yield the equations

$$(D^2 - \xi^2)^2\,(\bar{u}_r, \bar{u}_z) = 0. \tag{88.15}$$

The solutions of the equations (88.15) are readily seen to be

$$\bar{u}_r = A_1 e^{-\xi z} + B_1 \xi z e^{-\xi z}, \tag{88.16}$$

$$\bar{u}_z = A_2 e^{-\xi z} + B_2 \xi z e^{-\xi z} \tag{88.17}$$

when we recall that $\bar{u}_r$ and $\bar{u}_z$ must vanish as z tends to ∞. Substituting the solutions (88.16) and (88.17) into either equation (88.11) or equation (88.12) gives us the relations

$$B_2 = B_1, \quad A_2 = \frac{A_1(\beta^2 - 1) + B_1(\beta^2 + 1)}{\beta^2 - 1}. \tag{88.18}$$

If we now introduce the Hankel transforms

$$\bar{\sigma}_z = \int_0^\infty r \sigma_z J_0(\xi r)\,dr, \quad \bar{\tau}_{rz} = \int_0^\infty r \tau_{rz} J_1(\xi r)\,dr \tag{88.19}$$

we see that the boundary conditions (88.8) are equivalent to the relations

$$\bar{\sigma}_z = -\bar{p}(\xi), \quad \bar{\tau}_{rz} = 0, \quad \text{on} \quad z = 0 \tag{88.20}$$

where $\bar{p}(\xi)$ denotes the zero-order Hankel transform of $p(r)$.

Transforming equations (88.5) and (88.6) by multiplying them by $r J_0(\xi r)$ and $r J_1(\xi r)$ respectively and integrating over the entire range of r we find that

$$\bar{\sigma}_z = \mu\,\{(\beta^2 - 2)\,\xi\,\bar{u}_r + \beta^2 D\,\bar{u}_z\}, \tag{88.21}$$

$$\bar{\tau}_{rz} = \mu\,(D\,\bar{u}_r - \xi\,\bar{u}_z). \tag{88.22}$$

Putting $z = 0$ in these equations and solving for A_1 and B_1 we find that

$$A_1 = -\frac{\bar{p}(\xi)}{2\xi\mu(\beta^2 - 1)}, \quad B_1 = \frac{\bar{p}(\xi)}{2\xi\mu}. \tag{88.23}$$

From equations (88.18) we then have

$$A_2 = \frac{\beta^2\,\bar{p}(\xi)}{2\xi\mu(\beta^2 - 1)}, \quad B_2 = \frac{\bar{p}(\xi)}{2\xi\mu}. \tag{88.24}$$

These values together with equations (88.16) and (88.17) enable us to write down values for the transforms of the components of the displacement vector:

$$\bar{u}_r = -\frac{\bar{p}(\xi)\, e^{-\xi z}}{2\xi\mu(\beta^2-1)}\{1-(\beta^2-1)\,\xi z\}, \tag{88.25}$$

$$\bar{u}_z = \frac{\bar{p}(\xi)\, e^{-\xi z}}{2\xi\mu(\beta^2-1)}\{\beta^2+(\beta^2-1)\,\xi z\}. \tag{88.26}$$

Applying the HANKEL inversion theorem to these forms we find that the components of displacement are themselves given by the integral expressions

$$u_r = -\frac{1}{2\mu(\beta^2-1)}\int\limits_0^\infty \bar{p}(\xi)\, J_1(\xi r)\, e^{-\xi z}\{1-(\beta^2-1)\,\xi z\}\, d\xi, \tag{88.27}$$

$$u_z = \frac{1}{2\mu(\beta^2-1)}\int\limits_0^\infty \bar{p}(\xi)\, J_0(\xi r)\, e^{-\xi z}\{\beta^2+(\beta^2-1)\,\xi z\}\, d\xi. \tag{88.28}$$

Thus, once the HANKEL transform (of zero order) of the function $p(r)$ has been calculated the expression for the components of displacement follow as a result of a simple integration. The components of the stress tensor can be calculated in a precisely similar way. For example, from equations (88.21) and (88.22) we have immediately

$$\sigma_z = -\int\limits_0^\infty \xi\,\bar{p}(\xi)\, J_0(\xi r)\, e^{-\xi z}(1+\xi z)\, d\xi, \tag{88.29}$$

$$\tau_{rz} = -z\int\limits_0^\infty \xi^2\,\bar{p}(\xi)\, J_1(\xi r)\, e^{-\xi z}\, d\xi. \tag{88.30}$$

This method of solution, which has the great advantage that it does not involve the use of "stress functions" (analogous to "potential functions" in electrostatics), is due to Dr. GEORGE EASON.

89. BOUSSINESQ's Second Problem. In the second problem of BOUSSINESQ for the semi-infinite elastic solid it is assumed that the deformation is produced by the indentation of the free surface by a perfectly rigid punch of prescribed shape. We may therefore assume that the z-component of the displacement vector is specified over a prescribed region $r<a$ of the plane $z=0$, while outside that region the normal stress σ_z is zero. It may further be assumed that the shearing stress τ_{rz} vanishes over the whole bounding plane. In other words, the boundary conditions are that, on the plane $z=0$,

$$u_z = F(r), \qquad 0\leq r<a, \tag{89.1}$$

$$\sigma_z = 0, \qquad r>a, \tag{89.2}$$

$$\tau_{rz} = 0, \qquad 0\leq r<\infty. \tag{89.3}$$

Since the medium is semi-infinite, we must also ensure that the solution of the equations of equilibrium is such that the components of the stress tensor and those of the displacement vector all tend to zero as $z\to\infty$. If we suppose that the equations of equilibrium, the stress-strain relations, and the boundary conditions at infinity, together with equation, (89.3) are satisfied, then it is readily shown, by the methods of the last section, that

$$\bar{u}_z = -A_1\{\beta^2+(\beta^2-1)\,\xi z\}\, e^{-\xi z}, \tag{89.4}$$

$$\bar{\sigma}_z = 2\mu A_1\xi\, e^{-\xi z}(\beta^2-1)\,(1+\xi z)\, e^{-\xi z}, \tag{89.5}$$

where A_1 is an arbitrary constant.

If we now invert equations (89.4) and (89.5) by means of the HANKEL inversion theorem we have

$$u_z = -\int_0^\infty \xi A_1 \{\beta^2 + (\beta^2 - 1)\,\xi z\}\, e^{-\xi z} J_0(\xi r)\, d\xi \tag{89.6}$$

$$\sigma_z = 2\mu(\beta^2 - 1)\int_0^\infty A_1 (1 + \xi z)\, e^{-\xi z}\, \xi^2 J_0(\xi r)\, d\xi\,. \tag{89.7}$$

If we now insert the conditions (89.1) and (89.2) into these equations we find that $A_1(\xi)$ must be such that

$$-\beta^2 \int_0^\infty A_1 \xi\, J_0(\xi r)\, d\xi = F(r), \qquad 0 \leqq r < a;$$

$$\int_0^\infty \xi^2 A_1 J_0(\xi r)\, d\xi = 0, \qquad r < a.$$

Substituting $r = a\varrho$, $\xi a = \eta$, $g(\varrho) = -a^2 F(r)/\beta^2$, $\eta A_1(\eta/a) = f(\eta)$, we find that these equations r3duce to the pair

$$\left.\begin{aligned} &\int_0^\infty f(\eta)\, J_0(\varrho\eta)\, d\eta = g(\varrho) \qquad 0 \leqq \varrho < 1;\\ &\int_0^\infty \eta f(\eta)\, J_0(\varrho\eta)\, d\eta = 0, \qquad \varrho < 1. \end{aligned}\right\} \tag{89.8}$$

This a pair of dual integral equations of the type discussed in Sect. 78 above. Once the unknown function $f(\eta)$ has been found it is a simple matter to derive the expressions for the components of the stress tensor, or the displacement vector. If we write $\varrho = r/a$, $\zeta = z/a$, then

$$\sigma_z = 2\mu(\beta^2 - 1)\, a^{-3} \int_0^\infty \eta f(\eta)\, (1 + \zeta\eta)\, e^{-\xi\eta} J_0(\eta\varrho)\, d\eta\,.$$

Hence if we put

$$I_n^m(\mu, \zeta) = \int_0^\infty \eta^n f(\eta)\, e^{-\zeta\eta} J_m(\varrho\eta)\, d\eta \tag{89.9}$$

we see that

$$\sigma_z = \frac{2(\lambda+\mu)}{a^3}\,(I_1^0 + \zeta I_2^0)\,.$$

Similarly we find that

$$\tau_{rz} = \frac{2(\lambda+\mu)}{a^3}\,\zeta I_2^1\,,$$

$$\sigma_r = \frac{2\mu}{a^3} I_1^0 + \frac{2\mu}{\varrho a^3}\left(I_0^1 - \frac{\lambda+\mu}{\mu}\,\zeta I_1^1\right),$$

$$\sigma_r + \sigma_\vartheta = \frac{2}{a^3}\left[(2\lambda+\mu)\, I_1^0 - (\lambda+\mu)\,\zeta I_2^0\right].$$

The calculation of the stress components at any point in the semi-infinite medium therefore reduces to the solution of the pair of dual integral equations (89.8); once the function $f(\eta)$ has been determined we need only evaluate the integrals (89.9) to determine the stress components. The details of the procedure in the cases where the indentation is caused by a flat-ended cylinder or by a conical punch are given in Sect. 52 of SNEDDON'S "FOURIER Transforms".

V. Finite Transforms.

90. Introduction. In the integral transforms we have so far considered, the range of integration of the variable has been either $(0, \infty)$ or $(-\infty, \infty)$. We have seen how the systematic use of such transforms has facilitated the resolution of boundary value problems. It would obviously be most valuable if we could employ a similar technique for problems in which one or more of the independent variables may range over a finite interval. That is, for a problem in which the independent variable x is restricted to the finite interval (a, b) we wish to employ an integral transform of the type

$$\bar{f}(\alpha) = \int_a^b f(x)\, K(\alpha, x)\, dx \tag{90.1}$$

where $K(\alpha, x)$ is a suitably chosen kernel. The construction of integral transforms of this type has been carried out by DOETSCH, SNEDDON and TRANTER.

The form of such transforms is suggested by the theory of orthogonal functions. If we have a set of orthogonal functions $\varphi_n(x)$, $(n=0, 1, 2, \ldots)$, defined on the interval (a, b), so that

$$\int_a^b \varphi_m(x)\, \varphi_n(x)\, dx = \lambda_n\, \delta_{mn} \tag{90.2}$$

and if we write

$$\bar{f}(n) = \int_a^b f(x)\, \varphi_n(x)\, dx \tag{90.3}$$

then it follows, from the theory of orthogonal functions, that, provided $f(x)$ satisfies very wide conditions, we may write

$$f(x) = \sum_{n=0}^{\infty} \frac{1}{\lambda_n} \bar{f}(n)\, \varphi_n(x)\,. \tag{90.4}$$

If, therefore, we regard equation (90.3) as defining a "finite transform", $\bar{f}(n)$, of the function $f(x)$ we may regard equation (90.4) as expressing the inversion theorem for such a transform. The use of such a transform would provide solutions only of such problems as could have been solved, in any case, by means of the systematic use of series of orthogonal functions (such as FOURIER and FOURIER-BESSEL series). The advantage of the use of finite transforms, instead of such series, is that it greatly facilitates the solution of such problems. Once the basic properties of the finite transforms have been established, the same techniques can be applied in the finite case as in the case of infinite transforms and the solution of boundary value problems, with a variable ranging over a finite interval, reduced to a standard procedure.

In the succeeding sections we shall develop the properties of such finite transforms as are suggested by the commoner forms of orthogonal functions $\varphi_n(x)$, and then indicate how such transforms may be applied to the solution of boundary value problems.

a) Finite FOURIER Transforms.

91. Finite Sine Transforms. The obvious orthogonal functions with which to begin the discussion of finite integral transforms are the trigonometric functions. Since

$$\int_0^a \sin(rx)\sin(sx)\, dx = \frac{\sin(ra)\sin(sa)}{r^2 - s^2}\{s\cot(sa) - r\cot(ra)\}$$

it follows that the functions $\sin(rx)$ form anorthogonal set if *either*

(i) $r = n\pi/a$, where n is an integer,

or

(ii) $r = \xi_n$ where $\xi_1, \xi_2, \ldots$ are the positive roots of the transcendental equation $\xi\cot(\xi a) + h = 0$, where h is a constant.

Since

$$\int_0^a \sin^2(rx)\,dx = \frac{1}{2}\left\{a - \frac{\sin(2ra)}{2r}\right\},$$

we find that, in case (i) $\lambda_n = \frac{1}{2}a$, and in case (ii),

$$\lambda_n = \frac{a(h^2+\xi_n^2)+h}{2(h^2+\xi_n^2)}. \tag{91.1}$$

Hence, if we define a finite sine transform by the equation

$$\bar{f}_s(n) = \int_0^a f(x)\sin\left(\frac{n\pi x}{a}\right)dx, \tag{91.2}$$

we see that the appropriate inversion theorem is

$$f(x) = \frac{2}{a}\sum_{n=0}^{\infty}\bar{f}_s(n)\sin\frac{n\pi x}{a}. \tag{91.3}$$

This was, in fact, the first finite integral transform to be developed. It was introduced by DOETSCH[1]. It should be emphasized that the justification of such a formula comes from the theory of the corresponding series of orthogonal functions-in this case the theory of FOURIER series. Such a result is, of course, only true if the function $f(x)$ satisfies certain conditions. The functions which occur in theoretical physics are usually of a very simple kind so that the expansion (91.3) does in fact hold. It can be shown, for instance[2], that if the function $f(x)$ satisfies DIRICHLET'S conditions in the interval $(0, a)$ the series on the right hand side of equation (91.3) converges to the sum $\frac{1}{2}\{f(x+0)+f(x-0)\}$.

Similarly, if we define a finite sine transform by the equation[3]

$$\bar{f}_{sr}(n) = \int_0^a f(x)\sin(\xi_n x)\,dx, \tag{91.4}$$

where ξ_n is a positive root of the transcendental equation

$$\xi\cot(\xi a) + h = 0, \tag{91.5}$$

in which h is a constant, we obtain the inversion theorem

$$f(x) = 2\sum_{n=0}^{\infty}\frac{h^2+\xi_n^2}{a(h^2+\xi_n^2)+h}\bar{f}_{sr}(n)\sin(\xi_n x). \tag{91.6}$$

92. Finite Cosine Transforms. In a similar way can construct finite cosine transforms from the formula

$$\int_0^a \cos(rx)\cos(sx)\,dx = \frac{\cos(ra)\cos(sa)}{r^2-s^2}\{r\tan(ra) - s\tan(sa)\}.$$

The functions $\cos(rx)$ therefore form an orthogonal set if *either* (i) $r = n\pi/a$, where n is an integer, *or* $r = \eta_n$ where η_n is a positive root of the equation

$$\eta\tan(\eta a) = h. \tag{92.1}$$

[1] G. DOETSCH: Math. Ann. **62**, 52 (1935).

[2] E. C. TITCHMARSH: The Theory of Functions, p. 407. Oxford: Clarendon Press 1932.

[3] The suffix r is added to the suffix s since this kind of sine transform is used in problems in the conduction of heat which have a "radiation" condition at a boundary; see Sect. **49** below.

Since

$$\int_0^a \cos^2(rx)\,dx = \frac{1}{2}\left\{a + \frac{\sin(2ra)}{2r}\right\},$$

we find that, in case (i) $\lambda_n = \frac{1}{2}a$, and in case (ii) $\lambda_n = \{a(h^2+\eta_n^2)+h\}/2(h^2+\eta_n^2)$.

Hence, if we define a finite cosine transform by the equation

$$\bar{f}_c(n) = \int_0^a f(x)\cos\frac{n\pi x}{a}\,dx, \tag{92.2}$$

we have, as our inversion theorem,

$$f(x) = \frac{1}{a}\bar{f}_c(0) + \frac{2}{a}\sum_{n=1}^{\infty}\bar{f}_c(n)\cos\frac{n\pi x}{a}. \tag{92.3}$$

Similarly, if we define a finite cosine transform by the equation

$$\bar{f}_{cr}(n) = \int_0^a f(x)\cos(\eta_n x)\,dx, \tag{92.4}$$

where η_n is a positive root of the transcendental equation (92.1), we find that our inversion theorem is

$$f(x) = 2\sum_{n=1}^{\infty}\frac{h^2+\eta_n^2}{h+a(h^2+\eta_n^2)}\bar{f}_{cr}(n)\cos(\eta_n x), \tag{92.5}$$

the sum being taken over all the positive roots of equation (92.1).

93. Properties of Finite FOURIER Transforms. If we adopt the notation

$$T_s\{f(x)\} \equiv \bar{f}_s(n), \qquad T_c\{f(x)\} \equiv \bar{f}_c(n), \tag{93.1}$$

then the equation

$$\int_0^a \frac{\partial f}{\partial x}\sin\frac{n\pi x}{a}\,dx = -\frac{n\pi}{a}\int_0^a f(x)\cos\frac{n\pi x}{a}\,dx,$$

obtained by a simple integration by parts, may be written in the form

$$T_s\left\{\frac{\partial f}{\partial x}\right\} = -\frac{n\pi}{a}T_c\{f\}. \tag{93.2}$$

The corresponding relation for cosine transforms is

$$T_c\left\{\frac{\partial f}{\partial x}\right\} = (-1)^n f(a) - f(0) + \frac{n\pi}{a}T_s\{f\}. \tag{93.3}$$

If we apply the results (93.2) and (93.3) in succession (and in that order) we find that

$$T_s\left\{\frac{\partial^2 f}{\partial x^2}\right\} = \frac{n\pi}{a}\{(-1)^{n+1}f(a)+f(0)\} - \frac{n^2\pi^2}{a^2}\bar{f}_s(n) \tag{93.4}$$

and, if we apply them in the reverse order,

$$T_c\left\{\frac{\partial^2 f}{\partial x^2}\right\} = (-1)^n f'(a) - f'(0) - \frac{n^2\pi^2}{a^2}\bar{f}_s(n). \tag{93.5}$$

There are similar relations for the "radiation" transforms. By a double integration by parts we can show that

$$T_{sr}\left\{\frac{\partial^2 f}{\partial x^2}\right\} = \xi_n f(0) + \left[\frac{\partial f}{\partial x}+hf\right]_{x=a}\sin(\xi_n a) - \xi_n^2\bar{f}_{sr}(n) \tag{93.6}$$

and that

$$T_{cr}\left\{\frac{\partial^2 f}{\partial x^2}\right\} = -f'(0) + \left[\frac{\partial f}{\partial x}+hf\right]_{x=a}\cos(\eta_n a) - \eta_n^2\bar{f}_{cr}(n). \tag{93.7}$$

These results give us an indication of the circumstances under which a given finite FOURIER transform might be useful. If $f(a)=f(0)=0$, then

$$T_s\left\{\frac{\partial^2 f}{\partial x^2}\right\} = -\frac{n^2\pi^2}{a^2}\bar{f}_s(n) \tag{93.8}$$

while, on the other hand, if $f'(0)=f'(a)=0$, we have

$$T_c\left\{\frac{\partial^2 f}{\partial x^2}\right\} = -\frac{n^2\pi^2}{a^2}\bar{f}_c(n). \tag{93.9}$$

If we have the radiation condition $\partial f/\partial x + hf = 0$ at $x=a$ then

$$T_{sr}\left\{\frac{\partial^2 f}{\partial x^2}\right\} = -\xi_n^2\bar{f}_{sr}(n), \quad \text{if} \quad f(0)=0 \tag{93.10}$$

and

$$T_{cr}\left\{\frac{\partial^2 f}{\partial x^2}\right\} = -\eta_n^2\bar{f}_{cr}(n), \quad \text{if} \quad f'(0)=0. \tag{93.11}$$

Thus in a radiation problem in which $f(0)=0$ it would be more convenient to use the sr-transform, while if $f'(0)=0$ it would be better to use the cr-transform.

It is possible to construct convolution theorems for the finite FOURIER transforms, but, since they are not of frequent use in mathematical physics, we shall not discuss them here. The reader who is interested should consult pp. 76—79 of SNEDDON'S "FOURIER Transforms", or pp. 274—276 of CHURCHILL'S "Modern Operational Mathematics in Engineering".

94. The Conduction of Heat in a Finite Slab. To illustrate the use of finite FOURIER transforms in the solution of boundary value problems we shall consider the problem of determining the distribution of temperature ϑ in the slab $0 \leq x \leq a$, when the faces of the slab are subjected to certain prescribed conditions. If we assume linear flow of heat we must solve the diffusion equation

$$\frac{\partial^2\vartheta}{\partial x^2} = \frac{1}{\varkappa}\frac{\partial\vartheta}{\partial t}. \tag{94.1}$$

In the first instance we shall suppose that the face $x=0$ is kept at a prescribed temperature $f(t)$ which may vary with the time and that the face $x=a$ is kept at zero temperature, i.e.

$$\vartheta = f(t), \quad \text{on} \quad x=0; \tag{94.2}$$

$$\vartheta = 0, \quad \text{on} \quad x=a. \tag{94.3}$$

Furthermore, we may assume that, initially, every point of the slab is at zero temperature, i.e. that

$$\vartheta = 0, \quad \text{when} \quad t=0. \tag{94.4}$$

If we substitute the boundary conditions (94.2) and (94.3) into equation (93.4) we find that

$$T_s\left\{\frac{\partial^2\vartheta}{\partial x^2}\right\} = \frac{n\pi}{a}f(t) - \frac{n^2\pi^2}{a^2}\bar{\vartheta}_s(n).$$

Hence, if we multiply both sides of equation (94.1) by $\sin(n\pi x/a)$ and integrate with respect to x from 0 to a, we find that $\bar{\vartheta}_s$, the sine transform of the temperature ϑ, satisfies the ordinary differential equation

$$\frac{d\bar{\vartheta}_s}{dt} + \frac{\varkappa n^2\pi^2}{a^2}\bar{\vartheta}_s = \frac{\varkappa n\pi}{a}f(t).$$

Also, it follows from equation (94.4), that $\bar{\vartheta}_s = 0$, when $t = 0$. We therefore have that

$$\bar{\vartheta}_s(n) = \frac{\varkappa n \pi}{a} \int_0^t f(u)\, e^{-\varkappa n^2 \pi^2 (t-u)/a^2}\, du\,.$$

Inverting this expression, by means of equation (91.3), we find that the temperature is given by the expression

$$\vartheta = \frac{2\varkappa\pi}{a} \sum_{n=1}^{\infty} n \sin\left(\frac{n\pi x}{a}\right) \int_0^t f(u)\, e^{-\varkappa n^2 \pi^2 (t-u)/a^2}\, du\,.$$

If, instead of the temperature at the end $x = a$ being kept zero, we suppose that there is radiation from the end of the slab into a medium, kept at zero temperature, we have to replace the boundary condition (94.3) by the radiation condition

$$\frac{\partial \vartheta}{\partial x} + h\vartheta = 0, \qquad x = a\,. \tag{94.5}$$

The conditions (94.2) and (94.4) will be assumed to remain valid. Substituting the boundary conditions (94.2) and (94.5) into equation (93.10) we see that, provided ξ_n is a positive root of the equation (91.5),

$$T_{sr}\left\{\frac{\partial^2 \vartheta}{\partial x^2}\right\} = \xi_n f(t) - \xi_n^2 \bar{\vartheta}_{sr}(n)\,.$$

Hence, if we multiply both sides of equation (94.1) by $\sin(\xi_n x)$ and integrate with respect to x from 0 to a, we find that $\bar{\vartheta}_{sr}(n)$, the finite sine transform of the temperature, satisfies the ordinary differential equation,

$$\frac{d\bar{\vartheta}_{sr}}{dt} + \xi_n^2 \vartheta = \xi_n f(t)\,.$$

Taking account of the condition (94.4), we see that the solution of this equation is

$$\bar{\vartheta}_{sr} = \xi_n \int_0^t f(u)\, e^{-\varkappa \xi_n^2 (t-u)}\, du\,.$$

Applying the inversion theorem (91.6) to this result, we see that the variation of temperature throughout the slab is given by the expression:

$$\vartheta = 2 \sum_{n=1}^{\infty} \frac{\xi_n (h^2 + \xi_n^2)}{a(h^2 + \xi_n^2) + h} \int_0^t f(u)\, e^{-\varkappa \xi_n^2 (t-u)} \cdot \sin(\xi_n x)\, du$$

where the summation extends over all the positive roots of the transcendental equation (91.5).

In problems in which the flux, rather than the temperature, is prescribed at the end $x = 0$, we make use of finite cosine transforms rather than finite sine transforms. For instance, if the boundary value problem is determined by the equation (94.1) and the conditions

$$\frac{\partial \vartheta}{\vartheta x} = f(t), \quad \text{on} \quad x = 0; \qquad \frac{\partial \vartheta}{\partial x} = 0 \quad \text{on} \quad x = a; \qquad \vartheta = 0, \quad \text{when } t = 0,$$

we make use of the transform $T_c \vartheta(x)$. On the other hand, if the boundary conditions are:

$$\frac{\partial \vartheta}{\partial x} = f(t), \quad \text{on} \quad x = 0; \qquad \frac{\partial \vartheta}{\partial x} + h\vartheta = 0, \quad \text{on} \quad x = a; \qquad \vartheta = 0, \quad \text{when } t = 0,$$

we employ the transform $T_{cr}\{\vartheta(x)\}$ with ξ_n the roots of the transcendental equation (92.1). The derivation of the solutions in these two cases is left as an exercise to the reader.

95. Multiple Finite Fourier Transforms. In problems in which the variables (x, y) range over the interior of the rectangle $0 \leq x \leq a$, $0 \leq y \leq b$, it is possible to make use of certain double finite Fourier transforms. For example, if we define a double sine transform by means of the equation

$$T_s\{f(x, y)\} = \bar{f}_s(m, n) = \int_0^a dx \int_0^b dy\, f(x, y) \sin\left(\frac{m\pi x}{a}\right) \sin\left(\frac{n\pi y}{b}\right). \tag{95.1}$$

we see that, as a consequence of well-known results in the theory of multiple Fourier series, the appropriate inversion theorem will be

$$f(x, y) = T_s^{-1}\{\bar{f}(m, n)\} = \frac{4}{ab} \sum_{m=0}^{\infty} \sum_{m=0}^{\infty} \bar{f}_s(m, n) \sin\left(\frac{m\pi x}{a}\right) \sin\left(\frac{n\pi y}{b}\right) \tag{95.2}$$

This process can, of course, be readily generalised to any number of variables. If $F(x_1, x_2, \ldots, x_p)$ is a function of the p-variables $x_1, x_2, \ldots, x_p$ defined in the region specified by the relations $0 \leq x_i \leq a_i$, then we can define a finite sine transform by means of the equation

$$\left.\begin{aligned} T_s\{f(x_1, x_2, \ldots, x_p)\} &= \bar{f}(n_1, n_2, \ldots, n_p) \\ &= \int_0^{a_1} \cdots \int_0^{a_p} f(x_1, \ldots, x_p) \sin\left(\frac{n_1\pi x_1}{a_1}\right) \cdots \sin\left(\frac{n_p\pi x_p}{a_p}\right) dx_1 \ldots dx_p \end{aligned}\right\} \tag{95.3}$$

with inversion theorem

$$\left.\begin{aligned} T_s^{-1}\{\bar{f}(n_1, \ldots, n_p)\} &= f(x_1, x_2, \ldots, x_p) \\ &= 2^p (a_1 a_2 \ldots a_p)^{-1} \sum_{n_1=1}^{\infty} \cdots \sum_{n_p=1}^{\infty} \bar{f}(n_1, \ldots, n_p) \sin\left(\frac{n_1\pi x_1}{a_1}\right) \cdots \sin\left(\frac{n_p\pi x_p}{a_p}\right). \end{aligned}\right\} \tag{95.4}$$

If we are given that $f(0, y) = g(y)$, $f(a, y) = h(y)$, we can readily establish, as a result of a pair of integrations by parts, that if f is a function $f(x, y)$ of two variables,

$$T_s\left\{\frac{\partial^2 f}{\partial x^2}\right\} = \frac{m\pi}{a}\{\bar{g}_s(n) + (-1)^{m+1} \bar{h}_s(n)\} - \frac{m^2\pi^2}{a^2} \bar{f}_s(m, n) \tag{95.5}$$

where $\bar{g}_s(n)$, $\bar{h}_s(n)$ are the finite sine transforms of the functions $g(y)$ and $h(y)$ respectively. In particular, if the function $f(x, y)$ vanishes along the lines $x = 0$, $x = a$, $(0 \leq y \leq b)$, then $g(y)$ are identically zero and we have simply:

$$T_s\left\{\frac{\partial^2 f}{\partial x^2}\right\} = -\frac{m^2\pi^2}{a^2} \bar{f}_s(m, n). \tag{95.6}$$

The extension of this result to the general case is immediate. If the function $f(x_1, \ldots, x_p)$ vanishes when $x_i = 0$ and when $x_i = a_i$, then

$$T_s\left\{\frac{\partial^2 f}{\partial x_i^2}\right\} = -\frac{n_i^2\pi^2}{a_i^2} \bar{f}_s(n_1, \ldots, n_p). \tag{95.7}$$

96. Vibrations of a Rectangular Membrane. We shall illustrate the use of the multiple transforms discussed in the last section by considering the vibrations of a thin membrane. The transverse displacement z of such a displacement satisfies the wave equation

$$\frac{\partial^2 z}{\partial x^2} + \frac{\partial^2 z}{\partial y^2} = \frac{1}{c^2} \frac{\partial^2 z}{\partial t^2}. \tag{96.1}$$

If the membrane is of sides a and b and is fixed in a plane along its edges we may suppose that $z=0$ on the lines $x=0$, $y=0$, $x=a$, $y=b$. For free vibrations we may assume that the initial form of the membrane and its initial velocity is known, i.e. we may assume that, at $t=0$,

$$z=f(x,y), \quad \frac{\partial z}{\partial t}=g(x,y). \tag{96.2}$$

Multiplying both sides of equation (96.1) by $\sin(m\pi x/a)\sin(n\pi y/b)$, integrating over the rectangle $0\leq x\leq a$, $0\leq y\leq b$, and making use of the result (95.6) we see that equation (96.1) is equivalent to the ordinary differential equation

$$\frac{d^2\bar{z}_s}{dt^2}+\pi^2c^2\left(\frac{m^2}{a^2}+\frac{n^2}{b^2}\right)\bar{z}_s=0 \tag{96.3}$$

for the transform

$$\bar{z}_s=\int_0^a\int_0^b z(x,y)\sin\left(\frac{m\pi x}{a}\right)\sin\left(\frac{n\pi y}{b}\right)dx\,dy \tag{96.4}$$

of the displacement $z(x,y)$. In addition the initial conditions (96.2) are equivalent to the conditions:

$$\bar{z}_s=\bar{f}_s(m,n), \quad \frac{dz_s}{dt}=\bar{g}_s(m,n), \tag{96.5}$$

where $\bar{f}_s(m,n)$ and $\bar{g}_s(m,n)$ are the double finite sine transforms of the functions $f(x,y)$ and $g(x,y)$. The solution of the equation (96.3) subject to the initial conditions (96.5) is obviously

$$\bar{z}_s(m,n)=\bar{f}_s(m,n)\cos(c_{mn}t)+\frac{\bar{g}_s(m,n)}{c_{mn}}\sin(c_{mn}t) \tag{96.6}$$

where $c_{mn}^2=\pi^2c^2(m^2/a^2+n^2/b^2)$. Using the inversion theorem (95.2) we there find that the displacement is given by the equation

$$z(x,y)=\frac{4}{ab}\sum_{m=1}^{\infty}\sum_{n=1}^{\infty}\left\{\bar{f}_s\cos(c_{mn}t)+\frac{\bar{g}_s}{c_{mn}}\sin(c_{mn}t)\right\}\sin\left(\frac{m\pi x}{a}\right)\sin\left(\frac{n\pi y}{b}\right).$$

b) The Finite HANKEL Transform.

In the last sections we have seen how the solution of boundary value problems involving finite slabs could be effected by means of the theory of finite FOURIER transforms. We shall now indicate how similar problems relating to problems involving cylinders of finite radius may be solved by means of a finite transform in which the kernel $K(\alpha, x)$ is a solution of BESSEL's equation.

97. Finite HANKEL Transforms. Next in order of complexity to the FOURIER series are the FOURIER-BESSEL series. It is a well-known result of the theory[1] of such series that, if the function $f(x)$ satisfies DIRICHLET'S conditions in the closed interval then the series

$$\frac{2}{a^2}\sum_{i=1}^{\infty}a_i\frac{J_\mu(x\xi_i)}{\{J_\mu'(a\xi_i)\}^2}$$

in which the coefficient a_i denotes the definite integral

$$a_i=\int_0^a x f(x)\,J_\mu(x\xi_i)\,dx$$

[1] G. N. WATSON: The Theory of BESSEL Functions, 2nd edit. Cambridge 1944.

and the sum is taken over all the positive roots $\xi_1, \xi_2, \ldots$ of the transcendental equation $J_\mu(a\xi) = 0$, converges to the sum $\frac{1}{2}\{f(x+0) + f(x-0)\}$.

This result may be written in the form of an inversion theorem for the finite HANKEL transform defined by the linear functional operator

$$T_J^\mu\{f(x)\} = \bar{f}_J(\xi_i) = \int_0^a x f(x)\, J_\mu(x\xi_i)\, dx \tag{97.1}$$

valid for all functions $f(x)$ satisfying DIRICHLET'S conditions in the closed interval $(0, a)$. In terms of such a transform the above theorem in the theory of FOURIER-BESSEL series states that if $f(x)$ satisfies DIRICHLET'S conditions in the interval $(0, a)$ and if its finite transform in that range is defined by equation (97.1) where ξ_i is a root of the transcendental equation

$$J_\mu(a\xi_i) = 0 \tag{97.2}$$

then at any point of $(0, a)$ at which the function $f(x)$ is continuous

$$f(x) = \frac{2}{a^2} \sum_i \bar{f}_J(\xi_i) \frac{J_\mu(x\xi_i)}{\{J'_\mu(x\xi_i)\}^2} \tag{97.3}$$

where the sum is taken over all the positive roots of equation (97.2).

If, in equation (97.1) we take ξ_i to be a root of the transcendental equation

$$\xi_i J'_\mu(\xi_i a) + h J_\mu(\xi_i a) = 0 \tag{97.4}$$

we get another form of finite HANKEL transform which is of great use in problems on the conduction of heat in cylinders with a radiation condition at the outer surface (see sect. 99 below). For this type of finite transform the classical theory of FOURIER-BESSEL series gives the inversion theorem

$$f(x) = \frac{2}{a^2} \sum_i \frac{\xi_i^2 \bar{f}_J(\xi)}{h^2 + \left(\xi_i^2 - \frac{\mu^2}{a^2}\right)} \cdot \frac{J_\mu(x\xi_i)}{[J_\mu(a\xi_i)^2]} \tag{97.5}$$

where the sum is taken over all the positive roots of equation (97.5).

These results assume a simple form if the order, μ, of the BESSEL functions is zero. Since $J'_0(x) = -J_1(x)$ we see that if

$$\bar{f}_J(\xi_i) = \int_0^a x f(x)\, J_0(\xi_i x)\, dx) \tag{97.6}$$

then

$$f(x) = \frac{2}{a^2} \sum_i \bar{f}_J(\xi_i) \frac{J_0(x\xi_i)}{J_1^2(a\xi_i)} \tag{97.7}$$

where the sum is taken over all the positive roots of the equation $J_0(a\xi_i) = 0$. Also if ξ_i is a root of the equation

$$h J_0(a\xi_i) = \xi_i J_1(a\xi_i) \tag{97.8}$$

then

$$f(x) = \frac{2}{a^2} \sum_i \frac{\xi_i^2 \bar{f}_J(\xi_i)}{h^2 + \xi_i^2} \cdot \frac{J_0(x\xi_i)}{[J_0(a\xi_i)]^2}. \tag{97.9}$$

The transforms introduced above will obviously be of value if the variable x is constrained to lie in the interval $(0, a)$. In problems involving hollow cylinders the variable x will range over a finite interval (a, b) where $b > a > 0$. In this instance we define a new finite HANKEL transform by the equation[1]

$$T_H^\mu\{f(x)\} = \bar{f}_H(\xi_i) = \int_a^b x f(x)\, B_\mu(x\xi_i)\, dx, \tag{97.10}$$

where in the usual notation for BESSEL functions

$$B_\mu(x\xi_i) = J_\mu(x\xi_i)\, Y_\mu(a\xi_i) - Y_\mu(x\xi_i)\, J_\mu(a\xi_i) \tag{97.11}$$

and ξ_i is a root of the transcendental equation

$$J_\mu(b\xi_i)\, Y_\mu(a\xi_i) - Y_\mu(b\xi_i)\, J_\mu(a\xi_i) = 0. \tag{97.12}$$

For this type of finite HANKEL transform the theory of FOURIER-BESSEL series yields the inversion theorem

$$f(x) = \frac{1}{2}\pi^2 \sum_i \frac{\xi_i^2 J_\mu^2(b\xi_i)\, \bar{f}_H(\xi_i)}{J_\mu^2(a\xi_i) - J_\mu^2(b\xi_i)}\, B_n(x\xi_i), \tag{97.13}$$

where the summation extends over all the positive roots of equation (97.12).

98. Properties of Finite HANKEL Transforms. We shall consider separately the three types of transform introduced above.

Case (i): *ξ_i is a root of equation* (97.2).

Applying the formula for integrating by parts we have

$$\int_0^a x f'(x)\, J_\mu(x\xi_i)\, dx = \left[x f(x)\, J_\mu(x\xi_i)\right]_0^a - \int_0^a f(x) \frac{d}{dx}\{x J_\mu(x\xi_i)\}\, dx.$$

Using well-known recurrence formulae for BESSEL functions and the fact that ξ_i is a root of the equation (97.2) we find that, if $\mu > 0$,

$$T_J^\mu\{f'(x)\} = \frac{\xi_i}{2\mu}\left[(\mu-1)\, T_J^{\mu+1}\{f(x)\} - (\mu+1)\, T_J^{\mu-1}\{f(x)\}\right]. \tag{98.1}$$

In a similar way we can show that, if $\mu > 0$,

$$\mu\, T_J^\mu\left\{\frac{1}{x} f(x)\right\} = \frac{1}{2}\left[T_J^{\mu+1}\{f(x)\} + T_J^{\mu-1}\{f(x)\}\right]. \tag{98.2}$$

If in these equations we replace $f(x)$ by $f'(x)$ and add we find that

$$T_J^\mu\left\{f''(x) + \frac{1}{x} f'(x)\right\} = \frac{1}{2}\xi_i\left[T_J^{\mu+1}\{f'(x)\} + T_J^{\mu-1}\{f'(x)\}\right]$$

and it is readily shown that this is equivalent to the result

$$T_J^\mu\{R f(x)\} = -a\xi_i f(a)\, J'_\mu(a\xi_i) - \xi_i^2\, T_J^\mu\{f(x)\}, \tag{98.3}$$

where R denotes the operator

$$R = \frac{d^2}{dx^2} + \frac{1}{x}\frac{d}{dx} - \frac{\mu^2}{x^2}. \tag{98.4}$$

The corresponding results for $\mu = 0$ are

$$T_J^1\{f'(x)\} = -\xi_i\, T_J^0\{f(x)\}, \tag{98.5}$$

$$T_J^0\left\{f''(x) + \frac{1}{x} f'(x)\right\} = a\xi_i f(a)\, J_1(a\xi_i) - \xi_i^2\, T_J^0\{f(x)\}. \tag{98.6}$$

[1] In "FOURIER Transforms" the author uses $G_\mu(x\xi_i) = -\frac{1}{2}\pi Y_\mu(x\xi_i)$ instead of $Y_\mu(x\xi_i)$ The latter is used here since $Y_\mu(x)$ is now commonly adopted as the second solution BESSEL's differential equation.

In the application of finite HANKEL transforms to specific problems it is useful to have available the transforms of some simple functions. The following results are readily established by means of the properties of BESSEL functions. For proof sthe reader is referred to Sect. 14 of SNEDDON's "FOURIER Transforms"

$$T_J^\mu\{x\} = \frac{a^{\mu+1}}{\xi_i} J_{\mu+1}(a\xi_i), \tag{98.7}$$

$$T_J^0\{c\} = \frac{ac}{\xi_i} J_1(a\xi_i), \tag{98.8}$$

$$T_J^0\{a^2 - x^2\} = \frac{4a}{\xi_i^3} J_1(a\xi_i), \tag{98.9}$$

$$T_J^\mu\left\{\frac{J_\mu(\alpha x)}{J_\mu(\alpha a)}\right\} = \frac{\xi_i a}{\alpha^2 - \xi_i^2} J'_\mu(a\xi_i), \tag{98.10}$$

$$T_J^0\left\{\frac{J_0(\alpha x)}{J_0(\alpha a)} - 1\right\} = -\frac{a J_1(a\xi_i)}{\xi_i(1 - \xi_i^2/\alpha^2)}. \tag{98.11}$$

Case (ii): ξ_i *is a root of equation* (97.4).

Similar results can be derived in the case in which ξ_i is a root of equation (97.4). The only one of which we shall make use is:

$$T_J^0\left\{f''(x) + \frac{1}{x} f'(x)\right\} = a J_0(a\xi_i)\,[f'(x) + hf(x)]_{x=a} - \xi_i^2\, T_J^0\{f(x)\} \tag{98.12}$$

showing that if the function $f(x)$ satisfies the boundary condition

$$f'(x) + hf = 0 \quad \text{when} \quad x = a$$

then

$$T_J^0\left\{f''(x) + \frac{1}{x} f'(x)\right\} = -\xi_i^2\, T_J^0\{f(x)\}. \tag{98.13}$$

Case (iii): ξ_i *is a root of equation* (97.12).

In the application of the transform (97.10) to physical problems we require the analogue of equation (98.3). We find that it is

$$T_H^\mu\{Rf(x)\} = \frac{2}{\pi}\left\{\frac{J_\mu(a\xi_i)}{J_\mu(b\xi_i)} \cdot f(b) - f(a)\right\} - \xi_i^2\, T_H^\mu\{f(x)\}. \tag{98.14}$$

99. The Conduction of Heat in Cylinders. As an illustration of the use of finite HANKEL transforms in mathematical physics, we shall apply them to the discussion of the distribution of temperature in a long circular cylinder. If ϑ is the temperature and time t and $\varkappa$ is the diffusivity of the material, we have to solve

$$\frac{\partial^2\vartheta}{\partial r^2} + \frac{1}{r}\frac{\partial\vartheta}{\partial r} = \frac{1}{\varkappa}\frac{\partial\vartheta}{\partial t}, \qquad t > 0. \tag{99.1}$$

We shall assume that the initial temperature is prescribed, i.e. that

$$\vartheta = f(r), \qquad t = 0. \tag{99.2}$$

In the first instance we shall assume that the cylinder is a solid cylinder o radius a whose surface temperature is prescribed so that

$$\vartheta = g(t), \qquad t > 0, \qquad r = a. \tag{99.3}$$

If we multiply both sides of equation (99.1) by $J_0(r\xi_i)$ where ξ_i is a zero of $J_0(a\xi_i)$, integrate over r from 0 to a and make use of equation (98.6) we find that

$$\frac{1}{\varkappa}\frac{d\bar\vartheta}{dt} = a\,\xi_i\, g(t)\, J_1(a\xi_i) - \xi_i^2\bar\vartheta \tag{99.4}$$

where
$$\bar{\vartheta}(\xi_i, t) = \int_0^a r\,\vartheta(r, t)\, J_0(r\xi_i)\, dr \tag{99.5}$$

and where, because of equation (99.2)
$$\bar{\vartheta} = \bar{f}(\xi_i) \equiv T_J^0\{f(r)\}, \quad \text{when} \quad t = 0. \tag{99.6}$$

Solving equation (99.4) subject to the initial condition (99.6) we have
$$\bar{\vartheta} = \varkappa a\, \xi_i J_1(a\xi_i) \int_0^k g(\tau)\, e^{-\varkappa\xi_i^2(t-\tau)}\, d\tau + \bar{f}(\xi_i)\, e^{-k\xi_i^2 t}.$$

Inverting this result by means of the formula (97.7) we find that
$$\vartheta(r, t) = \frac{2\varkappa}{a} \sum_i \frac{\xi_i J_0(r\xi_i)}{J_1(a\xi_i)} \int_0^t g(\tau)\, e^{-\varkappa\xi_i^2(t-\tau)}\, d\tau + \frac{2}{a^2} \sum_i \bar{f}(\xi_i)\, e^{-\varkappa\xi_i^2 t} \frac{J_0(r\xi_i)}{J_1^2(a\xi_i)} \tag{99.7}$$

where the sum is taken over all the positive roots of equation $J_0(a\xi) = 0$.

For instance, if $\vartheta = \vartheta_0$, a constant, on $r = a$, $\vartheta = 0$ when $t = 0$ then we take $g(\tau) = \vartheta_0$, $\bar{f}(\xi_i) = 0$ in (99.7) to obtain
$$\vartheta = \frac{2\vartheta_0}{a} \sum_i \frac{J_0(r\xi_i)}{\xi_i J_1(a\xi_i)} \left(1 - e^{-\varkappa\xi_i^2 t}\right)$$

in agreement with the solution (51.9), obtained by means of the LAPLACE transform. Using the result (98.8) in the inversion theorem (97.7) we see that
$$\vartheta_0 = \frac{2\vartheta_0}{a} \sum_i \frac{J_0(r\xi_i)}{\xi_i J_1(a\xi_i)}$$

and, hence, that
$$\vartheta = \vartheta_0 - \frac{2\vartheta_0}{a} \sum_i \frac{J_0(r\xi_i)\, e^{-\varkappa\xi_i^2 t}}{\xi_i J_1(\xi_i a)}.$$

If, instead of the temperature at the surface $r = a$ being precsribed, we assume that there is radiation into a medium at zero temperature, the condition (99.3) is replaced by the condition
$$\frac{\partial\vartheta}{\partial r} + h\vartheta = 0 \quad \text{when} \quad r = a, \quad t > 0 \tag{99.8}$$

where h is a constant. If we multiply both sides of equation (99.1) by $J_0(r\xi_i)$ where ξ_i is a root of equation (97.8), and integrate over r from 0 to a, and make use of equation (98.13) we find that
$$\frac{1}{\varkappa} \frac{d\bar{\vartheta}}{dt} + \xi_i^2 \bar{\vartheta} = 0 \tag{99.9}$$

where $\bar{\vartheta} = \bar{f}(\xi_i) \equiv \int_0^a r f(r)\, J_0(\xi_i r)\, dr$, when $t = 0$. The solution of this initial value problem is
$$\bar{\vartheta} = \bar{f}(\xi_i)\, e^{-\varkappa\xi_i^2 t}.$$

Inverting this result by means of the formula (97.9) we find that
$$\vartheta(r, t) = \frac{2}{a^2} \sum_i \frac{\xi_i \bar{f}(\xi_i)\, J_0(r\xi_i)\, e^{-\varkappa t\xi_i^2}}{(h^2 + \xi_i^2)\, J_0^2(a\xi_i)} \tag{99.10}$$

where the sum is taken over all the positive roots of equation (97.8).

For example if $\vartheta=\vartheta_0$, a constant, when $t=0$, then

$$\bar{f}(\xi_i)=\frac{a\,\vartheta_0}{\xi_i}J_1(a\xi_i)$$

so that

$$\vartheta(r,t)=\frac{2\vartheta_0}{a}\sum_{i=1}e^{-\varkappa t\xi_i^2}\frac{J_1(a\xi_i)\,J_0(r\xi_i)}{(h^2+\xi_i^2)\,J_0^2(a\xi_i)}\tag{99.11}$$

where the sum extends over the positive roots of equation (97.8).

If the cylinder is hollow and is defined by $a\leq r\leq b$ we make use of the transform defined by equation (97.10). Suppose we wish to determine the distribution of temperature $\vartheta(r,t)$ in the cylinder when the temperature of both surfaces is prescribed. We then take

$$\vartheta(a,t)=f_1(t),\qquad \vartheta(b,t)=f_2(t).$$

If we multiply both sides of equation (99.1) by $B_0(r\xi_i)$ where ξ_i is a root of the equation

$$J_0(b\xi_i)\,Y_0(a\xi_i)-Y_0(b\xi_i)\,J_0(a\xi_i)=0,\tag{99.12}$$

integrate with respect to r from a to b, and make use of equation (98.14), we find that

$$\frac{1}{\varkappa}\frac{d\bar{\vartheta}}{dt}+\xi_i^2\bar{\vartheta}=g(t)\tag{99.13}$$

where $\bar{\vartheta}=T_H^0\{(r,t)\}$, and

$$g(t)=\frac{2}{\pi}\left\{\frac{J_0(a\xi_i)}{J_0(b\xi_i)}f_2(t)-f_1(t)\right\}.$$

If we assume, for simplicity, that $\vartheta=0$ when $t=0$ for $a\leq r\leq b$, then $\bar{\vartheta}=0$ for $t=0$. The solution of equation (99.13) is therefore

$$\bar{\vartheta}=\varkappa\int_0^b g(\tau)\,e^{-\varkappa\xi_i^2(t-\tau)}\,d\tau.$$

Inverting this result by means of the inversion theorem (97.13) we find that

$$\begin{aligned}\vartheta(r,t)=\varkappa\pi\sum_i\frac{\xi_i^2J_0(a\xi_i)\,J_0(b\xi_i)\,B_0(r\xi_i)}{J_0^2(a\xi_i)-J_0^2(b\xi_i)}\int_0^t f_2(\tau)\,e^{-\varkappa\xi_i^2(t-\tau)}\,d\tau\,-\\ -\varkappa\pi\sum_i\frac{\xi_i^2J_0^2(b\xi_i)\,B_0(r\xi_i)}{J_0^2(a\xi_i)-J_0^2(b\xi_i)}\int_0^t f_1(\tau)\,e^{-\varkappa\xi_i^2(t-\tau)}\,d\tau\end{aligned}$$

where

$$B_0(r\xi_i)=J_0(r\xi_i)\,Y_0(a\xi_i)-Y_0(r\xi_i)\,J_0(a\xi_i)$$

and both sums are taken over the positive roots of the transcendental equation (97.12).

c) Finite Legendre Transforms.

The fact that the finite Hankel transforms were of such use in the resolution and solution of boundary value problems, involving cylinders of finite radius, naturally suggested that similar problems for spheres, formulated in terms of spherical polar coordinates, might be simplified by the systematic use of a finite transform involving Legendre functions. Such transforms were first defined and used by Tranter[1]. Recently the theory of them has been developed by Churchill[2] and applied to the solution of some classical problems of potential theory.

[1] C. J. Tranter: Quart. J. Math. (2) **1**, 1 (1950). — Integral Transforms in Mathematical Physics, Section 6. 11. London: Methuen 1951.

[2] R. V. Churchill: J. Math. Phys. **33**, 165 (1954).

100. Finite LEGENDRE Transforms. It is well known that the LEGENDRE polynomials $P_n(x)$ $(n=0, 1, 2, \ldots)$ form an orthogonal set over the interval $(-1, 1)$ and that, for these functions, $\lambda_n = 2/(2n+1)$. Hence, if the function $f(x)$ is integrable in the closed interval $(-1, 1)$, we define a LEGENDRE *transform*, $\bar{f}_L(n)$, of the function by the formula

$$T\{f(x)\} = \bar{f}_L(n) = \int_{-1}^{1} f(x)\, P_n(x)\, dx \tag{100.1}$$

where n is a positive integer and $P_n(x)$ denotes the LEGENDRE polynomial of degree n. Hence, if $f(x)$ satisfies certain wide conditions, the inverse transformation is

$$T^{-1}\{\bar{f}_L(n)\} = f(x) = \tfrac{1}{2} \sum_{n=0}^{\infty} (2n+1)\, \bar{f}_L(n)\, P_n(x). \tag{100.2}$$

It is obvious from the definition of the LEGENDRE transform that if $T\{f(x)\}$ and $T\{g(x)\}$ exist, then

$$T\{c_1 f(x) + c_2 g(x)\} = c_1 \bar{f}_L(n) + c_2 \bar{g}_L(n), \tag{100.3}$$

$$T\{f(-x)\} = (-1)^n \bar{f}_L(n). \tag{100.4}$$

We could regard (100.1) as defining a suitable transform in the case of functions $f(x)$ defined on the interval $(-1, 1)$. In many problems, however, $f(x)$ is defined only in the range $(0,1)$. In such cases we adopt a procedure similar to that in use in the theory of FOURIER series. We define a function $F(x)$ in $(-1, 1)$ by the relations

$$F(x) = \begin{cases} f(x), & 0 \leq x \leq 1; \\ f(-x), & -1 \leq x \leq 0. \end{cases}$$

The finite LEGENDRE transform of $F(x)$ is then

$$\bar{F}_L(n) = \begin{cases} 2\int_0^1 f(x)\, P_n(x)\, dx, & \text{if } n \text{ is even;} \\ 0, & \text{if } n \text{ is odd.} \end{cases}$$

Furthermore,

$$F(x) = \tfrac{1}{2} \sum_{n=0}^{\infty} (2n+1)\, \bar{F}_L(n)\, P_n(x).$$

Therefore, if we define an *even* LEGENDRE *transform* by the relation

$$T_e\{f(x)\} = \bar{f}_L(2n) = \int_0^1 f(x)\, P_{2n}(x)\, dx \tag{100.5}$$

it follows that, if $0 \leq x \leq 1$,

$$f(x) = \sum_{n=0}^{\infty} (4n+1)\, \bar{f}_L(2n)\, P_{2n}(x). \tag{100.6}$$

Similarly, if we define an *odd* LEGENDRE *transform* by the relation

$$T_0\{f(x)\} = \bar{f}_L(2n+1) = \int_0^1 f(x)\, P_{2n+1}(x)\, dx \tag{100.7}$$

then the appropriate inversion theorem is

$$f(x) = \sum_{n=0}^{\infty} (4n+3)\, \bar{f}_L(2n+1)\, P_{2n+1}(x). \tag{100.8}$$

101. Properties of LEGENDRE Transforms. The use of LEGENDRE transforms is particularly appropriate in problems in which the operator

$$R = \frac{\partial}{\partial x}(1 - x^2) \cdot \frac{\partial}{\partial x} \tag{101.1}$$

occurs, so we are interested in the properties of this operator in the theory of LEGENDRE transforms.

The most commonly occurring property of this kind is that, if $f'(x)$ is continuous, if $f''(x)$ is bounded and integrable over each interior interval of $(-1, 1)$, if $T\{f(x)\}$ exists and if

$$\lim_{x \to \pm 1} (1 - x^2) f(x) = \lim_{x \to \pm 1} (1 - x^2) f'(x) = 0$$

then $T\{R f(x)\}$ exists and

$$T\{R f(x)\} = -n(n+1) \bar{f}_L(n). \tag{101.2}$$

The proof of this result is elementary, depending on well-known properties of the LEGENDRE polynomials. Integrating by parts we find that

$$T\{R f(x)\} = [(1 - x^2) f'(x) P_n(x) - f(x)(1 - x^2) P_n'(x)]_{-1}^{1} + \int_{-1}^{1} f(x) R P_n(x)\, dx.$$

Now, since $P_n(x)$ satisfies LEGENDRE's differential equation, we have

$$R P_n(x) = -n(n+1) P_n(x)$$

and the result follows immediately.

The corresponding results for even and odd LEGENDRE transforms are:

$$\int_0^1 P_{2n+1}(x) \,.\, R f(x)\, dx = (2n+1) P_{2n}(0) f(0) - (2n+1)(2n+2) \bar{f}_L(2n+1), \tag{101.3}$$

$$\int_0^1 P_{2n}(x) \,.\, R f(x)\, dx = -P_{2n}(0) f'(0) - 2n(2n+1) \bar{f}_L(2n). \tag{101.4}$$

CHURCHILL has proved a similar theorem for the operator R^{-1} but, before proving it, we must see what this operator does. If we let

$$y(x) = R^{-1}\{f(x)\}$$

it means that $y(x)$ is a solution of the ordinary differential equation

$$R y(x) = f(x). \tag{101.5}$$

If we now suppose that $f(x)$ is a function of bounded variation on each interval $|x| \leqq |x_1| < 1$, and that

$$\int_{-1}^{1} f(x)\, dx = 0$$

i.e. that $\bar{f}_L(0) = 0$, then we see that the first integral of equation (101.5)

$$(1 - x^2) \frac{dy}{dx} = \int_{-1}^{1} f(\xi)\, d\xi$$

is a continuous function of x for $|x| \leqq 1$ with limit 0 as $x \to +1$. The second integral

$$R^{-1} f(x) = y(x) = \int_0^x \frac{d\eta}{1 - \eta^2} \int_{-1}^{\eta} f(\xi)\, d\xi + C \tag{101.6}$$

where C is an arbitrary constant, is such that

$$(1 - x^2)\, y(x) \to 0, \text{ as } x \to \pm 1.$$

The conditions of the theorem expressed by equation (101.2) are therefore satisfied so that we can assert that $T\{R y(x)\}$ exists and that

$$T\{R y(x)\} = -n(n+1)\, T\{y(x)\}$$

i.e.

$$T\{f(x)\} = -n(n+1)\, T\{R^{-1} f(x)\}.$$

By equation (101.6) we therefore have the result that, if $f(x)$ denotes a function of bounded variation in each sub-interval of $(-1, 1)$ and if $\bar{f}_L(0) = 0$ then $\bar{f}_L(n)$ exists and, for each constant C,

$$T^{-1}\left\{\frac{-f_L(n)}{n(n+1)}\right\} = \int_0^x \frac{d\eta}{1-\eta^2} \int_{-1}^{\eta} f(\xi)\, d\xi + C. \tag{101.7}$$

A more elementary result concerns the integral

$$g(x) = \int_{-1}^{x} f(u)\, du$$

of the function $f(x)$. By the definition of $g(x)$, we have

$$\bar{f}_L(n) = \int_{-1}^{1} g'(x)\, P_n(x)\, dx.$$

Integrating by parts, we find that the right hand side of this equation has the value

$$g(1) - \int_{-1}^{1} g(x)\, P_n'(x)\, dx.$$

Using this result and the fact the LEGENDRE polynomials satisfy the recurrence relation

$$P_{n+1}'(x) - P_{n-1}'(x) = (2n+1)\, P_n(x)$$

we see that

$$\bar{f}_L(n-1) - \bar{f}_L(n+1) = (2n+1) \int_{-1}^{1} g(x)\, P_n(x)\, dx$$

from which it follows that, if $f(x)$ is sectionally continuous, then

$$T\left\{\int_{-1}^{x} f(u)\, du\right\} = \frac{1}{2n+1}\{\bar{f}_L(n-1) - \bar{f}_L(n+1)\}. \tag{101.8}$$

102. CHURCHILL's Convolution Theorem. The formulation of a convolution theorem for finite LEGENDRE transforms is a matter of some difficulty. Recently, however, CHURCHILL has succeeded in formulating such a theorem.

This theorem states that if $f(x)$ and $g(x)$ are bounded integrable functions on $(-1, 1)$ then the product $\bar{f}_L(n)\, \bar{g}_L(n)$ of their finite LEGENDRE transforms is the transform of the function $H(x)$, i.e.

$$T^{-1}\{\bar{f}_L(n)\, \bar{g}_L(n)\} = H(x) \tag{102.1}$$

where $H(x)$ is defined by any one of the formulae:

$$H(x) = \frac{1}{\pi} \iint_{E_x} f(\xi)\, g(\eta)\, (1 - x^2 - \xi^2 - \eta^2 + 2x\xi\eta)^{-\frac{1}{2}}\, d\xi\, d\eta \tag{102.2}$$

where, for each fixed x, E_x is the region interior to the ellipse

$$\xi^2 + \eta^2 - 2x\,\xi\,\eta = (1 - x^2);$$

$$H(\cos\vartheta) = \frac{1}{\pi}\int_0^\pi f(\cos\vartheta')\sin\vartheta' \int_0^\pi g(\cos\Theta)\,d\varphi\,d\vartheta' \tag{102.3}$$

where $\cos\Theta = \cos\vartheta\cos\vartheta' + \sin\vartheta\sin\vartheta'\cos\varphi$;

$$H(\cos\vartheta) = \frac{1}{\pi}\int_0^{\frac{1}{2}\pi} \sin\varphi \int_0^{2\pi} f\left\{\sin\varphi\sin\left(\beta - \frac{1}{2}\vartheta\right)\right\} g\left\{\sin\varphi\sin\left(\beta + \frac{1}{2}\vartheta\right)\right\} d\beta\,d\varphi. \tag{102.4}$$

For the proof of this convolution theorem the reader is referred to the paper by CHURCHILL cited above.

103. LEGENDRE Transforms of Particular Functions. In the application of finite LEGENDRE transforms to particular problems it is useful to know the transforms of a few elementary functions. Some of the most useful of these results are listed below. The proofs of these statements follow directly from well-known properties of LEGENDRE functions and are left to the reader.

$$T\{P_m(x)\} = \frac{2}{2m+1}\,\delta_{mn}, \tag{103.1}$$

$$T\{x^m\} = 0, \quad \text{if} \quad m < n, \tag{103.2}$$

$$T\{x^n\} = 2^{n+1}(n!)^2/(2n+1)!, \tag{103.3}$$

$$T\{\log(1-x)\} = \begin{cases} -\dfrac{2}{n(n+1)}, & \text{if} \quad n > 0; \\ 2\log 2 - 2, & \text{if} \quad n = 0. \end{cases} \tag{103.4}$$

If

$$R^2 = 1 - 2x\,h + h^2, \tag{103.5}$$

then

$$T\{R^{-1}\} = \frac{2h^n}{2n+1}, \tag{103.6}$$

$$T\{(x-h)\,R^{-3}\} = \frac{2n\,h^{n-1}}{2n+1}, \tag{103.7}$$

$$T\{\tfrac{1}{2}(1 - 2h^2)\,R^{-3}\} = h^n. \tag{103.8}$$

If $m > 2n - 1$, then

$$T_e\{x^m\} = \frac{m(m-2)\dots(m-2n+2)}{(m+2n+1)(m+2n-1)\dots(m+1)}, \tag{103.9}$$

$$T_0\{x^m\} = \frac{(m-1)(m-3)\dots(m-2n+1)}{(m+2n+2)(m+2n)\dots(m+2)}. \tag{103.10}$$

104. DIRICHLET's Problem for a Sphere. To illustrate the use of LEGENDRE transforms in the solution of boundary value problems we shall give a brief account of CHURCHILL's solution of the DIRICHLET problem for a sphere. This problem consists in finding a function V which is harmonic *within* the unit sphere and which takes prescribed values on the surface of the sphere. We shall consider only the axially symmetrical case in which V is a function of the polar coordinates r, ϑ only so that we have to solve LAPLACE's equation

$$r\frac{\partial^2}{\partial r^2}(rV) + \frac{\partial}{\partial\mu}\left\{(1-\mu^2)\frac{\partial V}{\partial\mu}\right\} = 0, \quad (\mu = \cos\vartheta), \quad r < 1, \tag{104.1}$$

subject to the condition that

$$V(1, \mu) = f(\mu) \tag{104.2}$$

where the function f is prescribed. Further, we assume that V is finite at the origin of coordinates.

If we introduce the finite LEGENDRE transforms

$$\overline{V}_L(n) = \int_{-1}^{1} V(r, \mu)\, P_n(\mu)\, d\mu, \qquad \overline{f}_L(n) = \int_{-1}^{1} f(\mu)\, P_n(\mu)\, d\mu$$

we see that, as a result of equation (101.2), the equations (104.1) and (104.2) are equivalent to the pair

$$r \frac{d^2}{dr^2}\{r\,\overline{V}_L(n)\} - n(n+1)\,\overline{V}_L(n) = 0; \tag{104.3}$$

$$\overline{V}_L(n) = \overline{f}_L(n) \quad \text{when} \quad r = 1. \tag{104.4}$$

The solution of equation (104.3) is readily seen to be

$$\overline{V}_L(n) = A r^n + B r^{-n-1},$$

where A and B are arbitrary constants. If V is to remain finite as $r \to 0$, $\overline{V}_L(n)$ must remain finite at the origin, so that we must take $B = 0$. To satisfy the boundary condition (104.4) we must therefore take $A = \overline{f}_L(n)$. Hence we have

$$\overline{V}_L(n) = \overline{f}_L(n)\,.\,r^n. \tag{104.5}$$

Now, by equation (103.8), r^n is the finite LEGENDRE transform of the function

$$\frac{1-r^2}{2}(1 - 2\mu r + r^2)^{\frac{1}{2}},$$

so that, by CHURCHILL's convolution theorem in the form (102.3), we have

$$V(r, \vartheta) = \frac{1-r^2}{2\pi} \int_0^{\pi} f(\cos\vartheta') \sin\vartheta'\, d\vartheta' \int_0^{\pi} (1 + r^2 - 2r\cos\Theta)^{-\frac{3}{2}}\, d\varphi \tag{104.6}$$

where $\cos\Theta = \cos\vartheta\cos\vartheta' + \sin\vartheta\sin\vartheta'\cos\varphi$.

The second form of the DIRICHLET problem, in which the function V is harmonic *outside* the unit sphere and takes prescribed values on the surface of the sphere, can be dealt with in a precisely similar fashion. The potential must therefore satisfy LAPLACE's equation (104.1), the boundary condition (104.2), and the condition that $V \to 0$ as $r \to \infty$. Instead of equation (104.5) we therefore have

$$\overline{V}_L(n) = \overline{f}_L(n)\, r^{-n-1}$$

from which it follows immediately that if $V(r, \vartheta)$ is the solution of the first form of the problem, the solution of the second form is

$$\frac{1}{r} V\left(\frac{1}{r}, \vartheta\right).$$

For a solution, by the method of finite LEGENDRE transforms, of the NEUMANN problem for a sphere, and of a third type of problem in which

$$\frac{\partial V}{\partial r} + (k+1)\, V = f(\mu)$$

on the surface of the unit sphere, the reader is referred to the paper by CHURCHILL cited above. An ingenious solution of the problem of the electrified disc by means of a finite LEGENDRE transform is contained in Sect. 6. 12 of TRANTER's "Integral Transforms in Mathematical Physics".

VI. Approximate methods of Evaluating Integral Transforms.

In many problems suggested by physics it is possible to formulate the governing equations and the boundary (or initial) conditions in terms of integral transforms of the physical quantities in which we are interested. The equations so set up may be algebraic or ordinary differential equations whose solutions are readily found. The quantities in which we are interested are then found from their integral transforms by means of an inversion theorem of the type we have discussed above. In a great many cases this gives us an expression for the quantity considered in the form of an infinite integral. It is only rarely that we can evaluate such integrals analytically. In a great many problems of physical interest the integral has to be evaluated numerically. In this subdivision we shall consider briefly some of the more widely used methods for evaluating such integrals.

105. General Formulae. We shall consider the evaluation of a definite integral of the type

$$F(\alpha) = \int_a^b f(x)\, K(\alpha, x)\, dx \tag{105.1}$$

where x is a real variable, α may be either real or complex and the limits may assume any real values. Later we shall consider the modifications to be introduced if either, or both, of the limits of integration is infinite. We shall assume that the following indefinite integrals can be determined:

$$K_1(\alpha, x) = \int K(\alpha, x)\, dx, \qquad K_2(\alpha, x) = \int K_1(\alpha, x)\, dx, \qquad K_3(\alpha, x) = \int K_2(\alpha, x)\, dx.$$

To evaluate an integral of the type (105.1) we split the range of integration into a series of intervals (x_k, x_{k+1}) and assume that, within that range, the function $f(x)$ can be fitted with sufficient accuracy by the parabolic arc

$$f(x) = A_{k+1} + B_{k+1}\, x + C_{k+1}\, x^2. \tag{105.2}$$

Integrating the expression

$$I_k = \int_{x_k}^{x_{k+1}} f(x)\, K(\alpha, x)\, dx$$

by parts, we obtain the relation

$$I_k = \left[f(x)\, K_1(\alpha, x) - f'(x)\, K_2(\alpha, x)\right]_{x_k}^{x_{k+1}} + \int_{x_k}^{x_{k+1}} f''(x)\, K_2(\alpha, x)\, dx.$$

Substituting the expression (105.2) for $f(x)$ we find that

$$I_k = \left[f(x)\, K_1(\alpha, x) - (B_{k+1} + 2\, C_{k+1}\, x)\, K_2(\alpha, x) + 2\, C_{k+1}\, K_3(\alpha, x)\right]_{x_k}^{x_{k+1}}, \tag{105.3}$$

so that, if we write $x_0 = a$, $x_{n+1} = b$, we have the approximate expression

$$\left.\begin{aligned} \sum_{k=0}^{n} I_k = {} & \left[f(x)\, K_1(\alpha, x)\right]_a^b + B_1\, K_2(\alpha, a) - B_{n+1}\, K_2(\alpha, b) + \\ & + \sum_{k=0}^{n} \Delta B_k \cdot K_2(\alpha, x_k) - 2 \sum_{k=0}^{n} \Delta C_k \cdot \{x_k\, K_2(\alpha, x_k) - K_3(\alpha, x_k)\} \end{aligned}\right\} \tag{105.4}$$

for the integral (105.1). In this formula we have written

$$\Delta B_k = B_{k+1} - B_k, \qquad \Delta C_k = C_{k+1} - C_k. \tag{105.5}$$

When the limits are infinite we must ensure that the conditions of $f(x)$ necessary for the existence of the integral (105.1) are satisfied, and, also, that the limits

$$\left[f(x)\,K_1(\alpha,x)\right]_a^b, \qquad \left[B\,K_2(\alpha,x)\right]_a^b$$

exist. If, further, the parabolic arc approximation is such that the transform of the approximating function exists, then the resulting approximation (105.4) remains valid when we proceed to infinite limits of integration.

The formula (104.4) breaks down when $\alpha=0$. If $K(0)=1$ we may make use of the parabolic approximation to find that

$$\int_{x_k}^{x_{k+1}} f(x)\,dx = A_{k+1}(x_{k+1}-x_k)+\tfrac{1}{2}B_{k+1}(x_{k+1}^2-x_k^2)+\tfrac{1}{3}C_{k+1}(x_{k+1}^3-x_k^3).$$

Performing the summation and using the fact that, if $f(x)$ is continuous at the point $x=x_{k+1}$,

$$A_{k+1}-A_k=-\Delta B_k\,x_{k+1}-\Delta C_k\,x_{k+1}^2$$

we see that

$$\int_a^b f(x)\,dx=\left[A_r x_r+\tfrac{1}{2}B_r x_r^2+\tfrac{1}{3}C_r x_r^3\right]_{r=0}^{r=n+1}+\tfrac{1}{2}\sum_{k=1}^{n}\Delta B_k\,x_k^2+\tfrac{2}{3}\sum_{k=1}^{n}\Delta C_k\,x_k^3. \quad (105.6)$$

If we assume that the interval (a,b) is divided into $(n+1)$ sections (x_k, x_{k+1}) in each of which the function $f(x)$ is approximated by a straight line segment then we may take C_k to be zero for all values of k in equations (105.4) and (105.6) to obtain the approximate formulae

$$\int_a^b f(x)\,K(\alpha,x)\,dx=\left[f(x)\,K_1(\alpha,x)-f'(x)\,K_2(\alpha,x)\right]_a^b+\sum_{k=1}^{n}\Delta B_k\,.\,K_2(\alpha,x_k) \quad (105.7)$$

$$\int_a^b f(x)\,dx=\left[x f(x)\right]_a^b-\tfrac{1}{2}b^2 f'(b)-\tfrac{1}{2}a^2 f'(a)+\tfrac{1}{2}\sum_{k=1}^{n}x^2\,\Delta B_k. \quad (105.8)$$

We shall refer to equations (105.7) and (105.8) as ZEMANIAN'S *formulae*[1].

An approximation to the value of the integral (105.1) when the parameter α is large has been devised by WILLIS[2]. The formula derived by WILLIS has not been established rigorously—indeed it would be a difficult theoretical problem to obtain precise conditions under which his approximate procedure would be valid. In many cases WILLIS' method yields an asymptotic expansion for the integral (105.1) but often no such expansion exists and the method fails. It is best to consider each individual case on its own merits. The procedure is as follows:

Consider the integral

$$I(\alpha,\beta)=\int_0^\infty f(x)\,K(\alpha x)\,e^{-\beta x}\,dx$$

where it is supposed that the function $f(x)$ has a power series expansion around $x=0$ whose radius of convergence covers the entire region of integration. Then we may write

$$I(\alpha,\beta)=\int_0^\infty\left\{\sum_{r=0}^{\infty}\frac{x^r}{r!}f^{(r)}(0)\right\}K(\alpha x)\,e^{-\beta x}\,dx.$$

[1] A. H. ZEMANIAN: J. Appl. Phys. 25, 262 (1954).

[2] H. F. WILLIS: Phil. Mag. 39, 455 (1948).

Interchanging the order in which we perform the integration and the summation we obtain the equation

$$I(\alpha, \beta) = \sum_{r=0}^{\infty} \frac{f^{(r)}(0)}{r!} \int_0^{\infty} K(\alpha x)\, x^r e^{-\beta x}\, dx.$$

If, now, we assume that it is possible to make the expansion

$$\int_0^{\infty} K(\alpha x)\, e^{-\beta x}\, dx = \sum_{r=0}^{\infty} B_r \beta^r \equiv k(\beta) \tag{105.9}$$

then

$$\int_0^{\infty} K(\alpha x)\, x^r e^{-\beta x}\, dx = (-1)^r k^{(r)}(\beta). \tag{105.10}$$

In these circumstances, therefore

$$I(\alpha, \beta) = \sum_{r=0}^{\infty} \frac{(-1)^r f^{(r)}(0)\, k^{(r)}(\beta)}{r!}.$$

Letting $\beta \to 0$ and remembering that $k^{(r)}(0) = r\, B_r$, we find that

$$\int_0^{\infty} f(x)\, K(\alpha, x)\, dx = \sum_{r=0}^{\infty} (-1)^r f^{(r)}(0)\, B_r \tag{105.11}$$

where the coefficients B_r are defined by equation (105.9).

106. FOURIER Cosine Transforms. We shall now consider the application of the formulae of the last section to particular kernels $K(\alpha, x)$. We shall begin with the FOURIER cosine kernel.

If we substitute $K(\alpha, x) = \cos \alpha x$, $K_1(\alpha, x) = -\frac{1}{\alpha} \sin \alpha x$, $K_2(\alpha, x) = -\frac{1}{\alpha^2} \cos(\alpha x)$ in equation (105.7) we find that

$$\int_a^b f(x) \cos(\alpha x)\, dx = \frac{1}{\alpha} \{f(b) \sin(\alpha b) - f(a) \sin(\alpha a)\} +$$
$$+ \frac{1}{\alpha^2} \{f'(b) \cos(\alpha b) - f'(a) \cos(\alpha a)\} - \frac{1}{\alpha^2} \sum_{k=1}^{n} \Delta B_k \cdot \cos(\alpha x_k).$$

Therefore, if $f(x)$ and $f'(x)$ both tend to zero as $x \to \infty$, we obtain the approximate formula

$$F_C^{(a)}(\alpha) = -\frac{1}{\alpha^2} \sqrt{\frac{2}{\pi}} \left\{ f'(0) + \sum_{k=1}^{\infty} \Delta B_k \cdot \cos(\alpha x_k) \right\} \quad (\alpha \neq 0) \tag{106.1}$$

for the FOURIER cosine transform $F_C(\alpha)$ of the function $f(x)$.

Similarly we have

$$F_C^{(a)}(0) = \frac{1}{\sqrt{2\pi}} \sum_{k=1}^{\infty} \Delta B_k \cdot x_k. \tag{106.2}$$

We shall call equations (106.1) and (106.2) ZEMANIAN'S approximation for the FOURIER cosine transform of a function.

An asymptotic formula of the WILLIS type is readily obtained. Since

$$\int_0^{\infty} \cos(\alpha x)\, e^{-\beta x}\, dx = \beta(\alpha^2 + \beta^2)^{-1} = \sum_{r=0}^{\infty} (-1)^r \beta^{2r+1} \alpha^{-2r-2}$$

it follows from equations (105.11) and (105.9) that, for large values of α, the FOURIER cosine transform $F_C(\alpha)$ can be approximated to by the formula

$$F_C(\alpha) = \left(\frac{2}{\pi}\right)^{\frac{1}{2}} \sum_{r=0}^{\infty} (-1)^{r+1} \frac{f^{(2r+1)}(0)}{\alpha^{2r+2}}. \tag{106.3}$$

A more accurate approximation for the cosine transform of a function may be obtained from equation (105.3). If we divide the closed interval (a, b) into equal segments $(\varrho_{r-1}, \varrho_{r+1})$, where $\varrho_r = a + rh$ and fit $f(x)$ by a parabolic arc in each of the intervals then, it follows from equation (105.3),

$$\begin{aligned} I_r &= \int_{\varrho_{r+1}}^{\varrho_{r+1}} f(x) \cos(\alpha x)\, dx \\ &= \left[\frac{1}{\alpha}\left\{f(x) - \frac{2C}{\alpha^2}\right\} \sin(\alpha x) + \frac{1}{\alpha^2} f'(x) \cos(\alpha x)\right]_{\varrho_{r-1}}^{\varrho_{r+1}}. \end{aligned}$$

Now if we write $\vartheta = \alpha h$ we see that

$$\sin(\alpha \varrho_{r+1}) = \sin(\alpha \varrho_r) \cos\vartheta + \cos(\alpha \varrho_r) \sin\vartheta$$

and we can express $\sin(\alpha\varrho_{r-1})$, $\cos(\alpha\varrho_{r+1})$, $\cos(\alpha\varrho_{r-1})$ in similar ways. Further if in $(\varrho_{r-1}, \varrho_{r+1})$ the function $f(x)$ is represented by a parabolic arc we can readily show that

$$\begin{aligned} f'(\varrho_{r+1}) &= \frac{1}{2h}\{3f(\varrho_{r+1}) - 4f(\varrho_r) + f(\varrho_{r-1})\}, \\ f'(\varrho_{r-1}) &= \frac{-1}{2h}\{f(\varrho_{r+1}) - 4f(\varrho_r) + 3f(\varrho_{r-1})\}. \end{aligned}$$

Hence we can show that

$$\begin{aligned} I_r = h\big[&A\{f(\varrho_{r+1}) \sin(\alpha\varrho_{r+1}) - f(\varrho_{r-1}) \sin(\alpha\varrho_{r-1})\} \\ &+ \tfrac{1}{2} B\{f(\varrho_{r+1}) \cos(\alpha\varrho_{r+1}) + f(\varrho_{r-1}) \cos(\alpha\varrho_{r-1})\} + C f(\varrho_r) \cos(\alpha\varrho_r)\big] \end{aligned}$$

where

$$\left.\begin{aligned} \vartheta^3 A &= \vartheta^2 + -\vartheta \sin\vartheta \cos\vartheta - 2\sin^2\vartheta, \\ \vartheta^3 B &= 2\,[\vartheta(1 + \cos^2\vartheta) - 2\sin\vartheta\cos\vartheta], \\ \vartheta^3 C &= 4\,[\sin\vartheta - \vartheta\cos\vartheta]. \end{aligned}\right\} \tag{106.4}$$

If we take $b = a + 2nh$ then, adding the contributions from each of the intervals we find that

$$\int_a^b f(x) \cos(\alpha x)\, dx = h\,[\alpha\{f(b) \sin(\alpha b) - f(a) \sin(\alpha a)\} A + S_1 B + S_2 C] \tag{106.5}$$

where A, B and C are given by equations (106.4) and

$$S_1 = \sum_{r=0}^{n} f(a + 2rh) \cos\{\alpha(a + 2rh)\} - \tfrac{1}{2}\{f(a) \cos(\alpha a) + f(b) \cos(\alpha b)\},$$

$$S_2 = \sum_{r=1}^{n} f\{a + (2r-1)h\} \cos\{\alpha(a + 2r - 1h)\}.$$

The formula (106.5) is due to FILON[1]. Tables of the coefficients A, B, and C as functions of ϑ are given in FILON's paper and also in SNEDDON's "FOURIER Transforms", p. 521.

[1] L. N. G. FILON: Proc. Roy. Soc. Edinburgh **44**, 38 (1928/29).

107. FOURIER Sine Transforms. Similar formulae exist for the calculation of FOURIER sine transforms. Corresponding to equation (106.1) we have ZEMANIAN'S approximation

$$F_S^{(a)}(\alpha) = -\frac{1}{\alpha^2}\sqrt{\frac{2}{\pi}}\sum_{k=0}^{\infty}\Delta B_k\cdot\sin(\alpha x_k) \tag{107.1}$$

to the sine transform $F_S(\alpha)$ of the function $f(x)$, and corresponding to equation (106.3) we have the asymptotic formula

$$F_S(\alpha) = \left(\frac{2}{\pi}\right)^{\frac{1}{2}}\sum_{r=0}^{\infty}(-1)^r\frac{f^{(2r)}(0)}{\alpha^{2r+1}}. \tag{107.2}$$

Similarly the FILON formula for the sine transform is

$$\int_a^b f(x)\sin(\alpha x)\,dx = h\{-\alpha\,[f(b)\cos(\alpha b) - f(a)\cos(\alpha a)] + B\,S_1 + C\,S_2\} \tag{107.3}$$

where A, B, C, and h, have the same meaning as in the last section, but, now, S_1 denotes the sum of all the even ordinates of the curve $y=f(x)\sin(\alpha x)$ between a and b inclusive less half the sum of the first and last ordinates, and S_2 denotes the sum of all the odd ordinates of the same curve.

108. The LAPLACE Transform. In the previous cases we have considered the inversion theorem leads to symmetrical formulae so that the approximate method of deriving the transform of a function whose values are known is identical problem of determining the function when its transform is known. There is no such symmetry in the case of the LAPLACE transform so that the two methods have to be studied independently. We shall not consider here the problem of determining the function $f(x)$ when its LAPLACE transform $\bar{f}(s)$ is known, since the inversion theorems discussed in Sect. 34 may, as was shown there, be easily adapted to give approximate methods of determining $f(x)$. We shall, in this section, consider only the problem of determining approximately the LAPLACE transform $\bar{f}(s)$ of a known function $f(x)$.

Since

$$\int_0^\infty e^{-sx-\beta x}\,dx = \sum_{r=0}^{\infty}(-1)^r\frac{\beta^r}{s^{r+1}}$$

it follows from equation (105.11) that an asymptotic formula for the LAPLACE transform of a function is

$$\bar{f}(s) = \sum_{r=1}^{\infty}\frac{f^{(r)}(0)}{s^{r+1}}. \tag{108.1}$$

ZEMANIAN'S approximation is similarly easily seen to yield the expression

$$\frac{1}{s^2}\left\{f'(0) + s\,f(0) + \sum_{k=1}^{n}\Delta B_k\,e^{-s x_k}\right\} \tag{108.2}$$

for the approximate value of the LAPLACE transform $\bar{f}(s)$.

If the analytical form of the function $f(x)$ is not known but its numerical value at each of the points $x=0, 1, 2, \ldots, n-1$ then we can find an approximate value for the LAPLACE transform of the function by fitting the function to a polynomial of the $n-1$th. degree. For example, if we find that

$$f(x) = \sum_{r=0}^{n-1}\frac{L_r^{(n)}(x)\,f(r)}{(n-1)!} \tag{108.3}$$

then an approximate expression for the LAPLACE transform of $f(x)$ will be

$$\bar{f}(s) = \sum_{r=0}^{n-1} A_r^{(n)}(s)\, f(r) \tag{108.4}$$

where

$$A_r^{(n)}(s) = \frac{1}{(n-1)!} \int_0^\infty L^{(n)}(x)\, e^{-sx}\, dx. \tag{108.5}$$

For example, if $f(0)$, $f(1)$, $f(2)$ are known we may write

$$f(x) = A + Bx + Cx^2$$

where

$$f(0) = A,$$
$$f(1) = A + B + C,$$
$$f(2) = A + 2B + 4C.$$

Eliminating A, B, and C from these equations we find that

$$f(x) = f(0) - \tfrac{1}{2}\{f(2) - 4f(1) + 3f(0)\}\, x + \tfrac{1}{2}\{f(2) - 2f(1) + f(0)\}\, x^2$$

which may be rearranged to give

$$f(x) = (2 - 3x + x^2)\, f(0) + (4x - 2x^2)\, f(1) + (-x + x^2)\, f(2)$$

so that

$$L_0^{(3)}(x) = 2 - 3x + x^2, \quad L_1^{(3)}(x) = 4x - 2x^2, \quad L_2^{(3)}(x) = -x + x^2.$$

The LAPLACE transforms of these functions are readily found and yield the expressions

$$A_0^{(3)}(s) = \frac{1}{2s^3}(2s^2 - 3s + 2), \quad A_1^{(3)}(s) = \frac{2}{s^3}(s - 1), \quad A_2^{(3)}(s) = \frac{1}{2s^3}(2 - s)$$

so that an approximate expression for $\bar{f}(s)$ can be found.

SALZER[1] has given tables of the function $L_r^{(n)}(x)$ for $n = 2(1)11$ and of the function $A_r^{(n)}(s)$ for $n = 2(1)11$, $r = 0(1)n-1$, $s = 0.1(0.1)n-1$, which considerably facilitate the use of this method. Other tables given by SALZER are useful in the approximate calculation of LAPLACE transforms. If $f(x)$ has a polynomial expansion $\sum_{n=0}^{m} f_n x^n$ then the LAPLACE transform of $f(x)$ is

$$\bar{f}(s) = \sum_{n=0}^{m} f_n \frac{n!}{s^{n+1}}.$$

SALZER tabulates $n!\, s^{-n-1}$ for $n = 0(1)10$ and $s = 0.1(0.1)10$ to render this method practicable.

C. HILBERT Space.

The concept of HILBERT space, which is of great importance in many branches of mathematics, such as the theory of orthogonal functions, integral equations and quantum theory, is closely related to that of BANACH space introduced in subdivision II of division A above. Indeed any HILBERT space can be considered

[1] H. E. SALZER: Tables of Coefficients for the Numerical Calculation of LAPLACE Transforms. National Bureau of Standards Applied Mathematics Series, No. 30; U.S. Government Printing Office, Washington, U.S.A.

as a BANACH space. In this division we shall give a very brief account of the simplest ideas in the theory of HILBERT space, and refer the reader to the treatises listed in Sect. IV of the Bibliography for more detailed treatments.

a) Abstract HILBERT Space.

109. Abstract HILBERT Space. We call a set R of elements $f, g, h, \ldots$ a HILBERT *space* if it satisfies the Axiom A of BANACH space (Sect. 7 above), the

Axiom H: With every pair of elements of R there is associated a complex number (f, g) with the properties:

(i) $(af, g) = a(f, g)$, for any complex number a,

(ii) $(f + g, h) = (f, h) + (g, h)$,

(iii) $(f, g) = (g, f)^*$,

(iv) $(f, f) < 0$, if $f \neq \vartheta$,

and the *Axiom C* of BANACH space with norm $\|f\| = (f, f)^{\frac{1}{2}}$.

It follows immediately from the defining properties of (f, g) which is called the *inner product* of the elements f and g, satisfies the relations:

$$\begin{aligned}(f, g + h) &= (f, g) + (f, h),\\ (f, ag) &= a^*(f, g),\\ (f, \vartheta) &= (\vartheta, f) = 0.\end{aligned}$$

In particular $(\vartheta, \vartheta) = 0$, so that, as a result of (iv), $(f, f) = 0$, if and only if $f = \vartheta$, the null element of the space.

A HILBERT space is thus a linear space, in which an inner product has been defined, and which, regarded as a metric space, is complete. It is readily shown by the application of the inequalities of SCHWARZ and MINKOWSKI that, for any two elements f and g of a HILBERT space,

$$|(f, g)|^2 \leq \|f\| \cdot \|g\|; \qquad \|f + g\| \leq \|f\| + \|g\| \tag{109.1}$$

and, by using these results, it can readily be shown that the norm $\|f\| = (f, f)^{\frac{1}{2}}$ satisfies the *Axiom B* of BANACH space, so that any HILBERT space may be considered as a BANACH space in such a way that the concepts of norm are identical in both spaces. Consequently all ideas introduced for general BANACH spaces may be carried over into the theory of HILBERT space without any change.

In the particular case in which the HILBERT space is of finite dimension we say that it is *a unitary space*.

110. Orthonormal Systems. The inner product (f, g) is an obvious generalisation of the idea of the scalar product of two vectors in three-dimensional Euclidean space. For that reason we say that two elements f and g of a HILBERT space are *orthogonal* if $(f, g) = 0$. Similarly a set S of elements is said to be *orthonormal* if

$$(\varphi, \psi) = \begin{cases} 1, & \text{if} \quad \varphi = \psi, \\ 0, & \text{if} \quad \varphi \neq \psi, \end{cases}$$

for every pair of elements φ, ψ of S. It is readily seen that if a finite set of elements $\varphi_1, \varphi_2, \ldots, \varphi_n$ form an orthonormal set then they are linearly independent, and that, if the dimension of R is enumerably in finite, the number of elements in an orthonormal set is enumerably infinite.

A remarkable result in the theory of HILBERT space[1] states that if we are given a finite or enumerably infinite set S, of a HILBERT space R, we can construct an orthonormal system Q which possesses the property that $L(S)=L(Q)$. From any given set of elements S of this kind we can construct a set of linearly independent elements $f_1, f_2, \ldots, f_n, \ldots$. SCHMIDT's orthogonalisation process then sets up an orthonormal system Q with elements $\varphi_1, \varphi_2, \ldots, \varphi_n, \ldots$ defined by the relations

$$\varphi_1 = \frac{f_1}{\|f_1\|}, \quad g_n = f_n - \sum_{k=1}^{n-1} (f_n, \varphi_k)\,\varphi_k, \quad \varphi_n = \frac{g_n}{\|g_n\|}, \quad n \geqq 2, \tag{110.1}$$

A theory of orthonormal systems in HILBERT space, analogous to the ordinary theory of FOURIER series, can be set up. If φ_n is a sequence of orthonormal elements in a HILBERT space R, and if $f=\sum \alpha_n \varphi_n$, the series $\sum |\alpha_n|^2$ converges and $\alpha_n = (f, \varphi_n)$. In addition, if the space R is complete, the convergence of $\sum |\alpha_n|^2$ implies that of $\sum \alpha_n \varphi_n$. There is also a PARSEVAL *relation* corresponding to PARSEVAL's theorem for FOURIER series; it states that if f and g are arbitrary elements of a HILBERT space R, and $\varphi_1, \varphi_2, \ldots$ is the sequence of elements $\varphi \varepsilon Q$ such that at least one of the inequalities $(f, \varphi) \neq 0$, $(g, \varphi) \neq 0$, holds, then

$$(f, g) = \sum_{n=1}^{\infty} (f, \varphi_n)\,(g, \varphi_n)^*. \tag{110.2}$$

As a special case

$$\|f\|^2 = \sum_{n=1}^{\infty} |(f, \varphi_n)|^2. \tag{110.3}$$

111. Realizations of HILBERT Space. We shall now consider two examples of HILBERT spaces.

(i) *The Space l_2.* We saw previously that the sequence spaces $l_p (1 \leqq p \leqq \infty)$ are complete separable BANACH spaces of enumerably infinite dimension. If we consider two elements $f = \{f_1, f_2, \ldots\}$ and $g = \{g_1, g_2, \ldots\}$ of the space l_2 then we can define an inner product by the formula $(f, g) = \sum_{i=1}^{\infty} f_i g_i^*$, and it is readily shown that the Axiom H is satisfied, and l_2 is a HILBERT space. This was, in fact, the first HILBERT space to be discussed (HILBERT, 1906); the axiomatic treatment outlined in Sect. 109 was introduced much later (1932) by VON NEUMANN.

The elements $\varphi_1 = (1, 0, 0, \ldots)$, $\varphi_2 = (0, 1, 0, \ldots)$, $\varphi_3 = (0, 0, 1, \ldots)$, ..., form a complete orthonormal system in l_2.

(ii) *The Space L_2.* In Sect. 8 above we showed that the function space $L_2(\Delta, \mu)$ is a complete separable BANACH space of enumerably infinite dimension, provided that μ is separable and non-atomic. If we define an inner product by the rule

$$(f, g) = \int_{\Delta} f(x)\, g^*(x)\, d\mu \tag{111.1}$$

it is readily shown that Axiom H is satisfied; in other words, $L_2(\Delta, \mu)$ is a complete separable HILBERT space of enumerably infinite dimension.

As a result of SCHMIDT's theorem we see that we can construct an orthonormal system Q from any given set S of functions belonging to $L_2(\Delta, \mu)$, and since L_2 is separable there exists a complete orthonormal system Q_c having the property that $L(Q_c)$ is dense in L_2.

[1] This theorem is known as SCHMIDT's *Orthogonalisation Process*; for a proof of its validity see ZAANEN's "Linear Analysis", p. 112.

If the sequence $\{\varphi_n(x)\}$ is orthonormal the results, quoted in Sect. 110 above, show that the convergence in mean of $\sum \alpha_n \varphi_n(x)$ is equivalent to the convergence of $\sum |\alpha_n|^2$. Furthermore[1], $f(x) \sim \sum \alpha_n \varphi_n(x)$ implies that $\alpha_n = \int_\Delta f \varphi_n^* d\mu$ for every n. Moreover, for every $f(x)$, $g(x)$ belonging to L_2, we have the formulae

$$\int_\Delta f(x)\, g^*(x)\, d\mu = \sum (f, \varphi_n)\, (g, \varphi_n)^*, \tag{111.2}$$

$$\int_\Delta |f(x)|^2\, d\mu = \sum |(f, \varphi_n)|^2. \tag{111.3}$$

It can further be shown that, when the orthonormal system of functions $\varphi_n(x) \in L_2(\Delta, \mu)$ and the sequence (α_n), such that $\sum |\alpha_n|^2$ is convergent, are given, there exists a function $f(x) \in L_2$ with the property that

$$\alpha_n = \int_\Delta f(x)\, \varphi_n^*(x)\, d\mu$$

for all values of n. This theorem, which is analogous to that of Sect. 6, is also called the RIESZ-FISCHER theorem.

112. Operators in HILBERT Space. Since a HILBERT space is a particular kind of BANACH space all the results which hold for bounded linear transformations in BANACH space will be valid for such transformations in HILBERT space. In the theory of HILBERT space a special role is played by those bounded linear transformations which map the space R into itself. Such a transformation is called an *operator*. Since an operator is a bounded linear transformation, any meaningful statement that applies to bounded linear transformations (such as those mentioned in Sect. 9 above) applies, in particular, to operators in HILBERT space.

The argument at the beginning of Sect. 14 above provides us with one of the classical examples of an operator. If the function $K(x, y)$ is a $\mu \times \mu$ measurable function on the product set $\Delta \times \Delta$, and if, considered as a function of y, $K(x, y)$ belongs to the HILBERT space $L_2(\Delta, \mu)$ for almost every $x \in \Delta$, and if $k(x) = \|K(x, y)\|_2$ also belongs to $L_2(\Delta, \mu)$ the transformation T defined by the equation

$$T f = \int_\Delta K(x, y)\, f(y)\, dy \tag{112.1}$$

is an operator in the HILBERT space $L_2(\Delta, \mu)$.

As an example of an operator in the HILBERT space l_2 we have the transformation

$$T\{\xi_n\} = \{\eta_n\} \tag{112.2}$$

where $\xi_n = \eta_{n+1}$ for all positive values of n.

In any HILBERT space we have the special operators I and O which have the properties

$$I f = f, \qquad O f = \vartheta \tag{112.3}$$

where f is any element of the HILBERT space R, and ϑ is the zero element of the space. The operator I is called the *identity operator* and the operator O is called the *null operator*. Since any operator T transforms an element f of R into an element Tf of R it is meaningful to speak of the transformation U defined by the relation

$$U f = T(T f)$$

---

[1] To avoid confusion with ordinary convergence we write $f(x) \sim \sum f_i(x)$ to denote that the series of function $\sum f_i(x)$, where $f_i(x) \in L_2$, converges on Δ in mean (with index 2) to $f(x) \in L_2$.

and we write $U=T^2$. In a similar way we can define the symbol T^n to mean the product of n operators all equal to T. For consistency of notation we could define $T^0=I$.

It is readily proved that if S and T are operators and if, for every element $f\in R$ and every complex number a, $(aT)f=a(Tf)$, $(S+T)f=Sf+Tf$, and $(ST)f=S(Tf)$, then aT, $S+T$, and ST are operators in R, such that $\|aT\|=|a|\cdot\|T\|$, $\|S+T\|\leq\|S\|+\|T\|$, and $\|ST\|\leq\|S\|\cdot\|T\|$. It is then a simple matter to verify that the set of all operators on R is a linear space with respect to the scalar multiplication and addition defined above. A useful theorem, which is also readily established, is that if T is an operator, and $\{f_i\}$ is a family of elements of R such that $\sum_i f_i=f\in R$, then $\sum_i Tf_i=Tf$.

113. Inverses. We say that an operator T has an *inverse*, or is *invertible*, if there exists an operator U such that $TU=UT=I$. We then write $U=T^{-1}$, as it may easily be proved that U is unique. It is then elementary to show that if the operators S and T are invertible then so are the operators S^{-1}, ST and S^n, where n is a positive integer; their inverses are obviously given by S, $T^{-1}S^{-1}$, $(S^{-1})^n$ respectively.

A useful geometrical criterion for invertibility is contained in the theorem[1] which states that, an operator T is invertible if and only if its range is dense in R and there exists a positive real number a such that $\|Tf\|\geq a\|f\|$ for every element $f\in R$.

114. The Adjoint Operator. If $f\in R$, and T is an operator, then Tf also belongs to R, and it is meaningful to talk of the inner product (Tf, f), and it is easy to show that if $(T_1 f, f)=(T_2 f, f)$ for every f or R, then $T_1=T_2$. It can further be shown that, if T is an operator, then there exists a unique operator T^*, such that

$$(Tf, g)=(f, T^*g) \tag{114.1}$$

for every pair of elements, f and g, of R. Furthermore,

$$\|T^*\|=\|T\| \tag{114.2}$$

(For a proof of this theorem the reader is referred to p. 39 of HALMOS' book.) The operator T^*, defined by equation (114.1), is called the *adjoint* of T.

From the definition of the adjoint operator certain properties follow immediately. For instance it can be shown that

$$T^{**}=T \tag{114.3}$$

merely by considering the algebraic relations

$$(T^*f, g)=(g, T^*f)^*=(Tf, g)^*=(f, Tg).$$

Similarly we can show that

$$(aT)^*=a^*T^*. \tag{114.4}$$

$$(S+T)^*=S^*+T^*. \tag{114.5}$$

$$(ST)^*=T^*S^*. \tag{114.6}$$

$$\|T^*T\|=\|T\|^2. \tag{114.7}$$

Also, if the operator T is invertible, then its adjoint T^* is also invertible and

$$(T^*)^{-1}=(T^{-1})^*. \tag{114.8}$$

---

[1] For a proof of this theorem see HALMOS "Introduction to HILBERT Space", pp. 37 and 38. The definition of range of a transformation see Sect. 9 above.

An operator which is identical with its adjoint is called a *Hermitian operator*. In other words, T is Hermitian if

$$T^* = T. \tag{114.9}$$

As an immediate consequence of the definition of a Hermitian operator and the elementary properties of the inner product, it is easily shown that an operator T is Hermitian if and only if (Tf, f) is real for every element f or R. It can also be shown that the product of two Hermitian operators S and T is Hermitian and

$$(ST)^* = TS \tag{114.10}$$

if and only if S *commutes* with T, i.e. if $STf = TSf$, for every $f \in R$. (We write $S \leftrightarrow T$ if S commutes with T.)

If we think of operators as being generalizations of complex numbers, then the Hermitian operators are the analogues of the real numbers. This view is enhanced by noting that, if T is *any* operator. then there exist two uniquely determined Hermitian operators U and V such that

$$T = U + iV. \tag{114.11}$$

What makes the theory of operators much more difficult than the theory of complex numbers is the fact that the operators U and V in the decomposition (114.11) do not always commute, If $U \leftrightarrow V$ we say that the operator T is *normal*. Obviously an operator T which is normal satisfies the relation $T \leftrightarrow T^*$. There is a special class of normal operators which is of special interest, namely the operators U which satisfy the equations

$$UU^* = U^*U = I. \tag{114.12}$$

Such operators are called *unitary operators* because, in the sense in which Hermitian operators are generalizations of real numbers, these operators are generalisations of complex numbers of unit modulus.

An important criterion for determining whether or not an operator is normal is provided by a theorem which states that a necessary and sufficient condition that an operator T be normal is that $\|Tf\| = \|T^*f\|$ for every element f of R.

115. The Spectrum of an Operator. The *spectrum* of an operator T, denoted by $\Lambda(T)$, is the set of all complex numbers λ for which the operator $T - \lambda I$ is not invertible. The *approximate point spectrum* of an operator T, denoted by $\Pi(T)$, is the set of all complex numbers λ with the property that, if for every positive number ε, there exists an element f of the HILBERT space such that $\|Tf - f\| \leq \varepsilon \|f\|$. It is readily shown that the approximate point spectrum of an operator is included in the spectrum, i.e. that $\Pi(T) \subset \Lambda(T)$, and that, if T is a *normal* operator the two are identical, i.e. $\Pi(T) = \Lambda(T)$.

It is important to have some knowledge of the behaviour of the spectrum of an operator when it is transformed in certain elementary ways. For example, if the operator S is invertible, it follows from the identity

$$S^{-1}(T - \lambda I)\, S = S^{-1}TS - \lambda I$$

and the observation that the invertibility of the right hand side is equivalent to that of $T - \lambda I$, that

$$\Lambda(S^{-1}TS) = \Lambda(T). \tag{115.1}$$

Similarly, if an operator T is invertible, then

$$\Lambda(T^{-1}) = (\Lambda(T))^{-1} \tag{115.2}$$

where $(\Lambda(T))^{-1}$ is the set of values λ^{-1} where $\lambda \in \Lambda(T)$. Furthermore

$$\Lambda(T^*) = (\Lambda(A))^* \tag{115.3}$$

where $(\Lambda(T))^*$ denotes the set of values λ^* where $\lambda \in \Lambda(T)$.

If we apply the result (115.3) to a Hermitian operator it follows that the spectrum of such an operator is symmetrical with respect to the real axis. In fact more than this is known: If T is a Hermitian operator, then $\Lambda(T)$ is a subset of the real axis. Furthermore, if T is a Hermitian operator, then[1]

$$\|T\| = \tau = \sup\{|\lambda| : \lambda \in \Lambda(T)\} \tag{115.4}$$

from which result it may be concluded that the spectrum of a Hermitian operator is not empty. It can, in fact, be proved that the spectrum of an arbitrary operator is also not empty but this is very much more difficult.

The theory of the spectrum of an operator in HILBERT space plays a central role in the theory of quantum mechanics. For a complete account of those results which are of most frequent application the reader is referred to pp. 53 bis 101 of JOHANN VON NEUMANN'S "Mathematische Grundlagen der Quantenmechanik", (Berlin, 1932).

b) Integral Transforms in HILBERT Space.

116. PLANCHEREL'S Theorem. In this section we shall be concerned with FOURIER transforms in the LEBESGUE space L_2 — a special case of transformations in a HILBERT space. Our object will be to define a FOURIER transform for functions in L_2 and then to show that that transformation is a unitary transformation in L_2.

PLANCHEREL'S *Theorem* states:

There exists an operator T (the FOURIER *transform) such that $Tf \in L_2(-\infty, \infty)$ whenever $f \in L_2$ and such that*

$$Tf = F(\alpha) = \frac{1}{\sqrt{2\pi}} \sum_{-\infty}^{\infty} e^{i\alpha x} f(x)\, dx \tag{116.1}$$

almost everywhere, whenever this integral exists. Furthermore, the transformation T is isometric, that is

$$\|Tf\| = \|f\|. \tag{116.2}$$

If $g_i(x) = \gamma_i$, a constant, in the interval $\Omega_i : a_i < x < b_i$, and the intervals Ω_i, Ω_j are non-overlapping for each pair of integers i and j, then it is readily shown, by direct calculuation, that

$$(Tg_i, Tg_j) = (g_i, g_j)\, \delta_{ij}.$$

For the most general step-function

$$g(x) = \sum_i g_i(x)$$

we therefore have

$$(Tg, Tg) = \sum_{i,j} (Tg_i, Tg_i) = \sum_i (g_i, g_i) = (g, g)$$

that is,

$$\int_{-\infty}^{\infty} |G(\alpha)|^2\, d\alpha = \int_{-\infty}^{\infty} |g(x)|^2\, dx,$$

so that PLANCHEREL'S theorem is true for all step-functions.

[1] For proofs of these results the reader is referred to pp. 54—55 of HALMOS' "Introduction to HILBERT Space". It should be noted that $\sup\{|\lambda|;\ \lambda \in \Lambda(T)\}$ denotes the upper bound of the numbers $|\lambda|$ where λ belongs to the set $\Lambda(T)$.

Application of the HAHN-BANACH Extension theorem and the Generalized PLANCHEREL Theorem of Sect. 9 completes the proof of PLANCHEREL's theorem, except that we still have to show that $Tf = F(\alpha)$ almost everywhere when the defining integral (116.1) exists. The identity of this integral with Tf is so far known only for the step-functions. To complete the proof we use the RIESZ-FISCHER theorem. We wish to show that if $\{f_n(x)\}$ is some sequence for which[1] $\underset{n\to\infty}{\text{l.i.m.}}\, f_n(x) = f(x)$ then Tf as defined by

$$Tf = \underset{n\to\infty}{\text{l.i.m.}}\, T g_n = \underset{n\to\infty}{\text{l.i.m.}}\, \frac{1}{\sqrt{2\pi}} \int_{-\infty}^{\infty} e^{i\alpha x} g_n(x)\, dx$$

is the same as $F(\alpha)$ almost everywhere, whenever the integral in (116.1) has a meaning.

We first consider the special case in which $f(x)$ vanishes outside an interval (a, b). Then, if

$$\Theta(\alpha) = \frac{1}{\sqrt{2\pi}} \int_a^b e^{i\alpha x} f(x)\, dx,$$

we must show that

$$\Theta(\alpha) = \underset{n\to\infty}{\text{l.i.m.}}\, T f_n(x) = \underset{n\to\infty}{\text{l.i.m.}}\, \Theta_n(\alpha)$$

provided that $f(x) = \underset{n\to\infty}{\text{l.i.m.}}\, f_n(x)$. If the $f_n(x)$ are chosen to vanish outside (a, b) then

$$\Theta(\alpha) - \Theta_n(\alpha) = \frac{1}{\sqrt{2\pi}} \int_a^b e^{i\alpha x} \{f(x) - f_n(x)\}\, dx$$

and so, by SCHWARZ's inequality,

$$|\Theta(\alpha) - \Theta_n(\alpha)| \leq \frac{1}{\sqrt{2\pi}} \int_a^b |f(x) - f_n(x)|\, dx \leq \frac{b-a}{\sqrt{2\pi}} \left\{ \int_a^b |f(x) - f_n(x)|^2\, dx \right\}^{\frac{1}{2}}.$$

The integral on the extreme right tends to zero since $\{f_n(x)\}$ converges in mean to $f(x)$ so that

$$\Theta(\alpha) = \underset{n\to\infty}{\text{l.i.m.}}\, \Theta_n(\alpha).$$

If $f(x)$ is an arbitrary function which belongs to $L^2(-\infty, \infty)$ let

$$f_n(x) = \begin{cases} f(x), & \text{if } x \in (a_n, b_n); \\ 0, & \text{otherwise,} \end{cases}$$

where $a_n \to -\infty$, $b_n \to \infty$. Then since

$$\int_{-\infty}^{\infty} |f(x) - f_n(x)|^2\, dx = \int_{-\infty}^{a_n} |f(x)|^2\, dx + \int_{b_n}^{\infty} |f(x)|^2\, dx$$

it follows that $f(x) = \underset{n\to\infty}{\text{l.i.m.}}\, f_n(x)$. We have to show that $F(\alpha)$ defined by (116.2) is l.i.m. $F_n(\alpha)$, where

$$F_n(\alpha) = \frac{1}{\sqrt{2\pi}} \int_{-\infty}^{\infty} e^{i\alpha x} f_n(x)\, dx.$$

[1] The symbol "l.i.m." means: *limit in mean*. Cf. Sect. 6, Eq. (6.5).

Since, by the RIESZ-FISCHER theorem, we are only required to find *some* sequence $f_n(x)$ whose limit in mean is $f(x)$ and such that $\Theta(\alpha) = \text{l.i.m.}\, T f_n$, we may as well assume that $\{f_n(x)\}$ is such that $Tf = \text{l.i.m.}\, Tf_n = \lim F_n(\alpha)$ almost everywhere. But

$$F(\alpha) = \lim_{n\to\infty} \int_{a_n}^{b_n} e^{i\alpha x} f(x)\, dx = \lim_{n\to\infty} F_n(\alpha)$$

so that $F(\alpha) = Tf$, almost everywhere, completing the proof of PLANCHEREL's theorem.

Returning to the HILBERT space L_2 we may generalize PLANCHEREL's theorem in the form

$$(Tf, Tg) = (f, g). \tag{116.3}$$

In other words, the operator T preserves the inner product. The inner product (f, g) may be thought of as a sort of measure of "angle" and of "distance" in the HILBERT space, so that PLANCHEREL's theorem and its extension (116.3) show that the FOURIER transformation preserves angles and distances in the sense of preserving the inner product.

The *adjoint operator*, T^*, of the operator T, defined by the equation (116.1) is given by the equation

$$T^* F = \frac{1}{\sqrt{2\pi}} \int_{-\infty}^{\infty} F(\alpha)\, e^{-i\alpha x}\, d\alpha. \tag{116.4}$$

If

$$g(x) = \begin{cases} 1, & \text{for} \quad x \in (a, b), \\ 0, & \text{for} \quad x \notin (a, b), \end{cases}$$

then

$$G(\alpha) = Tg(x) = \frac{e^{i\alpha b} - e^{i\alpha a}}{i\alpha\sqrt{2\pi}}$$

and

$$T^* G(\alpha) = \frac{1}{2\pi} \int_{-\infty}^{\infty} \frac{e^{i\alpha b} - e^{i\alpha a}}{i\alpha}\, e^{-i\alpha x}\, d\alpha = \frac{1}{\pi} \int_{-\infty}^{\infty} \frac{\sin(\alpha\sigma)}{\alpha}\, e^{i\alpha\tau}\, d\alpha$$

where $\sigma = \frac{1}{2}(b-a)$, $\tau = \frac{1}{2}(b+a) - x$. This integral is equal to 1 if $|\tau/\sigma| < 1$, and is zero otherwise. Hence

$$T^* G(\alpha) = \begin{cases} 1, & \text{if} \quad a < x < b, \\ 0, & \text{otherwise}, \end{cases}$$

that is, $T^* T g(x) = g(x)$. The relation

$$T^* T f = f \tag{116.5}$$

is therefore valid for this special function, but it is evident that the equality holds for a constant multiple of such a function, and for linear combinations of these, i.e. the equation is true for all step functions. Since for any function $f(x) \in L^2(-\infty, \infty)$ there exists a sequence of step functions such that $f_n \to f$, then $Tf_n \to Tf$ and $T^*Tf_n \to T^*Tf$. But $T^*Tf_n = f_n \to f$, so that the result holds for any $f \in L^2$. Symbolically we may write $T^*T = I$, i.e. the FOURIER transformation is a unitary operator.

117. The Most General Unitary Transformation in L_2. Consider the class of functions $L_2(0, \infty)$, and let T be a unitary transformation. We shall now show that if $f(x) \in L_2$, $g(x) \in L_2$, we can represent any operator T, $g = Tf$, in the form

$$\int_0^x g(u)\, du = \int_0^\infty K^*(x, y)\, f(y)\, dy \tag{117.1}$$

and that we can represent its inverse as

$$\int_0^x f(u)\,du = \int_0^\infty L^*(x, y)\,g(y)\,dy \tag{117.2}$$

where the kernels K and L are defined below.

First of all we shall show the functions L and K are determined by the transformation. Let $f_a(y) = 1$, if $0 \leq y \leq a$, 0 otherwise, and define K as the function whose transform is $f_a(y)$ for each a, i.e. $K(a, y) = T^{-1} f_a(y)$. Then define $L(a, y) = T f_a(y)$. Since T is, by hypothesis, unitary, the inner product is preserved and we have $(f, K(a, y)) = (T f, T K(a, y))$, or

$$(f, T^{-1} f_a) = (T f, f_a) \tag{117.3}$$

and

$$(f, f_a(y)) = (T f, L(a, y)). \tag{117.4}$$

Equation (117.3) is simply equivalent to (117.1) and (117.4) is equivalent to (117.2). It is readily shown that the representation of the unitary transformation in this manner is unique.

As a result of the isometry, any given unitary transformation, T, must satisfy the three equations

$$(f_a(y), f_b(y)) = (T f_a(y), T f_b(y)), \tag{117.5}$$

$$(f_a, f_b) = (T^{-1} f_a, T^{-1} f_b), \tag{117.6}$$

$$(f_a, T f_b) = (T f_a, f_b) \tag{117.7}$$

which are equivalent to the relations

$$\int_0^\infty L(a, y)\,L^*(b, y)\,dy = \operatorname{Min}(a, b), \tag{117.8}$$

$$\int_0^\infty K(a, y)\,K^*(b, y)\,dy = \operatorname{Min}(a, b), \tag{117.9}$$

$$\int_0^a K^*(b, y)\,dy = \int_0^b L(a, y)\,dy. \tag{117.10}$$

118. WATSON Transforms. As a special case of the unitary transforms discussed in the last section we consider $K(a, y) = \chi(a y)/y$, $L(a, y) = \chi^*(a y)/y$. The relations (117.8) and (117.10) then give the conditions

$$\int_0^\infty \frac{\chi(a y)\,\chi^*(b y)}{y^2}\,dy = \operatorname{Min}(a, b), \tag{118.1}$$

$$\int_0^a \frac{\chi^*(b y)}{y}\,dy = \int_0^b \frac{\chi^*(a y)}{y}\,dy \tag{118.2}$$

respectively. The second of these two relations is satisfied identically, since each side is equivalent to $\int_0^{ab} \chi^*(u)\,du/u$. Therefore if we are given a function $\chi(x)/x$ belonging to $L_2(0, \infty)$ and such that equation (118.1) is satisfied, there exists a unitary operator T in $L_2(0, \infty)$ such that if $Tf=g$,

$$\int_0^x g(u)\,du = \int_0^\infty \frac{\chi^*(xy)}{y} f(y)\,dy, \tag{118.3}$$

$$\int_0^x f(u)\,du = \int_0^\infty \frac{\chi(xy)}{y} g(y)\,dy. \tag{118.4}$$

Such an operator is called a WATSON *transform*. For a complete account of the theory of WATSON transforms the reader is referred to Chapter VIII of TITCHMASRH's treatise, and to Chapter V of the Annals of Mathematics Study by BOCHNER and CHANDRASEKHARAN (both of which are listed in the bibliography). It should be noted that the well-known results

$$\frac{2}{\pi}\int_0^\infty \frac{\sin(ay)\sin(by)}{y^2}\,dy = \frac{2}{\pi}\int_0^\infty \frac{\{1-\cos(ay)\}\{1-\cos(by)\}}{y^2}\,dy = \mathrm{Min}\,(a, b)$$

show that $(2/\pi)^{\frac{1}{2}}\sin(x)$, $(2/\pi)^{\frac{1}{2}}(1-\cos x)$ are possible forms for $\chi(x)$.

D. SCHWARTZ's Theory of Distributions.

We saw in Division B of this article that, though the DIRAC delta function is a concept which is of great value in the solution of problems in theoretical physics, it is defined in a language which is quite incompatible with the usual meaning of the words function and differentiation. In this division we shall give a very brief account (without giving any proofs) of the general theory of "distributions" devised by LAURENT SCHWARTZ to overcome the difficulties inherent in the use of generalized functions of the DIRAC type. A full account of the theory has been given by SCHWARTZ himself, and by HALPERIN (on notes of SCHWARTZ's Toronto lectures) in the books listed in the bibliography[1]. The aim of the present notes is to outline the theory in a form which it is hoped will be readily intelligible to physicists.

119. SCHWARTZ's Notation. SCHWARTZ has devised an ingenious notation for dealing with functions of many variables. Suppose that R^n is the n-dimensional linear space every point x of which is uniquely defined by n real coordinates $(x_1, x_2, \ldots, x_n)$. We denote the element of volume in this space by $dx = dx_1\,dx_2 \ldots dx_n$.

If p is the set of *positive* integers $(p_1, p_2, \ldots, p_n)$, we denote by P the greatest of the integers $p_1, p_2, \ldots, p_n$ and call P the rank of the set p. Similarly we denote by p the sum $p_1+p_2+\cdots+p_n$ and call that the *order* of p. The symbol D^p will then denote the partial differentiation operator

$$D^p = \frac{\partial^{p_1+\cdots+p_n}}{\partial x_1^{p_1}\ldots\partial x_n^{p_n}} \tag{119.1}$$

and we shall write

$$\frac{\partial}{\partial x} = \frac{\partial^n}{\partial x_1\,\partial x_2\ldots\partial x_n}, \qquad \frac{\partial^m}{\partial x^m} = \frac{\partial^{mn}}{\partial x_1^m\,\partial x_2^m\ldots\partial x_n^m}, \tag{119.2}$$

$$p! = p_1!\,p_2!\ldots p_n! \tag{119.3}$$

$$x^p = x_1^{p_1}\,x_2^{p_2}\ldots x_n^{p_n}. \tag{119.4}$$

[1] In the preparation of this division of the article I obtained great assistance from notes of a series of lectures given in 1952 in Jerusalem by Professor SCHWARTZ. I am greatly indebted to him for putting these notes at my disposal.

As an example of the great simplification introduced by such a notation we notice that, in it, MACLAURIN'S theorem assumes the form

$$f(x) = \sum_p D^p f(0) \frac{x^p}{p!}. \tag{119.5}$$

On occasion it is often convenient to put

$$C_p^q = C_{p_1}^{q_1} \dots C_{p_n}^{q_n}, \quad \text{with} \quad C_{p_i}^{q_i} = \frac{p_i!}{q_i!\,(p_i - q_i)!}. \tag{119.6}$$

120. Measures and Functions. We begin by recalling that a measure μ defined in the real space R^n, with complex values, is a completely additive set function; to each bounded set A of R^n there corresponds a complex number $\mu(A)$, called the measure of A, possessing the following property: If A is a bounded set, which is the union of an enumerably infinite set of sets A_i, no two of which intersect, then $\mu(A) = \Sigma \mu(A_i)$. If, then, $f(x)$ is a continuous function on R^n, which is null outside a compact set there corresponds to the measure μ a complex number

$$\mu(f) = \int_{R^n} f \, d\mu. \tag{120.1}$$

We denote by $\mathfrak{C}$ the set of all these functions f. The functions f for which we can define $\mu(f)$ are called *summable* for the measure μ. We say that the measure μ is real if $\mu(f)$ is real for all real $f \in \mathfrak{C}$.

The functional $\mu(f)$ defined for $f \in \mathfrak{C}$ possesses the following properties:

(i) it is linear, i.e.

$$\mu(f_1 + f_2) = \mu(f_1) + \mu(f_2), \qquad \mu(kf) = k\mu(f); \tag{120.2}$$

(ii) it is "continuous' in the following sense:

If the continuous functions f_i are null outside a fixed compact set K of R^n and if they converge uniformly to a function $f \in \mathfrak{C}$, then $\mu(f_i)$ converges to $\mu(f)$.

The measures μ do themselves form a linear space—called the *dual space* $\mathfrak{C}'$ of $\mathfrak{C}$.

We define the *support* (or *carrier*) of a continuous function $f(x)$ on R^n to be a closed set F, which is the closure of the set of points $x \in R^n$ for which $f(x) \neq 0$. A point of F is therefore a point of R^n such that in each neighbour-hood of this point $f \not\equiv 0$, and conversely. A function f of $\mathfrak{C}$ is thus a continuous function with compact support. We say that a measure μ of R^n is zero in an open set Ω if $\mu(f) = 0$, whenever the function f has its support in Ω. By the support of a measure μ on R^n we mean a closed set F of R^n defined as follows: a point of F is a point of R^n such that in each open neighbourhood of this ploint the measure μ is not null. It follows immediately that $\mu(f) = 0$ every time the support of μ and the support of f do not intersect.

If the measure μ is an absolutely continuous measure then it has a "density" function $f(x)$ summable for the LEBESGUE measure on every compact set, such that, for a bounded set A,

$$\mu(A) = \int_A f(x) \, dx, \tag{120.3}$$

and, for every $g(x) \in \mathfrak{C}$,

$$\mu(g) = \int_{R^n} f(x) \, g(x) \, dx. \tag{120.4}$$

Thus, to every function $f(x)$, summable over every compact set of R^n, there corresponds a unique measure μ defined by equation (120.4). An absolutely continuous measure μ may be identified by its density f, and we may write $\mu = f$ or $\mu(g)$ without ambiguity.

We thus see that a continuous function f can be studied from two completely distinct points of view:

(i) it is a *function* $f(x)$ in the usual sense of the word, taking definite values at each point x;

(ii) it is the *density* of an absolutely continuous measure μ; it is then defined as a functional $\mu(g) = f(g)$.

With either concept the support of f in R^n is the same.

We agree upon the convention that δ, the DIRAC measure, is defined by the equation

$$\delta(g) = g(0), \quad \text{for} \quad g(x) \in \mathfrak{C}. \tag{120.5}$$

Similarly we denote by $\delta_{(x_i)}$ the measure defined by the relation

$$\delta_{(x_i)}(g) = g(x_i), \quad \text{for} \quad g(x) \in \mathfrak{C}. \tag{120.6}$$

This is the simplest example of a measure which is not a function.

121. Generalization of the Concept of Measure: Distributions. We saw in Sect. 30 above that if we proceeded formally without giving much thought to the processes involved we could interpret dipoles in terms of "derivatives" of the DIRAC delta function. We set up this correspondence by considering a dipole of moment 1 as being the "limit", as $\varepsilon \to 0$, of the system made up of two charges $1/\varepsilon$ and $-1/\varepsilon$, say, placed respectively at the points with abscissae ε and 0 respectively. Let us now repeat the same process making use of the functional definition of the measure. The system consisting of the two charges is defined by

$$T_\varepsilon(g) = \frac{g(\varepsilon) - g(0)}{\varepsilon}, \quad g \in \mathfrak{C}, \tag{121.1}$$

so that, if the function g is differentiable, the dipole may be defined as the functional

$$T(g) = g'(0). \tag{121.2}$$

Thus the functional $T(g)$, associated with the dipole, is defined on a linear subspace, which is dense in $\mathfrak{C}$, formed by those functions g which are differentiable at the origin.

We shall now proceed to generalize this very simple concept. To do so we introduce the space $\mathfrak{D}$, which is the linear space of complex functions $f(x)$ of n variables $x = (x_1, x_2, \ldots, x_n)$, which are differentiable infinitely often and which have compact support. If $\mathfrak{D}^m$ is the linear space of functions with continuous derivatives up to (and including) the m-th order, and with compact support, then $\mathfrak{D} = \bigcap_m \mathfrak{D}^m$. It is classical, but by no means obvious, that there are functions g belonging to $\mathfrak{D}$ which are not identically zero. We now define a topology in $\mathfrak{D}$ by saying that the functions $f_j \in \mathfrak{D}$ converge to 0 if, on the one hand, their supports are contained in a fixed compact set in R^n, and if, on the other hand, the functions converge *uniformly* to 0 in R^n, together with each of their derivatives. In other words, for each fixed set, p, of positive integrers $(p_1, p_2, \ldots, p_n)$ the derivatives $D^p f_j$ [where D^p is defined by equation (119.1)] converge uniformly to 0.

We now define a *distribution* T to be a linear form which is continuous on $\mathfrak{D}$; i.e. it is any functional $T(g)$ which is linear and continuous for $g \in \mathfrak{D}$. We thus have:

(i) $T(g)$ is continuous: If g_i converges to 0 in the topological sense of $\mathfrak{D}$, then the complex numbers $T(g_i)$ converge to 0;

(ii) $T(g)$ is linear: $T(k_1 g_1 + k_2 g_2) = k_1 T(g_1) + k_2 T(g_2)$.
The distributions will therefore form a linear space $\mathfrak{D}'$, the dual of $\mathfrak{D}$.

A distribution may be, as a particular case, a function, or a measure; this means that the functional $T(g)$ can be defined for every continuous function g which vanishes outside a given set.

We may also introduce a convergence notion in the dual space $\mathfrak{D}'$. We shall say that T_i converges to 0, if $T_i(g)$ converges to 0 for every $g \in \mathfrak{D}$, and uniformly with respect to any set of functions g, vanishing outside a fixed compact set, and having their derivatives of every order bounded. Weak topology is also used: T_i converges weakly to 0 if $T_i(g)$ converges to 0 for every $g \in \mathfrak{D}$, without any condition of uniformity.

122. Differentiation of Distributions. In the case in which the distribution T is a function which is continuous and which possess continuous derivatives we may write

$$T(g) = \int_{R^n} f(x)\, g(x)\, dx, \qquad g(x) \in \mathfrak{D} \tag{122.1}$$

and if we differentiate both sides of this equation with respect to x_i we have the relation

$$\frac{\partial T}{\partial x_i}(g) = \int_{R^n} \frac{\partial f}{\partial x_i} g(x)\, dx = -\int_{R^n} f \frac{\partial g}{\partial x_i}\, dx, \tag{122.2}$$

as a result of an integration by parts. In this particular case we therefore have

$$T'_{x_i}(g) = T(-g_{x_i}) \tag{122.3}$$

for the derivative, T'_{x_i}, of the distribution T with respect to x_i; g_{x_i} denotes the partial derivative $\partial g/\partial x_i$. In the general case, we define the derivative of a distribution by equation (122.3) with $g \in \mathfrak{D}$. In the general notation of Sect. 119 we may write

$$D^p T(g) = (-1)^p\, T(D^p g). \tag{122.4}$$

It should be observed that every distribution is indefinitely differentiable, and that the order in which the differentiations are performed is irrelevant.

If we denote by H the distribution corresponding to HEAVISIDE's unit function $H(x)$ then we have

$$H(g) = \int_0^\infty g(x)\, dx. \tag{122.5}$$

Using equation (122.3) we see that

$$H'(g) = -H(g') = -\int_0^\infty g'(x)\, dx = g(0).$$

Comparing this equation with equation (120.5) we see that

$$H' = \delta. \tag{122.6}$$

Furthermore,

$$H''(g) = \delta'(g) = -\delta(g') = -g'(0)$$

and, in general,

$$H^{(p+1)}(g) = \delta^{(p)}(g) = (-1)^p\, g^{(p)}(0). \tag{122.7}$$

The main result in the first volume of SCHWARTZ's treatise is the theorem which shows that any distribution coincides in every compact set, with a derivative of some continuous function. From the local point of view, SCHWARTZ's theory has introduced the minimum of new mathematical elements.

123. Differential Equations. It is obvious that every distribution S has an infinity of "primitives", i.e. distributions T with the property $T'=S$, since the difference between two solutions of that equation is a distribution which satisfies $T'=0$ and it is readily shown that it is an arbitrary constant function.

If we consider more general linear differential equations, having as coefficients indefinitely differentiable functions (in the usual sense):

$$T^{(n)} = \sum_{r<n} a_r(x)\, T^{(r)}$$

then it is possible to show that there are no solutions other than the usual ones, which are indefinitely differentiable functions.

In the case of partial differential equations the situation is not quite so straightforward. For elliptic equations, such as LAPLACE's equation, there are no solutions other than the usual ones, which are analytical functions. On the other hand for a hyperbolic equation, such as the one-dimensional wave equation $T_{xx}-T_{yy}=0$, the general solution is of the form $T=U(x+y)+V(x-y)$ where U and V can be continuous functions, or discontinuous functions, or even distributions of any kind — U depending on $x+y$ and V on $x-y$. The introduction of such discontinuous solutions into the theory of partial differential equations is, of course, of great physical interest.

124. The Composition of Distributions. In discussing the theory of integral transforms we found that there were several occasions when it was useful to introduce the idea of a "convolution" or "faltung" of two functions. In the theory of distributions the concept of the composition of two distributions plays a similar role. Suppose we have a function $g(x+u)$ of the variable $x+u$ and that we consider it as a function of u which depends on a parameter x. For x fixed it is a known function of u and we can calculate $Tg(x+u)$. The result depends on x, and is, in fact, an indefinitely differentiable function of x, which we shall denote by $h(x)$. It is now possible to define $S(h)$ and it is this which we call the *composition* of the distributions S and T; we write

$$S*T\cdot(g) = S(h).$$

We can also define the product of composition of several distributions, and then show that such products obey the associative and commutative laws.

By the commutative law we can write

$$\delta' * T\cdot(g) = T*\delta'\cdot(g) = T\left[\delta'(g(x+u))\right] = T(-g'(x)) = T'(g),$$

so that, for every distribution T, we have

$$T' = \delta' * T \tag{124.1}$$

from which it is obvious that differentiation can be thought of as a composition operation.

Similarly we have

$$\delta * T.(g) = T*\delta.(g) = T\left[\delta(g(x+u))\right] = T(g(x)) = T(g)$$

i.e.,

$$\delta * T = T \tag{124.2}$$

for every distribution T.

If we define the potential U of a distribution T of any kind by the formula

$$U_T = T * r^{-1}, \tag{124.3}$$

where $r^2 = x^2 + y^2 + z^2$, it is readily shown that

$$\nabla^2 U_T = -4\pi\delta * T = -4\pi T, \tag{124.4}$$

which is POISSON'S equation. When the distribution T is a function $\varrho(x, y, z)$ the formula (124.3) reduces to the classical expression

$$U_\varrho(x, y, z) = \iiint \varrho(\xi, \eta, \zeta)\{(x-\xi)^2 + (y-\eta)^2 + (z-\zeta)^2\}^{-\frac{1}{2}} d\xi\, d\eta\, d\zeta$$

but, of course, the general expression (124.3) is valid under much wider conditions on T.

In conclusion, we note that the theory of distributions enables us to suppress many of the difficulties in mathematical analysis, and to set certain problems in a simpler form. It has extensive applications to the theory of differential equations, FOURIER transforms, and other branches of mathematics. For a brief account of these applications the reader is referred to Volume 2 of SCHWARTZ'S treatise.

E. Variational Methods in Functional Analysis.

We shall end this article by saying a few words about the use of variational methods in functional analysis. This is of importance in physics when we are dealing with variational principles governing the behaviour of continuous systems. In classical physics, for instance, we make use of such methods in applying Lagrangian methods to the discussion of the motion of an elastic solid. In quantum mechanics we encounter a similar problem when we extend the theory so that it can be applied to the electromagnetic field, and so provide a rigorous basis for the quantum theory of radiation. For applications of the former kind the reader is referred to Chapter 11 of H. GOLDSTEIN'S "Classical Mechanics", (Cambridge, Mass., 1950); for those of the latter kind a good elementary account is given in Chapters XIII and XIV of L. I. SCHIFF'S "Quantum Mechanics", (New York, 1949).

125. The Lagrangian Formalism for Continuous Systems. It will be recalled that, in particle mechanics, the Lagrangian of a system is a function $L(q_1, \ldots, q_n; \dot{q}_1, \ldots, \dot{q}_n; t)$ of the time t, the n generalized coordinates $q_1, q_2, \ldots, q_n$ and their velocities $\dot{q}_1, \ldots, \dot{q}_n$. In any motion of the system the trajectories of the particles are then determined from the variational principle

$$\delta \int_{t_1}^{t_2} L\, dt = 0, \qquad \delta q_i(t_1) = \delta q_i(t_2) = 0. \tag{125.1}$$

If we construct a Lagrangian function for a continuous system by analogy with the particle case then we find that it is of the form

$$L = \int \mathfrak{L}(\psi, \operatorname{grad}\psi, \dot{\psi}, t)\, d\tau \tag{125.2}$$

in the simplest cases. Here $d\tau$ denotes the element of volume in the continuum and the function $\psi(x, y, z, t)$ is of the nature of a field amplitude. For instance, if we are considering the longitudinal vibrations of a continuous rod, the Lagrangian density $\mathfrak{L}$ is of the form

$$\mathfrak{L} = \frac{1}{2}\left\{m\dot{\psi}^2 - Y\left(\frac{\partial\psi}{\partial x}\right)^2\right\} \tag{125.3}$$

where m is the mass per unit length, Y is the YOUNG'S modulus and ψ is the displacement from the equilibrium position.

For such a continuous system we assume that the equations of motion are given by a variational principle

$$\delta \int_{t_1}^{t_2} L\,dt = 0, \qquad \psi(r, t_1) = \psi(r, t_2) = 0, \tag{125.4}$$

which is the obvious analogue of (125.1). Substituting from equation (125.2) into (125.4) we find that

$$\delta \int_{t_1}^{t_2} \int \mathfrak{L}\,dt\,d\tau = \int_{t_1}^{t_2} \int (\delta\,\mathfrak{L})\,dt\,d\tau = 0. \tag{125.5}$$

For a Lagrangian density function $\mathfrak{L}$ of the form (125.2) the variation $\delta\,\mathfrak{L}$ may be written in the form

$$\delta\,\mathfrak{L} = \frac{\partial \mathfrak{L}}{\partial \psi}\,\delta\psi + \sum_{x,y,z} \frac{\partial \mathfrak{L}}{\partial \psi_x}\,\delta(\psi_x) + \frac{\partial \mathfrak{L}}{\partial \dot{\psi}}\,\delta\dot{\psi} \tag{125.6}$$

where ψ_x denotes the partial derivative $\partial\psi/\partial x$. Since $\partial\dot{\psi}$ is the difference between the original and the varied $\dot{\psi}$, it is obviously the time derivative of the variation of $\delta\psi$. We can therefore write

$$\delta\dot{\psi} = \frac{\partial}{\partial t}(\delta\psi). \tag{125.7}$$

Similarly, it is easily shown that

$$\delta\frac{\partial\psi}{\partial x} = \frac{\partial}{\partial x}(\delta\psi). \tag{125.8}$$

If now we substitute from equations (125.6), (125.7) and (125.8) into equation (125.5), and integrate by parts, we find that equation (125.4) is equivalent to the relation

$$\int_{t_1}^{t_2}\int \left\{\frac{\partial \mathfrak{L}}{\partial \psi} \sum_{x,y,z} \frac{\partial}{\partial x}\left(\frac{\partial \mathfrak{L}}{\partial \psi_x}\right) - \frac{d}{dt}\left(\frac{\partial \mathfrak{L}}{\partial \dot{\psi}}\right)\right\} - \delta\psi\,dt\,d\tau = 0.$$

Since this relation must be valid for any arbitrary variation $\delta\psi$ in the field amplitude, it is equivalent to the partial differential equation

$$\frac{\partial \mathfrak{L}}{\partial \psi} - \sum_{x,y,z} \frac{\partial}{\partial x}\left(\frac{\partial \mathfrak{L}}{\partial \psi_x}\right) - \frac{d}{dt}\left(\frac{\partial \mathfrak{L}}{\partial \dot{\psi}}\right) = 0. \tag{125.9}$$

This is the field equation derived from the Lagrangian density function (125.2).

For instance, for the Lagrangian density (125.3) we have

$$\frac{\partial \mathfrak{L}}{\partial \psi} = 0, \qquad \frac{\partial \mathfrak{L}}{\partial \psi_x} = -Y\frac{\partial\psi}{\partial x}, \qquad \frac{\partial \mathfrak{L}}{\partial \dot{\psi}} = m\,\dot{\psi},$$

so that the field equation (125.9) is the one-dimensional wave equation

$$Y\frac{\partial^2\psi}{\partial x^2} = m\frac{\partial^2\psi}{\partial t^2}. \tag{125.10}$$

126. The Concept of a Functional Derivative. The *functional derivatives* of the total Lagrangian L are defined to be the derivatives of L with respect to ψ and $\dot{\psi}$ at particular points. We may readily obtain expressions for them by dividing up the space into a large number of small cells and replacing volume integrals by summations over these cells. If we denote by f_i the average value of a quantity f in the i-th. cell, and by $\delta\tau_i$ the volume of that cell, then the sum

$$\sum_i \mathfrak{L}\{\psi_i, (\operatorname{grad}\psi)_i, \dot{\psi}_i, t\}\,\delta\tau_i$$

approaches L in the limit in which the number of cells becomes infinite and the volume of each becomes zero. In a similar way the t-integrand in equation (125.6) is the limit of the sum

$$\sum_i\left\{\frac{\partial\mathfrak{L}}{\partial\psi_i}-\sum_{x,y,z}\frac{\partial}{\partial x}\left(\frac{\partial\mathfrak{L}}{\partial\psi_x}\right)\right\}_i\delta\psi_i\,\delta\tau_i+\sum_i\left(\frac{\partial L}{\partial\dot{\psi}}\right)_i\delta\dot{\psi}_i\,\delta\tau_i$$

where the variation in $\mathfrak{L}$ is now considered to be produced by *independent* variations of the ψ_i and the $\dot{\psi}_i$. We now relate the functional derivative of L with respect to ψ for a point in the i-th. cell to the ratio $\delta L/\delta\psi_i$. If we call this functional derivative $\delta L/\delta\psi$, then, by taking all the ψ's and $\dot{\psi}$'s, except $\delta\psi_i$, to be zero we find that

$$\frac{\delta L}{\delta\psi}=\frac{\partial\mathfrak{L}}{\partial\psi}-\sum_{x,y,z}\frac{\partial}{\partial x}\left(\frac{\partial\mathfrak{L}}{\partial\psi_x}\right). \tag{126.1}$$

Similarly, the functional derivative of L with respect to $\dot{\psi}$, denoted by $\delta L/\delta\dot{\psi}$ is given by the formula

$$\frac{\delta L}{\delta\dot{\psi}}=\frac{\partial\mathfrak{L}}{\partial\dot{\psi}}. \tag{126.2}$$

If we substitute the expressions (126.1) and (126.2) for the functional derivatives into the field equation (125.9) we find that it takes the form

$$\frac{d}{dt}\frac{\delta L}{\delta\dot{\psi}}-\frac{\delta L}{\delta\psi}=0. \tag{126.3}$$

By the use of functional derivatives we have therefore produced field equations for the mechanics of continua of the same form as the Lagrangian equations for the motion of a dynamical system.

If the Lagrangian density is a function of more than one field variable of the type ψ then there is an equation of type (126.3) corresponding to each variable.

There does not seem to be any single book which contains a detailed treatment of the classical mechanics of fields touched upon here. The classical theory was, in fact, developed merely as a preliminary to the theory of field quantisation and, for that reason, most accounts of it are to be found in treatises on the quantum theory of fields. The best single reference is probably Chapter I of G. Wenzel's "Introduction to the Quantum Theory of Fields", (New York 1949).

Bibliography.

I. The theory of measure and integration.

Titchmarsh, E. C.: The Theory of Functions, Chapters X—XII. Oxford 1932.
Saks, S.: Theory of the Integral. Warsaw 1937.
Neumann, J. v.: Functional Operators, Vol. I: Measures and Integrals. Annals of Mathematics Studies, No. 22. Princeton 1950.
Halmos, P. R.: Measure Theory. New York 1950.
Burkill, J. C.: The Lebesgue Integral. Cambridge 1951.
Rogosinski, W. W.: Volume and Integral. Edinburgh 1951.
Zaanen, A. C.: Linear Analysis, Chapters 1 to 5. Amsterdam 1953.
Loomis, L. L.: An Introduction to Abstract Harmonic Analysis, Chapters I—III. New York 1953.
Munroe, M. E.: Introduction to Measure and Integration. Cambridge, Mass. 1953.

II. BANACH *Space.*

FRECHET, M.: Les Espaces Abstraits. Paris 1928.
BANACH, S.: Theorie des Operations Lineaires. Warsaw 1932.
HILLE, E.: Functional Analysis and Semi-Groups. New York 1948.
ZAANEN, A. C.: Linear Analysis, Chapters 6—12. Amsterdam 1953.

III. Integral transforms.

Treatises which are concerned mainly with the theoretical aspects of the study of integral transforms include:

BOCHNER, S.: Vorlesungen über FOURIERsche Integrale. Leipzig 1932.
WIENER, N.: The FOURIER Integral and Certain of its Applications. Cambridge 1933.
TITCHMARSH, E. C.: Introduction to the Theory of FOURIER Integrals. Oxford 1937.
WIDDER, D. V.: The LAPLACE Transform. Princeton 1941.
CARLEMAN, T.: Integrale de FOURIER. Uppsala 1944.
BOCHNER, S., and K. CHANDRASEKHARAN: FOURIER Transforms. Annales of Mathematics Studies, No. 19. Princeton 1949.

Treatises which are concerned mainly with the application of the theory of integral transforms to physical problems include:

JEFFREYS, H.: Operational Methods in Mathematical Physics. Cambridge 1931.
DOETSCH, G.: Theorie und Anwendung der LAPLACE-Transformation. Berlin 1937.
CARSLAW, H. S., and J. C. JAEGER: Operational Methods in Applied Mathematics. Oxford 1941.
CHURCHILL, R. V.: Modern Operational Mathematics in Engineering. New York 1944.
PARODI, M.: Applications Physiques de la Transformation de LAPLACE. Paris 1948.
SNEDDON, I. N.: FOURIER Transforms. New York 1951.
TRANTER, C. J.: Integral Transforms in Mathematical Physics. London 1951.

IV. HILBERT *Space.*

STONE. M. H.: Linear Transformations in HILBERT Space. New York 1932.
MURRAY, F. J.: An Introduction to Linear Transformations in HILBERT Space. Princeton 1941.
COOKE, R. G.: Infinite Matrices and Sequence Spaces. London 1950.
HALMOS, P. R.: An Introduction to HILBERT Space. New York 1951.
COOKE, R. G.: Linear Operators. London 1953.

V. Theory of distributions.

SCHWARTZ, L.: Theorie des Distributions, 2 tomes. Paris 1950/51.
HALPERIN, I.: Introduction to the Theory of Distributions. Toronto 1952.

Numerische und graphische Methoden.

Von

L. Collatz.

Mit 51 Figuren.

Im folgenden sind Methoden und Sätze ohne Beweise zusammengestellt; für Beweise muß auf die Literatur verwiesen werden. Der Artikel erscheint so lediglich als eine Rezeptsammlung, während die moderne Angewandte Mathematik das Stadium früherer Zeiten der reinen Beschreibung von Methoden längst überwunden hat und überall nach strengen Aussagen und Schranken für die zu berechnenden Größen fragt. Jedoch bei einem Handbuchartikel erzwingt die Platzbeschränkung eine bloße Aufzählung einiger Methoden mit Anführung erläuternder Beispiele und Zitierung weiterer Literatur; es wird aber häufig auf Möglichkeiten einer Fehlerabschätzung hingewiesen, von denen der verantwortungsbewußte Rechner soweit irgendmöglich Gebrauch machen wird.

Während man sich früher bei rechnerischer Behandlung von Aufgaben in vielen Anwendungsgebieten auf die einfachsten, gerade noch geschlossen lösbaren Fälle beschränkte, drängt die fortschreitende Entwicklung zur Behandlung immer komplizierterer Aufgaben und man ist immer häufiger auf die Benutzung von Näherungsverfahren angewiesen. Es sind aber auch die Näherungsmethoden ständig weiterentwickelt worden, so daß die frühere Scheu, eine mathematisch formulierte Aufgabe, z.B. eine Differentialgleichungsaufgabe, näherungsweise zu behandeln, heute in keiner Weise mehr berechtigt ist. Die Näherungsverfahren sind nur noch viel zu wenig bekannt. Um diese Scheu überwinden zu helfen, ist in diesem Artikel eine größere Anzahl von Beispielen eingefügt. Die Beispiele sind sehr einfach gewählt, um jeweils das Wesentliche der Methode deutlicher hervortreten zu lassen. (Viele Beispiele wurden mit größerer Stellenzahl gerechnet und hier abgerundet wiedergegeben. Wer ein Beispiel mit der hier angegebenen Stellenzahl nachrechnet, kann etwas abweichende Werte erhalten.)

Nachdrücklich sei auf Rechenproben und Kontrollen hingewiesen. Der Anfänger hält gewöhnlich Proben so lange für überflüssig, bis er sich einmal gründlich verrechnet hat und bei der Suche nach dem Fehler erkennt, daß die gleich von Anfang an durchgeführten Proben ihm viel Zeit erspart hätten. Der Rechner gewöhne sich an ein ruhiges Rechnen ohne Hast und rechne jeweils erst dann weiter, wenn die Proben ihm die Überzeugung gegeben haben, daß die Rechnung bis zu der betreffenden Stelle stimmt. Eine ohne Proben durchgeführte Zahlenrechnung gehört in den Papierkorb. Wenn irgendmöglich, rechne man die Aufgabe nach zwei verschiedenen Methoden oder lasse sie durch eine andere Person wiederholen.

A. Allgemeine Hilfsmittel.

I. Zahlenrechnen und Rechenstäbe.

1. Rechnen mit ungenauen Zahlen. Wird beim Rechnen mit ungenauen Zahlen, z.B. mit empirischen Daten eine Zahl ohne Angabe des Fehlers gegeben, so wird angenommen, daß sie bis auf eine halbe Einheit der letzten Dezimale richtig ist, z.B. 10,7 bedeutet $10{,}7 \pm 0{,}05$.

Ist ξ ein Näherungswert für eine „wahre Größe“ x, so heißt

$$\varepsilon = \xi - x$$

der absolute Fehler von ξ und (für $x \neq 0$)

$$\varrho = \left|\frac{\xi - x}{x}\right|$$

der relative oder prozentuale Fehler. Der relative Fehler ist charakteristisch für die Zahl der geltenden Stellen, der absolute Fehler für die Zahl der Dezimalen.

Bei Additionen addieren sich die absoluten Fehler; bei der Multiplikation und Division gilt bei sehr kleinen relativen Fehlern der einzelnen Faktoren angenähert, daß der relative Fehler sowohl des Produktes als auch des Quotienten höchstens gleich der Summe der relativen Fehler seiner Faktoren bzw. von Zähler und Nenner ist.

Die Subtraktion annähernd gleichgroßer Zahlen ist möglichst zu vermeiden, Bei der Multiplikation wird der relative Fehler des Produktes wesentlich durch den größten relativen Fehler der Faktoren beeinflußt.

Allgemeine Fehlerfortpflanzung. Ist $u=f(x_1,\ldots,x_n)$ eine differenzierbare Funktion der x_j und $v=f(\xi_1,\ldots,\xi_n)$ ein an der Stelle ξ_j genommener Näherungswert für u an der Stelle x_j, so gilt für den Fehler $\varepsilon=v-u$, wenn man die Einzelfehler $\varepsilon_j=\xi_j-x_j$ einführt und die Maximalbeträge der partiellen Ableitungen von f auf der Verbindungsstrecke der Punkte x_j und ξ_j (oder in einem konvexen, die Punkte x_j und ξ_j enthaltenden Bereich) verwendet:

$$|\varepsilon| \leq \sum_{j=1}^{n} \left|\frac{\partial f}{\partial x_j}\right|_{\max} |\varepsilon_j| . \tag{1.1}$$

2. Der Rechenschieber. Der gewöhnliche logarithmische Rechenstab ist so allgemein bekannt, daß hier nur einige Regeln zusammengestellt seien.

Regeln.

1. Jede Rechnung wird durch Überschlag im Kopf geprüft (Kommastellung).

2. Multiplikationen werden nur auf den unteren Skalen und der Reziprokskala ausgeführt.

3. Bei Ausdrücken der Form $\frac{a_1 a_2 \ldots}{b_1 b_2 \ldots}$ wird abwechselnd dividiert und multipliziert.

4. Bei mehrfachen Produkten verwendet man die Reziprokskala und die untere Skala der Zunge abwechselnd.

5. Lösung quadratischer Gleichungen (für reelle Wurzeln):

Die Gleichung $x^2+Ax+B=0$ wird umgeformt zu:

$$x+A+\frac{B}{x}=0.$$

Beispiel: $x-6{,}64+\frac{7{,}65}{x}=0.$

Es sei $b=\frac{7{,}65}{a}$. Die Rechnung erfolgt nach dem folgenden Schema:

a	$b=\frac{7{,}65}{a}$	$a+b$
1,6	4,78	6,38
1,5	5,10	6,60
1,48	5,16	6,64

a muß so gewählt werden, daß $a+b=6{,}64$ ist. $a=1{,}48$ und $b=5{,}16$ sind die gesuchten Wurzeln.

6. Trinomische Gleichungen.

Die obige Lösungsmethode für quadratische Gleichungen läßt sich auf reduzierte kubische und auf gewisse Typen anderer trinomischer Gleichungen übertragen.

Beispiel:

$$x^4 - 6{,}53\,x - 4{,}48 = 0$$

$$x^3 - 6{,}53 - \frac{4{,}48}{x} = 0.$$

Der Rechenschieber muß für die folgende Methode eine kubische Skala besitzen.

Es sei $b = \frac{4{,}48}{x}$

x	$a = x^3$	$b = \frac{4{,}48}{x}$	$a - b$
2	8	2,24	5,76
2,1	$9{,}2_6$	2,13	$7{,}1_3$
2,06	$8{,}7_4$	2,17	$6{,}5_7$

$x = 2{,}06$ ist eine Wurzel der Gleichung.

Bei allgemeinen kubischen Gleichungen muß erst das quadratische Glied durch Transformation beseitigt werden.

3. Sonderrechenstäbe. Von den verschiedenen Arten, in Zeichnungen oder auf Skalen, Maßstabsfaktoren einzuführen, sei hier die folgende gewählt:

Definition:
$$\text{Maßstab} = m = \frac{\text{Darstellungsgröße der Zeichnung}}{\text{Wirkliche Größe}}. \tag{3.1}$$

Beispiele: a) 1 cm der Zeichnung entspricht 5 kg:

$$m = \frac{1\text{ cm}}{5\text{ kg}}.$$

b) Beim Meßtischblatt: $m = \frac{1\text{ cm}}{25\,000\text{ cm}}$.

Man kann von einer in $\langle a, b\rangle$ definierten Funktion $f(x)$ unter Wahl eines Maßstabes m_f für $f(x)$ eine Funktionsleiter oder Skala anfertigen: Auf einer geraden Linie werden von einem festen Punkt aus die Strecken $y = m_f f(x)$ [cm] abgetragen und an den Endpunkten die zugehörigen x-Werte niedergeschrieben.

Der gewöhnliche Rechenschieber benutzt Skalen der Funktionen $y = A \cdot \log x$. Durch Verwendung anderer Skalen kann man nach dem gleichen Prinzip wie beim Rechenschieber mit Hilfe dreier Skalen für die Funktionen $f(x)$, $g(y)$, $h(z)$ einen Rechenstab für die Schlüsselgleichung

$$f(x) + g(y) = h(z) \tag{3.2}$$

Fig. 1. Sonderrechenstab für die Schlüsselgleichung (3.2).

konstruieren, wie aus Fig. 1 unmittelbar zu erkennen ist; dabei sind X, Y, Z die Darstellungsgrößen für $f(x)$, $g(y)$, $h(z)$. Fig. 2 zeigt als Beispiel einen Rechenstab für die Linsenformel

$$\frac{1}{a} + \frac{1}{b} = \frac{1}{f}. \tag{3.3}$$

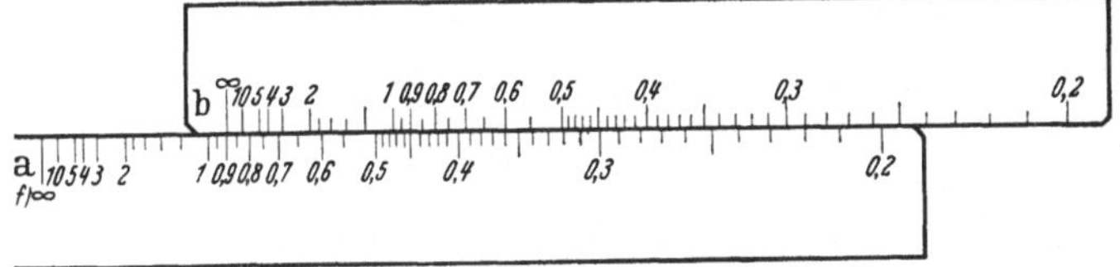

Fig. 2. Rechenschieber für die Linsenformel (3.3). Ablesebeispiel $a = b = 0{,}9$; $f = 0{,}45$.

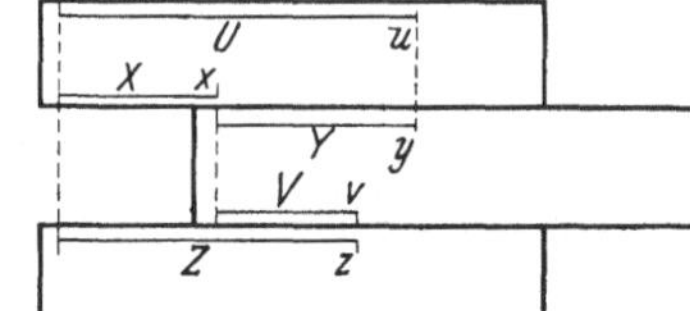

Fig. 3. Sonderrechenstab für die Schlusselgleichung (3.4).

In gleicher Weise lassen sich durch Verwendung mehrerer Zungen sowie durch Ablesen von Hilfswerten (in Fig. 3 von u) und Einstellen auf anderen Skalen verwickeltere Zusammenhänge darstellen. In der Anordnung von Fig. 3 gelten die Gleichungen

$$X + Y = U; \quad V = \varphi(U), \quad Z = X + V\;(+\text{ const}).$$

Daher kann man mit dem Rechenschieber zusammengehörige Zahlen x, y, z berechnen, wenn diese der Schlüsselgleichung

$$Z = X + \varphi(X + Y) \tag{3.4}$$

genügen, in der Z, X, Y, φ vier willkürliche Funktionen sind.

Beispiel:

$$z = x^3 y - x y^3.$$

Man setzt $x = u y$, und erhält

$$z = x^4 \left(\frac{1}{u} - \frac{1}{u^3}\right), \qquad \log x = \log u + \log y$$

$$\underbrace{\frac{1}{4} \log z}_{Z} = \underbrace{\log x}_{X} + \underbrace{\frac{1}{4} \log\left(\frac{1}{u} - \frac{1}{u^3}\right)}_{V}.$$

Vgl. hierzu die Durchführung in Fig. 4.

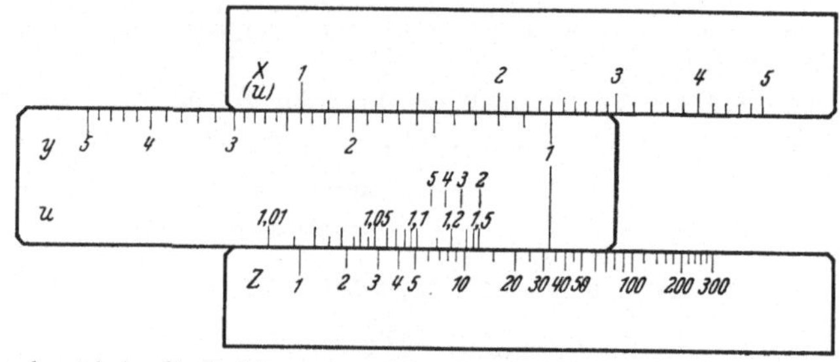

Fig. 4. Sonderrechenstab fur die Beziehung $z = xy(x^2 - y^2)$. Ablesebeispiel: $x = 2{,}4$; $y = 2$; $u = 1{,}2 \to z \approx 8{,}4$.

II. Nomographie[1].

4. Netztafeln. Netztafeln dienen dazu, eine Beziehung

$$f(x, y, z) = 0$$

zwischen drei Veränderlichen x, y, z durch drei ebene, nach x, bzw. y oder z bezifferte Kurvenscharen darzustellen derart, daß jeweils die drei Werte x, y, z, die zu drei sich in einem Punkte schneidenden Kurven der 3 Scharen gehören, die vorgelegte Gleichung erfüllen, so daß man die Tafel z. B. zur Bestimmung des zu x und y gehörigen z-Wertes benutzen kann. Die Gleichungen

$$h_1(x, \xi, \eta) = 0, \quad h_2(y, \xi, \eta) = 0, \quad h_3(z, \xi, \eta) = 0 \tag{4.1}$$

mögen die Eigenschaft haben, daß sich bei Elimination von ξ und η die Gleichung $f(x, y, z) = 0$ ergibt. Faßt man x, y, z in den drei Gleichungen $h_j = 0$ $(j = 1, 2, 3)$ als Parameter auf, so stellen sie je eine Kurvenschar dar, die zusammen in einem ξ-η-Koordinatensystem mit Angabe ihrer Parameterwerte eine Netztafel für $f(x, y, z) = 0$ ergeben.

Besonderes Interesse bieten die Netztafeln, bei denen 2 Kurvenscharen aus achsenparallelen Geraden bestehen, und die dritte Kurvenschar eine Geradenschar ist, bei denen also gesetzt werden kann:

$$\left.\begin{aligned} \xi = f_1(x), \quad \eta = f_2(y) \\ \xi f_3(z) + \eta f_4(z) + f_5(z) = 0. \end{aligned}\right\} \tag{4.2}$$

Durch Einsetzen erhält man die *Schlüsselgleichung:*

$$f_1(x) f_3(z) + f_2(y) f_4(z) + f_5(z) = 0. \tag{4.3}$$

Man kann sie, indem man durch eine Funktion von z dividiert, auf die übersichtlichere Form (7.1) bringen.

Beispiel: $z^m + p z^n + q = 0$, p, q, z variabel. m, n fest. Man setzt $p = \xi$, $q = \eta$. In einem gewöhnlichen p-q-Koordinatensystem sind die Linien $z = \text{const}$ Geraden, die z. B. für $m = 3$, $n = 1$ eine NEILsche Parabel einhüllen (Fig. 5).

[1] Vgl. z. B. die zusammenfassenden Darstellungen bei FR. A. WILLERS [*20*], H. SCHWERDT [*17*].

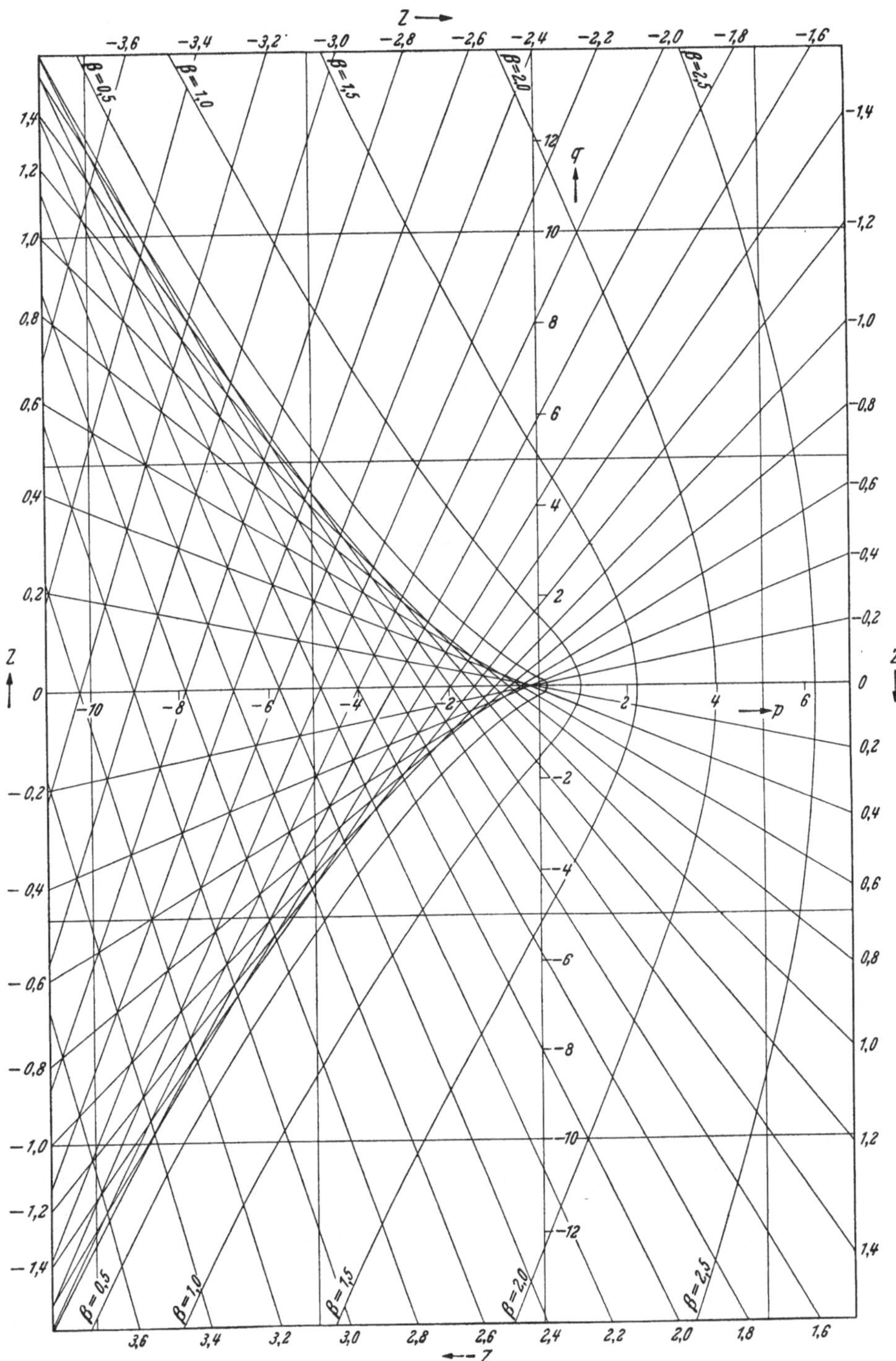

Fig. 5. Netztafel für die reellen und komplexen Wurzeln der kubischen Gleichung $z^3 + pz + q = 0$. Komplexe Wurzeln $z = \alpha + i\beta$ mit $\alpha = -\frac{1}{2} z_1$, wobei die reelle Wurzel z_1 abgelesen wird.

Ablesebeispiele: 1. $z^3 - 7z + 6 = 0$: $z_1 = 1$, $z_2 = 2$, $z_3 = -3$. 2. $z^3 + z - 10 = 0$: $z_1 = 2$, $z_{2,3} = -1 \pm 2i$.

5. Fluchtliniennomogramme. Jede Netztafel mit drei Geradenscharen läßt sich auch nach dem Dualitätsprinzip in ein Fluchtliniennomogramm überführen, indem man z.B. jede Gerade als Polare auffaßt und zu ihr, etwa in bezug auf einen nullteiligen Kegelschnitt, den zugehörigen Pol aufsucht. Nach Wahl eines das Bild nicht störenden Koordinatenanfangspunktes braucht man lediglich der Geraden $A\xi + B\eta + 1 = 0$ in einer A-B-Ebene den Punkt mit den Koordinaten A, B zuzuordnen.

Den drei nach x, y bzw. z bezifferten Geradenscharen entsprechen dann drei nach x, y bzw. z bezifferte Kurven, ein sog. Fluchtliniennomogramm. Der Inzidenzeigenschaft: drei Geraden schneiden sich in der ξ-η-Ebene in einem Punkt, entspricht die Eigenschaft, daß die zugehörigen Punkte in der A-B-Ebene auf einer Geraden liegen. Man findet daher zusammengehörige Werte x, y, z, indem man die entsprechenden Punkte auf der x- und der y-Kurve des Nomogramms mit einer Geraden verbindet und den Schnittpunkt mit der z-Kurve feststellt.

6. Fluchtliniennomogramme mit drei geradlinigen Leitern. Für eine gegebene darzustellende Beziehung $z = F(x, y)$ gibt es dann und nur dann ein Fluchtliniennomogramm mit drei geraden (insbesondere drei parallelen) Leitern, wenn sie sich auf die Form

$$f(x) + g(y) = h(z) \tag{6.1}$$

bringen läßt. Das ist genau dann möglich, wenn

$$\frac{\partial^2 \ln\left(\frac{\partial F}{\partial x} \Big/ \frac{\partial F}{\partial y}\right)}{\partial x\, \partial y} = 0 \tag{6.2}$$

ist. Die Anlage eines solchen Nomogramms kann auf folgende schematische Form gebracht werden. Es stehe als Platz ein Rechteck der Größe c mal X^* zur Verfügung, und es soll der Variablenbereich $x_1 \leq x \leq x_2$, $y_1 \leq y \leq y_2$ dargestellt werden. Man berechnet zunächst die Maßstäbe für die x- und y-Skala:

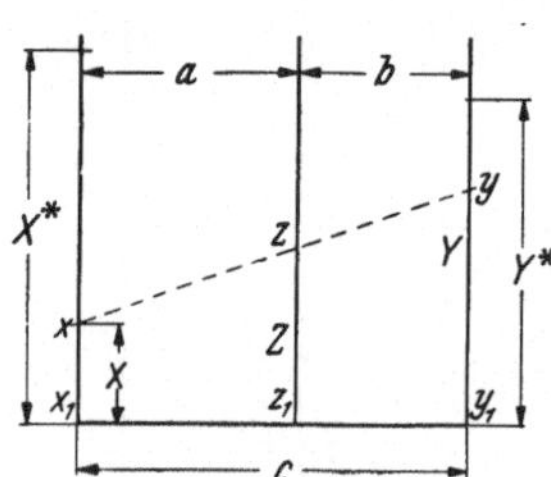

Fig. 6. Fluchtliniennomogramm mit drei parallelen Leitern.

$$\left.\begin{aligned} m_f &= \frac{X^*}{f(x_2) - f(x_1)}, \quad m_g = \frac{Y^*}{g(y_2) - g(y_1)}; \\ \frac{1}{m_h} &= \frac{1}{m_f} + \frac{1}{m_g}. \end{aligned}\right\} \tag{6.3}$$

Dabei ist Y^* die gewählte Länge für die y-Skala ($Y^* \leq X^*$); die Abstände zwischen den Leitern seien a, b, c, vgl. Fig. 6:

$$a + b = c, \quad a = c\frac{m_f}{m_f + m_g}, \quad b = c\frac{m_g}{m_f + m_g}. \tag{6.4}$$

Ist z_1 der x_1, y_1 entsprechende Punkt, so ist dadurch auch der Anfang der z-Skala festgelegt. Die Strecke X, die man z.B. auf der x-Skala abzutragen hat, um den Punkt x zu erhalten, ist $X = m_f(f(x) - f(x_1))$. Ein negativer Maßstab bedeutet, daß die betreffende Leiter nach unten orientiert ist.

Beispiel: Fig 7 zeigt ein Nomogramm für den Ausschlagswinkel α bei einem Fliehkraftregler in Abhängigkeit von der Drehzahl n und der Stangenlänge l (in vereinfachter Form).

$$\cos\alpha = \frac{g}{l\omega}, \quad \omega = \frac{\pi n}{30}, \quad g = 981 \text{ cm sec}^{-2}.$$

Die Beziehung nimmt durch Logarithmieren sofort die benötigte Form (6.1) an.

Zusätze über Nomogramme mit geradlinigen Leitern. 1. Durch projektive Transformationen kann man oft erreichen, daß gewisse Bereiche der Veränderlichen günstiger (größer) dargestellt werden als andere weniger interessierende.

2. Bei drei geradlinigen Leitern durch einen Punkt ergeben sich regelmäßige Einteilungen (reguläre Skalen) für die Reziproken; für die Darstellungsgrößen X, Y, Z bei drei Geraden mit den Winkeln α, β nach Fig. 8 gilt

$$\frac{\sin\alpha}{X} + \frac{\sin\beta}{Y} = \frac{\sin(\alpha+\beta)}{Z}.$$

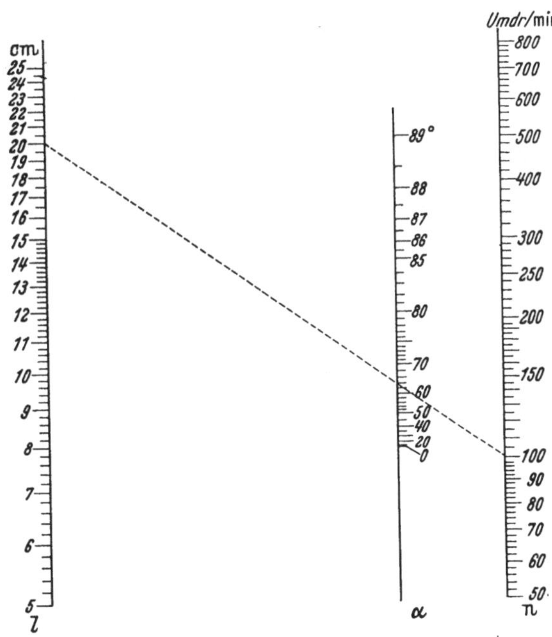

Fig. 7. Ausschlagswinkel α bei einem Fliehkraftregler (idealisiert) in Abhängigkeit von der Pendellänge l und der Drehzahl n: $\cos\alpha = \frac{g}{l\cdot\omega}$; $\omega = \frac{\pi n}{30}\,\mathrm{sec}^{-1}$ (Kreisfrequenz); $g \doteq 981\,\mathrm{cm/sec}^{-2}$. Ablesebeispiel: $l = 20$ cm, $n = 100$ U/min. $\rightarrow \alpha \approx 63{,}5°$.

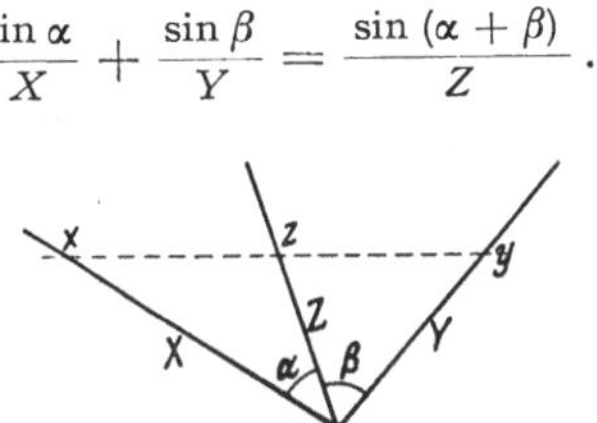

Fig. 8. Drei geradlinige Leitern durch einen Punkt.

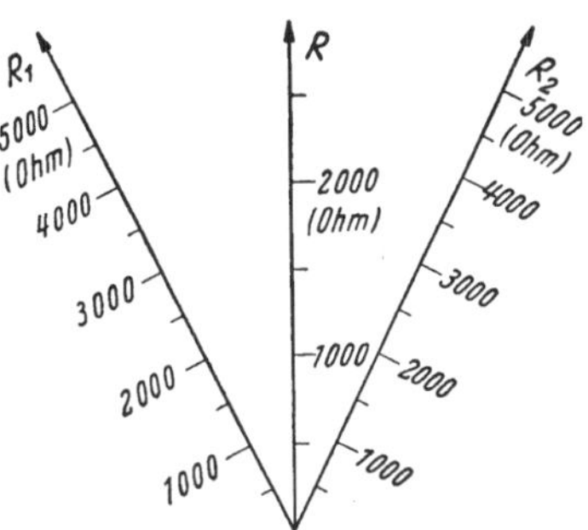

Fig. 9. Fluchtliniennomogramm für den Gesamtwiderstand R zweier parallelgeschalteter Widerstände R_1, R_2.

So hat man z.B. bei einem Nomogramm für den Gesamtwiderstand R zweier parallel geschalteter Widerstände R_1, R_2 nach $\frac{1}{R} = \frac{1}{R_1} + \frac{1}{R_2}$ nur reguläre Skalen, vgl. Fig. 9.

3. Gehen die drei geraden Leitern nicht durch einen Punkt, so ergibt sich als Schlüsselgleichung wieder eine Gleichung vom Typ (6.1), es sind also nur dieselben Beziehungen darstellbar, die bereits durch drei parallele Leitern darstellbar sind. Wir begnügen uns daher hier mit dem Sonderfall, daß zwei Leitern parallele Geraden im Abstande c sind und die dritte Leiter diese senkrecht schneidet. Für die Darstellungsgrößen X, Y, Z, vgl. Fig. 10, gilt dann

$$X(Z-c) = YZ.$$

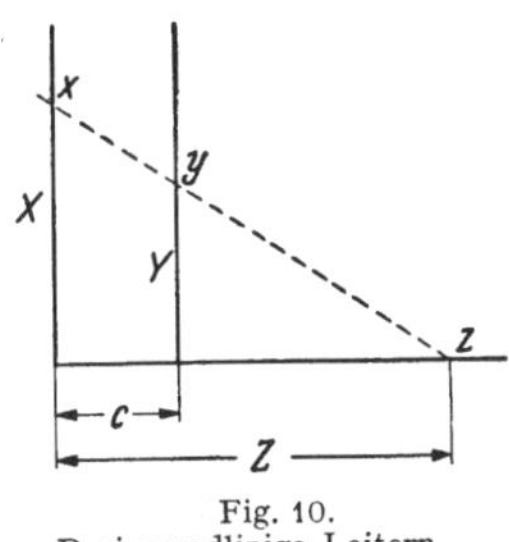

Fig. 10. Drei geradlinige Leitern.

7. Zwei parallele und eine gekrümmte Leiter. Hier sind Zusammenhänge der Form

$$f(x)\,h(z) = g(y) + k(z) \tag{7.1}$$

erfaßbar. Auch hier werde nur das Schema für die Anlage des Nomogramms genannt. Wieder stehe als Platz ein Rechteck der Größe c mal X^* zur Verfügung und m_f und m_g werden nach den Formeln (6.3) berechnet.

In einem ξ-η-Achsensystem, Fig. 11, hat man dann als Koordinaten für die drei Skalen [die ξ'- und η'-Spalten werden noch erläutert; ferner bedeutet $f_1 = f(x_1)$, $g_1 = g(x_1)$]:

	ξ	η	ξ'	η'
x	0	$A = m_f[f(x) - f_1]$	c	$A^* - A$
y	c	$B = m_g[g(y) - g_1]$	0	B
z	$\frac{c\, m_f}{m_f - m_g h(z)}$	$\frac{-k(z) + f_1 h(z) - g_1}{m_f - m_g h(z)} m_f m_g$	$\frac{c\, m_g h(z)}{m_f + m_g h(z)}$	$\frac{[-k(z) + f_1 h(z) - g_1] m + A h(z)}{m_f + m_g h(z)}$

c und A^* sind wählbar.

Wenn die z-Skala ungünstig liegt, sind zwei Auswege möglich.

A. Man versucht durch eine projektive Transformation der ξ-η-Ebene auf eine u-v-Ebene die Lage der Skalen zueinander zu verbessern. Ansatz:

$$u = \frac{a_{11}\xi + a_{12}\eta + a_{13}}{N}; \quad v = \frac{a_{21}\xi + a_{22}\eta + a_{23}}{N}, \quad N = a_{31}\xi + a_{32}\eta + a_{33}. \tag{7.2}$$

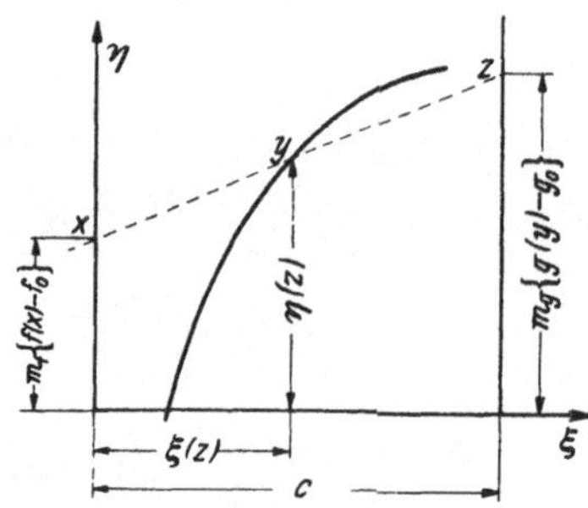

Fig. 11. Fluchtliniennomogramm mit zwei parallelen geradlinigen und einer gekrümmten Leiter.

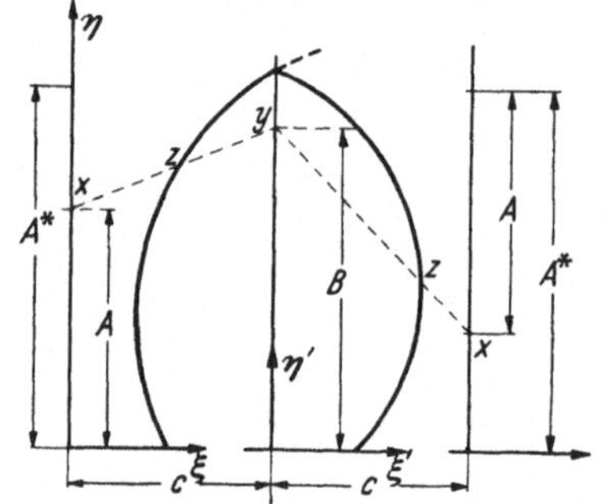

Fig. 12. Fluchtliniennomogramm mit gebrochenem Ablese-Linienzug.

Die Gerade $N = 0$ geht in die uneigentliche Gerade über. Man kann fordern, daß die η-Achse in die v-Achse übergeht, dann wird

$$u = \frac{a_{11}\xi}{N}.$$

Um die Abbildung übersichtlicher zu gestalten, wählt man für v den speziellen Ausdruck:

$$v = \frac{a_{21}(\xi - a)}{N}.$$

Dann geht die Gerade $\xi = a$ in die u-Achse über.

B. Die folgende Änderung des Nomogramms ist stets durchführbar, jedoch braucht man zur Ablesung einen gebrochenen Linienzug. Die gekrümmte z-Skala bleibt unverändert zwischen x- und y-Skala. Man führt aber außerdem die Abbildung

$$\xi' = \frac{c(\xi - c)}{2\xi - c}, \quad \eta' = \frac{c\eta + A^*(\xi - c)}{2\xi - c} \tag{7.3}$$

aus, durch die das Gebiet außerhalb von x- und y-Skala auf den Streifen zwischen $\xi = c$ (d.h. $\xi' = 0$) und $\xi = 2c$ abgebildet wird. Die x-Skala ist auf der Geraden $\xi' = c$ vom Punkt $\eta' = A^*$ in der umgekehrten Richtung aufzutragen wie auf der ursprünglichen Skala. Die Ausführung der Ablesung ist aus der Fig. 12 ersichtlich.

In der obigen Tabelle sind gleich die Koordinaten ξ', η' für die z-Skala mit angegeben.

Beispiel: Bei der Gleichung $\frac{a}{c}\cos x + \frac{b}{c}\sin x = 1$ kann man ein Nomogramm zeichnen mit zwei parallelen regulären Leitern für a/c und b/c, aber die gekrümmte Leiter für x würde sich ins Unendliche erstrecken. Der unter B genannte Ausweg liefert das Nomogramm der Fig. 13, bei der die gesamte x-Kurve im Endlichen bleibt.

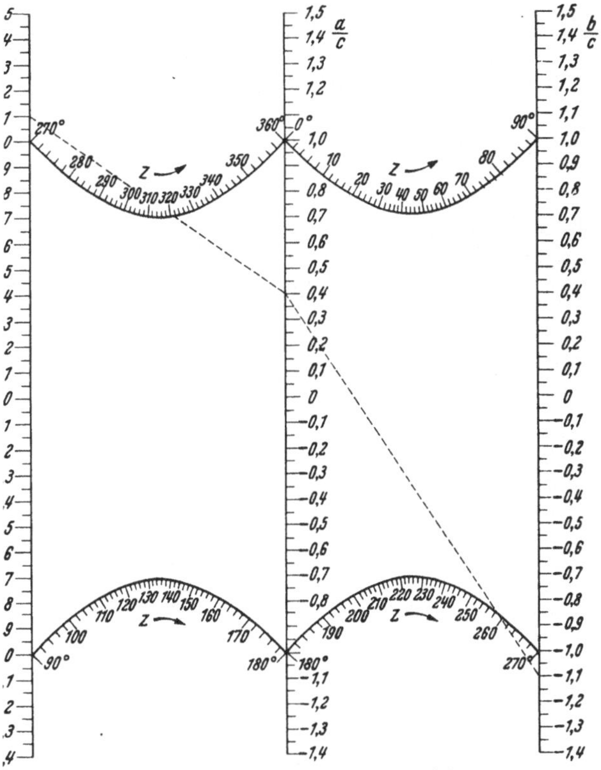

Fig. 13. Nomogramm für die Beziehung $a\cos z + b\sin z = c$. Ablesebeispiel: $\frac{a}{c} = 0{,}4$; $\frac{b}{c} = -1{,}1$; $\begin{cases} z_1 \approx 321{,}5^\circ, \\ z_2 \approx 259^\circ. \end{cases}$

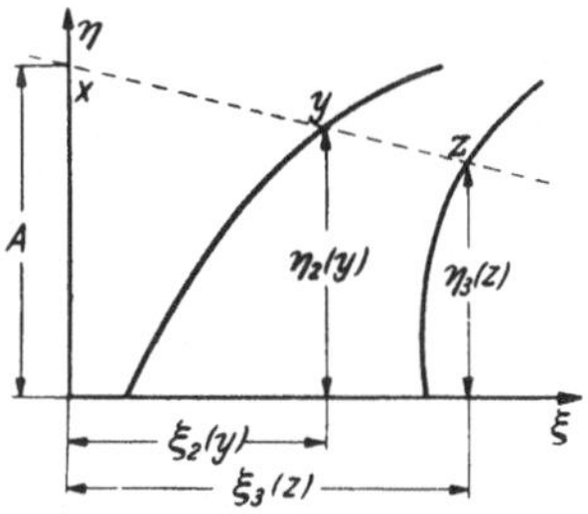

Fig. 14. Fluchtliniennomogramm mit einer geraden und zwei gekrümmten Leitern.

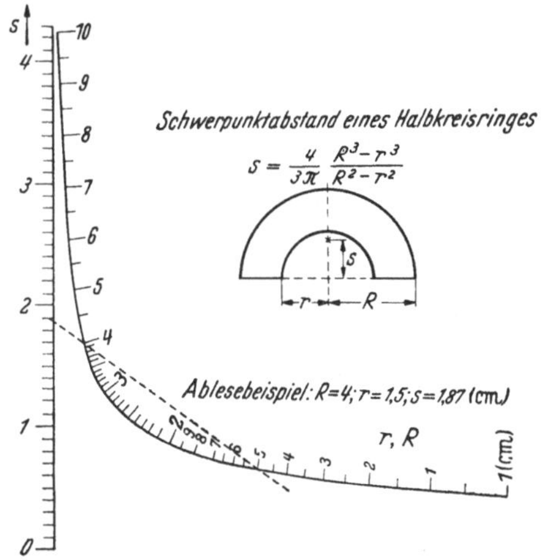

Fig. 15. Fluchtliniennomogramm mit einer geraden und einer gekrümmten doppelt zählenden Leiter.

8. Weitere Fluchtliniennomogramme. 1. Eine gerade, zwei gekrümmte Leitern. Hier hat man, vgl. Fig. 14, die Schlüsselgleichung

$$f_1(x) = \frac{f_2(y) + f_3(z)}{g_2(y) + g_3(z)}. \tag{8.1}$$

Ist diese gegeben, so erhält man in einer ξ-η-Ebene für die Darstellung der Leitern die Ausdrücke:

$$\left.\begin{aligned} A = m_f f(x), \quad \xi_2 &= \frac{m_g}{g_2(y)}, \quad \eta_2 = m_f \frac{f_2(y)}{g_2(y)}, \\ \xi_3 &= \frac{m_g}{g_3(z)}, \quad \eta_3 = m_f \frac{f_3(z)}{g_3(z)}. \end{aligned}\right\} \tag{8.2}$$

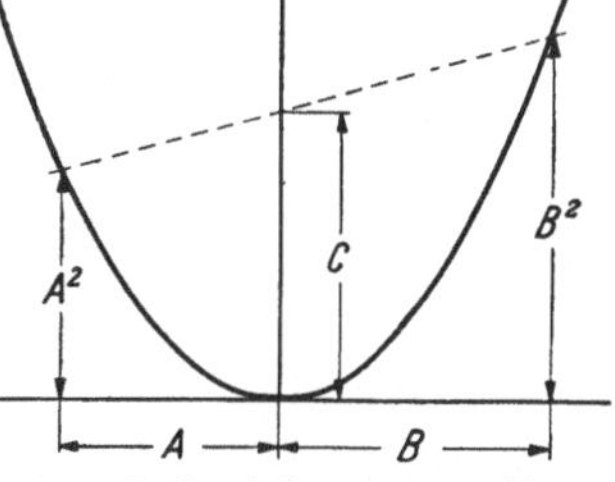

Fig. 16. Parabelnomogramm für Produktbildung.

Fig. 15 gibt als Beispiel ein Nomogramm für den Schwerpunktsabstand s eines Halbkreisringes mit den Radien r und R vom Durchmesser des Halbringes. Man kann hier für r und R dieselbe gekrümmte Leiter verwenden.

2. Ein wichtiger Spezialfall von 1. ist das Parabelnomogramm, Fig. 16, welches für die Darstellung eines Produktes ohne Verwendung logarithmischer Skalen anwendbar ist. Mit den aus der Skizze ersichtlichen Darstellungsgrößen A, B, C gilt nämlich

$$C = A B. \tag{8.3}$$

Zusammenstellung: Fig. 17. Es bedeuten:

$$A = m_f f(x), \quad B = m_g g(y), \quad C = m_h h(z),$$

c_1, c_2 sind Konstanten, φ_1, φ_2 wählbare Funktionen.

9. Nomogramme für mehr als drei Veränderliche. *α) Fluchtlinientafel, parallele Leitern,* Fig. 18

$$f_1(x) + f_2(y) = f_3(z) + f_4(u). \tag{9.1}$$

Nomogramme für Beziehungen dieser Art kann man erhalten, indem man für die linke und rechte Seite der Gleichung Nomogramme mit derselben Leiter (der sog. Zapfenlinie) für die Summe zeichnet.

Diese Art der Darstellung läßt sich auf mehr als vier Veränderliche verallgemeinern, wie es in der Fig. 19 angedeutet ist.

β) Fluchtliniennomogramme mit geradlinigen, aber nicht parallelen Leitern. Schlüsselgleichung, Fig. 20:

$$f_1(x)\, f_2(y) + f_3(z)\, f_4(u) = \text{const} = C. \tag{9.2}$$

Die Koordinaten ξ, η geben die Tabelle:

	x	y	z	u
ξ	0	$c_1 \dfrac{1}{1 + m_1 f_2}$	$c_1 + \dfrac{c_2}{1 + \dfrac{m_2}{f_3}}$	$c_1 + c_2$
η	$\dfrac{f_1}{m_1}$	$(C - b_1) \dfrac{1}{1 + m_1 f_2}$	$\dfrac{b_1 + b_2}{1 + \dfrac{m_2}{f_3}} - b_1$	$b_2 - m_2 f_4$

γ) Fluchtliniennomogramm mit gerader Zapfenlinie, aber gekrümmten bezifferten Leitern und Rechtwinkelnomogramm.

Schlüsselgleichung:

$$\frac{f_1(x) + f_2(y)}{g_1(x) + g_2(y)} = \frac{f_3(z) + f_4(u)}{g_3(z) + g_4(u)} \tag{9.3}$$

	x	y	z	u
ξ	$-\dfrac{m_1}{g_1}$	$\dfrac{m_1}{g_2}$	$\dfrac{m_3}{g_3}$	$-\dfrac{m_3}{g_4}$
η	$\dfrac{m_2 f_1}{g_1}$	$\dfrac{m_2 f_2}{g_2}$	$\dfrac{m_2 f_3}{g_3}$	$\dfrac{m_2 f_4}{g_4}$

Beispiel: Wechselstromwiderstand:

$$R = \sqrt{W^2 + \frac{1}{\omega^2 C^2}}, \qquad \text{vgl. Fig. 21.}$$

Ein sog. *Rechtwinkelnomogramm* hat die gleiche Schlüsselgleichung wie (9.3). Das Nomogramm besteht aus vier gekrümmten Skalen für x, y, z und u mit den Parameterdarstellungen $\xi_1(x)$, $\eta_1(x)$, ..., $\eta_4(u)$. Die Ablesung erfolgt durch zwei aufeinander senkrecht stehenden Geraden, wie es in der Fig. 22 angedeutet ist.

Es wird

$$\frac{\eta_1(x) - \eta_2(y)}{\xi_1(x) - \xi_2(y)} = \frac{-\xi_3(z) + \xi_4(u)}{\eta_3(z) - \eta_4(u)}$$

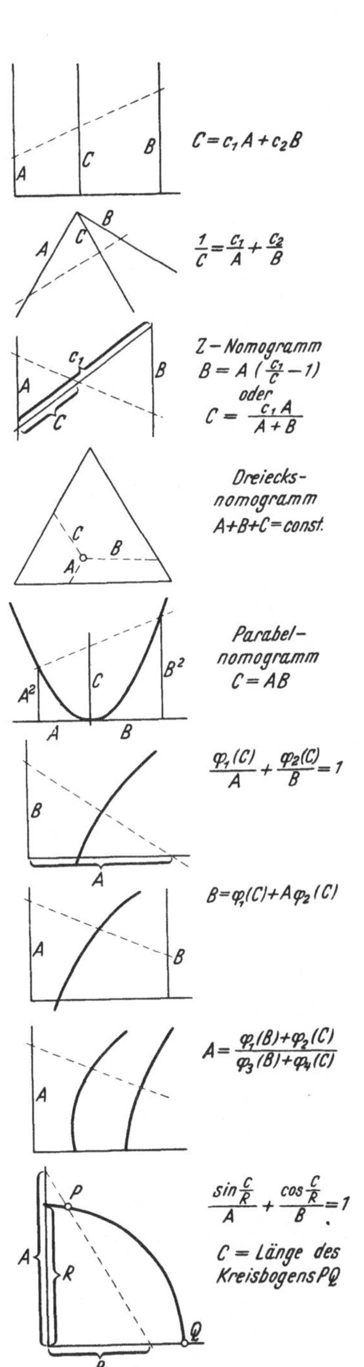

Fig. 17. Zusammenstellung der wichtigsten Fluchtliniennomogramme für drei Veränderliche und ihrer Gleichungstypen.

Fig. 18. Fluchtlinientafel für die Schlüsselgleichung (9.1).

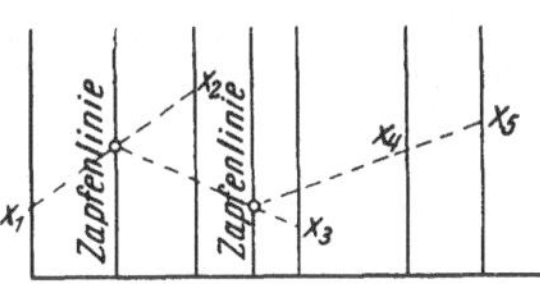

Fig. 19. Fluchtliniennomogramm für fünf Veränderliche.

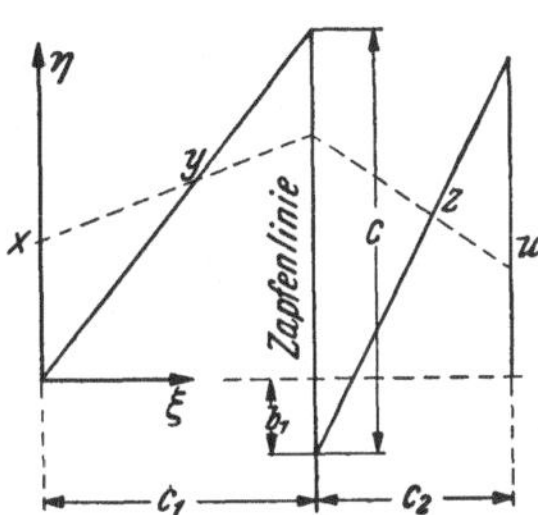

Fig. 20. Fluchtliniennomogramm für die Schlüsselgleichung (9.2).

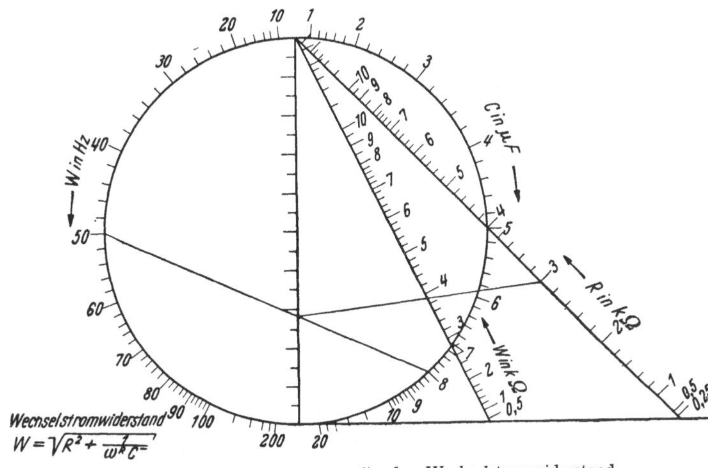

Fig. 21. Fluchtliniennomogramm für den Wechselstromwiderstand

$$W = \sqrt{R^2 + \frac{1}{\omega^2 C^2}}.$$

Ablesebeispiel: $\omega = 50\,\text{Hz}$, $C = 8\,\mu\text{F}$, $R = 3\,\text{k}\Omega$; $W = 3{,}9\,\text{k}\Omega$.

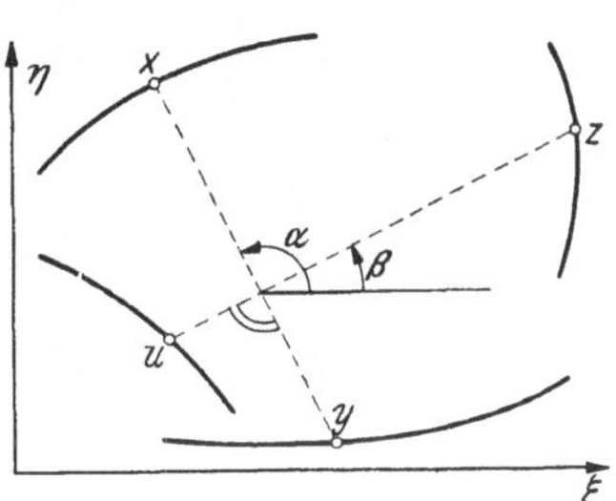

Fig. 22. Rechtwinkelnomogramm für die Schlüsselgleichung (9.3).

δ) Kombination von *Fluchtliniennomogramm und Netztafel*, Fig. 23. Schlüsselgleichung:

$$f_1(x) = \frac{f_2(y) + f(z, u)}{g(z, u)} \tag{9.4}$$

	x	y	z, u
ξ	0	c_1	$\frac{c_1 m_1}{m_1 - m_2 g(z, u)}$
η	$m_1 f_1$	$m_2 f_2$	$\frac{-m_1 m_2 f(z, u)}{m_1 - m_2 g(z, u)}$

Weitere Beispiele sind in Fig. 24 angedeutet.

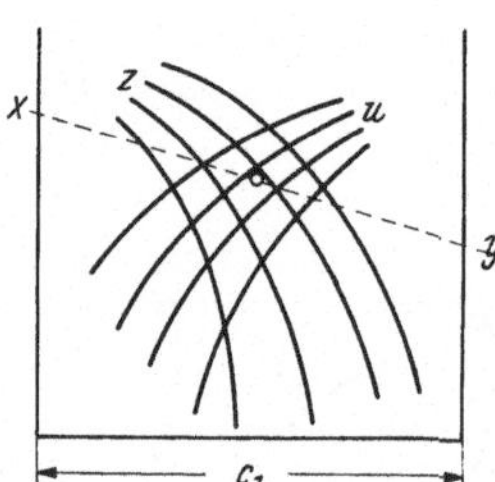

Fig. 23. Netztafel-Fluchtliniennomogramm für die Schlüsselgleichung (9.4).

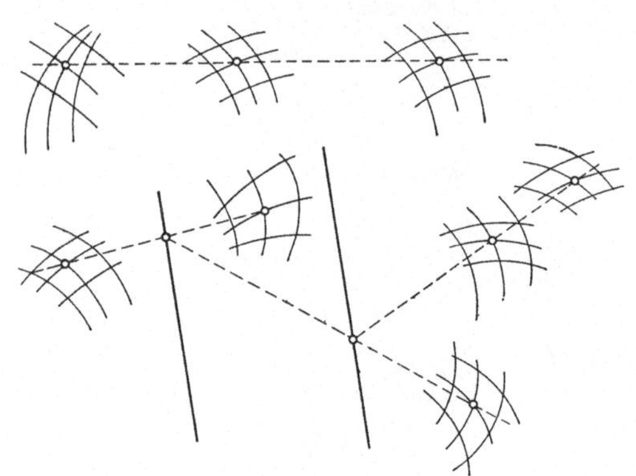

Fig. 24. Netztafel-Fluchtliniennomogramm für sechs und mehr Veränderliche.

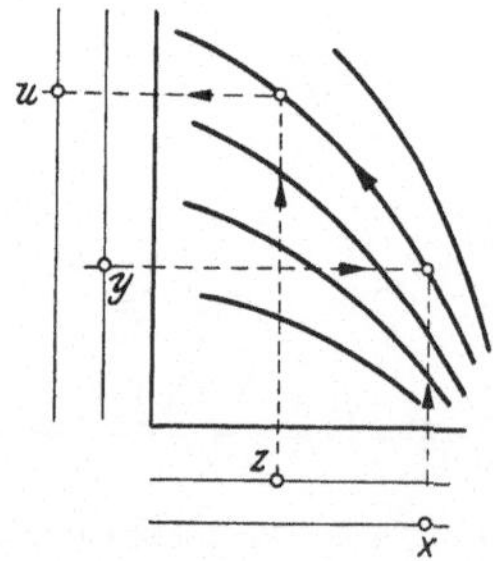

Fig. 25. Netztafel mit vier Skalen für die Schlüsselgleichung (9.5).

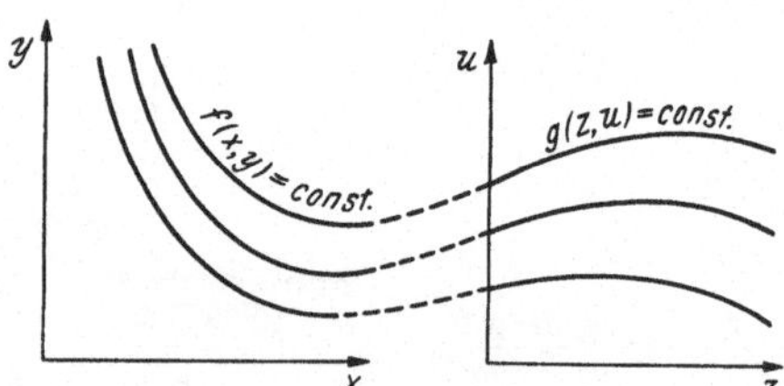

Fig. 26. Zwei Netztafeln für die Schlüsselgleichung $f(x, y) = g(z, u)$.

ε) Eine *Netztafel mit vier Skalen.*

In Fig. 25 ist angegeben, wie man zu gegebenen Werten x, y, z den zugehörigen Wert u findet.

Schlüsselgleichung:

$$\varphi\,[f_1(x), f_2(y)] = \varphi\,[f_3(z), f_4(u)]\,. \tag{9.5}$$

ζ) Zwei Netztafeln.

Schlüsselgleichung:

$$f(x, y) = g(z, u)\,. \tag{9.6}$$

Das Prinzip des Nomogramms ist aus Fig. 26 ersichtlich. Zusammengehörige Kurven werden möglichst übersichtlich miteinander verbunden.

III. Ausgleichsrechnung[1].

10. Ausgleichung direkter Beobachtungen. Bei der Durchführung von Messungen unterscheidet man:

a) grobe Fehler,
b) systematische Fehler,
c) zufällige Fehler.

Die groben Fehler entstehen durch Nachlässigkeit des Experimentators und die systematischen Fehler durch prinzipielle Fehler in der Versuchsanordnung, wie etwa durch falsche Justierung eines Instrumentes. Unabhängig davon erhält man bei wiederholter Ausführung des gleichen Experimentes nicht genau die gleichen Ergebnisse und spricht dann von zufälligen Fehlern. Nur mit diesen beschäftigt sich die Ausgleichsrechnung.

Für die Größe l liegen n gegenseitig unabhängige Messungen vor: $l_1, \ldots, l_n$, denen die Gewichte $p_1, \ldots, p_n$ $(0 < p_\iota)$ zugeordnet werden, wenn ihre unterschiedliche Genauigkeit bekannt ist. Im einfachsten Fall setzt man alle $p_i = 1$. Für l wird aus den Meßwerten l_i ein Wert L errechnet. Man setzt:

$$\varepsilon_\nu = l_\nu - L, \qquad (\nu = 1, \ldots, n)$$

und nennt $\varepsilon_1, \varepsilon_2, \ldots, \varepsilon_n$ die *scheinbaren Fehler.*

Nach einer *Annahme von* Gauss kommt L dem „wahren" Wert l am nächsten, wenn die Summe der mit den Gewichtsfaktoren p_i versehenen Quadrate der scheinbaren Fehler ein Minimum wird, d.h. es wird gefordert:

$$J = \sum_{\nu=1}^{n} p_\nu \varepsilon_\nu^2 = [p\,\varepsilon^2] = \text{Minimum}. \tag{10.1}$$

$[p\,\varepsilon^2]$ ist nur eine andere Schreibweise für die danebenstehende Summe. Eckige Klammern sind stets in diesem Sinne zu lesen; dabei werden Summationsindices fortgelassen.

Die Gausssche Forderung ergibt

$$L = \frac{[p\,l]}{[p]} = \frac{\sum_{\nu=1}^{n} p_\nu l_\nu}{\sum_{\nu=1}^{n} p_\nu}, \tag{10.2}$$

d.h. L ist der Schwerpunkt der mit den Gewichten p_ν versehenen Meßpunkte l_ν. Sind alle $p_\nu = 1$, so ist L das arithmetische Mittel der l_ν.

Als mittlerer Fehler einer Einzelbeobachtung l_ν wird definiert:

$$m_\nu = \sqrt{\frac{[p\,\varepsilon^2]}{(n-1)\,p_\nu}}; \quad \text{für} \quad p_\nu = 1: \quad m = \sqrt{\frac{[\varepsilon^2]}{n-1}}, \tag{10.3}$$

und als *mittlerer Fehler von L*:

$$M = \sqrt{\frac{[p\,\varepsilon^2]}{(n-1)\,[p]}}; \quad \text{für} \quad p_\nu = 1: \quad M = \frac{m}{\sqrt{n}}. \tag{10.4}$$

Das Ergebnis wird angegeben in der Form $L \pm M$. Die Bedeutung der oben angegebenen Fehler wird durch die Wahrscheinlichkeitsrechnung begründet. Bei großem n weicht etwa die Hälfte der Meßwerte um mehr als 0,674 m von L ab.

[1] Vgl. z.B. die zusammenfassenden Darstellungen bei G. Schulz [*16*], R. Zurmühl [*22*], C. Runge, H. König [*10*]. Die wahrscheinlichkeitstheoretischen Begründungen und Deutungen finden sich in dem Artikel von H. Münzner: „Über Wahrscheinlichkeitsrechnung und mathematische Statistik" in Band 1 dieses Handbuchs.

Beispiel: Messung von Widerständen:

Gemessene Werte in Ohm	ε_ν	ε_ν^2
1520	1,67	3
1550	31,67	1005
1510	−8,33	69
1520	1,67	3
1500	−18,33	335
1510	−8,33	69

Zur Vereinfachung setzt man $l_\nu - 1500 = l'_\nu$ und erhält $[l'] = 110$; $L' = \frac{110}{6} = 18{,}33$; $L = 1500 + L' = 1518{,}33$. Die ε_ν findet man sodann als Abweichungen von L. Nach Berechnung der ε_ν kann man die Gleichung $[\varepsilon] = 0$ als Kontrolle benutzen, die bis auf Abrundungsfehler erfüllt sein muß. Es ist $[\varepsilon^2] = 1484$ und daher

$$m = 17{,}2, \qquad M = \frac{17{,}2}{\sqrt{6}} = 7{,}0.$$

Es ist daher sinnvoll, als Ergebnis der Messung anzugeben

$$L = 1518 \pm 7 \text{ Ohm}.$$

11. Ausgleichung vermittelnder Beobachtungen. Zwischen den unabhängigen Veränderlichen $x_1, \ldots, x_s$ und der abhängigen Veränderlichen l bestehe eine Beziehung

$$l = f(x_1, \ldots, x_s, a_0, a_1, \ldots, a_r) \tag{11.1}$$

in der noch einige Parameter $a_0, \ldots, a_r$ so bestimmt werden sollen, daß gegebene Meßreihen der x_σ und l die vorgelegte Gleichung möglichst gut erfüllen.

Beispiel: VAN DER WAALSsche Zustandsgleichung:

$$\left(p + \frac{a}{V^2}\right)(V - b) = R\,T.$$

Es bedeuten: V = Molvolumen, p = Druck, R = Gaskonstante, T = absolute Temperatur. Nach obigen Bezeichnungen ist $p = x_1$, $V = x_2$, $T = l$; a und b sind Parameter, die so bestimmt werden sollen, daß für eine Anzahl von Messungen der Größen p, V, T die Zustandsgleichung möglichst gut gilt.

Es werden $n > r + 1$ Beobachtungen $l_\nu, x_{1\nu}, \ldots, x_{s\nu}$ $(\nu = 1, \ldots, n)$ gemacht und mit den Gewichtsfaktoren p_ν versehen.

Man erhält für die a_ϱ als (im allgemeinen nichtlineare) Bestimmungsgleichungen die *Normalgleichungen*

$$\sum_{\nu=1}^{n} p_\nu \varepsilon_\nu \frac{\partial f_\nu}{\partial a_\varrho} = 0 \qquad (\varrho = 0, 1, \ldots, r) \tag{11.2}$$

mit den Abkürzungen

$$f(x_{\sigma\nu}, a_\varrho) = f_\nu(a_\varrho), \quad \varepsilon_\nu = l_\nu - f_\nu(a_\varrho). \tag{11.3}$$

Die Gleichungen folgen auch hier unmittelbar aus der GAUSSschen Forderung (10.1). Oft wird man $p_\nu = 1$ setzen können. Kann man die $x_{\sigma\nu}$ als fehlerfrei ansehen, so ist der mittlere Fehler einer Beobachtung vom Gewicht 1

$$m_l = \sqrt{\frac{[p\,\varepsilon^2]}{n - r}}. \tag{11.4}$$

Zur weiteren Behandlung werden der lineare und der nichtlineare Fall (Ziff. 13) unterschieden.

Lineares Auftreten der gesuchten Parameter. f sei linear (inhomogen) in den x_σ und a_ϱ und es sei $s=r$:

$$l = f = a_0 + \sum_{\varrho=1}^{r} a_\varrho x_\varrho. \tag{11.5}$$

Ausführlich geschrieben lauten jetzt die Normalgleichungen:

$$\left.\begin{array}{l} [p]\,a_0 \quad + [p\,x_1]\,a_1 \quad + \cdots + [p\,x_r] \quad a_r = [p\,l] \\ [p\,x_1]\,a_0 + [p\,x_1^2]\,a_1 \quad + \cdots + [p\,x_1\,x_r]\,a_r = [p\,l\,x_1] \\ \cdots\cdots\cdots\cdots\cdots\cdots\cdots\cdots\cdots\cdots \\ [p\,x_r]\,a_0 + [p\,x_1\,x_r]\,a_1 + \cdots + [p\,x_r^2] \quad a_r = [p\,l\,x_r] \\ [p\,l]\,a_0 \quad + [p\,l\,x_1]\,a_1 \quad + \cdots + [p\,l\,x_r] \quad a_r = [p\,l^2] - [p\,\varepsilon^2]. \end{array}\right\} \tag{11.6}$$

Die letzte Gleichung dient nur zur Berechnung von $[p\,\varepsilon^2]$; diese Größe wird für den mittleren Fehler in (11.4) gebraucht.

12. Annäherung durch eine Gerade und durch Parabeln. Im einfachsten Falle (nur eine Veränderliche) sollen zunächst in

$$l = f = a_0 + a_1 x = a + b\,x \tag{12.1}$$

die Konstanten a, b aus Messungen für x und l ermittelt werden. Transformiert man

$$x' = x - \frac{[p\,x]}{[p]} \quad \text{mit} \quad [p\,x'] = 0$$

und setzt

$$f = a' + b'\,x',$$

so liefern die Normalgleichungen

$$a' = \frac{[p\,l]}{[p]}, \qquad b' = \frac{[p\,l\,x']}{[p\,x'^2]}; \tag{12.2}$$

es ist dann

$$a = a' - b'\,\frac{[p\,x]}{[p]}, \qquad b = b'. \tag{12.3}$$

Beispiel:

Für den Rückgang eines Gletschers wurden im Laufe von 8 Jahren die Werte s der Tabelle 1 gemessen. Gesucht ist eine lineare Funktion $s = a + b\,t$ für diesen Vorgang. Für die Lösung können drei Wege eingeschlagen werden.

Tabelle 1.

t [Jahre]	$s[m]$	1. Weg $t' = t-4$	t'^2	$t's$	f	ε	ε^2	2. Weg f^*	ε^*	ε^{*2}	3. Weg $\tilde{f}$	$\tilde{\varepsilon}$	$\tilde{\tilde{\varepsilon}}$	$\tilde{\tilde{\varepsilon}}^2$
0	12	−4	16	−48	11,87	0,13	—	12,1	−0,1	—	12	0	0,17	—
1	17	−3	9	−51	18,48	−1.48	2,2	18,65	−1.65	2,7	18,625	−1,625	−1,46	2,1
2	25	−2	4	−50	25,10	−0,10	—	25,2	−0,2	—	25,25	−0,25	−0,08	—
3	34	−1	1	−34	31 72	2,28	5,2	31,75	2,25	5,1	31,875	2,125	2,29	5,25
4	38	0	0	0	38,33	−0,33	0,1	38,3	−0,3	0,1	38,5	−0,5	−0,33	0,1
5	45	1	1	45	44,95	0,05	—	44,85	0,15	—	45,125	−0,125	0,04	—
6	52	2	4	104	51,57	0,43	0,2	51,4	0,6	0,4	51,75	0,25	0,42	0,2
7	57	3	9	171	58,18	−1,18	1,4	57,95	−0,95	0,9	58,375	−1,375	−1,21	1,5
8	65	4	16	260	64,80	0,20	—	64,5	−0,5	0,3	65,0	0	0,17	—
Summen	$[s]$ $=345$		$[t'^2]$ $=60$	$[t's]$ $=397$		3,09 −3,10	$[\varepsilon^2]$ $=9,1$			$[\varepsilon^{*2}]$ $=9,5$		$[\tilde{\varepsilon}]$ $=-1,5$	+3,09 −3,08	$[\tilde{\tilde{\varepsilon}}^2]$ $=9,2$

1. Weg: Strenge Durchführung der Methode der kleinsten Quadrate. Es wird $t' = \frac{[t]}{9} = 4$, dann ergibt sich für die Parameter a', b' in $s = a' + b't$ nach (12.2) (12.3):

$$a' = \frac{345}{9} = 38{,}333, \quad b = b' = \frac{397}{60} = 6{,}617, \quad a = 11{,}867.$$

Das Näherungsgesetz lautet also

$$f = 11{,}867 + 6{,}617\, t.$$

Mit $\varepsilon = s - f$ bildet man $[\varepsilon^2]$ und erhält:

$$m_l = \sqrt{\frac{9{,}1}{7}} = 1{,}14.$$

Wenn m_l die Größenordnung der Meßungenauigkeiten besitzt, so kann das angenommene Gesetz als erfüllt betrachtet werden.

2. Weg: Die sog. Gruppenmethode kann bei größerem n und geringerem Genauigkeitsanspruch angewendet werden. Dazu werden die Meßwerte in so viele Gruppen zusammengefaßt, wie Parameter bestimmt werden sollen, in diesem Beispiel also in zwei Gruppen. In die zu erfüllenden Gleichungen $a + bt - s = 0$ werden die 9 Meßwertpaare eingetragen und für $t = 0, 1, 2, 3, 4$ sowie für $t = 4, 5, 6, 7, 8$ die Gleichungen addiert. Man erhält

$$5a + 10b - 126 = 0$$
$$5a + 30b - 257 = 0$$
$$b = 6{,}55, \quad a = 12{,}10.$$

Das Näherungsgesetz lautet also:

$$f^* = 12{,}10 + 6{,}55\, t.$$

m_l hat die gleiche Größenordnung wie oben.

3. Weg: Es ist $\Delta t = h = 1$; daher ist es sehr einfach, den Mittelwert der Steigungen zu bilden:

$$b = -\frac{1}{8}\left(\frac{12-17}{1} + \frac{17-25}{1} + \cdots + \frac{57-65}{1}\right) = \frac{-12+65}{8} = 6{,}625.$$

Ansatz zur Bestimmung von a:

$$\tilde{f} = 12 + 6{,}625\, t, \quad \tilde{\varepsilon} = s - \tilde{f}.$$

Dann wird $[s - \tilde{f}] = -1{,}5$,

$$a = 12 - \frac{1{,}5}{9} = 11{,}833.$$

Das Näherungsgesetz lautet:

$$\tilde{\tilde{f}} = 11{,}833 + 6{,}625\, t.$$

Die Summe der Fehlerquadrate $[\tilde{\tilde{\varepsilon}}^2]$ mit $\tilde{\tilde{\varepsilon}} = s - \tilde{\tilde{f}} = \tilde{\varepsilon} + 0{,}167$ hat wieder dieselbe Größenordnung wie oben.

Annäherung durch ein Polynom. Im Falle

$$f = \sum_{\varrho=0}^{r} a_\varrho x^\varrho \tag{12.4}$$

stehen statt der verschiedenen Variabeln $x_1, \ldots, x_s$ hier die Potenzen von x. Haben die Meßwerte von x äquidistante Abszissen:

$$x_\nu = x_0 + \nu h, \quad (\nu = 1, \ldots, n),$$

so setzt man

$$x' = x - \xi,$$

wo ξ das arithmetische Mittel der Zahlen x_ν ist. Die Normalgleichungen vereinfachen sich, weil dann

$$[x'] = [x'^3] = [x'^5] = \cdots = 0$$

ist.

13. Nichtlineares Auftreten der gesuchten Parameter. Das Gleichungssystem (11.2) wird näherungsweise nach den a_ϱ aufgelöst. Man erhält Näherungswerte $\tilde{a}_\varrho$ und setzt:

$$f_\nu(a_\sigma) \approx f_\nu(\tilde{a}_\sigma) + \sum_{\varrho=1}^{r} \alpha_\varrho \left(\frac{\partial f_\nu}{\partial a_\varrho}\right)_{(\tilde{a}_\sigma)} \qquad (\sigma = 1, \ldots, r) \tag{13.1}$$

mit $\alpha_\varrho = a_\varrho - \tilde{a}_\varrho$. Dabei ist $f_\nu(a_\varrho)$ durch (11.3) festgelegt und die an der Stelle des Näherungssystems $\tilde{a}_\varrho$ genommenen Ableitungen $\partial f_\nu/\partial a_\varrho$ seien mit $A_{\nu\varrho}$ bezeichnet. Setzt man noch

$$f_\nu(\tilde{a}_\varrho) - l_\nu = \lambda_\nu, \tag{13.2}$$

so gehen die Normalgleichungen über in

$$\sum_{\tau=1}^{r} \left(\sum_{\nu=1}^{n} p_\nu A_{\nu\tau} A_{\nu\varrho}\right) \alpha_\tau = \sum_{\nu=1}^{n} p_\nu \lambda_\nu A_{\nu\varrho}, \qquad (\varrho = 1, \ldots, r) \tag{13.3}$$

oder

$$\sum_{\tau=1}^{r} [p\, A_\tau A_\varrho]\, \alpha_\tau = [p\, \lambda\, A_\varrho]. \qquad (\varrho = 1, \ldots, r) \tag{13.4}$$

Das sind Bestimmungsgleichungen für die Größen α_τ. Dazu kommt zur Berechnung von $[p\varepsilon^2]$:

$$\sum_{\tau=1}^{r} [p\, \lambda\, A_\tau]\, \alpha_\tau = [p\, \lambda^2] - [p\, \varepsilon^2]. \tag{13.5}$$

Man muß $|\alpha_\varrho| \ll \operatorname{Max}_\varrho |\tilde{a}_\varrho|$ erhalten, sonst waren die Zahlen $\tilde{a}_\varrho$ nicht günstig genug gewählt und die Rechnung muß mit besseren Näherungswerten $\tilde{a}_\varrho$ wiederholt werden.

14. Bedingte Beobachtungen. Neben der Gl. (11.1) sollen die Parameter a_ϱ streng die weiteren Gleichungen

$$g_\mu(a_1, \ldots, a_r) = g_\mu(a_\varrho) = 0, \qquad (\mu = 1, \ldots, m) \tag{14.1}$$

erfüllen. Man definiert wie vorher

$$\varepsilon_\nu = l_\nu - f_\nu(a_\varrho) \tag{14.2}$$

und sucht das Minimum von

$$J = \sum_{\nu=1}^{n} p_\nu \varepsilon_\nu^2 - 2 \sum_{\mu=1}^{m} \tau_\mu g_\mu(a_\varrho). \tag{14.3}$$

Darin sind τ_μ LAGRANGEsche Multiplikatoren. Als notwendige Bedingung für das Minimum erhält man die Normalgleichungen:

$$-\frac{1}{2} \frac{\partial J}{\partial a_\varrho} = \sum_{\nu=1}^{n} p_\nu \varepsilon_\nu \frac{\partial f_\nu}{\partial a_\varrho} + \sum_{\mu=1}^{m} \tau_\mu \frac{\partial g_\mu}{\partial a_\varrho} = 0, \qquad (\varrho = 1, \ldots, r). \tag{14.4}$$

Zusammen mit den Bedingungen $g_\mu(a_\varrho) = 0$ sind damit $r + m$ Gleichungen für $a_1, \ldots, a_r, \tau_1, \ldots, \tau_m$ gegeben.

Man behandelt sie wie in Ziff. 13, indem man von Näherungslösungen ausgeht und die Gleichungen linearisiert.

15. Auf lineare Aufgaben zurückführbare Typen nichtlinearer Ausgleichsaufgaben. In vielen Fällen kann man eine nichtlineare Ausgleichsaufgabe durch geeignete Umformung auf eine lineare Ausgleichung zurückführen. (Die folgenden Umformungen haben den Einfluß einer Gewichtung und liefern daher im allgemeinen andere Werte als bei direkter Anwendung der Methoden von Ziff. 11 und 13. Man kann aber notfalls die nach den folgenden Methoden erhaltenen Näherungswerte nach Ziff. 13 verbessern.)

Tabelle 2. *I. Beliebige Abszissen.* Meßwerte x_ν, y_ν, $(\nu = 1, \ldots, n)$.

	Formeltypus	Umformung	Neue Veränderliche	Hilfsrechnung
(1)	$y = \frac{x}{a + b x}$	$\frac{x}{y} = a + b x$	$x, \frac{x}{y}$	
(2)	$y = a x^b$	$\log y = \log a + b \log x$	$\log x, \log y$	
(3)	$y = a e^{b x}$	$\ln y = \ln a + b x$	$x, \ln y$	
(4)	$y = a + b x^c$	$\log (y - a) = \log b + c \log x$	$\log x, \log (y-a)$	Man suche drei Wertepaare x_ν, y_ν mit $x_2^2 = x_1 x_3$ } Dann ist $a = \frac{y_1 y_3 - y_2^2}{y_1 - 2 y_2 + y_3}$. Aus allen geeigneten Wertetripeln bestimme man durch Ausgleichung den günstigsten Wert von a. Dann bleibt für b (bzw. $\log b$ oder $\ln b$) und c die links angegebene lineare Ausgleichsaufgabe.
(5)	$y = a + b e^{c x}$	$\ln (y - a) = \ln b + c x$	$x, \ln (y - a)$	Man suche drei Wertepaare x_ν, y_ν mit $2 x_2 = x_1 + x_3$ } (wie bei (4))
(6)	$y = a + b x + c x^2$	$\eta = b + 2 c \xi$	ξ, η	$\xi_\nu = \frac{x_\nu + x_{\nu+1}}{2}$, $\eta_\nu = \frac{y_{\nu+1} - y_\nu}{x_{\nu+1} - x_\nu}$. Zuerst werden b und c durch Ausgleichung bestimmt und dann a aus den Werten $a_\nu = y_\nu - b x_\nu - c x_\nu^2$.
(7)	$y = a \cos \omega (x - \varepsilon)$	a) Mehrere Punkte liegen auf einer Halbwelle: Man legt eine Parabel durch diese Punkte und erhält daraus a und ε. Dann ergibt sich ω durch Ausgleichung aus $y_\nu / a = \cos \omega (x_\nu - \varepsilon)$. b) Liegen die Punkte auf mehreren Wellen, so kann man ω einer Zeichnung entnehmen, und hat dann für A, B die lineare Ausgleichung bei $y = A \cos \omega x + B \sin \omega x$.		

Tabelle 2. *II. Äquidistante Abszissen.* Meßwerte $x_\nu, y_\nu, (\nu = 0, \ldots, n)$. $x_{\nu+1} - x_\nu = \Delta x = h = \text{const}$, $y_{\nu+1} - y_\nu = \Delta y_\nu$.

	Formeltypus	Umformung	Neue Veränderliche	Hilfsrechnung
(8)	$y = a + bx$	$\Delta y = bh$		$b = \frac{y_n - y_0}{nh}$, aus $y_\nu - bx_\nu$ bestimmt man a durch Ausgleichung.
(9)	$y = a + bx + cx^2$	$\Delta y = (bh + ch^2) + 2chx$	$x,\ \Delta y$	Man bestimmt zuerst $(bh + ch^2)$ und $2ch$, daraus b und c und dann a [wie in (6)].
(10)	$y = a_0 + a_1 x + a_2 x^2 + a_3 x^3$	$\Delta^2 y = (2a_2 h^2 + 6a_3 h^3) + 6a_3 h^2 x$	$x,\ \Delta^2 y$	Man bestimme zuerst die beiden Koeffizienten der linearen Ausgleichung bei $\Delta^2 y$, hat damit a_2, a_3 und erhält a_0, a_1 durch lineare Ausgleichung von $y - a_2 x^2 - a_3 x^3$.
(11)	$y = a + be^{cx}$	$\Delta y = be^{cx}(e^{ch} - 1)$ $\ln \Delta y = \ln b + \ln [e^{ch} - 1] + cx$	$x,\ \ln \Delta y$	Durch Ausgleichung erhält man b und c und dann a.
(12)	$y = \frac{a_{11}x + a_{12}}{a_{21}x + a_{22}} = \frac{x}{a + bx} + c$	$\Delta y = \frac{ah}{(a + bx)(a + bx + bh)}$ $\Delta\left(\frac{1}{\Delta y}\right) = \underbrace{\frac{2b^2}{a}}_{\alpha} x + \underbrace{\frac{2b^2}{a} h + 2b}_{\beta}$	$x,\ \Delta\left(\frac{1}{\Delta y}\right)$	Man ermittelt zuerst α, β, bekommt damit a und b aus $2b = \beta - \alpha h$, $a = \frac{2b^2}{\alpha}$ und schließlich c durch Ausgleichung von $y - \frac{x}{a + bx}$.

Wünscht man z.B. eine Meßreihe von Werten x_ν, y_ν durch ein Gesetz der Form $y = \frac{x}{a+bx}$ darzustellen, so hat man in $\frac{x}{y} = a + bx$ nur zwischen den Variablen x und x/y linear auszugleichen. Eine Anzahl häufiger vorkommender Funktionstypen sind mit kurzen Angaben der Zurückführung in Tabelle 2 zusammengestellt.

Für viele Zwecke sind auch die besonderen Koordinatenpapiere sehr geeignet, z.B. kann man bei der Formel $y = a x^b$ auf logarithmischem und bei $y = b e^{cx}$ auf halblogarithmischem Papier die Meßpunkte einzeichnen und oft mit ausreichender Genauigkeit zeichnerisch nach Augenmaß eine Ausgleichsgerade ziehen.

16. Angenäherte Darstellung von Funktionen. Es soll eine in einem Bereich B des $x_1, \ldots, x_n$-Raumes gegebene Funktion $f(x_1, \ldots, x_n)$ oder kurz $f(x_j)$ durch eine Linearkombination Q_p aus ebenfalls gegebenen Funktionen $u_\nu(x_j)$ $(\nu = 0, 1, 2, \ldots, p)$

$$Q_p(x_j) = \sum_{\nu=0}^{p} a_\nu u_\nu(x_j) \tag{16.1}$$

möglichst gut angenähert werden, d.h. der Fehler

$$\varepsilon_p(x_j) = Q_p(x_j) - f(x_j) \tag{16.2}$$

soll in B „möglichst klein" werden.

Die bekanntesten der Prinzipien[1] für die Auswahl von Q_p lassen sich in zwei Klassen einteilen:

I. Man legt eine Norm zugrunde. Es sei in dem Raum $\mathfrak{R}$ der betrachteten Funktionen für jede Funktion g eine Norm $\|g\| \geqq 0$ definiert, wobei $\|g\| = 0$ genau für $g \equiv 0$ in B gilt. Man stellt dann die Forderung auf

$$\|\varepsilon_p\| = \text{Min.} \tag{16.3}$$

und bestimmt daraus die gesuchten a_ν. Die bekanntesten Arten sind:

Ia. Fehlerquadratmethode. Mit Hilfe einer in B positiven integrablen Funktion $\varphi(x_j)$ verwendet man die Norm

$$\|g\| = +\sqrt{\int_B \varphi\, g^2\, d\tau}. \tag{16.4}$$

Dabei werden nur in B (im RIEMANNschen oder LEBESGUEschen Sinne) quadratisch integrable Funktionen g betrachtet und in (16.4) bedeutet $d\tau$ das Volumenelement. Zur Bestimmung der a_ν dienen dann die linearen Normalgleichungen:

$$\frac{1}{2} \frac{\partial \|\varepsilon_p\|^2}{\partial a_\varrho} = \int_B \varepsilon_p \varphi\, u_\varrho\, d\tau = 0, \quad (\varrho = 0, \ldots, p). \tag{16.5}$$

Ib. Prinzip vom kleinsten Fehlerbetragmaximum. Man legt etwa den Raum der in B stetigen Funktionen zugrunde, setzt B als abgeschlossenen Bereich voraus, wählt dort eine positive stetige Funktion φ und verwendet die Norm

$$\|g\| = \operatorname*{Max}_{\text{in } B} \frac{|g|}{\varphi}. \tag{16.6}$$

Die a_ν sind wieder aus (16.3) zu ermitteln, was allerdings jetzt analytisch wesentlich komplizierter in der Durchführung wird. Für viele Anwendungen ist aber

[1] Vgl. N. L. ACHIESER: Vorlesungen über Approximationstheorie. Berlin 1953. 309 S.

dieses Prinzip Ib wichtiger als das Prinzip Ia, welches in früheren Jahrzehnten fast ausschließlich verwendet wurde.

II. Es werden gewisse lineare homogene Ausdrücke L_ϱ zugrunde gelegt und die a_ν aus

$$L_\varrho(\varepsilon_p) = 0 \qquad (\varrho = 0, \ldots, p) \tag{16.7}$$

ermittelt. Wir beschränken uns auf die Aufzählung einiger Prinzipien aus der großen Zahl verschiedener Möglichkeiten.

IIa. Kollokation. In B wählt man $p+1$ Punkte P_ϱ und setzt $L_\varrho(\varepsilon) = \varepsilon(P_\varrho)$; sofern die Determinante

$$\Delta = \det u_\nu(P_\varrho) = \begin{vmatrix} u_0(P_0) \ldots u_0(P_p) \\ \ldots\ldots\ldots\ldots \\ u_p(P_0) \ldots u_p(P_p) \end{vmatrix} \tag{16.8}$$

$\neq 0$ ist, sind die a_ν eindeutig bestimmt. Die Kollokation löst in diesem Falle zugleich die Interpolationsaufgabe, die gegebene Funktion $f(x)$ durch eine Linearkombination Q darzustellen, welche mit f an den gegebenen Punkten P_ϱ übereinstimmt.

IIb. Orthogonalitätsmethode. Man wählt $p+1$ voneinander linear unabhängige Funktionen $g_\varrho(x_j)$ und setzt $L_\varrho(\varepsilon) = \int\limits_B \varepsilon g_\varrho \, d\tau$. Die Fehlerquadratmethode läßt sich auch als Spezialfall $g_\varrho = \varphi \cdot u_\varrho$ auffassen.

IIc. Teilgebietsmethode. Der Bereich B wird in $p+1$ Teilbereiche B_ϱ aufgeteilt und $L_\varrho(\varepsilon) = \int\limits_{B_\varrho} \varepsilon \, d\tau$ gesetzt.

IId. Methoden der Ausgleichsrechnung. Man wählt mehr als $p+1$ Punkte P_ϱ. Für die Fehler $\varepsilon(P_\varrho)$ lassen sich dann die Methoden der Ausgleichsrechnung der früheren Nummern anwenden.

17. Glättung. Hier wird die Bezeichnungsweise der Differenzenrechnung von Ziff. 37 benutzt. Wenn für äquidistante Abszissen $x_0, x_1, \ldots, x_n$ (mit $\Delta x_\nu = x_{\nu+1} - x_\nu = h = \text{const}$) etwas streuende Funktionswerte $f_0, \ldots, f_n$ gemessen sind, kann man mechanisch oder durch Anpassung glätten:

1. Mechanische Glättung mittels Geraden: Man legt durch drei aufeinanderfolgende Punkte $(\nu-1, \nu, \nu+1)$ eine Ausgleichsgerade und verwendet deren Ordinaten an der Stelle x_ν als geglätteten Wert $\tilde{f}_\nu$:

$$\tilde{f}_\nu = f_\nu + \tfrac{1}{3}\Delta^2 f_{\nu-1} = \tfrac{1}{3}(f_{\nu-1} + f_\nu + f_{\nu+1}). \tag{17.1}$$

2. Mechanische Glättung mittels Parabeln: Man legt durch fünf aufeinanderfolgende Punkte $(\nu-2, \nu-1, \nu, \nu+1, \nu+2)$ eine Ausgleichsparabel und erhält

$$\tilde{\tilde{f}}_\nu = f_\nu - \tfrac{3}{35}\Delta^4 f_{\nu-2} = \tfrac{1}{35}(-3f_{\nu-2} + 12f_{\nu-1} + 17f_\nu + 12f_{\nu+1} - 3f_{\nu+2}). \tag{17.2}$$

Man kann die Glättung mehrfach wiederholen. Jedoch ist dabei Vorsicht geboten, damit der wirkliche Funktionsverlauf durch die Glättung nicht verfälscht wird.

3. Anpassungsmethode[1]. Diese Methode, die insbesondere für komplizierteren Kurvenverlauf bei leichter Handhabung den mechanischen Methoden überlegen ist, besteht darin, daß man von $f(x)$ ein Differenzenschema aufstellt und durch Änderungen an den Funktionswerten eine Glättung der zweiten Differenzen zu

[1] L. Collatz u. R. Zurmühl: VDI-Z. **88**, 511–515 (1944).

erreichen versucht. Dabei leisten die folgenden Schemata Hilfe, aus denen man erkennt, wie sich die Änderungen der y-Werte auf die zweiten Differenzen auswirken.

y	Δy	$\Delta^2 y$	y	Δy	$\Delta^2 y$	y	Δy	$\Delta^2 y$	y	Δy	$\Delta^2 y$
		1			1			1			1
	1			1			1			1	
1		−1	1		−2	1		−1	1		0
	0			−1			0			1	
1		−1			1	1		0	2		−2
	−1						0			−1	
		1				1		−1	1		0
							1			−1	
								1			1

B. Praktische Gleichungslehre.

I. Gleichungen mit einer Unbekannten.

z sei eine reelle oder komplexe Veränderliche, $f(z)$ eine in einem gewissen Bereich B eindeutig definierte Funktion von z; gesucht sind Nullstellen ξ von $f(z)$

$$f(\xi) = 0. \tag{18.1}$$

18. Iterationsverfahren und Regula falsi. Für das Iterationsverfahren werde die gegebene Gl. (18.1) auf die Form gebracht

$$z = \varphi(z). \tag{18.2}$$

Man bildet dann von einem geeigneten z_0 ausgehend die Folge

$$z_{k+1} = \varphi(z_k) \qquad (k = 0, 1, \ldots). \tag{18.3}$$

Es gilt dann der

Satz[1]*: Es sei F ein z-Bereich, in dem*

1. z_0 und z_1 liegen;

2. $\varphi(z)$ einer LIPSCHITZ*-Bedingung mit einer Konstanten $K < 1$ genügt:*

$$|\varphi(u) - \varphi(v)| \leq K|u - v| \quad \textit{für } u, v \textit{ in } F \tag{18.4}$$

oder (gröber) $\varphi(z)$ differenzierbar und

$$\left|\frac{d\varphi}{dz}\right| \leq K < 1 \tag{18.5}$$

ist,

3. alle Punkte z des Intervalles S (oder Kreises S im Komplexen)

$$|z - z_1| \leq \frac{K}{1-K}|z_1 - z_0| \tag{18.6}$$

enthalten sind.

[1] Vgl. z.B. L. COLLATZ: Z. angew. Math. Phys. **4**, 327–357 (1953).

Dann hat $z = \varphi(z)$ in F genau eine Lösung, die sogar in S liegt. Die Folge z_k konvergiert gegen diese Lösung.

Beispiel: Gleichung $1 + z = e^z$; Iterationsvorschrift:

$$z_{k+1} = \varphi(z_k) \quad \text{mit} \quad \varphi(z) = \ln(1+z) \qquad (k = 0, 1, \ldots). \tag{18.7}$$

Einige Iterationen ergeben:

z_k	$\ln(1+z_k)$
$2\pi i$	$1{,}85 + 7{,}70\,i \qquad + 2n\pi i\ (n = 0, \pm 1, \ldots)$
$1{,}85 + 7{,}70\,i$	$2{,}105 + 7{,}499\,i \qquad + 2n\pi i\ (n = 0, \pm 1, \ldots)$
$2{,}10 + 7{,}50\,i$	$2{,}094 + 7{,}462\,i \qquad + 2n\pi i\ (n = 0, \pm 1, \ldots)$
$z_3 = 2{,}09 + 7{,}46\,i$	$z_4 = 2{,}08873 + 7{,}46128\,i + 2n\pi i\ (n = 0, \pm 1, \ldots)$

Als Bereich F werde $Re\, z \geq 0$, $Im\, z \geq 2\pi$ und dort als Wert des Logarithmus weiterhin der Zweig gewählt, der sich stetig an den Wert

$$\ln(2\pi i) = \ln 2\pi + i\,\frac{\pi}{2} \tag{18.8}$$

anschließt. Dort ist

$$\left|\frac{d\varphi}{dz}\right| = \frac{1}{|1+z|} \leq K \quad \text{mit} \quad K = (1 + 4\pi^2)^{-\frac{1}{2}} = 0{,}157;$$

man hat nur noch nachzuprüfen, daß der Kreis $|z - z_4| \leq r$ mit $r = [K/(1-K)]\,|z_3 - z_4| = 0{,}00034$ dem Bereich F angehört. Das ist der Fall, also gibt es (bei dem gewählten Zweig des Logarithmus) genau eine Lösung z der Gleichung in F, die sogar in dem Kreis $|z - z_4| \leq 0{,}00034$ liegt. Wählt man jetzt von neuem als F den Bereich $Re\, z \leq 2{,}088$; $Im\, z \geq 7{,}460$, so wird $K = 0{,}124$ und man erhält eine noch etwas bessere Abschätzung mit $r = 0{,}00026$.

Regula falsi. Dieses Verfahren wird angewendet, wenn die Ableitung $f'(z)$ mühsam zu berechnen ist; andernfalls ist das NEWTONsche Verfahren (Ziff. 19) vorzuziehen. Hier wird aus jeweils zwei Näherungen z_k, z_m eine neue z_{m+1} berechnet nach

$$z_{m+1} = z_m - \frac{z_m - z_k}{f(z_m) - f(z_k)}\, f(z_m) \qquad (m = 1, 2, \ldots;\ k < m) \tag{18.9}$$

(k muß nicht notwendig $m-1$ sein). Wenn z reell $= x$ und $f(x)$ in $\langle a, b\rangle$ stetig ist und überdies $f(a)$ und $f(b)$ verschiedenes Vorzeichen haben, ist die Existenz einer Nullstelle in $\langle a, b\rangle$ gesichert, und die Nullstelle läßt sich jeweils durch zwei x-Werte, für die $f(x)$ verschiedenes Vorzeichen hat, eingabeln.

19. NEWTONsches Verfahren. Dieses ordnet sich dem Iterationsverfahren unter. Man setzt

$$\varphi(z) = z + f(z) \cdot f_1(z). \tag{19.1}$$

Dann ist $z = \varphi(z)$ für alle Nullstellen von $f(z)$ erfüllt.

Es seien drei Arten genannt:

I. Vereinfachtes NEWTONsches Verfahren:

Es wird $f_1(z) = -\frac{1}{A} = \text{const}$ gesetzt.

II. Gewöhnliches NEWTONsches Verfahren:

$$f_1(z) = -\frac{1}{f'(z)}.$$

Man rechnet also nach

$$z_{k+1} = z_k - \frac{f(z_k)}{f'(z_k)} \qquad (k = 0, 1, 2, \ldots). \tag{19.2}$$

III. Verbessertes NEWTONsches Verfahren:

$$f_1(z) = -\frac{1}{f'(z)}\left(1 + \frac{1}{2}\,\frac{f(z)\,f''(z)}{f'(z)^2}\right);$$

man rechnet also nach

$$z_{k+1} = z_k - \frac{f(z_k)}{f'(z_k)} - \frac{1}{2}\,\frac{[f(z_k)]^2 f''(z_k)}{[f'(z_k)]^3}. \tag{19.3}$$

Fehlerabschätzung für Verfahren I und II: Es wird der Fehler der Näherung z_1 abgeschätzt, und zwar für Verfahren I. Die Abschätzung ist dann auch bei Verfahren II gültig, indem man $A = f'(z_0)$ setzt.

Es sei F ein Intervall (bzw. Bereich), in dem

$$\left|1 - \frac{f'(z)}{A}\right| \leq K < 1 \tag{19.4}$$

ist und mit z_0 und z_1 auch das durch (18.6) definierte Intervall S (bzw. Kreis) enthalten ist. Dann hat $f(z) = 0$ in F genau eine Nullstelle, die sogar in S liegt. Gegen diese konvergieren die z_k bei beiden Verfahren I und II.

Beispiel:

Die Einfachheit der Fehlerabschätzung werde bei

$$f(z) = z^5 - 30 = 0, \quad z_0 = 2, \quad f(z_0) = 2, \quad f'(z_0) = 80$$

gezeigt. Das gewöhnliche NEWTONsche Verfahren liefert $z_1 = 2 - \frac{1}{40} = 1{,}975$. Als Gebiet F werde etwa das Intervall $\delta = 1{,}97 \leq x \leq 2$ gewählt. Dort ist

$$75{,}3 \leq 5\,\delta^4 \leq f'(z) \leq 80,$$

also mit $A = 80$ wird $K = \frac{4{,}7}{80}$, $\frac{K}{1-K} = \frac{4{,}7}{75{,}3} = 0{,}0611$.

S ist hier das Intervall $\langle z_1 - \varrho, z_1 + \varrho\rangle$ mit $\varrho = \frac{K}{1-K}|z_1 - z_0| = 0{,}00153$. Da S in F enthalten ist, liegt auch die reelle Wurzel ξ der Gleichung in S, also $1{,}9734 \leq \xi \leq 1{,}9766$. (Wählt man $A = 77{,}65$ als Mittel von $5\delta^4$ und 80, so wird $K = \frac{2{,}35}{77{,}65} = 0{,}0294$; $z_1 = 2 - \frac{2}{77{,}65} = 1{,}97424$ und die Fehlerschranke wird nur etwa halb so groß, nämlich $|z_1 - z| \leq 0{,}00078$.)

20. Das HORNERsche Schema zur Berechnung von Polynomwerten und zur Nullstellenbestimmung von Polynomen. Die folgende Methode ist das Standardverfahren zur numerischen Bestimmung reeller Nullstellen von Polynomen mit reellen Koeffizienten. Das HORNERsche Schema dient zunächst dazu, den Wert eines Polynoms

$$f(z) = \sum_{r=0}^{n} a_r z^r \quad (a_n \neq 0,\ n > 1) \tag{20.1}$$

und seiner Ableitungen an einer Stelle $z = z_0$ auszurechnen.

Man dividiert $f(z)$ durch $(z - z_0)$, erhält einen Rest r_0 und ein neues Polynom $f_1(z)$, welches man wieder durch $(z - z_0)$ dividiert usw. Man rechnet also nach dem Algorithmus [mit $f(z) = f_0(z)$]:

$$f_k(z) = (z - z_0)\,f_{k+1}(z) + r_k \quad (k = 0, 1, \ldots, n-1). \tag{20.2}$$

Dabei ist $f_k(z)$ ein Polynom vom Grade $n - k$; r_k und $f_n = r_n = a_n$ sind Konstanten. Es werde

$$f_k(z) = \sum_{r=0}^{n-k} a_r^{(k)} z^r \tag{20.3}$$

gesetzt. Die Division läßt sich bequem in Gestalt eines Schemas durchführen:

$$\begin{array}{cccccc}
a_n & a_{n-1} & \cdots & a_2 & a_1 & a_0 \\
 & a'_{n-1} z_0 & \cdots & a'_2 z_0 & a'_1 z_0 & a'_0 z_0 \\
\hline
a'_{n-1} & a'_{n-2} & \cdots & a'_1 & a'_0 & \underline{r_0 = f(z_0)} \\
 & a''_{n-2} z_0 & \cdots & a''_1 z_0 & a''_0 z_0 & \\
\hline
a''_{n-2} & a''_{n-3} & \cdots & a''_0 & \underline{r_1 = f'(z_0)} & \\
 & a'''_{n-3} z_0 & \cdots & a'''_0 z_0 & & \\
\hline
a'''_{n-3} & a'''_{n-4} & \cdots & \underline{r_2 = \frac{1}{2!} f''(z_0)} & & \\
\cdots & \cdots & & & & \\
\hline
\end{array}$$

$$\underline{\frac{1}{n!} f^{(n)}(z_0) = r_n} \quad \underline{r_{n-1} = \frac{1}{(n-1)!} f^{(n-1)}(z_0)}.$$

In der ersten Zeile stehen die gegebenen Koeffizienten a_ν. Die Koeffizienten a'_ν von $f_1(z)$ berechnen sich nach

$$a'_{n-1} = a_n, \quad a'_s = a_{s+1} + a'_{s+1} z_0 \quad (s = n-2, n-1, \ldots, 1, 0); \qquad r_0 = a_0 + a'_0 z_0.$$

Die Pfeile deuten die Multiplikation mit z_0 an. In der gleichen Art berechnet man die weiteren $a''_\nu, r_1, a'''_\nu, r_2, \ldots$. Aus (20.2) folgt durch sukzessives Einsetzen

$$\left.\begin{aligned} f(z) &= r_0 + (z - z_0)\{r_1 + (z - z_0)\langle \cdots + (z - z_0)[r_{n-1} + r_n(z - z_0)] \ldots \rangle\} \\ &= r_0 + r_1(z - z_0) + r_2(z - z_0)^2 + \cdots + r_n(z - z_0)^n. \end{aligned}\right\} \tag{20.4}$$

Durch Differentiation dieser Gleichung findet man:

$$\left.\begin{aligned} f(z_0) = r_0, \quad f'(z_0) = r_1, \quad f''(z_0) = 2!\, r_2, \ldots, \\ f^{(k)}(z_0) = k!\, r_k \quad (k = 0, 1, \ldots, n). \end{aligned}\right\} \tag{20.5}$$

Das HORNERsche Schema eignet sich für die Variablen-Transformation $z = z_0 + u$. Man erhält

$$f(z_0 + u) = F(u) = r_0 + r_1 u + r_2 u^2 + \cdots + a_n u^n. \tag{20.6}$$

Liegt z_0 in der Nähe einer Nullstelle ξ von $f(z)$, so kann man entweder 1. das NEWTONsche Verfahren benutzen,

$$z_1 = z_0 - \frac{f(z_0)}{f'(z_0)} = z_0 - \frac{r_0}{r_1}$$

als neue Näherung verwenden (dafür braucht man vom HORNERschen Schema nur die fünf ersten Zeilen bis r_1 zu rechnen) und kann mit z_1 an Stelle von z_0 die Rechnung wiederholen, oder

2. die auf u umgeschriebene Gleichung $F(u) = 0$ iterativ behandeln, indem man von $u_0 = 0$ ausgehend weitere u_p nach

$$u_{p+1} = -\frac{1}{r_1}(r_0 + r_2 u_p^2 + \cdots + a_n u_p^n) \qquad (p = 0, 1, \ldots) \tag{20.7}$$

berechnet.

Beispiel: $f(z) = z^5 - 9z^2 + 3,\ z_0 = 2.$

Man muß beachten, daß die Koeffizienten von f, die $= 0$ sind, im HORNERschen Schema nicht vergessen werden.

$$\begin{array}{cccccc}
1 & 0 & 0 & -9 & 0 & 3 \\
 & 2 & 4 & 8 & -2 & -4 \\
\hline
1 & 2 & 4 & -1 & -2 & -1 = f(2)\,. \\
 & 2 & 8 & 24 & 46 & \\
\hline
1 & 4 & 12 & 23 & 44 = f'(2) & \\
 & 2 & 12 & 48 & & \\
\hline
1 & 6 & 24 & 71 = \frac{1}{2} f''(2) & & \\
 & 2 & 16 & & & \\
\hline
1 & 8 & 40 = \frac{1}{6} f'''(2) & & & \\
 & 2 & & & & \\
\hline
1 & 10 = \frac{1}{24} f^{(4)}(2) & & & & \\
\end{array}$$

$$\underbrace{1}_{= \frac{1}{120} f^{(5)}(2).}$$

Mit $z = 2 + u$ wird dann $f(2 + u) = F(u) = -1 + 44u + 71u^2 + 40u^3 + 10u^4 + u^5$.

Man kann nun entweder 1. $z_1 = 2 + \frac{1}{44} = 2{,}0227$ als neuen Näherungswert benutzen und etwa mit 2,023 das HORNERsche Schema (fünfzeilig) wiederholen, oder 2. iterativ vorgehen nach:

$$u_{p+1} = \tfrac{1}{44}(1 - 71u_p^2 - 40u_p^3 - 10u_p^4 - u_p^5) \qquad (p = 0, 1, \ldots)$$

$$u_0 = 0$$

$$u_1 = 0{,}0227$$

$$u_2 = 0{,}0227\,(1 - 0{,}0366 - 0{,}0005) = 0{,}0219$$

$$u_3 = 0{,}0227\,(1 - 0{,}0340 - 0{,}0004) = 0{,}0220.$$

Damit ist die Rechenschiebergenauigkeit ausgenutzt. Man erhält die Nullstelle $z_1 = 2{,}0220$. Mit der Rechenmaschine kann man natürlich leicht genauere Werte ermitteln.

Wenn $r_0 \approx 0$ ist, so ist $f(z) \approx (z - z_0)\, f_1(z)$ und die weiteren Nullstellen von $f(z)$ kann man aus $f_1(z)$ berechnen, allerdings gewöhnlich mit verminderter Genauigkeit.

Beispiel: $f(z) = z^3 - 2z^2 - 4z + 4 = 0.$

Für $z_0 = 3$ lautet das fünfreihige HORNER-Schema:

$$\begin{array}{cccc}
1 & -2 & -4 & 4 \\
 & 3 & 3 & -3 \\
\hline
1 & 1 & -1 & 1 = f(3) \\
 & 3 & 12 & \\
\hline
1 & 4 & 11 = f'(3) & \\
\end{array}$$

Verbesserung: $-\dfrac{f}{f'} = -\dfrac{1}{11} = -0{,}09.$

Man rechnet deshalb das Schema erneut durch mit $z_0 = 2{,}9$:

$$\begin{array}{cccc}
1 & -2 & -4 & 4 \\
 & 2{,}9 & 2{,}61 & -4{,}031 \\
\hline
1 & 0{,}9 & -1{,}39 & -0{,}031 \\
 & 2{,}9 & 11{,}02 & \\
\hline
1 & 3{,}8 & 9{,}63 & \\
\end{array}$$

Verbesserung: $-\dfrac{f}{f'} = \dfrac{0{,}031}{9{,}63} = 0{,}003219.$

Für $z_0 = 2{,}9032$ lautet das dreireihige Schema:

$$\begin{array}{cccc}
1 & -2 & -4 & 4 \\
 & 2{,}9032 & 2{,}622170 & -4{,}000116 \\
\hline
1 & 0{,}9032 & -1{,}377830 & -0{,}000116 = r_0\,. \\
\end{array}$$

Setzt man $r_0 = 0$, so wird:

$$f_1(z) = z^2 + 0{,}9032z - 1{,}3778 = 0.$$

Daraus erhält man die Nullstellen:

$$z_2 = -1{,}7093 \qquad z_3 = 0{,}8061.$$

Rechenproben[1]: Wenn $z_1, \ldots, z_n$ die berechneten Wurzeln sind, so muß gelten:

1. $\sum_{j=1}^{n} z_j = -\frac{a_{n-1}}{a_n}$. Diese Probe ist oft nicht sehr wirksam.

2. $\prod_{z=1}^{n} z_j = (-1)^n \frac{a_0}{a_n}$.

3. $\sum_{j=1}^{n} \frac{1}{z_j} = -\frac{a_1}{a_0}$.

21. Algebraische Gleichungen dritten und vierten Grades. Die geschlossenen Lösungen dieser Gleichungen (CARDANIsche Formel usw.) sind für numerische Zwecke meist wenig geeignet. Hat man eine größere Anzahl von Gleichungen dritten Grades mit reellen Koeffizienten zu lösen, so kann man aus Nomogrammen Näherungswerte ablesen und diese, falls größere Genauigkeit gewünscht wird, nach der Methode der vorigen Ziff. 20 verbessern.

Bei Gleichungen vierten Grades mit reellen Koeffizienten ist folgende „Probiermethode" (besonders im Fall von nur komplexen Wurzeln) sehr bewährt. Es soll

$$f(z) = z^4 + a_3 z^3 + a_2 z^2 + a_1 z + a_0 = 0 \tag{21.1}$$

aufgespalten werden in zwei quadratische Faktoren mit reellen Koeffizienten

$$f(z) = (z^2 + pz + q)(z^2 + Pz + Q). \tag{21.2}$$

Man wählt q aus dem Intervall $\langle -\sqrt{|a_0|}, +\sqrt{|a_0|}\rangle$ und berechnet dann

$$Q = \frac{a_0}{q}, \quad p = \frac{a_1 - a_3 q}{Q - q}, \quad P = a_3 - p, \quad A_2 = q + pP + Q. \tag{21.3}$$

A_2 soll mit a_2 übereinstimmen, was man durch Variieren von q zu erreichen sucht.

Beispiel: $z^4 - 4z^3 + 35z^2 - 50z + 216 = 0$.

gewählt q	$Q = \frac{216}{q}$	$p = \frac{-50 + 4q}{Q - q}$	$P = -4 - p$	$A_2 = q + Q + pP$
12	18	$-0{,}333$	$-3{,}667$	31,22
9	24	$-0{,}933$	$-3{,}067$	35,86
9,6	22,5	$-0{,}899$	$-3{,}101$	34,89
9,53	22,665	$-0{,}90445$	$-3{,}09555$	34,995

Durch Interpolation erhält man so die Zerlegung der vorgelegten Gleichung in

$$(z^2 - 0{,}90467\ z + 9{,}5267)\ (z^2 - 3{,}0953\ z + 22{,}673) = 0$$

mit den Nullstellen

$$z = 0{,}45234 \pm i\,3{,}0532$$
$$z = 1{,}5477 \pm i\,4{,}5031.$$

[1] Eine Fehlerabschätzung für die Nullstellenbestimmung mit Hilfe des HORNER-Schemas bei L. COLLATZ: Z. angew. Math. Mech. **34**, 70 (1954).

22. Verfahren von GRAEFFE (1837). Bei dem Verfahren von GRAEFFE kann man Nullstellen einer algebraischen Gleichung bestimmen, auch wenn keine Näherungswerte dieser Nullstellen bekannt sind.

$f(z)$ habe reelle Koeffizienten und die Nullstellen $u_1, \ldots, u_n$, es sei also

$$f(z) = f_0(z_0) = \sum_{t=0}^{n} a_t z^t = a_n \prod_{s=1}^{n} (z - u_s) = 0, \quad 0 < n, \quad a_n \neq 0, \quad a_0 \neq 0. \qquad (22.1)$$

Man bildet:

$$f_1(z_1) = f(z)\, f(-z) = \sum_{t=0}^{n} a_t^{(1)} z^{2t} = a_n^{(1)} \prod_{s=1}^{n} (z^2 - u_s^2).$$

f_1 hat als Funktion von z die Nullstellen u_s und $-u_s$, als Funktion von $z_1 = z^2$ die Nullstellen u_s^2. Allgemein berechnet man:

$$f_k(z_k) = f_{k-1}(z_{k-1})\, f_{k-1}(-z_{k-1}) = \sum_{t=0}^{n} a_t^{(k)} z_k^t = a_n^{(k)} \prod_{s=1}^{n} (z_k - u_s^{2^k}) \qquad (k = 1, 2, \ldots).$$

Nach der angegebenen Vorschrift kann man sich leicht ein Schema zur Berechnung der neuen Koeffizienten anlegen, z. B. für eine Gleichung fünften Grades

	a_5	a_4	a_3	a_2	a_1	a_0
	$-a_5$	a_4	$-a_3$	a_2	$-a_1$	a_0
	$-a_5^2$	a_4^2	$-a_3^2$	a_2^2	$-a_1^2$	a_0^2
+		$-2a_5a_3$	$2a_4a_2$	$-2a_3a_1$	$2a_2a_0$	
+			$-2a_5a_1$	$2a_4a_0$		
	$a_5^{(1)}$	$a_4^{(1)}$	$a_3^{(1)}$	$a_2^{(1)}$	$a_1^{(1)}$	$a_0^{(1)}$

In jeder Spalte sind eine Quadratzahl und 0,1 oder mehr „gemischte Produkte" zu addieren, z. B. $a_2^{(1)} = a_2^2 + (-2a_3a_1 + 2a_4a_0)$. Wenn man nun das Schema bis zu einem so großen k fortgeführt hat, daß bei weiterem Rechnen in einer Spalte, etwa bei $a_s^{(k)}$ die gemischten Produkte gegenüber dem rein quadratischen Glied vernachlässigbar klein bleiben (für größere k), so kann man die betreffenden Gleichungen aufspalten in[1]

$$\sum_{t=0}^{s} a_t^{(k)} z_k^t = 0 \quad \text{und} \quad \sum_{t=s}^{n} a_t^{(k)} z_s^{t-s} = 0. \qquad (22.2)$$

Das GRAEFFEsche Verfahren ist hauptsächlich geeignet, wenn die Wurzeln u_t reell sind und voneinander verschiedene Beträge r_t haben. In diesem Falle kann man zeigen, daß die erwähnte Aufspaltung bei genügend großem k stets möglich ist, daß sogar in jeder Spalte schließlich die gemischten Produkte vernachlässigbar sind. Für ein solches k erhält man

$$\left| \frac{a_{t-1}^{(k)}}{a_t^{(k)}} \right| \approx |u_t|^{2^k} = r_t^{2^k} \qquad (t = 1, 2, \ldots, n), \qquad (22.3)$$

(die u_t der Größe der Beträge nach geordnet) und man hat dann nach der zweckmäßig logarithmisch vorgenommenen Berechnung von $|u_t|$ nur noch zu entscheiden, ob $+|u_t|$ oder $-|u_t|$ der Ausgangsgleichung genügt.

Haben aber zwei oder mehr u_t gleiche Beträge, sind z. B. einige u_t komplex, so werden in gewissen Spalten die gemischten Produkte bei großem k nicht vernachlässigbar klein. Die Aufspaltung (22.2) liefert dann nur die Beträge der betreffenden u_t. In diesem Falle wird man von der Ausgangsgleichung soviele

[1] Genauere Präzisierung bei A. OSTROWSKI: Acta math., Stockh. **72**, 99–257 (1940).

Wurzeln wie möglich abspalten (insbesondere alle reellen, die man ja nach Ziff. 20 leicht erhält). Bleibt dann noch eine Gleichung vierten Grades mit vier komplexen Nullstellen, so ist das Verfahren von Ziff. 21 geeignet. Bleiben aber mehr als vier komplexe Nullstellen übrig, so kann man das GRAEFFEsche Verfahren nach geeigneter Translation $z = z_0 + w$ nochmals anwenden und die Wurzeln unter den Schnittpunkten der Kreise $|z| = |u_t|$, $|z - z_0| = |w_t|$ suchen, aber in solchen Fällen ist es vielleicht besser, auf das GRAEFFEsche Verfahren zu verzichten und die Methoden von Ziff. 24 und 25 anzuwenden[1].

Das GRAEFFEsche Verfahren eignet sich auch zur Berechnung der ersten Nullstellen einer Potenzreihe[2].

Beispiel: $f(z) = z^4 + 2z^3 + z^2 + 8z - 9 = 0$.

Sehr nützlich ist es, Proben mitzuführen, etwa $z = 10^q$ mit passendem q in f_{k+1} und f_k einzusetzen.

Ferner ist in der Rechnung die auch sonst bekannte abkürzende Schreibweise

$$3_7 1177 = 3{,}1177 \cdot 10^7$$

verwendet.

Bei z_4 ist $2a_0^{(4)} a_2^{\prime(4)}$ „klein" gegenüber $[a_1^{\prime(4)}]^2$.

						Proben		
$f(z)$	$+1$	$+2$	$+1$	$+8$	-9	$z = 1$		$z = -1$
$f(-z)$	$+$	$-$	$+$	$-$	$-$	3		-17
	1	-4	1	-64	81			
		2	-32	-18				
			-18					
$f_1(z_1)$	1	-2	-49	-82	$+81$	$z = 1$		$z = -1$
$f_1(-z_1)$	$+$	$+$	$-$	$+$	$+$	-51		117
	1	-4	2401	-6724	6561			
		-98	-328	-7938				
			162					
$f_2(z_2)$	1	-102	$+2235$	-14662	$+6561$	$z_2 = 1$	$z_2 = 10$	$z_2 = -10$
$f_2(-z_2)$	$+$	$+$	$+$	$+$	$+$	-5967	-8559	488681
	1	$-1_4\,0404$	$4_6\,9952$	$-2_8\,1497$	$4_7\,3047$			
		4470	$-2\;9910$	2933				
			131					
$f_3(z_3)$	1	$-5_3\,934$	$+2_6\,0173$	$-1_8\,8564$	$+4_7\,3047$	$z_3 = 100$		$z_3 = -100$
$f_3(-z_3)$	$+$	$+$	$+$	$+$	$+$	$4_9 182$		$4_{10}4814$
	1	$-3_7\,5212$	$4_{12}0695$	$-3_{16}4462$	$1_{15}8530$			
		4035	$-2\;2032$	174				
			1					
$f_4(z_4)$	1	$-3_7\,1177$	$+1_{12}8664$	$-3_{16}4288$	$1_{15}8530$	$z_4 = 10^4$		
$f_4(-z_4)$	$+$	$+$				$-1_{20}874$		
	1	$-9_{14}7201$						
		373						
	1	$-9_{14}6828$						

[1] Von S. BRODETSKY und G. SMEAL, Proc. Cambr. Phil. Soc. **22**, 83—87 (1924) wurde eine Erweiterung des GRAEFFEschen Schemas vorgeschlagen, die bei komplexen Nullstellen (sofern diese einfach sind und die konjugiert komplexen Wurzelpaare verschiedene Beträge haben) nicht nur die Beträge, sondern auch die Winkel der Nullstellen liefert, vgl. die ausführliche Darstellung bei R. ZURMÜHL [22] S. 72.

[2] G. POLYA: Z. Math. Phys. **63**, 275—290 (1914).

Rechnet man noch einen Schritt weiter, so sieht man, daß man auch aus den ersten beiden Koeffizienten eine Nullstelle ausrechnen kann. In den anderen Spalten besteht wenig Hoffnung auf das Kleinwerden der gemischten Produkte. Die Berechnung der Beträge der Nullstellen erfolgt mit Hilfe von Logarithmen im folgenden ohne weitere Erklärung verständlichen Schema:

a	$\log a$		Numerus
$1_{15}8530$	$15{,}26788 = \alpha_1$	$\frac{\alpha_1 - \alpha_2 + 16}{16} - 1 = 0{,}9207958 - 1$	$0{,}83329 = r_1$
$3_{16}4288$	$16{,}53514 = \alpha_2$	$\frac{2\alpha_2 - \alpha_3}{32} = 0{,}5651338$	$3{,}67395 = r_2$
$9_{14}6828$	$14{,}98600 = \alpha_3$		$2{,}93976 = r_4$
1	0	$\frac{\alpha_3}{32} = 0{,}4683125$	

Die Nullstellen z_1 und z_4 müssen reell sein. Durch Überschlag findet man die Vorzeichen:

$$z_1 = 0{,}8333 \qquad z_4 = -2{,}9398.$$

Die quadratische Gleichung für die komplexen Nullstellen erhält man am einfachsten, indem man von der Ausgangsgleichung die beiden reellen Nullstellen abspaltet, was bequem mit Hilfe des HORNERschen Schemas geschieht:

$z = -2{,}93976$	1	2	1	8	$-9,$
		$-2{,}93976$	$2{,}76267$	$-11{,}06135$	$8{,}99963$
	1	$-0{,}93976$	$3{,}76267$	$-3{,}06135$	$-0{,}00037$
$z = 0{,}83329$		$0{,}83329$	$-0{,}08872$	$3{,}06147$	
	1	$-0{,}10647$	$3{,}67395$	$0{,}00012.$	

Die komplexen Nullstellen genügen daher der Gleichung

$$z^2 - 0{,}10647\, z + 3{,}67395 = 0$$

und lauten $z_{3,\,4} = 0{,}05324 \pm i \cdot 1{,}9160$.

23. HORNERsches Schema im Komplexen. Dieses läßt sich in der in Ziff. 20 beschriebenen Weise auch im Komplexen anwenden; hat jedoch das Polynom $f(z)$ reelle Koeffizienten, so berechnet man den Wert von $f(z)$ an einer komplexen Stelle $z_0 = u + iv$ (bei reellem u, v) bequemer, nämlich mit fast der halben Rechenarbeit, indem man $f(z)$ durch das quadratische Polynom

$$z_0^2 - p z_0 - q \quad \text{mit} \quad p = 2u, \qquad q = -(u^2 + v^2)$$

dividiert, was sich leicht in der Form des folgenden Schemas

$$\begin{array}{ccccccc}
a_n, & a_{n-1}, & a_{n-2}, & a_{n-3}, & \ldots, & a_2, & a_1, & a_0 \\
 & & q a_n, & q a'_{n-1}, & \ldots, & q a'_4, & q a'_3, & q a'_2 \\
 & p a_n, & p a'_{n-1}, & p a'_{n-2}, & \ldots, & p a'_3, & p a'_2 & \\
\hline
a_n = a'_n, & a'_{n-1}, & a'_{n-2}, & a'_{n-3}, & \ldots, & a'_2, & a'_1, & a
\end{array}$$

durchführen läßt. Es ist dann

$$f(z_0) = a'_1 z_0 + a'_0 = (a'_1 u + a'_0) + i a'_1 v.$$

Beim NEWTONschen Verfahren braucht man noch $f'(z_0)$; man kann das Schema ähnlich wie in Ziff. 20 auch dafür ausbauen[1], oder auch das obige Schema auf das Polynom $f'(z)$ anwenden.

[1] L. COLLATZ: Z. angew. Math. Mech. **20**, 235 (1940).

Beispiel:

$$f(z) = z^6 + 0{,}643\, z^5 - 2{,}619\, z^4 + 3\, z^3 - 0{,}063\, z^2 - 1{,}101\, z + 1{,}012 = 0.$$

Als Näherungswert wird

$$z_0 = 0{,}429 + 0{,}695\, i$$

verwendet. Dann ist

$$z_0^2 = 0{,}858\, z_0 - 0{,}66707.$$

Das Schema lautet hier:

1	0,643	− 2,619	3	− 0,063	− 1,101	1,012
		− 0,6671	− 1,0013	1,3329	− 0,1896	− 1,0098
	0,858	1,2879	− 1,7144	0,2439	1,2989	
1	1,501	− 1,9982	0,2843	1,5138	0,0083	0,0022

$$\begin{aligned} f(z_0) &= 0{,}0083\, z_0 + 0{,}0022 \\ &= 0{,}0057 \quad + 0{,}0057\, i. \end{aligned}$$

$f'(z_0)$ berechnet man aus der Ableitung

$$f'(z) = 6z^5 + 3{,}215\, z^4 - 10{,}476\, z^3 + 9z^2 - 0{,}126\, z - 1{,}101$$

6	3,215	− 10,476	9	− 0,126	− 1,101
		− 4,0024	− 5,5787	4,8716	1,8976
	5,148	7,1754	− 6,2660	− 2,4407	
6	8,363	− 7,3030	− 2,8447	2,3049	0,7966

$$\begin{aligned} f'(z_0) &= 2{,}3049 z_0 + 0{,}7966 \\ &= 1{,}7854 \quad + 1{,}6019\, i. \end{aligned}$$

Als bessere Näherung für die Wurzel erhält man

$$z_1 = z_0 - \frac{f(z_0)}{f'(z_0)} = 0{,}4256 + 0{,}6948\, i.$$

24. HURWITZsches Reduktionsschema bei reellen Koeffizienten a_s und Stabilität. Bei Stabilitätsuntersuchungen tritt oft die Frage auf, ob eine algebraische Gleichung $f(z) = 0$ eine HURWITZsche ist, d.h. eine Gleichung, deren sämtliche Wurzeln negative Realteile haben. SCHUR[1] hat ein Verfahren angegeben, das die Entscheidung, ob eine Gleichung n-ten Grades eine HURWITZsche ist, auf die Entscheidung für eine Gleichung $(n-1)$-ten Grades zurückführt.

Für reelle Koeffizienten a_ν erhält man das folgende Reduktionsschema: Es ist $f_n(z) = 0$ dann und nur dann eine HURWITZsche Gleichung, wenn

$$f_{n-1}(z) = f_n(z) - \frac{a_n}{a_{n-1}} z\, g_n(z) \quad \text{mit} \quad g_n(z) = a_{n-1} z^{n-1} + a_{n-3} z^{n-3} + a_{n-5} z^{n-5} + \cdots \tag{24.1}$$

eine HURWITZsche Gleichung ist; dabei ist $f_{n-1}(z)$ nur noch vom $(n-1)$-ten Grade:

$$f_{n-1}(z) = a_{n-1} z^{n-1} + b_{n-2} z^{n-2} + a_{n-3} z^{n-3} + \cdots. \tag{24.2}$$

HURWITZsches Reduktionsschema.

Funktion							Quotienten
	a_n	a_{n-1} ↙	a_{n-2}	a_{n-3} ↙	…	a_0	
$f(z) = f_n(z)$	$+ a_{n-1} q_1$		$a_{n-3} q_1$		…	…	$q_1 = -\frac{a_n}{a_{n-1}}$
	0	a_{n-1}	b_{n-2} ↙	a_{n-3}	…	…	
$f_{n-1}(z)$		$b_{n-2} q_2$		$b_{n-4} q_2$	…	…	$q_2 = -\frac{a_{n-1}}{b_{n-2}}$
$f_{n-2}(z)$		0	b_{n-2}	c_{n-3}	…	…	…
…			…	…	…	…	…
$f_2(z)$				k_2	k_1	k_0	

[1] J. SCHUR: Z. angew. Math. Mech. **1**, 307—311 (1921).

Nach dem gleichen Verfahren wird $f_{n-1}(z)$ auf ein Polynom $f_{n-2}(z)$ vom $(n-2)$-ten Grade usw. bis zu einem Polynom $f_2(z) = k_2 z^2 + k_1 z + k_0$ zurückgeführt. Die Gleichung $f_n(z) = 0$ ist also genau dann eine HURWITZsche Gleichung, wenn als Koeffizienten von $f_n(z), f_{n-1}(z), \ldots, f_2(z)$ überall nur positive Zahlen auftreten. Dann und nur dann hat $f_n(z)$ ein Paar rein imaginärer Nullstellen $z = \pm i\omega$ (auf dem „Rande" des Stabilitätsbereiches treten diese rein imaginären Wurzeln auf), wenn in dem Reduktionsschema $k_1 = 0$ ist; in diesem Falle erhält man $\omega = \sqrt{k_0/k_2}$ [1]. Hat $f_n(z)$ zwei Paare rein imaginärer Nullstellen $z = \pm i\omega_1, \pm i\omega_2$, so treten bei $f_4(z)$ zwei Nullen auf als Koeffizienten von z und z^3 und entsprechend bei weiteren Paaren. Mit gegen Null gehender Dämpfung eines stabilen Systems geht auch der Koeffizient k_1 gegen Null.

Es gilt dann der wichtige *Satz*[2]*: Die Vorzeichen der Quotienten q_j beim* HURWITZ*schen Reduktionsschema stimmen überein mit den Vorzeichen der Realteile der Nullstellen. Die Gleichung $f(z) = 0$ ist also genau dann eine* HURWITZ*sche, wenn alle q_j negativ sind.*

Diese Art, die Stabilität zu prüfen ist wohl den zahlreichen anderen Methoden (Berechnung der HURWITZschen Determinanten, NYQUISTsches Kriterium, Ortskurvenkriterien usw.) an Einfachheit weit überlegen. Außerdem zeigt das Schema, wieviele q_j positiv, d.h. wieviele Wurzeln mit positivem Realteil vorhanden sind. Auf den Ausnahmefall, daß ein q_k nicht gebildet werden kann, weil der zugehörige Nenner verschwindet, soll hier nicht eingegangen werden; man kann sich hier auf verschiedene Weise helfen (z.B. indem man im Nenner ε anstatt 0 schreibt, und die q_j als Funktionen von ε berechnet. Man sieht dann, welches Vorzeichen q_j für kleines positives ε hat).

Beispiel: $f(z) = z^4 - z^3 - 2z + 3$

						Quotienten
f_4	1 -1	-1	0 -2	-2	3	$q_0 = 1$
f_3	0	-1 1	-2	-2 $-1{,}5$	3	$q_1 = -0{,}5$
f_2			$k_2 = -2$ 2	$k_1 = -3{,}5$	$k_0 = 3$	$q_2 = -\frac{4}{7} = -0{,}571$
f_1				$-3{,}5$ $3{,}5$	3	$q_3 = \frac{7}{6} = 1{,}167$
f_0					3	

$f(z)$ hat also 2 Wurzeln mit positivem und 2 mit negativem Realteil.

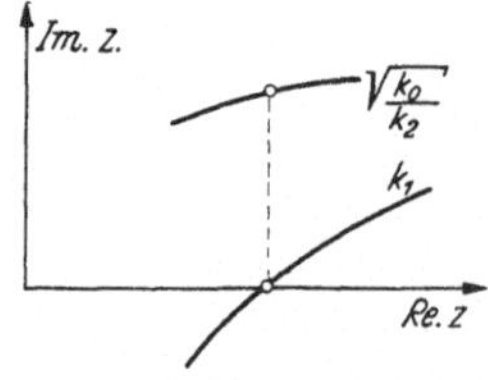

Fig. 27. Zur Bestimmung komplexer Wurzeln algebraischer Gleichungen.

Wenn im HURWITZschen Reduktionsschema $k_1 = 0$ ist, ist $f(z)$ durch $k_2 z^2 + k_0$ teilbar. Man kann daher versuchen, durch die Transformation $z = z_0 + u$ eine neue Gleichung für u herzustellen, für die $k_1 = 0$ wird. Praktisch empfiehlt es sich oft, Transformationen $z = u \pm 1$ anzuwenden, weil dafür das HORNERsche Schema besonders einfach durchzuführen ist. Hat man so für mehrere Werte von z_0 die zugehörigen k_0, k_1, k_2 ermittelt, so kann man k_1 und $\sqrt{k_0/k_2}$ als Funktionen von z_0 aufzeichnen, Fig. 27. Dieselbe Dar-

[1] L. COLLATZ: Vortrag auf der Mathematiker-Tagung, Karlsruhe 1947.

[2] Einen auf der Theorie der STURMschen Ketten beruhenden Beweis gibt H. WIELANDT: Ber. Aerodyn. Vers. Anst. Göttingen 43/J/21, 1943.

stellung dient zugleich als GAUSSsche komplexe Ebene der Nullstellen, indem die komplexen Nullstellen sich auf der $\sqrt{k_0/k_2}$-Kurve bei den Abszissen z_0 finden, für die $k_1 = 0$ ist $\left(\text{wenn dort } \sqrt{\frac{k_0}{k_2}} \text{ imaginär ist, erhält man zwei reelle Wurzeln von } f(z) \text{ in } z_0 \pm \sqrt{-\frac{k_0}{k_2}}\right)$. Anschließend kann man, falls gewünscht, die Genauigkeit erhöhen, indem man den Näherungswert nach dem NEWTONschen Verfahren mittels des HORNERschen Schemas verbessert.

Beispiel: Nur zur Erläuterung werde eine Gleichung 4. Grades gewählt, bei der sich der hier beschriebene Aufwand noch nicht lohnt, da man bei einer Gleichung 4. Grades schneller mit der Methode von Ziff. 21 arbeitet.

Für $f(z) = 2z^4 - 4z^3 - 8z + 17 = 0$ lautet das HURWITZsche Reduktionsschema:

2	−4	0	−8	17	
−2		−4			$q_0 = \frac{1}{2}$
0	−4	−4	−8	17	
	+4		−17		$q_1 = -1$
	0	−4	−25	17	
		+4			$q_2 = -\frac{4}{25}$
		0	−25	17	
			+25		$q_3 = \frac{25}{17}$
			0	17	

Für $z_0 = 2$ werde gezeigt, wie man HORNERsches und HURWITZsches Schema direkt aneinander anschließt und bei der Reduktion beim quadratischen Polynom aufhört:

$z_0 = 2$

2	−4	0	−8	17	
	4	0	0	−16	
2	0	0	−8	1	
	4	8	16		
2	4	8	8		
	4	16			
2	8	24			
	4				
2	12	24	8	1	
−2		$-\frac{4}{3}$			$q_0 = -\frac{1}{6}$
0	12	$\frac{68}{3}$	8	1	
	−12		$-\frac{9}{17}$		$q_1 = -\frac{9}{17}$
	0	$\frac{68}{3}$	$\frac{127}{17}$	1	$q_2 = - \cdots$
		...	...	...	
					$q_3 = - \cdots$

Dann wurde das Schema nochmals mit 1,8 und danach mit $z_0 = 1,811$ durchgeführt:

$z_0 = 1,811$

2	-4	0	-8	17	
	3,622	$-0,6846$	$-1,2398$	$-16,7333$	
2	$-0,378$	$-0,6846$	$-9,2398$	0,2667	
	3,622	5,8749	9,3996		
2	3,244	5,1903	0,1598		
	3,622	12,4343			
2	6,866	17,6246			
	3,622				
2	10,488	17,6246	0,1598	0,2667	
-2		0,0305			$q_0 = -0,1907$
	10,488	17,5941	0,1598	0,2667	
	$-10,488$		$-0,1590$		$q_1 = -0,5961$
		17,5941	0,0008	0,2667	$q_2 = - \dots$
					$q_3 = - \dots$

So folgt:

$$z_{1,2} = 1,8110 \pm 0,1231\, i$$

Abspaltung des Polynomteilers $z^2 - 3,6220 z + 3,2949$:

2	-4	0	-8	17
		$-6,5898$	$-10,6887$	$-17,0017$
	7,244	11,7498	18,6895	
2	3,244	5,1600	0,0008	$-0,0017$

ergibt mit

$$z^2 + 1,622\, z + 2,5800 = 0$$

die anderen beiden Nullstellen:

$$z_{3,4} = -0,8110 \pm 1,3865\, i.$$

25. Reduktionsschema bei komplexen Koeffizienten a_s. Hier[1] wird $z = -ih$ gesetzt und $f(z)$ mit einem solchen Faktor multipliziert, daß die höchste Potenz von h einen reellen nicht verschwindenden Koeffizienten erhält. Der Realteil des so entstehenden Polynoms von h sei $\tilde{f}_0(h)$, der Imaginärteil sei $\tilde{f}_1(h)$. Damit bestimmt man weitere Polynome $\tilde{f}_k(h)$, indem man $\tilde{f}_{k-1}(h)$ mit einem solchen Faktor q_{k-2} (bei ungeradem k), bzw. $q_{k-2} h$ (bei geradem k) multipliziert und zu $\tilde{f}_{k-2}(h)$ addiert, daß bei dieser Addition die höchste bei $\tilde{f}_{k-2}(h)$ vorkommende Potenz von h den Faktor 0 erhält. Wieder wird angenommen, daß bei keinem Quotienten q der Nenner verschwindet. Dann gilt der

Satz: Es stimmen die Vorzeichen der q_s mit geradem Index mit den Vorzeichen der Realteile der Nullstellen von $f(z) = 0$ überein.

Beispiel:

$$f(z) = z^2 - z(2 + 3i) + (-1 + 3i) = 0$$

$$z = -ih:\ f(-ih) = -h^2 + h(2i - 3) + (-1 + 3i) = 0$$

$$\tilde{f}_0 = -h^2 - 3h - 1, \quad \tilde{f}_1 = 2h + 3.$$

[1] H. WIELANDT: Ber. Aerodyn. Vers. Anst. Göttingen FA 1806/1 (1943).

Rechenschema:

				Quotienten
$\tilde{f}_0$:	-1	-3	-1	
$\tilde{f}_1$:		2	3	$q_0 = \frac{1}{2}$ ↖
$\tilde{f}_2$:	0	$-1{,}5$	-1	$q_1 = \frac{4}{3}$ ↑
$\tilde{f}_3$:		0	$\frac{5}{8}$	$q_2 = \frac{9}{10}$ ↖
$\tilde{f}_4$:			-1	

Durch die Pfeile wird angedeutet, ob die mit q_j multiplizierten Koeffizienten der betreffenden Zeile zu den senkrecht oder schräg darüber stehenden Koeffizienten addiert werden. Weil q_0 und q_2 positiv sind, sind auch die Realteile der Nullstellen von $f(z)$ positiv.

II. Eliminationsverfahren bei linearen Gleichungssystemen.

Vorgelegt sei das lineare Gleichungssystem

$$\sum_{k=1}^{n} a_{jk} x_k = r_j \qquad (j = 1, \ldots, n) \tag{26.1}$$

das sich mit Hilfe der quadratischen n-reihigen Matrix $A = (a_{jk})$, und der Spaltenmatrizen $x = (x_k)$, $r = (r_k)$ kurz in der Form

$$A x = r \tag{26.2}$$

schreiben läßt. A und r sind gegeben, x ist gesucht.

Wenn die „Hauptdiagonalelemente“ a_{jj} gegenüber den anderen a_{jk} mit $j \neq k$ stark überwiegen (ein Maß dafür gibt Ziff. 31), oder wenn das Gleichungssystem durch Kombination der einzelnen Gleichungen leicht auf eine solche Gestalt gebracht werden kann, ist das Iterationsverfahren zur Auflösung sehr geeignet. Für alle anderen Fälle ist das GAUSSsche Eliminationsverfahren zu empfehlen, eventuell in einer der in Ziff. 27 und 28 genannten Varianten. Wenn die Anzahl n der Gleichungen größer als 3 ist, sollte man stets die leicht durchführbare Zeilensummenprobe ausführen.

Determinanten sind für zahlenmäßiges Auflösen von Gleichungssystemen ungeeignet, nicht nur wegen der zahlreichen Fehlermöglichkeiten (Vorzeichenfehler), sondern auch wegen der zu großen Rechenarbeit. Die Zahl der erforderlichen Additionen und Multiplikationen wächst beim GAUSSschen Verfahren mit der dritten Potenz von n, beim Rechnen mit Determinanten aber mit der vierten Potenz von n an.

26. Das GAUSSsche Eliminationsverfahren. Beim GAUSSschen Verfahren addiert man die mit $-\frac{a_{21}}{a_{11}}$ multiplizierte erste Gleichung zur zweiten Gleichung, die mit $-\frac{a_{31}}{a_{11}}$ multiplizierte erste Gleichung zur dritten Gleichung und so fort. Auf diese Weise erhält man ein System von $n-1$ Gleichungen mit $n-1$ Unbekannten, das wieder im gleichen Sinne wie das ursprüngliche Gleichungssystem behandelt wird. Durch Wiederholung dieses Prozesses erhält man schließlich eine Gleichung für nur noch eine Unbekannte, aus der man diese berechnet. Nun kann man aus je einer Gleichung der während der Rechnung erhaltenen Gleichungssysteme nacheinander alle Unbekannten ausrechnen, für die zum Schluß eine Einsetzprobe im ursprünglich gegebenen System gemacht wird.

Bei der praktischen Rechnung schreibt man nicht die vollen Gleichungen nieder, sondern nur die Koeffizienten.

Bemerkungen zur Durchführung: 1. Die bei den n Gleichungssystemen für die $x_1, \ldots, x_n$, für die $x_2, \ldots, x_n \ldots$ jeweils links oben stehenden Koeffizienten, welche im Zahlenbeispiel eingerahmt sind, mögen Hauptkoeffizienten heißen. Wenn einmal ein Hauptkoeffizient klein ist gegenüber den anderen Koeffizienten derselben Spalte, so empfiehlt es sich aus Genauigkeitsgründen, die Gleichungen des betreffenden Systems umzustellen.

2. Zeilensummenprobe: In dem Schema erhält man die Zahlen der Spalte „S", indem man die Elemente der entsprechenden Zeile addiert (Zeilensumme). Mit diesen Zeilensummen wird nun ebenso gerechnet, wie mit den Koeffizienten der entsprechenden Zeile.

3. Manchmal wird der Wert einer Determinante benötigt. Im GAUSSschen Schema erhält man die Koeffizientendeterminante D als Produkt der Hauptkoeffizienten; im Zahlenbeispiel also als Produkt der vier eingerahmten Zahlen zu $D = -9{,}11$.

4. Bei der Einsetzprobe wird man wegen der nicht zu vermeidenden Abrundungsfehler im allgemeinen nicht exakt Null erhalten. Aus kleinen Abweichungen kann man aber nicht schließen, daß die Lösungen „fast richtig" sind.

Beispiel:
$$6{,}9x - 4{,}7y = 9{,}1$$
$$4{,}7x - 3{,}2y = 6{,}2.$$

Setzt man die „Näherungslösung" $x = -1{,}2$, $y = -3{,}7$ auf der linken Seite der Gleichungen ein, so erhält man die Zahlenwerte 9,11 und 6,20, obgleich die exakte Lösung $x = 2$, $y = 1$ lautet. In diesem Beispiel ist der Sachverhalt zwar sofort zu überblicken, die Koeffizientendeterminante hat einen sehr kleinen Betrag; aber es ergibt sich die Frage nach einer Fehlerabschätzung bei einem beliebigen Gleichungssystem. Vgl. hierzu Ziff. 30.

Beispiel: Das Gleichungssystem werde gleich in Form eines Schemas gegeben, z. B. heißt die erste Gleichung
$$-6{,}05\,x_1 - 2{,}91\,x_2 + 2{,}46\,x_3 - 1{,}59\,x_4 = 1{,}27.$$
Die Rechnung wird mit zwei Dezimalen mehr (sog. „Schutzstellen") durchgeführt.

x_1	x_2	x_3	x_4	rechte Seiten r	Zeilensummen-probe S	Einsetzprobe Defekte d_j
[−6,05]	−2,91	+2,46	−1,59	+1,27	−6,82	−0,0002
+7,39	+5,24	−4,15	+3,24	−2,12	+9,60	+0,0013
−7,08	−2,48	+14,60	+5,52	+2,09	+12,65	+0,0004
+8,39	+6,24	−4,15	+4,24	−3,15	+11,57	+0,0008
	[1,6855]	−1,1451	1,2978	−0,5687	1,2695	
	0,9254	+11,7212	+7,3807	0,6038	20,6311	
	2,2045	−0,7385	2,0350	−1,3888	2,1122	
		[12,3499]	6,6682	0,9160	19,9341	
		0,7592	0,3376	−0,6450	0,4518	
			[−0,0723]	−0,7013	−0,7736	

Hieraus findet man nacheinander:
$$(x_4 = 9{,}6999;\quad x_3 = -5{,}1631;\quad x_2 = -11{,}3137;\quad x_1 = +0{,}5833).$$
Setzt man diese Werte (mit 4 Dezimalen) in die Gleichungen ein, so ergeben sich die im Schema ebenfalls angegebenen Defekte d_j. Entsprechend den mitgeführten Schutzstellen wird man abrunden auf (vgl. Bemerkung 4):
$$x_1 = 0{,}58,\quad x_2 = -11{,}31,\quad x_3 = -5{,}16,\quad x_4 = 9{,}70.$$

27. Das Schema von BANACHIEWICZ. Die Rechenarbeit ist bei diesem Verfahren nicht geringer als beim GAUSSschen Verfahren, wohl aber die Schreibarbeit, wenn fünf oder mehr Gleichungen gegeben sind. Der Vorteil gegenüber dem GAUSSschen Eliminationsverfahren tritt besonders bei Benutzung von Rechenmaschinen in Erscheinung, weil man bei ihnen Summen von Produkten bilden kann, ohne Zwischenergebnisse niederzuschreiben.

Das Gleichungssystem $Ax=r$ schreibt man in der Form $\tilde{A}\tilde{x}=0$. Dabei ist $\tilde{A}=(A,r)$ und $\tilde{x}$ entsteht aus x durch Hinzufügung der $(n+1)$-ten Komponente -1. Man macht nun für $\tilde{A}$ den Ansatz[1]:

$$\tilde{A}=\begin{pmatrix} a_{11} & a_{12} & \cdots & a_{1n} & r_1 \\ a_{21} & a_{22} & \cdots & a_{2n} & r_2 \\ \cdots & \cdots & \cdots & \cdots & \cdots \\ a_{n1} & a_{n2} & \cdots & a_{nn} & r_n \end{pmatrix} = \underbrace{\begin{pmatrix} +1 & 0 & \cdots & 0 \\ -c_{21} & +1 & \cdots & 0 \\ \cdots & \cdots & \cdots & \cdots \\ -c_{n1} & -c_{n2} & \cdots & +1 \end{pmatrix}}_{C} \underbrace{\begin{pmatrix} b_{11} & b_{12} & \cdots & b_{1n} & b_1 \\ 0 & b_{22} & \cdots & b_{2n} & b_2 \\ \cdots & \cdots & \cdots & \cdots & \cdots \\ 0 & 0 & \cdots & b_{nn} & b_n \end{pmatrix}}_{\tilde{B}}, \quad (27.1)$$

Es ist dann $\tilde{A}\tilde{x}=0$ gleichwertig $\tilde{B}\tilde{x}=0$ wegen $\det C=1\neq 0$, und man kann x aus $Bx=b$ berechnen mit $B=(b_{jk})$ und $b=(b_k)$. Im einzelnen hat man die Gleichungen

$$\left.\begin{aligned} & b_{11}=a_{11}; \quad c_{j1}=-\frac{a_{j1}}{b_{11}} \qquad (j=2,\ldots,n) \\ & b_{jk}=a_{jk}+(c_{j1}b_{1k}+c_{j2}b_{2k}+\cdots+c_{j,j-1}b_{j-1,k}) \quad \text{für} \quad j\leq k \\ & c_{jk}=(a_{jk}+c_{j1}b_{1k}+\cdots+c_{j,k-1}b_{k-1,k}):(-b_{kk}) \quad \text{für} \quad j>k \\ & b_1=r_1,\ b_j=r_j+c_{j1}b_1+\cdots+c_{j,j-1}b_{j-1} \qquad (j=2,\ldots,n) \\ & x_j=(-b_j+b_{j,j+1}x_{j+1}+\cdots+b_{jn}x_n):(-b_{jj}) \quad (j=n,n-1,\ldots,2,1). \end{aligned}\right\} \quad (27.2)$$

Als Probe dienen die Formeln für die Zeilensummen s_j, t_j:

$$\left.\begin{aligned} s_j &= a_{j1}+\cdots+a_{jn}+r_j, \\ t_j &= s_j+c_{j1}t_1+\cdots+c_{j,j-1}t_{j-1}. \end{aligned}\right\} \quad (27.3)$$

Dann muß gelten

$$t_j=b_{jj}+\cdots+b_{jn}+b_j.$$

Die Bildungsweise der Formeln kann man sich veranschaulichen, indem man die Ausdrücke in den rechten Seiten als innere Produkte geeigneter Zeilen- und Spaltenvektoren auffaßt, und man kann dann das folgende Schema von BANACHIEWICZ spaltenweise leicht durchrechnen:

						Schlußprobe
a_{11}	a_{12}	$\cdots$	a_{1n}	r_1	s_1	0
$\cdots$	$\cdots$	$\cdots$	$\cdots$	$\cdots$	$\cdots$	$\cdots$
a_{n1}	a_{n2}	$\cdots$	a_{nn}	r_n	s_n	0
b_{11}	b_{12}	$\cdots$	b_{1n}	b_1	t_1	x_1
c_{21}	b_{22}	$\cdots$	b_{2n}	b_2	t_2	x_2
$\cdots$	$\cdots$	$\cdots$	$\cdots$	$\cdots$	$\cdots$	$\cdots$
c_{n1}	c_{n2}	$\cdots$	b_{nn}	b_n	t_n	x_n
						-1

[1] Eine sehr ausführliche Darstellung der verschiedenen Abarten des Eliminationsverfahrens gibt R. ZURMÜHL [22].

Zahlenbeispiel: Das Gleichungssystem von Ziff. 26 ist (wieder mit 2 Schutzstellen) im folgenden nach dem Schema von BANACHIEWICZ durchgerechnet.

x_1	x_2	x_3	x_4	r_j, b_j	s_j, t_j	x_j	Probe
−6,05	−2,91	+ 2,46	−1,59	+1,27	− 6,82		0,0002
+7,39	+5,24	− 4,15	+3,24	−2,12	+ 9,60		0,0004
−7,08	−2,48	+14,60	+5,52	+2,09	+12,65		0,0004
+8,39	+6,24	− 4,15	+4,24	−3,15	+11,57		0,0006
[−6,05]	−2,91	+ 2,46	−1,59	+1,27	− 6,82	0,5819	
1,2215	[1,6854]	− 1,1451	1,2978	−0,5687	+ 1,2694	−11,2840	0,0000
−1,1702	−0,5490	[+12,3500]	6,6681	0,9161	19,9339	− 5,1496	0,0003
1,3868	−1,3079	− 0,0615	[−0,0725]	−0,7013	− 0,7742	9,6731	0,0004
						−1	

In der Probenspalte geben die vier oberen Zahlen die Einsetzprobe und die unteren drei Zahlen die Abweichungen bei den Werten t_j an.

Es ergeben sich etwas andere Werte als in Ziff. 26.

$$x_1 = 0{,}5819; \quad x_2 = -11{,}2840; \quad x_3 = -5{,}1486; \quad x_4 = 9{,}6731$$

oder abgerundet:

$$x_1 = 0{,}58; \quad x_2 = -11{,}28; \quad x_3 = -5{,}15; \quad x_4 = 9{,}67.$$

28. Verfahren von CHOLESKY für symmetrische Gleichungssysteme. Ist die Matrix A symmetrisch, so kann man den Ansatz machen

$$\begin{pmatrix} a_{11} & a_{12} & \dots & a_{1n} & -r_1 \\ a_{12} & a_{22} & \dots & a_{2n} & -r_2 \\ \dots & \dots & \dots & \dots & \dots \\ a_{1n} & a_{2n} & \dots & a_{nn} & -r_n \end{pmatrix} = \begin{pmatrix} p_{11} & 0 & \dots & 0 \\ p_{12} & p_{22} & \dots & 0 \\ \dots & \dots & \dots & \dots \\ p_{1n} & p_{2n} & \dots & p_{nn} \end{pmatrix} \begin{pmatrix} p_{11} & p_{12} & \dots & p_{1n} & p_1 \\ 0 & p_{22} & \dots & p_{2n} & p_2 \\ \dots & \dots & \dots & \dots & \dots \\ 0 & 0 & \dots & p_{nn} & p_n \end{pmatrix}$$

oder kurz: $(A, -r) = P'(P, p)$. Man erhält:

$$\left.\begin{aligned} p_{ii}^2 &= a_{ii} - p_{1i}^2 - p_{2i}^2 - \dots - p_{i-1,i}^2 \\ p_{ik} &= (a_{ik} - p_{1i}p_{1k} - \dots - p_{i-1,i}\,p_{i-1,k}) : p_{ii} \quad (\text{für } i < k) \\ p_i &= (-r_i - p_{1i}p_1 - \dots - p_{i-1,i}\,p_{i-1}) : p_{ii}. \end{aligned}\right\} \tag{28.1}$$

Man muß natürlich $\det A = (\det P)^2 \neq 0$ voraussetzen; also ist $(A, -r)\,x = 0$ [$\tilde{x}$ entsteht aus x durch Hinzunahme der $(n+1)$-ten Komponente 1] gleichwertig mit

$$(P, p)\,\tilde{x} = Px + p = 0. \tag{28.2}$$

oder

$$x_i = (p_{i,i+1}\,x_{i+1} + \dots + p_{in}\,x_n + p_i) : (-p_{ii}).$$

Zeilensummenprobe: s_i ist die Zeilensumme der i-ten Zeile von $(A, -r)$. Weil man im Schema nur die Elemente a_{ik} mit $i \leq k$ niederschreibt, muß man die hier fehlenden Elemente der i-ten Spalte entnehmen.

Verwendet man die s_j an Stelle der Größen $-r_j$, so erhält man Zahlen σ_j an Stelle der p_j. Bei richtiger Rechnung muß dann die Zeilensumme der i-ten Zeile von (P, p) gleich σ_j sein. Insgesamt erhält man dann, wenn noch die Spalte der „Defekte“

$$f_j = \sum_{k=1}^{n} a_{jk}\, x_k - r_j \tag{28.3}$$

als Einsetzprobe hinzugenommen wird, das folgende Schema:

						Zeilen-summen	Defekte
a_{11}	a_{12}	a_{13}	...	a_{1n}	$-r_1$	s_1	f_1
	a_{22}	a_{23}	...	a_{2n}	$-r_2$	s_2	f_2
		a_{33}	...	a_{3n}	$-r_3$	s_3	
				...	...	...	
				a_{nn}	$-r_n$	s_n	f_n
p_{11}	p_{12}	p_{13}	...	p_{1n}	p_1	σ_1	x_1
	p_{22}	p_{23}	...	p_{2n}	p_2	σ_2	x_2
		p_{33}	...	p_{3n}	p_3	σ_3	
				...	...	...	
				p_{nn}	p_n	σ_n	x_n
							1

Zahlenbeispiel: Wie in Ziff. 26 werde auch hier das Gleichungssystem gleich in Form des Schemas gegeben, z. B. heißt die erste Gleichung

$$2{,}41\, x_1 - 4{,}21\, x_2 + 3{,}81\, x_3 - 6{,}52\, x_4 = 2{,}60.$$

Es wurde mit drei Dezimalen (als Schutzstellen) mehr gerechnet.

				$-r_j$	s_j	f_j	
2,41	− 4,21	3,81	− 6,52	− 2,60	− 7,11	− 0,0002	
	3,52	1,10	7,24	− 3,21	4,44	0,0002	
		− 5,42	− 3,01	+ 4,51	0,99	0,0001	
			2,68	− 1,37	− 0,98	0,0002	
				$-p_j$	σ_j	x_j	τ_j
[1,55242]	− 2,71189	2,45423	− 4,19989	− 1,67480	− 4,57995	0,5695	− 0,00002
	[1,95815 *i*]	− 3,96068 *i*	2,11916 *i*	3,95878 *i*	4,07544 *i*	1,4386	0,00003 *i*
		[2,06003]	− 0,53194	− 3,42671	− 1,89864	1,6193	− 0,00002
			[3,27890 *i*]	0,56040 *i*	3,83930 *i*	− 0,1709	0,00000 *i*
						1	

Die Spalte der τ_j bedeutet die Probe:

$$\tau_j = \sigma_j - \sum_{k=j}^{n} p_{jk} + p_j.$$

Auf zwei Dezimalen abgerundet lautet das Ergebnis

$$x_1 = 0{,}57; \quad x_2 = 1{,}44; \quad x_3 = 1{,}62; \quad x_4 = 0{,}17.$$

Eine Fehlerabschätzung hierzu wird in Ziff. 30 durchgeführt.

29. Berechnung der inversen Matrix. Ist zu einer Matrix A die inverse Matrix A^{-1} gesucht, so kann man das Verfahren von Banachiewicz unmittelbar anwenden. Man hat n Systeme von n Gleichungen, bei denen die linken Seiten übereinstimmen, während man als Spalten der rechten Seiten die n Einheitsvektoren verwendet.

Es genügt wohl, wenn zur Erläuterung ein ganz einfaches Beispiel einer dreireihigen Matrix gegeben wird.

	A			r			s				
	7,26	4,52	−5,13	1	0	0	7,65	+0,0001	−0,0002	0,0004	
	−2,24	−6,48	1,12	0	1	0	−6,60	0,0000	0,0002	−0,0001	
	8,26	8,52	9,13	0	0	1	26,91	−0,0006	−0,0004	0,0002	
Spalten-summen	13,28	6,56	5,12	1	2	1	t		A^{-1}		Proben
	7,26	4,52	−5,13	1	0	0	7,65	+0,1270	−0,1570	0,0521	
	0,3085	−5,0856	−0,4626	0,3085	1	0	−4,2400	−0,0549	−0,2008	−0,0062	0,0003
	−1,1377	+0,6641	14,6592	−0,9328	0,6641	1	15,3908	−0,0636	0,0453	0,0682	0,0037
							Proben	0,0008	−0,0004	+0,0004	

Es wurde mit 2 Schutzstellen gerechnet; man hat beim Ergebnis in A^{-1} auch zwei Dezimalen zu streichen.

30. Fehlerabschätzung. Infolge der Abrundungsfehler und ihrer Fortpflanzung erhält man bei den in Ziff. 26—29 genannten Schemata nur Näherungswerte y_j an Stelle der genauen Lösung x_j. Die wichtige Frage, wie man aus den Defekten f_j (nach 28.3) auf die Größe der Fehler $\varepsilon_j = y_j - x_j$ schließen kann, ist bis jetzt allgemein noch nicht befriedigend beantwortet worden, sondern nur in speziellen Fällen, vgl. Ziff. 32.

Es sei ein Anhaltspunkt für die Größe des Fehlers genannt, der in praktischen Fällen oft ausreicht, obwohl er natürlich keine exakte Fehlerabschätzung darstellt: Man bildet die Defekte f_j einmal mit den errechneten Näherungen y_j und berechnet Defekte $\tilde{f}_j$ für Werte $\tilde{y}_j$, die aus y_j entstehen, indem man die letzte Dezimale streicht und abrundet.

1. Fall: Die neuen Defekte $\tilde{f}_j$ sind größenordnungsmäßig um eine Zehnerpotenz größer als die f_j; dann hat man einen Anhalt dafür, welche Dezimale bei den y_j einer bestimmten Dezimalen bei den f_j entspricht.

2. Fall: Die neuen Defekte $\tilde{f}_j$ haben die gleiche Größenordnung wie die f_j; dann waren die letzten bei y_j gestrichenen Dezimalen für die Lösung x_j bedeutungslos. Man wiederhole den Versuch und streiche bei den y_j die letzten beiden Dezimalen.

Korrekturrechnung: Ist die erreichte Genauigkeit nicht befriedigend, so kann man die Defekte an Stelle der r_j als rechte Seiten verwenden, also das Gleichungssystem

$$\sum_{k=1}^{n} a_{jk} z_k = f_j$$

lösen, wozu man nur eine neue Spalte zu rechnen hat, und mit den so ermittelten z_j die zuerst berechneten Näherungen verbessern.

Exakte Fehlerabschätzung: Folgende Abschätzung ist jedoch nur bei nicht zu umfangreichen und nicht zu „ungünstigen" Gleichungssystemen anwendbar[1].

Die gegebenen Zahlen a_{jk} und r_j seien etwa mit Fehlern b_{jk} bzw. s_j behaftet oder werden abgerundet; es seien also $A+B$ und $r+s$ die Matrizen, mit denen die numerische Rechnung durchgeführt wird. Diese ergebe einen Näherungsvektor y. Setzt man y in das Gleichungssystem ein, so bleibe ein Fehlervektor f (mit den „Defekten" f_j) übrig:

$$(A+B)\,y = r + s + f. \tag{30.1}$$

[1] L. Collatz u. H. Bartsch: Z. angew. Math. Mech. **34**, 71—74 (1954).

Mit den Bezeichnungen des absoluten Betrages $|z| = \sqrt{\sum_{j=1}^{n} |z_j|^2}$ eines Vektors z mit den Komponenten z_j und des unteren Betrages $\underline{|G|}$ und oberen Betrages $\overline{|G|}$ einer quadratischen Matrix G (nach WIELANDT, es gilt dann $\underline{|G|}\,|z| \leq |Gz| \leq \overline{|G|}\,|z|$ für beliebige z) gilt dann die Fehlerabschätzung

$$|y - x| \leq \frac{|s| + |f| + \overline{|B|}\,|y|}{\underline{|A + B|} - \overline{|B|}}, \tag{30.2}$$

falls der Nenner positiv ist. Die Elemente von B lassen sich abschätzen. Entsteht z. B. das Gleichungssystem, mit dem man rechnet, durch Abrundung auf k Dezimalen, so sind alle $|b_{jk}| \leq \frac{1}{2}\,10^{-k}$ und man kann die für eine beliebige Matrix gültige Abschätzung

$$\overline{|G|} \leq \sqrt{S_g} \quad \text{mit} \quad S_g = \sum_{j,k=1}^{n} |g_{jk}|^2 \tag{30.3}$$

verwenden. Schwierig ist dagegen die einigermaßen gute Abschätzung von $\underline{|A + B|}$ nach unten. Für eine beliebige n-reihige Matrix G gilt

$$\underline{|G|} \geq |\det G| \left(\frac{n-1}{S_G}\right)^{\frac{n-1}{2}}. \tag{30.4}$$

Zahlenbeispiel: In dem Beispiel von Ziff. 28 ist wegen $\det(A + B) = (\det P)^2$ die Determinante das Quadrat des Produktes der 4 umrandeten Zahlen

$\det(A + B) = (-20{,}53)^2 = 421{,}5$; $\quad S_{A+B} = 329{,}6$ (mit Hilfe einer Quadrattafel ermittelt)

$$\underline{|A + B|} \geq 421{,}5 \left(\frac{3}{329{,}6}\right)^{\frac{3}{2}} = 0{,}367; \qquad |f| = \sqrt{(4 + 4 + 1 + 4) \cdot 10^{-8}} = 0{,}00036.$$

1. Es werde zunächst angenommen, daß die gegebenen Koeffizienten und rechten Seiten fehlerfreie Zahlen seien; dann ist $B = 0$, $r = 0$, $\overline{|B|} = 0$ und (30.2) gibt die Fehlerabschätzung

$$|y - x| \leq \frac{0{,}00036}{0{,}367} \leq 0{,}001.$$

Der Fehler bei jedem y_j (in Ziff. 28 mit x_j bezeichnet) beträgt mithin höchstens 0,001, sofern man natürlich die y_j aus dem Schema vor dem Abrunden verwendet.

2. Es mögen nun die Koeffizienten und rechten Seiten als ungenaue Zahlen betrachtet werden, so daß jede gegebene Größe einen Fehler bis $5 \cdot 10^{-3}$ haben kann. Dann ist $|s| \leq 0{,}01$, $\overline{|B|} \leq 0{,}02$; $|y| = 2{,}25$. (30.2) liefert jetzt, wobei die einzelnen Zahlen in Zähler und Nenner in derselben Reihenfolge wie in (30.2) aufgeführt sind, um den Einfluß der einzelnen Größen und hier das Überwiegen von $\overline{|B|}\,|y|$ zu zeigen:

$$|y - x| \leq \frac{0{,}01 + 0{,}00036 + 0{,}045}{0{,}367 - 0{,}02} = 0{,}159.$$

Der Einfluß der Ungenauigkeit der Koeffizienten darf nicht unterschätzt werden.

III. Iterationsverfahren und nichtlineare Gleichungssysteme.

Iterationsverfahren haben, wenn sie konvergieren, folgende angenehmen Eigenschaften:

1. Ein einmaliger Rechenfehler macht im allgemeinen nicht die ganze Rechnung wertlos, sondern verzögert nur die Konvergenz um einen oder mehrere Schritte.

2. Man kann die Genauigkeit der Rechnung steigern, kann bei geringen Genauigkeitsansprüchen mit weniger Dezimalen rechnen und bald abbrechen, und bei höheren Ansprüchen einige Iterationsschritte anschließen, ohne die ganze vorherige Rechnung wiederholen zu müssen.

3. Man greift immer wieder auf die Ausgangsdaten zurück.

31. Iterationsverfahren bei beliebigen nichtlinearen Gleichungssystemen. Vorgelegt sei das Gleichungssystem

$$x_{(j)} = \varphi_j(x_{(1)}, \ldots, x_{(n)}) \qquad (j = 1, \ldots, n). \tag{31.1}$$

Man kann versuchen, eine Lösung „iterativ" zu ermitteln, indem man von Näherungswerten $x_{(j)0}$ ausgehend Folgen von Näherungswerten $x_{(j)k}$ nach einem der beiden folgenden Verfahren festlegt:

Iteration in Gesamtschritten:

$$x_{(j)k+1} = \varphi_j(x_{(1)k}, \ldots, x_{(n)k}) \qquad (k = 0, 1, \ldots), \tag{31.2}$$

Iteration in Einzelschritten:

$$x_{(j)k+1} = \varphi_j(x_{(1)k+1}, \ldots, x_{(j-1)k+1}, x_{(j)k}, \ldots, x_{(n)k}) \quad (k = 0, 1, \ldots) \tag{31.3}$$

Beim zweiten Verfahren setzt man bei jedem $x_{(j)}$ jeweils den letzten gerade erhaltenen Wert ein.

Zur Erzielung guter Konvergenz versucht man gegebenenfalls durch Umformung des Gleichungssystems zu erreichen, daß die Funktionen φ_j in der Umgebung einer Lösung möglichst schwach von den Unbekannten abhängen, oder falls die φ_j differenzierbar sind, daß die partiellen Ableitungen in dieser Umgebung möglichst „kleine" Beträge haben. Das läßt sich folgendermaßen präzisieren[1]:

Satz über Konvergenz und Fehlerabschätzung: Es seien etwa die φ_j in einem Bereich F des $x_{(1)}, \ldots, x_{(n)}$-Raumes stetig partiell differenzierbar und es werde

$$a_{js} = \operatorname*{Max}_{\text{in } F} \left| \frac{\partial \varphi_j}{\partial x_{(s)}} \right| \tag{31.4}$$

gesetzt. Für die Abschätzung ist entscheidend, daß eine gewisse Größe, die „LIPSCHITZ-Konstante" $K < 1$ ausfällt. Für das Gesamtschrittverfahren berechnet man K stets nach

$$K = \operatorname*{Max}_{j} \left(\sum_{s=1}^{n} a_{js} \right); \tag{31.5}$$

für das Einzelschrittverfahren kann man K ebenfalls nach (31.5) bilden, genauer aber berechnet man K nach

$$\beta_1 = \sum_{s=1}^{n} a_{1s}; \quad \beta_j = \sum_{s=1}^{j-1} a_{js} \beta_s + \sum_{s=j}^{n} a_{js} \quad (\text{für } j = 2, \ldots, n); \quad K = \operatorname{Max} \beta_j. \tag{31.6}$$

Ist $K < 1$ [im Falle (31.5) heißt diese Bedingung „Zeilensummenkriterium"], so bestimme man die „Kugel" S, die mit $x_{(j)}$ als laufenden Koordinaten gegeben ist durch:

$$\operatorname*{Max}_{j} |x_{(j)} - x_{(j)k+1}| \leq \frac{K}{1-K} \operatorname*{Max}_{j} |x_{(j)k+1} - x_{(j)k}|. \tag{31.7}$$

Gehört diese Kugel S ganz zu dem gewählten Gebiet F, so konvergiert beim Iterationsverfahren $x_{(j)k}$ für $k \to \infty$ gegen das einzige in F vorhandene Lösungssystem von (31.1) (dessen Existenz hiermit zugleich ausgesagt wird), und dieses liegt sogar in S, so daß (31.7) zugleich eine Fehlerabschätzung darstellt.

α) Spezialfall des linearen Gleichungssystems. Lautet das System (31.1)

$$\sum_{s=1}^{n} \alpha_{js} x_{(s)} = r_j \qquad (j = 1, \ldots, n) \tag{31.8}$$

[1] L. COLLATZ: Z. angew. Math. Phys. **4**, 327–357 (1953).

mit konstanten α_{jk}, so braucht man den Bereich F nicht zu wählen; die Voraussetzung, daß die Kugel S zu F gehört, fällt fort, da in (31.4) die

$$a_{js} = \left|\frac{\alpha_{js}}{\alpha_{jj}}\right| \tag{31.9}$$

konstant werden, wobei angenommen ist, daß man das Gleichungssystem nach den Hauptdiagonalgliedern auflöst, um es in die Form (31.1) zu bringen.

Der Wichtigkeit der linearen Gleichungen wegen sei das obige Ergebnis hier nochmals für das System (31.8) formuliert:

Das Iterationsverfahren in Gesamtschritten lautet hier:

$$x_{(j)k+1} = \frac{1}{\alpha_{jj}}\Bigl(r_j - \sum_{\substack{s=1\\ s\neq j}}^{n} \alpha_{js}\, x_{(s)k}\Bigr) \qquad \begin{pmatrix} j = 1, \ldots, n\\ k = 0, 1, \ldots\end{pmatrix}$$

und das Verfahren in Einzelschritten

$$x_{(j)k+1} = \frac{1}{\alpha_{jj}}\Bigl(r_j - \sum_{s=1}^{j-1} \alpha_{js}\, x_{(s)k+1} - \sum_{s=j+1}^{n} \alpha_{js}\, x_{(s)k}\Bigr).$$

Man berechnet die a_{js} nach (31.9) und K wie oben nach (31.5) bzw. (31.6). Im Falle $K<1$ liefert (31.7) unmittelbar eine Fehlerabschätzung. Es ist also wichtig, daß K möglichst klein ist, insbesondere kann der Übergang von (31.5) zu (31.6) von entscheidendem Einfluß sein.

β) NEWTONsches Verfahren. Als Spezialfall des Iterationsverfahrens bei nichtlinearen Gleichungssystemen $f_j(x_{(1)}, \ldots, x_{(n)}) = 0$ $(j = 1, \ldots, n)$ sei das NEWTONsche Verfahren genannt; die f_j seien dabei in einem Bereich B des $x_{(1)} \ldots x_{(n)}$-Raumes stetig partiell differenzierbare Funktionen, und man setzt in Verallgemeinerung des Falles bei nur einer Veränderlichen in Ziff. 19

$$f_j(x_{(p)k}) + \sum_{q=1}^{n} \frac{\partial f_j(x_{(p)k})}{\partial x_{(q)}} (x_{(q)k+1} - x_{(q)k}) = 0 \qquad \begin{matrix}(j = 1, \ldots, n)\\ (k = 0, 1, \ldots).\end{matrix}$$

Geht man von der k-ten Näherung $x_{(1)k}, \ldots, x_{(n)k}$ aus, so ist dies ein lineares Gleichungssystem für die n neuen Werte $x_{(1)k+1}, \ldots, x_{(n)k+1}$.

γ) Unendliche Gleichungssysteme. Diese werden angenähert gewöhnlich abschnittsweise gelöst, indem man in den ersten k Gleichungen nur die ersten k Unbekannten beibehält, also in ihnen alle weiteren Unbekannten $=0$ setzt, und daraus diese k Unbekannten berechnet.

Dann wird ein entsprechendes größeres Abschnittssystem behandelt und die vorher bestimmten Lösungen als Näherungen für Iterationen benutzt usw. Über die Konvergenz des Verfahrens kann in dieser Allgemeinheit nichts ausgesagt werden.

32. Beispiele zur Iteration und Fehlerabschätzung. *α) Lineares Gleichungssystem.* Gegeben sei $Ax = r$ mit

$$A = \begin{pmatrix} 3 & 6 & 7 & 4\\ 8 & 0 & 7 & -1\\ 9 & 4 & -5 & -4\\ 3 & -4 & -4 & 6\end{pmatrix} \qquad r = \begin{pmatrix} -4\\ 5\\ 1\\ 8\end{pmatrix} \qquad \begin{matrix}\text{(I)}\\ \text{(II)}\\ \text{(III)}\\ \text{(IV).}\end{matrix}$$

Durch Linearkombination der Zeilen sucht man (nach einem bereits von C. RUNGE stammenden Vorschlag) ein neues Gleichungssystem mit stark überwiegenden Hauptdiagonalelementen herzustellen. Im vorliegenden Falle erhält man etwa [wobei rechts die Linearkombination angedeutet ist, z.B. entsteht die neue erste Gleichung als Summe der alten Gleichungen (II), (III), (IV)]:

$$A^* = \begin{pmatrix} 20 & 0 & -2 & 1\\ -4 & 20 & -1 & 0\\ -1 & 6 & 23 & 1\\ 0 & -6 & 4 & 20\end{pmatrix} \qquad r^* = \begin{pmatrix} 14\\ -25\\ -8\\ 11\end{pmatrix} \qquad \begin{matrix}(\text{II} + \text{III} + \text{IV})\\ (2.\ \text{I} - 2.\ \text{II} + \text{III} - \text{IV})\\ (\text{I} + \text{II} - \text{III} - \text{IV})\\ (\text{I} - \text{III} + 2.\ \text{IV}).\end{matrix}$$

Das Iterationsverfahren in Einzelschritten liefert nun, wenn man etwa ganz grob von $x_{(j)0}=0$ ausgeht, die Werte (es werden nur die ersten Zeilen und dann zwei Abschlußzeilen wiedergegeben):

k	$x_{(1)k}$	$x_{(2)k}$	$x_{(3)k}$	$x_{(4)k}$	$\lvert\varrho\rvert_{max}$
0	0	0	0	0	
1	0,7	−1,11	−0,028	0,222	
2	0,6861	−1,1142	...	...	
...	...	...	...	...	
	0,6851623	−1,1148130	−0,0369085	0,2229378	
	0,6851623	−1,1148130	−0,0369086	0,2229378	0,0000001

Fehlerabschätzung: Der maximale Änderungsbetrag ist hier $\varrho=10^{-7}$.

Nach (31.6) ist

$$\beta_1=0,15;\quad \beta_2=0,08;\quad \beta_3=0,071;\quad \beta_4=0,038$$

d.h.

$$K=\operatorname*{Max}_j \beta_j=0,15;\quad \frac{K}{1-K}<0,18;\quad \varrho\frac{K}{1-K}<0,18\cdot 10^{-7};$$

mithin ist auch der maximale Fehler in der letzten Zeile der $x_{(j)k}$ höchstens $0,18\cdot 10^{-7}$.

β) Nichtlineares Gleichungssystem. Die beiden Gleichungen für x, y:

$$x^2+y^2-2=0,\quad 3xy-y^3-1=0$$

werden umgeschrieben:

$$x=\varphi_1(x,y)=\frac{y^2}{3}+\frac{1}{3y};\quad y=\varphi_2(x,y)=\sqrt{2-x^2}.$$

Nach kurzer Iteration in Einzelschritten kommt man etwa zu den Werten:

$$x_k=0,755;\quad y_k=1,195;\quad x_{k+1}=\varphi_1(x_k,y_k)=0,75495,\quad y_{k+1}=\varphi_2(x_{k+1},y_k)=1,19585.$$

Man wählt daher z.B. als Gebiet F

$$1,195\leqq y\leqq 1,197;\quad 0,754\leqq x\leqq 0,756;$$

dort ist

$$a_{11}=\operatorname*{Max}_{\text{in }F}\left|\frac{\partial\varphi_1}{\partial x}\right|=0;\quad a_{12}=0,322=\beta_1;$$

$$a_{21}=0,633;\quad a_{22}=0;\quad \beta_2=a_{21}\beta_1=0,204;\quad K=0,322;\quad \frac{K}{1-K}=0,475.$$

Die maximale Änderung ϱ beträgt 0,00085. Die „Kugel" S lautet nach (31.7)

$$|x-0,75495|\leqq\frac{\varrho K}{1-K}=0,00041;\quad |y-1,19585|\leqq\frac{\varrho K}{1-K}=0,00041.$$

Da S ganz zu F gehört, stellen diese Ungleichungen zugleich eine Fehlerabschätzung für die einzige in F vorhandene Lösung x, y des Gleichungssystems dar.

33. Relaxation. Die Relaxation ist eine sehr allgemein anwendbare Methode zur Aufstellung von Näherungslösungen für Gleichungssysteme[1], Differential- und Integralgleichungen.

Es sei u eine gesuchte Größe, z.B. eine Unbekannte oder ein System von solchen oder eine Funktion. T sei eine auf u anzuwendende gegebene Operation, und es werde nach Lösungen von $Tu=0$ gefragt. v sei irgendeine geschätzte Näherung; dann heißt $\varepsilon=Tv$ der Defekt von v. Die Relaxation besteht nun im Anbringen kleiner Korrekturen bei v, welche den Defekt ε der Null nähern

[1] Die Methode der Relaxation zur genäherten Auflösung linearer Gleichungssysteme wurde bereits von GAUSS verwendet, wieder aufgegriffen von PH. L. SEIDEL (Münch. Akad. Abh. 1874, 81—108), hinsichtlich der Konvergenz untersucht durch RICHARD V. MISES und HILDA POLLACZEK-GEIRINGER [Z. angew. Math. Mech. 9, 62—77 (1929)], in großem Umfange angewendet von R. V. SOUTHWELL [*18*] und seither vielfach untersucht und benutzt.

sollen. Ist u z.B. ein System von Unbekannten, so kann man an einzelnen dieser Unbekannten kleine Korrekturen anbringen, deren Einfluß auf den Defekt feststellen und daraus die wirksamste Größe der Korrekturen bemessen. Ist u eine Funktion, so können die Korrekturen im Abändern der Werte in einem gewissen Teilbereich des Definitionsbereiches bestehen.

Die Relaxation macht dem Anfänger erfahrungsgemäß oft Schwierigkeiten, da sie eine gewisse „Einfühlung" erfordert; der Geübte aber kann mit ihr oft in sehr kurzer Zeit eine Näherung mit einer praktischen Bedürfnissen genügenden Genauigkeit aufstellen. Man achte aber auf folgende recht gefährliche Erscheinung: Wenn in einem gewissen Bereich der Defekt einheitliches Vorzeichen hat, darf man aus der eventuellen Kleinheit seines Betrages nicht schließen, der Lösung schon sehr nahe gekommen zu sein, insbesondere kann es passieren, daß der Defekt dem Betrage nach kleiner als die Abrundungsfehler ist und man dennoch von der Lösung weit entfernt ist. Eine gewisse Sicherheit erhält man erst durch „Eingabelung", vgl. Punkt 1.

Es seien einige Punkte etwa am Beispiel eines Gleichungssystems (31.1) erläutert:

1. Eingabelung der Defekte. Man wählt erstens solche Näherungswerte für die Lösungen, daß alle Defekte möglichst kleine positive Zahlen oder Null werden, und versucht zweitens durch geeignete Korrekturen zu Näherungswerten zu gelangen, für die alle Defekte negativ oder Null sind. Wenn gewisse weitere Voraussetzungen (vgl. Ziff. 34) erfüllt sind, liegen die Lösungen zwischen den Näherungswerten.

2. Ist bei n gegebenen Gleichungen ξ_j eine Näherung von $x_j (j = 1, 2, \ldots n)$, so kann man $x_j = \xi_j + \varepsilon_j$ in die Gleichungen einsetzen, diese gemäß dem TAYLORschen Satz nach ε_j entwickeln und alle Glieder vernachlässigen, die von zweiter oder höherer Ordnung in ε_j sind. Setzt man die Defekte gleich Null, so hat man ein lineares Gleichungssystem zur Bestimmung der Korrekturen ε_j.

3. Blockrelaxation. Hat in einem gewissen Bereich der Defekt einheitliches Vorzeichen, so empfiehlt es sich, in diesem Bereich an allen Werten Korrekturen einheitlichen Vorzeichens anzubringen. Es sei hier auf weitergehende Literatur verwiesen[1].

Beispiel zur Relaxation. Vorgelegt seien die Gleichungen von Ziff. 32, Beispiel β:

$$f(x, y) = x^2 + y^2 - 2 = 0,$$
$$g(x, y) = 3xy - y^3 - 1 = 0.$$

Es werde etwa von der Näherung $x = 1$, $y = 1$ ausgegangen. Die Tafel gibt die Werte von x, y, in derselben Spalte in Klammern die zugefügten Korrekturen, die Werte von f und g (hier zugleich die Defekte) und die durch die Korrekturen hervorgerufenen Änderungen der Defekte. Als grobes Maß für die Güte der Annäherung ist in der letzten Spalte die „Spanne" (die Summe der Beträge der Defekte) angegeben. Ferner wurden zur Erläuterung bei der Näherung $x = 0{,}75$, $y = 1{,}2$ die Korrekturen δ, ε angebracht, ihr Einfluß auf die Defekte (unter der Annahme, daß δ und ε klein sind) berechnet und sodann δ und ε aus den Gleichungen

$$1{,}5\,\delta + 2{,}4\,\varepsilon = -0{,}0025$$
$$3{,}6\,\delta - 2{,}07\,\varepsilon = 0{,}028$$

mit dem Rechenschieber zu

$$\delta = 0{,}00528, \qquad \varepsilon = -0{,}00435$$

ermittelt. Die letzten Zeilen zeigen, daß die Defekte danach tatsächlich viel kleinere Beträge bekommen.

---

[1] Vgl. z.B. R. V. SOUTHWELL [*18*], S. 55ff., G. M. DUSINBERRE: Numerical Analysis of Heat Flow S. 65. New York, Toronto u. London 1949.

Beispiel: $f(x, y) = x^2 + y^2 - 2 = 0, \quad g(x, y) = 3xy - y^3 - 1 = 0.$

x	y	Defekte f	Defekte g	Änderung von f	Änderung von g	Spanne $\lvert f\rvert + \lvert g\rvert$	
1 (−0,1) 0,9	1	0 −0,19	1 0,7	 −0,19	 −0,30	1 0,87	1. Art
	(+0,1) 1,1	0,02	0,639	0,21	−0,061	0,659	1. Art
(−0,1) 0,8	(+0,1) 1,2	0,08	0,152	0,06	−0,487	0,232	1. Art
(−0,05) 0,75		0,0025	−0,028	−0,0775	−0,180	0,0305	1. Art
(+0,005) 0,755	(−0,005) 1,195	−0,00195	0,000185	−0,00445	0,0282	0,00214	1. Art
0,75 $+\delta$	1,2 $+\varepsilon$	0,0025 $+1{,}5\delta$ $+2{,}4\varepsilon$	−0,028 $+3{,}6\delta$ $-2{,}07\varepsilon$			0,0305	2. Art
0,75528 abgerundet: 0,7553	1,19565 1,1957	0,000027 0,000176	−0,000125 −0,000153			0,000152 0,000329	2. Art

34. Monotone lineare Gleichungssysteme. Eine quadratische reelle Matrix A heißt monoton, wenn aus $Az \geqq 0$ folgt $z \geqq 0$ (d.h. alle Komponenten von Az, bzw. von z einzeln $\geqq 0$). Ein Gleichungssystem $Ax = r$ heißt monoton, wenn A monoton ist. Für ein solches Gleichungssystem besteht die Möglichkeit des „Eingabelns": Hat man zwei Näherungen u, v mit $Au \leqq r$ und $Av \geqq r$, so gilt $u \leqq x \leqq v$. Man kann daher auch bei der Relaxation in diesem Falle leicht Fehlerschranken aufstellen. Ein einfaches hinreichendes Kriterium liefert der

Satz: Die Matrix A erfülle die Bedingungen

1. $a_{jj} > 0, \quad a_{jk} \leqq 0 \quad \text{für} \quad j \neq k \qquad (j, k = 1, \ldots, n)$ (34.1)

2a. Schwaches Zeilensummenkriterium:

$$\sum_{k=1}^{n} a_{jk} \begin{cases} \geqq 0 & \text{für} \quad j = 1, \ldots, n \\ > 0 & \text{für mindestens ein} \quad j = j_0, \end{cases} \tag{34.2}$$

2b. A zerfällt nicht;

2c. an die Stelle von 2a und 2b kann das gewöhnliche Zeilensummenkriterium treten:

$$\sum_{k=1}^{n} a_{jk} > 0, \qquad (j = 1, \ldots, n). \tag{34.3}$$

Dann ist A monoton.

Eine Matrix A heißt dabei zerfallend, wenn man die Indices so mit $\varrho_1, \ldots, \varrho_m$, $\sigma_1, \ldots, \sigma_{n-m}$ (mit $1 \leqq m \leqq n-1$) numerieren kann, daß

$$a_{\varrho_\nu \sigma_\mu} = 0 \quad \text{ist für} \quad \nu = 1, \ldots, m; \; \mu = 1, \ldots, n-m,$$

oder etwas gröber ausgedrückt: A zerfällt, wenn sie die Form $A = \left(\frac{B}{C} \middle| \frac{O}{D}\right)$ mit quadratischen Matrizen B und D hat, oder wenn sie durch Umstellung von

Zeilen und gleichlautender Umordnung von Spalten auf diese Form gebracht werden kann.

Gleichungssysteme, die die Voraussetzungen dieses Satzes erfüllen, treten sehr häufig auf, wenn man das Differenzenverfahren auf Randwertaufgaben bei gewöhnlichen oder partiellen Differentialgleichungen anwendet.

35. Eigenwertaufgaben bei endlichen Matrizen. In

$$A\,x = \varkappa\,x \tag{35.1}$$

sei A eine gegebene n-reihige quadratische Matrix, x ein Spaltenvektor. $\varkappa$ ist so zu bestimmen, daß (35.1) eine nicht triviale Lösung x (nicht alle Komponenten $=0$), einen sog. „Eigenvektor" besitzt. $\varkappa$ heißt dann eine *charakteristische Zahl* der Matrix A und $1/\varkappa$ ein Eigenwert von A. Es ist $\varkappa$ Lösung der charakteristischen Gleichung (auch „Säkulargleichung", „Frequenzengleichung") (E als n-reihige Einheitsmatrix):

$$\varphi(\varkappa) = \det(A - \varkappa E) = \begin{vmatrix} a_{11}-\varkappa & a_{12} & \dots & a_{1n} \\ a_{21} & a_{22}-\varkappa & \dots & a_{2n} \\ \dots & \dots & \dots & \\ a_{n1} & a_{n2} & \dots & a_{nn}-\varkappa \end{vmatrix} = 0. \tag{35.2}$$

Oft tritt auch die allgemeine Eigenwertaufgabe

$$A\,x = \varkappa\,B\,x \tag{35.3}$$

auf, bei der B eine zweite n-reihige quadratische, ebenfalls gegebene Matrix ist. Aus der großen Zahl der zur Berechnung von $\varkappa$ und x aufgestellten Verfahren seien nur die folgenden genannt:

a) Ausrechnung der Determinante (35.2) und anschließende Nullstellenbestimmung von $\varphi(\varkappa)$ nach den Methoden von Ziff. 20—25.

Von den verschiedenen Möglichkeiten zur Aufstellung von $\varphi(\varkappa)$ sei hier nur kurz das Verfahren von HESSENBERG[1] für die speziellen Eigenwertaufgaben (35.1) genannt. Dabei wird durch eine Transformation $x = Zy$ (mit $\det Z \neq 0$) eine Matrix $P = -Z^{-1}AZ$ aufgestellt, die dieselben charakteristischen Zahlen und dasselbe charakteristische Polynom $\varphi(\varkappa)$ wie A besitzt. Für Z und P werden die Ansätze gemacht:

$$Z = \begin{pmatrix} 1 & 0 & 0 & \dots & 0 \\ 0 & z_{22} & 0 & \dots & 0 \\ 0 & z_{32} & z_{33} & \dots & 0 \\ \dots & \dots & \dots & \dots & \dots \\ 0 & z_{n2} & z_{n3} & \dots & z_{nn} \end{pmatrix}, \quad P = \begin{pmatrix} p_{11} & p_{12} & \dots & p_{1n} \\ -1 & p_{22} & \dots & p_{2n} \\ 0 & -1 & \dots & p_{3n} \\ \dots & \dots & \dots & \dots \\ \dots & \dots & \dots & p_{nn} \end{pmatrix}. \tag{35.4}$$

Aus

$$AZ + ZP = 0 \tag{35.5}$$

kann man bei Anordnung der Matrizen in der Form $\begin{array}{|c|c|}\hline A & Z \\ \hline & P \\ \cline{2-2}\end{array}$ bequem die z_{jk} und p_{jk} nacheinander spaltenweise berechnen, wobei man die inneren Produkte jeweils von der gesamten j-ten Zeile von A und Z und der gesamten k-ten Spalte von Z und P zu bilden hat. Dann kann man $\varphi(\varkappa) = \det(P + \varkappa E)$ rekursiv bestimmen,

[1] Ausführliche Darstellung bei R. ZURMÜHL [22], S. 136—147.

indem man die Hauptunterdeterminanten jeweils nach den Elementen der letzten Spalte entwickelt

$$\left.\begin{aligned} F_1(\varkappa) &= \varkappa + p_{11}, \\ F_2(\varkappa) &= (\varkappa + p_{22})\, F_1 + p_{12}, \\ F_j(\varkappa) &= (\varkappa + p_{jj})\, F_{j-1} + p_{j-1,j} F_{j-2} + \cdots + p_{2j} F_1 + p_{1j} \quad (j = 2, \ldots, n). \end{aligned}\right\} \tag{35.6}$$

Dann ist $\varphi(\varkappa) = F_n(\varkappa)$.

Bezüglich aller Einzelheiten, Proben und Ausnahmefälle (wenn ein $z_{jj} = 0$ wird) sei auf das zitierte Buch von Zurmühl verwiesen.

Zahlenbeispiel: Für die Matrix

$$A = \begin{pmatrix} 4 & -2 & 3 & 5 \\ -2 & 1 & 0 & -3 \\ 3 & 0 & 6 & 4 \\ 5 & -3 & 4 & -5 \end{pmatrix}$$

ist im folgenden Schema die vollständige Rechnung bis zur Aufstellung von $\varphi(\varkappa)$ einschließlich der Probe (die oberste Zeile gibt die Spaltensummen bei A und Z, auch diese Zeile muß mit allen Spalten von Z, P das innere Produkt Null haben) wiedergegeben. A, Z, P sind wie oben angegeben, angeordnet; in dem unter A verbliebenen Platz sind die Koeffizienten der $F_j(\varkappa)$, geordnet nach Potenzen von $\varkappa$, eingetragen:

	10	−4	13	1	1	6	−37	1063,76	
$A =$	4	−2	3	5	1	0	0	0	
	−2	1	0	−3	0	−2	0	0	
	3	0	6	4	0	3	12,5	0	
	5	−3	4	−5	0	5	−49,5	1063,76	$= z$
				1	−4	−38	210	−5318,80	$= -5z$
F_1			1	−4	−1	−8,5	+74,25	−1595,64	$= -\frac{3}{2} z$
F_2		1	−12,5	−4	0	−1	−7,98	42,5504	$= \frac{1}{25} z$
F_3	1	−20,48	170	−55,08	0	0	−1	14,48	
F_4	1	−6	−84	279	96				

Die charakteristische Gleichung $\varphi(\varkappa) = \varkappa^4 - 6\varkappa^3 - 84\varkappa^2 + 279\varkappa + 96 = 0$ hat mit $\varkappa^2 - 3\varkappa = y$ und $y^2 - 93y + 96 = 0$ die Wurzeln

$$\varkappa = \begin{cases} 11{,}2059787 \\ -8{,}2059787 \\ 3{,}3149318 \\ -0{,}3149318. \end{cases}$$

Es sind soviele Dezimalen angegeben, um die Güte der folgenden Methoden beurteilen zu können.

b) Iterationsverfahren. Bei der speziellen Eigenwertaufgabe (35.1) geht man von einem willkürlich gewählten Vektor z_0 aus und bildet die Folge z_j nach $z_j = A z_{j-1}$ $(j = 1, 2, \ldots)$. Im allgemeinen konvergieren[1] die (geeignet, etwa auf die Länge 1 normierten) Vektoren z_j gegen einen zur charakteristischen Zahl $\varkappa_1$ ($\varkappa_1$ habe den größten Betrag unter den n charakteristischen Zahlen) gehörigen

[1] Genauere Konvergenzaussagen bei H. Wielandt: Math. Z. **50**, 93–143 (1944) und bei L. Collatz [*1*], S. 309.

Eigenvektor, und es konvergieren die Quotienten $q_{jr} = \frac{z_{jr}}{z_{j+1,r}}$, wobei z_{jr} die r-te Komponente von z_j bedeutet, für jedes $r = 1, \ldots, n$ gegen $\varkappa_1$.

Das Verfahren konvergiert gut, wenn die charakteristische Zahl $\varkappa_1$ dem Betrage nach wesentlich größer ist als alle anderen, und man als z_0 einen Vektor gewählt hat, der schon ungefähr in die Richtung eines zu $\varkappa_1$ gehörigen Eigenvektors weist. Als Näherungswert für $\varkappa$ kann man, wenn A und B reell symmetrisch und B positiv definit ist, den RAYLEIGHschen Quotienten verwenden

$$\varkappa_R = \frac{x' A x}{x' B x}. \tag{35.7}$$

Dabei ist x' der als Zeile geschriebene Vektor x. Unter den genannten Voraussetzungen ist $\varkappa_R \leq \varkappa_1$.

Beispiel: Es werde wieder die Matrix von Methode a) gewählt:

j	$z_j = A^j z_0$				Probe: Summe	$a_{2j} = z_j' z_j$	$a_{2j+1} = z_j' z_{j+1}$	$\varkappa_R = \frac{a_{2j+1}}{a_{2j}}$	$\frac{a_{2j+2}}{a_{2j+1}}$	$\sqrt{\frac{a_{2j+2}}{a_{2j}}}$
0	1	1	1	1	4	4	20	5	14,3	8,45
1	10	− 4	13	1	20	286	2593	9,07	13	10,84
2	92	− 27	112	109	286	33618	337806	10,05	12,14	11,043
3	1303	− 538	1384	444	2593	4099845	43346324	10,57	11,70	11,120
4	12660	− 4476	13989	11445	33618	506990332				

Die letzte Spalte gibt Zahlen, die bei diesem Beispiel (aber keineswegs allgemein) bessere Werte als die $\varkappa_R$-Spalte zeigt.

c) Relaxation und Einschließungssatz. Man wählt einen Ausgangsvektor x, berechnet $y = A x$ und bringt an dem gewählten Ausgangsvektor x Korrekturen an, so daß die in Methode 2 erwähnten Quotienten der Komponenten von y zu denen von x einander möglichst gleich werden, d.h., daß die „Spanne" möglichst klein wird.

Die Spanne ist die Länge des kleinsten Intervalls, das alle Quotienten enthält. Bei nicht zu umfangreichen Matrizen sieht man im allgemeinen leicht, durch welche Korrekturen man die Spanne wirksam verkleinern kann. In der Tabelle 3 sind die Korrekturen eingeklammert angegeben. Die Probespalte entsteht, wenn man die Spaltensummen von A wie eine Zeile von A behandelt. Die Summe der Komponenten von y muß dann gleich der Zahl in der Probenspalte sein.

Die letzten Spalten dienen der Berechnung des RAYLEIGHschen Quotienten $\varkappa_R$. Natürlich wird man nicht in jeder Zeile $\varkappa_R$ berechnen; das geschah hier nur, um die außerordentliche Güte von $\varkappa_R$ zu zeigen, wenn man erst in die Nähe des Eigenvektors gekommen und die Spanne klein geworden ist. Das Schema ist ohne weiteres auch für andere Eigenvektoren verwendbar; die Zahlentafel zeigt als Beispiel den dritten Eigenvektor, bei dem $\varkappa_R$ ebenfalls sehr hohe Genauigkeit aufweist.

Für reelle symmetrische Matrizen A gilt: Zwischen dem größten und dem kleinsten Quotienten liegt mindestens eine charakteristische Zahl.

Hier hat man also als exakte Schranken

$$11{,}15 \leq \varkappa_1 \leq 11{,}242; \quad 3{,}308 \leq \varkappa_3 \leq 3{,}32.$$

Tabelle 3.

x'				$y' = (Ax)'$				Probe	Quotienten				Spanne	$x'x$	$x'y$	$\varkappa_R = \frac{x'y}{x'x}$
3	−1	3	2	33	−13	35	20	75	11	13	11,67	10	3	23	257	11,174
3	(−0,2) −1,2	3	2	(+0,4) 33,4	(−0,2) −13,2	— 35	(+0,6) 20,6	(+0,8) 75,8	11,13	11	11,67	10,3	1,37	23,44	262,24	11,1877
3	(−0,2) −1,2	(0,3) 3,3	2	(0,9) 34,3	— −13,2	(1,8) 36,8	(1,2) 21,8	(3,9) 79,7	11,43	11	11,15	10,9	0,53	25,33	283,78	11,20332
(0,1) 3,1	−1,2	3,3	2	(0,4) 34,7	(−0,2) −13,4	(0,3) 37,1	(0,5) 22,3	(1,0) 80,7	11,194	11,167	11,242	11,15	0,092	25,94	290,68	11,20586
4	−5	−6	1	13	−16	−20	6	−17	3,25	3,2	3,33	6	2,8	78	258	3,30769
4	−5	−6	(0,2) 1,2	(1) 14	(−0,6) −16,6	(+0,8) −19,2	(−1) 5	(0,2) −16,8	3,5	3,32	3,2	4,167	0,967	78,44	260,20	3,317185
4	−5	(−0,3) −6,3	1,2	(−0,9) 13,1	— −16,6	(−1,8) −21	(−1,2) 3,8	(−3,9) −20,7	3,275	3,32	3,333	3,167	0,167	82,13	272,26	3,3149884
4	−5	(+0,05) −6,25	1,2	(+0,15) 13,25	— −16,6	(+0,3) −20,7	(+0,2) 4	(+0,65) −20,05	3,3125	3,32	3,312	3,333	0,0213	81,5025	270,175	3,3149290

Für die Aufgabe $A x = \varkappa B x$ (A, B gegebene, n-reihige quadratische Matrizen) wird entsprechend nach dem folgenden Schema gerechnet:

x'	$(Ax)'$	Probe	$(Bx)'$	Probe	$q_j = \frac{(Ax)_j}{(Bx)_j}$	Spanne

Die Korrekturen z braucht man nicht unbedingt zu schätzen, sondern kann sie auch wie folgt berechnen: x sei ein Näherungsvektor, z eine Korrektur, dann soll gelten:

$$A(x+z) \approx \varkappa B(x+z).$$

Ist für $\varkappa$ ein Näherungswert $\tilde{\varkappa}$ bekannt, so erhält man für z das lineare Gleichungssystem:

$$(A - \tilde{\varkappa} B)\, z = -(A - \tilde{\varkappa} B)\, x.$$

Die Determinante dieses Systems ist annähernd gleich Null. Man setzt eine Komponente von z gleich eins und läßt eine Gleichung fort.

C. Differenzenrechnung, Interpolation und Integration.

I. Differenzenrechnung und Interpolation.

36. Dividierte Differenzen. Für eine Funktion $f(x)$ definiert man die „dividierten Differenzen" durch

$$\left.\begin{aligned} f(\xi_1, \xi_2) &= \frac{f(\xi_1) - f(\xi_2)}{\xi_1 - \xi_2}, \\ f(\xi_1, \ldots, \xi_m) &= \frac{f(\xi_1, \ldots, \xi_{m-1}) - f(\xi_2, \xi_3, \ldots, \xi_m)}{\xi_1 - \xi_m} \qquad (m = 2, 3, \ldots). \end{aligned}\right\} \tag{36.1}$$

$f(\xi_1, \ldots, \xi_m)$ ist eine symmetrische Funktion der Argumente $\xi_1, \ldots, \xi_m$. Mit Hilfe der dividierten Differenzen kann man eine Funktion $f(x)$, von der man die Werte $f_j = f(x_j)$ an den nicht notwendig äquidistanten Stellen x_j $(j = 1, \ldots, n)$ kennt, interpolieren; es gilt

die NEWTON*sche Interpolationsformel mit Restglied:*

$$f(x) = y(x) + R_n(x) \tag{36.2}$$

mit dem Näherungspolynom:

$$\left.\begin{aligned} y(x) = f(x_1) + (x - x_1)\cdot f(x_1, x_2) + (x - x_1)\cdot(x - x_2)\cdot f(x_1, x_2, x_3) + \cdots \\ + \left[\prod_{r=1}^{n-1} (x - x_r)\right]\cdot f(x_1, \ldots, x_n) \end{aligned}\right\} \tag{36.3}$$

und dem Restglied

$$R_n(x) = \left[\prod_{r=1}^{n} (x - x_r)\right] f(x, x_1, \ldots, x_n). \tag{36.4}$$

Ist $f(x)$ in einem Intervall J, welches die x_j und x enthält, n-mal stetig differenzierbar, so gilt

$$f(x, x_1, \ldots, x_n) = \frac{1}{n!} f^{(n)}(\xi); \tag{36.5}$$

dabei ist ξ eine geeignete Zwischenstelle in J. Man kann somit das Restglied in (36.4) abschätzen:

$$|R_n(x)| \leq \frac{|f^{(n)}|_{\max \text{ in } J}}{n!} \prod_{r=1}^{n} (x - x_r). \tag{36.6}$$

Rechenschema:

x	$f(x)$	$x-x_1$	$f(x)-f(x_1)$	$f(x,x_1)$	$x-x_2$	$f(x,x_1)-f(x_1,x_2)$	$f(x_1,x_2,x)$
x_1	$f(x_1)$						
x_2	$f(x_2)$	x_2-x_1	$f(x_2)-f(x_1)$	$f(x_1,x_2)$			
x_3	$f(x_3)$	x_3-x_1	$f(x_3)-f(x_1)$	$f(x_1,x_3)$	x_3-x_2	$f(x_3,x_1)-f(x_1,x_2)$	$f(x_1,x_2,x_3)$

Beispiel: $f(x)=\operatorname{Log} x$

x	$f(x)$	$x-x_1$	$f(x)-f(x_1)$	$f(x,x_1)$	$x-x_2$	$f(x,x_1)-f(x_1,x_2)$
24	1,3802112					
27	1,4313638	3	0,0511526	0,01705087		
32	1,5051500	8	0,1249388	0,01561735	5	−0,00143352
36	1,5563025	12	0,1760913	0,01467428	9	−0,00237659

x	$f(x,x_1,x_2)$	$x-x_3$	$f(x,x_1,x_2)-f(x_1,x_2,x_3)$	$f(x,x_1,x_2,x_3)$
24				
27				
32	−0,00028670			
36	−0,00026407	4	0,00002263	0,000005658

Es soll Log 30 mit Hilfe des durch das obige Schema bestimmten Näherungspolynoms berechnet werden. Der Wert des Näherungspolynoms ist

$$\begin{aligned} y(30) = {} & 1{,}3802112 \\ & +0{,}1023052 \quad [=6\cdot 0{,}01705087] \\ & -0{,}0051606 \quad [=6\cdot 3\cdot(-0{,}00028670)] \\ & -0{,}0002037 \quad [=6\cdot 3\cdot(-2)\cdot 0{,}000005658] \\ \hline y(30) = {} & 1{,}4771521 \end{aligned}$$

Mit $f^{(4)}(x)=-\dfrac{6M}{x^4}\left(\text{es ist } M=\dfrac{1}{\ln 10}=0{,}434\ldots\right)$ lautet das Restglied nach (36.4), (36.5)

$$R_4=f(30)-y(30)=\frac{6\cdot 3\cdot(-2)(-6)}{4!}\cdot\frac{-6M}{\xi^4}.$$

Wegen $24\leqq\xi\leqq 36$ ist mithin

$$-\frac{54M}{24^4}=-71\cdot 10^{-6}\leqq R_4\leqq-\frac{54M}{36^4}=-14\cdot 10^{-6}$$

oder

$$1{,}477081\leqq \operatorname{Log} 30\leqq 1{,}477138$$

(es ist Log 30 = 1,4771213).

37. Differenzenschema- und Interpolationsformeln bei äquidistanten Abszissen. Es sei nun $x_{\nu+1}-x_\nu=h=\text{const}$ $(\nu=0,\pm 1,\pm 2,\ldots)$; die Schrittweite h sei >0; man setzt $y_\nu=f(x_\nu)$ und definiert die Differenzen erster und höherer, allgemein k-ter Ordnung als:

$$\left.\begin{array}{ll} \text{Absteigende Differenzen:} & \Delta y_\nu=y_{\nu+1}-y_\nu,\ \Delta^k y_\nu=\Delta^{k-1}y_{\nu+1}-\Delta^{k-1}y_\nu, \\ \text{Aufsteigende Differenzen:} & \nabla y_\nu=y_\nu-y_{\nu-1},\ \nabla^k y_\nu=\nabla^{k-1}y_\nu-\nabla^{k-1}y_{\nu-1}, \\ \text{Zentrale Differenzen:} & \delta y_\nu=\delta y_{\nu+\frac12}-\delta y_{-\frac12},\ \delta^k y_\nu=\delta^{k-1}y_{\nu+\frac12}-\delta^{k-1}y_{\nu-\frac12} \\ & (k=1,2,\ldots\quad \nu=0,\pm 1,\pm 2,\ldots). \end{array}\right\}\qquad (37.1)$$

Mit dem Verschiebungsoperator:

$$E\,f(x)=f(x+h),\quad E^n f(x)=f(x+nh)\quad (n \text{ reell})\qquad (37.2)$$

kann man schreiben:

$$\Delta = E - 1, \quad \nabla = 1 - E^{-1}, \quad \delta = E^{\frac{1}{2}} - E^{-\frac{1}{2}}. \tag{37.3}$$

Außerdem wird gesetzt:

$$\Box = \tfrac{1}{2}(E^{\frac{1}{2}} + E^{-\frac{1}{2}}). \tag{37.4}$$

Man ordnet die Funktionswerte und ihre Differenzen oft in Gestalt des „Differenzenschemas" an:

	Funktions-werte	Differenzen 1. Ordnung	2. Ordnung	3. Ordnung	...
x_{-2}	y_{-2}				
		Δy_{-2}			
x_{-1}	y_{-1}		$\Delta^2 y_{-2}$		
		Δy_{-1}		$\Delta^3 y_{-2}$	
x_0	y_0		$\Delta^2 y_{-1}$		...
		Δy_0		$\Delta^3 y_{-1}$	
x_1	y_1		$\Delta^2 y_0$		...
		Δy_1		$\Delta^3 y_0$	
x_2	y_2		$\Delta^2 y_1$		
		Δy_2			
x_3	y_3				

Spezialisiert man die allgemeine Interpolationsformel (36.2) bis (36.4) mit Restglied auf den Fall äquidistanter Abszissen, so ergeben sich je nach der Reihenfolge, in der man die zu verwendenden Funktionswerte benutzt, verschiedene Interpolationsformeln. Benutzt man die Werte $y_0, y_1, y_2, \ldots$, so erhält man die NEWTONsche Formel mit absteigenden Differenzen

$$\left.\begin{aligned} y = y_0 &+ \frac{x - x_0}{h}\,\frac{\Delta y_0}{1!} + \\ &+ \frac{(x - x_0)(x - x_1)}{h^2}\,\frac{\Delta^2 y_0}{2!} + \cdots + \frac{1}{h^n}\left[\prod_{\nu=0}^{n-1}(x - x_\nu)\right]\frac{\Delta^n y_0}{n!} + R_{n+1}. \end{aligned}\right\} \tag{37.5}$$

Das Restglied läßt sich in der Form schreiben:

$$R_{n+1} = \frac{\prod\limits_{j=0}^{n}(x - x_j)}{(n+1)!}\,f^{(n+1)}(\xi), \tag{37.6}$$

(ξ in einem Intervall J, das x_0, x_n und x enthält). Die Formel wird durch die Substitution $u = \frac{x - x_0}{h}$ vereinfacht; setzt man außerdem $y(x) = f(x_0 + uh) = F(u) = N_+(u) + R_{n+1}$ und $\Delta^k y_\nu = \Delta^k_\nu$, so ergibt sich

$$N_+(u) = y_0 + \frac{u}{1!}\Delta_0 + \frac{u(u-1)}{2!}\Delta_0^2 + \cdots + \frac{u(u-1)\ldots(u-n+1)}{n!}\Delta_0^n. \tag{37.7}$$

Benutzt man die Werte $y_0, y_{-1}, y_{-2}, \ldots$, so erhält man genau analog mit $\nabla^k_\nu = \nabla^k y_\nu$ das NEWTONsche Interpolationspolynom mit aufsteigenden Differenzen:

$$N_-(u) = y_0 + \frac{u}{1!}\nabla_0 + \frac{u(u+1)}{2!}\nabla_0^2 + \cdots + \frac{u(u+1)\ldots(u+n-1)}{n!}\nabla_0^n. \tag{37.8}$$

Das Restglied kann wieder in der Form (37.6) geschrieben werden, wenn man x durch x_{-j} ersetzt.

Es seien noch[1] zwei symmetrische Formeln genannt:
von STIRLING: $F(u) = S(u) + R_{n+1}$ mit

$$\left.\begin{aligned} S(u) = y_0 + \frac{u}{1!}\,\frac{\Delta_{-1}+\Delta_0}{2} + \frac{u^2}{2!}\Delta^2_{-1} + \frac{u(u^2-1)}{3!}\,\frac{\Delta^3_{-2}+\Delta^3_{-1}}{2} + \\ + \frac{u^2(u^2-1)}{4!}\Delta^4_{-2} + \cdots \end{aligned}\right\} \quad (37.9)$$

oder mit den Abkürzungen (37.4) und $\delta^k_\nu = \delta^k y_\nu$:

$$S(u) = y_0 + u\,\square\,\delta_0 + \frac{u^2}{2!}\delta_0^2 + \frac{u(u^2-1)}{3!}\,\square\,\delta_0^3 + \frac{u^2(u^2-1)}{4!}\delta_0^4 + \cdot$$

und die Formel von BESSEL: $F(u) = B(u) + R_{n+1}$ mit

$$\left.\begin{aligned} B(u) = \frac{y_0+y_1}{2} + \left(u-\frac{1}{2}\right)\Delta_0^1 + u(u-1)\,\frac{\Delta_0^2+\Delta^2_{-1}}{2} + \\ + \frac{u(u-1)(u-\frac{1}{2})}{3!}\Delta^3_{-1} + \frac{u(u-1)(u+1)(u-2)}{4!}\,\frac{\Delta^4_{-1}+\Delta^4_{-2}}{2} + \cdots. \end{aligned}\right\} \quad (37.10)$$

Auch hier kann man mit dem Operator $\square$ die übersichtlichere Gestalt (38.1) erreichen[2]. Das Restglied hat stets die Form $R_{n+1} = \alpha_n F^{(n+1)}(\xi)$; dabei sind die α_n gegeben durch die Tabelle:

Faktoren α_n

	Formel von STIRLING	Formel von BESSEL
n gerade	$\binom{u+\frac{1}{2}n}{n+1}$	$\frac{1}{2}\left[\binom{u+\frac{1}{2}n}{n+1} + \binom{u+\frac{1}{2}n-1}{n+1}\right]$
n ungerade	$\frac{1}{2}\left[\binom{u+\frac{1}{2}(n-1)}{n+1} + \binom{u+\frac{1}{2}(n+1)}{n+1}\right]$	$\binom{u+\frac{1}{2}(n-1)}{n+1}$

38. Interpolation bei mehreren unabhängigen Veränderlichen. Es werden zwei Wege für die Interpolation bei zwei unabhängigen Veränderlichen x und y beschrieben, bei mehr als zwei Veränderlichen kann man entsprechend vorgehen.

I. Die Interpolation in den beiden Variablen wird nacheinander ausgeführt. Beispiel: Der Funktionswert $f(2{,}35;\ 4{,}61)$ soll durch kubische Interpolation bestimmt werden. Zuerst erhält man $f(1;\ 4{,}61)$ durch Interpolation aus $f(1;\ 3)$, $f(1;\ 4)$, $f(1;\ 5)$, $f(1;\ 6)$ und dann entsprechend $f(2;\ 4{,}61)$, $f(3;\ 4{,}61)$, $f(4;\ 4{,}61)$. Mit den vier Funktionswerten $f(k;\ 4{,}61)$ bestimmt man dann $f(2{,}35;\ 4{,}61)$, wobei jetzt die zweite Variable fest ist. Es sind also fünf Differenzenschemata aufzustellen.

II. Die Interpolationsformel für eine Variable wird in die Interpolationsformel für die andere Variable eingesetzt.

Beispiel des BESSELschen Interpolationspolynoms: $\square$ und δ sind die in Ziff. 36/37 eingeführten Operatoren. Dann ist:

$$B(u) = \left[\square + \left(u-\frac{1}{2}\right)\delta + \frac{u(u-1)}{2!}\square\,\delta^2 + \frac{u(u-1)(u-\frac{1}{2})}{3!}\delta^3 + \cdots\right] f\left(\frac{1}{2}\right) = \widetilde{B}_u f\left(\frac{1}{2}\right). \quad (38.1)$$

[1] Es gibt noch verschiedene andere Interpolationsformeln von LAGRANGE, GAUSS, EVERETT usw. Wir müssen hier auf die Literatur, z.B. FR. A. WILLERS [20] verweisen.

[2] Vgl. z.B. STEFFENSEN [19], S. 30.

Die Operatoren bekommen nun einen Index u, wenn sie sich auf x beziehen und entsprechend v bei y. Außerdem wird $f(i,j) = f_{ij}$ gesetzt. Dann lautet das BESSELsche Näherungspolynom für f:

$$\begin{aligned}
B(u,v) &= \widetilde{B}_u \widetilde{B}_v f\left(\frac{1}{2}, \frac{1}{2}\right) \\
&= \left[\Box_u + \left(u - \frac{1}{2}\right)\delta_u + \frac{u(u-1)}{2!}\Box\delta_u^2 + \cdots\right] \times \\
&\quad \times \left[\Box_v + \left(v - \frac{1}{2}\right)\delta_v + \frac{v(v-1)}{2!}\Box\delta_v^2 + \cdots\right] f\left(\frac{1}{2}, \frac{1}{2}\right) \\
&= \left[\Box_u\Box_v + \Box_u\left(v - \frac{1}{2}\right)\delta_v + \Box_v\left(u - \frac{1}{2}\right)\delta_u + \cdots\right] f\left(\frac{1}{2}, \frac{1}{2}\right) \\
&= \frac{1}{4}(f_{00} + f_{10} + f_{01} + f_{11}) + \frac{1}{2}\left(v - \frac{1}{2}\right)(f_{01} - f_{00} + f_{11} - f_{10}) + \\
&\quad + \frac{1}{2}\left(u - \frac{1}{2}\right)(f_{10} - f_{00} + f_{11} - f_{01}) + \\
&\quad + \left(u - \frac{1}{2}\right)\left(v - \frac{1}{2}\right)(f_{11} - f_{10} - f_{01} + f_{00}) + \cdots.
\end{aligned}$$

Die in der letzten Gleichung aufgeschriebenen Glieder stellen ein hyperbolisches Paraboloid durch die Punkte

$$A = (0, 0, f_{00}), \qquad B = (0, 1, f_{01}), \qquad C = (1, 0, f_{10}), \qquad D = (1, 1, f_{11})$$

dar. In entsprechender Weise kann man auch die anderen Interpolationsformeln auf mehrere Veränderliche übertragen und auch untereinander kombinieren. Als Beispiel sei das NEWTONsche Interpolationspolynom [mit $Jf(u,v) \equiv f(u,v)$]

$$\begin{aligned}
N(u,v) &= \left[J + \frac{u}{1!}\Delta_u + \frac{u(u-1)}{2!}\Delta_u^2 + \cdots\right]\left[J + \frac{v}{1!}\Delta_v + \frac{v(v-1)}{2!}\Delta_v^2 + \cdots\right] f_{00} \\
&= f_{00} + (u\Delta_u + v\Delta_v) f_{00} + \frac{1}{2}\left[u(u-1)\Delta_u^2 + 2uv\Delta_u\Delta_v + v(v-1)\Delta_v^2\right] f_{00} + \\
&\quad + \frac{1}{6}\left[u(u-1)(u-2)\Delta_u^3 + 3u(u-1)v\Delta_u^2\Delta_v + 3uv(v-1)\Delta_u\Delta_v^2 + \right. \\
&\quad \left. + v(v-1)(v-2)\Delta_v^3\right] f_{00} + \cdots
\end{aligned}$$

genannt. Es hat wie bei einer Veränderlichen den Nachteil, daß die verwendeten Funktionswerte unsymmetrisch zum Ausgangswert f_{00} liegen.

Durch Differentiation der Interpolationspolynome kann man auch Näherungen für die ersten und die höheren Ableitungen gewinnen, z.B. erhält man aus (37.9)

$$F'(0) \approx S'(0) = \frac{\Delta_{-1} + \Delta_0}{2} - \frac{\Delta_{-2}^3 + \Delta_{-1}^3}{12} + \cdots$$

und aus (37.10)

$$F'\left(\frac{1}{2}\right) \approx B'\left(\frac{1}{2}\right) = \Delta_0 - \frac{1}{24}\Delta_{-1}^3 + \frac{3}{640}\Delta_{-2}^5 + \cdots.$$

Man vermeidet jedoch das stets nur ungenaue und mit Unsicherheit ausführbare numerische und graphische Differenzieren, soweit es irgend möglich ist.

II. Angenäherte Integration.

Es soll ein Integral

$$J=\int_a^b f(x)\,dx \tag{39.1}$$

einer in $\langle a, b\rangle$ gegebenen (etwa im RIEMANNschen Sinne) integrablen Funktion $f(x)$ angenähert ausgewertet werden.

39. Numerische Integration. Für J wird ein Näherungsausdruck N aufgestellt, für den man eine Abschätzung des Restgliedes $R=J-N$ durchführen kann, wenn $f(x)$ in $\langle a, b\rangle$ genügend oft differenzierbar ist und Schranken für die Ableitung einer gewissen Ordnung angebbar sind.

Allgemein macht man für N den folgenden Ansatz:

$$N=\sum_{\nu=1}^{n} A_\nu f(a_\nu)+\sum_{\nu=1}^{n} A'_\nu f'(a_\nu)+\cdots+\sum_{\nu=1}^{n} A_\nu^{(s)} f^{(s)}(a_\nu). \tag{39.2}$$

Die Größen $A_\nu, A'_\nu, \ldots$ sind Konstanten, die auch teilweise $=0$ sein können. Daher ist es keine Einschränkung der Allgemeinheit, wenn in allen Summen die gleichen Stellen a_ν gewählt werden. Die Punkte a_ν brauchen nicht alle im Intervall $\langle a, b\rangle$ zu liegen.

Dieser Ansatz enthält als einfache Fälle die Trapezregel:

$$J\approx N=\frac{b-a}{2}\,[f(a)+f(b)] \tag{39.3}$$

mit dem Restglied

$$R=-\frac{2}{3}\left(\frac{b-a}{2}\right)^3 f''(\xi)$$

und die SIMPSONsche Regel

$$N=\frac{b-a}{6}\left[f(a)+4f\left(\frac{a+b}{2}\right)+f(b)\right] \tag{39.4}$$

mit dem Restglied

$$R=-\frac{1}{90}\left(\frac{b-a}{2}\right)^5 f^{\mathrm{IV}}(\xi) \tag{39.5}$$

ξ ist jeweils eine Stelle im Intervall $\langle a, b\rangle$.

Zur Erzielung genauerer Ergebnisse teilt man das Intervall $\langle a, b\rangle$ in (etwa p) Teilintervalle der Länge $2h$ und wendet für diese die SIMPSONsche Regel an. Man arbeitet zweckmäßig mit äquidistanten Abszissen und einem Differenzenschema für f. Mit $x_\nu=x_0+\nu h\ (\nu=0, 1, \ldots, 2p)$, $f_\nu=f(x_\nu)$ wird

$$J=\int_{x_0}^{x_{2p}} f(x)\,dx\approx N=\frac{h}{3}\,(f_0+4f_1+2f_2+4f_3+2f_4+\cdots+f_{2p}).$$

Setzt man

$$\Sigma_0=\sum_{k=1}^{p} f_{2k-1},\qquad \Sigma_2=\sum_{k=1}^{p} \Delta^2 f_{2k-2},\qquad \Sigma_4=\sum_{k=1}^{p} \Delta^4 f_{2k-3},$$

so ist

$$N=2h\left(\Sigma_0+\tfrac{1}{6}\Sigma_2\right).$$

Für das Restglied gilt die Abschätzung:

$$|R|\leq\frac{h^5}{90}\sum_{\nu=0}^{p-1} |f^{(4)}|_{\max \text{ in } \langle x_{2\nu},\, x_{2\nu+2}\rangle}.$$

Als grober und nicht exakter Anhaltspunkt für die Größe von R wird manchmal, wenn die vierten Differenzen einen glatten Verlauf haben und es berechtigt erscheint, die vierte Ableitung durch den vierten Differenzenquotienten zu ersetzen, $R\approx\frac{h}{90}\,\Sigma_4$ gesetzt, vgl. hierzu das Beispiel.

Beispiel: Berechnung von $\int\limits_1^2 \frac{e^x}{x}\,dx$ nach der SIMPSONschen Regel.

x	$f(x) = \frac{e^x}{x}$	Δ	Δ^2	Δ^3	Δ^4
0,8	2,781926				
		−0,049034			
0,9	2,732892		+0,034424		
		−0,014610		−0,007036	
1,0	2,718282		27388		**+0,002574**
		+0,012778		−0,004462	
1,1	**2,731060**		**22926**		1604
		35704		2858	
1,2	2,766764		20068		**1053**
		55772		1805	
1,3	**2,822536**		**18263**		729
		74035		1076	
1,4	2,896571		17187		**519**
		91222		557	
1,5	**2,987793**		**16630**		399
		107852		−0,000158	
1,6	3,095645		16472		**308**
		124324		+0,000150	
1,7	**3,219969**		**16622**		259
		140946		409	
1,8	3,360915		17031		**219**
		157977		628	
1,9	**3,518892**		**17659**		201
		175636		829	
2,0	3,694528		18488		+0,000186
		194124		+0,001015	
2,1	3,888652		+0,019503		
		+0,213627			
2,2	4,102279				
	$\boldsymbol{\Sigma_0 = 15{,}280250}$		$\boldsymbol{\Sigma_2 = +0{,}092100}$		$\Sigma_4 = +0{,}004673$
			$\frac{1}{6}\Sigma_2 = 0{,}015350$		

Es wurden Σ_0, Σ_2, Σ_4 durch Summation der fettgedruckten Zahlen berechnet, wobei bei Σ_4 in Abweichung von der oben gegebenen Definition in jedem Teilintervall bei dem offensichtlichen Gang der vierten Differenzen die betragsgrößte (hier also die oberste) Zahl verwendet wurde. Es ist dann $N = 0{,}2\left(\Sigma_0 + \frac{1}{6}\Sigma_2\right) = 3{,}0591200$, $R \approx \frac{0{,}1}{90}\Sigma_4 = 0{,}0000052$ und somit

$$3{,}059114 \leq \int\limits_1^2 \frac{e^x}{x}\,dx \leq 3{,}059120.$$

Warnung. Das Intervall soll so fein unterteilt sein, daß zumindest die zweiten Differenzen der f-Werte einen glatten Verlauf zeigen.

Daß die SIMPSON-Regel bei zu großem Intervall völlig falsche Werte liefern kann, zeigt folgendes Beispiel. Es ist

$$\int\limits_{-1}^{+1} \frac{dx}{1+(5x)^2} = \frac{2}{5}\,\text{arc tan}\,5 \approx 0{,}55.$$

Die SIMPSONsche Regel (39.4) mit $a = -1$, $b = 1$ dagegen liefert: $N = \frac{53}{39} = 1{,}36$.

Weitere Formeln. In folgender Tabelle 4 sind einige weitere, gelegentlich verwendete Quadraturformeln zusammengestellt[1], wobei jeweils in der linken Skizze schematisch angedeutet wurde, an welchen Stellen Werte von $f, f', \ldots$ benutzt wurden.

[1] Herleitung dieser und weiterer Formeln bei STEFFENSEN [*19*], FR. A. WILLERS [*20*], KOWALEWSKI [*6*] u. a.

Tabelle 4. *Zusammenstellung der wichtigsten Quadraturformeln.* $J = \int_a^b f(x)\,dx = N + R$.

Formel-Nr.	Es werden benutzt Werte von ● f × f' □ f'' ○ f'''	Name	Näherungsausdruck N	Restglied R ξ = Zwischenstelle; $S_\nu = \frac{(b-a)^{\nu+1}}{(\nu+1)!} f^{(\nu)}(\xi)$	Beispiele $\int_0^1 \frac{dx}{1+x} = \ln 2 \approx 0{,}6931472$	Beispiele $\int_0^1 + \sqrt{x}\,dx = \frac{2}{3}$
Es werden benutzt Werte nur von f: (1)	a ● b	Maclaurinsche Formeln	$(b-a)\cdot f\left(\frac{a+b}{2}\right)$	$+\frac{1}{3}\left(\frac{b-a}{2}\right)^3 f''(\xi) = +\frac{1}{4} S_2$	$\frac{2}{3} \approx 0{,}6667$ (−4%)	$\frac{1}{\sqrt{2}} \approx 0{,}70711$ (+6%)
(2)	● ●	Maclaurinsche Formeln	$\frac{b-a}{2}\left[f\left(\frac{3a+b}{4}\right) + f\left(\frac{a+3b}{4}\right)\right]$	$+\frac{1}{12}\left(\frac{b-a}{2}\right)^3 f''(\xi) = +\frac{1}{16} S_2$	$\frac{24}{35} \approx 0{,}685714$ (−1,1%)	$\frac{1+\sqrt{3}}{4} \approx 0{,}68301$ (+2,4%)
(3)	● ●	Cotes'sche Formeln: Trapezregel	$\frac{b-a}{2}[f(a) + f(b)]$	$-\frac{2}{3}\left(\frac{b-a}{2}\right)^3 f''(\xi) = -\frac{1}{2} S_2$	$\frac{3}{4} = 0{,}75$ (+8%)	$\frac{1}{2}$ (−25%)
(4)	● ● ●	Cotes'sche Formeln: Simpsonregel	$\frac{b-a}{6}\left[f(a) + 4f\left(\frac{a+b}{2}\right) + f(b)\right]$	$-\frac{1}{90}\left(\frac{b-a}{2}\right)^5 f^{IV}(\xi) = -\frac{1}{24} S_4$	$\frac{25}{36} \approx 0{,}69444$ (+0,19%)	$\frac{1+\sqrt{8}}{6} \approx 0{,}63807$ (−4,3%)
(5)	● ● ● ●	Cotes'sche Formeln: Newtons Lieblingsformel	$\frac{b-a}{8}\left[f(a) + 3f\left(\frac{2a+b}{3}\right) + 3f\left(\frac{a+2b}{3}\right) + f(b)\right]$	$-\frac{2}{405}\left(\frac{b-a}{2}\right)^5 f^{IV}(\xi) = -\frac{1}{54} S_4$	$\frac{111}{160} \approx 0{,}69375$ (+0,03%)	$\frac{1+\sqrt{3}+\sqrt{6}}{8} \approx 0{,}64769$ (−3%)
(6)	● ● ● ● ●	Cotes'sche Formeln	$\frac{b-a}{90}\left[7f(a) + 32f\left(\frac{3a+b}{4}\right) + 12f\left(\frac{a+b}{2}\right) + 32f\left(\frac{a+3b}{4}\right) + 7f(b)\right]$	$-\frac{1}{15120}\left(\frac{b-a}{2}\right)^7 f^{VI}(\xi) = -\frac{1}{384} S_6$	$\frac{4367}{6300} \approx 0{,}6931746$ (+0,004%)	0,65776 (−1,3%)
(7)	● ●	Gaußsche mechanische Quadratur	$\frac{b-a}{2}\left[f\left(\frac{a+b}{2} - \frac{b-a}{2\sqrt{3}}\right) + f\left(\frac{a+b}{2} + \frac{b-a}{2\sqrt{3}}\right)\right]$	$+\frac{1}{135}\left(\frac{b-a}{2}\right)^5 f^{IV}(\xi) = +\frac{1}{36} S_4$	$\frac{9}{13} \approx 0{,}69231$ (−0,12%)	0,67389 (+1,1%)
(8)	● ● ●	Tschebyscheff-Formel	$\frac{b-a}{3}\left[f\left(\frac{a+b}{2} - \frac{b-a}{2\sqrt{2}}\right) + f\left(\frac{a+b}{2}\right) + f\left(\frac{a+b}{2} + \frac{b-a}{2\sqrt{2}}\right)\right]$	$+\frac{1}{360}\left(\frac{b-a}{2}\right)^5 f^{IV}(\xi) = +\frac{1}{96} S_4$	$\frac{106}{153} \approx 0{,}692811$ (−0,05%)	$\frac{1}{3}\sum_{\nu=1}^{3} \sin\frac{\nu\pi}{8} \approx 0{,}67122$ (+0,7%)
(9)	● ● ●	Spezielle Simpsonregel	$\frac{b-a}{12}[5f(a) + 8f(b) - f(-a+2b)]$	$-\frac{2}{3}\left(\frac{b-a}{2}\right)^4 f'''(\xi) = -S_3$	$\frac{13}{18} \approx 0{,}7222$ (+4%)	$\frac{8-\sqrt{2}}{12} \approx 0{,}5488$ (−18%)
(10)	● ● ● ● ● ● ●	Weddlesche Regel	$\frac{b-a}{20}\left[f(a) + 5f\left(\frac{5a+b}{6}\right) + f\left(\frac{2a+b}{3}\right) + 6f\left(\frac{a+b}{2}\right) + f\left(\frac{a+2b}{3}\right) + 5f\left(\frac{a+5b}{6}\right) + f(b)\right]$	$\vartheta\cdot\frac{1}{212310}\left(\frac{b-a}{2}\right)^7 f^{VI}(\xi) = \vartheta\frac{1}{5392} S_6$	$\frac{21349}{30800} \approx 0{,}69314935$ (+0,0003%)	0,66210 (−0,7%)
auch von f': (11)	✕ ✕	Eulersche Formeln	$\frac{b-a}{2}[f(a) + f(b)] - \frac{1}{12}(b-a)^2[f'(b) - f'(a)]$	$+\frac{2}{45}\left(\frac{b-a}{2}\right)^5 f^{IV}(\xi) = +\frac{1}{6} S_4$	$\frac{11}{16} \approx 0{,}6875$ (−0,8%)	∞
(12)	× ● ×	Maclaurinsche Formeln (Eulersche Summation)	$(b-a)f\left(\frac{a+b}{2}\right) + \frac{1}{24}(b-a)^2[f'(b) - f'(a)]$	$-\frac{7}{180}\left(\frac{b-a}{2}\right)^5 f^{IV}(\xi) = -\frac{7}{48} S_4$	$\frac{67}{96} \approx 0{,}69792$ (+0,7%)	∞
f'': (13)	⊡	Maclaurinsche Formel	$(b-a)f\left(\frac{a+b}{2}\right) + \frac{1}{24}(b-a)^3 f''\left(\frac{a+b}{2}\right)$	$+\frac{1}{60}\left(\frac{b-a}{2}\right)^5 f^{IV}(\xi) = +\frac{1}{16} S_4$	$\frac{56}{81} \approx 0{,}69136$ (−0,26%)	$\frac{23}{48}\sqrt{2} \approx 0{,}67764$ (+1,6%)
f''': (14)	⊗ ⊗	Eulersche Summationsformeln	$\frac{b-a}{2}[f(a) + f(b)] - \frac{1}{12}(b-a)^2[f'(b) - f'(a)] + \frac{1}{720}(b-a)^4[f'''(b) - f'''(a)]$	$-\frac{4}{945}\left(\frac{b-a}{2}\right)^7 f^{VI}(\xi) = -\frac{1}{6} S_6$	$\frac{89}{128} \approx 0{,}69531$ (+0,3%)	∞

40. Singuläre Integrale. Bei singulären Integralen stehen folgende drei Wege zur Verfügung:

1. Substitution. a) Es sei etwa das Grundintervall unendlich. Das Integral

$$J = \int_a^\infty f(x)\,dx, \qquad 0 < a$$

geht durch die Substitution $x = u^{-n}$, $0 < n$, über in die Form

$$J = n \int_0^{a^{-\frac{1}{n}}} \frac{f(u^{-n})}{u^{n+1}}\,du.$$

Es sei für ein geeignetes $k > 1$ der Grenzwert vorhanden

$$\lim_{x\to\infty} f(x)\,x^k = c.$$

Dann ist auch

$$\lim_{u\to 0} \frac{f(u^{-n})}{u^{nk}} = c.$$

Für $\frac{1}{k-1} \leqq n$ erhält man ein nichtsinguläres Integral.

b) Es sei das Grundintervall $\langle 0, b\rangle$ endlich, es werde aber $f(x)$, etwa an der Stelle 0, unendlich, jedoch so, daß für ein geeignetes positives $k < 1$ der rechtsseitige Grenzwert

$$\lim_{x\to 0+} f(x)\,x^k = c$$

vorhanden ist.

Man substituiert $x = u^n$ $(0 < n)$ und erhält:

$$\int_0^b f(x)\,dx = n \int_0^{\sqrt[n]{b}} f(u^n)\,u^{n-1}\,du.$$

Es ist $\lim\limits_{u\to 0+} f(u^n)\,u^{nk} = c$. Man wird daher $n \geqq \frac{1}{1-k}$ wählen.

2. „Abziehen" der Singularität. Diese Methode werde an dem Beispiel einer bei $x = a$ wie $(x-a)^{-\frac{1}{2}}$ ins Unendliche wachsenden Funktion gezeigt. Es sei etwa $g(x)$ in $\langle a, b\rangle$ stetig differenzierbar. Dann ist

$$\int_a^b \sqrt{\frac{g(x)}{x-a}}\,dx = \underbrace{\int_a^b \sqrt{\frac{g(a)}{x-a}}\,dx}_{\text{geschlossen auswertbar}} + \underbrace{\int_a^b \frac{\sqrt{g(x)} - \sqrt{g(a)}}{\sqrt{x-a}}\,dx}_{\text{Integrand beschränkt}}.$$

3. Abschätzen des Restes. Man zerlegt das Intervall in zwei Teile, wobei das Integral über das eine Teilintervall regulär und über das andere Teilintervall singulär ist, aber abgeschätzt werden kann.

Beispiel: $$J = \int_0^\infty \frac{e^{-x}}{1+x^2}\,dx = J_1 + J_2;$$

$J_1 = \int_0^a \ldots dx$ wird nach den Methoden von Ziff. 39 ausgewertet; J_2 kann ganz grob, etwa durch (für z. B. $a = 4$)

$$0 < J_2 < \int_4^\infty \frac{e^{-x}}{1+17}\,dx = \frac{1}{18}\,e^{-4} = 0{,}00102$$

oder, wenn größere Genauigkeit verlangt wird, natürlich auch sorgfältiger abgeschätzt werden.

41. Mehrfache Integrale. Die angenäherte Auswertung mehrfacher Integrale ist im allgemeinen sehr viel mühsamer als die einfacher Integrale. Auch die Fehlerabschätzung wird wesentlich schwieriger.

1. Weg. Das Integrationsgebiet B wird bei n unabhängigen Veränderlichen mit einem Netz n-dimensionaler Würfel, bei $n=2$ also mit einem Quadratnetz überdeckt. Man erhält Näherungsformeln für das Integral über einen Würfel bzw. ein Quadrat durch Integration der entsprechenden nach Ziff. 38 aufstellbaren Interpolationspolynome oder auch durch TAYLOR-Entwicklung.

So ergeben sich z.B die Formeln von WOOLLEY (1851)

$$\int_{-a}^{a}\int_{-a}^{a} f(x, y)\,dx\,dy = 4a^2\,\frac{2f_{00}+S_1}{6} + R_4 \tag{41.1}$$

und von SIMPSON

$$\int_{-a}^{a}\int_{-a}^{a} f(x, y)\,dx\,dy = \frac{a^2}{9}(16 f_{00} + 4S_1 + S_2) + R_4. \tag{41.2}$$

Dabei bedeutet $f_{00}=f(0, 0)$

$$S_1 = f(a, 0) + f(0, a) + f(-a, 0) + f(0, -a)$$
$$S_2 = f(a, a) + f(a, -a) + f(-a, -a) + f(-a, a),$$

und das Restglied R_4 läßt sich, falls $f(x, y)$ im Grundgebiet stetige partielle Ableitungen bis zur vierten Ordnung einschließlich hat, durch die vierten partiellen Ableitungen ausdrücken.

Für dreifache Integrale gilt die Formel:

$$\left.\begin{aligned}\int_{-a}^{a}\int_{-a}^{a}\int_{-a}^{a} f(x, y, z)\,dx\,dy\,dz = \frac{8a^3}{6}(f_{1,0,0} + f_{0,1,0} + f_{0,0,1} + f_{-1,0,0} +\\ + f_{0,-1,0} + f_{0,0,-1}) + R_4.\end{aligned}\right\} \tag{41.3}$$

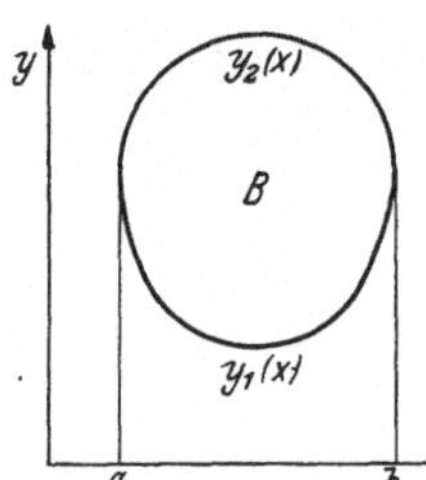

Fig. 28. Zu Formel (41.4).

Dabei bedeutet

$$f_{j,k,l} = f(ja, ka, la).$$

2. Weg (beschrieben für $n=2$). Berechnung eines Doppelintegrals durch einfache Integrale: Der Bereich B sei konvex und werde von den Kurven $y_1(x)$ und $y_2(x)$ begrenzt, Fig. 28. Dann ist

$$\iint_B f(x, y)\,dx\,dy = \int_a^b \left(\int_{y_1(x)}^{y_2(x)} f(x, y)\,dy\right) dx = \int_a^b g(x)\,dx. \tag{41.4}$$

Zuerst wird $g(x)$ für verschiedene x aus dem Intervall $\langle a, b\rangle$ berechnet und dann das Integral mit $g(x)$ als Integranden bestimmt.

Beispiel (Prismoidalformel). Es soll das Volumen V eines Körpers K bestimmt werden. K wird durch Ebenen $x=0$, $x=2h$, $x=4h$, ... in dünne Scheiben geschnitten. Es sei $A(x)$ die Größe der Schnittfläche von K mit der Ebene $x=$const, die man z.B. in manchen Fällen mit einem Planimeter ermitteln kann. Dann gilt für den Volumenanteil zwischen $x=0$ und $x=2h$ angenähert die SIMPSONsche Regel

$$\int_0^{2h} A(x)\,dx = \frac{h}{3}\,[A(0) + 4A(h) + A(2h)].$$

Diese Formel ist exakt richtig, wenn der Körper in einem geeigneten Koordinatensystem in Schnittebenen senkrecht zur x-Achse Schnittflächen besitzt, die quadratisch oder kubisch von x abhängen (Kegel, Kugel, Kugelzone, Rotationsparaboloid usw.).

42. Graphische einfache Integration. *α) Verfahren der mittleren Abszissen.* Gegeben sei eine graphische Darstellung einer stetigen Funktion $y = f(x)$. Gesucht ist eine Darstellung von

$$z(x) = z_0 + \int_{x_0}^{x} \frac{f(u)}{p(u)}\, du, \quad (42.1)$$

wobei $p(u)$ eine ebenfalls gegebene stetige Funktion festen Vorzeichens [etwa $p(u) > 0$] sei. Zur Darstellung von $f(x)$ werden nach (3.1) die Maßstäbe m_x und m_f verwendet; die Werte von p werden nach Wahl des Maßstabs m_p in der Richtung der negativen x-Achse aufgetragen, Fig. 29; die Darstellungsgrößen sind durch Überstreichen gekennzeichnet, z.B. ist $\bar{p}(x_0) = p(x_0) \cdot m_p$; [$\bar{p}(x_0)$ in Zentimetern der Zeichnung].

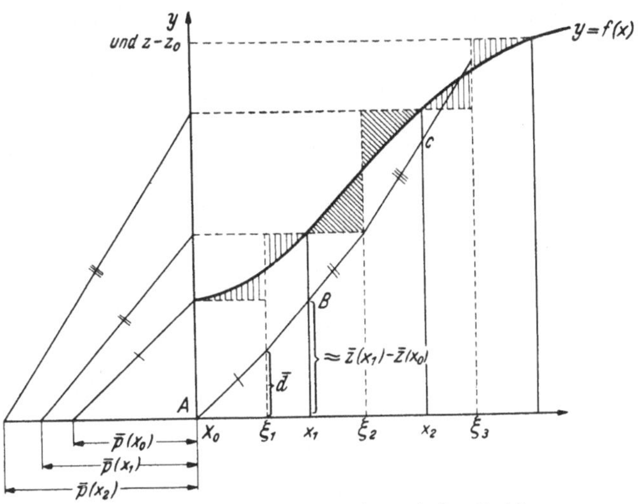

Fig. 29. Graphische einfache Integration nach dem Verfahren der mittleren Abszissen.

Man wählt eine Intervalleinteilung $x_0, x_1, x_2 \ldots$ und in jedem Intervall $\langle x_{\nu-1}, x_\nu \rangle$ eine Abszisse ξ_ν, so daß die links und rechts von diesen Abszissen liegenden gleichartig schraffierten dreieckartigen Flächenstücke gleich groß sind. Fig. 29; ξ_ν wird nach Augenmaß gewählt.

Die Integralkurve wird durch einen Streckenzug $A, B, C \ldots$ angenähert, den man durch Ziehen von Parallelen entsprechend Fig. 29 erhält; es sind jeweils die einmal, zweimal, dreimal gestrichenen Geraden zueinander parallel. Die z-Werte erscheinen dann im Maßstab

$$m_z = \frac{m_x m_f}{m_p}. \quad (42.2)$$

β) Spezialfall.

$$p(x) = 1$$

$$z(x) = z_0 + \int_{x_0}^{x} f(x)\, dx.$$

Es ist $\bar{p}(x_0) = \bar{p}(x_1) = \cdots = m_p = H$. Man nennt H die Poldistanz. Dann ist der Streckenzug $ABC \ldots$ ein Tangentenpolygon der gesuchten Integralkurve mit A, B, C als Berührungspunkten, sofern die ξ_ν der Flächengleichheitsbedingung gemäß richtig gewählt waren.

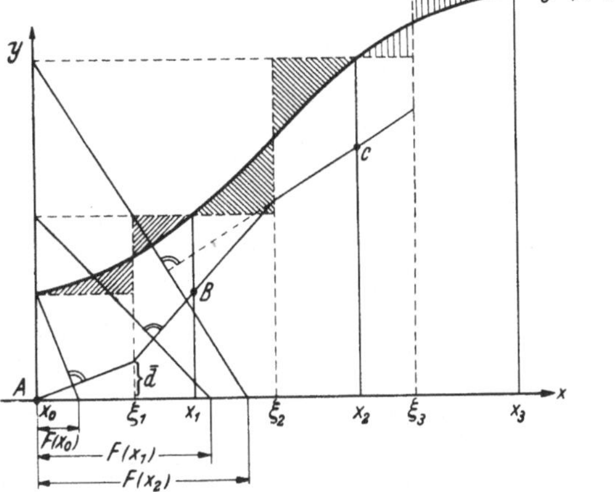

Fig. 30. Eine weitere Möglichkeit der graphischen Auswertung des Integrals in (42.1).

γ) Man kann beim beschriebenen Verfahren der „mittleren Abszissen" auch von einer graphischen Darstellung von $y = p(x)$ ausgehen. Die Einzelheiten der Konstruktion der Integralkurve ABC sind aus Fig. 30 ersichtlich (dort sind die Darstellungsgrößen für die Funktion f mit F bezeichnet). Die Maßstabsgleichung (42.2) gilt unverändert.

Spezialfall: $f(x)=1$.

Es ist wieder $\overline{f(x_0)}=\overline{f(x_1)}=\cdots=$ Poldistanz H. Aus der graphischen Darstellung von $p(x)$ erhält man

$$\int_{x_0}^{x}\frac{dx}{p(x)};$$

man nennt dieses Verfahren „*Kehrwertintegration*".

43. Graphische zweifache Integration durch Seileckkonstruktion. In $[p(x)\,y'(x)]'=g(x)$ seien $p(x)$ und $g(x)$ gegeben und $y(x)$ gesucht. Durch zweifache Integration ergibt sich:

$$y'(x)=\frac{1}{p(x)}\left[\int_{x_0}^{x}g(u)\,du+C\right]=\frac{\eta(x)}{p(x)},$$

$$y(x)=y_0+\int_{x_0}^{x}\frac{\eta(u)}{p(u)}\,du.$$

Die Durchführung der Konstruktion ist aus Fig. 31 ersichtlich. (Parallele Linien sind wie oben gekennzeichnet.) Man mißt die Flächen $F_1, F_2, \ldots$ aus und trägt sie auf der η-Achse in einem Maßstab m_F auf. Entspricht z.B. einer Fläche von 2 cm² in der x-g-Darstellung eine Strecke von 1 cm auf der η-Achse, so ist $m_F=\frac{1\,\text{cm}}{2\,\text{cm}^2}$. Dann berechnet sich der y-Maßstab zu

$$m_\eta=m_F\,m_g\,m_x,$$
$$m_y=\frac{m_F\,m_g\,m_x^2}{m_p}.$$

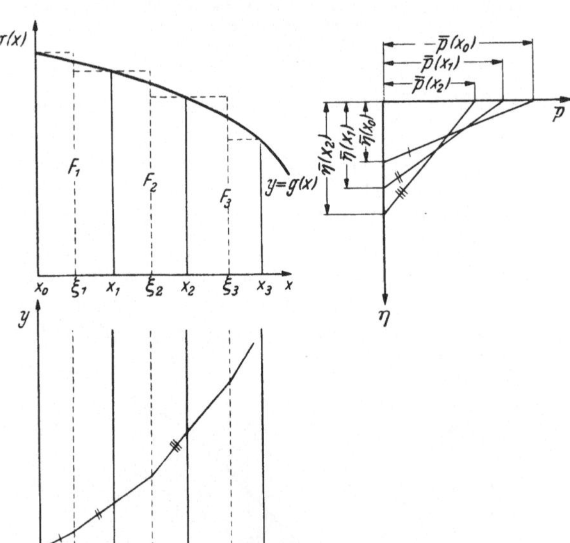

Fig. 31. Seileckskonstruktion für graphische zweifache Integration.

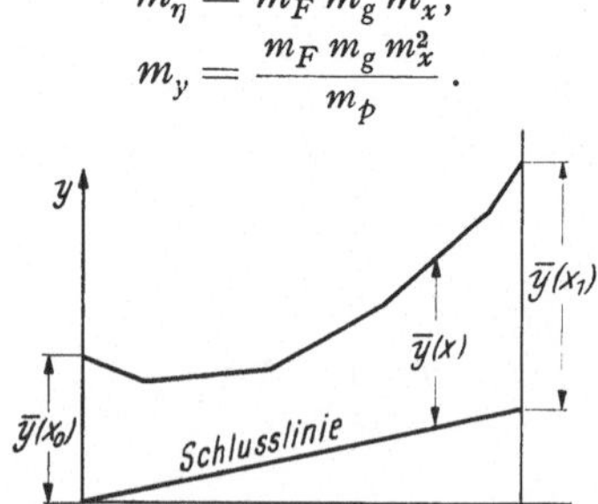

Fig. 32. Einarbeitung von Randbedingungen mit Hilfe der Schlußlinie.

Spezialfall: $p(x)\equiv 1$, $y''=g(x)$, $m_p=H=$ Poldistanz.

Die Einarbeitung von Randbedingungen ist durch Ziehen einer passenden „Schlußlinie" möglich. Die allgemeine Lösung (im Falle $p\equiv 1$) lautet:

$$y(x)=\int_{x_0}^{x}\int_{x_0}^{v}g(u)\,du\,dv+a_0+a_1x.$$

1. Es seien die Randwerte $y(x_0)$ und $y(x_n)$ vorgegeben. Man zeichnet den Polygonzug für $y(x)$, trägt in den Endpunkten $\bar{y}(x_0)$ und $\bar{y}(x_n)$ senkrecht nach unten ab und verbindet die so erhaltenen Punkte durch die Schlußlinie, Fig. 32.

Dann ist die Lösung der Randwertaufgabe durch den in y-Richtung gemessenen Ordinatenunterschied Polygon-Schlußlinie gegeben.

2. Ist in einem Randpunkt die Neigung vorgeschrieben, so muß man die Integrationskonstante C entsprechend wählen.

Im Fall $p(x) \neq \text{const}$ ist die Einarbeitung der Randbedingungen etwas mühsamer.

III. Trigonometrische Interpolation.

44. FOURIER-Koeffizienten. Es sei $f(x)$ eine für alle x definierte periodische Funktion der Periode p. Es werde angenommen, daß sich $f(x)$ durch seine FOURIER-Reihe

$$f(x) = \frac{a_0}{2} + \sum_{\nu=1}^{\infty}\left(a_\nu \cos\frac{2\nu\pi x}{p} + b_\nu \sin\frac{2\nu\pi x}{p}\right) \tag{44.1}$$

mit den FOURIER-Koeffizienten

$$\begin{Bmatrix} a_\nu \\ b_\nu \end{Bmatrix} = \frac{2}{p}\int_0^p f(x) \begin{Bmatrix} \cos \\ \sin \end{Bmatrix} \frac{2\nu\pi x}{p}\, dx, \qquad (\nu = 0, 1, 2, 3, \ldots) \tag{44.2}$$

darstellen lasse.

Wenn die Integrale nicht geschlossen auswertbar sind, kann man zur angenäherten Bestimmung der Koeffizienten drei Wege beschreiten:

1. Instrumentelle Methoden: Am häufigsten wird wohl der Harmonische Analysator von MADER-OTT verwendet.

2. Graphische Methoden sind nur noch wenig gebräuchlich.

3. Numerische Methoden: Das Intervall $\langle 0, p\rangle$ wird in $q = 2n$ Teilintervalle der Länge $h = p/2n$ zerlegt und die Funktionswerte $f_\varrho = f(\varrho h) = f(x_\varrho)$ für $\varrho = 0, 1, \ldots, 2n-1$ benutzt, um Näherungswerte A_ν, B_ν für die a_ν, b_ν aus den (44.2) entsprechenden Formeln

$$\left.\begin{aligned} \begin{Bmatrix} A_\nu \\ B_\nu \end{Bmatrix} &= \frac{2}{q}\sum_{\sigma=0}^{q-1} f(x_\sigma) \begin{Bmatrix} \cos \\ \sin \end{Bmatrix} \frac{2\pi\nu\sigma}{q}, \quad 0 \leq \nu < n, \\ A_n &= \frac{1}{q}\sum_{\sigma=0}^{q-1} (-1)^\sigma f(x_\sigma), \qquad B_n = 0 \end{aligned}\right\} \tag{44.3}$$

zu berechnen. Das „trigonometrische Polynom"

$$P(x) = \frac{A_0}{2} + \sum_{\nu=1}^{n}\left(A_\nu \cos\frac{\nu 2\pi x}{p} + B_\nu \sin\frac{\nu 2\pi x}{p}\right) \tag{44.4}$$

stimmt mit $f(x)$ an den Stellen $x_\varrho = \varrho h$ $(\varrho = 0, \ldots, q-1)$ überein, leistet also die „trigonometrische Interpolation" von $f(x)$. Es besteht die wichtige Rechenkontrolle

$$\frac{1}{2n}\sum_{\sigma=0}^{q-1} (f_\sigma)^2 = \frac{1}{4} A_0^2 + \frac{1}{2}\sum_{\nu=1}^{n-1} (A_\nu^2 + B_\nu^2) + A_n^2. \tag{44.5}$$

Nun sei q durch 4 teilbar:

$$q = 2n = 4k.$$

Dann werden in den Formeln für A_ν und B_ν gewisse Ordinaten f mit dem gleichen Faktor (teils nur mit anderen Vorzeichen) multipliziert. Die Rechenarbeit wird erleichtert, wenn man diese Ordinaten vorher zusammenfaßt. Dies geschieht durch zweimalige „*Faltung*“, die man mit Hilfe der folgenden ohne weitere Erläuterung verständlichen Schemata durchführen kann.

Erste Faltung:

	f_{4k}	f_1	f_2	$\ldots$	f_{2k-1}	f_{2k}
		f_{4k-1}	f_{4k-2}	$\ldots$	f_{2k+1}	
Summen:	s_0	s_1	s_2	$\ldots$	s_{2k-1}	s_{2k}
Differenzen:		d_1	d_2	$\ldots$	d_{2k-1}	

Zweite Faltung:

	s_0	s_1	$\ldots$	s_{k-1}	s_k	d_1	$\ldots$	d_{k-1}	d_k
	s_{2k}	s_{2k-1}	$\ldots$	s_{k+1}		d_{2k-1}	$\ldots$	d_{k+1}	
Summen:	$\mathfrak{s}_0$	$\mathfrak{s}_1$	$\ldots$	$\mathfrak{s}_{k-1}$	$\mathfrak{s}_k$	S_1	$\ldots$	S_{k-1}	S_k
Differenzen:	$\mathfrak{d}_0$	$\mathfrak{d}_1$	$\ldots$	$\mathfrak{d}_{k-1}$		D_1	$\ldots$	D_{k-1}	

Die Formeln für A_ν und B_ν lauten damit

$$\left.\begin{aligned}
2kA_0 &= \sum_{\nu=0}^{k} \mathfrak{s}_\nu, \qquad 4kA_{2k} = \sum_{\nu=0}^{k} (-1)^\nu \mathfrak{s}_\nu,\\
2kA_\nu &= \sum_{\sigma=0}^{k} \begin{Bmatrix} \mathfrak{s}_\sigma \\ \mathfrak{d}_\sigma \end{Bmatrix} \cos\frac{\nu\pi\sigma}{2k} \quad \text{für} \quad \begin{Bmatrix} \text{gerade } \nu \\ \text{ungerade } \nu \end{Bmatrix}\\
2kB_\nu &= \sum_{\sigma=0}^{k} \begin{Bmatrix} D_\sigma \\ S_\sigma \end{Bmatrix} \sin\frac{\nu\pi\sigma}{2k} \quad \text{für} \quad \begin{Bmatrix} \text{gerade } \nu \\ \text{ungerade } \nu \end{Bmatrix}.
\end{aligned}\right\} \tag{44.6}$$

45. Spezielles Schema von Runge für 12 und für 24 Ordinaten. a) $q = 12$ Ordinaten. Man führt die beiden Faltungen von Ziff. 44 durch und multipliziert die so erhaltenen Zahlen $\mathfrak{s}_j$, $\mathfrak{d}_j$, S_j, D_j mit den im folgenden Schema (nach C. Runge) in der 1. Spalte angegebenen Faktoren $\sin\frac{\nu\pi}{6}$. Die weiteren in der 1. Spalte angegebenen Operationen liefern dann die A_ν und B_ν.

$\sin\frac{\pi}{6} = \frac{1}{2}$		$\mathfrak{d}_2$	$-\mathfrak{s}_2 \ \mathfrak{s}_1$		S_1		
$\sin\frac{\pi}{3} = 1 - 0{,}1340$		$\mathfrak{d}_1$			S_2	$D_1 \ D_2$	
$\sin\frac{\pi}{2} = 1$	$\mathfrak{s}_0 \ \mathfrak{s}_1$ $\mathfrak{s}_2 \ \mathfrak{s}_3$	$\mathfrak{d}_0$	$\mathfrak{s}_0 \ -\mathfrak{s}_3$	$\mathfrak{d}_0 \ \mathfrak{d}_2$	S_3		$S_1 \ S_3$
Summen:	I II	I II	I II	I II	I II	I II	I II
I + II	$6A_0$	$6A_1$	$6A_2$		$6B_1$	$6B_2$	
I − II	$12A_6$	$6A_5$	$6A_4$	$6A_3$	$6B_5$	$6B_4$	$6B_3$

Tabelle 5. *Schema von* RUNGE.

$\frac{1}{2}$		−328,5	−728,5 701		−86		
0,86603		−1028,84			−342,08	−417,43 −350,74	
1	694 1402 1457 740	−694	694 −740	−694 −657	−260		−172 −260
Summen	2151 2142	−1022,5 −1028,84	−34,5 −39	−694 −657	−346 −342,08	−417,43 −350,74	−172 −260
I + II	$4293 = 6A_0$	$-2051{,}34 = 6A_1$	$-73{,}5 = 6A_2$		$-688{,}08 = 6B_1$	$-768{,}17 = 6B_2$	
I − II	$9 = 12A_6$	$6{,}34 = 6A_5$	$4{,}5 = 6A_4$	$-37 = 6A_3$	$3{,}92 = 6B_5$	$-66{,}68 = 6B_4$	$88 = 6B_3$

Damit erhält man die Näherungswerte:

$$\begin{aligned}
\tfrac{1}{2}A_0 &= 357{,}75 & & \\
A_1 &= -341{,}89 & B_1 &= -114{,}68 \\
A_2 &= -12{,}25 & B_2 &= -128{,}03 \\
A_3 &= -6{,}17 & B_3 &= 14{,}67 \\
A_4 &= 0{,}75 & B_4 &= -11{,}11 \\
A_5 &= 1{,}06 & B_5 &= -0{,}65 \\
A_6 &= 0{,}75 & &
\end{aligned}$$

Rechenkontrolle:

$$6\sum_{\nu=1}^{5}(A_\nu^2 + B_\nu^2) + 12\left(\tfrac{1}{4}A_0^2 + A_6^2\right) = 2417592$$

$$\sum_{\nu=1}^{12} f_\nu^2 = 2417587.$$

Zahlenbeispiel: Von einer periodischen Funktion sind nach Einteilung der Periode in 12 gleiche Teile die Werte gemessen worden: (hierzu Tabelle 5)

0 − 110 0 240 531 725 694 570 526 500 400 217.

1. Faltung:

f_ν	0	− 110	0	240	531	725	694
		217	400	500	526	570	
s_ν	0	107	400	740	1057	1295	694
d_ν		− 327	− 400	− 260	5	155	

2. Faltung:

s_ν	0	107	400	740	− 327	− 400	− 260	d_ν
	694	1295	1057		155	5		
$\mathfrak{s}_\nu$	694	1402	1457	740	− 172	− 395	− 260	S_ν
$\mathfrak{d}_\nu$	− 694	− 1188	− 657		− 482	− 405		D_ν

b) $q = 24$ *Ordinaten.* Hier kann man

1. sich leicht für die Formeln (44.3) ein dem Fall $q = 12$ entsprechendes Schema entwerfen,
2. fertige Schemata[1] benutzen,
3. durch einen Kunstgriff die Berechnung der A_ν, B_ν auf zweimalige Benutzung des bequemen Schemas bei $q = 12$ zurückzuführen[2].

46. Berücksichtigung der Stetigkeit und Differenzierbarkeit von $f(x)$. Die Größenordnung der FOURIER-Koeffizienten a_ν, b_ν hängt entscheidend von den Differenzierbarkeitseigenschaften der Funktion $f(x)$ ab. Hat z.B. $f(x)$ eine stetige Ableitung p-ter Ordnung, so gehen die a_ν, b_ν für $\nu \to \infty$ stärker als ν^{-p} gegen Null. Es ist daher bei der Analyse einer empirisch gegebenen periodischen Funktion die (nicht durch die Beobachtungen, sondern durch die Art des Vorganges festzulegende) Annahme zu treffen, welche Stetigkeits- und Differenzierbarkeitseigenschaften $f(x)$ besitzt, insbesondere, welche Ableitung von $f(x)$ gerade noch stetig ist; es sei also etwa $f^{(k)}(x)$ stetig, aber $f^{(k+1)}(x)$ nicht überall stetig; es darf auch $k = 0$ sein $\left(f(x) = f^{(0)}(x)\right)$; besitzt $f(x)$ stetige Ableitungen beliebiger Ordnung, so sei formal $k = \infty$. Man kann dann aus den nach Ziff. 44/45 gewonnenen Konstanten A_ν, B_ν durch Multiplikation mit sog. „Abminderungsfaktoren" $\tau_\nu^{(k)}$ Konstanten A_ν^*, B_ν^* gewinnen, welche die FOURIER-Konstanten einer Interpolationsfunktion $F(x)$ sind, die zu demselben Wert von k (in dieselbe Klasse von Funktionen) gehört wie $f(x)$. Für $k = 0$ interpoliert man $f(x)$ durch eine stückweise lineare Funktion $F(x)$ und für endliches $k > 0$ stückweise durch Polynome[3].

Es ist

$$\tau_\nu^{(0)} = \left(\frac{\sin\frac{\pi\nu}{q}}{\frac{\pi\nu}{q}}\right)^2, \qquad \tau_\nu^{(2)} = \frac{6}{4 + 2\cos\frac{2\pi\nu}{q}}\left[\tau_\nu^{(0)}\right]^2.$$

Wenn $f(x)$ einmal, aber nicht zweimal stetig-differenzierbar ist, kann man versuchen, $f(x)$ statt durch ein Polygon durch Parabelbögen zweiter Ordnung zu

[1] P. TEREBESI: Rechenschablonen für die harmonische Analyse und Synthese. Berlin 1930. — L. ZIPPERER: Tafeln zur harmonischen Analyse periodischer Funktionen. Berlin 1922. — A. HUSSMANN: (Schemata für 12, 24, 36 und 72 Ordinaten). Rechnerische Verfahren zur harmonischen Analyse und Synthese. Berlin 1938.

[2] RUNGE-KÖNIG [*10*], S. 226.

[3] W. QUADE u. L. COLLATZ: Sitzgsber. preuss. Akad. Wiss., Phys.-math. Kl. **1938**, XXX.

ersetzen, die in den gegebenen Punkten (x_ϱ, f_ϱ) mit stetiger Tangente aneinander anschließen. Das ist im allgemeinen nur bei einer ungeraden Anzahl von gegebenen Ordinaten möglich. Ist $f(x)$ beliebig oft stetig differenzierbar, so arbeitet man ohne Abminderungsfaktoren.

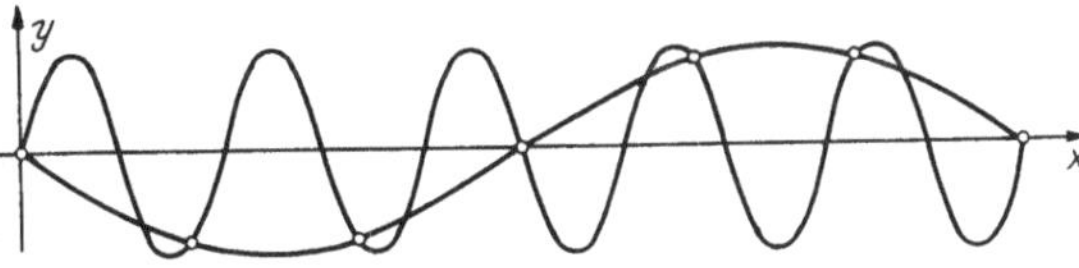

Fig. 33. Auftreten von Scheinperioden.

Grundsätzlich soll man nicht versuchen, aus einer Anzahl von gemessenen Funktionswerten zu viele Oberschwingungen abzulesen. Zum Beispiel haben $-\sin x$ und $\sin 5x$ gleiche Ordinaten an den äquidistanten Abszissen $\frac{\pi}{3}, \frac{2\pi}{3}, \pi, \frac{4\pi}{3}, \frac{5\pi}{3}, 2\pi$, Fig. 33. Man ist aber bei diesen wenigen Punkten nicht berechtigt, auf das Vorhandensein einer Oberschwingung $\sin 5x$ zu schließen[1].

D. Anfangswertaufgaben bei gewöhnlichen und partiellen Differentialgleichungen.

I. Graphische Verfahren bei gewöhnlichen Differentialgleichungen.

47. Graphische Verfahren bei Differentialgleichungen 1. Ordnung. *a) Isoklinen.* Bei einer Differentialgleichung

$$F(x, y, y') = 0 \tag{47.1}$$

heißen die Kurven $F(x, y, c) = 0$, auf welchen also y' den konstanten Wert c hat, Isoklinen. Zeichnet man mehrere Isoklinen für äquidistante Werte $c_1, c_2, c_3, \ldots$, so erhält man einen angenäherten Tangenten-Polygonzug für eine Lösungskurve, indem man in der einem c_j entsprechenden Steigung jeweils bis etwa zur Mitte zwischen den zu c_{j-1} und c_j, bzw. zu c_j und c_{j+1} gehörigen Isoklinen geht, Fig. 34.

Es gibt eine Reihe von Verfahren, auch nomographische Methoden, zur Bestimmung des Richtungsfeldes bei speziellen Gleichungstypen[2], auf die hier nur hingewiesen sei.

Fig. 34. Isoklinenverfahren.

b) Iteration. Eine Näherungslösung $\eta(x)$ einer Anfangswertaufgabe

$$y' = f(x, y), \quad y(x_0) = y_0 \tag{4.72}$$

(mit in einem Bereich B der x-y-Ebene gegebenem, etwa stetigem $f(x, y)$ und einem in B vcrgegebenen Punkt x_0, y_0) kann man iterativ verbessern nach

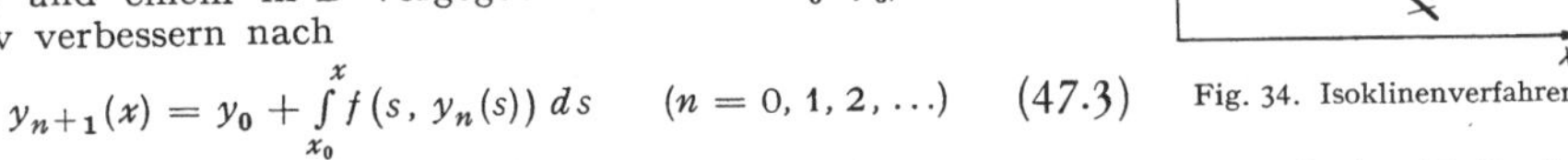

$$y_{n+1}(x) = y_0 + \int_{x_0}^{x} f(s, y_n(s))\, ds \qquad (n = 0, 1, 2, \ldots) \tag{47.3}$$

indem man $y_0(x) = \eta(x)$ verwendet und die Integrale (geschlossen oder) nach den Methoden der angenäherten Integration (Ziff. 39 und 42) graphisch oder numerisch auswertet.

c) Ein besonderes Anwendungsgebiet bietet sich bei den Gleichungen 2. Ordnung der Form

$$F(y, y', y'') = 0, \tag{47.4}$$

welche sich mit $y' = p(y)$ auf eine Gleichung 1. Ordnung zurückführen und damit in einer y-y'-Ebene („Weg-Geschwindigkeitsebene") mit Hilfe des Richtungsfeldes oft sehr bequem überblicken lassen. Diese Methode ist bei den nichtlinearen Schwingungen viel verwendet[3].

48. Das Orthopolarenverfahren von GRAMMEL. Von den zahlreichen für Differentialgleichungen aufgestellten graphischen Methoden[4] sei hier nur ein Ver-

---

[1] Das Auftreten derartiger Scheinperioden bezeichnet FR. A. WILLERS [*20*], S. 220 als „Geister".

[2] Vgl. FR. A. WILLERS [*20*], E. KAMKE [*5*].

[3] Vgl. z. B. J. J. STOKER: Nonlinear vibrations. New York u. London 1950, 273 Seiten.

[4] Vgl. wieder FR. A. WILLERS [*20*]. E. KAMKE [*5*].

fahren genannt[1], welches bei Differentialgleichungen beliebiger Ordnung anwendbar ist. Es wird als Polarbild einer Funktion $f(x)$ in Polarkoordinaten r, φ die Kurve $r = 1/f$, $\varphi = x$ eingeführt. Für negative Werte von f werden Polarkoordinaten $r = \frac{-1}{f}$, $\varphi = \pi + x$ verwendet. Ist $f(x) = 0$ für $x = x_0$, so kann man mit den entsprechenden Asymptoten arbeiten, diese aber auch vermeiden, indem man mit der Funktion $f(x) + a$ mit passend gewähltem a operiert. Der Ableitung $f'(x)$ wird das um $\pi/2$ gedrehte Polarbild, das „Orthopolarbild", zugeordnet, wobei also die Polarkoordinaten $r = \frac{1}{f'}$, $\varphi = \frac{\pi}{2} + x$ sind, vgl. Fig. 35. Dann gilt der für das Verfahren entscheidende Satz: Für jedes x berührt die Verbindungsgerade der zugehörigen Punkte P, P' (von Polarbild und Orthopolarbild) das Polarbild, Fig. 35. Ist $f'(x)$ also das Orthopolarbild und ein Anfangswert x_0, $f(x_0)$ gegeben, so kennt man damit einen Anfangspunkt und die zugehörige Tangente an das Polarbild, kann angenähert ein Stück des Polarbildes zeichnen und die Integration genähert durchführen. Entsprechend läßt sich der n-ten Ableitung $f^{(n)}(x)$ eine n-te Orthopolare zuordnen

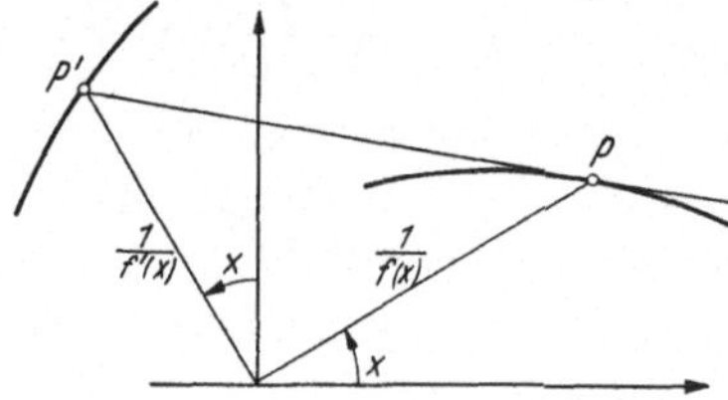

Fig. 35. Zum Orthopolarenverfahren.

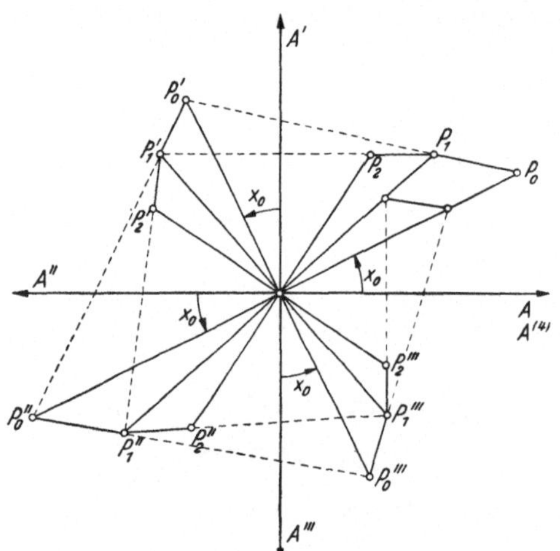

Fig. 36. Orthopolarenverfahren bei einer Differentialgleichung 4. Ordnung.

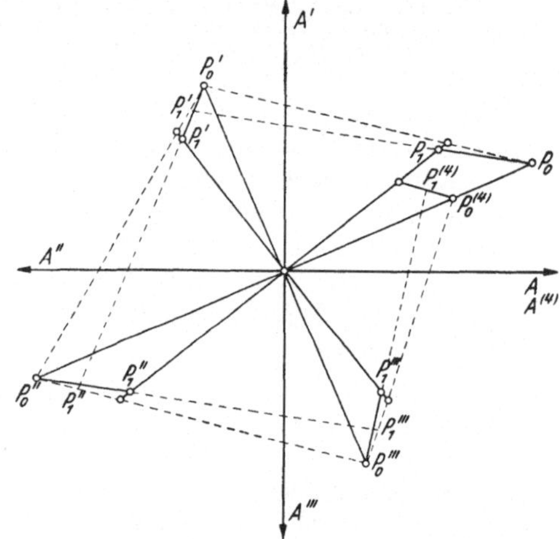

Fig. 37. Sehnenmethode beim Orthopolarenverfahren.

und das Verfahren zur graphischen Integration gewöhnlicher Differentialgleichungen n-ter (also beliebig hoher) Ordnung

$$y^{(n)}(x) = F(x, y, y', \ldots, y^{(n-1)}) \tag{48.1}$$

verwenden.

Es liege etwa eine Anfangswertaufgabe vor, d. h. es seien für $x = x_0$ die Werte

$$y_0, y_0', y_0'', \ldots, y_0^{(n-1)} \tag{48.2}$$

vorgegeben. Nach (48.1) kennt man dann auch $y_0^{(n)}$ und somit die Punkte $P_0, P_0', \ldots, P_0^{(n)}$, vgl. Fig. 36 für $n = 4$.

Ersetzt man alle Polarbilder stückweise durch Streckenzüge, so kann man die angenäherten Stücke

$$\overline{P_0^{(n-1)} P_1^{(n-1)}}, \quad \ldots, \quad \overline{P_0'' P_1''}, \quad \overline{P_0' P_1'}, \quad \overline{P_0 P_1}$$

[1] R. GRAMMEL: Ing.-Arch. 10, 395—411 (1939).

zeichnen, hat damit für $x=x_1$ die Werte von $y, y', \ldots, y^{(n-1)}$, kann $y^{(n)}(x_1)$ berechnen und mit den Punkten $P_1^{(n)}, P_1^{(n-1)}, \ldots, P_1', P_1$ die Konstruktion wiederholen, s. Fig. 36.

Es gibt mehrere Verbesserungsmöglichkeiten, z. B. indem man nach der „Sehnenmethode" die Konstruktion mit den Mittelpunkten $P_1^{(n)}, P_1^{(n-1)}, \ldots$ wiederholt, vgl. Fig. 37.

II. Numerische Verfahren bei gewöhnlichen Differentialgleichungen.

49. Allgemeine Bemerkungen über die Fehlerfortpflanzung. Bei den Anfangswertaufgaben soll diejenige Lösung $y(x)$ einer Differentialgleichung n-ter Ordnung

$$y^{(n)} = f(x, y, y', \ldots, y^{(n-1)}), \tag{49.1}$$

welche an einer Stelle $x = x_0$ die vorgegebenen Anfangswerte

$$y^{(\nu)}(x_0) = y_0^{(\nu)} \qquad (\nu = 0, 1, 2, \ldots, n-1) \tag{49.2}$$

annimmt, in einem Intervall $x_0 \leq x \leq \xi$ angenähert ermittelt werden. Existenz und Eindeutigkeit der Lösung $y(x)$ in diesem Intervall werden vorausgesetzt. Bei den meisten der benutzten numerischen Näherungsverfahren werden für eine Anzahl von Abszissen $x_1, x_2, \ldots, x_k \ldots$ Näherungswerte $y_1, y_2, \ldots, y_k, \ldots$ für die Werte $y(x_1), y(x_2), \ldots, y(x_k), \ldots$ der exakten Lösungsfunktion aufgestellt.

Die Auswahl unter den zahlreichen vorhandenen Verfahren und die ganze Anlage der Rechnung hängen dabei entscheidend ab von der Anzahl der Schritte und der verlangten Genauigkeit. Es liegt nämlich bei den Anfangswertaufgaben ein hinsichtlich der Genauigkeitsverhältnisse besonders ungünstiger Fall vor; es wird nicht nur eine lange fortlaufende Rechnung durchgeführt, sondern es können Ungenauigkeiten in den einzelnen Werten $y_1, y_2, \ldots,$ zusätzliche Fehlervergrößerungen bewirken.

Wird die Lösung nur für ein kurzes Intervall und mit mäßiger Genauigkeit benötigt, so kann man irgendeines der gröberen Verfahren oder ein zeichnerisches oder instrumentelles Verfahren[1] verwenden. Die Rechnung kann dann in günstigen Fällen bei geringer Schrittzahl zur Not sogar mit einem Rechenschieber durchgeführt werden.

Wird aber die Lösung für ein längeres Intervall benötigt, oder für ein kurzes Intervall mit großer Genauigkeit, so muß man sehr genau rechnen, und zwar sowohl mit einem genauen Verfahren (Differenzenschemaverfahren oder RUNGE-KUTTA-Verfahren) und noch überdies mit wesentlich größerer Genauigkeit, als sie im Endergebnis verlangt wird. Ferner ergibt sich die Notwendigkeit, am Anfang der Rechnung mit ganz besonderer Sorgfalt und Genauigkeit vorzugehen.

Während man sonst in der praktischen Analysis für viele Aufgaben einfache und brauchbare Fehlerabschätzungen besitzt, ist man bei den Anfangswertaufgaben von einer solchen Abschätzung noch weit entfernt, jedenfalls soweit es sich um Integrationen über nicht ganz kurze Intervalle (nur wenige Schritte) handelt.

Einen groben Anhaltspunkt für die Größe des Fehlers erhält man aus der „Ordnung" des Verfahrens. Rechnet man einmal mit der Schrittweite h und setzt $x_p = x_0 + p h$, und rechnet man ein zweites Mal mit der Schrittweite $\tilde{h}$, etwa $\tilde{h} = 2h$, und setzt $\tilde{x}_p = x_0 + p\tilde{h}$, so zeigen sich beim Vergleich der zugehörigen Näherungswerte $y_2, y_4, \ldots, y_{2p}$ mit den Werten $\tilde{y}_1, \tilde{y}_2, \ldots, \tilde{y}_p$ Unterschiede $\delta_p = y_{2p} - \tilde{y}_p$.

Für das Näherungsverfahren wird nun eine gewisse Ordnung k definiert: Unter der Annahme, es seien die Werte $y_1, y_2, \ldots, y_p$ exakt richtig, also $y_\nu = y(x_\nu)$ für $\nu = 0, 1, \ldots p$, werde y_{p+1} nach dem betreffenden Näherungsverfahren berechnet. Entwickelt man nun

[1] FR. A. WILLERS: Graphische Integration, S. 45—104, Sammlung Göschen, Berlin u. Leipzig 1920. — WILLERS [*20*], S. 327ff. — H. v. SANDEN, [*13*], S. 6—18. — E. KAMKE, [*5*], Kap. A, § 8.

$y(x_{p+1})$ und y_{p+1} in TAYLOR-Reihen an der Stelle x_p

$$\left.\begin{aligned} y(x_{p+1}) &= y(x_p) + \frac{h}{1!}\,y'(x_p) + \frac{h^2}{2!}\,y''(x_p) + \cdots, \\ y_{p+1} &= y(x_p) + \frac{h}{1!}\,a_1 + \frac{h^2}{2!}\,a_2 + \cdots, \end{aligned}\right\} \tag{49.3}$$

so wird es ein letztes Glied geben, bei welchem die Faktoren der h-Potenz miteinander übereinstimmen. Der zugehörige Exponent von h heißt die Ordnung k des Verfahrens.

Als überschlägiges (unsicheres) Resultat erhält man dann für den Fehler der Rechnung mit der kleineren Schrittweite den (2^k-1)-ten Teil des Unterschiedes der Ergebnisse beider Rechnungen:

$$y(x_0 + 2nh) \approx y_{2n} - \frac{\tilde{y}_n - y_{2n}}{2^k - 1}. \tag{49.4}$$

50. Einige gröbere Verfahren bei Differentialgleichungen 1. Ordnung. α) Polygonzugverfahren bei

$$y' = f(x, y). \tag{50.1}$$

Diese ganz grobe Summationsmethode wird man nur benutzen, wenn man keine große Genauigkeit braucht und auch nur wenige Integrationsschritte weit zu rechnen hat. Man rechnet nach

$$y_{r+1} = y_r + h f_r \tag{50.2}$$

mit

$$f_r = f(x_r, y_r). \tag{50.3}$$

β) Etwas genauer („Verbessertes Polygonzugverfahren") kann man einen Zwischenwert

$$x_{r+\frac{1}{2}} = x_r + \frac{h}{2}; \qquad y_{r+\frac{1}{2}} = y_r + \frac{1}{2}\,h f_r \tag{50.4}$$

benutzen und mit Hilfe der dortigen Steigung

$$f_{r+\frac{1}{2}} = f(x_{r+\frac{1}{2}}, y_{r+\frac{1}{2}}) \tag{50.5}$$

die Näherung

$$y_{r+1} = y_r + h f_{r+\frac{1}{2}} \tag{50.6}$$

berechnen.

γ) Bei dem „Verbesserten EULER-CAUCHY-Verfahren" bestimmt man zunächst einen Rohwert

$$\tilde{y}_{r+1} = y_r + h f_r; \qquad \tilde{f}_{r+1} = f(x_{r+1}, \tilde{y}_{r+1}) \tag{50.7}$$

und benutzt als mittlere Steigung das arithmetische Mittel aus f_r und $\tilde{f}_{r+1}$

$$y_{r+1} = y_r + \frac{h}{2}\,(f_r + \tilde{f}_{r+1}). \tag{50.8}$$

51. RUNGE-KUTTA-Verfahren. α) *Differentialgleichung 1. Ordnung.* In Verfeinerung der Methoden von Ziff. 50 geht man hier von x_r, y_r zu x_{r+1}, y_{r+1} nach folgenden Formeln über

$$\left.\begin{aligned} k_1 &= h f(x_r, y_r) \\ k_2 &= h f\!\left(x_r + \frac{h}{2},\; y_r + \frac{k_1}{2}\right) \\ k_3 &= h f\!\left(x_r + \frac{h}{2},\; y_r + \frac{k_2}{2}\right) \\ k_4 &= h f(x_r + h,\; y_r + k_3)\,. \end{aligned}\right\} \tag{51.1}$$

Dann ergibt sich der gesuchte neue Funktionswert zu

$$y_{r+1} = y_r + k \quad \text{mit} \quad k = \tfrac{1}{6}\,(k_1 + 2k_2 + 2k_3 + k_4). \tag{51.2}$$

Die numerische Rechnung legt man dabei zweckmäßig in Gestalt des folgenden Schemas an:

x	y	$hf(x, y)$	Zuwachse
x_r $x_r+\frac{1}{2}h$ $x_r+\frac{1}{2}h$ x_r+h	y_r $y_r+\frac{1}{2}k_1$ $y_r+\frac{1}{2}k_2$ y_r+k_3	k_1 k_2 k_3 k_4	k
x_{r+1}	$y_{r+1}=y_r+k$		

Für die Differentialgleichung $y'=f(x)$ geht das Verfahren in die SIMPSONsche Regel über.

β) *Differentialgleichungen höherer Ordnung.* Ähnliche Schemata sind für Differentialgleichungen höherer Ordnung aufgestellt worden[1]. Wir geben zur Erläuterung noch das Schema für Differentialgleichungen zweiter Ordnung

$$y''=f(x, y, y')$$

wieder, wobei der Einfachheit halber angegeben ist, wie aus den Werten y_0, $v_{10}=hy_0'$ an der Stelle x_0 die neuen Werte y_1, $v_{11}=hy_1'$ an der Stelle $x_1=x_0+h$ berechnet werden.

x	y	$hy'=v_1$	$k_\nu=\frac{h^2}{2}f\left(x, y, \frac{v_1}{h}\right)$	Zuwachse
x_0 $x_0+\frac{1}{2}h$ $x_0+\frac{1}{2}h$ x_0+h	y_0 $y_0+\frac{1}{2}v_{10}+\frac{1}{4}k_1$ $y_0+\frac{1}{2}v_{10}+\frac{1}{4}k_1$ $y_0+v_{10}+k_3$	v_{10} $v_{10}+k_1$ $v_{10}+k_2$ $v_{10}+2k_3$	k_1 k_2 k_3 k_4	$k=\frac{1}{3}(k_1+k_2+k_3)$ $k'=\frac{1}{3}(k_1+2k_2+2k_3+k_4)$
$x_1=x_0+h$	$y_1=y_0+v_{10}+k$	$v_{11}=v_{10}+k'$		

Entsprechende Schemata für Differentialgleichungen 3. und 4. Ordnung lauten:

RUNGE-KUTTA-Schema für Differentialgleichungen 3. Ordnung

$$y'''=f(x, y, y', y'')$$

x	y	$hy'=v_1$	$\frac{h^2}{2}y''=v_2$	$k_\nu=\frac{h^3}{6}f\left(x, y, \frac{v_1}{h}, \frac{2v_2}{h^2}\right)$	
x_0 $x_0+\frac{1}{2}h$ $x_0+\frac{1}{2}h$ x_0+h	y_0 $y_0+\frac{1}{2}v_{10}+\frac{1}{4}v_{20}+\frac{1}{8}k_1$ $y_0+\frac{1}{2}v_{10}+\frac{1}{4}v_{20}+\frac{1}{8}k_1$ $y_0+v_{10}+v_{20}+k_3$	v_{10} $v_{10}+v_{20}+\frac{3}{4}k_1$ $v_{10}+v_{20}+\frac{3}{4}k_1$ $v_{10}+2v_{20}+3k_3$	v_{20} $v_{20}+\frac{3}{2}k_1$ $v_{20}+\frac{3}{2}k_2$ $v_{20}+3k_3$	k_1 k_2 k_3 k_4	k k' k''
$x_1=x_0+h$	$y_1=y_0+v_{10}+v_{20}+k$	$v_{11}=v_{10}+2v_{20}+k'$	$v_{21}=v_{20}+k''$		

Dabei ist

$$k=\tfrac{1}{20}(9k_1+6k_2+6k_3-k_4)$$
$$k'=k_1+k_2+k_3$$
$$k''=\tfrac{1}{2}(k_1+2k_2+2k_3+k_4).$$

[1] Zahlenkoeffizienten für die Schemata bei Differentialgleichungen 5. bis 10. Ordnung bei R. ZURMÜHL: Z. angew. Math. Mech. **28**, 173—182 (1948).

RUNGE-KUTTA-Schema für Differentialgleichungen 4. Ordnung
$$y^{IV} = f(x, y, y', y'', y''').$$

x	y	$hy' = v_1$
x_0	y_0	v_{10}
$x_0 + \frac{1}{2}h$	$y_0 + \frac{1}{2}v_{10} + \frac{1}{4}v_{20} + \frac{1}{8}v_{30} + \frac{1}{16}k_1$	$v_{10} + v_{20} + \frac{3}{4}v_{30} + \frac{1}{2}k_1$
$x_0 + \frac{1}{2}h$	$y_0 + \frac{1}{2}v_{10} + \frac{1}{4}v_{20} + \frac{1}{8}v_{30} + \frac{1}{16}k_1$	$v_{10} + v_{20} + \frac{3}{4}v_{30} + \frac{1}{2}k_1$
$x_0 + h$	$y_0 + v_{10} + v_{20} + v_{30} + k_3$	$v_{10} + 2v_{20} + 3v_{30} + 4k_3$
$x_1 = x_0 + h$	$y_1 = y_0 + v_{10} + v_{20} + v_{30} + k$	$v_{11} = v_{10} + 2v_{20} + 3v_{30} + k'$

$\frac{h^2}{2}y'' = v_2$	$\frac{h^3}{6}y''' = v_3$	$k_\nu = \frac{h^4}{24} f\left(x, y, \frac{v_1}{h}, \frac{2v_2}{h^2}, \frac{6v_3}{h^3}\right)$	
v_{20}	v_{30}	k_1	k
$v_{20} + \frac{3}{2}v_{30} + \frac{3}{2}k_1$	$v_{30} + 2k_1$	k_2	k'
$v_{20} + \frac{3}{2}v_{30} + \frac{3}{2}k_1$	$v_{30} + 2k_2$	k_3	k''
$v_{20} + 3v_{30} + 6k_3$	$v_{30} + 4k_3$	k_4	k'''
$v_{21} = v_{20} + 3v_{30} + k''$	$v_{31} = v_{30} + k'''$		

Dabei ist
$$k = \tfrac{1}{15}(8k_1 + 4k_2 + 4k_3 - k_4),$$
$$k' = \tfrac{1}{5}(9k_1 + 6k_2 + 6k_3 - k_4),$$
$$k'' = 2(k_1 + k_2 + k_3),$$
$$k''' = \tfrac{2}{3}(k_1 + 2k_2 + 2k_3 + k_4).$$

Das RUNGE-KUTTA-Verfahren ist im Sinne von Ziff. 49 für $n = 1$ ein Verfahren 4. Ordnung und für $n > 1$ für die Ordinaten ein Verfahren $(n+2)$-ter Ordnung.

γ) Hinweise zur praktischen Rechnung.

Vereinfachung in Sonderfällen: Hängt in der Differentialgleichung die Funktion $f(x, y, y', \ldots, y^{(n-1)})$ nicht von $y^{(n-1)}$ ab, so ist $k_2 = k_3$, und das RUNGE-KUTTA-Schema reduziert sich bei jedem Schritt von 4 auf 3 Zeilen; hängt f von einer Ableitung $y^{(r)}$ nicht ab, so braucht im RUNGE-KUTTA-Schema in der zu $y^{(r)}$ gehörigen Spalte nur die Endgröße v_{r1} berechnet zu werden, aber nicht die drei zwischen v_{r0} und v_{r1} stehenden Zwischenwerte.

Faustregel für die Schrittgröße h: Als grober Anhaltspunkt für die Schrittgröße h wird oft die angenäherte Übereinstimmung zwischen den Werten k_2 und k_3 angesehen; um eine Zahl zu nennen: der Unterschied zwischen k_2 und k_3 soll möglichst die Größenordnung von einigen Prozent des Unterschiedes zwischen k_1 und k_2 nicht überschreiten, andernfalls gehe man zu einer kleineren Schrittweite über. Die jeweilige Prozentzahl $\varepsilon = \left|\frac{k_2 - k_3}{k_1 - k_2}\right|$ ist ein gewisses „Empfindlichkeitsmaß".

Anhaltspunkt für die Größe des Fehlers:
Es wird manchmal die sehr unsichere Überlegung angestellt, daß für $n = 1$ (Differentialgleichung 1. Ordnung) das RUNGE-KUTTA-Verfahren die Ordnung 4 hat, und daß daher, falls die Rechnung einmal mit der Schrittweite h und einmal mit der Schrittweise $2h$ durchgeführt ist, der Fehler bei der Rechnung mit der Schrittweite h näherungsweise $\frac{1}{15}$ der Differenz der beiden Ergebnisse sei, was bei wenigen Rechenschritten ungefähr zutreffen mag, aber bei längerer Rechnung völlig falsch sein kann[1].

[1] Literatur zum RUNGE-KUTTA-Verfahren. C. RUNGE: Math. Ann. **46**, 167–178 (1895). — K. HEUN: Z. Math. Phys. **45**, 23–38 (1900). — W. KUTTA: Z. Math. Phys. **46**, 435–453 (1901). — E. J. NYSTRÖM: Acta Soc. Sci fenn. **50**, Nr. 13, S. 1–55 (1925). — R. ZURMÜHL: Z. angew. Math. Mech. **20**, 104–116 (1940) u. **28**, 173–182 (1948). — L. BIEBERBACH: Z. angew. Math. Phys. **2**, 233–248 (1951). — J. ALBRECHT: Beiträge zum RUNGE-KUTTA-Verfahren. Diss. Hannover 1954. 59 S.

δ) Zahlenbeispiele.

I. Es werde $\dot{\varphi} \equiv \frac{d\varphi}{dt} = f(t, \varphi) = -\operatorname{Sin}\varphi + \sin t$, $\varphi(0) = 2$ nach den Formeln (51.1) (51.2) mit der Schrittweite $h = 0{,}1$ durchgerechnet. Die folgende Tabelle gibt die ersten drei „Kästchen". Die letzte Spalte mit dem Empfindlichkeitsmaß ε ist zwar entbehrlich, aber doch ganz nützlich und zeigt hier, daß die Rechnung besser mit kleinerer Schrittweite wiederholt würde, da ε recht groß (größer als 0,1) ist.

t	φ	$f(t,\varphi)$	$k_\nu = hf$	$k = \frac{1}{6}(k_1 + 2k_2 + 2k_3 + k_4)$	$\varepsilon = \left\lvert \frac{k_2 - k_3}{k_1 - k_2} \right\rvert$
0	2	− 3,62686	− 0,362686 = k_1		
0,05	1,818657	− 2,95069	− 0,295069 = k_2	− 0,30293	0,15
0,05	1,852466	− 3,05935	− 0,305935 = k_3		
0,1	1,694065	− 2,52906	− 0,252906 = k_4		
0,1	1,69707	− 2,5375	− 0,25375	− 0,21858	0,13
0,15	1,57020	− 2,1504	− 0,21504		
0,15	1,58955	− 2,1995	− 0,21995		
0,2	1,47712	− 1,8774	− 0,18774		
0,2	1,47849	− 1,8806	− 0,18806	− 0,16433	0,11
0,25	1,38446	− 1,6238	− 0,16238		
0,25	1,39730	− 1,6510	− 0,16510		
0,3	1,31339	− 1,4294	− 0,14294		
0,3	1,31416				

II. Bei der Eigenwertaufgabe

$$L y \equiv y'' + \lambda\left(1 + x + \frac{x^2}{2}\right) y = 0, \qquad y(0) = y(1) = 0$$

(Knickaufgabe für einen beiderseits gelenkig gelagerten Träger veränderlichen Querschnitts; gesucht ist der kleinste Eigenwert $\lambda = \lambda_1$, für den die Aufgabe eine nichttriviale, d.h. nicht identisch verschwindende Lösung $y(x)$ besitzt) ist bei $y(x)$ ein konstanter Faktor frei. Man kann daher die Aufgabe als Anfangswertaufgabe ansehen, die Lösung $y(x, \Lambda)$ von $Ly = 0$, $y(0) = 0$, $y'(0) = 1$, bei der man λ durch Λ ersetzt hat, ermitteln und Λ so variieren, daß $y(1, \Lambda) = 0$ wird. In der folgenden Tabelle ist $y(x, \Lambda)$ nach dem hier dreizeiligen RUNGE-KUTTA-Schema für $\Lambda = 6$ und für $\Lambda = 5{,}97$ durchgerechnet und nach der Regula falsi wird Λ auf

$$\lambda_1 = 5{,}966$$

interpoliert.

$\Lambda = 6{,}0$

x	$\frac{x^2}{2}$	y	$h y' = v$	$k_\nu = -\Lambda \frac{h^2}{2} \cdot \left(1 + x + \frac{x^2}{2}\right) y$
0,0	0,000	**0,000000**	0,200000	0,000000
0,1	0,005	0,100000		− 0,013260
0,2	0,020	0,186740		− 0,027339
0,2	0,020	**0,191160**	0,173207	− 0,027986
0,3	0,045	0,270757		− 0,043402
0,4	0,080	0,320665		− 0,056950
0,4	0,080	**0,325905**	0,086626	− 0,057881
0,5	0,125	0,354747		− 0,069176
0,6	0,180	0,343359		− 0,073340
0,6	0,180	**0,347119**	− 0,049349	− 0,074145
0,7	0,245	0,303908		− 0,070932
0,8	0,320	0,226838		− 0,057707
0,8	0,320	**0,225767**	− 0,187876	− 0,057435
0,9	0,405	0,117470		− 0,032492
1,0	0,500	0,005399		− 0,001620
1,0	0,500	**− 0,002915**		

$\Lambda = 5{,}97$

x	$\frac{x^2}{2}$	y	$h\,y' = v$	$k_\nu = -\Lambda \frac{h^2}{2} \cdot \left(1 + x + \frac{x^2}{2}\right) y$
0,0	0,000	**0,000000**	0,200000	0,000000
0,1	0,005	0,100000		− 0,013194
0,2	0,020	0,186806		− 0,027212
0,2	0,020	**0,191204**	0,173337	− 0,027852
0,3	0,045	0,270910		− 0,043506
0,4	0,080	0,321035		− 0,056571
0,4	0,080	**0,326253**	0,087188	− 0,057653
0,5	0,125	0,355434		− 0,068963
0,6	0,180	0,344478		− 0,073213
0,6	0,180	**0,348248**	− 0,048385	− 0,074014
0,7	0,245	0,305551		− 0,070959
0,8	0,320	0,288904		− 0,057942
0,8	0,320	**0,227886**	− 0,186982	− 0,057684
0,9	0,405	0,119474		− 0,033019
1,0	0,500	0,007885		
1,0	0,500	**− 0,000337**		

52. Das Verfahren der zentralen Differenzen für Differentialgleichungen 1. Ordnung. *α) Differenzenschema-Verfahren und* RUNGE-KUTTA-*Verfahren.* Die Differenzenschema-Verfahren stellen unter den gegenwärtig bekannten Näherungsverfahren die genauesten dar. Dabei zeichnen sich die Interpolationsverfahren gegenüber den Extrapolationsverfahren durch beträchtliche Erhöhung der Genauigkeit bei nur mäßig vergrößerter Rechenarbeit aus, so daß heute die Interpolationsverfahren wohl weit mehr im Gebrauch sind als die Extrapolationsverfahren. Bei den Interpolationsverfahren ist das Verfahren der zentralen Differenzen dem ADAMSschen Interpolationsverfahren durch einfachere Rechnung, günstigere Konvergenzverhältnisse und kleinere Fehlerschranken überlegen. Über die zweckmäßige Auswahl des zu benutzenden Verfahrens lassen sich natürlich nur einige allgemeine Richtlinien geben. Die Differenzenschemaverfahren sind gut geeignet, wenn die Funktionsverläufe glatt sind und die Differenzen mit zunehmender Ordnung stark abnehmen; man rechnet zweckmäßig bei ihnen mit nicht zu großer Schrittweite. Liegt aber ein unruhiger Funktionsverlauf vor, etwa mit empirisch gegebenen Funktionen, oder will man mit großer Schrittweite rechnen, so ist das RUNGE-KUTTA-Verfahren vorzuziehen, ebenso, wenn man öfter auf eine neue, insbesondere kleinere Schrittweite übergehen muß. Allzu groß darf man allerdings die Schrittweite auch beim RUNGE-KUTTA-Verfahren nicht wählen.

β) Grundidee der Differenzenschemaverfahren bei Gleichungen 1. Ordnung. Die Differenzenschemaverfahren knüpfen an die Integralform von (50.1)

$$y(x_{r+1}) = y(x_r) + \int_{x_r}^{x_{r+1}} f(x, y(x))\, dx \tag{52.1}$$

an. Der Grundgedanke zur Bestimmung von y_{r+1} besteht darin, den Integranden durch ein Polynom $F(x)$ zu ersetzen, welches für eine gewisse Anzahl von Abszissen x_ν die Werte $f_\nu = f(x_\nu, y_\nu)$ annimmt, und dieses Polynom zu integrieren. Das kann auf verschiedene Arten durchgeführt werden; man braucht zur Durchführung jedenfalls schon mehrere Näherungswerte f_ν, und so besteht das Differenzenverfahren aus zwei ganz verschiedenen Schritten: 1. man muß sich zunächst einige Anfangswerte y_ν und damit f_ν verschaffen (Berechnung des „Anfangsstückes"); 2. dann kann man den eben angegebenen Gedanken zur „fortlaufenden Berechnung" weiterer y_ν verwenden.

γ) Das Anfangsstück. Die ersten Werte kann man auf verschiedene Weise ermitteln:

1. durch Anwendung des RUNGE-KUTTA-Verfahrens mit kleinerer Schrittweite;

2. durch einen Potenzreihenansatz;

3. durch Ansetzen einer „nullten“ Näherung in Gestalt einer Tangente

$$y_j^{(0)} = y_0 + j h f_0; \qquad j = -1, 1, 2, \ldots;$$

erhält man eine „erste Näherung“ nach den Iterationsformeln:

$$\left.\begin{aligned} y_2^{(1)} &= y_0 + \frac{h}{3}\left(f_2^{(0)} + 4 f_1^{(0)} + f_0\right), \\ y_1^{(1)} &= y_0 + \frac{h}{24}\left(- f_2^{(0)} + 13 f_1^{(0)} + 13 f_0 - f_{-1}^{(0)}\right), \\ y_{-1}^{(1)} &= y_1^{(1)} - \frac{h}{3}\left(f_1^{(0)} + 4 f_0 + f_{-1}^{(0)}\right). \end{aligned}\right\} \tag{52.2}$$

Notfalls wird die Iteration wiederholt. Es ist notwendig, diese Anfangswerte genau zu berechnen.

δ) Die fortlaufende Rechnung. Es seien an den Stellen x_ν bis zu $\nu = r$ bereits die Werte y_ν und damit auch von f_ν bekannt, dann läßt sich das Differenzenschema für die Werte $h f_\nu$ (es ist ∇_r^k für $\nabla^k f_r$ geschrieben):

$$\begin{array}{cccccc} x_{r-2} & y_{r-2} & h f_{r-2} & & & \\ & & & h\nabla_{r-1} & & \\ x_{r-1} & \underline{y_{r-1}} & h f_{r-1} & & h\nabla_r^2 & \\ & & & h\nabla_r & & \\ x_r & y_r & \underline{h f_r} & & \underline{h\nabla_{r+1}^2} & \\ & & & h\nabla_{r+1} & & \\ x_{r+1} & \underline{y_{r+1}} & h f_{r+1} & & & \end{array}$$

bis zum gestrichelten Linienzug bilden.

Ersetzt man in (52.1) den Integranden $f(x, y(x))$ durch die Parabel, welche durch die Punkte f_{r-1}, f_r, f_{r+1} geht, so liefert die SIMPSONsche Regel, welche ja bei Polynomen bis zum 3. Grade exakt gilt, nach (39.4) sofort

$$y_{r+1} = y_{r-1} + h\left(2 f_r + \tfrac{1}{3}\nabla_{r+1}^2\right). \tag{52.3}$$

Hier ist rechts ∇_{r+1}^2 unbekannt. Man schätzt diese zweite Differenz zunächst aus dem Verlauf der vorhergegangenen zweiten Differenzen. (Zu Beginn setze man $\nabla_{r+1}^2 \approx \nabla_r^2$.) Damit ermittelt man einen „Rohwert“ $y_{r+1}^{(0)}$. Bezeichnet man mit (v) die v-te errechnete Näherung, so rechnet man nach der Iteration:

$$y_{r+1}^{(v+1)} = y_{r-1} + h\left(2 f_r + \tfrac{1}{3}\nabla_{r+1}^{2(v)}\right). \tag{52.4}$$

53. Hinweise zur praktischen Rechnung und andere Verfahren. *α) Bemessung der Schrittgröße.* Die Schrittweite h halte man so klein, daß die Iteration (52.4) genügend gut konvergiert und möglichst nach ein bis zwei Durchrechnungen zum Stehen kommt. Schrittverdoppelung ($\bar{h} = 2h$) verlangt lediglich neues Anschreiben der Werte $y_r, y_{r-2}, y_{r-4}, \ldots$ und Bilden des neuen Differenzenschemas für die zugehörigen Werte $h f$.

Schritthalbierung dagegen ist mühsamer und verlangt eine neue Anfangsiteration. Durch Interpolation ermittelt man, wenn die Rechnung bis zur Stelle x_{r+1} fortgeschritten ist und $f_r, \nabla f_r, \nabla^2 f_r, \nabla^3 f_r$ bekannt sind, Zwischenwerte:

$$\left.\begin{aligned} h f_{r-\frac{1}{2}} &= h\left(f_r - \tfrac{1}{2}\nabla f_r - \tfrac{1}{8}\nabla^2 f_r - \tfrac{1}{16}\nabla^3 f_r\right), \\ h f_{r+\frac{1}{2}} &= h\left(f_r + \tfrac{1}{2}\nabla f_r + \tfrac{3}{8}\nabla^2 f_r + \tfrac{5}{16}\nabla^3 f_r\right). \end{aligned}\right\} \tag{53.1}$$

Die zur halben Schrittweite $\bar{h} = \frac{1}{2}h$ gehörigen Werte $\bar{h} f_j$ ($j = r - \frac{1}{2}, r, r + \frac{1}{2}, r + 1$ oder mit neuer Numerierung $j = -1, 0, 1, 2$) mit ihren Differenzen dienen als Anfangsdaten für die iterative Verbesserung nach (52.2).

β) Aufrauhungserscheinung[1]. Es besteht eine unmittelbare Bindung von einem y-Wert y_{r-1} zum übernächsten y_{r+1}, während ein Zusammenhang zwischen benachbarten y-Werten nur mittelbar über die Differentialgleichung hergestellt wird. Das kann bei Integrationen über längere Intervalle dazu führen, daß sich im Verlauf der Rechnung der Näherungsverlauf in zwei getrennte Züge $y_{r-4}, y_{r-2}, y_r, \ldots$, und $y_{r-3}, y_{r-1}, y_{r+1}, \ldots$, aufspaltet. Diese „Aufrauhung" macht sich zuerst in einem Schwanken der $\nabla^2 f$-Werte bemerkbar.

Die Glättung kann oft sehr einfach so vorgenommen werden: Man bringt z. B. an den $h\nabla^3 f$-Werten Korrekturen $\pm\varepsilon$ an, so daß die Werte $h\nabla^3 f_{r-j} + (-1)^j \varepsilon$, also $h\nabla^3 f_{r-3} - \varepsilon$, $h\nabla^3 f_{r-2} + \varepsilon$, $h\nabla^3 f_{r-1} - \varepsilon$, $h\nabla^3 f_r + \varepsilon$ einen glatten Verlauf erhalten; dann muß man dafür an den zweiten, ersten, nullten Differenzen die Korrekturen $\pm\varepsilon/2$, $\pm\varepsilon/4$, $\pm\varepsilon/8$ anbringen, also

$$h\nabla^k f_{r-j} \quad \text{durch} \quad h\nabla^k f_{r-j} + (-1)^j \frac{\varepsilon}{2^{3-k}} \qquad (k = 0, 1, 2, 3)$$

ersetzen. Schließlich hat man noch die y-Werte so abzuändern, daß bei den f-Werten die geforderten Korrekturen $\pm\varepsilon/8$ auftreten; dazu variiert man einen y-Wert, etwa y_r um den kleinen Betrag δ, stellt fest, um welchen Betrag ζ sich dadurch f_r ändert, und hat dann bei y_{r-j} die Korrektur $(-1)^j \frac{\delta}{\zeta}\frac{\varepsilon}{8}$ hinzuzufügen.

γ) Zahlenbeispiel. In

$$\ddot{x} + 2D\dot{x} + \frac{1}{k}(e^{kx} - 1) = 0$$

[Fahrzeug mit progressiver Federung, nach A. WEIGAND, Forschung Geb. Ing. Wes. **11**, 309 (1940)], oder (mit $\dot{x}^2 = y$)

$$y' = \frac{dy}{dx} = -4D\sqrt{y} - \frac{2}{k}(e^{kx} - 1)$$

sei $D = \frac{1}{4}$, $k = 1$ und $y(0) = 1$, also $y' = f(x, y) = -\sqrt{y} - 2(e^x - 1)$. Die bei der Schrittweite $h = 0{,}1$ erforderlichen Anfangswerte für $x = 0$ und $\pm 0{,}1$ erhält man mit einem Potenzreihenansatz aus

$$y = 1 - x - \frac{3}{4}x^2 - \frac{1}{6}x^3 + \frac{x^5}{24} + \cdots.$$

Bei der weiteren Rechnung sind die Differenzen nicht „auf Lücke" geschrieben, sondern bequemlichkeitshalber jeweils um eine halbe Zeile gesenkt.

x	y	$\sqrt{y}$	$2(e^x-1)$	$f(x, y)$	∇f	$\nabla^2 f$	$\nabla^3 f$	$\nabla^4 f$
−0,1	1,09267	1,0453	−0,1904	−0,8549				
0,0	1,00000	1,0000	0,0000	−1,0000	−0,1451			
0,1	0,89233	0,9446	0,2104	−1,1550	−0,1550	−0,0099		
0,2	0,76867	0,8767	0,4428	−1,3195	−0,1645	−0,0095	0,0004	
,,	0,76868	,,	,,	,,	,,	,,	,,	
0,3						−0,0091	0,0004	
,,	0,62813	0,7925	0,6998	−1,4923	−0,1728	−0,0083	0,0012	
,,	0,62815	0,7926	,,	−1,4924	−0,1729	−0,0084	0,0011	0,0007
0,4						−0,0066	0,0018	
,,	0,46998	0,6856	0,9836	−1,6692	−0,1768	−0,0039	0,0045	
,,	0,47007	,,	,,	,,	,,	,,	,,	0,0034
0,5						0,0053	0,0092	
,,	0,29449	0,5427	1,2974	−1,8401	−1,1709	0,0059	0,0098	
,,	0,29451	,,	,,	,,	,,	,,	,,	0,0053

δ) Andere Verfahren. Je nachdem ob man die Differentialgleichung (50.1) über das Intervall $\langle x_r, x_{r+1}\rangle$ oder $\langle x_{r-1}, x_{r+1}\rangle$ integriert und welches Interpolationspolynom man als Ersatz für $f(x, y(x))$ verwendet, erhält man verschiedene Formeln der fortlaufenden Rechnung, die in der folgenden Tabelle 6 zusammengestellt sind.

[1] Eine Theorie der „Instabilität" bei Differenzenschemaverfahren gibt H. RUTISHAUSER: Z. angew. Math. Phys. **3**, 65–74 (1952).

Tabelle 6.

Name	Formel	Entstehungsweise: Polynom durch die Werte	Entstehungsweise: integriert über
ADAMS Extrapolation .	$y_{r+1}=y_r+h\left(f_r+\frac{1}{2}\nabla f_r+\frac{5}{12}\nabla^2 f_r+\frac{3}{8}\nabla^3 f_r+\frac{251}{720}\nabla^4 f_r\right)$	$f_{r-4},\ldots,f_{r-1},f_r$	$\langle x_r, x_{r+1}\rangle$
NYSTRÖM Extrapolation	$y_{r+1}=y_{r-1}+h\left(2f_r+\frac{1}{3}\nabla^2 f_r+\frac{1}{3}\nabla^3 f_r+\frac{29}{90}\nabla^4 f_r\right)$		$\langle x_{r-1}, x_{r+1}\rangle$
ADAMS Interpolation .	$y_{r+1}=y_r+h\left(f_{r+1}-\frac{1}{2}\nabla f_{r+1}-\frac{1}{12}\nabla^2 f_{r+1}-\frac{1}{24}\nabla^3 f_{r+1}-\frac{19}{720}\nabla^4 f_{r+1}\right)$	$f_{r-3},\ldots,f_r,f_{r+1}$	$\langle x_r, x_{r+1}\rangle$
Verfahren der zentralen Differenzen	$y_{r+1}=y_{r-1}+h\left(2f_r+\frac{1}{3}\nabla^2 f_{r+1}\right)$	f_{r-1},f_r,f_{r+1}	$\langle x_{r-1}, x_{r+1}\rangle$

Tabelle 7.

	Zahlen $\beta_{n,\varrho}$						Zahlen $\zeta_{n,\varrho}$					Zahlen $\beta^*_{n,\varrho}$				
	$\varrho=0$	$\varrho=1$	$\varrho=2$	$\varrho=3$	$\varrho=4$	$\varrho=5$	$\varrho=0$	$\varrho=1$	$\varrho=2$	$\varrho=3$	$\varrho=4$	$\varrho=0$	$\varrho=1$	$\varrho=2$	$\varrho=3$	$\varrho=4$
$n=1$	1	$\frac{1}{2}$	$\frac{5}{12}$	$\frac{3}{8}$	$\frac{251}{720}$	$\frac{95}{288}$	1	$\frac{1}{2}$	$\frac{5}{12}$	$\frac{3}{8}$	$\frac{251}{720}$	1	$-\frac{1}{2}$	$-\frac{1}{12}$	$-\frac{1}{24}$	$-\frac{19}{720}$
$n=2$	$\frac{1}{2}$	$\frac{1}{6}$	$\frac{1}{8}$	$\frac{19}{180}$	$\frac{3}{32}$	$\frac{863}{10080}$	1	0	$\frac{1}{12}$	$\frac{1}{12}$	$\frac{19}{240}$	$\frac{1}{2}$	$-\frac{1}{3}$	$-\frac{1}{24}$	$-\frac{7}{360}$	$-\frac{17}{1440}$
$n=3$	$\frac{1}{6}$	$\frac{1}{24}$	$\frac{7}{240}$	$\frac{17}{720}$	$\frac{41}{2016}$	$\frac{731}{40320}$	1	$-\frac{1}{2}$	0	0	$\frac{1}{240}$	$\frac{1}{6}$	$-\frac{1}{8}$	$-\frac{1}{80}$	$-\frac{1}{180}$	$-\frac{11}{3360}$
$n=4$	$\frac{1}{24}$	$\frac{1}{120}$	$\frac{1}{180}$	$\frac{11}{2520}$	$\frac{89}{24192}$	$\frac{5849}{181440}$	1	-1	$\frac{1}{6}$	0	$-\frac{1}{720}$	$\frac{1}{24}$	$-\frac{1}{30}$	$-\frac{1}{360}$	$-\frac{1}{840}$	$-\frac{83}{120960}$

Meist läßt man das Glied mit den vierten Differenzen fort; es wird gewöhnlich nicht günstig sein, Differenzen zu hoher Ordnung mitzuführen, da die Entwicklung nach Differenzen höherer Ordnung im allgemeinen zu (semikonvergenten) divergenten Reihen führt.

54. Extrapolationsverfahren für Differentialgleichungen n-ter Ordnung. Auch bei Differentialgleichungen n-ter Ordnung (49.1) hat man zwischen Anlaufs- und fortlaufender Rechnung zu unterscheiden. Über die Anlaufsrechnung s. Ziff. 55. Für die fortlaufende Rechnung lassen sich verschiedene Erweiterungen der Formeln von Ziff. 53 angeben. Die FALKNERsche[1] Extrapolationsformel für die Näherungen $y_{r+1}^{(m)}$ der m-ten Ableitung an der Stelle x_{r+1}

$$y_{r+1}^{(m)} = \sum_{\nu=0}^{n-m-1} \frac{h^\nu}{\nu!} y_r^{(m+\nu)} + h^{n-m} \sum_{\varrho=0}^{p} \beta_{n-m,\varrho} \nabla^\varrho f_r$$

benutzt neben den Differenzen $\nabla^\varrho f_r$ die Ableitungen $y_r^{(m+\nu)}$ und erfordert das Mitführen aller Ableitungen $y', y'', \ldots, y^{(n)}$ in der Rechnung, während die Extrapolationsformel

$$\nabla^n y_{r+1} = h^n \sum_{\varrho=0}^{p} \zeta_{n,\varrho} \nabla^\varrho f_r$$

wegen

$$\nabla^n y_{r+1} = y_{r+1} - \binom{n}{1} y_r + \binom{n}{2} y_{r-1} - + \cdots + (-1)^n y_{r-n+1}$$

neben den Differenzen die Funktionswerte y_ϱ verwendet und besonders geeignet ist, wenn die Differentialgleichung die Form $y^{(n)} = f(x, y)$ hat oder in der Differentialgleichung eine Anzahl Zwischenableitungen nicht explizit vorkommen.

Die Zahlen $\beta_{n,\varrho}$ und $\zeta_{n,\varrho}$ sind dabei definiert durch

$$P_{n,\varrho}(u) = \begin{cases} \displaystyle\int_0^u \cdots \int_0^u \frac{u(u+1)\ldots(u+\varrho-1)}{\varrho} \underbrace{du \ldots du}_{n\text{-fach}} & \text{für } \varrho \geqq 1 \\ \displaystyle\frac{1}{n!} u^n & \text{für } \varrho = 0 \end{cases} \quad (n=1, 2, \ldots)$$

$$\beta_{n,\varrho} = P_{n,\varrho}(1); \qquad \zeta_{n,\varrho} = \beta_{n,\varrho} + \sum_{q=1}^{n-1} (-1)^{q+1} \binom{n}{q+1} P_{n,\varrho}(-q).$$

Einige Werte der $\beta_{n,\varrho}$ und $\zeta_{n,\varrho}$ gibt die Tabelle 7.

Besonders genannt seien noch die Formeln für $n = 2, 3, 4$. Für $n = 2$ ist sie als STÖRMERsche Extrapolationsformel bekannt:

$$\begin{aligned} y_{r+1} &= 2y_r - y_{r-1} + h^2\left(f_r + \frac{1}{12}\nabla^2 f_r + \frac{1}{12}\nabla^3 f_r + \frac{19}{240}\nabla^4 f_r + \frac{3}{40}\nabla^5 f_r + \cdots\right) \\ &= 2y_r - y_{r-1} + h^2\Big[f_r + \frac{1}{12}(\nabla^2 f_r + \nabla^3 f_r + \nabla^4 f_r + \nabla^5 f_r) - \\ &\qquad - \frac{1}{240}(\nabla^4 f_r + 2\nabla^5 f_r) + \cdots\Big], \end{aligned}$$

welche wegen ihrer bequemen Koeffizienten (etwa bei Abbrechen nach dem Gliede mit $\nabla^3 f$) viel verwendet wurde.

[1] V. M. FALKNER: A method of numerical solution of differential equations. Phil. Mag., VII. ser. **21**, 621–640 (1936).

Bei der Differentialgleichung 3. Ordnung wird

$$y_{r+1} = 3y_r - 3y_{r-1} + y_{r-2} + h^3\left(f_r - \frac{1}{2}\nabla f_r + \frac{1}{240}\nabla^4 f_r + \cdots\right)$$

Bricht man hier nach dem Gliede mit ∇f_r ab, so hat man eine sehr einfache und doch genaue Formel. Man braucht nur die ersten Differenzen mitzuführen (sofern man nicht wegen Auftretens von y' oder y'' in der Differentialgleichung und damit wegen der Formeln für y' oder y'' höhere Differenzen braucht).

Auch bei Differentialgleichungen 4. Ordnung ist die bei Abbrechen nach dem Gliede mit $\nabla^2 f$ aus

$$y_{r+1} = 4y_r - 6y_{r-1} + 4y_{r-2} - y_{r-3} + h^4\left(f_r - \nabla f_r + \frac{1}{6}\nabla^2 f_r - \frac{1}{720}\nabla^4 f_r + \cdots\right)$$

entstehende Formel sehr einfach.

55. Interpolationsverfahren für Differentialgleichungen n-ter Ordnung. Wie bei den Differentialgleichungen 1. Ordnung zeichnen sich auch bei Gleichungen höherer Ordnung die Interpolationsformeln gegenüber den Extrapolationsformeln durch größere Genauigkeit aus. Eine allgemeine Formel lautet hier

$$y_{r+1}^{(m)} = \sum_{\sigma=0}^{n-m-1} \frac{h^\sigma}{\sigma!}\, y_r^{(m+\sigma)} + h^{n-m} \sum_{\varrho=0}^{p} \beta_{n-m,\varrho}^{*} \nabla^\varrho f_{r+1}. \tag{55.1}$$

Dabei sind jetzt die $\beta_{n,\varrho}^{*}$ festgelegt durch

$$\beta_{n,\varrho}^{*} = P_{n,\varrho}^{*}(0) \quad \text{mit}$$

$$P_{n,\varrho}^{*}(u) = \left\{\begin{array}{ll} \underbrace{\int_{-1}^{u} \cdots \int_{-1}^{u} \binom{u+\varrho-1}{\varrho}\, du \ldots du}_{n\text{-fach}} & \text{für } \varrho \geq 1 \\ \frac{1}{n!}(u+1)^n & \text{für } \varrho = 0 \end{array}\right\} (n = 1, 2, \ldots,).$$

Zahlenwerte der $\beta_{n,\varrho}^{*}$ sind bereits in der Tabelle 7 von Ziff. 54 mit aufgeführt.

Unter den Interpolationsformeln sind wieder die Formeln mit zentralen Differenzen wegen ihres einfachen Baues und günstiger Fehlerverhältnisse besonders zu empfehlen. Sie lassen sich für Ableitungen beliebiger Ordnung aufstellen. Die folgenden Gleichungen reichen aus für Differentialgleichungen bis zur 4. Ordnung einschließlich:

$$\left.\begin{aligned} y_{r+1}^{(n-1)} &= y_{r-1}^{(n-1)} + h\left(2f_r + \frac{1}{3}\nabla^2 f_{r+1}\right), \\ y_{r+1}^{(n-2)} &= 2y_r^{(n-2)} - y_{r-1}^{(n-2)} + h^2\left(f_r + \frac{1}{12}\nabla^2 f_{r+1}\right), \\ y_{r+1}^{(n-3)} &= y_{r-1}^{(n-3)} + 2h\,y_r^{(n-2)} + h^3\left(\frac{1}{3}f_r + \frac{1}{60}\nabla^2 f_{r+1}\right), \\ y_{r+1}^{(n-4)} &= 2y_r^{(n-4)} - y_{r-1}^{(n-4)} + h^2 y_r^{(n-2)} + h^4\left(\frac{1}{12}f_r + \frac{1}{360}\nabla^2 f_{r+1}\right). \end{aligned}\right\} \tag{55.2}$$

Von besonderer Wichtigkeit sind wohl die Formeln für Differentialgleichungen 2. Ordnung:

$$\left.\begin{aligned} y_{r+1} &= 2y_r - y_{r-1} + h^2\left(f_r + \frac{1}{12}\nabla^2 f_{r+1}\right), \\ y'_{r+1} &= y'_{r-1} + h\left(2f_r + \frac{1}{3}\nabla^2 f_{r+1}\right). \end{aligned}\right\} \tag{55.3}$$

In dem folgenden Schema, bei welchem am Kopf die in (55.3) auftretenden Vorfaktoren angegeben sind, sind die bei der Berechnung der Werte an der Stelle x_{r+1} gebrauchten Größen umrandet und dabei die bei fehlender Abhängigkeit der Differentialgleichung von y', also bei $y'' = f(x, y)$ sich erübrigenden Größen gestrichelt umrandet.

Verfahren der zentralen Differenzen für Differentialgleichungen 2. Ordnung $y'' = f(x, y, y')$.

x	Faktoren für y		1		$\frac{1}{12}$
	Faktoren für hy'		2		$\frac{1}{3}$
	y	hy'	$h^2 y'' = h^2 f$	$h^2 \nabla f$	$h^2 \nabla^2 f$
x_{r-2}	y_{r-2}	hy'_{r-2}	$h^2 f_{r-2}$		
				$h^2 \nabla f_{r-1}$	
x_{r-1}	y_{r-1}	hy'_{r-1}	$h^2 f_{r-1}$		$h^2 \nabla^2 f_r$
				$h^2 \nabla f_r$	
x_r	y_r	hy'_r	$h^2 f_r$		$h^2 \nabla^2 f_{r+1}$
				$h^2 \nabla f_{r+1}$	
x_{r+1}	y_{r+1}	hy'_{r+1}	$h^2 f_{r+1}$		

Anlaufsrechnung. Für die Berechnung des Anfangsstückes stehen wieder die in Ziff. 52 genannten Möglichkeiten zur Verfügung, nur muß man bei der an dritter Stelle genannten Iteration für jede Ordnung der Differentialgleichung gesonderte Formeln benutzen. Hier sei nur für den wohl wichtigsten Fall einer Differentialgleichung 2. Ordnung zum Verfahren der zentralen Differenzen das folgende Schema der Berechnung von Rohwerten und ihrer iterativen Verbesserung genannt:

A. Rohwerte.

1. $\tilde{y}_1 = y_0 + h y_0' + \frac{1}{2} h^2 f_0; \quad h\tilde{y}_1' = h\tilde{y}_0' + h^2 f_0;$
   daraus $\tilde{f}_1 = f(x_1, \tilde{y}_1, \tilde{y}_1'); \quad \nabla\tilde{f}_1 = \tilde{f}_1 - f_0;$

2. $y_1^{[0]} = y_0 + h y_0' + h^2 (\frac{1}{2} f_0 + \frac{1}{6} \nabla\tilde{f}_1)$
   $h y_1'^{[0]} = h y_0' + h^2 (f_0 + \frac{1}{2} \nabla\tilde{f}_1); \quad$ daraus $\quad f_1^{[0]}, \nabla f_1^{[0]};$

3. $y_2^{[0]} = 2 y_1^{[0]} - y_0 + h^2 f_1^{[0]}$
   $h y_2'^{[0]} = h y_0' + 2h^2 f_1^{[0]}; \quad$ daraus $\quad f_2^{[0]}, \nabla f_2^{[0]}, \nabla^2 f_2^{[0]}$.

B. Iterative Verbesserung für $\nu = 1, 2, \ldots$

$$\begin{aligned} y_1^{[\nu+1]} &= y_0 + h y_0' + h^2 (\tfrac{1}{2} f_0 + \tfrac{1}{6} \nabla f_1^{[\nu]} - \tfrac{1}{24} \nabla^2 f_2^{[\nu]}), \\ h y_1'^{[\nu+1]} &= h y_0' + h^2 (f_0 + \tfrac{1}{2} \nabla f_1^{[\nu]} - \tfrac{1}{12} \nabla^2 f_2^{[\nu]}), \\ y_2^{[\nu+1]} &= 2 y_1^{[\nu+1]} - y_0 + h^2 (f_1^{[\nu]} + \tfrac{1}{12} \nabla^2 f_2^{[\nu]}), \\ h y_2'^{[\nu+1]} &= h y_0' + h^2 (2 f_1^{[\nu]} + \tfrac{1}{3} \nabla^2 f_2^{[\nu]}). \end{aligned}$$

Konvergenz[1] *der Iterationen.* In der Differentialgleichung (49.1) genüge die Funktion f in einem konvexen Bereich B des $x, y, y', \ldots, y^{(n-1)}$-Raumes, in dem die Lösungsfunktion und alle Näherungen enthalten sind, einer LIPSCHITZ-Bedingung

$$|f(x, y, y', \ldots, y^{(n-1)}) - f(x, y^*, y^{*\prime}, \ldots, y^{*(n-1)})| \leq \sum_{\nu=0}^{n-1} K_\nu |y^{(\nu)} - y^{*(\nu)}|$$

[1] Aus der umfangreichen Literatur zur Praxis und zur Theorie der Differenzenschemaverfahren sei nur genannt: R. v. MISES: Z. angew. Math. Mech. **10**, 81—92 (1930). — G. SCHULZ: Z. angew. Math. Mech. **12**, 44—59 (1932); **14**, 224—234 (1934). — L. COLLATZ: Z. angew. Math. Mech. **22**, 216—225 (1942); **29**, 199—209 (1949). — J. WEISSINGER: Z. angew. Math. Mech. **32**, 62—67 (1952). — W. TOLLMIEN: Z. angew. Math. Mech. **33**, 151—155 (1953).

für alle Punktepaare $y, y', \ldots, y^{(n-1)}$ und $y^*, y^{*\prime}, \ldots, y^{*(n-1)}$ aus B. Für praktische Zwecke wird man oft setzen:

$$K_\nu = \left|\frac{\partial f}{\partial y^{(\nu)}}\right|_{\max \text{ in } B} \qquad (\nu = 0, 1, \ldots, n-1).$$

Für das Interpolationsverfahren (55.1) erhält man als hinreichende Konvergenzbedingung

$$\text{für } p = 1: \quad \frac{1}{2} h K_{n-1} + \frac{1}{6} h^2 K_{n-2} + \frac{1}{24} h^3 K_{n-3} + \cdots + h^n \beta_{n1} K_0 < 1,$$

$$\text{für } p = 2: \quad \frac{5}{12} h K_{n-1} + \frac{1}{8} h^2 K_{n-2} + \frac{7}{240} h^3 K_{n-3} + \cdots + h^n \beta_{n2} K_0 < 1.$$

Bei wachsendem p nehmen die $\beta_{n,p}$ ab, es darf dann h ein wenig vergrößert werden. Die Überlegung für das Verfahren der zentralen Differenzen bei Abbrechen nach dem Gliede mit $\nabla^2 f_{r+1}$ führt entsprechend auf (mit gewissen Größen $\beta^{**}_{n,1}$, es ist $\beta^{**}_{1,1} = \frac{1}{6}$, $\beta^{**}_{2,1} = \frac{1}{24}$, $\beta^{**}_{3,1} = \frac{1}{120}$, $\beta^{**}_{4,1} = \frac{1}{720}$):

$$\frac{1}{3} h K_{n-1} + \frac{1}{12} h^2 K_{n-2} + \frac{1}{60} h^3 K_{n-3} + \cdots + 2 h^n |\beta^{**}_{n,1}| K_0 < 1.$$

Für die Anfangsiteration sind Konvergenzuntersuchungen bei Differentialgleichungen 1. und 2. Ordnung durchgeführt worden; es besteht Konvergenz für wesentlich kleinere Werte der Schrittweite h, wie man ja überhaupt die Anfangswerte mit möglichst verkleinerter Schrittweite berechnen sollte.

Besonders wichtig sind Fehlerabschätzungen, die jedoch in brauchbarer Form für größere Anzahlen von Schritten noch nicht vorliegen. Die bisherigen Abschätzungen geben meist viel zu große Fehlerschranken.

III. Anfangs- und Anfangsrandwertaufgaben bei partiellen Differentialgleichungen.

56. Gewöhnliches Differenzenverfahren. Das gewöhnliche Differenzenverfahren stellt eine allgemeine, leicht zu handhabende Methode dar, mit der man sich bei vielen Differentialgleichungsaufgaben einen Überblick über die Lösung verschaffen kann. Der bequemen Darstellung wegen sei der Fall von nur zwei unabhängigen Veränderlichen x, y zugrunde gelegt, obwohl sich das Verfahren genau so bei mehr Veränderlichen anwenden läßt.

In der x-y-Ebene sei ein rechteckiges Netz mit den „Maschenweiten" h und l und den „Gitterpunkten" mit den Koordinaten durch

$$\left.\begin{aligned} x_i &= x_0 + ih \\ y_k &= y_0 + kl \end{aligned}\right\} \quad (i, k = 0, \pm 1, \pm 2, \ldots) \tag{56.1}$$

festgelegt.

Man kann auch andere als Rechtecksgitter verwenden, jedoch werden dann die Differenzenausdrücke im allgemeinen kompliziert und unbequem für die numerische Rechnung. Gitter mit gleichen Maschenweiten $h = l$ heißen quadratische Gitter.

Funktionswerte an einer Gitterstelle x_i, y_k werden durch Anhängen der Indices i, k bezeichnet; so bedeutet u_{ik} (oder $u_{i,k}$) den Wert einer gesuchten Funktion $u(x,y)$ für $x = x_i$, $y = y_k$ und $U_{i,k}$ einen Näherungswert für $u_{i,k}$.

Der Differentialgleichung werden jetzt Differenzengleichungen gegenübergestellt, indem man einzeln jeden Differentialquotienten durch einen Differenzenquotienten ersetzt. Das kann oft noch auf verschiedene Weise erfolgen, z.B. kann man der Ableitung $(\partial u/\partial y)_{i,k}$ die folgenden drei Differenzenquotienten gegenüberstellen:

„vorderer" Differenzenquotient $\frac{U_{i,k+1}-U_{i,k}}{l}=\frac{\Delta_y U_{i,k}}{l}$

„rückwärtiger" Differenzenquotient $\frac{U_{i,k}-U_{i,k-1}}{l}=\frac{\Delta_y U_{i,k-1}}{l}$

„zentraler" Differenzenquotient $\frac{U_{i,k+1}-U_{i,k-1}}{2l}=\frac{\Delta_y}{2l}(U_{i,k-1}+U_{i,k})$.

Dabei bedeutet Δ_y den Differenzenoperator; Δ_x und Δ_y sind, vgl. Ziff. 37, erklärt durch

$$\Delta_x g_{ik}=g_{i+1,k}-g_{ik}; \qquad \Delta_y g_{i,k}=g_{i,k+1}-g_{ik}. \tag{56.2}$$

Allgemein kann man die Ableitung (mit noch wählbaren r, s)

$$\left(\frac{\partial^{m+n}u}{\partial x^m \partial y^n}\right)_{ik} \quad \text{ersetzen durch} \quad \frac{\Delta_x^m \Delta_y^n U_{i-r,k-s}}{h^m l^n}.$$

Man kann auf diese Weise einer beliebigen partiellen Ableitung Differenzenquotienten und einer beliebigen Differentialgleichung für jeden Gitterpunkt eine Differenzengleichung gegenüberstellen. Auch den Anfangs- und Randbedingungen entsprechen so Differenzengleichungen für Näherungswerte in Gitterpunkten.

Beispiele: I. Der Wärmeleitungsgleichung

$$\frac{\partial^2 u}{\partial x^2}=c\frac{\partial u}{\partial t} \tag{56.3}$$

entspricht im Gitter (56.1) mit den Maschenweiten h und l als eine (von verschiedenen Möglichkeiten die folgende) Differenzengleichung:

$$\frac{U_{i+1,k}-2U_{i,k}+U_{i-1,k}}{h^2}=c\frac{U_{i,k+1}-U_{i,k}}{l}. \tag{56.4}$$

Für $l=\sigma c h^2$ vereinfacht sie sich zu

$$U_{i,k+1}=U_{i,k}(1-2\sigma)+\sigma(U_{i+1,k}+U_{i-1,k}). \tag{56.5}$$

Für $\sigma=\frac{1}{2}$ entsteht die besonders bequeme Form:

$$U_{i,k+1}=\tfrac{1}{2}(U_{i+1,k}+U_{i-1,k}); \tag{56.6}$$

für $\sigma=\frac{1}{6}$ erhält man eine Formel, bei der das Restglied von höherer Ordnung wird (vgl. W. E. MILNE [8], S. 132). Sind die Werte $U_{i,k}$ auf der Zeile $y=y_k$ bekannt, so kann man hiernach auf der nächsten Zeile $y=y_{k+1}$ die Werte von U ermitteln.

II. Bei der Telegrafengleichung

$$\frac{\partial^2 u}{\partial x^2}=\frac{\partial^2 u}{\partial t^2}+\frac{\partial u}{\partial t}+u \tag{56.7}$$

seien die Anfangsbedingungen gegeben:

$$u(x,0)=\frac{\partial u(x,0)}{\partial t}=0 \quad \text{(Kabel zur Zeit } t=0 \text{ strom- und spannungsfrei)}$$

$$u(0,t)=\begin{cases}\sin t, & \text{falls } \sin t\geq 0\\ 0, & \text{falls } \sin t\leq 0\end{cases}$$

$$u(\pi,t)=0 \text{ für } t\geq 0.$$

Im Gitter (56.1) mit $x_0 = y_0 = 0$, $h = l = \pi/6$ lautet eine zugehörige Differenzengleichung

$$\frac{U_{i+1,k} - 2U_{i,k} + U_{i-1,k}}{h^2} = \frac{U_{i,k+1} - 2U_{i,k} + U_{i,k-1}}{l^2} + \frac{U_{i,k+1} - U_{i,k-1}}{2l} + U_{i,k}$$

oder hier

$$U_{i,k+1} = 0{,}79252\,(U_{i-1,k} - 0{,}27416\,U_{i,k} + U_{i+1,k} - 0{,}73821\,U_{i\,k-1}). \tag{56.8}$$

Für $k = 0$ kennt man die Werte $U_{i,0} = 0$; die Differenzengleichung (56.8) für $k = 0$ und die Gleichung für die Ableitung

$$\frac{U_{i,1} - U_{i,-1}}{2l} = \frac{\partial u}{\partial t}(ih, 0) \quad (\text{hier} = 0)$$

liefern zwei Gleichungen für $U_{i,-1}$ und $U_{i,1}$; hier folgt $U_{i,1} = 0$ für $i > 0$. Damit hat man zwei Anfangszeilen und kann leicht nach (56.8) die weiteren Zeilen des Schemas berechnen. In der Tabelle ist noch eine Zeilensummenprobe mitgeführt (Spalte S_k):

Werte $U_{i,k}$

$k \backslash i$	0	1	2	3	4	5	6	S_k
0	0	0	0	0	0	0	0	0
1	0,50000	0	0	0	0	0	0	0
2	0,86603	0,39626	0	0	0	0	0	0,39626
3	1	0,60024	0,31404	0	0	0	0	0,91428
4	0,86603	0,67916	0,40747	0,24889	0	0	0	1,33552
5	0,50000	0,51054	0,46323	0,26885	0,19725	0	0	1,43987
6	0	0,25512	0,27865	0,31942	0,17021	0,15632	0	1,17972
7	0	−0,13328	0,12378	0,12904	0,22465	0,10093	0	0,44512

57. Das ε-Schema und die Stabilität des Differenzenverfahrens. Wir ersetzen in dem Beispiel (56.3) der Wärmeleitungsgleichung

$$\frac{\partial^2 u}{\partial x^2} = c\,\frac{\partial u}{\partial t}$$

zunächst die zeitliche Ableitung durch den (groben) vorderen Differenzenquotienten und rechnen bei den Maschenweiten h, l mit $2l = h^2 c$ nach (56.6)

$$U_{i,k+1} = \tfrac{1}{2}(U_{i+1,k} + U_{i-1,k}).$$

Das Verfahren erweist sich hier als „stabil"; d.h. nehmen wir einmal an, es werde an einer Stelle in der Rechnung, etwa bei x_i, y_k ein Fehler ε gemacht, welcher zu dem infolge der Näherungsrechnung dort bereits vorhandenen Fehler hinzukommt; dann verursacht dieser Fehler in der folgenden Zeile $y = y_{k+1}$ bei $x = x_{i-1}$ und bei $x = x_{i+1}$ je einen Zusatzfehler von $\frac{1}{2}\varepsilon$, und die Zusatzfehler in den weiteren Zeilen lassen sich ebenfalls leicht bestimmen; es ergibt sich ein allmähliches Abnehmen:

		0		ε		0		
0			$0{,}5\,\varepsilon$		$0{,}5\,\varepsilon$			0
	$0{,}25\,\varepsilon$			$0{,}5\,\varepsilon$		$0{,}25\,\varepsilon$		
$0{,}125\,\varepsilon$			$0{,}375\,\varepsilon$		$0{,}375\,\varepsilon$			$0{,}125\,\varepsilon$
	$0{,}25\,\varepsilon$			$0{,}375\,\varepsilon$		$0{,}25\,\varepsilon$		
$0{,}15625\,\varepsilon$			$0{,}3125\,\varepsilon$		$0{,}3125\,\varepsilon$			$0{,}15625\,\varepsilon$
				$0{,}3125\,\varepsilon$				

Ersetzt man dagegen die zeitliche Ableitung durch den an sich besseren zentralen Differenzenquotienten und rechnet nach

$$U_{i,k+1} = U_{i+1,k} - 2U_{i,k} + U_{i-1,k} + U_{i,k-1},$$

so zeigt das ε-Schema ein rasches Anwachsen eines Zusatzfehlers, und das Verfahren wird unbrauchbar. Das ε-Schema lautet hier

$$\begin{array}{cccccccc} 0 & 0 & 0 & 0 & \varepsilon & 0 & 0 & 0 \\ 0 & 0 & 0 & \varepsilon & -2\varepsilon & \varepsilon & 0 & 0 \\ 0 & 0 & \varepsilon & -4\varepsilon & 7\varepsilon & -4\varepsilon & \varepsilon & 0 \\ 0 & \varepsilon & -6\varepsilon & 17\varepsilon & -24\varepsilon & 17\varepsilon & -6\varepsilon & \varepsilon \\ \varepsilon & -8\varepsilon & 31\varepsilon & -68\varepsilon & 89\varepsilon & -68\varepsilon & 31\varepsilon & -8\varepsilon \end{array}$$

Auch bei der Behandlung von Randbedingungen, die oft auf sehr verschiedenartige Weise erfolgen kann, erweist sich das ε-Schema als einfach zu handhabendes brauchbares Hilfsmittel.

Es sind verschiedene Wege beschritten worden, das Verhalten der Lösungen der Differenzengleichungen hinsichtlich der „Stabilität" systematisch zu erfassen, d.h. Kriterien aufzustellen, wann ein Fehler ε durch eine ungünstige Fortpflanzung die Rechnung unbrauchbar machen kann und wann dies nicht zu befürchten ist[1].

In vielen Fällen läßt sich die Instabilität beheben, indem man zu kleineren Maschenweiten in der Fortschreitungsrichtung übergeht, z.B. ist bei der Stabschwingungsgleichung

$$\frac{\partial^4 u}{\partial x^4} + K\frac{\partial^2 u}{\partial y^2} = 0$$

das gewöhnliche Differenzenverfahren stabil, sofern

$$2l \leq \sqrt{K}\, h^2 \quad \text{ist.}$$

Weitere Bemerkungen zum gewöhnlichen Differenzenverfahren.

Wählt man beim Differenzenverfahren die Maschenweite in der Fortschreitungsrichtung zu groß, d.h. größer als es der Steigung der „Charakteristiken" entspricht, so erhält man bei gleicher Rechenarbeit zwar die Werte in einem größeren Gebiet, kann dann aber nicht erwarten, daß bei Maschenverfeinerung die Werte des Differenzenverfahrens gegen die Lösung der Differentialgleichung konvergieren[2].

Bei einfachen Differentialgleichungen (inhomogene Wärmeleitungsgleichung, Wellengleichung usw.) läßt sich bei geeigneter Wahl der Maschenweiten die Konvergenz der Lösungen der Differenzengleichungen gegen die Lösung der Anfangswertaufgabe beweisen und auch eine Fehlerabschätzung angeben[3].

Das Differenzenverfahren läßt sich auch oft bequem graphisch durchführen[4].

58. Verbesserungen des Differenzenverfahrens. *α) Aufstellung finiter Gleichungen.* Der einfacheren Beschreibung wegen beschränken wir uns auf lineare partielle Differentialgleichungen m-ter Ordnung bei zwei unabhängigen Veränderlichen x, y:

$$L[u] = \sum_{p+q\leq m} A_{pq}(x, y)\,\frac{\partial^{p+q} u}{\partial x^p\,\partial y^q} = r(x, y) \tag{58.1}$$

mit gegebenen, etwa stetigen Funktionen $A_{pq}(x, y)$ und $r(x, y)$. Die Rechnung sei in dem rechteckigen Gitter (56.1) bis zur Zeile k fortgeschritten und die Näherungen

[1] G. O. BRIEN, M. HYMAN u. S. KAPLAN: J. Math. Phys. **29**, 223—251 (1951). — Vgl. auch L. COLLATZ: Z. angew. Math. Mech. **31**, S. 235 (1951), dort für die Wellengleichung mit zwei Raum- und einer Zeitkoordinaten durchgeführt. — R. P. EDDY: Naval Ordnance Labor. Memorandum **10**, S. 232 (1949). — Zum ε-Schema vgl. L. COLLATZ [2], S. 250—257.

[2] R. COURANT, K. FRIEDRICHS u. H. LEWY: Math. Ann. **100**, 32—74 (1928).

[3] L. COLLATZ [2].

[4] E. SCHMIDT: Einführung in die technische Thermodynamik, 2. Aufl., S. 282, Berlin 1944. — L. COLLATZ [2], S. 261.

$U_{i,k+1}$ auf der Zeile $k+1$ gesucht. Dazu wird eine finite Gleichung aufgestellt:

$$\sum_{\iota,\varkappa} C_{\iota,\varkappa} U_{\iota,\varkappa} = r_{\iota_0,\varkappa_0}, \tag{58.2}$$

indem die Summe

$$\Phi = \sum_{\iota,\varkappa} C_{\iota,\varkappa} u_{\iota,\varkappa} \tag{58.3}$$

nach dem TAYLORschen Satz nach u und seinen partiellen Ableitungen an einer Stelle $\iota_0, \varkappa_0$ entwickelt wird und die $C_{\iota,\varkappa}$ so bestimmt werden, daß die Entwicklung von (58.3) bis auf Glieder möglichst hoher Ordnung mit (58.1) übereinstimmt. Ein rohes Maß für die „Brauchbarkeit" der finiten Gleichungen ist der „Index" J:

Normalerweise wird man außer dem zu berechnenden Gliede $U_{i,k+1}$ nur $U_{\iota,\varkappa}$ mit $\varkappa \leqq k$ verwenden, und der Index J der nach $U_{i,k+1}$ aufgelösten Gl. (58.2)

$$U_{i,k+1} = -\frac{1}{C_{i,k+1}} \sum_{\varkappa \leqq k} C_{\iota,\varkappa} U_{\iota,\varkappa} + \frac{1}{C_{i,k+1}} r_{\iota_0,\varkappa_0}, \tag{58.4}$$

wird definiert als Summe der Koeffizientenbeträge bei den übrigen $U_{\iota,\varkappa}$:

$$J = \frac{1}{|C_{i,k+1}|} \sum_{\varkappa \leqq k} |C_{\iota,\varkappa}| \tag{58.5}$$

Über ι wird jeweils ohne Beschränkung summiert, soweit die $C_{\iota,\varkappa} \neq 0$ sind.

Man sucht den Index J möglichst klein zu halten, was oft durch die Mitnahme überzähliger $C_{\iota,\varkappa}$ erreicht werden kann.

Grundsätzlich lassen sich auch hier Fehlerabschätzungen durchführen, jedoch liegen praktisch brauchbare Abschätzungen erst in vereinzelten Fällen vor.

Im allgemeinen ist im Falle eines Index $J \leqq 1$ das Differenzenverfahren stabil und die Konvergenz der Lösungen des Differenzenverfahrens gegen die Lösung der Anfangswertaufgabe bei Maschenverfeinerung gesichert (genauere Aussagen bei L. COLLATZ [2] S. 279).

β) Beispiel: Bei der Wärmeleitungsgleichung

$$L[u] = -K\frac{\partial u}{\partial y} + \frac{\partial^2 u}{\partial x^2} = r(x, y) \tag{58.6}$$

(K positive Konstante, $r(x, y)$ gegebene, etwa stetige Funktion) und den Maschenweiten h, l mit $l = K h^2$ lautet eine finite (stabile) Gleichung

$$U_{0,0} = \tfrac{1}{3}\left[2U_{1,-1} + 2U_{-1,-1} - U_{0,-2} - 2h^2 r_{0,0}\right]. \tag{58.7}$$

γ) Das Mehrstellenverfahren. Es sei wieder die Differentialgleichung (58.1) vorgelegt; in der finiten Gl. (58.2) macht man aber jetzt an Stelle von (58.3) einen Ansatz

$$\Phi = \sum_{\iota,\varkappa} C_{\iota,\varkappa} u_{\iota,\varkappa} + \sum_{\iota,\varkappa} D_{\iota,\varkappa} (L[u])_{\iota,\varkappa}, \tag{58.8}$$

wobei die $C_{\iota,\varkappa}$ und $D_{\iota,\varkappa}$ noch zu bestimmende Konstanten sind, $(L[u])_{\iota,\varkappa}$ den Wert des Differentialausdrucks $L[u]$ an der Gitterstelle $\iota, \varkappa$ bedeutet und die Summe über eine noch zu wählende Anzahl von Gitterpunkten zu erstrecken ist, die in der Nähe einer herausgegriffenen Gitterstelle $\iota_0, \varkappa_0$ liegen. Normalerweise wird man die in (58.8) vorkommenden Gitterpunkte so wählen, daß ein Glied $C_{i,k+1} u_{i,k+1}$ mit $C_{i,k+1} \neq 0$ und sonst nur $\varkappa$-Werte mit $\varkappa \leqq k$ auftreten; man benutzt dann mit $(L[u])_{\iota,\varkappa} = r_{\iota,\varkappa}$ nach (58.1) die finite Gleichung

$$\sum_{\iota,\varkappa} C_{\iota,\varkappa} U_{\iota,\varkappa} + \sum_{\iota,\varkappa} D_{\iota,\varkappa} r_{\iota,\varkappa} = 0 \tag{58.9}$$

zur Berechnung der Näherung $U_{i,k+1}$ aus den Näherungswerten $U_{\iota,\varkappa}$ mit $\varkappa \leqq k$ Damit die finite Gleichung gute Näherungen liefert, fordern wir, daß bei TAYLOR-

Entwicklung des Ausdrucks von (58.8) nach u und seinen partiellen Ableitungen an der Stelle $i_0, \varkappa_0$ bis zu Gliedern möglichst hoher Ordnung die Faktoren von u und diesen partiellen Ableitungen verschwinden.

Um nur ein Beispiel zu nennen, sei für die Gl. (58.6) die Formel

$$\left.\begin{aligned}&\frac{5}{2}u_{0,0}+2(3\sigma-1+\varepsilon)\,u_{0,-1}-(3\sigma+\varepsilon)\,(u_{1,-1}+u_{-1,-1})\\&\quad-\left(\frac{1}{2}+2\varepsilon\right)u_{0,-2}+\varepsilon\,(u_{1,-2}+u_{-1,-2})+\frac{l}{K}\,(L[u])_{0,0}\\&+2\,(1-\sigma+\varepsilon)\,(L\,[u])_{0,-1}+(\sigma-\varepsilon)\,\big((L\,[u])_{1,-1}+(L\,[u])_{-1,-1}\big)\\&+\text{Glieder 4. Ordnung}=0\end{aligned}\right\}\tag{58.10}$$

genannt, bei der $l=K\sigma h^2$ und ε verfügbar sind. Ist speziell in (58.6) r konstant, so erhält man für $\varepsilon=0$ und $\sigma=\frac{1}{8}$ die für die Rechnung sehr bequeme Formel

$$u_{0,0}=\frac{2(u_{1,-1}+u_{-1,-1})+u_{0-2}}{5}-\frac{6}{5}\,\frac{l}{k}\,r+\text{Glieder 4. Ordnung.}$$

δ) Beispiel:

Es sei $\Delta u=u_{xx}+u_{yy}=u_t-1$ in B: $|x|\leq 1$, $|y|\leq 1$, $t\geq 0$;

$u=\dfrac{\partial u}{\partial \nu}$ auf Γ: $|x|=1$ und $|y|=1$, $t\geq 0$ (ν = innere Normale)

$$u(x,y,0)=0 \quad\text{in } Q\text{:}\quad |x|\leq 1,\ |y|\leq 1.$$

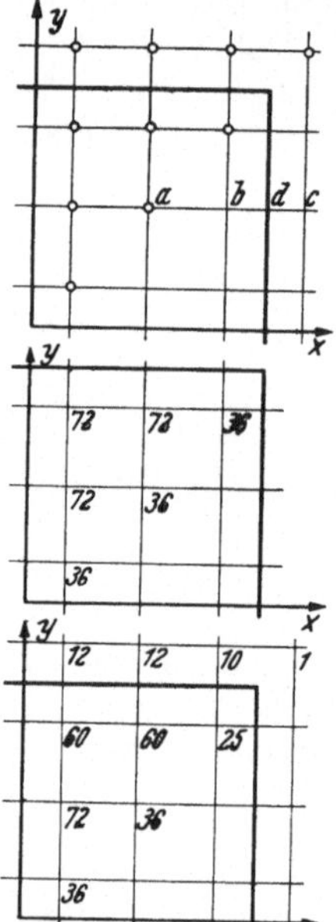

Fig. 38. Zum Differenzenverfahren bei der Berechnung einer Temperaturverteilung.

[Temperatur $u(x,y,t)$ in einer quadratischen Platte bei konstanter Wärmezufuhr, Außentemperatur 0, am Rande Wärmeabgabe nach außen proportional zur Übertemperatur u.] Das Quadrat werde, Fig. 38, mit einem Quadratgitter der Maschenweite $h=\frac{1}{3}$ überzogen; bei der Zeitmaschenweite $l=\frac{1}{6}h^2=\frac{1}{54}$ werde nach der Mehrstellenformel (vgl. z.B. COLLATZ [2] S. 320) gerechnet:

$$\begin{aligned}36\,U_{j,k,m+1}=\tfrac{2}{3}+16\,U_{j,k,m}+4\,[U_{j+1,k,m}+U_{j,k+1,m}+U_{j-1,k,m}+\\+U_{j,k-1,m}]+U_{j+1,k+1,m}+U_{j+1,k-1,m}+\\+U_{j-1,k-1,m}+U_{j-1,k+1,m}.\end{aligned}$$

Am Rande Γ des Quadrates legt man zweckmäßig durch 3 Funktionswerte a, b, c, vgl. Fig. 38, eine Parabel und setzt bei ihr im Punkte d: Funktionswert = Ableitung nach innen; das führt auf $27c=18b+a$. Die Tabelle gibt die so berechneten Näherungswerte (aus Symmetriegründen für ein Achtel des Grundgebietes, und zwar für die 10 in Fig. 38 durch Nullenkreise gekennzeichneten Gitterpunkte). Ferner ist als Probe hinzugefügt

$$\Sigma_{a,m}=\Sigma_{i,m+1}-6.$$

Dabei bedeutet $\Sigma_{a,m}$ und $\Sigma_{i,m}$ die Summen der mit den in Fig. 38 angegebenen Gewichten multiplizierten Näherungswerte $U_{j,k,m}$ für $t=ml$.

$t=0{,}01852$

0,01303	0,01303	0,01303	0,01303
0,01852	0,01852	0,01852	
0,01852	0,01852		
0,01852			

$\Sigma_a=5{,}8081$

$t=0{,}03704$

0,02545	0,02545	0,02491	0,02495
0,03612	0,03612	0,03536	
0,03704	0,03704		
0,03704			

$\Sigma_i=11{,}8082$
$\Sigma_a=11{,}4372$

$t=0{,}05556$

0,03740	0,03731	0,03592	0,03600
0,05302	0,05289	0,05093	
0,05540	0,05526		
0,05556			

$\Sigma_i=17{,}4373$
$\Sigma_a=16{,}8977$

$t=0{,}07407$

0,04893	0,04864	0,04622	0,04637
0,06931	0,06891	0,06550	
0,07353	0,07305		
0,07403			

$\Sigma_i=22{,}8978$

59. Partielle Differentialgleichungen 1. Ordnung für eine und zwei Funktionen. *α) Differentialgleichung 1. Ordnung für eine Funktion.* Bei partiellen Differentialgleichungen 1. Ordnung für eine einzelne unbekannte Funktion $u(x_1, x_2, \ldots, x_n)$ von n unabhängigen Veränderlichen $x_1, x_2, \ldots, x_n$ gibt es eine abgeschlossene Theorie, welche die Integration der partiellen Differentialgleichung auf die Integration eines Systems gewöhnlicher Differentialgleichungen zurückführt. Mit den Methoden der Ziff. 49 bis 53 können die Lösungen dieser gewöhnlichen Differentialgleichungen und damit auch die Lösung der partiellen Differentialgleichung numerisch angenähert werden.

Obwohl die Theorie sehr abgerundet ist, erweist sich jedoch die numerische Integration von Systemen gewöhnlicher Differentialgleichungen, wie sie hiernach erforderlich ist, oft als recht mühsam, so daß auch in solchen Fällen die Methoden des Differenzenverfahrens, Reihenentwicklungen, Iterationsverfahren u. a. geeigneter sein können, um bei mäßiger Rechenarbeit einen Überblick über die Lösungsfunktionen zu geben.

β) Systeme von zwei Gleichungen 1. Ordnung. In der Hydro- und Ärodynamik treten verschiedentlich Systeme für zwei unbekannte Funktionen $u(x, y)$ und $v(x, y)$ auf:

$$a_1 u_x + a_2 u_y + a_3 v_x + a_4 v_y = A$$
$$b_1 u_x + b_2 u_y + b_3 v_x + b_4 v_y = B$$

Dabei seien die a_j, b_j, A, B gegebene Funktionen von x, y, u, v. Es kann hier nur kurz die Idee für das Charakteristikenverfahren angedeutet werden:

Wir gehen von folgender Fragestellung aus: Auf einer Kurve C seien die Werte von u und v gegeben, und es sollen u und v in der Umgebung von C berechnet werden. Wir denken uns krummlinige Koordinaten ξ, η eingeführt, etwa derart, daß auf der gegebenen Kurve C die Koordinate ξ konstant ist. In einer Umgebung von C seien x, y und ξ, η umkehrbar eindeutig aufeinander bezogen. Auf C sind u, v und damit auch die Ableitungen u_η, v_η bekannt. Wir versuchen nun, auch die anderen Ableitungen u_ξ, v_ξ zu bestimmen. Entscheidend für die Möglichkeit dieser Berechnung ist die Determinante

$$\Delta = \begin{vmatrix} a_1 \xi_x + a_2 \xi_y & a_3 \xi_x + a_4 \xi_y \\ b_1 \xi_x + b_2 \xi_y & b_3 \xi_x + b_4 \xi_y \end{vmatrix}.$$

Ist sie von Null verschieden, so lassen sich u_ξ, v_ξ ermitteln. Verschwindet aber die Determinante längs C, so versagt die angegebene Berechnungsart. Eine Kurve $\xi(x, y) = \text{const}$, bei der längs der Kurve Δ identisch verschwindet, heißt eine Charakteristik. Die Eigenschaft einer Kurve, eine Charakteristik zu sein, hängt im allgemeinen noch von dem speziellen Lösungssystem u, v ab.

Die Gleichung $\Delta = 0$ ist eine quadratische Gleichung für den Richtungstangens

$$\tan\gamma = -\frac{\xi_x}{\xi_y}.$$

Es wird angenommen, daß zwei reelle Wurzeln $\tan\gamma_1$ und $\tan\gamma_2$ vorhanden sind.

Für ein gegebenes System von Lösungen u, v gibt es dann in jedem Punkt x, y zwei charakteristische Richtungen, und die Kurven, die in dieses Richtungsfeld hineinpassen, stellen zwei einparametrige Scharen von Charakteristiken dar. Wir nehmen weiterhin an, daß $\xi = \text{const}$ und $\eta = \text{const}$ bereits diese beiden Scharen seien.

γ) Charakteristikenverfahren. Längs einer Charakteristik, etwa $\xi = \text{const}$ besteht eine Bindung zwischen den Werten u und v (sog. „Verträglichkeitsbedingung").

$$\begin{vmatrix} A - (a_1\eta_x + a_2\eta_y)\,u_\eta - (a_3\eta_x + a_4\eta_y)\,v_\eta & a_3\xi_x + a_4\xi_y \\ B - (b_1\eta_x + b_2\eta_y)\,u_\eta - (b_3\eta_x + b_4\eta_y)\,v_\eta & b_3\xi_x + b_4\xi_y \end{vmatrix} = 0.$$

Es seien nun die Werte von u und v auf einem Kurvenstück K_1 gegeben, welches nirgends eine Charakteristik berührt. Auf der Kurve K_1 wählen wir zwei nicht zu weit voneinander entfernte Punkte P_1 und P_2 und legen durch sie ein Stück der Charakteristiken $\xi=\text{const}$ und $\eta=\text{const}$ bis zum Schnittpunkt P_3. Die Lage von P_3 ist zwar nicht bekannt, kann aber durch den Schnittpunkt der Tangenten an die Charakteristiken in P_1 und P_2 angenähert werden.

Längs der beiden Charakteristiken gelten die Verträglichkeitsbedingungen. Ersetzt man in ihnen die Ableitungen durch Differenzenquotienten, so erhält man zwei Gleichungen zur Bestimmung der (angenäherten) Werte von u und v im Punkte P_3. Die so erhaltenen „Rohwerte" lassen sich noch verbessern. Wegen aller Einzelheiten, Ausnutzung verschiedener Vorteile bei zeichnerischer Durchführung usw. muß auf die umfangreiche Literatur verwiesen werden[1].

E. Rand- und Eigenwertaufgaben bei gewöhnlichen und partiellen Differentialgleichungen.

I. Einige allgemeine Methoden.

60. Einteilungen und Bezeichnungen. *α) Gewöhnliche Differentialgleichungen.* Für die unbekannte reelle Funktion $y(x)$ liege eine Differentialgleichung n-ter Ordnung (mit $n \gtrsim 2$)

$$F(x, y(x), y'(x), y''(x), \ldots, y^{(n)}(x)) = 0 \tag{60.1}$$

vor und n „Randbedingungen"

$$\left.\begin{array}{r} V_\nu(y_{x_1}, y'_{x_1}, \ldots, y^{(n-1)}_{x_1}, \; y_{x_2}, y'_{x_2}, \ldots, y^{(n-1)}_{x_2}, \ldots, y_{x_k}, y'_{x_k}, \ldots, y^{(n-1)}_{x_k}) = 0 \\ (\nu = 1, 2, \ldots, n). \end{array}\right\} \tag{60.2}$$

Dabei sind die $x_1 \lesssim x_2 \lesssim \cdots \lesssim x_k$ vorgegebene Abszissen, unter denen auch $\pm\infty$ vorkommen können, und es ist zur Abkürzung gesetzt

$$y^{(\varrho)}_{x_s} = \left(\frac{d^\varrho y}{d x^\varrho}\right)_{x=x_s}.$$

F und V_ν sind gegebene, im allgemeinen nichtlineare Funktionen ihrer Argumente, und es mögen in den V_ν die Werte von y oder den Ableitungen an mindestens zwei verschiedenen Abszissen x_s wirklich vorkommen, da wir es sonst mit einer Anfangswertaufgabe zu tun haben.

Wir werden uns ausführlicher mit spezielleren Klassen von Randwertaufgaben beschäftigen, bei denen Differentialgleichung und Randbedingungen linear sind (diese Aufgaben heißen lineare Randwertaufgaben) und bei denen in den Randbedingungen nur zwei Abszissen $x_1=a$ und $x_2=b$ etwa mit $a<b$ vorkommen. Die Differentialgleichung lautet dann

$$L[y] = r(x) \tag{60.3}$$

mit

$$L[y] = \sum_{\nu=0}^{n} f_\nu(x)\, y^{(\nu)} = f_0(x)\, y + f_1(x)\, y' + f_2(x)\, y'' + \cdots + f_n(x)\, y^{(n)} \tag{60.4}$$

und die Randbedingungen sind

$$U_\nu[y] = \gamma_\nu \qquad (\nu = 1, 2, \ldots, n) \tag{60.5}$$

[1] Es können nur einige zusammenfassende Darstellungen aufgeführt werden: J. Massau: Mémoire sur l'intégration graphique des équations aux dérivées partielles. Gent 1900. — R. Sauer: Theoretische Einführung in die Gasdynamik. Berlin 1943. 146 S. — Kl. Oswatitsch: Z. angew. Math. Mech. **27**, 195—208, 264—270 (1947). — R. Sauer [*14*]. — R. Courant u. K. Friedrichs: Supersonic flow and shock waves. New York 1948. — R. Sauer: Z. angew. Math. Mech. **33**, 331—336 (1953).

mit

$$U_\nu[y] = \sum_{k=0}^{n-1} \left(\alpha_{\nu,k}\, y^{(k)}(a) + \beta_{\nu,k}\, y^{(k)}(b)\right). \tag{60.6}$$

Hierbei sind $r(x)$ und die $f_\nu(x)$ gegebene, normalerweise etwa stetige Funktionen und die γ_ν, $\alpha_{\nu,k}$, $\beta_{\nu,k}$ gegebene Konstanten.

Die Randwertaufgabe heißt homogen, wenn die Differentialgleichung und alle Randbedingungen homogen sind. Die Randbedingungen (60.5) werden als voneinander linear unabhängig vorausgesetzt.

β) Partielle Differentialgleichungen. Die Randwertaufgabe laute, eine Funktion $u(x_1, x_2, \ldots, x_n)$ von n unabhängigen Veränderlichen $x_1, x_2, \ldots, x_n$ zu bestimmen, welche einer vorgelegten Differentialgleichung

$$F(x_1, \ldots, x_n, u, u_1, \ldots, u_n, u_{11}, \ldots u_{nn}, \ldots) = 0 \text{ in } B \tag{60.7}$$

und gewissen Randbedingungen

$$V_\mu(x_1, \ldots, x_n, u, u_1, \ldots, u_n, u_{11}, \ldots, u_{nn}, \ldots) = 0 \text{ auf } \Gamma_\mu \quad (\mu = 1, \ldots, k) \tag{60.8}$$

genügt. Dabei bedeutet z. B.

$$u_j = \frac{\partial u}{\partial x_j}, \qquad u_{jk} = \frac{\partial^2 u}{\partial x_j \partial x_k}.$$

B ist ein gegebener Bereich des $x_1, \ldots, x_n$-Raumes, Γ_μ sind $(n-1)$-dimensionale „Hyperflächen" dieses Raumes und F und V_μ sind gegebene, etwa stetige Funktionen ihrer Argumente.

Eine lineare Differentialgleichung schreiben wir in der Form

$$L[u] = r(x_1, \ldots, x_n), \tag{60.9}$$

wobei $L[u]$ in u und den Ableitungen von u linear homogen ist, und entsprechend lineare Randbedingungen in der Form

$$U_\mu[u] = \gamma_\mu \quad \text{auf } \Gamma_\mu \quad (\mu = 1, \ldots, k) \tag{60.10}$$

γ) Eigenwertaufgaben. Bei diesen sind Differentialgleichung und Randbedingungen linear homogen ($r = 0$, alle γ_ν bzw. $\gamma_\mu = 0$ und es tritt in der Aufgabe (meist in der Differentialgleichung) ein Parameter λ auf. Es sind dann diejenigen Werte von λ, die „Eigenwerte" gesucht, für welche die Aufgabe eine „nichttriviale" d. h. nicht identisch verschwindende Lösung, eine „Eigenfunktion" besitzt.

δ) Zurückführung auf Anfangswertaufgaben. Bei gewöhnlichen Differentialgleichungen sei als eine allgemeine, mitunter recht brauchbare Methode zur numerischen Lösung von Randwertaufgaben die der Zurückführung auf Anfangswertaufgaben und Behandlung dieser Aufgaben nach den Methoden der Ziff. 50 bis 55 genannt.

Im einfachsten Falle einer linearen Differentialgleichung 2. Ordnung

$$L[y] = r(x)$$

mit den Randbedingungen an den Stellen $x = a$ und $x = b$

$$y(a) = y_a, \qquad y(b) = y_b$$

berechne man numerisch die Lösungen y_1 und y_2 der beiden folgenden Anfangswertaufgaben

$$\begin{array}{llll} \text{für } y_1: & L[y_1] = r(x); & y_1(a) = y_a, & y_1'(a) = 0 \\ \text{für } y_2: & L[y_2] = 0; & y_2(a) = 0, & y_2'(a) = 1. \end{array}$$

Dann lautet mit dem aus der zweiten Randbedingung

$$y_1(b) + y_a'\, y_2(b) = y_b;$$

ermittelten Wert von y'_a die Lösung der Randwertaufgabe

$$y(x) = y_1(x) + y'_a y_2(x).$$

Bei Randwertaufgaben n-ter Ordnung berechnet man mehrere Einzellösungen $y_1, y_2, \ldots$, welche alle Randbedingungen an der Stelle $x = a$ erfüllen, und ermittelt im linearen Fall durch lineare Kombination und im nichtlinearen Falle durch Interpolation eine Lösung y, welche auch die Randbedingungen bei $x = b$ erfüllt.

61. Fehlerabgleichsmethoden. Diese werden der Kürze wegen gleich für partielle Differentialgleichungen beschrieben; die Spezialisierung auf gewöhnliche Differentialgleichungen ist trivial.

Man macht für die gesuchte Lösungsfunktion einen Näherungsansatz

$$u \approx w(x_1, \ldots, x_n, a_1, \ldots, a_p) \tag{61.1}$$

Die a_ϱ sind dann so zu bestimmen, daß (Fall 1) die Randbedingungen oder (Fall 2) die Differentialgleichung möglichst gut erfüllt werden, wenn w (im Falle 1) für beliebige a_ϱ die Differentialgleichung bzw. (im Fall 2) für beliebige a_ϱ die Randbedingungen bereits exakt erfüllt. Im Fall 1 spricht man von einer Randmethode, im Fall 2 von einer Gebietsmethode. Es werde etwa Fall 2 genauer beschrieben, in Fall 1 hat man Differentialgleichung und Randbedingungen sinngemäß zu vertauschen. Beim Einsetzen von w in die Differentialgleichung (60.7) bleibt eine Fehlerfunktion ε übrig:

$$\varepsilon(x_1, \ldots, x_n, a_1, \ldots, a_p) = F(x_1, \ldots, x_n, w, w_1, \ldots, w_n, w_{11}, \ldots, w_{nn}, \ldots). \tag{61.2}$$

Die a_ϱ sollen so bestimmt werden, daß die Fehlerfunktion ε möglichst gut die Funktion Null annähert. Von verschiedenen Möglichkeiten seien einige genannt (vgl. hierzu Ziff. 16):

I. Kollokation. Der Fehler ε soll in p Punkten $P_1, \ldots, P_p$, den „Kollokationspunkten" verschwinden. Die p Punkte versucht man einigermaßen gleichmäßig über den Bereich B zu verteilen. Sind $x_{1\varrho}, \ldots, x_{n\varrho}$ die Koordinaten von P_ϱ, so lauten die Bestimmungsgleichungen für die a_ϱ:

$$\varepsilon(x_{1\varrho}, \ldots, x_{n\varrho}, a_1, \ldots, a_p) = 0 \qquad (\varrho = 1, \ldots, p).$$

Ia. Kollokation mit Ableitungen. Die Rechnung wird zuweilen einfacher, wenn man nicht ε an p Kollokationspunkten gleich Null setzt, sondern nur an q Stellen (denselben oder anderen Punkten) das Verschwinden von Ableitungen von ε verlangt, und so insgesamt p Bestimmungsgleichungen aufstellt.

II. Gewöhnliche Fehlerquadratmethode. Man verlangt

$$J = \int_B \cdots \int \varepsilon^2 \, d\tau = \text{Min.}$$

und erhält in $\partial J / \partial a_\varrho = 0$ insgesamt p Bestimmungsgleichungen für die a_ϱ; $d\tau$ bedeutet das Volumenelement in B.

IIa. Fehlerquadratmethode mit Gewichtsfunktion. Es sei $P(x_1, \ldots, x_n)$ eine in B positive Funktion. An Stelle des obigen Integrals J tritt hier

$$J^* = \int_B \cdots \int P \, \varepsilon^2 \, d\tau = \text{Min.}$$

III. Fehlerorthogonalität. Der Fehler ε soll zu p gewählten, voneinander linear unabhängigen Ortsfunktionen $g_1, \ldots, g_p$ orthogonal sein:

$$\int_B \cdots \int \varepsilon \, g_\varrho \, d\tau = 0 \qquad (\varrho = 1 \ldots, p)$$

IIIa. GALERKIN*sche Gleichungen.* Sind die Randbedingungen linear, so kann man für w einen Ansatz verwenden

$$w = v_0 + \sum_{\varrho=1}^{p} a_\varrho v_\varrho,$$

wobei v_0 die gegebenen (inhomogenen) Randbedingungen und $v_1, \ldots, v_p$ die zugehörigen homogenen Randbedingungen erfüllen. Für $v_\varrho = g_\varrho$ ergeben sich die GALERKINschen Gleichungen.

IV. Teilgebietsmethode. Der Bereich B wird in p Teilbereiche $B_1, \ldots B_p$ aufgeteilt. Dann soll gelten

$$\int \cdots \int_{B_\varrho} \varepsilon \, d\tau = 0 \qquad (\varrho = 1, \ldots, p).$$

Alle hier als Gebietsmethoden formulierten Verfahren sind, wie oben betont, auch als Randmethoden anwendbar. Die Randmethoden haben gegenüber den Gebietsmethoden den Vorzug, zu ihrer Durchführung nur die Auswertung von Randintegralen, aber nicht von Gebietsintegralen zu erfordern, was besonders ins Gewicht fällt, wenn diese Integrale selbst angenähert zu berechnen sind. (Bei der Kollokation sind keine Integrale auszuwerten, aber auch dort ist die Randkollokation angenehmer und weniger unsicher als die Gebietskollokation.)

Beispiel: (Randkollokation.) Bei dem Torsionsproblem für einen Träger vom Querschnitt eines Rechtecks mit dem Seitenverhältnis 1:2 hat man für die Spannungsfunktion $u(x, y)$ die Gleichung

$$\Delta u = -1 \quad \text{für} \quad |x| < 1, \quad |y| < 2 \tag{61.3}$$

und die Randbedingung $u = 0$ für $|x| = 1$ und $|y| = 2$.

Es werde hier ein Ansatz verwendet, bei dem die Differentialgleichung bereits erfüllt ist:

$$\left.\begin{aligned} w(x, y) &= -\frac{x^2 + y^2}{4} + a_1 + a_2(x^2 - y^2) + a_3(x^4 - 6x^2y^2 + y^4) \\ &= v_0 + \sum_{j=1}^{3} a_j v_j \quad \text{mit} \quad v_j = Re(x + iy)^{2j-2}, \quad \text{für} \quad j \geq 1 \end{aligned}\right\} \tag{61.4}$$

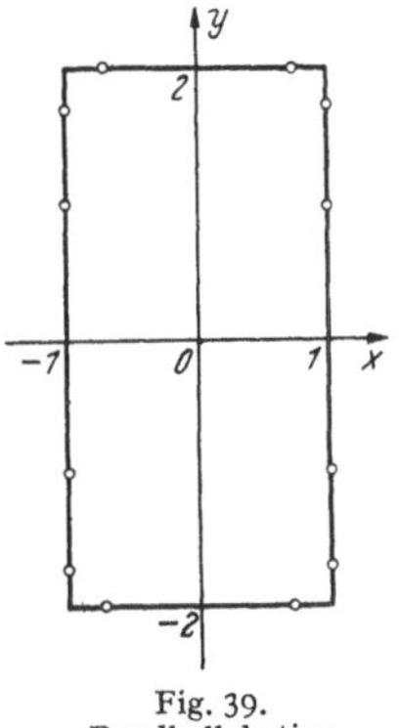

und die a_j seien durch die Forderung bestimmt, daß die Randbedingung in den „Kollokationspunkten" (in Fig. 39 durch Nullenkreise gekennzeichnet)

$$x = 1, \; y = 1; \quad x = 1, \; y = \sqrt{3} \quad \text{und} \quad x = \sqrt{\tfrac{1}{2}}, \; y = 2$$

erfüllt ist:

$$\begin{aligned} -0{,}5 \;&+ a_1 & &- 4a_3 = 0 \\ -1 \;&+ a_1 - 2a_2 & &- 8a_3 = 0 \\ -1{,}125 \;&+ a_1 - 3{,}5\,a_2 & &+ 4{,}25\,a_3 = 0. \end{aligned}$$

Fig. 39. Randkollokation.

Man erhält

$$a_1 = \tfrac{53}{122} = w(0, 0) = 0{,}43443; \quad a_2 = -\tfrac{53}{244} = -0{,}2172; \quad a_3 = -\tfrac{1}{61} = -0{,}0164.$$

Ziff. 62 zeigt für dasselbe Beispiel eine einfache Fehlerabschätzung.

62. Fehlerabschätzung bei elliptischen Differentialgleichungen. In allgemeinen Fällen der ersten und dritten Randwertaufgabe bei elliptischen Differentialgleichungen kann man an die Methoden der vorigen Nummer eine einfache und zugleich in gewissem Sinne optimale Fehlerabschätzung anschließen. Man kann nämlich den klassischen Satz vom Randmaximum einer Potentialfunktion unter gewissen Voraussetzungen auf die Lösungen allgemeiner elliptischer Differentialgleichungen

$$Lu = -\sum_{j,k=1}^{n} a_{jk} \frac{\partial^2 u}{\partial x_j \partial x_k} - \sum_{j=1}^{n} b_j \frac{\partial u}{\partial x_j} + cu = r \tag{62.1}$$

übertragen, welche für

$$a_{jk} = \delta_{jk} = \begin{cases} 0 & \text{für} \quad j \neq k \\ 1 & \text{für} \quad j = k \end{cases}$$

und $b_j = c = 0$ die inhomogene (n-dimensionale) Potentialgleichung als Spezialfall enthält. Ferner seien a_{jk}, b_j, c und r gegebene stetige Funktionen von $x_1, \ldots, x_n$. Die Matrix der a_{jk} sei in jedem Punkte eines betrachteten abgeschlossenen beschränkten einfach zusammenhängenden Bereiches B positiv definit und es sei $c \geqq 0$. B werde von einer $(n-1)$-dimensionalen Hyperfläche Γ begrenzt, die sich aus endlich vielen Flächenstücken mit stetiger Tangentialhyperebene zusammensetzen lasse. Der Rand Γ bestehe aus zwei Teilen Γ_1 und Γ_2, von denen auch ein Teil leer sein darf. Dann seien als Randbedingungen vorgegeben:

$$A_1 u + A_2 L^* u = A_3 \quad \text{auf } \Gamma_1 \quad \text{mit} \quad \frac{A_2}{A_1} < 0. \tag{62.2}$$

$$u = A_4 \quad \text{auf } \Gamma_2. \tag{62.3}$$

(A_1 bis A_4 gegebene Funktionen auf dem Rande.) Die Randbedingungen sind hier der Kürze halber als Gleichungen geschrieben und so zu verstehen, daß die Grenzwerte der linken Seiten bei Annäherung von innen her an den Rand die Werte A_3 bzw. A_4 haben. In $L^* u = A \dfrac{\partial u}{\partial \sigma}$ berechnen sich A und die Konormale σ [1] nach

$$\sum_{j=1}^{n} a_{jk} \cos(\nu, x_j) = A_k^* = A \cos(\sigma, x_k) \qquad (k = 1, \ldots, n). \tag{62.4}$$

Bei der Potentialgleichung ist einfach $L^* u = \partial u/\partial \nu$ die Ableitung von u in Richtung der inneren Normale ν und wir haben, falls Γ_1 leer ist, die erste Randwertaufgabe (Vorgabe der Funktionswerte u auf dem Rande), falls Γ_2 leer ist, die dritte Randwertaufgabe (Vorgabe einer Linearkombination von u und $\partial u/\partial \nu$ auf dem Rande), oder eine Mischung beider Randwertaufgaben vor uns.

Nun sei v eine die Differentialgleichung (62.1) erfüllende Näherung: $Lv = r$. Dann ist auf dem ganzen Rande Γ eine Funktion γ

$$\gamma = \left\{ \begin{array}{ll} v - u + \dfrac{A_2}{A_1} L^*(v - u) & \text{auf } \Gamma_1 \\ v - u & \text{auf } \Gamma_2 \end{array} \right\} \tag{62.5}$$

bestimmbar und es gilt die Fehlerabschätzung: Nimmt γ auf Γ Werte beiderlei Vorzeichens oder wenigstens den Wert Null an, so ist

$$\gamma_{\min} \leqq v - u \leqq \gamma_{\max} \quad \text{in } B. \tag{62.6}$$

Hat γ ein festes Vorzeichen, so hat auch $v - u$ dasselbe Vorzeichen und es gilt $|v - u| \leqq |\gamma|_{\max}$. Verwendet man für v einen linearen Ansatz, etwa $v = \sum\limits_{\nu=0}^{p} c_\nu v_\nu$ mit $c_0 = 1$, $L v_0 = r$, $L v_\varrho = 0$ für $\varrho = 1, \ldots, p$, so entspricht γ der Fehlerfunktion ε in (61.2) und die Fehlerabschätzung fällt am günstigsten aus, wenn man die c_ν nach dem „Prinzip des kleinsten Betragsmaximums", d.h. nach dem Minimum

---

[1] Vgl. etwa A. G. WEBSTER u. G. SZEGÖ: Partielle Differentialgleichungen der mathematischen Physik, S. 311. Leipzig u. Berlin 1930.

von $|\gamma|_{\max}$ auswählt. In praktischen Fällen kommt man oft (viel rascher als mit den Methoden von Ziff. 61, die ein Gleichungssystem für die c_ν liefern) mit folgender Methode zum Ziel: Man arbeitet zunächst nur mit v_0 und v_1 und sieht an der Werteverteilung der zugehörigen Funktion γ, für welchen Wert von c_1 man ein möglichst kleines $|\gamma|_{\max}$ erhält. Dann nimmt man $c_2 v_2$ hinzu usw.

Beispiel: Für das Torsionsproblem (61.3) von Ziff. 61 werde derselbe Ansatz nach (61.4) verwendet. Man zeichnet sich zweckmäßig den Verlauf von $v_0, v_1, \ldots$, längs des Randes auf, Fig. 40 (wegen der Symmetrie genügt das Stück $\xi = 1$, $0 \leq \eta \leq 4$ und $\eta = 4$, $1 \geq \xi \geq 0$ mit $\xi = x^2$; $\eta = y^2$); der etwas geübte Rechner sieht dann leicht, wie groß man $a_1, a_2, \ldots$, wählt, um die Randschwankung möglichst herunterzudrücken (man kann natürlich auch schematisch vorgehen und die allgemeinen Prinzipien von Ziff. 61 zur Bestimmung der a_j verwenden, hat aber dabei viel mehr Rechenarbeit). Das Überlagern der v_j verfolgt man zugleich rechnerisch in der Tabelle (mit Zeilensummenprobe). Benutzt man nur v_0, v_1, v_2, so schwankt φ_1 um den Wert $-0{,}6$; es ist am Rande $|\varphi_1 + 0{,}6| \leq 0{,}2$, also gilt nach obigem Satz im ganzen Bereich $|u - \varphi_1 - 0{,}6| \leq 0{,}2$. Das ist natürlich noch sehr grob. Nimmt man aber v_3 hinzu, so schwankt φ_2 nur noch zwischen $-0{,}48$ und $-0{,}40$; es ist am Rande $|\varphi_2 + 0{,}44| \leq 0{,}04$; also hat man die Näherung $v = -\frac{1}{4}(x^2 + y^2) + 0{,}44 - 0{,}21(x^2 - y^2) - 0{,}02(x^4 - 6x^2y^2 + y^4)$ mit der exakten im ganzen Bereich gültigen Fehlerabschätzung

$$|u - v| \leq 0{,}04.$$

Durch Hinzunehmen weiterer Glieder läßt sich die Genauigkeit leicht steigern.

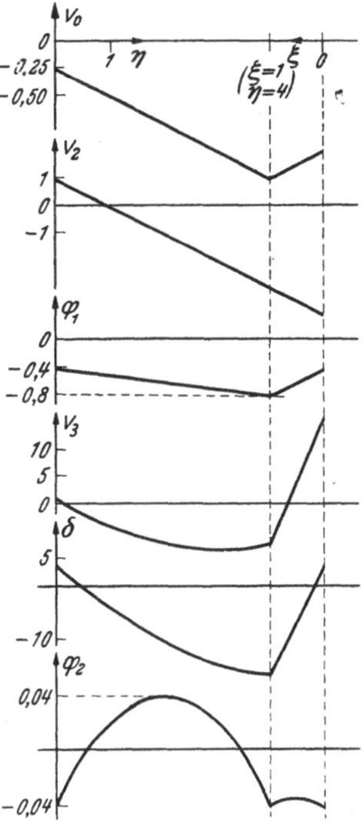

Fig. 40. Verfahren für die erste und dritte Randwertaufgabe (mit einfacher Fehlerabschätzung).

ξ η	1 0	1 1	1 2	1 3	1 4	$\frac{1}{2}$ 4	0 4	Probe: Zeilensumme
v_0	$-0{,}25$	$-0{,}5$	$-0{,}75$	-1	$-1{,}25$	$-1{,}125$	-1	$-5{,}875$
v_2	1	0	-1	-2	-3	$-3{,}5$	-4	$-12{,}5$
v_3	1	-4	-7	-8	-7	425	16	$-4{,}75$
$0{,}15\, v_2$	0,15	0	$-0{,}15$	$-0{,}3$	$-0{,}45$	$-0{,}525$	$-0{,}6$	$-1{,}875$
$\varphi_1 = v_0 - 0{,}15\, v_2$	$-0{,}4$	$-0{,}5$	$-0{,}6$	$-0{,}7$	$-0{,}8$	$-0{,}6$	$-0{,}4$	-4
$\delta = 3v_2 + v_3$	4	-4	-10	-14	-16	$-6{,}25$	4	$-42{,}25$
$\varphi_2 = \varphi_1 - 0{,}02\,\delta$	$-0{,}48$	$-0{,}42$	$-0{,}40$	$-0{,}42$	$-0{,}48$	$-0{,}475$	$-0{,}48$	$-3{,}155$
$v = \varphi_2 + 0{,}44$	$-0{,}04$	0,02	0,04	0,02	$-0{,}04$	$-0{,}035$	$-0{,}04$	$-0{,}075$

63. Verfahren der schrittweisen Näherungen (Iterationsverfahren). Man bringt die Differentialgleichung (60.7) auf eine Form

$$F_1(x_j, u, u_j, u_{jk}, \ldots) = F_2(x_j, u, u_j, u_{jk}, \ldots), \tag{63.1}$$

bei der F_1 eine so einfache Gestalt hat, daß man die Randwertaufgabe

$$F_1(x_j, z, z_j, \ldots) = r(x_j) \text{ in } B$$
$$V_\mu(x_j, z, z_j, \ldots) = 0 \text{ auf } \Gamma_\mu \quad (\mu = 1, \ldots, k)$$

bei beliebiger rechter Seite $r(x_j)$ (in geschlossener Form oder angenähert) lösen kann. Man bestimmt nun, ausgehend von einer gewählten Funktion $u_{(0)}(x_j)$

weitere $u_{(p)}(x_j)$ durch Lösung der Randwertaufgaben

$$\left.\begin{aligned} F_1(x_j, u_{(p+1)}, u_{(p+1)j}, \ldots) &= F_2(x_j, u_{(p)}, u_{(p)j}, \ldots) \text{ in } B \\ V_\mu(x_j, u_{(p+1)}, u_{(p+1)j}, \ldots) &= 0 \text{ auf } \Gamma_\mu \quad (\mu = 1, \ldots, k) \end{aligned}\right\} (p = 0, 1, \ldots).$$

In dieser Allgemeinheit läßt sich über die Konvergenz der Folge $u_{(p)}(x_j)$ gegen eine Lösungsfunktion $u(x_j)$ der Randwertaufgabe nichts aussagen; die Folge braucht keineswegs zu konvergieren. Im Falle der Konvergenz wird die Güte des Verfahrens oft wesentlich von der Art der Zerlegung der Ausgangsdifferentialgleichung in die Form (63.1) und von der Wahl der Ausgangsfunktion $u_{(0)}(x_j)$ abhängen und im allgemeinen um so besser sein, je weniger sich u und $u_{(0)}$ unterscheiden.

Eine gewöhnliche Differentialgleichung wird oft nach der höchsten vorkommenden Ableitung $y^{(n)}$ aufgelöst

$$y^{(n)} = \varphi(x, y, y', \ldots, y^{(n-1)}); \tag{63.2}$$

dann wird

$$F_1 = y^{(n)}, \qquad F_2 = \varphi$$

gesetzt und das Verfahren auch manchmal graphisch durchgeführt. Hat man z. B. eine Differentialgleichung 2. Ordnung

$$y'' = \varphi(x, y, y'), \tag{63.3}$$

so bestimmt man die Funktionen $y_1(x)$, $y_2(x)$, ..., indem man die Integrationen jeweils mit Hilfe eines Seilecks nach Ziff. 43 ausführt.

Es gibt über Iterationen in allgemeinen Räumen einen Fixpunktsatz, der in vielen Fällen nicht nur Existenz und Eindeutigkeit von Lösungen, sondern auch Fehlerabschätzungen von Näherungslösungen liefert. Das kann aber hier nicht im Einzelnen ausgeführt werden[1].

Man kann die Iteration auch mit dem Verfahren von Ziff. 61 kombinieren, indem man $u_{(0)}$ noch von einigen Parametern a_ϱ abhängen läßt und verlangt, daß die Differenz $\zeta = \zeta(a_\varrho, x_j) = u_{(1)} - u_{(0)}$ im Sinne eines der Prinzipien von Ziff. 61 möglichst gut die Funktion Null annähern soll.

64. Reihenansätze und Störungsrechnung. *α) Reihenansätze.* Viele Randwertaufgaben, besonders solche mit einfacher analytischer Formulierung, lassen sich durch Entwicklung der Lösungsfunktion $u(x_j)$ in eine unendliche Reihe

$$u(x_j) = \sum_{\varrho=1}^{\infty} c_\varrho \psi_\varrho(x_j) \tag{64.1}$$

nach gegebenen Funktionen $\psi_\varrho(x_j)$ mit noch zu bestimmenden „Entwicklungskoeffizienten" c_ϱ behandeln. Der Erfolg derartiger Reihenansätze hängt wesentlich von der Natur der betreffenden Randwertaufgabe und von der geeigneten Wahl des Funktionensystems der ψ_ϱ ab. Es gibt Fälle, in denen die Reihenentwicklung allen anderen Methoden überlegen ist, wo sogar einfache und brauchbare Fehlerabschätzungen durchgeführt werden können; aber auch andere, in denen die Reihenentwicklung nur sehr schlecht oder gar nicht konvergiert. Die möglichen Ansätze sind jedoch so mannigfach, daß hier auf genaueres Eingehen verzichtet werden muß.

β) Beispiele: I. Bei

$$y'' = (1 + e^{-x})\, y; \quad y(0) = 1, \quad y(\infty) = 0$$

liegt der Ansatz nahe: $y = \sum_{n=1}^{\infty} a_n e^{-nx}$. Einsetzen in die Differentialgleichung und Koeffizientenvergleich liefert $a_n(n^2 - 1) = a_{n-1}$ für $n = 2, 3, \ldots$, oder $a_n = \frac{2a_1}{(n-1)!\,(n+1)!}$. Der

[1] Vgl. L. KANTOROVITCH: Acta math. (Stockh.) **71**, 63–97 (1939). — L. COLLATZ: Z. angew. Math. Mech. **33**, 116–127 (1953).

Wert von a_1 berechnet sich aus der Anfangsbedingung $y(0) = 1$ zu

$$\frac{1}{2a_1} = \sum_{n=1}^{\infty} \frac{1}{(n-1)!\,(n+1)!} = \frac{1}{2} + \frac{1}{6} + \frac{1}{48} + \cdots = 0{,}68895.$$

Damit erhält man für die Lösung die für alle $x \geqq 0$ sehr gut konvergierende Reihe

$$\begin{aligned} y(x) &= 2a_1 \sum_{n=1}^{\infty} \frac{e^{-nx}}{(n-1)!\,(n+1)!} \\ &= 0{,}72579\, e^{-x} + 0{,}24189\, e^{-2x} + 0{,}03024\, e^{-3x} + 0{,}00202\, e^{-4x} + 0{,}00008\, e^{-5x} + \cdots. \end{aligned}$$

Der Reihenansatz dürfte hier allen anderen Methoden weit überlegen sein.

II. Bei der SCHRÖDINGER-Gleichung für ein eindimensionales periodisches Kraftfeld

$$y'' + (\lambda - \cos x)\, y = 0 \tag{64.2}$$

möge speziell nach geraden periodischen Lösungen der Periode 2π

$$y = \sum_{\nu=0}^{\infty} a_\nu \cos \nu x \tag{64.3}$$

gefragt werden. Beim Einsetzen von (64.3) in (64.2) erhält man durch Koeffizientenvergleich

$$\begin{gathered} -2\lambda a_0 + a_1 = 0, \qquad 2a_0 + 2(1-\lambda)\, a_1 + a_2 = 0, \\ a_{\nu-1} + 2(\nu^2 - \lambda)\, a_\nu + a_{\nu+1} = 0 \quad \text{für} \quad \nu = 2, 3, \ldots. \end{gathered}$$

Ist D_n die n-te Abschnittsdeterminante von

$$\begin{vmatrix} -2\lambda & 1 & 0 & 0 & \cdots \\ 2 & 2(1-\lambda) & 1 & 0 & \cdots \\ 0 & 1 & 2(4-\lambda) & 1 & \cdots \\ 0 & 0 & 1 & 2(9-\lambda) & \cdots \\ \cdots & \cdots & \cdots & \cdots & \cdots \end{vmatrix}$$

so gilt mit $2\lambda = r$:

$$D_1 = -r; \quad D_2 = r^2 - 2r - 2; \quad D_n = [2(n-1)^2 - r]\, D_{n-1} - D_{n-2} \quad \text{für} \quad n = 3, 4 \ldots$$

Man kann hier leicht rekursiv (vgl. folgendes Schema) einige D_ν und ihre Nullstellen berechnen.

r	$2-r$	$8-r$	$18-r$	$D_2 = -r(2-r)-2$	$d_2 = (8-r)\,D_2$	$D_3 = d_2 + r$	$d_3 = (18-r)\,D_3$	$D_4 = d_3 - D_2$
−0,7	2,7	8,7	18,7	−0,11	−0,957	−1,657	−30,9859	−30,8759
−0,8	2,8	8,8	18,8	0,24	2,112	1,312	24,6656	24,4256
−0,75	2,75	8,75	18,75	0,0625	0,546875	−0,203125	−3,80859	−3,87109
−0,76	2,76	8,76	18,76	0,0976	0,854976	0,094976	1,78175	1,68415

Nullstellen.

$D_2 = 0$	$r_1 = -0{,}732$	$r_2 = 2{,}732$ $\quad (r = 1 \pm \sqrt{3})$
$D_3 = 0$	$r_1 = -0{,}7568$	$r_2 = 2{,}5879$
$D_4 = 0$	$r_1 = -0{,}75696$	$r_2 = 2{,}5863$

Man wird daher etwa als Nullstellen verwenden

$$r_1 = -0{,}7570; \qquad r_2 = 2{,}586 \quad \text{oder} \quad \lambda_1 = -0{,}3785; \qquad \lambda_2 = 1{,}293.$$

γ) Störungsrechnung. Die Störungsrechnung kann man zuweilen mit Vorteil anwenden, wenn man eine zu der vorgelegten Randwertaufgabe „benachbarte", d. h. sich in den Koeffizienten der Differentialgleichung wertemäßig nur wenig unterscheidende Aufgabe angeben kann, deren Lösung man kennt. Die Randbedingungen seien bei beiden Aufgaben der Einfachheit halber dieselben, und zwar die linearen Bedingungen (60.10). (Die Störungsrechnung läßt sich aber auch auf veränderte Randbedingungen anwenden.)

Man führt dann einen Störungsparameter ε ein, derart, daß die Differentialgleichung

$$G(\varepsilon, x_j, u, u_j, u_{jk}, \ldots) = 0 \tag{64.4}$$

für $\varepsilon = 0$ in die („ungestörte") Differentialgleichung mit bekannter Lösung und für $\varepsilon = 1$ in die zu lösende („gestörte") Differentialgleichung

$$G(1, x_j, u, u_j, \ldots) = F(x_j, u, u_j, \ldots) = 0 \tag{64.5}$$

übergeht.

Man trifft nun die (in dieser Allgemeinheit nicht beweisbare) Annahme, daß sich die Lösung

$$u = \varphi(x_i, \varepsilon)$$

der Randwertaufgabe

$$G(\varepsilon, x_j, \varphi, \varphi_j, \ldots) = 0, \quad U_\mu[\varphi] = \gamma_\mu \qquad (\mu = 1, \ldots, k) \tag{64.6}$$

in eine Potenzreihe nach Potenzen von ε entwickeln lasse:

$$\varphi(x_j, \varepsilon) = \varphi_{(0)}(x_j) + \varepsilon\,\varphi_{(1)}(x_j) + \varepsilon^2 \varphi_{(2)}(x_j) + \cdots. \tag{64.7}$$

Dabei ist $\varphi_{(0)}(x_j)$ die bekannte Lösung der Differentialgleichung für $\varepsilon = 0$ bei den Randbedingungen (60.10). Die Reihe (64.7) erfüllt die inhomogenen Randbedingungen, wenn die auf $\varphi_{(0)}$ folgenden Funktionen $\varphi_{(1)}, \varphi_{(2)}, \ldots$ die zugehörigen homogenen Bedingungen erfüllen

$$U_\mu[\varphi_{(0)}] = \gamma_\mu; \quad U_\mu[\varphi_{(j)}] = 0 \qquad (\mu = 1, 2, \ldots, k) \; (j = 1, 2, \ldots).$$

Nun setzt man die Reihe (64.7) in die Differentialgleichung (64.4) ein und entwickelt nach Potenzen von ε (die Entwickelbarkeit vorausgesetzt) nach dem TAYLORschen Satz

$$G\left(\varepsilon, x_j, \sum_{r=0}^{\infty} \varepsilon^r \varphi_{(r)}(x_j), \sum_{r=0}^{\infty} \varepsilon^r \varphi_{(r)j}, \ldots\right) = \sum_{s=0}^{\infty} \varepsilon^s G_s = 0.$$

Hat man $\varphi_{(1)}, \varphi_{(2)}, \ldots, \varphi_{(s-1)}$ bereits ermittelt, so stellt die Gleichung $G_s = 0$ dann im allgemeinen eine Differentialgleichung dar, aus der die Funktion $\varphi_{(s)}$ unter Berücksichtigung der Randbedingungen zu ermitteln ist. Die Störungsrechnung empfiehlt sich nur dann, wenn diese Randwertaufgaben für die Funktionen $\varphi_{(s)}$ von einfacher Bauart sind[1].

II. Differenzenverfahren.

65. Das gewöhnliche Differenzenverfahren. *α) Gewöhnliche Differentialgleichungen.* Das Intervall $\langle a, b\rangle$, in welchem die Lösung $y(x)$ eines Differentialgleichungsproblems gesucht wird, teilen wir in N gleiche Teile der Länge h:

$$h = \frac{b-a}{N}.$$

[1] Vgl. auch die umfangreiche Literatur, z.B. W. MEYER ZUR CAPPELLEN: Ann. Phys. (5) **8**, 297—352 (1931). — F. RELLICH: Math. Ann. **113**, 600 (1936); **114**, 677 (1937); **116**, 555 (1939); **117**, 356 (1940); **118**, 462 (1942). — B. v. Sz. NAGY: Comment math. Helvet. **19**, 347—366 (1946). — J. SCHRÖDER: Z. angew. Math. Mech. **34**, 140—149 (1954). — FR. W. SCHÄFKE: Math. Nachr. **6**, 109—124 (1951).

h heißt „Maschenweite“ oder „Schrittweite“. Den Wert einer Funktion an einer der Teilabszissen $x_i = a + ih$. bezeichnen wir durch Anhängen des Buchstaben i. So ist z. B. $y_i = y(x_i)$; mit Y_i bezeichnen wir eine Näherung von y_i.

Das Differenzenverfahren stellt nun eine Anzahl von Bestimmungsgleichungen für die Näherungswerte Y_i auf, indem die Differentialgleichung für die Stelle $x = x_i$ angeschrieben wird und in ihr alle Differentialquotienten durch Differenzenquotienten ersetzt werden (vgl. Ziff. 56). Eine Ableitung $y^{(k)}(x_i)$ gerader Ordnung k wird ersetzt durch den k-ten Differenzenquotienten

$$\frac{1}{h^k}\Delta^k Y_{i-\frac{k}{2}},$$

und eine Ableitung $y^{(p)}(x_i)$ ungerader Ordnung p durch das arithmetische Mittel zweier p-ter Differenzenquotienten

$$\frac{1}{2}\frac{1}{h^p}\left(\Delta^p Y_{i-\frac{p+1}{2}} + \Delta^p Y_{i-\frac{p-1}{2}}\right).$$

Auf diese Weise kann der für die Stelle $x = x_i$ angeschriebenen Differentialgleichung eine sog. „finite Gleichung“, d. h. eine Gleichung für die auszurechnenden Y_i-Werte gegenübergestellt werden. Auch den Randbedingungen werden finite Gleichungen gegenübergestellt. Diese Bestimmungsgleichungen sind linear, wenn die Differentialgleichungen und die Randbedingungen linear sind, andernfalls hat man ein nichtlineares Gleichungssystem.

Oft lassen sich auch noch andere Ersetzungsvorschriften angeben und so verschiedene finite Gleichungen aufstellen; z. B. kann man bei $(fy')'$ entweder ausdifferenzieren und die hier gegebene Ersetzungsvorschrift für jede Ableitung von $y(x)$ einzeln benutzen oder man kann bei jeder der beiden Differentiationen von $(fy')'$ die Bildung des Differenzenquotienten vornehmen.

β) Korrektur. Hat man das Differenzenverfahren mit verschiedenen Maschenweiten durchgeführt, so kann man die erhaltenen Werte oft durch folgende Korrektur verbessern: Ist man auf Grund theoretischer Überlegungen zu der Annahme berechtigt, daß an einer festen Stelle x der Fehler des gewöhnlichen Differenzenverfahrens mit h quadratisch gegen Null geht, so kann man aus den mit zwei Maschenweiten h und h^* berechneten Näherungswerten Y und Y^* nach

$$y - Y \approx C h^2$$
$$y - Y^* \approx C h^{*2}$$

den neuen, im allgemeinen besseren Näherungswert $\overline{Y}$ berechnen:

$$\overline{Y} = \frac{Y h^{*2} - Y^* h^2}{h^{*2} - h^2} = Y + \frac{h^2}{h^{*2} - h^2}(Y - Y^*).$$

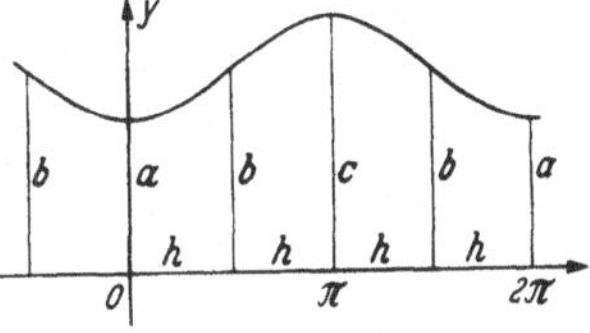

Fig. 41. Differenzenverfahren bei der SCHRÖDINGER-Gleichung (64.2).

γ) Beispiel: Bei dem Beispiel II von Ziff. 64 β [SCHRÖDINGER-Gleichung (64.2), Frage nach geraden periodischen Lösungen] werde nur zur Erläuterung eine ganz grobe Rechnung mit der Maschenweite $h = \pi/2$ wiedergegeben, Fig. 41; man kann dabei natürlich keine genauen Resultate erwarten, da dann bei der 1. Eigenfunktion auf die Viertelwelle nur ein einziger Gitterpunkt (bei den anderen Eigenfunktionen ist es noch ungünstiger!) entfällt. Man hat für die 3 Funktionswerte a, b, c die finiten Gleichungen:

$$\frac{b - 2a + b}{h^2} + (\Lambda - 1)\,a = \frac{c - 2b + a}{h^2} + (\Lambda - 0)\,b = \frac{b - 2c + b}{h^2} + (\Lambda + 1)\,c = 0.$$

Λ ist dabei Näherungswert für λ. Mit $h^2\Lambda = m$ hat man Λ, bzw. m aus der Gleichung (Determinante $= 0$):

$$\begin{vmatrix} -2+h^2(\Lambda-1) & 2 & 0 \\ 1 & -2+h^2\Lambda & 1 \\ 0 & 2 & -2+h^2(\Lambda+1) \end{vmatrix} = (m-2)(m^2-4m-h^4) = 0$$

zu berechnen. Es wird $m = \begin{cases} 2 \\ 2 \pm \sqrt{h^4+4} \end{cases}$ und $\Lambda = \begin{cases} -0,477 \\ 0,811 \\ 2,10 \end{cases}$.

Als angenäherte (nicht normierte) Eigenvektoren (a, b, c) erhält man zu diesen drei Werten von Λ: $(1; 1,23; -1)$; $(0,36; 1; 2,82)$; $(-2,82; 1; -0,36)$.

Es empfiehlt sich, die Rechnung mit kleineren Maschenweiten zu wiederholen.

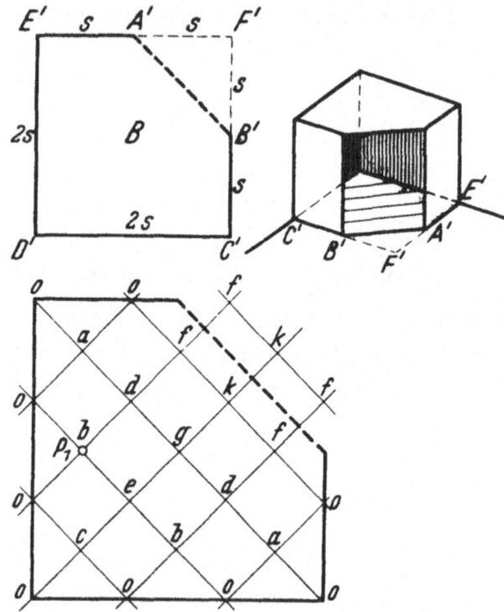

Fig. 42. Berechnung der Eigenfrequenzen von Luftschwingungen in einem Raum mit Hilfe des Differenzenverfahrens.

δ) Partielle Differentialgleichungen. Man legt genau so, wie es in Ziff. 56 für den Fall zweier unabhängiger Veränderlicher beschrieben ist, ein Gitter in der Ebene nach (56.1) zugrunde und ersetzt auch genau wie in Ziff. 56 Differentialgleichung und Randbedingungen durch finite Gleichungen, so daß wir uns hier darauf beschränken können, einige Beispiele zu bringen.

ε) Beispiele. I. *Akustische Aufgabe.* Die Luftschwingungen in einem Raum von der Gestalt der Fig. 42 (Grundriß B ist ein Fünfeck $A'B'C'D'E'$, entstanden aus Quadrat $C'D'E'F'$ der Seitenlänge $2s$ durch Abschneiden eines rechtwinkligen Dreiecks $A'B'F'$ mit den Katheten s und s) führen auf die Eigenwertaufgabe: $\Delta u + \lambda u = 0$ in B

$$u = 0 \text{ längs } B'C'D'E'A' \quad \text{(feste Wand)}$$

$$\frac{\partial u}{\partial v} = 0 \text{ längs } A'B' \quad \text{(Öffnung)}.$$

Es werde ein quadratisches Gitter der Maschenweite $h = \frac{\sqrt{2}}{3} s$ verwendet; dann hat man, wenn man die symmetrische Grundschwingung berechnen will, die unbekannten Funktionswerte $a, b, \ldots, g, k$, Fig. 42. Die Randbedingung $\frac{\partial u}{\partial v} = 0$ wurde durch Annahme gleicher Werte f, f bzw. k, k berücksichtigt. Der Differentialgleichung für den Punkt P_1 entspricht dann (Λ als Näherungswert für λ) $\frac{0+0+d+e-4b}{h^2} + \Lambda \cdot b = 0$ oder (mit $v = 4 - \Lambda h^2$): $vb = 0 + 0 + d + e$. So lassen sich die Differenzengleichungen sehr leicht aufstellen, es ist jeweils $v \cdot$Näherungsfunktionswert $=$ Summe der Nachbarwerte.

$$va = d, \quad vb = d+e, \quad vc = e, \quad vd = a+b+g+f, \quad ve = 2b+c+g,$$
$$vf = d+f+k, \quad vg = e+2d+k, \quad vk = g+2f+k.$$

Die gleich Null gesetzte Determinante dieses homogenen Gleichungssystems liefert die Bestimmungsgleichung für v:

$$(v^2 - v)(v^6 - v^5 - 12v^4 + 6v^3 + 28v^2 + 3v - 4) = 0.$$

(Man braucht natürlich nicht die Determinante auszurechnen; man kann z. B. alle Funktionswerte durch a und c ausdrücken und erhält dann zwei linear homogene Gleichungen, deren Verträglichkeitsbedingung die angeschriebene Gleichung für v ist). Die größte positive (nach Ziff. 20 leicht zu ermittelnde) Wurzel $v = 3,292$ ergibt $\Lambda_1 = 3,19$. Daraus läßt sich die Frequenz der Grundschwingung und durch Auflösen des obigen zu $v = 3,292$ gehörigen Gleichungssystems auch die angenäherte Amplitudenverteilung bei der Grundschwingung berechnen.

Das gewöhnliche Differenzenverfahren liefert bei Aufgaben dieser Art meist zu kleine Werte Λ; so ist auch hier zu erwarten, daß λ_1 größer ausfällt. Braucht man einen genaueren Wert, so muß man h verkleinern oder die Verfahren von Ziff. 67 benutzen.

II. Im Quadrat $|x| < 1$, $|y| < 1$ sei $\Delta u = -1$, und am Rande gelte $u = 0$ für $|x| = 1$ und $u = u_\nu$ für $|y| = 1$. [Ableitung u_ν in Richtung der inneren Normale ν; $u(x, y)$ als Temperaturverteilung in einer quadratischen Platte, konstante Wärmezufuhr; Randteile $|x| = 1$ auf der Temperatur 0 gehalten, bei $|y| = 1$ Wärmeübergang nach außen.] Man kann als Gitter z. B. die in der Fig. 43 gestrichelten Geraden verwenden. (Maschenweite $h = \frac{1}{2}$, Gittergeraden $x = 0$, $|x| = \frac{1}{2}$, $|y| = \frac{1}{4}$, $|y| = \frac{3}{4}$.) Für die unbekannten Funktionswerte a, b, c, d, A, B hat man dann die Differenzengleichungen

$$4a - A - 2b - c = 4b - B - a - d$$
$$= 4c - a - c - 2d = 4d - b - c - d = \tfrac{1}{4},$$

und der Randbedingung $u = u_\nu$ entspricht

$$\frac{A + a}{2} = \frac{a - A}{h} \quad \text{oder} \quad A = \frac{3}{5}\,a, \quad B = \frac{3}{5}\,b.$$

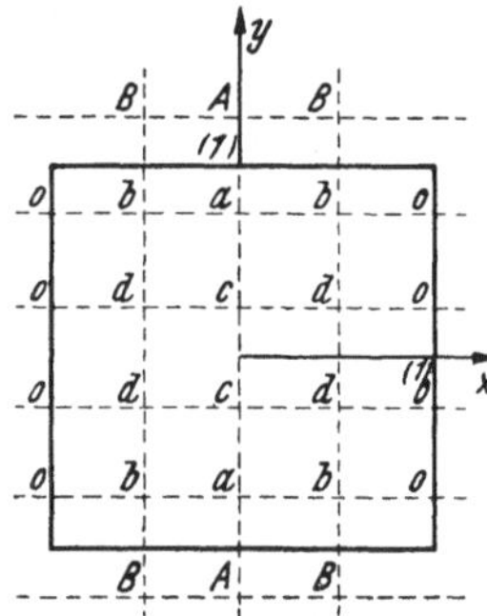

Fig. 43. Differenzenverfahren bei einer gemischten Randwertaufgabe der inhomogenen Potentialgleichung.

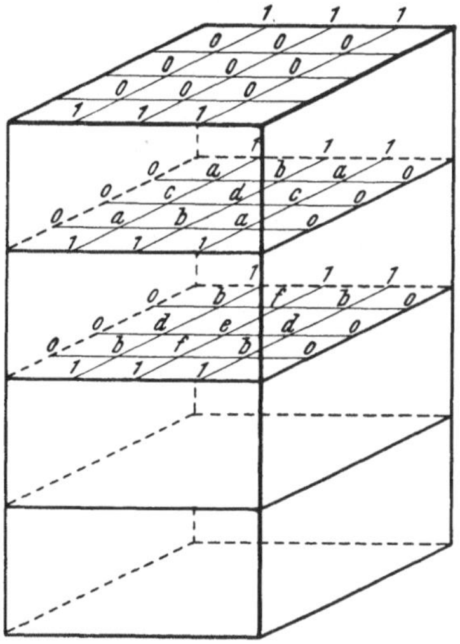

Fig. 44. Differenzenverfahren zur Ermittlung einer räumlichen Temperaturverteilung.

Man erhält

$$a = \frac{190}{544} = 0{,}3493; \quad b = \frac{145}{544} = 0{,}2665; \quad c = \frac{220}{544} = 0{,}4044; \quad d = \frac{167}{544} = 0{,}3070.$$

III. Bei räumlichen Aufgaben verwendet man zweckmäßig axonometrische Darstellungen wie in Fig. 44. Es werde nach der stationären Temperaturverteilung $u(x, y, z)$ mit $\Delta u = 0$ in einem Würfel der Kantenlänge 2 gefragt, bei dem zwei gegenüberliegende Seitenflächen auf der Temperatur $u = 1$ und die anderen vier Seitenflächen auf $u = 0$ gehalten werden. Bei Ausnutzung der Symmetrie hat man bei der Maschenweite $h = \frac{1}{2}$ nur 6 unbekannte Funktionswerte $a, b, \ldots, f$. Die Differenzengleichungen (hier: 6·Funktionswert = Summe der 6 Nachbarwerte) $6a = 2b + c + 1$ (und 5 entsprechend leicht aufstellbare Gleichungen) ergeben

$$a = 0{,}333; \quad b = 0{,}402; \quad c = 0{,}196;$$
$$d = 0{,}255; \quad e = 0{,}333; \quad f = 0{,}490.$$

ζ) Krummlinige Ränder. Bei Randwertaufgaben partieller Differentialgleichungen treten häufig krummlinige Begrenzungen auf. Es seien hier folgende Möglichkeiten der Behandlung der Ränder an Beispielen genannt:

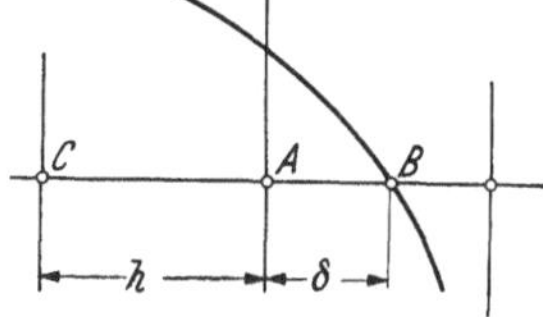

Fig. 45. Randbehandlung beim Differenzenverfahren.

I. Es sei auf einer Kurve Γ der Randwert von u vorgeschrieben; es sei, Fig. 45, B ein Schnittpunkt von Γ mit einer Gittergeraden, und C, A seien zwei auf dieser Gittergeraden gelegene Gitterpunkte; die Abstände h, δ zeigt die Fig. 45. Dann kann man für den Punkt A die Gleichung anschreiben

$$U(A) = \frac{\delta U(C) + h \cdot u(B)}{\delta + h}.$$

Dabei ist $u(B)$ gegebener Randwert und $U(A)$, $U(C)$ sind gesuchte Näherungen für $u(A)$, $u(C)$.

II. Man kann auch abgeänderte Differenzengleichungen verwenden. Sind z. B. in einem Rechtecksgitter, Fig. 46, $a_q h$ (für $q = 1, 2, 3, 4$) die Entfernungen der Punkte P_q von einem Gitterpunkt P_0, so liefert Taylor-Entwicklung

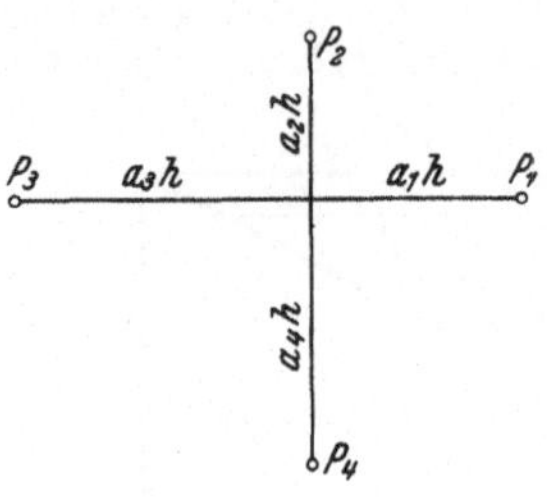

Fig. 46. Aufstellung abgeänderter Differenzengleichungen.

$$\frac{2u(P_1)}{a_1(a_1+a_3)} + \frac{2u(P_2)}{a_2(a_2+a_4)} + \frac{2u(P_3)}{a_3(a_3+a_1)} + \frac{2u(P_4)}{a_4(a_4+a_2)} - 2\left(\frac{1}{a_1 a_3} + \frac{1}{a_2 a_4}\right) u(P_0) = h^2 (u_{xx} + u_{yy})(P_0) + \text{Restglied dritter Ordnung.}$$

Bei der Differentialgleichung

$$u_{xx} + u_{yy} = g_1(x, y)\, u + g_2(x, y)$$

erhält man bei Fortlassen des Restgliedes und Ersetzen von $u(P_q)$ durch Näherungswerte $U(P_q)$ eine finite Gleichung für den Punkt P_0.

66. Iteration und Relaxation beim Differenzenverfahren. Bei kleiner Maschenweite hat man beim Differenzenverfahren jeweils ein größeres Gleichungssystem aufzulösen. Da die direkte Auflösung dann große Mühe verursacht, löst man die Gleichungen oft durch Iteration (Ziff. 31) oder durch Relaxation (Ziff. 33). Die Differenzengleichungen eignen sich meist gut für iterative Auflösung[1].

Bei partiellen Differentialgleichungen mit zwei unabhängigen Veränderlichen kann man der Relaxation eine besonders anschauliche Form geben[2].

Beispiele: I. Bei einem Quadrat sei $u = -1$ [etwa $u(x, y)$ als Temperatur in einer Platte] auf den Seiten $y = 0$ und $x = 1$, und $u = 1$ auf $x = 0$ und $y = 1$ vorgegeben. Im Inneren gelte $\Delta u = 0$, Fig. 47; bei der Maschenweite $h = \frac{1}{6}$ hat man aus Symmetriegründen nur 6 unbekannte Funktionswerte, man würde hier am einfachsten die Differenzengleichung ($4\,U_{jk}$ = Summe der Nachbarwerte) direkt aufstellen und lösen, aber es sei an diesem ganz einfachen Beispiel das Prinzip der Relaxation vorgeführt.

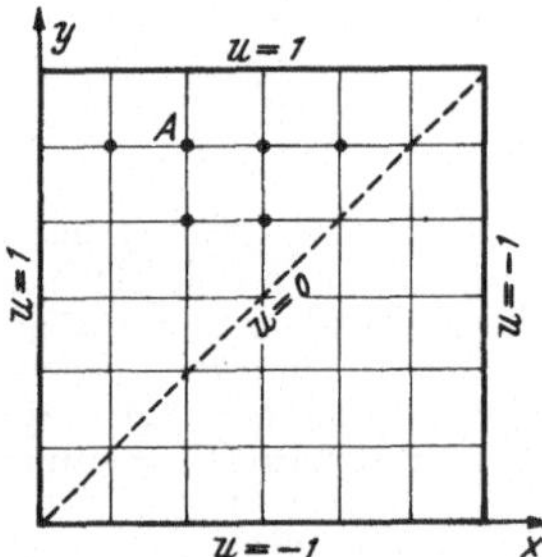

Fig. 47. Zu dem Beispiel für Iteration und Relaxation.

In Schema I sind in jedem Gitterpunkt links oben geschätzte Werte (alle Zahlen mit 100 multipliziert) also z. B. 0,60 bei A, eingetragen, rechts oben das Mittel aus den 4 Nachbarwerten, also $\frac{1}{4}$ (1 + 0,80 + 0,40 + 0,40) = 0,65 bei A und rechts unten die Differenz beider Zahlen, der „Defekt“, also 0,65 − 0,60 = + 0,05 bei A. In Schema III stehen in jedem Felde oben diese Defekte. Man ersieht hier (da hier die Differenzengleichungen nach Ziff. 34 von monotoner Art sind und alle Defekte ≥ 0), daß die exakte Lösung der Differenzengleichungen nicht unterhalb der in Schema I angegebenen Näherungswerte liegen kann.

In Schema II sind Korrekturen und in Schema III die dadurch bewirkten Änderungen der Defekte angegeben. Wird z. B. bei A eine Korrektur + 8 angebracht, so ändern sich dadurch die Defekte in Schema III bei Beachtung der Symmetrie um die durch Umrahmung angegebenen Werte; als zweites Beispiel sind die Änderungen infolge einer Korrektur von + 20 durch Unterstreichung hervorgehoben. Haben mehrere benachbarte Defekte einheitliches Vorzeichen, so empfiehlt sich eine gemeinsame Korrektur des betreffenden Teilbereiches („Blockrelaxation“). Bei Fortführung erhält man das Schema IV, welches in der gleichen Weise zu deuten ist wie Schema I, und bei dem eine weitere Verringerung der Beträge der Defekte nur durch Erhöhung der Stellenzahl möglich ist.

[1] Man kann allgemeine Klassen von Randwertaufgaben angeben, bei denen die Differenzengleichungen durch Iteration in Einzelschritten behandelt werden können. L. Collatz: Math. Z. **53**, 159/60 (1950).

[2] Man kann dann auch Aufgaben mit Hunderten von Unbekannten bei erträglichem Rechenaufwand lösen, vgl. die zahlreichen Beispiele bei Southwell [*18*].

Schema I.

100	100	100	100	100	100
100	80	80 60	65 40	50 20	35 0
		0 Δ	+5	+10	+15
100	60	40	40 20	20 0	
			0	0	
		20			

Schema II (Korrekturen).

	[+8]		+20

Schema III (Defekte und Änderungen).

0	5	10	15
[+4]	[−8]	+5 [+2]	−20
	0	0	
	[+4]		

Schema IV.

100	100	100	100	100	100
100	88	88 76	75 60	61 40	40 0
		0	−1	+1	0
100		52	52 28	28 0	
			0	0	

II. *Eigenwertaufgabe.* Zur Bestimmung der Frequenz der Grundschwingung einer trapezförmigen ringsum eingespannten Membran, Fig. 48, ($\Delta u + \lambda u = 0$ im Innern, $u = 0$ auf dem Rande) schätzt man beim Differenzenverfahren mit der Maschenweite $h = a/2$ zunächst die Funktionswerte U_{jk}. Bei dem Schema stehen an einem Gitterpunkt links oben U_{jk}, rechts oben die Summe Σ aus den vier Nachbarwerten und rechts unten der Quotient aus dieser Summe und dem betreffenden Wert U_{jk}. Diese Quotienten q_{jk} sollen möglichst gleich werden. Man bringt jeweils an den U_{jk}-Werten, bei denen die q_{jk} noch stark vom Mittel der q_{jk} abweichen, kleine Korrekturen an, die den zugehörigen Quotienten dem Mittel näher bringen. Nach kurzem „Relaxieren" wurden so die Werte des Schemas erhalten, bei dem die q_{jk} zwischen 3,1075 und 3,1409 liegen. (Das Schema stellt unter Ausnutzung der Symmetrie nur eine Hälfte des Trapezes dar.) Nach Ziff. 35 weiß man daher, daß mindestens eine charakteristische Zahl ν der zugehörigen Matrix in diesem Intervall liegt. Aus $\nu = 3{,}13$ kann man nach $\nu = 4 - \Lambda h^2$ auch einen Näherungswert Λ für λ bestimmen. Hier ist Λ eine Näherung für λ_1, da die U_{jk}-Werte im Innern des Trapezes ein festes Vorzeichen haben.

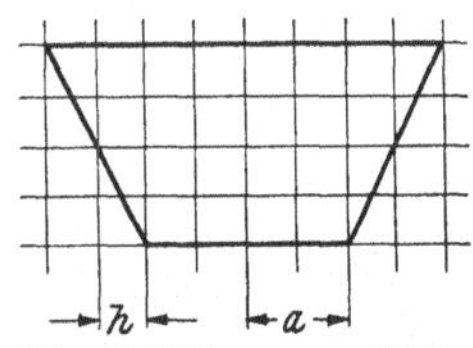

Fig. 48. Differenzenverfahren zur Berechnung von Eigenfrequenzen einer Membran.

0	0	0	0	0	
−0,775	0,775	2,425 3,2	9,975 5,2	16,3 6	18,7
		3,13	3,12	3,13	3,12
	0	4	12,43 7,1	22,3 8,3	25,9
			3,1075	3,1409	3,12
	−2,13	2,13	6,76 4,8	14,93 5,7	17,9
			3,13	3,12	3,1404
		0	0	0	

67. Verbesserungen des Differenzenverfahrens. Genau wie in Ziff. 58 bei den Anfangswertaufgaben kann man auch hier das gewöhnliche Differenzenverfahren auf verschiedene Weise verbessern.

α) Verfahren höherer Annäherung. Man ersetzt die einzelnen Ableitungen nicht durch Differenzenquotienten, sondern durch allgemeinere „finite Ausdrücke", die genauer mit ihnen übereinstimmen als die Differenzenquotienten. Es beträgt z. B. die Abweichung des Ausdrucks

$$\frac{1}{12h^2}(-y_{i-2}+16y_{i-1}-30y_i+16y_{i+1}-y_{i+2}) \tag{67.1}$$

von $y''(x_i)$ höchstens C_1h^4 mit $C_1=\frac{1}{90}|y^{\mathrm{VI}}|_{\max \text{ in } \langle x_{i-2},\, x_{i+2}\rangle}$, während die Abweichung des Differenzenquotienten

$$\frac{1}{h^2}(y_{i-1}-2y_i+y_{i+1})$$

von $y''(x_i)$ bis C_2h^2 mit $C_2=\frac{1}{12}|y^{\mathrm{IV}}|_{\max \text{ in } \langle x_{i-1},\, x_{i+1}\rangle}$ betragen kann, also bei Verkleinerung von h nur mit h^2 gegen Null zu gehen braucht. Man erhält derartige finite Ausdrücke wie (67.1) durch einen Ansatz mit unbestimmten Koeffizienten, Taylor-Entwicklung und Koeffizientenvergleich, wie in Ziff. 58 bereits erwähnt. Die Tabellen 8 und 9 geben finite Ausdrücke für verschiedene gewöhnliche und partielle Differentialausdrücke.

β) Mehrstellenverfahren. Die Verbesserung gegenüber dem gewöhnlichen Differenzenverfahren besteht hier darin, daß man bei der einzelnen finiten Gleichung die Differentialgleichung an mehreren Stellen heranzieht. Die Grundlage des Verfahrens besteht, wenn zunächst eine gewöhnliche Differentialgleichung (48.1) betrachtet wird, in gewissen ein für allemal aufstellbaren Ausdrücken folgender Bauart:

$$P=\sum_{\nu=-p}^{p}(a_\nu^{(k)}\,y_{i+\nu}+A_\nu^{(k)}\,y_{i+\nu}^{(k)}). \tag{67.2}$$

Es werden also Linearkombinationen der Werte von y und der fest gewählten k-ten Ableitung von y an benachbarten Teilungsstellen $x_i+\nu h$ gebildet und dabei die Konstanten $a_\nu^{(k)}$, $A_\nu^{(k)}$ so bestimmt, daß bei Taylor-Entwicklung des Ausdrucks P an der Stelle x_i die Größe y und ihre Ableitungen bis zu möglichst hoher Ordnung den Faktor Null bekommen.

Zum Beispiel für die zweite Ableitung findet man durch Taylor-Entwicklung

$$y''_{i-1}+10y''_i+y''_{i+1}-\frac{12}{h^2}(y_{i-1}-2y_i+y_{i+1})=Ch^4$$

mit $|C|\leq\frac{1}{20}|y^{\mathrm{VI}}|$ max in $\langle x_{i-1},\, x_{i+1}\rangle$.

Die Tabellen 8 und 9 geben Mehrstellenausdrücke für verschiedene gewöhnliche und partielle Differentialausdrücke.

Das Verfahren verläuft im allgemeinen so: wir schreiben die Gleichung

$$\sum_{\nu=-p}^{p}(a_\nu^{(n)}Y_{i+\nu}+A_\nu^{(n)}Y_{i+\nu}^{(n)})=0$$

für alle inneren Punkte (etwa $i=1, 2, \ldots, N-1$) auf. Nun wird $Y_\nu^{(n)}$ überall unter Benutzung der Differentialgleichung ersetzt durch die niedrigeren Ableitungen $Y_\nu^{(n-1)}, Y_\nu^{(n-2)}, \ldots, Y'_\nu, Y_\nu$. Diese $Y_\nu^{(s)}$ treten jetzt als weitere Unbekannte auf, und man schreibt daher für alle diejenigen Ableitungen, die in der Differentialgleichung vorkommen, die entsprechenden Formeln für alle inneren Punkte an.

Tabelle 8. *Finite Ausdrücke für Funktionen* $y(x)$.

Formel-Abkürzungen $y_j = y(jh)$, $y'_j = y'(jh)$ usw.	Das nächste nicht verschwindende Glied der TAYLOR-Entwicklung $H_s = \frac{1}{s!} h^s y^{(s)}(0)$
$h y'_0 = \frac{1}{2}(-y_{-1} + y_1) +$	$- \quad H_3 - \cdots$
$12 h y'_0 = y_{-2} - 8y_{-1} + 8y_1 - y_2 +$	$+ \quad 48H_5 + \cdots$
$h y'_0 = -y_0 + y_1 +$	$- \quad H_2 - \cdots$
$2h y'_0 = -3y_0 + 4y_1 - y_2 +$	$+ \quad 4H_3 + \cdots$
$h(y'_{-1} + 4y'_0 + y'_1) + 3(y_{-1} - y_1) = 0 +$	$+ \quad 4H_5 + \cdots$
$h(y'_0 + y'_1) + 2(y_0 - y_1) = 0 +$	$+ \quad H_3 + \cdots$
$h^2 y''_0 = y_{-1} - 2y_0 + y_1 +$	$- \quad 2H_4 + \cdots$
$12h^2 y''_0 = -y_{-2} + 16y_{-1} - 30y_0 + 16y_1 - y_2 +$	$+ \quad 96H_6 + \cdots$
$h^2 y''_0 = 2y_0 - 5y_1 + 4y_2 - y_3 +$	$+ \quad 22H_4 + \cdots$
$h^2(y''_{-1} + 10y''_0 + y''_1) - 12(y_{-1} - 2y_0 + y_1) = 0 +$	$+ \quad 36H_6 + \cdots$
$h^2(y''_{-1} - 8y''_0 + y''_1) + 9h(y'_{-1} - y'_1) + 24(y_{-1} - 2y_0 + y_1) = 0 +$	$+ \quad 16H_8 + \cdots$
$2h^3 y'''_0 = -y_{-2} + 2y_{-1} - 2y_1 + y_2 +$	$- \quad 60H_5 + \cdots$
$8h^3 y'''_0 = y_{-3} - 8y_{-2} + 13y_{-1} - 13y_1 + 8y_2 - y_3 +$	$+ 2352H_7 + \cdots$
$h^3(y'''_{-1} + 2y'''_0 + y'''_1) + 2(y_{-2} - 2y_{-1} + 2y_1 - y_2) = 0 +$	$- \quad 84H_7 + \cdots$
$h^4 y_0^{IV} = y_{-2} - 4y_{-1} + 6y_0 - 4y_1 + y_2 +$	$- \quad 120H_6 + \cdots$
$h^4(y_{-1}^{IV} + 4y_0^{IV} + y_1^{IV}) - 6(y_{-2} - 4y_{-1} + 6y_0 - 4y_1 + y_2) = 0$	$+ \quad 336H_8 + \cdots$

Tabelle 9. *Finite Ausdrücke für Funktionen* $u(x, y)$ *im quadratischen Netz.*

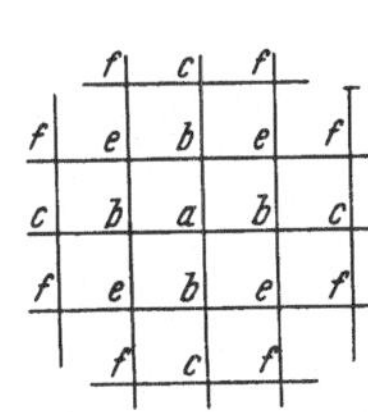

Maschenweite h; $u(x_0, y_0) = u_a$; es bedeutet $\sum u_b$ die Summe der u-Werte in allen in der Abbildung mit b bezeichneten Punkten, also

$$\sum u_b = u(x_0 + h, y_0) + u(x_0, y_0 + h) + u(x_0 - h, y_0) + u(x_0, y_0 - h).$$

Ebenso sind $\sum u_c, \ldots, \Delta u_a, \sum \Delta u_b, \ldots$ entsprechend der Abbildung zu verstehen. R_s = Restglied mit partiellen Ableitungen s-ter Ordnung von u.

$h^2 \Delta u_a = -4u_a + \sum u_b +$	$+R_4$
$12h^2 \Delta u_a = -60u_a + 16\sum u_b - \sum u_c +$	$+R_6$
$h^2(8\Delta u_a + \sum \Delta u_b) + 40u_a - 8\sum u_b - 2\sum u_e = 0 +$	$+R_6$
$h^4 \Delta\Delta u_a = 20u_a - 8\sum u_b + \sum u_c + 2\sum u_e +$	$+R_6$
$\frac{1}{2}h^4(2\Delta\Delta u_a + \sum \Delta\Delta u_b) - 36u_a + 10\sum u_b - \sum u_c + 2\sum u_e - \sum u_f = 0 +$	$+R_8$
$\frac{3}{10}h^4 \Delta\Delta u_a + \frac{1}{15}h^2(82\Delta u_a + \sum \Delta u_b + \sum \Delta u_e) + 20u_a - 4\sum u_b - \sum u_e = 0 +$	$+R_8$

(Weitere Formeln im Quadratnetz, im Dreiecksnetz und im Würfelnetz bei L. COLLATZ [2], S. 505—509).

Besondere Aufmerksamkeit verlangen die Randstellen. Hier kann es zur Elimination aller überzähligen Unbekannten nötig werden, „einseitige" Formeln zu verwenden. Durch Umschreibung der Differentialgleichung in eine Form, wo an Stelle der Ableitungen wiederholte Integrale über $y(x)$ mit gewissen Faktoren auftreten, gelingt es bei linearen Randwertaufgaben auch hier ein Gleichungssystem für nur N Unbekannte aufzustellen[1].

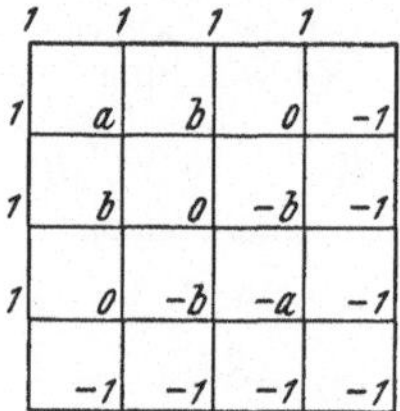

Fig. 49. Zum Mehrstellenverfahren.

Beispiel: Als ganz einfaches Beispiel werde die Randwertaufgabe von Ziff. 66, Beispiel a) mit der Maschenweite $h = \frac{1}{4}$ und 2 unbekannten Funktionswerten a, b nach Fig. 49 durchgerechnet. Das Mehrstellenverfahren liefert mit

$$40a - 8(1 + 1 + b + b) - 2(1 + 1 + 1 + 0) = 0$$
$$40b - 8(1 + a + 0 + 0) - 2(1 + 1 + b - b) = 0$$

die Näherungen $a = \frac{67}{92} = 0{,}728$; $b = \frac{41}{92} = 0{,}445$.

III. RITZsches und TREFFTZsches Verfahren.

Bei den Minimalprinzipien wird ein Ausdruck $J[\varphi]$, gewöhnlich ein Integralausdruck in φ, manchmal in Verbindung mit anderen mit φ auszuführenden Operationen (z.B. Randausdrücke in φ) aufgestellt, welcher für die Lösung y der Randwertaufgabe ein Minimum (oder ein Maximum oder einen „stationären Wert") annimmt[2].

Nun macht man für φ einen Ansatz

$$\varphi = w(x, a_1, \ldots, a_p) \tag{68.1}$$

speziell z.B. in linearer Weise (vgl. Ziff. 61, IIIa)

$$w = v_0(x) + \sum_{\nu=1}^{p} a_\nu v_\nu(x) \tag{68.2}$$

und bestimmt die a_ν so, daß $J[\varphi]$ ein Extremum annimmt. In gewissen Fällen läßt sich beweisen, daß mit wachsender Parameterzahl die zugehörigen Funktionen φ gegen y konvergieren, es gibt aber auch Fälle, wo keine Konvergenz stattfindet.

Die Forderung, den Ausdruck $J[\varphi]$ als Funktion der Parameter $a_1, \ldots, a_p$ möglichst klein zu machen, führt nach bekannten Regeln zu den notwendigen Bedingungen für die a_ν:

$$\frac{\partial J[w(x, a_1, \ldots, a_p)]}{\partial a_\nu} = 0 \qquad (\nu = 1, 2, \ldots, p) \tag{68.3}$$

Das sind p (im allgemeinen nichtlineare) Bestimmungsgleichungen für die a_ν.

Rechenprobe: Schon hier sei allgemein darauf hingewiesen, daß es sich zur Vermeidung der bei Aufstellung der Gl. (68.3) leicht auftretenden Rechenfehler empfiehlt, die Rechnung zur Kontrolle mit einfachen Annahmen für die a_ν, z.B. $a_1 = a_2 = \cdots = a_p$ zu wiederholen.

68. Gewöhnliche Differentialgleichungen zweiter Ordnung. Zur Aufstellung der gesuchten Ausdrücke werden in der Variationsrechnung die Hilfsmittel bereitgestellt; im einfachsten Falle sei z.B. die Aufgabe vorgelegt, unter allen,

[1] R. ZURMÜHL [22], S. 399ff., L. COLLATZ [2], S. 161.

[2] W. RITZ: J. reine angew. Math. **135**, H. 1 (1908). — Ann. Physik **28**, 737 (1909). Das RITZsche Verfahren wird manchmal als Methode von HYLLERAAS bezeichnet nach E. A. HYLLERAAS: Z. Physik **54**, 347 (1929).

an den Randstellen vorgegebene Werte $\varphi(a)=A$ und $\varphi(b)=B$ annehmenden, einmal stetig differenzierbaren Funktionen $\varphi(x)$ diejenige herauszusuchen, die dem Integral

$$J[\varphi]=\int_a^b F(x,\varphi,\varphi')\,dx \tag{68.4}$$

bei gegebener nach allen Argumenten stetig differenzierbarer Funktion $F(x,\varphi,\varphi')$ einen Kleinstwert erteilt. Wenn es überhaupt eine Lösung $y=\varphi(x)$ gibt, so muß y notwendig der EULERschen Differentialgleichung zweiter Ordnung

$$-\frac{d}{dx}\left(\frac{\partial F}{\partial\varphi'}\right)+\frac{\partial F}{\partial\varphi}=0 \tag{68.5}$$

[und natürlich auch den Randbedingungen $y(a)=A$, $y(b)=B$] genügen.

Man versucht nun umgekehrt, bei einer vorgelegten linearen Randwertaufgabe zweiter Ordnung die Differentialgleichung als EULERsche Differentialgleichung einer Variationsaufgabe zu schreiben und so zu einem Ausdruck $J[\varphi]$ zu gelangen.

Das Ergebnis lautet: die lineare Randwertaufgabe zweiter Ordnung

$$-(p(x)\,y')'+q(x)\,y=r(x)\quad\text{mit}\quad p(a)\neq 0,\ p(b)\neq 0$$

$$\left.\begin{aligned}\alpha_0 y(a)+\alpha_1 y'(a)&=\gamma_1\\ \beta_0 y(b)+\beta_1 y'(b)&=\gamma_2\end{aligned}\right\} \tag{68.6}$$

läßt sich einschließlich der Randbedingungen als notwendige Bedingung für die Lösung einer Variationsaufgabe $J[\varphi]=$ Minimum schreiben. Dabei ist im Falle $\alpha_1\neq 0$, $\beta_1\neq 0$

$$J[\varphi]=\int_a^b (p\varphi'^2+q\varphi^2-2r\varphi)\,dx+R_a+R_b \tag{68.7}$$

mit

$$\left.\begin{aligned}R_a&=\frac{p(a)}{\alpha_1}\left(-\alpha_0\varphi(a)^2+2\gamma_1\varphi(a)\right);\\ R_b&=\frac{p(b)}{\beta_1}\left(\beta_0\varphi(b)^2-2\gamma_2\varphi(b)\right).\end{aligned}\right\} \tag{68.8}$$

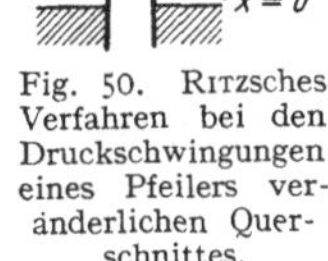

Fig. 50. RITZsches Verfahren bei den Druckschwingungen eines Pfeilers veränderlichen Querschnittes.

Der Funktion φ brauchen in diesem Falle keine Randbedingungen auferlegt zu werden. Im Falle $\alpha_1=0$ kann man $R_a=0$ setzen, muß aber dafür von φ die Erfüllung der „wesentlichen" Randbedingung $\alpha_0\,\varphi(a)=\gamma_1$ fordern, entsprechend kann man im Falle $\beta_1=0$ das Glied R_b fortlassen, dafür muß φ die Bedingung $\beta_0\varphi(b)=\gamma_2$ erfüllen. Die Frage jedoch, ob die so formulierte Variationsaufgabe tatsächlich durch die Funktion $y(x)$ gelöst wird, ob $J[\varphi]$ überhaupt einen Kleinstwert besitzt, wird hierdurch nicht beantwortet.

Hat man nur wesentliche Randbedingungen, so kommt man wieder zu den GALERKINschen Gleichungen (Ziff. 61, IIIa).

Beispiele: I. Dehnungsschwingungen eines Stabes (Druckschwingungen eines Pfeilers) von veränderlichem Querschnitt $F(x)$, mit einer Einspannung, mit einer Endmasse, Fig. 50. Es lautet bei

$$-F(y')'-\lambda Fy=0,\quad y(0)=0,\quad y'(l)=\lambda k\,y(l)$$

im speziellen Falle

$$F(x)=2-x,\quad l=1,\quad k=1$$

eine zugehörige Variationsaufgabe nach (68.7)

$$J[\varphi]=\int_0^1 (F\varphi'^2-\lambda F\varphi^2)\,dx-\lambda\,[\varphi(1)]^2,$$

wobei φ nur die (wesentliche) Randbedingung $\varphi(0)=0$ erfüllen muß. Es werde daher angesetzt

$$\varphi=\sum_{\nu=1}^{p} a_\nu x^\nu .$$

Für $p=3$ erhält man (mit Λ als Näherungswert für λ):

$$\frac{1}{2}\frac{\partial J}{\partial a_1}=\int_0^1[(2-x)\varphi'-\Lambda(2-x)\varphi x]\,dx-\Lambda\varphi_1=0$$

$$\frac{1}{2}\frac{\partial J}{\partial a_2}=\int_0^1[(2-x)\varphi' 2x-\Lambda(2-x)\varphi x^2]\,dx-\Lambda\varphi_1=0$$

$$\frac{1}{2}\frac{\partial J}{\partial a_3}=\int_0^1[(2-x)\varphi' 3x^2-\Lambda(2-x)\varphi x^3]\,dx-\Lambda\varphi_1=0,$$

d h.

$$a_1\left(\frac{3}{2}-\frac{17}{12}\Lambda\right)+a_2\left(\frac{4}{3}-\frac{13}{10}\Lambda\right)+a_3\left(\frac{5}{4}-\frac{37}{30}\Lambda\right)=0$$

$$a_1\left(\frac{4}{3}-\frac{13}{10}\Lambda\right)+a_2\left(\frac{5}{3}-\frac{37}{30}\Lambda\right)+a_3\left(\frac{9}{5}-\frac{25}{21}\Lambda\right)=0$$

$$a_1\left(\frac{5}{4}-\frac{37}{30}\Lambda\right)+a_2\left(\frac{9}{5}-\frac{25}{21}\Lambda\right)+a_3\left(\frac{21}{10}-\frac{65}{56}\Lambda\right)=0,$$

und damit die Gleichung

$$\begin{vmatrix} \frac{3}{2}-\frac{17}{12}\Lambda & \frac{4}{3}-\frac{13}{10}\Lambda & \frac{5}{4}-\frac{37}{30}\Lambda \\ \frac{4}{3}-\frac{13}{20}\Lambda & \frac{5}{3}-\frac{37}{30}\Lambda & \frac{9}{5}-\frac{25}{21}\Lambda \\ \frac{5}{4}-\frac{37}{30}\Lambda & \frac{9}{5}-\frac{25}{21}\Lambda & \frac{21}{10}-\frac{65}{56}\Lambda \end{vmatrix}=0.$$

Mit $\Lambda=14\varrho$ lautet sie:

$$4662\varrho^3-19064\varrho^2+13945\varrho-945=0.$$

Die Wurzeln berechnet man nach Nr. 20:

$$\varrho_1=0{,}075393764;\quad \varrho_2=0{,}84971;\quad \varrho_3=3{,}1641.$$

In der Tabelle sind zum Vergleich auch die Ergebnisse für $p=1$ und $p=2$ eingetragen. (In anderen Fällen ist beim RITZschen Verfahren die Konvergenz oft nicht so gut.)

$p=1$	$\Lambda_1=1{,}0588$	—	—
$p=2$	$\Lambda_1=1{,}055839$	$\Lambda_2=11{,}954$	—
$p=3$	$\Lambda_1=1{,}0555127$	$\Lambda_2=11{,}896$	$\Lambda_3=44{,}30$

II. Bei der nichtlinearen Randwertaufgabe $y''=y+y^2$, $y(0)=1$, $y(\infty)=0$ führt bei $J[\varphi]=\int_0^\infty(\frac{1}{2}\varphi'^2+\frac{1}{2}\varphi^2+\frac{1}{3}\varphi^3)\,dx$ der Ansatz $\varphi=\sum_{j=1}^{p}a_j e^{-jx}$ mit $\sum_{j=1}^{p}a_j=1$ auf ein System nichtlinearer Gleichungen für die a_j, insbesondere führt $\varphi=a_1e^{-x}+(1-a_1)e^{-2x}$ auf

$$a_1^2+17a_1-13=0,\qquad a_1=\tfrac{1}{2}\left(-17\pm\sqrt{341}\right)=\begin{cases}0{,}7331\\-17{,}73\end{cases}.$$

69. Gewöhnliche Differentialgleichungen höherer Ordnung. Die Verhältnisse werden jetzt verwickelter, es lassen sich keineswegs mehr beliebige lineare Randbedingungen in der hier beschriebenen Weise erfassen.

Es liege die Variationsaufgabe vor, den Kleinstwert des Ausdrucks J zu bestimmen:

$$\left.\begin{aligned} J = J[\varphi] = \int_a^b F(x, \varphi, \varphi', \ldots, \varphi^{(m)})\, dx + A(\varphi(a), \varphi'(a), \ldots, \varphi^{(m-1)}(a)) + \\ + B(\varphi(b), \varphi'(b), \ldots, \varphi^{(m-1)}(b)) = \text{Minimum}, \end{aligned}\right\} \quad (69.1)$$

wobei F eine gegebene mit stetigen partiellen Ableitungen bis zur $(m+1)$-ten Ordnung versehene Funktion von $x, \varphi, \varphi', \ldots, \varphi^{(m)}$, A und B gegebene stetige, stetig partiell differenzierbare Funktionen der Randwerte von $\varphi, \varphi', \varphi'', \ldots, \varphi^{(m-1)}$ sind und zum Vergleich alle $2m$-mal stetig differenzierbaren Funktionen $\varphi(x)$ zugelassen werden, die gewisse fest vorgegebene lineare Randbedingungen erfüllen.

Wenn es eine Funktion $u = y(x)$ gibt, die J unter den „zugelassenen" Funktionen einen Kleinstwert erteilt, so muß sie notwendig der EULERschen Differentialgleichung genügen:

$$F_\varphi - \frac{d}{dx} F_{\varphi'} + \frac{d^2}{dx^2} F_{\varphi''} - \cdots + (-1)^m \frac{d^m}{dx^m} F_{\varphi^{(m)}} = 0. \quad (69.2)$$

Es kann hier aber keine allgemeine Diskussion[1] der Randbedingungen durchgeführt werden, sondern es werde nur ein Spezialfall herausgegriffen:

Die lineare Randwertaufgabe vierter Ordnung

$$(g_2(x)\, y'')'' - (g_1(x)\, y')' + g_0(x)\, y = r(x)$$

mit

$$g_2(a) \neq 0, \quad g_2(b) \neq 0$$

und je zwei voneinander linear unabhängigen und miteinander nicht in Widerspruch stehenden Randbedingungen an den Stellen $x = a$ und $x = b$ läßt sich in den im folgenden genannten Fällen als notwendige Bedingung für die Lösung einer Variationsaufgabe $J[\varphi] = \text{Min.}$ schreiben:

$$J[\varphi] = \int_a^b (g_2 \varphi''^2 + g_1 \varphi'^2 + g_0 \varphi^2 - 2r\varphi)\, dx + R_a + R_b.$$

Sind alle vier Randbedingungen „wesentlich", d.h. hier sind die vier Werte von $y(a)$, $y'(a)$, $y(b)$, $y'(b)$ vorgeschrieben, so kann man $R_a = R_b = 0$ setzen, muß aber von φ die Erfüllung aller Randbedingungen fordern. Sind die Randbedingungen bei $x = a$ von der Form

$$y_a'' = \alpha_1 y_a + \alpha_2 y_a' + \alpha_3$$
$$y_a''' = \alpha_4 y_a + \alpha_5 y_a' + \alpha_6$$

mit der Bedingung

$$(\alpha_1 + \alpha_5)\, g_{2a} - g_{1a} + \alpha_2 g_{2a}' = 0,$$

so ist

$$\begin{aligned} R_a = -(\alpha_4 g_{2a} + \alpha_1 g_{2a}')\, \varphi_a^2 + 2\alpha_1 g_{2a} \varphi_a \varphi_a' + \\ + \alpha_2 g_{2a} \varphi_a'^2 - 2(\alpha_6 g_{2a} + \alpha_3 g_{2a}')\, \varphi_a + 2\alpha_3 g_{2a} \varphi_a'. \end{aligned}$$

Die Funktion braucht dann an der Stelle $x = a$ keine Randbedingungen zu erfüllen. Hat man entsprechend bei $x = b$ die Randbedingungen

$$y_b'' = \beta_1 y_b + \beta_2 y_b' + \beta_3$$
$$y_n''' = \beta_4 y_b + \beta_5 y_b' + \beta_6$$

[1] Vgl. z.B. L. COLLATZ [2], S. 199ff.

mit

$$(\beta_1 + \beta_5)\, g_{2b} - g_{1b} + \beta_2\, g'_{2b} = 0,$$

so ist

$$R_b = (\beta_4\, g_{2b} + \beta_1\, g'_{2b})\, \varphi_b^2 - 2\beta_1\, g_{2b}\, \varphi_b\, \varphi'_b - \\ -\beta_2\, g_{2b}\, \varphi_b'^2 + 2(\beta_6\, g_{2b} + \beta_3\, g'_{2b})\, \varphi_b - 2\beta_3\, g_{2b}\, \varphi'_b$$

und φ braucht bei $x = b$ keine Randbedingungen zu erfüllen.

Es sind also in dieser Weise nicht alle Arten von Randbedingungen erfaßbar.

70. RITZsches Verfahren bei partiellen Differentialgleichungen. α) *Differentialgleichung zweiter Ordnung.* In Verallgemeinerung von (68.7) geht man hier von der Extremumaufgabe aus

$$J[\varphi] = \int\limits_B \Big(\sum_{i,k=1}^{m} A_{ik} \frac{\partial \varphi}{\partial x_i} \frac{\partial \varphi}{\partial x_k} + q\varphi^2 - 2r\varphi \Big)\, d\tau + \int\limits_\Gamma (K\varphi^2 + 2M\varphi)\, df = \text{Extr.}, \tag{70.1}$$

wobei B ein gegebener, etwa abgeschlossener, beschränkter, einfach zusammenhängender Raumteil des $x_1, x_2, \ldots, x_m$-Raumes mit dem Volumenelement $d\tau = dx_1\, dx_2 \ldots dx_m$ ist, der von einer (aus endlich vielen Flächenstücken mit stetiger Tangentialhyperebene bestehenden) Randfläche Γ mit dem Oberflächenelement df begrenzt wird; A_{ik}, q, r, K, M sind gegebene Ortsfunktionen, q, r, K, M seien stetig, die A_{ik} seien stetig und mit stetigen partiellen ersten Ableitungen versehen. Ferner seien die A_{ik} symmetrisch: $A_{ik} = A_{ki}$. Zum Vergleich zugelassen sind alle in B stetigen und mit stetigen partiellen ersten und zweiten Ableitungen versehenen Funktionen $\varphi(x_1, x_2, \ldots, x_m)$, die eventuell am Rande Γ einer Randbedingung genügen

Man erhält als EULERsche Differentialgleichung

$$L[u] = -\sum_{i,k=1}^{m} \frac{\partial}{\partial x_i} \Big(A_{ik} \frac{\partial u}{\partial x_k} \Big) + qu = r. \tag{70.2}$$

Zur weiteren Diskussion werden zwei spezielle Fälle herausgegriffen (es sind auf diese Weise ohnehin nicht alle Randbedingungen erfaßbar):

Fall I: Erste Randwertaufgabe. Am Rande Γ sind die Randwerte $u = g$ vorgeschrieben; dann werden zum Vergleich auch nur Funktionen φ zugelassen, die diese Randwerte annehmen. In $J[\varphi]$ kann dann das Oberflächenintegral fortfallen.

Fall II: Dritte Randwertaufgabe und $A_{ik} = \begin{cases} p(x_j) & \text{für } i = k \\ 0 & \text{für } i \neq k \end{cases}$. Auf der Randfläche ist die Bedingung

$$u_\nu = Q(x_j)\, u + w(x_j) \tag{70.3}$$

vorgegeben, wobei $u_\nu = \partial u / \partial \nu$ (vgl. Ziffer 62) ist. Dann ist $K = pQ$, $M = pw$ in (70.1) zu setzen, aber von der Vergleichsfunktion φ braucht keine Randbedingung verlangt zu werden.

β) *Beispiel:* In dem Rechteck B: $|x| < 1$, $|y| < \frac{1}{2}$ sei $\Delta u = x^2 - 1$ im Innern und $u = 0$ auf dem Rande. (Rechteckige Platte, Temperatur auf dem Umfang konstant gehalten, im Inneren ungleichmäßige Wärmezufuhr gemäß $x^2 - 1$.) In

$$J[\varphi] = \int\limits_B [\varphi_x^2 + \varphi_y^2 + 2\varphi\,(x^2 - 1)]\, dx\, dy$$

kann man ansetzen:

$$\varphi = (1 - x^2)(1 - 4y^2)(a_0 + a_1 x^2 + a_2 y^2 + \cdots).$$

Bei einem ganz rohen eingliederigen Ansatz ($a_1 = a_2 = \cdots = 0$) führt $\dfrac{\partial J}{\partial a_0} = 0$ zu $a_0 = \dfrac{1}{10}$, womit ein erster Anhaltspunkt für die Größe von u gewonnen ist.

γ) Plattengleichung. Bezüglich Differentialgleichungen höherer Ordnung muß auf die Literatur[1] verwiesen werden. Hier sei nur noch der wichtige Fall der Plattengleichung genannt.

Es liege für eine Funktion $u(x, y)$ die Randwertaufgabe vor:

$$\Delta\Delta u = p(x, y) \quad \text{in } B \tag{70.4}$$

$$u = f(s), \qquad u_\nu = g(s) \quad \text{auf } \Gamma, \tag{70.5}$$

wobei B ein beschränkter einfach zusammenhängender Bereich mit der stückweise glatten Randkurve Γ, s die Bogenlänge auf Γ, ν die innere Normale und f, g, p gegebene, etwa stetige Funktionen bedeuten. Dann gilt der auch hier die Grundlage für das RITZsche Verfahren bildende Satz: Das Integral

$$J[\varphi] = \iint_B \{(\Delta\varphi)^2 - 2p\varphi\}\, dx\, dy \tag{70.6}$$

nimmt, wenn φ die Klasse der mit stetigen partiellen zweiten Ableitungen versehenen, den Randbedingungen (70.5) genügenden Funktionen durchläuft, für die Lösung u der Randwertaufgabe (70.4), (70.5) und nur für u seinen Kleinstwert an.

71. Das TREFFTZsche Verfahren. Während das RITZsche Verfahren eine Gebietsmethode im Sinne von Ziff. 61 ist, ist das TREFFTZsche Verfahren eine Randmethode mit den bereits in Ziff. 61 genannten Vorzügen (Auswertung von Randintegralen, aber nicht von Gebietsintegralen).

Das TREFFTZsche Verfahren werde der Einfachheit halber bei der ersten Randwertaufgabe der elliptischen Differentialgleichung (70.2) beschrieben[2]; die in Ziff. 70 genannten Voraussetzungen über den Bereich B, Rand Γ und die Koeffizienten der Differentialgleichung seien auch hier erfüllt. Ferner sei $q \geqq 0$ und die quadratische Form

$$Q = \sum_{i,k=1}^{n} A_{ik} z_i z_k \tag{71.1}$$

für alle x_r aus B positiv definit. Auf dem Rande Γ seien die Werte $u = g$ vorgeschrieben.

Es sei w_0 eine spezielle Lösung der Differentialgleichung (70.2) und $w_1, \ldots, w_p$ Lösungen der zugehörigen homogenen Gleichung, so daß

$$w = w_0 + \sum_{\varrho=1}^{p} a_\varrho w_\varrho \tag{71.2}$$

die inhomogene Differentialgleichung bei beliebigen a_ϱ erfüllt. Nun wird der Integralausdruck gebildet

$$J[\varphi, \psi] = \int_B \left\{ \sum_{i,k=1}^{m} A_{ik} \frac{\partial\varphi}{\partial x_i} \frac{\partial\psi}{\partial x_k} + q\varphi\psi \right\} d\tau \tag{71.3}$$

und

$$J[\varphi] = J[\varphi, \varphi] \tag{71.4}$$

gesetzt.

[1] Vgl. z.B. A. R. FORSYTH: Calculus of Variations. Cambridge 1927. 656 S. Hier insbesondere Kap. XI.

[2] Über das Verfahren bei der 2. und 3. Randwertaufgabe vergleiche z.B. L. COLLATZ [2], S. 419.

Nach obigen Voraussetzungen ist $J[\varphi] \geqq 0$ und $J[\varphi] = 0$ nur für $\frac{\partial \varphi}{\partial x_i} \equiv 0$, d.h. $\varphi = \text{const}$ (und im Falle $q > 0$ nur für $\varphi \equiv 0$). Die a_ϱ sollen nun so bestimmt werden, daß die Fehlerfunktion

$$F = w - u = w_0 + \sum_{\varrho=1}^{p} a_\varrho w_\varrho - u \tag{71.5}$$

in B möglichst klein wird, gemessen mittels der durch J vermittelten positiv definiten Metrik.

Aus dieser Forderung erhält man nach kurzer Rechnung für die a_ϱ die linearen Bestimmungsgleichungen (L^* ist in Ziff. 62 definiert):

$$\sum_{\varrho=1}^{p} a_\varrho \int_\Gamma w_\varrho L^*[w_\sigma]\, df = \int_\Gamma (u - w_0) L^*[w_\sigma]\, df \qquad (\sigma = 1, \ldots, p), \tag{71.6}$$

wobei rechts für u die gegebenen Randwerte g einzusetzen sind. Es gilt hier die Maximumsaussage

$$J\left[\sum_{\varrho=1}^{p} a_\varrho w_\varrho\right] \leqq J[w_0 - u]. \tag{71.7}$$

IV. Einige spezielle Verfahren bei Eigenwertaufgaben.

Für Eigenwertaufgaben stehen die verschiedenen Arten von Differenzenverfahren, das RITZsche Verfahren und andere Methoden zur Verfügung, die meist auch auf sonstige Randwertaufgaben anwendbar sind. Hier sollen einige weitere, speziell auf Eigenwertaufgaben zugeschnittene Methoden genannt werden. Die folgende Darstellung legt einen besonders durchforschten Typus von Eigenwertaufgaben bei gewöhnlichen Differentialgleichungen mit diskretem Spektrum zugrunde. Viele Sätze gelten aber auch bei allgemeineren Typen und bei partiellen Differentialgleichungen.

72. Eine spezielle Klasse von Eigenwertaufgaben bei gewöhnlichen Differentialgleichungen. Die Differentialgleichung laute

$$M[y] = \lambda N[y], \tag{72.1}$$

wobei $M[y]$ und $N[y]$ lineare homogene gewöhnliche Differentialausdrücke der Gestalt

$$M[y] = \sum_{\nu=0}^{2m} p_\nu(x)\, y^{(\nu)}, \qquad N[y] = \sum_{\nu=0}^{2n} q_\nu(x)\, y^{(\nu)} \tag{72.2}$$

sind. Die $p_\nu(x)$ und $q_\nu(x)$ seien in einem Intervall $\langle a, b\rangle$ gegebene reelle, etwa stetige Funktionen. Es sei $m > n$. Zu der Differentialgleichung kommen $2m$ lineare homogene Randbedingungen an den Stellen a und b hinzu

$$U_\mu[y] = 0 \qquad (\mu = 1, 2, \ldots, 2m). \tag{72.3}$$

Oft werden die Differentialausdrücke $M[y]$ und $N[y]$ in der spezielleren „selbstadjungierten" Gestalt vorausgesetzt

$$M[y] = \sum_{\nu=0}^{m} (-1)^\nu [f_\nu(x)\, y^{(\nu)}]^{(\nu)}, \qquad N[y] = \sum_{\nu=0}^{n} (-1)^\nu [g_\nu(x)\, y^{(\nu)}]^{(\nu)} \tag{72.4}$$

mit $f_m \neq 0$, $g_n \neq 0$. Für $n = 0$ nennt man die Eigenwertaufgabe mit der Differentialgleichung

$$M[y] = \lambda g_0(x)\, y \tag{72.5}$$

eine „spezielle" und für $n > 0$ eine „allgemeine" Eigenwertaufgabe.

Eine Funktion $u(x) \not\equiv 0$ heißt „Vergleichsfunktion", wenn sie alle Randbedingungen erfüllt und $2m$-mal stetig differenzierbar ist. Die Eigenwertaufgabe (72.1) (72.3) heißt selbstadjungiert, wenn für zwei beliebige Vergleichsfunktionen gilt

$$\int_a^b (u M[v] - v M[u])\, dx = 0, \quad \int_a^b (u N[v] - v N[u])\, dx = 0. \tag{72.6}$$

Die Eigenwertaufgabe (72.1) (72.3) heißt „volldefinit", wenn für jede Vergleichsfunktion gilt

$$\int_a^b u M[u]\, dx > 0 \quad \text{und} \quad \int_a^b u N[u]\, dx > 0. \tag{72.7}$$

73. Verfahren der schrittweisen Näherungen. Man geht von einer willkürlich gewählten Funktion $F_0(x)$ aus und erhält F_k aus F_{k-1} durch Lösung eines Randwertproblems: Man schreibt in der Differentialgleichung und in den Randbedingungen bei allen Gliedern, die λ als Faktor enthalten, F_{k-1} für y und schreibt bei allen anderen, von λ freien Gliedern F_k für y; ferner wird λ durch Eins ersetzt, z.B. bei

$$y^{\mathrm{IV}} + \lambda y'' + y = 0, \quad y'(0) = y''(0) = y'(1) = y(1) - \lambda y'''(1) = 0$$

würde die Iterationsvorschrift lauten

$$F_k^{\mathrm{IV}} + F_k = -F_{k-1}''; \quad F_k'(0) = F_k''(0) = F_k'(1) = 0; \quad F_k(1) = F_{k-1}'''(1).$$

Diese Vorschrift vereinfacht sich, wenn λ in den Randbedingungen nicht auftritt:

$$\left.\begin{aligned} M[F_k] &= N[F_{k-1}] \\ U_\mu[F_k] &= 0. \end{aligned}\right\} \quad (k = 1, 2, \ldots). \tag{73.1}$$

Gelegentlich kann man hier die Konvergenz verbessern, indem man die Iterationsvorschrift bei passendem (reellem) ϑ ersetzt durch

$$M[F_k - \vartheta F_{k-1}] = N[F_{k-1}], \quad U_\mu[F_k] = 0 \quad (k = 1, 2, \ldots). \tag{73.2}$$

Eine wichtige Rolle spielen die SCHWARZschen Konstanten a_k und SCHWARZschen Quotienten μ_k

$$\left.\begin{aligned} a_{2k} &= \int_a^b F_k N[F_k]\, dx \\ a_{2k+1} &= \int_a^b F_{k+1} N[F_k]\, dx \end{aligned}\right\} \quad (k = 0, 1, 2, \ldots) \tag{73.3}$$

$$\mu_{k+1} = \frac{a_k}{a_{k+1}} \qquad (k = 0, 1, 2, \ldots) \tag{73.4}$$

Es gilt der für die numerische Rechnung in vielen Fällen sehr wichtige

Satz: Die Eigenwertaufgabe (72.1) (72.3) *erfülle die Voraussetzungen:*

a) sie ist selbstadjungiert und volldefinit;
b) der Eigenwert λ tritt nicht in den Randbedingungen auf;
c) der kleinste Eigenwert λ_1 ist ein einfacher.

Ausgehend von einer stetigen, $2n$-mal stetig differenzierbaren Funktion $F_0(x)$, die so viele der vorgeschriebenen Randbedingungen erfüllt, daß

$$\int_a^b (F_0 N[u] - u N[F_0])\, dx = 0$$

gilt, werden nach dem Verfahren der schrittweisen Näherungen einige weitere Funktionen $F_1, F_2, \ldots$ und mit ihnen die SCHWARZ*schen Konstanten a_k und Quotienten μ_k berechnet. Ist l_2 eine untere Schranke für den zweiten Eigenwert, die aber noch größer sein muß als μ_{k+1}, so kann man den ersten Eigenwert λ_1 in die Schranken einschließen (Hauptformel):*

$$\mu_{k+1} - \frac{\mu_k - \mu_{k+1}}{\dfrac{l_2}{\mu_{k+1}} - 1} \leq \lambda_1 \leq \mu_{k+1} \qquad (k = 1, 2, \ldots) \tag{73.5}$$

Beispiel: Es soll die EULERsche Knicklast P für einen einseitig eingespannten Stab veränderlicher Biegesteifigkeit EJ berechnet werden (Fig. 51), also der kleinste Eigenwert λ_1 von

$$\left.\begin{aligned} y'' + \lambda p(x)\, y = 0, \quad y(0) = 0, \quad y'(l) = 0 \\ p(x) = 2 - x^2, \quad l = 1 \end{aligned}\right\} \tag{73.6}$$

Mit $\dfrac{1}{EJ} = c\,p(x)$ berechnet sich $P = \dfrac{\lambda_1}{c}$.

$F_0(x) = 2x - x^2$ erfüllt die Randbedingungen $F_0(0) = F_0'(1) = 0$.

Aus $-F_1'' = p\,F_0$, $F_1(0) = F_1'(1) = 0$ folgt $30\,F_1(x) = 31\,x - 20\,x^3 + 5\,x^4 + 3\,x^5 - x^6$. Damit berechnen sich die SCHWARZschen Konstanten und Quotienten nach (73.3) (73.4)

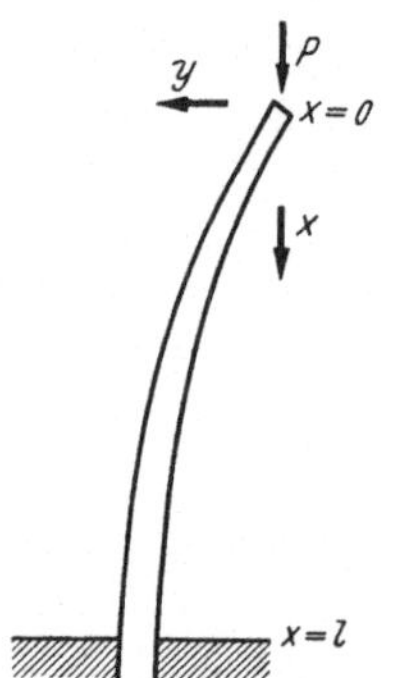

Fig. 51. EULERsche Knicklast für einen einseitig eingespannten Stab veränderlicher Biegesteifigkeit.

$$a_0 = \int_0^1 p F_0^2\, dx = \frac{83}{105}, \quad a_1 = \int_0^1 p\, F_0\, F_1\, dx = \frac{13\,979}{30 \cdot 990},$$

$$a_2 = \int_0^1 p F_1^2\, dx = \frac{6\,494\,539}{13 \cdot 900 \cdot 1\,980}$$

$$\mu_1 = \frac{a_0}{a_1} = \frac{83 \cdot 1\,980}{7 \cdot 13\,979} = 1{,}6794580$$

$$\mu_2 = \frac{a_1}{a_2} = \frac{780 \cdot 13\,979}{6\,494\,539} = 1{,}678\,890\,5.$$

Zur Anwendung der Hauptformel (73.5) benötigt man eine grobe untere Schranke l_2 für den zweiten Eigenwert; man erhält ihn aus dem Vergleich mit der Eigenwertaufgabe mit konstanten Koeffizienten:

$$y'' + \lambda^* \, 2y = 0, \quad y(0) = y'(1) = 0,$$

dabei ist $\lambda_1^* = \dfrac{\pi^2}{8}$, $\lambda_2^* = \dfrac{9\pi^2}{8} = l_2$. Mit diesem Wert von l_2 folgen die guten Schranken

$$1{,}67878 \leq \lambda_1 \leq 1{,}67890.$$

74. Einschließungssatz. Dieser für numerische Zwecke oft ganz nützliche Satz bezieht sich auf Eigenwertaufgaben der „Eingliedklasse", bei denen der Operator $N[y]$ in der Differentialgleichung (72.1) nur aus dem Gliede

$$N[y] = (-1)^n \left[g_n(x)\, y^{(n)}\right]^{(n)} \tag{74.1}$$

besteht.

Die Eigenwertaufgabe sei selbstadjungiert, volldefinit, und die Funktion $g_n(x)$ habe im Grundintervall $\langle a, b\rangle$ ein festes Vorzeichen. Es gelte ferner bei den vorliegenden Randbedingungen für zwei beliebige Vergleichsfunktionen u, v und jede n-mal stetig differenzierbare Funktion $g(x)$ die (durch Teilintegration leicht überprüfbare) Beziehung:

$$(-1)^n \int_a^b u\left[g v^{(n)}\right]^{(n)} dx = \int_a^b g\, u^{(n)} v^{(n)}\, dx.$$

Hat man eine Vergleichsfunktion $F_1(x)$ und eine $2n$-mal stetig differenzierbare Funktion $F_0(x)$ mit $M[F_1] = N[F_0]$, bleibt ferner die Funktion

$$\Phi(x) = \frac{F_0^{(n)}(x)}{F_1^{(n)}(x)}$$

im Intervall $\langle a, b\rangle$ zwischen endlichen Grenzen und wechselt das Vorzeichen nicht, so gilt: Zwischen Maximum und Minimum der Funktion Φ im Intervall $\langle a, b\rangle$ liegt mindestens ein Eigenwert λ_s:

$$\Phi_{\min} \leqq \lambda_s \leqq \Phi_{\max}.$$

Beispiele: I. Bei dem Beispiel (73.6) wird

$$F_1(x) = \sqrt{c^2 + x^2} \sin\left(\alpha \arctan \frac{x}{c}\right)$$

mit noch zu bestimmenden Parametern α, c angesetzt; man kommt zu diesem Ansatz durch den allgemeinen Versuch $F_1(x) = f(x) \sin[g(x)]$. Dann wird

$$\Phi = \frac{-F_1''(x)}{p(x) F_1(x)} = \frac{c^2(\alpha^2 - 1)}{N(x)}$$

mit $N(x) = p(x)(c^2 + x^2)^2 = (2 - x^2)(c^2 + x^2)^2$. Nun wird c so gewählt, daß $N(x)$ in $\langle 0,1\rangle$ möglichst gut eine Konstante annähert. Es wird $N(0) = N(1)$ für $c^2 = 1 + \sqrt{2}$; dann ist $N_{\min} = 2c^4 = 6 + 4\sqrt{2} = 11{,}657$ und $N_{\max} = \frac{4}{27}(45 + 29\sqrt{2}) = 12{,}742$. Nun wird α so bestimmt, daß F_1 auch die Randbedingung $F_1'(1) = 0$ erfüllt; das führt mit $\varrho = \arctan \frac{1}{c} = 0{,}57185$ und $\alpha\varrho = \xi$ auf die Gleichung $\tan \xi = -\xi \frac{c}{\varrho} = -2{,}7171\,\xi$. Das Schema gibt die ersten drei positiven Nullstellen dieser Gleichung und die damit erhaltenen Schranken für Eigenwerte. Durch Bestimmung weiterer Nullstellen erhält man Schranken für beliebig viele Eigenwerte Die Schranken sind für alle Eigenwerte prozentual gerechnet gleich gut.

Nullstelle ξ	$\beta = \left(\frac{\xi}{\varrho}\right)^2 - 1$	Schranken für	Untere Schranke $\frac{\beta c^2}{N_{\max}}$	Obere Schranke $\frac{\beta c^2}{N_{\min}}$
1,7752	8,6367	λ_1	1,636	1,789
4,789	69,14	λ_2	13,10	14,32
7,901	189,9	λ_3	35,99	39,33

II. Der Einschließungssatz kann auch bei der Aufgabe

$$\Delta u + \lambda u = 0 \quad \text{in } B\colon\ x^2 + 4y^2 < 4$$
$$u = 0 \quad \text{für} \quad x^2 + 4y^2 = 4$$

(Eigenschwingung einer ringsum eingespannten Membran von elliptischer Form) angewandt werden. Für $F(x, y) = G(x, y)\, P(x, y)$ mit

$$G(x, y) = 4 - x^2 - 4y^2$$
$$P(x, y) = 1 - 0{,}21379\, x^2 - 0{,}28615\, y^2 + 0{,}012964\, x^4 + 0{,}037058\, x^2 y^2 + 0{,}027276\, y^4$$

wird

$$-\frac{\Delta F}{G(x, y)} = Q(x, y) = 3{,}500 - 0{,}5668\, x^2 - 0{,}9060\, y^2$$

und $\Phi(x, y) = -\frac{\Delta F}{F} = \frac{Q(x, y)}{P(x, y)}$ liegt in B zwischen 3,5 und 3,815 oder $3{,}5 \leqq \lambda_1 \leqq 3{,}815$. $P(x, y)$ kann man zunächst mit unbestimmten Koeffizienten ansetzen und diese aus der Forderung bestimmen, daß Φ in B endlich bleibt (dazu muß ΔF durch G teilbar sein) und daß etwa Φ im Mittelpunkt und in den Scheiteln der Ellipse denselben Wert annimmt, damit Φ eine Konstante annähert.

75. RITZsches Verfahren und TEMPLEscher Quotient. *α) Das* RITZ*sche Verfahren* nach Ziff. 68 wird für Eigenwertaufgaben sehr oft angewendet, gewöhnlich benutzt man eines der drei Minimalprinzipien:

I. Minimalprinzip von RAYLEIGH. Für eine selbstadjungierte, volldefinite Eigenwertaufgabe (72.1) (72.3), bei der der Eigenwert λ nicht in den Randbedingungen vorkommt, ist der kleinste Eigenwert λ_1 das Minimum, das der RAYLEIGHsche Quotient

$$R[u] = \frac{\int\limits_a^b u M[u]\, dx}{\int\limits_a^b u N[u]\, dx}$$

annehmen kann, wenn u den Bereich aller Vergleichsfunktionen durchläuft.

II. Minimalprinzip von KAMKE. Man kann gegenüber dem RAYLEIGHschen Minimalprinzip den Bereich der Funktionen u erweitern[1], was für die praktische Rechnung oft von Vorteil ist.

III. Minimalprinzip bei speziellen Eigenwertaufgaben. Im Falle $N[y] = g_0(x)\, y$ ergibt sich unter sonst den gleichen Voraussetzungen wie bei I. ein weiteres Prinzip aus dem Verfahren der schrittweisen Näherungen. Ist $u(x)$ eine beliebige Vergleichsfunktion, so kann man sie als Funktion $F_1(x)$ beim Iterationsverfahren auffassen und zu ihr eine Funktion

$$F_0(x) = \frac{1}{g_0(x)} M[F_1]$$

bilden. Dann ist das Minimum des Quotienten

$$\mu_1 = \frac{\int\limits_a^b \frac{1}{g_0(x)} (M[u])^2\, dx}{\int\limits_a^b u M[u]\, dx}$$

der kleinste Eigenwert λ_1, wenn u den Bereich aller Vergleichsfunktionen durchläuft.

Die Durchführung dieses Gedankens führt auf die GRAMMELschen Gleichungen[2].

β) Der TEMPLE*sche Quotient.* Die in Ziff. 73 gegebenen Schranken für den ersten Eigenwert λ_1 lassen sich auf die höheren Eigenwerte übertragen, wodurch man vielfach auch für das RITZsche Verfahren die Möglichkeit einer Einschließung der fraglichen Eigenwerte in Schranken erhält. Es werde nun angenommen, daß sich $F_0(x)$ nach den normierten Eigenfunktionen $y_j(x)$ in eine gleichmäßig konvergente, genügend oft gliedweise differenzierbare Reihe

$$F_0(x) = \sum_{j=1}^{\infty} c_j\, y_j(x)$$

entwickeln läßt.

Die Voraussetzung der Entwickelbarkeit ist z. B. erfüllt, wenn die Eigenwertaufgabe (72.1) (72.3) selbstadjungiert und volldefinit ist, $N[y]$ die spezielle Gestalt der Eingliedklasse (74.1) mit $g_n(x) > 0$ hat, unter den Randbedingungen die Gleichungen

$$y(a) = y'(a) = \cdots = y^{(n-1)}(a) = y(b) = y'(b) = \cdots = y^{(n-1)}(b)$$

vorkommen und $F_0(x)$ Vergleichsfunktion ist.

Aus den SCHWARZschen Konstanten wird der „TEMPLEsche Quotient" gebildet

$$T(t) = \frac{a_0 - t a_1}{a_1 - t a_2}.$$

[1] E. KAMKE: Math. Z. **48**, 67–100 (1942).
[2] R. GRAMMEL, Ing.-Arch. **10**, 35–46 (1939).

Die Eigenwerte denken wir uns der Größe nach geordnet. Der Eigenwert λ_s kann ein mehrfacher sein; dann seien λ_{s-} und λ_{s+} die beiden benachbarten Eigenwerte, also $\lambda_{s-} < \lambda_s < \lambda_{s+}$, wobei zwischen λ_{s-} und λ_{s+} außer λ_s kein anderer Eigenwert liegen soll. Hat man eine Näherungsfunktion $F_0(x)$, die so gut sein muß, daß für sie μ_2 in das Intervall $\lambda_{s-} < \mu_2 < \lambda_{s+}$ fällt und kennt man eine obere Schranke L_{s-} für λ_{s-} und eine untere Schranke l_{s+} für λ_{s+}, wobei diese Schranken so gut sein müssen, daß

$$\lambda_{s-} \leqq L_{s-} < \mu_2 < l_{s+} \leqq \lambda_{s+}$$

gilt, so erhält man für λ_s die Schranken

$$T(l_{s+}) \leqq \lambda_s \leqq T(L_{s-}).$$

F. Integral- und Funktionalgleichungen.

I. Einige allgemeine Methoden.

76. Einteilung und Bezeichnungen. Eine Gleichung für eine Funktion $u(x_1, \ldots, x_n)$ von n unabhängigen Veränderlichen $x_1, \ldots, x_n$, im einfachsten Falle für eine Funktion $y(x)$, heißt eine Integralgleichung, wenn bei ihr die Funktion u im Integranden eines Integrals auftritt, wobei über mindestens eine der unabhängigen Veränderlichen integriert wird, und eine Integro-Differentialgleichung, wenn überdies in der Gleichung an mindestens einer Stelle u differenziert auftritt.

Eine besondere Rolle spielen die linearen Integralgleichungen erster Art

$$\lambda \int_a^b K(x, \xi)\, y(\xi)\, d\xi = f(x) \tag{76.1}$$

und zweiter Art

$$y(x) - \lambda \int_a^b K(x, \xi)\, y(\xi)\, d\xi = f(x), \tag{76.2}$$

die hier für den Fall einer unabhängigen Veränderlichen x angeschrieben sind. Dabei ist der „Kern" $K(x, \xi)$ eine gegebene, etwa stetige Funktion von x und ξ, $f(x)$ eine gegebene stetige Funktion von x, und $y(x)$ ist gesucht. Das Integrationsintervall $a \leqq x \leqq b$ darf auch einseitig oder beidseitig ins Unendliche reichen. Die im folgenden für Integralgleichungen mit einer unabhängigen Veränderlichen x aufgestellten Sätze und Methoden gelten durchweg auch für Integralgleichungen mit mehreren (endlich vielen) unabhängigen Veränderlichen, wobei an Stelle der Integration über das Intervall $a \leqq x \leqq b$ die Integration über das jeweilige Grundgebiet zu erstrecken ist. Ist $f(x) \equiv 0$, so heißt die Integralgleichung (76.2) homogen, andernfalls inhomogen. Bei der inhomogenen Integralgleichung ist λ als gegebener Parameter anzusehen.

Ist die obere Grenze des Integrals in (76.1) oder (76.2) die Variable x, so entsteht eine „VOLTERRAsche Integralgleichung"

$$y(x) - \lambda \int_a^x K(x, \xi)\, y(\xi)\, d\xi = f(x). \tag{76.3}$$

Verschiedentlich treten in den Anwendungen auch Integro-Differentialgleichungen auf, z.B. vom folgenden Typus

$$M[y(x)] - \lambda \int_a^b K(x, \xi)\, N[y(\xi)]\, d\xi = f(x) \tag{76.4}$$

$$U_\mu[y] = \gamma_\mu \qquad (\mu = 1, 2, \ldots, m). \tag{76.5}$$

Dabei bedeuten $M[y]$ und $N[y]$ lineare Differentialausdrücke in y wie in Ziff. 72, und $M[y]$ sei hier von der Ordnung $m \geq 0$. $U_\mu[y] = \gamma_\mu$ sind m gegebene Randbedingungen wie in Ziff. 72. Haben M und N beide die Ordnung Null, treten also keine Ableitungen in der Gl. (76.4) auf, so geht (76.4) in (76.2) über und es entfallen die Randbedingungen.

Gelegentlich werden Anfangs- und Randwertaufgaben bei Differentialgleichungen auf Integralgleichungen zurückgeführt; jedoch scheint der Zusammenhang in erster Linie für theoretische Überlegungen von Wichtigkeit; im allgemeinen wird man zur numerischen Behandlung einer Differentialgleichungsaufgabe diese nicht erst in eine Integralgleichung umwandeln, sondern direkt die Methoden von Kapitel E anwenden.

77. Summen-, Iterations- und andere Verfahren. *α) Ersetzung der Integrale durch Summen.* Wie bei den gewöhnlichen und partiellen Differentialgleichungen ist auch bei den Integral- und Integro-Differentialgleichungen das Differenzenverfahren eine sehr allgemein anwendbare Methode, indem man nach Ziff. 56 und 39 Differentialquotienten durch finite Ausdrücke und Integrale durch Summen ersetzt, wobei man verschiedene Quadraturformeln benutzen kann.

β) Iterationsverfahren. Bei Integralgleichungen der Art

$$y(x) = \int_a^b G(x, \xi, y(x), y(\xi))\, d\xi \tag{77.1}$$

kann man das Iterationsverfahren

$$F_{n+1}(x) = \int_a^b G(x, \xi, F_n(x), F_n(\xi))\, d\xi \qquad (n = 0, 1, 2, \ldots) \tag{77.2}$$

anwenden, wobei man von einer willkürlich gewählten Funktion $F_0(x)$ ausgeht. Für die lineare Integralgleichung (76.2) lautet die Vorschrift

$$F_{n+1}(x) = f(x) + \lambda \int_a^b K(x, \xi)\, F_n(\xi)\, d\xi \qquad (n = 0, 1, 2, \ldots). \tag{77.3}$$

Das Verfahren konvergiert, wenn der Betrag von λ kleiner ist als der Betrag des absolut kleinsten Eigenwertes λ_1 der zugehörigen homogenen Integralgleichung[1].

Bei Eigenwertaufgaben wird das Iterationsverfahren wie in Ziff. 73 nach

$$F_{n+1}(x) = \int_a^b K(x, \xi)\, F_n(\xi)\, d\xi \qquad (n = 0, 1, 2, \ldots) \tag{77.4}$$

durchgeführt und die SCHWARZschen Konstanten und Quotienten

$$a_k = \int_a^b F_0(x)\, F_k(x)\, dx, \qquad \mu_{k+1} = \frac{a_k}{a_{k+1}} \qquad (k = 0, 1, 2, \ldots) \tag{77.5}$$

berechnet.

Die μ_k dienen als Näherungen für einen Eigenwert. (Vorsicht bei unsymmetrischen Kernen, bei denen kein reeller Eigenwert zu existieren braucht.) Für symmetrische Kerne vgl. Ziff. 80.

γ) Weitere Methoden. Je nach dem Bau der vorgelegten Integralgleichung können Reihenentwicklungen, wie z. B. Potenzreihenansätze, geeignet sein.

Entwicklungen nach trigonometrischen Funktionen sind z. B. bei linearen Integralgleichungen mit „Differenzkern" erfolgreich, d. h. wenn der Kern $K(x, \xi)$ eine Funktion $K(x - \xi)$ der Differenz $x - \xi$ ist, wie es bei manchen Anwendungen vorkommt.

[1] Eine zusammenfassende Darstellung bei H. BÜCKNER: Die praktische Behandlung von Integralgleichungen. Ergebnisse der angewandten Mathematik, H. 1. Berlin-Göttingen-Heidelberg: Springer 1952. 125 S.

Bei unendlichen Intervallen tritt an die Stelle der FOURIER-Entwicklung das FOURIERsche Integraltheorem.

Bei linearen Integralgleichungen der Gestalt (76.2) entwickelt man zuweilen die Lösung $y(x)$ nach den Funktionen $z_1(x), z_2(x), \ldots$ eines Orthogonalsystems.

Ferner kann man die verschiedenen Arten von Fehlerabgleichsmethoden (Kollokation, Fehlerquadratmethode usw.) wie in Ziff. 61 anwenden.

78. Beziehungen zu Variationsaufgaben. Es werde zunächst für eine allgemeine Klasse von Variationsproblemen die EULERsche Gleichung aufgestellt. Es soll der Ausdruck

$$J = J[u] = \int_a^b \int_a^b F(x, \xi, u(x), u(\xi))\, dx\, d\xi + \int_a^b G(\xi, u(\xi))\, d\xi$$

zum Extremum, etwa zum Minimum gemacht werden, wenn $F(x, \xi, u_1, u_2)$ und $G(\xi, u)$ gegebene, etwa stetige Funktionen der Argumente x, ξ, u_1, u_2, u und zum Vergleich alle im Intervall $a \leq x \leq b$ stetigen Funktionen $u(x)$ zugelassen sind.

Für die etwa vorhandene Funktion $y(x)$, die J zu einem Minimum macht, lautet die EULERsche Gleichung mit $F_j = \partial F / \partial u_j$ (für $j = 1, 2$)

$$\int_a^b [F_1(x, \xi, y(x), y(\xi)) + F_2(\xi, x, y(\xi), y(x))]\, d\xi + G_u(x, y(x)) = 0.$$

Hiernach kann man in vielen Fällen zu einer Integralgleichung ein zugehöriges Variationsproblem aufstellen, z. B. zu der linearen Integralgleichung (76.2) bei symmetrischem Kern $K(x, \xi) = K(\xi, x)$ die Variationsaufgabe

$$J[u] = \tfrac{1}{2} \lambda \int_a^b \int_a^b K(x, \xi)\, u(x)\, u(\xi)\, dx\, d\xi + \int_a^b \left(f(\xi)\, u(\xi) - \tfrac{1}{2} [u(\xi)]^2\right) d\xi = \text{Extr.}$$

Auch gewissen Typen von Integro-Differentialgleichungen lassen sich Variationsaufgaben zuordnen[1].

II. Spezielle Typen von Integralgleichungen.

79. Entartete Kerne. Die folgende Methode bezieht sich auf lineare Integralgleichungen und allgemeiner auf lineare Integro-Differentialgleichungen. Der Kern $K(x, \xi)$ werde durch Kerne $K_n(x, \xi)$ angenähert, die die Gestalt haben

$$K_n(x, \xi) = \sum_{j=1}^{n} A_j(x)\, B_j(\xi). \tag{79.1}$$

Solche Kerne, die sich als Summe endlich vieler Produkte von je einer Funktion $A_j(x)$ von x allein mit einer Funktion $B_j(\xi)$ von ξ allein darstellen lassen, heißen „entartete Kerne". Jeder stetige Kern läßt sich mit beliebiger Genauigkeit durch entartete Kerne annähern. Praktisch verwendet man als Funktionen $A_j(x)$, $B_j(\xi)$ oft Polynome oder trigonometrische Funktionen.

Es werde also in der Integro-Differentialgleichung (76.4) der Kern $K(x, \xi)$ durch den entarteten Kern $K_n(x, \xi)$ ersetzt. Dann kann man in dem Integral Summation und Integration vertauschen und die Funktionen $A_j(x)$ vor die Integrale ziehen:

$$M[y(x)] = f(x) + \lambda \sum_{j=1}^{n} c_j\, A_j(x) \tag{79.2}$$

mit

$$c_j = \int_a^b B_j(\xi)\, N[y(\xi)]\, d\xi.$$

[1] L. COLLATZ [2], S. 455ff.

Nun sei $z(x)$ die Lösung der Randwertaufgabe

$$M[y(x)] = f(x); \quad U_\mu[y] = \gamma_\mu \quad (\mu = 1, 2, \ldots, m)$$

und $z_k(x)$ die Lösung von

$$M[y(x)] = A_k(x); \quad U_\mu[y] = 0 \quad (\mu = 1, 2, \ldots, m).$$

Wir setzen voraus, daß diese $(n+1)$ Randwertaufgaben eindeutig lösbar sind. Dann hat die Randwertaufgabe (79.2) (76.5) die Lösung

$$y(x) = z(x) + \lambda \sum_{k=1}^{n} c_k z_k(x).$$

Dieser Ausdruck für y wird nun in die obige Gleichung für c_j eingesetzt; er führt auf ein Gleichungssystem für die noch unbekannten Konstanten c_j.

80. Iterationsverfahren. Für die lineare Integralgleichung

$$y(x) = \lambda \int_a^b K(x, \xi)\, y(\xi)\, d\xi$$

mit (reellem) symmetrischem Kern $K(x, \xi)$, der etwa quadratisch integrabel und von mittlerer Stetigkeit sei[1], kann man die Theorie der schrittweisen Näherungen wie in Ziff. 73 anwenden. Ausgehend von einer willkürlich gewählten Funktion $F_0(x)$ bestimmt man weitere Funktionen $F_n(x)$ nach der Vorschrift (77.4) und SCHWARZsche Konstanten und Quotienten nach (77.5). Hier gilt sogar

$$a_n = \int_a^b F_m(x)\, F_{n-m}(x)\, dx \qquad (n = 0, 1, \ldots, m \leqq n).$$

Die Eigenwerte λ_j der Integralgleichung seien der Größe ihrer Beträge nach geordnet, wobei mehrfache ihrer Vielfachheit entsprechend mehrfach gezählt werden:

$$0 \leqq |\lambda_1| \leqq |\lambda_2| \leqq |\lambda_3| \leqq \cdots;$$

für das Folgende wird $0 < |\lambda_1| < |\lambda_2|$ angenommen. Dann gelten die Aussagen:

1. Ist der Kern überdies „positiv definit“, d.h. sind alle Eigenwerte positiv, so nehmen die μ_n monoton ab

$$\mu_1 \geqq \mu_2 \geqq \cdots \geqq \lambda_1 > 0,$$

und es gilt die Einschließungsformel (73.5), wobei l_2 eine untere Schranke für den zweiten Eigenwert ist mit

$$\lambda_2 \geqq l_2 > \mu_{n+1}.$$

2. Im allgemeineren Falle des nicht notwendig positiv definiten Kernes brauchen die μ_n keine monotone Folge zu bilden, wohl aber die Produkte

$$\mu_1 \mu_2 \geqq \mu_3 \mu_4 \geqq \mu_5 \mu_6 \geqq \cdots \geqq \lambda_1^2 \geqq 0$$

und es gilt

$$0 \leqq \mu_{2n+1}\mu_{2n+2} - \lambda_1^2 \leqq \frac{\mu_{2n-1}\mu_{2n} - \mu_{2n+1}\mu_{2n+2}}{\dfrac{l_2^2}{\mu_{2n+1}\mu_{2n+2}} - 1},$$

wobei l_2 eine Zahl mit

$$\lambda_2^2 \geqq l_2^2 > \mu_{2n+1}\mu_{2n+2}$$

[1] G. HAMEL: Integralgleichungen. Berlin 1937. S. 68.

ist. Ferner gilt der Einschließungssatz: Liegt die Funktion

$$G(x) = \frac{F_0(x)}{F_1(x)}$$

im Grundgebiet zwischen endlichen Grenzen $G_{\min}$ und $G_{\max}$, und hat $G(x)$ ein festes Vorzeichen, so schließen $G_{\min}$ und $G_{\max}$ mindestens einen Eigenwert λ_k ein:

$$G_{\min} \leq \lambda_k \leq G_{\max}.$$

Zuweilen erhält man einen brauchbaren Wert für l_2 oder eine direkte Abschätzung für λ_1 aus

$$\sum_{\nu=1}^{\infty} \frac{1}{\lambda_\nu^2} = \int_a^b \int_a^b [K(x, \xi)]^2 \, dx \, d\xi = k;$$

es folgt z.B.

$$\frac{1}{\lambda_2^2} \leq k - \frac{1}{\lambda_1^2} \quad \text{bzw.} \quad \lambda_2 \geq \left(k - \frac{1}{\lambda_1^2}\right)^{-\frac{1}{2}}.$$

Gelegentlich zieht man auch iterierte Kerne heran.

81. Singuläre Integralgleichungen. Bei Anwendungen treten verschiedentlich Integral- und Integro-Differentialgleichungen auf, bei denen das Grundgebiet unendlich ist oder bei denen der Kern unendlich wird. Die Erscheinungen, die dann möglich sind, sind so verschiedener Art, daß die numerische Behandlung die Art der Singularität berücksichtigen muß.

Bei dem Kern

$$K(x, \xi) = \frac{H(x, \xi)}{(x - \xi)^\alpha}$$

mit regulärem $H(x, \xi)$ kann man im Falle $0 < \alpha < 1$ den Kern glätten durch Übergang zu den „iterierten Kernen":

$$K_2(x, \xi) = \int_a^b K(x, s) \, K(s, \xi) \, ds.$$

Im allgemeinen wird K_2 „glatter als K sein"; im Falle $0 < \alpha \leq \frac{1}{2}$ ist K_2 nicht mehr singulär. Im Falle $\frac{1}{2} < \alpha < 1$ hat man denselben Prozeß zu wiederholen und kommt nach endlich vielen „Glättungsschritten" zu einem Kern K_n, der nicht mehr singulär ist.

Ist dagegen $\alpha = 1$, so hilft der Glättungsprozeß nicht. Man hat dann z.B. eine Gleichung von der Form

$$\lambda \oint_a^b \frac{H(x, \xi) \, y(\xi)}{x - \xi} \, d\xi = f(x). \tag{81.1}$$

Das Integral ist ein uneigentliches, welches im allgemeinen nicht konvergiert. Man legt ihm für irgendeine stetige Funktion $h(x, \xi)$ den folgenden Sinn bei:

$$\oint_a^b \frac{h(x, \xi)}{x - \xi} \, d\xi = \lim_{\varepsilon \to 0} \left\{ \int_a^{x-\varepsilon} \frac{h(x, \xi)}{x - \xi} \, d\xi + \int_{x+\varepsilon}^b \frac{h(x, \xi)}{x - \xi} \, d\xi \right\} \tag{81.2}$$

sofern der Grenzwert auf der rechten Seite existiert und nennt diesen Grenzwert den „CAUCHYschen Hauptwert".

Bei Integralgleichungen mit derartigem „CAUCHYschen Kern" kann man oft die Schwierigkeit durch Benutzung einiger bekannter Integrale, die im Sinne des CAUCHYschen Hauptwertes zu verstehen sind, überbrücken. Die Integralgleichung

$$\frac{1}{2\pi} \oint_{-a}^{+a} \frac{y(\xi) \, d\xi}{\xi - x} = f(x) \tag{81.3}$$

wird zunächst durch $x = -a\cos\varphi$; $\xi = -a\cos\psi$ transformiert auf

$$\frac{1}{2\pi}\oint_0^\pi \frac{y(-a\cos\psi)\sin\psi}{\cos\varphi-\cos\psi}\,d\psi = f(-a\cos\varphi).$$

Macht man nun den Ansatz

$$g(\psi) = y(-a\cos\psi)\sin\psi = \tfrac{1}{2}b_0 + \sum_{n=1}^{\infty} b_n\cos n\psi,$$

so kann man mit

$$\oint_0^\pi \frac{\cos n\psi}{\cos\psi-\cos\varphi}\,d\psi = \pi\frac{\sin n\varphi}{\sin\varphi} \qquad (n = 0, 1, 2, \ldots; 0<\varphi<\pi)$$

das Integral auswerten. Läßt sich dann die Funktion $f(-a\cos\varphi)\sin\varphi$ in eine gleichmäßig konvergente Fourier-Reihe

$$f(-a\cos\varphi)\sin\varphi = -\tfrac{1}{2}\sum_{n=1}^{\infty} b_n\sin n\varphi \qquad (0<\varphi<\pi)$$

entwickeln, so sind die b_n (ohne b_0) bestimmbar und man hat in

$$y(\xi) = \frac{1}{\sqrt{1-\left(\frac{\xi}{a}\right)^2}}\left(\frac{1}{2}b_0 + \sum_{n=1}^{\infty} b_n\cos n\psi\right),$$

Lösungen der Integralgleichung (81.3), wobei $\cos n\psi$ in bekannter Weise als Polynom von $\cos\psi$ und damit von ξ dargestellt werden kann. Bemerkenswert ist, daß die Konstante b_0 noch frei bleibt.

Auch andere singuläre Integralgleichungen[1] lassen sich auf ähnliche Weise lösen, so z.B. die in der Theorie der konformen Abbildung auftretende Integralgleichung

$$f(\varphi) = \frac{1}{2\pi}\oint_0^{2\pi} y(\vartheta)\cot\frac{\vartheta-\varphi}{2}\,d\vartheta,$$

die ebenfalls durch einen Fourier-Ansatz gelöst werden kann.

82. Beispiele von Funktionalgleichungen und Methoden zu ihrer Behandlung. Funktionalgleichungen können in so mannigfacher Weise auftreten, daß es wenig Sinn hat, allgemein anwendbare Methoden beschreiben zu wollen; man wird sich vielmehr die jeweils vorgelegte Gleichung daraufhin ansehen, welches Verfahren geeignet erscheint.

Eine Funktionalgleichung ist eine Gleichung, welche irgendeine Eigenschaft einer oder mehrerer Funktionen oder einer Klasse von Funktionen ausdrückt; in dieser Gleichung können z.B. eine Funktion $u(x, y)$, ihre partiellen Ableitungen, die Funktion für andere Argumente $u(x+h, y+k)$, Integrale mit u enthaltenden Integranden usw. auftreten.

Wir nennen hier nur einige Beispiele. Eine sehr einfache Funktional-Differentialgleichung ist

$$y'_{(x)} = y_{(x-1)},$$

wobei wir das Argument tiefer stellen, damit es nicht als Faktor aufgefaßt werden kann. Man kann etwa im Intervall $\langle 0, 1\rangle$ die Funktion $y(x)$ beliebig als differenzierbare Funktion mit $y'(1) = y(0)$ wählen und dann nacheinander in den Intervallen $\langle 1, 2\rangle, \langle 2, 3\rangle, \ldots$ aus der Differentialgleichung $y(x)$ durch Integration bestimmen.

---

[1] Aus der großen Literatur seien nur einige Arbeiten herausgegriffen: T. Theodorsen u. J. E. Garrick: General Potential Theory. Nat. Advis. Com. Aeronautics Rep. Nr. 452 (1933) S. 1–35. — K. Schröder: Über die Prandtlsche Integrodifferentialgleichung der Tragflügeltheorie, Sitzgsber. bayer. Akad. Wiss., Math.-naturwiss. Kl. **16**, 1–35 (1939). — H. Söhngen: Math. Z. **45**, 245–264 (1939). — W. Magnus u. F. Oberhettinger: Formeln und Sätze für die speziellen Funktionen der mathematischen Physik, 2. Aufl. Berlin 1948. — N. J. Muskhelishvili: Singular Integral Equations. Groningen 1953. 447 S.

In der Baustatik treten Differenzengleichungen von der Form auf

$$\sum_{k=0}^{n} a_{r,k}\, y_{(x_0+(k+r)h)} = c_r \qquad (r = 0, 1, \ldots, p)$$

mit gegebenen $a_{r,k}$, c_r, x_0, h; es kommen Randbedingungen hinzu, so daß man ein System linearer Gleichungen für endlich viele unbekannte Funktionswerte y erhält.

Bei einem Spektralapparat mit der Spaltbreite s besteht zwischen der gemessenen (bekannten) Energieverteilung $E(x)$ und der „wahren" (gesuchten) Energieverteilung $J(x)$ der Zusammenhang

$$\frac{dE(x)}{dx} = J_{\left(x+\frac{s}{2}\right)} - J_{\left(x-\frac{s}{2}\right)}.$$

Die Gleichung kann mit Hilfe von Summensymbolen gelöst werden. Eine andere, aus der Getriebelehre stammende Aufgabe führt zu der Differenzengleichung

$$y_{(x)} + y_{\left(x+\frac{2\pi}{3}\right)} + y_{\left(x+\frac{4\pi}{3}\right)} = h = \text{const.}$$

Durch den Ansatz $y_{(x)} = g_{(x)} + \frac{h}{3}$ wird die Gleichung in die zugehörige homogene übergeführt und diese durch den Ansatz einer trigonometrischen Reihe

$$g_{(x)} = \sum_{n=1}^{\infty} (a_n \cos n x + b_n \sin n x)$$

befriedigt, sofern $a_{3\nu} = b_{3\nu} = 0$ ist für $\nu = 1, 2, 3, \ldots$. Es ergeben sich mannigfache mögliche Gleitkurven.

Verschiedentlich betrachtet man neben einer Funktion $y = \varphi(x)$ die Folge ihrer „Iterierten" $\varphi_1(x) = \varphi(x)$; $\varphi_{n+1}(x) = \varphi(\varphi_n(x))$ mit $n = 1, 2, \ldots$ (z.B. für $\varphi(x) = \ln x$ ist $\varphi_2(x) = \ln(\ln x)$. Hierbei interessiert die Frage, ob und für welche x die $\varphi_n(x)$ für $n \to \infty$ konvergieren; z.B. führt die wiederholte Anwendung des NEWTONschen Verfahrens zur genäherten Bestimmung einer Nullstelle ξ einer algebraischen oder transzendenten Gleichung $f(x) = 0$ auf die Iterierten der Funktion $\varphi(x) = x - \frac{f(x)}{f'(x)}$.

Bei Regelungsvorgängen mit Berücksichtigung von Laufzeiten treten Funktional-Differentialgleichungen auf. Im einfachsten Falle wirke auf ein schwingungsfähiges System von einem Freiheitsgrad und dem jeweiligen Ausschlage $x_{(t)}$ zur Zeit t eine Kraft $P_{(t)}$, die von dem Ausschlage $x_{(t-\tau)}$ zu einer um die konstante Laufzeit τ früheren Zeit $t-\tau$ abhängt. Es ergibt sich eine Gleichung der Form

$$m\ddot{x}_{(t)} + k\dot{x}_{(t)} + c\,x_{(t)} = a + b\,x_{(t-\tau)}.$$

In allgemeineren Fällen entstehen Gleichungen der Gestalt

$$\sum_{r=0}^{n} \sum_{k=0}^{p} a_{r,k}\, y^{(r)}_{(t-\tau_k)} = P_{(t)}.$$

Für Regelungsvorgänge ist die Untersuchung der Stabilität von Wichtigkeit, d.h. unter welchen Voraussetzungen über die gegebenen Koeffizienten alle stetigen Lösungen der Funktional-Differentialgleichung für $t \to +\infty$ beschränkt bleiben. Wieder kann man zunächst die Gleichung in eine homogene überführen. Einen Fingerzeig gibt sodann der e-Ansatz: $y_{(t)} = e^{st}$; man erhält für s eine transzendente Gleichung:

$$\sum_{r=0}^{n} \sum_{k=0}^{p} a_{r,k}\, s^r e^{-s\tau_k} = 0.$$

Hat diese Gleichung die Nullstellen $s_1, s_2, \ldots$, so ist auch $\sum_{\sigma=1}^{\infty} c_\sigma e^{s_\sigma t}$ Lösung der Funktionalgleichung (c_σ als beliebige Konstanten, Konvergenz vorausgesetzt); hat auch nur eine der Nullstellen s_σ einen positiven Realteil, so ist das Reglersystem instabil. Stabilitätsuntersuchungen werden öfters mit Hilfe der Ortskurventheorie durchgeführt.

Literatur.

(Alphabetisch nach Verfassern geordnet.)

[1] COLLATZ, L.: Eigenwertaufgaben mit technischen Anwendungen. Leipzig 1949. 466 S.

[2] COLLATZ, L.: Numerische Behandlung von Differentialgleichungen, 2. Aufl. Berlin-Göttingen-Heidelberg 1955. 526 S.

[3] HARTREE, D. R.: Numerical Analysis. Oxford 1952. 287 S.

[4] HOUSEHOLDER, A. S.: Principles of Numerical Analysis. New York, Toronto u. London 1953. 274 S.

[5] KAMKE, E.: Differentialgleichungen, Lösungsmethoden und Lösungen, 3. Aufl., Bd. I. Leipzig 1944. 666 S.

[6] KOWALEWSKI, G.: Interpolation und genäherte Quadratur. Leipzig u. Berlin 1932. 146 S.

[7] MILNE, W. E.: Numerical Calculus. Princeton 1949. 393 S.

[8] MILNE, W. E.: Numerical Solution of Differential Equations. New York u. London 1953. 275 S.

[9] MINEUR, H.: Techniques de Calcul numérique. Paris et Liège 1952. 605 S.

[10] RUNGE, C., u. H. KÖNIG: Vorlesungen über numerisches Rechnen. Berlin 1924. 371 S.

[11] SANDEN, H. v.: Mathematisches Praktikum, 2. Aufl. Leipzig u. Berlin 1944. 138 S.

[12] SANDEN, H. v.: Praktische Mathematik. Leipzig 1948. 100 S.

[13] SANDEN, H. v.: Praxis der Differentialgleichungen, 2. Aufl. Berlin 1944. 105 S.

[14] SAUER, R.: Anfangswertprobleme bei partiellen Differentialgleichungen. Berlin-Göttingen-Heidelberg 1952. 229 S.

[15] SCARBOROUGH, J. B.: Numerical mathematical Analysis. Baltimore u. London 1930. 416 S.

[16] SCHULZ, G.: Formelsammlung zur praktischen Mathematik, Göschenband Nr. 1110. Berlin u. Leipzig 1945. 147 S.

[17] SCHWERDT, H.: Lehrbuch der Nomographie auf abbildungstheoretischer Grundlage. Berlin 1924.

[18] SOUTHWELL, R. V.: Relaxation methods in theoretical physics. Oxford 1946. 248 S.

[19] STEFFENSEN, J. F.: Interpolation. Baltimore 1927. 248 S.

[20] WILLERS, FR. A.: Methoden der praktischen Analysis, 2. Aufl. Berlin 1950. 410 S.

[21] ZURMÜHL, R.: Matrizen, eine Darstellung für Ingenieure. Berlin-Göttingen-Heidelberg 1950. 427 S.

[22] ZURMÜHL, R.: Praktische Mathematik für Ingenieure und Physiker. Berlin-Göttingen-Heidelberg 1953. 481 S.

Moderne Rechenmaschinen.

Von

Hans Bückner.

Mit 26 Figuren.

Einleitung.

Die Entwicklung und Anwendung numerischer Methoden für die der Physik und Technik entspringenden mathematischen Probleme hat ein immer größer werdendes Spezialgebiet der Mathematik entstehen lassen; die praktische Mathematik, auch numerische Analysis genannt. Dies findet seinen Ausdruck nicht nur in zahlreichen Veröffentlichungen, sondern auch in der Gründung von Rechenzentren, die mit den modernsten Rechenmaschinen ausgestattet werden. Dabei werden Rechenmethoden für die Maschinen entwickelt oder ihnen angepaßt, während umgekehrt Verbesserungen an den Maschinen mathematischen Ansprüchen folgen. Von dieser Wechselbeziehung zur praktischen Mathematik abgesehen, eröffnen die Maschinen ein neues technisches Spezialgebiet, das sich insbesondere der Elektrotechnik angliedert. Darüber hinaus führt die Frage, ob es denkende Maschinen gibt oder je geben kann, zu Vergleichen der Maschinen mit dem Menschen. Maschinenstruktur und Neurologie, die Leistungen der Maschinen und menschliches Denken werden gegenübergestellt.

Die Literatur über die modernen Rechenmaschinen wächst in immer stärkerem Maße an. Allein ihre Aufzählung würde weit über den Seitenumfang dieses Berichts hinausgehen. Zwei amerikanische Zeitschriften [*1*], [*2*][1] berichten ausschließlich über numerische Analysis und Maschinen, und die eine von ihnen [*2*], vorwiegend über Maschinen. Die Tagungen der amerikanischen „Association for Computing Machinery" und des „Joint IRE-AIEE-ACM Computer Committee" führen tausend und mehr Teilnehmer zusammen. Die Berichte über diese Tagungen und über andere, die in Europa stattfinden, gehören zu den beachtlichen Literaturquellen des neuen Spezialgebiets, welches das Interesse der Mathematiker, Physiker und besonders der Techniker immer mehr auf sich zieht.

Die mathematischen Geräte lassen sich in Analogie- und in Ziffernmaschinen einteilen. Die Analogiemaschinen, einerlei ob einfaches mechanisches Getriebe oder umfangreiche Integrieranlage, sind physikalische Modelle für Probleme der niederen und höheren Analysis. Ihre Rechengenauigkeit ist aus physikalischen Gründen beschränkt. Bei vielen Geräten liegt der absolute Fehler in der Größenordnung von 1 Promille des „Meßbereichs", der zum Darstellen der Lösung zur Verfügung steht. Zu den Ziffernmaschinen zählen alle Geräte, die aus gegebenen mehrstelligen Zahlen neue mehrstellige Zahlen durch arithmetische Verknüpfung erzeugen. Zu ihnen gehören sowohl die bekannten Bürorechenmaschinen wie auch die programmgesteuerten Ziffernmaschinen. Ihre Rechengenauigkeit läßt sich beliebig weit treiben; sie ist nur eine Frage des technischen Aufwandes.

---

[1] Zahlen in eckigen Klammern verweisen auf das Literaturverzeichnis am Ende dieses Aufsatzes.

Diese Unterscheidung hat in den letzten Jahren ihre Schärfe verloren. Es werden bereits Kombinationen aus beiden Maschinengattungen auf dem Gebiete der Integrieranlagen geschaffen.

Dieser Bericht kann jene Geräte nur in bescheidenem Maße behandeln. Er wird sich auf eine gedrängte Darlegung mathematischer und technischer Grundzüge beschränken. Der Schwerpunkt wird bei den hochentwickelten Analogie- und bei den programmgesteuerten Ziffernmaschinen liegen. Literatur kann nur in einem der Kürze des Berichts angemessenen Verhältnis zitiert werden. Es soll auch davon abgesehen werden, Photographien bereits ausgeführter oder gar handelsüblicher Maschinen in den Text einzuschalten, weil die zur Verfügung stehende Seitenzahl zu einer sehr engen Auswahl zwingen und damit den Anschein einer Bewertung solcher Maschinen erwecken würde. Statt dessen soll auf solche Literatur verwiesen werden, in welcher konkurrierende Maschinen nebeneinander photographisch dargestellt sind.

I. Analogiemaschinen.

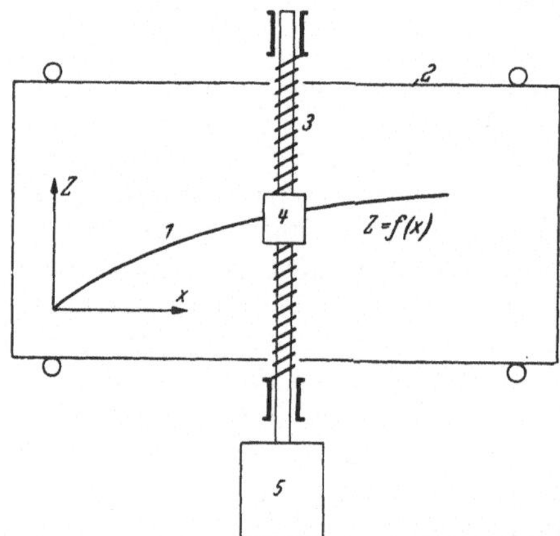

Fig. 1. Universeller Funktionstrieb.

1. Funktionstriebe. Unter einem einfachen Funktionstrieb wird ein Gerät verstanden, das zwischen einer unabhängigen Variablen x und einer abhängigen Variablen z einen Zusammenhang $z = f(x)$ herstellt, wobei $f(x)$ eine Funktion von einer Variablen ist. Der universellste Funktionstrieb beruht auf der Abtastung gezeichneter Funktionskurven (Fig. 1). Die Funktionskurve $z = f(x)$ wird in einem cartesischen (x, z)-Koordinatensystem als schwarze Linie auf weißem Blatte dargestellt und mit dem Blatt 1 auf einem Wagen 2 angeordnet, der sich in x-Richtung unterhalb einer Leitspindel 3 verschieben läßt, die ihrerseits parallel zur z-Richtung angeordnet ist. Sie transportiert einen optischen Kopf 4 und wird von einem steuerbaren Motor 5 angetrieben. Der Kopf 4 enthält eine Linsenoptik und eine Photozelle. Geht die Kurve durch das Bildfeld, so mißt die Photozelle deren Abweichung von der Bildfeldmitte. Ein entsprechendes Steuersignal geht von der Photozelle zum Motor 5 und läßt ihn auf das Signal mit einer Bewegung antworten, die den Kopf 4 mit seiner Bildfeldmitte der Kurve nähert. Sind Kopf und Kurve übereinander und wird der Wagen willkürlich in x-Richtung verschoben, so folgt der Kopf der Kurve. Der Weg des Kopfes, oder der dazu proportionale Weg des Motors 5 stellt z als Funktion von x dar. Solche Funktionstriebe haben sich gut bewährt. Ein x-Intervall von 50 cm läßt sich innerhalb von 5 min und weniger durchfahren. Die Abweichung des Kopfes von seiner Sollage beträgt bei mittlerer Kurvensteigung Bruchteile eines Millimeters in Ordinatenrichtung. Die technischen Ausführungen unterscheiden sich in der mechanischen Konstruktion, in Einzelheiten des Abtastkopfes und in der Motorsteuerung. Bei einer Ausführung [*39*] folgt die Bildfeldmitte der Mitte des Kurvenstriches, der als schwarze Straße auf weißem Grunde durch das Bildfeld zieht. Mit Hilfe einer schwingenden oder rotierenden Blende kann ein Wechselstromsignal in der Photozelle veranlaßt werden, dessen Amplitude und Phasenlage die Abweichung nach Größe und Vorzeichen kennzeichnet. Bei einer anderen Ausführung ist das eine Ufer der Kurve geschwärzt; die Bildfeldmitte folgt dem Rand, und die Photozelle liefert ein Gleichstromsignal, das den weißen Teil des Bildfeldes mißt [*21*], p. 266.

Die Abtasteinrichtung nach Fig. 1 ist technisch vielfach so ausgebildet, daß sie auch zum Aufzeichnen einer Größe z über einer Größe x benutzt werden kann. Der optische Kopf läßt sich durch eine Schreibfeder ersetzen, der Motor 5 läuft nach z um, der Wagen verschiebt sich nach der Größe x.

Es ist auch üblich, Stufengetriebe in den Getriebeleitungen für Wagentransport und Leitspindeln vorzusehen, um Maßstäbe berücksichtigen zu können.

Das gleiche Prinzip der Abtastung läßt sich auch mit Hilfe einer BRAUNschen Röhre verwirklichen (Fig. 2) Auf dem Schirm 4 einer BRAUNschen Röhre 1 ist ein Blatt 5 aufgebracht, welches den Bereich $z_0 \leqq z \leqq f(x)$, $a \leqq x \leqq b$, eines cartesischen (x, z)-Koordinatensystems darstellt. Die Ablenkplatten 2 lassen den Elektronenstrahl in x-Richtung, die Ablenkplatten 3 in z-Richtung auswandern. Der

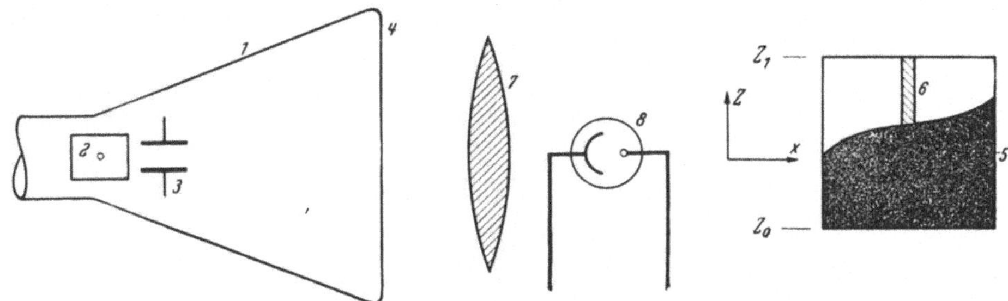

Fig. 2. Elektrischer Funktionstrieb.

Elektronenstrahl oszilliert in z-Richtung mit hinreichend hoher Frequenz und erzeugt auf dem Schirm einen leuchtenden Strich 6, der sich von $z = z_0$ bis $z = z_1$ erstreckt, wobei $z_1 \geqq \text{Max}\, f(x)$ ist. Von diesem Strich deckt das Blatt die Länge $f(x) - z_0$ ab. Der unabgedeckte Teil belichtet über eine Linsenoptik 7 eine Photozelle 8; der Photostrom ist der Größe $z_1 - f(x)$ proportional, stellt also im wesentlichen $f(x)$ dar, wenn der leuchtende Strich in x-Richtung verschoben wird. Kennzeichnend für diese Ausführung ist vor allem die Möglichkeit einer schnellen Abtastung, da mechanische Trägheit ausgeschaltet ist. Während der Funktionstrieb nach Fig. 1 vorwiegend in mechanischen Integrieranlagen benutzt wird, empfiehlt sich die Ausführung nach Fig. 2 für die sog. elektronischen Integrieranlagen.

Diesen beiden universellen Funktionstrieben steht eine große Anzahl spezieller gegenüber. Koppelgetriebe für diesen Zweck werden im Buche [*19*], elektrische Schaltungen im Buche [*12*] beschrieben. Bei den letzteren handelt es sich vorwiegend um Vierpole mit Potentiometern, die die Variablen darstellen. Rationale Funktionen von x sind dieser Darstellung besonders zugänglich.

Der fehlergesteuerte Motor des Funktionstriebs nach Fig. 1 wird als Servomotor, seine Kombination mit der Leitspindel und seinem Steuerapparat als Servomechanismus bezeichnet. Solche Servomechanismen spielen eine große Rolle bei vielen Analogiegeräten, universellen wie speziellen. Sie kommen auch als Hilfseinrichtungen bei einigen programmgesteuerten Ziffernmaschinen vor. Über sie existiert eine umfangreiche Literatur, und es sei hier auf [*12*] verwiesen. Beispielsweise erlauben Servomechanismen, elektrische Spannungen in mechanische Wege zu übertragen, aus Funktionstrieben, die die Funktion $z = f(x)$ darstellen, deren Umkehrfunktion $x = g(z)$ abzuleiten, und ferner Drehbewegungen mit verstärktem Drehmoment zu übertragen. Wir gehen auf diesen letzten Punkt kurz ein, da er für Integrieranlagen von Bedeutung ist. In Fig. 3 sind zwei Drehtransformatoren 1 und 2 dargestellt, von denen jeder einen einphasig gewickelten Rotor (3, 4) und einen dreiphasig gewickelten Stator (5, 6) aufweist. Die Statorwicklungen beider Transformatoren sind untereinander verbunden. Die Rotorwicklung 3 wird aus dem Netz 7 mit Wechselspannung erregt. Dann zeigt die Rotorwicklung 4 eine induzierte Spannung, deren Amplitude eine Sinusfunktion der Winkeldifferenz ist, die die beiden Rotoren miteinander bilden. Bei kleinen Abweichungen des Rotors 4 von einer Lage, bei der die Amplitude der induzierten Spannung verschwindet, liefert die induzierte Spannung ein der Winkelabweichung proportionales Fehlersignal. Dieses gelangt über einen Verstärker 8 auf einen Servomotor 9 und läßt ihn den Rotor 3 über einen Getriebestrang 10 derart bewegen, daß die Winkelabweichung verkleinert wird. Wird der Rotor 3 unabhängig gedreht, so folgt der Motor 9 mit dem Rotor 4 dieser Bewegung. Der Drehtransformator 1 wird als Geber, der Drehtransformator 2 als Empfänger der Fernsteuereinrichtung bezeichnet. Der Folgefehler am Empfänger beträgt bei praktischen Ausführungen nur wenige Grad bei Gebergeschwindigkeiten von etwa 5 Umdrehungen pro Sekunde. Wichtig ist nicht nur, daß auf diese Weise die elektrische Fernübertragung einer Drehbewegung ermöglicht wird, sondern daß sie zugleich im Drehmoment verstärkt wird, was sich durch geeignete Dimensionierung des Motors erreichen läßt. Hinsichtlich der Einzelheiten solcher Fernübertragungen sei auf [*12*] verwiesen.

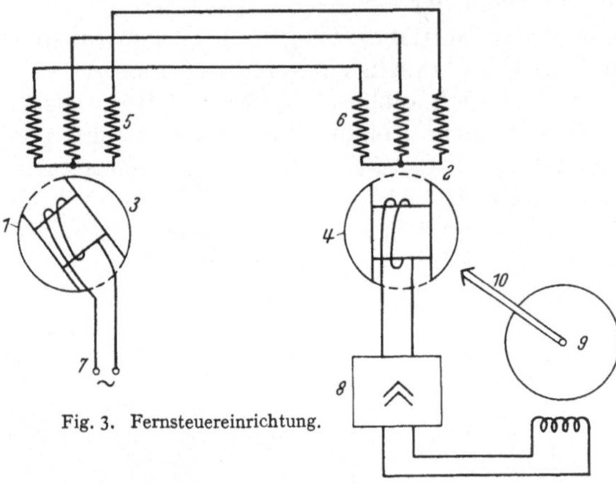

Fig. 3. Fernsteuereinrichtung.

2. Mehrfache Funktionsbetriebe. Unter einem n-fachen Funktionstrieb verstehen wir ein Gerät, das zwischen n unabhängigen Variablen $x_1, x_2, \ldots, x_n$ und einer abhängigen Variablen z einen funktionellen Zusammenhang $z = f(x_1, x_2, \ldots, x_n)$ herstellt. Solche Geräte können sowohl auf mechanische Weise wie auch mit den Hilfsmitteln der Elektrotechnik verwirklicht werden. Indessen läßt sich das Prinzip der Abtastung gezeichneter Funktionskurven nur beschränkt verallgemeinern. Im Falle von zwei Variablen kann man die Funktion als Oberfläche eines sog. Kurvenkörpers darstellen, der mit Hilfe eines Fühlers abgetastet wird. Solche Kurvenkörper haben in der Technik der artilleristischen Rechengeräte eine Rolle gespielt. Sind mehr als zwei unabhängige Variable vorhanden, so versagt auch dieser Weg. Man ist dann darauf angewiesen, die Funktion durch Schachtelungsprozesse zu approximieren. Bevor wir darauf eingehen, betrachten wir einige Spezialfälle. Die Funktion $z = C(x + y)$ läßt sich mittels eines Kegelrad-Differentialgetriebes erzeugen (vgl. Fig. 4). Auch die elektrische Realisierung ist einfach. Man addiert zwei den Variablen x und y proportionale Spannungen, die mit Hilfe von zwei Potentiometern erzeugt werden. Nicht schwieriger ist

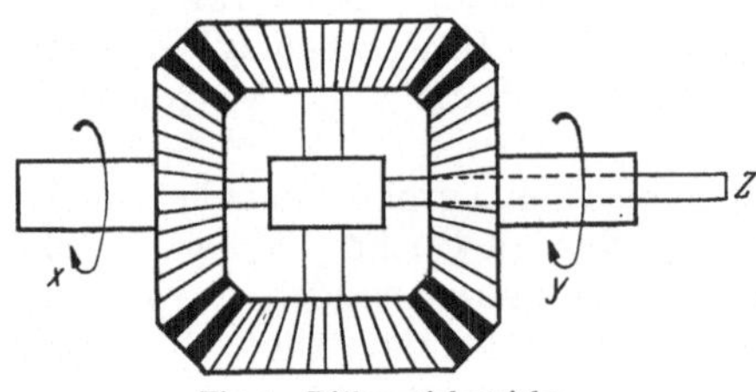

Fig. 4. Differentialgetriebe.

auch die elektrische Darstellung eines Produktes $z = xy$; hier werden zwei die Größen x und y darstellende Potentiometer in Kaskade geschaltet, so daß also etwa die vom Potentiometer für x herrührende Spannung das andere Potentiometer speist. Die Summenbildung läßt sich leicht auf die Bildung von Linearkombinationen $z = \sum_i c_i x_i$ ausdehnen. Die bisher entwickelten mechanischen Geräte enthalten Kegelrad-Differentialgetriebe in einer sog. Kettenschaltung, um solche Kombinationen zu erzeugen. Mit Hilfe von Stufengetrieben können die Kombinationsfaktoren c_i eingestellt werden. Es sind Ausführungen mit 1000 Stufen und mehr bekannt.

Aus einfachen Funktionstrieben und aus solchen, die die Bildung von Summen gestatten (Summentriebe), lassen sich Funktionen von mehreren Variablen kombinieren, z.B. durch den Ansatz

$$z = F\,[f(x_1) + g(x_2) + h(x_3)] + G\,[k(x_1) + l(x_2) + m(x_3)]$$

mit gegebenen Funktionen f, g, h, k, l, m, F und G. Dieser Ansatz läßt sich noch beliebig verallgemeinern. Man bezeichnet dieses Vorgehen als Schachteln. Auf diese Weise lassen sich praktisch alle glatten Funktionen darstellen oder approximieren. Allerdings setzt der technische Aufwand eine Grenze.

3. Integratoren. Wir sehen davon ab, die vielen Erscheinungen auf dem Gebiet der Integraphen und Planimeter zu beschreiben, sondern verweisen auf die Bücher [*16*], [*21*]. Es seien nur zwei Vertreter herausgegriffen, nämlich ein mechanischer und ein elektrischer Integrator. Der mechanische (Fig. 5) besteht aus einem Reibrad 1, einer Reibscheibe 2, einer Leitspindel 4 und einer Gabel 3, die das Reibrad hält und mit ihm in axialer Richtung über die Reibscheibe verschoben wird, wenn man die Leitspindel dreht. Die Achse der Leitspindel führt über den Reibscheibenmittelpunkt. Sei x der Drehwinkel der Reibscheibe, z der Drehwinkel des Reibrades und y der Abstand des Reibrades vom Reibscheibenzentrum. Reibscheibe und Leitspindel nehmen unabhängig voneinander Drehbewegungen auf. Rollt das Reibrad ohne Schlupf auf der Reibscheibe ab, so gilt das Differentialgesetz $dz = y\,dx$ bei passender Wahl der Einheiten für x, y, z. Bei praktischen Ausführungen ist darauf zu achten, daß die Reibscheibe hinreichend viele, im Mittel etwa 100 Umdrehungen, während der Integration ausführt, durch welche z als Integral von y über x dargestellt wird. Moderne Reibradintegratoren sind mit elektrischen Fernübertragungseinrichtungen versehen. An den Eingängen für x und y befinden sich Empfänger und Servomechanismen, während man unmittelbar auf die Reibradwelle einen Geber setzt, der die Fernübertragung von z ermöglicht. Während x und z unbeschränkt variieren können, ist y auf das Intervall $-R \leq y \leq R$ beschränkt, wobei R den Reibscheibenradius angibt. Demzufolge muß bei jeder Integration der Integrand linear so transformiert werden, daß die Beschränkung für y eingehalten werden kann. Es empfiehlt sich, insbesondere am Leitspindeleingang einstellbare Stufengetriebe für die Anpassung des Integranden vorzusehen.

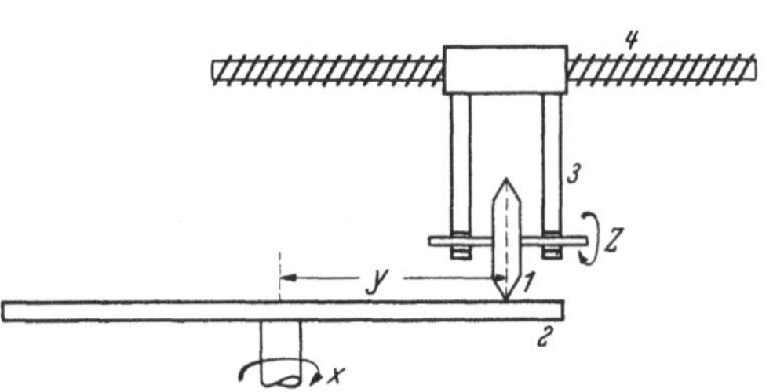

Fig. 5. Reibradintegrator.

Elektrische Integratoren sind in Fig. 6a und b dargestellt. In beiden Fällen integriert der Kondensator C; seine Spannung stellt das Zeitintegral seines Ladestromes dar. Beide Schaltungen bezwecken, den Ladestrom der Eingangsspannung der Schaltung proportional zu machen. Bei der Schaltung nach Fig. 6a geschieht dies dadurch, daß die Kondensatorspannung mit Hilfe des Verstärkers in gleicher Größe aber entgegengesetzter Polarität in den Ladekreis zurückgeführt wird. Dann liegt die Eingangsspannung in voller Größe am Ladewiderstande und erzeugt einen ihr proportionalen Ladestrom. Bei der Schaltung nach Fig. 6b, die besonders in amerikanischen Ausführungen viel verwendet wird, sorgt eine

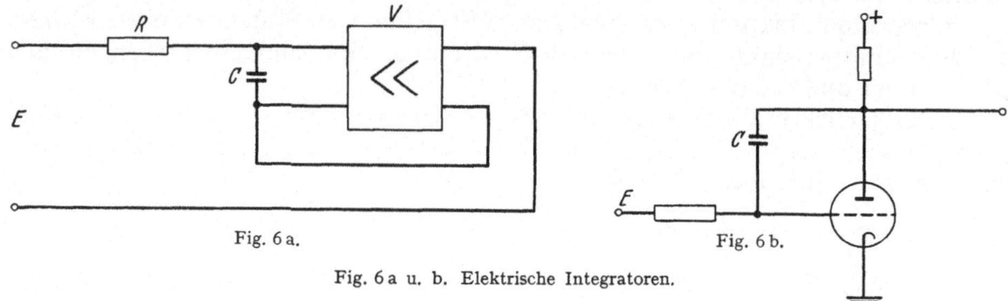

Fig. 6a. Fig. 6b.

Fig. 6a u. b. Elektrische Integratoren.

geeignete Dimensionierung der Schaltelemente für die näherungsweise Proportionalität zwischen Eingangsspannung und Ladestrom. Man kann auch mit Hilfe von Induktivitäten integrieren. Die Literatur auf diesem Gebiet ist beachtlich. Es sei hier nur auf die Bücher [*12*], [*15*], [*18*] und auf die Dissertation [*28*] hingewiesen.

4. Integrieranlagen. Sie bestehen aus ein- und mehrfachen Funktionstrieben und aus Integratoren, die miteinander zu Rechenschaltungen vereinigt werden.

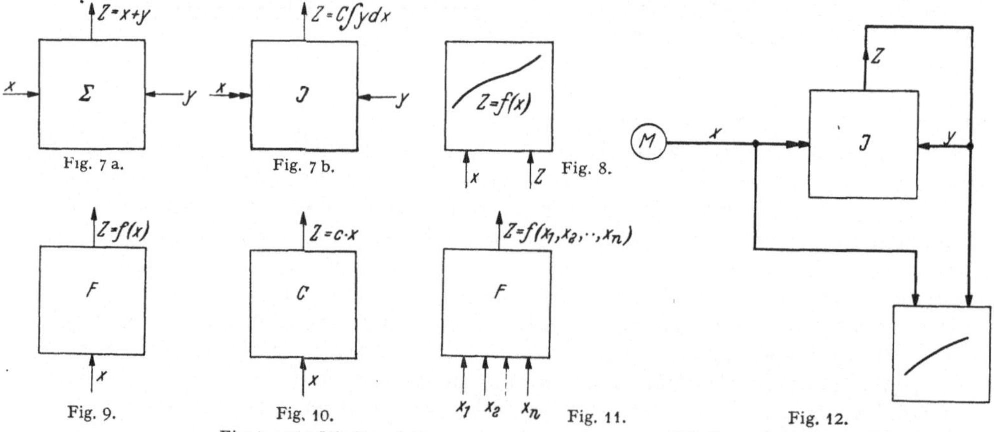

Fig. 7a. Fig. 7b. Fig. 8. Fig. 9. Fig. 10. Fig. 11. Fig. 12.

Fig. 7—11. Schaltsymbole.

Schaltung der Exponentialfunktion.

Es ist zweckmäßig, Symbole für jene Elemente einzuführen. Fig. 9 ist das Symbol für einen einfachen Funktionstrieb, Fig. 10 für den Spezialfall $z = \text{const}\ x$; Fig. 11 beschreibt einen mehrfachen Funktionstrieb, Fig. 7a den Spezialfall des Summentriebes, Fig. 7b den Integrator und Fig. 8 einen Zeichentisch für die Registrierung von z über x.

Bei den nun folgenden Beispielen für Rechenschaltungen ist an eine mechanische Integrieranlage mit Reibradintegrator gedacht. Eine typische Schaltung ist in Fig. 12 wiedergegeben. Sie besteht im wesentlichen aus einem Integrator J. Sein Ausgang z ist in den Eingang für den Integranden y zurückgeführt. Die Gleichungen der Schaltung sind

$$dz = y\,dx, \quad z = y, \tag{1}$$

so daß $z = \text{const}\, e^x$ die allgemeine Lösung ist. Die Integrationskonstante C bestimmt sich aus dem Anfangswert z für $x = x_0$. Sie wird durch die Anfangseinstellung $y = y_0$ des Reibrades auf einen gewünschten Wert gebracht. Wird die Schaltung durch den Motor M angetrieben, so stellt z in Abhängigkeit von x

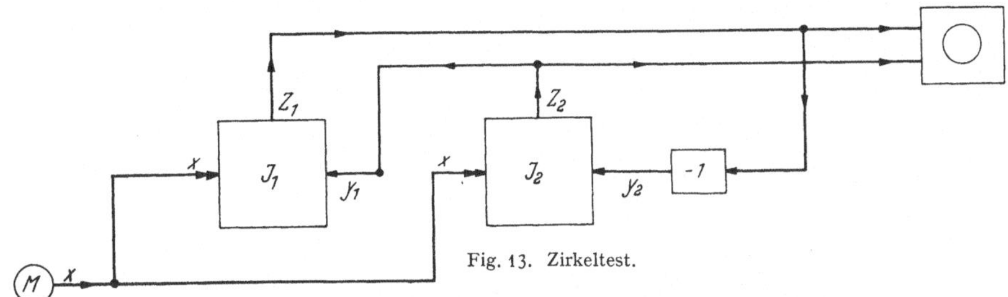

Fig. 13. Zirkeltest.

die Exponentialfunktion dar. Sie wird auf dem Zeichentisch graphisch dargestellt. Physikalisch gesehen, stellt die Rechenschaltung einen mechanischen Verband mit einem Freiheitsgrad x dar. Sein Verhalten ist durch die Gln. (1) bestimmt.

Eine einfache Schaltung mit zwei Integratoren J_1, J_2 ist in Fig. 13 dargestellt. Sie genügt den Gleichungen

$$d z_1 = y_1\, d x_1, \quad d z_2 = y_2\, d x_2; \quad y_1 = z_2, \quad y_2 = - z_1, \tag{2}$$

aus welchen

$$\frac{d^2 z_i}{d x^2} + z_i = 0 \tag{3}$$

folgt. Die Lösung ist bekanntlich

$$\left.\begin{aligned} z_1 &= A \sin x + B \cos x, \\ z_2 &= - B \sin x + A \cos x, \end{aligned}\right\} \tag{4}$$

mit zwei Integrationskonstanten A und B, die sich aus den Anfangseinstellungen der beiden Reibräder ergeben. Wird die Schaltung durch den Motor M angetrieben und z_1 über z_2 auf dem Zeichentisch registriert, so entsteht ein Kreis. Man benutzt diese Schaltung, um die Genauigkeit einer Integrieranlage zu prüfen. Ein Kreis von 25 cm Radius soll sich nach einem Umlauf so schließen, daß die Schlußstelle nicht erkennbar ist. Bei mehreren Umläufen entstehen Abweichungen, die sich in einer nach außen laufenden Spirale kundtun. Dieser Effekt ist auf Getriebelose in den mechanischen Verbindungen zwischen den Integratoren zurückzuführen.

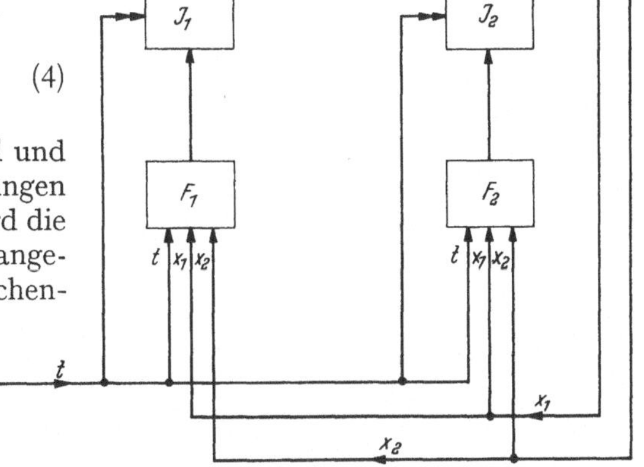

Fig. 14. Schaltung des Systems (5).

Bei der praktischen Anwendung von Integrieranlagen geht man von gegebenen gewöhnlichen Differentialgleichungen aus und entwirft eine Rechenschaltung, die jene Gleichungen repräsentiert. Für das System von zwei gewöhnlichen Differentialgleichungen

$$\frac{d x_1}{d t} = F_1(t; x_1, x_2), \quad \frac{d x_2}{d t} = F_2(t; x_1, x_2) \tag{5}$$

kann man die Schaltung nach Fig. 14 aufsetzen. Dieses Beispiel läßt sich auf Systeme von mehr als zwei Differentialgleichungen verallgemeinern und macht es im übrigen klar, daß die Grenzen der Anwendungsfähigkeit von Integrieranlagen durch die Möglichkeit gezogen sind, Funktionen von mehreren Variablen darzustellen. Praktisch kann man alle gewöhnlichen Differentialgleichungen der Physik mit Integrieranlagen behandeln, insbesondere auch nichtlineare.

Die Anwendbarkeit erstreckt sich auch auf Rand- und Eigenwertprobleme. Hierzu das Beispiel der Fig. 15 für das Problem

$$z''(x) + \lambda p(x) z(x) = 0; \qquad z(0) = z(1) = 0. \tag{6}$$

Man läßt die Schaltung unter den Anfangsbedingungen $z(0) = 0$, $z'(0) = 1$ mit einem geschätzten λ laufen. Mit zwei solchen Läufen für verschiedene λ kann

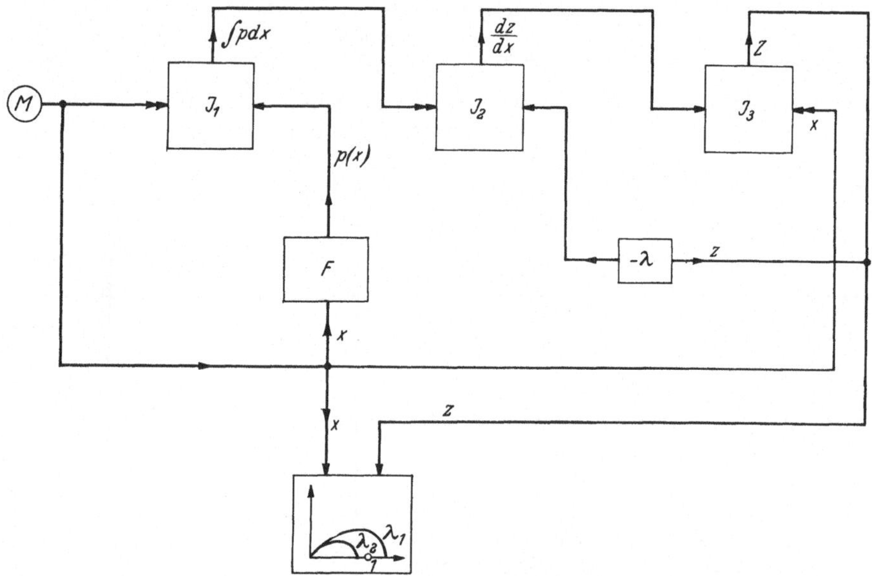

Fig. 15. Schaltung eines Eigenwertproblems.

man den Eigenwert eingabeln oder durch Extrapolation auf ihn schließen. Mit ein bis zwei weiteren Probeläufen wird man das Problem mit der Rechengenauigkeit, die eine Integrieranlage bietet, lösen können. Dieses Beispiel läßt noch erkennen, wie man das Produkt pz in (6) berücksichtigt, ohne zu Multiplikatoren greifen zu müssen. Durch einmaliges Integrieren von (6) nach x erhält man

$$z' = -\lambda \cdot \int p z\, dx = -\int z \cdot dP \quad \text{mit} \quad P = \int p\, dx. \tag{6'}$$

Hiernach ist die Schaltung der Fig. 15 entworfen. Diese Methode läßt sich auf lineare Differentialgleichungen mit nicht notwendig konstanten Koeffizienten stets anwenden und hat sich bisher gut bewährt. Dieses Vorgehen läßt sich jedoch nicht auf elektronische Integrieranlagen anwenden, deren Integratoren an die Zeit als Integrationsvariable gebunden sind.

Es sei noch angemerkt, daß man nach HARTREE und seinen Mitarbeitern [*13*] partielle Differentialgleichungen vom parabolischen Typ durch Systeme gewöhnlicher Differentialgleichungen approximieren kann, für deren Behandlung sich die Integrieranlage besonders empfiehlt. Bei der Differentialgleichung der Wärmeleitung kann man z. B. die Ableitungen nach den Ortskoordinaten durch Differenzen ersetzen, wodurch ein System gewöhnlicher Differentialgleichungen mit der Zeit als unabhängiger Variabler entsteht.

Die Beispiele lassen die Flexibilität der mechanischen Integrieranlage genügend erkennen. Vieles ließe sich noch über allgemeine und spezielle Schaltungen sagen. Wir verweisen indes auf die Literatur [*13*], [*25*], [*30*], [*34*] und wenden uns wieder technischen Einzelheiten zu.

Die Idee der Integrieranlagen stammt von den Brüdern WILLIAM THOMSON (Lord KELVIN) und JAMES THOMSON aus dem Jahre 1876 [*37*]. Ihre Ausführbarkeit scheiterte damals an einer technischen Schwierigkeit. Die Reibradausgänge der Integratoren müssen im allgemeinen die Eingänge anderer Rechenelemente der Schaltung antreiben. Sie haben daher eine beachtliche Last zu überwinden. Andererseits verbietet sich gerade eine stärkere Belastung der Reibräder, damit diese möglichst schlupffrei auf der Reibscheibe abrollen. Aus dieser Schwierigkeit hat V. BUSH [*23*] den ersten Ausweg gefunden. Er sah mechanische Drehmomentverstärker für die Reibräder vor, welche die Reibradbewegung mit einem etwa 5000mal größeren Drehmoment reproduzierten. Hierdurch erst wurde es möglich, Rechenschaltungen laufen zu lassen. Über jene Drehmomentverstärker, die heute schon wieder überholt sind, findet man nähere Angaben in der Literatur [*10*], [*21*].

Moderne Integrieranlagen sind an allen Ausgängen ihrer Rechenelemente mit Gebern und an allen Eingängen mit Empfängern zur elektrischen Fernübertragung von Drehbewegungen versehen. Die Verbindung der Rechenelemente zu Rechenschaltungen erfolgt elektrisch mit Hilfe einer Schalttafel. Wo Drehmomente aufzubringen sind, stammen sie von Servomechanismen. Dadurch ist es möglich geworden, auch komplizierte Schaltungen innerhalb von 5—10 min herzustellen und partikuläre Integrale etwa innerhalb der gleichen Zeit zu ermitteln. — Die Fehler einer Integrieranlage hängen sowohl von der konstruktiven Ausgestaltung der einzelnen Rechenelemente als auch von den Besonderheiten der jeweiligen Rechenschaltung ab. Der Fehler eines einzelnen Integrators läßt sich unter ein Promille bringen.

Außer der mechanischen Ausführung gibt es insbesondere elektronische Integrieranlagen [*15*], [*18*]. Ihre Elemente sind integrierende Kondensatoren, Potentiometer zum Einstellen von Maßstabsfaktoren und zum Bilden von Summe und Produkt, elektronische Funktionstriebe und mechanoelektrische oder völlig elektrische Registriereinrichtungen für die Resultate. Röhrenverstärker sind ein unentbehrliches Hilfsmittel zum Herstellen der Rechenschaltungen. Solche Anlagen finden hauptsächlich Anwendung bei jenen Differentialgleichungen der Physik, bei denen die unabhängige Variable die Zeit ist, insbesondere bei Schwingungsaufgaben. Ihre Fehler liegen etwa zwischen 1% und 5%.

Mehr über Integrieranlagen und besonders auch Photographien bewährter Anlagen findet man in der Literatur [*21*], [*24*], [*39*].

Wir beschließen diesen Abschnitt mit einigen Bemerkungen über Integrieranlagen mit sprunghafter Integration. Anstatt die Variablen einer Differentialgleichung als physikalische Größen darzustellen, die sich kontinuierlich mit der Zeit ändern (Winkelwege, Spannungen, Ströme), läßt man sie als Folgen von elektrischen Impulsen erscheinen. Um zu integrieren, kann man zwei Wege einschlagen. Einmal kann man die Dichte der Impulsfolge, die die Integrationsvariable darstellt, durch den Integranden modulieren lassen. Die Summe der Impulse ist das Integral. Hierauf beruht eine deutsche Ausführung (Integromat) [*7*]. Der zweite Weg wird in einer amerikanischen Ausführung (Maddida) [*29*] beschritten. Der Integrand wird als mehrstellige Zahl dargestellt und periodisch mit hinreichend hoher Frequenz in ein elektronisches Addierwerk gegeben, das alle eingegebenen Werte akkumuliert. Das Addierwerk wird wegen seiner beschränkten Kapazität immer wieder überfließen, und die Zahl der Überflüsse entspricht dem Zeitintegral des Integranden. Das grundlegende Prinzip der Schaltungen von Funktionstrieben und Integratoren bleibt aber erhalten. Ihrer Natur nach stehen die neuen Integrieranlagen mit sprunghafter Integration zwischen den klassischen Integrieranlagen und den Ziffernmaschinen.

II. Programmgesteuerte Ziffernmaschinen.

5. Historische Bemerkungen. Wenn man eine Aufgabe der praktischen Mathematik ziffernmäßig auszuführen hat, so wird man sich ein Schema zurechtlegen, das die einzelnen Schritte der Rechnung übersichtlich macht. Nach dem Schema wird sich das Resultat als das Endglied einer Kette von Zwischenresultaten darstellen, deren jedes mit Hilfe einer elementaren Operation aus vorangegangenen Zwischenresultaten entsteht. Die Idee, ein solches Schema automatisch von einer Maschine ausführen zu lassen, wurde bereits 1834 von dem Engländer Charles Babbage gefunden. Er bezeichnete die Maschine als „analytical engine"; sie sollte fähig sein:

a) Die elementaren Operationen der Addition, Subtraktion, Multiplikation und Division auszuführen.

b) Zwischenresultate zu speichern.

c) Eine Folge elementarer Operationen nach einem vorgegebenen Schema auszuführen.

Wir werden im folgenden eine Folge elementarer Operationen ein Programm nennen und die Maschinen, die ihrer Verwirklichung dienen, als programmgesteuerte Ziffernmaschinen bezeichnen.

Wie im Falle der Integrieranlage, deren Grundidee auch schon im vorigen Jahrhundert gefunden wurde, ließen technische Schwierigkeiten das Projekt der „analytical engine" scheitern. Immerhin war der Widerhall, den dieses Projekt damals hervorrief, nicht gering. Insbesondere machte Lady Lovelace, eine Tochter Byrons, vor etwa 100 Jahren die Bemerkung: The machine has no pretensions to originate anything; it can only do what we know how to order it to perform. Wie man sieht, war schon damals die Frage akut, ob solche Maschinen auch denken könnten.

Die spätere Entwicklung näherte sich schrittweise dem Ziel, das Babbage aufgestellt hatte. Im Jahre 1890 konstruierte der Amerikaner Hermann Hollerith eine Maschine für statistische Zwecke. Sie erlaubte es, statistische Daten mit Hilfe gelochter Karten festzuhalten und die Karten mit großer Geschwindigkeit abzulesen. Sie wurde später durch die Kombination mit einer Rechenmaschine verbessert. Die Maschine las die Ausgangsdaten von Lochkarten ab und übersetzte die Ergebnisse in Kartenlochungen. 1928 wurde eine solche Kombination zum erstenmal für ein astronomisches Problem benutzt. Im Jahre 1935 hatte Konrad Zuse, damals in Berlin, den Gedanken, eine programmgesteuerte Maschine zu entwickeln. Seine erste Maschine wurde während des Krieges hergestellt; sie hatte mechanische Zahlenspeicher und Relais zur Steuerung und zum Rechnen [*21*], [*35*]. Ebenfalls vor dem Kriege faßte H. H. Aiken die Idee, eine programmgesteuerte Maschine zu entwickeln. Unter Mitwirkung der Firma International Business Machines Corp. (IBM) wurde die Maschine während des Krieges hergestellt. Sie besaß ein mechanisches Rechenwerk und war im übrigen weitgehend mit elektrischen Mitteln equipiert [*3*, I]. Noch im Kriege wurde in Amerika die Entwicklung der ersten rein elektronischen Maschine begonnen. Immer neue Projekte schlossen sich an und haben zu jener Situation geführt, auf die in der Einleitung schon hingewiesen wurde. Erst nachdem diese Entwicklungen in Gang gekommen waren, fand man heraus, daß CHARLES BABBAGE als der erste Schöpfer des Gedankens der programmgesteuerten Maschinen angesehen werden muß.

6. Die Struktur der Maschinen und ihre Befehle. Die Maschinen bestehen (vgl. Fig. 16) aus einem Eingabewerk E zum Einführen von Zahlen und Befehlen, einem Speicher M, einem Rechenwerk A, einem Steuerwerk S und einem Registrierwerk R. Eingabe- und Registrierwerk verbinden die Maschine mit der Außenwelt. Die Einführung von Zahlen und Befehlen erfolgt im allgemeinen mit Hilfe von Lochstreifen und Lochkarten. Das Registrierwerk besteht aus elektrischen Schreibmaschinen, zumeist vom Fernschreibertyp. Sie schreiben die Resultate ziffernmäßig auf. Es ist auch möglich, Resultate auf Lochkarten zu übertragen.

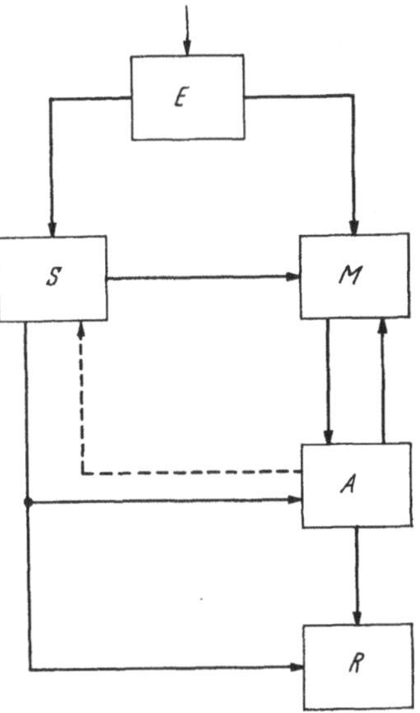

Fig. 16. Gliederung einer programmgesteuerten Maschine.

Das Rechnen innerhalb der Maschine kommt durch ein Zusammenwirken von Speicher, Rechen- und Steuerwerk zustande. Der Speicher enthält eine gewisse Anzahl von Zellen, deren jede das Äquivalent einer mehrstelligen Dezimalzahl vorzeichengerecht nach irgendeinem Schlüssel darstellen kann. Es ist üblich, im allgemeinen mit 10—12stelligen Dezimalzahlen zu arbeiten. Der Speicher steht mit dem Eingabewerk in Verbindung, um Informationen von dort aufzunehmen. Seine Zelleninhalte lassen sich ohne Löschung in das Rechenwerk verschieben, umgekehrt können Zahlen aus dem Rechenwerk in den Speicher übertragen werden. Das Registrierwerk steht in vielen Fällen nur mit dem Rechenwerk in Verbindung; aber man kann es auch in Verbindung zum Speicher bringen, um Zahlen des Speichers zu registrieren.

Das Steuerwerk S sorgt dafür, daß eine Folge von Elementarbefehlen, die das Rechenprogramm bilden, ausgeführt wird. Bei älteren und kleineren Maschinen entnimmt es die Befehle unmittelbar einem Lochstreifen oder einem Stapel von Lochkarten. Es zeigt dem Rechenwerk an, welche Operation auszuführen ist, es veranlaßt das Verschieben von Zahlen zwischen Speicher und Rechenwerk, und es stellt gleichsam die Weichen für diesen Zahlenverkehr. Es dirigiert schließlich das Registrierwerk. Bei großen und modernen Maschinen entnimmt das Steuerwerk die Befehle dem Speicher. Man richtet es dabei so ein, daß mindestens für Programmabschnitte die Nummern der Befehlsspeicherzellen lückenlos in der Ordnung der Befehle aufeinander folgen. Das Steuerwerk enthält einen Befehlszähler und ein Befehlsregister. Der Zähler gibt die Nummer der Speicherzelle an, deren Befehl auszuführen ist. Er verbindet diese Zelle mit dem Befehlsregister, in welches daraufhin der Befehl übertragen wird, ohne daß der Inhalt seiner Speicherzelle gelöscht wird. Danach veranlaßt das Steuerwerk die Ausführung des Befehls. Die Ausführung läßt den Zähler um eine Einheit vorrücken, so daß er den Ort des nächsten Befehls anzeigt. Gewisse Elementarbefehle können den Zähler beliebig springen lassen. Der Sprung wird vom Rechenwerk gesteuert. Hierauf weist die gestrichelt gezeichnete Leitung von A nach S in Fig. 16 hin.

Das Rechenwerk A dient der Ausführung der elementaren Operationen. Es ist so ausgebildet, daß es wenigstens zwei Zahlen addieren und miteinander multiplizieren kann. Nicht alle Rechenwerke gestatten eine unmittelbare Division.

Sie wird dann nach einem Rechenprogramm mit Hilfe von Additionen und Multiplikationen ausgeführt. Fig. 17 zeigt schematisch die Aufgliederung eines üblichen Rechenwerks und seine Verbindung mit dem Speicher. Wenn eine Zahl des Speichers aufgerufen wird, tritt sie zunächst in ein Speicherregister MR ein. Von dort aus kann sie sowohl über die Leitung 1 in das Eingangsregister E_1 eines Addierwerks als auch über die Leitung 5 in ein sog. Multiplikator-Quotientenregister MQR übertragen werden. Das Addierwerk enthält noch ein zweites Eingangsregister E_2. Auf einen Additionsbefehl hin bildet es die Summe der Zahlen in E_1 und E_2 und schickt die Summe über die Leitung 2 in das Akkumulatorregister AR; dieses ist über die Leitung 3 mit E_2 verbunden. Sollen zwei Zahlen x und y addiert werden, so wird zunächst AR gelöscht. AR zeigt also die Zahl Null an; diese wird nach E_2 übertragen. Die Zahl x wird nach E_1 gebracht. Ein Additionsbefehl läßt x in AR entstehen. Von AR geht x nach E_2. Die Zahl y wird nach E_1 geschoben, und eine erneute Addition führt zur Summe $x+y$ in AR. Sollen weitere Zahlen zu $x+y$ hinzuaddiert werden, so wiederholt sich dieses Spiel.

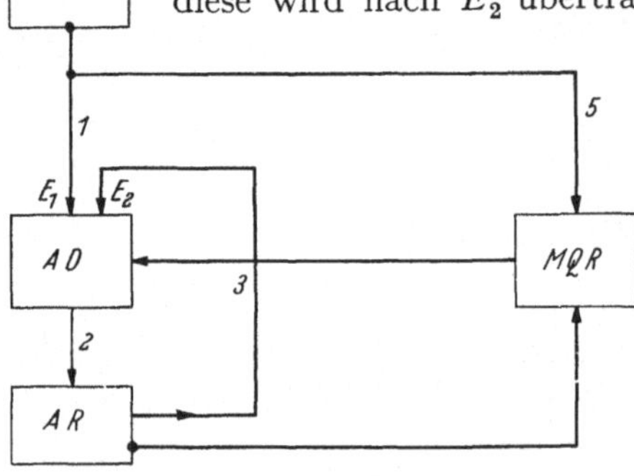

Fig. 17. Speicher und Rechenwerk.

Bei der Multiplikation wird zunächst AR gelöscht. Der eine Faktor x geht nach E_1, der andere y nach MQR. Die Multiplikation erfolgt durch wiederholte Addition unter Steuerung des Addierwerks von der letzten Stelle der Zahl in MQR. Dies sei am Beispiel $x=0{,}46$ und $y=0{,}59$ erläutert. Bei ihrer Multiplikation ergeben sich die folgenden Phasen:

	E_1	AR		MQR
1.	0,46	0,00		59 ↘
2.	0,46	0,41(4)	→	45 ↘
3.	0,46	0,27(1)	→	14.

Nach der Anfangseinstellung 1. finden neun Additionen von x statt. Beim Ergebnis 4,14 wird das Komma um eine Stelle nach links geschoben; von der Zahl 0,414 hält AR nur die ersten beiden Stellen fest. Die Vier rückt an die erste Stelle in MQR, und die Zahl 59 rückt um eine Stelle nach rechts. Dabei geht die Neun verloren. Es steht nach der zweiten Phase 0,14 in AR und 45 in MQR. Nunmehr veranlaßt wieder die letzte Stelle in MQR eine ihr gleiche Anzahl von Additionen von x, die zum Inhalt des Akkumulators hinzukommen. Das Ergebnis 2,71 wird wie das erste Ergebnis 4,14 behandelt. Es entsteht 0,27 in AR, und in MQR erscheint 14. Das bedeutet, daß die eine Hälfte der Ziffern des Produkts in AR und die andere Hälfte in MQR steht. Damit stellt AR das Produkt mit seinen wichtigsten Ziffern dar. Ein Abrundungsvorgang schließt sich an, um das Produkt auf zwei Ziffern abgerundet in AR zu gewinnen.

Die Befehle variieren von Maschine zu Maschine. Wir werden sie an Hand einiger Programme erläutern und richten uns dabei nach den Befehlen, die für die britische Maschine „EDSAC" gelten, besonders aus dem Grunde, daß Befehle und Programme für diese Maschine in Buchform [20] veröffentlicht worden sind, so daß der Leser in der Lage ist, sich eingehender an Hand des Buches zu informieren. Wir benutzen die folgenden Befehle, bei denen n die Nummer der Speicherzelle kennzeichnet, auf die sie sich beziehen.

Befehlskennzeichen	Wirkung
A n	Addiert Zahl aus n zum Inhalt von AR.
H n	Reproduziert Zahl aus n in MQR.
S n	Subtrahiert Zahl aus n vom Inhalt von AR.
V n	Multipliziert Zahl aus n mit Zahl in MQR und addiert das Produkt zum Inhalt von AR.
N n	Multipliziert Zahl aus n mit Zahl in MQR und subtrahiert Produkt vom Inhalt von AR.
T n	Zahl von AR geht nach n, AR wird gelöscht.
U n	Zahl von AR geht nach n, ohne daß AR gelöscht wird.
O n	Zahl im Registrierwerk wird niedergeschrieben, danach Zahl aus n ins Registrierwerk gerufen.

Nach der Ausführung eines dieser Befehle — er möge sich etwa in der Speicherzelle Nr. m befinden — liest die Maschine den nächsten Befehl aus der Speicherzelle Nr. $(m+1)$ ab. Um von dieser natürlichen Reihenfolge abzuweichen, dienen die folgenden beiden Befehle:

E n	Wenn die Zahl in AR größer oder gleich Null ist, so wird der nächste Befehl in der Zelle n abgelesen, andernfalls gilt die natürliche Reihenfolge.
G n	Wenn die Zahl in AR kleiner als Null ist, wird der nächste Befehl aus n abgelesen, andernfalls gilt die natürliche Reihenfolge.

Schließlich benutzen wir den Befehl Z, um die Maschine anzuhalten.

7. Programme. α) In Anlehnung an das Buch [*20*] setzen wir ein Programm für die Bildung des Absolutbetrages einer Zahl x auf, die sich in der Speicherzelle 101 befinden möge. Das Resultat soll in der Zelle 108 entstehen. Das Akkumulatorregister AR soll vor Beginn der Rechnung gelöscht sein. Die folgenden Befehle mögen sich der Reihe nach in den Speicherzellen 001, 002, usw. befinden.

Befehlsspeicherzelle	Befehl	Wirkung
001	A 101	x in AR
002	E 005	nächster Befehl aus 005, falls $x \geqq 0$.
003	T 102	x in 102, AR auf Null
004	S 102	$-x$ in AR
005	T 108	$\|x\|$ in 108
006	Z	

Dieses Programm macht die Bedeutung des Sprungbefehls E n klar.

β) Wir bilden das Reziproke einer Zahl a nach dem Iterationsverfahren $x_{n+1}=2x_n-a x_n^2$. Dieses Verfahren konvergiert für $0<a x_1<2$. Wir nehmen an, daß x_1 geeignet gewählt ist, und verlangen, daß die Iteration aufhören soll, wenn $c_n=|a x_n-1|-b<0$ ist, wobei die Zahl $b>0$ den zulässigen Fehler der Iteration bestimmt. Die Speicherzellen 100, 101, 102 und 103 sollen gewisse Ausgangsdaten aufnehmen, und zwar:

100 die Zahl Eins, 101 die Zahl a, 102 die Zahl x_1, 103 die Zahl b.

Das Resultat soll in Zelle 102 greifbar sein. Wir setzen das folgende Programm auf:

Befehlsspeicherzelle	Befehl	Wirkung
001	A 100	Eins in AR
002	H 102	x_1 in MQR
003	N 101	$1-ax_1$ in AR
004	U 105	$1-ax_1$ in 105 und in AR
005	E 008	Befehl nach 008, falls $1-ax_1\geqq 0$
006	T 105	$1-ax_1$ in 105, AR auf Null
007	S 105	$\|1-ax_1\|$ in AR
008	S 103	$c_1=\|1-ax_1\|-b$ in AR
009	G 016	Befehl nach 016, falls $c_1<0$
010	T 106	dient nur zum Löschen von AR
011	H 102	x_1 in MQR
012	V 105	$x_1(1-ax_1)$ in AR
013	A 102	$2x_1-ax_1^2=x_2$ in AR
014	T 102	x_2 in 102, AR auf Null
015	E 001	Befehl nach 001
016	Z	Schluß.

Bei diesem Programm dient der Befehl in 004 dazu, das Zwischenresultat für die spätere Rechnung aufzubewahren. Die Befehle in 005, 006 und 007 dienen der Bildung des Absolutbetrages von $1-ax_1$. Falls diese Größe schon gleich ihrem Absolutwert ist, werden 006, 007 übersprungen. Mit 008 wird c_1 berechnet; ist c_1 negativ, so ist die Iteration am Ziel, und der Befehl in 009 veranlaßt einen Sprung zum Schlußbefehl in 016. Falls $c_1\geqq 0$, wird x_2 mit der folgenden Iteration berechnet und nach 102 an die Stelle von x_1 geschoben. Die Verschiebung wird vom Befehl in 014 besorgt. Er bringt zugleich AR auf Null, womit AR für die nächste Iteration vorbereitet ist. Mit AR auf Null wird zugleich gesichert, daß der Sprungbefehl in 015 ausgeführt wird. Mit ihm geht das Verfahren an den Befehl in 001 zurück. Die Maschine wird anhalten, sobald das erste $c_n<0$ auftritt. — Dieses Beispiel macht es klar, wie man auch mit einem bedingten Sprungbefehl einen Sprung immer erzwingen kann.

Bei älteren Maschinen mit lochstreifengesteuertem Steuerwerk lassen sich Sprungbefehle zur Programmwiederholung dadurch verwirklichen, daß man den Lochstreifen schließt, womit auf den letzten Befehl wieder der erste folgt. Jedoch sind Maschinen, deren Befehle dem Speicher entnommen werden, wesentlich flexibeler beim Verwirklichen der Sprungbefehle. Man bezeichnet Programme, die eine Wiederholung einschließen, als zyklisch. Sie kennzeichnen besonders das Rechnen mit programmgesteuerten Maschinen.

γ) Wir betrachten noch ein letztes Beispiel, welches einen weiteren Zug der Maschinen darlegt. Es ist möglich, die Speichernummer eines Befehls, die man auch als seine Adresse bezeichnet, von der Maschine abändern zu lassen. Wir wollen annehmen, daß der Befehl als mehrstellige Zahl verschlüsselt sei, dessen letzte drei Stellen die Adresse angeben. Einen solchen Befehl kann man in das Rechenwerk senden, um zu ihm eine Zahl addieren zu lassen, die nur in die Speichernummer eingeht. Danach geht der Befehl an seinen alten Platz zurück. Eine Programmwiederholung bezieht sich danach auf neue Speicherzellen. Um dies näher darzulegen, betrachten wir die Bildung eines Skalarprodukts. Wir wählen zwei Vektoren $(x_1, x_2, \ldots, x_k)$ und $(y_1, y_2, \ldots, y_k)$ mit je k Komponenten und verlangen die Berechnung von $s_k=\sum x_i y_i$. Es ist zweckmäßig, die Partialsummen $s_0=0$ und $s_i=s_{i-1}+x_i y_i$ einzuführen und das Programm aufzustellen, das der Ableitung von s_1 aus s_0 dient. Aus ihm kann durch Anwendung des genannten Kunstgriffes das vollständige Programm für die Berechnung von s_k gewonnen werden. Wir nehmen an: $k < 100$; x_i sei in der Speicherzelle $(i + 100)$, y_j in der Speicherzelle $(j + 200)$ gespeichert; die Zahl Eins sei in der Speicherzelle 100, die Zahl $k - 1$ in der Zelle 200 deponiert. Das Skalarprodukt soll in Zelle 300 erscheinen. Der Akkumulator stehe zu Beginn der Operationen auf Null; ebenso die Zelle 300.

Befehlszelle	Befehl	Wirkung
001	A 300	s_0 in AR
002	H 101	x_1 in MQR
003	V 201	s_1 in AR
004	T 300	s_1 in 300, AR auf Null
005	A 200	$k-1$ in AR
006	S 100	$k-2$ in AR
007	G 016	Befehl nach 016, falls AR negativ
008	T 200	$k-2$ in 200, AR auf Null
009	A 002	Schlüsselzahl von H 101 in AR
010	A 100	Schlüsselzahl von H 102 in AR
011	T 002	H 102 in 002, AR auf Null
012	A 003	Schlüsselzahl von V 201 in AR
013	A 100	Schlüsselzahl von V 202 in AR
014	T 003	V 202 in 003, AR auf Null
015	E 001	Befehl nach 001
016	Z	Schluß.

Im Falle $k > 1$ wiederholt sich dieses Programm so lange, bis die Zahl $k - 1$ in Zelle 200, die mit jedem Schritt um Eins verringert wird, auf Null abgebaut ist. Der Befehl 006 verringert sie noch einmal um Eins, so daß -1 in AR steht. Jetzt wird der Sprungbefehl G 016 aus 007 wirksam und läßt die Maschine auf 016 springen; dieser Befehl hält die Maschine an. Die Befehle 009 bis 014 dienen der Änderung von Adressen, so daß, wenn mit einem Programmdurchlauf s_i berechnet worden ist, der nächste Durchlauf s_{i+1} ergibt. Es ist bemerkenswert, daß die Zahl der Befehle nicht von k abhängt.

Es ist üblich, Programme zu kombinieren. Die Kombination, Hauptprogramm genannt, setzt sich im allgemeinen aus solchen Unterprogrammen zusammen, die für oft wiederkehrende Rechnungen der numerischen Analysis dienen. Tritt z.B. die Berechnung eines Sinus auf, so springt der Befehl auf ein Unterprogramm, das nur zur Berechnung der Sinusfunktion dient, danach geht es im Hauptprogramm weiter. Man verwendet Unterprogramme für die Berechnung wichtiger, oft wiederkehrender Funktionen, für die Interpolation gespeicherter Funktionswerte, für die mechanische Quadratur und für Differenzenverfahren zum Behandeln von Differentialgleichungen, um nur einige Beispiele zu nennen. Das Rechnen mit komplexen Zahlen wird durch Unterprogramme erledigt, und ähnliche Unterprogramme werden verwendet, wenn man mit mehrstelligen Zahlen rechnet, die die Speicherkapazität von zwei und mehr Zellen benötigen. Hier müssen die Elementaroperationen besonders programmiert werden.

Für den Entwurf von Programmen, die sich aus vielen, insbesondere zyklischen Unterprogrammen zusammensetzen, bedient man sich auch geometrischer Vorstellungen. Man stellt die Programme durch Kurven, insbesondere zyklische durch Kreise dar. Es ergeben sich geometrische Darstellungen, die die topologische Struktur eines Programms hinsichtlich seiner Verzweigungen und Zyklen erkennen lassen. Sie wurden von J. v. NEUMANN und G. GOLDSTINE [27] eingeführt, denen wesentliche Beiträge zum Programmieren, insbesondere zur Änderung von Befehlen durch ihre Einbeziehung in die Rechenoperationen, zu verdanken sind [31]. Im Zusammenhang mit der Ergründung der Möglichkeiten, die die programmgesteuerten Maschinen bieten, muß auch A. M. TURING [36] genannt werden.

Seit einiger Zeit gewinnt die Idee des automatischen Programmierens immer mehr Raum. Es handelt sich darum, der Maschine Befehle zu geben, die sich ihren Elementarbefehlen überordnen und von der Maschine automatisch in Folgen von Elementarbefehlen übersetzt werden. H. H. AIKEN hat bereits seine „Mark III"-Maschine mit einem Zusatzgerät versehen, das es ermöglicht, die Symbole gewisser Formeln in die Maschine einzuführen, welche daraufhin die notwendigen Elementarbefehle zusammenstellt. Es sei schließlich noch angedeutet, wie man nach einem Beitrag von RUTISHAUSER [33] vorgehen kann, um das Programmieren automatisch zu machen. Sei z. B. die Funktion

$$f = [(a_1 + a_2) : (a_3 + a_4)] \times (a_1 + a_5)$$

in Abhängigkeit von den a_i zu berechnen. Die Formel für f setzt sich aus öffnenden und schließenden Klammern, aus Operanden (a_i) und aus Operationszeichen $(+, \times, :)$ zusammen. Diese formalen Komponenten werden durch eine Folge von Symbolen $E_1, E_2, \ldots$ der Maschine mitgeteilt. In unserem Falle sind E_1 und E_2 die beiden öffnenden Klammern, mit denen die Formel für f beginnt. Die Maschine ordnet jedem Symbol eine Begleitzahl zu, die auch noch von seinen Vorgängern abhängt und nach einer Rekursionsformel berechnet wird. Eine Zuordnung ist stets derart möglich, daß der am stärksten in Klammern gekleidete Operand die größte Begleitzahl unter allen Symbolen erhält. Es können mehrere Operanden mit maximaler Begleitzahl auftreten. In jedem Falle sucht die Maschine den Operanden mit maximaler Begleitzahl heraus, der als erster in der von links nach rechts gelesenen Formel auftritt, und setzt ein Programm für die Operation auf, die ihn mit einem benachbarten Operanden verknüpft. Dieser Schritt erlaubt den Abbau von Klammern. Danach wiederholt sich der Vorgang. In unserem Falle würde als erstes die Operation $a_1 + a_2$ durch die Maschine programmiert werden.

Das automatische Programmieren verringert den Anteil menschlicher Arbeit beim Aufbereiten eines Problems der numerischen Analysis. Damit werden auch menschliche Fehlerquellen ausgeschaltet. Es ist eine bekannte Tatsache, daß es selten auf Anhieb glückt, ein neues und kompliziertes Programm völlig fehlerfrei aufzusetzen.

Zur Zeit gibt es kaum zwei Maschinen verschiedener Hersteller, die genau die gleichen Elementarbefehle aufweisen. Nicht nur, daß eine Maschine mehr Befehle hat als die andere (es gibt z. B. Maschinen mit dem Befehl für die Bildung des Absolutbetrages), sondern auch die Möglichkeiten der Befehlszusammenstellung sind verschieden. Die EDSAC-Befehle enthalten höchstens eine Speichernummer, die sog. Adresse. Man spricht von einer Ein-Adreßmaschine. Andere Maschinen arbeiten mit zwei und mehr Adressen im Befehl, z. B. SEAC, die Maschine des Bureau of Standards in Washington mit vier Adressen. Zwei davon beziehen sich auf Operanden, die dem Rechenwerk zugeführt werden, die dritte gibt die Speicherzelle an, in die das Resultat gehen soll, die vierte den Ort des nächsten Befehls. Es scheint aber, daß der Ein-Adressentyp bevorzugt wird.

Diese Vielfalt in der Befehlsgebung hat sich sicherlich nicht vermeiden lassen, aber es ist zu hoffen, daß eine Befehlsnormung früher oder später stattfinden und zu einer kleinen Anzahl von Standardsystemen führen wird. Dies würde den großen Vorteil haben, daß man ein Programm auf vielen Maschinen unverändert benutzen kann; Programme verschiedener Institute könnten ausgetauscht und unabhängig von der technischen Weiterentwicklung der Maschinen gemacht werden. Man würde auch beim Austausch einer älteren gegen eine modernere Maschine nicht alle alten Programme umzuschreiben haben. Vielleicht wird das automatische Programmieren auch in diesem Zusammenhang Früchte tragen.

8. Dualzahlen. Eine n-stellige Dezimalzahl, etwa $0, b_1 b_2 \ldots b_n$ mit den Dezimalstellen b_i ist nur eine spezielle Darstellung der Zahl $z = \sum_{k=1}^{n} B^{-k} b_k$ mit $B = 10$. B wird als die Basis der Darstellung bezeichnet. Im Jahre 1931 schlug VALTAT [38] vor, für das Rechnen in Ziffernmaschinen Zahlendarstellungen mit einer geringeren Basis, insbesondere zur Basis Zwei vorzuziehen. Man spricht in diesem letzteren Falle von Dualzahlen und Dualdarstellungen. Er hat inzwischen besondere Bedeutung erlangt und begegnet uns bei allen modernen programmgesteuerten Maschinen. Die Zahl $8^1/_4$ schreibt sich z.B. im Dualsystem als L000,0L, wobei L an Stelle von 1 gesetzt ist, um das Schriftbild nicht mit einer Dezimaldarstellung zu verwechseln. Bei der Addition positiver Dualzahlen befolgt man die Regeln des Addierens von Dezimalzahlen mit Stellenübertrag. Ein Nachteil der Dualdarstellung fällt sofort auf: Man benötigt mehr Stellen als im Dezimalsystem, um ein und dieselbe Zahl mit gleichem Fehler zu erfassen. Auch die Überträge beim Addieren treten weit häufiger auf. Dem stehen außerordentliche technische Vorteile gegenüber. Bei der Darstellung der Dualziffern sind nur zwei Zustände zu unterscheiden, entsprechend den beiden Symbolen 0 und L. Das öffnet den Weg zu einer Fülle elektrotechnischer Verwirklichungen, von denen einige erwähnt seien: Schaltrelais, Dipolmagnetisierungen, Ladungen auf dem Schirm von Elektronenstrahlröhren, Schaltungen von Elektronenröhren mit zwei stabilen Zuständen. Vor allem ist auf die hohe Schaltfrequenz dieser Elemente hinzuweisen. Sie hat auf Rechengeschwindigkeiten geführt, die sich durch die Zahl von etwa 15000 Befehlsausführungen pro Sekunde bei einigen der schnellsten und zugleich betriebssicheren Maschinen kennzeichnen läßt.

Man unterscheidet zwischen Maschinen mit beweglichem und festem Komma. Das bewegliche Komma führt zu Dualdarstellungen von der Form $z = \varepsilon \cdot 2^m \sum_{k=1}^{n} 2^{-k} b_k$; $b_k = 0,1$; m ganz und zu einem Schriftbild etwa der Form

$$\varepsilon; \eta; m_1, m_2, \ldots, m_k; b_1, b_2, \ldots, b_n,$$

wobei ε das Vorzeichen der Zahl, η das Vorzeichen von m kennzeichnet, und insbesondere $m_1, m_2, \ldots, m_k$ die Dualkoeffizienten von m wiedergeben. Maschinen mit beweglichem Komma bieten den Vorteil, daß man bei der Programmierung eines Problems nicht auf die Größenordnung der Ausgangsdaten, Zwischenresultate und Resultate zu achten hat. Von ihrem Rechenwerk wird verlangt, daß es bei der Addition und Subtraktion die richtigen Stellen einander zuordnet. Bei Maschinen mit festem Komma wird m ein für allemal fest gewählt, z.B. setzt man $m = 0$. Die Zahlen, die die Maschine zuläßt, liegen dann alle im Intervall $-1 < z < 1$. Dieses System bietet den Vorteil geringeren technischen Aufwandes. Die Multiplikation führt nicht aus dem Intervall heraus. Nachteilig ist der Zwang, ein Problem so zu transformieren, daß alle Operationen innerhalb des Intervalls verlaufen. Immerhin geben Maschinen mit festem Komma Alarm, wenn das

Intervall überschritten zu werden droht. Auch lassen sich Rechnungen mit beweglichem Komma durch Unterprogramme für die elementaren Operationen erledigen.

Für die folgenden Bemerkungen zur Ausführung der Addition beschränken wir uns auf den Fall des festen Kommas. Die Zahlen der Speicher sollen von der Form $z = \varepsilon \sum_{k=1}^{n} 2^{-k}\, b_k$ sein, wobei ε das Vorzeichen angibt. Über das Rechenwerk setzen wir voraus: Es soll positive Dualzahlen der Form $\zeta = \sum_{k=0}^{n} 2^{-k}\, b_k$, also mit einer Dualstelle vor dem Dualkomma, addieren können, von dem Resultat eine Stelle vor, n Stellen nach dem Komma anzeigen und einen etwaigen Übertrag zur zweiten Stelle vor dem Komma melden. Im typischen Falle der Addition $1^{15}/_{16} + {}^1/_8$ würde sein: $1^{15}/_{16} = \text{L,LLLL}$ und ${}^1/_8 = 0{,}00\text{L}0$; die Summe ist L0,000L und soll als 0,000L dargestellt, zugleich aber auch der Übertrag L zur zweiten Stelle vor dem Komma gemeldet werden. Für das folgende wählen wir $n = 4$; wir treffen zunächst eine Vereinbarung, wie man das Vorzeichen einer Speicherzahl kennzeichnen soll. Hierzu bieten sich verschiedene Wege. Einer der einfachsten ist, positive Zahlen durch eine vorangestellte Dualnull, nichtpositive durch eine vorangestellte Dualeins zu kennzeichnen. Zum Beispiel $z = {}^7/_{16}$ durch 0;0LLL, $z = -{}^7/_{16}$ durch L;0LLL darzustellen. Die Zahl $z = 0$ würde dann als L;0000 geschrieben werden.

Da das Rechenwerk nur positive Zahlen addiert, muß die Subtraktion auf eine Addition und jeder Summand einer Addition notfalls in eine positive Zahl transformiert werden. Eine negative Zahl des Speichers transformieren wir nun so, daß das L vor dem Semikolon erhalten bleibt. Alle Stellen hinter dem Semikolon werden durch das komplementäre Symbol ersetzt, also 0 durch L und L durch 0. Die Transformierte von $z = -{}^7/_{16}$ ist also $\zeta = \text{L;L000}$. Wir lesen sie nach dieser Transformation als positive Dualzahl mit einer Stelle vor dem Komma. In diesem Sinne ist die Transformierte einer negativen Zahl z die positive Zahl $\zeta = 2 - 2^{-n} + z$, wenn n Stellen nach dem Dualkomma geführt werden. Dies vorausgeschickt, betrachten wir die Addition zweier Zahlen z_1 und z_2 des Speichers unter der Voraussetzung, daß $-1 < z_1 + z_2 < 1$ ist. Wir unterscheiden die folgenden Fälle:

a) $z_1 > 0$, $z_2 > 0$. Die Transformierten sind $\zeta_1 = z_1$, $\zeta_2 = z_2$. Die Addition führt zu einer Zahl $0, b_1 b_2 b_3 b_4$ und stellt offenbar die Summe nach Vorzeichen und Größe richtig dar. Wir verschieben diese Zahl in den Speicher, wo die Null vor dem Komma als positives Vorzeichen zu lesen ist, so daß auch der Speicher die Summe richtig kennzeichnet.

b) $z_1 > 0$, $z_2 \leqq 0$. Die Transformierten sind $\zeta_1 = z_1$, $\zeta_2 = 2 - 2^{-n} + z_2$. Das Rechenwerk liefert $\zeta = \zeta_1 + \zeta_2 = z_1 + z_2 + 2 - 2^{-n}$, falls diese Zahl kleiner als Zwei ist. Dies tritt genau für $z_1 + z_2 \leqq 0$ ein. ζ ist die Transformierte der Summe $z_1 + z_2$, so daß die Rücktransformation für den Speicher die Summe nach Größe und Vorzeichen richtig darstellt. Ist hingegen $z_1 + z_2 > 0$, so fließt das Rechenwerk über. Es zeigt die Zahl $z_1 + z_2 - 2^{-n}$ an sowie einen Übertrag zur zweiten Stelle vor dem Komma. Dieser Übertrag wird nun in der Form 2^{-n}, in unserem Falle also als 0,000L der angezeigten Zahl zugefügt. Man nennt dies den Endübertrag (englisch: end around carry). Nach diesem Übertrag ist das Ergebnis die Zahl $z_1 + z_2$. Sie wird in dieser Form in den Speicher geschoben und stellt dort die Summe nach Vorzeichen und Größe richtig dar.

c) $z_1 \leqq 0$, $z_2 \leqq 0$. Die Transformierten sind $\zeta_i = 2 - 2^{-n} + z_i$, die Summe $\zeta = \zeta_1 + \zeta_2$ läßt das Rechenwerk überfließen und veranlaßt wie unter b) einen

Endübertrag. Das Rechenwerk zeigt $2-2^{-n}+z_1+z_2$ an, also die Transformierte der Summe. Rücktransformation für den Speicher führt dort zur richtigen Darstellung der Summe.

Man bezeichnet die oben eingeführte Transformierte einer negativen Zahl als ihr unechtes Komplement zur Zahl Zwei. Das echte Komplement, nämlich $2+z$, kann ebenfalls für eine Transformation benutzt werden. Offensichtlich läßt sich aber das unechte besonders einfach ermitteln, weil nur die Symbole 0 und L hinter dem Komma zu vertauschen sind, was eine einfache technische Verwirklichung zuläßt.

Für die Multiplikation und Division sind die Vorzeichen von untergeordneter Bedeutung. Es sind zwar Algorithmen für diese Operationen aufgestellt worden, die nicht vom Vorzeichen abhängen, aber technisch ist es vielleicht noch einfacher, das Vorzeichen in einem Vorzeichenrechner zu bestimmen und die Multiplikation und Division nur auf die Absolutwerte zu beziehen. Wie schon erwähnt, wird die Multiplikation auf wiederholte Addition zurückgeführt, was im Dualsystem dazu führt, den Multiplikanden wiederholt gegenüber seinem Komma zu verschieben und die so entstehenden Zahlen mit dem Gewicht 0 oder 1, je nach der Stelle des Multiplikators, die ihnen zugeordnet ist, zu addieren. Wie schon erwähnt, wird das Produkt zweier n-stelliger Dualzahlen auf n Stellen abgerundet. Es sind verschiedene Abrundungsregeln üblich. Mit die einfachste ist, die letzte, nicht fortgelassene Stelle stets durch L zu ersetzen. Hierbei gleichen sich Abrundungsfehler im Mittel aus.

Diese Bemerkungen beziehen sich auf reine Dualzahlen, Jedoch wird das Dualsystem nicht immer in dieser Form angewendet. Bei manchen Maschinen werden nur die Ziffern einer Dezimalzahl dual dargestellt. Es sind vier Dualstellen erforderlich, um alle Ziffern von 0 bis 9 zu erfassen. Die Zahl 365 würde sich auf diese Weise als 000L 0LL0 0L0L darstellen. Die einzelnen Blöcke von je vier Dualziffern werden als Tetraden bezeichnet. Man spricht von einer direkten Verschlüsselung, wenn jede Dezimalc durch ihre Dualdarstellung beschrieben wird. Andererseits gibt es 16 mögliche Tetraden und man kann irgendwelche 10 davon den Ziffern von 0 bis 9 zuordnen. Praktische Anwendung haben zwei andere Verschlüsselungen erlangt: 1. Die Drei-Exzeßverschlüsselung, nach welcher statt der Dezimalen x die Zahl $x+3$ direkt verschlüsselt wird. In diesem Falle kann eine Tetrade nicht lauter Nullen oder Einsen aufweisen, was für Maschinenkontrollen nützlich ist. 2. Die Aikenverschlüsselung, bei welcher die Dezimalen $x \leq 5$ direkt, die Dezimalen $x > 5$ als $x+6$ direkt verschlüsselt werden. Das Rechnen mit Tetraden folgt natürlich besonderen Gesetzen [*32*].

9. Wahrheitsfunktionen und ihre Verwirklichung. Wir betrachten eindeutige Funktionen $F(x_1, x_2, \ldots, x_n)$ von n unabhängigen Variablen x_i. Diese Variablen sollen auf die Werte 0 und 1 beschränkt sein, ebenso die Werte für F. Solche Funktionen beherrschen das Rechnen in programmgesteuerten Maschinen. Sind z.B. zwei Dualzahlen $x = \sum_{k=1}^{n} 2^{-k} x_k$ und $y = \sum_{k=1}^{n} 2^{-k} y_k$ gegeben, so sind die Koeffizienten ihrer Summe $F = \sum_{k=0}^{n} 2^{-k} F_k$ Funktionen von dieser Art. Sie hängen von den Variablen x_i, y_k ab. Bedingte Sprungbefehle lassen sich ebenfalls in dieser Form darstellen.

Es ist wichtig, diese Funktionen auf einige wenige Elementarfunktionen zurückzuführen, deren technische Verwirklichung einfach ist. Funktionen, wie wir sie betrachten, sind bereits in der mathematischen Logik, insbesondere im Aussagenkalkül, eingehend behandelt worden. Der einzige Unterschied ist, daß man die Werte 0 und 1 anders bezeichnet, z.B. 1 als richtig, 0 als falsch. Die Variablen werden als Aussagen betrachtet, die entweder richtig oder falsch sind, und die Funktion F ordnet jeder Aussagenkombination eine neue Aussage zu. Es ist bemerkenswert, daß gerade gewisse elementare Funktionen des Aussagenkalküls den Anforderungen an eine einfache technische Verwirklichung gerecht werden. Diese elementaren Funktionen sind:

a) Die Negation; es handelt sich um eine Funktion von einer Variablen $F(x)$; F ist falsch, wenn x richtig und umgekehrt; auf 0 und 1 bezogen: $F(x) = 1 - x$. Man schreibt $F = \bar{x}$.

Die weiteren Funktionen hängen von zwei Variablen x und y ab. Diese sind:

b) Die Konjunktion. Man schreibt $F(x, y) = x \,\&\, y$ und definiert: F ist dann und nur dann richtig, wenn x und y zugleich richtig sind. Auf 0 und 1 bezogen: $F = x \cdot y$.

c) Die Disjunktion: Ihr Symbol ist $F = x \vee y$. F ist richtig, wenn x oder y richtig ist. Auf 0 und 1 bezogen gilt: $x \vee y = x + y - xy$.

Alle anderen Wahrheitsfunktionen lassen sich aus diesen aufbauen, indem man für ihre Argumente wiederum die Funktionen a), b), c) einsetzt und so fort. Die in diesem Prozeß auftretenden Klammern lassen sich teilweise beseitigen. Es gelten nämlich die folgenden Rechenregeln:

1. Das assoziative Gesetz in den Formen $x \,\&\, (y \,\&\, z) = (x \,\&\, y) \,\&\, z = x \,\&\, y \,\&\, z$; $x \vee (y \vee z) = (x \vee y) \vee z = x \vee y \vee z$.
2. Das kommutative Gesetz in den beiden Formen $x \,\&\, y = y \,\&\, x$; $x \vee y = y \vee x$.
3. Die distributiven Gesetze $x \,\&\, (y \vee z) = (x \,\&\, y) \vee (x \,\&\, z)$; $x \vee (y \,\&\, z) = (x \vee y) \,\&\, (x \vee z)$.
4. Die Negationsgesetze: $\overline{(x \,\&\, y)} = \bar{x} \vee \bar{y}$; $\overline{(x \vee y)} = \bar{x} \,\&\, \bar{y}$.

Wir betrachten einige Beispiele. Sei $F(x)$ durch die genannten elementaren Funktionen zu beschreiben. Wir unterscheiden die Fälle:

I. F ist immer richtig (oder $F \equiv 1$). Man kann setzen $F = x \vee \bar{x}$.

II. F immer falsch; dann setzen wir $F = x \,\&\, \bar{x}$.

III. F richtig, wenn x richtig und falsch, wenn x falsch. Es ist $F = x$.

IV. F richtig, wenn x falsch und umgekehrt; dann ist $F = \bar{x}$.

Im allgemeinen Falle $F = F(x_1, x_2, \ldots, x_n)$ kann man mit Bezug auf die Werte 0,1 immer schreiben: $F = G(x_1, x_2, \ldots, x_{n-1})(1 - x_n) + H(x_1, x_2, \ldots, x_{n-1}) \cdot x_n$ mit zwei geeigneten Funktionen G und H, die nur von $n-1$ Variablen abhängen. Ist eine Darstellung für G und H durch Negation, Konjunktion und Disjunktion bekannt, so ist offenbar $F = (G \,\&\, \bar{x}_n) \vee (H \,\&\, x_n)$. Mit den Beispielen für $n = 1$ und der Reduktion von F ist allgemein bewiesen, daß man jede Funktion auf die Negation, die Konjunktion und die Disjunktion zurückführen kann. Man kann noch weiter gehen, und auch entweder die Konjunktion oder die Disjunktion durch die beiden anderen Funktionen ausdrücken. Geschieht dies, so wird die resultierende Darstellung als Normalform der Funktion bezeichnet. Jedoch sind die Normalformen nicht eindeutig durch die Funktion bestimmt.

Wir betrachten noch zwei weitere Beispiele. Bei der Addition der eingangs genannten Zahlen x und y beginnt man mit den letzten Stellen x_n und y_n. Ihre Addition resultiert in einer Dualstelle F_n für die n-ten Stelle der Summe und in einem Übertrag c_{n-1} zur $(n-1)$-ten Stelle. Es gilt

$$c_{n-1} = x_n \,\&\, y_n \quad \text{und} \quad F_n = (x_n \vee y_n) \,\&\, (\bar{x}_n \vee \bar{y}_n). \tag{7}$$

Bei der Addition in der $(n-1)$ Stelle kann man nach diesen Formeln vorgehen, indem zunächst x_{n-1} und y_{n-1} addiert werden und zum Resultat c_{n-1} addiert wird. Man kann auch direkt das Ergebnis der Addition von x_{n-1}, y_{n-1} und c_{n-1} hinschreiben und danach rechnen; es gilt:

$$c_{n-2} = (x_{n-1} \,\&\, y_{n-1}) \vee (y_{n-1} \,\&\, c_{n-1}) \vee (c_{n-1} \,\&\, x_{n-1}) \tag{8}$$

für den Übertrag zur $(n-2)$-ten Stelle und

$$\left.\begin{aligned} F_{n-1} = (x_{n-1} \,\&\, y_{n-1} \,\&\, c_{n-1}) \vee (x_{n-1} \,\&\, \bar{y}_{n-1} \,\&\, \bar{c}_{n-1}) \vee (\bar{x}_{n-1} \,\&\, y_{n-1} \,\&\, \bar{c}_{n-1}) \\ \vee (\bar{x}_{n-1} \,\&\, \bar{y}_{n-1} \,\&\, c_{n-1}). \end{aligned}\right\} \tag{8'}$$

Dem Aussagenkalkül folgend, bezeichnen wir die Funktionen F als Wahrheitsfunktionen. Im folgenden seien einige technische Beispiele für die Verwirklichung der elementaren Funktionen x, $x \,\&\, y$, $x \vee y$ beschrieben.

Das Prinzip der elektrotechnischen Darstellung folgt etwa dem Blockdiagramm der Fig. 18. Eine Impulsleitung 1,2 führt über eine Schaltung F, die die Leitung schließen oder unterbrechen kann. Sie wird von den Variablen $x_1, x_2, \ldots, x_n$ gesteuert. Wird ein Impuls über 1 zugeführt, so zeigt das Auftreten eines Impulses

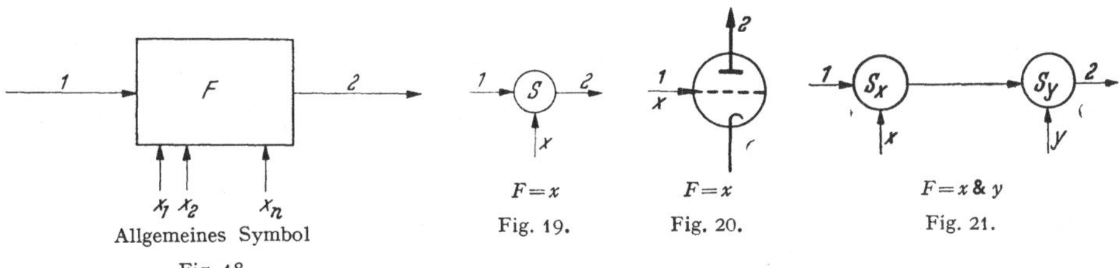

Allgemeines Symbol
Fig. 18.

$F=x$
Fig. 19.

$F=x$
Fig. 20.

$F=x\,\&\,y$
Fig. 21.

in 2 den Funktionswert 1, im anderen Falle den Funktionswert 0 an. Bei gewissen Schaltungen kann die Leitung 1 auch fortfallen. Hier treten Impulse für die Variablen x_i in die Schaltung, sofern $x_i = 1$ ist. Sie veranlassen einen Ausgangsimpuls in der Leitung 2, wenn die Funktion den Wert 1 annimmt. — Fig. 19 kennzeichnet den Fall $F = x$. Ein Schalter S wird von x gesteuert, so daß die Leitung 1,2 unterbrochen ist, wenn $x = 0$, und geschlossen ist, wenn x den Wert 1 annimmt. Als Schalter kann ein Relais mit Schließkontakt dienen. (Für $F = \bar{x}$ würde man ein Relais mit Brechkontakt wählen). Fig. 20 zeigt eine Schaltung mit einer gittergesteuerten Elektronenröhre für $F = x$. Die Variable x wird durch einen Impuls für $x = 1$ und durch sein Fehlen für $x = 0$ gekennzeichnet. Der Impuls tritt über die Leitung 1 auf das Gitter. Die Gittervorspannung und die Impulshöhe sind so bemessen, daß genau für $x = 1$ ein Impuls (von umgekehrter Polarität) im Anodenkreis auftritt. Man kann diese Schaltung auch als Impulsventil bezeichnen.

Im Falle $x \,\&\, y$ kann man nach Fig. 21 vorgehen. Zwei Schalter S_x und S_y liegen in Reihe. S_x schließt für $x = 1$ und unterbricht für $x = 0$. Entsprechendes für S_y. Ein Impuls kann die Schaltung nur für $x \& y = 1$ passieren. Die Verwirklichung mit Relais ist klar. Benutzt man Elektronenröhren, so bieten sich verschiedene Möglichkeiten, um schon mit einer Röhre die Funktionsdarstellung zu erlangen. Wir erwähnen zwei davon. A. Man wählt eine Röhre mit je einem Steuergitter für x und y. Ist eine der Variablen gleich 1, so wird sie durch einen positiven Spannungsimpuls an ihrem Gitter verwirklicht. Andernfalls fehlt der Impuls. Die Gitter sind so vorgespannt, daß der Anodenkreis dann und nur dann mit einem Impuls antwortet, wenn $x = 1$, $y = 1$ zugleich gilt. B. Wir folgen einer Beschreibung in [*11*]. Man benutzt eine Elektronenröhre mit einem

Steuergitter nach Fig. 22. Ihr Kathode ist positiv gegen Erde vorgespannt. Die Gitterspannung richtet sich nach dem Zustand zweier Germanium-Dioden D_x und D_y. Wir können der Einfachheit halber annehmen, daß eine leitende Diode den Widerstand Null, eine sperrende den Widerstand Unendlich darbietet. Leitet nur eine von ihnen, so liegt das Gitter auf der Spannung $EW/(W+R)$ gegen Erde, wobei E eine positive Spannung bezeichnet. Mit $W \ll R$ liegt das Gitter praktisch an Erde. Bei geeigneter Kathodenvorspannung leitet die Röhre nicht. Hieran ändert sich nichts Wesentliches, wenn beide Dioden leiten. Sperren hingegen beide Dioden, so liegt E voll am Gitter. In diesem Falle leitet die Röhre. Um das Leiten oder Sperren der Dioden zu steuern, sind zwei Impulsleitungen für x und y vorgesehen, die in den Verbindungsstellen der Dioden mit dem Widerstand W münden. Der Fall, daß eine der Variablen den Wert 1 annimmt, wird durch einen Impuls verwirklicht, der das Potential der Verbindungsstelle über E hinaus hebt. Er veranlaßt, daß die betreffende Diode sperrt. Die Impulsleitung 2 liefert genau dann einen Impuls, wenn $x \& y = 1$ ist.

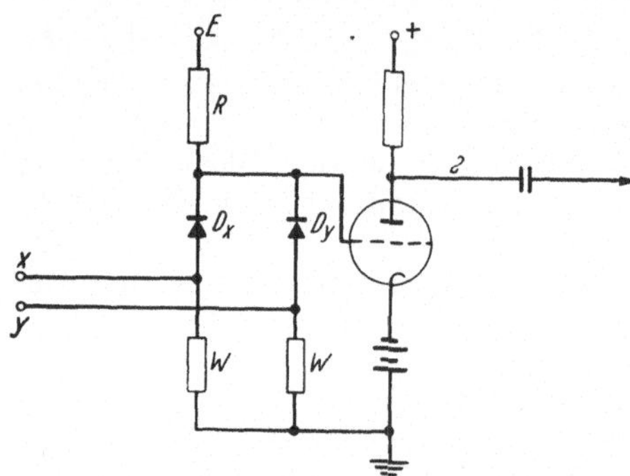

Fig. 22. $F = x \& y$.

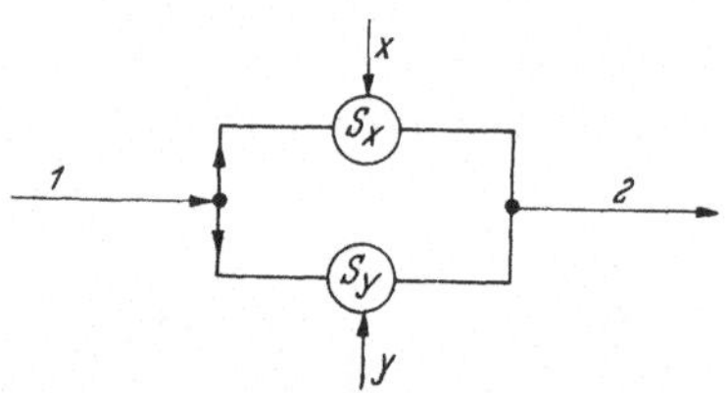

Fig. 23. $F = x \vee y$.

Für den Fall $x \vee y$ kommt grundsätzlich die Schaltung nach Fig. 23 in Frage. Die Wirkung der beiden Schalter, jeder für sich, ist die gleiche wie in der Schaltung nach Fig. 21. Ein Impuls geht nur über die Leitung 1, 2, wenn $x \vee y = 1$ ist. Die Verwirklichung kann mittels Relais erfolgen; mit Hilfe einer gittergesteuerten Elektronenröhre kann man ähnlich vorgehen wie im Falle A für $x \& y$. In diesem Falle müssen die Impulse für x und y so bemessen sein, daß schon jeder allein zu einem Impuls im Anodenkreis Anlaß gibt.

Bei der Ausführung der Addition bedient man sich einstelliger Addierwerke zur Rechnung nach den Formeln (7) oder (8), (8′). Wird nach den Formeln (7) gearbeitet, so spricht man von Halbaddierwerken. Das gesamte Addierwerk wird aus solchen Halbaddierwerken aufgebaut. Ein technisch wichtiger Unterschied ergibt sich daraus, ob die Addition für alle Dualstellen gleichzeitig oder nacheinander ausgeführt wird. Im letzteren Falle genügt ein einstelliges Addierwerk für Summenduale und Übertrag. Dafür beansprucht die Addition mehr Zeit als beim gleichzeitigen Verarbeiten aller Stellen. Man unterscheidet beide Methoden durch die Worte Serien- und Paralleladdition.

Wir müssen uns mit diesen Hinweisen begnügen. Es sei angemerkt, daß man ausführliche Beschreibungen von Schaltungen für Wahrheitsfunktionen, insbesondere auch für die Addition, im Buche [*11*] nachlesen kann. Eine Fülle von Relaisschaltungen kann dem Buche [*3*, XXIV] entnommen werden. Hinsichtlich des Aussagenkalküls sei insbesondere auf das Buch [*14*] verwiesen. Eine Ordnung von Schaltungen nach logistischen Gesichtspunkten findet man im Buche [*3*, XXVII].

Zu den Germaniumdioden merken wir noch an, daß sie eine wichtige Rolle als Schaltelemente der programmgesteuerten Maschinen spielen. Sie treten vielfach an die Stelle von Röhren. Insbesondere dienen sog. Matrizenschaltungen aus Germaniumdioden für die Übersetzung von Dual- in Dezimalzahlen und umgekehrt [*11*].

10. Die Speicher. Für die Speicherung von Dualzahlen haben mehrere Verfahren technische Bedeutung erlangt. Mechanische Speicher wurden in den ersten Zusemaschinen benutzt. Relaisspeicher sind ebenfalls angewendet worden. Nun kann eine Speicherzelle nur mit einem Verbrauch an Zeit abgelesen oder zum Aufnehmen eines Resultats (schreiben) benutzt werden. Diese Zeit hat einen wesentlichen Einfluß auf die Rechengeschwindigkeit. Um sie zu steigern, hat man Speicher entwickelt, die trägheitsarme elektronische Elemente enthalten. Es ist noch ein Unterschied zwischen dem Speicher und den Registern zu machen. Auch die Register müssen speichern, aber da sie nur in geringerer Zahl vertreten sind, kann man für sie einen größeren technischen Aufwand tragen. Für die Register werden im allgemeinen Schaltungen aus Elektronenröhren benutzt, deren wichtigstes Element das „Flip-Flop“ ist. Fig. 24 läßt das Wesentliche dieses Elements erkennen. Zwei Trioden sind so miteinander geschaltet, daß die Anode der einen über eine Parallelschaltung von Kondensator und Ohmschem Widerstand mit dem Gitter der anderen verbunden ist. Eine solche Schaltung kann so dimensioniert werden, daß sie zwei stabile Zustände besitzt, die sich darin unterscheiden, daß entweder die eine oder die andere Röhre Strom führt. Durch einen positiven Spannungsimpuls auf das Gitter der nichtleitenden Röhre wird die Schaltung in den anderen Zustand gekippt. Man kann einem Zustand die Null, dem anderen die Eins zuordnen. Das Gitter der nichtleitenden Röhre des Zustandes „Eins“ wird mit einer Impulsleitung zum Löschen, das Gitter der anderen mit einer Impulsleitung zum Schreiben versehen. Ein Löschimpuls sorgt stets dafür, daß der Zustand „Null“ hergestellt, oder falls er schon besteht, nicht geändert wird. Das Auftreten eines Schreibimpulses kennzeichnet die „Eins,“ sein Fehlen die Null. Tritt er auf, nachdem das Flip-Flop gelöscht ist, so geht dieses in den Zustand Eins über. Verfeinerungen dieser Schaltung findet man im Buche [*11*]. Wesentlich ist, daß Schreib- und Löschfrequenz auf die Größenordnung von 10^7 Hertz gebracht werden können. Flip-Flops lassen sich auch zu Zählschaltungen vereinigen, womit eine Realisierungsmöglichkeit für den Befehlszähler angedeutet ist.

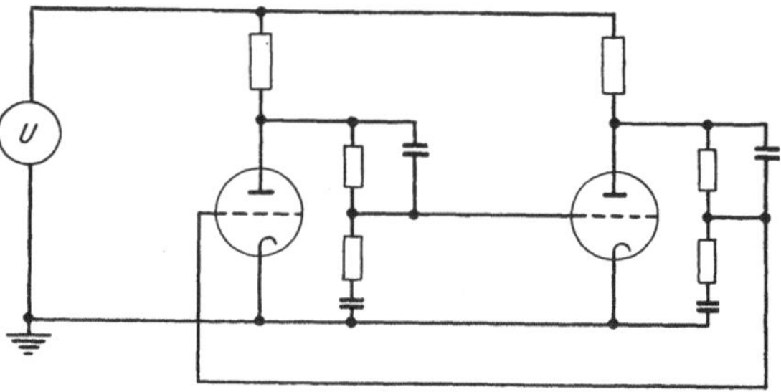

Fig. 24. Flip-Flop.

Von den Verfahren, Zahlen in einer größeren Anzahl von Zellen zu speichern, haben vier besondere Bedeutung erlangt.

a) Die Speicherung auf Magnetbändern und Magnettrommeln. Fig. 25 zeigt einen rotierenden Zylinder mit magnetisierbarer Oberfläche. Die Dualstellen einer Dualzahl werden als Dipolmagnetisierungen in einzelnen Elementarbezirken der Oberfläche dargestellt, z.B. innerhalb eines Flächenstreifens, der von zwei Zylindererzeugenden begrenzt wird. Jeder Streifen verkörpert eine Speicherzelle. Die Ablesung geschieht induktiv mit Hilfe der Köpfe $H_0, H_1, H_2, \ldots$ von denen H_0 zum Identifizieren der Zelle dient. Er nimmt von jeder Zelle einen Impuls auf und leitet ihn über einen Verstärker auf ein elektronisches Zählwerk C, dessen Kapazität gleich der Anzahl der Zellen ist, so daß es nach jedem Überfließen von neuem zu zählen beginnt und so jeder Zelle eindeutig einen Zählerstand zuordnet.

Der Zähler vergleicht seinen Stand mit einer von außen in ihn eingeführten Zellennummer. Bei Übereinstimmung öffnen zählergesteuerte Spannungstore $G_1, G_2, \ldots$ den Weg von den Köpfen $H_1, H_2, \ldots$ zu den Elementen eines elektronischen Registers. Je nach der Art des Impulses, den ein Kopf aufnimmt, wird in seinem Registrierelement eine Null oder Eins eingeprägt. — Das Einführen von Zahlen in Zellen der Trommel geht in entsprechender Weise vor sich, [22].

Die Flächendichte der Magentisierungen, wie sie jeder Dualstelle entsprechen, kann in der Größenordnung von 1 Magnetisierung pro Quadratmillimeter und höher gehalten werden. Für ein deutsches Projekt [6], S. 15 sind Trommeln geplant, die 8192 50-stellige Dualzahlen aufnehmen. Die maximale Zugangszeit, die von der Trommelgeschwindigkeit abhängt, wird mit 4 ms angegeben. Unter Zugangszeit ist die Zeit zu verstehen, die vom Aufruf einer Zelle bis zu ihrer Ablesung unter den Köpfen verstreicht.

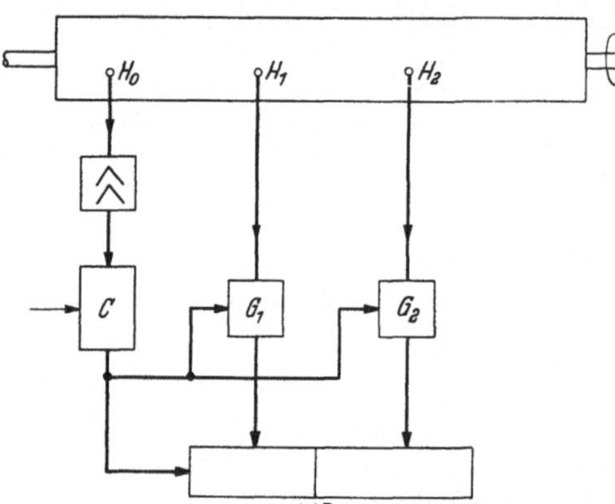

Fig. 25. Magnettrommelspeicher.

Man kann die einzelnen Stellen einer Dualzahl auch längs des Trommelumfangs anordnen. Die Zellen bilden dann Ringstreifen auf der Zylinderfläche. In diesem Fall werden die Dualstellen im allgemeinen nacheinander abgelesen. In diesem Zusammenhang sei an die Serienaddition erinnert, bei welcher die Stellenaddition nacheinander stattfindet. Das Prinzip des „Nacheinander", welches uns in beiden Fällen begegnet, kann auf die ganze Maschine ausgedehnt werden. Wo immer Dualstellen einer Zahl auftreten, erscheinen sie zeitlich nacheinander. Man nennt solche Maschinen Seriemaschinen, zum Unterschied von Parallelmaschinen, bei denen Ziffern gleichzeitig greifbar sind und gleichzeitig verarbeitet werden. Beide Prinzipien lassen sich kombinieren; Maschinen mit Parallelspeichern können ein in Serie arbeitendes Addierwerk haben. Man benutzt elektrische Verzögerungseinrichtungen, um die Dualstellen einer Serie irgendwo gleichzeitig ankommen zu lassen, oder um Parallel- in Seriedarstellungen zu verwandeln. Übrigens arbeiten alle elektronischen Maschinen im Takt eines Hochfrequenzimpulssenders. Die Zeiten elementarer Vorgänge in der Maschine sind darauf abgestimmt.

Die Speicherung mit Magnetbändern folgt einem ähnlichen Prinzip. Zum Identifizieren von Zellengruppen und zum Bandtransport werden insbesondere Servomechanismen benutzt. Die Technik der Trommel- und Magnetbandspeicher hat sich erheblich abgerundet. In Amerika werden diese Speicher von vielen Firmen hergestellt. Sie sind handelsübliche Bauteile geworden.

Selbst die oben angegebene Zugangszeit von 4 ms genügt nicht den modernen Ansprüchen an die Rechengeschwindigkeit. Es gibt Speicher mit wesentlich geringerer Zugangszeit, jedoch beschränkter Kapazität, die im Mittel bei 2048 Zellen liegt. Andererseits bieten gerade die genannten Magnetspeicher eine hohe Kapazität, so daß man auf sie nicht verzichten möchte. Man benutzt sie aber nicht für das direkte Zusammenarbeiten mit dem Rechenwerk. Vielmehr werden die Inhalte von größeren Gruppen benachbarter Zellen in den schneller zugänglichen

Speicher geführt, so daß man mit der maximalen Zugangszeit einer Zelle die ganze Gruppe angeht.

b) Akustische Verzugsspeicher. Diese Speicher gehörten zu den ersten des schnell zugänglichen Typs. Sie haben sich bewährt, werden aber von anderen Ausführungen verdrängt. Ihr Prinzip: Die Dualzahl wird in Serie als Folge von Impulsen dargestellt. Das Auftreten eines Impulses an einer bestimmten Stelle der Folge wird als Eins, sein Fehlen als Null gelesen. Der Zug der elektrisch erzeugten Impulse wird durch einen Piezoquarz in einen Zug von Druckimpulsen transformiert. Er tritt in ein Quecksilberrohr ein, dessen Länge sich nach der Speicherkapazität richtet, die man wünscht. Am Ende des Rohres wird der Zug wieder ins Elektrische transformiert. Er ist danach immer noch identifizierbar, passiert jedoch Verstärker und elektrische Schaltungen, die ihm seine ursprüngliche Form zurückgeben, damit er sich bei erneuten Transformationen nicht verwäscht. Das Spiel wiederholt sich. Der Zug kreist unaufhörlich, bis er einmal gelöscht und durch einen anderen ersetzt wird. Spannungstore dienen zum Ablesen, Löschen und Schreiben.

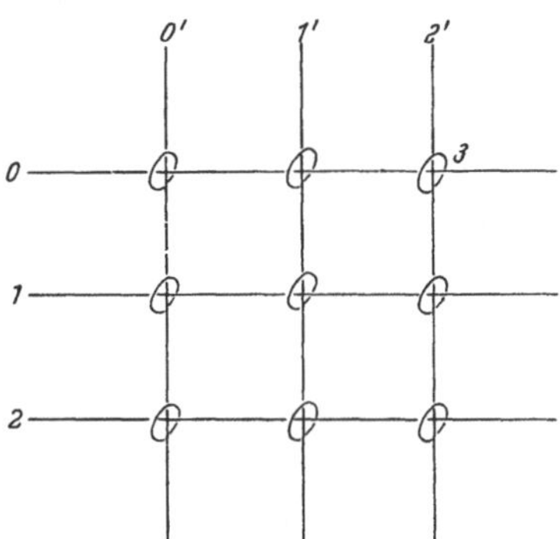

Fig. 26. Magnetkernspeicher.

c) Elektrostatische Speicher. Man benutzt Elektronenstrahlröhren mit zwei Ablenkplattenpaaren, deren Schirm im allgemeinen in 32×32 Elementarbezirke unterteilt ist. Jeder solche Bezirk entspricht einer Dualstelle. Der Elektronenstrahl dient zum Ablesen und Schreiben unter Ausnutzung eines Sekundäremissionseffektes. Die Ladung eines Elementarbezirks kennzeichnet die Null oder die Eins. Der Elektronenstrahl kann praktisch trägheitslos auf jeden Elementarbezirk eingestellt werden. Regenerierungseinrichtungen dienen dazu, das Ladungsbild auf längere Zeit zu erhalten und den Effekt des Ablesens zu kompensieren. Es sind verschiedene Ausführungen entwickelt worden, nachdem Williams [*40*] als erster dieses Speicherprinzip verwirklichte. Im allgemeinen wird eine Dualzahl nicht auf einem Schirm gespeichert, sondern auf soviel Schirmen, als Stellen vorhanden sind. Sie stehen in jedem Schirm am gleichen Ort, so daß dessen Angabe die Zelle identifiziert. Dieses Speicherverfahren bietet sich leicht dazu dar, Zelleninhalte in sichtbarer Form zu reproduzieren. Die Maschine des „Institute for Numerical Analysis" in Kalifornien ist mit „monitoring tubes", das sind Elektronenstrahlröhren, versehen, die den Zelleninhalt anschaulich machen. Die Null erscheint als kleiner Kreis, die Eins als Strich auf dem Schirm. Zur Zeit beherrscht das elektrostatische Speicherverfahren noch das Feld. Es wird bei einer größeren Anzahl amerikanischer Maschinen, insbesondere bei den handelsüblichen Maschinen der Firmen IBM und Remington Rand angewendet.

d) Magnetkernspeicher. Nach Fig. 26 werden Ferrit-Ringkerne 3 zu einer Matrix angeordnet. Durch jeden Kern führt ein Zeilen- und ein Spaltendraht. Diese Drähte sind mit 0, 1, 2 und 0′, 1′, 2′ bezeichnet. Ferner führt durch alle Kerne ein gemeinsamer Draht, den wir Ablesedraht nennen. Die Kernebenen bilden einen Winkel von etwa 45° mit den Zeilen- und Spaltendrähten. Die Ferritkerne zeichnen sich durch eine fast rechtwinklige Hysteresisschleife aus. Ihre beiden magnetischen Sättigungszustände seien mit N und P bezeichnet. Man kann P der Dualnull, N der Dualeins zuordnen. Der Zustand eines Kerns läßt sich durch einen Strom geeigneter Stärke und Richtung in Zeilen- oder Spaltendraht ändern. Wir wollen die Stromrichtung, die eine Änderung des Zustandes von P zu N hin ermöglicht, mit N' und im anderen Falle mit P' bezeichnen. Nun wird aber durch keinen der Drähte ein Strom geleitet, der für sich allein eine Zustandsänderung eines Kerns bewirken kann. Vielmehr wird die Stromstärke so bemessen, daß erst die Zusammenwirkung zweier Ströme durch Zeilen- und Spaltendraht die Änderung hervorrufen kann. Sei z. B. der Kern mit dem Zeilendraht 2 und dem Spaltendraht 1' im Zustand N. Dann werden durch 2 und 1' Ströme der Richtung P' geleitet, und sie führen zusammen den Zustand P in diesem einzigen Kern herbei, ohne daß andere Kerne, durch welche ihre Drähte führen, beeinflußt werden. Auf diese Weise kann gespeichert werden.

Beim Ablesen etwa des Kerns 2, 1' sendet man Ströme gegebener Richtung, etwa der Richtung P', durch 1' und 2. Schlägt der Zustand um, was einen Impuls im Ablesedraht zur Folge hat, so zeigt dieser Impuls an, daß der Zustand N abgelesen wurde. Entsteht kein Impuls, so deutet dies den Zustand P an. Durch das Ablesen wird aber der Speicherinhalt auf „Null" eingestellt, also gelöscht. Man benutzt den Ableseimpuls, um den alten Zustand herzustellen.

Die Größe der Kerne kann auf einen Durchmesser von etwa 3 mm beschränkt werden. Zeilen- und Spaltendrähte werden zum Haltern kleiner Kerne benutzt. Eine sorgfältige Prüfung jedes Kerns ist erforderlich, bevor er eingebaut wird. Wie beim elektrostatischen Speichern wird eine Dualzahl mit ihren Stellen auf mehrere Speicher verteilt. Man benutzt soviel Kernmatrizen, als Dualstellen zu speichern sind. Die Speicherzelle ist durch Zeilen- und Maschendraht gleicher Nummern bei allen Matrizen gekennzeichnet. Vorteile dieser Speicherung sind einmal die exakte Lokalisierung der Elementarspeicher, zum anderen das einfache Aufrufen der Zellen.

Entscheidend für die Anwendung dieser Art Speicherung dürfte die Schaltfrequenz sein, mit welcher Ablesen und Schreiben betrieben werden kann. J. A. RAICHMANN, dessen Aufsatz in [5] wir die vorstehenden Einzelheiten entnommen haben, gibt an, daß bei einem Versuchsmuster die Zeit von 12,5 μs ausreichte, um so abzulesen oder zu schreiben, daß danach die nächste Operation dieser Art stattfinden konnte. Eine Verminderung der Zeit auf 5 μs wird für aussichtsvoll gehalten.

Demnach darf das Speichern mit Magnetkernen für besonders aussichtsreich gelten, wahrscheinlich wird es sich gegenüber den anderen Speicherverfahren durchsetzen. Eine Maschine des Massachusetts-Institute of Technology ist mit einem Magnetkernspeicher versehen; die Firmen IBM und Remington Rand, die bisher ihre handelsüblichen Maschinen mit elektrostatischen Speichern versehen haben, kündigen an, daß ihre nächsten Maschinen mit Magnetkernen arbeiten werden.

11. Abschließende Bemerkungen. Es wurde schon erwähnt, daß gewisse handelsübliche Maschinen im Mittel etwa 15000 Elementarbefehle pro Sekunde ausführen. Diese hohe Rechengeschwindigkeit kann noch weiter getrieben werden, möglicherweise aber auf Kosten der Betriebssicherheit, die man nicht vernachlässigen darf. Bei der Fülle der Schaltelemente, die in einer Maschine auftreten, darf es nicht Wunder nehmen, daß das eine oder das andere versagt. Um Fehlern zu begegnen, kann man Rechenkontrollen in jedes Programm einbauen; bei manchen Maschinen finden Kontrollen automatisch statt. Bewährt hat sich auch das System der Firma IBM, die ihre Maschinen nur verpachtet und für jede Maschine einen ständigen Stab von Ingenieuren unterhält, die sie immer wieder prüfen. Diese Prüfungen sind vorbeugender Natur. Falls notwendig, werden dabei ganze Gruppen von Schaltelementen ausgewechselt. Der reiche Gewinn, den die Maschinen für die praktische Mathematik darstellen, rechtfertigt dieses Vorgehen.

Mit den Maschinen sind mathematische Aufgaben angreifbar geworden, deren technische Bewältigung früher als aussichtslos erscheinen mußte. Überdies sind mathematische Aufgaben ins Blickfeld gerückt, die früher nicht einmal formuliert wurden. Planungsaufgaben aller Art, insbesondere der Betriebswirtschaft, stellen sich ein. Um nur eine typische zu nennen. Mehrere Fabriken eines Unternehmens sollen die gleiche Ware an verschiedenen Orten herstellen. Ihre Produkte sollen von verschieden lokalisierten Warenhäusern absorbiert werden. Unter der Voraussetzung täglicher Gesamtproduktion und gleichen täglichen Gesamtumsatzes kann man die Aufgabe stellen, die Verteilung der Waren von den Fabriken zu den Warenhäusern so einzurichten, daß die Transportkosten möglichst gering werden. Damit ist mathematisch äquivalent, eine lineare Form auf ihr Minimum zu bringen, wobei der Variationsbereich ihrer Variablen durch lineare Ungleichungen definiert ist. So einfach diese Aufgabe zu formulieren ist, so groß die praktischen Schwierigkeiten ihrer Lösung, wenn man es mit sagen wir 100 Variablen zu tun hat. Hier hat die Schaffung der Maschinen einer neuen Wissenschaft den Weg geebnet, die man in Amerika als „linear programming" bezeichnet.

Die Maschinen haben auch andere Rechenmethoden ins Leben gerufen. Erwähnt sei die Monte Carlo Methode, die z.B. darin besteht, die Differentialgleichung der Diffusion dadurch zu behandeln, daß man den Weg individueller Moleküle verfolgt. Nur dank der hohen Rechengeschwindigkeit der modernen Ziffernmaschinen ist es möglich, dies in einem Umfange zu tun, der es erlaubt, statistische Schlüsse zu ziehen.

Ob Maschinen lernen oder denken können, wird von verschiedenen Autoren untersucht. Auf Lady LOVELACE wiesen wir bereits hin. Viel hat die Meinung L. COFFIGNALS für sich, der die Maschinen mit dressierten Tieren vergleicht [*9*], [*26*].

Literatur.

I. Zeitschriften, Tagungsberichte.

[*1*] Mathematical Tables and other Aids to Computation. Herausgeg. vom National Research Council, Washington, D.C., USA.

[*2*] Journal of the Association for Computing Machinery. New York, N.Y., USA.

[*3*] The Annals of the Computation Laboratory of Harvard University, insbesondere die Bände I, XVI, XXIV, XXVI, XXVII, Harvard University Press, Cambridge, Mass., USA.

[*4*] Proceedings of the Eastern Joint Computer Conference (1953), herausgeg. von Institute of Radio Engineers, New York, N.Y., USA.

[*5*] Proceedings of the I.R.E. (1953). Herausgeg. von Institute of Radio Engineers.

[*6*] Vorträge über Rechenanlagen (1953). Max-Planck-Gesellschaft für Physik, Göttingen.

[*7*] Probleme der Entwicklung programmgesteuerter Rechengeräte und Integrieranlagen (1953). Herausgeg. von H. CREMER, Aachen.

II. Bücher.

[*8*] BERKELEY, E. C.: Giant Brains or Machines that think. New York, N.Y., USA.: Wiley 1949.

[*9*] COUFFIGNAL, L.: Les machines à penser. Paris 1952.

[*10*] CRANK, J.: The Differential Analyser. London: Longmans, Green & Co. 1947.

[*11*] Engineering Research Associates, High-speed Computing Devices. New York: McGraw Hill 1950.

[*12*] GREENWOOD, I. A., J. V. HOLDAM and D. MACRAE: Electronic Instruments. New York: Mc Graw Hill 1948.

[*13*] HARTREE, D. R.: Calculating Instruments and Machines. Urbana: University of Illinois Press 1949.

[*14*] HILBERT D. u. W., ACKERMANN, Grundzüge der theoretischen Logik. Berlin: Springer 1949.

[15] Korn, G. A., and M. T. Korn: Electronic Analogue Computers. New York: McGraw Hill 1952.
[16] Meyer zur Capellen, W.: Mathematische Instrumente. Leipzig 1949.
[17] Murray, F. J.: The Theory of Mathematical Machines. New York 1948.
[18] Raymond, F. H.: Principes des calculateurs analogiques et electroniques. Paris 1951.
[19] Svoboda, A.: Computing Mechanisms and Linkages. New York: Mc Graw Hill 1948.
[20] Wilkes, M. V., D. J. Wheeler and St. Gill: The preparation of programs for an electronic digital computer. Cambridge, Mass.: Addison-Wesley Press 1951.
[21] Willers, F. A.: Mathematische Maschinen und Instrumente. Berlin 1951.

III. Abhandlungen.

[22] Booth, A. D.: A magnetic digital storage system. Electr. Engng. **1949**, 234—238.
[23] Bush, V.: The Differential Analyser. A new Machine for solving differential Equations. J. Franklin Inst. **212**, 447ff. (1931).
[24] Bush, V , and S. H. Caldwell: A new type of differential analyser. J. Franklin Inst. **240**, 255ff. (1945).
[25] Bückner, H.: The differential analyser. A theory of set-ups with several free inputs. Göttingen 1948.
[26] Couffignal, L.: Méthodes et limites de la cybernétique. Rev. Acad. Ci. Madrid **47**, 63—82 (1953)
[27] Goldstine, H. H., and J. v. Neumann: Planning and coding for an electronic computing instrument. The Institute for Advanced Study, USA, 1948.
[28] Hoelzer, H.: Anwendung elektrischer Netzwerke zur Lösung von Differentialgleichungen und zur Stabilisierung von Regelvorgängen. Diss. Darmstadt 1946.
[29] Maddida: Digital Differential Analyser. Broschüre No. 38. Hawthorne, Calif. USA.: Northrop Aircraft Inc.
[30] Michel, J. G. L.: Extensions in Differential Analyser Techniques. J. Sci. Instrum. **25**, 357—361 (1948).
[31] Neumann, J. v.: The general and logical theory of automata. The Hixon Symposium. New York: Wiley 1951.
[32] Rutishauser, H., A. Speiser u. E. Stiefel: Programmgesteuerte digitale Rechengeräte. Z. angew. Math. Phys. **1**, 277—297, 339—362 (1950); **2**, 1—25, 63—92 (1951).
[33] Rutishauser, H.: Automatische Rechenplanfertigung bei programmgesteuerten Rechenmaschinen. ETH Zürich, 1952.
[34] Shannon, C. E.: Mathematical theory of the differential analyser. J. Math. Phys. **20**, 337—354 (1941).
[35] Speiser, A.: Das programmgesteuerte Rechengerät an der Eidgenössischen Technischen Hochschule in Zürich. Zürich 1950.
[36] Turing, A. M.: On computable numbers, with an application to the Entscheidungsproblem. Proc. Lond. Math. Soc., Ser. II **142**, 230—265 (1937).
[37] Thomson, Sir W., (Lord Kelvin): Mechanical solution of differential equations in principle. Proc. Roy. Soc. Lond. **24**, 262ff. (1876).
[38] Valtat, R. L. A.: Rechenmaschine. Deutsche Patentschrift Nr. 664012. 1931.
[39] Walther, A.: Neue deutsche Integrieranlage für Differentialgleichungen. Z. VDI **96**, 755—758 (1954).
[40] Williams, F. C.: Discussion on computing machines. Proc. Roy. Soc. Lond. **195**, 265ff. (1948).
Miterfinder zu den deutschen Patenten Nr. 837179 (Binärziffermaschine) und Nr. 848105 (Hochfrequenzspeichergerät).

Sachverzeichnis.

(Deutsch-Englisch.)

Bei gleicher Schreibweise in beiden Sprachen sind die Worte jeweils einfach aufgeführt.

Subject Index.

(English-German.)

Where English and German spelling of a word is identical entry is omitted.